KB073076

위험물산업기사 총정리 필기

서상희 편저

일진사

머리말

산업의 발전과 함께 석유화학공업도 함께 발전하면서 위험물을 취급하고 사용하는 산업체가 늘어나고, 취급 및 관리 잘못으로 인하여 사고가 발생하면 인적 및 물적 손실이 큰 것이 현실입니다. 이런 이유로 위험물은 안전하게 취급하고 관리하여야 할 전문기술인력이 많이 필요하게 되었습니다. 각 산업현장에 위험물 분야의 전문기술인력으로 취업하기 위해서는 위험물 관련 자격증은 필수 조건이 되었으며, 이에 따른 위험물산업기사 자격증의 수요가 증가되고 있습니다.

이에 저자는 수년간의 강단에서의 강의와 관련 자료를 준비하여 위험물산업기사 필기시험을 준비하는 수험생들의 실력 배양 및 합격에 도움이 되고자 다음과 같은 부분에 중점을 두어 출간하게 되었습니다.

첫째, 한국산업인력공단의 위험물산업기사 필기 출제기준에 맞추어 각 과목별로 정리하였습니다.

둘째, 최근까지의 출제문제를 분석하여 각 과목별 세부 단원별로 이론 내용과 함께 예상문제를 수록하였고 예상문제에는 중요도에 따라 별표[★]를 표기하여 중요문제를 파악할 수 있도록 하였습니다.

셋째, 부록으로 2016년부터 2020년까지 시행되었던 5년간의 필기문제를 자세한 해설과 함께 수록하였습니다.

넷째, 법령이나 규정에 관련된 문제의 해설에는 근거조항을 표시해서 관련 규정을 찾는데 도움이 되도록 하였습니다.

다섯째, 저자가 직접 인터넷 카페(네이버:cafe.naver.com/gas21)를 개설, 관리하여 온라인상으로 질문 및 답변과 함께 시험정보를 공유할 수 있는 공간을 마련하였습니다.

끝으로 이 책으로 위험물산업기사 필기시험을 준비하시는 수험생 여러분께 합격의 영광이 있길 바라며 책이 출판될 때까지 많은 지도와 격려를 보내 주신 분들과 **일진사** 직원 여러분께 깊은 감사를 드립니다.

저자 씀

위험물산업기사 검정현황

연도	필기			실기		
	응시	합격	합격률(%)	응시	합격	합격률(%)
2019	23,292	11,567	49.7%	14,473	9,450	65.3%
2018	20,662	9,390	45.4%	12,114	6,635	54.8%
2017	20,764	9,818	47.3%	11,200	6,490	57.9%
2016	19,475	7,251	37.2%	9,239	6,564	71%
2015	16,127	7,760	48.1%	9,206	5,453	59.2%
2014	13,503	6,355	47.1%	7,316	5,240	71.6%
2013	10,711	4,469	41.7%	5,535	2,734	49.4%
2012	8,637	2,715	31.4%	4,217	2,008	47.6%
2011	7,851	2,713	34.6%	4,960	1,588	32%
2010	8,126	3,119	38.4%	4,726	1,407	29.8%
2009	8,167	3,250	39.8%	4,367	1,751	40.1%
2008	7,514	2,287	30.4%	3,302	1,248	37.8%
2007	7,817	2,538	32.5%	3,525	1,660	47.1%
2006	7,263	2,724	37.5%	3,674	1,491	40.6%
2005	5,538	2,107	38%	3,061	1,057	34.5%
2004	3,809	1,221	32.1%	1,986	385	19.4%
2003	3,631	1,205	33.2%	2,044	210	10.3%
2002	3,241	919	28.4%	1,525	343	22.5%
2001	3,396	967	28.5%	1,612	541	33.6%
1977~2000	27,497	9,035	32.9%	11,863	4,370	36.8%
합계	227,021	91,410	40.3%	119,945	60,625	50.5%

※ 국가기술자격 종목에 따른 연도별 검정현황 자료는 "q-net 홈페이지"에서 『기술자격시험 → 자격정보 → 국가자격 → 국가자격종목별 상세정보 → 국가기술자격→ 직무분야별 분류에서 각 종목을 선택 → 기본정보』를 선택하면 열람할 수 있습니다.

■ 예상문제에 표기된 별표[★]에서 3개를 표시한 문제는 여러 형태로 변형되어 반복 출제되었던 것이므로 해설내용까지 완벽하게 숙지하길 바랍니다.

■ 본교재에 수록된 법령을 다음과 같이 줄여서 표시했음을 알려드립니다.

- 위험물 안전관리법 → 법
- 위험물 안전관리법 시행령 → 시행령
- 위험물 안전관리법 시행규칙 → 시행규칙
- 위험물안전관리에 관한 세부기준 → 세부기준

원소주기율표

주기 \ 족	1A	2A	3A	4A	5A	6A	7A	8	8	8	1B	2B	3B	4B	5B	6B	7B	0	족 / 주기
	알칼리금속원소	알칼리토금속원소						철족 원소(위 3개) 백금족 원소(아래 6개)			구리족원소	아연족원소	붕소족원소	탄소족원소	질소족원소	산소족원소	할로겐족원소	비활성기체	
1	1.00797 1 H 1 수소																	4.0026 0 He 2 헬륨	1
2	6.939 1 Li 3 리튬	9.0122 2 Be 4 베릴륨											10.811 3 B 5 붕소	12.01115 2 ±4 C 6 탄소	14.0067 ±3 5 N 7 질소	15.9994 −2 O 8 산소	18.9984 −1 F 9 플루오린	20.179 0 Ne 10 네온	2
3	22.9898 *1 Na 11 나트륨	24.312 2 Mg 12 마그네슘											26.9815 3 Al 13 알루미늄	28.086 4 Si 14 규소	30.9738 ±3 5 P 15 인	32.064 −2 4 6 S 16 황	35.453 −1 3 5 7 Cl 17 염소	39.948 0 Ar 18 아르곤	3
4	39.098 *1 K 19 칼륨	40.08 2 Ca 20 칼슘	44.956 3 Sc 21 스칸듐	47.9 3 4 Ti 22 타이타늄	50.942 3 5 V 23 바나듐	51.996 2 3 6 Cr 24 크로뮴	54.9380 2 3 4 6 7 Mn 25 망가니즈	55.847 2 3 Fe 26 철	58.9332 2 3 Co 27 코발트	58.7 2 3 Ni 28 니켈	63.546 1 2 Cu 29 구리	65.38 2 Zn 30 아연	69.72 2 3 Ga 31 갈륨	72.59 4 Ge 32 저마늄	74.9216 ±3 5 As 33 비소	78.96 −2 4 6 Se 34 셀레늄	79.904 −1 3 5 7 Br 35 브로민	83.8 0 Kr 36 크립톤	4
5	85.47 1 Rb 37 루비듐	87.62 2 Sr 38 스트론튬	88.905 3 Y 39 이트륨	91.22 4 Zr 40 지르코늄	92.906 3 5 Nb 41 나이오븀	95.94 3 4 6 Mo 42 몰리브데넘	[97] 6 7 Tc 43 테크네튬	101.07 3 4 6 8 Ru 44 루테늄	102.905 3 Rh 45 로듐	106.4 2 4 6 Pd 46 팔라듐	107.868 1 Ag 47 은	112.40 2 Cd 48 카드뮴	114.82 3 In 49 인듐	118.69 2 4 Sn 50 주석	121.75 3 5 Sb 51 안티모니	127.6 −2 4 6 Te 52 텔루륨	126.9044 −1 3 5 7 I 53 아이오딘	131.3 0 Xe 54 제논	5
6	132.905 1 Cs 55 세슘	137.34 2 Ba 56 바륨	⊙ 란타넘 계열 57~71	178.49 4 Hf 72 하프늄	180.948 5 Ta 73 탄탈럼	183.85 6 W 74 텅스텐	186.2 1 4 7 Re 75 레늄	190.2 2 3 4 8 Os 76 오스뮴	192.2 3 4 Ir 77 이리듐	195.09 2 4 Pt 78 백금	196.967 1 3 Au 79 금	200.59 1 2 Hg 80 수은	204.37 1 3 Tl 81 탈륨	207.19 2 4 Pb 82 납	208.980 3 5 Bi 83 비스무트	[209] 2 4 Po 84 폴로늄	[210] 1 3 5 7 At 85 아스타틴	[222] 0 Rn 86 라돈	6
7	[223] 1 Fr 87 프랑슘	[226] 2 Ra 88 라듐	◈ 악티늄 계열 89~																

⊙ 란타넘 계열	138.91 3 La 57 란타넘	140.12 3 4 Ce 58 세륨	140.907 3 Pr 59 프라세오디뮴	144.24 3 Nd 60 네오디뮴	[145] 3 Pm 61 프로메튬	150.35 2 3 Sm 62 사마륨	151.96 2 3 Eu 63 유로퓸	157.25 3 Gd 64 가돌리늄	158.925 3 Tb 65 터븀	162.5 3 Dy 66 디스프로슘	164.93 3 Ho 67 홀뮴	167.26 3 Er 68 어븀	168.934 3 Tm 69 툴륨	173.04 2 3 Yb 70 이터븀	174.97 3 Lu 71 루테튬
◈ 악티늄 계열	[227] 3 Ac 89 악티늄	232.038 4 Th 90 토륨	[231] 5 Pa 91 프로트악티늄	238.03 4 6 U 92 우라늄	[237] 4 5 6 Np 93 넵투늄	[244] 3 4 5 6 Pu 94 플루토늄	[243] 3 Am 95 아메리슘	[247] 3 Cm 96 퀴륨	[247] 3 4 Bk 97 버클륨	[251] 3 Cf 98 캘리포늄	[254] Es 99 아인슈타이늄	[257] Fm 100 페르뮴	[258] Md 101 멘델레븀	[259] No 102 노벨륨	[260] Lr 103 로렌슘

양쪽성 원소

금속 원소

비금속 원소

전이원소, 나머지는 전형원소

[ ] 안의 원자량은 가장 안전한 동위체의 질량수

원자량 → 55.847	2 ← 원자가
원소기호 → Fe	3 ← 고딕글자는 보다 안정한 원자가
원자번호 → 26	
원소명 → 철	

출제기준(필기)

직무 분야	화학	중직무 분야	위험물	자격 종목	위험물산업기사	적용 기간	2020.1.1.~2024.12.31.

○ 직무내용 : 위험물을 저장 · 취급 · 제조하는 제조소등에서 위험물을 안전하게 저장 · 취급 · 제조하고 일반 작업자를 지시 감독하며, 각 설비에 대한 점검과 재해 발생 시 응급조치 등의 안전관리 업무를 수행하는 직무

필기 검정 방법	객관식	문제 수	60	시험 시간	1시간 30분

필기과목명	문제수	주요항목	세부항목	세세항목
일반 화학	20	1.기초 화학	(1) 물질의 상태와 화학의 기본법칙	① 물질의 상태와 변화 ② 화학의 기초법칙
			(2) 원자의 구조와 원소의 주기율	① 원자의 구조 ② 원소의 주기율표
			(3) 산, 염기, 염 및 수소 이온 농도	① 산과 염기 ② 염 ③ 수소이온농도
			(4) 용액, 용해도 및 용액의 농도	① 용액 ② 용해도 ③ 용액의 농도
			(5) 산화, 환원	① 산화 ② 환원
		2.유무기 화합물	(1) 무기 화합물	① 금속과 그 화합물 ② 비금속 원소와 그 화합물 ③ 무기화합물의 명명법 ④ 방사성원소
			(2) 유기 화합물	① 유기화합물의 특성 ② 유기화합물의 명명법 ③ 지방족 화합물 ④ 방향족 화합물
화재 예방과 소화 방법	20	1. 화재 예방 및 소화 방법	(1) 화재 및 소화	① 연소이론 ② 소화이론 ③ 폭발의 종류 및 특성 ④ 화재의 분류 및 특성
			(2) 화재 예방 및 소화 방법	① 각종 위험물의 화재 예방 ② 각종 위험물의 화재 시 조치 방법
		2. 소화약제 및 소화기	(1) 소화약제	① 소화약제 종류 ② 소화약제별 소화 원리 및 효과
			(2) 소화기	① 소화기별 종류 및 특성 ② 각종 위험물의 화재 시 조치 방법
		3. 소방시설의 설치 및 운영	(1) 소화설비의 설치 및 운영	① 소화설비의 종류 및 특성 ② 소화설비 설치 기준 ③ 위험물별 소화설비의 적응성 ④ 소화설비 사용법
			(2) 경보 및 피난 설비의 설치기준	① 경보설비 종류 및 특징 ② 경보설비 설치 기준 ③ 피난설비의 설치기준

필기과목명	문제수	주요항목	세부항목	세세항목
위험물의 성질과 취급	20	1. 위험물의 종류 및 성질	(1) 제1류 위험물	① 제1류 위험물의 종류 및 화학적 성질 ② 제1류 위험물의 저장·취급
			(2) 제2류 위험물	① 제2류 위험물의 종류 및 화학적 성질 ② 제2류 위험물의 저장·취급
			(3) 제3류 위험물	① 제3류 위험물의 종류 및 화학적 성질 ② 제3류 위험물의 저장·취급
			(4) 제4류 위험물	① 제4류 위험물의 종류 및 화학적 성질 ② 제4류 위험물의 저장·취급
			(5) 제5류 위험물	① 제5류 위험물의 종류 및 화학적 성질 ② 제5류 위험물의 저장·취급
			(6) 제6류 위험물	① 제6류 위험물의 종류 및 화학적 성질 ② 제6류 위험물의 저장·취급
		2. 위험물 안전	(1) 위험물의 저장·취급·운반·운송방법	① 위험물의 저장기준 ② 위험물의 취급기준 ③ 위험물의 운반기준 ④ 위험물의 운송기준
		3.기술기준	(1) 제조소등의 위치구조설비기준	① 제조소의 위치구조설비 기준 ② 옥내저장소의 위치구조설비 기준 ③ 옥외탱크저장소의 위치구조설비 기준 ④ 옥내탱크저장소의 위치구조설비 기준 ⑤ 지하탱크저장소의 위치구조설비 기준 ⑥ 간이탱크저장소의 위치구조설비 기준 ⑦ 이동탱크저장소의 위치구조설비 기준 ⑧ 옥외저장소의 위치구조설비 기준 ⑨ 암반탱크저장소의 위치구조설비 기준 ⑩ 주유취급소의 위치구조설비 기준 ⑪ 판매취급소의 위치구조설비 기준 ⑫ 이송취급소의 위치구조설비 기준 ⑬ 일반취급소의 위치구조설비 기준
			(2) 제조소등의 소화설비, 경보·피난 설비기준	① 제조소등의 소화난이도등급 및 그에 따른 소화설비 ② 위험물의 성질에 따른 소화설비의 적응성 ③ 소요단위 및 능력단위 산정법 ④ 옥내소화전설비의 설치기준 ⑤ 옥외소화전설비의 설치기준 ⑥ 스프링클러설비의 설치기준 ⑦ 물분무 소화설비의 설치기준 ⑧ 포 소화설비의 설치기준 ⑨ 이산화탄소 소화설비의 설치기준 ⑩ 할로겐화합물 소화설비의 설치기준 ⑪ 분말 소화설비의 설치기준 ⑫ 수동식 소화기의 설치기준 ⑬ 경보설비의 설치기준 ⑭ 피난설비의 설치기준
			(3) 기타관련사항	① 기타

필기과목명	문제수	주요항목	세부항목	세세항목
		4. 위험물안전관리법 규제의 구도	(1) 제조소등 설치 및 후속절차	① 제조소등 허가 ② 제조소등 완공검사 ③ 탱크안전성능검사 ④ 제조소등 지위승계 ⑤ 제조소등 용도폐지
			(2) 행정처분	① 제조소등 사용정지, 허가취소 ② 과징금처분
			(3) 정기점검 및 정기검사	① 정기점검 ② 정기검사
			(4) 행정감독	① 출입검사 ② 각종 행정명령 ③ 벌칙
			(5) 기타관련사항	① 기타 ② 위험물 안전관리 법규의 벌칙규정을 파악하고 준수하여 위험물 운송·운반 사고를 방지할 수 있다.
		5. 위험물 운송·운반시설기준 파악	(1) 운송·운반 기준 파악하기	① 운송 기준을 검토하여 운송 시 준수 사항을 확인할 수 있다. ② 운반 기준을 검토하여 적합한 운반용기를 선정할 수 있다. ③ 운반 기준을 확인하여 적합한 적재방법을 선정할 수 있다. ④ 운반 기준을 조사하여 적합한 운반방법을 선정할 수 있다.
			(2) 운송시설의 위치·구조·설비 기준 파악하기	① 이동탱크저장소의 위치 기준을 검토하여 위험물을 안전하게 운송할 수 있다. ② 이동탱크저장소의 구조 기준을 검토하여 위험물을 안전하게 운송할 수 있다. ③ 이동탱크저장소의 설비 기준을 검토하여 위험물을 안전하게 운송할 수 있다. ④ 이동탱크저장소의 특례 기준을 검토하여 위험물을 안전하게 운송할 수 있다.
			(3) 운반시설 파악하기	① 위험물 운반시설의 종류를 분류하여 안전한 운반을 할 수 있다. ② 위험물 운반시설의 구조를 검토하여 안전한 운반을 할 수 있다.
		6. 위험물 운송·운반 관리	(1) 운송·운반 안전 조치하기	① 입·출하 차량 동선, 주정차, 통제 관련 규정을 파악하고 적용하여 운송·운반 안전조치를 취할 수 있다. ② 입·출하 작업 사전에 수행해야 할 안전조치 사항을 파악하고 적용하여 운송·운반 안전조치를 취할 수 있다. ③ 입·출하 작업 중 수행해야 할 안전조치 사항을 파악하고 적용하여 운송·운반 안전조치를 취할 수 있다. ④ 사전 비상대응 매뉴얼을 파악하여 운송·운반 안전조치를 취할 수 있다.

차 례

1과목 일반화학

2과목 화재 예방과 소화 방법

3과목 위험물의 성질과 취급

제 1 과목

일반 화학

CHAPTER 01 기초 화학

1-1 | 물질의 상태와 변화

1 물질의 분류 및 정제

(1) 물질과 물체

① 물질 : 물체를 이루고 있는 재료로 철, 나무, 종이 등을 말한다.

② 물체 : 일정한 부피, 질량, 형태를 가지고 있으며 책상, 칼, 책과 같이 공간을 차지한다.

(2) 물질의 분류

① 순물질

㈎ 단체 : 산소(O_2), 금(Au), 은(Ag)과 같이 한 가지 종류의 원소로 만들어진 것이다.

㈏ 동소체 : 같은 종류의 원소로 된 단체로서 성질이 서로 다른 것을 말하며, 같은 종류의 원소로 구성된 분자에 국한하여 사용된다.

동소체의 분류

성분 원소	동소체
탄소(C)	숯, 흑연, 다이아몬드, 금강석, 활성탄
산소(O)	산소(O_2) 오존(O_3)
인(P)	황린(P_4), 적린(P_4)
황(S)	사방황, 단사황, 고무상황

㈐ 화합물 : 두 가지 이상의 단체가 화합하여 만들어진 것이다.

예 수소(H_2)와 산소(O_2)가 화합하여 만들어진 물(H_2O)

② 혼합물 : 두 가지 이상의 단체 또는 화합물이 물리적으로 혼합하여(섞여) 만들어진 것으로, 균일 혼합물과 불균일 혼합물로 분류된다.

㈎ 균일 혼합물 : 암모니아수, 공기, 소금물 등과 같이 두 종류 이상의 순물질이 본래의 성질을 유지한 채 섞여 있는 물질

㈏ 불균일 혼합물 : 흙탕물, 콘크리트, 화강암, 우유 등과 같이 혼합물을 구성하는 각 물질이 일정하게 섞여 있지 않아 혼합물의 특정 부분에 따라 물질의 구성비나 밀도 등 성질이 달라질 수 있고 시간이 흐르면 침전물이 생기는 경우도 있다.

화합물과 혼합물의 비교

구분	화합물	혼합물
조성	성분 원소의 무게의 비가 일정하다.	성분 원소의 무게의 비가 일정치 않다.
성분	화학적 방법으로 분리된다.	물리적 방법으로 분리된다.
성질	성분 물질의 성질을 가질 수 없다.	성분 물질의 성질을 모두 가진다.
생성	화학적 변화에 의하여 얻어진다.	혼합되어 있는 물질이다.

(3) 물질의 정제

① 정제 : 불순물을 제거하여 순수한 물질을 얻는 방법이다.

② 혼합물의 분리와 정제

㈎ 고체와 액체의 분리

㉮ 여과법 : 액체 속에서 녹지 않은 고체가 섞여 있을 때, 이것을 분리하는 것이다.

㉯ 증류법 : 액체 속에 고체가 녹아 있을 때, 이 용액을 끓여 증기로 만든 다음 증기를 냉각시켜 순수한 액체를 얻는 것이다.

㈏ 고체 혼합물의 분리

㉮ 재결정 : 용해도의 차이를 이용하여 분리·정제하는 것이다.

예 질산칼륨(KNO_3)+소금

㉯ 승화법 : 승화성 고체 물질을 정제하는 것이다.

예 요오드, 나프탈렌, 드라이아이스(CO_2), 장뇌 등

㉰ 추출법 : 특정한 용매에 녹여서 추출하여 분리하는 방법이다.

㈐ 액체 혼합물의 분리

㉮ 분별증류 : 끓는점(bp)의 차이를 이용하여 액체 혼합물을 분리하는 방법이다.

예 석유와 콜타르

㉯ 분액 깔때기법 : 액체 비중이 차가 있으면 두 개의 층으로 나눠지며, 이때 분액 깔때기를 이용하여 분리·정제한다.

예 물+벤젠, 물+에테르, 물+기름

2 물질의 성질과 상태 변화

(1) 물질의 성질

① 물질의 성질

(가) 물리적 성질 : 색, 용해도, 비중, 비등점 및 열이나 전기 전도성 등의 성질이다.

(나) 화학적 성질 : 반응성에 속하는 성질이다.

② 물질의 변화

(가) 물리적 변화 : 물질의 본질은 변하지 않고 모양, 형태만 변하는 현상을 말한다.

예 고체인 얼음이 녹아서 물이 되는 것

(나) 화학적 변화 : 물질의 본질이 변화되어서 전혀 다른 새로운 물질로 변하는 현상을 말한다.

예 발효, 양초가 연소하는 것, 철(Fe)이 녹슬어 산화철(Fe_2O_3)이 되는 것

(2) 물질과 에너지

① 물질의 상태와 에너지 : 모든 물질의 물리적·화학적 변화에는 반드시 에너지 변화가 따른다. 고체인 경우는 최소 에너지를 갖고 안정한 상태이며, 기체인 경우는 높은 에너지를 갖고 무질서도 최대인 상태이다.

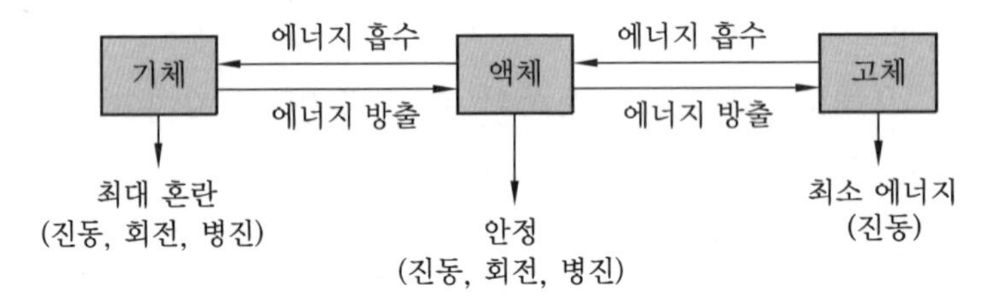

② 에너지 보존의 법칙 : 모든 변화에 관여하는 에너지 전체의 양은 보존된다. 어떤 형태의 에너지가 소모되면 반드시 같은 양에 해당되는 다른 형태의 에너지가 생성된다.

(3) 물질의 변화

① 물질의 상태 변화

(가) 기화(氣化) : 액체 상태의 물질이 외부에서 열에너지를 얻어 기체 상태의 물질로 되는 현상을 말하며, 이때 흡수한 열을 기화열 또는 증발 잠열이라고 한다.

(나) 승화 : 물질이 고체 상태에서 융해되지 않고 기체 상태로 변화하는 현상 및 그 반대 현상으로, 장뇌와 나프탈렌, 드라이아이스 등을 공기 중에 방치하면 상온에서 액체로 되지 않고 모두 기체가 된다.

㈐ 액화 : 기체 상태에 있는 물질의 열에너지를 제거하여 액체 상태의 물질로 변화하는 현상이다.

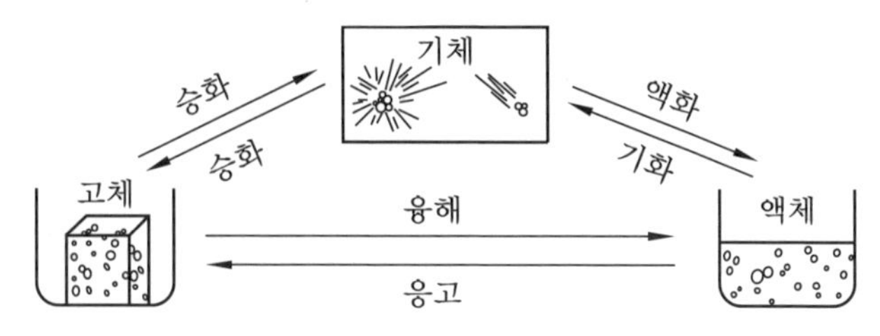

② 물질의 변화

㈎ 화합(combination) : 두 가지 이상의 물질이 결합하여 한 가지 물질이 되는 변화이다.

예 $A+B \rightarrow AB$, $C+O \rightarrow CO_2$

㈏ 치환(substitution) : 화합물의 성분 중 일부가 다른 원소로 바뀌는 변화이다.

예 $A+BC \rightarrow AB+C$, $Zn+H_2SO_4 \rightarrow ZnSO_4+H_2\uparrow$

㈐ 분해(decomposition) : 한 물질이 분리되어 두 가지 이상의 새로운 물질이 생기는 변화이다.

예 $AB \rightarrow A+B$, $2H_2O \rightarrow 2H_2+O_2$

㈑ 복분해(double decomposition) : 두 종류 이상의 화합물 성분 중 일부가 바뀌어 새로운 물질이 생기는 변화이다.

예 $AB+CD \rightarrow AD+BC$, $HCl+NaOH \rightarrow NaCl+H_2O$

1-2 | 화학의 기본 법칙

1 열 및 열역학 법칙

(1) 열량의 단위

① 1kcal : 대기압 상태에서 물 1kg의 온도를 1℃ 상승시키는 데 필요한 열량

② 1BTU : 대기압 상태에서 물 1lb의 온도를 1℉ 상승시키는 데 필요한 열량

③ 1CHU : 대기압 상태에서 물 1lb의 온도를 1℃ 상승시키는 데 필요한 열량

(2) 비열

어떤 물질 1kg을 1℃ 변화시키는 데 필요한 열량으로, 단위는 kcal/kgf·℃, kJ/kg·℃를 사용한다.

① 정압비열(C_p) : 압력을 일정하게 유지하면서 가열할 때의 비열

② 정적비열(C_v) : 체적을 일정하게 유지하면서 가열할 때의 비열

③ 비열비(k) : 정적비열에 대한 정압비열의 비로 항상 1보다 크다.

$$k = \frac{C_p}{C_v} > 1$$

(3) 현열과 잠열

① 현열(감열) : 물질의 상태 변화 없이 온도 변화에 필요한 열이다.

$$Q = m \cdot C \cdot \Delta t$$

여기서, Q : 현열량(kJ) m : 물질의 질량(kg) C : 물질의 비열(kJ/kg·℃) Δt : 온도 변화(℃)

② 잠열(숨은열) : 물질의 온도 변화 없이 상태 변화에 필요한 열이다.

$$Q = G \cdot r$$

여기서, Q : 잠열량(kJ) m : 물질의 질량(kg) r : 물질의 잠열(kJ/kg·℃)

(4) 열역학 법칙

① 열역학 제0법칙 : 온도가 서로 다른 물질이 접촉하면 고온은 저온이 되고, 저온은 고온이 되어서 결국 시간이 흐르면 두 물질의 온도는 같게 된다. 이것을 열평형이 되었다고 하며, 열평형의 법칙이라 한다.

$$t_m = \frac{G_1 \cdot C_1 \cdot t_1 + G_2 \cdot C_2 \cdot t_2}{G_1 \cdot C_1 + G_2 \cdot C_2}$$

여기서, t_m : 평균 온도(℃) G_1, G_2 : 각 물질의 중량(kgf)

C_1, C_2 : 각 물질의 비열(kcal/kgf·℃) t_1, t_2 : 각 물질의 온도(℃)

② 열역학 제1법칙 : 에너지 보존의 법칙이라 하며, 기계적 일이 열로 변하거나 열이 기계적 일로 변할 때 이들의 비는 일정한 관계가 성립된다.

(가) SI 단위

$Q = W$ 여기서, Q : 열량(kJ) W : 일량(kJ)

(나) 공학단위

$Q = A \cdot W$ $W = J \cdot Q$

여기서, Q : 열량(kcal) W : 일량(kgf·m) A : 일의 열당량$\left(\frac{1}{427}\text{kcal/kgf·m}\right)$

J : 열의 일당량(427kgf·m/kcal)

③ 열역학 제2법칙 : 열은 고온도의 물질로부터 저온도의 물질로 옮겨질 수 있지만, 그 자체는 저온도의 물질로부터 고온도의 물질로 옮겨갈 수 없다. 또 일이 열로 바뀌는 것은

쉽지만 반대로 열이 일로 바뀌는 것은 힘을 빌리지 않는 한 불가능한 일이다. 이와 같이 열역학 제2법칙은 에너지 변환의 방향성을 명시한 것으로, 방향성의 법칙이라 한다.

㈎ 클라시우스(Clausius) 표현 : 열은 스스로 다른 물체에 아무런 변화도 주지 않고 저온 물체에서 고온 물체로 이동하지 않는다.

㈏ 겔빈 플랭크(Kelvin Plank) 표현 : 어떤 열원에서 열을 받고 방출하면서 열을 일로 변환할 수 없다.

㈐ 오스트왈드(Ostwald) 표현 : 외부의 아무런 외력 없이 어떤 열원에서 열을 받아 이 전부를 외부에 아무런 변화 없이 일로 변환할 수 없다.

④ 열역학 제3법칙 : 어느 열기관에서나 절대온도 0도로 이루게 할 수 없다. 그러므로 100%의 열효율을 가진 기관은 불가능하다.

2 화학의 기초 법칙

(1) 비중, 밀도, 비체적

① 비중 : 기준이 되는 유체와 무게비를 말하며, 기체 비중(공기와 비교), 액체 비중(물과 비교), 고체 비중이 있다.

㈎ 액체의 비중 : 특정 온도에 있어서 4℃ 순수한 물의 밀도에 대한 액체의 밀도비를 말한다.

$$\text{액체 비중} = \frac{t℃\ \text{물질의 밀도}}{4℃\ \text{물의 밀도}}$$

㈏ 기체의 비중 : 표준상태(STP : 0℃, 1기압 상태)의 공기 일정 부피당 질량과 같은 부피의 기체 질량과의 비를 말한다.

$$\text{기체 비중} = \frac{\text{기체 분자량(질량)}}{\text{공기의 평균 분자량(29)}}$$

② 가스 밀도 : 가스의 단위 체적당 질량이다.

㈎ 표준상태(0℃, 1기압 상태)의 밀도 계산

$$\text{가스 밀도}(g/L,\ kg/m^3) = \frac{\text{분자량}}{22.4}$$

㈏ 표준상태가 아닌 경우에는 이상기체 상태 방정식을 이용하여 계산한다.

③ 가스 비체적 : 단위 질량당 체적으로 가스 밀도의 역수이다.

㈎ 표준상태(0℃, 1기압 상태)의 밀도 계산

$$\text{가스비체적}(L/g,\ m^3/kg) = \frac{22.4}{\text{분자량}} = \frac{1}{\text{밀도}}$$

(나) 표준상태가 아닌 경우에는 이상기체 상태 방정식을 이용하여 계산한다.

(2) 보일-샤를의 법칙

① 보일의 법칙 : 일정온도 하에서 일정량의 기체가 차지하는 부피는 압력에 반비례한다.

$$P_1 \cdot V = P_2 \cdot V_2$$

② 샤를의 법칙 : 일정압력 하에서 일정량의 기체가 차지하는 부피는 절대온도에 비례한다.

$$\frac{V_1}{T_1} = \frac{V_2}{T_2}$$

③ 보일-샤를의 법칙 : 일정량의 기체가 차지하는 부피는 압력에 반비례하고, 절대온도에 비례한다.

$$\frac{P_1 \cdot V_1}{T_1} = \frac{P_2 \cdot V_2}{T_2}$$

여기서, P_1 : 변하기 전의 절대압력　　P_2 : 변한 후의 절대압력
V_1 : 변하기 전의 부피　　V_2 : 변한 후의 부피
T_1 : 변하기 전의 절대온도(K)　　T_2 : 변한 후의 절대온도(K)

(3) 이상기체 상태 방정식

① 이상기체의 성질

(가) 보일-샤를의 법칙을 만족한다.

(나) 아보가드로의 법칙에 따른다.

(다) 내부에너지는 온도만의 함수이다.

(라) 온도에 관계없이 비열비는 일정하다.

(마) 기체의 분자력과 크기도 무시되며 분자 간의 충돌은 완전 탄성체이다.

(바) 줄의 법칙이 성립한다.

② 이상기체 상태 방정식

(가) 절대단위

$$PV = nRT \qquad PV = \frac{W}{M}RT \qquad PV = Z\frac{W}{M}RT$$

여기서, P : 압력(atm)　　V : 체적(L)
n : 몰(mol)수　　R : 기체상수(0.082 L·atm/mol·K)
M : 분자량(g)　　W : 질량(g)
T : 절대온도(K)　　Z : 압축계수

㈏ SI단위

$$PV = GRT$$

여기서, P : 압력(kPa·a) V : 체적(m^3)
G : 질량(kg) T : 절대온도(K)
R : 기체상수$\left(\frac{8.314}{M}\ kJ/kg\cdot K\right)$

㈐ 공학단위

$$PV = GRT$$

여기서, P : 압력($kgf/m^2\cdot a$) V : 체적(m^3)
G : 중량(kgf) T : 절대온도(K)
R : 기체상수$\left(\frac{848}{M}\ kgf\cdot m/kg\cdot K\right)$

(4) 혼합가스의 성질

① 달톤의 분압 법칙 : 혼합기체가 나타내는 전압은 각 성분 기체 분압의 총합과 같다.

$$P = P_1 + P_2 + P_3 + \cdots + P_n$$

여기서, P : 전압 $P_1,\ P_2,\ P_3,\ P_n$: 각 성분 기체의 분압

② 아메가의 분적 법칙 : 혼합가스가 나타내는 전 부피는 같은 온도, 같은 압력하에 있는 각 성분 기체 부피의 합과 같다.

$$V = V_1 + V_2 + V_3 + \cdots + V_n$$

여기서, V : 전 부피 $V_1,\ V_2,\ V_3,\ V_n$: 각 성분 기체의 부피

③ 전압 및 분압 계산

㈎ 전압

$$P = \frac{P_1V_1 + P_2V_2 + P_3V_3 + \cdots + P_nV_n}{V}$$

여기서, P : 전압
V : 전 부피
$P_1,\ P_2,\ P_3,\ P_n$: 각 성분 기체의 분압
$V_1,\ V_2,\ V_3,\ V_n$: 각 성분 기체의 부피

㈏ 분압

$$분압 = 전압 \times \frac{성분\ 몰수}{전\ 몰수} = 전압 \times \frac{성분\ 부피}{전\ 부피}$$

$$= 전압 \times \frac{성분\ 분자수}{전\ 분자수}$$

④ 혼합가스의 확산 속도(그레이엄의 법칙) : 일정한 온도에서 기체의 확산속도는 기체의 분자량(또는 밀도)의 평방근(제곱근)에 반비례한다.

$$\frac{U_2}{U_1} = \sqrt{\frac{M_1}{M_2}} = \frac{t_1}{t_2}$$

여기서, U_1, U_2 : 1번 및 2번 기체의 확산 속도
M_1, M_2 : 1번 및 2번 기체의 분자량
t_1, t_2 : 1번 및 2번 기체의 확산 시간

(5) 화학결합의 법칙

① 질량 불변의 법칙 : 화학 변화에서 반응하는 물질의 질량 총합과 반응 후에 생긴 물질의 질량 총합은 변하지 않고 일정하다는 것으로, 질량 보존의 법칙이라 한다.

C	+	O_2	→	CO_2
12kg		32kg		44kg

② 일정 성분비의 법칙 : 순수한 화합물의 성분 원소의 질량비는 항상 일정하다는 것으로, 정비례의 법칙이라 한다.

③ 배수 비례의 법칙 : A, B 두 종류의 원소가 반응하여 두 가지 이상의 화합물을 만들 때, 한 원소 A의 일정량과 결합하는 B원소의 질량들 사이에는 간단한 정수비가 성립한다.

㈎ 질소 산화물의 경우 아산화질소(N_2O), 일산화질소(NO), 삼산화질소(N_2O_3), 이산화질소(NO_2), 오산화이질소(N_2O_5)에서 14g의 질소(N) 원소와 결합하는 산소의 질량은 차례대로 8g, 16g, 24g, 32g, 40g이다. 따라서, 일정 질량의 질소와 결합하는 산소의 질량비는 1 : 2 : 3 : 4 : 5의 정수비가 성립한다.

㈏ CO, CO_2에서 일정 질량의 탄소(C)와 결합하는 산소(O)의 질량비는 1 : 2의 정수비가 성립한다.

㈐ SO_2, SO_3에서 일정 질량의 황(S)과 결합하는 산소(O)의 질량비 1 : 1.5이다.

㈑ H_2O와 H_2O_2에서 일정 질량의 수소(H)와 결합하는 산소(O)의 질량비는 1 : 2이다.

예상 문제

★
1. 다음 물질 중 동소체의 관계가 아닌 것은?

① 흑연과 다이아몬드
② 산소와 오존
③ 수소와 중수소
④ 황린과 적린

해설 ㉮ 동소체 : 같은 종류의 원소로 구성되어 있지만 그 원자의 결합 방법이나 배열 상태가 달라서 성질이 다른 물질을 말하며, 같은 종류의 원소로 구성된 분자에 국한하여 사용된다.
㉯ 동소체에 해당되는 것

성분 원소	동소체
탄소(C)	숯, 흑연, 다이아몬드, 금강석, 활성탄
산소(O)	산소(O_2), 오존(O_3)
인(P)	황린(P_4), 적린(P_4)
황(S)	사방황, 단사황, 고무상황

㉰ 수소와 중수소 : 원자번호(양성자수)는 같지만 중성자수가 서로 달라서 질량이 다르며 이와 같은 것을 동위 원소라 한다.

2. 다음 중 불균일 혼합물은 어느 것인가?

① 공기 ② 소금물
③ 화강암 ④ 사이다

해설 혼합물 : 두 가지 이상의 단체 또는 화합물이 물리적으로 혼합되어 만들어진 것으로, 균일 혼합물과 불균일 혼합물로 분류된다.
㉮ 균일 혼합물 : 암모니아수, 공기, 소금물 등과 같이 두 종류 이상의 순물질이 본래의 성질을 유지한 채 섞여 있는 물질로, 특정 부분을 취해도 밀도, 색깔, 농도와 같이 성질이 동일하다는 특징이 있다.
㉯ 불균일 혼합물 : 혼합물을 구성하는 각 물질이 일정하게 섞여 있지 않아 혼합물의 특정 부분에 따라 물질의 구성비나 밀도 등 성질이 달라질 수 있고 시간이 흐르면 침전물이 생기는 경우도 있다. 흙탕물, 콘크리트, 화강암, 우유 등이 대표적이다.

★★
3. 물질을 정제할 때 인화의 위험성이 가장 큰 것은?

① 추출조작 ② 증류조작
③ 여과조작 ④ 냉각조작

해설 증류조작 : 액체 속에 고체가 녹아 있을 때, 이 용액을 끓여 증기로 만든 다음 증기를 냉각시켜 순수한 액체를 얻는 정제 방법으로, 용액을 끓일 때 인화의 위험성이 있다.

4. 고체 유기물질을 정제하는 과정에서 이 물질이 순물질인지 알아보기 위한 조사 방법으로 다음 중 가장 적합한 방법은 무엇인가?

① 육안 관찰
② 녹는점 측정
③ 광학현미경 분석
④ 전도도 측정

해설 고체 유기물질이 순물질인지 조사하는 방법으로는 녹는점(융해 온도 : melting point)을 측정하는 방법이 가장 적합한 방법이다.

★★★
5. 액체 공기에서 질소 등을 분리하여 산소를 얻는 방법은 다음 중 어떤 성질을 이용한 것인가?

① 용해도 ② 비등점
③ 색상 ④ 압축률

해설 액체 상태의 공기에서 산소(O_2)의 비등점은 −183℃, 질소(N_2)의 비등점은 −196℃이므로, 질소의 비등점보다 높고, 액체 산소의 비등점보다 약간 낮은 상태를 유지하면, 질소는 기화되어 액체 공기에서 분리되고 산소를 얻을 수 있다.

정답 1. ③ 2. ③ 3. ② 4. ② 5. ②

이와 같이 액체 혼합물을 비등점 차이를 이용해 분리하는 방법을 분별증류(分別蒸溜)라 한다.

6. 다음 중 물질의 성질이 변화하는 것에서 화학적인 변화가 아닌 것은?

① 철에 녹이 발생할 때
② 축전지의 충전
③ 소금이 물에 녹을 때
④ 양초나 나무가 공기 중에서 연소될 때

해설 물질의 변화
㉮ 물리적 변화 : 고체인 얼음이 녹아 물이 되는 것, 소금이 물에 녹아 소금물이 되는 것이다.
㉯ 화학적 변화 : 물(H_2O)이 전기분해되어 수소(H_2)와 산소(O_2)로 되는 것, 철(Fe)이 녹슬어 산화철(Fe_2O_3)로 되는 것과 같이 새로운 물질로 변하는 것이다.

7. 밀도가 2g/mL인 고체의 비중은 얼마인가?

① 0.002 ② 2
③ 20 ④ 200

해설 고체 비중 : 4℃일 때의 물의 밀도에 대한 고체의 밀도의 비율로 단위가 없는 무차원수이다. 그러므로 4℃일 때의 물의 밀도는 1g/mL이므로 밀도가 2g/mL인 고체의 비중은 2이다.

8. 분자 운동에너지와 분자 간의 인력에 의하여 물질의 상태 변화가 일어난다. 다음 그림에서 (a), (b)의 변화는?

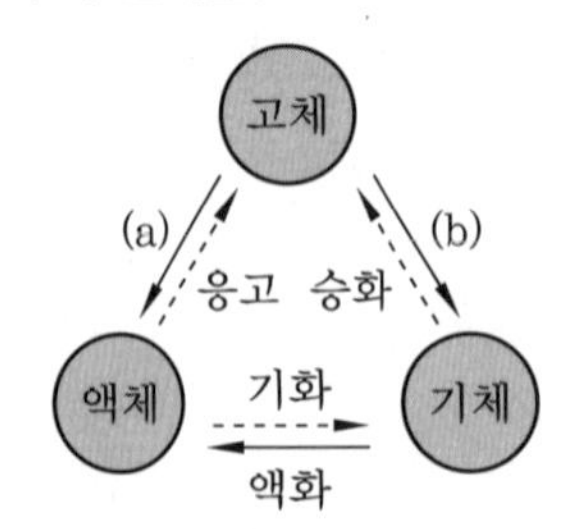

① (a) 융해, (b) 승화
② (a) 승화, (b) 융해
③ (a) 응고, (b) 승화
④ (a) 승화, (b) 응고

해설 물질의 상태 변화
㉮ 융해 : 고체 상태의 물질이 열에너지를 얻어 액체 상태의 물질로 변화하는 현상이다.
㉯ 응고 : 액체 상태에 있는 물질의 열에너지를 제거하여 고체 상태의 물질로 변화하는 현상이다.
㉰ 기화 : 액체 상태의 물질이 열에너지를 얻어 기체 상태의 물질로 변화하는 현상이다.
㉱ 액화 : 기체 상태에 있는 물질의 열에너지를 제거하여 액체 상태의 물질로 변화하는 현상이다.
㉲ 승화 : 물질이 고체 상태에서 융해되지 않고 기체 상태로 변화하는 현상 및 그 반대 현상이다.

9. 물의 끓는점을 높이기 위한 방법으로 가장 타당한 것은?

① 순수한 물을 끓인다.
② 물을 저으면서 끓인다.
③ 감압 하에 끓인다.
④ 밀폐된 그릇에서 끓인다.

해설 압력이 상승하면 비등점이 높아지므로 물의 끓는점을 높이기 위해서는 압력솥과 같은 밀폐된 그릇에서 끓인다.

10. 비열에 대한 설명 중 틀린 것은?

① 단위는 kcal/kg·℃이다.
② 비열이 크면 열용량도 크다.
③ 비열이 크면 온도가 빨리 상승한다.
④ 구리(銅)는 물보다 비열이 작다.

해설 ㉮ 현열식 $Q = G \cdot C \cdot (t_2 - t_1)$에서

$t_2 = \frac{Q}{G \cdot C} + t_1$이므로 비열($C$)이 크면 온도 상승이 늦다.

㉯ 구리(銅)와 물의 비열 비교
㉠ 구리(銅) 비열 : 0.0931kcal/kg·℃
㉡ 4℃ 물의 비열 : 1 kcal/kg·℃

정답 6. ③ 7. ② 8. ① 9. ④ 10. ③

11. 압축성 기체의 비열비 $\left(k = \frac{C_p}{C_v}\right)$에 대하여 맞는 것은?

① 항상 1보다 작다.
② 항상 1보다 크다.
③ 항상 1이다.
④ 일정치 않다.

해설 비열비는 정압비열과 정적비열의 비로 정압비열이 정적비열보다 크기 때문에 항상 1보다 크다.

12. 다음 중 비열이 가장 큰 물질은?

① 물　② 구리
③ 나무　④ 철

해설 각 물질의 비열

명칭	비열
물	1 cal/g·℃
구리	0.09 cal/g·℃
나무	0.4 cal/g·℃
철	0.11 cal/g·℃

13. 어떤 가연물의 착화에너지가 24cal일 때 이것을 일 에너지의 단위로 환산하면 약 몇 Joule 인가?

① 24　② 42
③ 84　④ 100

해설 1cal는 약 4.185J, 1J은 약 0.238cal에 해당된다.
∴ 24cal×4.185J/cal=100.32J

14. 다음은 현열에 대한 설명이다. 맞는 것은?

① 물질이 상태변화 없이 온도가 변할 때 필요한 열이다.
② 물질이 온도변화 없이 상태가 변할 때 필요한 열이다.
③ 물질이 상태, 온도 모두 변할 때 필요한 열이다.
④ 물질이 온도변화 없이 압력이 변할 때 필요한 열이다.

해설 현열과 잠열
㉮ 현열(감열) : 상태불변, 온도변화에 소요된 열량
㉯ 잠열(숨은열) : 온도불변, 상태변화에 소요된 열량

15. 대기압 하에서 열린 실린더에 있는 1mol의 기체를 20℃에서 120℃까지 가열하면 기체가 흡수하는 열량은 몇 cal 인가? (단, 기체의 비열은 4.97cal/mol·℃이다.)

① 97　② 100
③ 497　④ 760

해설 $Q = m \times C \times \Delta t$
$= 1 \times 4.97 \times (120 - 20)$
$= 497\,\text{cal}$

16. 0℃의 얼음 10g을 모두 수증기로 변화시키려면 약 몇 cal의 열량이 필요한가?

① 6190cal　② 6390cal
③ 6890cal　④ 7190cal

해설 필요 열량 계산 : 얼음의 융해 잠열은 79.68cal/g(약 80cal/g), 물의 증발 잠열은 539cal/g이고, 물의 비열은 1cal/g·℃이다.
㉮ 0℃의 얼음 → 0℃의 물로 변화 : 잠열
$\therefore Q_1 = G \times \gamma = 10 \times 80 = 800\,\text{cal}$
㉯ 0℃의 물 → 100℃의 물로 변화 : 현열
$\therefore Q_2 = G \times C \times \Delta t$
$= 10 \times 1 \times (100 - 0) = 1000\,\text{cal}$
㉰ 100℃의 물 → 100℃의 수증기로 변화 : 잠열
$\therefore Q_3 = G \times \gamma = 10 \times 539 = 5390\,\text{cal}$
㉱ 합계 열량 계산
$Q = Q_1 + Q_2 + Q_3$
$= 800 + 1000 + 5390$
$= 7190\,\text{cal}$

정답 11. ② 12. ① 13. ④ 14. ① 15. ③ 16. ④

17. 다음의 변화 중 에너지가 가장 많이 필요한 경우는?

① 100℃의 물 1몰을 100℃ 수증기로 변화시킬 때
② 0℃의 얼음 1몰을 50℃ 물로 변화시킬 때
③ 0℃의 물 1몰을 100℃ 물로 변화시킬 때
④ 0℃의 얼음 10g을 100℃ 물로 변화시킬 때

해설 (1) 얼음의 융해 잠열은 79.68cal/g, 물의 증발 잠열은 539cal/g이고, 물의 비열은 1cal/g·℃, 물 1mol은 18g/mol이다.
(2) 각 변화의 필요한 에너지
① 잠열 : (1mol×18g/mol)×539cal/g=9702cal
② 잠열+현열 : (1×18×79.68)+(1×18×50) =2334.24cal
③ 현열 : (1×18)×1×100=1800cal
④ 잠열+현열 : (10×79.68)+(10×1×100) =1796.8cal

★★★
18. 다음은 열역학 제 몇 법칙에 대한 내용인가?

0K(절대영도)에서 물질의 엔트로피는 0이다.

① 열역학 제0법칙 ② 열역학 제1법칙
③ 열역학 제2법칙 ④ 열역학 제3법칙

해설 열역학 법칙
㉮ 열역학 제0법칙 : 열평형의 법칙
㉯ 열역학 제1법칙 : 에너지 보존의 법칙
㉰ 열역학 제2법칙 : 방향성의 법칙
㉱ 열역학 제3법칙 : 어떤 계 내에서 물체의 상태변화 없이 절대온도 0도에 이르게 할 수 없다.

19. 가로 2cm, 세로 5cm, 높이 3cm의 직육면체 물체의 무게는 100g 이었다. 이 물체의 밀도는 몇 g/cm^3 인가?

① 3.3 ② 4.3 ③ 5.3 ④ 6.3

해설 ㉮ 밀도(ρ) : 단위 체적당 질량이다.
㉯ 밀도 계산

$$\rho = \frac{W}{V} = \frac{100}{2\times 3\times 5} = 3.333\,g/cm^3$$

20. 구리선의 밀도가 7.81g/mL이고, 질량이 3.72g이다. 이 구리선의 부피는 얼마인가?

① 0.48 ② 2.09
③ 1.48 ④ 3.09

해설 밀도$(g/mL) = \frac{질량(g)}{부피(mL)}$이다.

$$\therefore 부피(mL) = \frac{질량(g)}{밀도(g/mL)} = \frac{3.72}{7.81} = 0.476\,mL$$

21. 다음 중 가스 상태에서의 밀도가 가장 큰 것은?

① 산소 ② 질소
③ 이산화탄소 ④ 수소

해설 ㉮ 가스 밀도(ρ) : 단위 체적당 질량으로 $\frac{분자량}{22.4}$로 구할 수 있으므로 분자량이 큰 가스가 밀도가 크다.
㉯ 각 가스의 분자량 및 밀도

명칭	분자량	밀도(g/L)
산소(O_2)	32	1.43
질소(N_2)	28	1.25
이산화탄소(CO_2)	44	1.96
수소(H_2)	2	0.09

22. 어떤 기체가 탄소원자 1개 당 2개의 수소원자를 함유하고 0℃, 1기압에서 밀도가 1.25g/L일 때, 이 기체에 해당하는 것은?

① CH_2 ② C_2H_4
③ C_3H_6 ④ C_4H_8

해설 표준상태(0℃, 1기압)에서 기체의 밀도 $\rho = \frac{분자량}{22.4}$이므로 분자량을 구하여 해당하는 기체를 찾아낸다.

정답 17. ① 18. ④ 19. ① 20. ① 21. ③ 22. ②

∴ 분자량 $= \rho \times 22.4 = 1.25 \times 22.4 = 28$

∴ 분자량이 28인 기체는 에틸렌(C_2H_4)이다.

★

23. 다음 물질 중 증기 비중이 가장 작은 것은?

① 이황화탄소 ② 아세톤
③ 아세트알데히드 ④ 디에틸에테르

해설 ㉮ 제4류 위험물의 분자량 및 증기 비중

품명	분자량	비중
이황화탄소(CS_2)	76	2.62
아세톤(CH_3COCH_3)	58	2.0
아세트알데히드(CH_3CHO)	44	1.52
디에틸에테르($C_2H_5OC_2H_5$)	74	2.55

㉯ 증기 비중은 $\frac{\text{기체 분자량}}{\text{공기의 평균 분자량(29)}}$이므로 분자량이 큰 것이 증기 비중이 크다.

★

24. 기압에서 2L의 부피를 차지하는 어떤 이상기체를 온도변화 없이 압력을 4기압으로 하면 부피는 얼마가 되겠는가?

① 2.0L ② 1.5L
③ 1.0L ④ 0.5L

해설 보일-샤를의 법칙 $\frac{P_1 V_1}{T_1} = \frac{P_2 V_2}{T_2}$에서 온도변화가 없는 상태이므로 $T_1 = T_2$이다.

$$\therefore V_2 = \frac{P_1 V_1}{P_2} = \frac{1 \times 2}{4} = 0.5\,\text{L}$$

25. 20℃에서 4L를 차지하는 기체가 있다. 동일한 압력, 40℃에서는 몇 L를 차지하는가?

① 0.23 ② 1.23
③ 4.27 ④ 5.27

해설 보일-샤를의 법칙 $\frac{P_1 V_1}{T_1} = \frac{P_2 V_2}{T_2}$에서 압력변화가 없는 상태이므로 $P_1 = P_2$이다.

$$\therefore V_2 = \frac{V_1 T_2}{T_1} = \frac{4 \times (273+40)}{273+20} = 4.273\,\text{L}$$

26. 20℃에서 600mL의 부피를 차지하고 있는 기체를 압력의 변화 없이 온도를 40℃로 변화시키면 부피는 얼마로 변하겠는가?

① 300mL ② 641mL
③ 836mL ④ 1200mL

해설 보일-샤를의 법칙 $\frac{P_1 V_1}{T_1} = \frac{P_2 V_2}{T_2}$에서 압력변화가 없는 상태이므로 $P_1 = P_2$이다.

$$\therefore V_2 = \frac{V_1 T_2}{T_1} = \frac{600 \times (273+40)}{273+20}$$
$$= 640.955\,\text{mL}$$

27. 어떤 주어진 양의 기체의 부피가 21℃, 1.4atm에서 250mL이다. 온도가 49℃로 상승 되었을 때의 부피가 300mL이라고 하면 이때의 압력은 약 얼마인가?

① 1.35atm ② 1.28atm
③ 1.21atm ④ 1.16atm

해설 보일-샤를의 법칙 $\frac{P_1 V_1}{T_1} = \frac{P_2 V_2}{T_2}$이다.

$$\therefore P_2 = \frac{P_1 V_1 T_2}{V_2 T_1}$$
$$= \frac{1.4 \times 250 \times (273+49)}{300 \times (273+21)}$$
$$= 1.277\,\text{atm}$$

28. 실제기체는 어떤 상태일 때 이상기체 상태방정식에 잘 맞는가?

① 온도가 높고, 압력이 높을 때
② 온도가 낮고, 압력이 낮을 때
③ 온도가 높고, 압력이 낮을 때
④ 온도가 낮고, 압력이 높을 때

해설 실제기체가 이상기체 상태방정식을 만족시킬 수 있는 조건은 온도가 높고, 압력이 낮은 상태이다.

∴ 고온, 저압인 상태

정답 23. ③ 24. ④ 25. ③ 26. ② 27. ② 28. ③

★
29. 이상기체상수 R값이 0.082라면 그 단위로 옳은 것은?

① $\frac{\text{atm}\cdot\text{mol}}{\text{L}\cdot\text{K}}$　② $\frac{\text{mmHg}\cdot\text{mol}}{\text{L}\cdot\text{K}}$
③ $\frac{\text{atm}\cdot\text{L}}{\text{mol}\cdot\text{K}}$　④ $\frac{\text{mmHg}\cdot\text{L}}{\text{mol}\cdot\text{K}}$

해설 이상기체상수 R값에 따른 단위
㉮ 0.082 : atm·L/mol·K
㉯ $\frac{848}{M}$: kgf·m/kg·K
㉰ $\frac{8.314}{M}$: kJ/kg·K

30. 27℃에서 부피가 2L인 고무풍선 속의 수소기체 압력이 1.23atm이다. 이 풍선 속에 몇 mol의 수소기체가 들어 있는가? (단, 이상기체라고 가정한다.)

① 0.01　② 0.05
③ 0.10　④ 0.25

해설 이상기체 상태방정식 $PV=nRT$에서
$$n=\frac{PV}{RT}=\frac{1.23\times 2}{0.082\times(273+27)}=0.1\,\text{mol}$$

31. 표준상태에서 기체 A 1L의 무게는 1.964g이다. A의 분자량은?

① 44　② 16　③ 4　④ 2

해설 표준상태는 0℃, 1기압 상태이며, 분자량 M은 이상기체 상태방정식 $PV=\frac{W}{M}RT$ 에서 구한다.
$$\therefore M=\frac{WRT}{PV}=\frac{1.964\times 0.082\times 273}{1\times 1}$$
$$=43.966$$

32. 어떤 물질 1g을 증발시켰더니 그 부피가 0℃, 4atm에서 329.2mL이었다. 이 물질의 분자량은? (단, 증발한 기체는 이상기체라 가정한다.)

① 17　② 23
③ 30　④ 60

해설 증발한 기체 부피 329.2mL는 0.3292L에 해당되며, 분자량 M은 이상기체 상태방정식 $PV=\frac{W}{M}RT$에서 구한다.
$$\therefore M=\frac{WRT}{PV}=\frac{1\times 0.082\times(273+0)}{4\times 0.3292}$$
$$=17.00$$

33. 액체 0.2g을 기화시켰더니 그 증기의 부피가 97℃, 740mmHg에서 80mL이었다. 이 액체의 분자량은?

① 40　② 46
③ 78　④ 121

해설 증기의 부피 80mL는 0.08L에 해당되며, 분자량 M은 이상기체 상태방정식 $PV=\frac{W}{M}RT$에서 구한다.
$$\therefore M=\frac{WRT}{PV}=\frac{0.2\times 0.082\times(273+97)}{\frac{740}{760}\times 0.08}$$
$$=77.9$$

34. 730mmHg, 100℃에서 257mL 부피의 용기 속에 어떤 기체가 채워져 있고, 그 무게는 1.671g이다. 이 물질의 분자량은 약 얼마인가?

① 28　② 56
③ 207　④ 257

해설 부피 257mL는 0.257L에 해당되며, 분자량 M은 이상기체 상태방정식 $PV=\frac{W}{M}RT$에서 구한다.
$$\therefore M=\frac{WRT}{PV}$$
$$=\frac{1.671\times 0.082\times(273+100)}{\frac{730}{760}\times 0.257}$$
$$=207.041$$

정답 29. ③　30. ③　31. ①　32. ①　33. ③　34. ③

35. 27℃에서 9g의 비전해질을 녹여 만든 900mL 용액의 삼투압은 3.84기압이었다. 이 물질의 분자량은 약 얼마인가?

① 18 ② 32 ③ 44 ④ 64

해설 $PV=\frac{W}{M}RT$에서

$$M=\frac{WRT}{PV}=\frac{9\times0.082\times(273+27)}{3.84\times0.9}$$
$$=64.062$$

36. 요소 6g을 물에 녹여 1000L로 만든 용액의 27℃에서의 삼투압은 약 몇 atm 인가? (단, 요소의 분자량은 60이다.)

① 1.26×10^{-1} ② 1.26×10^{-2}
③ 2.46×10^{-3} ④ 2.56×10^{-4}

해설 이상기체 상태방정식 $PV=\frac{W}{M}RT$ 에서 압력 P를 구한다.

$$\therefore P=\frac{WRT}{VM}=\frac{6\times0.082\times(273+27)}{1000\times60}$$
$$=2.46\times10^{-3}\text{atm}$$

37. 산소 5g을 27℃에서 1.0L의 용기 속에 넣었을 때 기체의 압력은 몇 기압인가?

① 0.52 기압 ② 3.84 기압
③ 4.50 기압 ④ 5.43 기압

해설 산소(O_2) 분자량은 32, 압력 P는 이상기체 상태방정식 $PV=\frac{W}{M}RT$ 에서 구한다.

$$\therefore P=\frac{WRT}{VM}=\frac{5\times0.082\times(273+27)}{1.0\times32}$$
$$=3.843\text{atm}$$

38. 0℃, 1기압에서 1g의 수소가 들어 있는 용기에 산소 32g을 넣었을 때 용기의 총 내부 압력은? (단, 온도는 일정하다.)

① 1기압 ② 2기압
③ 3기압 ④ 4기압

해설 이상기체 상태방정식 $PV=\frac{W}{M}RT$ 를 이용하여

㉮ 수소가 들어 있는 상태를 이용하여 용기의 내용적을 계산

$$\therefore V=\frac{WRT}{PM}=\frac{1\times0.082\times273}{1\times2}=11.193\text{L}$$

㉯ 산소를 넣었을 때의 압력 P를 구한다.

$$\therefore P=\frac{WRT}{VM}=\frac{32\times0.082\times273}{11.193\times32}=2\text{기압}$$

㉰ 전체 압력=수소의 압력+산소의 압력
=1기압+2기압=3기압

39. 물 36g을 모두 증발시키면 수증기가 차지하는 부피는 표준상태를 기준으로 몇 L인가?

① 11.2L ② 22.4L
③ 33.6L ④ 44.8L

해설 물(H_2O) 분자량은 18이고, 표준상태(0℃, 1기압)에서 기체 1몰(mol)의 부피는 22.4L이다.

∴ 수증기(H_2O) 부피

$$=\frac{36\text{g}}{18\text{g/mol}}\times22.4\text{L/mol}$$
$$=44.8\text{L}$$

별해 이상기체 상태방정식을 이용하여 계산

$PV=\frac{W}{M}RT$에서

$$\therefore V=\frac{WRT}{PM}=\frac{36\times0.082\times(273+0)}{1\times18}$$
$$=44.772\text{L}$$

40. 0.99atm, 55℃에서 이산화탄소의 밀도는 약 몇 g/L 인가?

① 0.62 ② 1.62
③ 9.65 ④ 12.65

해설 ㉮ 이산화탄소(CO_2)의 분자량(M) 계산 : 12+(16×2)=44

㉯ 0.99atm, 55℃에서 이산화탄소의 밀도 계산 : 이상기체 상태방정식 $PV=\frac{W}{M}RT$를 이용하여 계산한다.

정답 35. ④ 36. ③ 37. ② 38. ③ 39. ④ 40. ②

$$\therefore \rho = \frac{W}{V} = \frac{PM}{RT} = \frac{0.99 \times 44}{0.082 \times (273 + 55)}$$
$$= 1.619\,g/L$$

41. 이상기체의 거동을 가정할 때, 표준상태에서의 기체 밀도가 약 1.96g/L인 기체는?

① O_2 ② CH_4 ③ CO_2 ④ N_2

해설 ㉮ 표준상태(0℃, 1기압 상태)에서 기체의 밀도 $\rho = \frac{분자량}{22.4}$ 이다.

$\therefore M = 22.4 \times \rho = 22.4 \times 1.96 = 43.904 \fallingdotseq 44$

㉯ 각 기체의 분자량

명칭	분자량	명칭	분자량
산소(O_2)	28	이산화탄소(CO_2)	44
메탄(CH_4)	16	질소(N_2)	28

별해 이상기체 상태방정식을 이용하여 분자량 계산

$$M = \frac{WRT}{PV} = \frac{W}{V} \times \frac{RT}{P} = \rho \times \frac{RT}{P}$$
$$= 1.96 \times \frac{0.082 \times 273}{1} = 43.876 \fallingdotseq 44$$

42. 이상기체의 밀도에 대한 설명으로 옳은 것은?

① 절대온도에 비례하고 압력에 반비례한다.
② 절대온도와 압력에 반비례한다.
③ 절대온도에 반비례하고 압력에 비례한다.
④ 절대온도와 압력에 비례한다.

해설 이상기체 상태방정식 $PV = \frac{W}{M}RT$ 에서 온도와 압력이 변할 때 밀도(ρ)를 구하는 식은 $\rho = \frac{W}{V} = \frac{PM}{RT}$ 이다.

∴ 이상기체의 밀도(ρ)는 절대온도(T)에 반비례하고, 압력(P)에 비례한다.

43. 1몰의 질소와 3몰의 수소를 촉매와 같이 용기 속에 밀폐하고 일정한 온도로 유지하였더니 반응물질의 50%가 암모니아로 변하였다. 이때의 압력은 최초 압력의 몇 배가 되는가? (단, 용기의 부피는 변하지 않는다.)

① 0.5 ② 0.75
③ 1.25 ④ 변하지 않는다.

해설 ㉮ 암모니아(NH_3) 합성 반응식

$N_2 + 3H_2 \rightarrow 2NH_3$

㉯ 반응 전의 몰수 합 : 질소 1몰+수소 3몰=4몰

㉰ 50% 반응 시 반응 몰수는 질소 0.5몰, 수소 1.5몰이 반응하여 생성된 암모니아는 반응식에서 생성된 암모니아 2몰의 50% 만큼 생성되는 것이므로 1몰 생성된다. 그러므로 반응 전·후 합계 몰수는 3몰이 된다.

㉱ 50% 반응 후 압력 계산 : 이상기체 상태방정식 $PV = nRT$에서 반응 전의 상태를 $P_1V_1 = n_1R_1T_1$으로 놓고, 반응 후의 상태를 $P_2V_2 = n_2R_2T_2$ 놓고 식을 세우면 다음과 같다.

$\frac{P_2V_2}{P_1V_1} = \frac{n_2R_2T_2}{n_1R_1T_1}$ 에서

$V_1 = V_2,\ R_1 = R_2,\ T_1 = T_2$이다.

$\therefore P_2 = \frac{n_2}{n_1} \times P_1 = \frac{3}{4} \times P_1 = 0.75\,P_1$

㉲ 질소와 수소가 50% 반응하여 암모니아가 생성되었을 때의 압력의 최초 압력(P_1)의 0.75배이다.

44. 1기압의 수소 2L와 3기압의 산소 2L를 동일 온도에서 5L의 용기에 넣으면 전체 압력은 몇 기압이 되는가?

① $\frac{4}{5}$ ② $\frac{8}{5}$ ③ $\frac{12}{5}$ ④ $\frac{16}{5}$

해설 $P = \frac{P_1V_1 + P_2V_2}{V}$

$$= \frac{(1 \times 2) + (3 \times 2)}{5} = \frac{8}{5}$$

45. 질소 2몰과 산소 3몰의 혼합기체가 나타내는 전압력이 10기압일 때 질소의 분압은 얼

정답 41. ③ 42. ③ 43. ② 44. ② 45. ②

마인가?

① 2기압 ② 4기압
③ 8기압 ④ 10기압

해설 P_{N_2} = 전압 × $\dfrac{\text{성분몰}}{\text{전몰}}$

$= 10 \times \dfrac{2}{2+3} = 4$ 기압

46. 어떤 용기에 산소 16g과 수소 2g을 넣었을 때 산소와 수소의 압력의 비는?

① 1 : 2 ② 1 : 1
③ 2 : 1 ④ 4 : 1

해설 ㉮ 압력비와 몰(mol)비는 같으므로 몰비로 산소와 수소의 압력비를 비교한다.
㉯ 산소(O_2)의 분자량 32, 수소(H_2)의 분자량 16이고, $n = \dfrac{W}{M}$ 이다.

∴ 산소 : 수소 $= \dfrac{16}{32} : \dfrac{2}{2} = 0.5 : 1 = 1 : 2$

47. 물 450g에 NaOH 80g이 녹아 있는 용액에서 NaOH의 몰분율은? (단, Na의 원자량은 23이다.)

① 0.074 ② 0.178
③ 0.200 ④ 0.450

해설 ㉮ 물(H_2O) 몰(mol)수 계산 : 물(H_2O) 분자량은 18이다.

$\therefore n_1 = \dfrac{W}{M} = \dfrac{450}{18} = 25\,\text{mol}$

㉯ NaOH(가성소다) 몰(mol)수 계산 : NaOH 분자량은 40이다.

$\therefore n_2 = \dfrac{W}{M} = \dfrac{80}{40} = 2\,\text{mol}$

㉰ NaOH 몰분율 계산

몰분율 $= \dfrac{\text{성분몰}}{\text{전몰}} = \dfrac{n_2}{n_1 + n_2}$

$= \dfrac{2}{25+2} = 0.074$

48. 에탄올 20.0g과 물 40.0g을 함유한 용액에서 에탄올의 몰분율은 약 얼마인가?

① 0.090 ② 0.164
③ 0.444 ④ 0.896

해설 ㉮ 에탄올(C_2H_5OH) 몰(mol)수 계산 : C_2H_5OH 분자량은 46이다.

$\therefore n_1 = \dfrac{W}{M} = \dfrac{20.0}{46} = 0.434\,\text{mol}$

㉯ 물(H_2O) 몰(mol)수 계산 : H_2O 분자량은 18이다.

$\therefore n_2 = \dfrac{W}{M} = \dfrac{40.0}{18} = 2.222\,\text{mol}$

㉰ 에탄올(C_2H_5OH) 몰분율 계산

몰분율 $= \dfrac{\text{성분몰}}{\text{전몰}} = \dfrac{n_2}{n_1 + n_2}$

$= \dfrac{0.434}{0.434 + 2.222} = 0.1634$

★
49. 그레이엄의 법칙에 따른 기체의 확산 속도와 분자량의 관계를 옳게 설명한 것은?

① 기체 확산 속도는 분자량의 제곱에 비례한다.
② 기체 확산 속도는 분자량의 제곱에 반비례한다.
③ 기체 확산 속도는 분자량의 제곱근에 비례한다.
④ 기체 확산 속도는 분자량의 제곱근에 반비례한다.

해설 그레이엄의 법칙(혼합가스의 확산속도) : 일정한 온도에서 기체의 확산속도는 기체의 분자량(또는 밀도)의 평방근(제곱근)에 반비례한다.

$\dfrac{U_2}{U_1} = \sqrt{\dfrac{M_1}{M_2}} = \dfrac{t_1}{t_2}$

여기서, U_1, U_2 : 1번 및 2번 기체의 확산속도
M_1, M_2 : 1번 및 2번 기체의 분자량
t_1, t_2 : 1번 및 2번 기체의 확산시간

정답 46. ① 47. ① 48. ② 49. ④

50. "기체의 확산속도는 기체의 밀도(또는 분자량)의 제곱근에 반비례한다."라는 법칙과 연관성이 있는 것은?

① 미지의 기체 분자량을 측정에 이용할 수 있는 법칙이다.
② 보일-샤를이 정립한 법칙이다.
③ 기체상수 값을 구할 수 있는 법칙이다.
④ 이 법칙은 기체상태방정식으로 표현된다.

해설 미지의 기체 확산속도를 알면 그레이엄의 법칙을 이용하여 분자량을 측정(계산)에 이용할 수 있다.

51. 분자량의 무게가 4배이면 확산 속도는 몇 배인가?

① 0.5배 ② 1배
③ 2배 ④ 4배

해설 $\frac{U_2}{U_1} = \sqrt{\frac{M_1}{M_2}} = \sqrt{\frac{1}{4}} = \frac{1}{2} = 0.5$ 배

★★
52. 어떤 기체의 확산속도는 SO_2의 2배이다. 이 기체의 분자량은 얼마인가?

① 8 ② 16
③ 32 ④ 64

해설 ㉮ 아황산가스(SO_2)의 분자량은 64이다.
㉯ 그레이엄의 확산속도 법칙 $\frac{U_{SO_2}}{U_A} = \sqrt{\frac{M_A}{M_{SO_2}}}$ 에서 어떤 기체(M_A)의 확산속도는 SO_2의 2배이므로
$\frac{1}{2} = \sqrt{\frac{M_A}{M_{SO_2}}}$ 이다.
$\therefore M_A = \left(\frac{1}{2}\right)^2 \times M_{SO_2} = \left(\frac{1}{2}\right)^2 \times 64 = 16$

★★
53. 다음 중 배수비례의 법칙이 성립되지 않는 것은?

① H_2O와 H_2O_2 ② SO_2와 SO_3
③ N_2O와 NO ④ O_2와 O_3

해설 배수비례의 법칙이 적용되는 예
㉮ 질소 산화물에서 아산화질소(N_2O), 일산화질소(NO), 삼산화질소(N_2O_3), 이산화질소(NO_2), 오산화이질소(N_2O_5)에서 일정 질량의 질소(N)와 결합하는 산소(O)의 질량비는 1 : 2 : 3 : 4 : 5의 정수비가 성립한다.
㉯ CO, CO_2에서 일정 질량의 탄소(C)와 결합하는 산소(O)의 질량비는 1 : 2의 정수비가 성립한다.
㉰ SO_2, SO_3에서 일정 질량의 황(S)과 결합하는 산소(O)의 질량비 1 : 1.5이다.
㉱ H_2O와 H_2O_2에서 일정 질량의 수소(H)와 결합하는 산소(O)의 질량비는 1 : 2이다.

참고 O_2와 O_3는 동소체에 해당된다.

참고 배수 비례의 법칙 : A, B 두 종류의 원소가 반응하여 두 가지 이상의 화합물을 만들 때, 한 원소 A의 일정량과 결합하는 B원소의 질량들 사이에는 간단한 정수비가 성립한다.

정답 50. ① 51. ① 52. ② 53. ④

1-3 | 원자의 구조와 원소의 주기율

1 원자설과 분자설

(1) 돌턴(Dalton)의 원자설

① 모든 원자는 더 이상 나눌 수 없는 작은 입자들로 구성되어 있다.

② 같은 원소의 원자는 물리적, 화학적 성질이 같고, 같은 질량을 갖는다.

③ 화학 반응을 할 때 원자는 재배열되는 것이며, 다른 원소의 원자로 변하거나 없어지지 않는다.

④ 화합물은 성분 원소의 원자들이 정해진 수의 비율로 결합하여 만들어 진다.

(2) 분자설

① 기체 반응의 법칙 : 화학 반응에서 반응물이나 생성물이 기체일 때, 이들 기체 부피 사이에는 간단한 정수비가 성립한다.

$2H_2$	+	O_2	→	$2H_2O$
수소 2부피		산소 1부피		수증기 2부피

② 아보가드로의 법칙 : 온도와 압력이 같으면 모든 기체는 같은 부피 속에 같은 수의 분자를 포함한다. 표준상태(0℃, 1기압)에서 모든 기체 1몰은 22.4L이며, 그 속에는 6.02×10^{23}개의 분자수가 존재한다는 것으로, 이 수를 아보가드로의 수라 한다.

(3) 원자량

① 원자량

㈎ 질량수 12인 탄소원자를 기준으로 이것을 12로 정하고, 다른 원자의 질량을 비교한 값을 원자량이라 한다.

㈏ g 원자 : 원자량에 "g"단위를 사용하여 표시한 것으로, 탄소 12g 중에는 6.02×10^{23}개의 탄소 원자가 들어 있으며, 이 6.02×10^{23}개의 원자를 1g 원자 또는 1몰(mol) 원자라 한다.

② 당량

㈎ 원소의 당량 : 수소 $1\text{g}\left(\frac{1}{2}\text{mol}\right)$ 또는 산소 $8\text{g}\left(\frac{1}{4}\text{mol}\right)$과 결합하거나 치환되는 다른 원소의 양을 그 원소의 당량이라고 한다.

$$\text{당량} = \frac{\text{원자량}}{\text{원자가}}, \quad \text{원자량} = \text{당량} \times \text{원자가}$$

[참고] 모든 원소들은 반드시 당량 대 당량으로 반응한다.

예 CO_2에서 탄소(C)의 g당량은? → 탄소의 원자가는 4이고, 원자량은 12이다.

∴ 12 ÷ 4=3g이다.

(나) 당량과 전자 : 어떤 원소가 전자 1몰(6.02×10^{23})을 받아들이거나 낼 수 있는 무게를 그 원소의 1g 당량이라 한다.

(4) 분자량

① 분자 : 물질의 성질을 지니는 최소 입자를 말한다.

(가) 분자량 : 분자를 구성하는 원자의 원자량의 합이다.

예 수소 $H_2 = 1.00797 \times 2 = 2.01594 ≒ 2.016 ≒ 2$

산소 $O_2 = 15.9994 \times 2 = 31.9988 ≒ 32$

(나) g 분자 : 분자량에 "g"단위를 사용하여 표시한 양을 1g 분자 또는 1몰(mol)이라 한다.

분자량과 g 분자

구분	수소	암모니아	산소	이산화탄소	황산
분자식	H_2	NH_3	O_2	CO_2	H_2SO_4
분자량	2.01	17.03	32.00	44.01	98.08
1g 분자	2.01g	17.03g	32.00g	44.01g	98.08g

② 분자 모형

(가) 1원자 분자 : 1개의 원자로 이루어진 분자로 탄소(C), 헬륨(He), 아르곤(Ar), 네온(Ne) 등이 해당된다.

(나) 2원자 분자 : 2개의 원자로 이루어진 분자로 수소(H_2), 산소(O_2), 일산화탄소(CO) 등이 해당된다.

(다) 3원자 분자 : 3개의 원자로 이루어진 분자로 물(HO_2), 이산화탄소(CO_2), 오존(O_3) 등이 해당된다.

(라) 다원자 분자 : 많은 수의 원자로 이루어진 분자로 녹말, 단백질 등이 해당된다.

(5) 몰(mol)의 개념

물질을 구성하는 기초적인 입자수 6.02×10^{23}개의 모임을 1몰(mol)이라 표시한다.

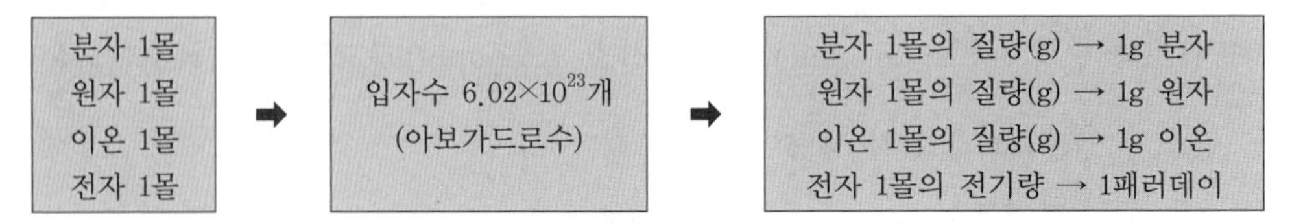

(6) 화학식

물질이나 이온을 원소 기호를 이용하여 표시한 식을 말한다.

① 실험식 : 물질을 구성하는 원소와 원자수의 비로 표시한 것으로 조성식이라 한다.

② 분자식 : 분자를 구성하는 성분 원소와 그 원소수로 표시한 것이다.

③ 시성식 : 분자 속에 들어 있는 기(基)를 구별해서 나타낸 것이다.

④ 구조식 : 분자 내에 원자 결합 상태를 원소 기호와 선을 이용하여 표시한 것이다.

화학식

구분	실험식	분자식	시성식	구조식
초산	CH_2O	$C_2H_4O_2$	CH_2COOH	H O | ‖ H−C−C−O−H | H
에틸알코올	C_2H_5OH	C_2H_2O	$CH_3 \cdot CH_2 \cdot OH$	H H | | H−C−C−O−H | | H H
아세틸렌	CH	C_2H_2	CH·CH	H−C≡C−H

참고 **조성식을 구하는 법** : 화학식 $A_m B_n C_p$ 라 하면

$$m:n:p = \frac{\text{A의 질량(\%)}}{\text{A의 원자량}} : \frac{\text{B의 질량(\%)}}{\text{B의 원자량}} : \frac{\text{C의 질량(\%)}}{\text{C의 원자량}}$$

2 원자의 구조와 원자 모형

(1) 원자 구조

① 원자의 구성 입자

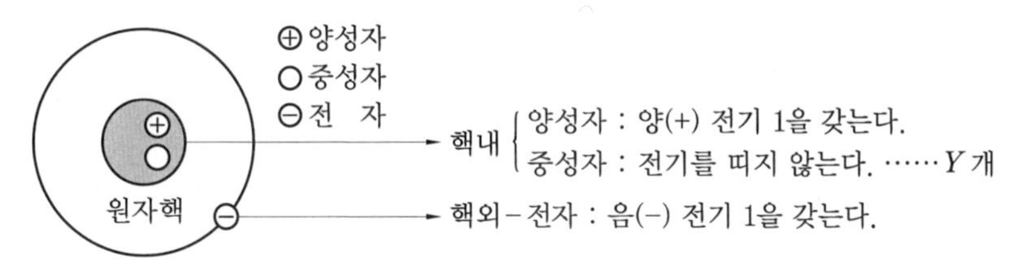

원자의 구성

② 원자 : 모든 원자는 양성자(proton)와 중성자(neutron)가 들어 있는 핵(nucleus) 및 전자로 구성된다.

㈎ 양성자 : 양전하를 가지며, 그 질량은 수소원자의 질량과 거의 같다.

㈏ 중성자 : 전하를 갖지 않으며, 그 질량은 양성자의 질량과 거의 같다.

㈐ 전자 : 양성자의 전하와 거의 같은 크기의 음전하를 갖고 있지만, 이것의 질량은 양성자의 약 $\frac{1}{1840}$ 정도이다.

③ 원자번호와 질량수

㈎ 원자번호 : 원자의 종류에 따라 원자핵 속의 양성자수는 다르므로 양성자수를 원자번호로 정하여 사용한다.

㈏ 원자번호와 전자수 : 원자번호는 양성자수이고, 양성자수는 중성원자에서 전자수와 같다.

▸ 원자번호＝양성자수＝중성원자의 전자수

㈐ 질량수 : 양성자수와 중성자수를 합한 값을 질량수로 나타내서 사용한다.

▸ 질량수＝양성자수＋중성자수

㈑ 원자의 표시 방법

$$^{\text{질량수}}_{\text{원자번호}}\mathrm{X}^{\text{원자가}}_{\text{원자수}}$$

④ 동위원소(동위체) : 원자번호(양성자수)는 같지만 중성자수가 서로 달라서 질량수가 다른 원소이다. 전자수가 같아 화학적 성질은 비슷하지만 질량수가 다르므로 물리적 성질은 다르다.

구분	수소$\left(^1_1\mathrm{H}\right)$	중수소$\left(^2_1\mathrm{H}\right)$	삼중수소$\left(^3_1\mathrm{H}\right)$
양성자수	1	1	1
중성자수	0	1	2
질량수	1	2	3
전자수	1	1	1

(2) 원자 모형

① 전자껍질

㈎ 원자핵 주위의 전자가 특정한 에너지를 갖는 원 궤도를 돌고 있는 것이다.

㈏ 전자껍질의 에너지 준위는 원자핵에서 가까울수록 작고, 원자핵에서 멀어질수록 커지며 불연속적이다.

㈐ 원자핵에서 가장 가까운 전자껍질로부터 K, L, M, N의 순으로 나타낸다.

㈃ 전자껍질에 n=1, n=2, n=3, n=4 등의 수를 부여하며, n을 주 양자수라 한다.

㈄ 전자껍질과 전자껍질 사이에는 전자가 존재하지 않는다.

② 오비탈(orbital)

㈎ 원자핵 주위에 일정한 에너지를 갖는 전자가 존재하는 확률 분포를 나타내는 것이다.

㈏ 오비탈의 종류 : 주 양자수(n)와 오비탈 모양에 따라 s, p, d, f 등의 기호로 나타낸다.

구분	s 오비탈	p 오비탈
모양	공 모양의 구형	아령 모양
존재	모든 전자껍질에 존재	L(n=2) 전자껍질부터 존재
방향성	없다.	하나의 전자껍질에 x축, y축, z축에 따라 3개가 존재하고, 에너지 준위는 같다.
주 양자수가 증가할 때	오비탈의 크기는 증가하고, 에너지 준위도 증가한다.	오비탈의 크기는 증가하고, 에너지 준위도 증가한다.

③ 양자수 : 원자에 존재하는 오비탈을 구분하기 위한 일련의 수이다.

㈎ 주 양자수(n) : 오비탈의 크기와 에너지를 결정하는 양자수이다.

㈏ 부 양자수(l) : 오비탈의 모양을 구분하는 양자수이다.

㈐ 방위 양자수(자기 양자수) (m_l) : 오비탈이 어느 방향으로 존재하는지 방향성을 결정하는 양자수이다.

㈑ 스핀 양자수(m_s) : 전자의 운동 방향에 따라 결정되는 양자수로 반시계 방향의 회전은 $+\frac{1}{2}$, 시계 방향의 회전은 $-\frac{1}{2}$로 2가지 중에 하나이다.

전자껍질에 존재하는 양자수와 오비탈

전자껍질(문자기호)	K	L		M		
주 양자수(n)	1	2		3		
부 양자수(l)	0	0	1	0	1	2
자기 양자수(m_l)	0	0	−1, 0, 1	0	−1, 0, 1	−2, −1, 0, 1, 2
오비탈의 종류	1s	2s	2p	3s	3p	3d
오비탈 수	1	1	3	1	3	5
주 양자수에 따른 오비탈의 총 수(n^2)	1	4		9		
최대 수용 전자수($2n^2$)	2	8		18		

(3) 원자의 전자배치

① 전자 배치에 관한 규칙

(가) 쌓음 원리 : 에너지 준위가 낮은 오비탈부터 높은 순서로 전자가 채워진다.

1s < 2s < 2p < 3s < 3p < 4s < 3d < 4p < 5s …

(나) 파울리의 배타원리 : 한 개의 오비탈에 전자가 들어갈 수 있는 전자수는 최대 2개이며, 이때 2개의 전자 스핀 방향은 반대가 되어야 한다.

(다) 훈트 규칙 : 에너지 준위가 같은 많은 전자가 짝을 이루지 않는 상태에서 오비탈에 전자가 채워져 들어갈 때에는 1개씩 전부 들어간 후 짝을 이룬다.

② 전자배치 표시법

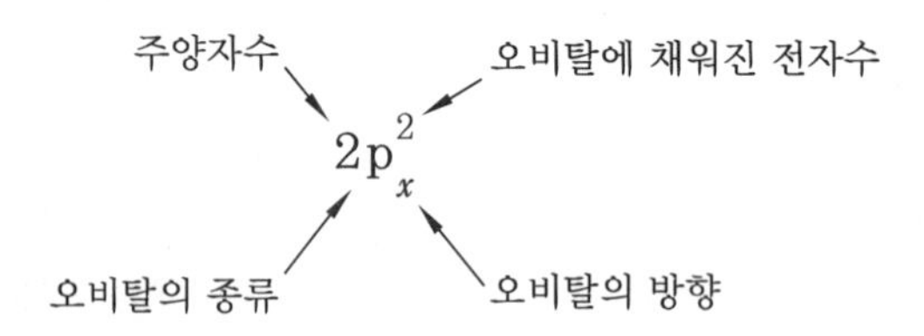

③ 전자껍질을 이용한 전자배치

(가) K껍질(s) : 1개의 부껍질

(나) L껍질(s, p) : 2개의 부껍질

(다) M껍질(s, p, d) : 3개의 부껍질

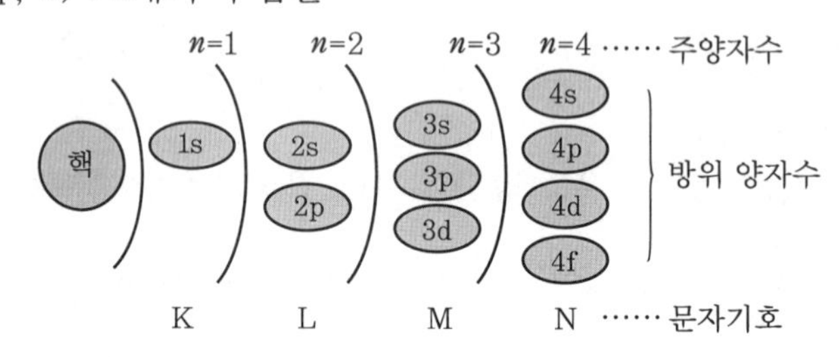

④ 전자의 배치 순서

(가) 핵에서 가장 가까운 전자껍질로부터 K, L, M, N …의 순으로 나타낸다.

(나) 각 오비탈 에너지 준위 순서 : 1s < 2s < 2p < 3s < 3p < 4s < 3d < 4p < 5s …

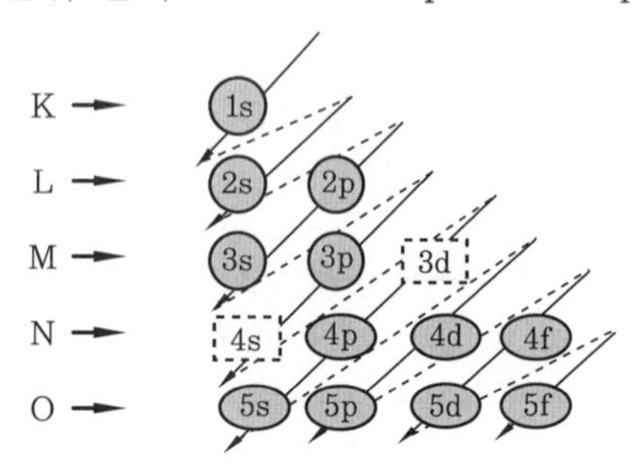

부껍질에 배치되는 전자배열

원자 번호	원소	K	L	M	N	원자 번호	원소	K	L	M	N
		1s	2s 2p	3s 3p 3d	4s 4p 4d 4f			1s	2s 2p	3s 3p 3d	4s 4p 4d 4f
1	H	1				12	Mg	2	2 6	2	
2	He	2				13	Al	2	2 6	2 1	
3	Li	2	1			14	Si	2	2 6	2 2	
4	Be	2	2			15	P	2	2 6	2 3	
5	B	2	2 1			16	S	2	2 6	2 4	
6	C	2	2 2			17	Cl	2	2 6	2 5	
7	N	2	2 3			18	Ar	2	2 6	2 6	
8	O	2	2 4			19	K	2	2 6	2 6	1
9	F	2	2 5			20	Ca	2	2 6	2 6	2
10	Ne	2	2 6			21	Sc	2	2 6	2 6 1	2
11	Na	2	2 6	1							

⑤ 원자 배열과 가전자

(가) 옥텟 규칙 : 원자는 가장 바깥쪽 전자껍질에 8개의 전자를 가질 때 가장 안정하다는 규칙으로 비활성 기체인 18족(또는 0족) 원소 중 네온(Ne), 아르곤(Ar), 크립톤(Kr), 크세논(Xe), 라돈(Rn) 등이 이에 만족한다.

(나) 최외각 궤도에 존재하는 전자수로서 모든 원자의 원자가가 결정되므로 이 전자를 원자 가전 또는 가전자라 한다.

㉮ 가전자수가 같으면 화학적 성질이 비슷하다.

㉯ 전형적 원소는 가전자수와 족의 수가 일치한다.

㉰ 최외각 전자가 8개가 되면 비교적 안정하다.

㉱ 최외각 전자가 1~7개인 원자는 잃거나 얻어 8개가 되려고 할 때 이온이 된다.

(나) 중성원자 $\xrightarrow{\text{전자를 잃으면}}$ (+)이온, 중성원자 $\xrightarrow{\text{전자를 얻으면}}$ (−)이온

예 $_{13}Al$은 전자수가 K=2, L=8, M=3으로 최외각 전자는 3개이다. 8개의 가전자를 갖기 위해 3개를 잃으면 +3이 된다.

(다) (+)이온 : +전기를 띤 원자 또는 원자단으로 H^+, Ca^{2+}, NH_4^+

(라) (−)이온 : −전기를 띤 원자 또는 원자단으로 Cl^-, S^{2-}, OH^-, SO_4^{2-}

3 원소의 주기율표

(1) 원소의 주기율

① 주기율 : 원소를 원자번호 순으로 나열했을 때 성질이 비슷한 원소가 주기적으로 나타내는 성질을 원소의 주기율이라 한다.

② 멘델레예프(Mendeleev) : 원소를 원자량 순으로 배열한 주기율표를 만들었다(원자량의 순서와 원자번호 순서가 맞지 않음).

③ 모즐리(Moseley) : 현재 사용되고 있는 주기율표로 원소를 원자번호 순으로 배열한 것이다.

(2) 주기율표와 전자배열

① 주기(period) : 주기율표의 가로줄을 말하며, 같은 주기에 있는 원소는 같은 수의 전자껍질을 가진다.

② 족(group) : 주기율표의 세로줄을 말하며, 같은 족에 있는 원소는 화학적 성질이 비슷하다.

③ 원소의 주기율표

족 주기	1	2	3	4	5	6	7	8	9	10	11	12	13	14	15	16	17	18
1	H 1																	He 2
2	Li 3	Be 4											B 5	C 6	N 7	O 8	F 9	Ne 10
3	Na 11	Mg 12											Al 13	Si 14	P 15	S 16	Cl 17	Ar 18
4	K 19	Ca 20	Sc 21	Ti 22	V 23	Cr 24	Mn 25	Fe 26	Co 27	Ni 28	Cu 29	Zn 30	Ga 31	Ge 32	As 33	Se 34	Br 35	Kr 36
5	Rb 37	Sr 38	Y 39	Zr 40	Nb 41	Mo 42	Tc 43	Ru 44	Rh 45	Pd 46	Ag 47	Cd 48	In 49	Sn 50	Sb 51	Te 52	I 53	Xe 54
6	Cs 55	Ba 56	☆	Hf 72	Ta 73	W 74	Re 75	Os 76	Ir 78	Pt 78	Au 79	Hg 80	Tl 81	Pb 82	Bi 82	Po 84	At 85	Rn 86
7	Fr 87	Ra 88	◎	Rf 104	Db 105	Sg 106	Bh 107	Hs 108	Mt 109	Ds 110	Rg 111	Cn 112	Nh 113	FI 114	Mc 115	Lv 116	Ts 117	Og 118

㈜ ☆ 란탄계열(57~71) : 생략, ◎ 악티늄계열(89~103) : 생략

(3) 전형·전이 원소와 금속·비금속 원소 및 양쪽성 원소

① 전형원소 : 원자번호 1~20, 31~38, 49~56, 81~88 구간에 위치한 44개 원소들로서 주기와 족에 따라 성질이 규칙적으로 변한다.

② 전이원소 : 원자의 전자배치에서 가장 바깥부분의 d껍질이 불완전한 양이온을 만드는 원소로 주기율표에서 4~7주기, 3~12족에 속하는 원소 중 56개가 해당된다.

㈎ 활성이 작은 중금속 원소로 녹는점이 높고 밀도가 크다.

㈏ 착이온을 만들기 쉽고 색이 있는 것이 많다.

㈐ 촉매나 산화제로 많이 쓰인다.

㈑ 2개 이상의 원자가를 갖는다.

③ 금속원소 : 가전자를 잃고 양(+)이온으로 되기 쉬운 원소로 Na, Ca, Mg 등이 해당된다.

④ 비금속 원소 : 가전자를 얻어 음(−)이온으로 되기 쉬운 원소로 Cl, Br, S 등이 해당된다.

⑤ 양쪽성 원소 : 금속과 비금속의 두 성질을 가지는 원소로 Al, Zn, Sn, Pb, As 등이 해당된다.

(4) 이온(ion)

전기를 띤 원자 또는 분자를 말하며, 원자가 전자를 잃으면 양전하를 띤 입자인 양이온이 생기며, 전자를 얻으면 음전하를 띤 입자인 음이온이 생긴다.

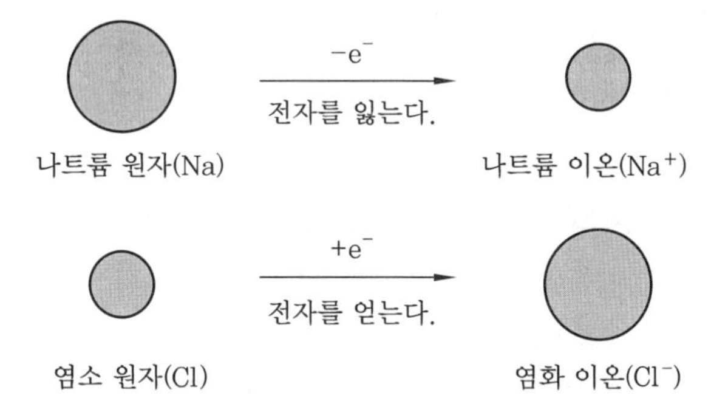

(5) 이온화 에너지와 전기 음성도

① 이온화 에너지(E) : 기체 상태의 원자로부터 전자 1개를 떼어내어 이온으로 만드는 데 필요한 에너지이다.

$$Mg(g) + E \rightarrow Mg^+(g) + e^-$$

㈎ 이온화 에너지의 주기성

㉮ 같은 주기에서 원자번호가 증가할수록(주기율표에서 오른쪽으로 갈수록) 대체로

증가한다. → 주기율표에서 2족과 13족 사이, 15족과 16족 사이에서는 원자번호가 증가할 때 이온화 에너지가 감소한다.

㉯ 같은 족에서 원자번호가 증가할수록(아래로 갈수록) 이온화 에너지가 감소한다.

(나) 순차 이온화 에너지 : 기체 상태의 원자로부터 전자를 1개씩 순차적으로 떼어내는 데 각각 필요한 에너지로 제1이온화 에너지, 제2이온화 에너지, 제3이온화 에너지, … 라고 한다.

② 전기 음성도

(가) 전자 친화력 : 중성인 기체 원자가 전자 1개를 받아들여 음이온으로 될 때 방출하는 에너지이다.

1족 → 7족 : 전자 친화력 증가

(나) 전기 음성도 : 원자가 전자를 잡아당기는 능력을 상대적인 값으로 나타낸 수치로 일반적으로 비금속성이 강할수록 증가한다[폴링(Pauling)이 발견].

증가 : F > O > N > Cl > Br > C > S > I > H > P : 감소
4.10 3.50 3.07 2.83 2.74 2.50 2.44 2.21 2.10 2.06

4 화학 결합

(1) 이온 결합

원자가 가전자를 주고받아서 안정한 양이온과 음이온으로 되어 쿨롱(Coulomb)의 힘에 의해 이루어지는 결합이다.

① 이온 결합 물질의 특성

(가) 전자를 주기 쉬운 원소(1족, 2족의 금속)와 전자를 받아들이기 쉬운 원소(16족, 17족의 비금속) 사이에 이온 결합이 형성된다.

예 $NaCl$, $CaBr_2$, BaO, K_2SO_4 등

(나) 쿨롱의 힘에 의한 강한 결합이므로 단단하며, 힘을 가하면 쉽게 부스러진다.

(다) 양이온과 음이온이 정전기적 인력으로 단단하게 결합되어 있어 녹는점과 끓는점이 비교적 높다.

(라) 극성 용매인 물, 암모니아수 등에 잘 녹는다.

(마) 고체(결정) 상태에서는 전도성이 없지만, 수용액이나 용융 상태에서는 전기 전도성을 띠게 된다.

② 이온 결합 : 일반적으로 금속은 양이온으로 되기 쉽고, 비금속은 음이온으로 되기 쉬우므로, 금속과 비금속 사이의 많은 화합물은 이온 결합이다.

이온 결합 → 〈 금속성이 강한 원소 / 비금속성이 강한 원소 〉 사이의 결합

(2) 공유 결합

비활성 기체(Ne, Ar 등)와 같이 안정된 전자배열을 이루기 위해서 부족한 전자를 두 원자가 서로 공유하여 이루어지는 결합이다.

① 공유 결합의 형성 : 두 개의 원자가 공유할 전자쌍을 내놓는 정도가 비슷한 원소 간의 결합이다.

(가) 비금속과 비금속 : O_2 · N_2 등

(나) 수소와 비금속 : CO_2 · H_2O

(다) 탄소 화합물 등 : CH_4

② 공유 결합의 특성

(가) 비금속과 비금속, 수소와 비금속, 탄소 화합물에서 이루어지는 것이 대부분이다.

(나) 공유 결합은 원자 사이의 결합력은 강하나, 분자 사이의 결합력은 약하므로 녹는점, 끓는점이 낮다.

(다) 분자 상태이므로 고체, 액체 어느 것이나 전기 전도성이 없다.

(라) 비극성 용매(벤젠, 사염화탄소 등)에 잘 녹는다.

(마) 반응 속도가 느리고, 방향성이 있다.

(3) 수소 결합

① 전기음성도가 매우 큰 F, O, N과 H원자가 결합된 분자와 분자 사이에 작용하는 힘을 말한다.

예 HF, H_2O, 유기물 중 2-OH, -COOH를 갖는 물질

② 분자 간의 인력이 커져서 같은 족의 다른 수소 화합물보다 융점(mp : melting point), 끓는점(bp : boiling point)이 높고, 융해열과 기화열도 높다.

③ 물의 경우, 수소 결합이 살짝 풀어진 상태로 존재하기 때문에 물 분자 틈이 작아져서 밀도가 높아지므로 얼음보다 물의 밀도가 크게 되는 현상이 발생한다.

(4) 금속 결합

① 금속이 양이온으로 되면서 튀어나온 자유전자에 의해 원자들을 결합시키는 것이다.

② 자유전자의 영향으로 고체, 액체 어느 경우나 전기 전도성, 열 전도성을 갖는다.

③ 금속의 광택이 좋고, 연성(뽑힘성)과 전성(펴짐성)이 있다.

참고 자유전자

금속은 이온화 에너지가 작아서 원자가 쉽게 전자를 내놓고 양이온된다. 금속에서 떨어져 나온 전자는 금속 양이온 사이를 자유롭게 움직이기 때문에 자유전자라 한다.

(5) 반데르발스 결합

액체(액화수소)나 고체(CO_2) 속에서 분자들을 결합시키는 힘이다.

참고 결합력의 세기

공유 결합 > 이온 결합 > 금속 결합 > 수소 결합 > 반데르발스 결합

5 원자핵 화학

(1) 동위 원소 및 동중 원소

① 동위 원소 : 같은 종류의 원소 중 원자핵 속의 양성자수는 같으나 중성자수가 달라 질량이 다른 원자로, 동위체라 한다(원자번호가 같고 질량수가 다른 원소이다).

예 ${}^{1}_{1}H$: 경수소($p=1$, $n=0$), ${}^{2}_{1}H$: 중수소($p=1$, $n=1$), ${}^{3}_{1}H$: 삼중수소($p=1$, $n=2$)

② 동중 원소 : 질량수는 같고 원자번호가 다른 원소를 말한다.

(2) 방사성 원소와 방사선

① 방사성 원소

㈎ 방사성 : 물질이 방사능을 가진 성질

㈏ 방사능 : 원소의 원자핵이 붕괴하면서 방사선을 방출하는 성질

㈐ 방사선 동위 원소의 이용 : 암치료, 농작물의 품종개량 등에 쓰인다.

② 방사선 : 원자번호 84인 폴로늄(Po)보다 원자번호가 큰 원소는 외부조건 없이 방사선을 방사하며, 그 종류에는 α선, β선, γ선의 세 가지가 있다.

㈎ α선(α-ray) : (+)전기를 띤 헬륨의 원자핵으로 질량수는 4이다. 투과력은 약해 공기 중에서도 수 cm 정도 통과한다.

㈏ β선(β-ray) : 광속에 가까운 전자의 흐름으로 (-)전기를 띠고, 투과력은 α선보다 세다.

㈐ γ선(γ-ray) : α선, β선 같은 입자의 흐름이 아니며, X선 같은 일종의 전자기파로서 투과력이 가장 세다. 전기장, 자기장에 의해 휘어지지 않는다.

α선, β선, γ선의 비교

종류	본체	전기량	질량	투과력	감광작용	형광작용	전리작용
α선	He 핵	+2	4	약하다.	가장 강하다.	강하다.	강하다.
β선	전자의 흐름	−1	H의 $\frac{1}{1840}$	강하다.	강하다.	중간이다.	중간이다.
γ선	전자기파	0	0	가장 강하다.	약하다.	약하다.	약하다.

③ 방사선 원소의 붕괴

㈎ 소디-파이안스(Soddy-Fajans) 법칙 : 방사선 원소가 외부조건에 관계없이 자연적으로 방사성을 방출하여 보다 안정한 저위원소로 변한다는 것으로, 방사성 원소의 붕괴법칙이라 한다.

방사선 붕괴	원자번호	질량수	예
α 붕괴	2 감소	4 감소	${}^{228}_{92}\mathrm{U} \xrightarrow{\alpha\text{붕괴}} {}^{234}_{90}\mathrm{Th} + {}^{4}_{2}\mathrm{He}$
β 붕괴	1 증가	불변	${}^{234}_{90}\mathrm{Th} \xrightarrow{\beta\text{붕괴}} {}^{234}_{91}\mathrm{Pa} + {}^{0}_{-1}\mathrm{e}$
γ 붕괴	불변	불변	낮은 에너지 상태로 될 때 방출되는 에너지

㈏ 반감기 : 방사선 원소가 붕괴하여 다른 원소로 될 때, 그 질량이 처음 양의 반이 되는 데 걸리는 시간을 말한다.

$$m = M\cdot\left(\frac{1}{2}\right)^{\frac{t}{T}}$$

여기서, m : 나중의 질량　　T : 반감기
　　　　M : 처음의 질량　　t : 걸린 시간

예상 문제

1. 공기 중에 포함되어 있는 질소와 산소의 부피비는 0.79 : 0.21 이므로 질소와 산소의 분자 수의 비도 0.79 : 0.21이다. 이와 관계있는 법칙은?

① 아보가드로 법칙
② 일정 성분비의 법칙
③ 배수비례의 법칙
④ 질량 보존의 법칙

해설 아보가드로의 법칙 : 온도와 압력이 같으면 모든 기체는 같은 부피 속에 같은 수의 분자를 포함한다. 표준상태(0℃, 1기압)에서 모든 기체 1몰은 22.4L이며, 그 속에는 6.02×10^{23}개의 분자수가 존재한다는 것으로, 이 수를 아보가드로의 수라 한다.

2. 산소 분자 1개의 질량을 구하기 위하여 필요한 것은?

① 아보가드로 수와 원자가
② 아보가드로 수와 분자량
③ 원자량과 원자번호
④ 질량수와 원자가

해설 표준상태(0℃, 1기압)에서 모든 기체 1몰은 22.4L이며, 그 속에는 6.02×10^{23}개의 분자수가 존재한다는 것으로, 이 수를 아보가드로의 수라 하며, 분자 1개의 질량을 구하기 위해서는 아보가드로 수와 분자량이 필요하다.

★
3. CH_4 16g 중에서 C가 몇 mol 포함되었는가?

① 1　　② 2
③ 4　　④ 16

해설 메탄(CH_4)의 분자량이 16g이므로 문제에서 주어진 16g은 1몰(mol)에 해당되고, 메탄 1몰에는 탄소 원소가 1개 있으므로 1mol에 해당된다.

4. 표준상태에서 11.2L의 암모니아에 들어있는 질소는 몇 g 인가?

① 7　　② 8.5
③ 22.4　　④ 14

해설 ㉮ 표준상태(0℃, 1기압)에서 모든 기체 1몰은 22.4L이며, 그 속에는 6.02×10^{23}개의 분자수가 존재한다.
㉯ 암모니아(NH_3) 분자량은 17이다.

$$\therefore NH_3 \text{몰(mol)수} = \frac{11.2}{22.4} = 0.5\text{몰(mol)}$$

㉰ 질소(N) 원자량은 14이고, 암모니아 분자에는 질소(N) 원소가 1개이다.
∴ 질소 무게=0.5몰=14×0.5=7g

5. 에탄(C_2H_6)을 연소시키면 이산화탄소와 수증기가 생성된다. 표준상태에서 에탄 30g을 반응시킬 때 발생하는 이산화탄소와 수증기의 분자수는 모두 몇 개인가?

① 6×10^{23}　　② 12×10^{23}
③ 18×10^{23}　　④ 30×10^{23}

해설 ㉮ 에탄(C_2H_6)의 완전연소 반응식
$C_2H_6 + 3.5O_2 \rightarrow 2CO_2 + 3H_2O$
㉯ 에탄(C_2H_6)의 분자량이 30이므로 1몰이 연소되는 것이고, 에탄 1몰이 연소되면 이산화탄소(CO_2) 2몰, 수증기(H_2O) 3몰이 발생한다. 1몰에는 6.02×10^{23}개의 분자수가 존재한다.
∴ 분자수 합 $=(2+3)\times(6.02\times10^{23})$
$=3.01\times10^{24}=30.1\times10^{23}$

6. 공기의 평균분자량은 약 29라고 한다. 이 평균분자량을 계산하는 데 관계된 원소는?

① 산소, 수소　　② 탄소, 수소
③ 산소, 질소　　④ 질소, 탄소

해설 ㉮ 공기의 조성은 산소 21v%, 질소 79v%이다.

정답 1. ① 2. ② 3. ① 4. ① 5. ④ 6. ③

㉯ 평균 분자량(M) 계산 : 산소 분자량 32, 질소 분자량 28이다.

$\therefore M=(32\times 0.21)+(28\times 0.79)=28.84$
$\fallingdotseq 29$

참고 공기의 조성

구분	부피비	질량비
산소(O_2)	21%	23.5%
질소(N_2)	79%	76.5%

㈜ 공기는 산소(O_2), 질소(N_2) 외에 아르곤(Ar), 이산화탄소(CO_2), 기타 원소가 포함되어 있으나 함유량이 적고 불연성에 해당되어 질소로 포함시키는 것이 일반적임

7. 같은 질량의 산소 기체와 메탄 기체가 있다. 두 물질이 가지고 있는 원자수의 비는?

① 5 : 1　② 2 : 1
③ 1 : 1　④ 1 : 5

해설 ㉮ 산소 기체와 메탄 기체 비교

구분	산소	메탄
분자 기호	O_2	CH_4
분자량	32	16

㉯ 같은 질량을 32g으로 가정하여 비교 : 32g일 때 산소는 1몰(mol), 메탄은 2몰(mol)에 해당되고, 산소 분자 1몰에는 산소(O) 원소 2개, 메탄 분자 1몰에는 탄소(C) 원소 1개와 수소(H)원소 4개가 있으므로 2몰에는 2배의 원소가 있다.

∴ 산소 원자수 : 메탄 원자수
$=2:(1+4)\times 2=2:10=1:5$이다.

8. 물 36g을 모두 증발시키면 수증기가 차지하는 부피는 표준상태를 기준으로 몇 L인가?

① 11.2L　② 22.4L
③ 33.6L　④ 44.8L

해설 물(H_2O) 1mol의 질량은 18g이고, 부피는 22.4L이다.

$\therefore V=\frac{36}{18}\times 22.4=44.8\,L$

9. 2가의 금속이온을 함유하는 전해질을 전기분해하여 1g 당량이 20g임을 알았다. 이 금속의 원자량은?

① 40　② 20　③ 22　④ 18

해설 당량 $=\frac{원자량}{원자가}$ 이다.

∴ 원자량=당량×원자가
$=20\times 2=40$

★
10. 17g의 NH_3가 황산과 반응하여 만들어지는 황산암모늄은 몇 g인가? (단, S의 원자량은 32 이고, N의 원자량은 14이다.)

① 66　② 81　③ 96　④ 111

해설 ㉮ 황산암모늄[$(NH_4)_2SO_4$] 반응식
$2NH_3+H_2SO_4 \rightarrow (NH_4)_2SO_4$

㉯ 황산암모늄[$(NH_4)_2SO_4$]량 계산 : 암모니아(NH_3)의 분자량은 17, 황산암모늄 분자량은 132이다.

$2\times 17\,g:132\,g=17\,g:x$

$\therefore x=\frac{17\times 132}{2\times 17}=66\,g$

11. 염소산칼륨을 이산화망간을 촉매로 하여 가열하면 염화칼륨과 산소로 열분해된다. 표준상태를 기준으로 11.2L의 산소를 얻으려면 몇 g의 염소산칼륨이 필요한가? (단, 원자량은 K 39, Cl 35.5이다.)

① 30.63g　② 40.83g
③ 61.25g　④ 122.5g

해설 ㉮ 염소산칼륨($KClO_3$)의 열분해 반응식
$2KClO_3 \rightarrow 2KCl+3O_2\uparrow$

㉯ 산소 11.2L를 얻을 때 염소산칼륨 계산 : 염소산칼륨 2mol(2×122.5g)을 열분해하면 산소는 3×22.4L가 발생한다.

$2\times 122.5\,g:3\times 22.4\,L=x\,g:11.2\,L$

$\therefore x=\frac{2\times 122.5\times 11.2}{3\times 22.4}=40.833\,g$

정답 7. ④　8. ④　9. ①　10. ①　11. ②

12. 같은 온도에서 크기가 같은 4개의 용기에 다음과 같은 양의 기체를 채웠을 때 용기의 압력이 가장 큰 것은?

① 메탄 분자 1.5×10^{23}
② 산소 1그램 당량
③ 표준상태에서 CO_2 16.8L
④ 수소기체 1g

해설 이상기체 상태방정식 $PV = nRT$에서 압력 $P = \frac{nRT}{V}$이므로 압력(P)은 몰수(n)에 비례한다.

㉮ 메탄 분자 1.5×10^{23} : 기체 분자 1mol일 때 입자수는 6.02×10^{23}이다.

$$\therefore n = \frac{\text{분자 입자수}}{6.02 \times 10^{23}} = \frac{1.5 \times 10^{23}}{6.02 \times 10^{23}} = 0.249\,\text{mol}$$

㉯ 산소 1그램 당량 : 산소 질량 8g 또는 0.25mol이다.

㉰ 표준상태에서 CO_2 16.8L : 기체 분자 1mol이 차지하는 부피는 22.4L이다.

$$\therefore n = \frac{CO_2\,\text{체적}}{22.4} = \frac{16.8}{22.4} = 0.75\,\text{mol}$$

㉱ 수소기체 1g : 수소 1mol의 분자량은 2g이다.

$$\therefore n = \frac{\text{수소질량}}{\text{수소분자량}} = \frac{1}{2} = 0.5\,\text{mol}$$

∴ 몰(mol)수 가 가장 큰 CO_2가 압력이 가장 높다.

13. 다음 분자 중 가장 무거운 분자의 질량은 가장 가벼운 분자의 몇 배인가? (단, Cl의 원자량은 35.5이다.)

H_2, Cl_2, CH_4, CO_2

① 4배 ② 22배
③ 30.5배 ④ 35.5배

해설 ㉮ 각 분자의 분자량

분자 명칭	분자량	무거운 순서
수소(H_2)	2	4
염소(Cl_2)	71	1
메탄(CH_4)	16	3
이산화탄소(CO_2)	44	2

㉯ 비율 계산

$$\frac{\text{가장 무거운 분자 질량}}{\text{가장 가벼운 분자 질량}} = \frac{71}{2} = 35.5\,\text{배}$$

14. 다음의 화합물 중 화합물 내 질소분율이 가장 높은 것은?

① $Ca(CN)_2$ ② NaCN
③ $(NH_2)_2CO$ ④ NH_4NO_3

해설 (1) 각 화합물의 분자량 계산

① $Ca(CN)_2$(시안화칼슘) : $40+(12+14)\times 2=92$
② NaCN(시안화나트륨) : $11+12+14=49$
③ $(NH_2)_2CO$[요소] : $[\{14+(1\times 2)\}\times 2]+12+16=60$
④ NH_4NO_3(질산암모늄) : $\{14+(1\times 4)\}+14+(16\times 3)=80$

(2) 질소분율 계산

$$\text{질소분율}(\%) = \frac{\text{화합물 중 질소 원자량 합계}}{\text{화합물 분자량}} \times 100$$

① $\frac{14\times 2}{92}\times 100 = 30.434\%$

② $\frac{14}{49}\times 100 = 28.571\%$

③ $\frac{14\times 2}{60}\times 100 = 46.666\%$

④ $\frac{14+14}{80}\times 100 = 35\%$

15. 과염소산 1몰을 모두 기체로 변환하였을 때 질량은 1기압, 50℃를 기준으로 몇 g 인가? (단, Cl의 원자량은 35.5이다.)

① 5.4 ② 22.4 ③ 100.5 ④ 224

정답 12. ③ 13. ④ 14. ③ 15. ③

해설 ㉮ 제6류 위험물인 과염소산($HClO_4$) 1몰(mol)의 분자량은 100.5이다.

㉯ 질량보존의 법칙에 의해 액체나 기체의 질량은 온도에 관계없이 변함이 없다. 그러므로 과염소산 1몰이 기체로 되었을 때 질량은 분자량과 같은 100.5g이다.

16. 염화칼슘의 화학식량은 얼마인가? (단, 염소의 원자량은 35.5, 칼슘의 원자량은 40, 황의 원자량은 32, 요오드의 원자량은 127이다.)

① 111　② 121　③ 131　④ 141

해설 염화칼슘

㉮ 분자식 : $CaCl_2$

㉯ 화학식량 : $40+(35.5\times2)=111$

17. 다음 중 단원자 분자에 해당하는 것은?

① 산소　② 질소　③ 네온　④ 염소

해설 분자 모델

㉮ 1원자(단원자) 분자 : 1개의 원자로 이루어진 분자로 탄소(C), 헬륨(He), 아르곤(Ar), 네온(Ne) 등이 해당된다.

㉯ 2원자 분자 : 2개의 원자로 이루어진 분자로 수소(H_2), 산소(O_2), 일산화탄소(CO) 등이 해당된다.

㉰ 3원자 분자 : 3개의 원자로 이루어진 분자로 물(HO_2), 이산화탄소(CO_2), 오존(O_3) 등이 해당된다.

㉱ 다원자 분자 : 많은 수의 원자로 이루어진 분자로 녹말, 단백질 등이 해당된다.

18. 어떤 물질이 산소 50wt%, 황 50wt%로 구성되어 있다. 이 물질의 실험식을 옳게 나타낸 것은?

① SO　② SO_2　③ SO_3　④ SO_4

해설 실험식 구하는 법 : 화학식을 S_mO_n라 하고, S의 원자량은 32, O의 원자량은 16이다.

$$m:n=\frac{S의\ 질량(\%)}{S의\ 원자량}:\frac{O의\ 질량(\%)}{O의\ 원자량}$$

$$=\frac{50}{32}:\frac{50}{16}=1.562:3.125=1:2$$

∴ S의 원자수는 1개, O의 원자수는 2개이므로 실험식은 SO_2이다.

19. P 43.7wt%와 O 56.3wt%로 구성된 화합물의 실험식으로 옳은 것은? (단, 원자량 P 31, O 16이다.)

① P_2O_4　② PO_3　③ P_2O_5　④ PO_2

해설 실험식 구하는 법 : 화학식을 P_mO_n라 하면

$$m:n=\frac{P의\ 질량(\%)}{P의\ 원자량}:\frac{O의\ 질량(\%)}{O의\ 원자량}$$

$$=\frac{43.7}{31}:\frac{56.3}{16}=1.409:3.518$$

$$=1:2.496=2:5$$

∴ P의 원자수는 2개, O의 원자수는 5개이므로 실험식은 P_2O_5이다.

20. 어떤 용기에 수소 1g과 산소 16g을 넣고 전기불꽃을 이용하여 반응시켜 수증기를 생성하였다. 반응 전과 동일한 온도·압력으로 유지시켰을 때 최종 기체의 총 부피는 처음 기체 총 부피의 얼마가 되는가?

① 1　② $\frac{1}{2}$　③ $\frac{2}{3}$　④ $\frac{3}{4}$

해설 ㉮ 반응 전·후 몰(mol) : 수소(H_2) 1g은 0.5몰(mol)이고, 산소 16g은 0.5몰(mol)이다.

반응식	$H_2+\frac{1}{2}O_2\rightarrow H_2O$		
구분	수소	산소	수증기
반응 전 몰수	0.5	0.5	–
반응 몰수 및 생성 몰수	0.5	0.25	0.5
반응 후 몰수	0	0.25	0.5

㉯ 반응 전·후 총 부피 비교 : 반응 전 전체 몰(mol)수는 0.5+0.5=1몰(mol), 반응 후 전

정답 16. ① 17. ③ 18. ② 19. ③ 20. ④

체 몰(mol)수는 0.25+0.5=0.75몰(mol)이고, 1몰(mol)은 22.4L이다.

$$\therefore \frac{\text{반응 후 부피}}{\text{반응 전 부피}} = \frac{(0.25+0.5)\times 22.4}{(0.5+0.5)\times 22.4} = \frac{0.75}{1} = \frac{3}{4}$$

21. 원자량이 56인 금속 M 1.12g을 산화시켜 실험식 M_xO_y인 산화물 1.60g을 얻었다. x, y는 각각 얼마인가?

① $x=1$, $y=2$ ② $x=2$, $y=3$
③ $x=3$, $y=2$ ④ $x=2$, $y=1$

해설 ㉮ 산소 원소의 원자량은 16, 원자가는 2이므로 산소의 g당량수는 8이다.

$$\therefore \text{산소의 당량} = \frac{\text{원자량}}{\text{원자가}} = \frac{16}{2} = 8\text{g}$$

㉯ 원자량이 56인 금속 M 1.12g을 산화 후 산화물이 1.60g 얻어졌으므로 필요한 산소 질량은 산화물과 금속 M의 질량 차이에 해당된다. 금속 M의 당량을 A라 놓고 비례식으로 계산한다.

M 질량 : 산소 질량=M의 당량 : 산소의 당량

1.12 : (1.60−1.12)=A : 8

$$\therefore A = \frac{1.12\times 8}{1.60-1.12} = 18.666$$

㉰ 금속(M)의 원자가 계산

$$\text{원자가} = \frac{\text{원자량}}{\text{당량}} = \frac{56}{18.666} = 3.00$$

㉱ 금속의 원자가가 3, 산소의 원자가가 2이므로 산화물의 실험식은 M_2O_3이다.

∴ $x=2$, $y=3$

★★
22. 어떤 금속(M) 8g을 연소시키니 11.2g의 산화물이 얻어졌다. 이 금속의 원자량이 140이라면 이 산화물의 화학식은?

① M_2O_3 ② MO ③ MO_2 ④ M_2O_7

해설 ㉮ 반응한 산소의 무게 : 산화물 무게와 금속의 무게 차이에 해당하는 것이 산화물 속의 산소 무게에 해당된다.

산소 무게=11.2－8=3.2g

㉯ 금속(M)의 몰(mol)수 계산

$$\text{금속 몰수} = \frac{8}{140} = 0.05714\,\text{몰(mol)}$$

㉰ 산소(O)의 몰수 계산 : O의 원자량은 16이다.

$$\text{산소 몰수} = \frac{3.2}{16} = 0.2\,\text{몰(mol)}$$

㉱ M : O 의 정수비 계산

M : O=0.05714 : 0.2=1 : 3.5=2 : 7

∴ 산화물의 화학식은 M_2O_7이다.

23. 수소 1.2몰과 염소 2몰이 반응할 경우 생성되는 염화수소의 몰수는?

① 1.2 ② 2 ③ 2.4 ④ 4.8

해설 ㉮ 염화수소(HCl) 생성 반응식 $H_2+Cl_2 \rightarrow 2HCl$에서 몰(mol) 비는 1 : 1 : 2이다.

㉯ 수소(H_2)와 염소(Cl_2)의 몰비는 1 : 1 이므로 수소 1.2몰과 반응할 수 있는 염소는 1.2몰이며, 이것이 반응하면 염화수소는 2.4몰이 생성된다.

24. 표준상태를 기준으로 수소 2.24L가 염소와 완전히 반응했다면 생성된 염화수소의 부피는 몇 L인가?

① 2.24 ② 4.48
③ 22.4 ④ 44.8

해설 ㉮ 염화수소 생성 반응식

$H_2+Cl_2 \rightarrow 2HCl$

∴ 수소 1몰(mol)이 반응하여 염화수소 2몰(mol)이 생성된다.

㉯ 염화수소(HCl) 부피 계산 : 반응하는 수소 2.24L는 0.1몰(mol)에 해당되므로 염화수소는 0.2몰(mol)이 생성된다. 1몰의 부피는 22.4L이다.

∴ 염화수소 부피=0.2몰(mol)×22.4L=4.48L

★
25. 어떤 원자핵에서 양성자의 수가 3이고, 중성자의 수가 2일 때 질량수는 얼마인가?

① 1 ② 3 ③ 5 ④ 7

정답 21. ② 22. ④ 23. ③ 24. ② 25. ③

해설 질량수=양성자수+중성자수
=3+2=5

26. 원자번호 11이고, 중성자수가 12인 나트륨의 질량수는?

① 11 ② 12 ③ 23 ④ 24

해설 '원자번호=양성자수=중성원자의 전자수'이다.
∴ 질량수=양성자수+중성자수
=원자번호+중성자수
=11+12=23

27. 20개의 양성자와 20개의 중성자를 가지고 있는 것은?

① Zr ② Ca ③ Ne ④ Zn

해설 ㉮ '원자번호=양성자수=중성원자의 전자수'이므로 양성자 20개인 원소는 원자번호 20이다.
∴ 원자번호 20에 해당하는 것은 칼슘(Ca) 원소이다.
㉯ 칼슘의 질량수 계산
∴질량수=양성자수+중성자수
=20+20=40

★
28. 원자번호 20인 Ca의 원자량은 40이다. 원자핵의 중성자수는 얼마인가?

① 10 ② 20 ③ 40 ④ 60

해설 '질량수=양성자수+중성자수'에서 '양성자수=원자번호=전자수'이다.
㉮ 중성자수=질량수−양성자수
=질량수−원자번호=40−20=20

29. 원자번호 19, 질량수 39인 칼륨 원자의 중성자수는 얼마인가?

① 19 ② 20 ③ 39 ④ 58

해설 '질량수=양성자수+중성자수'에서 '양성자수=원자번호=전자수'이다.
∴ 중성자수=질량수−양성자수
=질량수−원자번호=39−19=20

30. 어떤 금속의 원자가는 2이며, 그 산화물의 조성은 금속이 80%이다. 이 금속의 원자량은?

① 32 ② 48 ③ 64 ④ 80

해설 ㉮ 산화물 조성이 금속이 80%이므로 산소는 20%이다. 산소의 당량은 8이므로 금속과 산소의 조성비를 이용하여 금속의 당량을 비례식으로 계산한다.
금속 : 산소=금속 당량 : 산소 당량
80 : 20 = x : 8
$\therefore x = \frac{8 \times 80}{20} = 32$
㉯ 금속의 원자량 계산
$당량 = \frac{원자량}{원자가}$ 이다.
∴ 원자량=당량×원자가=32×2=64

31. 염소는 2가지 동위원소로 구성되어 있는데, 원자량이 35인 염소는 75% 존재하고, 37인 염소는 25% 존재한다고 가정할 때, 이 염소의 평균원자량은 얼마인가?

① 34.5 ② 35.5 ③ 36.5 ④ 37.5

해설 ㉮ 동위원소 : 어떤 원소가 원자번호는 같고 질량수가 다를 때 서로 동위체 또는 동위원소라 한다. 원소의 원자량은 동위원소의 원자량과 존재 비율에 따른 평균값이다.
㉯ 염소의 평균원자량 계산
평균 원자량=(35×0.75)+(37×0.25)=35.5

32. 원소 질량의 표준이 되는 것은?

① ^{1}H ② ^{12}C ③ ^{16}O ④ ^{256}U

해설 원소 질량은 질량수 12인 탄소(C) 원자를 기준으로 다른 원자들의 상대적인 질량을 나타낸 것이다.

정답 26. ③ 27. ② 28. ② 29. ② 30. ③ 31. ② 32. ②

33. 98% H_2SO_4 50g에서 H_2SO_4에 포함된 산소 원자수는?

① 3×10^{23}개 ② 6×10^{23}개
③ 9×10^{23}개 ④ 1.2×10^{23}개

해설 ㉮ 98% 황산(H_2SO_4) 50g의 몰수 계산 : 황산의 분자량은 98이다.

$$\therefore n = \frac{W}{M} = \frac{50 \times 0.98}{98} = 0.5\,\text{mol}$$

㉯ 산소 원자수 계산 : 황산(H_2SO_4) 분자 1몰에는 산소(O) 원소 4개(mol)가 있고, 1mol에는 원자수 6.02×10^{23}개가 있다.

∴ 산소 원자수=황산 분자 몰수×황산 분자 1몰 중 산소 원소 몰수×원자수
$=0.5\times4\times(6.02\times10^{23})=1.204\times10^{24}$개

34. 원자에서 복사되는 빛은 선 스펙트럼을 만드는데, 이것으로부터 알 수 있는 사실은?

① 빛에 의한 광전자의 방출
② 빛이 파동의 성질을 가지고 있다는 사실
③ 전자껍질의 에너지의 불연속성
④ 원자핵 내부의 구조

해설 원자핵 주위의 전자가 특정한 에너지를 가지는 전자껍질의 에너지 준위가 불연속적이어서 방출되는 에너지가 선 스펙트럼으로 나타난다.

35. 수소 원자에서 선 스펙트럼이 나타나는 경우는?

① 들뜬 상태의 전자가 낮은 에너지 준위로 떨어질 때
② 전자가 같은 에너지 준위에서 돌고 있을 때
③ 전자껍질의 전자가 핵과 충돌할 때
④ 바닥상태의 전자가 들뜬 상태로 될 때

해설 수소 원자의 선 스펙트럼 : 방전관에서 수소 원자를 방전시키면 높은 에너지를 갖는 들뜬 상태의 수소 원자가 생성되고, 들뜬 상태의 수소 원자에 있는 전자들은 다시 에너지가 낮은 바닥상태로 떨어지며, 이때 불연속적인 선 스펙트럼이 나타난다.

36. 한 원자에서 네 양자수가 똑같은 전자가 2개 이상 있을 수 없다는 이론은?

① 네른스트의 식
② 파울리의 배타원리
③ 패러데이의 법칙
④ 플랑크의 양자론

해설 파울리의 배타원리 : 같은 원자에는 네 가지 양자수(주 양자수, 부 양자수, 자기 양자수, 스핀 양자수)가 모두 같은 전자는 존재할 수 없다는 것으로, 1개의 오비탈에 전자가 최대 2개까지 채워지며, 2개의 전자는 스핀 양자수가 서로 다르다.

37. Si 원소의 전자 배치로 옳은 것은?

① $1s^2\ 2s^2\ 2p^6\ 3s^2\ 3p^2$
② $1s^2\ 2s^2\ 2p^6\ 3s^1\ 3p^2$
③ $1s^2\ 2s^2\ 2p^5\ 3s^1\ 3p^2$
④ $1s^2\ 2s^2\ 2p^6\ 3s^2$

해설 원자번호 14인 규소(Si) 원소의 전자 배치는 $1s^2\ 2s^2\ 2p^6\ 3s^2\ 3p^2$이다.

38. 다음 중 Ca^{2+} 이온의 전자배치를 옳게 나타낸 것은?

① $1s^2\ 2s^2\ 2p^6\ 3s^2\ 3p^6\ 3d^2$
② $1s^2\ 2s^2\ 2p^6\ 3s^2\ 3p^6\ 4s^2$
③ $1s^2\ 2s^2\ 2p^6\ 3s^2\ 3p^6\ 4s^2\ 3d^2$
④ $1s^2\ 2s^2\ 2p^6\ 3s^2\ 3p^6$

해설 Ca^{2+} : 원자번호 20인 Ca 원자의 전자배치는 $1s^2\ 2s^2\ 2p^6\ 3s^2\ 3p^6\ 4s^2$인데, 전자 2개를 잃어 양이온 Ca^{2+}가 되었으므로 전자수는 20 − 2 =18개이다. 그러므로 전자배치는 $1s^2\ 2s^2\ 2p^6\ 3s^2\ 3p^6$이다.

39. Mg^{2+}와 같은 전자 배치를 가지는 것은?

① Ca^{2+} ② Ar
③ Cl^- ④ F^-

정답 33. ④ 34. ③ 35. ① 36. ② 37. ① 38. ④ 39. ④

해설 (1) 원자번호 12인 Mg 원자의 전자배치는 $1s^2\ 2s^2\ 2p^6\ 3s^2$인데, 전자 2개를 잃어 양이온 Mg^{2+}가 되었으므로 전자수는 12 − 2=10개이다. 그러므로 전자배치는 $1s^2\ 2s^2\ 2p^6$이다.

(2) 각 항목 원소의 전자 배치

㉮ Ca^{2+} : 원자번호 20인 Ca 원자의 전자배치는 $1s^2\ 2s^2\ 2p^6\ 3s^2\ 3p^6\ 4s^2$인데, 전자 2개를 잃어 양이온 Ca^{2+}가 되었으므로 전자수는 20 − 2=18개이다. 그러므로 전자배치는 $1s^2\ 2s^2\ 2p^6\ 3s^2\ 3p^6$이다.

㉯ Ar : 원자번호 18인 Ar의 전자배치는 $1s^2\ 2s^2\ 2p^6\ 3s^2\ 3p^6$이다.

㉰ Cl^- : 원자번호 17인 Cl 원자의 전자배치는 $1s^2\ 2s^2\ 2p^6\ 3s^2\ 3p^5$인데 전자 1개를 얻어 음이온 Cl^-가 되었으므로 전자수는 17+1=18개이다. 그러므로 전자배치는 $1s^2\ 2s^2\ 2p^6\ 3s^2\ 3p^6$이다.

㉱ F^- : 원자번호 9인 F 원자의 전자배치는 $1s^2\ 2s^2\ 2p^5$인데, 전자 1개를 얻어 음이온 F^-가 되었으므로 전자수는 9+1=10개이다. 그러므로 전자배치는 $1s^2\ 2s^2\ 2p^6$이다.

∴ Mg^{2+}와 같은 전자 배치를 가지는 것은 F^-이다.

40. 다음 중 전자배치가 다른 것은?

① Ar　　② F^-
③ Na+　　④ Ne

해설 각 원소의 전자배치

㉮ Ar : 원자번호 18로 전자배치는 $1s^2\ 2s^2\ 2p^6\ 3s^2\ 3p^6$이다.

㉯ F^- : 원자번호 9인 F 원자의 전자배치는 $1s^2\ 2s^2\ 2p^5$인데, 전자 1개를 얻어 음이온 F^-가 되었으므로 전자수는 9+1=10개이다. 그러므로 전자배치는 $1s^2\ 2s^2\ 2p^6$이다.

㉰ Na^+ : 원자번호 11인 Na 원자의 전자배치는 $1s^2\ 2s^2\ 2p^6\ 3s^1$인데, 전자 1개를 잃어 양이온 Na^+가 되었으므로 전자수는 11 − 1=10개이다. 그러므로 전자배치는 $1s^2\ 2s^2\ 2p^6$이다.

㉱ Ne : 원자번호 10인 Ne의 전자배치는 $1s^2\ 2s^2\ 2p^6$이다.

41. 다음과 같은 전자배치를 갖는 원자 A와 B에 대한 설명으로 옳은 것은?

A : $1s^2\ 2s^2\ 2p^6\ 3s^2$
B : $1s^2\ 2s^2\ 2p^6\ 3s^1\ 3p^1$

① A와 B는 다른 종류의 원자이다.
② A는 홑 원자이고, B는 이원자 상태인 것을 알 수 있다.
③ A와 B는 동위원소로서 전자배열이 다르다.
④ A에서 B로 변할 때 에너지를 흡수한다.

해설 각 항목의 옳은 설명

① A와 B는 한 종류의 원자이고, 해당 원소는 원자번호 12인 Mg이다.
② A는 L껍질에 두 개의 전자를 갖고, B는 3s 오비탈에 있던 전자 1개가 3p 오비탈로 전이한 상태로 쌓음의 원리에 맞지 않아 들뜬 상태이다.
③ A와 B는 원자번호 12인 Mg이다.

참고 ④번 항목이 옳은 설명이며, A에서 B로 변할 때 에너지를 흡수하는 이유는, B는 3s 오비탈에 있던 전자 1개가 3p 오비탈로 전이하기 때문이다.

42. 전자배치가 $1s^2\ 2s^2\ 2p^6\ 3s^2\ 3p^5$인 원자의 M껍질에는 몇 개의 전자가 들어 있는가?

① 2　② 4　③ 7　④ 17

해설 M껍질에는 $3s^2\ 3p^5$이므로 전자수는 7개이다.

43. 원자가 전자배열이 as^2ap^2인 것은? (단, a=2, 3이다.)

① Ne, Ar　　② Li, Na
③ C, Si　　④ N, P

해설 ㉮ 전자배열이 as^2ap^2인 것의 a에 2를 넣으면 전자배치는 $2s^22p^2$이므로 전자껍질(주양자수)은 L껍질이고, 전자수는 6개이다. 그러므로 해당되는 원소는 원자번호 6인 탄소(C)이다.

정답 40. ①　41. ④　42. ③　43. ③

㉯ 전자배열이 as^2ap^2인 것의 a에 3을 넣으면 전자배치는 $3s^23p^2$이므로 전자껍질(주양자수)는 M껍질이고, 전자수는 14개이다. 그러므로 해당되는 원소는 원자번호 14인 규소(Si)이다.

44. ns^2np^5의 전자구조를 가지지 않는 것은?

① F(원자번호 9) ② Cl(원자번호 17)
③ Se(원자번호 34) ④ I(원자번호 53)

해설 ns^2np^5의 전자구조를 가지는 원소는 최외각 전자수는 7이므로 원소주기율표 17족에 해당된다.
㉮ 17족 원소 : F(원자번호 9), Cl(원자번호 17), Br(원자번호 35), I(원자번호 53), At(원자번호 85) 등
㉯ Se(원자번호 34) : 16족 4주기에 해당된다. → 전자배치는 $1s^2\ 2s^2\ 2p^6\ 3s^2\ 3p^6\ 4s^2\ 3d^{10}\ 4p^4$이다.

45. 염소 원자의 최외각 전자수는 몇 개인가?

① 1 ② 2 ③ 7 ④ 8

해설 ㉮ 염소 원자(Cl)의 원자번호는 17이고(17족) 3주기에 해당되므로 전자껍질(주양자수)은 M껍질이다. M껍질에는 7개의 전자가 들어 있다.
㉯ 전자배치는 $1s^2\ 2s^2\ 2p^6\ 3s^2\ 3p^5$이다.

46. 주양자수가 4일 때 이 속에 포함된 오비탈 수는?

① 4 ② 9 ③ 16 ④ 32

해설 주양자수(n)에 따라 각 전자껍질에 존재하는 오비탈의 수는 n^2이다.
$\therefore$ 오비탈의 수 $= n^2 = 4^2 = 16$

47. d 오비탈이 수용할 수 있는 최대 전자의 총 수는?

① 6 ② 8 ③ 10 ④ 14

해설 오비탈 종류별 수용할 수 있는 최대 전자수

구분	s	p	d	f
최대 전자수	2	6	10	14

48. 최외각 전자가 2개 또는 8개로써 불활성인 것은?

① Na와 Br ② N와 Cl
③ C와 B ④ He와 Ne

해설 불활성(비활성) 기체의 최외각 전자수
㉮ 헬륨(He) : 2개
㉯ 네온(Ne), 아르곤(Ar), 크립톤(Kr), 크세논(Xe), 라돈(Rn) : 8개

49. 옥텟규칙(octet rule)에 따르면 게르마늄이 반응할 때 다음 중 어떤 원소의 전자수와 같아지려고 하는가?

① Kr ② Si ③ Sn ④ As

해설 옥텟규칙(octet rule) : 원자는 가장 바깥쪽 전자껍질에 8개의 전자를 가질 때 가장 안정하다는 규칙으로 비활성 기체인 18족(또는 0족) 원소 중 네온(Ne), 아르곤(Ar), 크립톤(Kr), 크세논(Xe), 라돈(Rn) 등이 만족한다. 14족 원소인 게르마늄(Ge)의 최외각 전자수는 4개로 옥텟규칙에 따르면 전자 4개를 얻어 크립톤(Kr)의 전자수와 같아지려고 한다.

50. 중성원자가 무엇을 잃으면 양이온으로 되는가?

① 중성자 ② 핵전하
③ 양성자 ④ 전자

해설 양이온과 음이온
㉮ 양이온 : 원자가 전자를 잃어서 형성되는 것으로 전자를 잃기 쉬운 금속 원소의 원자는 양이온으로 되기 쉽다.
㉯ 음이온 : 원자가 전자를 얻어서 형성되는 것으로 전자를 얻기 쉬운 비금속 원소의 원자는 음이온으로 되기 쉽다.

정답 44. ③ 45. ③ 46. ③ 47. ③ 48. ④ 49. ① 50. ④

51. Mg^{2+}의 전자수는 몇 개인가?

① 2 ② 10
③ 12 ④ 6×10^{23}

해설 원자번호 12인 Mg 원자에서 전자 2개를 잃어 양이온 Mg^{2+}가 되었으므로 전자수는 10이다.

52. 알루미늄 이온(Al^{3+}) 한 개에 대한 설명으로 틀린 것은?

① 질량수는 27이다.
② 양성자수는 13이다.
③ 중성자수는 13이다.
④ 전자수는 10이다.

해설 알루미늄 이온(Al^{3+})

㉮ Al : 원자번호(양성자수=전자수) 13, 질량수 27인 13족 원소이다.

㉯ 중성자수
=질량수−원자번호(양성자수=전자수)
=27−13=14이다.

㉰ 알루미늄 이온(Al^{3+})은 알루미늄 원소에서 전자 3개를 잃은 것이므로 전자수는 10이다.

53. 비활성 기체원자 Ar과 같은 전자배치를 가지고 있는 것은?

① Na^+ ② Li^+
③ Al^{3+} ④ S^{2-}

해설 0족 원소인 비활성 기체와 같은 전자배치를 가지는 경우

㉮ 17족(할로겐족) 원소(F, Cl, Br, I 등) : 전자 1개를 얻어 −1 음이온으로 될 때

㉯ 16족 원소(O, S, Se 등) : 전자 2개를 얻어 −2 음이온으로 될 때

㉰ 15족 원소(N, P, As 등) : 전자 3개를 얻어 −3 음이온으로 될 때

㉱ 1족 원소(Li, Na, K 등) : 전자 1개를 잃어 +1 양이온으로 될 때

㉲ 2족 원소(Be, Mg, Ca 등) : 전자 2개를 잃어 +2 양이온으로 될 때

참고 3주기 ${}^{40}_{18}Ar$과 같은 전자배치를 가지는 것은 ${}^{32}_{16}S$ 원소가 전자 2개를 얻어 S^{2-}으로 되었을 때이다.

참고 Na^+의 경우 Ne, Li^+의 경우 He과 같은 전자배치를 가진다.

54. 다음 반응에서 Na^+ 이온의 전자배치와 동일한 전자배치를 갖는 원소는?

Na+에너지 → $Na^+ + e^-$

① He ② Ne
③ Mg ④ Li

해설 원자번호 11인 Na의 전자배치는 $1s^2\ 2s^2\ 2p^6\ 3s^1$인데, 나트륨 원자가 나트륨 이온(Na^+)으로 될 때 전자(e) 1개를 잃게 되어 전자배치는 원자번호 10인 Ne(네온)과 동일하게 된다.

55. 원자 A가 이온 A^{2+}로 되어 있을 때의 전자수와 원자번호 n인 원자 B가 이온 B^{3-}으로 되었을 때 갖는 전자수가 같았다면 A의 원자번호는?

① $n-1$ ② $n+2$
③ $n-3$ ④ $n+5$

해설 A의 원자번호를 x라 하고

㉮ 원자 A가 이온 A^{2+}로 되었을 때는 전자 2개를 잃어 양이온으로 된 것이므로 전자수는 '$x-2$'가 된다.

㉯ 원자번호 n인 원자 B가 이온 B^{3-}으로 되었을 때는 전자 3개를 받아 음이온으로 된 것이므로 전자수는 '$n+3$'이 된다.

㉰ A의 원자번호 계산

$\therefore x-2=n+3$

$\therefore x=n+3+2=n+5$

56. 제3주기에서 음이온이 되기 쉬운 경향성은? (단, 0족[18족] 기체는 제외한다.)

정답 51. ② 52. ③ 53. ④ 54. ② 55. ④ 56. ③

① 금속성이 큰 것
② 원자의 반지름이 큰 것
③ 최외각 전자수가 많은 것
④ 염기성 산화물을 만들기 쉬운 것

해설 ㉮ 주기율표 제3주기에서 음이온이 되기 쉬운 경향성은 최외각 전자수가 많은 염소(Cl) 원소이다.
㉯ 염소(Cl) 원소의 최외각 전자수 : M껍질에 7개

57. 다음 중 전자의 수가 같은 것으로 나열된 것은?

① Ne와 Cl^-　② Mg^{+2}와 O^{2-}
③ F와 Ne　④ Na와 Cl^-

해설 전자의 수 비교 : 원자번호=양성자수=전자수이다.

구분		전자수
①	Ne	원자번호 10이므로 전자수는 10이다.
	Cl^-	원자번호 17인 Cl 원자에서 전자 1개를 얻어 음이온 Cl^-가 되었으므로 전자수는 18이다.
②	Mg^{2+}	원자번호 12인 Mg 원자에서 전자 2개를 잃어 양이온 Mg^{+2}가 되었으므로 전자수는 10이다.
	O^{2-}	원자번호 8인 O 원자에서 전자 2개를 얻어 음이온 O^{2-}가 되었으므로 전자수는 10이다.
③	F	원자번호 9이므로 전자수는 9이다.
	Ne	원자번호 10이므로 전자수는 10이다.
④	Na	원자번호 11이므로 전자수는 11이다.
	Cl^-	원자번호 17인 Cl 원자에서 전자 1개를 얻어 음이온 Cl^-가 되었으므로 전자수는 18이다.

58. 다음 중 아르곤(Ar)과 같은 전자수를 갖는 양이온과 음이온으로 이루어진 화합물은?

① NaCl　② MgO　③ KF　④ CaS

해설 ㉮ 아르곤(Ar) : 0족 원소로 원자번호(=양성자수=전자수) 18이다.
㉯ 각 화합물의 전자수

화합물	양이온	전자수	음이온	전자수
NaCl	Na^+	10	Cl^-	18
MgO	Mg^{2+}	10	O^{2-}	10
KF	K^+	18	F^-	10
CaS	Ca^{2+}	18	S^{2-}	18

㉰ 각 원소의 원자번호

원소	O	F	Na	Mg	S	Cl	K	Ca
원자번호	8	9	11	12	16	17	19	20

59. 주기율표에서 원소를 차례대로 나열할 때 기준이 되는 것은?

① 원자의 부피　② 원자핵의 양성자수
③ 원자가 전자수　④ 원자 반지름의 크기

해설 주기율표 : 원소를 차례대로 나열할 때 원자핵의 양성자수(원자번호=양성자수=전자수)를 기준으로 화학적 성질이 비슷한 원소가 일정한 간격으로 반복되어 나타나도록 원소를 배열한 표로 주기와 족으로 구성되어 있다.

60. 원소의 주기율표에서 같은 족에 속하는 원소들의 화학적 성질에는 비슷한 점이 많다. 이것과 관련 있는 설명은?

① 같은 크기의 반지름을 가지는 이온이 된다.
② 제일 바깥의 전자 궤도에 들어 있는 전자의 수가 같다.
③ 핵의 양 하전의 크기가 같다.
④ 원자번호를 8a+b 라는 일반식으로 나타낼 수 있다.

해설 원소의 주기율표에서

정답 57. ②　58. ④　59. ②　60. ②

㉮ 같은 족에 속하는 원소들은 원자가 전자수가 같아서(제일 바깥의 전자 궤도에 들어 있는 전자의 수가 같다) 화학적 성질이 비슷하다.
㉯ 같은 주기에 속하는 원소들은 바닥상태 원자에서 전자가 들어 있는 전자 궤도(전자껍질) 수가 같다.

61. 원자번호가 7인 질소와 같은 족에 해당되는 원소의 원자번호는?

① 15 ② 16 ③ 17 ④ 18

해설 질소족(15족) 원소

구분	원소명	원자번호	원자량
2주기	N(질소)	7	14.007
3주기	P(인)	15	30.974
4주기	As(비소)	33	74.922
5주기	Sb(안티몬)	51	121.76
6주기	Bi(비스무트)	83	208.98

62. 산소와 같은 족의 원소가 아닌 것은?

① S ② Se ③ Te ④ Bi

해설 산소(O)는 16족 원소로 황(S), 셀레늄(Se), 텔루륨(Te), 플로늄(Po) 등이 해당된다.

참고 Bi(비스무트) : 15족, 6주기, 원자번호 83이다.

★★
63. 같은 주기에서 원자번호가 증가할수록 감소하는 것은?

① 이온화 에너지 ② 원자반지름
③ 비금속성 ④ 전기음성도

해설 원소의 주기적 성질

구분	같은 주기에서 원자번호가 증가할수록	같은 족에서 원자번호가 증가할수록
원자반지름	감소	증가
이온화 에너지	증가	감소
이온반지름	감소	증가
전기음성도	증가	감소
비금속성	증가	감소

참고 '원자번호=양성자수=중성원자의 전자수'이므로 원자번호가 증가하는 것은 전자수가 증가하는 것과 같다.

64. 주기율표에서 3주기 원소들의 일반적인 물리, 화학적 성질 중 오른쪽으로 갈수록 감소하는 성질로만 이루어진 것은?

① 비금속성, 전자 흡수성, 이온화 에너지
② 금속성, 전자 방출성, 원자반지름
③ 비금속성, 이온화 에너지, 전자친화도
④ 전자친화도, 전자 흡수성, 원자반지름

해설 원소의 주기적 성질

구분	같은 주기에서 원자번호가 증가할수록	같은 족에서 원자번호가 증가할수록
원자반지름	감소	증가
이온화 에너지	증가	감소
이온반지름	감소	증가
전기음성도	증가	감소
비금속성	증가	감소

㉮ 주기율표에서 같은 주기에서 오른쪽으로 간다는 것은 원자번호가 증가하는 것이다. 원자번호가 증가할 때 비금속성이 증가하므로 반대로 금속성은 감소한다.
㉯ 같은 주기에서 원자번호가 증가할 때 전자 방출성은 감소한다[전자를 주기 쉬운 원소(1족, 2족의 금속)는 왼쪽에, 전자를 받아들이기 쉬운 원소(16족, 17족의 비금속)는 오른쪽에 있다].

65. 다음과 같은 경향성을 나타내지 않는 것은?

Li < Na < K

① 원자번호
② 원자반지름
③ 제1차 이온화 에너지
④ 전자수

정답 61. ① 62. ④ 63. ② 64. ② 65. ③

해설 원소의 성질

㉮ 주어진 원소는 1족 원소(알칼리 금속)로 원자번호 3인 리튬(Li), 원자번호 11인 나트륨(Na), 원자번호 19인 칼륨(K)이다.

㉯ 원소의 주기적 성질

구분	같은 주기에서 원자번호가 증가할수록	같은 족에서 원자번호가 증가할수록
원자반지름	감소	증가
이온화 에너지	증가	감소
이온반지름	감소	증가
전기음성도	증가	감소
비금속성	증가	감소

참고 '원자번호=양성자수=중성원자의 전자수'이므로 원자번호가 증가하는 것은 전자수가 증가하는 것과 같다.

66. 다음 중 이온상태에서의 반지름이 가장 작은 것은?

① S^{2-} ② Cl^{-} ③ K^{+} ④ Ca^{2+}

해설 ㉮ 이온상태에서의 반지름은 원자번호가 증가할수록 감소한다.

㉯ 각 원소의 원자번호

명칭	원자번호
황(S^{2-})	16
염소(Cl^{-})	17
칼륨(K^{+})	19
칼슘(Ca^{2+})	20

67. 전형 원소 내에서 원소의 화학적 성질이 비슷한 것은?

① 원소의 족이 같은 경우
② 원소의 주기가 같은 경우
③ 원자번화가 비슷한 경우
④ 원자의 전자수가 같은 경우

해설 전형 원소 내에서 같은 족에 있는 원소들은 최외각 전자수가 같으므로 원소의 물리적, 화학적 성질이 비슷하게 나타낸다.

68. 전이원소의 일반적인 설명으로 틀린 것은?

① 주기율표의 17족에 속하며 활성이 큰 금속이다.
② 밀도가 큰 금속이다.
③ 여러 가지 원자가의 화합물을 만든다.
④ 녹는점이 높다.

해설 (1) 전이원소 : 원자의 전자배치에서 가장 바깥부분의 d껍질이 불완전한 양이온을 만드는 원소로 주기율표에서 4~7주기, 3족~12족에 속하는 원소 중에 56개가 해당된다.

(2) 전이원소의 특징

㉮ 활성이 작은 중금속 원소로 녹는점이 높고 밀도가 크다.
㉯ 착이온을 만들기 쉽고 색이 있는 것이 많다.
㉰ 촉매나 산화제로 많이 쓰인다.
㉱ 2개 이상의 원자가를 갖는다.

참고 주기율표의 17족에 속하는 원소는 할로겐족 원소로 불려진다.

69. 다음은 원소의 원자번호와 원소기호를 표시한 것이다. 전이 원소만으로 나열된 것은?

① $_{20}Ca$, $_{21}Sc$, $_{22}Ti$ ② $_{21}Sc$, $_{22}Ti$, $_{29}Cu$
③ $_{26}Fe$, $_{30}Zn$, $_{38}Sr$ ④ $_{21}Sc$, $_{22}Ti$, $_{38}Sr$

해설 ㉮ 전이 원소 : 원자의 전자배치에서 가장 바깥부분의 d껍질이 불완전한 양이온을 만드는 원소로, 주기율표에서 4~7주기, 3족~12족에 속하는 원소 중에 56개가 해당된다.

참고 보기 중 전이 원소에 해당되지 않는 것

① Ca(칼슘) ② 모두 전이원소
③ Sr(스트론튬) ④ Sr(스트론튬)

70. 금속은 열, 전기를 잘 전도한다. 이와 같은 물리적 특성을 갖는 가장 큰 이유는?

① 금속의 원자 반지름이 크다.
② 자유전자를 가지고 있다.
③ 비중이 대단히 크다.
④ 이온화 에너지가 매우 크다.

정답 66. ④ 67. ① 68. ① 69. ② 70. ②

해설 금속의 특성

㉮ 전기 전도성 : 금속 양 끝에 전압을 걸어주면 자유전자가 (+)극 쪽으로 이동하므로 전기 전도성이 있다.

㉯ 열 전도성 : 금속을 가열하면 자유전자가 열에너지를 얻게 되고, 자유전자가 인접한 자유전자와 금속 양이온에 열에너지를 전달하므로 열전도성이 크다.

참고 자유전자 : 금속은 이온화 에너지가 작아서 원자가 쉽게 전자를 내놓고 양이온 된다. 금속에서 떨어져 나온 전자는 금속 양이온 사이를 자유롭게 움직이기 때문에 자유전자라 한다.

71. 이온화 에너지에 대한 설명으로 옳은 것은?

① 바닥상태에 있는 원자로부터 전자를 제거하는 데 필요한 에너지이다.
② 들뜬상태에서 전자를 하나 받아들일 때 흡수하는 에너지이다.
③ 일반적으로 주기율표에서 왼쪽으로 갈수록 증가한다.
④ 일반적으로 같은 족에서 아래로 갈수록 증가한다.

해설 (1) 이온화 에너지 : 바닥상태에 있는 기체상태의 원자 1몰에서 전자 1몰을 제거하는 데 필요한 에너지이다.

(2) 이온화 에너지의 주기성

㉮ 같은 주기에서 원자번호가 증가할수록(주기율표에서 오른쪽으로 갈수록) 이온화 에너지가 대체로 증가한다. → 주기율표에서 2족과 13족 사이, 15족과 16족 사이에서는 원자번호가 증가할 때 이온화 에너지가 감소한다.

㉯ 같은 족에서 원자번호가 증가할수록(아래로 갈수록) 이온화 에너지가 감소한다.

72. 다음 중 1차 이온화 에너지가 가장 작은 것은?

① Li　　② O
③ Cs　　④ Cl

해설 (1) 이온화 에너지의 주기성

㉮ 같은 주기에서 원자번호가 증가할수록(주기율표에서 오른쪽으로 갈수록) 이온화 에너지가 대체로 증가한다. → 주기율표에서 2족과 13족 사이, 15족과 16족 사이에서는 원자번호가 증가할 때 이온화 에너지가 감소한다.

㉯ 같은 족에서 원자번호가 증가할수록(아래로 갈수록) 이온화 에너지가 감소한다.

(2) 각 원소의 족 및 주기 비교

명칭	원자번호	주기	족
리튬(Li)	3	2	1
산소(O)	8	2	16
세슘(Cs)	55	6	1
염소(Cl)	17	3	17

∴ 원자번호가 가장 크고, 1족에서 주기가 아래쪽에 위치하는 세슘(Cs)이 이온화 에너지가 가장 작다.

73. 비금속 원소와 금속 원소 사이의 결합은 일반적으로 어떤 결합에 해당되는가?

① 공유결합　　② 금속결합
③ 비금속결합　　④ 이온결합

해설 이온결합 : 전자를 주기 쉬운 원소(1족, 2족의 금속 원소)와 전자를 받아들이기 쉬운 원소(16족, 17족의 비금속 원소) 사이에 이온 결합이 형성된다.

74. 다음 물질 중 이온결합을 하고 있는 것은?

① 얼음　　② 흑연
③ 다이아몬드　　④ 염화나트륨

해설 ㉮ 이온결합 : 전자를 주기 쉬운 원소(1족, 2족의 금속 원소)와 전자를 받아들이기 쉬운 원소(16족, 17족의 비금속 원소) 사이에 이온 결합이 형성된다.

㉯ 염화나트륨(NaCl) : 1족의 나트륨(Na) 원소와 17족인 염소(Cl)와의 화합물이다.

정답 71. ① 72. ③ 73. ④ 74. ④

75. 이온결합 물질의 일반적인 성질에 관한 설명 중 틀린 것은?

① 녹는점이 비교적 높다.
② 단단하며 부스러지기 쉽다.
③ 고체와 액체 상태에서 모두 도체이다.
④ 물과 같은 극성용매에 용해되기 쉽다.

해설 이온결합 물질의 일반적인 성질
㉮ 전자를 주기 쉬운 원소(1족, 2족의 금속 원소)와 전자를 받아들이기 쉬운 원소(16족, 17족의 비금속 원소) 사이에 이온 결합이 형성된다.
㉯ 쿨롱의 힘에 의한 강한 결합이므로 단단하며, 부스러지기 쉽다.
㉰ 녹는점과 끓는점이 비교적 높다.
㉱ 극성 용매(물, 암모니아수 등)에 잘 녹는다.
㉲ 고체(결정) 상태에서는 전도성이 없지만, 수용액이나 용융 상태에서는 전기 전도성을 띠게 된다.

76. 다음 이원자 분자 중 결합에너지 값이 가장 큰 것은?

① H_2 ② N_2 ③ O_2 ④ F_2

해설 ㉮ 공유결합 : 비금속 원소의 원자들이 전자쌍을 서로 공유하며 이루는 결합이다.
㉯ 각 분자의 최외각 전자수 및 공유결합 형태

명칭	원자번호	최외각 전자수	공유결합 전자수	공유결합 형태
수소(H_2)	1	1	1	단일 결합
질소(N_2)	7	5	3	3중 결합
산소(O_2)	8	6	2	2중 결합
불소(F_2)	9	7	1	단일 결합

㉰ 공유결합의 결합에너지 순서 : 3중 결합>2중 결합>단일 결합

참고 F : 불소, 플루오린으로 불려짐

77. 다음 중 공유결합 화합물이 아닌 것은?

① NaCl ② HCl
③ CH_3COOH ④ CCl_4

해설 공유결합
㉮ 비활성 기체(Ne, Ar 등)와 같이 안정된 전자배열을 이루기 위해서 부족한 전자를 두 원자가 서로 공유하여 이루어지는 결합이다.
㉯ 공유결합 화합물 종류 : 물(H_2O), 이산화탄소(CO_2), 메탄(CH_4), 암모니아(NH_3), 염화수소(HCl), 사염화탄소(CCl_4), 에탄올(C_2H_5OH), 초산(CH_3COOH), 포도당($C_{12}H_{22}O_{11}$) 등

78. 다음 중 비공유 전자쌍을 가장 많이 가지고 있는 것은?

① CH_4 ② NH_3 ③ H_2O ④ CO_2

해설 ㉮ 비공유 전자쌍 : 공유 결합에 참가하지 않고 남아 있는 전자쌍으로 고립 전자쌍, 비결합 전자쌍이라고도 한다.
㉯ 각 화합물의 비공유 전자쌍 수

CH_4	NH_3	H_2O	CO_2
0	1	2	4

79. 기체상태의 염화수소는 어떤 화학결합으로 이루어진 화합물인가?

① 극성 공유결합 ② 이온결합
③ 비극성 공유결합 ④ 배위 공유결합

해설 ㉮ 극성 공유결합 : 두 원자가 공유결합을 할 때, 전기 음성도가 다른 두 원자 사이의 공유 전자쌍이 한쪽으로 치우치는 결합으로 전기 음성도가 큰 원자는 부분적인 음전하(δ^-)를 띠며, 작은 원자는 부분적인 양전하(δ^+)를 띤다.
㉯ HCl의 원자의 전기 음성도 : Cl>H
㉰ HF의 원자의 전기 음성도 : F>H

★★★
80. H_2O가 H_2S 보다 비등점이 높은 이유는 무엇인가?

① 분자량이 적기 때문에
② 수소결합을 하고 있기 때문에
③ 공유결합을 하고 있기 때문에

정답 75. ③ 76. ② 77. ① 78. ④ 79. ① 80. ②

④ 이온결합을 하고 있기 때문에

해설 수소결합 : 전기음성도가 매우 큰 F, O, N과 H원자가 결합된 분자와 분자 사이에 작용하는 힘으로 분자 간의 인력이 커져서 같은 족의 다른 수소 화합물보다 융점(mp : melting point), 끓는점(bp : boiling point)이 높다.

81. 4℃의 물이 얼음의 밀도보다 큰 이유는 물 분자의 무슨 결합 때문인가?

① 이온결합 ② 공유결합
③ 배위결합 ④ 수소결합

해설 수소결합 : 전기음성도가 매우 큰 F, O, N과 H원자가 결합된 분자와 분자 사이에 작용하는 힘으로 분자 간의 인력이 커져서 같은 족의 다른 수소 화합물보다 융점과 끓는점이 높고 융해열과 기화열이 높다. 물의 경우 수소결합이 살짝 풀어진 상태로 존재하기 때문에 물 분자 틈이 작아져서 밀도가 높아지고, 얼음보다 물의 밀도가 크게 되는 현상이 발생한다.

82. 물분자들 사이에 작용하는 수소결합에 의해 나타나는 현상과 가장 관계가 없는 것은?

① 물의 기화열이 크다.
② 물의 끓는점이 높다.
③ 무색투명한 액체이다.
④ 얼음이 물 위에 뜬다.

해설 수소결합에 의해 나타나는 현상
㉮ 물의 끓는점(비등점)이 높다.
㉯ 물의 기화잠열이 크다.
㉰ 물의 비열이 크다.
㉱ 얼음보다 4℃ 물의 밀도가 커서 얼음이 물 위에 뜬다.

참고 물이 무색투명한 것은 수소결합과 관계가 없다.

★★★
83. 결합력이 큰 것부터 작은 순서로 나열한 것은?

① 공유결합>수소결합>반데르발스결합
② 수소결합>공유결합>반데르발스결합
③ 반데르발스결합>수소결합>공유결합
④ 수소결합>반데르발스결합>공유결합

해설 결합력의 세기 : 공유결합>이온결합>금속결합>수소결합>반데르발스결합

참고 암기법 : 공이 금수반

84. 공유결합과 배위결합에 의하여 이루어진 것은?

① NH_3 ② $Cu(OH)_2$
③ K_2CO_3 ④ $(NH_4)^+$

해설 ㉮ 공유결합 : 비금속 원자들이 각각 전자를 내놓아 전자쌍을 만들고 이 전자쌍을 공유함으로써 이루어지는 결합으로 비금속과 비금속의 결합에서 나타난다.
㉯ 배위결합 : 비공유 원자쌍을 가지고 있는 원자가 다른 이온이나 원자에게 이를 제공하여 공유결합이 형성되는 결합으로 $(NH_4)^+$, H_3O^+에서 나타난다.

85. NH_4Cl에서 배위결합을 하고 있는 부분을 옳게 설명한 것은?

① NH_3는의 N−H 결합
② NH_3와 H^+과의 결합
③ NH_4^+과 Cl^-과의 결합
④ H^+과 Cl^-과의 결합

해설 ㉮ 배위결합 : 비공유 원자쌍을 가지고 있는 원자가 다른 이온이나 원자에게 이를 제공하여 공유결합이 형성되는 결합으로 $(NH_4)^+$, H_3O^+에서 나타난다.
㉯ NH_4Cl에서 배위결합을 하고 있는 부분은 NH_3와 H^+과의 결합이다.

86. 방사선에서 γ선과 비교한 α선에 대한 설명 중 틀린 것은?

① γ선보다 투과력이 강하다.
② γ선보다 형광작용이 강하다.
③ γ선보다 감광작용이 강하다.

정답 81. ④ 82. ③ 83. ① 84. ④ 85. ② 86. ①

④ γ선보다 전리작용이 강하다.

해설 방사선의 종류 및 특징 비교

구분	α선	β선	γ선
본체	He 핵	전자의 흐름	전자기파
전기량	+2	−1	0
질량	4	H의 $\frac{1}{1840}$	0
투과력	약함	강함	가장 강함
감광작용	가장 강함	강함	약함
형광작용	강함	중간	약함
전리작용	강함	중간	약함

★★★
87. 방사성 원소에서 방출되는 방사선 중 전기장의 영향을 받지 않아 휘어지지 않는 선은?

① α 선　　② β 선
③ γ 선　　④ α, β, γ 선

해설 γ선(γ-ray) : α선, β선 같은 입자의 흐름이 아니며, X선 같은 일종의 전자기파로서 파장이 가장 짧으면서 투과력이 가장 세다. 전기장, 자기장에 의해 휘어지지 않는다.

88. 방사선 중 감마선에 대한 설명이 옳은 것은?

① 질량을 갖고 음의 전하를 띰
② 질량을 갖고 전하를 띠지 않음
③ 질량이 없고 전하를 띠지 않음
④ 질량이 없고 음의 전하를 띰

해설 방사선 중 γ선의 특징

구분	γ선
본체	전자기파
전기량(전하)	0
질량	0
투과력	가장 강함
감광작용	약함
형광작용	약함
전리작용	약함

★★
89. Rn은 α선 및 β선을 2번씩 방출하고 다음과 같이 변했다. 마지막 Po의 원자번호는 얼마인가? (단, Rn의 원자번호는 86, 원자량은 222이다.)

$$\text{Rn} \xrightarrow{\alpha} \text{Po} \xrightarrow{\alpha} \text{Pb} \xrightarrow{\beta} \text{Bi} \xrightarrow{\beta} \text{Po}$$

① 78　② 81　③ 84　④ 87

해설 방사선 원소의 붕괴
㉮ α 붕괴 : 원자번호 2 감소, 질량수 4 감소
㉯ β 붕괴 : 원자번호 1 증가, 질량수는 불변이다.
∴ α 붕괴 2회, β 붕괴 2회이다.
∴ Po의 원자번호 $=86-(2\times2)+(1\times2)=84$

90. 우라늄 $^{235}_{92}\text{U}$는 다음과 같이 붕괴한다. 생성된 Ac의 원자번호는?

$$^{235}_{92}\text{U} \xrightarrow{\alpha} \text{Th} \xrightarrow{\beta} \text{Pa} \xrightarrow{\alpha} \text{Ac}$$

① 87　② 88　③ 89　④ 90

해설 방사선 원소의 붕괴
㉮ α 붕괴 : 원자번호 2 감소, 질량수 4 감소
㉯ β 붕괴 : 원자번호 1 증가, 질량수는 불변이다.

$$^{235}_{92}\text{U} \xrightarrow{\alpha} {}^{231}_{90}\text{Th} \xrightarrow{\beta} {}^{231}_{91}\text{Pa} \xrightarrow{\alpha} {}^{227}_{89}\text{Ac}$$

∴ Ac의 원자번호는 89이다.

★
91. 방사능 붕괴의 형태 중 $^{226}_{88}\text{Ra}$이 α붕괴할 때 생기는 원소는?

① $^{222}_{86}\text{Rn}$　　② $^{232}_{90}\text{Th}$
③ $^{231}_{91}\text{Pa}$　　④ $^{238}_{92}\text{U}$

해설 방사선 원소의 붕괴
㉮ α 붕괴 : 원자번호 2 감소, 질량수 4 감소
㉯ β 붕괴 : 원자번호 1 증가, 질량수는 불변

정답 87. ③　88. ③　89. ③　90. ③　91. ①

$\therefore\ {}^{226}_{88}\mathrm{Ra} \xrightarrow{\alpha} {}^{222}_{86}\mathrm{Rn} + {}^{4}_{2}\mathrm{He}$

${}^{226}_{88}\mathrm{Ra}$의 α 붕괴 후 생성되는 물질은 라돈(Rn)과 비활성원소인 헬륨(He)이다.

92. 다음 핵화학 반응식에서 산소(O)의 원자번호는 얼마인가?

$${}^{14}_{7}\mathrm{N} + {}^{4}_{2}\mathrm{He}(\alpha) \rightarrow \mathrm{O} + {}^{1}_{1}\mathrm{H}$$

① 6 ② 7 ③ 8 ④ 9

해설 원자핵 반응식에서 반응 전(왼쪽)과 반응 후(오른쪽)의 원자량(질량수)의 총합이나 원자번호(양성자수)의 총합은 같아야 한다.

㉮ 반응 전 원자량(질량수) 및 원자번호(양성자수) 계산 : 원자량은 질소(N) 14, 헬륨(He) 4이므로 총합은 18이고, 원자번호는 질소(N) 7, 헬륨(He) 2이므로 총합은 9이다.

㉯ 반응 후 H의 원자량 1, 원자번호 1이다.

㉰ 산소(O)의 원자량은 18 − 1=17, 원자번호는 9 − 1=8이다.

93. Be의 원자핵에 α 입자를 충격하였더니 중성자 n이 방출되었다. 다음 반응식을 완결하기 위하여 ( )속에 알맞은 것은?

$$\mathrm{Be} + {}^{4}_{2}\mathrm{He} \rightarrow (\quad) + {}^{1}_{0}\mathrm{n}$$

① Be ② B ③ C ④ N

해설 원자핵 반응식에서 반응 전(왼쪽)과 반응 후(오른쪽)의 원자량(질량수)의 총합은 같아야 한다.

㉮ 반응 전 원자량(질량수) 계산 : 베릴륨 원자량은 9, 헬륨(He)의 원자량은 4이므로 총합은 13이다.

㉯ 반응 후 n의 원자량 1이다.

㉰ ( ) 속의 원자량은 13 − 1=12이다. 그러므로 원자량이 12인 원소는 탄소(C)이다.

94. 반감기가 5일인 미지 시료가 2g 있을 때 10일이 경과하면 남은 양은 몇 g 인가?

① 2 ② 1
③ 0.5 0.25

해설 ㉮ 반감기 : 방사선 원소가 붕괴하여 다른 원소로 될 때 그 질량이 처음 양의 반이 되는 데 걸리는 시간을 말한다.

㉯ 나중의 질량 계산

$$\therefore m = M \times \left(\frac{1}{2}\right)^{\frac{t}{T}} = 2 \times \left(\frac{1}{2}\right)^{\frac{10}{5}} = 0.5\,\mathrm{g}$$

95. 방사선 동위원소의 반감기가 20일 때 40일이 지난 후 남은 원소의 분율은?

① $\frac{1}{2}$ ② $\frac{1}{3}$
③ $\frac{1}{4}$ ④ $\frac{1}{6}$

해설 ㉮ 반감기 : 방사선 원소가 붕괴하여 다른 원소로 될 때 그 질량이 처음 양의 반이 되는 데 걸리는 시간을 말한다.

㉯ 나중의 질량 계산 : 처음의 질량은 언급이 없으므로 1을 적용하여 계산

$$m = M \times \left(\frac{1}{2}\right)^{\frac{t}{T}} = 1 \times \left(\frac{1}{2}\right)^{\frac{40}{20}} = \frac{1}{4}$$

정답 92. ③ 93. ③ 94. ③ 95. ③

1-4 | 화학 반응

1 화학 반응식

(1) 화학 반응식

① 물질이 화학 변화를 일으켜서 새로운 물질이 생기는 변화를 화학식으로 나타낸 것이다.

② 화학 반응식을 만드는 방법

㈎ 반응물과 생성물을 알아야 한다.

㈏ 물질은 분자식으로 나타낸다.

㈐ '반응물 → 생성물'로 표시하고 촉매 등은 화살표 위에 나타낸다.

㈑ 반응물과 생성물의 원자수가 같도록 화학식 앞에 계수를 붙인다.

③ 미정계수법으로 화학 반응식의 계수를 정하는 방법

㈎ 다음과 같이 물질 앞에 계수 a, b, c, d, e를 각각 붙인다.

$$a\mathrm{NaCl} + b\mathrm{H_2O} \rightarrow c\mathrm{NaOH} + d\mathrm{H_2} + e\mathrm{Cl_2}$$

㈏ 각 원자에 대하여 연립방정식을 만든다.

Na : $a=c$ ························ ①

Cl : $a=2e$ ························ ②

H : $2b=c+2d$ ························ ③

O : $b=c$ ························ ④

㈐ 미지수는 a~e까지 5개가 있지만, 연립 방정식은 4개이므로 또 하나의 식을 만들 수 있으며, a~e 중에서 어느 하나를 1로 한다(여기서는 a를 선택한다).

㈑ a를 1로 선택하면 $a=1$ ························ ⑤

㈒ ①번부터 풀이를 하면 $c=1$, ②로부터 $e=\frac{1}{2}$, ④로부터 $b=1$, ③은 $2\times1=1+2d$이므로 $d=\frac{1}{2}$이 된다.

㈓ 반응식에 각 숫자를 적용하면

$$\mathrm{NaCl}+\mathrm{H_2O} \rightarrow \mathrm{NaOH}+\frac{1}{2}\mathrm{H_2}+\frac{1}{2}\mathrm{Cl_2}$$

㈔ 일반적으로 반응식은 분수가 없는 상태로 표시하므로

$$2\mathrm{NaCl}+2\mathrm{H_2O} \rightarrow 2\mathrm{NaOH}+\mathrm{H_2}+\mathrm{Cl_2}$$

화학 반응식이 나타내는 것

반응식	$2H_2(g)+O_2(g) \rightarrow 2H_2O(g)$
분자수	수소 2분자+산소 1분자 → 물(수증기) 2분자
몰 관계	수소 2몰+산소 1몰 → 물(수증기) 2몰
질량	$2\times2g+32g \rightarrow 2\times18g$
부피	$2\times22.4L+22.4L \rightarrow 2\times22.4L$
물질	수소+산소 → 물(수증기)

2 화학 반응과 반응 속도

(1) 화학 반응과 에너지

① 발열 반응 : 반응이 일어날 때 열이 방출되는 것으로, 생성 엔탈피(ΔH)의 부호는 (−)이고, 반응열(Q)의 부호는 (+)이다.

예 $H_2(g)+\frac{1}{2}O_2(g) \rightarrow H_2O(L)+68.3kcal$ ⇒ 반응 엔탈피(ΔH)는 −64.3kcal이고, 반응열(Q)은 68.3kcal이다.

② 흡열 반응 : 반응이 일어날 때 열을 흡수하는 것으로, 생성 엔탈피(ΔH)의 부호는 (+)이고, 반응열(Q)의 부호는 (−)이다.

예 $\frac{1}{2}N_2(g)+\frac{1}{2}O_2(g) \rightarrow NO(g)-21.6kcal$ ⇒ 반응 엔탈피(ΔH)는 21.6kcal이고, 반응열(Q)은 21.6kcal이다.

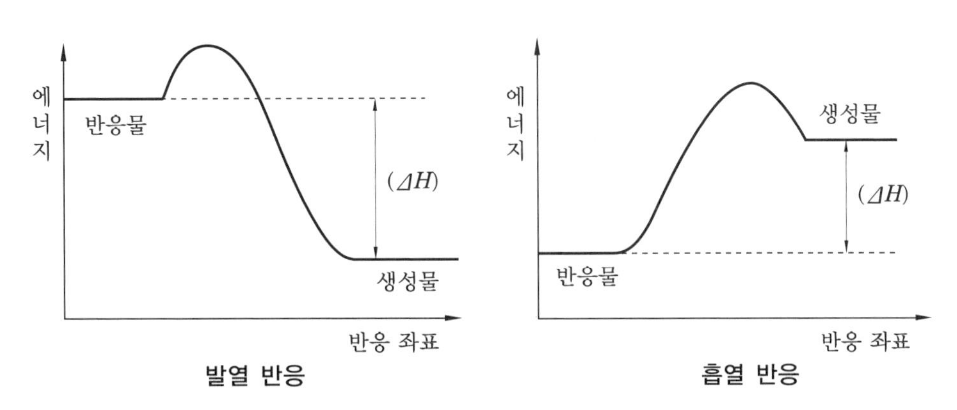

발열 반응　　　흡열 반응

참고 화학 반응에서 기체이면 "g"로, 액체이면 "L"로, 고체이면 "S"로, 수용액이면 "aq"로 분자식 옆에 괄호로 표시하여 어떠한 형태로 작용하는지 나타낸다.

③ 반응열 : 화학 변화에 수반되어 발생 또는 흡수되는 에너지의 양이다.

(가) 생성열 : 화합물 1몰이 2성분의 원소의 단체로부터 생성될 때 발생 또는 흡수되는 에너지이다.

$C(흑연) + O_2(g) \rightarrow CO_2(g) + 94.1kcal$

$\frac{1}{2}N_2(g) + \frac{1}{2}O_2(g) \rightarrow NO(g) - 21.6kcal$

여기서, CO_2의 생성열은 94.1kcal, NO의 생성열은 −21.6kcal이다.

(나) 분해열 : 화합물 1몰이 그 성분인 단체로 분해될 때의 에너지로, 생성열과 절대값은 같으나 부호가 반대이다.

$H_2O(L) \rightarrow H_2(g) + \frac{1}{2}O_2(g) - 68.3kcal$

$NO(g) \rightarrow \frac{1}{2}N_2(g) + \frac{1}{2}O_2(g) + 21.6kcal$

여기서, H_2O의 분해열은 −68.3kcal, NO의 분해열은 21.6kcal이다.

(다) 연소열 : 1몰의 물질이 산소와 반응하여 완전 연소하였을 때 발생하는 열량이다.

$C(흑연) + O_2(g) \rightarrow CO_2(g) + 94.1kcal$

여기서, 흑연의 연소열은 94.1kcal이다.

(라) 용해열 : 1몰의 물질이 많은 물(aq)에 녹을 때 수반되는 열량으로, 발열될 때는 용액의 온도가 상승하고, 흡열될 때는 용액의 온도가 내려간다.

> **참고** 일반적으로 고체의 용해열은 흡열 반응이며, 온도가 상승함에 따라 용해도가 증가한다. 반대로 용해열이 발열 반응이면 온도가 상승함에 따라 용해도가 감소한다.

(마) 중화열 : 산, 염기가 각각 1g당량이 중화할 때 발생하는 열량을 말한다.

④ 헤스의 법칙 : 화학 반응에서 발생 또는 흡수되는 열량은 그 반응의 최초의 상태와 최종의 상태만 결정되면 반응 경로에 관계없이 출입하는 열량의 합은 일정하다는 것으로, 총열량 불변의 법칙이라 한다.

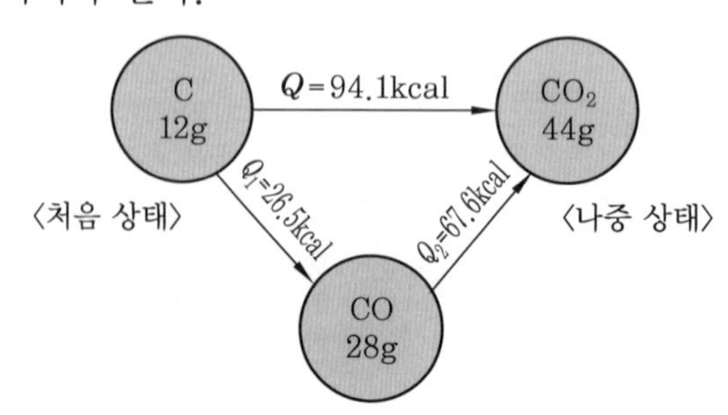

㈎ $C+O_2 \rightarrow CO_2+94.1kcal : Q$

㈏ $C+\frac{1}{2}O_2 \rightarrow CO+26.5kcal : Q_1$

㈐ $CO+\frac{1}{2}O_2 \rightarrow CO_2+67.6kcal : Q_2$

$\therefore Q = Q_1 + Q_2 = 26.5+67.6 = 94.1kcal$

(2) 반응 속도

① 반응 속도에 영향을 주는 요소

㈎ 농도 : 반응하는 각 물질의 농도에 반응 속도는 비례한다.

㈏ 온도 : 온도가 상승하면 속도 정수가 커지므로 반응 속도는 증가한다.

㈐ 촉매 : 정촉매는 반응 속도를 빠르게 하고, 부촉매는 반응 속도는 느리게 한다.

② 화학 평형

㈎ 가역 반응과 비가역 반응

㉮ 가역 반응 : 온도, 압력 등의 조건의 변화에 따라 반응이 정반응과 역반응 어느 방향으로도 진행되는 반응이다.

㉯ 비가역 반응 : 반응이 어느 한 쪽으로만 일어나는 반응이다.

㈏ 화학 평형 : 정반응(→)과 역반응(←)의 반응 속도가 같아져서 반응이 정지된 것처럼 보이는 상태이다.

㈐ 평형 상수 : 일정한 온도와 압력에서 어떤 반응이 화학 평형 상태에 있을 때 반응물 양에 대한 생성물 양의 비이다.

㉮ $aA+bB \rightleftarrows cC+dD$ 라는 반응식에서 화학 평형이 일어났을 때 평형 상수

$$K = \frac{[C]^c[D]^d}{[A]^a[B]^b}$$

㉯ 평형 상수 K는 온도가 일정할 때는 각 물질의 농도의 변화에는 관계없이 일정한 값을 가지나, 온도가 변하면 변화한다. 이러한 관계를 질량 작용의 법칙이라 한다.

㈑ 평형 이동의 법칙(르샤틀리에의 법칙) : 가역 반응이 평형 상태에 있을 때 반응하는 물질의 농도, 온도, 압력을 변화시키면 정반응(→)과 역반응(←) 중 어느 한 쪽의 반응만이 진행되는데, 이동되는 방향은 다음과 같이 경우에 따라 다르다.

㉮ 온도 : 가열하면 흡열 반응 방향으로, 냉각하면 발열반응으로 진행한다.

㉯ 농도 : 반응 물질의 농도가 진하면 정반응(→), 묽으면 역반응(←)으로 진행한다.

㉰ 압력 : 가압하면 기체의 부피가 감소(몰수가 감소)하는 방향으로 진행한다. 감압하면 기체의 부피가 증가(몰수가 증가)하는 방향으로 진행한다.

㉱ 촉매는 화학 반응의 속도를 증가시키는 작용은 하지만, 화학 평형을 이동시키지는 못한다.

참고 아레니우스(Arrhenius)의 화학 반응 속도론

온도가 10℃ 상승함에 따라 반응 속도는 약 2~3배씩 증가한다(일반적으로 수용액일 경우는 온도가 10℃ 상승하면 반응 속도는 약 2배, 20℃ 상승하면 2^2배, 50℃ 상승하면 2^5배로 된다).

예상 문제

1. 다음 반응식 중 흡열 반응을 나타내는 것은?

① $CO+\frac{1}{2}O_2 \rightarrow CO_2+68kcal$

② $N_2+O_2 \rightarrow 2NO,\ \Delta H=+42kcal$

③ $C+O_2 \rightarrow CO_2,\ \Delta H=-94kcal$

④ $H_2+\frac{1}{2}O_2 - 58kcal \rightarrow H_2O$

해설 ㉮ 발열 반응 : 반응이 일어날 때 열이 방출되는 것으로, 생성 엔탈피(ΔH)의 부호는 (-)이고, 반응열(Q)의 부호는 (+)이다.
㉯ 흡열 반응 : 반응이 일어날 때 열을 흡수하는 것으로, 생성 엔탈피(ΔH)의 부호는 (+)이고, 반응열(Q)의 부호는 (-)이다.

참고 질소(N_2)는 산소(O_2)와 반응하지만 가연성 물질이 아니므로 흡열 반응을 한다.

2. 활성화 에너지에 대한 설명으로 옳은 것은?

① 물질이 반응 전에 가지고 있는 에너지이다.
② 물질이 반응 후에 가지고 있는 에너지이다.
③ 물질이 반응 전과 후에 가지고 있는 에너지의 차이이다.
④ 물질이 반응을 일으키는 데 필요한 최소한의 에너지이다.

해설 활성화 에너지 : 반응 물질이 반응을 시작하기 전에 반드시 흡수해야 하는 최소한의 에너지이다.

3. 다음 반응식을 이용하여 구한 $SO_2(g)$의 몰 생성열은?

$S(s)+1.5O_2(g) \rightarrow SO_3(g),\ \Delta H_0=-94.5kcal$
$2SO_2(s)+O_2(g) \rightarrow 2SO_3(g),\ \Delta H_0=-47kcal$

① -71kcal ② -47.5kcal
③ 71kcal ④ 47.5kcal

해설 문제에서 주어진 식을 아래와 같이 구분하며, 생성열(ΔH_0)과 연소열(Q)은 절댓값은 같고 부호가 반대이다.

$S(s)+1.5O_2(g) \rightarrow SO_3(g)+94.5kcal$ ---- ⓐ
$2SO_2(s)+O_2(g) \rightarrow 2SO_3(g)+47kcal$ ---- ⓑ

ⓐ와 ⓑ로부터 $S(s)+O_2(g) \rightarrow SO_2(g)+Q kcal$와 같은 식을 완성할 수 있고, 헤스의 법칙에 따라 ⓐ×2-ⓑ에 의해 $SO_2(g)$의 생성열을 구할 수 있다.

$2S(s)+3O_2(g) \rightarrow 2SO_3(g)+(2\times94.5)kcal$
$-\ 2SO_2(s)+O_2(g) \rightarrow 2SO_3(g)+47kcal$
$2S(s)-2SO_2(s)+2O_2(g) \rightarrow 142kcal$ --- ⓒ

ⓒ식을 다시 쓰면
$2S(s)+O_2(g) \rightarrow 2SO_2(g)+142kcal$ ---- ⓓ

∴ ⓓ에서 SO_2는 2몰(mol)이므로
$S(s)+O_2(g) \rightarrow SO_2(g)+\frac{142}{2}kcal$

∴ SO_2의 몰 생성열 $\Delta H_0=-\frac{142}{2}=-71kcal$

4. 다음 중 화학 반응의 속도에 영향을 미치지 않는 것은?

① 촉매의 유무
② 반응계의 온도의 변화
③ 반응 물질의 농도의 변화
④ 일정한 온도하에서의 부피의 변화

해설 화학 반응 속도에 영향을 주는 요소
㉮ 농도 : 반응 속도는 반응하는 각 물질의 농도에 비례한다.
㉯ 온도 : 온도가 상승하면 속도 정수가 커지므로 반응 속도는 증가한다.
㉰ 촉매 : 정촉매는 반응 속도를 빠르게 하고, 부촉매는 반응 속도를 느리게 한다.

5. 염소산칼륨을 가열하여 산소를 만들 때 촉매로 쓰이는 이산화망간의 역할은 무엇인가?

정답 1. ② 2. ④ 3. ① 4. ④ 5. ③

① KCl을 산화시킨다.
② 역반응을 일으킨다.
③ 반응 속도를 증가시킨다.
④ 산소가 더 많이 나오게 한다.

해설 촉매의 역할 : 자신은 변화하지 않고 활성화 에너지를 변화시킴으로써 반응 속도를 변화시키는 물질이다.
㉮ 정촉매 : 정반응 및 역반응 활성화 에너지를 감소시키므로 반응 속도를 빠르게 한다.
㉯ 부촉매 : 정반응 및 역반응 활성화 에너지를 증가시키므로 반응 속도를 느리게 한다.

6. 화학 반응을 증가시키는 방법으로 옳지 않은 것은?

① 온도를 높인다.
② 부촉매를 가한다.
③ 반응물 농도를 높게 한다.
④ 반응물 표면적을 크게 한다.

해설 ㉮ 정촉매는 반응 속도를 빠르게 하고, 부촉매는 반응 속도를 느리게 한다.
㉯ 반응물 표면적을 크게 하면 접촉 면적이 증가하여 화학 반응이 증가한다.

7. 다음 반응 속도 식에서 2차 반응인 것은?

① $v=k[A]^{\frac{1}{2}}[B]^{\frac{1}{2}}$ ② $v=k[A][B]$
③ $v=k[A][B]^2$ ④ $v=k[A]^2[B]^2$

해설 ㉮ 반응 속도 : 화학 반응에서 반응이 얼마나 빠르게 일어났는가를 나타내는 지표로서, 일반적으로 시간당 화학 반응에 참여하는 물질의 몰(mol)수 변화로 나타낸다.
㉯ $aA+bB \rightarrow cC+dD$에서 반응 속도 식 $v=k[A]^m[B]^n$이다. 여기서 반응물의 농도의 지수인 m과 n을 반응 차수라고 하며, 전체 반응 차수는 $m+n$이다.
㉰ 1차 반응은 $aA \rightarrow bB$와 같이 하나의 반응물의 농도에 의한 것으로, 반응 속도 식은 $v=k[A]$이다.
㉱ 2차 반응은 전체 차수가 2인 반응으로, 반응 속도 식은 $v=k[A]^2$으로, 두 가지 반응물의 경우 $v=k[A][B]$이다.

8. $CH_4(g)+2O_2(g) \rightarrow CO_2(g)+2H_2O(g)$의 반응에서 메탄의 농도를 일정하게 하고 산소의 농도를 2배로 하면 동일한 온도에서 반응속도는 몇 배로 되는가?

① 2배 ② 4배 ③ 6배 ④ 8배

해설 메탄의 농도(m)는 일정하고, 산소의 농도(n)는 2배로 변한 것이다.
$\therefore V=k[CH_4]^m \times [2O_2]^n = 1 \times 2^2 = 4$ 배

9. 일정한 온도하에서 물질 A와 B가 반응을 할 때 A의 농도만 2배로 하면 반응 속도가 2배가 되고, B의 농도만 2배로 하면 반응 속도가 4배로 된다. 이 반응의 속도식은? (단, 반응속도 상수는 k이다.)

① $V=k[A][B]^2$ ② $V=k[A]^2[B]$
③ $V=k[A][B]^{0.5}$ ④ $V=k[A][B]$

해설 물질 A와 B가 반응을 할 때
㉮ A의 농도만 2배로 하면 반응 속도(V)가 2배가 되는 것의 반응 속도(V)는 A의 농도에 비례하는 것이다.
㉯ B의 농도만 2배로 하면 반응 속도(V)가 4배로 되는 것의 반응 속도(V)는 B의 농도 제곱에 비례하는 것이다.
$\therefore V=k \times [A] \times [B]^2$

10. $CO+2H_2 \rightarrow CH_3OH$의 반응에 있어서 평형상수 K를 나타내는 식은?

① $K=\frac{[CH_3OH]}{[CO][H_2]}$ ② $K=\frac{[CH_3OH]}{[CO][H_2]^2}$
③ $K=\frac{[CO][H_2]}{[CH_3OH]}$ ④ $K=\frac{[CO][H_2]^2}{[CH_3OH]}$

해설 ㉮ $aA+bB \rightleftarrows cC+dD$ 라는 반응에서

정답 6. ② 7. ② 8. ② 9. ① 10. ②

$$K = \frac{[C]^c[D]^d}{[A]^a[B]^b}$$ 이다.

㉯ $CO + 2H_2 \rightarrow CH_3OH$의 반응에서 평형 상수

$$\therefore K = \frac{[CH_3OH]}{[CO][H_2]^2}$$

11. 3가지 기체물질 A, B, C가 일정한 온도에서 다음과 같은 반응을 하고 있다. 평형에서 A, B, C가 각각 1몰, 2몰, 4몰이라면 평형상수 K의 값은?

$A + 3B \rightarrow 2C +$ 열

① 0.5 ② 2 ③ 3 ④ 4

해설 $K = \frac{[C]^c[D]^d}{[A]^a[B]^b} = \frac{4^2}{1 \times 2^3} = 2$

참고 [D]는 반응식에 포함되지 않아서 제외되었음

12. 평형 상태를 이동시키는 조건에 해당되지 않는 것은?

① 온도 ② 농도
③ 촉매 ④ 압력

해설 평형 상태를 이동시키는 조건
㉮ 온도 : 가열하면 흡열 반응 방향으로, 냉각하면 발열 반응으로 진행한다.
㉯ 농도 : 반응 물질의 농도가 진하면 정반응(→), 묽으면 역반응(←)으로 진행한다.
㉰ 압력 : 가압하면 몰수가 감소하는 방향으로, 감압하면 몰수가 증가하는 방행으로 진행한다.

참고 촉매는 화학 반응의 속도를 변화(증가)시키는 작용은 하지만 화학 평형을 이동시키지는 못한다.

13. 다음의 평형계에서 압력을 증가시키면 반응에 어떤 영향이 나타나는가?

$N_2(g) + 3H_2(g) \rightleftarrows 2NH_3(g)$

① 오른쪽으로 진행
② 왼쪽으로 진행
③ 무 변화
④ 왼쪽과 오른쪽으로 모두 진행

해설 평형 이동의 법칙(르샤틀리에의 법칙) : 가역 반응이 평형 상태에 있을 때 반응하는 물질의 농도, 온도, 압력을 변화시키면 정반응(→), 역반응(←) 어느 한 쪽의 반응만이 진행되는데, 이동되는 방향은 다음과 같이 경우에 따라 다르다.
㉮ 온도 : 가열하면 흡열 반응 방향으로, 냉각하면 발열 반응으로 진행한다.
㉯ 농도 : 반응 물질의 농도가 진하면 정반응(→), 묽으면 역반응(←)으로 진행한다.
㉰ 압력 : 가압하면 기체의 부피가 감소(몰수가 감소)하는 방향으로 진행하고, 감압하면 기체의 부피가 증가(몰수가 증가)하는 방향으로 진행한다.
㉱ 촉매는 화학 반응의 속도를 증가시키는 작용은 하지만, 화학 평형을 이동시키지는 못한다.
∴ 반응 물질이 4몰, 생성 물질이 2몰이므로 압력을 증가시키면 몰수가 감소하는 방향이므로 반응은 오른쪽으로 진행한다.

14. 다음과 같은 반응에서 평형을 왼쪽으로 이동시킬 수 있는 조건은?

$A_2(g) + 2B_2(g) \rightleftarrows 2AB_2(g) +$ 열

① 압력 감소, 온도 감소
② 압력 증가, 온도 증가
③ 압력 감소, 온도 증가
④ 압력 증가, 온도 감소

해설 평형을 왼쪽으로 이동시킬 수 있는 조건 : 반응 물질이 3몰, 생성 물질이 2몰이므로 몰수가 증가하는 방향(왼쪽 방향)으로 이동시키기 위해서는 압력을 감소시킨다. 냉각(온도감소)하면 발열 반응인 정방향(오른 방향)이므로 온도를 증가시키면 평형을 왼쪽으로 이동할 수 있다.

정답 11. ② 12. ③ 13. ① 14. ③

15. 수소와 질소로 암모니아를 합성하는 반응식의 화학 반응식은 다음과 같다. 암모니아의 생성률을 높이기 위한 조건은?

$$N_2 + 3H_2 \rightarrow 2NH_3 + 22.1kcal$$

① 온도와 압력을 낮춘다.
② 온도는 낮추고, 압력은 높인다.
③ 온도를 높이고, 압력은 낮춘다.
④ 온도와 압력을 높인다.

해설 암모니아 생성률을 높이기 위해서는 정반응을 할 수 있는 조건이 되어야 하므로 온도는 낮추고, 압력은 높여야 한다.

16. 다음의 반응식에서 평형을 오른쪽으로 이동시키기 위한 조건은?

$$N_2(g) + O_2(g) \rightarrow 2NO(g) - 43.2kcal$$

① 압력을 높인다.
② 온도를 높인다.
③ 압력을 낮춘다.
④ 온도를 낮춘다.

해설 질소(N_2)와 산소(O_2)의 반응은 흡열 반응이므로 온도를 높이면 오른쪽으로 반응이 진행한다.

17. 다음의 반응 중 평형 상태가 압력의 영향을 받지 않는 것은?

① $N_2 + O_2 \leftrightarrow 2NO$
② $NH_3 + HCl \leftrightarrow NH_4Cl$
③ $2CO + O_2 \leftrightarrow 2CO_2$
④ $2NO_2 \leftrightarrow N_2O_4$

해설 평형 상태에서 압력의 영향 : 가압하면 기체의 부피가 감소(몰수가 감소)하는 방향으로 진행하고, 감압하면 기체의 부피가 증가(몰수가 증가)하는 방향으로 진행한다.

참고 ①번 반응의 경우 정반응과 역반응의 몰수가 동일하므로 압력의 영향을 받지 않는다.

정답 15. ② 16. ② 17. ①

1-5 | 용액, 용해도 및 용액의 농도

1 용액

(1) 용액(solution)

물질이 액체에 혼합되어 전체가 일정한 상태로 되어 혼합된 액체를 말한다. 이때, 녹이는데 사용한 액체를 용매(solvent), 녹는 물질을 용질(solute)이라 하며, 용매가 물인 경우의 용액을 수용액이라 한다.

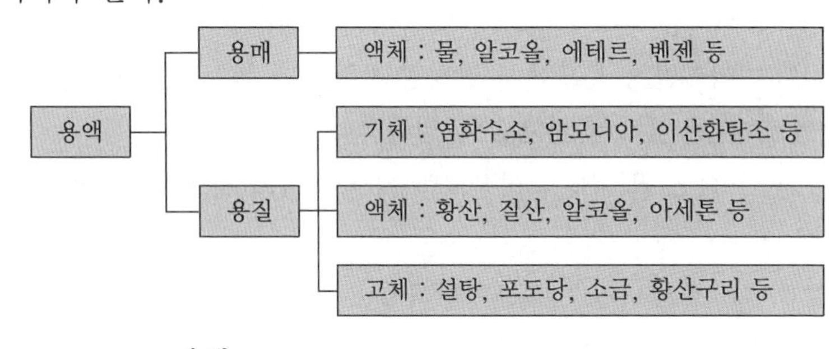

예 용매(물) + 용질(설탕) $\underset{\text{석출}}{\overset{\text{용해}}{\rightleftharpoons}}$ 용액(설탕물)

(2) 용해 평형

① 포화 용액 : 일정 온도에서 일정량의 용매에 용질이 최대한으로 녹는 용액

② 불포화 용액 : 용질을 가하면 더 녹을 수 있는 용액

③ 과포화 용액 : 일정 온도에서 용질이 용해도 이상으로 녹아 있는 상태의 용액

2 용해도

(1) 용해도

용해도란 일정한 온도에서 용매 100g에 녹는 용질의 최대량을 g수로 표시한 것이다.

$$\text{용해도} = \frac{\text{용질의 g수}}{\text{용매의 g수}} \times 100 = \frac{\text{용질의 g수}}{\text{용액의 g수} - \text{용질의 g수}} \times 100$$

예 0℃에서 물(용매) 100g에 소금(NaCl)은 35.63g까지 녹을 수 있으므로 0℃에서 물에 대한 소금의 용해도는 → $\frac{35.63}{100} \times 100 = 35.63$이다.

(2) 고체의 용해도

고체 물질의 용해도는 일반적으로 온도의 상승에 따라 증가하고 압력과는 무관하며, 용해도와 온도의 관계를 나타내는 그래프를 용해도 곡선이라 한다.

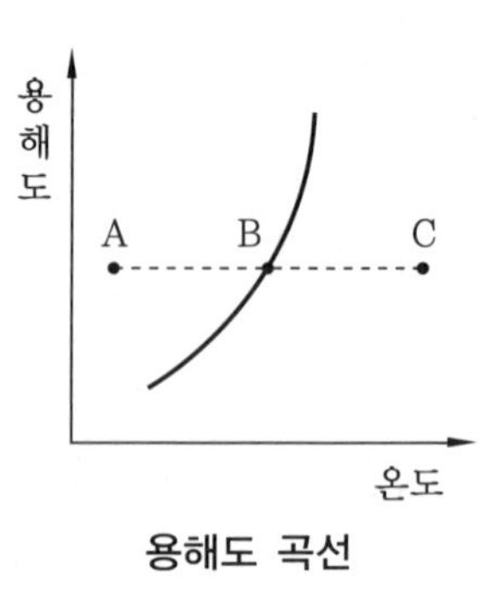

용해도 곡선

과포화 용액 (A용액)	온도를 올림 → / ← 온도를 내림	포화 용액 (B용액)	온도를 올림 → / ← 온도를 내림	불포화 용액 (C용액)

(3) 기체의 용해도

① 기체 물질의 용해도는 온도가 낮고, 압력이 클수록 증가한다.

② 헨리(Henry)의 법칙 : 일정 온도에서 일정량의 액체에 녹는 기체의 질량은 압력에 비례하고, 기체의 부피는 압력에 관계없이 일정하다.

㈎ 수소(H_2), 산소(O_2), 질소(N_2), 이산화탄소(CO_2) 등과 같이 물에 잘 녹지 않는 기체만 적용된다.

㈏ 염화수소(HCl), 암모니아(NH_3), 이산화황(SO_2), 플루오르화수소(HF) 등과 같이 물에 잘 녹는 기체는 적용되지 않는다.

(4) 재결정

고체 물질에 소량의 불순물이 있을 때 온도의 변화에 따른 용해도 차를 이용하여 분순물이 있는 결정을 정제하는 방법이다.

① 결정수 : 고체 물질이 결정으로 석출될 때 일정한 비율로 물을 포함하면서 석출되는 물질이 있다. 이때, 결정 속에 포함된 물을 결정수(結晶水)라 하며, 결정수를 포함한 물질을 수화물(水化物)이라 한다.

예 결정 탄산나트륨($Na_2CO_3 \cdot 10H_2O$) 속의 $10H_2O$를 결정수라 한다.

② 풍해 : 공기 중에서 결정수를 잃고 흰 분말로 되는 현상이다.

예 탄산나트륨($Na_2CO_3 \cdot 10H_2O$)은 공기 중에서 $Na_2CO_3 \cdot H_2O$가 된다.

③ 조해 : 공기 중의 수분을 흡수하여 스스로 녹는 현상으로, 조해성(潮解性) 물질은 건조제로 이용된다.

3 용액의 농도

(1) 중량 백분율(퍼센트 농도)

용액 100g 속에 녹아 있는 용질의 질량을 나타낸 농도로 용액의 질량에만 관계있고, 용해도와는 관계없다.

$$\text{퍼센트 농도}(\%) = \frac{\text{용질의 질량(g)}}{\text{용액의 질량(g)}} \times 100 = \frac{\text{용질의 질량(g)}}{[\text{용매}+\text{용질}]\text{의 질량(g)}} \times 100$$

(2) 몰 농도(M 농도)

용액 1L 속에 녹아 있는 용질의 몰(mol)수로 나타낸 농도이다.

$$M\text{농도} = \frac{\text{용질의 양(mol)}}{\text{용액의 부피(L)}} = \frac{\left(\dfrac{\text{용액의 질량(g)}}{\text{용액의 분자량(g/mol)}}\right)}{\text{용액의 부피(L)}}$$

예 NaOH 용액 200mL 중에 NaOH 4g이 녹아 있다면 몰 농도는 얼마인가?

→ NaOH의 분자량은 40이다.

$$\therefore M\text{농도} = \frac{\text{용질의 양(mol)}}{\text{용액의 부피(L)}} = \frac{\left(\dfrac{\text{용액의 질량(g)}}{\text{용액의 분자량(g/mol)}}\right)}{\text{용액의 부피(L)}} = \frac{\left(\dfrac{4}{40}\right)}{0.2} = 0.5\,M\text{농도}$$

(3) 노르말 농도(N 농도)

용액 1L 속에 녹아 있는 용질의 g 당량수를 나타낸 농도로, 산·알칼리의 중화반응 또는 산화제와 환원제의 산화, 환원 반응의 계산에 이용된다.

$$N\text{농도} = \frac{\left(\dfrac{\text{용질의 질량(g)}}{\text{용질의 1g 당량}}\right)}{\text{용액의 부피(L)}} = \frac{\text{용질의 1g 당량}}{\text{용질의 질량(g)}} \times \text{용액의 부피(L)}$$

(4) 몰랄 농도(m 농도)

용매 1000g에 용해된 용질의 몰수로 나타낸 농도로, 라울의 법칙이나 삼투압 측정 등에 사용한다.

$$m\text{ 농도} = \frac{\left(\dfrac{W_b}{M_b}\right)}{W_a} \times 1000$$

여기서, W_b : 용질의 질량(g) M_b : 용질의 분자량

W_a : 용매의 질량(g)

(5) 농도의 관계

① M농도와 N농도의 관계

$$N\text{농도} = M\text{농도} \times \text{산도수(또는 염기도수)}$$

② 퍼센트 농도와의 관계

$$M\text{농도} = \frac{\text{용액의 비중} \times 1000}{\text{용질의 분자량}} \times \frac{\%\text{농도}}{100} = \frac{\text{용액의 비중} \times 10}{\text{용질의 분자량}} \times \%\text{농도}$$

$$N\text{농도} = \frac{\text{용액의 비중} \times 1000}{\text{용질의 } 1g\text{당량}} \times \frac{\%\text{농도}}{100} = \frac{\text{용액의 비중} \times 10}{\text{용질의 } 1g\text{당량}} \times \%\text{농도}$$

4 묽은 용액과 콜로이드 용액

(1) 묽은 용액의 성질

① 끓는점 오름과 어는점 내림(비등점 상승과 빙점 강하) : 용액의 증기압 곡선에서 용액의 끓는점은 순용매의 끓는점보다 높고, 용액의 어는점은 순용매의 어는점보다 낮다. 이와 같은 현상을 끓는점 오름(비등점 상승), 어는점 내림(빙점 강하)이라 한다.

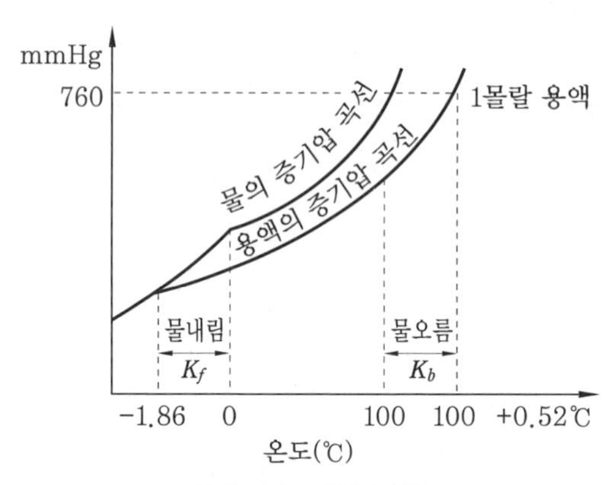

용액의 증기압 곡선

② 삼투(滲透 : osmosis) : 농도가 다른 두 용액이 반투막(용매는 통과하지만 크기가 큰 용질은 통과하지 못하는 얇은 막)을 통해서 순수한 용매나 농도가 낮은 쪽의 용매가 농도가 높은 용액 쪽으로 이동하는 현상이다.

(2) 라울의 법칙

비전해질의 묽은 용액에서의 끓는점 오름(비등점 상승)이나 어는점 내림(빙점 강하)은 용매에 따라 다르며, 용매가 일정하고 용액이 묽을 때는 용질의 종류에 관계없이 용질의 몰랄 농도에 비례한다.

$$\Delta T_b = m \times K_b \qquad \Delta T_f = m \times K_f$$

여기서, ΔT_b : 비등점 상승도 ΔT_f : 빙점 강하도

m : 몰 농도 $\left(m = \dfrac{\frac{W_b}{M_b}}{W_a} \right)$

W_b : 용질의 질량(g) M_b : 용질의 분자량

W_a : 용매의 질량(g)

K_b : 몰 오름 상수(℃·g/mol) K_f : 몰 내림 상수(℃·g/mol)

참고 끓는점 오름(비등점 상승도)과 어는점 내림(빙점 강하도)의 관계

㉮ 묽은 전해질 수용액은 같은 몰랄 농도의 비전해질 수용액보다 끓는점 오름이나 어는점 내림의 정도가 커진다. 이것은 전해질 수용액에서 전해질인 용질이 이온화하여 전체 입자의 몰수가 증가하기 때문이다. 즉, 전해질 용액의 끓는점 오름과 어는점 내림은 전해질인 용질의 분자와 이온을 합한 몰랄 농도에 비례한다.

㉯ 아래 물질을 용매 1000g에 녹였을 때 용액에 존재하는 용질의 입자수이다.

- 포도당($C_6H_{12}O_6$) 1몰 : 포도당은 비전해질이다. → 입자수는 포도당 1몰이다.
- 요소[$(NH_2)_2CO$] 1몰 : 요소는 비전해질이다. → 입자수는 요소 1몰이다.
- NaCl 1몰 : NaCl은 전해질이다. → 입자수는 Na^+ 1몰, Cl^- 1몰이 되어 결과적으로 2몰이다.
- $CaCl_2$ 1몰 : $CaCl_2$는 전해질이다. → 입자수는 Ca^{2+} 1몰, Cl^- 2몰이 되어 결과적으로 3몰이다.

(3) 콜로이드 용액

지름이 10^{-7}~10^{-5}cm의 크기를 갖는 입자로, 여과지는 통과하고 반투막은 통과하지 못하며, 일반적으로 불투명하다.

① 콜로이드 용액의 성질

㈎ 틴들 현상 : 어두운 곳에서 콜로이드 용액에 강한 빛을 비추면 빛의 산란으로 빛의 진로가 보이는 현상이다.

㈏ 브라운 운동 : 콜로이드 입자가 용매 분자의 불균일한 충돌을 받아서 불규칙하고 계속적으로 일어나는 콜로이드 입자의 운동이다.

㈐ 응석(엉킴) : 콜로이드 중에 양이온과 음이온이 결합해서 침전되는 현상이다.

㈑ 염석 : 다량의 전해질로 콜로이드를 침전시키는 것이다.

㈒ 투석(dialysis) : 반투막을 사용하여 콜로이드 용액을 물 등의 용매로 접촉시켜 콜로이드 용액 중에 함유되어 있는 저분자 물질을 제거하는 조작이다.

㈓ 전기영동 : 콜로이드 입자가 (+) 또는 (-) 전기를 띠고 있다는 사실을 확인하는 실험이다.

② 콜로이드가 안정한 이유 : 콜로이드 입자는 분산매의 분자 충돌로 인하여 계속 움직이게 되고, 같은 종류의 전기로 대전되어 있으므로 반발력으로 인하여 침전되지 않기 때문에 안정하다.

③ 콜로이드 용액의 종류

㈎ 소수(疏水) 콜로이드 : 물과 친화력이 적어서 소량의 전해질에 의해 용질이 엉기거나 침전이 일어나는 콜로이드로 $Fe(OH)_3$, $Al(OH)_3$ 등 금속 산화물, 금속 수산화물 물질이 해당된다.

㈏ 친수(親水) 콜로이드 : 물과의 친화성이 커서 다량의 전해질을 가해야만 엉김이 일어나는 콜로이드로 비누, 젤라틴, 단백질, 아교의 수용액 등이다.

㈐ 보호(保護) 콜로이드 : 불안정한 소수 콜로이드에 친수 콜로이드를 가해주면 소수 콜로이드 입자 주위에 친수 콜로이드가 둘러싸여 소수 콜로이드가 안정해진다. 이 때, 친수 콜로이드를 보호 콜로이드라 하며, 묵즙(墨汁) 속의 아교(阿膠) 같은 것을 말한다.

④ 서스펜션(suspension)과 에멀션(emulsion)

㈎ 서스펜션 : 콜로이드 입자보다 큰 입자가 분산되어 있는 경우로, 흙탕물과 같이 고체가 분산되어 있을 때를 말한다.

㈏ 에멀션 : 우유와 같이 액체가 분산되어 있을 때를 에멀션이라 한다.

(4) 전해질 용액

① 전해질과 비전해질

㈎ 전해질 : 전류가 수용액에서 흐르는 물질로 강전해질과 약전해질로 분류된다.

㉮ 강전해질 : 전리도가 큰 물질로 염산(HCl), 황산(H_2SO_4), 질산(HNO_3), 수산화나트륨(NaOH), 염화나트륨(NaCl), 황산구리($CuSO_4$) 등이다.

㉯ 약전해질 : 전리도가 작은 물질로 탄산, 암모니아수, 초산(CH_3COOH), 의산(HCOOH), 수산화암모늄(NH_4OH) 등이다.

㈏ 비전해질 : 전류가 수용액에서 통하지 않는 물질로 에탄올(C_2H_5OH), 메탄올(CH_3OH), 설탕물, 포도당 등이 해당된다.

② 전리도 : 녹은 용질의 몰수에 대한 전리된 몰수의 비를 말한다.

㈎ 농도가 묽어짐에 따라 전리도는 커진다.

㈏ 온도가 높아짐에 따라 전리도는 커진다.

$$전리도(a) = \frac{전리되어\ 생긴\ 이온의\ 농도}{전해질의\ 총\ 농도}$$

▶ 전해질의 전체 양을 1몰이라 하고, 그 중에서 x몰만 전리하고 있다면 $a = x$가 된다.

예상 문제

1. 다음 용액 중에서 가장 불안정한 용액은?

① 포화 용액 ② 불포화 용액
③ 과포화 용액 ④ 수용액

해설 일정 온도에서 용질이 용해도 이상으로 녹아 있는 상태의 용액을 과포화 용액이라 하며, 불안정한 상태를 유지한다.

2. 20℃에서 NaCl 포화 용액을 잘 설명한 것은? (단, 20℃에서 NaCl의 용해도는 36이다.)

① 용액 100g 중에 NaCl이 36g 녹아 있을 때
② 용액 100g 중에 NaCl이 136g 녹아 있을 때
③ 용액 136g 중에 NaCl이 36g 녹아 있을 때
④ 용액 136g 중에 NaCl이 136g 녹아 있을 때

해설 ㉮ 용해도 : 일정한 온도에서 용매 100g에 녹는 용질의 최대량을 g수로 표시한 것이다.
㉯ 'NaCl의 용해도는 36'의 의미 : 용액 136g 중에 NaCl이 36g 녹아 있을 때
㉰ 용액 136g은 물 100g에 NaCl 36g이 녹아 있는 상태

3. 어떤 온도에서 물 200g에 최대 설탕이 90g이 녹는다. 이 온도에서 설탕의 용해도는?

① 45 ② 90
③ 180 ④ 290

해설 $\text{용해도} = \dfrac{\text{용질의 g수}}{\text{용매의 g수}} \times 100 = \dfrac{90}{200} \times 100 = 45$

4. 25℃의 포화 용액 90g 속에 어떤 물질이 30g 녹아 있다. 이 온도에서 이 물질의 용해도는 얼마인가?

① 30 ② 33
③ 50 ④ 63

해설 $\text{용해도} = \dfrac{\text{용질의 g수}}{\text{용매의 g수}} \times 100 = \dfrac{\text{용질의 g수}}{\text{용액의 g수} - \text{용질의 g수}} \times 100 = \dfrac{30}{90-30} \times 100 = 50$

5. 20℃에서 설탕물 100g 중에 설탕 40g이 녹아 있다. 이 용액이 포화 용액일 경우 용해도 (g/H_2O 100g)는 얼마인가?

① 72.4 ② 66.7
③ 40 ④ 28.6

해설 $\text{용해도} = \dfrac{\text{용질의 g수}}{\text{용매의 g수}} \times 100 = \dfrac{\text{용질의 g수}}{\text{용액의 g수} - \text{용질의 g수}} \times 100 = \dfrac{40}{100-40} \times 100 = 66.666$

6. 질산칼륨의 포화 용액을 불포화 용액으로 만들려면 어떻게 해야 하는가?

① 온도를 올린다. ② 압력을 올린다.
③ 용질을 가한다. ④ 물을 증발시킨다.

해설 ㉮ 질산칼륨(KNO_3)은 백색의 고체 분말이다.
㉯ 고체의 용해도는 온도가 상승함에 따라 증가하므로 포화 용액의 온도를 올리면 불포화 용액으로 된다.

7. 질산칼륨을 물에 용해시키면 용액의 온도가 떨어진다. 다음 사항 중 옳지 않은 것은?

① 용해 시간과 용해도는 무관하다.
② 질산칼륨의 용해 시 열을 흡수한다.
③ 온도가 상승할수록 용해도는 증가한다.
④ 질산칼륨 포화 용액을 냉각시키면 불포화 용액이 된다.

정답 1. ③ 2. ③ 3. ① 4. ③ 5. ② 6. ① 7. ④

해설 ㉮ 질산칼륨(KNO_3)을 물에 용해시켰을 때 용액의 온도가 떨어지는 이유는 흡열 반응이기 때문이며, 질산칼륨 포화 용액을 냉각시키면 과포화 용액이 된다.

㉯ 과포화 용액이 되는 이유 : 일정 온도에서 용질이 용해도 이상으로 녹아 있는 상태의 액체를 과포화 용액이라 하며, 용해도의 한도만큼 녹아 있는 포화 용액을 천천히 식히거나 용매를 증발시키면 만들 수 있다.

8. 80℃와 40℃에서 물에 대한 용해도가 각각 50, 30인 물질이 있다. 80℃의 이 포화 용액 75g을 40℃로 냉각시키면 몇 g의 물질이 석출되겠는가?

① 25 ② 20
③ 15 ④ 10

해설 ㉮ 80℃에서 물에 대한 용해도가 50이라는 것은 물 100g에 물질 50g이 용해되어 있는 것이므로, 이 포화 용액은 150g이 된다.

㉯ 80℃ 포화 용액 150g을 40℃로 냉각시킬 때 석출되는 물질의 양은 용해도 차이인 20g이 석출되는 것이므로 포화 용액 75g을 40℃로 냉각시킬 때 석출될 수 있는 물질의 양은 비례식으로 계산할 수 있다.

[80℃ 포화 용액] [40℃에서 석출되는 물질의 양]

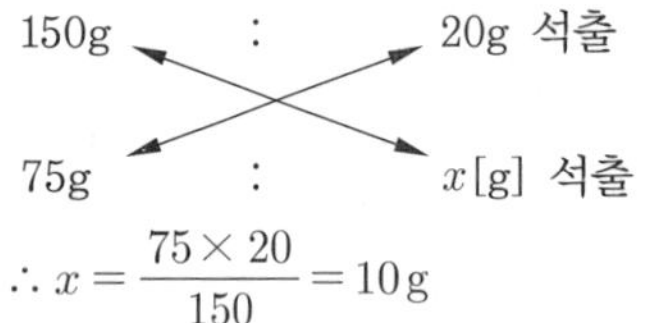

$\therefore x = \dfrac{75 \times 20}{150} = 10\,g$

9. KNO_3의 물에 대한 용해도는 70℃에서 130이며, 30℃에서 40이다. 70℃의 포화 용액 260g을 30℃로 냉각시킬 때 석출되는 KNO_3의 양은 약 얼마인가?

① 92g ② 101g
③ 130g ④ 153g

해설 ㉮ 70℃에서 물에 대한 용해도가 130이라는 것은 물 100g에 질산칼륨(KNO_3) 130g이 용해되어 있는 것이므로, 이 포화 용액은 230g이 된다.

㉯ 70℃ 포화 용액 230g을 30℃로 냉각시킬 때 석출되는 질산칼륨(KNO_3)의 양은 용해도 차이인 130−40=90g이 석출되는 것이므로 포화 용액 260g을 40℃로 냉각시킬 때 석출될 수 있는 질산칼륨(KNO_3)의 양은 비례식으로 계산할 수 있다.

[70℃ 포화 용액] [30℃에서 석출되는 양]

230g : 질산칼륨 90g 석출

260g : 질산칼륨 x[g] 석출

$\therefore x = \dfrac{260 \times 90}{230} = 101.739\,g$

10. 다음 그래프는 어떤 고체 물질의 온도에 따른 용해도 곡선이다. 이 물질의 포화 용액을 80℃에서 0℃로 내렸더니 20g의 용질이 석출되었다. 80℃에서 이 포화 용액의 질량은 몇 g인가?

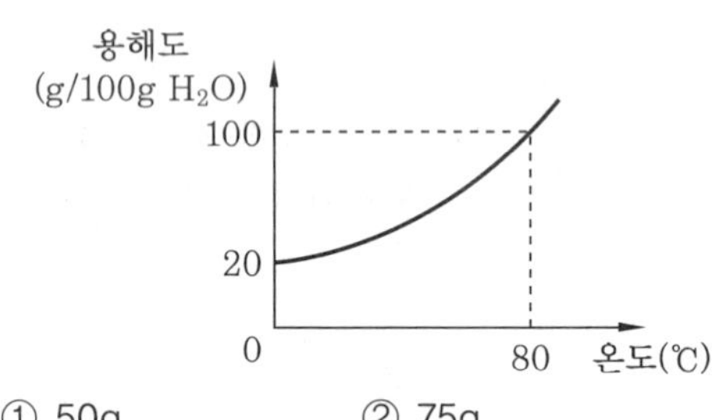

① 50g ② 75g
③ 100g ④ 150g

해설 ㉮ 그래프에서 80℃에서 용해도가 100이라는 것은 용매 100g에 용질 100g이 용해되어 있는 것이므로 이 포화 용액은 200g이 된다.

㉯ 80℃ 포화 용액 200g을 0℃로 냉각시킬 때 석출되는 용질의 양은 용해도 차이인 100 − 20=80g이다. 그러므로 0℃로 냉각할 때 용질 20g이 석출될 수 있는 80℃ 상태의 포화 용액 질량은 비례식으로 계산할 수 있다.

정답 8. ④ 9. ② 10. ①

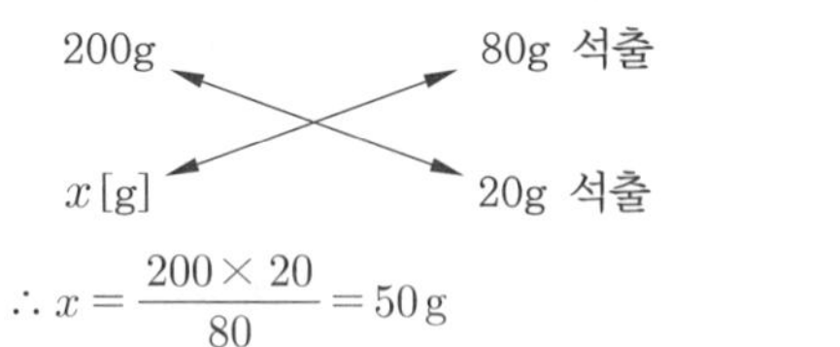

$\therefore x = \dfrac{200 \times 20}{80} = 50\,\text{g}$

11. 60℃에서 KNO_3의 포화 용액 100g을 10℃로 냉각시키면 몇 g의 KNO_3가 석출되는가? (단, 용해도는 60℃에서 100g KNO_3/100g H_2O, 10℃에서 20g KNO_3/100g H_2O이다.)

① 4 ② 40
③ 80 ④ 120

해설 ㉮ 60℃에서 용해도가 100g이라는 것은 물(H_2O) 100g에 물질(KNO_3) 100g이 용해되어 있는 것이므로, 이 포화 용액은 200g 상태이다.

㉯ 60℃ 포화 용액 100g은 용해도로 구한 양의 $\frac{1}{2}$이므로 10℃로 냉각시킬 때 석출되는 물질의 양은 용해도 차이인 100−20=80g의 $\frac{1}{2}$이 석출되는 것이다.

$\therefore$ 석출량$=80\text{g} \times \frac{1}{2} = 40\text{g}$

12. 찬물을 컵에 담아서 더운 방에 놓아두었을 때 유리와 물의 접촉면에 기포가 생기는 이유로 가장 옳은 것은?

① 물의 증기 압력이 높아지기 때문에
② 접촉면에서 수증기가 발생하기 때문에
③ 방 안의 이산화탄소가 녹아 들어가지 때문에
④ 온도가 올라갈수록 기체의 용해도가 감소하기 때문에

해설 찬물을 컵에 담아서 더운 방에 놓아두면 컵 속의 물 온도는 상승되고, 온도가 상승되면 기체의 용해도가 감소하기 때문에 유리와 물의 접촉면에 기포가 발생하는 현상이 나타난다.

★★
13. 탄산 음료수의 병마개를 열면 거품이 솟아오르는 이유를 가장 올바르게 설명한 것은?

① 수증기가 생성되기 때문이다.
② 이산화탄소가 분해되기 때문이다.
③ 용기 내부 압력이 줄어들어 기체의 용해도가 감소하기 때문이다.
④ 온도가 내려가게 되어 기체가 생성물인 반응이 진행되기 때문이다.

해설 ㉮ 헨리(Henry)의 법칙 : 일정 온도에서 일정량의 액체에 녹는 기체의 질량은 압력에 비례하고, 기체의 부피는 압력에 관계없이 일정하다.

㉯ 탄산 음료수의 병마개를 열면 병 내부의 압력이 감소되고 기체(탄산가스)의 용해도가 감소되어 용해되었던 기체(탄산가스)가 분출되면서 거품이 솟아오는 현상이 발생한다.

14. 다음 중 헨리의 법칙이 가장 잘 적용되는 기체는?

① 암모니아 ② 염화수소
③ 이산화탄소 ④ 플루오르화수소

해설 헨리(Henry)의 법칙

㉮ 적용되는 기체 : 물에 잘 녹지 않는 기체인 수소(H_2), 산소(O_2), 질소(N_2), 이산화탄소(CO_2) 등

㉯ 적용되지 않는 기체 : 물에 잘 녹는 기체인 염화수소(HCl), 암모니아(NH_3), 이산화황(SO_2), 플루오르화수소(HF) 등

15. 압력이 P일 때 일정한 온도에서 일정량의 액체에 녹는 기체의 부피를 V라 하면 압력이 nP일 때 녹는 기체의 부피는?

① $\dfrac{V}{n}$ ② nV ③ V ④ $\dfrac{n}{V}$

해설 헨리(Henry)의 법칙에서 일정 온도에서 일정량의 액체에 녹는 기체의 질량은 압력에 비례하고, 기체의 부피는 압력에 관계없이 일정하다.

정답 11. ② 12. ④ 13. ③ 14. ③ 15. ③

16. 압력이 P일 때 일정한 온도에서 일정량의 액체에 a(g)의 기체가 녹는다면 압력이 nP일 때 녹는 기체의 질량은?

① $\frac{a}{n}$ ② na ③ a ④ $\frac{a}{\sqrt{n}}$

해설 헨리(Henry)의 법칙에서 일정 온도에서 일정량의 액체에 녹는 기체의 질량은 압력에 비례하므로 압력이 nP로 변하면 녹는 기체의 질량은 na가 된다.

17. 0℃, 일정 압력하에서 1L의 물에 이산화탄소 10.8g을 녹인 탄산음료가 있다. 동일한 온도에서 압력을 $\frac{1}{4}$로 낮추면 방출되는 이산화탄소의 질량은 몇 g 인가?

① 2.7 ② 5.4 ③ 8.1 ④ 10.8

해설 ㉮ 헨리(Henry)의 법칙 : 일정 온도에서 일정량의 액체에 녹는 기체의 질량은 압력에 비례하고, 기체의 부피는 압력에 관계없이 일정하다.

㉯ 처음의 압력(P_1)에서 압력을 $\frac{1}{4}$로 낮추면 나머지 $\frac{3}{4}$의 압력이 방출되는 압력(P_2)이 되는 것이고, 이때 방출되는 이산화탄소 질량을 구하는 것이다.

$\frac{m_1}{P_1} = \frac{m_2}{P_2}$ 에서

$$m_2 = \frac{m_1 \times P_2}{P_1} = \frac{10.8 \times \frac{3}{4}}{1} = 8.1\,\text{g}$$

18. 질산칼륨 수용액 속에 소량의 염화나트륨이 불순물로 포함되어 있다. 용해도 차이를 이용하여 이 불순물을 제거하는 방법으로 가장 적당한 것은?

① 증류 ② 막분리
③ 재결정 ④ 전기분해

해설 재결정 : 고체 혼합물에 불순물이 포함되어 있을 때 용해도 차이를 이용하여 불순물을 분리 정제하는 방법이다.

★
19. 물 100g에 황산구리결정($CuSO_4 \cdot 5H_2O$) 2g을 넣으면 몇 % 용액이 되는가? (단, $CuSO_4$의 분자량은 160g/mol이다.)

① 1.25% ② 1.96%
③ 2.4% ④ 4.42%

해설 ㉮ $\%\text{농도} = \frac{\text{용질의 질량(g)}}{\text{용액의 질량(g)}} \times 100$를 이용하여 황산구리의 % 농도를 구한다.

㉯ 황산구리결정($CuSO_4 \cdot 5H_2O$)의 질량 계산
질량=황산구리 질량+물 질량
$=160+(5\times18)=250\text{g}$

㉰ 황산구리의 %농도 계산

$$\%\text{농도} = \frac{\text{황산구리결정 2g 중의 황산구리 비율}}{\text{물} + \text{황산구리결정}} \times 100 = \frac{\left(2\times\frac{160}{250}\right)}{100+2} \times 100 = 1.25\%$$

20. 물 500g 중에 설탕($C_{12}H_{22}O_{11}$)이 171g이 녹아 있는 설탕물의 몰 농도는?

① 2.0 ② 1.5 ③ 1.0 ④ 0.5

해설 ㉮ 설탕($C_{12}H_{22}O_{11}$)의 분자량 계산
$M=(12\times12)+(1\times22)+(16\times11)=342$

㉯ 몰 농도 계산 : 물의 비중은 1이므로 물 500g은 0.5L에 해당된다.

$$M\text{농도} = \frac{\left(\frac{\text{용액의 질량(g)}}{\text{용액의 분자량(g/mol)}}\right)}{\text{용액의 부피(L)}} = \frac{\left(\frac{171}{342}\right)}{0.5} = 1.0$$

21. 순수한 옥살산($C_2H_2O_4 \cdot 2H_2O$) 결정 6.3g을 물에 녹여서 500mL의 용액을 만들었다.

정답 16. ② 17. ③ 18. ③ 19. ① 20. ③ 21. ①

이 용액의 농도는 몇 M 인가?

① 0.1 ② 0.2 ③ 0.3 ④ 0.4

해설 ㉮ 옥살산($C_2H_2O_4 \cdot 2H_2O$)의 질량 계산

∴ 질량=옥살산 질량+물 질량

=90+(2×18)=126g

㉯ 500mL 용액 중 옥살산($C_2H_2O_4 \cdot 2H_2O$) 결정 6.3g의 M 농도 계산

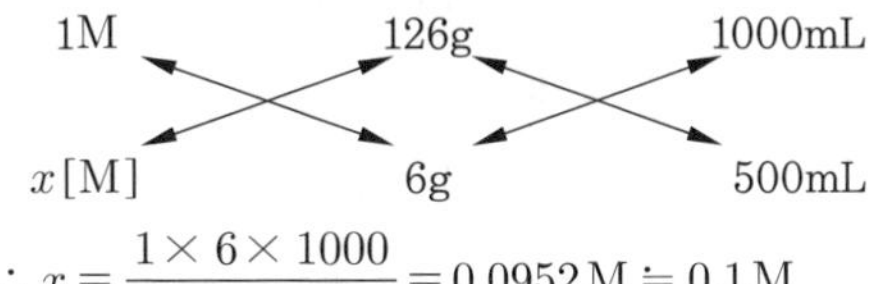

$$\therefore x = \frac{1\times 6\times 1000}{126\times 500} = 0.0952\,\text{M} \fallingdotseq 0.1\,\text{M}$$

22. PbSO₄의 용해도를 실험한 결과 0.045g/L 이었다. $PbSO_4$의 용해도곱 상수(K_{sp})는? (단, $PbSO_4$의 분자량은 303.27이다.)

① 5.5×10^{-2} ② 4.5×10^{-4}
③ 3.4×10^{-6} ④ 2.2×10^{-8}

해설 ㉮ $PbSO_4$의 반응식

$PbSO_4(s) \rightleftarrows Pb^{2+}(aq) + SO_4^{2-}(aq)$

㉯ 몰(mol) 농도 계산

$$\therefore M\text{농도} = \frac{\text{용질의 몰(mol)수}}{\text{용액의 부피(L)}} = \frac{\left(\frac{\text{용질의 질량}}{\text{용질의 분자량}}\right)}{\text{용액의 부피(L)}} = \frac{\left(\frac{0.045}{303.27}\right)}{1} = 1.4838\times10^{-4}\text{mol/L}$$

㉰ 용해도곱 상수 계산 : ㉮의 반응식에서 양이온과 음이온의 몰수비가 1 : 1이다.

$$\therefore K_{sp} = [M^+]^a + [A^-]^b = (1.4838\times10^{-4})\times(1.4838\times10^{-4}) = 2.201\times10^{-8}$$

참고 용해도곱 : 포화 용액에서 음이온(-)과 양이온(+)의 몰(mol)농도의 곱이다.

예 $MA \rightleftarrows aM^+ + bA^-$ 일 때 용해도곱 상수 $K_{sp} = [M]^a + [A]^b$이다.

★

23. AgCl의 용해도는 0.0016g/L이다. 이 AgCl의 용해도곱(solubility product)은 약 얼마인가? (단, 원자량은 각각 Ag 108, Cl 35.5이다.)

① 1.24×10^{-10} ② 2.24×10^{-10}
③ 1.12×10^{-5} ④ 4×10^{-4}

해설 ㉮ AgCl의 반응식

$AgCl(s) \rightleftarrows Ag^+(aq) + Cl^-(aq)$

㉯ 몰(mol)농도 계산 : AgCl의 분자량은 143.5이다.

$$M\text{농도} = \frac{\text{용질의 몰(mol)수}}{\text{용액의 부피(L)}} = \frac{\frac{\text{용질의 질량}}{\text{용질의 분자량}}}{\text{용액의 부피(L)}} = \frac{\frac{0.0016}{143.5}}{1} \fallingdotseq 1.115\times10^{-5}\text{mol/L}$$

㉰ 용해도곱 상수 계산 : ㉮의 반응식에서 양이온과 음이온의 몰수비가 1 : 1이다.

$$\therefore K_{sp} = [M^+]^a + [A^-]^b = (1.115\times10^{-5})\times(1.115\times10^{-5}) = 1.243\times10^{-10}$$

24. 농도 단위에서 "N"의 의미를 가장 옳게 나타낸 것은?

① 용액 1L 속에 녹아있는 용질의 몰수
② 용액 1L 속에 녹아있는 용질의 g 당량수
③ 용매 1000g 속에 녹아있는 용질의 몰수
④ 용매 1000g 속에 녹아있는 용질의 g 당량수

해설 노르말 농도(N 농도) : 용액 1L 속에 녹아있는 용질의 g 당량수를 나타낸 농도로, 산·알칼리의 중화반응 또는 산화제와 환원제의 산화환원 반응의 계산에 이용된다.

$$N\text{농도} = \frac{\left(\frac{\text{용질의 질량(g)}}{\text{용질의 1g당량}}\right)}{\text{용액의 부피(L)}}$$

정답 22. ④ 23. ① 24. ②

$$= \frac{\text{용질의 1g당량}}{\text{용질의 질량(g)}} \times \text{용액의 부피(L)}$$

★
25. NaOH 1g이 250mL 메스플라스크에 녹아 있을 때 NaOH 수용액의 농도는?

① 0.1N ② 0.3N ③ 0.5N ④ 0.7N

해설 NaOH 수용액의 농도 계산 : NaOH 분자량은 40 이므로 NaOH 40g이 1000mL에 녹아 있을 때 1N이다.

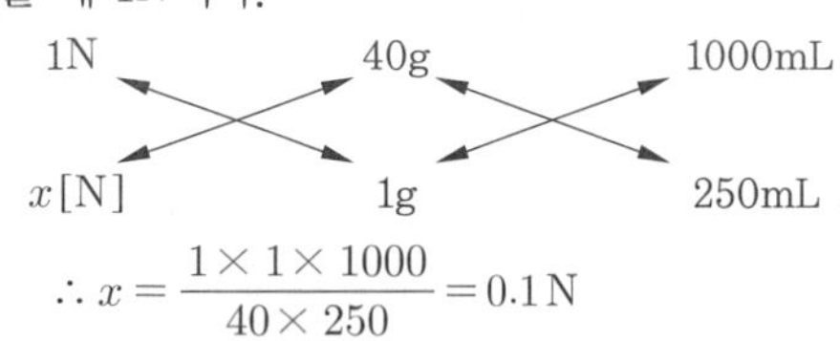

$$\therefore x = \frac{1 \times 1 \times 1000}{40 \times 250} = 0.1\,\text{N}$$

26. 100mL 메스플라스크로 10ppm 용액 100mL를 만들려고 한다. 1000ppm 용액 몇 mL를 취해야 하는가?

① 0.1 ② 1
③ 10 ④ 100

해설 $N \times V = N' \times V'$ 에서 취해야 할 1000ppm 용액의 양(V')을 구한다.

$$\therefore V' = \frac{N \times V}{V'} = \frac{10 \times 100}{1000} = 1\,\text{mL}$$

27. NaOH 수용액 100mL를 중화하는 데 2.5N의 HCl 80mL가 소요되었다. NaOH 용액의 농도(N)는?

① 1 ② 2
③ 3 ④ 4

해설 $N \times V = N' \times V'$ 에서 NaOH의 농도(N)를 구한다.

$$\therefore N = \frac{N' \times V'}{V} = \frac{2.5 \times 80}{100} = 2\,\text{N}$$

28. 미지 농도의 염산 용액 100mL를 중화하는 데 0.2N NaOH 용액 250mL가 소모되었다. 이 염산의 농도는 몇 N 인가?

① 0.05 ② 0.2
③ 0.25 ④ 0.5

해설 $N \times V = N' \times V'$ 에서 염산(HCl)의 농도(N)를 구한다.

$$\therefore N = \frac{N' \times V'}{V} = \frac{0.2 \times 250}{100} = 0.5\,\text{N}$$

29. 불순물로 식염을 포함하고 있는 NaOH 3.2g을 물에 녹여 100mL로 한 다음 그 중 50mL를 중화하는 데 1N 의 염산이 20mL 필요했다. 이 NaOH의 농도는 약 몇 wt%인가?

① 10 ② 20
③ 33 ④ 50

해설 ㉮ 중화전의 NaOH의 농도를 계산 : NaOH의 분자량은 40이므로 NaOH 40g이 1000mL에 녹아 있을 때 1N이다.

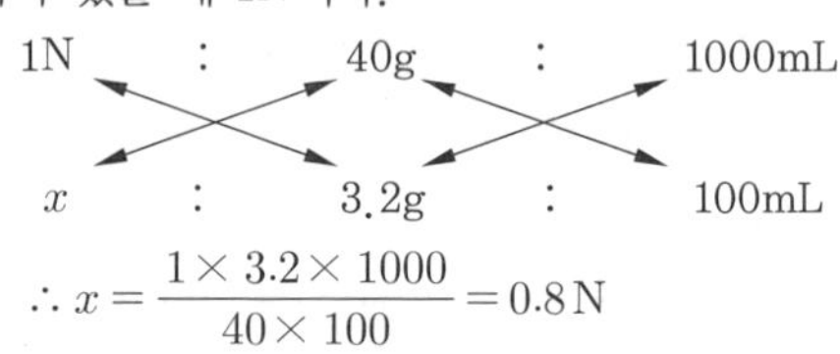

$$\therefore x = \frac{1 \times 3.2 \times 1000}{40 \times 100} = 0.8\,\text{N}$$

㉯ 중화하는데 NaOH의 농도(wt%) 계산

$N \times V = N' \times V'$ 에서

$$V = \frac{N' \times V'}{N} = \frac{1 \times 20}{(0.8 \times 50)} = 0.5\,\text{wt\%}$$

30. 물 500g 중에 설탕($C_{12}H_{22}O_{11}$) 171g이 녹아 있는 설탕물의 몰랄 농도(m)는?

① 2.0 ② 1.5
③ 1.0 ④ 0.5

해설 ㉮ 설탕($C_{12}H_{22}O_{11}$)의 분자량 계산

$M = (12 \times 12) + (1 \times 22) + (16 \times 11) = 342$

㉯ 몰랄(m) 농도 계산

$$m = \frac{\left(\frac{W_b}{M_b}\right)}{W_a} \times 1000$$

$$= \frac{\left(\frac{171}{342}\right)}{500} \times 1000 = 1$$

정답 25. ① 26. ② 27. ② 28. ④ 29. ④ 30. ③

★
31. 95wt% 황산의 비중은 1.84이다. 이 황산의 몰 농도는 약 얼마인가?

① 4.5　② 8.9
③ 17.8　④ 35.6

해설 ㉮ 황산(H_2SO_4)의 분자량은 98이다.
㉯ 퍼센트 농도를 몰 농도로 환산

$$M농도 = \frac{용액의\ 비중 \times 1000}{용질의\ 분자량} \times \frac{\%농도}{100}$$
$$= \frac{1.84 \times 1000}{98} \times \frac{95}{100} = 17.836$$

32. 30wt%인 진한 HCl의 비중은 1.1이다. 진한 HCl의 몰 농도는 얼마인가? (단, HCl의 화학식량은 36.5이다.)

① 7.21　② 9.04
③ 11.36　④ 13.08

해설 ㉮ 진한 염산(HCl)의 분자량은 36.5이다.
㉯ 퍼센트 농도를 몰 농도로 환산

$$M농도 = \frac{용액의\ 비중 \times 1000}{용질의\ 분자량} \times \frac{\%농도}{100}$$
$$= \frac{1.1 \times 1000}{36.5} \times \frac{30}{100} = 9.041$$

33. 물 2.5L 중에 어떤 불순물이 10mg 함유되어 있다면 약 몇 ppm으로 나타낼 수 있는가?

① 0.4　② 1
③ 4　④ 40

해설 ppm(parts per million) : $\frac{1}{10^6}$ 함유량으로 [mg/L], [mg/kg]로 나타낸다.

$$\therefore ppm = \frac{10}{2.5} = 4\,ppm$$

34. 용매 분자들이 반투막을 통해서 순수한 용매나 묽은 용액으로부터 좀 더 농도가 높은 용액 쪽으로 이동하는 알짜 이동을 무엇이라 하는가?

① 총괄이동　② 등방성
③ 국부이동　④ 삼투

해설 삼투(滲透) : 농도가 다른 두 용액이 반투막(용매는 통과하지만 크기가 큰 용질은 통과하지 못하는 얇은 막)을 통해서 순수한 용매나 농도가 낮은 쪽의 용매가 농도가 높은 용액 쪽으로 이동하는 현상이다.

35. 다음 물질 1g을 각각 1kg의 물에 녹였을 때 빙점강하가 가장 큰 것은?

① CH_3OH　② C_2H_5OH
③ $C_3H_5(OH)_3$　④ $C_6H_{12}O_6$

해설 빙점 강하도(어는점 내림) 공식

$$\Delta T_f = m \times K_f = \frac{\left(\frac{W_b}{M_b}\right)}{W_a} \times K_f$$

여기서, W_b : 용질의 질량(g)
M_b : 용질의 분자량
W_a : 용매의 질량(g)
K_f : 몰 내림 상수(℃·g/mol)

㉮ 빙점 강하는 용질의 분자량(M_b)에 반비례하므로 각 물질 중에서 분자량이 작은 것이 빙점 강하가 큰 것이 된다.
㉯ 각 물질의 분자량

명칭	분자량
메탄올(CH_3OH)	32
에탄올(C_2H_5OH)	46
글리세린[$C_3H_5(OH)_3$]	92
포도당($C_6H_{12}O_6$)	180

∴ 분자량이 작은 메탄올(CH_3OH)이 빙점 강하가 가장 크다.

★
36. 물 200g에 A 물질 2.9g을 녹인 용액의 빙점은? (단, 물의 어는점 내림 상수는 1.86℃·kg/mol이고, A 물질의 분자량은 58이다.)

① −0.465℃　② −0.932℃
③ −1.871℃　④ −2.453℃

정답 31. ③　32. ②　33. ③　34. ④　35. ①　36. ①

해설 $\Delta T_f = m \times K_f = \dfrac{\left(\dfrac{W_b}{M_b}\right)}{W_a} \times K_f$

$= \dfrac{\left(\dfrac{2.9}{58}\right)}{200} \times (1.86 \times 1000)$

$= 0.465$℃

∴ 용액의 빙점은 -0.465℃이다.

37. 어떤 비전해질 12g을 물 60.0g에 녹였다. 이 용액이 -1.88℃의 빙점 강하를 보였을 때 이 물질의 분자량을 구하면? (단, 물의 몰랄 어는점 내림 상수는 K_f =1.86℃/m이다.)

① 297 ② 202 ③ 198 ④ 165

해설 $\Delta T_f = m \times K_f = \dfrac{\left(\dfrac{W_b}{M_b}\right)}{W_a} \times K_f$ 에서

$\therefore M_b = \dfrac{W_b}{\Delta T_f \times W_a} \times K_f$

$= \dfrac{12}{1.88 \times 60} \times (1.86 \times 1000)$

$= 197.872$

38. 같은 몰 농도에서 비전해질 용액은 전해질 용액보다 비등점 상승도의 변화추이가 어떠한가?

① 크다.
② 작다.
③ 같다.
④ 전해질 여부와 무관하다.

해설 끓는점 오름(비등점 상승도)과 어는점 내림(빙점 강하도)은 몰랄 농도에 비례한다. 그러므로 같은 몰 농도에서 전해질은 수용액에서 이온 입자수가 증가하여(몰랄 농도 증가) 끓는점 오름과 어는점 내림이 크게 나타나는 반면, 비전해질 용액은 수용액에서 비전해질 물질의 몰수가 변함이 없으므로 끓는점 오름과 어는점 내림의 변화는 전해질 용액보다 작게 나타난다.

39. 액체나 기체 안에서 미소 입자가 불규칙적으로 계속 움직이는 것을 무엇이라 하는가?

① 틴들 현상 ② 다이알리시스
③ 브라운 운동 ④ 전기영동

해설 콜로이드 용액의 성질
㉮ 틴들 현상 : 어두운 곳에서 콜로이드 용액에 강한 빛을 비추면 빛의 산란으로 빛의 진로가 보이는 현상이다.
㉯ 브라운 운동 : 콜로이드 입자가가 용매 분자의 불균일한 충돌을 받아서 불규칙하고 계속적으로 움직이는 콜로이드 입자의 운동이다.
㉰ 응석(엉킴) : 콜로이드 중에 양이온과 음이온이 결합해서 침전되는 현상이다.
㉱ 염석 : 다량의 전해질로 콜로이드를 침전시키는 것이다.
㉲ 투석(dialysis) : 반투막을 사용하여 콜로이드 용액을 물 등의 용매로 접촉시켜 콜로이드 용액 중에 함유되어 있는 저분자 물질을 제거하는 조작이다.
㉳ 전기영동 : 콜로이드 입자가 (+) 또는 (−) 전기를 띠고 있다는 사실을 확인하는 실험이다.

40. 반투막을 이용해서 콜로이드 입자를 전해질이나 작은 분자로부터 분리 정제하는 것을 무엇이라 하는가?

① 틴들 ② 브라운 운동
③ 투석 ④ 전기영동

해설 투석(dialysis) : 반투막을 사용하여 콜로이드 용액을 물 등의 용매로 접촉시켜 콜로이드 용액 중에 함유되어 있는 저분자 물질을 제거하는 조작이다.

★★
41. 콜로이드 용액 중 소수 콜로이드는?

① 녹말 ② 아교
③ 단백질 ④ 수산화철

해설 콜로이드 용액의 종류
㉮ 소수(疏水) 콜로이드 : 물과 친화력이 적어

정답 37. ③ 38. ② 39. ③ 40. ③ 41. ④

서 소량의 전해질에 의해 용질이 엉기거나 침전이 일어나는 콜로이드로 $Fe(OH)_3$, $Al(OH)_3$ 등 금속 산화물, 금속 수산화물 물질이 이에 해당된다.

㉯ 친수(親水) 콜로이드 : 물과의 친화성이 커서 다량의 전해질을 가해야만 엉김이 일어나는 콜로이드로 비누, 젤라틴, 단백질, 아교의 수용액 등이 있다.

㉰ 보호(保護) 콜로이드 : 불안정한 소수 콜로이드에 친수 콜로이드를 가해주면 소수 콜로이드 입자 주위에 친수 콜로이드가 둘러싸여 소수 콜로이드가 안정해진다. 이때, 친수 콜로이드를 보호 콜로이드라 하며, 묵즙(墨汁) 속의 아교(阿膠) 같은 것을 말한다.

★

42. 먹물과 아교를 약간 풀어 주면 탄소입자가 쉽게 침전되지 않는다. 이때 가해준 아교를 무슨 콜로이드라 하는가?

① 서스펜션 ② 소수
③ 에멀션 ④ 보호

해설 ㉮ 보호(保護) 콜로이드 : 불안정한 소수 콜로이드에 친수 콜로이드를 가해주면 소수 콜로이드 입자 주위에 친수 콜로이드가 둘러싸여 소수 콜로이드가 안정해진다. 이때, 친수 콜로이드를 보호 콜로이드라 하며 묵즙(墨汁) 속의 아교(阿膠) 같은 것을 말한다.

㉯ 서스펜션(suspension)과 에멀션(emulsion) : 콜로이드 입자보다 큰 입자가 분산되어 있는 경우로 흙탕물과 같이 고체가 분산되어 있을 때를 서스펜션, 우유와 같이 액체가 분산되어 있을 때를 에멀션이라 한다.

43. 다음 물질 중 비전해질인 것은?

① CH_3COOH ② C_2H_5OH
③ NH_4OH ④ HCl

해설 전해질 및 비전해질

㉮ 전해질 : 전류가 수용액에서 흐르는 물질로 강전해질과 약전해질로 분류된다.

㉠ 강전해질 : 전리도가 큰 물질로 염산(HCl), 황산(H_2SO_4), 질산(HNO_3), 수산화나트륨($NaOH$), 염화나트륨($NaCl$), 황산구리($CuSO_4$) 등이다.

㉡ 약전해질 : 전리도가 작은 물질로 탄산, 암모니아수, 초산(CH_3COOH), 의산($HCOOH$), 수산화암모늄(NH_4OH) 등이다.

㉯ 비전해질 : 전류가 수용액에서 통하지 않는 물질로서 에탄올(C_2H_5OH), 메탄올(CH_3OH), 설탕물, 포도당 등이 있다.

44. 다음 중 전리도가 가장 커지는 경우는?

① 농도와 온도가 일정할 때
② 농도가 진하고, 온도가 높을수록
③ 농도가 묽고, 온도가 높을수록
④ 농도가 진하고, 온도가 낮을수록

해설 ㉮ 전리도 : 녹은 용질의 몰수에 대한 전리된 몰수의 비를 말한다.

㉯ 농도가 묽어짐에 따라 전리도는 커진다.

㉰ 온도가 높아짐에 따라 전리도는 커진다.

정답 42. ④ 43. ② 44. ③

1-6 | 산화 및 환원

1 산화 및 환원

(1) 산화 환원의 정의

구분	산화	환원
산소 이동에 의한 구분	산소를 얻는 반응	산소를 잃는 반응
전자 이동에 의한 구분	전자를 잃는 반응	전자를 얻는 반응
산화수 변화에 의한 구분	산화수가 증가하는 반응	산화수가 감소하는 반응

(2) 산화 환원 반응

① 산소의 이동에 의한 산화 환원

(가) 산화철(Fe_2O_3)이 주성분인 철광석과 코크스(C)를 용광로에 넣고 가열하면 코크스(C)가 불완전 연소하며 발생된 일산화탄소(CO)가 산화철과 반응하여 순철을 얻는다.

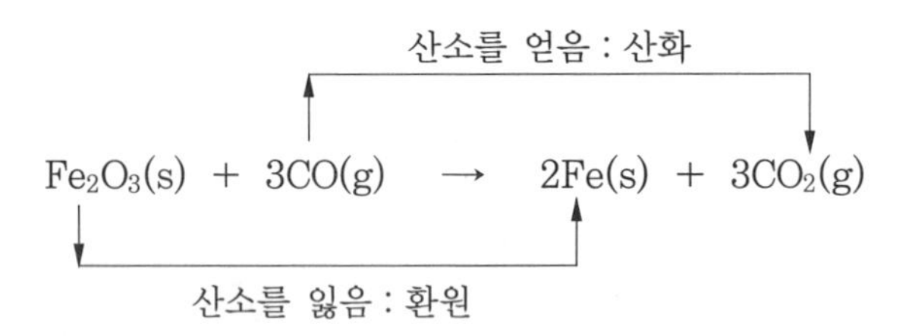

(나) 산화 환원 반응에서 산소를 얻어 산화하는 물질이 있으면 산소를 잃고 환원되는 물질이 있으며, 산화되는 물질이 얻은 산소 원자수와 환원되는 물질이 잃은 산소 원자수는 같다. 이것을 산환 환원 반응의 동시성이라 한다.

② 전자의 이동에 의한 산화 환원

(가) 나트륨(Na)과 염소(Cl_2)를 반응시키면 나트륨은 전자를 잃어 산화되고, 염소는 전자를 얻어 환원된다.

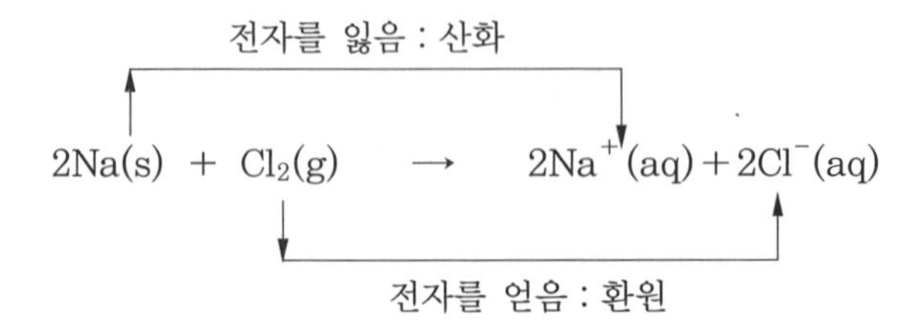

(나) 산화 환원 반응에서 전자를 잃고 산화하는 물질이 있으면 전자를 얻어 환원되는 물질이 있으며, 산화되는 물질이 잃은 전자수와 환원되는 물질이 얻은 전자수는 같다.

이것을 산화 환원 반응의 동시성이라 한다.

③ 산화수 변화에 의한 산화 환원

(가) 망간(Mn)의 산화수는 +4에서 +2로 감소하므로 산화망간(MnO_2)은 환원되고, 염소(Cl)의 산화수는 −1에서 0으로 증가하므로 염화수소(HCl)는 산화된다.

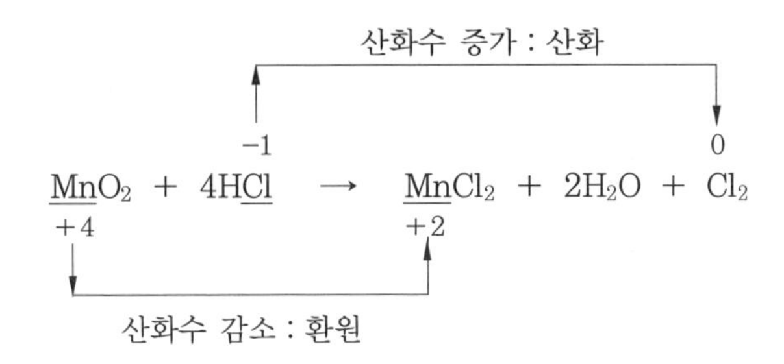

(나) 한 원자의 산화수가 증가하면 다른 원자의 산화수는 감소하며, 산화 환원은 동시에 일어난다.

(3) 산화수

① 산화수(酸化數 : oxidation number) : 화합물을 구성하는 각 원자에 전체 전자를 일정한 방법으로 배분하였을 때, 그 원자가 가진 전하의 수이다.

② 산화수를 정하는 규칙

(가) 원소의 산화수는 0이다.

㉮ H_2 분자에서 H 원자의 산화수=0

㉯ O_2 분자, O_3 분자에서 O 원자의 산화수=0

㉰ 마그네슘 금속 Mg(s)에서 Mg의 산화수=0

(나) 단원자 이온의 산화수는 이온 전하의 수와 같다.

㉮ K^+에서 K의 산화수=+1

㉯ S^{2-}에서 S의 산화수=−2

(다) 1족 금속(알칼리 금속)의 산화수는 +1, 2족 금속 원소(알칼리 토금속)의 산화수는 +2이다.

(라) 할로겐족 원소인 불소(F)의 산화수는 −1이다.

(마) 화합물에서 수소의 산화수는 일반적으로 +1이다(단, 금속과 결합된 수소의 산화수는 −1이다).

㉮ H_2O에서 H의 산화수=+1

㉯ LiH에서 H의 산화수=−1

(바) 화합물에서 산소의 산화수는 일반적으로 −2이다(단, F 화합물에서는 +2, 과산화물에서는 −1이다).

㉮ H_2O, CO_2에서 O의 산화수=−2

㉯ OF_2에서 O의 산화수=+2

㉰ H_2O_2에서 O의 산화수=−1

(사) 화합물을 이루는 각 원자의 산화수의 총합은 0이다.

㉮ H_2O : $\{(+1)\times2\}+(-2)=0$

(아) 다원자 이온은 각 원자의 산화수 총합이 그 이온의 전하와 같다.

㉮ SO_4^{2-} : $(+6)+\{(-2)\times4\}=-2$

2 산화제와 환원제

(1) 산화제

다른 물질을 산화시키는 성질이 강한 물질로, 자신은 환원되기 쉬운 물질이다.

① 산화제가 될 수 있는 물질

(가) 산소를 내기 쉬운 물질

(나) 수소와 결합하기 쉬운 물질

(다) 전자를 받기 쉬운 물질

(라) 발생기의 산소를 내는 물질

② 주요 산화제 종류 : 오존(O_3), 과산화수소(H_2O_2), 염소(Cl_2), 브롬(Br_2), 질산(HNO_3), 황산(H_2SO_4)

(2) 환원제

다른 물질을 환원시키는 성질이 강한 물질로, 자신은 산화되기 쉬운 물질이다.

① 환원제가 될 수 있는 물질

(가) 산소와 결합하기 쉬운 물질

(나) 수소를 내기 쉬운 물질

(다) 전자를 잃기 쉬운 물질

(라) 발생기의 수소를 내기 쉬운 물질

② 주요 환원제의 종류 : 수소(H_2), 일산화탄소(CO), 이산화황(SO_2), 황화수소(H_2S) 등

(3) 산화제와 환원제 양쪽으로 작용하는 물질

① 과산화수소(H_2O_2)는 산화제이지만 자신보다 더 강한 산화제를 만나면 환원제로 작용한다.

② 이산화황(SO_2)은 환원제이지만 SO_2보다 더 강한 환원제를 만나면 산화제로 작용한다.

3 전기화학

(1) 이온화 경향

금속이 전자를 잃고 양이온으로 되려는 성질로 그 세기는 금속마다 서로 다르다.

① 이온화 경향의 크기순서 및 성질

K	Ca	Na	Mg	Al	Zn	Fe	Ni	Sn	Pb	(H)	Cu	Hg	Ag	Pt	Au
칼륨	칼슘	나트륨	마그네슘	알루미늄	아연	철	니켈	주석	납	수소	구리	수은	은	백금	금

← 이온화 경향 큼
① 양이온으로 되기 쉽다.
② 전자를 잃기 쉽다.
③ 산화되기 쉽다.

이온화 경향 작음 →
① 양이온으로 되기 어렵다.
② 전자를 잃기 어렵다.
③ 환원되기 어렵다.

(2) 화학 전지

① 원리 : 이온화 경향이 다른 두 금속을 도선으로 연결하면 전류가 흐르는 현상을 이용한 것이다.

② 화학 전지(chemical cell) : 산화, 환원을 이용하여 화학 에너지를 전기 에너지로 바꾸는 장치이다.

㈎ 분극 현상 : 볼타 전지의 초기 기전력은 약 1.0V이지만 잠시 사용하면 0.4V로 떨어지는 것과 같이 갑자기 전류가 약해지는 현상이다.

㈏ 감극제(소극제 : depolarizer) : 분극 작용을 하는 수소를 산화시켜 물로 만드는 산화제로 MnO_2, H_2O_2, $K_2Cr_2O_7$, O_2 등이 해당된다.

$H_2 + 2MnO_2 \rightarrow Mn_2O_3 + H_2O$

③ 전지의 구조 표시법 : 이온화 경향이 큰 금속을 (−)극[금속 A], 이온화 경향이 작은 금속을 (+)극[금속 B]으로 한다.

(−)극, 금속A | 전해질 용액 | 금속 B, (+)극

전자(e) 이동
(−)극 ⇄ (+)극
전류가 흐른다.

따라서, (−)극 반응 : $A \rightarrow A^+ + e^-$: 전자 생산(산화 반응)

(+)극 반응 : $B^+ + e^- \rightarrow B$: 전자 소비(환원 반응)

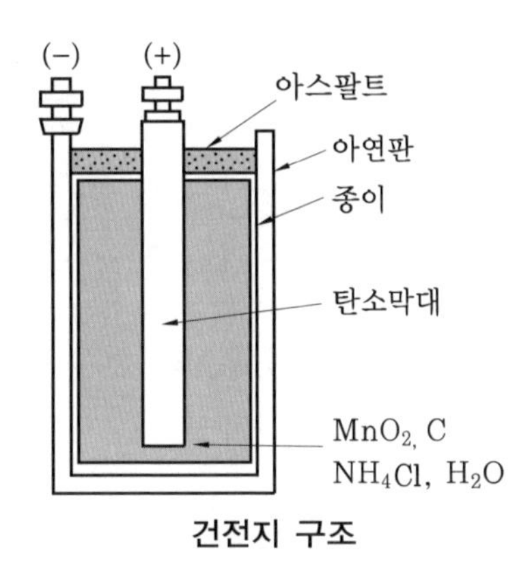

건전지 구조

④ 전지의 종류

㈎ 볼타 전지(volta cell) : 아연(Zn)판과 구리(Cu)판을 도선으로 연결하고 묽은 황산

(H_2SO_4)을 넣어 두 전극에서 일어나는 산화 환원 반응으로 전기에너지로 변환시킨다.

㉮ 구조 : (−) Zn | H_2SO_4 | Cu (+)

㉯ 반응 : (−)극[아연극] $Zn \rightarrow Zn^{2+} + 2e^-$, (+)극[구리극] $2H^+ + 2e^- \rightarrow H_2$

㉰ 전체 반응 : $Zn + 2H^+ \rightarrow Zn^{2+} + H_2$

(나) 다니엘 전지(daniel cell)

㉮ 구조 : (−) Zn | $ZnSO_4$ ‖ $CuSO_4$ | Cu (+)

㉯ 반응 : (−)극[아연극] $Zn \rightarrow Zn^{2+} + 2e^-$, (+)극[구리극] $Cu^{2+} + 2e^- \rightarrow Cu$

㉰ 전체 반응 : $Zn + Cu^{2+} \rightarrow Zn^{2+} + Cu$

(다) 납 축전지(lead storage cell) : 납(Pb)과 이산화납(PbO_2)의 전극을 묽은 황산(H_2SO_4)에 넣은 것으로 자동차에 사용되고 있다.

㉮ 구조 : (−) Pb | H_2SO_4 | PbO_2 (+)

㉯ 반응 : (−)극 $Pb + SO_4^{2-} \rightarrow PbSO_4 + 2e^-$,

(+)극 $PbO_2 + 2H^+ + H_2SO_4 + 2e^- \rightarrow PbSO_4 + 2H_2O$

㉰ 전체 반응 : $Pb + PbO_2 + 4H^+ + 2SO_4^{2-} \underset{\text{충전}}{\overset{\text{방전}}{\rightleftharpoons}} 2PbSO_4 + 2H_2O$

(라) 건전지(dry cell)

㉮ 구조 : (−) Zn | NH_4Cl 포화 용액 | MnO_2, C (+)

㉯ 반응 : (−)극[아연극] $Zn \rightarrow Zn^{2+} + 2e^-$, (+)극[탄소극] $2H^+ + 2e^- \rightarrow (2H)$

(3) 전기 분해

전해질의 수용액에 전극을 담그고 직류 전류를 통하면 두 극에서 화학 변화를 일으키는 현상으로, 전지와 반대인 개념이다.

$$\text{전해질} \rightleftharpoons (+)\text{이온} + (-)\text{이온}$$
$$(+)\text{극} \text{ ---------- } (-)\text{이온} - e^- \rightarrow \text{산화}$$
$$(-)\text{극} \text{ ---------- } (+)\text{이온} + e^- \rightarrow \text{환원}$$

① 여러 가지 물질의 전기 분해 예

(가) 물의 전기 분해

$$2H_2O \xrightarrow{H_2SO_4} 2H_2 + O_2$$
$$2H_2O \xrightarrow{NaOH} 2H_2 + O_2$$

(나) 염화구리의 전기 분해 : $Cu^{2+} + 2Cl^{-} \rightarrow Cu + Cl_2$

(다) 염화나트륨(NaCl) 수용액의 전기 분해 : $2NaCl + 2H_2O \rightarrow 2NaOH + H_2 + Cl_2$

(라) 황산구리($CuSO_4$) 수용액의 전기 분해 : $CuSO_4 \rightarrow Cu^{2+} + SO_4^{2-}$

전기 분해 생성물

전해질	HCl	H_2SO_4	NaOH	NaCl	$CuSO_4$
(+)극	Cl_2	O_2	O_2	Cl_2	O_2
(−)극	H_2	H_2	H_2	H_2, NaOH	Cu, H_2SO_4

② 패러데이(Faraday)의 법칙

(가) 제1법칙 : 전기 분해에 의하여 석출되는 물질의 양은 통한 전기량에 비례한다.

(나) 제2법칙 : 일정량의 전기량에 의하여 석출되는 물질의 양은 그 물질의 당량에 비례한다.

㉮ 1g 당량의 화학 변화를 일으키기 위해 필요한 전하량(전기량)이 96500쿨롱이고 1F(패럿)라 한다.

㉯ 전하량(coulomb) 계산

$Q = A \times t$

③ 석출되는 물질량 계산

$$석출량(g) = 1g당량 \times 패럿수 = \frac{원자량}{원자가} \times 패럿수$$

1F(패럿)로 변화하는 물질

물질	석출 물질	석출 질량	STP 상태 부피	원자수
수소	H_2	1.008g	11.2L	6.02×10^{23}
산소	O_2	8g	5.6L	$\frac{1}{2} \times 6.02 \times 10^{23}$
$CuSO_4$	Cu	$\frac{63.5}{2}$ g		$\frac{1}{2} \times 6.02 \times 10^{23}$
$AgNO_3$	Ag	108g		6.02×10^{23}

예상 문제

1. 산화-환원에 대한 설명 중 틀린 것은?

① 한 원소의 산화수가 증가하였을 때 산화되었다고 한다.
② 전자를 잃은 반응을 산화라 한다.
③ 산화제는 다른 화학종을 환원시키며, 그 자신의 산화수는 증가하는 물질을 말한다.
④ 중성인 화합물에서 모든 원자와 이온들의 산화수의 합은 0이다.

해설 산화 환원 반응
㉮ 산소의 이동 : 물질이 산소를 얻는 반응은 산화, 산소를 잃는 반응은 환원이다.
㉯ 전자의 이동 : 물질이 전자를 잃는 반응은 산화, 전자를 얻는 반응은 환원이다.
㉰ 산화수 변화 : 한 원소의 산화수가 증가하는 반응은 산화, 산화수가 감소하는 반응은 환원이다.
㉱ 산화제와 환원제 : 자신은 환원되면서 다른 물질을 산화시키는 물질은 산화제, 자신은 산화되면서 다른 물질을 환원시키는 물질은 환원제이다.

2. 황이 산소와 결합하여 SO_2를 만들 때에 대한 설명으로 옳은 것은?

① 황은 환원된다.
② 황은 산화된다.
③ 불가능한 반응이다.
④ 산소는 산화되었다.

해설 황이 산소와 결합하여 SO_2를 만들 때의 반응식 $S+O_2 \rightarrow SO_2$에서 황(S)이 산소(O_2)를 얻어 이산화황(SO_2)이 되었으므로 황은 산화된 것이다.

3. 다음 화학 반응에서 밑줄 친 원소가 산화된 것은?

① $H_2+\underline{Cl}_2 \rightarrow 2HCl$
② $2\underline{Zn}+O_2 \rightarrow 2ZnO$
③ $2KBr+\underline{Cl}_2 \rightarrow 2KCl+Br_2$
④ $2\underline{Ag}^{+}+Cu \rightarrow 2Ag+Cu^{++}$

해설 물질이 산소를 얻는 반응이 산화이므로 보기 중에서 산소와 화합(결합)하는 것은 ②번 Zn이 ZnO로 변하는 것이다.

4. 다음 중 산화 환원 반응이 아닌 것은?

① $Cu+2H_2SO_4 \rightarrow CuSO_4+2H_2O+SO_2$
② $H_2S+I_2 \rightarrow 2HI+S$
③ $Zn+CuSO_4 \rightarrow ZnSO_4+Cu$
④ $HCl+NaOH \rightarrow NaCl+H_2O$

해설 각 반응의 상태
① 산소의 이동에 의한 산화 환원 반응이다.
② 산화수 변화에 의한 산화 환원 반응이다[수소 화합물(H_2S)에서 수소 원자의 산화수는 +1, 할로겐 화합물(HI)에서 할로겐의 산화수는 −1이다].
③ 산소의 이동에 의한 산화 환원 반응이다.
④ 산(HCl)과 알칼리(NaCl)가 반응하여 염(NaCl)과 물(H_2O)이 생성되는 반응이다.

★★
5. A는 B이온과 반응하나 C이온과는 반응하지 않고 D는 C이온과 반응한다고 할 때 A, B, C, D의 환원력 세기를 큰 것부터 차례대로 나타낸 것은?

① A>B>D>C ② D>C>A>B
③ C>D>B>A ④ B>A>C>D

해설 이온의 환원력 세기 비교
㉮ A는 B이온과 반응한다. : A>B
㉯ A는 C이온과 반응하지 않는다. : A<C
㉰ D는 C이온과 반응한다. : D>C
㉱ 각 이온의 환원력 세기 : D>C>A>B

6. 다음 산화수에 대한 설명 중 틀린 것은?

정답 1. ③ 2. ② 3. ② 4. ④ 5. ② 6. ③

① 화학 결합이나 반응에서 산화, 환원을 나타내는 척도이다.
② 자유원소 상태의 원자의 산화수는 0이다.
③ 이온 결합 화합물에서 각 원자의 산화수는 이온 전하의 크기와 관계없다.
④ 화합물에서 각 원자의 산화수는 총합이 0이다.

해설 이온 결합 화합물에서 각 원자의 산화수는 이온 결합 물질을 구성하고 있는 각 이온의 전하와 같다.

★★
7. **화약 제조에 사용되는 물질인 질산칼륨에서 N의 산화수는 얼마인가?**

① +1 ② +3 ③ +5 ④ +7

해설 ㉮ 질산칼륨(KNO_3) : K의 산화수 +1, N의 산화수는 x, O의 산화수는 −2이다.
㉯ N의 산화수 계산 : 화합물을 이루는 각 원자의 산화수 총합은 0이다.
$\therefore 1 + x + (-2 \times 3) = 0$
$\therefore x = (2 \times 3) - 1 = +5$

★★
8. **다음 중 $KMnO_4$의 Mn의 산화수는?**

① +1 ② +3 ③ +5 ④ +7

해설 ㉮ 화합물을 이루는 각 원자의 산화수 총합은 0이다.
㉯ $KMnO_4$의 Mn의 산화수 계산 : K의 산화수는 +1, Mn의 산화수는 x, O의 산화수는 −2이다.
$\therefore 1 + x + (-2 \times 4) = 0$
$\therefore x = (2 \times 4) - 1 = +7$

9. **중크롬산칼륨(다이크롬산칼륨)에서 크롬의 산화수는?**

① 2 ② 4 ③ 6 ④ 8

해설 중크롬산칼륨($K_2\underline{Cr}_2O_7$)에서 크롬(Cr)의 산화수는 계산 : K의 산화수는 +1, Cr의 산화수는 x, O의 산화수는 −2이다.
$\therefore (1 \times 2) + 2x + (-2 \times 7) = 0$
$\therefore x = \frac{(2 \times 7) - (1 \times 2)}{2} = +6$

10. **밑줄 친 원소 중 산화수가 +5인 것은?**

① $Na_2\underline{Cr}_2O_7$ ② $K_2\underline{S}O_4$
③ $K\underline{N}O_3$ ④ $\underline{Cr}O_3$

해설 산화수 계산 : 화합물을 이루는 각 원자의 산화수 총합은 0이다.
㉮ $Na_2\underline{Cr}_2O_7$: Na의 산화수는 +1, Cr의 산화수는 x, O의 산화수는 −2이다.
$\therefore (1 \times 2) + 2x + (-2 \times 7) = 0$
$\therefore x = \frac{(2 \times 7) - (1 \times 2)}{2} = +6$
㉯ $K_2\underline{S}O_4$: K의 산화수는 +1, S의 산화수는 x, O의 산화수는 −2이다.
$\therefore (1 \times 2) + x + (-2 \times 4) = 0$
$\therefore x = (2 \times 4) - (1 \times 2) = +6$
㉰ $K\underline{N}O_3$: K의 산화수는 +1, N의 산화수는 x, O의 산화수는 −2이다.
$\therefore 1 + x + (-2 \times 3) = 0$
$\therefore x = (2 \times 3) - 1 = +5$
㉱ $\underline{Cr}O_3$: Cr의 산화수는 x, O의 산화수는 −2이다.
$\therefore x + (-2 \times 3) = 0$
$\therefore x = (2 \times 3) = +6$

11. **다음 중 밑줄 친 원자의 산화수 값이 나머지 셋과 다른 하나는?**

① $\underline{Cr}_2O_7^{2-}$ ② $H_3\underline{P}O_4$
③ $H\underline{N}O_3$ ④ $H\underline{Cl}O_3$

해설 산화수 계산 : 화합물을 이루는 각 원자의 산화수 총합은 0, 다원자 이온은 각 원자의 산화수 총합이 그 이온의 전하와 같다.
㉮ $\underline{Cr}_2O_7^{2-}$: Cr의 산화수는 x, O 이온의 산화수는 −2이다.
$\therefore 2x + (-2 \times 7) = -2$
$\therefore x = \frac{-2 - (-2 \times 7)}{2} = +6$

정답 7. ③ 8. ④ 9. ③ 10. ③ 11. ①

㉯ $H_3\underline{P}O_4$: H의 산화수는 +1, P의 산화수는 x, O의 산화수는 -2이다.

$\therefore (1\times 3)+x+(-2\times 4)=0$

$\therefore x=(2\times 4)-(1\times 3)=+5$

㉰ $H\underline{N}O_3$: H의 산화수는 +1, N의 산화수는 x, O의 산화수는 -2이다.

$\therefore 1+x+(-2\times 3)=0$

$\therefore x=(2\times 3)-1=+5$

㉱ $H\underline{Cl}O_3$: H의 산화수는 +1, Cl의 산화수는 x, O의 산화수는 -2이다.

$\therefore 1+x+(-2\times 3)=0$

$\therefore x=(2\times 3)-1=+5$

12. 밑줄 친 원소 중 산화수가 가장 큰 것은?

① $\underline{N}H_4^+$ ② $\underline{N}O_3^-$

③ $\underline{Mn}O_4^-$ ④ $\underline{Cr}_2O_7^{2-}$

해설 이온 결합 물질의 산화수 : 이온 결합 물질을 구성하는 각 이온의 전하와 같다.

㉮ $\underline{N}H_4^+$: N의 산화수는 x, H의 산화수는 +1, H 이온의 산화수는 +1이다.

$\therefore x+(1\times 4)=+1$

$\therefore x=1-(1\times 4)=-3$

㉯ $\underline{N}O_3^-$: N의 산화수는 x, O의 산화수는 -2, O 이온의 산화수는 -1이다.

$\therefore x+(-2\times 3)=-1$

$\therefore x=-1-(-2\times 3)=+5$

㉰ $\underline{Mn}O_4^-$: Mn의 산화수는 x, O의 산화수는 -2, O 이온의 산화수는 -1이다.

$\therefore x+(-2\times 4)=-1$

$\therefore x=-1-(-2\times 4)=+7$

㉱ $\underline{Cr}_2O_7^{2-}$: Cr의 산화수는 x, O의 산화수는 -2, O 이온의 산화수는 -2이다.

$\therefore 2x+(-2\times 7)=-2$

$\therefore x=\dfrac{-2-(-2\times 7)}{2}=+6$

13. 밑줄 친 원소의 산화수가 같은 것끼리 짝지워진 것은?

① $\underline{S}O_3$ 와 $\underline{Ba}O_2$

② $\underline{Ba}O_2$ 와 $K_2\underline{Cr}_2O_7$

③ $K_2\underline{Cr}_2O_7$과 $\underline{S}O_3$

④ $H\underline{N}O_3$ 와 $\underline{N}H_3$

해설 산화수 비교 : 화합물에서 산소의 산화수는 -2이다.

㉮ $\underline{S}O_3$: S의 산화수는 x, O의 산화수는 -2이다.

$\therefore x+(-2\times 3)=0$

$\therefore x=(2\times 3)=+6$

㉯ $\underline{Ba}O_2$: Ba의 산화수는 x, O의 산화수는 -2이다.

$\therefore x+(-2\times 2)=0$

$\therefore x=(2\times 2)=+4$

㉰ $K_2\underline{Cr}_2O_7$: K의 산화수는 +1, Cr의 산화수는 x, O의 산화수는 -2이다.

$\therefore (1\times 2)+2x+(-2\times 7)=0$

$\therefore x=\dfrac{(2\times 7)-(1\times 2)}{2}=+6$

㉱ $H\underline{N}O_3$: H의 산화수는 +1, N의 산화수는 x, O의 산화수는 -2이다.

$\therefore 1+x+(-2\times 3)=0$

$\therefore x=(2\times 3)-1=+5$

㉲ $\underline{N}H_3$: N의 산화수는 x, H의 산화수는 +1이다.

$\therefore x+(1\times 3)=0$

$\therefore x=(-1\times 3)=-3$

∴ 같은 산화수끼리 짝지워진 것은 ③번 항목이다.

14. 황의 산화수가 나머지 셋과 다른 하나는?

① Ag_2S ② H_2SO_4

③ SO_4^{2-} ④ $Fe_2(SO_4)_3$

해설 각 화합물의 산화수 계산

① Ag_2S : Ag의 산화수는 +1, S의 산화수는 x이다.

$\therefore (1\times 2)+x=0$

$\therefore x=(-1\times 2)=-2$

② H_2SO_4 : H의 산화수는 +1, S의 산화수는 x, O의 산화수는 -2이다.

$\therefore (1\times 2)+x+(-2\times 4)=0$

정답 12. ③ 13. ③ 14. ①

$\therefore x=(-1\times 2)+(2\times 4)=+6$

③ SO_4^{2-} : S의 산화수는 x, O의 산화수는 -2이다.

$\therefore x+(-2\times 4)=-2$

$\therefore x=(2\times 4)-2=+6$

④ $Fe_2(SO_4)_3$: Fe의 산화수는 +3, S의 산화수는 x, O의 산화수는 -2이다.

$\therefore (3\times 2)+\{x+(-2\times 4)\}\times 3=0$

$\therefore 6+3x+(-24)=0$

$\therefore x=\frac{24-6}{3}=+6$

15. 다음 반응식에 관한 사항 중 옳은 것은?

$$SO_2+2H_2S \rightarrow 2H_2O+3S$$

① SO_2는 산화제로 작용
② H_2S는 산화제로 작용
③ SO_2는 촉매로 작용
④ H_2S는 촉매로 작용

해설 (1) 산화제가 될 수 있는 물질
㉮ 산소를 내기 쉬운 물질
㉯ 수소와 화합하기 쉬운 물질
㉰ 전자를 받기 쉬운 물질
㉱ 발생기의 산소를 내는 물질
(2) 주요 산화제 종류 : 오존(O_3), 과산화수소(H_2O_2), 염소(Cl_2), 브롬(Br_2), 질산(HNO_3), 황산(H_2SO_4)
(3) 반응에서 산화제와 환원제 : 이산화황(SO_2)은 산소를 잃어 환원되므로 산화제로, 황화수소(H_2S)는 환원제로 작용하고 있다.

참고 SO_2의 경우 환원시키는 능력이 더 큰 H_2S와 반응할 때는 산화제로 작용하지만, 산화시키는 능력이 더 큰 O_2, Cl_2 등과 반응할 때는 환원제로 작용한다.

16. 이산화황이 산화제로 작용하는 화학 반응은?

① $SO_2+H_2O \rightarrow H_2SO_4$
② $SO_2+NaOH \rightarrow NaHSO_3$
③ $SO_2+2H_2S \rightarrow 3S+2H_2O$
④ $SO_2+Cl_2+2H_2O \rightarrow H_2SO_4+2HCl$

해설 이산화황(SO_2)은 황화수소(H_2S)와 반응할 때에는 산화제로 작용하지만 산소(O_2)와 반응할 때에는 환원제로 작용한다.
㉮ 산화제로 작용 : $SO_2+2H_2S \rightarrow 3S+2H_2O$
㉯ 환원제로 작용 : $2SO_2+O_2 \rightarrow 2SO_3$

17. 일반적으로 환원제가 될 수 있는 물질이 아닌 것은?

① 수소를 내기 쉬운 물질
② 전자를 잃기 쉬운 물질
③ 산소와 화합하기 쉬운 물질
④ 발생기의 산소를 내는 물질

해설 (1) 환원제가 될 수 있는 물질
㉮ 수소를 내기 쉬운 물질
㉯ 산소와 화합하기 쉬운 물질
㉰ 전자를 잃기 쉬운 물질
㉱ 발생기의 수소를 내기 쉬운 물질
(2) 주요 환원제의 종류 : 수소(H_2), 일산화탄소(CO), 이산화황(SO_2), 황화수소(H_2S) 등

18. 다음 반응식은 산화 환원 반응이다. 산화된 원자와 환원된 원자를 순서대로 옳게 표현한 것은?

$$3Cu+8HNO_3 \rightarrow 3Cu(NO_3)_2+2NO+4H_2O$$

① Cu, N　　② N, H
③ O, Cu　　④ N, Cu

해설 산소의 이동과 산화 환원 반응
㉮ 산화 : 물질이 산소를 얻는 반응이므로 산화된 원자는 Cu이다.
㉯ 환원 : 물질이 산소를 잃는 반응이므로 환원된 원자는 N이다.

★★★
19. 반응이 오른쪽 방향으로 진행되는 것은?

① $Pb^{2+}+Zn \rightarrow Zn^{2+}+Pb$
② $I_2+2Cl^- \rightarrow 2I^-+Cl_2$
③ $Mg^{2+}+Zn \rightarrow Zn^{2+}+Mg$

정답 15. ① 16. ③ 17. ④ 18. ① 19. ①

④ $2H^{+}+Cu \rightarrow Cu^{2+}+H_2$

해설 ㉮ 이온화 경향이 큰 금속 단체와 이온화 경향이 작은 금속 이온 사이의 반응이 오른쪽으로 진행된다.

㉯ 이온화 경향의 크기 순서

K > Ca > Na > Mg > Al > Zn > Fe > Ni > Sn > Pb > H > Cu > Hg > Ag > Pt > Au

20. 질산은 용액에 담갔을 때 은(Ag)이 석출되지 않는 것은?

① 백금　　② 납
③ 구리　　④ 아연

해설 ㉮ 은(Ag)보다 이온화 경향이 큰 금속을 질산은 용액에 담갔을 때 은이 석출된다.

㉯ 이온화 경향의 크기 순서

K > Ca > Na > Mg > Al > Zn > Fe > Ni > Sn > Pb > H > Cu > Hg > Ag > Pt(백금) > Au

21. 볼타 전지에 관한 설명으로 틀린 것은?

① 이온화 경향이 큰 쪽의 물질이 (-)극이다.
② (+)극에서는 방전 시 산화 반응이 일어난다.
③ 전자는 도선을 따라 (-)극에서 (+)극으로 이동한다.
④ 전류의 방향은 전자의 이동 방향과 반대이다.

해설 볼타 전지(volta cell)

㉮ 아연(Zn)판과 구리(Cu)판을 도선으로 연결하고 묽은 황산(H_2SO_4)을 넣어 두 전극에서 일어나는 산화 환원 반응으로 전기 에너지로 변환시킨다.

㉯ 구조 : (-) Zn | H_2SO_4 | Cu (+)

㉰ (-)극[아연극]에서는 산화반응이 일어난다.

$Zn \rightarrow Zn^{2+}+2e^{-}$

㉱ (+)극[구리극]에서는 환원반응이 일어난다.

$2H^{+}+2e^{-} \rightarrow H_2$

★★
22. 다음과 같이 나타낸 전지에 해당하는 것은?

(+)Cu | $H_2SO_4(aq)$ | Zn(-)

① 볼타 전지　　② 납축 전지
③ 다니엘 전지　　④ 건전지

해설 볼타 전지(volta cell) : (-)극에 아연(Zn)판과 (+)극에 구리(Cu)판을 도선으로 연결하고 묽은 황산(H_2SO_4)을 넣어 두 전극에서 일어나는 산화 환원 반응으로 전기 에너지로 변환시킨다.

23. 볼타 전지에 관련된 내용으로 가장 거리가 먼 것은?

① 아연판과 구리판
② 화학 전지
③ 진한 질산 용액
④ 분극 현상

해설 볼타 전지(volta cell) : 아연(Zn)판과 구리(Cu)판을 도선으로 연결하고 묽은 황산(H_2SO_4)을 넣어 두 전극에서 일어나는 산화 환원 반응으로 전기 에너지로 변환시키는 화학 전지이다.

24. 볼타 전지의 기전력은 약 1.3V인데 전류가 흐르기 시작하면 곧 0.4V로 된다. 이러한 현상을 무엇이라 하는가?

① 감극　　② 소극
③ 분극　　④ 충전

해설 볼타 전지의 분극 현상 및 감극제

㉮ 분극 현상 : 볼타 전지의 초기 기전력은 약 1.0V이지만 잠시 사용하면 0.4V로 떨어지는 것과 같이 갑자기 전류가 약해지는 현상이다.

㉯ 감극제(소극제 : depolarizer) : 분극 작용을 하는 수소를 산화시켜 물로 만드는 산화제로 MnO_2, H_2O_2, $K_2Cr_2O_7$, O_2 등이 해당된다.

★
25. 볼타 전지에서 갑자기 전류가 약해지는 현상을 "분극 현상"이라 한다. 이 분극 현상을 방지해 주는 감극제로 사용되는 물질은?

정답 20. ① 21. ② 22. ① 23. ③ 24. ③ 25. ①

① MnO_2 ② $CuSO_3$
③ NaCl ④ $Pb(NO_3)_2$

해설 감극제(소극제 : depolarizer)로 사용되는 물질 : MnO_2, H_2O_2, $K_2Cr_2O_7$, O_2 등

26. 납 축전지를 오랫동안 방전시키면 어느 물질이 생기는가?

① Pb ② PbO_2
③ H_2SO_4 ④ $PbSO_4$

해설 ㉮ 납 축전지(lead storage cell) : 납(Pb)과 이산화납(PbO_2)의 전극을 묽은 황산(H_2SO_4)에 넣은 것으로 자동차에 사용되고 있다.
㉯ 납 축전지를 오랫동안 방전시키면 $PbSO_4$가 생성된다.

$$Pb + PbO_2 + 4H^+ + 2SO_4^{2-} \underset{\text{충전}}{\overset{\text{방전}}{\rightleftarrows}} 2PbSO_4 + 2H_2O$$

27. 다음은 표준 수소 전극과 짝지어 얻은 반쪽 반응 표준 환원 전위값이다. 이들 반쪽 전지를 짝지었을 때 얻어지는 전지의 표준 전위차 $E°$는?

$Cu^{2+} + 2e^- \rightarrow Cu \quad E° = +0.34V$
$Ni^{2+} + 2e^- \rightarrow Ni \quad E° = -0.23V$

① +0.11V ② −0.11V
③ +0.57V ④ −0.57V

해설 $E° = E_+ - E_-$
$= +0.34 - (-0.23) = +0.57V$
여기서, $E°$: 표준 전위차(V)
E_+ : 산화제 표준 환원 전위값(V)
E_- : 환원제 표준 환원 전위값(V)

28. 전극에서 유리되고 화학 물질의 무게가 전지를 통하여 사용된 전류의 양에 정비례하고 또한 주어진 전류량에 의하여 생성된 물질의 무게는 그 물질의 당량에 비례한다는 화학법칙은?

① 르샤틀리에의 법칙
② 아보가드로의 법칙
③ 패러데이의 법칙
④ 보일-샤를의 법칙

해설 패러데이(Faraday)의 법칙
㉮ 제1법칙 : 전기 분해에 의하여 석출되는 물질의 양은 통한 전기량에 비례한다.
㉯ 제2법칙 : 일정량의 전기량에 의하여 석출되는 물질의 양은 그 물질의 당량에 비례한다.

★
29. 황산구리(II) 수용액을 전기분해할 때 63.5g의 구리를 석출시키는 데 필요한 전기량은 몇 F인가? (단, Cu의 원자량은 63.5이다.)

① 0.635F ② 1F
③ 2F ④ 63.5F

해설 ㉮ 구리(Cu)의 1g 당량 계산

$$1g\ 당량 = \frac{원자량}{원자가} = \frac{63.5}{2} = 31.75g$$

㉯ 필요 전기량(F) 계산

$$F = \frac{석출량(g)}{1g\ 당량} = \frac{63.5}{31.275} = 2F$$

30. 20%의 소금물을 전기 분해하여 수산화나트륨 1몰을 얻는 데는 1A의 전류를 몇 시간 통해야 하는가?

① 13.4 ② 26.8
③ 53.6 ④ 104.2

해설 $I = \frac{Q}{t}$에서 I : 전류(A), t : 시간(s), Q : 전기량(C)이고, 1몰을 석출하는 전기량은 96500 쿨롱(C)이다.

$$\therefore t = \frac{Q}{I} = \frac{96500}{1 \times 3600} = 26.805h$$

31. 백금 전극을 사용하여 물을 전기 분해할 때 (+)극에서 5.6L의 기체가 발생하는 동안 (−)극에서 발생하는 기체의 부피는?

① 5.6L ② 11.2L

정답 26. ④ 27. ③ 28. ③ 29. ③ 30. ② 31. ②

③ 22.4L　　④ 44.8L

해설 ㉮ 물의 전기 분해 : (+)극에서 산소(O_2)가 발생하고, (−)극에서 수소(H_2)가 발생한다.

㉯ 반응식 : $2H_2O \rightarrow O_2 + 2H_2$

㉰ 물(H_2O)을 전기 분해할 때 반응식에서 2 : 1 : 2의 비율이므로 (−)극에서 발생하는 기체는 (+)극에서 발생하는 기체의 2배이다.

∴ (−)극 기체 부피 $= 2 \times 5.6 = 11.2$L

32. 1패러데이(Faraday)의 전기량으로 물을 전기 분해하였을 때 생성되는 수소 기체는 0℃, 1기압에서 얼마의 부피를 갖는가?

① 5.6L　　② 11.2L
③ 22.4L　　④ 44.8L

해설 ㉮ 물(H_2O)의 전기 분해 반응식

$2H_2O \rightarrow 2H_2 + O_2$

㉯ 수소 석출량(g) 계산

$$석출량(g) = \frac{원자량}{원자가} \times 패럿수 = \frac{1}{1} \times 1 = 1g$$

㉰ 수소량(g)을 표준상태(0℃, 1기압 상태)의 체적으로 계산

2g : 22.4L = 1g : x[L]

$$\therefore x = \frac{1 \times 22.4}{2} = 11.2L$$

33. 1패러데이(Faraday)의 전기량으로 물을 전기 분해하였을 때 생성되는 기체 중 산소 기체는 0℃, 1기압에서 몇 L 인가?

① 5.6　　② 11.2
③ 22.4　　④ 44.8

해설 ㉮ 물(H_2O)의 전기 분해 반응식

$2H_2O \rightarrow 2H_2 + O_2$

㉯ 산소 석출량(g) 계산

$$석출량(g) = \frac{원자량}{원자가} \times 패럿수 = \frac{16}{2} \times 1 = 8g$$

㉰ 산소량(g)을 표준상태(0℃, 1기압 상태)의 체적으로 계산

32g : 22.4L = 8g : x[L]

$$\therefore x = \frac{8 \times 22.4}{32} = 5.6L$$

34. 염화나트륨 수용액의 전기 분해 시 음극(cathode)에서 일어나는 반응식을 옳게 나타낸 것은?

① $2H_2O(L) + 2Cl^-(aq) \rightarrow H_2(g) + Cl_2(g) + 2OH^-(aq)$
② $2Cl^-(aq) \rightarrow Cl_2(g) + 2e^-$
③ $2H_2O(L) + 2e^- \rightarrow H_2(g) + 2OH^-(aq)$
④ $2H_2O \rightarrow O_2 + 4H^+ + 4e^-$

해설 염화나트륨 수용액의 전기 분해

㉮ 반응식 : $2NaCl + 2H_2O \rightarrow 2NaOH + H_2 + Cl_2$

㉯ (+)극에서 일어나는 반응 :
$2Cl^-(aq) \rightarrow Cl_2(g) + 2e^-$

㉰ (−)극에서 일어나는 반응 :
$2H_2O(L) + 2e^- \rightarrow H_2(g) + 2OH^-(aq)$

35. $CuCl_2$의 용액에 5A 전류를 1시간 동안 흐르게 하면 몇 g의 구리가 석출되는가? (단, Cu의 원자량은 63.54이며, 전자 1개의 전하량은 1.602×10^{-19}C이다.)

① 3.17　　② 4.83
③ 5.93　　④ 6.35

해설 ㉮ 전하량(coulomb) 계산 : 1시간은 3600초에 해당된다.

$\therefore Q = A \times t = 5 \times 3600 = 18000$쿨롱

㉯ 석출되는 구리(Cu)의 질량 계산 : 패러데이 상수는 96500쿨롱이다.

∴ 물질의 질량

$$= \frac{전하량}{패러데이 상수} \times \frac{몰질량}{이동한 전자의 몰수} = \frac{18000}{96500} \times \frac{63.6}{2} = 5.931g$$

정답 32. ② 33. ① 34. ③ 35. ③

36. 황산구리 용액에 10A의 전류를 1시간 통하면 구리(원자량=63.54)를 몇 g 석출하겠는가?

① 7.2g ② 11.85g
③ 23.7g ④ 31.77g

해설 ㉮ 전하량(coulomb) 계산 : 1시간은 3600초에 해당된다.

$\therefore Q = A \times t = 10 \times 3600 = 36000$쿨롱

㉯ 석출되는 구리(Cu)의 질량 계산 : 패러데이 상수는 96500쿨롱이다.

∴ 물질의 질량

$= \frac{\text{전하량}}{\text{패러데이 상수}} \times \frac{\text{몰질량}}{\text{이동한 전자의 몰수}}$

$= \frac{36000}{96500} \times \frac{63.54}{2} = 11.852\,\text{g}$

37. $CuSO_4$ 용액에 0.5F의 전기량을 흘렸을 때 약 몇 g의 구리가 석출되는가? (단, 원자량은 Cu 64, S 32, O 16이다.)

① 16 ② 32 ③ 64 ④ 128

해설 ㉮ 황산구리($CuSO_4$) 수용액의 전기 분해 반응식 : $CuSO_4 \rightleftarrows Cu^{2+} + SO_4^{2-}$ → 이동한 Cu전자수는 +2이다.

㉯ 석출되는 구리(Cu)의 질량 계산

물질의 질량

$= \text{패럿수}(F) \times \frac{\text{몰질량}}{\text{이동한 전자의 몰수}}$

$= 0.5 \times \frac{64}{2} = 16\,\text{g}$

38. $CuSO_4$ 수용액을 10A의 전류로 32분 10초 동안 전기분해시켰다. 음극에서 석출되는 Cu의 질량은 몇 g인가? (단, Cu의 원자량은 63.6이다.)

① 3.18 ② 6.36 ③ 9.54 ④ 12.72

해설 ㉮ 황산구리($CuSO_4$) 수용액의 전기 분해 반응식 : $CuSO_4 \rightleftarrows Cu^{2+} + SO_4^{2-}$ → 이동한 Cu전자수는 +2이다.

㉯ 전하량(coulomb) 계산

$Q = A \times t = 10 \times \{(32 \times 60) + 10\}$

$= 19300$ 쿨롱

㉰ 석출되는 구리(Cu)의 질량 계산 : 패러데이 상수는 96500쿨롱이다.

∴ 물질의 질량

$= \frac{\text{전하량}}{\text{패러데이 상수}} \times \frac{\text{몰질량}}{\text{이동한 전자의 몰수}}$

$= \frac{19300}{96500} \times \frac{63.6}{2} = 6.36\,\text{g}$

별해 전기 분해에 필요한 전하량을 이용하여 비례식으로 계산

$96500 : \frac{63.6}{2} = 193000 : x$

$\therefore x = \frac{\frac{63.6}{2} \times 19300}{96500} = 6.36\,\text{g}$

39. 황산구리 수용액을 전기분해하여 음극에서 63.54g의 구리를 석출시키고자 한다. 10A의 전기를 흐르게 하면 전기분해에는 약 몇 시간이 소요되는가? (단, 구리의 원자량은 63.54이다.)

① 2.72 ② 5.36 ③ 8.13 ④ 10.8

해설 ㉮ 황산구리($CuSO_4$) 수용액의 전기 분해 반응식 : $CuSO_4 \rightleftarrows Cu^{2+} + SO_4^{2-}$ → 이동한 Cu전자수는 +2이다.

㉯ 전하량(coulomb) 계산 : 패러데이 상수는 96500쿨롱이다.

∴ 물질의 질량

$= \frac{\text{전하량}}{\text{패러데이 상수}} \times \frac{\text{몰질량}}{\text{이동한 전자의 몰수}}$

∴ 전하량(C)

$= \frac{\text{석출질량} \times \text{상수} \times \text{이동한 전자의 몰수}}{\text{몰질량}}$

$= \frac{63.54 \times 96500 \times 2}{63.54} = 193000\,\text{C}$

㉰ 전기 분해 시간 계산

$Q = A \times t$에서

$t = \frac{Q}{A} = \frac{193000}{10} = 19300\text{초}$

$= 321.666\text{분} = 5.361\text{시간}$

정답 36. ② 37. ① 38. ② 39. ②

40. 황산구리 수용액에 1.93A의 전류를 통할 때 매 초 음극에서 석출되는 Cu의 원자수를 구하면 약 몇 개가 존재하는가?

① 3.12×10^{18} ② 4.02×10^{18}
③ 5.12×10^{18} ④ 6.02×10^{18}

해설 ㉮ 황산구리($CuSO_4$) 수용액의 전기 분해 반응식 : $CuSO_4 \rightleftarrows Cu^{2+} + SO_4^{2-}$ → 이동한 Cu 전자수는 +2이다.

㉯ 전하량(Coulomb) 계산
$Q = A \times t = 1.93 \times 1 = 1.93$쿨롱

㉰ 석출되는 구리(Cu)의 원자수 계산 :
석출 질량
$= \frac{\text{전하량}}{\text{패러데이 상수}} \times \frac{\text{몰질량}}{\text{이동한 전자의 몰수}}$
에서 1몰(mol)의 원자수는 6.02×10^{23}이고, 패러데이 상수는 96500쿨롱이다.
∴ 원자수 = 석출 질량 × 1몰 원자수
$= \frac{\text{전하량}}{\text{패러데이 상수}} \times \frac{\text{몰질량}}{\text{이동한 전자의 몰수}}$
× 1몰 원자수
$= \frac{1.93}{96500} \times \frac{1}{2} \times (6.02 \times 10^{23}) = 6.02 \times 10^{18}$

41. 다음 물질의 수용액을 같은 전기량으로 전기 분해해서 금속을 석출한다고 가정할 때 석출되는 금속의 질량이 가장 많은 것은? (단, 괄호 안의 값은 석출된 금속의 원자량이다.)

① $CuSO_4$ (Cu = 64)
② $NiSO_4$ (Ni = 59)
③ $AgNO_3$ (Ag = 108)
④ $Pb(NO_3)_2$ (Pb = 207)

해설 ㉮ 각 금속의 원자가

원소명	원자가	원소명	원자가
구리(Cu)	2	니켈(Ni)	2
은(Ag)	1	납(Pb)	2

㉯ 전기 분해할 때 석출되는 물질의 질량 계산식에서 패러데이 상수는 96500쿨롱, 전하량은 동일하다.
∴ 물질의 질량
$= \frac{\text{전하량}}{\text{패러데이 상수}} \times \frac{\text{몰질량}}{\text{이동한 전자의 몰수}}$

㉰ 몰질량은 금속의 원자량, 이동한 전자의 몰수에는 원자가를 적용해 석출되는 질량 계산

석출 금속	석출되는 질량 계산
구리(Cu)	$\frac{64}{2} = 32\,g$
니켈(Ni)	$\frac{59}{2} = 29.5\,g$
은(Ag)	$\frac{108}{1} = 108\,g$
납(Pb)	$\frac{207}{2} = 103.5\,g$

정답 40. ④ 41. ③

1-7 | 산, 염기, 염 및 수소 이온 농도

1 산과 염기

(1) 산(酸, acid)

① 성질 및 특징

㈎ 수소 화합물 중 수용액에서 이온화하여 양성자인 수소 이온[H^+]을 내놓는 물질이다.

㈏ 푸른색 리트머스 시험지를 붉은색으로 변화시킨다.

㈐ 신 맛이 있고 전기를 통한다.

㈑ 염기와 작용하여 염과 물을 만드는 중화 작용을 한다.

㈒ 이온화 경향이 큰 아연(Zn), 철(Fe) 등과 같은 금속과 반응하여 수소(H_2)를 발생시킨다.

$Zn + 2HCl \rightarrow ZnCl_2 + H_2 \uparrow$

$Fe + H_2SO_4 \rightarrow FeSO_4 + H_2 \uparrow$

② 산의 분류

㈎ 전리도에 의한 분류

㉮ 강산 : 과염소산($HClO_4$), 요오드화수소산(HI), 염산(HCl), 황산(H_2SO_4), 질산(HNO_3) 등

㉯ 약산 : 아세트산(CH_3COOH), 탄산(H_2CO_3), 황화수소산(H_2S) 등

㈏ 염기도에 의한 분류

㉮ 1염기산 : 염산(HCl), 질산(HNO_3), 아세트산(CH_3COOH) 등

㉯ 2염기산 : 황산(H_2SO_4), 탄산(H_2CO_3), 황화수소산(H_2S) 등

㉰ 3염기산 : 인산(H_3PO_4) 등

(2) 염기(鹽基 ; base)

① 성질 및 특징

㈎ 수산기를 갖고 있는 물질이 물에서 이온화하여 수산화 이온[OH^-]을 낼 수 있는 물질이다.

㈏ 붉은색 리트머스 시험지를 푸른색으로 변화시킨다.

㈐ 페놀프탈레인 용액을 붉게 한다.

㈑ 쓴 맛이 있고, 그 수용액은 미끈미끈하며 전기를 통한다.

(마) 산과 중화하여 염과 물을 만든다.

(바) 알칼리성이 강한 용액(NaOH, KOH)은 피부를 부식시킨다.

② 염기의 분류

(가) 전리도에 의한 분류

㉮ 강염기 : 수산화나트륨(NaOH), 수산화칼륨(KOH), 수산화바륨[$Ba(OH)_2$], 수산화칼슘[$Ca(OH)_2$] 등

㉯ 약염기 : 수산화암모늄(NH_4OH) 등

(나) 산도에 의한 분류

㉮ 1산염기 : 수산화나트륨(NaOH), 수산화칼륨(KOH), 수산화암모늄(NH_4OH) 등

㉯ 2산염기 : 수산화바륨[$Ba(OH)_2$], 수산화칼슘[$Ca(OH)_2$], 수산화마그네슘[$Mg(OH)_2$], 수산화구리[$Cu(OH)_2$] 등

㉰ 3산염기 : 수산화철[$Fe(OH)_3$], 수산화알루미늄[$Al(OH)_3$]

산과 염기의 비교

구분	산	염기	산·염기의 생성
아레니우스	H^+을 포함한다.	OH^-를 포함한다.	수용액 속에서
브뢴스테드	H^+(양성자)을 낸다.	H^+(양성자)을 받는다.	'수용액 속에서'라는 제한을 받지 않는다.
루이스	전자쌍을 받을 수 있는 물질	전자쌍을 낼 수 있는 물질	서로 접근하며 어떤 용매이든 무관하다.

(3) 전리도

녹은 용질의 몰수에 대한 전리된 몰수의 비를 말한다.

$$전리도(\alpha) = \frac{이온화된\ 용질의\ 몰수}{녹은\ 용질의\ 몰수}$$

① 전리도가 큰 산을 강산(强酸)이라 하고, 전리도가 작은 산을 약산(弱酸)이라 한다.

② 일반적으로 전리도는 온도가 높아짐에 따라 커지고, 농도가 묽어짐에 따라 커진다.

③ 전리도가 큰 물질을 강전해질(强電解質)이라 하고, 전리도가 작은 물질을 약전해질(弱電解質)이라 한다.

(가) 강전해질 : 염산(HCl), 황산(H_2SO_4), 질산(HNO_3), 수산화나트륨(NaOH), 염화나트륨(NaCl), 황산구리($CuSO_4$) 등

(나) 약전해질 : 탄산, 아세트산, 암모니아수, 초산(CH_3COOH), 의산(HCOOH), 수산화암모늄(NH_4OH) 등

(4) 전리도와 전리 상수

① 전리도 : 전해질 전체의 분자수에 대한 전리된 분자수의 비를 말하며, 전리도가 클수록 강전해질이다. 일반적으로 전리도는 온도가 높고, 농도가 묽어짐에 따라 커진다.

$$\text{전리도} = \frac{\text{전리된 분자수}}{\text{전해질 전체의 분자수}} = \frac{\text{전리된 몰(mol)수}}{\text{전해질 전체의 몰(mol)수}}$$

② 전리 평형 상수

$$CH_3COOH \rightleftarrows CH_3COO^- + H^+$$

$$K_a = \frac{[CH_3COO^-][H^+]}{[CH_3COOH]} = 1.8 \times 10^{-5}$$

㈎ 25℃에서 K_a의 값이 크면 강산(또는 강염기), 작으면 약산(또는 약염기)이 된다.

㈏ 농도가 변하여도 일정 온도에서는 항상 일정한 값을 갖는다. 즉, 온도에 의해서만 변한다.

(5) 산화물

① 산성 산화물 : 비금속 산화물로 이산화탄소(CO_2), 이산화황(SO_2) 등

② 염기성 산화물 : 금속 산화물로 산화망간(MgO), 산화칼슘(CaO), 산화나트륨(Na_2O) 등

③ 양쪽성 산화물 : 아연(Zn), 알루미늄(Al), 주석(Sn), 납(Pb)의 산화물

2 산·염기의 반응

(1) 중화

산의 H^+과 염기의 OH^-으로 물(H_2O)이 되는 반응이고, 나머지는 이온으로 염이 된다.

$$NaOH + HCl \rightarrow NaCl + H_2O$$

(2) 염

① 염의 정의 : 수소 이온 이외의 양이온(금속 이온이나 NH_4^+)과 산의 음이온이 결합한 물질을 말한다.

② 염의 종류

㈎ 정염(중성염) : 산의 수소 원자(H) 전부가 금속으로 치환된 염

예 $HCl \rightarrow NaCl$, NH_4Cl, $CaCl_2$, $AlCl_3$

$H_2SO_4 \rightarrow (NH_4)_2SO_4$, $CaSO_4$, $Al_2(SO_4)_3$

㈏ 산성염 : 산의 수소 원자(H) 일부가 금속으로 치환된 염

예 $H_2SO_4 \rightarrow NaHSO_4$, $KHSO_4$

$H_3PO_4 \rightarrow NaH_2PO_4$

$H_2CO_3 \rightarrow NaHCO_3$, $Ca(HCO_3)_2$

(다) 염기성염 : 염기의 수산기(OH) 일부가 산기로 치환된 염

예 $Mg(OH)_2 \rightarrow Mg(OH)Cl$

$Cu(OH)_2 \rightarrow Cu(OH)Cl$

③ 염의 가수분해 : 염이 물에 녹아 산과 염기로 되는 현상으로, 강산과 강염기로 생긴 염은 가수분해되지 않는다.

$$\text{염} + \text{물} \underset{\text{중화 반응}}{\overset{\text{가수분해}}{\rightleftharpoons}} \text{산} + \text{염기}$$

염의 조성과 수용액의 액성

염		염이 물에 녹았을 때	수용액의 성질(액성)	보기
염을 만드는 산	염을 만드는 염기			
강	강	가수분해하지 않음	거의 중성	$NaCl$, KNO_3, $BaCl_2$
강	약	가수분해한다.	산성	$CuSO_4$, $FeSO_4$, $AlCl_3$, NH_4Cl
약	강	가수분해한다.	알칼리성	Na_2CO, $NaHCO_3$, Na_2S, CH_3COONa
약	약	가수분해한다.	거의 중성	$(NH_4)_2CO_3$, CH_3COONH_4, $(CH_3COO)_2Pb$

3 수소 이온 농도

(1) 수소 이온 농도

① 산성 : $[H^+]>[OH^-]$, $[H^+]>10^{-7}>[OH^-]$

② 중성 : $[H^+]=[OH^-]$, $[H^+]=10^{-7}=[OH^-]$

③ 알칼리성 : $[H^+]<[OH^-]$, $[H^+]<10^{-7}<[OH^-]$

(2) 수소 이온 지수

수소 이온 농도의 역수에 상용대수로 나타낸 값을 말하며, 일반적으로 pH로 표시한다.

$$pH = \log\frac{1}{[H^+]} = -\log[H^+]$$

① pH와 액성과의 관계 : pH7이 중성이고, 7보다 작을수록 산성이 강하고, 7보다 클수록 알칼리성이 강하다.

(가) 산성 : pH<7

(나) 중성 : pH=7

(다) 알칼리성 : pH>7

② 25℃ 수용액에서 물의 이온화 상수 $K_w=[H^+][OH^-]=1.0\times10^{-14}$이다.

③ pH가 1 작아지면 $[H^+]$는 10배 커지고, pH가 1 커지면 $[H^+]$는 10배 작아진다.

(3) 용액의 pH 측정

① pH 시험지 : 여러 가지 시약을 혼합하여 만든 것을 종이에 묻혀 만든 것으로, 시험지의 색 변화로 보고 대략적인 pH를 판단한다.

② 지시약 : pH에 따라 색이 변하는 물질의 색 변화를 통해 용액의 액성을 판단한다.

③ pH 미터 : 수소 이온 농도에 따른 전기 전도도 차이를 이용한 것으로 정밀한 측정이 가능하다.

pH시험지 및 지시약 종류에 따른 반응색

구분	산성	중성	염기성
리트머스지	푸른색 → 붉은색	변화 없음	붉은색 → 푸른색
페놀프탈레인 용액	무색	무색	붉은색
메틸 오렌지 용액	붉은색	노란색	노란색
BTB 용액	노란색	초록색	파란색

예상 문제

★★
1. 산의 일반적 성질을 옳게 나타낸 것은?

① 쓴맛이 있는 미끈거리는 액체로 리트머스 시험지를 푸르게 한다.
② 수용액에서 OH^- 이온을 내 놓는다.
③ 수소보다 이온화 경향이 큰 금속과 반응하여 수소를 발생한다.
④ 금속의 수산화물로서 비전해질이다.

해설 산의 일반적 성질
㉮ 수소 화합물 중 수용액에서 이온화하여 수소 이온[H^+]을 내는 물질이다.
㉯ 푸른색 리트머스 시험지를 붉은색으로 변화시킨다.
㉰ 신맛이 있고 전기를 통한다.
㉱ 염기와 작용하여 염과 물을 만드는 중화작용을 한다.
㉲ 이온화 경향이 큰 아연(Zn), 철(Fe) 등과 같은 금속과 반응하여 수소(H_2)를 발생시킨다.

2. 산(acid)의 성질을 설명한 것 중 틀린 것은?

① 수용액 속에서 H^+를 내는 화합물이다.
② pH값이 작을수록 강산이다.
③ 금속과 반응하여 수소를 발생하는 것이 많다.
④ 붉은색 리트머스 종이를 푸르게 변화시킨다.

해설 산(酸)은 푸른색 리트머스 시험지를 붉은색으로 변화시킨다.

3. 다음 반응식에서 브뢴스테드의 산·염기 개념으로 볼 때 산에 해당하는 것은?

$$H_2O + NH_3 \rightleftarrows OH^- + NH_4^+$$

① NH_3와 NH_4^+ ② NH_3와 OH^-
③ H_2O와 OH^- ④ H_2O와 NH_4^+

해설 브뢴스테드의 산·염기의 개념
㉮ 산 : 다른 물질에게 양성자인 수소 이온(H^+)을 내놓은 물질이다.
㉯ 염기 : 다른 물질로부터 양성자인 수소이온(H^+)을 받는 물질이다.
㉰ 물과 암모니아의 반응에서 정반응일 때 H_2O는 H^+를 내놓으므로 산이고, NH_3는 H^+를 받으므로 염기이다. 반대로 역반응일 때 NH_4는 H^+를 내놓으므로 산이고, OH^-는 H^+를 받으므로 염기이다.

4. 물이 브뢴스테드의 산으로 작용한 것은?

① $HCl + H_2O \rightleftarrows H_3O^+ + Cl^-$
② $HCOOH + H_2O \rightleftarrows HCOO^- + H_3O^+$
③ $NH_3 + H_2O \rightleftarrows NH_4^+ + OH^-$
④ $3Fe + 4H_2O \rightleftarrows Fe_3O_4 + 4H_2$

해설 브뢴스테드의 산과 염기의 구분
㉮ 물이 산으로 작용한 것
$NH_3 + H_2O \rightleftarrows NH_4^+ + OH^-$ 반응에서 물(H_2O)은 [H^+]를 내놓으므로 산이고, 암모니아(NH_3)는 [H^+]를 받으므로 염기이다.
㉯ 물이 염기로 작용한 것
$HCl + H_2O \rightleftarrows H_3O^+ + Cl^-$ 반응에서 염화수소(HCl)는 [H^+]를 내놓으므로 산이고, 물(H_2O)은 [H^+]를 받으므로 염기이다.
㉰ 물(H_2O)은 반응에 따라 산으로 작용할 수도 있고, 염기로도 작용할 수 있는 물질로 양쪽성 물질이라 한다.

5. 다음 중 산성염으로만 나열된 것은?

① $NaHSO_4$, $Ca(HCO_3)_2$
② $Ca(OH)Cl$, $Cu(OH)Cl$
③ $NaCl$, $Cu(OH)Cl$
④ $Ca(OH)Cl$, $CaCl_2$

해설 산성염 : 산의 수소 원자(H) 일부가 금속으로 치환된 염이다.

정답 1. ③ 2. ④ 3. ④ 4. ③ 5. ①

㉮ $H_2SO_4 \rightarrow NaHSO_4$, $KHSO_4$
㉯ $H_3PO_4 \rightarrow NaH_2PO_4$
㉰ $H_2CO_3 \rightarrow NaHCO_3$, $Ca(HCO_3)_2$

6. 다음 중 물이 산으로 작용하는 반응은?

① $NH_4^+ + H_2O \rightarrow NH_3 + H_3O^+$
② $HCOOH + H_2O \rightarrow HCOO^- + H_3O^+$
③ $CH_3COO^- + H_2O \rightarrow CH_3COOH + OH^-$
④ $HCl + H_2O \rightarrow H_3O^+ + Cl^-$

해설 물(H_2O)의 반응
㉮ ①번, ②번, ④번 반응식에서 H_2O는 H^+를 받아 H_3O^+로 되는 염기로 작용하고 있다.
㉯ ③번 반응식에서 H_2O는 H^+를 내놓아 OH^-로 되는 산으로 작용하고 있다.

7. 다음 화학반응 중 H_2O가 염기로 작용한 것은?

① $CH_3COOH + H_2O \rightarrow CH_3COO^- + H_3O^+$
② $NH_3 + H_2O \rightarrow NH_4^+ + OH^-$
③ $CO_3^{-2} + 2H_2O \rightarrow H_2CO_3 + 2OH^-$
④ $Na_2O + H_2O \rightarrow 2NaOH$

해설 산과 염기
㉮ 산 : 다른 물질에게 수소 이온[H^+]을 내놓는 물질이다.
㉯ 염기 : 다른 물질로부터 수소 이온[H^+]을 받는 물질이다.

참고 CH_3COOH는 [H^+]를 내놓으므로 산이고, 물(H_2O)은 [H^+]를 받으므로 염기이다.

8. 염(salt)을 만드는 화학 반응식이 아닌 것은?

① $HCl + NaOH \rightarrow NaCl + H_2O$
② $2NH_4OH + H_2SO_4 \rightarrow (NH_4)_2SO_4 + 2H_2O$
③ $CuO + H_2 \rightarrow Cu + H_2O$
④ $H_2SO_4 + Ca(OH)_2 \rightarrow CaSO_4 + 2H_2O$

해설 염의 종류
㉮ 정염(중성염) : 산의 수소 원자(H) 전부가 금속으로 치환된 염
- $HCl \rightarrow NaCl$, NH_4Cl, $CaCl_2$, $AlCl_3$
- $H_2SO_4 \rightarrow (NH_4)_2SO_4$, $CaSO_4$, $Al_2(SO_4)_3$

㉯ 산성염 : 산의 수소 원자(H) 일부가 금속으로 치환된 염
- $H_2SO_4 \rightarrow NaHSO_4$, $KHSO_4$
- $H_3PO_4 \rightarrow NaH_2PO_4$
- $H_2CO_3 \rightarrow NaHCO_3$, $Ca(HCO_3)_2$

㉰ 염기성염 : 염기의 수산기(OH) 일부가 산기로 치환된 염
- $Mg(OH)_2 \rightarrow Mg(OH)Cl$
- $Cu(OH)_2 \rightarrow Cu(OH)Cl$

9. 다음의 염을 물에 녹일 때 염기성을 띠는 것은?

① Na_2CO_3　② $NaCl$
③ NH_4Cl　④ $(NH_4)SO_4$

해설 ㉮ 염기 : 수산기를 갖고 있는 물질이 물에서 이온화하여 수산화 이온[OH^-]을 낼 수 있는 물질이다.
㉯ 물에서 탄산나트륨(Na_2CO_3)이 이온화되는 반응 :
$Na_2CO_3(aq) \rightleftarrows 2Na+(aq) + CO_3^{2-}(aq)$
㉰ CO_3^{2-}이온의 가수분해 :
$CO_3^{2-}(aq) + 2H_2O(L) \rightleftarrows H_2CO_3(aq) + 2OH^-(aq)$
∴ 용액 중에 [OH^-] 이온이 존재하기 때문에 탄산나트륨(Na_2CO_3)은 염기성 염에 해당된다.

10. 다음 중 전리도가 가장 커지는 경우는?

① 농도와 온도가 일정할 때
② 농도가 진하고, 온도가 높을수록
③ 농도가 묽고, 온도가 높을수록
④ 농도가 진하고, 온도가 낮을수록

해설 ㉮ 전리도 : 녹은 용질의 몰수에 대한 전리된 몰수의 비를 말한다.
㉯ 농도가 묽어짐에 따라 전리도는 커진다.
㉰ 온도가 높아짐에 따라 전리도는 커진다.

11. $CH_3COOH \rightarrow CH_3COO^- + H^+$의 반응식에서 전리 평형 상수 K는 다음과 같다. K값을

정답 6. ③ 7. ① 8. ③ 9. ① 10. ③ 11. ①

변화시키기 위한 조건으로 옳은 것은?

$$K = \frac{[CH_3COO^-][H^+]}{[CH_3COOH]}$$

① 온도를 변화시킨다.
② 압력을 변화시킨다.
③ 농도를 변화시킨다.
④ 촉매량을 변화시킨다.

해설 초산(CH_3COOH)의 전리 평형 상수는 농도가 변하여도 일정 온도에서는 항상 일정한 값을 갖고, 온도에 의해서만 변한다.

★★★
12. 산성 산화물에 해당하는 것은?

① CaO ② Na_2O ③ CO_2 ④ MgO

해설 산화물의 종류
㉮ 산성 산화물 : 비금속 산화물로 이산화탄소(CO_2), 이산화황(SO_2) 등
㉯ 염기성 산화물 : 금속 산화물로 산화망간(MgO), 산화칼슘(CaO), 산화나트륨(Na_2O), 산화구리(CuO) 등
㉰ 양쪽성 산화물 : 아연(Zn), 알루미늄(Al), 주석(Sn), 납(Pb) 등의 산화물 → ZnO, Al_2O_3, SnO, PbO, Sb_2O_3

★★
13. 염기성 산화물에 해당하는 것은?

① MgO ② SnO
③ ZnO ④ PbO

해설 염기성 산화물 종류 : 금속 산화물로 산화망간(MgO), 산화칼슘(CaO), 산화나트륨(Na_2O), 산화구리(CuO) 등

14. 다음 중 양쪽성 산화물에 해당하는 것은?

① NO_2 ② Al_2O_3
③ MgO ④ Na_2O

해설 양쪽성 산화물 종류 : 아연(Zn), 알루미늄(Al), 주석(Sn), 납(Pb) 등의 산화물 → ZnO, Al_2O_3, SnO, PbO, Sb_2O_3

15. 가수분해가 되지 않는 염은?

① NaCl ② NH_4Cl
③ CH_3COONa ④ CH_3COONH_4

해설 ㉮ 염의 가수분해 : 염이 물에 녹아 산과 염기로 되는 현상으로, 강산과 강염기로 생긴 염은 가수분해가 되지 않는다.
㉯ 가수분해가 되지 않는 염 : NaCl, KNO_3, $BaCl_2$

16. pH에 대한 설명으로 옳은 것은?

① 건강한 사람의 혈액의 pH는 5.7이다.
② pH값은 산성 용액에서 알칼리성 용액보다 크다.
③ pH가 7인 용액에 지시약 메틸 오렌지를 넣으면 노란색을 띤다.
④ 알칼리성 용액은 pH가 7보다 작다.

해설 각 항목의 옳은 설명
① 혈액의 정상치 pH는 7.40±0.04이다.
② pH값 1~14에서 7보다 작을수록 산성이 강하고, 7보다 클수록 알칼리성이 강하다.
④ 알칼리성 용액은 pH가 7보다 크다.

참고 pH시험지 및 지시약 종류에 따른 반응색

구분	산성	중성	염기성
리트머스지	푸른색 → 붉은색	변화 없음	붉은색 → 푸른색
페놀프탈레인 용액	무색	무색	붉은색
메틸 오렌지 용액	붉은색	노란색	노란색
BTB 용액	노란색	초록색	파란색

★★
17. 다음 pH 값에서 알칼리성이 가장 큰 것은?

① pH=1 ② pH=6
③ pH=8 ④ pH=13

해설 pH와 액성과의 관계 : pH값 1~14에서 중간값인 7이 중성이고, 7보다 작을수록 산성이 강하고, 7보다 클수록 알칼리성이 강하다.

정답 12. ③ 13. ① 14. ② 15. ① 16. ③ 17. ④

㉮ 산성 : pH<7
㉯ 중성 : pH=7
㉰ 알칼리성 : pH>7

★★
18. $[H^+]=2\times10^{-6}$M인 용액의 pH는 약 얼마인가?

① 5.7 ② 4.7 ③ 3.7 ④ 2.7

해설 $pH = -\log[H^+] = -\log(2\times10^{-6}) = 5.698$

19. 0.001N-HCl의 pH는?

① 2 ② 3 ③ 4 ④ 5

해설 $pH = -\log[H^+] = -\log 0.001 = 3$

★★
20. pH가 2인 용액은 pH가 4인 용액과 비교하면 수소 이온 농도가 몇 배인 용액이 되는가?

① 100 배 ② 10 배
③ 10^{-1} 배 ④ 10^{-2} 배

해설 ㉮ pH가 2인 용액의 $[H^+]=10^{-2}=0.01$이다.
㉯ pH가 4인 용액의 $[H^+]=10^{-4}=0.0001$이다.
㉰ 두 용액의 수소 이온 농도 비교
$$\therefore \frac{0.01}{0.0001} = 100\text{배}$$

21. pH=12인 용액의 $[OH^-]$는 pH=9인 용액의 몇 배인가?

① $\frac{1}{1000}$ ② $\frac{1}{100}$
③ 100 ④ 1000

해설 pH의 $[H^+]$을 $[OH^-]$로 변경 : pH+pOH=14이다.
㉮ pH=12 : pOH=14−pH=14−12=2
㉯ pH=9 : pOH=14−pH=14−9=5
㉰ 두 용액의 $[OH^-]$ 비교
$$\therefore [OH^-]\text{비} = \frac{pH\,12}{pH\,9} = \frac{pOH\,2}{pOH\,5} = \frac{1\times10^{-2}}{1\times10^{-5}} = 1000\text{배}$$

22. 0.1N 아세트산 용액의 전리도가 0.01 이라고 하면 이 아세트산 용액의 pH는?

① 0.5 ② 1 ③ 1.5 ④ 3

해설 아세트산(CH_3COOH) 용액의 pH
$CH_3COOH \rightleftarrows CH_3COO^- + H^+$
$\therefore [H^+]=0.1N\times0.01=0.001=1\times10^{-3}$
$\therefore pH=-\log[H^+]=-\log(1\times10^{-3})=3$

23. 25℃에서 83% 해리된 0.1N HCl의 pH는 얼마인가?

① 1.08 ② 1.52 ③ 2.02 ④ 2.25

해설 $\therefore pH=-\log[H^+]=-\log(0.1\times0.83)=1.08$

24. 어떤 용액의 pH를 측정하였더니 4이었다. 이 용액을 1000배 희석시킨 용액의 pH를 옳게 나타낸 것은?

① pH=3 ② pH=4
③ pH=5 ④ 6<pH<7

해설 ㉮ $[H^+]$ 계산
$$\therefore [H^+] = \frac{(10^{-4}\times1)+(10^{-7}\times1000)}{1+1000} = 1.998\times10^{-7}$$
㉯ pH 계산
$$\therefore pH = -\log[H^+] = -\log(1.998\times10^{-7}) = 6.699$$
∴ pH는 6보다 크고, 7보다 작다(6<pH<7).

25. 우유의 pH는 25℃에서 6.4이다. 우유 속의 수소 이온 농도는?

① 1.98×10^{-7}M ② 2.98×10^{-7}M
③ 3.98×10^{-7}M ④ 4.98×10^{-7}M

해설 pH6.4인 우유의 수소 이온 농도
$\therefore [H^+]=1\times10^{-6.4}=3.98\times10^{-7}M$

26. 어떤 용액의 $[OH^-]=2\times10^{-5}$M 이었다. 이 용액의 pH는 얼마인가?

정답 18. ① 19. ② 20. ① 21. ④ 22. ④ 23. ① 24. ④ 25. ③ 26. ③

① 11.3 ② 10.3
③ 9.3 ④ 8.3

해설 $K_w=[H^+][OH^-]=1.0\times10^{-14}$이다.

$$\therefore [H^+]=\frac{1.0\times10^{-14}}{[OH^-]}=\frac{1.0\times10^{-14}}{2\times10^{-5}}=5.0\times10^{-10}$$

$\therefore$ pH$=-\log[H^+]=-\log(5.0\times10^{-10})=9.3$

27. $[OH^-]=1\times10^{-5}$mol/L인 용액의 pH와 액성으로 옳은 것은?

① pH=5, 산성 ② pH=5, 알칼리성
③ pH=9, 산성 ④ pH=9, 알칼리성

해설 $K_w=[H^+][OH^-]=1.0\times10^{-14}$이다.

$$\therefore [H^+]=\frac{1.0\times10^{-14}}{[OH^-]}=\frac{1.0\times10^{-14}}{1\times10^{-5}}=1.0\times10^{-9}$$

$\therefore$ pH$=-\log[H^+]=-\log(1.0\times10^{-9})=9$
→ pH7보다 크므로 알칼리성에 해당된다.

28. 0.01N NaOH 용액 100mL에 0.02N HCl 55mL를 넣고 증류수를 넣어 전체 용액을 1000mL로 한 용액의 pH는?

① 3 ② 4
③ 10 ④ 11

해설 ㉮ 혼합액의 $[H^+]$농도 계산 : NaOH는 염기성이므로 0.01N NaOH에는 −부호를 적용한다.

$$\frac{(-0.01\times100)+(0.02\times55)}{1000}=1\times10^{-4}$$

㉯ pH 계산
$\therefore$ pH$=-\log[H^+]=-\log(1\times10^{-4})=4$

29. pH=9인 수산화나트륨 용액 100mL 속에는 나트륨 이온이 몇 개 들어 있는가? (단, 아보가드로 수는 6.02×10^{23}이다.)

① 6.02×10^{9} 개 ② 6.02×10^{17} 개
③ 6.02×10^{18} 개 ④ 6.02×10^{21} 개

해설 ㉮ pH의 $[H^+]$을 $[OH^-]$로 변경 :
pH+pOH=14이다.
$\therefore$ pOH=14−pH=14−9=5
→ NaOH 용액 속의 $[OH^-]$ 농도는 1.0×10^{-5}이고, 이것은 100mL 용액에 NaOH는 1.0×10^{-5}M 농도로 존재하는 것이다.

㉯ NaOH 용액 100mL 속의 나트륨 이온 수
$\therefore$ 나트륨 이온 수$=(1.0\times10^{-5})\times0.1\times(6.02\times10^{23})=6.02\times10^{17}$ 개

30. 다음 중 수용액의 pH가 가장 작은 것은?

① 0.01N HCl
② 0.1N HCl
③ 0.01N CH_3COOH
④ 0.1N NaOH

해설 각 항목의 pH(pH$=-\log[H^+]$)
① 0.01N HCl : $-\log(0.01)=2$
② 0.1N HCl : $-\log(0.1)=1$
③ 0.01N CH_3COOH : $-\log(0.01)=2$
④ NaOH는 염기성이므로 0.1N NaOH는 $[OH^-]=0.1$이므로 $[H^+]=1\times10^{-13}$이다.
$\therefore$ pH$=-\log[H^+]=-\log(1\times10^{-13})=13$

★★
31. 지시약으로 사용되는 페놀프탈레인 용액은 산성에서 어떤 색을 띠는가?

① 적색 ② 청색
③ 무색 ④ 황색

해설 pH시험지 및 지시약 종류에 따른 반응색

구분	산성	중성	염기성
리트머스지	푸른색 → 붉은색	변화 없음	붉은색 → 푸른색
페놀프탈레인 용액	무색	무색	붉은색
메틸 오렌지 용액	붉은색	노란색	노란색
BTB 용액	노란색	초록색	파란색

정답 27. ④ 28. ② 29. ② 30. ② 31. ③

CHAPTER 02 유·무기 화합물

2-1 | 무기 화합물

1 금속과 그 화합물

(1) 금속의 일반적 성질

① 금속

(가) 염기성 산화물을 만들며 금속은 산에 녹는 것이 일반적이다. 그러나 구리(Cu), 수은(Hg), 은(Ag), 백금(Pt), 금(Au)은 보통 산에는 녹지 않고, 산화력이 있는 산(진한 황산, 질산)에는 구리(Cu), 수은(Hg), 은(Ag)이 용해하며, 백금(Pt), 금(Au)은 왕수에만 녹는다.

(나) 일반적으로 전성, 연성을 가지며, 비금속에 비해 용해점이 높다.

(다) 금속은 주로 전자를 방출하여 양이온이 되며, 금속은 금속 결합을 하였으므로 전기가 잘 통한다.

② 비금속

(가) 산성 산화물을 만들며, 비금속은 알칼리에 녹는 것이 일반적이다.

(나) 일반적으로 전성, 연성이 없고 금속에 비해 용해점이 낮다.

(다) 수소와는 화합하며, 비금속은 주로 전자를 받아서 음이온이 되며, 공유 결합을 하였으므로 전기가 통하지 않는다.

(2) 금속의 물리적 성질

열과 전기의 전도성과 전성, 연성을 가지며 융점이 높고 광택을 갖는다.

① 열전도성 : Ag > Cu > Au > Al

② 전기 전도성 : Ag > Cu > Au > Al

③ 전성(展性 : 퍼짐성) : Au > Ag > Cu

④ 연성(延性 : 뽑힘성) : Au > Ag > Pt

▸ 전성(展性 : 펴짐성) : 금속을 두드리거나 압착하면 얇게 펴지는 성질
연성(延性 : 뽑힘성) : 금속이 끊어지지 않고 길게 늘어나 소성적으로 변형하는 성질

(3) 불꽃색 반응

Li^{+}	Na^{+}	K^{+}	Cu^{++}	Ba^{++}	Ca^{++}
적색	황색	보라색	청록색	황록색	주황색

(4) 금속의 산출 상태

이온화 경향이 작은 금속(금, 은, 백금)은 단체(홑몸)로 산출되지만, 대부분의 금속은 산화물(유화물), 염화물, 탄산염 등의 화합물로 산출된다.

(5) 합금의 종류

합금 종류		성분(%)	특성	용도
구리의 합금	황동	Cu 60~80, Zn 40~20	황금색, 강하고 질기다	기구
	청동	Cu 70~90, Sn 30~10	청동색, 녹이 나지 않는다.	동상, 장식품
	양은	Cu 60, Zn 23, Ni 17	회백식, 녹이 나지 않는다.	기구
납의 합금	땜납	Pb 70~30, Sn 30~70	녹기 쉽고 단단하다.	땜질
	활자금	Pb 60, Sb 30, Sn 10		인쇄활자
경합금	두랄루민	Al 95, Mn 0.5, Mg 0.5, Cu 4	단단하고 질기다.	비행기, 자동차
니크롬		Ni 60, Fe 26, Cr 12, Mn 2	전기 저항력이 크다.	전열선
아말감		수은과 다른 금속과의 합금(철, 크롬, 니켈, 백금은 만들지 못함)		치과용

(6) 알칼리 금속과 그 화합물

주기율표 1족 원소(수소 제외)로 리튬(Li), 나트륨(Na), 칼륨(K), 루비듐(Rb), 세슘(Cs), 프랑슘(Fr) 등이 있으며 가전자가 모두 1개 있으므로 전자 1개를 잃어 안정한 +1가의 이온이 되기 쉽다.

- 화합물은 이온성 고체(이온 결합)로 모두 물에 잘 용해된다.
- 화합물을 분해시킬 때는 용융 전기분해로만 얻을 수 있다.
- 상온에서 물과 맹렬히 반응하여 강염기인 NaOH를 만든다.
- 불꽃반응으로 쉽게 검출할 수 있다.

① 나트륨(Na)

(가) 은백색의 가벼운 금속으로 비중이 0.97이다.

(나) 화학적으로 활성이 커 모든 비금속 원소와 잘 반응한다.

(다) 연소시키면 노란 불꽃을 내며 과산화나트륨(Na_2O_2)이 된다.

㈑ 공기 중에서 내부까지 산화되므로 보호액(등유, 경유, 파라핀) 속에 넣어 저장한다.

㈒ 상온에서 물이나 알코올 등과 격렬히 반응하여 수소(H_2)를 발생시킨다.

$2Na + 2H_2O \rightarrow 2NaOH + H_2\uparrow + 88.2kcal$

$2Na + 2C_2H_5OH \rightarrow 2C_2H_5ONa + H_2\uparrow$

② 수산화나트륨(NaOH)

㈎ 제조법

㉮ 가성화법 : 탄산나트륨(Na_2CO_3)의 수용액에 석회수를 넣어서 생긴 침전($CaCO_3$)을 걸러내고, 용액을 가열 농축하여 만든다.

$Na_2CO_3 + Ca(OH)_2 \rightarrow CaCO_3\downarrow + 2NaOH$

㉯ 소금물의 전기분해법 : 소금물을 전기분해하면 (+)극에서는 Cl_2, (-)극에서는 H_2와 NaOH가 생성된다.

$2NaCl + 2H_2O \rightarrow \underbrace{2NaOH + H_2\uparrow}_{(-)극} + \underbrace{Cl_2\uparrow}_{(+)극}$

이때, (+)극에서 발생한 Cl_2(염소)와 (-)극에서 생성된 NaOH가 반응하여서 NaCl과 차아염소산나트륨(NaClO)을 만든다.

$2NaOH + Cl_2 \rightarrow NaClO + NaCl + H_2O$

이런 반응을 막기 위하여 격막법과 수은법이 있다.

㉰ 격막법 : 탄소를 (+)극, 철(Fe)을 (-)극으로 하여서 두 극 사이에 격막으로 석면을 사용하여 두 극이 생성물이 혼합되는 것을 막는다.

㉱ 수은법 : 탄소를 (+)극, 수은(Hg)을 (-)극으로 하여서 소금물을 전기분해하면 Na^+이 방전하여 Na로 되고, 이 Na이 수은 속에 녹아서 아밀감[Na(Hg)]을 만든다. 이 아밀감을 별실에 보내 물과 반응시키면 NaOH을 만든다.

$Na^+ + e + Hg \rightarrow Na(Hg)$

$2Na(Hg) + 2H_2O \rightarrow 2NaOH + H_2 + 2Hg$

㈏ 성질

㉮ 조해성의 백색 반투명 고체로 용융점은 318℃이다.

㉯ 물에 녹아 수용액은 강알칼리성이다.

㉰ 공기 중의 CO_2를 흡수하여 흰가루의 탄산나트륨(Na_2CO_3)이 된다.

㈐ 용도 : 비누 제조, 펄프, 인견 화학약품의 제조 원료에 사용된다.

③ 탄산나트륨(Na_2CO_3)

㈎ 제조법

㉮ 암모니아 소다법 : 식염과 석회석으로 만드는 방법이다.

$2NaCl + CaCO_3 \rightarrow Na_2CO_3 + CaCl_2$

(나) 성질

㉮ 무수탄산나트륨은 백색 분말로서 녹는점이 840℃이다.

㉯ 물에 잘 녹으며, 수용액은 알칼리성을 나타낸다.

㉰ 강산과 반응시키면 CO_2가 발생한다.

(7) 알칼리 토금속과 그 화합물

주기율표 2족 원소로 베릴륨(Be), 마그네슘(Mg), 칼슘(Ca), 스트론튬(Sr), 바륨(Ba), 라듐(Ra) 등으로 가전자가 2개로서 +2가의 양이온이 된다.

- 알칼리 금속의 원소와 비슷한 성질을 갖는 회백색의 연한 금속이다.
- 반응성이 강하며, +2가의 양이온이 된다.
- 녹는점은 알칼리 금속보다 높다.
- 금속염은 무색이고 염화물, 질산염은 물에 잘 녹는다.
- Be, Mg 이외의 산화물, 수산화물은 물에 잘 녹으며 원자 번호가 클수록 용해도는 커진다.
- 탄산염과 Be, Mg 이외의 황산염은 물에 녹지 않는다.

① 마그네슘(Mg)

(가) 성질

㉮ 은백색의 가벼운 금속으로 공기 중에서 산화되어 피막을 형성한다.

㉯ 공기 중에서 가열하면 밝은 불꽃을 내며 연소해서 산화마그네슘(MgO)이 된다.

㉰ 온수와 반응하면 물에 녹지 않는 수산화마그네슘[$Mg(OH)_2$]과 수소(H_2)가 발생한다.

$$Mg + 2H_2O \rightarrow Mg(OH)_2 + H_2 \uparrow$$

(나) 용도 : 사진 촬영, 합금 등에 사용

② 염화마그네슘($MgCl_2 \cdot 6H_2O$)

(가) 성질

㉮ 바닷물에서 소금을 얻을 때 불순물로 포함되어 있는 것으로 간수라 한다.

㉯ 조해성이 있는 결정으로 쓴맛이 있다.

㉰ 가열하면 분해되어 산화마그네슘을 만들어 조해성이 없어진다.

$$MgCl_2 \cdot 6H_2O \rightarrow MgO + 2HCl + 5H_2O$$

2 비금속 원소와 그 화합물

(1) 비활성 기체

① 종류 : 주기율표 0족의 헬륨(He), 네온(Ne), 아르곤(Ar), 크립톤(Kr), 크세논(Xe), 라돈(Rn)으로 공기 중에 존재한다.

② 성질

㈎ 무색, 무취의 기체로 단원자 분자이다.

㈏ 융점, 비등점이 낮아서 액화가 어렵다.

㈐ 낮은 압력에서 방전시키면 특수한 빛을 나타낸다.

㈑ 원자가 전자가 8개(He만 2개)이므로 화학 결합이 어렵다.

(2) 활로겐 원소와 그 화합물

① 할로겐족 : 주기율표 17족에 속하는 플루오르(F), 염소(Cl), 브롬(Br), 요오드(I), 아스타틴(At) 등이다.

㈎ 원자가 전자 7개로 한 개의 전자를 얻어 안정한 전자 배열을 이루어 −1가 이온이 되기 쉽다.

㈏ 원자가 서로 결합하여 안정한 2원자 분자로 존재한다.

㈐ 원자 번호가 커질수록 비등점, 융점이 높아지고, 색깔도 진해진다.

㈑ 수소 화합물은 무색의 발연성 기체로 강한 산성을 나타낸다.

㈒ 수소 금속에 비하여 산화력이 매우 강하다.

② 할로겐 원소의 반응성 : 할로겐 원소는 원자 번호가 작은 원소일수록 수소와의 화합력이 강하며, 수소 화합물은 안정적이다.

참고 할로겐족 분자의 반응성

$$F_2 > Cl_2 > Br_2 > I_2$$

③ 할로겐화수소(HX)

㈎ 결합력 : HF(불화수소) > HCl(염화수소) > HBr(브롬화수소) > HI(요오드화수소)

㈏ 이온성 : HF > HCl > HBr > HI

㈐ 산성의 세기 : HI > HBr > HCl > HF

㈑ 끓는점 : HF > HI > HBr > HCl

④ 할로겐 이온의 검출

㈎ $F^- + Ag^+ \rightarrow AgF$ (조해성)

㈏ $Cl^- + Ag^+ \rightarrow AgCl \downarrow$ (백색 침전)

㈐ $Br^- + Ag^+ \rightarrow AgBr\downarrow$ (담황색 침전)

㈑ $I^- + Ag^+ \rightarrow AgI\downarrow$ (황색 침전)

(3) 수소(H_2)

① 제조법

㈎ 금속의 이온화 경향과 수소 제조법

K > Ca > Na > Mg > Al* > Zn* > Fe > Ni > Sn* > Pb > (H) > Cu > Hg > Ag > Pt > Au

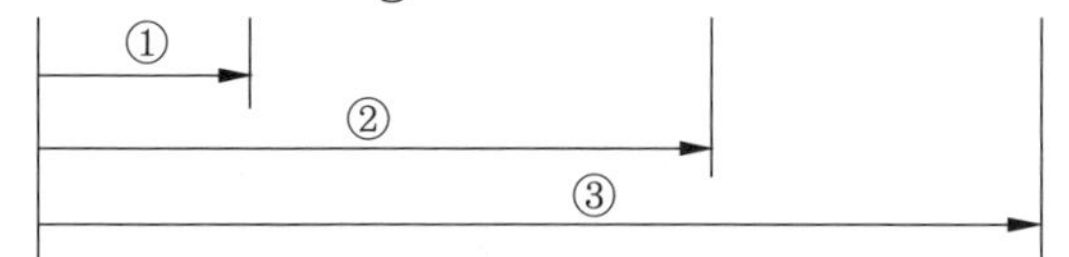

① 찬물과 반응함 ② 끓는 물과 반응함 ③ 묽은 산과 반응함

④ *는 양쪽성 원소로 강알칼리와도 반응함

㈏ 이온화 경향이 큰 금속(K, Ca, Na)은 물과 반응하여 수소를 발생한다.

$2Na + 2H_2O \rightarrow 2NaOH + H_2\uparrow$

㈐ Mg, Al, Zn, Fe 같은 금속은 끓는 물(뜨거운 물)과 반응하여 수소를 발생한다.

$3Fe + 4H_2O \rightarrow Fe_3O_4 + 4H_2\uparrow$

㈑ 수소보다 이온화 경향이 큰 금속에 산(HNO는 제외)을 가하면 수소가 발생한다.

$Zn + 2HCl \rightarrow ZnCl_2 + H_2\uparrow$

㈒ 양쪽성 원소(Zn, Al 등)에 강알칼리를 가하면 수소가 발생한다.

$Zn + 2NaOH \rightarrow Na_2ZnO_2 + H_2\uparrow$

㈓ 공업적 제조법으로는 적열된 코크스(1000℃ 정도로 가열된 코크스)에 수증기를 가하면 수소가 발생되며, 이때 얻어진 CO와 H_2의 혼합 가스를 수성 가스(water gas)라 한다.

$C + H_2O \rightarrow CO + H_2\uparrow$

㈔ 소금물의 전기분해하면 (-)극에서 수소가 발생한다.

② 성질

㈎ 무색, 무취, 무미의 가장 가벼운 기체이다.

㈏ 공기 중에서 산소와 반응하여 물을 생성하며, 530℃ 이상에서는 폭발적으로 반응하므로 이를 수소 폭명기(爆鳴氣)라 한다.

$2H_2 + O_2 \rightarrow 2H_2O + 136.6kcal$

㈐ 알칼리 금속, 알칼리 토금속과 반응하여 이온성 결정을 만든다.

㈑ 수소는 금속 산화물과 고온에서 반응하여 환원제로 사용한다.

③ 용도

㈎ 산소+수소 불꽃은 금속의 절단, 용접, 백금 세공 등에 사용한다.

㈏ 불포화 기름을 포화 기름으로 만든다(경화유 제조).

㈐ 금속의 야금에 사용한다.

(4) 산소족 원소와 그 화합물

주기율표 16족에 속하는 산소(O), 황(S), 셀레늄(Se) 텔루륨(Te) 등이다.

① 산소(O_2)

㈎ 제조법

㉮ 염소산칼륨($KClO_3$)에 이산화망간(MnO_2)을 촉매로 하여 가열하면 산소가 발생한다.

$$KClO_3 \xrightarrow{MnO_2} 2KCl + 3O_2$$

㉯ 과산화수소(H_2O_2)에 이산화망간을 촉매로 가하면 산소가 발생한다.

$$2H_2O_2 \xrightarrow{MnO_2} 2H_2O + O_2$$

㉰ 공업적 제조법으로 액체 공기를 분별 증류하여 얻는다.

㈏ 성질

㉮ 무색, 무취, 무미의 기체이고, 공기 중에 21vol% 포함되어 있다.

㉯ 많은 물질과 직접 반응하여 산화물을 만든다.

② 오존(O_3)

㈎ 건조한 산소 속에서 무성 방전시키면 산소의 일부는 오존으로 변한다.

㈏ 특이한 냄새를 가진 연한 푸른색의 기체이며, 산소와 동소체이다.

㈐ 상온에서 강한 산화 작용을 한다.

㈑ 요오드화칼륨 녹말 종이를 청남색으로 변화시킨다.

㈒ 물, 공기의 살균, 소독, 표백에 사용된다.

③ 과산화수소(H_2O_2)

㈎ 과산화나트륨, 과산화바륨 등에 묽은 황산을 가하여 얻는다.

$$Na_2O_2 + H_2SO_4 \rightarrow Na_2SO_4 + H_2O_2$$

㈏ 점성이 있는 무색의 액체로 비중이 1.5로 물보다 무겁다.

㈐ 무색의 요오드화칼륨 녹말 종이를 푸른 보라색으로 변화시킨다.

㈑ 산화성 표백제, 소독제 등으로 사용한다.

④ 황(S)

㈎ 황의 동소체에는 결정형의 사방황과 단사황, 무정형의 고무상황이 있다.

㈏ 노란색 고체로 열과 전기의 절연성이 크다.

㈐ 물에는 녹지 않으나, 이황화탄소(CS_2), 알코올에는 잘 녹는다.

㈑ 고온에서 많은 비금속, 금속 단체와 화합물을 만든다.

(5) 질소족 원소와 그 화합물

주기율표 15족에 속하는 질소(N), 인(P) 등이다.

① 암모니아(NH_3)

㈎ 무색의 자극성 기체로 압력을 가하면 쉽게 액화된다.

㈏ 상온에서 물에 800배 정도로 잘 녹아 암모니아수가 되며, 약 알칼리성이다.

㈐ 염산(HCl)과 접촉하면 반응하여 흰연기가 발생한다.

㈑ NH_4^+ 이온은 네슬러 시약에 의하여 황갈색의 침전으로 검출한다.

② 질산(HNO_3)

㈎ 휘발성 액체로 직사광선, 열에 의해 분해되기 쉽다.

㈏ 산화제이며, 강산에 해당된다.

㈐ 진한 질산은 Al, Fe, Ni과 반응하여 부동태를 형성한다.

(6) 탄소족 원소와 그 화합물

주기율표 4B에 속하는 탄소(C), 규소(Si), 게르마늄(Ge) 등이다.

예상 문제

1. 금속의 특징에 대한 설명 중 틀린 것은?

① 고체 금속은 연성과 전성이 있다.
② 고체 상태에서 결정 구조를 형성한다.
③ 반도체, 절연체에 비하여 전기 전도도가 크다.
④ 상온에서 모두 고체이다.

해설 상온에서 수은(Hg)을 제외하고 모두 고체이다(수은은 금속 원소 중에 유일하게 액체 상태로 존재한다).

2. 금속은 열, 전기를 잘 전도한다. 이와 같은 물리적 특성을 갖는 가장 큰 이유는?

① 금속의 원자 반지름이 크다.
② 자유전자를 가지고 있다.
③ 비중이 대단히 크다.
④ 이온화 에너지가 매우 크다.

해설 ㉮ 금속이 전기 전도성, 열 전도성이 좋은 이유는 금속에 포함된 자유전자 때문이다.
㉯ 자유전자 : 금속 원자의 가장 바깥껍질의 전자로서 상온에서 자유롭게 움직인다.

3. 자철광 제조법으로 빨갛게 달군 철에 수증기를 통할 때의 반응식으로 옳은 것은?

① $3Fe+4H_2O \rightarrow Fe_3O_4+4H_2$
② $2Fe+3H_2O \rightarrow Fe_2O_3+3H_2$
③ $Fe+H_2O \rightarrow FeO+H_2$
④ $Fe+2H_2O \rightarrow FeO_2+2H_2$

해설 ㉮ 철광석의 종류 : 자철광(Fe_3O_4), 적철광(Fe_2O_3), 갈철광(Fe_2O_3, $2H_2O$), 능철광(Fe_2CO_3) 등
㉯ 자철광 제조법 : 빨갛게 달군 철에 수증기(H_2O)를 통할 때의 반응식
$3Fe+4H_2O \rightarrow Fe_3O_4+4H_2$

4. 다음 중 빨갛게 달군 철에 수증기를 접촉시켜 자철광의 주성분이 생성되는 반응식으로 옳은 것은?

① $3Fe+4H_2O \rightarrow Fe_3O_4+4H_2$
② $2Fe+3H_2O \rightarrow Fe_2O_3+3H_2$
③ $Fe+H_2O \rightarrow FeO+H_2$
④ $Fe+2H_2O \rightarrow FeO_2+2H_2$

5. 테르밋(thermit)의 주성분은 무엇인가?

① Mg와 Al_2O_3 ② Al과 Fe_2O_3
③ Zn과 Fe_2O_3 ④ Cr와 Fe_2O_3

해설 테르밋(thermit) : 주성분이 알루미늄(Al)과 금속의 산화물(Fe_2O_3)로, 점화하거나 가열하면 알루미늄과 산화물의 산소가 화학 결합을 하여 많은 양의 열을 방출한다. 분말 형태로 철의 용접과 주물 작업에서 열원으로 사용된다.

6. 다음 합금 중 주요 성분으로 구리가 포함되지 않은 것은?

① 두랄루민 ② 문쯔메탈
③ 톰백 ④ 고속도강

해설 각 합금의 주요성분
① 두랄루민 : 알루미늄(Al)에 구리(Cu), 마그네슘(Mg), 망간(Mn)을 첨가한 합금으로, 가볍고 기계적 성질이 우수하다.
② 문쯔메탈(muntz metal) : 구리와 아연의 비율이 6 : 4인 합금이다.
③ 톰백(tombac) : 구리(80~90%), 아연(8~20%), 주석(0~1%)를 함유한 합금으로, 황금색을 띠고 있어 모조금으로 장식용 주물에 사용한다.
④ 고속도강(high speed steel) : 탄소강에 텅스텐(W), 크롬(Cr), 바나듐(V) 등을 함유한 특수강으로 절삭 공구강의 대표적인 강으로 하이스(HSS)라 한다.

정답 1. ④ 2. ② 3. ① 4. ① 5. ② 6. ④

7. 불꽃 반응 시 보라색을 나타내는 금속은?

① Li ② K
③ Na ④ Ba

해설 불꽃 반응 색

명칭	불꽃색
나트륨(Na)	노란색
칼륨(K)	보라색
리튬(Li)	적색
구리(Cu)	청록색
바륨(Ba)	황록색

8. 불꽃 반응 결과 노란색을 나타내는 미지의 시료를 녹인 용액에 $AgNO_3$ 용액을 넣으니 백색침전이 생겼다. 이 시료의 성분은?

① Na_2SO_4 ② $CaCl_2$
③ NaCl ④ KCl

해설 ㉮ 불꽃 반응 결과 노란색을 나타내는 미지의 시료는 나트륨(Na)이고, 시료를 녹인 수용액은 염화나트륨(NaCl)이다.
㉯ 염화나트륨(NaCl)과 질산은($AgNO_3$) 수용액을 반응시키면 염화은(AgCl)이라는 백색 침전이 생성된다.

$$NaCl + AgNO_3 \rightarrow \underset{\text{백색침전}}{\underline{AgCl\downarrow}} + NaNO_3$$

9. 알칼리 금속에 대한 설명 중 틀린 것은?

① 칼륨은 물보다 가볍다.
② 나트륨의 원자 번호는 11이다.
③ 나트륨은 칼로 자를 수 있다.
④ 칼륨은 칼슘보다 이온화 에너지가 크다.

해설 알칼리 금속 : 주기율표 1A족 원소로 리튬(Li), 나트륨(Na), 칼륨(K), 루비듐(Rb), 세슘(Cs), 프랑슘(Fr) 등으로 가전자가 모두 1개 있으므로 전자 1개를 잃어 안정한 +1가의 이온이 되기 쉽다.

참고 칼륨(K)은 칼슘(Ca)보다 이온화 에너지가 크다.

10. 알칼리 금속이 다른 금속 원소에 비해 반응성이 큰 이유와 밀접한 관련이 있는 것은?

① 밀도가 작기 때문이다.
② 물에 잘 녹기 때문이다.
③ 이온화 에너지가 작기 때문이다.
④ 녹는점과 끓는점이 비교적 낮기 때문이다.

해설 알칼리 금속의 특징
㉮ 주기율표 1족 원소 중 수소(H)를 제외한 리튬(Li), 나트륨(Na), 칼륨(K), 루비듐(Rb), 세슘(Cs), 프랑슘(Fr)이 해당된다.
㉯ 원자가 전자수가 1이다.
㉰ 물과 반응하여 수소 기체가 발생한다.
㉱ 양이온이 되면 +1의 전하를 띤다.
㉲ 원자 번호가 증가할수록 반응하는 정도는 커진다.

참고 알칼리 금속이 다른 금속 원소에 비해 반응성이 큰 이유는 이온화 에너지가 작기 때문이다.

11. 산소와 화합하지 않는 원소는?

① 황 ② 질소
③ 인 ④ 헬륨

해설 비활성 기체
㉮ 주기율표 0족 원소는 다른 원소와 화합하지 않는 비활성 기체이다.
㉯ 종류 : 헬륨(He), 네온(Ne), 아르곤(Ar), 크립톤(Kr), 크세논(Xe), 라돈(Rn)

12. 다음 중 할로겐 원소에 대한 설명 중 옳지 않은 것은?

① 요오드의 최외각 전자는 7개이다.
② 할로겐 원소 중 원자 반지름이 가장 작은 원소는 F이다.
③ 염화 이온은 염화은의 흰색 침전 생성에 관여한다.
④ 브롬은 상온에서 적갈색 기체로 존재한다.

해설 브롬(Br)은 원자 번호 35인 17족 4주기 할로겐 원소로 진홍색의 발연(發煙) 액체이다.

정답 7. ② 8. ③ 9. ④ 10. ③ 11. ④ 12. ④

13. 다음과 같은 순서로 커지는 성질이 아닌 것은?

$F_2 < Cl_2 < Br_2 < I_2$

① 구성 원자의 전기 음성도
② 녹는점
③ 끓는점
④ 구성 원자의 반지름

해설 할로겐족에서 원자 번호가 증가할 때 나타나는 성질
㉮ 전기 음성도 : 원자 번호가 커질수록 전기 음성도는 작아진다. → 전자껍질수가 증가하여 원자핵과 전자 사이의 인력이 감소하기 때문이다.
㉯ 녹는점, 끓는점 : 원자 번호가 커질수록 녹는점, 끓는점은 높아진다.
㉰ 원자의 반지름 : 원자 번호가 커질수록 원자의 반지름은 커진다.

14. 다음 할로겐족 분자 중 수소와의 반응성이 가장 높은 것은?

① Br_2 ② F_2
③ Cl_2 ④ I_2

해설 할로겐족 화합물의 성질
㉮ 할로겐족 분자의 반응성 : $F_2 > Cl_2 > Br_2 > I_2$
㉯ 할로겐화수소 수용액의 산성의 세기 : HI > HBr > HCl > HF

15. 다음 화학반응식 중 실제로 반응이 오른쪽으로 진행되는 것은?

① $2KI + F_2 \rightarrow 2KF + I_2$
② $2KBr + I_2 \rightarrow 2KI + Br_2$
③ $2KF + Br_2 \rightarrow 2KBr + F_2$
④ $2KCl + Br_2 \rightarrow 2KBr + Cl_2$

해설 할로겐족 원소의 반응성은 F > Cl > Br > I 순서이기 때문에 플루오르(불소 : F)와 반응하는 것이 오른쪽으로 진행한다.

★★★
16. 할로겐화수소의 결합 에너지 크기를 비교하였을 때 옳게 표시된 것은?

① HI > HBr > HCl > HF
② HBr > HI > HF > HCl
③ HF > HCl > HBr > HI
④ HCl > HBr > HF > HI

해설 할로겐화수소(HX) 성질
㉮ 결합력 : HF(불화수소) > HCl(염화수소) > HBr(브롬화수소) > HI(요오드화수소)
㉯ 이온성 : HF > HCl > HBr > HI
㉰ 산성의 세기 : HI > HBr > HCl > HF
㉱ 끓는점 : HF > HI > HBr > HCl

17. 다음 중 수용액에서 산성의 세기가 가장 큰 것은?

① HF ② HCl ③ HBr ④ HI

해설 할로겐화수소(HX)의 산성의 세기 : HI > HBr > HCl > HF

18. 다음 중 끓는점이 가장 높은 물질은?

① HF ② HCl ③ HBr ④ HI

해설 할로겐화수소(HX)의 끓는점(비등점)

명칭	끓는점
HF(불화수소)	19.5℃
HCl(염화수소)	-84℃
HBr(브롬화수소)	-66.7℃
HI(요오드화수소)	-35.4℃

정답 13. ① 14. ② 15. ① 16. ③ 17. ④ 18. ①

2-2 | 유기 화합물

1 유기 화합물의 특성

(1) 탄소 화합물

① 성질

㈎ 구성 원소 : 탄소(C), 수소(H), 산소(O), 질소(N), 황(S), 인(P), 할로겐 원소 등의 원소로 되어 있다.

㈏ 종류 : 이성질체가 많기 때문에 화합물의 수는 200만 이상에 해당된다.

㈐ 화학 결합 : 원자 간의 결합은 강한 공유 결합으로 되어 있어 반응이 어렵고 반응 속도도 매우 느리다.

㈑ 융점 및 비등점이 낮다(일반적으로 융점은 300℃ 이하이다).

㈒ 용매 : 알코올, 벤젠, 에테르 등 무극성 용매에는 잘 녹으나, 극성 용매인 물에는 잘 녹지 않는다.

㈓ 전리 반응 : 전기 전도성이 없다.

㈔ 연소 : 공기 중에서 연소하면 CO_2와 H_2O로 된다.

② 분류

㈎ 탄소 원자의 결합 모양에 의한 분류

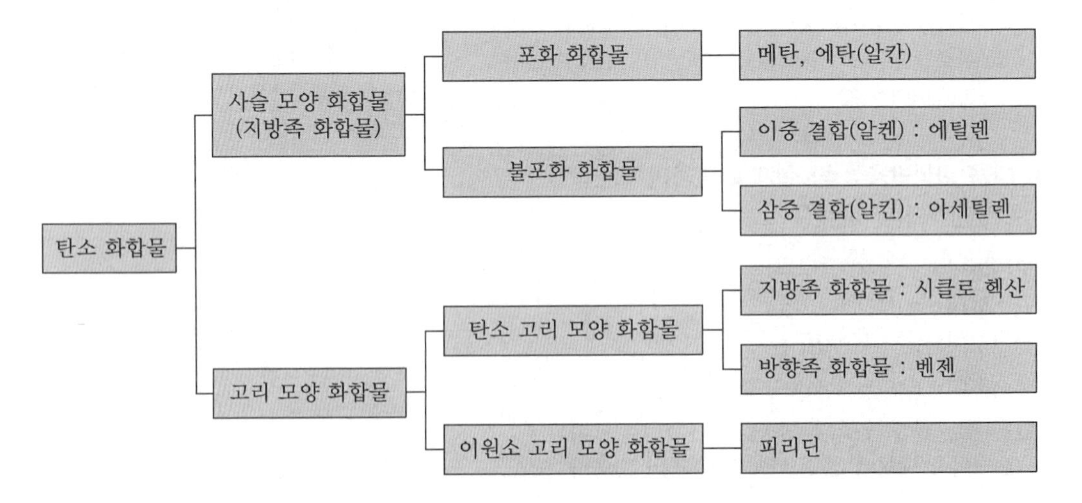

(나) 원자단에 의한 분류

원자단	구조식	일반명	일반식	보기
수산기(–OH) [히드록시기]	–O–H	알코올, 페놀	R·OH	메틸알코올 CH_3OH 페놀(석탄산) C_6H_5OH
알데히드기(–CHO)	$-C(=O)-H$	알데히드	R·CHO	포름알데히드 HCHO
카르보닐기(>CO) [케톤기]	>C=O	케톤	R·CO·R	아세톤 CH_3COCH_3
카르복실기 (–COOH)	$-C(=O)-OH$	카르본산	R·COOH	포름산 HCOOH
니트로기(–NO_2)	$-N(=O)=O$	니트로화합물	R·NO_2	니트로벤젠 $C_6H_5NO_2$
아미노기(–NH_2)	$-N(-H)-H$	아민	R·NH_2	아닐린 $C_6H_5NH_2$
슬폰산기(–SO_3H)	$-S(=O)_2-O-H$	슬폰산	R·SO_3H	벤젠슬폰산 $C_6H_5SO_3H$
아세틸기(–$COCH_3$)	$-C(=O)-CH_2-H$	아세틸화합물	R·$COCH_3$	아세트아닐리드 $C_6H_5NHCOCH_3$

(2) 탄소 화합물의 구조

① 화학식의 결정

(가) 실험식의 결정 : 원소 분석 결과 얻어진 성분 원소의 함량을 각 원자의 원자량으로 나눠서 성분 원소의 원자수의 비를 정수비로 나타낸다.

예 탄소 화합물의 원소 분석 결과 C 39.91%, H 6.7%, O 53.39%로 분석되었을 때, 실험식은 어떻게 되는가?

$$\rightarrow \mathrm{C : H : O} = \frac{39.91}{12} : \frac{6.7}{1} : \frac{53.39}{16} = 3.33 : 6.7 : 3.33 = 1 : 2 : 1 \rightarrow CH_2O$$

(나) 분자식의 결정 : 분자량을 구하여 분자량이 실험식량의 몇 배(n배)인가를 구하는 식을 이용하여 실험식에 n배하면 분자식이 된다.

실험식량$\times n$ = 분자량

예 CH_2O의 실험식을 가진 물질의 분자량이 60이었다면 분자량이 실험식량(30)의 2배가 되므로 분자식은 $C_2H_4O_2$가 된다.

(다) 시성식의 결정 : 화학적 성질을 조사하여 작용기를 결정한 후 시성식을 알아낸다.

예 $C_2H_4O_2$라는 분자식을 가진 물질이 산성이었다면, 산성을 나타내는 작용기는 '–COOH'이므로 시성식은 CH_3COOH가 된다.

㈑ 구조식의 결정 : 분자 속의 각 원자의 결합 모양을 원자가와 같은 수의 결합수로 연결한 식을 구조식이라 하며, 구조식을 결정할 때는 X선, 자외선, 적외선 등을 사용한 화학적 성질을 조사하여 분자의 구조를 결정한다.

② 이성질체 : 분자식은 같지만 원자의 결합 상태가 달라 성질이 서로 다른 화합물을 말한다.

㈎ 구조 이성질체 : 구성 원소의 배열 구조가 다른 이성질체이다.

㉮ 사슬 이성질체 : 탄소 골격이 다르므로 생기는 이성질체로 알칸계 탄화수소는 탄소수가 4 이상부터 이성질체가 존재한다.

분자식	C_4H_{10}	C_5H_{12}	C_6H_{14}	C_7H_{16}	C_8H_{18}	C_9H_{20}	$C_{10}H_{22}$
이성질체	2	3	5	9	18	36	75

예 n-부탄(C_4H_{10})과 iso-부탄(C_4H_{10})

```
                        |   |   |
                      - C - C - C -
  |   |   |   |         |   |   |
- C - C - C - C -         - C -
  |   |   |   |             |
```

n-부탄　　　　iso-부탄

㉯ 위치 이성질체 : 치환체나 이중결합의 위치에 따라 생기는 이성질체이다.

㈏ 입체 이성질체

㉮ 기하 이성질체 : 두 탄소 원자가 이중결합으로 연결될 때 탄소에 결합된 원자나 원자단의 위치가 다름으로 인하여 생기는 이성질체로서 cis형과 trans형이 있다.

예 2-부텐($CH_3-CH=CH-CH_3$)

```
  H         H           H         CH3
   \       /             \       /
    C = C                 C = C
   /       \             /       \
H3C         CH3       H3C         H
```

cis 2-부텐　　　　trans 2-부텐

㉯ 광학 이성질체 : 탄소 원자의 4개 꼭지점에 각각 다른 원자나 원자단이 결합되어 있는 탄소를 비대칭 탄소 또는 부제탄소라 하며, 이런 탄소 원자가 존재하는 화합물에서 편광에 대한 다른 성질을 가지는 이성질체를 말한다.

예 젖산(락트산)의 구조식

```
        H
        |
CH3 - C* - COOH    ( * : 부제탄소)
        |
        OH
```

2 지방족 탄화수소

(1) 알칸족 탄화수소(메탄계 탄화수소, 파라핀계 탄화수소)

① 성질

(가) 일반식은 C_nH_{2n+2}로 표시한다.

(나) 이름 끝에 '-ane'을 붙인다.

(다) 직사광선에 의해 할로겐과 치환 반응을 한다.

(라) 탄소수가 많아짐에 따라 반데르발스 힘이 커지므로 융점, 비등점이 높아진다.

(마) 탄소수가 3인 프로판까지는 이성질체가 없으나 탄소수가 4개인 부탄부터는 이성질체가 급증한다.

② 메탄

(가) 구조 : 정사면체 구조, sp^3 결합

(나) 성질

㉮ 무색, 무취, 무미의 가연성 기체로 천연가스(NG)의 주성분이다.

㉯ 공기 중에서 연소할 때 파란색의 불꽃(청염[青炎])이 나타난다.

㉰ 메탄에 염소(Cl_2)를 혼합하여 햇빛이 있는 장소에 두면 치환반응을 한다.

$$\underset{\text{(메탄)}}{CH_4} \xrightarrow{\text{햇빛, 염소}(Cl_2)} \underset{\text{(염화메틸)}}{CH_3Cl} \xrightarrow{\text{햇빛, 염소}(Cl_2)} \underset{\text{(염화메틸렌)}}{CH_2Cl_2} \xrightarrow{\text{햇빛, 염소}(Cl_2)} \underset{\text{(클로로포름)}}{CHCl_3} \xrightarrow{\text{햇빛, 염소}(Cl_2)} \underset{\text{(사염화탄소)}}{CCl_4}$$

(다) 용도 : 연료, 카본블랙 제조에 사용된다.

③ 메탄의 할로겐 화합물

(가) 염화메틸(CH_3Cl) : 무색의 기체로 액화가 쉬워 냉동기 냉매로 사용된다.

(나) 클로로포름($CHCl_3$) : 상온에서 액체로 마취제로 사용된다.

(다) 요오드포름(CHI_3) : 특이한 냄새를 가진 노랑색 결정으로, 에틸알코올의 검출에 이용한다.

(라) 사염화탄소(CCl_4) : 특이한 냄새를 가진 액체로 소화기 소화약제로 사용된다.

(2) 알켄족 탄화수소(에틸렌계 탄화수소, 올레핀계 탄화수소)

① 성질

(가) 일반식은 C_nH_{2n}로 표시한다.

(나) 이중결합을 가지므로 반응성이 커서 부가 및 중합 반응이 쉽게 일어나지만, 치환 반응은 일어나기 어렵다.

(다) 산화되기 쉽고 산화되면 이중결합이 단중결합으로 되고, 더욱 산화하면 결합이 끊

어지게 된다.

② 에틸렌(C_2H_4)

㈎ 구조 : 평면구조, sp^2 결합

㈏ 성질

㉮ 달콤한 냄새가 나는 무색의 기체로 마취성이 있고, 물에 녹지 않는다.

㉯ 공기 중에서 밝은 빛을 내며 연소한다.

㉰ H_2, HCl, H_2O 등이 부가되면 에탄, 염화에틸, 에탄올 등으로 부가 반응을 한다.

㉱ 에틸렌 기체에 특수한 촉매를 사용하여 1000~2000기압을 가하면, 부가 중합하여 폴리에틸렌이 된다.

참고 중합 반응

분자량이 적은 분자 몇 개가 결합하여 큰 분자인 구분자 화합물을 만드는 반응을 중합이라고 한다. 부가 반응에 의하여 중합되는 반응을 부가 중합 또는 첨가 중합이라 한다.

(3) 알킨족 탄화수소(아세틸렌계 탄화수소)

① 성질

㈎ 일반식은 C_nH_{2n-2}로 표시한다.

㈏ 반응성이 크며 부가 반응, 중합 반응이 쉽게 일어난다.

㈐ 산화하기 쉽고, 삼중결합을 한 탄소에 결합된 수소 원자는 금속으로 치환되어 아세틸드(아세틸라이드)를 생성한다.

② 아세틸렌(C_2H_2)

㈎ 구조 : 선형 구조, sp 결합

㈏ 성질

㉮ 무색, 무취, 무미의 가연성 기체이나 불순물인 황화수소(H_2S), 인화수소(PH_3), 암모니아(NH_3) 때문에 악취가 있다.

㉯ 물에 녹기 어렵지만 아세톤에는 잘 녹는다.

㉰ 공기 중에서 연소가 잘 되며, 연소열이 높아 가스용접 등에 이용된다.

㉱ 부가 반응, 중합 반응을 일으킨다.

(4) 지방족 탄화수소 유도체

① 알코올($C_nH_{2n+1}OH$, ROH) : 탄화수소의 수소 원자 일부가 수산기(−OH)로 바뀐 것이다.

㈎ 알코올의 분류

㉮ 분자 속에 포함된 수산기(-OH)의 수에 의하여 분류한다.

명칭	분자 속의 OH수	일반식	보기
1가 알코올	1개	$C_nH_{2n+1}OH$	에틸알코올 C_2H_5OH
2가 알코올	2개	$C_nH_{2n}(OH)_2$	에틸렌 글리콜 $C_2H_4(OH)_2$
3가 알코올	3개	$C_nH_{2n-1}(OH)_3$	글리세린 $C_3H_5(OH)_3$

㉯ 수산기(-OH)가 연결된 탄소 원자에 직접 연결된 알킬기($-CH_3$)의 수에 따라 분류한다.

㉠ 1차 알코올 : 탄소 원자에 알킬기($-CH_3$)가 1개 존재

▸ 에틸알코올(C_2H_5OH)

```
    H   H
    |   |
H - C - C - OH
    |   |
    H   H
```

㉡ 2차 알코올 : 탄소 원자에 알킬기($-CH_3$)가 2개 존재

▸ 이소(iso)-프로필알코올[$(CH_3)_2CHOH$]

```
    H   H   H
    |   |   |
H - C - C - C - H
    |   |   |
    H   OH  H
```

㉢ 3차 알코올 : 탄소 원자에 알킬기($-CH_3$) 3개 존재

▸ 트리메틸카비놀[$(CH_3)_3COH$]

```
        OH
        |
H3C --- C --- CH3
        |
        CH3
```

(나) 알코올의 일반성

㉮ 저급인 것은 무색의 액체, 고급인 것은 양초 모양의 고체이다.

㉯ 저급인 것과 3가 알코올은 물에 잘 녹으며, 고급인 것은 물에 잘 녹지 않는다.

㉰ 알코올은 모두 중성이다.

② 메틸알코올(CH_3OH)

(가) 무색, 투명한 액체로 물에 잘 섞이며 독성이 있다.

(나) 점화하면 연한 불꽃을 내며 연소한다.

(다) 산화하면 포름알데히드를 거쳐 포름산으로 된다.

③ 에틸알코올(C_2H_5OH)

(가) 무색, 방향성의 액체로 물과 섞인다.

(나) 점화하면 엷은 푸른 불꽃을 내면서 연소한다.

㈐ 산화시키면 아세트알데히드(CH_3CHO)를 거쳐 아세트산(CH_3COOH)이 된다.

㈑ 요오드포름 반응 : 요오드(I_2)와 수산화칼륨(KOH) 수용액을 작용시키면 황색의 요오드포름의 앙금이 생성되며, 이 반응을 이용하여 에틸알코올의 검출에 이용하고 있다.

$$\text{에탄올}(C_2H_5OH) \xrightarrow{I_2 + KOH} \text{요오드포름}(CHI_3)$$

3 방향족 화합물

(1) 벤젠과 그 유도체

① 벤젠(C_6H_6)

㈎ 분자 모형

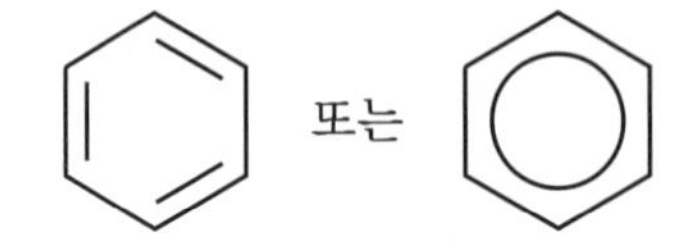

㈏ 성질

㉮ 공명 혼성 구조로 방향족 화합물 중 가장 안정한 형태의 분자 구조를 갖는다.

㉯ 무색 휘발성 액체로 독특한 냄새를 가졌으며, 불을 붙이면 그을음이 많은 불꽃을 내며 탄다.

㉰ 물에 녹지 않고 여러 가지 유기용매에 사용된다.

㈐ 치환반응 : 불포화 결합이 있으나 안정하여 첨가 반응보다는 치환 반응이 잘 일어난다.

㉮ 할로겐화(halogenation) : Fe 촉매하에 염소와 반응한다.

$$C_6H_6 + Cl_2 \xrightarrow{Fe} \underset{(\text{클로로벤젠})}{C_6H_5Cl} + HCl$$

㉯ 니트로화(nitration) : 진한 황산(H_2SO_4)의 존재하에 진한 질산을 작용시킨다.

$$C_6H_6 + HNO_3 \xrightarrow{\text{진한 황산}} \underset{(\text{니트로벤젠})}{C_6H_5NO_2} + H_2O$$

㉰ 술폰화(sulfonation) : 발연황산과 반응한다.

$$C_6H_6 + H_2SO_4 \xrightarrow{\text{가열}} \underset{(\text{벤젠술폰산})}{C_6H_5SO_3H} + H_2O$$

㉣ 프리델 크래프츠(Friedel-Crafts) 반응 : 프랑스의 프리델(Friedel)과 미국의 크래프츠(Crafts)가 벤젠에 무수염화알루미늄($AlCl_3$)을 촉매로 하여 할로겐화 알킬을 작용시켜서 각각 알킬화 또는 아실화를 행하는 반응으로 유기 합성 공업에 응용된다.

㈃ 첨가 반응 : 특수한 촉매를 사용하여 반응시키면 첨가 반응도 일어난다.

㉮ 수소 첨가 : 벤젠(C_6H_6)을 약 300℃, 높은 압력에서 니켈(Ni) 또는 팔라듐 촉매를 사용하여 수소 첨가 반응에 의해 시클로헥산(Cyclohexane : C_6H_{12})이 합성된다.

$$C_6H_6 + 3H_2 \xrightarrow{Ni} C_6H_{12}$$

㉯ 염소 첨가 : 자외선 촉매하에서 벤젠에 6원자의 염소가 첨가된 헥사클로로시클로헥산 화합물이 생성된다.

$$C_6H_6 + 3Cl_2 \xrightarrow{\text{자외선}} C_6H_6Cl_6$$

② 톨루엔($C_6H_5CH_3$)

㈎ 분자 구조 : 벤젠에 있는 1개의 수소 원자를 메틸기($-CH_3$)로 치환한 화합물이다.

CH_3

㈏ 방향성 무색 액체로 물에는 녹지 않으나 알코올, 에테르, 벤젠과는 잘 섞인다.

㈐ 산화제를 작용시키면 메틸기($-CH_3$)가 산화되어 벤즈알데히드(C_6H_5CHO)를 거쳐 벤조산이 된다.

㈃ 진한 질산과 진한 황산으로 니트로화 시키면 TNT가 된다.

③ 크실렌[$C_6H_4(CH_3)_2$]

㈎ 벤젠핵에 메틸기($-CH_3$)가 2개 결합된 것이다.

㈏ 3가지의 이성질체가 존재한다.

㉮ *o*-크실렌[오르토(ortho)-크실렌]

㉯ *m*-크실렌[메타(meta)-크실렌]

㉰ *p*-크실렌[파라(para)-크실렌]

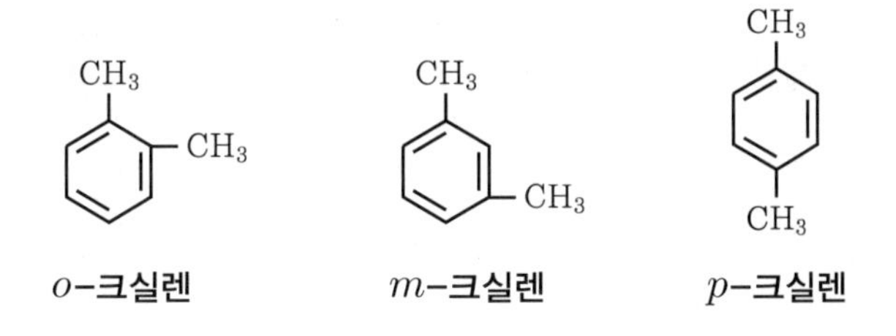

o-크실렌 *m*-크실렌 *p*-크실렌

㈐ 산화하면 프탈산이 된다.

$$C_6H_4(CH_3)_2 + [O] \xrightarrow{KMnO_4} C_6H_4(COOH)_2$$

크실렌 → 프탈산

(2) 페놀과 그 유도체

① 페놀(phenol : C_6H_5OH)

㈎ 분자 구조 : 수산기(–OH)와 결합된 페닐기(–C_6H_5)로 구성된 방향족 화합물이다.

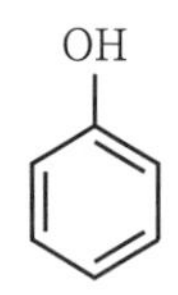

㈏ 제조법

㉮ 비등점 차이를 이용한 콜타르의 분류에서 회수한다.

㉯ 공업적으로는 클로로벤젠(C_6H_5Cl)에 수산화나트륨(NaOH)를 작용시켜 만든다.

㉰ 벤젠에 프로필렌을 작용시켜 쿠멘을 만들고, 이것을 산 촉매로 분해하는 쿠멘법에 의하여 제조한다.

㈐ 성질

㉮ 물에 약간 녹으며 약산성을 나타낸다.

㉯ 알칼리와 작용하여 염을 만든다.

㉰ 포르말린(포름알데히드의 40% 수용액)과 작용하면 베클라이트라는 합성수지가 된다.

㉱ 염화제이철($FeCl_3$) 수용액과 작용하여 보라색이 나타나는 정색 반응(呈色反應 : 일정한 색을 내거나 색이 변하면서 작용하는 화학 반응)을 한다.

② 크레졸($C_6H_4OHCH_3$)

㈎ 벤젠에 수소 원자 한 개는 메틸기(–CH_3)로, 또 다른 수소 원자 한 개는 수산기(–OH)로 치환된 방향족 화합물이다.

㈏ o–, m–, p–의 3가지 이성질체가 있다.

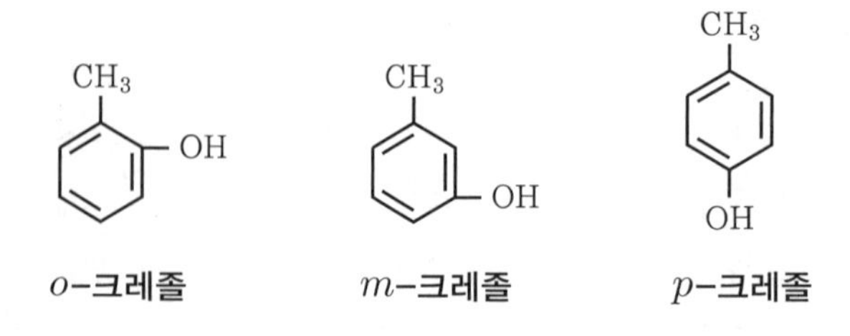

㈐ 염화제이철($FeCl_3$) 수용액과 작용하여 푸른색(청색)이 나타난다.

(3) 방향족 카르복실산

① 벤조산($C_7H_6O_2$)

㈎ 안식향산(安息香酸)이라고 하며, 가장 간단한 방향족 카르복실산의 하나로 무색의 결정성 고체이다.

㈏ 톨루엔($C_6H_5CH_3$)을 다이크로뮴산염($KMnO_4$)+황산(H_2SO_4)으로 산화하면 얻을 수 있다.

㈐ 의약, 물감, 살균제 및 식품의 방부제로 사용한다.

② 프탈산[$C_6H_4(COOH)_2$]

㈎ o-크실렌을 산화시켜 얻는다.

㈏ 물에는 약간 녹으며 염기, 알코올과 반응하여 금속염 에스테르를 만든다.

㈐ 급히 가열하여 탈수시키면 무수프탈산이 된다.

(4) 방향족 아민류

① 아닐린($C_6H_5NH_2$)

㈎ 벤젠고리에 수소 하나가 아미노기($-NH_2$)로 치환된 유기화합물로 염료, 약, 폭약, 플라스틱, 사진, 고무 화학 제품을 만들 때 원료로 사용한다.

㈏ 상업적으로 니트로벤젠을 촉매하에서 수소화 반응시키거나 클로로벤젠과 암모니아를 반응시켜서 또는 산 수용액에서 철을 촉매로 하여 니트로벤젠을 환원하여 얻는다.

㈐ 황색 또는 담황색 기름 모양의 액체로 특이한 냄새가 나며 햇빛이나 공기의 작용에 의해 흑갈색으로 변한다.

㈑ 물보다 무겁고 잘 녹지 않으나 유기용제에는 잘 녹는다.

㈒ 알칼리 금속 및 알칼리 토금속과 반응하여 수소와 아닐리드를 생성한다.

② 염화벤젠디아조늄($C_6H_5N_2Cl$)

㈎ 아닐린($C_6H_5NH_2$)의 디아조화로 생성된 디아조늄염이다.

㈏ 흡습성이 강한 무색의 바늘 모양 결정으로, 충격이나 열을 받으면 폭발한다.

㈐ 아조염료를 만드는 데 사용한다.

4 탄수화물, 아미노산, 단백질

(1) 탄수화물

C, H, O 3가지 원소로 되어 있으며, 일반식은 $C_m(H_2O)_n$과 같이 탄소와 물이 결합된 모양으로 표시할 수 있는 화합물이다.

① 당(糖, sugar)의 종류 및 성질

구분	분자식	화합물명	환원성	가수분해 생성물
단당류	$C_6H_{12}O_6$	포도당	○	가수분해되지 않음
		과당	○	
		갈락토오스	○	
이당류	$C_{12}H_{22}O_{11}$	설탕	×	포도당+과당
		맥아당(엿당)	○	포도당+포도당
		젖당	○	포도당+갈락토오스
다당류	$(C_6H_{10}O_5)_n$	녹말(전분)	×	포도당
		셀룰로오스	×	
		글리코겐	×	

② 단당류($C_6H_{12}O_6$) : 당류 중에서 가장 간단한 물질로 가수분해되지 않는 당을 단당류라 하며, 이당류나 다당류의 구성 단위이다.

㈎ 흰색의 결정성 분말이며, 단맛은 설탕보다 약하다.

㈏ 포도당은 암모니아성 질산은 용액을 환원하여 은거울 반응을 한다.

㈐ 효소 치마아제(zymase)에 의해 알코올 발효를 한다.

㈑ 알코올 발효, 주사약, 환원제 등에 사용된다.

③ 이당류($C_{12}H_{22}O_{11}$) : 가수분해하여 두 분자의 단당류를 만드는 탄수화물이다.

㈎ 사탕무, 사탕수수 등에서 얻는다.

㈏ 물에 잘 녹는다.

㈐ 효소 말타아제(maltase)에 의해 엿당을 포도당으로 변화시킨다.

④ 다당류[$(C_6H_{10}O_5)_n$]

㈎ 환원성이 없고, 단맛도 없다.

㈏ 찬물에는 녹지 않으나 60~70℃에서 녹아 풀 상태가 된다.

㈐ n의 값이 200~1000 정도의 고분자 물질이다.

㈑ 묽은 산과 반응하여 포도당을 만든다.

㈒ 녹말에 요오드액을 가하면 보라색이 되는 요오드 녹말 반응을 한다.

㈓ 식료품, 알코올 원료, 풀, 엿 등의 제조에 사용된다.

(2) 아미노산과 단백질

① 아미노산 : 단백질을 구성하는 기본 단위이며, 펩타이드 결합에 의해 단백질을 형성한다.

㈎ 아미노산은 그 분자 내에서 염의 상태로 되어 있다.

㈏ 아미노산은 물에는 녹기 쉬우나 에테르나 벤젠과 같은 유기 용매에는 녹지 않는다.

㈐ 아미노산은 양쪽성 물질이다.

② 단백질 : C, O, H, N 및 S를 함유하는 20여 종의 아미노산이 펩타이드 결합으로 구성된 화합물로, 생명체의 생명 현상과 직접 관련을 가진다.

㈎ 펩티드(peptide) 결합 : 한 아미노산의 아미노기($-NH_2$)와 다른 아미노산의 카르복실기($-COOH$) 사이에서 물이 한 분자 빠져나오면서 결합(탈수축합 : 脫水縮合)이 일어나는 것으로, 이런 결합을 통해 아미노산이 여러 개 연결되고 꼬여 덩어리를 이룬 것이 단백질이다.

㈏ 반응

㉮ 뷰렛 반응(burette reaction) : 수산화나트륨 용액에 단백질을 녹이고 여기에 1%의 황산구리용액을 몇 방울 떨어뜨리면 붉은 자색(청자색)이 나타난다.

㉯ 크산토포로테인 반응(xanthoprotein reaction) : 단백질 용액 100mL에 진한 질산 1mL를 가하고 끓이면 노란색이 된다.

㉰ 황반응 : 단백질에 소량의 아세트산납을 가하고 여기에 40%의 수산화나트륨 용액을 가하고 가열하면 검은색의 황화납이 생긴다.

㉱ 밀론씨 반응 : 단백질 용액 100mL에 진한 질산 1mL를 가하면 흰색의 침전이 생기고 이것을 끓이면 주홍색이 된다.

㉲ 닌히드린 반응 : 닌히드린 용액을 넣어 가열하면 청자색이 나타난다.

예상 문제

1. 다음 작용기 중에서 메틸(methyl)기에 해당하는 것은?

① $-C_2H_5$ ② $-COCH_3$ ③ $-NH_2$ ④ $-CH_3$

해설 원자단에 의한 탄소 화합물 분류

원자단	일반식	보기
알킬기($-CH_3$) [메틸기]	$R \cdot CH_3$	톨루엔($C_6H_5CH_3$)
에테르기 ($-O-$)	$R \cdot O \cdot R$	디메틸에테르 (CH_3OCH_3)
수산기($-OH$) [히드록시기]	$R \cdot OH$	메틸알코올(CH_3OH) 페놀(C_6H_5OH)
알데히드기 ($-CHO$)	$R \cdot CHO$	포름알데히드($HCHO$)
카르보닐기 [$-C(=O)-$]	$R \cdot CO \cdot R$	아세톤(CH_3COCH_3)
카르복실기 ($-COOH$)	$R \cdot COOH$	포름산($HCOOH$)
니트로기 ($-NO_2$)	$R \cdot NO_2$	니트로벤젠($C_6H_5NO_2$)
아미노기 ($-NH_2$)	$R \cdot NH_2$	아닐린($C_6H_5NH_2$)
슬폰산기 ($-SO_3H$)	$R \cdot SO_3H$	벤젠슬폰산($C_6H_5SO_3H$)
아세틸기 ($-COCH_3$)	$R \cdot COCH_3$	아세트아닐리드 ($C_6H_5NHCOCH_3$)

2. 다음 중 카르보닐기를 갖는 화합물은?

① $C_6H_5CH_3$ ② $C_6H_5NH_2$
③ CH_3OCH_3 ④ CH_3COCH_3

해설 탄소 화합물에서 카르보닐기를 갖는 것은 아세톤(CH_3COCH_3)이다.

★
3. 분자식이 같으면서도 구조가 다른 유기 화합물을 무엇이라고 하는가?

① 이성질체 ② 동소체
③ 동위원소 ④ 방향족 화합물

해설 이성질체 : 같은 분자식을 가지지만 원자의 결합 상태가 달라 성질이 서로 다른 화합물을 말한다.

㉮ 구조 이성질체 : 구성 원소의 배열 구조가 다른 이성질체로, n-부탄(C_4H_{10})과 iso-부탄(C_4H_{10})이 해당된다.
㉯ 기하 이성질체 : 두 탄소 원자가 이중결합으로 연결될 때 탄소에 결합된 원자나 원자단의 위치가 다름으로 인하여 생기는 이성질체로서 cis형과 trans형이 있다.
㉰ 광학 이성질체 : 오른손 바닥과 왼손 바닥처럼 서로 포갤 수 없는 거울상의 구조를 갖는 분자로 거울상 이성질체라 한다.

★★
4. 탄소수가 5개인 포화탄화수소 펜탄의 구조이성질체 수는 몇 개인가?

① 2개 ② 3개 ③ 4개 ④ 5개

해설 탄소수에 따른 분자식 및 이성질체 수

탄소수	분자식	이성질체 수
4	C_4H_{10}	2
5	C_5H_{12}	3
6	C_6H_{14}	5
7	C_7H_{16}	9
8	C_8H_{18}	18
9	C_9H_{20}	36
10	$C_{10}H_{22}$	75

5. C_6H_{14}의 구조 이성질체은 몇 개가 존재하는가?

① 4 ② 5 ③ 6 ④ 7

해설 탄소수가 6개인 헥산(C_6H_{14})의 이성질체는 5개이다.

정답 1. ④ 2. ④ 3. ① 4. ② 5. ②

6. 다음 중 이성질체로 짝지어진 것은?

① CH_3OH와 CH_4
② CH_4와 C_3H_8
③ CH_3OCH_3와 $CH_3CH_2OCH_2CH_3$
④ C_2H_5OH와 CH_3OH_3

해설 에탄올(C_2H_5OH)과 디메틸에테르(CH_3OH_3)는 분자식(C_2H_6O)은 같지만 성질이 서로 이성질체에 해당된다.

7. 부틸알코올과 이성질체인 것은?

① 메틸알코올 ② 디에틸에테르
③ 아세트산 ④ 아세트알데히드

해설 ㉮ 이성질체 : 분자식은 갖지만 원자의 결합 상태가 달라 성질이 서로 다른 화합물이다.
㉯ 각 물질의 분자식

명칭	분자식
부틸알코올	C_4H_9OH
메틸알코올	CH_3OH
디에틸에테르	$C_2H_5OC_2H_5$
아세트산	CH_3COOH
아세트알데히드	CH_3CHO

참고 부틸알코올(C_4H_9OH)과 분자식이 같은 것은 디에틸에테르($C_2H_5OC_2H_5$)이다.

8. 같은 분자식을 거치면서 각각을 서로 겹치게 할 수 없는 거울상의 구조를 갖는 분자를 무엇이라 하는가?

① 구조이성질체 ② 기하이성질체
③ 광학이성질체 ④ 분자이성질체

해설 광학이성질체 : 오른손 바닥과 왼손 바닥처럼 서로 포갤 수 없는 거울상의 구조를 갖는 분자로 거울상 이성질체라 한다.

★★★
9. SP^3 혼성궤도함수를 구성하는 것은?

① BF_3 ② CH_4
③ PCl_5 ④ $BeCl_2$

해설 혼성궤도함수 : 한 원자의 서로 다른 원자 궤도함수가 혼합되어 만들어진 것으로, 오비탈의 모양이나 방향성이 처음과는 다르며 그 개수는 처음 혼합된 원자 궤도함수의 개수와 같다.
㉮ SP 혼성궤도함수 : 오비탈의 구조는 선형으로 BeF_3, CO_2 등이 해당된다.
㉯ SP^2 혼성궤도함수 : 오비탈의 구조는 정삼각형으로 BF_3, SO_3 등이 해당된다.
㉰ SP^3 혼성궤도함수 : 오비탈의 구조는 사면체로 CH_4, NH_3, H_2O 등이 해당된다.

10. C_nH_{2n+2}의 일반식을 갖는 탄화수소는?

① Alkyne ② Alkene
③ Alkane ④ Cycloalkane

해설 탄화수소의 일반식
㉮ 알칸족(메탄계) 탄화수소 : C_nH_{2n+2}
㉯ 알켄족(에틸렌계) 탄화수소 : C_nH_{2n}
㉰ 알킨족(아세틸렌계) 탄화수소 : C_nH_{2n-2}

11. 포화 탄화수소에 해당하는 것은?

① 톨루엔 ② 에틸렌
③ 프로판 ④ 아세틸렌

해설 탄화수소의 분류
㉮ 파라핀계 탄화수소(알칸족, 포화 탄화수소) : 일반식은 C_nH_{2n+2}로 표시하며 메탄(CH_4), 프로판(C_3H_8), 부탄(C_4H_{10}) 등이 해당된다.
㉯ 올레핀계 탄화수소(알켄족, 불포화 탄화수소) : 일반식은 C_nH_{2n}로 표시하며 에틸렌(C_2H_4), 프로필렌(C_3H_6), 부틸렌(C_4H_8) 등이 해당된다.
㉰ 아세틸렌계 탄화수소(알킨족 탄화수소) : 일반식은 C_nH_{2n-2}로 표시하며 아세틸렌(C_2H_2), 터펜(C_5H_8)이 해당된다.
㉱ 방향족 탄화수소 : 벤젠(C_6H_6)이 해당된다.

12. 올레핀계 탄화수소에 해당하는 것은?

① CH_4 ② $CH_2=CH_2$
③ $CH \equiv CH$ ④ CH_3CHO

정답 6. ④ 7. ② 8. ③ 9. ② 10. ③ 11. ③ 12. ②

해설 올레핀계 탄화수소(알켄족 탄화수소) : 일반식은 C_nH_{2n}로 표시하며 에틸렌(C_2H_4), 프로필렌(C_3H_6), 부틸렌(C_4H_8) 등이 해당된다.

13. 아세틸렌 계열 탄화수소에 해당되는 것은?

① C_5H_8 ② C_6H_{12}
③ C_6H_8 ④ C_3H_2

해설 아세틸렌계 탄화수소(알킨족 탄화수소) : 일반식은 C_nH_{2n-2}로 표시하며 아세틸렌(C_2H_2), 터펜(C_5H_8)이 해당된다.

14. 아세틸렌의 성질과 관계가 없는 것은?

① 용접에 이용된다.
② 이중결합을 가지고 있다.
③ 합성화학 원료로 쓸 수 있다.
④ 염화수소와 반응하여 염화비닐을 생성한다.

해설 아세틸렌 : 탄화수소 중 알카인계의 가장 간단한 형태의 화합물로 삼중결합을 가지고 있다.
㉮ 구조식 : H−C≡C−H
㉯ 분자식 : C_2H_2

15. 다음 물질 중 C_2H_2와 첨가 반응이 일어나지 않는 것은?

① 염소 ② 수은 ③ 브롬 ④ 요오드

해설 아세틸렌(C_2H_2) 첨가 반응 : 이중결합이나 삼중결합을 하는 화합물이 할 수 있으며, 아세틸렌은 삼중결합으로 수소, 물, 할로겐족 원소와 반응한다.

16. 암모니아성 질산은 용액과 반응하여 은거울을 만드는 것은?

① CH_3CH_2OH ② CH_3OCH_3
③ CH_3COCH_3 ④ CH_3CHO

해설 은거울 반응
㉮ 암모니아성 질산은 용액[$Ag(NH_3)_2OH$]과 알데히드(R−CHO)를 함께 넣고 가열해 은이온을 환원시켜 시험관 표면에 얇은 은박을 생성시키는 반응이다.
㉯ 반응식 : $2Ag(NH_3)_2OH + R-CHO$
$\rightarrow R-COOH + 2Ag\downarrow + 4NH_3 + H_2O$
㉰ 은거울 반응을 하는 것 : 포름알데히드(HCHO), 아세트알데히드(CH_3CHO)

17. 은거울 반응을 하는 화합물은?

① CH_3COCH_3 ② CH_3OCH_3
③ HCHO ④ CH_3CH_2OH

해설 은거울 반응을 하는 것 : 포름알데히드(HCHO), 아세트알데히드(CH_3CHO)

18. 아세트알데히드에 대한 시성식은?

① CH_3COOH ② CH_3COCH_3
③ CH_3CHO ④ CH_3COOCH_3

해설 각 시성식 물질의 명칭

시성식	명칭
CH_3COOH	초산(아세트산)
CH_3COCH_3	아세톤
CH_3CHO	아세트알데히드
CH_3COOCH_3	초산메틸

19. 공업적으로 에틸렌을 $PdCl_2$ 촉매하에 산화시킬 때 주로 생성되는 물질은?

① CH_3OCH_3 ② CH_3CHO
③ HCOOH ④ C_3H_7OH

해설 아세트알데히드(CH_3CHO) : 에틸렌(C_2H_4)을 염화팔라듐($PdCl_2$)을 촉매로 하여 산화시켜 공업적으로 얻는 대표적인 알데히드이다.

20. 촉매하에 H_2O의 첨가 반응으로 에탄올을 만들 수 있는 물질은?

① CH_4 ② C_2H_2
③ C_6H_6 ④ C_2H_4

해설 에탄올(에틸알코올 : C_2H_5OH) 제조법

정답 13. ① 14. ② 15. ② 16. ④ 17. ③ 18. ③ 19. ② 20. ④

㉮ 탄수화물의 발효법 : 효모 세포를 성장시켜 탄수화물을 에틸알코올로 변형시키는 방법
㉯ 에틸렌의 수화 반응 : 촉매하에 에틸렌(C_2H_4)에 과량의 증기(H_2O)를 통과시키는 방법
㉰ 아세트알데히드의 환원법

21. **에탄올은 공업적으로 약 280℃, 300기압에서 에틸렌에 물을 첨가하여 얻어진다. 이때 사용되는 촉매는?**

① H_2SO_4 ② NH_3
③ HCl ④ $AlCl_3$

해설 에틸렌(C_2H_4)을 사용한 에탄올(C_2H_5OH) 합성법
㉮ 직접 수화법 : 기체 상태의 에틸렌에 물을 직접 첨가하는 반응으로 촉매는 황산(H_2SO_4)을 사용한다.
㉯ 간접 수화법 : 에틸렌을 황산과 먼저 반응시켜 황산에틸이나 황산다이에틸을 만든 후 황산에틸 및 황산다이에틸은 물과의 가수분해를 통해 에탄올로 변환된다.

22. **에틸렌(C_2H_4)을 원료로 하지 않은 것은?**

① 아세트산 ② 염화비닐
③ 에탄올 ④ 메탄올

해설 에틸렌(C_2H_4)의 이용(원료로 이용)
㉮ 에탄올(C_2H_5OH) : 에틸렌에 묽은 황산을 첨가시켜 제조한다.
㉯ 아세트산(CH_3COOH) : 에틸렌을 산화시켜 제조한다.
㉰ 염화비닐(C_2H_3Cl) : 에틸렌을 이용하여 제조한다.
㉱ 스티렌 : 에틸렌을 벤젠(C_6H_6)과 작용시켜 제조한다.

23. **다음 중 3차 알코올에 해당되는 것은?**

①
$$\begin{array}{ccccccc} & & OH & & H & & H \\ & & | & & | & & | \\ H & - & C & - & C & - & C & - & H \\ & & | & & | & & | \\ & & H & & H & & H \end{array}$$

②
$$\begin{array}{ccccccc} & & H & & H & & H \\ & & | & & | & & | \\ H & - & C & - & C & - & C & - & OH \\ & & | & & | & & | \\ & & H & & H & & H \end{array}$$

③
$$\begin{array}{ccccccc} & & H & & H & & H \\ & & | & & | & & | \\ H & - & C & - & C & - & C & - & H \\ & & | & & | & & | \\ & & H & & OH & & H \end{array}$$

④
$$\begin{array}{ccccc} & & CH_3 & & \\ & & | & & \\ CH_3 & - & C & - & CH_3 \\ & & | & & \\ & & OH & & \end{array}$$

해설 3차 알코올 : 수산기(-OH)가 연결된 탄소 원자에 직접 연결된 알킬기($-CH_3$)의 수가 3개 결합된 알코올이다.

24. **2차 알코올이 산화되면 무엇이 되는가?**

① 알데히드 ② 에테르
③ 카르복실산 ④ 케톤

해설 알코올의 산화
㉮ 1차 알코올 : 산화되면 수소 원자 두 개를 잃어 포밀기를 가진 알데히드가 되고, 알데히드가 산화되면 산소 원자 하나를 얻어 최종 산화물은 카르복실기를 가진 카르복실산이 된다.
㉯ 2차 알코올 : 산화되면 수소 원자 두 개를 잃어 최종 산화물은 카르보닐기를 가진 케톤이 된다.
㉰ 3차 알코올 : 탄소 원자에서 떨어져 나올 수소 원자가 없기 때문에 산화하기 어렵다.

25. **메틸알코올과 에틸알코올이 각각 다른 시험관에 들어 있다. 이 두 가지를 구별할 수 있는 실험 방법은?**

① 금속나트륨을 넣어본다.
② 환원시켜 생성물을 비교하여 본다.
③ KOH와 I_2의 혼합 용액을 넣고 가열하여 본다.

정답 21. ① 22. ④ 23. ④ 24. ④ 25. ③

④ 산화시켜 나온 물질에 은거울 반응시켜 본다.

해설 메틸알코올과 에틸알코올의 구별 실험법
㉮ 메틸알코올 : 가열된 구리선을 넣을 때 메틸알코올이 있으면 산화되어 나쁜 냄새(포름알데히드)가 나오는 것으로 확인할 수 있다.
㉯ 에틸알코올 : 수산화칼륨(KOH)와 요오드(I_2)의 혼합 용액을 넣고 가열하면 노란색 침전물인 요오드포름이 생성된다.

26. **구리줄을 불에 달구어 약 50℃ 정도의 메탄올에 담그면 자극성 냄새가 나는 기체가 발생한다. 이 기체는 무엇인가?**

① 포름알데히드 ② 아세트알데히드
③ 프로판 ④ 메틸에테르

해설 메탄올(CH_3OH)에서 발생되는 증기가 공기 중에서 산화될 때 구리(Cu)가 촉매 역할을 하여 포름알데히드(HCHO)가 생성된다.

$$CH_3OH+O \rightarrow HCHO+H_2O$$

참고 포름알데히드(HCHO)의 특징
㉮ 무색의 가연성 기체로, 자극성 냄새가 난다.
㉯ 물에 녹기 쉬우며, 수용액을 포르마린(formaline)이라 한다.
㉰ 환원성이 크고, 살균 작용을 한다.
㉱ 합성수지의 원료로 이용한다.
㉲ 액비중 0.815, 녹는점 -92℃, 끓는점 21℃이다.

27. **방향족 탄화수소가 아닌 것은?**

① 톨루엔 ② 크실렌
③ 나프탈렌 ④ 시클로펜탄

해설 방향족 탄화수소 : 고리 모양의 불포화 탄화수소이며, 기본이 되는 것이 벤젠이고 그의 유도체를 포함한 탄화수소의 계열로 이들 중 일부는 향기가 좋아 방향성이라는 이름이 붙었다. 종류에는 벤젠, 톨루엔, 크실렌, 아닐린, 페놀, *o*-크레졸, 벤조산, 살리실산, 니트로벤젠 등이다.

참고 시클로펜탄(cyclopentane : C_5H_{10}) : 메틸렌기 다섯 개가 결합된 포화 고리 모양 탄화수소(C_nH_{2n})이다.

★★
28. **벤젠에 대한 설명으로 틀린 것은?**

① 상온, 상압에서 액체이다.
② 일치환체는 이성질체가 없다.
③ 일반적으로 치환 반응보다 첨가 반응을 잘한다.
④ 이치환제에는 ortho, meta, para 3종이 있다.

해설 벤젠(C_6H_6)은 안정적인 공명혼성체(共鳴混成體) 구조로 안정적이어서 첨가 반응보다 치환 반응이 잘 일어난다.

29. **페놀 수산기(-OH)의 특성에 대한 설명으로 옳은 것은?**

① 수용액이 강알칼리성이다.
② -OH기가 하나 더 첨가되면 물에 대한 용해도가 작아진다.
③ 카르복실산과 반응하지 않는다.
④ $FeCl_3$ 용액과 정색 반응을 한다.

해설 페놀(C_6H_5OH) : 수산기(-OH)와 결합된 페닐기($-C_6H_5$)로 구성된 방향족 화합물이다. 수용액에서 약산성을 나타내며 염화제이철($FeCl_3$) 수용액과 작용하여 보라색이 나타나는 정색 반응(呈色反應 : 일정한 색을 내거나 색이 변하면서 작용하는 화학반응)을 한다.

30. **니트로벤젠의 증기에 수소를 혼합한 뒤 촉매를 사용하여 환원시키면 무엇이 되는가?**

① 페놀 ② 톨루엔
③ 아닐린 ④ 나프탈렌

해설 아닐린($C_6H_5NH_2$) : 벤젠 고리에 수소 하나가 아미노기($-NH_2$)로 치환된 유기 화합물로 염료, 약, 폭약, 플라스틱, 사진, 고무 화학 제품을 만들 때 원료로 사용한다. 상업적으로 니트로벤젠을 촉매하에서 수소화 반응시키거나 클로로벤젠과 암모니아를 반응시켜서 또는 산 수

정답 26. ① 27. ④ 28. ③ 29. ④ 30. ③

용액에서 철을 촉매로 하여 니트로벤젠을 환원하여 얻는다. 제4류 위험물 제3석유류에 해당된다.

★
31. 다음 물질 중 환원성이 없는 것은?

① 설탕 ② 엿당
③ 젖당 ④ 포도당

해설 당(糖, sugar)류의 환원성 비교

구분	분자식	화합물명	환원성
단당류	$C_6H_{12}O_6$	포도당	○
		과당	○
		갈락토오스	○
이당류	$C_{12}H_{22}O_{11}$	설탕	×
		맥아당(엿당)	○
		젖당	○
다당류	$(C_6H_{10}O_5)_n$	녹말(전분)	×
		셀룰로오스	×
		글리코겐	×

㉮ 환원성이 있는 것 : 포도당, 과당, 갈락토오스, 맥아당(엿당), 젖당 등
㉯ 환원성이 없는 것 : 설탕, 녹말, 셀룰로오스, 글리코겐 등

32. 다음 화합물 중 펩티드 결합이 들어 있는 것은?

① 폴리염화비닐 ② 유지
③ 탄수화물 ④ 단백질

해설 펩티드(peptide) 결합 : 한 아미노산의 아미노기($-NH_2$)와 다른 아미노산의 카르복실기($-COOH$) 사이에서 물이 한 분자 빠져나오면서 결합(탈수축합:脫水縮合)이 일어나는 것으로, 이런 결합을 통해 아미노산이 여러 개 연결되고 꼬여 덩어리를 이룬 것이 단백질이다.

33. 단백질에 관한 설명으로 틀린 것은?

① 펩티드 결합을 하고 있다.
② 뷰렛반응에 의해 노란색으로 변한다.
③ 아미노산의 연결체이다.
④ 체내 에너지 대사에 관여한다.

해설 단백질의 뷰렛 반응(burette reaction) : 수산화나트륨 용액에 단백질을 녹이고 여기에 1%의 황산구리용액을 몇 방울 떨어뜨리면 붉은 자색(청자색)이 나타난다.

정답 31. ① 32. ④ 33. ②

위험물 산업기사 필기

제2과목

화재 예방과 소화 방법

CHAPTER 01
화재 예방 및 소화 방법

1-1 | 화재 및 소화

1 연소 이론

(1) 연소(燃燒)의 정의

연소란 가연성 물질이 공기 중의 산소와 반응하여 빛과 열을 발생하는 화학 반응(산화 반응 또는 발열 반응)을 말한다.

(2) 연소의 3요소

가연성 물질, 산소 공급원, 점화원

① 가연성 물질 : 산화(연소)하기 쉬운 물질로서, 일반적으로 연료로 사용하는 것으로 다음과 같은 구비 조건을 갖추어야 한다.

㈎ 발열량이 크고, 열전도율이 작을 것

㈏ 산소와 친화력이 좋고 표면적이 넓을 것

㈐ 활성화 에너지(점화 에너지)가 작을 것

㈑ 연쇄 반응이 있고, 건조도가 높을 것(수분 함량이 적을 것)

② 산소 공급원 : 연소를 도와주거나 촉진시켜 주는 조연성 물질로 공기, 제1류 위험물(산화성 고체), 제5류 위험물(자기 연소성 물질), 제6류 위험물(산화성 액체) 등이 있다.

③ 점화원 : 가연물에 활성화 에너지를 주는 것으로 점화원의 종류에는 전기불꽃(아크), 정전기불꽃, 단열압축, 마찰열 및 충격불꽃, 산화열의 축적 등이 있다.

참고 연소의 4요소

① 가연성 물질, ② 산소 공급원, ③ 점화원, ④ 연쇄 반응

(3) 인화점 및 발화점

① 인화점(인화 온도) : 가연성 물질이 공기 중에서 점화원에 의하여 연소할 수 있는 최저 온도이다.

② 발화점(발화 온도) : 가연성 물질이 공기 중에서 온도를 상승시킬 때 점화원 없이 스스로 연소를 개시할 수 있는 최저의 온도로 착화점, 착화 온도라 한다.

㈎ 발화의 4대 요소 : 온도, 압력, 조성, 용기의 크기

㈏ 발화점에 영향을 주는 인자(요소)

㉮ 가연성 가스와 공기와의 혼합비 ㉯ 발화가 생기는 공간의 형태와 크기

㉰ 기벽의 재질과 촉매 효과 ㉱ 가열 속도와 지속 시간

㉲ 점화원의 종류와 에너지 투여법

㈐ 발화점이 낮아지는 조건

㉮ 압력이 높을 때 ㉯ 발열량이 높을 때

㉰ 열전도율이 작을 때 ㉱ 산소와 친화력이 클 때

㉲ 산소 농도가 높을 때 ㉳ 분자 구조가 복잡할수록

㉴ 반응 활성도가 클수록

(4) 연소의 분류

① 연소 형태에 의한 분류

㈎ 표면 연소 : 고체 가연물이 열분해나 증발을 하지 않고 표면에서 산소와 반응하여 연소하는 것으로 목탄(숯), 코크스 등의 연소가 이에 해당된다.

㈏ 분해 연소 : 충분한 착화 에너지를 주어 가열분해에 의해 연소하며, 휘발분이 있는 고체연료(종이, 석탄, 목재 등) 또는 증발이 일어나기 어려운 액체연료(중유 등)가 이에 해당된다.

㈐ 증발 연소 : 가연성 액체의 표면에서 기화되는 가연성 증기가 착화되어 화염을 형성하고 이 화염의 온도에 의해 액체 표면이 가열되어 액체의 기화를 촉진시켜 연소를 계속하는 것으로 가솔린, 등유, 경유, 알코올, 양초, 유황 등이 이에 해당된다.

㈑ 확산 연소 : 가연성 기체를 대기 중에 분출 확산시켜 연소하는 것으로 기체 연료의 연소가 이에 해당된다.

㈒ 자기 연소 : 제5류 위험물과 같이 자체 내에 산소를 함유하고 있어 공기 중의 산소를 필요로 하지 않고 그 자체의 산소로 연소하는 것이다.

② 연료에 따른 분류

㈎ 액체 연료

㉮ 액면 연소(pool burning) : 액체 연료의 표면에서 연소하는 것으로, 화염의 복사열 및 대류로 연료가 가열되어 발생된 증기가 공기와 혼합하여 연소하는 방법이며, 경계층 연소, 전파 연소, 포트 연소(port burning)가 있다.

㉯ 등심 연소(wick combustion) : 연료를 심지로 빨아올려 대류나 복사열에 의하여

발생한 증기가 등심(심지)의 상부나 측면에서 연소하는 것으로, 공급되는 공기의 유속이 낮을수록, 온도가 높을수록 화염의 높이는 높아진다.

㉰ 분무 연소(spray combustion) : 액체 연료를 노즐에서 고속으로 분출, 무화(霧化)시켜 표면적을 크게 하여 공기나 산소와의 혼합을 좋게 하여 연소시키는 것으로 공업적으로 많이 사용되는 방법이다.

㉱ 증발 연소(evaporating combustion) : 액체 연료를 증발관 등에서 미리 증발시켜 기체 연료와 같은 형태로 연소시키는 방법으로 형성된 화염은 확산화염이다.

㈏ 기체 연료

㉮ 예혼합 연소(premixed combustion) : 기체 연료와 연소에 필요한 공기 또는 산소를 미리 혼합한 혼합기를 연소시키는 방법으로 화염면이라고 하는 고온의 반응면이 형성되어 자력으로 전파해나가는 특징이 있는 내부 혼합 방식이다.

㉯ 확산 연소(diffusion combustion) : 공기(또는 산소)와 기체 연료를 각각 연소실에 공급하고, 연료와 공기의 경계면에서 자연 확산으로 연소할 수 있는 적당한 혼합기를 형성한 부분에서 연소가 일어나는 것으로 외부 혼합형에 해당된다.

③ 연소 속도

㈎ 연소 속도 : 가연물과 산소와의 반응 속도(산화 속도)를 말하는 것으로, 화염면이 그 면에 직각으로 미연소부에 진입하는 속도이다.

㈏ 연소 속도에 영향을 주는 인자(요소)

㉮ 기체의 확산 및 산소와의 혼합

㉯ 연소용 공기 중 산소의 농도 : 산소 농도가 클수록 연소 속도가 빨라진다.

㉰ 연소 반응 물질 주위의 압력 : 압력이 높을수록 연소 속도가 빨라진다.

㉱ 온도 : 온도가 상승하면 연소 속도가 빨라진다.

㉲ 촉매

㉠ 정촉매 : 정반응 및 역반응 활성화 에너지를 감소시키므로 반응 속도를 빠르게 한다.

㉡ 부촉매 : 정반응 및 역반응 활성화 에너지를 증가시키므로 반응 속도를 느리게 한다.

㈐ 정상 연소 속도는 일반적으로 0.1~10m/s, 폭굉의 경우 1000~3500m/s에 해당된다.

참고 연소 불꽃 색상에 따른 온도

불꽃 색상	암적색	적색	휘적색	황적색	백적색	휘백색
온도	700℃	850℃	950℃	1100℃	1300℃	1500℃

(5) 자연 발화

① 자연 발화 : 물질이 서서히 산화되어 축적된 산화열이 발화하는 현상이다.

② 자연 발화의 조건

㈎ 열의 축적이 많을수록 발화가 용이하다.

㈏ 열전도율이 작을수록(열의 축적율이 클수록) 발화가 용이하다.

㈐ 발열량이 클수록 발화가 용이하다.

㈑ 공기 유통이 원활하지 못하면 발화가 용이하다.

㈒ 수분 및 온도가 높을수록 발화가 용이하다.

③ 자연 발화의 형태

㈎ 분해열에 의한 발열 : 과산화수소, 염소산칼륨 등

㈏ 산화열에 의한 발열 : 건성유, 원면, 고무분말 등

㈐ 중합열에 의한 발열 : 시안화수소, 산화에틸렌, 염화비닐 등

㈑ 흡착열에 의한 발열 : 활성탄, 목탄 분말 등

㈒ 미생물에 의한 발열 : 먼지, 퇴비 등

④ 자연 발화 방지법

㈎ 통풍을 잘 시킬 것

㈏ 저장실의 온도를 낮출 것

㈐ 습도가 높은 곳을 피하고, 건조하게 보관할 것

㈑ 열의 축적을 방지할 것

㈒ 가연성 가스 발생을 조심할 것

㈓ 불연성 가스를 주입하여 공기와의 접촉을 피할 것

㈔ 물질의 표면적을 최대한 작게 할 것

㈕ 정촉매 작용을 하는 물질과의 접촉을 피할 것

(6) 정전기 예방

① 정전기의 발생 원인

㈎ 물질의 특성

㈏ 물질의 표면 상태 : 표면이 오염되면 정전기 발생이 많아진다.

㈐ 물질의 이력 : 최초 발생이 최대이며 이후 발생량이 감소한다.

㈑ 접촉면과 압력 : 접촉 면적이 클수록, 접촉 압력이 증가할수록 정전기 발생량은 증가한다.

㈒ 분리 속도 : 분리 속도가 빠를수록 정전기 발생량은 많아진다.

② 정전기 제거 설비 설치 [시행규칙 별표4] : 위험물을 취급함에 있어서 정전기가 발생할 우려가 있는 설비에는 다음 중 하나에 해당하는 방법으로 정전기를 유효하게 제거할 수 있는 설비를 설치하여야 한다.

(가) 접지에 의한 방법

(나) 공기 중의 상대습도를 70% 이상으로 하는 방법

(다) 공기를 이온화하는 방법

2 폭발의 종류 및 특성

(1) 연소 범위 및 위험도

① 연소 범위 : 공기에 대한 가연성 가스의 혼합 농도의 백분율(체적%)로서, 폭발하는 최고농도를 연소 상한계, 최저 농도를 연소 하한계라 하며, 그 차이를 연소 범위(폭발 범위)라 한다.

(가) 온도의 영향 : 온도가 높아지면 폭발 범위는 넓어지고, 온도가 낮아지면 폭발 범위는 좁아진다.

(나) 압력의 영향 : 압력이 상승하면 폭발 범위는 넓어진다(단, 일산화탄소(CO)는 압력상승 시 폭발 범위가 좁아지며, 수소(H_2)는 압력 상승 시 폭발 범위가 좁아지다가 계속 압력을 올리면 폭발 범위가 넓어진다).

(다) 불연성 기체의 영향(산소의 영향) : 이산화탄소(CO_2), 질소(N_2)등 불연성 기체는 공기와 혼합하여 산소 농도를 낮추며 이로 인해 폭발 범위는 좁아진다(공기 중에 산소 농도가 증가하면 폭발 범위는 넓어진다).

② 위험도 : 연소 범위 상한과 하한의 차이를 연소 범위 하한 값으로 나눈 것으로, H로 표시한다.

$$H = \frac{U-L}{L}$$

여기서, H : 위험도　　U : 연소 범위 상한 값　　L : 연소 범위 하한 값

(2) 폭발

① 폭발의 정의 : 혼합 기체의 온도를 고온으로 상승시켜 자연 착화를 일으키고, 혼합 기체의 전부분이 극히 단시간 내에 연소하는 것으로서 압력 상승이 급격한 현상을 말한다.

② 폭발의 종류

(가) 산화 폭발 : 가연성 기체 또는 가연성 액체의 증기와 조연성 기체가 일정한 비율로 혼합된 기체에 점화원에 의하여 착화되어 일어나는 폭발이다.

㈏ 분해 폭발 : 분해할 때 발열 반응하는 기체가 분해될 때 점화원에 의하여 착화되어 일어나는 폭발로 아세틸렌(C_2H_2), 산화에틸렌(C_2H_4O), 오존(O_3), 히드라진(N_2H_4) 등이 있다.

㈐ 분무 폭발 : 가연성 액체의 무적(안개 방울)이 공기 중 일정 농도 이상으로 분산되어 있을 때 점화원에 의하여 착화되어 일어나는 폭발로, 유압기기의 기름 분출에 의한 유적(油滴) 폭발이 있다.

㈑ 분진 폭발 : 제2류 위험물인 금속분 등 가연성 고체의 미분(微分)이 어떤 농도 이상으로 공기 중에 분산된 상태에 놓여 있을 때 점화원(착화 에너지)에 의하여 일어나는 폭발이다.

㉮ 분진 입자의 크기와 부유 농도 : 100μ(미크론) 이하가 되면 폭발의 위험성이 있고, 미립일수록 폭발되기 쉽다.

㉯ 분진 폭발을 일으키는 물리적 인자 : 입자의 형상, 열전도율, 입자의 응집 특성, 비열, 입도의 분포, 대전성, 입자의 표면 상태 등

㉰ 분진 폭발을 일으키는 화학적 인자 : 연소열, 연소 속도, 반응 형식 등

㉱ 분진 폭발을 일으키는 물질

㉠ 폭연성 분진 : 금속 분말(Mg, Al, Fe 등)

㉡ 가연성 분진 : 소맥분, 전분, 합성수지류, 황, 코코아, 리그린, 석탄 분말, 고무 분말, 담배 분말 등

(3) 폭굉(detonation)

① 폭굉의 정의 : 가스 중의 음속보다도 화염 전파 속도가 큰 경우로서, 파면 선단에 충격파라고 하는 압력파가 생겨 격렬한 파괴 작용을 일으키는 현상이다.

② 폭굉 유도 거리 : 최초의 완만한 연소가 격렬한 폭굉으로 발전될 때까지의 거리로 시간을 의미한다.

㈎ 폭굉 유도 거리가 짧아지는 조건

㉮ 정상 연소 속도가 큰 혼합가스일수록

㉯ 관 속에 방해물이 있거나 관지름이 가늘수록

㉰ 압력이 높을수록

㉱ 점화원의 에너지가 클수록

㈏ 폭굉 유도 거리가 짧은 가연성 가스일수록 위험성이 큰 가스이다.

(4) BLEVE와 증기운 폭발

① BLEVE : 가연성 액체 저장탱크 주변에서 화재가 발생하여 기상부의 탱크가 국부적으

로 가열되면 그 부분이 강도가 약해져 탱크가 파열된다. 이때, 내부의 액화가스가 급격히 유출 팽창되어 화구(fire ball)를 형성하여 폭발하는 형태로 비등 액체 팽창 증기 폭발(Boiling Liquid Expanding Vapor Explosion)이라 한다.

② 증기운 폭발 : 대기 중에 대량의 가연성 가스나 인화성 액체가 유출되었을 때 다량의 증기가 대기 중의 공기와 혼합하여 폭발성의 증기운(vapor cloud)을 형성하고, 이때 착화원에 의해 화구(fire ball)를 형성하여 폭발하는 형태로 UVCE(Unconfined Vapor Cloud Explosion)라 한다.

3 화재의 분류 및 특성

(1) 화재의 정의

화재(火災)란 인간이 의도하지 않게 불이 나거나 고의로 불을 낸 것을 말하며, 손실과 피해를 가져다 주는 연소 현상을 의미한다.

(2) 화재의 분류 및 특성

① 일반 화재 (A급 화재 : 백색)

㈎ 종이, 목재, 섬유류, 특수 가연물 등의 화재이다.

㈏ 주로 백색 연기가 발생하며, 연소 후 재가 남는다.

㈐ 일반적으로 물을 사용하는 냉각 소화를 한다.

② 유류 화재(B급 화재 : 황색)

㈎ 제4류 위험물(석유, 등유, 알코올 등)의 화재이다.

㈏ 일반적으로 검은색 연기가 발생하며, 연소 후 아무것도 남기지 않는다.

㈐ 일반적으로 질식 소화를 한다.

③ 전기 화재(C급 화재 : 청색)

㈎ 전기 기계, 기구 등 전기 설비에서 발생하는 화재이다.

㈏ 1차적 전기 화재에서 2차적으로 일반 화재, 유류 화재 등으로 나타날 수 있다.

㈐ 일반적으로 질식 소화를 한다.

④ 금속 화재(D급 화재 : 무색)

㈎ 제1류 위험물(무기과산화물), 제2류 위험물(금속분류), 제3류 위험물(칼륨, 나트륨, 인화석회, 황린, 카바이드 등)의 화재이다.

㈏ 팽창질석, 팽창진주암, 마른 모래(건조사) 등을 사용하는 질식 소화를 한다.

(3) 화재 현상

① 화재 현장에서 발생하는 현상

㈎ 플래시오버(flash over) 현상 : 화재로 발생한 열이 주변의 모든 물체가 연소되기 쉬운 상태에 도달하였을 때 순간적으로 강한 화염을 분출하면서 내부 전체를 급격히 태워버리는 현상으로, 화재 성장기(제1단계)에서 발생한다.

㈏ 백드래프트(back draft) 현상 : 폐쇄된 건축물 내에서 산소가 부족한 상태로 연소가 되다가 갑자기 실내에 다량의 공기가 공급될 때 폭발적 발화 현상이 발생하는 것으로 화재 성장기와 감퇴기에서 주로 발생된다.

② 유류 저장 탱크 화재에서 일어나는 현상

㈎ 보일 오버(boil over) 현상 : 유류 탱크 화재 시 탱크 저부의 비점이 낮은 불순물이 연소열에 의하여 이상팽창하면서 다량의 기름이 탱크 밖으로 비산하는 현상을 말한다.

㈏ 슬롭 오버(slop over) 현상 : 유류 저장 탱크 화재 시 포소화약제를 방사하면 물이 기화되어 다량의 기름이 탱크 밖으로 비산하는 현상을 말한다.

4 소화 이론

(1) 소화

연소의 4요소 중 일부를 제거하거나 연소의 화학 반응을 지연시키거나 역반응시켜 연소를 방지하는 것을 말한다.

(2) 소화 방법 분류

① 물리적 소화 방법

㈎ 화재를 물 등을 이용하여 냉각시켜 소화하는 방법 : 냉각 소화

㈏ 유전 화재를 강풍으로 불어 소화하는 방법 : 제거 소화

㈐ 산소 공급을 차단하여 소화하는 방법 : 질식 소화

② 화학적 소화 방법 : 화학적으로 제조된 소화약제를 이용하여 소화시키는 방법으로 부촉매 효과(억제 소화)가 해당된다.

(3) 소화 방법의 특징

① 제거 소화 : 화재 현장에서 가연물을 제거함으로써 화재의 확산을 저지하는 방법이다.

㈎ 액체 연료 탱크에서 화재가 발생한 경우 펌프 등을 이용하여 다른 연료 탱크로 이송하는 방법

㈏ 가스가 분출되어 발생한 화재의 경우 가스의 주밸브를 폐쇄하여 가스가 공급되지

않도록 하는 방법

㈐ 산림 화재 시 불이 진행되는 방향을 앞질러 벌목하는 방법

㈑ 목재 등 가연 물질의 표면을 메타인산 등 방염물질로 코팅하는 방법

② 질식 소화 : 산소 공급원을 차단하여 연소 진행을 억제하는 방법이다.

㈎ 불연성 포말로 연소물을 감싸는 방법

㈏ 불연성 기체로 연소물을 감싸는 방법

㈐ 고체로 연소물을 감싸는 방법

③ 냉각 소화 : 물 등을 사용하여 활성화 에너지(점화원)를 냉각시켜 가연물을 발화점 이하로 낮추어 연소가 계속 진행할 수 없도록 하는 방법이다.

㈎ 액체를 사용하는 방법 : 물이나 다른 액체의 증발 잠열을 이용하여 소화하는 방법이다.

㈏ 고체를 사용하는 방법 : 튀김 냄비의 기름에 인화되었을 때 야채를 튀김용 기름에 집어넣어 온도를 낮춰 냉각시켜 소화하는 방법이다.

④ 부촉매 소화(억제 소화, 화학 소화) : 산화 반응에는 직접 관계없는 물질을 가하여 연쇄 반응의 억제 작용을 이용하는 방법이다.

⑤ 희석 소화 : 수용성 가연성 위험물인 알코올, 에테르 등의 화재 시 다량의 물을 살포하여 가연성 위험물의 농도를 연소 농도 이하가 되도록 하여 화재를 소화시키는 방법이다.

1-2 | 화재 예방 및 소화 방법

1 각종 위험물의 화재 예방

(1) 제1류 위험물

① 화재 예방

㈎ 가열, 충격, 마찰을 피하고 분해를 촉진시키는 약품류와의 접촉을 멀리하여 분해를 일으키는 조건을 제거한다.

㈏ 열원이 될 수 있는 것이나 산화되기 쉬운 물질은 격리하여 저장한다.

㈐ 복사열이 없고, 환기가 잘 되며 서늘한 곳에 저장한다.

㈑ 용기의 파손으로 인한 위험물의 유출에 주의한다.

㈒ 조해성(潮解性) 물질은 방습에 주의한다.

㈓ 무기과산화물은 물과의 접촉을 피한다.

▶ 조해성(潮解性) : 고체가 대기 중의 수분(습기)을 흡수하여 스스로 녹는 성질이다.

② 소화 방법

㈎ 산화제의 분해를 억제해야 하므로, 물로 냉각시켜 분해 온도 이하로 낮추어 가연물의 연소를 막는다.

㈏ 질식 효과용의 소화제는 효과가 없으므로, 대부분 주수 소화를 한다.

㈐ 과산화물이 물과 접촉하면 위험하므로 마른 모래 등으로 덮어 씌워 질식 소화한다.

(2) 제2류 위험물

① 화재 예방

㈎ 산화제와의 접촉을 피한다.

㈏ 불꽃, 기타 고온체의 접근, 가열을 피한다.

㈐ 금속분은 ㈏항 외에 물, 습기, 산을 피한다.

㈑ 용기의 파손, 위험물의 누출에 주의한다.

② 소화 방법

㈎ 금속분 이외의 것은 주수에 의하여 냉각 소화한다.

㈏ 금속분은 마른 모래 등을 덮어 씌워 질식 소화한다.

(3) 제3류 위험물

① 화재 예방

㈎ 용기의 파손, 부식을 방지한다.

㈏ 얼음, 물 등 수분의 접촉을 피한다.

㈐ 소분하여 저장하는 것이 좋다.

㈑ 보호액 중에 저장할 경우에는 보호액이 유출되지 않도록 한다.

② 소화 방법

㈎ 주수 소화는 절대로 금지한다.

㈏ 마른 모래나 이불, 담요 등으로 덮어 씌워 질식 소화한다.

(4) 제4류 위험물

① 화재 예방

㈎ 가연성 액체는 인화점 이하를 유지하여 저장한다.

㈏ 액체 및 증기의 누출을 방지한다.

㈐ 증기는 높은 곳으로 배출되도록 충분히 통풍시킨다.

㈑ 용기, 기기(특히 밸브) 등의 누전을 방지한다.
㈒ 밀폐된 용기 속에 혼합기가 생기지 않도록 한다.
㈓ 정전기, 불꽃의 발생을 방지한다.

② 소화 방법
㈎ 공기를 차단하는 것이 제일 좋다.
㈏ 연소 물질을 제거한다.
㈐ 액체를 인화점 이하로 냉각시킨다.
㈑ 소화제의 사용은 각각의 효력을 고려하여 사용한다.
㈒ 소형 소화기 여러 개보다는 같은 양이라도 대형 소화기를 사용하는 것이 더 효과적이다.

(5) 제5류 위험물

① 화재 예방
㈎ 실온의 상승이나 습기에 주의하여 저장한다.
㈏ 통풍을 양호하게 유지한다.
㈐ 가열, 충격, 마찰을 피한다.
㈑ 불꽃, 고온체의 접근을 피한다.
㈒ 운반 용기의 포장에 '화기엄금', '충격주의' 등의 표시를 한다.

② 소화 방법
㈎ 제5류 위험물은 다른 유의 위험물에 비해 그 연소 속도가 매우 빠르고 폭발적이므로 소화가 매우 어렵다.
㈏ 제5류 위험물은 화재 예방에서 특히 세심한 주의가 요구된다.

(6) 제6류 위험물

① 화재 예방
㈎ 가연물이나 분해를 촉진시키는 약품류와의 접촉을 피한다.
㈏ 용기의 파손에 주의하며, 위험물이 유출되어 다른 물질과 혼합되지 않도록 한다.
㈐ 물과의 접촉을 피한다.

② 소화 방법
㈎ 주수 소화는 적합하지 않지만, 안개 형태의 주수가 효과적일 경우도 있다.
㈏ 모래, 탄산가스로 소화하는 것이 좋다.
㈐ 사염화탄소는 산화되어 매우 유독한 포스겐을 발생하므로, 지하실이나 창이 없는 곳에서는 사용하지 않는다.

2 각종 위험물의 화재 발생 시 조치 방법

(1) 제1류 위험물

① 아염소산염류 : 포 소화약제, 다량의 물로 소화한다.

② 염소산염류, 과염소산염류 : 주수 소화가 효과적이다.

③ 무기과산화물류

㈎ 과산화나트륨 : 건조사(마른 모래)에 의한 피복 질식 소화

㈏ 과산화칼륨, 과산화마그네슘 : 건조사(마른 모래)에 의한 질식 소화

㈐ 과산화칼슘 : 건조사(마른 모래)에 의한 질식 소화, 주수 소화 일부 가능

㈑ 과산화바륨 : 탄산가스(CO_2), 건조사(마른 모래)에 의한 질식 소화

④ 질산염류 : 질산나트륨, 질산칼륨, 질산암모늄 : 주수 소화에 의한 냉각 소화

(2) 제2류 위험물

① 황화인 : 탄산가스(CO_2), 건조사(마른 모래), 분말 소화약제에 의한 질식 소화

② 적린 : 주수 소화에 의한 냉각 소화, 건조사(마른 모래)에 질식 소화

③ 유황 : 다량의 물이나 탄산가스(CO_2), 건조사(마른 모래) 등의 질식 소화

④ 철분 : 탄산수소염류 분말 소화약제, 건조사(마른 모래)에 의한 질식 소화

⑤ 금속분(알루미늄, 아연) : 마른 모래에 의한 질식 소화

⑥ 마그네슘 : 마른 모래에 의한 질식 소화

(3) 제3류 위험물

① 칼륨 : 건조사(마른 모래), 분말 소화약제 사용(물과 반응 시 수소 가스 발생)

② 나트륨 : 건조사(마른 모래), 분말 소화약제 사용(물 소화약제 절대 엄금)

③ 알킬알루미늄, 알킬리튬 : 건조사(마른 모래)에 의한 질식 소화

④ 황린 : 주수 소화(단, 물 소화약제 고압 방사 절대 금지), 건조사(마른 모래)

⑤ 알칼리 금속, 알칼리 토금속 : 건조사(마른 모래)에 의한 질식 소화

⑥ 인화석회, 탄화칼슘, 탄화알루미늄 : 건조사(마른 모래)에 의한 질식 소화

(4) 제4류 위험물

① 수용성 위험물 : 내알코올포 사용

참고 수용성 위험물

아세톤, 초산메틸에스테르류, 의산에스테르류, 메틸알코올, 에탄올, 메틸에틸케톤, 피리딘, 초산, 글리세린, 에틸렌글리콜

② 비수용성 위험물 : 공기 차단에 의한 질식 소화
③ 이황화탄소 : 이산화탄소, 할론 소화약제, 분말 소화약제에 의한 질식 소화

(5) 제5류 위험물

① 유기과산화물(과산화벤조일) : 다량의 물로 냉각 소화하는 것이 효과적이다. 소량일 경우 이산화탄소, 소화 분말, 마른 모래, 소다회를 사용한다.
② 질산에스테르류, 니트로화합물 : 다량의 물로 냉각 소화

(6) 제6류 위험물

산화성 액체로 다량의 물로 희석 소화가 효과적이다.

예상 문제

1. 다음 중 연소의 3요소를 모두 갖춘 것은?

① 휘발유, 공기, 산소
② 적린, 수소, 성냥불
③ 성냥불, 황, 산소
④ 알코올, 수소, 산소

해설 연소의 3요소
㉮ 가연 물질, 산소 공급원, 점화원
㉯ 성냥불 : 점화원, 황 : 가연 물질, 산소 공급원

★★★
2. 가연물이 되기 쉬운 조건으로 가장 거리가 먼 것은?

① 열전도율이 클수록
② 활성화 에너지가 작을수록
③ 화학적 친화력이 클수록
④ 산소와 접촉이 잘 될수록

해설 가연물의 구비 조건
㉮ 발열량이 크고, 열전도율이 작을 것
㉯ 산소와 친화력이 좋고 표면적이 넓을 것
㉰ 활성화 에너지(점화 에너지)가 작을 것
㉱ 연쇄 반응이 있고, 건조도가 높을 것(수분 함량이 적을 것)

참고 가연물의 열전도율이 크게 되면 자신이 보유하고 있는 열이 적게 되어 착화 및 연소가 어려워지게 된다.

3. 가연물에 대한 일반적인 설명으로 옳지 않은 것은?

① 주기율표에서 0족의 원소는 가연물이 될 수 없다.
② 활성화 에너지가 작을수록 가연물이 되기 쉽다.
③ 산화 반응이 완결된 산화물은 가연물이 아니다.
④ 질소는 비활성 기체이므로 질소의 산화물은 존재하지 않는다.

해설 질소는 불연성 기체로 질소산화물(NO_x)에는 산화질소(NO), 아산화질소(N_2O), 이산화질소(NO_2) 등이 있다.

4. 화재를 잘 일으킬 수 있는 일반적인 경우에 대한 설명 중 틀린 것은?

① 산소와 친화력이 클수록 연소가 잘 된다.
② 온도가 상승하면 연소가 잘 된다.
③ 연소 범위가 넓을수록 연소가 잘 된다.
④ 발화점이 높을수록 연소가 잘 된다.

해설 화재를 잘 일으킬 수 있는 일반적인 경우
㉮ 발열량이 크고, 열전도율이 작으면 연소가 잘 된다.
㉯ 산소와 친화력이 좋고 표면적이 넓으면 연소가 잘 된다.
㉰ 활성화 에너지(점화 에너지)가 작으면 발화점이 낮아지므로 점화가 쉽게 될 수 있다.
㉱ 연소 범위가 넓을수록 연소가 잘 된다.

참고 가연물의 열전도율이 크게 되면 자신이 보유하고 있는 열이 적게 되어 착화 및 연소가 어려워지게 된다.

5. 다음 중 가연물이 될 수 있는 것은?

① CS_2 ② H_2O_2 ③ CO_2 ④ He

해설 각 위험물의 연소성

품명	유별	연소성
이황화탄소(CS_2)	제4류	가연성
과산화수소(H_2O_2)	제6류	산화성
이산화탄소(CO_2)	비위험물	불연성
헬륨(He)	비위험물	불연성

★
6. 점화원 역할을 할 수 없는 것은?

① 기화열 ② 산화열

정답 1. ③ 2. ① 3. ④ 4. ④ 5. ① 6. ①

③ 정전기불꽃 ④ 마찰열

해설 ㉮ 점화원의 종류 : 전기불꽃(아크), 정전기불꽃, 단열압축, 마찰열 및 충격불꽃, 산화열의 축적 등
㉯ 기화열, 증발 잠열, 융해 잠열 등은 어떤 물질의 상태가 변화하는 데 필요한 열이므로 점화원 역할을 할 수 없다.

7. 다음 중 화학적 에너지원이 아닌 것은?

① 연소열 ② 분해열
③ 마찰열 ④ 용해열

해설 에너지원 분류
㉮ 화학적 에너지원 : 연소열, 분해열, 용해열, 중합열 등
㉯ 물리적 에너지원 : 마찰열, 융해열, 기화열, 충격불꽃, 단열압축 등

8. 전기불꽃 에너지 공식에서 ( )에 알맞은 것은? (단, Q는 전기량, V는 방전 전압, C는 전기 용량을 나타낸다.)

$$E = \frac{1}{2}(\quad) = \frac{1}{2}(\quad)$$

① QV, CV ② QC, CV
③ QV, CV^2 ④ QC, QV^2

해설 ㉮ 최소 점화 에너지 : 가연성 혼합 가스에 전기적 스파크로 점화시킬 때 점화하기 위한 최소한의 전기적 에너지를 말한다.
㉯ 최소 점화 에너지(E) 측정

$$E = \frac{1}{2}(QV) = \frac{1}{2}(CV^2)$$

9. 산소 공급원으로 작용할 수 없는 위험물은?

① 과산화칼륨 ② 질산나트륨
③ 과망간산칼륨 ④ 알킬알루미늄

해설 알킬알루미늄은 제3류 위험물에 속하는 것으로 물, 산, 알코올, 할로겐과 반응하여 가연성 가스를 발생한다.

10. 연소의 3요소 중 하나에 해당하는 역할이 나머지 셋과 다른 위험물은?

① 과산화수소 ② 과산화나트륨
③ 질산칼륨 ④ 황린

해설 ㉮ 각 위험물의 유별 및 성질

품명	유별	성질
과산화수소(H_2O_2)	제6류	산화성 액체
과산화나트륨(Na_2O_2)	제1류	산화성 고체
질산칼륨(KNO_3)	제1류	산화성 고체
황린(P_4)	제3류	자연발화성물질

㉯ 과산화수소, 과산화나트륨, 질산칼륨은 연소의 3요소 중 산소 공급원 역할을 하고, 황린은 가연물 역할을 한다.

11. "인화점 50℃"의 의미를 가장 옳게 설명한 것은?

① 주변의 온도가 50℃이상이 되면 자발적으로 점화원 없이 발화한다.
② 액체의 온도가 50℃ 이상이 되면 가연성 증기를 발생하여 점화원에 의해 인화한다.
③ 액체를 50℃ 이상으로 가열하면 발화한다.
④ 주변의 온도가 50℃일 경우 액체가 발화한다.

해설 ㉮ 인화점 : 가연성 물질이 공기 중에서 점화원에 의하여 연소할 수 있는 최저 온도이다.
㉯ "인화점 50℃"의 의미 : 액체의 온도가 50℃ 이상이 되면 가연성 증기를 발생하여 점화원에 의해 인화한다.

참고 ①번은 "발화점 50℃"의 의미를 설명한 것임

12. 착화점에 대한 설명으로 가장 옳은 것은?

① 연소가 지속될 수 있는 최저의 온도
② 점화원과 접촉했을 때 발화하는 최저 온도
③ 외부의 점화원 없이 발화하는 최저 온도
④ 액체 가연물에서 증기가 발생할 때의 온도

해설 착화점(착화 온도) : 가연성 물질이 공기 중에서 온도를 상승시킬 때 점화원 없이 스스로

정답 7. ③ 8. ③ 9. ④ 10. ④ 11. ② 12. ③

연소를 개시할 수 있는 최저의 온도로 발화점, 발화 온도라 한다.

13. 연소 이론에 대한 설명으로 가장 거리가 먼 것은?

① 착화 온도가 낮을수록 위험성이 크다.
② 인화점이 낮을수록 위험성이 크다.
③ 인화점이 낮은 물질은 착화점이 낮다.
④ 폭발 한계가 넓을수록 위험성이 크다.

해설 착화점은 인화점에 따른 것이 아니라 각 물질의 특성에 따라 인화점과 관계없이 나타난다.

참고 위험물의 화재 위험성
㉮ 인화점이 낮을수록 위험하다.
㉯ 착화점이 낮을수록 위험하다.
㉰ 착화 에너지가 작을수록 위험하다.
㉱ 열전도율이 작을수록 위험하다.
㉲ 연소열이 클수록 위험하다.
㉳ 연소 범위(폭발 한계)가 넓을수록 위험하다.
㉴ 연소 속도가 클수록 위험하다.

14. 다음 중 발화점이 달라지는 요인으로 가장 거리가 먼 것은?

① 가연성 가스와 공기의 조성비
② 발화를 일으키는 공간의 형태와 크기
③ 가열 속도와 가열 시간
④ 가열 도구와 내구 연한

해설 발화점에 영향을 주는 인자(요인)
㉮ 가연성 가스와 공기와의 혼합비
㉯ 발화를 일으키는 공간의 형태와 크기
㉰ 기벽의 재질과 촉매 효과
㉱ 가열 속도와 지속 시간(가열시간)
㉲ 점화원의 종류와 에너지 투여법

15. 물질의 발화 온도가 낮아지는 경우는?

① 발열량이 작을 때
② 산소의 농도가 작을 때
③ 화학적 활성도가 클 때
④ 산소와 친화력이 작을 때

해설 발화 온도가 낮아지는 조건
㉮ 압력이 높을 때
㉯ 발열량이 높을 때
㉰ 열전도율이 작고 습도가 낮을 때
㉱ 산소와 친화력이 클 때
㉲ 산소 농도가 높을 때
㉳ 분자 구조가 복잡할수록
㉴ 반응 활성도가 클수록

★★
16. 다음 제4류 위험물 중 인화점이 가장 낮은 것은?

① 아세톤 ② 아세트알데히드
③ 산화프로필렌 ④ 디에틸에테르

해설 제4류 위험물의 인화점

품명		인화점
아세톤 (CH_3COCH_3)	제1석유류	−18℃
아세트알데히드 (CH_3CHO)	특수인화물	−39℃
산화프로필렌 (CH_3CHOCH_2)	특수인화물	−37℃
디에틸에테르 ($C_2H_5OC_2H_5$)	특수인화물	−45℃

참고 제4류 위험물 중 인화점이 가장 낮은 것은 디에틸에테르($C_2H_5OC_2H_5$)이다.

17. 다음 물질 중 인화점이 가장 낮은 것은?

① 톨루엔 ② 아세톤
③ 벤젠 ④ 디에틸에테르

해설 제4류 위험물의 인화점

품명		인화점
톨루엔($C_6H_5CH_3$)	제1석유류	4.5℃
아세톤 (CH_3COCH_3)	제1석유류	−18℃
벤젠(C_6H_6)	제1석유류	−11.1℃
디에틸에테르 ($C_2H_5OC_2H_5$)	특수인화물	−45℃

정답 13. ③ 14. ④ 15. ③ 16. ④ 17. ④

참고 제4류 위험물 중 인화점이 가장 낮은 것은 디에틸에테르($C_2H_5OC_2H_5$)이다.

18. 다음 중 인화점이 가장 낮은 것은?

① $C_6H_5NH_2$ ② $C_6H_5NO_2$
③ C_6H_5N ④ $C_6H_5CH_3$

해설 제4류 위험물의 인화점

품명		인화점
아닐린($C_6H_5NH_2$)	제3석유류	75.8℃
니트로벤젠($C_6H_5NO_2$)	제3석유류	87.8℃
피리딘(C_6H_5N)	제1석유류	20℃
톨루엔($C_6H_5CH_3$)	제1석유류	4.5℃

19. 다음 중 인화점이 가장 높은 것은?

① $CH_3COOC_2H_5$ ② CH_3OH
③ CH_3COOH ④ CH_3COCH_3

해설 제4류 위험물의 인화점

품명		인화점
초산에틸($CH_3COOC_2H_5$)	제1석유류	-4.4℃
메탄올(CH_3OH)	알코올류	11℃
초산(CH_3COOH)	제2석유류	42.8℃
아세톤(CH_3COCH_3)	제1석유류	-18℃

20. 다음 중 인화점이 20℃ 이상인 것은?

① CH_3COOCH_3 ② CH_3COCH_3
③ CH_3COOH ④ CH_3CHO

해설 제4류 위험물의 인화점

품명		인화점
초산메틸(CH_3COOCH_3)	제1석유류	-10℃
아세톤(CH_3COCH_3)	제1석유류	-18℃
초산(CH_3COOH)	제2석유류	42.8℃
아세트알데히드(CH_3CHO)	특수인화물	-39℃

21. 다음 중 발화점이 가장 높은 것은?

① 등유 ② 벤젠
③ 디에틸에테르 ④ 휘발유

해설 제4류 위험물의 발화점

품명		발화점
등유	제2석유류	254℃
벤젠	제1석유류	562℃
디에틸에테르	특수인화물	180℃
휘발유	제1석유류	300℃

22. 다음 중 발화점이 가장 낮은 것은?

① 황 ② 황린
③ 적린 ④ 삼황화인

해설 각 위험물의 발화점

품명	유별	발화점
황	제2류 위험물	233℃
황린	제3류 위험물	34℃
적린	제2류 위험물	260℃
삼황화인	제2류 황화인	100℃

★★
23. 일반적인 연소 형태가 표면 연소인 것은?

① 플라스틱 ② 목탄
③ 유황 ④ 피그린산

해설 연소 형태에 따른 가연물

㉮ 표면 연소 : 목탄(숯), 코크스
㉯ 분해 연소 : 종이, 석탄, 목재, 중유
㉰ 증발 연소 : 가솔린, 등유, 경유, 알코올, 양초, 유황
㉱ 확산 연소 : 가연성 기체(수소, 프로판, 부탄, 아세틸렌 등)
㉲ 자기 연소 : 제5류 위험물(니트로셀룰로오스, 셀룰로이드, 니트로글리세린 등)

24. 주된 연소 형태가 표면 연소인 것은?

① 황
② 종이
③ 금속분
④ 니트로셀룰로오스

해설 표면 연소를 하는 물질 : 목탄(숯), 코크스, 금속분 등

정답 18. ④ 19. ③ 20. ③ 21. ② 22. ② 23. ② 24. ③

★★
25. 고체 가연물의 연소 형태에 해당하지 않는 것은?

① 등심 연소 ② 증발 연소
③ 분해 연소 ④ 표면 연소

해설 고체 가연물의 연소 형태
㉮ 표면 연소 : 목탄, 코크스
㉯ 분해 연소 : 종이, 석탄, 목재
㉰ 증발 연소 : 양초, 유황, 나프탈렌

참고 등심 연소는 액체 가연물의 연소 방법에 해당된다.

26. 고체 가연물로서 증발 연소를 하는 것은?

① 숯
② 나무
③ 나프탈렌
④ 니트로셀룰로오스

해설 고체 가연물의 연소 형태
㉮ 표면 연소 : 목탄, 코크스
㉯ 분해 연소 : 종이, 석탄, 목재
㉰ 증발 연소 : 양초, 유황, 나프탈렌

27. 중유의 주된 연소 형태는?

① 표면 연소 ② 분해 연소
③ 증발 연소 ④ 자기 연소

해설 중유는 제4류 위험물 중 제3석유류에 해당되며, 갈색 또는 암갈색의 액체로 점도가 높고 인화점이 높기 때문에 연소 형태는 분해 연소에 해당된다.

28. 가연물의 주된 연소 형태에 대한 설명으로 옳지 않은 것은?

① 유황의 연소 형태는 증발 연소이다.
② 목재의 연소 형태는 분해 연소이다.
③ 에테르의 연소 형태는 표면 연소이다.
④ 숯의 연소 형태는 표면 연소이다.

해설 에테르($C_2H_5OC_2H_5$)는 무색, 투명한 액체로 제4류 위험물 중 특수 인화물에 해당되며, 연소 형태는 증발 연소이다.

29. 가연성 물질이 공기 중에서 연소할 때의 연소 형태에 대한 설명으로 틀린 것은?

① 공기와 접촉하는 표면에서 연소가 일어나는 것을 표면 연소라 한다.
② 유황의 연소는 표면 연소이다.
③ 산소 공급원을 가진 물질 자체가 연소하는 것을 자기 연소라 한다.
④ TNT의 연소는 자기 연소이다.

해설 유황은 고체 상태이지만 증발 연소를 한다.

30. 고체 가연물에 있어서 덩어리 상태보다 분말일 때 화재 위험성이 증가하는 이유는?

① 공기와의 접촉 면적이 증가하기 때문이다.
② 열전도율이 증가하기 때문이다.
③ 흡열 반응이 진행되기 때문이다.
④ 활성화 에너지가 증가하기 때문이다.

해설 고체 가연물에서 고체 덩어리보다 분말 가루일 때 위험성이 더 커지는 이유는 공기와 접촉 면적이 커지고, 활성화 에너지가 작아지기 때문이다.

31. 연소 속도와 의미가 가장 가까운 것은?

① 기화열의 발생 속도
② 환원 속도
③ 착화 속도
④ 산화 속도

해설 연소 속도 : 가연물과 산소와의 반응(산화 반응)을 일으키는 속도이다.

★
32. 연소 시 온도에 따른 불꽃의 색상이 잘못된 것은?

① 적색 : 약 850℃
② 황적색 : 약 1100℃
③ 휘적색 : 약 1200℃
④ 백적색 : 약 1300℃

정답 25. ① 26. ③ 27. ② 28. ③ 29. ② 30. ① 31. ④ 32. ③

해설 연소 빛에 따른 온도

구분	암적색	적색	휘적색	황적색	백적색	휘백색
온도	700℃	850℃	950℃	1100℃	1300℃	1500℃

★★
33. 자연 발화가 일어날 수 있는 조건으로 가장 옳은 것은?

① 주위의 온도가 낮을 것
② 표면적이 작을 것
③ 열전도율이 작을 것
④ 발열량이 작을 것

해설 위험물의 자연 발화가 일어날 수 있는 조건
㉮ 통풍이 안 되는 경우
㉯ 저장실의 온도가 높은 경우
㉰ 습도가 높은 상태로 유지되는 경우
㉱ 열전도율이 작아 열이 축적되는 경우
㉲ 가연성 가스가 발생하는 경우
㉳ 물질의 표면적이 큰 경우
㉴ 발열량이 클 것

34. 다음 중 일반적으로 자연 발화의 위험성이 가장 낮은 장소는?

① 온도 및 습도가 높은 장소
② 습도 및 온도가 낮은 장소
③ 습도는 높고 온도는 낮은 장소
④ 습도는 낮고 온도는 높은 장소

해설 자연 발화의 위험성이 가장 낮은 장소는 습도 및 온도가 낮은 장소이다.

35. 다음 중 자연 발화의 원인으로 가장 거리가 먼 것은?

① 기화열에 의한 발열
② 산화열에 의한 발열
③ 분해열에 의한 발열
④ 흡착열에 의한 발열

해설 자연 발화의 형태
㉮ 분해열에 의한 발열 : 과산화수소, 염소산칼륨, 셀룰로이드류 등
㉯ 산화열에 의한 발열 : 건성유, 원면, 고무 분말 등
㉰ 중합열에 의한 발열 : 시안화수소, 산화에틸렌, 염화비닐 등
㉱ 흡착열에 의한 발열 : 활성탄, 목탄 분말 등
㉲ 미생물에 의한 발열 : 먼지, 퇴비 등

★
36. 셀룰로이드의 자연 발화 형태를 가장 옳게 나타낸 것은?

① 잠열에 의한 발화
② 미생물에 의한 발화
③ 분해열에 의한 발화
④ 흡착열에 의한 발화

해설 제5류 위험물 중 질산에스테르유에 해당하는 셀룰로이드의 자연 발화 형태는 분해열에 의한 발열이다.

37. 자연 발화가 일어나는 물질과 대표적인 에너지원의 관계로 옳지 않은 것은?

① 셀룰로이드 – 흡착열에 의한 발열
② 활성탄 – 흡착열에 의한 발열
③ 퇴비 – 미생물에 의한 발열
④ 먼지 – 미생물에 의한 발열

★★★
38. 다음 중 자연발화 방지법에 대한 설명으로 틀린 것은?

① 습도가 낮은 것을 피할 것
② 저장실의 온도가 낮을 것
③ 퇴적 및 수납할 때 열이 축적되지 않을 것
④ 통풍이 잘 될 것

해설 위험물의 자연 발화를 방지하는 방법
㉮ 통풍을 잘 시킬 것
㉯ 저장실의 온도를 낮출 것
㉰ 습도가 높은 곳을 피하고, 건조하게 보관할 것
㉱ 열의 축적을 방지할 것
㉲ 가연성 가스 발생을 조심할 것
㉳ 불연성 가스를 주입하여 공기와의 접촉을 피할 것

정답 33. ③ 34. ② 35. ① 36. ③ 37. ① 38. ①

㉳ 물질의 표면적을 최대한 작게 할 것
㉴ 정촉매 작용을 하는 물질과의 접촉을 피할 것

39. 위험물의 화재 위험에 대한 설명으로 옳은 것은?

① 인화점이 높을수록 위험하다.
② 착화점이 높을수록 위험하다.
③ 착화 에너지가 작을수록 위험하다.
④ 연소열이 작을수록 위험하다.

해설 위험물의 화재 위험성
㉮ 인화점이 낮을수록 위험하다.
㉯ 착화점이 낮을수록 위험하다.
㉰ 착화 에너지가 작을수록 위험하다.
㉱ 열전도율이 작을수록 위험하다.
㉲ 연소열이 클수록 위험하다.
㉳ 연소 범위가 넓을수록 위험하다.
㉳ 연소 속도가 클수록 위험하다.

★★★
40. 제조소에서 위험물을 취급함에 있어서 정전기를 유효하게 제거할 수 있는 방법으로 가장 거리가 먼 것은?

① 접지에 의한 방법
② 상대 습도를 70% 이상 높이는 방법
③ 공기를 이온화하는 방법
④ 부도체 재료를 사용하는 방법

해설 정전기 제거 설비 설치 [시행규칙 별표4] : 위험물을 취급함에 있어서 정전기가 발생할 우려가 있는 설비에는 다음 중 하나에 해당하는 방법으로 정전기를 유효하게 제거할 수 있는 설비를 설치하여야 한다.
㉮ 접지에 의한 방법
㉯ 공기 중의 상대 습도를 70% 이상으로 하는 방법
㉰ 공기를 이온화하는 방법

41. 제4류 위험물 중 제1석유류를 저장, 취급하는 장소에서 정전기를 방지하기 위한 방법으로 볼 수 없는 것은?

① 가급적 습도를 낮춘다.
② 주위 공기를 이온화시킨다.
③ 위험물 저장, 취급 설비를 접지시킨다.
④ 사용 기구 등은 도전성 재료를 사용한다.

해설 공기 중의 상대 습도를 70% 이상 유지시켜야 한다.

42. 가연성 가스의 폭발 범위에 대한 일반적인 설명으로 틀린 것은?

① 가스의 온도가 높아지면 폭발 범위는 넓어진다.
② 폭발 한계 농도 이하에서 폭발성 혼합 가스를 생성한다.
③ 공기 중에서 보다 산소 중에서 폭발 범위가 넓어진다.
④ 가스압이 높아지면 하한값은 크게 변하지 않으나 상한값은 높아진다.

해설 폭발 범위(연소 범위)
㉮ 공기 중에서 점화원에 의해 폭발을 일으킬 수 있는 혼합 가스 중의 가연성 가스의 부피 범위(%)로 최고 농도를 폭발 범위 상한값, 최저 농도를 폭발 범위 하한값이라 한다.
㉯ 폭발 범위에 영향을 주는 요소
㉠ 온도 : 온도가 높아지면 폭발 범위는 넓어진다.
㉡ 압력 : 압력이 상승하면 일반적으로 폭발 범위는 넓어진다(상한값이 높아진다).
㉢ 산소 농도 : 산소 농도가 증가하면 폭발범위는 넓어진다(상한값이 높아진다).
㉣ 불연성 가스 : 불연성 가스가 혼합되면 산소 농도를 낮추며 이로 인해 폭발 범위는 좁아진다.

43. 다음 중 전기의 불량도체로 정전기가 발생되기 쉽고 폭발 범위가 가장 넓은 위험물은?

① 아세톤 ② 톨루엔
③ 에틸알코올 ④ 에틸에테르

정답 39. ③ 40. ④ 41. ① 42. ② 43. ④

해설 각 위험물의 공기 중 폭발 범위

품명	폭발 범위
아세톤(CH_3COCH_3)	2.6~12.8%
톨루엔($C_6H_5CH_3$)	1.4~6.7%
에틸알코올(C_2H_5OH)	4.3~19%
에틸에테르($C_2H_5OC_2H_5$)	1.9~48%

참고 디에틸에테르($C_2H_5OC_2H_5$)를 에테르, 산화에틸, 에틸에테르로 불려진다.

44. 다음 제4류 위험물 중 연소 범위가 가장 넓은 것은?

① 아세트알데히드 ② 산화프로필렌
③ 휘발유 ④ 아세톤

해설 제4류 위험물의 공기 중 연소 범위

품명	폭발 범위
아세트알데히드(CH_3CHO)	4.1~57%
산화프로필렌(CH_3CHOCH_2)	2.1~38.5%
휘발유	1.4~7.6%
아세톤(CH_3COCH_3)	2.6~12.8%

45. 수소의 공기 중 연소 범위에 가장 가까운 값을 나타내는 것은?

① 2.5~82.0vol% ② 5.3~13.9vol%
③ 4.0~74.5vol% ④ 12.5~55.0vol%

해설 수소(H_2)의 연소 범위
㉮ 공기 중 : 4~75vol%
㉯ 산소 중 : 4~94vol%

참고 ㉮ vol%는 체적(volume) 백분율을 나타내는 것이다.
㉯ wt%는 무게(weight) 백분율을 나타내는 것이다.

46. 폭발의 종류에 따른 물질이 잘못 짝지어진 것은?

① 분해 폭발 – 아세틸렌, 산화에틸렌
② 분진 폭발 – 금속분, 밀가루
③ 중합 폭발 – 시안화수소, 염화비닐
④ 산화 폭발 – 히드라진, 과산화수소

해설 폭발의 종류에 따른 물질
㉮ 산화 폭발 : 가연성 기체 또는 가연성 액체의 증기
㉯ 분해 폭발 : 아세틸렌, 산화에틸렌, 과산화수소
㉰ 분무 폭발 : 가연성 액체의 무적(안개방울)
㉱ 분진 폭발 : 가연성 고체의 미분
㉲ 중합 폭발 : 산화에틸렌, 시안화수소, 염화비닐, 히드라진

47. 가연성 고체의 미세한 분말이 일정 농도 이상 공기 중에 분산되어 있을 때 점화원에 의하여 연소 폭발되는 현상은?

① 분진 폭발 ② 산화 폭발
③ 분해 폭발 ④ 중합 폭발

해설 폭발의 종류
㉮ 산화 폭발 : 가연성 기체 또는 가연성 액체의 증기와 조연성 기체가 일정한 비율로 혼합되어 있을 때 점화원에 의하여 착화되어 일어나는 폭발이다.
㉯ 분해 폭발 : 분해할 때 발열 반응하는 기체가 분해될 때 점화원에 의하여 착화되어 일어나는 폭발이다.
㉰ 분무 폭발 : 가연성 액체의 무적(안개방울)이 공기 중에 일정 농도 이상으로 분산되어 있을 때 점화원에 의하여 착화되어 일어나는 폭발이다.
㉱ 분진 폭발 : 가연성 고체의 미분이 공기 중에 분산된 상태에서 점화원에 의해서 일어나는 폭발이다.
㉲ 중합 폭발 : 중합 반응이 일어날 때 발생하는 중합열에 의하여 발생하는 폭발이다.

48. 다음 중 분진 폭발의 위험성이 가장 작은 것은?

① 석탄분 ② 시멘트
③ 설탕 ④ 커피

정답 44. ① 45. ③ 46. ④ 47. ① 48. ②

해설 분진 폭발을 일으키는 물질
㉮ 폭연성 분진 : 금속 분말(Mg, Al, Fe 등)
㉯ 가연성 분진 : 소맥분, 전분, 합성수지류, 황, 코코아, 리그린, 석탄 분말, 고무 분말, 담배 분말 등

참고 시멘트 분말, 대리석 분말, 모래 등은 불연성 물질로 분진 폭발과는 관련이 없다.

49. 화염의 전파 속도가 음속보다 빠르며, 연소 시 충격파가 발생하여 파괴 효과가 증대되는 현상을 무엇이라 하는가?

① 폭연 ② 폭압
③ 폭굉 ④ 폭명

해설 폭굉(detonation)의 정의 : 가스 중의 음속보다도 화염 전파 속도가 큰 경우로서 파면선단에 충격파라고 하는 압력파가 생겨 격렬한 파괴작용을 일으키는 현상

50. 폭굉 유도 거리(DID)가 짧아지는 요건에 해당되지 않은 것은?

① 정상 연소 속도가 큰 혼합가스일수록
② 관속에 방해물이 없거나 관경이 큰 경우
③ 압력이 높을 경우
④ 점화원의 에너지가 클 경우

해설 ㉮ 폭굉 유도 거리(DID) : 최초의 완만한 연소가 격렬한 폭굉으로 발전될 때까지의 거리이다.
㉯ 폭굉 유도 거리(DID)가 짧아지는 조건
㉠ 정상 연소 속도가 큰 혼합 가스일수록
㉡ 관 속에 방해물이 있거나 관지름이 가늘수록
㉢ 압력이 높을수록
㉣ 점화원의 에너지가 클수록

51. 폭발 시 연소파의 전파 속도 범위에 가장 가까운 것은?

① 0.1~10m/s
② 100~1000m/s
③ 2000~3500m/s
④ 5000~10000m/s

해설 연소파 및 폭굉의 속도
㉮ 연소파 전파 속도(연소속도) : 0.1~10m/s
㉯ 폭굉파의 전파 속도(폭속) : 1000~3500m/s

52. BLEVE 현상에 대한 설명으로 가장 옳은 것은?

① 기름 탱크에서의 수증기의 폭발 현상
② 비등 상태의 액화 가스가 기화하여 팽창하고 폭발하는 현상
③ 화재 시 기름 속의 수분이 급격히 증발하여 기름 거품이 되고 팽창해서 기름 탱크에서 밖으로 내뿜어져 나오는 현상
④ 원유, 중유 등 고점도의 기름 속에 수증기를 포함한 볼 형태의 물방울이 형성되어 탱크 밖으로 넘치는 현상

해설 BLEVE(boiling liquid expanding vapor explosion) 현상 : 비등 액체 팽창 증기 폭발이라 하며, 가연성 액체 저장 탱크 주변에서 화재가 발생하여 기상부의 탱크가 국부적으로 가열되면 그 부분이 강도가 약해져 탱크가 파열된다. 이때, 내부의 액화 가스가 급격히 유출 팽창되어 화구(fire ball)를 형성하여 폭발하는 형태를 말한다.

★
53. 일반적으로 다량 주수를 통한 소화가 가장 효과적인 화재는?

① A급 화재 ② B급 화재
③ C급 화재 ④ D급 화재

해설 일반 화재 (A급 화재 : 백색)의 특징
㉮ 종이, 목재, 섬유류, 특수 가연물 등의 화재이다.
㉯ 주로 백색 연기가 발생하며 연소 후 재가 남는다.
㉰ 물을 사용하는 냉각소화가 효과적이다.

정답 49. ③ 50. ② 51. ① 52. ② 53. ①

54. 공장 창고에 보관되었던 톨루엔이 유출되어 미상의 점화원에 의해 착화되어 화재가 발생하였다면 이 화재의 분류로 옳은 것은?

① A급 화재 ② B급 화재
③ C급 화재 ④ D급 화재

해설 톨루엔($C_6H_5CH_3$)은 제4류 위험물 중 제1석유류에 해당되며, 화재 분류 시 B급 화재에 해당된다.

★★
55. 인화성 액체의 화재에 해당하는 것은?

① A급 화재 ② B급 화재
③ C급 화재 ④ D급 화재

해설 화재 종류의 표시

구분	화재 종류	표시색
A급	일반 화재	백색
B급	유류 화재	황색
C급	전기 화재	청색
D급	금속 화재	-

56. 금속 화재에 대한 설명으로 틀린 것은?

① 마그네슘과 같은 가연성 금속의 화재를 말한다.
② 주수 소화 시 물과 반응하여 가연성 가스를 발생하는 경우가 있다.
③ 화재 시 금속 화재용 분말 소화약제를 사용할 수 있다.
④ D급 화재라고 하며 표시하는 색상은 청색이다.

해설 금속화재는 D급 화재라고 하며, 표시하는 색상은 없다(무색이다).

57. 화재가 발생한 후 실내 온도는 급격히 상승하고 축적된 가연성 가스가 착화하면 실내 전체가 화염에 휩싸이는 화재 현상은?

① 보일 오버 ② 슬롭오버
③ 플래시 오버 ④ 파이어볼

해설 플래시오버(flash over) 현상 : 전실 화재라 하며 화재로, 발생한 열이 주변의 모든 물체가 연소되기 쉬운 상태에 도달하였을 때 순간적으로 강한 화염을 분출하면서 내부 전체를 급격히 태워버리는 현상이다.

58. 고온층(hot zone)이 형성된 유류 화재의 탱크 밑면에 물이 고여 있는 경우, 화재의 진행에 따라 바닥의 물이 급격히 증발하여 불붙은 기름을 분출시키는 위험현상을 무엇이라 하는가?

① 파이어볼(fire ball)
② 플래시 오버(flash over)
③ 슬롭 오버(slop over)
④ 보일 오버(boil over)

해설 보일 오버(boil over) 현상 : 유류 탱크 화재 시 탱크 저부의 비점이 낮은 불순물이 연소열에 의하여 이상 팽창하면서 다량의 기름이 탱크 밖으로 비산하는 현상을 말한다.

59. 보일 오버(boil over) 현상과 가장 거리가 먼 것은?

① 기름이 열의 공급을 받지 아니하고 온도가 상승하는 현상
② 기름의 표면부에서 조용히 연소하다 탱크 내의 기름이 갑자기 분출하는 현상
③ 탱크 바닥에 물 또는 물과 기름의 에멀션층이 있는 경우 발생하는 현상
④ 열유층이 탱크 아래로 이동하여 발생하는 현상

해설 보일 오버(boil over) 현상 : 유류 탱크 화재 시 탱크 저부의 비점이 낮은 불순물이 연소열에 의하여 이상 팽창하면서 다량의 기름이 탱크 밖으로 비산하는 현상을 말한다.

60. 물리적 소화에 의한 소화 효과(소화 방법)에 속하지 않는 것은?

정답 54. ② 55. ② 56. ④ 57. ③ 58. ④ 59. ① 60. ④

① 제거 효과 ② 질식 효과
③ 냉각 효과 ④ 억제 효과

해설 소화 방법의 분류
㉮ 물리적 소화 방법 : 냉각 소화, 제거 소화, 질식 소화
㉯ 화학적 소화 방법 : 억제 소화(부촉매 효과)

61. 다음 중 소화 효과에 대한 설명으로 옳지 않은 것은?

① 산소 공급원 차단에 의한 소화는 제거 효과이다.
② 가연 물질의 온도를 떨어뜨려서 소화하는 것은 냉각 효과이다.
③ 촛불을 입으로 바람을 불어 끄는 것은 제거효과이다.
④ 물에 의한 소화는 냉각 효과이다.

해설 소화 효과(소화 작용)
㉮ 제거 소화 : 화재 현장에서 가연물을 제거함으로써 화재의 확산을 저지하는 방법으로 소화하는 것이다.
㉯ 질식 소화 : 산소 공급원을 차단하여 연소 진행을 억제하는 방법으로 소화하는 것이다.
㉰ 냉각 소화 : 물 등을 사용하여 활성화 에너지(점화원)를 냉각시켜 가연물을 발화점 이하로 낮추어 연소가 계속 진행할 수 없도록 하는 방법으로 소화하는 것이다.
㉱ 부촉매 소화(억제 소화) : 산화 반응에 직접 관계없는 물질을 가하여 연쇄 반응의 억제 작용을 이용하는 방법으로 소화하는 것이다.
㉲ 희석 소화 : 수용성 가연성 위험물인 알코올, 에테르 등의 화재 시 다량의 물을 살포하여 가연성 위험물의 농도를 낮추거나, 가연성 가스나 증기의 농도를 연소 한계(하한) 이하로 하여 화재를 소화시키는 방법이다.

62. 이산화탄소를 이용한 질식 소화에 있어서 아세톤의 한계 산소 농도(vol%)에 가장 가까운 값은?

① 15 ② 18 ③ 21 ④ 25

해설 질식 소화는 공기 중의 산소 농도를 15% 이하로 낮춰 연소가 불가능하게 하여 소화하는 방법이다.

63. 가연성 가스나 증기의 농도를 연소 한계(하한) 이하로 하여 소화하는 방법은?

① 희석 소화 ② 제거 소화
③ 질식 소화 ④ 냉각 소화

해설 가연성 액체 위험물의 농도를 낮추거나, 가연성 가스나 증기의 농도를 연소 한계(하한) 이하로 하여 화재를 소화시키는 방법이 희석 효과이다.

64. 연소 및 소화에 대한 설명으로 틀린 것은?

① 공기 중의 산소 농도가 0%까지 떨어져야만 연소가 중단되는 것은 아니다.
② 질식 소화, 냉각 소화 등은 물리적 소화에 해당한다.
③ 연소의 연쇄 반응을 차단하는 것은 화학적 소화에 해당한다.
④ 가연 물질에 상관없이 온도, 압력이 동일하면 한계 산소량은 일정한 값을 가진다.

해설 가연 물질에 따라 성분, 기화량, 연소범 위 등이 다르므로 온도, 압력이 동일해도 한계 산소량은 다른 값을 갖는다.

65. 위험물 안전관리법령에서 정한 제3류 위험물에 있어서 화재 예방법 및 화재 시 조치 방법에 대한 설명으로 틀린 것은?

① 칼륨과 나트륨은 금수성 물질로 물과 반응하여 가연성 기체를 발생한다.
② 알킬알루미늄은 알킬기의 탄소수에 따라 주수 시 발생하는 가연성 기체의 종류가 다르다.
③ 탄화칼슘은 물과 반응하여 폭발성의 아세틸렌 가스를 발생한다.
④ 황린은 물과 반응하여 유독성의 포스핀

정답 61. ① 62. ① 63. ① 64. ④ 65. ④

가스를 발생한다.

해설 ㉮ 황린(P_4)은 물과 반응하지 않기 때문에 보관할 때 수조에 저장한다.
㉯ 물과 반응하여 유독성의 포스핀(PH_3) 가스를 발생하는 제3류 위험물은 인화칼슘(Ca_3P_2 : 인화석회)이다.

66. 과산화나트륨 저장소에서 화재가 발생하였다. 과산화나트륨을 고려하였을 때 다음 중 가장 적합한 소화약제는?

① 포 소화약제 ② 할로겐 화합물
③ 건조사 ④ 물

해설 과산화나트륨(Na_2O_2 : 과산화소다)
㉮ 제1류 위험물 중 무기과산화물에 해당되며, 지정 수량은 50kg이다.
㉯ 물과 격렬히 반응하여 많은 열과 함께 산소(O_2)를 발생하기 때문에 화재를 확대시킴으로 주수 소화는 금지한다.
$2Na_2O_2+2H_2O \rightarrow 4NaOH+O_2\uparrow+Q[kcal]$
㉰ 화재 시 가장 적합한 소화약제는 건조사, 팽창질석 또는 팽창진주암 등에 질식소화가 효과적이다.

67. 위험물에 화재가 발생하였을 경우 물과의 반응으로 인해 주수 소화가 적당하지 않은 것은?

① CH_3ONO_2 ② $KClO_3$
③ Li_2O_2 ④ P

해설 ㉮ 제1류 위험물인 과산화리튬(Li_2O_2)은 물과의 반응으로 산소가 발생하므로 주수 소화가 부적합하다.
㉯ 제5류 위험물 질산메틸(CH_3ONO_2), 제1류 위험물 염소산칼륨($KClO_3$), 제2류 위험물 적린(P)은 물과의 반응이 없으므로 주수 소화가 가능하다.

68. 가연성 고체 위험물의 화재에 대한 설명으로 틀린 것은?

① 적린과 유황은 물에 의한 냉각 소화를 한다.
② 금속분, 철분, 마그네슘이 연소하고 있을 때에는 주수해서는 안 된다.
③ 금속분, 철분, 마그네슘, 황화인은 마른 모래, 팽창 질석 등으로 소화를 한다.
④ 금속분, 철분, 마그네슘의 연소 시에는 수소와 유독 가스가 발생하므로 충분한 안전거리를 확보해야 한다.

해설 제2류 위험물인 금속분, 철분, 마그네슘의 연소 시에는 많은 열과 산화물이 생성되고, 물과 반응할 때 수소가 발생한다.

★
69. 제2류 위험물 중 철분의 화재에 적응성이 있는 소화약제는?

① 인산염류 분말 소화 설비
② 이산화탄소 소화 설비
③ 탄산수소염류 분말 소화 설비
④ 할로겐 화합물 소화 설비

해설 제2류 위험물 중 철분, 금속분, 마그네슘에 적응성이 있는 소화 설비 [시행규칙 별표17]
㉮ 탄산수소염류 분말 소화 설비 및 분말 소화기
㉯ 건조사
㉰ 팽창질석 또는 팽창진주암

70. 위험물 안전관리법령상 제3류 위험물 중 금수성 물질에 적응성이 있는 소화기는?

① 할로겐화합물 소화기
② 인산염류분말 소화기
③ 이산화탄소 소화기
④ 탄산수소염류분말 소화기

해설 제3류 위험물 중 금수성 물질에 적응성이 있는 소화 설비 [시행규칙 별표17]
㉮ 탄산수소염류 분말 소화 설비 및 분말 소화기
㉯ 건조사
㉰ 팽창질석 또는 팽창진주암

정답 66. ③ 67. ③ 68. ④ 69. ③ 70. ④

71. 위험물의 화재발생 시 사용하는 소화 설비(약제)를 연결한 것이다. 소화 효과가 가장 떨어지는 것은?

① $(C_2H_5)_3Al$ – 팽창질석
② $C_2H_5OC_2H_5$ – CO_2
③ $C_6H_2(NO_2)_3OH$ – 수조
④ $C_6H_4(CH_3)_2$ – 수조

해설 제4류 위험물 제1석유류인 크실렌 [$C_6H_4(CH_3)_2$]에 물을 이용한 주수 소화는 부적합하고 물분무 소화설비, 포 소화설비, 불활성 가스 소화설비, 할로겐화합물 소화설비, 분말 소화기 등이 효과적이다.

72. 다음 위험물을 보관하는 창고에 화재가 발생하였을 때 물을 사용하여 소화하면 위험성이 증가하는 것은?

① 질산암모늄
② 탄화칼슘
③ 과염소산나트륨
④ 셀롤로이드

해설 탄화칼슘(CaC_2 : 카바이드)
㉮ 제3류 위험물로 물과 반응하면 가연성 가스인 아세틸렌(C_2H_2)이 발생하므로 화재가 발생하였을 때 물을 사용하면 위험성이 증가한다.
$CaC_2 + 2H_2O \rightarrow Ca(OH)_2 + C_2H_2 \uparrow$

73. 제4류 위험물의 소화 방법에 대한 설명 중 틀린 것은?

① 공기 차단에 의한 질식소화가 효과적이다.
② 물분무 소화도 적응성이 있다.
③ 수용성인 가연성 액체의 화재에는 수성막포에 의한 소화가 효과적이다.
④ 비중이 물보다 작은 위험물의 경우는 주수소화가 효과가 떨어진다.

해설 수용성인 가연성 액체 화재 시 수성막포 소화약제를 사용하면 포(泡, foam)가 수용성 액체에 파괴되는 현상이 발생해 소화 효과를 잃게 되므로 알코올형포 소화약제를 사용한다.

74. 화재발생 시 소화 방법으로 공기를 차단하는 것이 효과가 있으며, 연소 물질을 제거하거나 액체를 인화점 이하로 냉각시켜 소화할 수도 있는 위험물은?

① 제1류 위험물 ② 제4류 위험물
③ 제5류 위험물 ④ 제6류 위험물

해설 제4류 위험물은 대부분 상온, 상압에서 액체 상태로 비중이 물보다 가볍고 물에 녹지 않는 불용성이기 때문에 물은 화재를 확대시킬 위험이 있으므로 사용을 금지하고 질식 소화가 효과적이고, 일부는 냉각 소화가 가능하다.

75. 다량의 비수용성 제4류 위험물의 화재 시 물로 소화하는 것이 적합하지 않은 이유는?

① 가연성 가스를 발생한다.
② 연소면을 확대한다.
③ 인화점이 내려간다.
④ 물이 열분해한다.

해설 제4류 위험물은 대부분 상온, 상압에서 액체 상태로 비중이 물보다 가볍고 물에 녹지 않는 불용성(비수용성)이기 때문에 화재 발생 시 물로 소화하면 화재가 확대되기 때문에 사용이 부적합하다.

76. 경유의 대규모 화재 발생 시 주수 소화가 부적당한 이유에 대한 설명으로 가장 옳은 것은?

① 경유가 연소할 때 물과 반응하여 수소가스를 발생하여 연소를 돕기 때문에
② 주수 소화하면 경유의 연소열 때문에 분해하여 산소를 발생하고 연소를 돕기 때문에
③ 경유는 물과 반응하여 유독 가스를 발생하므로

정답 71. ④ 72. ② 73. ③ 74. ② 75. ② 76. ④

④ 경유는 물보다 가볍고 또 물에 녹지 않기 때문에 화재가 널리 확대되므로

해설 경유는 상온, 상압에서 액체 상태로 비중이 0.82~0.85 정도로 물보다 가볍고, 물에 녹지 않는 불용성이기 때문에 대규모 화재 발생 시 주수 소화하면 화재가 확대되기 때문에 사용이 부적합하다.

77. 제4류 위험물 중 비수용성 인화성 액체의 탱크 화재 시 물을 뿌려 소화하는 것은 적당하지 않다. 그 이유로 가장 적당한 것은?

① 인화점이 낮아진다.
② 가연성 가스가 발생한다.
③ 화재면(연소면)이 확대된다.
④ 발화점이 낮아진다.

해설 제4류 위험물 중 비수용성 인화성 액체의 탱크 화재 시 물을 뿌려 소화하는 것은 적당하지 않다고 하는 것은 대부분 제4류 위험물은 상온, 상압에서 액체 상태로 비중이 물보다 가볍고, 물에 녹지 않기 때문에 주수 소화하면 화재가 확대되기 때문이다.

78. 제5류 위험물의 일반적인 취급 및 소화 방법으로 틀린 것은?

① 운반용기 외부에는 주의사항으로 화기엄금 및 충격주의 표시를 한다.
② 화재 시 소화 방법으로는 질식 소화가 가장 이상적이다.
③ 대량 화재 시 소화가 곤란하므로 가급적 소분하여 저장한다.
④ 화재 시 폭발의 위험이 있으므로 충분한 안전거리를 확보하여야 한다.

해설 제5류 위험물은 자기 연소를 하기 때문에 질식 소화는 곤란하고, 다량의 물에 의한 냉각 소화가 효과적이다.

★★★
79. 다음 중 제5류 위험물의 화재 시에 가장 적당한 소화 방법은?

① 질소 가스를 사용한다.
② 할로겐 화합물을 사용한다.
③ 탄산가스를 사용한다.
④ 다량의 물을 사용한다.

해설 제5류 위험물은 자기 연소를 하기 때문에 질식 소화는 곤란하고, 다량의 물에 의한 냉각 소화가 효과적이다.

80. 불활성가스 소화 설비에 의한 소화 적응성이 없는 것은?

① $C_3H_5(ONO_2)_3$
② $C_6H_4(CH_3)_2$
③ CH_3COCH_3
④ $C_2H_5OC_2H_5$

해설 ㉮ 각 위험물의 유별 및 불활성가스 소화설비 적응성 비교

품명	유별	적응성
니트로글리세린 [$C_3H_5(ONO_2)_3$]	제5류 위험물 질산에스테르류	×
크실렌 [$C_6H_4(CH_3)_2$]	제4류 위험물 제2석유류(비수용성)	○
아세톤 (CH_3COCH_3)	제4류 위험물 제1석유류(수용성)	○
에테르 ($C_2H_5OC_2H_5$)	제4류 위험물 특수인화물	○

㉯ 제5류 위험물은 자기 연소를 하기 때문에 불활성가스 소화설비에 의한 질식 소화는 곤란하고, 다량의 물에 의한 냉각 소화가 효과적이다.

81. 과산화수소 보관 장소에 화재가 발생하였을 때 소화 방법으로 틀린 것은?

① 마른 모래로 소화한다.
② 환원성 물질을 사용하여 중화 소화한다.
③ 연소의 상황에 따라 분무주수도 효과가 있다.
④ 다량의 물을 사용하여 소화할 수 있다.

정답 77. ③ 78. ② 79. ④ 80. ① 81. ②

해설 제6류 위험물인 과산화수소(H_2O_2)는 산화성 액체로 보관 장소에 화재가 발생하였을 때 환원성 물질을 사용하여 중화하면 위험성이 증가한다.

82. 화재발생 시 물을 사용하여 소화할 수 있는 물질은?

① K_2O_2 ② CaC_2 ③ Al_4C_3 ④ P_4

해설 화재발생 시 물을 사용할 수 있는지 여부
㉮ 황린(P_4) : 제3류 위험물로 물과 반응하지 않으므로 물을 사용할 수 있다.
㉯ 과산화칼륨(K_2O_2) : 제1류 위험물로 물과 접촉하면 산소가 발생하므로 부적합하다.
㉰ 탄화칼슘(CaC_2) : 제3류 위험물로 물과 반응하여 가연성 가스인 아세틸렌(C_2H_2)을 발생하므로 물은 소화약제로 부적합하다.
㉱ 탄화알루미늄(Al_4C_3) : 제3류 위험물로 물과 반응하여 가연성인 메탄(CH_4)가스를 발생하므로 물은 소화약제로 부적합하다.

참고 과산화칼륨(K_2O_2), 탄화칼슘(CaC_2), 탄화알루미늄(Al_4C_3)의 적응성이 있는 소화 설비로는 탄산수소염류 분말 소화설비 및 분말 소화기, 건조사, 팽창질석 또는 팽창진주암이다.

83. 공기 중 산소는 부피 백분율과 질량 백분율로 각각 약 몇 %인가?

① 79%, 21% ② 21%, 23%
③ 23%, 21% ④ 21%, 79%

해설 공기의 조성

구분	부피비	질량비
산소(O_2)	21%	23.5%
질소(N_2)	79%	76.5%

참고 공기는 산소(O_2), 질소(N_2) 외에 아르곤(Ar), 이산화탄소(CO_2), 기타 원소가 포함되어 있으나 함유량이 적고 불연성에 해당되어 질소로 포함시키는 것이 일반적임

84. 공기의 평균 분자량은 약 29라고 한다. 이 평균 분자량을 계산하는 데 관계된 원소는?

① 산소, 수소 ② 탄소, 수소
③ 산소, 질소 ④ 질소, 탄소

해설 ㉮ 공기의 조성은 산소 21v%, 질소 79v%이다.
㉯ 평균 분자량(M) 계산 : 산소 분자량 32, 질소 분자량 28이다.
$\therefore M = (32 \times 0.21) + (28 \times 0.79) = 28.84 ≒ 29$

85. 탄소 1mol이 완전 연소하는 데 필요한 최소 이론공기량은 약 몇 L 인가? (단, 0℃, 1기압 기준이며, 공기 중 산소의 농도는 21vol%이다.)

① 10.7 ② 22.4 ③ 107 ④ 224

해설 ㉮ 탄소(C)의 완전 연소 반응식
$C + O_2 \rightarrow CO_2$
㉯ 이론 공기량 계산 : 탄소(C) 1mol이 완전 연소하는 데 산소 1mol이 필요하고, 1mol의 체적은 22.4L이다.

$$\therefore A_0 = \frac{O_0}{0.21} = \frac{1 \times 22.4}{0.21} = 106.666\,\text{L}$$

86. 다음 화합물 중 2mol이 완전 연소될 때 6mol의 산소가 필요한 것은?

① $CH_3 - CH_3$ ② $CH_2 = CH_2$
③ $CH \equiv CH$ ④ C_6H_6

해설 ㉮ 탄화수소(C_mH_n)의 완전연소 반응식

$$C_mH_n + \left(m + \frac{n}{4}\right)O_2 \rightarrow mCO_2 + \frac{n}{2}H_2O$$

㉯ 각 화합물의 완전연소 반응식
① $CH_3 - CH_3$: 에탄(C_2H_6)
$C_2H_6 + 3.5O_2 \rightarrow 2CO_2 + 3H_2O$
② $CH_2 = CH_2$: 에틸렌(C_2H_4)
$C_2H_4 + 3O_2 \rightarrow 2CO_2 + 2H_2O$
$2C_2H_4 + 6O_2 \rightarrow 4CO_2 + 4H_2O$
③ $CH \equiv CH$: 아세틸렌(C_2H_2)
$C_2H_2 + 2.5O_2 \rightarrow 2CO_2 + H_2O$
④ C_6H_6 : 벤젠
$C_6H_6 + 7.5O_2 \rightarrow 6CO_2 + 3H_2O$

정답 82. ④ 83. ② 84. ③ 85. ③ 86. ②

87. 프로판 1몰을 완전 연소하는 데 필요한 산소의 이론량을 표준 상태에서 계산하면 몇 L가 되는가?

① 22.4 ② 44.8 ③ 89.6 ④ 112.0

해설 ㉮ 프로판의 완전 연소 반응식

$C_3H_8 + 5O_2 \rightarrow 3CO_2 + 4H_2O$

㉯ 이론 산소량 계산 : 프로판 1몰(mol)이 완전 연소하는 데 산소는 5몰(mol)이 필요하고 표준 상태에서 1몰의 체적은 22.4L이다.

∴ 이론 산소량=5×22.4L=112L

88. 프로판 1kg을 완전 연소시키기 위해 표준 상태의 산소가 약 몇 m^3가 필요한가?

① 2.55 ② 5 ③ 7.55 ④ 10

해설 ㉮ 프로판(C_3H_8)의 완전 연소 반응식

$C_3H_8 + 5O_2 \rightarrow 3CO_2 + 4H_2O$

㉯ 이론 산소량 계산

$44\text{kg} : 5\times 22.4\text{m}^3 = 1\text{kg} : x(O_0)\text{m}^3$

$$\therefore x = \frac{1\times 5\times 22.4}{44} = 2.545\,\text{m}^3$$

89. C_3H_8 22.0g을 완전 연소시켰을 때 필요한 공기의 부피는 약 얼마인가? (단, 0℃, 1기압 기준이며, 공기 중의 산소량은 21%이다.)

① 56L ② 112L
③ 224L ④ 267L

해설 ㉮ 프로판(C_3H_8)의 완전 연소 반응식

$C_3H_8 + 5O_2 \rightarrow 3CO_2 + 4H_2O$

㉯ 이론공기량 계산

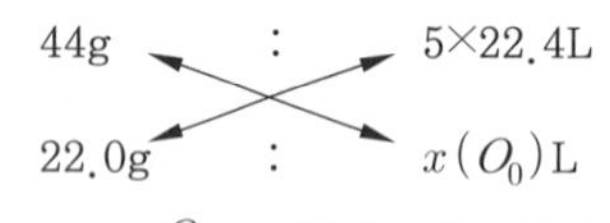

$$\therefore A_0 = \frac{O_0}{0.21} = \frac{22.0\times 5\times 22.4}{44\times 0.21} = 266.666\,\text{L}$$

90. 10L의 프로판을 완전 연소시키기 위해 필요한 공기는 몇 L 인가? (단, 공기 중 산소의 부피는 20%로 가정한다.)

① 10 ② 50
③ 125 ④ 250

해설 ㉮ 프로판(C_3H_8)의 완전 연소 반응식

$C_3H_8 + 5O_2 \rightarrow 3CO_2 + 4H_2O$

㉯ 이론 공기량 계산

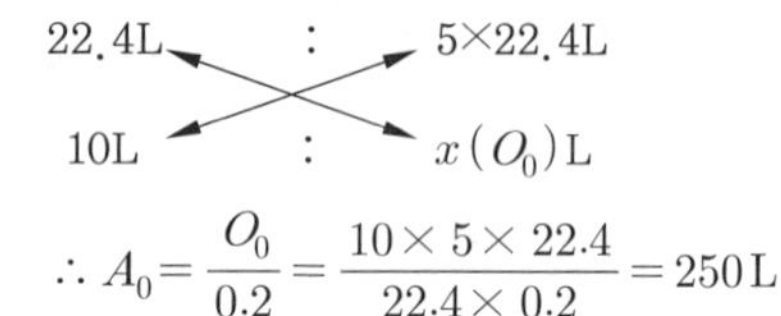

$$\therefore A_0 = \frac{O_0}{0.2} = \frac{10\times 5\times 22.4}{22.4\times 0.2} = 250\,\text{L}$$

★
91. 프로판 $2m^3$이 완전 연소할 때 필요한 이론 공기량은 약 몇 m^3 인가? (단, 공기 중 산소 농도는 21vol%이다.)

① 23.81 ② 35.72
③ 47.62 ④ 71.43

해설 ㉮ 프로탄(C_3H_8)의 완전 연소 반응식

$C_3H_8 + 5O_2 \rightarrow 3CO_2 + 4H_2O$

㉯ 이론 공기량 계산

$22.4\text{m}^3 : 5\times 22.4\text{m}^3 = 2\text{m}^3 : x(O_0)\text{m}^3$

$$\therefore A_0 = \frac{O_0}{0.21} = \frac{2\times 5\times 22.4}{22.4\times 0.21} = 47.619\,\text{m}^3$$

92. 표준 상태에서 벤젠 2mol이 완전 연소하는 데 필요한 이론공기 요구량은 몇 L 인가? (단, 공기 중 산소는 21vol%이다.)

① 168 ② 336
③ 1600 ④ 3200

해설 ㉮ 벤젠(C_6H_6)의 완전 연소 반응식

$C_6H_6 + 7.5O_2 \rightarrow 6CO_2 + 3H_2O$

㉯ 표준 상태에서 벤젠 1몰(mol)이 완전 연소하는 데 산소 7.5몰(mol)이 필요하므로 2몰(mol)일 때는 2배가 필요하고, 1몰의 체적은 22.4L이다. 공기 중 산소의 체적비는 21%이다.

$$\therefore A_0 = \frac{O_0}{0.21} = \frac{(2\times 7.5)\times 22.4}{0.21} = 1600\,\text{L}$$

정답 87. ④ 88. ① 89. ④ 90. ④ 91. ③ 92. ③

93. 표준 상태에서 적린 8mol이 완전 연소하여 오산화인을 만드는 데 필요한 이론 공기량은 약 몇 L 인가? (단, 공기 중 산소는 21vol%이다.)

① 1066.7 ② 806.7
③ 224 ④ 22.4

해설 ㉮ 적린(P)의 완전 연소 반응식
$4P+5O_2 \rightarrow 2P_2O_5$
㉯ 적린(P) 4mol이 완전 연소하는 데 산소 5mol이 필요하다.
4mol : 5mol×22.4L=8mol : $x(O_0)$L
$$\therefore A_0=\frac{O_0}{0.21}=\frac{8\times(5\times 22.4)}{4\times 0.21}=1066.666\text{L}$$

94. 탄소 3g이 산소 16g 중에서 완전 연소되었다면, 연소한 후 혼합 기체의 부피는 표준 상태에서 몇 L가 되는가?

① 5.6 ② 6.8 ③ 11.2 ④ 22.4

해설 ㉮ 탄소(C)의 완전 연소 반응식
반응식 → $C+O_2 \rightarrow CO_2$
탄소 12g일 때 → 12g : 32g : 44g
탄소 3g일 때 → 3g : 8g : 11g
㉯ 연소한 후 혼합 기체 부피 계산 : 탄소(C) 3g의 부피와 완전 연소하는 데 필요한 산소(O_2) 8g의 부피를 합산한 것이다.
∴ 합산 부피 = (탄소 몰수 + 산소 몰수) × 22.4
$$=\left(\frac{3}{12}+\frac{8}{32}\right)\times 22.4=11.2\text{L}$$

95. 8g의 메탄을 완전 연소시키는 데 필요한 산소 분자의 수는?

① 6.02×10^{23} ② 1.204×10^{23}
③ 6.02×10^{24} ④ 1.204×10^{24}

해설 ㉮ 메탄(CH_4)의 분자량은 16이므로 8g은 0.5몰(mol)에 해당된다.
㉯ 메탄(CH_4)의 완전 연소 반응식
$CH_4+2O_2 \rightarrow CO_2+2H_2O$
메탄 1몰(mol)이 연소할 때 산소는 2몰 필요하므로 메탄 0.5몰이 연소할 때에는 산소 1몰이 필요하다. 기체 분자 1몰의 입자수는 6.02×10^{23}이므로 필요한 산소 분자의 수는 6.02×10^{23}이다.

96. 11g의 프로판이 연소하면 몇 g의 물이 생기는가?

① 4 ② 4.5 ③ 9 ④ 18

해설 ㉮ 프로판의 완전 연소 반응식
$C_3H_8+5O_2 \rightarrow 3CO_2+4H_2O$
㉯ 생성되는 물(H_2O)의 양 계산
44g : 4×18g=11g : x[g]
$$\therefore x=\frac{4\times 18\times 11}{44}=18\text{g}$$

97. 수소 5g과 산소 24g의 연소 반응 결과 생성된 수증기는 0℃, 1기압에서 몇 L 인가?

① 11.2 ② 16.8
③ 33.6 ④ 44.8

해설 ㉮ 수소(H_2)의 완전 연소 반응식 : 0℃, 1기압 기준
$$H_2 + \frac{1}{2}O_2 \rightarrow H_2O$$
2g : 16g : 22.4L
㉯ 수소가 완전 연소할 때 필요한 산소량은 수소량의 8배가 필요하므로, 수소 5g이 완전 연소할 때 필요한 산소는 5×8=40g이 필요하다. 그러므로 수소 5g은 산소가 부족하여 완전 연소할 수 없다.
㉯ 산소량을 기준으로 하면 수소가 완전 연소할 수 있는 양은 산소량의 $\frac{1}{8}$배 이므로 산소 24g으로 완전 연소할 수 있는 수소량은 $24\times\frac{1}{8}=$ 3g이다.
㉰ 산소 24g에 대한 수증기량(또는 수소 3g에 대한 수증기량) 계산

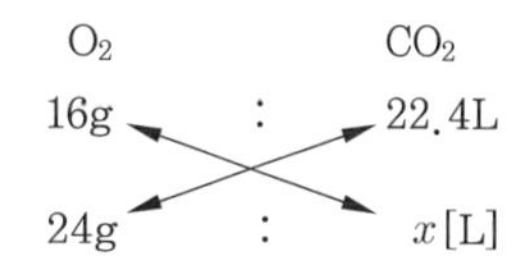

정답 93. ① 94. ③ 95. ① 96. ④ 97. ③

$$\therefore x = \frac{24 \times 22.4}{16} = 33.6\,\text{L}$$

98. CO_2 44g을 만들려면 C_3H_8 분자가 약 몇 개 완전 연소해야 하는가?

① 2.01×10^{23} ② 2.01×10^{22}
③ 6.02×10^{23} ④ 2.01×10^{22}

해설 ㉮ 프로판의 완전 연소 반응식에서 CO_2 44g을 만들 때 필요한 프로판 몰(mol)수 계산

$C_3H_8 + 5O_2 \rightarrow 3CO_2 + 4H_2O$

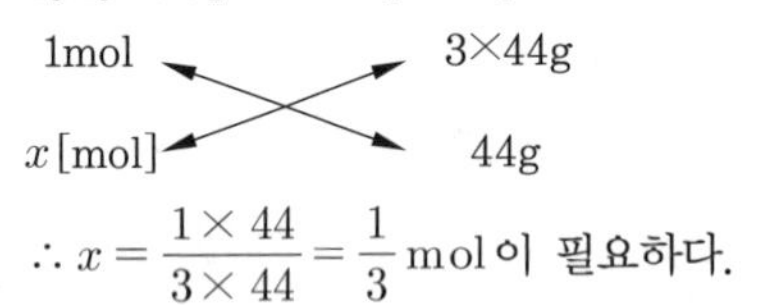

$$\therefore x = \frac{1 \times 44}{3 \times 44} = \frac{1}{3}\,\text{mol}$$이 필요하다.

㉯ 기체 1몰(mol)에는 분자수(입자수)가 6.02×10^{23} 있다.

$$\therefore \text{필요 분자수} = (6.02 \times 10^{23}) \times \frac{1}{3} = 2.006 \times 10^{23}$$

99. 탄소와 수소로 되어 있는 유기 화합물을 연소시켜 CO_2 44g, H_2O 27g을 얻었다. 이 유기 화합물의 탄소와 수소 몰 비율(C : H)은 얼마인가?

① 1 : 3 ② 1 : 4
③ 3 : 1 ④ 4 : 1

해설 ㉮ CO_2 44g 중 C의 질량 및 몰(mol)수 계산

$$44 \times \frac{12}{44} = 12\,\text{g}$$

→ C원소의 몰수는 1몰이다.

㉯ H_2O 27g 중 H의 질량 및 몰(mol)수 계산

$$27 \times \frac{2}{18} = 3\,\text{g}$$

→ H원소의 몰수는 3몰이다.

㉰ 탄소와 수소 몰비율(C : H)은 1 : 3이다.

정답 98. ① 99. ①

CHAPTER 02 소화약제 및 소화기

2-1 | 소화약제의 종류

1 소화약제의 종류 및 특징

(1) 물 소화약제

① 물(H_2O)의 특징

(가) 증발 잠열이 539kcal/kg으로 매우 크다.

(나) 냉각 소화에 효과적이다.

(다) 쉽게 구할 수 있고 비용이 저렴하다.

(라) 취급이 간편하다.

② 주수 형태

(가) 봉상 주수(stream) : 긴 물줄기 형태로 방사되는 옥내 소화전 설비, 옥외 소화전 설비에 해당되며, 고체 가연물 화재로서 화점이 강하고 아주 멀리 있으면서 물 소화약제의 강력한 침투력에 의하여 소화 효과가 있을 때 적용한다.

(나) 적상 주수(drop) : 지름 0.5~0.6mm의 물방울 형태로 방사되는 스프링클러설비, 연결 살수 설비가 해당되며, 고체 가연물 화재에 적용한다.

(다) 무상 주수(spray) : 안개, 운상 형태로 미세한 물입자로 넓게 방사되는 물 분무소화 설비가 해당되며, 질식 및 냉각 소화에 적용한다.

③ 적응 화재

(가) A급 화재

(나) B급 화재 : 제4류 위험물 제3석유류의 중유 화재에 무상주수(유화 소화 효과) 한다.

(다) C급 화재 : 무상 주수(질식 및 냉각 소화) 한다.

④ 물 첨가제의 종류

(가) 강화제 : 물에 연소 억제 작용이 있는 인산염, 탄산칼륨(K_2CO_3)를 첨가하여 물의 소화력을 증대하고 물의 동결성을 높여 한랭지에서도 사용이 가능하게 하는 효과가 있다.

(나) 침투제(흡수물) : 침투성이 있는 계면활성제를 물에 첨가시켜 표면 장력을 낮추어 물의 침투 및 흡수 작용을 강화시킨 것으로 분진 폭발이나 심부 화재에 사용한다.

(다) 증점제 : 물에 점성을 증가시키는 것을 첨가하여 물의 유동성을 억제시켜 소화 효과를 증대한 것으로, 건물이나 수목 등의 입체면에 오래도록 부착되도록 하여 물의 이용도를 높이는 것이다.

(라) 유화제 : 물과 기름 사이에 에멀션(emulsion)을 형성시켜 기름의 증발을 억제시키는 것으로 인화점이 비교적 높은 중유나 등유 화재에 적용한다.

(2) 산 · 알칼리 소화약제

① 원리

(가) 탄산수소나트륨($NaHCO_3$)과 황산(H_2SO_4)의 화학 반응으로 생긴 탄산가스(이산화탄소 : CO_2)를 압력원으로 사용한다.

(나) 소화 효과는 냉각 소화이다.

(다) 사용 온도는 0~40℃ 이하이다.

② 산·알칼리 소학약제 화학 반응식

$$2NaHCO_3 + H_2SO_4 \rightarrow Na_2SO_4 + 2H_2O\uparrow + 2CO_2\uparrow$$

③ 주수 형태

(가) 봉상 주수 : A급 화재에 유효

(나) 무상 주수 : B급 화재 및 C급 화재에 유효

(3) 강화액 소화약제

① 특징

(가) 물에 탄산칼륨(K_2CO_3)을 용해하여 빙점을 -30℃ 정도까지 낮추어 겨울철 및 한랭지에서도 사용할 수 있도록 한 소화약제이다.

(나) 소화약제의 구성은 '물+K_2CO_3'으로 pH12 정도로 알칼리성이다.

(다) 축압식(소화약제+압축 공기)과 가압식으로 구분한다.

(라) 소화 효과는 냉각 소화, 부촉매 효과(억제 효과), 일부 질식 소화이다.

② 주수 형태에 따른 적응 화재

(가) 봉상 주수 : A급 화재에 유효

(나) 무상 주수 : B급 화재 및 C급 화재에 유효

(4) 이산화탄소(CO_2) 소화약제

① 특징

㈎ 무색, 무미, 무취의 기체로 공기보다 무겁고 불연성이다.

㈏ 독성이 없지만 과량 존재 시 산소 부족으로 질식할 수 있다.

㈐ 비점 −78.5℃로 냉각, 압축에 의하여 액화된다.

㈑ 전기의 불량 도체이고, 장기간 저장이 가능하다.

㈒ 소화약제에 의한 오손이 없고, 질식 효과와 냉각 효과가 있다.

㈓ 자체 압력을 이용하므로 압력원이 필요하지 않고 할로겐 소화약제보다 경제적이다.

② 소화 효과

㈎ 질식 소화 : 액화탄산가스 1kg이 15℃에서 기화하면 약 534L의 기체로 변하여 산소의 농도를 15% 이하로 내려 질식 소화를 한다.

㈏ 냉각 소화 : 이산화탄소가 방출될 때 생성되는 고체탄산(드라이아이스)의 온도는 −78.5℃이어서 냉각 소화를 한다.

③ 이산화탄소 소화약제 저장 용기 설치 장소

㈎ 방호 구역 외의 장소에 설치할 것

㈏ 온도가 40℃ 이하이고 온도 변화가 적은 곳에 설치할 것

㈐ 직사광선 및 빗물이 침투할 우려가 없는 곳에 설치할 것

㈑ 방화문으로 구획된 실에 설치할 것

㈒ 용기의 설치 장소에는 해당 용기가 설치된 곳임을 표시하는 표지를 할 것

㈓ 용기 간의 간격은 점검에 지장이 없도록 3cm 이상의 간격을 유지할 것

㈔ 저장 용기와 집합관을 연결하는 연결 배관에는 체크 밸브를 설치할 것. 다만, 저장 용기가 하나의 방호 구역만을 담당하는 경우에는 그러하지 아니하다.

참고 할로겐 화합물 및 불활성 기체 소화 설비의 화재안전기준(NFSC 107A) 제3조

1. "할로겐 화합물 및 불활성 기체 소화약제"란 할로겐 화합물(할로 1301, 할론 2402, 할론 1211 제외) 및 불활성 기체로서, 전기적으로 비전도성이며 휘발성이 있거나 증발 후 잔여물을 남기지 않는 소화약제를 말한다.
2. "할로겐 화합물 소화약제"란 불소, 염소, 브롬 또는 요오드 중 하나 이상의 원소를 포함하고 있는 유기 화합물을 기본 성분으로 하는 소화약제를 말한다.
3. "불활성 기체 소화약제"란 헬륨, 네온, 아르곤 또는 질소 가스 중 하나 이상의 원소를 기본 성분으로 하는 소화약제를 말한다.

(5) 할로겐 화합물 소화약제

할로겐족 원소인 불소(F), 염소(Cl), 브롬(Br) 또는 요오드(I) 중 하나 이상의 원소를 포함하고 유기 화합물을 기본 성분으로 하는 소화약제로, 연소 반응을 억제시키는 효과(부촉매 효과)를 이용한다.

① 특징

㈎ 화학적 부촉매에 의한 연소 억제 작용이 커서 소화 능력이 우수하다.

㈏ 전기적으로 부도체이기 때문에 전기 화재에 효과가 크다.

㈐ 인체에 영향을 주는 독성이 적다.

㈑ 약제의 분해 및 변질이 거의 없어 반영구적이다.

㈒ 소화 후 약제에 의한 오염 및 소손이 적다.

㈓ 분자량이 커질수록 융점, 비점이 올라간다.

㈔ 가격이 고가이다.

② 구비 조건

㈎ 증기는 공기보다 무겁고, 불연성일 것

㈏ 비점이 낮으며 기화하기 쉽고, 증발 잠열이 클 것

㈐ 전기 절연성이 우수할 것

㈑ 증발 후에는 잔유물이 없을 것

③ 소화약제의 종류

㈎ 할론 1211(CF_2ClBr) 특징

㉮ 할론 소화약제 중 안정성이 가장 높다.

㉯ A급, B급, C급 화재에 모두 사용할 수 있다.

㉰ 알루미늄 및 금속에 대한 부식성이 존재한다.

㉱ 오존 파괴 지수가 가장 낮다.

㈏ 할론 1301(CF_3Br) 특징

㉮ 무색, 무취이고 액체 상태로 저장 용기에 충전한다.

㉯ 비점이 낮아서 기화가 용이하며, 상온에서 기체이다.

㉰ 할론 소화약제 중 독성이 가장 적은 반면 오존 파괴 지수가 가장 높다.

㉱ 전기 전도성이 없고, 기체 비중이 5.1로 공기보다 무거워 심부화재에 효과적이다.

㉲ 소화 시 시야를 방해하지 않기 때문에 피난 시에 방해가 없다.

㈐ 할론 2402($C_2F_4Br_2$) 특징

㉮ 상온, 상압에서 액체로 존재하기 때문에 국소 방출 방식에 주로 사용된다.

㉯ 독성과 부식성이 비교적 적고, 내절연성이 양호하다.

할론 소화약제의 성질

구분	할론 1211	할론 1301	할론 2402
분자식	CF_2ClBr	CF_3Br	$C_2F_4Br_2$
분자량	165.5	149	260
비점	-3.4℃	-57.8℃	47.5℃
증발 잠열	32.3	28.4	25.0
액체 비중	1.83	1.57	2.18
기체 비중	5.7	5.1	9.0
상온 상태	기체	기체	액체
오존 파괴 지수	3.0	10	6.0

④ 할론(Halon) 구조식

Halon−abcd

a : 탄소(C)의 수
b : 불소(F)의 수
c : 염소(Cl)의 수
d : 취소(Br : 브롬)의 수

참고 ① Halon 1301의 분자식 : 탄소(C) 원자 1개, 불소(F) 원자 3개, 염소(Cl) 원자 0개, 취소(Br) 원자 1개이다. → 분자식 : CF_3Br

② Halon 1001의 분자식 : 탄소(C) 원자 1개, 불소(F) 원자 0개, 염소(Cl) 원자 0개, 취소(Br) 원자 1개이다. 그런데 탄소(C) 원자에는 4개의 원자들이 연결되어 있어야 하는데 Halon 1001은 탄소(C) 1개, 취소(Br 브롬) 1개만 존재하므로 3개의 자리가 비워져 있고 그 자리에는 수소(H) 원자가 채워져야 한다. 그러므로 Halon 1001의 분자식은 CH_3Br이 된다.

Halon 1301: CF_3Br

```
      F
      |
F  —  C  —  F
      |
      Br
```

Halon 1001 : CH_3Br

```
      H
      |
H  —  C  —  H
      |
      Br
```

참고 **할론(Halon) 번호에 따른 화학식**

할론 번호	화학식	할론 번호	화학식
Halon 1001	CH_3Br	Halon 1301	CF_3Br
Halon 1011	CH_2ClBr	Halon 2402	$C_2F_4Br_2$
Halon 1202	CF_2Br_2	Halon 104	CCl_4
Halon 1211	CF_2ClBr	Halon 10001	CH_3I

(6) 포(foam) 소화약제

주원료에 포 안정제, 그 밖의 약제를 첨가한 액상의 것으로, 물(바닷물을 포함한다)과 일정한 농도로 혼합하여 공기 또는 불활성 기체를 기계적으로 혼입시킴으로써 거품을 발생시켜 소화에 사용하는 소화약제를 말한다[소화약제의 형식승인 및 제품검사의 기술기준 제2조].

① 포의 구비 조건

㈎ 유류 등에 대하여 부착성이 좋을 것

㈏ 유동성이 좋고, 열에 대한 센막을 가질 것

㈐ 기름 또는 물보다 가벼울 것

㈑ 바람 등에 견디고 응집성과 안정성이 있을 것

㈒ 독성이 적고 가격이 저렴할 것

② 종류

㈎ 화학포 : 탄산수소나트륨($NaHCO_3$)의 수용액과 황산알루미늄[$Al_2(SO_4)_3$] 수용액과의 화학 반응에 따라 발생하는 이산화탄소(CO_2)를 이용하여 포를 발생시킨다.

㉮ 반응식 : $6NaHCO_3$[A제] + $Al_2(SO_4)_3$ [B제] + $18H_2O$

$\rightarrow 3Na_2SO_4 + 2Al(OH)_3 + 6CO_2\uparrow + 18H_2O\uparrow$

㉯ 포 안정제 : 카세인, 젤라틴, 사포닝, 가수분해 단백질, 계면활성제 등

㈏ 공기포(기계포) : 기포안정제로 사용하는 용액(동식물 성분의 가수분해 생성물, 계면활성제)을 물에 희석한 것을 기계적으로 교란시키면서 공기를 흡입하여 포(泡, foam)를 발생시킨다.

㉮ 단백포 소화약제 : 단백질을 가수분해한 것을 주원료로 하는 포 소화약제이다. 기포 안정제로 염화제일철염을 사용하며, 내열성이 강하고 가격이 저렴하지만 유동 및 내유성이 매우 나쁘다.

㉯ 합성 계면활성제포 소화약제 : 합성 계면활성제를 주원료로 하는 포 소화약제로 유동성이 빠르고, 쉽게 변질되지 않아 반영구적이다. A급, B급 화재에 적응한다.

㉰ 수성막포 소화약제 : 합성 계면활성제를 주원료로 하는 포 소화약제 중 기름 표면에서 수성막을 형성하는 포 소화약제로 인체에 유해하지 않으며, 유동성이 좋아 소화속도가 빠르다. 단백포에 비해 3배 효과가 있으며, 기름 화재 진압용으로 가장 우수하다.

㉱ 알코올형포(내알코올포) 소화약제 : 단백질 가수분해물이나 합성 계면활성제 중에 지방산금속염이나 타 계통의 합성 계면활성제 또는 고분자 겔 생성물 등을 첨가한 포 소화약제로서, 알코올류 에테르류, 케톤류, 알데히드류, 아민류, 니트릴

류 및 유기산 등 수용성 용제의 소화에 사용하는 약제이다. 알코올과 같은 수용성 액체에는 포가 파괴되는 현상으로 인해 소화 효과를 잃게 되는 것을 방지하기 위해 단백질 가수분해물에 합성세제를 혼합하여 제조한 것이다.

㉮ 불화단백포 소화약제 : 플루오르계 계면활성제를 물과 혼합하여 제조한 것으로 수명이 길지만 가격이 고가이다.

(7) 분말 소화약제

방습 처리한 미세한 건조 분말에 유동성을 갖게 하기 위해 분산 매체를 첨가한 것으로, 분말 약제를 연소물에 방사하면 화재열로 열분해가 되고, 이때 생성되는 물질에 의하여 연소 반응 차단(부촉매 효과), 질식 효과, 냉각 효과, 방진 효과 등에 의해 소화하는 약제이다. 분말은 습기에 의해 고화 현상(굳는 현상)을 방지하기 위해 방습처리되어 있다.

① 제1종 분말 소화약제

㈎ 탄산수소나트륨($NaHCO_3$: 중탄산나트륨)을 주성분으로 하고 스테아린산염이나 실리콘 수지로 방습 처리되었으며 백색으로 착색되어 있다.

㈏ 열분해 반응

㉮ 주성분인 탄산수소나트륨은 약 60℃ 부근에서 열분해가 시작된다.

㉯ 270℃에서 열분해

$$2NaHCO_3 \rightarrow Na_2CO_3 + H_2O + CO_2 - Q[\text{kcal}]$$

㉰ 850℃ 이상에서 열분해

$$2NaHCO_3 \rightarrow Na_2O + H_2O + 2CO_2 - Q[\text{kcal}]$$

㈐ 소화 효과

㉮ 열분해 시 생성된 이산화탄소와 수증기에 의한 질식 효과

㉯ 열분해 시 흡열 반응에 의한 냉각 효과

㉰ 분말 미립자(운무)에 의한 열방사의 차단 효과

㉱ 열분해 과정에서 생성된 나트륨 이온(Na^+)에 의한 부촉매 효과

㈑ 특징

㉮ 가격이 저렴하고, 소화력이 우수하다.

㉯ 유류 화재와 전기 화재에 사용된다.

㉰ 주방에서 식용유에 의한 화재 시 효과가 있다(식용유 화재에 탄산수소나트륨을 방사하면 비누화 현상에 의해 거품을 생성하여 질식 소화 효과가 있기 때문이다).

㉱ A급(일반 화재)에는 소화력이 없다.

㉲ 소화 후 불씨나 과열된 금속 등이 있으면 재발화한다.

㈒ 적응 화재 : B급(유류 화재), C급(전기 화재)

② 제2종 분말 소화약제

㈎ 탄산수소칼륨($KHCO_3$: 중탄산칼륨)을 주성분으로 하여 방습 처리되었으며, 담회색(또는 자색)으로 착색되어 있다.

㈏ 열분해 반응

$2KHCO_3 \rightarrow K_2CO_3 + H_2O + CO_2 - Q[\text{kcal}]$

㈐ 소화 효과 : 제1종 분말 소화약제와 소화 효과는 비슷하지만, 칼륨(K)이 나트륨(Na)보다 반응성이 크기 때문에 소화 능력은 2배 정도 우수하다.

㉮ 열분해 시 생성된 이산화탄소와 수증기에 의한 질식 효과

㉯ 열분해 시 흡열 반응에 의한 냉각 효과

㉰ 열분해 과정에서 생성된 칼륨 이온(K^+)에 의한 부촉매 효과

㈑ 특징

㉮ 소화에 필요한 동일한 약제량으로 비교할 때 제1종 분말 소화약제보다 2배 정도 우수하다.

㉯ 요리용 기름이나 지방질 기름과 비누화 반응을 일으키지 않기 때문에 이 경우에는 제1종 분말 소화약제보다 소화력이 떨어진다.

㈒ 적응 화재 : B급(유류화재), C급(전기화재)

③ 제3종 분말 소화약제

㈎ 제1인산암모늄($NH_4H_2PO_4$)을 주성분으로 하고 발수제인 실리콘 오일로 방습 처리되었으며, 담홍색으로 착색되어 있다.

㈏ 열분해 반응

㉮ 주성분인 제1인산암모늄($NH_4H_2PO_4$)은 약 150℃ 부근에서 열분해가 시작된다.

㉯ 166℃에서 열분해로 생성된 인산(H_3PO_4 : 오르소인산)에 의해 종이, 목재, 섬유 등을 구성하고 있는 섬유소를 연소하기 어려운 탄소로 급속히 변화시킨다. 이러한 탈수·탄화 작용으로 섬유소를 난연성의 탄소와 물로 분해하여 연소 반응을 차단한다.

$NH_4H_2PO_4 \rightarrow NH_3 + H_3PO_4 - Q[\text{kcal}]$

㉰ 섬유소를 탈수·탄화시킨 인산(H_3PO_4 : 오르소인산)은 다시 360℃ 이상에서 2차 분해되면서 최종적으로 가장 안정된 용융 유리상의 메타인산(HPO_3)을 형성하고 산소의 유입을 차단(방진 효과)하여 재연소 방지 효과를 낸다.

$NH_4H_2PO_4 \rightarrow NH_3 + H_2O + HPO_3 - Q[\text{kcal}]$

㈐ 소화 효과

㉮ 열분해 시 생성된 불연성 가스에 의한 질식 효과

㉯ 열분해 시 흡열 반응에 의한 냉각 효과
㉰ 열분해 시 유리된 NH_4^+와 분말 표면의 흡착에 의한 부촉매 효과
㉱ 반응 과정에서 생성된 인산(H_3PO_4 : 오르소인산)에 의한 섬유소의 탈수·탄화 효과
㉲ 반응 과정에서 생성된 메타인산(HPO_3)에 의한 방진 효과
㉳ 분말 미립자(운무)에 의한 열방사의 차단 효과

㈑ 특징
㉮ 제1인산암모늄이 열분해될 때 생성되는 메타인산에 의하여 연소 반응이 중단된다.
㉯ A급 화재, B급 화재는 물론 C급 화재에도 적응할 수 있어서 ABC분말 소화약제라 한다.
㉰ 소화된 목재 등에 불꽃을 가까이 하여도 재착화되지 않는다.
㉱ 요리용 기름이나 지방질 기름과는 비누화 반응을 일으키지 않기 때문에 사용되지 않는다.

㈒ 적응 화재 : A급, B급, C급 화재

④ 제4종 분말 소화약제
㈎ 성분이 동일한 분말 소화약제는 입자가 작아지면 작아질수록 소화 효과가 커지는 반면 입자가 너무 작아지면 같은 가스 압력에서 방사 도달거리가 짧아지고 비표면적이 증가하여 방습 가공이 곤란해지는 단점을 개량한 것으로 탄산수소칼륨($KHCO_3$: 중탄산칼륨)과 요소[$(NH_2)_2CO$]와의 혼합물이 방사되면 화염과 접촉되면서 산탄처럼 미세한 입자로 분해되어 소화 효과가 크게 나타난다. 소화약제는 회색으로 착색되어 있다.

㈏ 열분해 반응

$$2KHCO_3 + (NH_2)_2CO \rightarrow K_2CO_3 + 2NH_3 + 2CO_2 - Q[\text{kcal}]$$

㈐ 소화 효과
㉮ 분말 소화약제 중 소화력은 가장 우수하다.
㉯ B급, C급 화재에는 소화 효과가 우수하지만 A급 화재에는 효과가 없다.

㈑ 적응 화재 : B급(유류 화재), C급(전기 화재)

2 소화약제별 소화 원리 및 효과

① 물 : 냉각 효과
② 산·알칼리 소화약제 : 냉각 효과
③ 강화액 소화약제 : 냉각 소화, 부촉매 효과, 일부 질식 효과

④ 이산화탄소 소화약제 : 질식 효과, 냉각 효과

⑤ 할로겐 화합물 소화약제 : 억제 효과(부촉매 효과)

⑥ 포 소화약제 : 질식 효과, 냉각 효과

⑦ 분말 소화약제 : 질식 효과, 냉각 효과, 제3종 분말 소화 약제는 부촉매 효과도 있음

2-2 | 소화기

1 소화기별 종류 및 특성

(1) 포말(泡沫, foam) 소화기

① 화학포

㈎ A제 : 중조, 탄산소다, 가성소다, 석명사, 아미노벤젠, 단백질, 기타 유기물의 화합물

㈏ B제 : 황산알루미늄

㈐ 기포 안정제 : 카세인, 젤라틴, 사포닝, 가수분해 단백질, 계면활성제 등

㈑ 반응식 : $6NaHCO_3$[A제] + $Al_2(SO_4)_3$ [B제] + $18H_2O$

$\rightarrow 3Na_2SO_4 + 2Al(OH)_3 + 6CO_2 \uparrow + 18H_2O \uparrow$

② 기계포

㈎ 구조

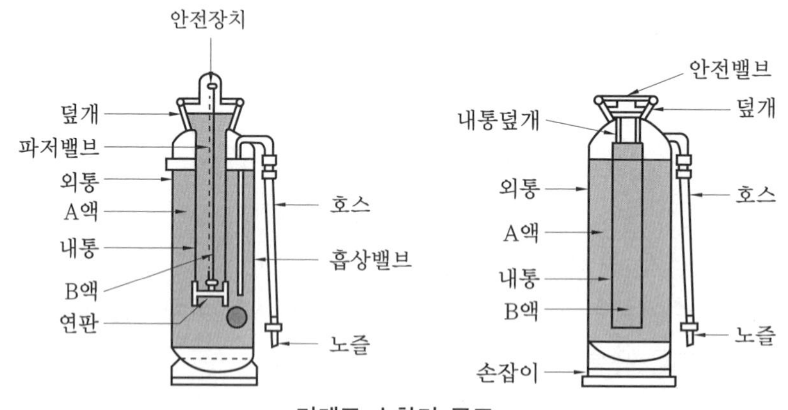

기계포 소화기 구조

㈏ 특징

㉮ 거품의 pH가 평균 7.4로 중성포(中性泡)이므로 기물의 손상이 없다.

㉯ 방사 시간은 1분, 방사 거리는 10m 이상이다.

㉰ 다량의 기포로 재연소 방지에 강력한 효과가 있다.

㈐ 용도 : 일반 화재(목재, 섬유류 등), 유류 화재

③ 포의 성질로서 갖추어야 할 조건

㈎ 화재면에 부착성이 있을 것

㈏ 열에 대한 센막을 가지고 유동성이 있을 것

㈐ 바람 등에 견디고 응집성과 안정성이 있을 것

④ 포말 소화기 유지 및 관리 사항

㈎ 사용 후에는 즉시 내외면 및 호스 내부를 깨끗이 세척할 것

㈏ 액온이 5℃ 이하가 되지 않도록 보온 조치를 할 것

㈐ 운반 시에 전도 및 전락을 방지할 것

㈑ 전기 화재에는 사용하지 말 것

(2) 분말 소화기(드라이케미컬)

미세한 건조 분말을 이용하는 것으로, 분말에는 자체 압력이 없기 때문에 가압원(N_2, CO_2 등)이 필요한 소화기이다.

① 종류

㈎ 축압식 : 철제로 제작된 용기 내부에 분말 소화약제를 충진하고 방출 압력원으로 질소 가스를 충전한 것으로, 압력계가 부착되어 있다.

㈏ 가스 가압식(봄베식) : 용기 내부 또는 외부에 소화약제 방출원인 이산화탄소(CO)를 충전하여 이용하는 것이다.

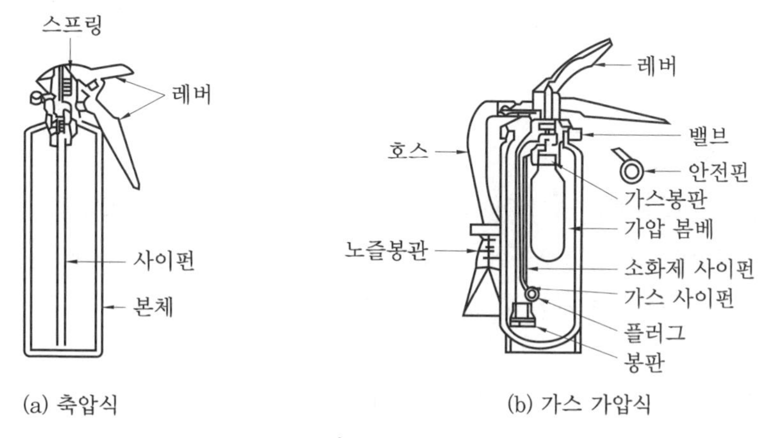

(a) 축압식 (b) 가스 가압식

분말 소화기 구조

② 소화약제의 종류

㈎ 제1종 소화약제 : 주성분은 중탄산나트륨($NaHCO_3$: 중조)으로 질식, 냉각 효과가 있으며 백색 분말이고 가격이 저렴한 편이다. 습기 방지제로 스테아르산 아연, 스테아르산 알루미늄을 사용하고 BC급 화재에 유효하다.

$2NaHCO_3 \rightarrow Na_2CO_3 + H_2O + CO_2$

(나) 제2종 소화약제 : 주성분은 중탄산칼륨($KHCO_3$)으로 자색(보라색)으로 착색되어 있으며, 중탄산나트륨보다 약 2배의 소화 효과가 있으며 BC급 화재에 유효하다.

$2KHCO_3 \rightarrow K_2CO_3 + H_2O + CO_2$

(다) 제3종 소화약제 : 주성분은 제1인산암모늄($NH_4H_2PO_4$)으로 담홍색으로 착색되어 있으며, ABC급 화재에 유효하여 ABC 소화기로 불려진다. 메타인산(HPO_3)에 의하여 약품 자체가 방염성을 가지고 있으며 금속 비누, 실리콘 수지로 표면 처리를 하여 방습성을 가지고 있다.

$NH_4H_2PO_4 \rightarrow HPO_3 + NH_3 + H_2O$

(라) 제4종 소화약제 : 주성분은 중탄산칼륨+요소[$KHCO_3 + (NH_2)_2CO$]로 회색으로 착색되어 있으며, BC급 화재에 유효하다.

$2KHCO_3 + (NH_2)_2CO \rightarrow K_2CO_3 + 2NH_3 + 2CO_2$

③ 특징

(가) 신속한 진화 작용, 소염 작용 및 휘발물과 연소물에 대한 피복 작용을 하므로 재연소를 방지에 효과적이다.

(나) 어떤 종류의 화재에도 모두 사용이 가능하며 특히 B급, C급 화재에 효과가 뛰어나다.

(다) 소화 후 기물 손상이 없어 피해가 적은 편이다.

④ 용도

(가) ABC급 화재 : 제3종 분말 소화기

(나) BC급 화재 : 제1종 분말 소화기, 제2종 분말 소화기, 제3종 분말 소화기, 제4종 분말 소화기

(3) 할로겐 화합물 소화기

할로겐 화합물 소화약제의 효과는 억제 효과(부촉매 효과), 희석 효과, 냉각 효과이다. 증발성 액체는 비점이 낮아 연소물에 뿌리면 바로 기화하면서 공기보다 무거운 불연성 기체가 되어 연소물을 덮어 공기와의 접촉을 차단하는 소화 방법이다.

① 특성

(가) 할로겐 원소의 부촉매 효과가 큰 순서 : 옥소(I) > 불소(F) > 취소(Br) > 염소(Cl)

(나) 할로겐 화합물의 3대 소화 효과 : 질식 소화, 부촉매 소화, 냉각 소화

② 종류

(가) 일염화일취화메탄(CH_2ClBr) 소화기 : 할론 1011

㉮ 할론 1011(CH_2ClBr : 일염화일브롬화메탄)로, 일명 CB 소화기라 한다.

㉯ 무색, 투명하고 특이한 냄새가 나는 불연성 액체이다.

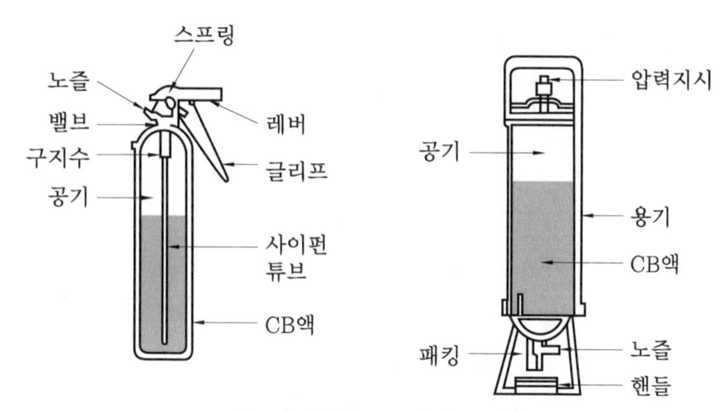

할로겐 화합물 소화기 구조

㉰ 사염화탄소(CCl_4)에 비해 약 3배의 소화 능력이 있다.

㉱ 금속에 대한 부식성이 있다.

㉲ 유류 화재, 화학약품 화재, 전기 화재 등에 사용한다.

㉳ 방사 후에는 밸브를 확실히 폐쇄하여 내압이나 소화제의 누출을 방지한다.

㉴ 액은 연소면에 직사로 하여 한쪽으로부터 순차적으로 소화한다.

(나) 이취화사불화에탄($CBrF_2 \cdot CBrF_2$) 소화기 : 할론 2402

㉮ 할론 2402($C_2F_4Br_2$: 이브롬화사플루오르화메탄)로, 일명 FB 소화기라 한다.

㉯ 사염화탄소(CCl_4)나 일염화일취화메탄(CH_2ClBr)과 비교하여 우수하다.

㉰ 독성과 부식성이 비교적 적고, 내절연성도 양호하다.

(다) 사염화탄소(CCl_4) 소화기

㉮ 사염화탄소(CCl_4)를 압축 압력으로 방사하며, 일명 CTC 소화기라 한다.

㉯ 협소한 실내에서 사용할 경우 유독 가스에 의한 인체 장애에 주의하여야 한다.

㉰ 금속을 부식시키므로 용기 사용에 주의한다.

㉱ 지하층, 무창층, 밀폐된 거실 또는 사무실로서 바닥 면적이 $20m^2$ 미만인 곳에서는 사용을 금지한다.

㉲ 사염화탄소 소화기를 사용할 때 유독성 가스인 포스겐($COCl_2$)이 생성되는 반응식

㉠ 건조한 공기 중에서 : $2CCl_4 + O_2 \rightarrow 2COCl_2 + 2Cl_2$

㉡ 습한 공기 중에서 : $CCl_4 + H_2O \rightarrow COCl_2 + 2HCl$

㉢ 탄산가스 중에서 : $CCl_4 + CO_2 \rightarrow 2COCl_2$

㉣ 산화철이 존재할 때 : $3CCl_4 + Fe_2O_3 \rightarrow 3COCl_2 + 2FeCl_3$

(라) 브로모트리플루오르메탄(CF_3Br) 소화기 : 할론 1301

㉮ 할론 1301(CF_3Br : 일브롬화삼플루오르화메탄)로, 독성이 있다.

㉯ 할론 소화약제 중 독성이 가장 적은 반면 오존 파괴 지수가 가장 높다.

㈑ 브로모클로로디플루오르메탄(CF_2ClBr) 소화기 : 할론 1211

㉮ 할론 1211(CF_2ClBr : 일브롬화일염화이플루오르화메탄)로, 일명 BCF 소화기라고 한다.

㉯ 알루미늄 및 금속에 대한 부식성이 존재한다.

(4) 이산화탄소(CO_2 : 탄산 가스) 소화기

불연성 가스인 이산화탄소(탄산 가스)를 고압으로 압축하여 액화한 것으로, 가스 상태로 방사하여 질식과 냉각 효과를 이용한 것이다. 자체 압력을 이용하므로 별도의 압력원이 필요하지 않다.

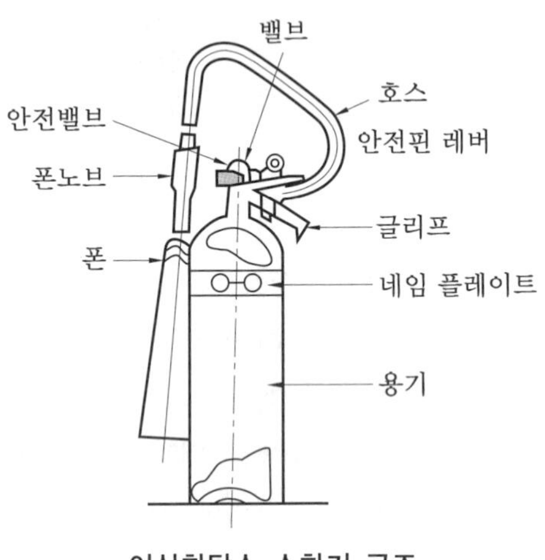

이산화탄소 소화기 구조

① 특징

㈎ 많은 가연성 물질이 연소하는 A급 화재에는 효과가 적으나, 가연물이 소량이고 그 표면만을 연소할 때는 산소 억제에 효과가 있다.

㈏ 소규모의 인화성 액체 화재(B급 화재)나 부전도성의 소화제를 필요로 하는 전기 설비 화재(C급 화재)에 그 효력이 크다.

㈐ 전기 절연성이 공기보다 1.2배 정도 우수하고, 피연소물에 피해를 주지 않아 소화 후 증거 보존에 유리하다.

㈑ 방사 거리가 짧아 화점에 접근하여 사용하여야 하며, 금속분에는 연소면 확대로 사용을 제한한다.

(5) 강화액 소화기

① 물에 탄산칼륨(K_2CO_3)이라는 알칼리 금속 염류를 용해한 고농도의 수용액을 질소 가스를 이용하여 방출한다.

② 어는점(빙점)을 −30℃ 정도까지 낮추어 겨울철 및 한랭지에서도 사용할 수 있다.

③ A급 화재에 적응성이 있으며 무상주수(분무)로 하면 B급, C급 화재에도 적응성이 있다.

(6) 산·알칼리 소화기

중탄산나트륨($NaHCO_3$)과 황산(H_2SO_4)의 화학 반응으로 생긴 탄산가스(이산화탄소 : CO_2)를 압력원으로 사용한다.

(7) 간이 소화제

① 마른 모래(건조사) : 습기가 생기지 않도록 주의하며 저장소 내에서 삽, 양동이 등 부속

기구를 비치하여야 한다.

② 팽창 질석 및 팽창 진주암 : 발화점이 낮은 알킬알루미늄 등의 화재에 사용하는 불연성 고체로 가열하면 1000~1400℃에서 10~15배 팽창되므로 매우 가볍다.

2 화재 종류 및 적응 소화기

(1) 화재의 종류에 따른 적응 소화기

① A급 화재(일반 화재)

㈎ 가연 물질이 연소된 후 재를 남기는 종류의 화재로 목재, 종이, 섬유 등의 화재가 해당되며, 구분색은 백색이다.

㈏ 소화 방법은 물에 의한 냉각 소화로 주수, 산·알칼리, 포 등이 있다.

② B급 화재(유류 및 가스 화재)

㈎ 에테르, 알코올, 석유, 가연성 액체 등 유류 및 가스 화재가 해당되며, 구분색은 황색이다.

㈏ 소화 방법은 공기 차단에 의한 피복 소화로 포말(화학포), 할로겐 화합물(증발성 액체), 탄산가스, 소화 분말(드라이 케미컬) 등이 있다.

③ C급 화재(전기 화재)

㈎ 전기 기구 및 기기 등에서 발생되는 화재로 구분색은 청색이다.

㈏ 소화 방법은 탄산가스, 할로겐 화합물(증발성 액체), 소화 분말 등이 있다.

④ D급 화재(금속 화재)

㈎ 마그네슘과 같은 금속 화재가 해당되며, 구분색은 없다.

㈏ 소화 방법은 마른 모래(건조사) 등이 있다.

화재의 종류에 따른 적응 소화기

구분	화재의 종류	색상	적응 소화기 종류
A급	일반 화재	백색	물 소화기, 산·알칼리 소화기, 강화액 소화기, 포말 소화기, ABC 분말 소화기
B급	유류 및 가스 화재	황색	강화액 소화기(분무), 분말 소화기, 포말 소화기, 이산화탄소 소화기, 할로겐 화합물 소화기
C급	전기 화재	청색	강화액 소화기(분무), 분말 소화기, 이산화탄소 소화기, 할로겐 화합물 소화기
D급	금속 화재	–	마른 모래(건조사), 팽창질석, 팽창진주암

(2) 소화기 외부 표시사항

① 소화기의 명칭
② 적응화재 표시
③ 사용 방법
④ 용기 합격 및 중량 표시
⑤ 취급상 주의사항
⑥ 능력 단위
⑦ 제조연월일

(3) 소화기 사용 및 관리

① 소화기의 공통적 적용 사항
㈎ 바닥으로부터 1.5m 이하의 높이가 되도록 비치할 것
㈏ 통행이나 피난에 지장이 없고, 사용 시 쉽게 지출할 수 있는 곳에 비치할 것
㈐ 각 소화제가 동결, 변질 또는 분출할 염려가 없는 곳에 비치할 것
㈑ 설치된 지점은 잘 보일 수 있도록 '소화기' 표시를 할 것

② 소화기 사용 방법
㈎ 적응 화재에만 사용할 것
㈏ 성능에 따라 불 가까이 접근하여 사용할 것
㈐ 바람을 등지고 풍상(風上)에서 풍하(風下)의 방향으로 소화 작업을 할 것
㈑ 소화는 양옆으로 비로 쓸 듯이 골고루 방사할 것

③ 소화기 관리 시 주의사항
㈎ 겨울철에는 소화약제가 동결되지 않도록 보온에 유의할 것
㈏ 넘어지지 않게 안전한 장소에 비치할 것
㈐ 사용 후에는 내·외부를 깨끗이 닦고, 허가받은 업체에서 검정품을 재충전할 것
㈑ 온기가 적은 서늘하고 건조한 장소에 비치할 것
㈒ 소화기 상부의 레버 부분에는 어떠한 물품도 올려놓지 않도록 할 것
㈓ 비상시에 대비하여 1년에 1~2회에 걸쳐 약제의 변질 상태 및 가압 가스 용기 내의 가스 유무를 점검할 것
㈔ 소화기의 뚜껑은 완전히 잠그고, 반드시 안전하게 봉인할 것

예상 문제

★★★

1. 다음 중 물을 소화약제로 사용하는 장점이 아닌 것은?

① 구하기가 쉽다.
② 취급이 간편하다.
③ 기화잠열이 크다.
④ 피연소 물질에 대한 피해가 없다.

해설 소화약제로 물의 장점 및 소화 효과
㉮ 비열(1kcal/kg·℃)과 기화잠열(539kcal/kg)이 크다.
㉯ 냉각 소화에 효과적이다.
㉰ 쉽게 구할 수 있고 비용이 저렴하다.
㉱ 취급이 간편하다.

2. 물의 특성 및 소화 효과에 관한 설명으로 틀린 것은?

① 이산화탄소보다 기화잠열이 크다.
② 극성 분자이다.
③ 이산화탄소보다 비열이 작다.
④ 주된 소화 효과가 냉각 소화이다.

해설 물의 비열은 1kcal/kg·℃이고, 기체 상태의 이산화탄소 정압비열은 0.21kcal/kg·℃이다.

3. 액체 상태의 물이 1기압, 100℃ 수증기로 변하면 체적이 약 몇 배 증가하는가?

① 530~540 ② 900~1000
③ 1600~1700 ④ 2300~2400

해설 이상기체 상태방정식 $PV = \frac{W}{M}RT$에서 물(H_2O)의 분자량(M)은 18이고, 액체 1L(1000g)가 기화되는 것으로 계산한다.

$$\therefore V = \frac{WRT}{PM}$$

$$= \frac{1000 \times 0.082 \times (273 + 100)}{1 \times 18} = 1699.222\,\text{L}$$

4. 산·알칼리 소화약제에 있어서 탄산수소나트륨과 황산의 반응 시 생성되는 물질을 모두 옳게 나타낸 것은?

① 황산나트륨, 탄산가스, 질소
② 염화나트륨, 탄산가스, 질소
③ 황산나트륨, 탄산가스, 물
④ 염화나트륨, 탄산가스, 물

해설 산·알칼리 소화기의 소화약제
㉮ 반응식 : $2NaHCO_3 + H_2SO_4 \rightarrow Na_2SO_4 + 2H_2O\uparrow + 2CO_2\uparrow$
㉯ 반응 시 생성되는 물질 : 황산나트륨(Na_2SO_4), 탄산가스(CO_2), 물(H_2O)

5. 물에 탄산칼륨을 보강시킨 강화액 소화약제에 대한 설명으로 틀린 것은?

① 물보다 점성이 있는 수용액이다.
② 일반적으로 약산성을 나타낸다.
③ 응고점은 약 −30~−26℃이다.
④ 비중은 약 1.3~1.4 정도이다.

해설 강화액 소화약제의 특징
㉮ 물에 탄산칼륨(K_2CO_3)을 용해하여 빙점을 −30℃ 정도까지 낮추어 겨울철 및 한랭지에서도 사용할 수 있도록 한 소화약제이다.
㉯ 소화약제의 구성은 '물+K_2CO_3'으로 알칼리성(pH12)이다.
㉰ 축압식(소화약제+압축 공기)과 가압식으로 구분한다.
㉱ 소화 효과는 냉각 소화, 부촉매 효과(억제 효과), 일부 질식 소화이다.

6. 강화액 소화약제에 소화력을 향상시키기 위하여 첨가하는 물질로 옳은 것은?

① 탄산칼륨 ② 질소
③ 사염화탄소 ④ 아세틸렌

정답 1. ④ 2. ③ 3. ③ 4. ③ 5. ② 6. ①

해설 강화액 소화약제에는 탄산칼륨(K_2CO_3)을 물에 용해하여 빙점을 -30℃ 정도까지 낮추어 겨울철 및 한랭지에서도 소화력이 유지 및 향상될 수 있도록 한 소화약제이다.

7. 강화액 소화약제의 주된 소화 원리에 해당하는 것은?

① 냉각 소화　② 절연 소화
③ 제거 소화　④ 발포 소화

해설 강화액 소화약제의 구성은 '물+탄산칼륨(K_2CO_3)'으로 주된 소화 원리(소화 효과)는 냉각 소화이며, 일부 억제 소화 및 질식 소화의 효과가 있다.

8. 다음에서 설명하는 소화약제에 해당하는 것은?

• 무색, 무취이며 비전도성이다. • 증기 상태의 비중은 약 1.5이다. • 임계 온도는 약 31℃이다.

① 탄산수소나트륨　② 이산화탄소
③ 할론 1301　④ 황산알루미늄

해설 이산화탄소(CO_2)의 증기 비중은 1.5, 임계 온도는 31℃, 임계 압력은 72.9atm이다.

★★
9. 불연성 기체로서 비교적 액화가 용이하며 안전하게 저장할 수 있으며 전기 절연성이 좋아 C급 화재에 사용되기도 하는 것은?

① N_2　② CO_2　③ Ar　④ Ne

해설 이산화탄소(CO_2)의 특징
㉮ 무색, 무미, 무취의 기체로 공기보다 무겁고 불연성이다.
㉯ 독성이 없지만 과량 존재 시 산소 부족으로 질식할 수 있다.
㉰ 비점 -78.5℃로 냉각, 압축에 의하여 액화된다.
㉱ 전기의 불량도체이고, 장기간 저장이 가능하다.
㉲ 소화약제에 의한 오손이 없고, 질식 효과와 냉각 효과가 있다.
㉳ 자체 압력을 이용하므로 압력원이 필요하지 않고 할로겐 소화약제보다 경제적이다.

10. 이산화탄소 소화약제에 대한 설명으로 틀린 것은?

① 장기간 저장하여도 변질, 부패 또는 분해를 일으키지 않는다.
② 한랭지에서 동결의 우려가 없고 전기 절연성이 있다.
③ 밀폐된 지역에서 방출 시 인명 피해의 위험이 있다.
④ 표면 화재보다는 심부 화재에 적응력이 뛰어나다.

해설 이산화탄소(CO_2) 소화약제는 많은 가연성 물질이 연소하는 A급 화재에는 효과가 적으나, 가연물이 소량이고 그 표면만이 연소할 때는 산소 억제에 효과가 있다.

11. 이산화탄소를 소화약제로 사용하는 이유로서 옳은 것은?

① 산소와 결합하지 않기 때문에
② 산화 반응을 일으키나 발열량이 적기 때문에
③ 산소와 결합하나 흡열 반응을 일으키기 때문에
④ 산화 반응을 일으키나 환원 반응도 일으키기 때문에

해설 이산화탄소(CO_2)는 무색, 무미, 무취의 기체로 공기보다 무겁고 산소와 반응하지 않는 불연성이다. 전기의 불량도체이고, 장기간 저장이 가능하고 소화약제에 의한 오손이 없기 때문에 소화약제로 사용한다.

12. 이산화탄소 소화약제의 소화작용을 옳게 나열한 것은?

정답 7. ① 8. ② 9. ② 10. ④ 11. ① 12. ④

① 질식 소화, 부촉매 소화
② 부촉매 소화, 제거 소화
③ 부촉매 소화, 냉각 소화
④ 질식 소화, 냉각 소화

해설 이산화탄소 소화약제의 주된 소화 작용은 질식 소화이며, 냉각 소화의 효과도 일부 있다.

13. 이산화탄소 소화기 사용 중 소화기 방출구에서 생길 수 있는 물질은?

① 포스겐 ② 일산화탄소
③ 드라이아이스 ④ 수소 가스

해설 ㉮ 드라이아이스 : 고체탄산이라고 하며 액체 상태의 이산화탄소가 줄·톰슨 효과에 의하여 온도가 강하되면서 고체(얼음) 상태로 된 것으로, 이산화탄소 소화기를 사용할 때 노즐 부분에서 드라이아이스가 생성되어 노즐을 폐쇄하는 현상이 발생한다.
㉯ 줄·톰슨 효과 : 단열을 한 배관 중에 작은 구멍을 내고 이 관에 압력이 있는 유체를 흐르게 하면 유체가 작은 구멍을 통할 때 유체의 압력이 하강함과 동시에 온도가 떨어지는 현상이다.

14. 드라이아이스 1kg이 완전히 기화하면 약 몇 몰의 탄산가스가 되겠는가?

① 22.7 ② 51.3
③ 230.1 ④ 515.0

해설 드라이아이스는 이산화탄소(CO_2)로부터 만들어지므로 분자량은 44이고, 1kg=1000g이다.

44g : 1mol=1000g : x[mol]

$$\therefore x = \frac{1 \times 1000}{44} = 22.727\,\text{mol}$$

$$\text{또는 } n = \frac{W}{M} = \frac{1000}{44} = 22.727\,\text{mol}$$

15. 표준 상태에서 2kg의 이산화탄소가 모두 기체 상태의 소화약제로 방사될 경우 부피는 몇 m^3 인가?

① 1.018 ② 10.18
③ 101.8 ④ 1018

해설 이상기체 상태방정식 $PV = GRT$에서 표준 상태는 0℃, 1기압(101.325kPa) 상태이다.

$$\therefore V = \frac{GRT}{P} = \frac{2 \times \frac{8.314}{44} \times 273}{101.325} = 1.018\,\text{m}^3$$

별해 $PV = \frac{W}{M}RT$ 공식을 이용하여 계산

$$V = \frac{WRT}{PM} = \frac{(2 \times 10^3) \times 0.082 \times 273}{1 \times 44}$$
$$= 1017.545\,\text{L} = 1.017545\,\text{m}^3$$

16. 화재 시 이산화탄소를 방출하여 산소의 농도를 13 vol%로 낮추어 소화를 하려면 공기 중의 이산화탄소는 몇 vol%가 되어야 하는가?

① 28.1 ② 38.1
③ 42.86 ④ 48.36

해설 공기 중 산소의 체적 비율이 21%인 상태에서 이산화탄소(CO_2)에 의하여 산소 농도가 감소되는 것이고, 산소 농도가 감소되어 발생되는 차이가 공기 중 이산화탄소의 농도가 된다.

$$\therefore CO_2 = \frac{21 - O_2}{21} \times 100$$
$$= \frac{21 - 13}{21} \times 100 = 38.095\,\%$$

17. 위험물 제조소등에 설치하는 이산화탄소 소화설비의 소화약제 저장용기 설치장소로 적합하지 않은 곳은?

① 방호구역 외의 장소
② 온도가 40℃ 이하이고 온도 변화가 적은 장소
③ 빗물이 침투할 우려가 적은 장소
④ 직사일광이 잘 들어오는 장소

해설 이산화탄소 소화약제 저장용기 설치장소
㉮ 방호 구역 외의 장소에 설치할 것
㉯ 온도가 40℃ 이하이고, 온도 변화가 적은 곳

정답 13. ③ 14. ① 15. ① 16. ② 17. ④

에 설치할 것
㉰ 직사광선 및 빗물이 침투할 우려가 없는 곳에 설치할 것
㉱ 방화문으로 구획된 실에 설치할 것
㉲ 용기의 설치 장소에는 해당 용기가 설치된 곳임을 표시하는 표지를 할 것
㉳ 용기 간의 간격은 점검에 지장이 없도록 3cm 이상의 간격을 유지할 것
㉴ 저장용기와 집합관을 연결하는 연결 배관에는 체크밸브를 설치할 것

18. 할로겐 화합물 소화약제를 구성하는 할로겐 원소가 아닌 것은?

① 불소(F) ② 염소(Cl)
③ 브롬(Br) ④ 네온(Ne)

해설 할로겐 화합물 소화약제 : 할로겐족 원소인 불소(F), 염소(Cl), 브롬(Br) 또는 요오드(I) 중 하나 이상의 원소를 포함하고 유기 화합물을 기본 성분으로 하는 소화약제이다.

19. 할로겐 화합물 소화약제가 전기화재에 사용될 수 있는 이유에 대한 다음 설명 중 가장 적합한 것은?

① 전기적으로 부도체이다.
② 액체의 유동성이 좋다.
③ 탄산 가스와 반응하여 포스겐 가스를 만든다.
④ 증기의 비중이 공기보다 작다.

해설 할로겐 화합물 소화약제의 특징
㉮ 화학적 부촉매에 의한 연소 억제 작용이 커서 소화 능력이 우수하다.
㉯ 전기적으로 부도체이기 때문에 전기 화재에 효과가 크다.
㉰ 인체에 영향을 주는 독성이 적다.
㉱ 약제의 분해 및 변질이 거의 없어 반영구적이다.
㉲ 소화 후 약제에 의한 오염 및 소손이 적다.
㉳ 분자량이 커질수록 융점, 비점이 올라간다.
㉴ 가격이 고가이다.

★★★
20. 할로겐 화합물 소화약제의 구비조건으로 틀린 것은?

① 전기 절연성이 우수할 것
② 공기보다 가벼울 것
③ 증발 잔유물이 없을 것
④ 인화성이 없을 것

해설 할로겐 화합물 소화약제의 구비 조건
㉮ 증기는 공기보다 무겁고, 불연성일 것
㉯ 비점이 낮으며 기화하기 쉽고, 증발 잠열이 클 것
㉰ 전기 절연성이 우수할 것
㉱ 증발 후에는 잔유물이 없을 것

21. Halon 1301에 대한 설명 중 틀린 것은?

① 비점은 상온보다 낮다.
② 액체 비중은 물보다 크다.
③ 기체 비중은 공기보다 크다.
④ 100℃에서도 압력을 가해 액화시켜 저장할 수 있다.

해설 할론 1301(CF_3Br) 특징
㉮ 무색, 무취이고 액체 상태로 저장 용기에 충전한다.
㉯ 비점이 낮아서 기화가 용이하며, 상온에서 기체이다.
㉰ 할론 소화약제 중 독성이 가장 적은 반면, 오존 파괴 지수가 가장 높다.
㉱ 전기 전도성이 없고, 기체 비중이 5.1로 공기보다 무거워 심부 화재에 효과적이다.
㉲ 소화 시 시야를 방해하지 않기 때문에 피난 시에 방해가 없다.
㉳ 비점 -57.8℃, 액체 비중 1.57, 기체 비중 5.1이다.

22. 주된 소화 작용이 질식 소화와 가장 거리가 먼 것은?

① 할론 소화기 ② 분말 소화기
③ 포 소화기 ④ 이산화탄소 소화기

정답 18. ④ 19. ① 20. ② 21. ④ 22. ①

해설 할론 소화기는 연쇄 반응을 차단하는 부촉매 효과가 주된 소화 효과이다.

★
23. 다음 [보기] 중 상온에서의 상태(기체, 액체, 고체)가 동일한 것을 모두 나열한 것은?

보기
Halon 1301, Halon 1211, Halon 2402

① Halon 1301, Halon 2402
② Halon 1211, Halon 2402
③ Halon 1301, Halon 1211
④ Halon 1301, Halon 1211, Halon 2402

해설 상온, 상압에서 할론 소화약제 상태
㉮ Halon 2402 : 액체
㉯ Halon 1301, Halon 1211 : 기체

24. 다음 중 오존층 파괴 지수가 가장 큰 것은?

① Halon 104 ② Halon 1211
③ Halon 1301 ④ Halon 2402

해설 할로겐 화합물의 오존층 파괴 지수(ODP) : 오존층 파괴 지수의 숫자가 클수록 오존 파괴 정도가 크다는 의미임

구분	오존층 파괴 지수
Halon 104	1.1
Halon 1211($CBrClF_2$)	3.0
Halon 1301($CBrF_3$)	10
Halon 2402($C_2Br_2F_4$)	6.0

25. Halon 1011에 함유되지 않은 원소는?

① H ② Cl ③ Br ④ F

해설 ㉮ 할론(Halon)−abcd의 구조식
a : 탄소(C)의 수 b : 불소(F)의 수
c : 염소(Cl)의 수 d : 취소(Br)의 수
㉯ Halon 1011에서 탄소(C) 1개, 불소(F) 0개, 염소(Cl) 1개, 취소(Br : 브롬) 1개이므로, 함유되지 않은 원소는 불소(F)이며, 분자식은 CH_2ClBr이다.

26. 할로겐 화합물인 Halon 1301의 분자식은?

① CH_3Br ② CCl_4
③ CF_2Br_2 ④ CF_3Br

해설 주어진 할론 번호 '1301'에서 탄소(C) 1개, 불소(F) 3개, 염소(Cl) 0개, 취소(Br : 브롬) 1개이므로 화학식(분자식)은 CF_3Br이다.

27. 할로겐 화합물의 화학식과 Halon 번호가 옳게 연결된 것은?

① CH_2ClBr − Halon 1211
② CF_2ClBr − Halon 104
③ $C_2F_4Br_2$ − Halon 2402
④ CF_3Br − Halon 1011

해설 할론(Halon) 번호에 따른 화학식

할론 번호	화학식
Halon 1001	CH_3Br
Halon 1011	CH_2ClBr
Halon 1202	CF_2Br_2
Halon 1211	CF_2ClBr
Halon 1301	CF_3Br
Halon 2402	$C_2F_4Br_2$
Halon 104	CCl_4
Halon 10001	CH_3I

28. "Halon 1301"에서 각 숫자가 나타내는 것을 틀리게 표시한 것은?

① 첫째 자리 숫자 "1" : 탄소의 수
② 둘째 자리 숫자 "3" : 불소의 수
③ 셋째 자리 숫자 "0" : 요오도의 수
④ 넷째 자리 숫자 "1" : 브롬의 수

해설 ㉮ 할론(Halon)−abcd
a : 탄소(C)의 수
b : 불소(F)의 수
c : 염소(Cl)의 수
d : 취소(Br : 브롬)의 수
㉯ "Halon 1301"에서
첫째 자리 숫자 "1" : 탄소(C) 1개

정답 23. ③ 24. ③ 25. ④ 26. ④ 27. ③ 28. ③

둘째 자리 숫자 "3" : 불소(F) 3개
셋째 자리 숫자 "0" : 염소(Cl) 0개
넷째 자리 숫자 "1" : 취소(Br : 브롬) 1개
㉰ "Halon 1301"의 화학식(분자식) : CF_3Br

29. 질식 효과를 위해 포의 성질로서 갖추어야 할 조건으로 가장 거리가 먼 것은?

① 기화성이 좋을 것
② 부착성이 좋을 것
③ 유동성이 좋을 것
④ 바람 등에 견디고 응집성과 안정성이 있을 것

해설 포말 소화약제의 구비 조건
㉮ 유류 등에 대하여 부착성이 좋을 것
㉯ 유동성이 좋고 열에 의한 센막을 가질 것
㉰ 기름 또는 물보다 가벼울 것
㉱ 바람 등에 견디고 응집성과 안정성이 있을 것
㉲ 독성이 적고, 가격이 저렴할 것

30. 공기포 발포배율을 측정하기 위해 중량 340g, 용량 1800mL의 포 수집 용기에 가득히 포를 채취하여 측정한 용기의 무게가 540g 이었다면 발포배율은? (단, 포 수용액의 비중은 1로 가정한다.)

① 3배 ② 5배 ③ 7배 ④ 9배

해설 ㉮ 포 수용액의 비중이 1이므로 수용액 1g은 1mL에 해당되며, 포 수용액의 체적은 포 수집용기에 포를 채운 무게와 순수한 용기 무게 차이가 된다.
㉯ 발포배율 계산

$$\therefore \text{발포배율} = \frac{\text{포의 체적}}{\text{포 수용액의 체적}} = \frac{1800}{540-340} = 9\text{배}$$

㉰ 발포배율을 팽창비라 하며 포 소화설비의 화재안전기준(NFSC 105)에서 '팽창비란 최종 발생한 포 체적을 원래 포 수용액 체적으로 나눈 값을 말한다.'로 정의하고 있다.

31. 다음 중 공기포 소화약제가 아닌 것은?

① 단백포 소화약제
② 합성 계면활성제포 소화약제
③ 화학포 소화약제
④ 수성막포 소화약제

해설 포 소화약제의 분류
㉮ 화학포 소화약제 : 탄산수소나트륨($NaHCO_3$)의 수용액과 황산알루미늄($Al_2(SO_4)_3$) 수용액과의 화학 반응에 따라 발생하는 이산화탄소(CO_2)를 이용하여 포를 발생시킨다.
㉯ 공기포(기계포) 소화약제 : 기제로 사용하는 용액(동식물 성분의 가수분해 생성물, 계면활성제)을 물에 희석한 것을 기계적으로 교란시키면서 공기를 흡입하여 포를 발생시키는 것으로 단백포 소화약제, 합성 계면활성제포 소화약제, 수성막포 소화약제, 내알코올포 소화약제 등이 있다.

32. 탄산수소나트륨과 황산알루미늄의 소화약제가 반응을 하여 생성되는 이산화탄소를 이용하여 화재를 진압하는 소화약제는?

① 단백포 ② 수성막포
③ 화학포 ④ 내알코올포

해설 ㉮ 화학포 소화약제 : 탄산수소나트륨($NaHCO_3$)의 수용액과 황산알루미늄($Al_2(SO_4)_3$) 수용액과의 화학 반응에 따라 발생하는 이산화탄소(CO_2)를 이용하여 포를 발생시킨다.
㉯ 반응식
$6NaHCO_3$[A제] + $Al_2(SO_4)_3$ [B제] + $18H_2O$
→ $3Na_2SO_4 + 2Al(OH)_3 + 6CO_2\uparrow + 18H_2O\uparrow$

33. 화학포 소화약제의 화학 반응식은?

① $2NaHCO_3 \rightarrow Na_2CO_3 + H_2O + CO_2$
② $2NaHCO_3 + H_2SO_4 \rightarrow Na_2SO_4 + 2H_2O + CO_2$
③ $4KMnO_4 + 6H_2SO_4 \rightarrow 2K_2SO_4 + 4MnSO_4 + 6H_2O + SO_2$
④ $6NaHCO_3 + Al_2(SO_4)_3 \cdot 18H_2O \rightarrow 6CO_2 + 2Al(OH)_3 + 3Na_2SO_4 + 18H_2O$

정답 29. ① 30. ④ 31. ③ 32. ③ 33. ④

해설 화학포 : 탄산수소나트륨($NaHCO_3$)의 수용액과 황산알루미늄[$Al_2(SO_4)_3$] 수용액과의 화학 반응에 따라 발생하는 이산화탄소(CO_2)를 이용하여 포를 발생시킨다.

㉮ 반응식 :

$6NaHCO_3$[A제] + $Al_2(SO_4)_3$[B제] + $18H_2O$
→ $3Na_2SO_4 + 2Al(OH)_3 + 6CO_2 \uparrow + 18H_2O \uparrow$

㉯ 포 안정제 : 카세인, 젤라틴, 사포닝, 가수분해 단백질, 계면활성제 등

★

34. 일반적으로 고급 알코올황산에스테르염을 기포제로 사용하며 냄새가 없는 황색의 액체로서 밀폐 또는 준밀폐구조물의 화재 시 고팽창포로 사용하여 화재를 진압할 수 있는 소화약제는?

① 단백포 소화약제
② 합성계면활성제포 소화약제
③ 알코올형포 소화약제
④ 수성막포 소화약제

해설 합성 계면활성제포 소화약제 : 합성 계면활성제를 주원료로 하는 포 소화약제로 유동성이 빠르고, 쉽게 변질되지 않아 반영구적이다. A급 화재, B급 화재에 적응한다.

35. 수성막포 소화약제에 대한 설명으로 옳은 것은?

① 물보다 가벼운 유류의 화재에는 사용할 수 없다.
② 계면활성제를 사용하지 않고 수성의 막을 이용한다.
③ 내열성이 뛰어나고 고온의 화재일수록 효과적이다.
④ 일반적으로 불소계 계면활성제를 사용한다.

해설 수성막포 소화약제 : 합성 계면활성제를 주원료로 하는 포 소화약제 중 기름 표면에서 수성막을 형성하는 포 소화약제로 인체에 유해하지 않으며, 유동성이 좋아 소화 속도가 빠르다. 단백포에 비해 3배 효과가 있으며, 기름화재 진압용으로 가장 우수하다.

참고 불소계 계면활성제 : 불소 원자를 함유하고 있는 소수성 직쇄분자 내의 말단에 수용성 관능기를 치환 반응시켜 제조한 것으로 계면활성제 중에 표면 장력과 저항력이 우수한 제품이다. 실리콘 제재보다도 낮은 표면 장력을 나타내며, 물과 기름에 대한 반발력이 우수하고 내약품성이 뛰어나다.

★★★

36. 알코올 화재 시 수성막포 소화약제는 효과가 없다. 그 이유로 가장 적당한 것은?

① 알코올이 수용성이어서 포를 소멸시키므로
② 알코올이 반응하여 가연성 가스를 발생하므로
③ 알코올 화재 시 불꽃의 온도가 매우 높으므로
④ 알코올이 포 소화약제와 발열반응을 하므로

해설 알코올 화재 시 수성막포 소화약제가 효과가 없는 이유는 알코올과 같은 수용성 액체에는 포(泡, foam)가 파괴되는 현상으로 인해 소화효과를 잃게 되기 때문이다.

37. 다음 중 알코올형포 소화약제를 이용한 소화가 가장 효과적인 것은?

① 아세톤 ② 휘발유
③ 톨루엔 ④ 벤젠

해설 ㉮ 알코올형포(내알코올포) 소화약제 : 알코올과 같은 수용성 액체에는 포가 파괴되는 현상으로 인해 소화효과를 잃게 되는 것을 방지하기 위해 단백질 가수분해물에 합성세제를 혼합하여 제조한 소화약제이다. 아세톤과 같은 수용성 인화성 액체의 소화에 적합하다.

㉯ 각 위험물의 성질

품명	성질
아세톤(CH_3COCH_3)	수용성
휘발유(C_5H_{12}~C_9H_{20})	비수용성
톨루엔($C_6H_5CH_3$)	비수용성
벤젠(C_6H_6)	비수용성

정답 34. ② 35. ④ 36. ① 37. ①

38. 다음 물질의 화재 시 내알코올포를 쓰지 못하는 것은?

① 아세트알데히드
② 알킬리튬
③ 아세톤
④ 에탄올

해설 ㉮ 알코올형포(내알코올포) 소화약제 : 알코올과 같은 수용성 액체에는 포가 파괴되는 현상으로 인해 소화 효과를 잃게 되는 것을 방지하기 위해 단백질 가수분해물에 합성 세제를 혼합하여 제조한 소화약제이다. 아세트알데히드, 아세톤, 에탄올과 같은 수용성 인화성 액체의 소화에 적합하다.
㉯ 알킬리튬(Li-R')은 제3류 위험물로 가연성 액체이며 공기 또는 물과 접촉하면 분해 폭발하므로 건조사, 팽창질석 또는 팽창진주암으로 소화한다.

39. 분말 소화설비에서 분말 소화약제의 가압용 가스로 사용하는 것은?

① CO_2 ② He
③ CCl_4 ④ Cl_2

해설 분말 소화설비의 가압용 또는 축압용 가스 [세부기준 136조] : 질소 또는 이산화탄소

40. 분말 소화설비의 약제 방출 후 클리닝 장치로 배관 내를 청소하지 않을 때 발생하는 주된 문제점은?

① 배관 내에서 약제가 굳어져 차후에 사용 시 약제 방출에 장애를 초래한다.
② 배관 내 남아 있는 약제를 재사용할 수 없다.
③ 가압용 가스가 외부로 누출된다.
④ 선택 밸브의 작동이 불능이 된다.

해설 분말 소화약제는 유사시에 방출된 후에 배관의 내부에 점착된 분말이 존재하고 이것이 습기에 의하여 응고되고, 관 내부의 부식을 초래하여 약제 방출 후 클리닝 장치로 즉시 청소하여야 한다.

41. 탄산수소나트륨 분말 소화약제에서 분말에 습기가 침투하는 것을 방지하기 위해서 사용하는 물질은?

① 스테아린산아연
② 수산화나트륨
③ 황산마그네슘
④ 인산

해설 분말 소화약제의 분말이 습기 등으로 굳어지는 것을 방지하기 위하여 금속 비누(스테아린산 마그네슘, 스테아린산 아연 등)를 첨가하여 표면 처리한다.

★★★
42. 분말 소화약제로 사용되는 주성분에 해당하지 않는 것은?

① 탄산수소나트륨
② 황산수소칼슘
③ 탄산수소칼륨
④ 제1인산암모늄

해설 분말 소화약제의 종류 및 주성분

종류	주성분
제1종 분말	탄산수소나트륨($NaHCO_3$)
제2종 분말	탄산수소칼륨($KHCO_3$)
제3종 분말	제1인산암모늄($NH_4H_2PO_4$)
제4종 분말	탄산수소칼륨+요소 [$KHCO_3+(NH_2)_2CO$]

43. 종별 소화약제에 대한 설명으로 틀린 것은?

① 제1종은 탄산수소나트륨을 주성분으로 한 분말
② 제2종은 탄산수소나트륨과 탄산칼슘을 주성분으로 한 분말
③ 제3종은 제일인산암모늄을 주성분으로 한 분말
④ 제4종은 탄산수소칼륨과 요소와의 반응

정답 38. ② 39. ① 40. ① 41. ① 42. ② 43. ②

물을 주성분으로 한 분말

해설 분말 소화약제의 종류 및 주성분

㉮ 제1종 분말 : 탄산수소나트륨($NaHCO_3$)

㉯ 제2종 분말 : 탄산수소칼륨($KHCO_3$)

㉰ 제3종 분말 : 제1인산암모늄($NH_4H_2PO_4$)

㉱ 제4종 분말 : 탄산수소칼륨+요소[$KHCO_3+(NH_2)_2CO$]

★★★

44. 제3종 분말 소화약제의 표시 색상은?

① 백색 ② 담홍색

③ 검은색 ④ 회색

해설 분말 소화약제의 종류 및 착색 상태

종류	주성분	착색
제1종 분말	탄산수소나트륨 ($NaHCO_3$)	백색
제2종 분말	탄산수소칼륨 ($KHCO_3$)	담회색
제3종 분말	제1인산암모늄 ($NH_4H_2PO_4$)	담홍색
제4종 분말	탄산수소칼륨+요소 [$KHCO_3+(NH_2)_2CO$]	회색

45. 분말 소화약제의 화학 반응식이다. ( ) 안에 알맞은 것은?

$$2NaHCO_3 \rightarrow (\quad) + CO_2 + H_2O$$

① $2NaCO$ ② $2NaCO_2$

③ Na_2CO_3 ④ Na_2CO_4

해설 분말 소화약제의 화학 반응식

㉮ 제1종 분말 :
$2NaHCO_3 \rightarrow Na_2CO_3+CO_2+H_2O$

㉯ 제2종 분말 :
$2KHCO_3 \rightarrow K_2CO_3+CO_2+H_2O$

㉰ 제3종 분말 :
$NH_4H_2PO_4 \rightarrow HPO_3+NH_3+H_2O$

㉱ 제4종 분말 : $2KHCO_3+(NH_2)_2CO \rightarrow K_2CO_3+2NH_3+2CO_2$

46. 제1종 분말 소화약제의 소화 효과에 대한 설명으로 가장 거리가 먼 것은?

① 열분해 시 발생하는 이산화탄소와 수증기에 의한 질식 효과

② 열분해 시 흡열 반응에 의한 냉각 효과

③ H^+ 이온에 의한 부촉매 효과

④ 분말 운무에 의한 열방사의 차단 효과

해설 제1종 분말 소화약제의 소화 효과

㉮ 열분해 시 생성된 이산화탄소와 수증기에 의한 질식 효과

㉯ 열분해 시 흡열 반응에 의한 냉각 효과

㉰ 분말 미립자(운무)에 의한 열방사의 차단 효과

㉱ 열분해 과정에서 생성된 나트륨 이온(Na^+)에 의한 부촉매 효과

47. 제1종 분말 소화약제가 1차 열분해되어 표준상태를 기준으로 $2m^3$의 탄산가스가 생성되었다. 몇 kg의 탄산수소나트륨이 사용되었는가? (단, 나트륨의 원자량은 23이다.)

① 15 ② 18.75

③ 56.25 ④ 75

해설 ㉮ 제1종 분말 소화약제의 주성분은 탄산수소나트륨($NaHCO_3$)으로 분자량은 84이다.

㉯ 1종 분말 소화약제의 열분해 반응식

$2NaHCO_3 \rightarrow Na_2CO_3+CO_2+H_2O$

[$2NaHCO_3$] [CO_2]

2×84kg 22.4m^3

x[kg] 2m^3

$$\therefore x = \frac{2\times 84\times 2}{22.4} = 15\,\text{kg}$$

48. 분말 소화약제인 탄산수소나트륨 10kg이 1기압, 270℃에서 방사되었을 때 발생하는 이산화탄소의 양은 약 몇 m^3 인가?

① 2.65 ② 3.65

③ 18.22 ④ 36.44

정답 44. ② 45. ③ 46. ③ 47. ① 48. ①

해설 ㉮ 제1종 소화 분말 반응식

$2NaHCO_3 \rightarrow Na_2CO_3 + H_2O + CO_2$

㉯ 탄산수소나트륨 10kg이 방사되었을 때 발생하는 이산화탄소의 양(kg) 계산 : 탄산수소나트륨($NaHCO_3$)의 분자량은 84이다.

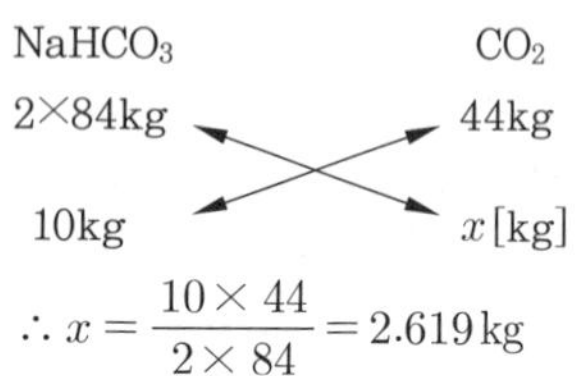

$$\therefore x = \frac{10 \times 44}{2 \times 84} = 2.619\,\text{kg}$$

㉰ 발생된 이산화탄소 2.619kg을 이상기체 상태방정식 $PV = GRT$를 이용하여 270℃ 상태의 체적 V를 계산 : 1기압 상태의 압력은 101.325kPa이다.

$$\therefore V = \frac{GRT}{P}$$

$$= \frac{2.619 \times \frac{8.314}{44} \times (273 + 270)}{101.325}$$

$$= 2.652\,\text{m}^3$$

참고 탄산수소나트륨 10kg에 의하여 발생되는 이산화탄소의 양을 체적(m^3)으로 구한 후 보일-샤를의 법칙을 이용하여 270℃ 상태의 체적을 구하여도 됨

$$\therefore \frac{10 \times 22.4}{2 \times 84} \times \frac{273 + 270}{270} = 2.652\,\text{m}^3$$

49. 탄산수소칼륨 소화약제가 열분해 반응 시 생성되는 물질이 아닌 것은?

① K_2CO_3　② CO_2
③ H_2O　④ KNO_3

해설 제2종 분말인 탄산수소칼륨 소화약제가 열분해 반응 시 생성되는 물질은 탄산칼륨(K_2CO_3), 이산화탄소(CO_2), 수증기(H_2O)를 발생한다.

$2KHCO_3 \rightarrow K_2CO_3 + CO_2 + H_2O$

50. 소화약제의 열분해 반응식으로 옳은 것은?

① $NH_4H_2PO_4 \rightarrow HPO_3 + NH_3 + H_2O$
② $2KNO_3 \rightarrow 2KNO_2 + O_2$
③ $KClO_4 \rightarrow KCl + 2O_2$
④ $2CaHCO_3 \rightarrow 2CaO + H_2CO_3$

해설 분말 소화약제의 화학 반응식

㉮ 제1종 분말 :
$2NaHCO_3 \rightarrow Na_2CO_3 + CO_2 + H_2O$

㉯ 제2종 분말 :
$2KHCO_3 \rightarrow K_2CO_3 + CO_2 + H_2O$

㉰ 제3종 분말 :
$NH_4H_2PO_4 \rightarrow HPO_3 + NH_3 + H_2O$

㉱ 제4종 분말 : $2KHCO_3 + (NH_2)_2CO$
$\rightarrow K_2CO_3 + 2NH_3 + 2CO_2$

51. 다음 물질 중에서 일반화재, 유류 화재 및 전기 화재에 모두 사용할 수 있는 분말 소화약제의 주성분은?

① $KHCO_3$　② Na_2SO_4
③ $NaHCO_3$　④ $NH_4H_2PO_4$

해설 ㉮ 제3종 분말 소화약제는 일반 화재, 유류 화재 및 전기 화재에 모두 사용할 수 있어 이것을 주성분으로 사용하는 소화기를 ABC 소화기라 부른다.

㉯ 제3종 소화 분말의 주성분은 제1인산암모늄($NH_4H_2PO_4$)이다.

52. 제3종 분말 소화약제에 대한 설명으로 틀린 것은?

① A급을 제외한 모든 화재에 적응성이 있다.
② 주성분은 $NH_4H_2PO_4$의 분자식으로 표현된다.
③ 제1인산암모늄이 주성분이다.
④ 담홍색(또는 황색)으로 착색되어 있다.

해설 ㉮ 제3종 분말 소화약제는 일반 화재, 유류 화재 및 전기 화재에 모두 사용할 수 있어 이것을 주성분으로 사용하는 소화기를 ABC 소화기라 불려진다.

㉯ 제3종 소화 분말의 주성분은 제1인산암모늄($NH_4H_2PO_4$)으로 담홍색으로 착색되어 있다.

정답 49. ④　50. ①　51. ④　52. ①

53. 제3종 분말 소화약제의 제조 시 사용되는 실리콘 오일의 용도는?

① 경화제　② 발수제
③ 탈색제　④ 착색제

해설 제3종 분말 소화약제의 제조 시 사용되는 실리콘 오일은 습기를 튕겨내고 기공을 확보하는 발수제 역할을 하며, 일반적으로 실리콘 오일로 방습 처리되었다고 표현한다.

54. 제3종 분말 소화약제가 열분해될 때 생성되는 물질로서 목재, 섬유 등을 구성하고 있는 섬유소를 탈수·탄화시켜 연소를 억제하는 것은?

① CO_2　② NH_3PO_4
③ H_3PO_4　④ NH_3

해설 제3종 분말 소화약제의 열분해 과정
㉮ 주성분인 제1인산암모늄($NH_4H_2PO_4$)은 약 150℃ 부근에서 열분해가 시작된다.
㉯ 166℃에서 열분해로 생성된 인산(H_3PO_4 : 오르소인산)에 의해 섬유소를 연소하기 어려운 탄소로 급속히 변화시키는 탈수·탄화작용을 한다.
$NH_4H_2PO_4 \rightarrow NH_3 + H_3PO_4 - Q$[kcal]
㉰ 섬유소를 탈수·탄화시킨 인산(오르소인산)은 다시 360℃ 이상에서 2차 열분해되면서 생성된 메타인산(HPO_3)에 의하여 재연소 방지 효과를 나타낸다.
$NH_4H_2PO_4 \rightarrow NH_3 + H_2O + HPO_3 - Q$[kcal]

55. 제3종 분말 소화약제를 화재면에 방출 시 부착성이 좋은 막을 형성하여 연소에 필요한 산소의 유입을 차단하기 때문에 연소를 중단시킬 수 있다. 그러한 막을 구성하는 물질은?

① H_3PO_4　② PO_4　③ HPO_3　④ P_2O_5

해설 제3종 분말 소화약제의 주성분인 제1인산암모늄($NH_4H_2PO_4$)이 열분해되어 생성된 메타인산(HPO_3)이 가연물의 표면에 부착되어 산소의 유입을 차단하는 방진 효과때문에 제1, 2종 분말 소화약제보다 소화 효과가 크고, A급 화재의 진화에 효과적이다.

56. 제1인산암모늄 분말 소화약제의 색상과 적응 화재를 옳게 나타낸 것은?

① 백색, BC급　② 담홍색, BC급
③ 백색, ABC급　④ 담홍색, ABC급

해설 분말 소화약제의 종류 및 적응 화재

종류	주성분	적응 화재	착색
제1종 분말	탄산수소나트륨 ($NaHCO_3$)	B.C	백색
제2종 분말	탄산수소칼륨 ($KHCO_3$)	B.C	담회색
제3종 분말	제1인산암모늄 ($NH_4H_2PO_4$)	A.B.C	담홍색
제4종 분말	탄산수소칼륨+요소 [$KHCO_3 + (NH_2)_2CO$]	B.C	회색

57. 다음 중 소화약제가 아닌 것은?

① CF_3Br　② $NaHCO_3$
③ C_4F_{10}　④ N_2H_4

해설 소화약제의 종류

소화약제	화학식
산·알칼리 소화약제	$NaHCO_3 + H_2SO_4$
할론 1311	CF_3Br
할론 1211	CF_2ClBr
할론 2402	$C_2F_4Br_2$
FC-3-1-10 퍼플루오로부탄	C_4F_{10}
제1종 소화 분말	$NaHCO_3$
제2종 소화 분말	$KHCO_3$
제3종 소화 분말	$NH_4H_2PO_4$
제4종 소화 분말	$KHCO_3 + (NH_2)_2CO$

참고 N_2H_4 : 히드라진으로 제4류 위험물 중 제2석유류에 해당된다.

정답 53. ② 54. ③ 55. ③ 56. ④ 57. ④

58. 소화약제 또는 그 구성 성분으로 사용되지 않는 물질은?

① CF_2ClBr ② $CO(NH_2)_2$
③ NH_4NO_3 ④ K_2CO_3

해설 각 물질을 사용한 소화약제
① CF_2ClBr : 할론 1211 소화기의 약제
② $CO(NH_2)_2$: 제4종 분말 소화약제 주성분 중 하나인 요소다.
③ NH_4NO_3 : 제1류 위험물 중 질산염류에 해당하는 질산암모늄이다.
④ K_2CO_3 : 강화액 소화약제에 첨가하여 빙점을 낮추는 역할을 하는 탄산칼륨이다.

59. 다음 중 소화약제 제조 시 사용되는 성분이 아닌 것은?

① 에틸렌글리콜 ② 탄산칼륨
③ 인산이수소암모늄 ④ 인화알루미늄

해설 소화약제 제조 시 각 물질의 역할
㉮ 에틸렌글리콜[$C_2H_4(OH)_2$] : 제4류 위험물 제3석유류에 속하는 유기 화합물로 물의 동결을 방지하는 부동액으로 사용한다.
㉯ 탄산칼륨(K_2CO_3) : 강화액 소화약제에 첨가하여 빙점을 −30℃ 정도까지 낮추어 한랭지에서도 사용이 가능하게 한다.
㉰ 인산이수소암모늄($NH_4H_2PO_4$) : 제3종 분말 소화약제의 주성분인 제1인산암모늄이다.

참고 인화알루미늄(AlP)은 제3류 위험물 중 금속의 인화물에 해당된다.

60. 할로겐 화합물 소화약제의 가장 주된 소화 효과에 해당하는 것은?

① 제거 효과 ② 억제 효과
③ 냉각 효과 ④ 질식 효과

해설 소화약제의 소화 효과
㉮ 물 : 냉각 효과
㉯ 산·알칼리 소화약제 : 냉각 효과
㉰ 강화액 소화약제 : 냉각 소화, 부촉매 효과, 일부 질식 효과
㉱ 이산화탄소 소화약제 : 질식 효과, 냉각 효과
㉲ 할로겐 화합물 소화약제 : 억제 효과(부촉매 효과)
㉳ 포 소화약제 : 질식 효과, 냉각 효과
㉴ 분말 소화약제 : 질식 효과, 냉각 효과, 제3종 분말 소화약제는 부촉매 효과도 있음

61. 주된 소화 효과가 산소 공급원의 차단에 의한 소화가 아닌 것은?

① 포 소화기 ② 건조사
③ CO_2 소화기 ④ Halon 1211 소화기

해설 Halon 1211 소화기의 소화 효과 : 부촉매 효과가 주된 소화 효과이다.

62. 분말 소화약제의 소화 효과로 가장 거리가 먼 것은?

① 질식 효과 ② 냉각 효과
③ 제거 효과 ④ 방사열 차단 효과

해설 분말 소화약제는 연소물에 방사하면 화재열로 열분해되어 생성되는 물질에 의하여 연소 반응 차단(부촉매 효과), 질식 효과, 냉각 효과, 방진 효과 등에 의해 소화하는 약제로 주된 소화 작용은 질식 효과이다.

63. 포 소화약제와 분말 소화약제의 공통적인 주요 소화 효과는?

① 질식 효과 ② 부촉매 효과
③ 제거 효과 ④ 억제 효과

해설 소화약제의 주요 소화 효과
㉮ 포 소화약제 : 질식 효과
㉯ 분말 소화약제 : 질식 효과

64. A약제인 $NaHCO_3$와 B약제인 $Al_2(SO_4)_3$로 되어 있는 소화기는?

① 산·알칼리 소화기
② 드라이케미컬 소화기
③ 탄산가스 소화기

정답 58. ③ 59. ④ 60. ② 61. ④ 62. ③ 63. ① 64. ④

④ 화학포 소화기

해설 ㉮ 화학포 소화기 : A약제인 탄산수소나트륨($NaHCO_3$)과 B약제인 황산알루미늄[$Al_2(SO_4)_3$]과의 화학 반응에 따라 발생하는 이산화탄소(CO_2)를 이용하여 포를 발생시킨다.

㉯ 반응식

$6NaHCO_3$[A제]$+Al_2(SO_4)_3$ [B제]$+18H_2O$
$\rightarrow 3Na_2SO_4+2Al(OH)_3+6CO_2\uparrow+18H_2O\uparrow$

65. BCF 소화기의 약제를 화학식으로 옳게 나타낸 것은?

① CCl_4 ② CH_2ClBr
③ CF_3Br ④ CF_2ClBr

해설 소화기 분류

분류	소화기 명칭	화학식
CTC 소화기	사염화탄소 소화기	CCl_4
CB 소화기	할론 1011 소화기	CH_2ClBr
MTB 소화기	할론 1301 소화기	CF_3Br
BCF 소화기	할론 1211 소화기	CF_2ClBr
FB 소화기	할론 2402 소화기	$C_2F_4Br_2$

66. 분말 소화기의 각 종별 소화약제 주성분이 옳게 연결된 것은?

① 제1종 소화 분말 : $KHCO_3$
② 제2종 소화 분말 : $NaHCO_3$
③ 제3종 소화 분말 : $NH_4H_2PO_4$
④ 제4종 소화 분말 : $NaHCO_3+(NH_2)_2CO$

해설 분말 소화약제의 종류 및 주성분

㉮ 제1종 분말 : 탄산수소나트륨($NaHCO_3$)
㉯ 제2종 분말 : 탄산수소칼륨($KHCO_3$)또는 중탄산칼륨
㉰ 제3종 분말 : 제1인산암모늄($NH_4H_2PO_4$)
㉱ 제4종 분말 : 중탄산칼륨+요소[$KHCO_3+(NH_2)_2CO$]

67. 화재 시 사용하면 독성의 $COCl_2$ 가스를 발생시킬 위험이 가장 높은 소화약제는 어느 것인가?

① 액화이산화탄소
② 제1종 분말
③ 사염화탄소
④ 공기포

해설 ㉮ 사염화탄소(CCl_4) 소화약제를 사용할 때 유독성 가스인 포스겐($COCl_2$)이 생성될 위험성이 있다.

㉯ 반응식 : $2CCl_4+O_2 \rightarrow 2COCl_2+2Cl_2$

★★
68. 이산화탄소 소화기의 장·단점에 대한 설명으로 틀린 것은?

① 밀폐된 공간에서 사용 시 질식으로 인명피해가 발생할 수 있다.
② 전도성이어서 전류가 통하는 장소에서의 사용은 위험하다.
③ 자체의 압력으로 방출할 수가 있다.
④ 소화 후 소화약제에 의한 오손이 없다.

해설 이산화탄소 소화기의 특징

㉮ 많은 가연성 물질이 연소하는 A급 화재에는 효과가 적으나, 가연물이 소량이고 그 표면만을 연소할 때는 산소 억제에 효과가 있다.
㉯ 소규모의 인화성 액체 화재(B급 화재)나 부전도성의 소화제를 필요로 하는 전기 설비 화재(C급 화재)에 그 효력이 크다.
㉰ 전기 절연성이 공기보다 1.2배 정도 우수하고, 피연소물에 피해를 주지 않아 소화 후 증거 보존에 유리하다.
㉱ 방사 거리가 짧아 화점에 접근하여 사용하여야 하며, 금속분에는 연소면 확대로 사용을 제한한다.
㉲ 소화 효과는 질식 효과와 냉각 효과에 의한다.
㉳ 독성이 없지만 과량 존재 시 산소 부족으로 질식할 수 있다.
㉴ 소화약제의 동결, 부패, 변질의 우려가 적다.

정답 65. ④ 66. ③ 67. ③ 68. ②

69. 강화액 소화기에 대한 설명으로 옳은 것은?

① 물의 유동성을 크게 하기 위한 유화제를 첨가한 소화기이다.
② 물의 표면 장력을 강화한 소화기이다.
③ 산·알칼리 액을 주성분으로 한다.
④ 물의 소화 효과를 높이기 위해 염류를 첨가한 소화기이다.

해설 강화액 소화기 특징
㉮ 물에 탄산칼륨(K_2CO_3)이라는 알칼리 금속 염류를 용해한 고농도의 수용액을 질소 가스를 이용하여 방출한다.
㉯ 어는점(빙점)을 -30℃ 정도까지 낮추어 겨울철 및 한랭지에서도 사용할 수 있다.
㉰ A급 화재에 적응성이 있으며 무상주수(분무)로 하면 B급, C급 화재에도 적응성이 있다.

70. 소화기가 유류 화재에 적응력이 있음을 표시하는 색은?

① 백색 ② 황색
③ 청색 ④ 흑색

해설 화재 종류의 표시

구분	화재 종류	표시색
A급	일반 화재	백색
B급	유류 화재	황색
C급	전기 화재	청색
D급	금속 화재	-

71. 소화기와 주된 소화 효과가 옳게 짝지어진 것은?

① 포 소화기 : 제거 소화
② 할로겐 화합물 소화기 : 냉각 소화
③ 탄산가스 소화기 : 억제 소화
④ 분말 소화기 : 질식 소화

해설 소화기별 주된 소화 효과
㉮ 산·알칼리 소화기 : 냉각 효과
㉯ 포말 소화기 : 질식 효과
㉰ 이산화탄소 소화기 : 질식 효과
㉱ 할로겐 화합물 소화기 : 억제 효과(부촉매 효과)
㉲ 분말 소화기 : 질식 효과
㉳ 강화액 소화기 : 냉각 소화

72. 인화성 액체의 화재 분류로 옳은 것은?

① A급 화재 ② B급 화재
③ C급 화재 ④ D급 화재

해설 화재 종류의 표시

구분	화재 종류	표시색
A급	일반 화재	백색
B급	유류 화재	황색
C급	전기 화재	청색
D급	금속 화재	-

참고 인화성 액체의 화재 분류는 유류 화재에 해당된다.

73. 화재 분류에 따른 표시 색상이 옳은 것은?

① 유류 화재 – 황색
② 유류 화재 – 백색
③ 전기 화재 – 황색
④ 전기 화재 – 백색

74. 소화기의 외부 표시 사항으로 가장 거리가 먼 것은?

① 유효 기간
② 적응 화재 표시
③ 능력 단위
④ 취급상 주의사항

해설 소화기 외부표시 사항
㉮ 소화기의 명칭
㉯ 적응 화재 표시
㉰ 사용 방법
㉱ 용기 합격 및 중량 표시
㉲ 취급상 주의사항
㉳ 능력 단위
㉴ 제조연월일

정답 69. ④ 70. ② 71. ④ 72. ② 73. ① 74. ①

75. 소화기에 "B-2"라고 표시되어 있었다. 이 표시의 의미를 가장 옳게 나타낸 것은?

① 일반 화재에 대한 능력 단위 2단위에 적용되는 소화기
② 일반 화재에 대한 압력 단위 2단위에 적용되는 소화기
③ 유류 화재에 대한 능력 단위 2단위에 적용되는 소화기
④ 유류 화재에 대한 압력 단위 2단위에 적용되는 소화기

해설 소화기 표시 "B-2" 의미
㉮ B : 소화기의 적응 화재 → B급 화재로 유류 화재
㉯ 2 : 소화기의 능력 단위

76. 다음 중 소화기 사용 방법으로 잘못된 것은?

① 적응 화재에 따라 사용할 것
② 성능에 따라 방출 거리 내에서 사용할 것
③ 바람을 마주보며 소화할 것
④ 양옆으로 비로 쓸 듯이 방사할 것

해설 소화기 사용 방법
㉮ 적응 화재에만 사용할 것
㉯ 성능에 따라 불 가까이 접근하여 사용할 것
㉰ 바람을 등지고 풍상(風上)에서 풍하(風下)의 방향으로 소화 작업을 할 것
㉱ 소화는 양옆으로 비로 쓸 듯이 골고루 방사할 것

정답 75. ③ 76. ③

CHAPTER

03 소방시설 설치 및 운영

3-1 | 소화설비의 설치 및 운영

1 소화설비의 종류 및 특성

(1) 소방시설 [화재예방, 소방시설 설치·유지 및 안전관리에 관한법(소방시설법) 제2조]

"소방시설"이란 소화설비, 경보설비, 피난구조설비, 소화용수설비 그 밖에 소화활동설비로서 대통령령으로 정하는 것을 말한다.

(2) 소화설비 [소방시설법 시행령 별표1]

물 또는 그 밖의 소화약제를 사용하여 소화하는 기계, 기구 또는 설비이다.

① 소화기구

② 자동소화장치

③ 옥내소화전설비(호스릴옥내소화전설비를 포함한다)

④ 스프링클러설비등

⑤ 물분무등 소화설비

⑥ 옥외소화전설비

(3) 소화설비 특성

① 옥내소화전설비 : 화재 초기에 소화전 함에 비치되어 있는 호스 및 노즐을 이용하여 소화 작업을 행하는 설비이다.

㈎ 수원, 가압송수장치, 배관 및 개폐밸브, 호스, 노즐 등을 격납하는 상자로 구성되어 있다.

㈏ 옥내소화전함에는 그 표면에 "소화전"이라고 표시할 것

㈐ 옥내 소화전설비의 위치를 표시하는 표시등은 함의 상부에 설치하되 그 불빛이 부착면과 15° 이상의 범위 안에서 부착지점으로부터 10m 떨어진 곳에서 식별할 수 있는 적색등을 설치할 것

② 스프링클러설비 : 화재가 발생한 경우 스프링클러헤드가 감열(感熱) 작동에 의하여 그 헤드로부터 화원과 그 주변에 물을 살수하여 화재를 초기의 단계에서 효율적으로 소화하는 고정식 소화설비로 수원, 가압송수장치, 자동경보장치, 배관, 스프링클러헤드, 말단시험밸브, 송수구 등으로 구성되어 있다.

㈎ 장점

㉮ 화재 초기 진화 작업에 효과적이다.

㉯ 소화제가 물이므로 가격이 저렴하고 소화 후 시설 복구가 용이하다.

㉰ 조작이 간편하며 안전하다.

㉱ 감지부가 기계적으로 작동되어 오동작이 없다.

㉲ 사람이 없는 야간에도 자동적으로 화재를 감지하여 소화 및 경보를 해 준다.

㈏ 단점

㉮ 초기 시설비가 많이 소요된다.

㉯ 시공이 복잡하고, 물로 인한 피해가 클 수 있다.

㈐ 종류

㉮ 폐쇄형 : 상시 가압된 물이 배관 내에 가득 채워져 있는 습식과 스프링클러 헤드로부터 건식유수검지장치 사이에 압축 공기를 채워 넣은 건식으로 분류된다.

㉯ 개방형 : 헤드에 감열 부분이 없는 개방형 헤드를 사용하는 방식이다.

③ 물분무 소화설비 : 스프링클러설비와 마찬가지로 소화약제로 물을 사용하는 것으로 특수한 헤드로부터 0.02~2.5mm의 미립자(微粒子) 형태의 안개비로 대상물을 모두 감싸 주는 방식으로 소화하는 설비이다.

④ 포 소화설비 : 포(泡)와 물을 혼합한 소화제에 공기를 혼입시키거나 화학 변화를 일으킬 때 생기는 포를 이용하는 설비로, 물만으로는 소화가 불가능하거나 소화 효과가 적을 때 또는 주수에 의하여 오히려 화재를 확대시킬 우려가 있는 경우에 사용된다.

2 소화설비의 기준

(1) 소화설비의 기준 [시행규칙 제41조]

① 제조소등에는 화재발생 시 소화가 곤란한 정도에 따라 적응성이 있는 소화설비를 설치한다.

② 소화가 곤란한 정도에 따른 소화난이도는 소화난이도등급 Ⅰ, 소화난이도등급 Ⅱ 및 소화난이도등급 Ⅲ으로 구분한다.

(2) 제조소등의 기준의 특례 [시행규칙 제47조]

① 시·도지사 또는 소방서장은 다음에 해당하는 경우에는 시행규칙 '제3장 제조소등의 위치·구조 및 설비의 기준'의 규정을 적용하지 아니한다.

㈎ 위험물의 품명 및 최대수량, 지정수량의 배수, 위험물의 저장 또는 취급의 방법 및 제조소등의 주위의 지형 그 밖의 상황 등에 비추어 볼 때 화재의 발생 및 연소의 정도나 화재 등의 재난에 의한 피해가 규정에 의한 경우와 동등 이하가 된다고 인정하는 경우

㈏ 예상하지 아니한 특수한 구조나 설비를 이용하는 것으로, 규정에 의한 경우와 동등 이상의 효력이 있다고 인정되는 경우

② 시·도지사 또는 소방서장은 제조소등의 기준의 특례 적용 여부를 심사함에 있어서 전문기술적인 판단이 필요하다고 인정하는 사항에 대해서는 기술원이 실시한 해당 제조소등의 안전성에 관한 평가(이하 "안전성 평가"라 한다)를 참작할 수 있다.

3 소화설비 설치기준

(1) 옥내소화전 설비

① 옥내소화전설비 설치기준 [시행규칙 별표17]

㈎ 옥내소화전은 제조소등의 건축물의 층마다 호스 접속구까지의 수평거리가 25m 이하가 되도록 설치할 것. 이 경우 옥내소화전은 각층의 출입구 부근에 1개 이상을 설치하여야 한다.

㈏ 수원의 수량은 옥내소화전이 가장 많이 설치된 층의 옥내소화전 설치개수(설치개수가 5개 이상인 경우는 5개)에 $7.8m^3$를 곱한 양 이상이 되도록 설치할 것

㈐ 옥내소화전설비는 각층을 기준으로 당해 층의 모든 옥내소화전(설치개수가 5개 이상인 경우는 5개)을 동시에 사용할 경우에 각 노즐 선단의 방수 압력이 350kPa(0.35MPa) 이상이고 방수량이 1분당 260L 이상의 성능이 되도록 할 것

㈑ 옥내소화전설비에는 비상전원을 설치할 것

② 옥내소화전설비의 기준 [세부기준 제129조]

㈎ 옥내소화전의 개폐밸브 및 호스접속구는 바닥면으로부터 1.5m 이하의 높이에 설치할 것

㈏ 옥내소화전의 개폐밸브 및 방수용기구를 격납하는 상자(이하 "소화전함"이라 한다)는 불연재료로 제작한다.

㈐ 가압송수장치의 시동을 알리는 표시등(이하 "시동표시등"이라 한다)은 적색으로 하고 옥내소화전함의 내부 또는 그 직근의 장소에 설치할 것

㈑ 옥내소화전설비의 설치의 표시

㉮ 옥내소화전함에는 "소화전"이라고 표시

㉯ 적색의 표시등은 부착면과 15° 이상의 각도에서 10m 떨어진 곳에서 식별이 가능하도록 할 것

㈒ 물올림장치 설치

㉮ 전용의 물올림탱크를 설치할 것

㉯ 물올림탱크의 용량은 가압송수장치를 유효하게 작동할 수 있도록 할 것

㉰ 물올림탱크에는 감수경보장치 및 물을 자동으로 보급하기 위한 장치가 설치되어 있을 것

㈓ 옥내소화전설비의 비상전원은 45분 이상 작동시키는 것이 가능할 것

㈔ 가압송수장치 설치기준

㉮ 고가수조를 이용한 가압송수장치

$$H = h_1 + h_2 + 35\,\mathrm{m}$$

여기서, H : 필요낙차(m)
h_1 : 방수용 호스의 마찰손실수두(m)
h_2 : 배관의 마찰손실수두(m)

㉯ 압력수조를 이용한 가압송수장치

$$P = P_1 + P_2 + P_3 + 0.35\,\mathrm{MPa}$$

여기서, P : 필요한 압력(MPa)
P_1 : 소방용 호스의 마찰손실 수두압(MPa)
P_2 : 배관의 마찰손실 수두압(MPa)
P_3 : 낙차의 환산수두압(MPa)

㉰ 펌프를 이용한 가압송수장치

㉠ 펌프의 토출량은 옥내소화전이 가장 많은 층의 설치개수(5개 이상인 경우에는 5개)에 260L/min를 곱한 양 이상이 되도록 할 것

㉡ 펌프의 전양정 계산식

$$H = h_1 + h_2 + h_3 + 35\,\mathrm{m}$$

여기서, H : 펌프의 전양정(m)
h_1 : 소방용 호스의 마찰손실수두(m)
h_2 : 배관의 마찰손실수두(m)
h_3 : 낙차(m)

㉢ 펌프의 토출량이 정격토출량의 150%인 경우에는 전양정은 정격 전양정의 65% 이상일 것

㉣ 펌프는 전용으로 하고 토출측에 압력계, 흡입측에 연성계를 설치할 것

㉣ 가압송수장치는 옥내소화전의 노즐선단에서 방수압력이 0.7MPa을 초과하지 않을 것

(2) 옥외소화전 설비

① 옥외소화전설비 설치기준 [시행규칙 별표17]

㈎ 옥외소화전은 방호대상물의 각 부분(건축물의 경우 1층 및 2층 부분에 한한다)에서 하나의 호스접속구까지의 수평거리가 40m 이하가 되도록 설치할 것. 이 경우 그 설치개수가 1개일 때는 2개로 하여야 한다.

㈏ 수원의 수량은 옥외소화전의 설치개수(4개 이상인 경우는 4개)에 13.5m^{3}를 곱한 양 이상이 되도록 설치할 것

㈐ 옥외소화전설비는 모든 옥외소화전(4개 이상인 경우는 4개)을 동시에 사용할 경우에 각 노즐선단의 방수압력이 350kPa 이상이고, 방수량이 1분당 450L 이상의 성능이 되도록 할 것

㈑ 옥외소화전설비에는 비상전원을 설치할 것

② 옥외소화전설비의 기준 [세부기준 제130조]

㈎ 옥외소화전의 개폐밸브 및 호스접속구는 지반면으로부터 1.5m 이하의 높이에 설치할 것

㈏ 방수용 기구를 격납하는 함("옥외소화전함"이라 한다)은 불연 재료로 제작하고 옥외소화전으로부터 보행거리 5m 이하의 장소에 설치할 것

㈐ 옥외소화전설비의 설치 표시

㉮ 옥외소화전함에는 "호스격납함"이라고 표시할 것. 다만, 호스접속구 및 개폐밸브를 옥외소화전함의 내부에 설치하는 경우에는 "소화전"이라고 표시할 수 있다.

㉯ 옥외소화전에는 직근의 보기 쉬운 장소에 "소화전"이라고 표시할 것

㈑ 가압송수장치, 시동표시등, 물올림장치, 비상전원, 조작회로의 배선 및 배관등은 옥내소화전설비의 기준의 예에 준하여 설치할 것

(3) 스프링클러 설비

① 스프링클러설비 설치기준 [시행규칙 별표17]

㈎ 스프링클러 헤드는 방호대상물의 천장 또는 건축물의 최상부 부근(천장이 설치되지 아니한 경우)에 설치하되, 하나의 스프링클러 헤드까지의 수평거리가 1.7m 이하가 되도록 설치할 것

㈏ 개방형 스프링클러 헤드를 이용한 방사구역은 150m^2 이상으로 할 것

㈐ 수원의 수량 : 스프링클러 헤드 설치개수에 2.4m^{3}를 곱한 양 이상이 되도록 설치

㉮ 폐쇄형 헤드를 사용하는 것 : 30(헤드의 설치개수가 30 미만인 경우에는 설치개수)

㉯ 개방형 헤드를 사용하는 것 : 가장 많이 설치된 방사구역의 설치개수

㈑ 방사압력 100kPa 이상, 방수량 80L/min 이상

㈒ 스프링클러설비에는 비상전원을 설치할 것

② 스프링클러설비의 기준 [세부기준 제131조]

㈎ 개방형 스프링클러헤드 설치

㉮ 스프링클러헤드의 반사판 하방으로 0.45m, 수평 방향으로 0.3m의 공간을 보유할 것

㉯ 스프링클러헤드의 축심이 당해 헤드의 부착면에 대하여 직각이 되도록 설치할 것

㈏ 폐쇄형 스프링클러헤드 설치

㉮ 스프링클러헤드의 반사판과 당해 헤드의 부착면과의 거리는 0.3m 이하일 것

㉯ 헤드의 부착면으로부터 0.4m 이상 돌출한 보 등에 의하여 구획된 부분마다 설치할 것.

㉰ 급배기용 덕트 등의 긴변의 길이가 1.2m를 초과하는 경우 당해 덕트의 아랫면에도 설치할 것

㉱ 스프링클러헤드의 표시 온도는 평상시의 최고 주위 온도에 따라 설치할 것

부착장소 최고 주위 온도	표시 온도
28℃ 미만	58℃ 미만
28℃ 이상 39℃ 미만	58℃ 이상 79℃ 미만
39℃ 이상 64℃ 미만	79℃ 이상 121℃ 미만
64℃ 이상 106℃ 미만	121℃ 이상 162℃ 미만
106℃ 이상	162℃ 이상

㈐ 일제 개방밸브 또는 수동식 개방밸브는 바닥면으로부터 1.5m 이하의 높이에 설치하고, 수동식 개방밸브를 개방조작하는 데 필요한 힘이 15kgf 이하가 되도록 한다.

(4) 물분무 소화설비

① 물분무 소화설비 설치기준 [시행규칙 별표17]

㈎ 분무헤드의 개수 및 배치

㉮ 분무헤드로부터 방사되는 물분무에 의하여 방호대상물의 모든 표면을 소화할 수 있도록 설치할 것

㉯ 방호대상물 표면적 $1m^2$당 20L/min의 비율로 계산된 수량을 표준방사량으로 방사

하도록 설치할 것

㈏ 물분무 소화설비의 방사구역은 150m^2 이상(방호대상물의 표면적이 150m^2 미만인 경우 당해 표면적)으로 할 것

㈐ 수원의 수량 : 표면적 1m^{2}당 20L/min의 비율로 30분간 방사할 수 있는 양 이상

㈑ 방사압력 : 350kPa 이상

㈒ 물분무 소화설비에는 비상 전원을 설치할 것

② 물분무 소화설비의 기준 [세부기준 제132조]

㈎ 물분무 소화설비에 2 이상의 방사 구역을 두는 경우에는 인접하는 방사구역이 상호 중복되도록 할 것

㈏ 고압의 전기설비가 있는 장소에는 전기절연을 위하여 필요한 공간을 보유할 것

㈐ 물분무 소화설비에는 각층 또는 방사구역마다 제어밸브, 스트레이너 및 일제 개방밸브 또는 수동식 개방밸브를 설치할 것

㉮ 제어밸브 및 일제 개방밸브 또는 수동식 개방밸브는 스프링클러설비의 기준에 의할 것

㉯ 스트레이너 및 일제 개방밸브 또는 수동식 개방밸브는 제어밸브의 하류측 부근에 스트레이너, 일제 개방밸브 또는 수동식 개방밸브의 순으로 설치할 것

㈑ 기동장치는 스프링클러설비의 기준에 의할 것

㈒ 가압송수장치, 물올림장치, 비상전원, 조작회로의 배선 및 배관 등은 옥내소화전설비의 기준 준하여 설치할 것

(5) 포 소화설비

① 포 소화설비 설치기준 [시행규칙 별표17]

㈎ 고정식 포 소화설비의 포방출구 등은 방호대상물의 형상, 구조, 성질, 수량 또는 취급 방법에 따라 표준방사량으로 화재를 소화할 수 있도록 필요한 개수를 적당한 위치에 설치할 것

㈏ 이동식 포 소화설비(포 소화전 등 고정된 포 수용액 공급장치로부터 호스를 통하여 포 수용액을 공급받아 이동식 노즐에 의하여 방사하도록 된 소화설비를 말한다)

㉮ 포 소화전을 옥내에 설치하는 것 : 옥내소화전 설치기준 ①의 규정을 준용한다.

㉯ 포 소화전을 옥외에 설치하는 것 : 옥외소화전 설치기준 ①의 규정을 준용한다.

㈐ 수원의 수량 및 포 소화약제의 저장량은 방호대상물의 화재를 유효하게 소화할 수 있는 양 이상이 되도록 할 것

㈑ 포 소화설비에는 비상전원을 설치할 것

② 포 소화약제를 흡입·혼합하는 방식 [포 소화설비의 화재안전기준(NFSC 105) 제3조]

㈎ 펌프 프로포셔너(pump proportioner) 방식 : 펌프의 토출관 흡입관 사이의 배관 도중에 설치한 흡입기에 펌프에서 토출된 물의 일부를 보내고, 농도 조절밸브에서 조정된 포 소화약제의 필요량을 포 소화약제 탱크에서 펌프 흡입측으로 보내어 이를 혼합하는 방식이다.

㈏ 프레셔 프로포셔너(pressure proportioner) 방식 : 펌프와 발포기의 중간에 설치된 벤투리관의 벤투리 작용과 펌프 가압수의 포 소화약제 저장탱크에 대한 압력에 따라 포 소화약제를 흡입·혼합하는 방식이다.

㈐ 라인 프로포셔너(line proportioner) 방식 : 펌프와 발포기의 중간에 설치된 벤투리관의 벤투리 작용에 따라 포 소화약제를 흡입·혼합하는 방식이다.

㈑ 프레셔 사이트 프로포셔너(pressure side proportioner) 방식 : 펌프의 토출관에 압입기를 설치하여 포 소화약제 압입용 펌프로 포 소화약제를 압입시켜 혼합하는 방식이다.

③ 포 소화설비의 기준 [세부기준 제133조]

㈎ 고정식의 포 소화설비의 포방출구 등은 다음에 정한 것에 의하여 설치할 것

㉮ 고정식 포방출구방식은 탱크에서 저장 또는 취급하는 위험물의 화재를 유효하게 소화할 수 있도록 포방출구, 당해 소화설비에 부속하는 보조 포소화전 및 연결송액구를 다음에 정한 것에 의하여 설치할 것

㉠ 포방출구

ⓐ I형 : 고정지붕구조의 탱크에 상부포주입법(고정포방출구를 탱크옆판의 상부에 설치하여 액표면상에 포를 방출하는 방법을 말한다. 이하 같다)을 이용하는 것으로서 방출된 포가 액면 아래로 몰입되거나 액면을 뒤섞지 않고 액면상을 덮을 수 있는 통계단 또는 미끄럼판 등의 설비 및 탱크 내의 위험물증기가 외부로 역류되는 것을 저지할 수 있는 구조·기구를 갖는 포방출구

ⓑ II형 : 고정지붕구조 또는 부상덮개부착 고정지붕구조(옥외저장탱크의 액상에 금속제의 플로팅, 팬 등의 덮개를 부착한 고정지붕구조의 것을 말한다. 이하 같다)의 탱크에 상부포주입법을 이용하는 것으로서 방출된 포가 탱크옆판의 내면을 따라 흘러내려 가면서 액면 아래로 몰입되거나 액면을 뒤섞지 않고 액면상을 덮을 수 있는 반사판 및 탱크 내의 위험물증기가 외부로 역류되는 것을 저지할 수 있는 구조·기구를 갖는 포방출구

ⓒ 특형 : 부상지붕구조의 탱크에 상부포주입법을 이용하는 것으로서 부상지붕의 부상부분상에 높이 0.9m 이상의 금속제의 칸막이(방출된 포의 유출을 막을 수 있고 충분한 배수능력을 갖는 배수구를 설치한 것에 한한다)를 탱크옆

판의 내측으로부터 1.2m 이상 이격하여 설치하고 탱크옆판과 칸막이에 의하여 형성된 환상부분(이하 "환상부분"이라 한다)에 포를 주입하는 것이 가능한 구조의 반사판을 갖는 포방출구

ⓓ Ⅲ형 : 고정지붕구조의 탱크에 저부포주입법(탱크의 액면하에 설치된 포방출구로부터 포를 탱크 내에 주입하는 방법을 말한다)을 이용하는 것으로서 송포관(발포기 또는 포발생기에 의하여 발생된 포를 보내는 배관을 말한다. 당해 배관으로 탱크 내의 위험물이 역류되는 것을 저지할 수 있는 구조·기구를 갖는 것에 한한다. 이하 같다)으로부터 포를 방출하는 포방출구

ⓔ Ⅳ형 : 고정지붕구조의 탱크에 저부포주입법을 이용하는 것으로서 평상시에는 탱크의 액면하의 저부에 설치된 격납통(포를 보내는 것에 의하여 용이하게 이탈되는 캡을 갖는 것을 포함한다)에 수납되어 있는 특수호스 등이 송포관의 말단에 접속되어 있다가 포를 보내는 것에 의하여 특수호스 등이 전개되어 그 선단이 액면까지 도달한 후 포를 방출하는 포방출구

㉡ 포방출구는 탱크의 직경, 구조 및 포방출구의 종류에 따른 수 이상의 개수를 탱크옆판의 외주에 균등한 간격으로 설치할 것

㉯ 포헤드방식의 포헤드 설치기준

㉠ 포헤드는 방호대상물의 모든 표면이 포헤드의 유효사정 내에 있도록 설치할 것

㉡ 방호대상물의 표면적(건축물의 경우에는 바닥면적. 이하 같다) $9m^2$당 1개 이상의 헤드를, 방호대상물의 표면적 $1m^2$당의 방사량이 6.5L/min 이상의 비율로 계산한 양의 포수용액을 표준방사량으로 방사할 수 있도록 설치할 것

㉢ 방사구역은 $100m^2$ 이상(방호대상물의 표면적이 $100m^2$ 미만인 경우에는 당해 표면적)으로 할 것

㉰ 포모니터노즐(위치가 고정된 노즐의 방사각도를 수동 또는 자동으로 조준하여 포를 방사하는 설비를 말한다)방식의 설치기준

㉠ 포모니터노즐은 옥외저장탱크 또는 이송취급소의 펌프설비 등이 안벽, 부두, 해상구조물, 그 밖의 이와 유사한 장소에 설치되어 있는 경우에 당해 장소의 끝선(해면과 접하는 선)으로부터 수평거리 15m 이내의 해면 및 주입구 등 위험물 취급설비의 모든 부분이 수평방사거리 내에 있도록 설치할 것. 이 경우에 그 설치개수가 1개인 경우에는 2개로 할 것

㉡ 포모니터노즐은 소화활동상 지장이 없는 위치에서 기동 및 조작이 가능하도록 고정하여 설치할 것

㉢ 포모니터노즐은 모든 노즐을 동시에 사용할 경우에 각 노즐선단의 방사량이

1900L/min 이상이고 수평방사거리가 30m 이상이 되도록 설치할 것

㈏ 이동식포 소화설비의 포 소화전은 옥내에 설치하는 것은 옥내소화전, 옥외에 설치하는 것은 옥외소화전의 기준의 예에 의할 것

(6) 불활성가스 소화설비

① 불활성가스 소화설비 설치기준 [시행규칙 별표17]

㈎ 전역방출방식 분사헤드 : 불연재료의 벽·기둥·바닥·보 및 지붕(천장이 있는 경우에는 천장)으로 구획되고 개구부에 자동폐쇄장치가 설치되어 있는 부분(방호구역)에 표준방사량으로 방호대상물의 화재를 유효하게 소화할 수 있도록 필요한 개수를 적당한 위치에 설치할 것

㈏ 국소방출방식 분사헤드 : 방호대상물의 형상, 구조, 성질, 수량 또는 취급방법에 따라 방호대상물에 이산화탄소 소화약제를 직접 방사하여 표준방사량으로 방호대상물의 화재를 유효하게 소화할 수 있도록 필요한 개수를 적당한 위치에 설치할 것

㈐ 이동식 불활성가스 소화설비의 호스 접속구는 방호대상물의 각 부분으로부터 수평거리가 15m 이하가 되도록 설치할 것

㈑ 불활성가스 소화약제 용기에 저장하는 소화약제의 양은 화재를 유효하게 소화할 수 있는 양 이상이 되도록 할 것

㈒ 불활성가스 소화설비(전역 및 국소방출방식)에는 비상전원을 설치할 것

② 불활성가스 소화설비의 기준 [세부기준 제134조]

㈎ 전역방출방식 분사헤드

㉮ 방사된 소화약제가 방호구역의 전역에 균일하고 신속하게 방사할 수 있도록 설치할 것

㉯ 분사헤드의 방사압력

㉠ 이산화탄소를 방사하는 분사헤드

ⓐ 고압식(소화약제가 상온으로 용기에 저장되어 있는 것) : 2.1MPa 이상

ⓑ 저압식(소화약제가 −18℃ 이하의 온도로 용기에 저장되어 있는 것) : 1.05MPa 이상

㉡ 질소 또는 질소와 아르곤 및 이산화탄소를 혼합한 것을 방사하는 분사헤드 : 1.9MPa 이상

소화약제 구분	혼합 용량비
IG−100	질소 100%
IG−55	질소와 아르곤의 용량비가 50:50
IG−541	질소와 아르곤과 이산화탄소의 용량비가 52:40:8

㉢ 규정량 소화약제 방사 시간

ⓐ 이산화탄소 : 60초 이내

ⓑ IG-100, IG-50, IG-541 : 소화약제 양의 95% 이상을 60초 이내

(나) 국소방출방식(이산화탄소 소화약제에 한한다) 분사헤드

㉮ 분사헤드는 방호대상물의 모든 표면이 분사헤드의 유효사정 내에 있도록 설치할 것

㉯ 소화약제의 방사에 의해서 위험물이 비산되지 않는 장소에 설치할 것

㉰ 소화약제는 30초 이내에 균일하게 방사할 것

(다) 전역방출방식 또는 국소방출방식의 공통 구조 기준

㉮ 방호구역의 환기설비 또는 배출설비는 소화약제 방사 전에 정지할 수 있는 구조로 할 것

㉯ 전역방출방식의 방화대상물 또는 개구부

㉠ 이산화탄소를 방사하는 것

ⓐ 층고의 $\frac{2}{3}$ 이하의 높이에 있는 개구부로서 방사한 소화약제의 유실의 우려가 있는 것에는 소화약제 방사 전에 폐쇄할 수 있는 자동폐쇄장치를 설치할 것

ⓑ 자동폐쇄장치를 설치하지 아니한 개구부 면적의 합계수치는 방호대상물 전체둘레의 면적(방호구역의 벽, 바닥 및 천정 또는 지붕면적의 합계를 말한다) 수치의 1% 이하일 것

㉡ IG-100, IG-55 또는 IG-541을 방사하는 것은 모든 개구부에 소화약제 방사 전에 폐쇄할 수 있는 자동폐쇄장치를 설치할 것

㉰ 저장용기에 충전

㉠ 이산화탄소 충전비(용기 내용적과 소화약제 중량의 비율)

ⓐ 고압식인 경우 : 1.5 이상 1.9 이하

ⓑ 저압식인 경우 : 1.1 이상 1.4 이하

㉡ IG-100, IG-55 또는 IG-541의 경우에는 저장용기의 충전압력을 21℃에서 32MPa 이하로 할 것

㉱ 저장용기 설치

㉠ 방호구역 외의 장소에 설치할 것

㉡ 온도가 40℃ 이하이고 온도 변화가 적은 장소에 설치할 것

㉢ 직사일광 및 빗물이 침투할 우려가 적은 장소에 설치할 것

㉣ 저장용기에는 안전장치를 설치할 것

㉤ 저장용기의 외면에 소화약제의 종류와 양, 제조년도 및 제조자를 표시할 것

㉲ 저장용기와 선택밸브 또는 개폐밸브 사이에는 안전장치 또는 파괴판을 설치할 것

㉥ 기동용 가스용기
㉠ 25MPa 이상의 압력에 견딜 수 있는 것일 것
㉡ 내용적은 1L 이상으로 하고 저장하는 이산화탄소의 양은 0.6kg 이상으로 하되 충전비는 1.5 이상일 것
㉢ 안전장치 및 용기밸브를 설치할 것
㉦ 방출방식에 따른 사용 소화약제
㉠ 국소방출방식 : 이산화탄소
㉡ 전역방출방식

제조소등의 구분		소화약제 종류
제4류 위험물을 저장 또는 취급하는 제조소등	방호구획의 체적이 1000m³ 이상의 것	이산화탄소
	방호구획의 체적이 1000m³ 미만의 것	이산화탄소, IG-100, IG-55, IG-541
제4류 외의 위험물을 저장 또는 취급하는 제조소등		이산화탄소

(7) 기타 소화설비

① 기타 소화설비 설치기준 [시행규칙 별표17]
㈎ 할로겐화합물 소화설비의 설치기준은 불활성가스 소화설비의 기준을 준용할 것
㈏ 분말 소화설비의 설치기준은 불활성가스 소화설비의 기준을 준용할 것
㈐ 대형수동식 소화기 설치기준은 방호대상물 각 부분으로부터 보행거리가 30m 이하가 되도록 설치할 것. 다만 옥내소화전설비, 옥외소화전설비, 스프링클러설비 또는 물분무소화설비와 함께 설치하는 경우에는 그러하지 아니하다.
㈑ 소형수동식 소화기 설치기준은 방호대상물 각 부분으로부터 보행거리가 20m 이하가 되도록 설치할 것. 다만 옥내소화전설비, 옥외소화전설비, 스프링클러설비, 물분무소화설비 또는 대형수동식 소화기와 함께 설치하는 경우에는 그러하지 아니하다.

② 할로겐화합물 소화설비의 기준 [세부기준 제135조]
㈎ 전역방출방식 분사헤드
㉮ 방사된 소화약제가 방호구역의 전역에 균일하고 신속하게 확산할 수 있도록 설치할 것
㉯ 다이브로모테트라플루오로에탄(할론 2402)을 방사하는 분사헤드는 소화약제를 무상(霧狀)으로 방사하는 것일 것
㉰ 분사헤드의 압력
㉠ 다이브로모테트라플루오로에탄(할론 2402) : 0.1MPa 이상

㉡ 브로모클로로다이플루오로메탄(할론 1211) : 0.2MPa 이상

㉢ 브로모트라이플루오로메탄(할론 1301) : 0.9MPa 이상

㉣ 트라이플루오로메탄(HFC-23) : 0.9MPa 이상

㉤ 펜타플루오로에탄(HFC-125) : 0.9MPa 이상

㉥ 헵타플루오로프로판(HFC-227ea), 도데카플루오로-2-메틸펜탄-3-원(FK-5-1-12) : 0.3MPa 이상

㉣ 소화약제 방사시간

㉠ 할론 2402, 할론 1211, 할론 1301 : 30초 이내

㉡ HFC-23, HFC-125, HFC-227ea, FK-5-1-12 : 10초 이내

(나) 국소방출방식 분사헤드

㉮ 방사된 소화약제가 방호구역의 전역에 균일하고 신속하게 확산할 수 있도록 설치할 것

㉯ 다이브로모테트라플루오로에탄(할론 2402)을 방사하는 분사헤드는 소화약제를 무상(霧狀)으로 방사하는 것일 것

㉰ 분사헤드의 압력

㉠ 다이브로모테트라플루오로에탄(할론 2402) : 0.1MPa 이상

㉡ 브로모클로로다이플루오로메탄(할론 1211) : 0.2MPa 이상

㉢ 브로모트라이플루오로메탄(할론 1301) : 0.9MPa 이상

㉱ 분사헤드는 방호대상물의 무든 표면이 분사헤드의 유효사정 내에 있도록 설치할 것

㉲ 소화약제의 방사에 의하여 위험물이 비산되지 않는 장소에 설치할 것

㉳ 소화약제 방사 시간 : 30초 이내

(다) 방출방식에 따른 사용 소화약제

㉮ 국소방출방식 : 할론 2402, 할론 1211, 할론 1301

㉯ 전역방출방식

제조소등의 구분		소화약제 종류
제4류 위험물을 저장 또는 취급하는 제조소등	방호구획의 체적이 $1000m^3$ 이상의 것	할론 2402, 할론 1211, 할론 1301
	방호구획의 체적이 $1000m^3$ 미만의 것	할론 2402, 할론 1211, 할론 1301, HFC-23, HFC-125, HFC-227ea, FK-5-1-12
제4류 외의 위험물을 저장 또는 취급하는 제조소등		할론 2402, 할론 1211, 할론 1301

③ 분말 소화설비의 기준 [세부기준 제136조]

㈎ 전역방출방식 분사헤드

㉮ 방사된 소화약제가 방호구역의 전역에 균일하고 신속하게 확산할 수 있도록 설치할 것

㉯ 분사헤드의 방사압력은 0.1MPa 이상일 것

㉰ 소화약제는 30초 이내에 균일하게 방사할 것

㈏ 국소방출방식 분사헤드

㉮ 분사헤드의 방사압력은 0.1MPa 이상일 것

㉯ 분사헤드는 방호대상물의 모든 표면이 분사헤드의 유효사정 내에 있도록 설치할 것

㉰ 소화약제의 방사에 의하여 위험물이 비산되지 않는 장소에 설치할 것

㉱ 소화약제는 30초 이내에 균일하게 방사할 것

㈐ 전역방출방식 또는 국소방출방식 기준

㉮ 저장용기등 충전비

소화약제의 종류	충전비의 범위
제1종 분말	0.85 이상 1.45 이하
제2종 분말 또는 제3종 분말	1.05 이상 1.75 이하
제4종 분말	1.50 이상 2.50 이하

㉯ 저장용기등 설치

㉠ 방호구역 외의 장소에 설치할 것

㉡ 온도가 40℃ 이하이고 온도 변화가 적은 장소에 설치할 것

㉢ 직사일광 및 빗물이 침투할 우려가 적은 장소에 설치할 것

㉣ 저장용기에는 안전장치를 설치할 것

㉤ 저장탱크는 압력용기 기준(KS B 6750)에 적합한 것 또는 이와 동등 이상의 강도 및 내식성이 있는 것을 사용할 것

㉥ 저장용기(축압식은 내압력이 1.0MPa인 것에 한한다)에는 용기밸브를 설치할 것

㉦ 가압식의 저장용기 등에는 방출밸브를 설치할 것

㉧ 보기 쉬운 장소에 충전 소화약제량, 소화약제의 종류, 최고사용압력(가압식인 것에 한한다), 제조년월 및 제조자명을 표시할 것

㉰ 저장용기등에는 잔류가스를 배출하기 위한 배출장치를, 배관에는 잔류 소화약제를 처리하기 위한 클리닝 장치를 설치할 것

㉱ 가압용 또는 축압용 가스는 질소 또는 이산화탄소로 할 것

4 소화설비 설치 운영

(1) 소화난이도등급 I의 제조소등 및 소화설비 [시행규칙 별표17]

① 소화난이도 등급 I에 해당하는 제조소등

제조소등의 구분	제조소등의 규모, 저장 또는 취급하는 위험물의 품명 및 최대수량 등
제조소 일반취급소	연면적 1000m^2 이상인 것
	지정수량의 100배 이상인 것(고인화점 위험물만을 100℃ 미만의 온도에서 취급하는 것 및 제48조의 위험물을 취급하는 것은 제외)
	지반면으로부터 6m 이상의 높이에 위험물 취급설비가 있는 것(고인화점 위험물만을 100℃ 미만의 온도에서 취급하는 것은 제외)
	일반취급소로 사용되는 부분 외의 부분을 갖는 건축물에 설치된 것(내화구조로 개구부 없이 구획된 것, 고인화점 위험물만을 100℃ 미만의 온도에서 취급하는 것 및 별표16 X의 2의 화학실험의 일반취급소는 제외)
주유취급소	별표13 V 제2호에 따른 면적의 합이 500m^2를 초과하는 것
옥내저장소	지정수량의 150배 이상인 것(고인화점위험물만을 저장하는 것 및 제48조의 위험물을 저장하는 것은 제외)
	연면적 150m^2를 초과하는 것(150m^2 이내마다 불연재료로 개구부 없이 구획된 것 및 인화성고체 외의 제2류 위험물 또는 인화점 70℃ 이상의 제4류 위험물만을 저장하는 것은 제외)
	처마높이가 6m 이상인 단층건물의 것
	옥내저장소로 사용되는 부분 외의 부분이 있는 건축물에 설치된 것(내화구조로 개구부 없이 구획된 것 및 인화성고체 외의 제2류 위험물 또는 인화점 70℃ 이상의 제4류 위험물만을 저장하는 것은 제외)
옥외탱크 저장소	액표면적이 40m^2 이상인 것(제6류 위험물을 저장하는 것 및 고인화점위험물만을 100℃ 미만의 온도에서 저장하는 것은 제외)
	지반면으로부터 탱크 옆판의 상단까지 높이가 6m 이상인 것(제6류 위험물을 저장하는 것 및 고인화점위험물만을 100℃ 미만의 온도에서 저장하는 것은 제외)
	지중탱크 또는 해상탱크로서 지정수량의 100배 이상인 것(제6류 위험물을 저장하는 것 및 고인화점위험물만을 100℃ 미만의 온도에서 저장하는 것은 제외)
	고체위험물을 저장하는 것으로서 지정수량의 100배 이상인 것
옥내탱크 저장소	액표면적이 40m^2 이상인 것(제6류 위험물을 저장하는 것 및 고인화점위험물만을 100℃ 미만의 온도에서 저장하는 것은 제외)
	바닥면으로부터 탱크 옆판의 상단까지 높이가 6m 이상인 것(제6류 위험물을 저장하는 것 및 고인화점위험물만을 100℃ 미만의 온도에서 저장하는 것은 제외)
	탱크전용실이 단층건물 외의 건축물에 있는 것으로서 인화점 38℃ 이상 70℃ 미만의 위험물을 지정수량의 5배 이상 저장하는 것(내화구조로 개구부 없이 구획된 것은 제외한다)

<table>
<tr><td rowspan="2">옥외저장소</td><td>덩어리 상태의 유황을 저장하는 것으로서 경계표시 내부의 면적(2 이상의 경계표시가 있는 경우에는 각 경계표시의 내부의 면적을 합한 면적)이 100m² 이상인 것</td></tr>
<tr><td>별표11 Ⅲ의 위험물을 저장하는 것으로서 지정수량의 100배 이상인 것</td></tr>
<tr><td rowspan="2">암반탱크 저장소</td><td>액표면적이 40m² 이상인 것(제6류 위험물을 저장하는 것 및 고인화점위험물만을 100℃ 미만의 온도에서 저장하는 것은 제외)</td></tr>
<tr><td>고체위험물만을 저장하는 것으로서 지정수량의 100배 이상인 것</td></tr>
<tr><td>이송취급소</td><td>모든 대상</td></tr>
</table>

[비고] 제조소등의 구분별로 오른쪽란에 정한 제조소등의 규모, 저장 또는 취급하는 위험물의 수량 및 최대수량 등의 어느 하나에 해당하는 제조소등은 소화난이도등급 I 에 해당하는 것으로 한다.

② 소화난이도등급 I의 제조소등에 설치하여야 하는 소화설비

<table>
<tr><th colspan="3">제조소등의 구분</th><th>소화설비</th></tr>
<tr><td colspan="3">제조소 및 일반취급소</td><td>옥내소화전설비, 옥외소화전설비, 스프링클러설비 또는 물분무등 소화설비(화재발생시 연기가 충만할 우려가 있는 장소에는 스프링클러설비 또는 이동식 외의 물분무등 소화설비에 한한다)</td></tr>
<tr><td colspan="3">주유취급소</td><td>스프링클러설비(건축물에 한정한다), 소형수동식 소화기등(능력단위의 수치가 건축물 그 밖의 공작물 및 위험물의 소요단위의 수치에 이르도록 설치할 것)</td></tr>
<tr><td rowspan="2">옥내 저장소</td><td colspan="2">처마높이가 6m 이상인 단층건물 또는 다른 용도의 부분이 있는 건축물에 설치한 옥내저장소</td><td>스프링클러설비 또는 이동식 외의 물분무등 소화설비</td></tr>
<tr><td colspan="2">그 밖의 것</td><td>옥외소화전설비, 스프링클러설비, 이동식 외의 물분무등 소화설비 또는 이동식 포 소화설비(포소화전을 옥외에 설치하는 것에 한한다)</td></tr>
<tr><td rowspan="5">옥외 탱크 저장소</td><td rowspan="3">지중탱크 또는 해상탱크 외의 것</td><td>유황만을 취급하는 것</td><td>물분무 소화설비</td></tr>
<tr><td>인화점 70℃ 이상의 제4류 위험물만을 저장 취급하는 것</td><td>물분무 소화설비 또는 고정식 포 소화설비</td></tr>
<tr><td>그 밖의 것</td><td>고정식 포 소화설비(포 소화설비가 적응성이 없는 경우에는 분말 소화설비)</td></tr>
<tr><td colspan="2">지중탱크</td><td>고정식 포 소화설비, 이동식 이외의 불활성가스 소화설비 또는 이동식 이외의 할로겐 화합물 소화설비</td></tr>
<tr><td colspan="2">해상탱크</td><td>고정식 포 소화설비, 물분무 소화설비, 이동식 이외의 불활성가스 소화설비 또는 이동식 이외의 할로겐 화합물 소화설비</td></tr>
</table>

옥내 탱크 저장소	유황만을 저장 취급하는 것	물분무 소화설비
	인화점 70℃ 이상의 제4류 위험물만을 저장 취급하는 것	물분무 소화설비, 고정식 포 소화설비, 이동식 이외의 불활성가스 소화설비, 이동식 이외의 할로겐 화합물 소화설비 또는 이동식 이외의 분말 소화설비
	그 밖의 것	고정식 포 소화설비, 이동식 이외의 불활성가스 소화설비, 이동식 이외의 할로겐 화합물 소화설비 또는 이동식 이외의 분말 소화설비
옥외저장소 및 이송취급소		옥내소화전설비, 옥외소화전설비, 스프링클러설비 또는 물분무등 소화설비(화재발생시 연기가 충만할 우려가 있는 장소에는 스프링클러설비 또는 이동식 이외의 물분무등 소화설비에 한한다)
암반 탱크 저장소	유황만을 저장 취급하는 것	물분무 소화설비
	인화점 70℃ 이상의 제4류 위험물만을 저장 취급하는 것	물분무 소화설비 또는 고정식 포소화설비
	그 밖의 것	고정식 포 소화설비(포 소화설비가 적응성이 없는 경우에는 분말 소화설비)

[비고]

1. 위 표 오른쪽란의 소화설비를 설치함에 있어서는 당해 소화설비의 방사범위가 당해 제조소, 일반취급소, 옥내저장소, 옥외탱크저장소, 옥내탱크저장소, 옥외저장소, 암반탱크저장소(암반탱크에 관계되는 부분을 제외한다) 또는 이송취급소(이송기지 내에 한한다)의 건축물, 그 밖의 공작물 및 위험물을 포함하도록 하여야 한다. 다만, 고인화점위험물만을 100℃ 미만의 온도에서 취급하는 제조소 또는 일반취급소의 경우에는 당해 제조소 또는 일반취급소의 건축물 및 그 밖의 공작물만 포함하도록 할 수 있다.
2. 고인화점위험물만을 100℃ 미만의 온도에서 취급하는 제조소 또는 일반취급소의 위험물에 대해서는 대형 수동식 소화기 1개 이상과 당해 위험물의 소요단위에 해당하는 능력단위의 소형 수동식 소화기를 설치하여야 한다. 다만, 당해 제조소 또는 일반취급소에 옥내·외소화전설비, 스프링클러설비 또는 물분무등 소화설비를 설치한 경우에는 당해 소화설비의 방사능력 범위 내에는 대형 수동식 소화기를 설치하지 아니할 수 있다.
3. 가연성증기 또는 가연성미분이 체류할 우려가 있는 건축물 또는 실내에는 대형 수동식 소화기 1개 이상과 당해 건축물, 그 밖의 공작물 및 위험물의 소요단위에 해당하는 능력단위의 소형 수동식 소화기등을 추가로 설치하여야 한다.
4. 제4류 위험물을 저장 또는 취급하는 옥외탱크저장소 또는 옥내탱크저장소에는 소형 수동식 소화기등을 2개 이상 설치하여야 한다.
5. 제조소, 옥내탱크저장소, 이송취급소, 또는 일반취급소의 작업공정상 소화설비의 방사능력 범위 내에 당해 제조소등에서 저장 또는 취급하는 위험물의 전부가 포함되지 아니하는 경우에는 당해 위험물에 대하여 대형 수동식 소화기 1개 이상과 당해 위험물의 소요단위에 해당하는 능력단위의 소형 수동식 소화기 등을 추가로 설치하여야 한다.

(2) 소화난이도등급 II의 제조소등 및 소화설비

① 소화난이도등급 II에 해당하는 제조소등

제조소등의 구분	제조소등의 규모, 저장 또는 취급하는 위험물의 품명 및 최대수량 등
제조소 일반취급소	연면적 600m^2 이상인 것
	지정수량의 10배 이상인 것(고인화점위험물만을 100℃ 미만의 온도에서 취급하는 것 및 제48조의 위험물을 취급하는 것은 제외)
	별표16 Ⅱ·Ⅲ·Ⅳ·Ⅷ·Ⅸ·Ⅹ 또는 Ⅹ의 2의 일반취급소로서 소화난이도등급 Ⅰ의 제조소등에 해당하지 아니하는 것(고인화점 위험물만을 100℃ 미만의 온도에서 취급하는 것은 제외)
옥내저장소	단층건물 이외의 것
	별표5 Ⅱ 또는 Ⅳ 제1호의 옥내저장소
	지정수량의 10배 이상인 것(고인화점위험물만을 저장하는 것 및 제48조의 위험물을 저장하는 것은 제외)
	연면적 150m^2 초과인 것
	별표5 Ⅲ의 옥내저장소로서 소화난이도등급Ⅰ의 제조소등에 해당하지 아니하는 것
옥외탱크저장소 옥내탱크저장소	소화난이도등급Ⅰ의 제조소등 외의 것(고인화점위험물만을 100℃ 미만의 온도로 저장하는 것 및 제6류 위험물만을 저장하는 것은 제외)
옥외저장소	덩어리 상태의 유황을 저장하는 것으로서 경계표시 내부의 면적(2 이상의 경계표시가 있는 경우에는 각 경계표시의 내부의 면적을 합한 면적)이 5m^2 이상 100m^2 미만인 것
	별표11 Ⅲ의 위험물을 저장하는 것으로서 지정수량의 10배 이상 100배 미만인 것
	지정수량의 100배 이상인 것(덩어리 상태의 유황 또는 고인화점위험물을 저장하는 것은 제외)
주유취급소	옥내주유취급소로서 소화난이도등급 Ⅰ의 제조소등에 해당하지 아니하는 것
판매취급소	제2종 판매취급소

[비고] 제조소등의 구분별로 오른쪽란에 정한 제조소등의 규모, 저장 또는 취급하는 위험물의 수량 및 최대수량 등의 어느 하나에 해당하는 제조소등은 소화난이도등급 Ⅱ에 해당하는 것으로 한다.

② 소화난이도등급 Ⅱ의 제조소등에 설치하여야 하는 소화설비

제조소등의 구분	소화설비
제조소 옥내저장소 옥외저장소 주유취급소 판매취급소 일반취급소	방사능력 범위 내에 당해 건축물, 그 밖의 공작물 및 위험물이 포함되도록 대형수동식 소화기를 설치하고, 당해 위험물의 소요단위의 $\frac{1}{5}$ 이상에 해당되는 능력단위의 소형 수동식 소화기등을 설치할 것
옥외탱크저장소 옥내탱크저장소	대형수동식 소화기 및 소형수동식 소화기등을 각각 1개 이상 설치할 것

[비고] 1. 옥내소화전설비, 옥외소화전설비, 스프링클러설비 또는 물분무등 소화설비를 설치한 경우에는 당해 소화설비의 방사능력 범위 내의 부분에 대해서는 대형수동식 소화기를 설치하지 아니할 수 있다.
2. 소형수동식 소화기등이란 제4호의 규정에 의한 소형수동식 소화기 또는 기타 소화설비를 말한다. 이하 같다.

(3) 소화난이도등급 Ⅲ의 제조소등 및 소화설비

① 소화난이도등급 Ⅲ에 해당하는 제조소등

제조소등의 구분	제조소등의 규모, 저장 또는 취급하는 위험물의 품명 및 최대수량 등
제조소 일반취급소	제48조의 위험물을 취급하는 것
	제48조의 위험물 외의 것을 취급하는 것으로서 소화 난이도 등급Ⅰ 또는 소화 난이도 등급Ⅱ의 제조소등에 해당하지 아니하는 것
옥내저장소	제48조의 위험물을 취급하는 것
	제48조의 위험물 외의 것을 취급하는 것으로서 소화 난이도 등급Ⅰ 또는 소화 난이도 등급Ⅱ의 제조소등에 해당하지 아니하는 것
지하탱크저장소 간이탱크저장소	모든 대상
옥외저장소	덩어리 상태의 유황을 저장하는 것으로서 경계표시 내부의 면적(2 이상의 경계표시가 있는 경우에는 각 경계표시의 내부의 면적을 합한 면적)이 5㎡ 미만인 것
	덩어리 상태의 유황 외의 것을 저장하는 것으로서 소화 난이도 등급Ⅰ 또는 소화 난이도 등급Ⅱ의 제조소등에 해당하지 아니하는 것
주유취급소	옥내주유취급소 외의 것으로서 소화 난이도 등급 Ⅰ의 제조소등에 해당하지 아니하는 것
제1종 판매취급소	모든 대상

[비고] 제조소등의 구분별로 오른쪽란에 정한 제조소등의 규모, 저장 또는 취급하는 위험물의 수량 및 최대수량 등의 어느 하나에 해당하는 제조소등은 소화 난이도 등급 Ⅲ에 해당하는 것으로 한다.

② 소화난이도등급 Ⅲ의 제조소등에 설치하여야 하는 소화설비

제조소등의 구분	소화설비	설치기준	
지하탱크저장소	소형수동식 소화기등	능력단위의 수치가 3 이상	2개 이상
이동탱크저장소	자동차용 소화기	무상의 강화액 8L 이상	2개 이상
		이산화탄소 3.2kg 이상	
		일브롬화일염화이플루오르화메탄(CF_2ClBr) 2L 이상	
		일브롬화삼플루오르화메탄(CF_3Br) 2L 이상	
		이브롬화사플루오르화에탄($C_2F_4Br_2$) 1L 이상	
		소화분말 3.3kg 이상	
	마른 모래 및 팽창질석 또는 팽창진주암	마른 모래 150L 이상	
		팽창질석 또는 팽창진주암 640L 이상	
그 밖의 제조소등	소형수동식 소화기등	능력단위의 수치가 건축물 그 밖의 공작물 및 위험물의 소요단위의 수치에 이르도록 설치할 것. 다만, 옥내소화전설비, 옥외소화전설비, 스프링클러설비, 물분무등소화설비 또는 대형 수동식 소화기를 설치한 경우에는 당해 소화설비의 방사능력범위 내의 부분에 대하여는 수동식 소화기등을 그 능력단위의 수치가 당해 소요단위의 수치의 $\frac{1}{5}$ 이상이 되도록 하는 것으로 족하다.	

[비고] 알킬알루미늄 등을 저장 또는 취급하는 이동탱크저장소에 있어서는 자동차용 소화기를 설치하는 외에 마른 모래나 팽창질석 또는 팽창진주암을 추가로 설치하여야 한다.

5 위험물 성질에 따른 소화설비 기준 [시행규칙 별표17]

(1) 소화설비의 적응성

소화설비의 구분 \ 대상물의 구분			건축물·그 밖의 공작물	전기설비	제1류 위험물		제2류 위험물			제3류 위험물		제4류 위험물	제5류 위험물	제6류 위험물
					알칼리금속 과산화물 등	그 밖의 것	철분·금속분·마그네슘 등	인화성 고체	그 밖의 것	금수성 물품	그 밖의 것			
옥내소화전 또는 옥외소화전설비			○			○		○	○		○		○	○
스프링클러설비			○			○		○	○		○	△	○	○
물분무등 소화설비	물분무 소화설비		○	○		○		○	○		○	○	○	○
	포 소화설비		○			○		○	○		○	○	○	○
	불활성가스 소화설비			○				○				○		
	할로겐 화합물 소화설비			○				○				○		
	분말 소화설비	인산염류 등	○	○		○		○	○			○		○
		탄산수소염류 등		○	○		○	○		○		○		
		그 밖의 것			○		○			○				
대형·소형 수동식소화기	봉상수(棒狀水) 소화기		○			○		○	○		○		○	○
	무상수(霧狀水) 소화기		○	○		○		○	○		○		○	○
	봉상강화액 소화기		○			○		○	○		○		○	○
	무상강화액 소화기		○	○		○		○	○		○	○	○	○
	포 소화기		○			○		○	○		○	○	○	○
	이산화탄소 소화기			○				○				○		△
	할로겐 화합물 소화기			○				○				○		
	분말 소화기	인산염류 소화기	○	○		○		○	○			○		○
		탄산수소염류 소화기		○	○		○	○		○		○		
		그 밖의 것			○		○			○				
기타	물통 또는 건조사		○			○		○	○		○		○	○
	건조사				○	○	○	○	○	○	○	○	○	○
	팽창질석 또는 팽창진주암				○	○	○	○	○	○	○	○	○	○

[비고] "○"는 소화설비가 적응성이 있음을 표시하고,
"△"는 제4류 위험물을 저장 또는 취급하는 장소의 살수기준면적에 따라 스프링클러설비의 살수밀도가 규정에 정하는 기준 이상인 경우에는 당해 스프링클러설비가 제4류 위험물에 대하여 적응성이 있음을 표시하고, 제6류 위험물을 저장 또는 취급하는 장소로서 폭발의 위험이 없는 장소에 한하여 이산화탄소 소화기가 제6류 위험물에 대하여 적응성이 있음을 각각 표시한다.

(2) 소요단위 및 능력단위 산정법

① 전기설비의 소화설비 : 제조소 등에 전기설비가 설치된 경우에 면적 $100m^2$ 마다 소형 수동식 소화기를 1개 이상 설치할 것

② 소요단위 및 능력단위

(가) 소요단위 : 소화설비의 설치대상이 되는 건축물 그 밖의 공작물의 규모 또는 위험물의 양의 기준단위

(나) 능력단위 : (가)의 소요단위에 대응하는 소화설비의 소화능력의 기준단위

③ 소요단위의 계산방법

(가) 제조소 또는 취급소의 건축물

㉮ 외벽이 내화구조인 것 : 연면적 $100m^2$를 1소요단위로 할 것

㉯ 외벽이 내화구조가 아닌 것 : 연면적 $50m^2$를 1소요단위로 할 것

(나) 저장소의 건축물

㉮ 외벽이 내화구조인 것 : 연면적 $150m^2$를 1소요단위로 할 것

㉯ 외벽이 내화구조가 아닌 것 : 연면적 $75m^2$를 1소요단위로 할 것

(다) 제조소등의 옥외에 설치된 공작물은 외벽이 내화구조인 것으로 간주하고, 공작물의 최대 수평 투영 면적을 연면적으로 간주하여 (가) 및 (나)의 규정에 의하여 소요단위를 산정한다.

(라) 위험물 : 지정수량의 10배를 1소요단위로 할 것

$$\text{위험물 소요단위} = \frac{\text{저장량}}{\text{지정수량} \times 10}$$

④ 소화설비의 능력단위

(가) 수동식 소화기 능력단위 : 형식승인 받은 수치로 할 것

(나) 기타 소화설비의 능력단위

소화설비	용량	능력단위
소화전용(轉用) 물통	8L	0.3
수조(소화전용 물통 3개 포함)	80L	1.5
수조(소화전용 물통 6개 포함)	190L	2.5
마른 모래(삽 1개 포함)	50L	0.5
팽창질석 또는 팽창진주암(삽 1개 포함)	160L	1.0

3-2 | 경보 및 피난설비 설치기준

1 경보설비 및 피난설비 종류

(1) 경보설비 [소방시설법 시행령 별표1]

화재발생 사실을 통보하는 기계, 기구 또는 설비로서 다음 각 목의 것이다.

① 단독경보형 감지기
② 비상경보설비 : 비상벨 설비, 자동식 사이렌설비
③ 시각경보기
④ 자동화재탐지설비
⑤ 비상방송설비
⑥ 자동화재속보설비
⑦ 통합감시시설
⑧ 누전경보기
⑨ 가스누설경보기

(2) 피난구조설비 [소방시설법 시행령 별표1]

화재가 발생할 경우 피난하기 위하여 사용하는 기구 또는 설비로서 다음 각 목의 것이다.

① 피난기구 : 피난사다리, 구조대, 완강기, 그 밖에 소방청장이 정하여 고시하는 것
② 인명구조기구 : 방열복, 방화복(안전헬멧, 보호장갑 및 안전화를 포함한다), 공기호흡기, 인공소생기
③ 유도등 : 피난유도선, 피난유도등, 통로유도등, 객석유도등, 유도표시
④ 비상조명등 및 휴대용비상조명등

(3) 소화용수설비, 소화활동설비 [소방시설법 시행령 별표1]

② 소화용수설비 : 화재를 진압하는 데 필요한 물을 공급하거나 저장하는 설비로서, 상수도소화용수설비, 소화수조·저수조·그 밖의 소화용수설비 등이 해당된다.
③ 소화활동설비 : 화재를 진압하거나 인명구조활동을 위하여 사용하는 설비로서 제연설비, 연결송수관설비, 연결살수설비, 비상콘센트설비, 무선통신보조설비, 연소방지설비 등이 해당된다.

2 경보설비 설치기준

(1) 경보설비의 기준 [시행규칙 제42조]

① 지정수량의 10배 이상의 위험물을 저장 또는 취급하는 제조소등(이동탱크저장소를 제외한다)에는 화재발생 시 이를 알릴 수 있는 경보설비를 설치하여야 한다.

② 경보설비는 자동화재탐지설비·비상경보설비(비상벨장치 또는 경종을 포함한다)·확성장치(휴대용확성기를 포함한다) 및 비상방송설비로 구분하되, 제조소등별로 설치하여야 하는 경보설비의 종류 및 자동화재탐지설비의 설치기준은 별표17과 같다.

③ 자동신호장치를 갖춘 스프링클러설비 또는 물분무등 소화설비를 설치한 제조소등에 있어서는 자동 화재 탐지설비를 설치한 것으로 본다.

(2) 제조소등별로 설치하여야 하는 경보설비의 종류 [시행규칙 별표17]

제조소등의 구분	제조소등의 규모, 저장 또는 취급하는 위험물의 종류 및 최대수량 등	경보설비
1.제조소 및 일반취급소	• 연면적 500m² 이상인 것 • 옥내에서 지정수량의 100배 이상을 취급하는 것(고인화점 위험물만을 100℃ 미만의 온도에서 취급하는 것을 제외한다) • 일반취급소로 사용되는 부분 외의 부분이 있는 건축물에 설치된 일반취급소(일반취급소와 일반취급소 외의 부분이 내화구조의 바닥 또는 벽으로 개구부 없이 구획된 것을 제외한다)	자동화재 탐지설비
2.옥내저장소	• 지정수량의 100배 이상을 저장 또는 취급하는 것(고인화점위험물만을 저장 또는 취급하는 것을 제외한다) • 저장창고의 연면적이 150m²를 초과하는 것[당해저장창고가 연면적 150m² 이내마다 불연재료의 격벽으로 개구부 없이 완전히 구획된 것과 제2류 또는 제4류 위험물(인화성고체 및 인화점이 70℃ 미만인 제4류 위험물을 제외한다)만을 저장 또는 취급하는 것에 있어서는 저장창고의 연면적이 500m² 이상의 것에 한한다] • 처마높이가 6m 이상인 단층건물의 것 • 옥내저장소로 사용되는 부분 외의 부분이 있는 건축물에 설치된 옥내저장소[옥내저장소와 옥내저장소 외의 부분이 내화구조의 바닥 또는 벽으로 개구부 없이 구획된 것과 제2류 또는 제4류 위험물(인화성고체 및 인화점이 70℃ 미만인 제4류 위험물을 제외한다)만을 저장 또는 취급 하는 것을 제외한다]	
3.옥내탱크저장소	단층 건물 외의 건축물에 설치된 옥내탱크저장소로서 소화 난이도 등급 Ⅰ에 해당하는 곳	
4.주유취급소	옥내주유취급소	

5. 제1호 내지 제4호의 자동화재 탐지설비 설치대상에 해당하지 아니하는 제조소등	지정수량의 10배 이상을 저장 또는 취급하는 것	자동화재 탐지설비, 비상경보설비, 확성장치 또는 비상방송설비 중 1종 이상

[비고] 이송취급소의 경보설비는 별표15 Ⅳ 제14호의 규정에 의한다. → 이송기지에는 비상벨장치 및 확성장치를 설치한다.

(3) 자동화재 탐지설비 설치기준 [시행규칙 별표17]

① 자동화재 탐지설비의 경계구역(화재가 발생한 구역을 다른 구역과 구분하여 식별할 수 있는 최소단위의 구역을 말한다)은 건축물 그 밖의 공작물의 2 이상의 층에 걸치지 아니하도록 할 것. 다만, 하나의 경계구역의 면적이 $500m^2$ 이하이면서 당해 경계구역이 두 개의 층에 걸치는 경우이거나 계단·경사로·승강기의 승강로 그 밖에 이와 유사한 장소에 연기감지기를 설치하는 경우에는 그러하지 아니하다.

② 하나의 경계구역의 면적은 $600m^2$ 이하로 하고 그 한 변의 길이는 50m(광전식 분리형 감지기를 설치할 경우에는 100m) 이하로 할 것. 다만, 당해 건축물 그 밖의 공작물의 출입구에서 그 내부의 전체를 볼 수 있는 경우에는 그 면적을 $1000m^2$ 이하로 할 수 있다.

③ 자동화재 탐지설비의 감지기는 지붕(상층이 있는 경우에는 상층의 바닥) 또는 벽의 옥내에 면한 부분(천장이 있는 경우에는 천장 또는 벽의 옥내에 면한 부분 및 천장의 뒷부분)에 유효하게 화재의 발생을 감지할 수 있도록 설치할 것

④ 자동화재 탐지설비에는 비상전원을 설치할 것

3-3 | 피난설비의 설치기준

1 피난설비 설치대상 [시행규칙 제43조]

① 주유취급소 중 건축물의 2층 이상의 부분을 점포·휴게음식점 또는 전시장의 용도로 사용하는 것

② 옥내주유취급소

2 피난설비 설치기준 [시행규칙 별표17]

① 주유취급소 중 건축물의 2층 이상의 부분을 점포·휴게음식점 또는 전시장의 용도로 사용하는 것에 있어서는 당해 건축물의 2층 이상으로부터 주유취급소의 부지 밖으로 통하는 출입구와 당해 출입구로 통하는 통로·계단 및 출입구에 유도등을 설치하여야 한다.

② 옥내주유취급소에 있어서는 당해 사무소 등의 출입구 및 피난구와 당해 피난구로 통하는 통로·계단 및 출입구에 유도등을 설치하여야 한다.

③ 유도등에는 비상전원을 설치하여야 한다.

예상 문제

1. 다음 중 소방시설의 종류가 아닌 것은?

① 소화설비 ② 경보설비
③ 방화설비 ④ 피난구조설비

해설 소방시설 [소방시설법 제2조] : "소방시설"이란 소화설비, 경보설비, 피난구조설비, 소화용수설비 그 밖에 소화활동설비로서 대통령령으로 정하는 것을 말한다.

2. 다음 중 소화설비에 해당하지 않는 것은?

① 옥내소화전설비
② 스프링클러설비
③ 유도등설비
④ 물분무등 소화설비

해설 소화설비 정의 [소방시설법 시행령 별표1]
㉮ 소화설비란 물 또는 그 밖의 소화약제를 사용하여 소화하는 기계, 기구 또는 설비이다.
㉯ 종류 : 소화기구, 자동소화장치, 옥내소화전설비, 스프링클러설비등, 불분무등 소화설비, 옥외소화전설비

참고 유도등은 피난구조설비에 해당된다.

★★
3. 스프링클러설비의 장점이 아닌 것은?

① 소화약제가 물이므로 비용이 절감된다.
② 초기 시공비가 적게 든다.
③ 화재 시 사람의 조작 없이 작동이 가능하다.
④ 초기화재의 진화에 효과적이다.

해설 스프링클러설비의 장점
㉮ 화재 초기 진화 작업에 효과적이다.
㉯ 소화제가 물이므로 가격이 저렴하고 소화 후 시설 복구가 용이하다.
㉰ 조작이 간편하며 안전하다.
㉱ 감지부가 기계적으로 작동되어 오동작이 없다.
㉲ 사람이 없는 야간에도 자동적으로 화재를 감지하여 소화 및 경보를 해 준다.

참고 단점
㉮ 초기 시설비가 많이 소요된다.
㉯ 시공이 복잡하고, 물로 인한 피해가 클 수 있다.

★★
4. 위험물 안전관리법령상 옥내소화전설비에 관한 기준에 대해 다음 ( )에 알맞은 수치를 옳게 나열한 것은?

옥내소화전설비는 각층을 기준으로 하여 당해 층의 모든 옥내소화전(설치개수가 5개 이상인 경우는 5개의 옥내소화전)을 동시에 사용할 경우에 각 노즐선단의 방수압력이 (ⓐ)kPa 이상이고, 방수량이 1분당 (ⓑ)L 이상의 성능이 되도록 할 것

① ⓐ 350, ⓑ 260
② ⓐ 450, ⓑ 260
③ ⓐ 350, ⓑ 450
④ ⓐ 450, ⓑ 450

해설 옥내소화전설비 설치기준 [시행규칙 별표 17] : 옥내소화전설비는 각층을 기준으로 당해 층의 모든 옥내소화전(설치개수가 5개 이상인 경우는 5개)을 동시에 사용할 경우에 각 노즐선단의 방수압력이 350kPa(0.35MPa) 이상이고 방수량이 1분당 260L 이상의 성능이 되도록 할 것

★
5. 위험물 안전관리법령상 옥내소화전 설비의 설치기준에 따르면 수원의 수량은 옥내소화전이 가장 많이 설치된 층의 옥내소화전 설치개수(설치개수가 5개 이상인 경우는 5개)에 몇 m^3를 곱한 양 이상이 되도록 설치하여야 하는가?

① 2.3 ② 2.6 ③ 7.8 ④ 13.5

정답 1. ③ 2. ③ 3. ② 4. ① 5. ③

해설 옥내소화전설비의 수원 수량 [시행규칙 별표17] : 수원의 수량은 옥내소화전이 가장 많이 설치된 층의 옥내소화전 설치개수(설치개수가 5개 이상인 경우는 5개)에 $7.8m^3$를 곱한 양 이상이 되도록 설치할 것

★★★

6. 위험물을 취급하는 건축물의 옥내소화전이 1층에 6개, 2층에 5개, 3층에 4개가 설치되었다. 이때, 수원의 수량은 몇 m^3 이상이 되도록 설치하여야 하는가?

① 23.4 ② 31.8
③ 39.0 ④ 46.8

해설 옥내소화전설비의 수원 수량 [시행규칙 별표17]
㉮ 수원의 수량은 옥내소화전이 가장 많이 설치된 층의 옥내소화전 설치개수(설치개수가 5개 이상인 경우는 5개)에 $7.8m^3$를 곱한 양 이상이 되도록 설치할 것
㉯ 수원의 수량 계산
∴ 수량=옥내소화전 설치개수×7.8
=5×7.8=$39.0m^3$

7. 위험물 안전관리법령상 옥내소화전설비의 기준으로 옳지 않은 것은?

① 소화전함은 화재발생 시 화재 등에 의한 피해의 우려가 많은 장소에 설치하여야 한다.
② 호스접속구는 바닥으로부터 1.5m 이하의 높이에 설치한다.
③ 가압송수장치의 시동을 알리는 표시등은 적색으로 한다.
④ 별도의 정해진 조건을 충족하는 경우는 가압송수장치의 시동 표시등을 설치하지 않을 수 있다.

해설 옥내소화전설비의 기준 [세부기준 제129조]
㉮ 옥내소화전의 개폐밸브 및 호스접속구는 바닥면으로부터 1.5m 이하의 높이에 설치할 것
㉯ 옥내소화전의 개폐밸브 및 방수용기구를 격납하는 상자(이하 "소화전함"이라 한다)는 불연재료로 제작하고 점검에 편리하고 화재발생시 연기가 충만할 우려가 없는 장소 등 쉽게 접근이 가능하고 화재 등에 의한 피해를 받을 우려가 적은 장소에 설치할 것
㉰ 가압송수장치의 시동을 알리는 표시등(이하 "시동표시등"이라 한다)은 적색으로 하고 옥내소화전함의 내부 또는 그 직근의 장소에 설치할 것. 다만, 별도의 정해진 조건을 충족하는 경우는 가압송수장치의 시동표시등을 설치하지 않을 수 있다.

8. 위험물 안전관리법령상 옥내소화전설비의 기준에서 옥내소화전의 개폐밸브 및 호스접속구의 바닥면으로부터 설치 높이 기준으로 옳은 것은?

① 1.2m 이하 ② 1.2m 이상
③ 1.5m 이하 ④ 1.5m 이상

해설 옥내소화전의 개폐밸브 및 호스접속구 설치 높이 : 바닥면으로부터 1.5m 이하

9. 위험물제조소등에 설치하는 옥내소화전설비의 기준으로 옳지 않은 것은?

① 옥내소화전함에는 그 표면에 "소화전"이라고 표시하여야 한다.
② 옥내소화전함의 상부의 벽면에 적색의 표시등을 설치하여야 한다.
③ 표시등 불빛은 부착면과 10도 이상의 각도가 되는 방향으로 8m 이내에서 쉽게 식별할 수 있어야 한다.
④ 호스접속구는 바닥면으로부터 1.5m 이하의 높이에 설치하여야 한다.

해설 옥내소화전함의 상부의 벽면에 적색의 표시등을 설치하되, 당해 표시등의 부착면과 15° 이상의 각도가 되는 방향으로 10m 떨어진 곳에서 용이하게 식별이 가능하도록 할 것

10. 위험물제조소등에 설치하는 옥내소화전의 설명 중 틀린 것은?

정답 6. ③ 7. ① 8. ③ 9. ③ 10. ③

① 개폐밸브 및 호스 접속구는 바닥으로부터 1.5m 이하에 설치
② 함의 표면에서 "소화전"이라고 표시할 것
③ 축전지설비는 설치된 벽으로부터 0.2m 이상 이격할 것
④ 비상전원의 용량은 45분 이상일 것

해설 옥내소화전 비상전원 축전지설비 기준 [세부기준 제129조]
㉮ 축전지설비는 설치된 실의 벽으로부터 0.1m 이상 이격할 것
㉯ 축전지설비를 동일실에 2 이상 설치하는 경우에는 상호 간격은 0.6m 이상 이격할 것
㉰ 축전지설비는 물이 침투할 우려가 없는 장소에 설치할 것
㉱ 축전지설비를 설치한 실에는 옥외로 통하는 유효한 환기설비를 설치할 것
㉲ 충전 장치와 축전지를 동일실에 설치하는 경우에는 충전 장치를 강제의 함에 수납하고 당해 함의 전면에 폭 1m 이상의 공지를 보유할 것
㉳ 비상전원 용량은 옥내소화전설비를 유효하게 45분 이상 작동시키는 것이 가능할 것

11. 옥내소화전설비의 비상전원은 자가발전설비 또는 축전지 설비로 옥내소화전설비를 유효하게 몇 분 이상 작동할 수 있어야 하는가?

① 10분 ② 20분
③ 45분 ④ 60분

해설 옥내소화전설비의 비상전원 용량은 옥내소화전설비를 유효하게 45분 이상 작동시키는 것이 가능하여야 한다.

12. 위험물제조소등에 옥내소화전설비를 압력수조를 이용한 가압송수장치로 설치하는 경우 압력수조의 최소압력은 몇 MPa 인가? (단, 소방용 호스의 마찰손실수두압은 3.2MPa, 배관의 마찰손실수두압은 2.2MPa, 낙차의 환산수두압은 1.79MPa이다.)

① 5.4 ② 3.99
③ 7.19 ④ 7.54

해설 $P = P_1 + P_2 + P_3 + 0.35\,\text{MPa}$
$= 3.2 + 2.2 + 1.79 + 0.35$
$= 7.54\,\text{MPa}$

참고 옥내소화전설비 압력수조를 이용한 가압송수장치 기준 [세부기준 제129조]
㉮ 압력수조의 압력 계산식
$P = P_1 + P_2 + P_3 + 0.35\,\text{MPa}$
여기서, P : 필요한 압력(MPa)
P_1 : 소방용호스의 마찰손실수두압(MPa)
P_2 : 배관의 마찰손실수두압(MPa)
P_3 : 낙차의 환산수두압(MPa)
㉯ 압력수조의 수량은 당해 압력수조 체적의 $\frac{2}{3}$ 이하일 것
㉰ 압력수조에는 압력계, 수위계, 배수관, 보급수관, 통기관 및 맨홀을 설치할 것

13. 옥내소화전설비에서 펌프를 이용한 가압송수장치의 경우 펌프의 전양정 H는 소정의 산식에 의한 수치 이상이어야 한다. 전양정 H를 구하는 식으로 옳은 것은? (단, h_1은 소방용 호스의 마찰손실수두, h_2는 배관의 마찰손실수두, h_3는 낙차이며, h_1, h_2, h_3의 단위는 모두 m이다.)

① $H = h_1 + h_2 + h_3$
② $H = h_1 + h_2 + h_3 + 0.35\,\text{m}$
③ $H = h_1 + h_2 + h_3 + 35\,\text{m}$
④ $H = h_1 + h_2 + 0.35\,\text{m}$

해설 옥내소화전설비의 펌프 전양정 계산식 [세부기준 제129조]
$H = h_1 + h_2 + h_3 + 35\,\text{m}$
여기서, H : 펌프의 전양정(m)
h_1 : 소방용 호스의 마찰손실수두(m)
h_2 : 배관의 마찰손실수두(m)
h_3 : 낙차(m)

정답 11. ③ 12. ④ 13. ③

14. 위험물제조소등에 펌프를 시용한 가압송수 장치를 사용하는 옥내소화전을 설치하는 경우 펌프의 전양정은 몇 m 인가? (단, 소방용 호스의 마찰손실수두는 6m, 배관의 마찰손실수두는 1.7m, 낙차는 32m이다.)

① 56.7 ② 74.7
③ 64.7 ④ 39.87

해설 $H = h_1 + h_2 + h_3 + 35\,\text{m}$
$= 6 + 1.7 + 32 + 35 = 74.7\,\text{m}$

15. 위험물제조소등에 설치된 옥외소화전설비는 모든 옥외소화전(설치개수가 4개 이상인 경우는 4개의 옥외소화전)을 동시에 사용할 경우에 각 노즐선단의 방수압력은 몇 kPa 이상이어야 하는가?

① 170 ② 350 ③ 420 ④ 540

해설 옥외소화전설비 설치 [시행규칙 별표17]
㉮ 방호대상물의 각 부분에서 하나의 호스 접속구까지의 수평거리가 40m 이하가 되도록 설치할 것. 이 경우 설치개수가 1개일 때는 2개로 하여야 한다.
㉯ 수원의 수량은 옥외소화전의 설치개수(설치개수가 4개 이상인 경우는 4개)에 13.5m^{3}를 곱한 양 이상이 되도록 설치할 것
㉰ 옥외소화전설비는 모든 옥외소화전(설치개수가 4개 이상인 경우는 4개)을 동시에 사용할 경우에 각 노즐선단의 방수압력이 350kPa 이상이고, 방수량이 1분당 450L 이상의 성능이 되도록 할 것
㉱ 옥외소화전설비에는 비상전원을 설치할 것

★★
16. 옥외소화전설비의 옥외소화전이 3개 설치되었을 경우 수원의 수량은 몇 m^3 이상이 되어야 하는가?

① 7 ② 20.4
③ 40.5 ④ 100

해설 ㉮ 옥외소화전설비 설치기준 [시행규칙 별표17] : 수원의 수량은 옥외소화전의 설치개수(설치개수가 4개 이상인 경우는 4개)에 13.5m^{3}를 곱한 양 이상이 되도록 설치할 것
㉯ 수원의 양 계산
수원의 수량=3×13.5=40.5m^3

17. 위험물 안전관리법령상 옥외소화전이 5개 설치된 제조소 등에서 옥외소화전의 수원의 수량은 얼마 이상이어야 하는가?

① 14m^3 ② 35m^3
③ 54m^3 ④ 78m^3

해설 ㉮ 옥외소화전설비 설치기준 [시행규칙 별표17] : 수원의 수량은 옥외소화전의 설치개수가 4개 이상인 경우는 4개에 13.5m^{3}를 곱한 양 이상이 되도록 설치할 것
㉯ 수원의 양 계산
수원의 수량=4×13.5=54m^3

18. 옥외소화전의 개폐밸브 및 호스 접속구는 지반면으로부터 몇 m 이하의 높이에 설치해야 하는가?

① 1.5 ② 2.5 ③ 3.5 ④ 4.5

해설 옥외소화전설비 기준 [세부기준 제130조]
㉮ 옥외소화전의 개폐밸브 및 호스접속구는 지반면으로부터 1.5m 이하의 높이에 설치할 것
㉯ 방수용기구를 격납하는 함(이하 "옥외소화전함"이라 한다)은 불연재료로 제작하고 옥외소화전으로부터 보행거리 5m 이하의 장소로서 화재발생 시 쉽게 접근가능하고 화재 등의 피해를 받을 우려가 적은 장소에 설치할 것

19. 위험물안전관리법령상 옥외소화전설비에서 옥외소화전함은 옥외소화전으로부터 보행거리 몇 m 이하의 장소에 설치하여야 하는가?

① 5m 이내 ② 10m 이내
③ 20m 이내 ④ 40m 이내

해설 옥외소화전설비 기준 [세부기준 제130조] :

정답 14. ② 15. ② 16. ③ 17. ③ 18. ① 19. ①

방수용기구를 격납하는 함(이하 "옥외소화전함"이라 한다)은 불연재료로 제작하고 옥외소화전으로부터 보행거리 5m 이하의 장소로서 화재발생 시 쉽게 접근가능하고 화재 등의 피해를 받을 우려가 적은 장소에 설치할 것

20. **위험물 안전관리법령에 의거하여 개방형 스프링클러 헤드를 이용하는 스프링클러설비에 설치하는 수동식 개방밸브를 개방 조작하는 데 필요한 힘은 몇 kgf 이하가 되도록 설치하여야 하는가?**

① 5 ② 10 ③ 15 ④ 20

해설 개방형 스프링클러헤드를 이용하는 스프링클러설비 중 일제개방밸브 및 수동식 개방밸브 기준 [세부기준 제131조]

㉮ 일제개방밸브의 기동조작부 및 수동식 개방밸브는 바닥면으로부터 1.5m 이하의 높이에 설치할 것
㉯ 방수구역마다 설치할 것
㉰ 작용하는 압력은 당해 밸브의 최고사용압력 이하로 할 것
㉱ 2차측 배관부분에는 당해 방수구역에 방수하지 않고 당해 밸브의 작동시험을 할 수 있는 장치를 설치할 것
㉲ 수동식 개방밸브를 개방하는 데 필요한 힘이 15kgf 이하가 되도록 설치할 것

★★
21. **위험물 제조소등의 스프링클러설비의 기준에 있어 개방형 스프링클러헤드는 스프링클러헤드의 반사판으로부터 하방과 수평방향으로 각각 몇 m의 공간을 보유하여야 하는가?**

① 하방 0.3m, 수평방향 0.45m
② 하방 0.3m, 수평방향 0.3m
③ 하방 0.45m, 수평방향 0.45m
④ 하방 0.45m, 수평방향 0.3m

해설 스프링클러설비의 기준 [세부기준 제131조] : 개방형 스프링클러헤드는 방호대상물의 모든 표면이 헤드의 유효사정 내에 있도록 설치하고, 다음에 정한 것에 의하여 설치할 것

㉮ 스프링클러헤드의 반사판으로부터 하방으로 0.45m, 수평방향으로 0.3m의 공간을 보유할 것
㉯ 스프링클러헤드는 헤드의 축심이 당해 헤드의 부착면에 대하여 직각이 되도록 설치할 것

22. **폐쇄형 스프링클러헤드의 설치기준에서 급배기용 덕트 등의 긴 변의 길이가 몇 m 초과할 때 해당 덕트 등의 아랫면에도 스프링클러헤드를 설치해야 하는가?**

① 0.8 ② 1.0 ③ 1.2 ④ 1.5

해설 폐쇄형 스프링클러헤드 설치 기준 [세부기준 제131조] : 급배기용 덕트 등의 긴 변의 길이가 1.2m를 초과하는 것이 있는 경우에는 당해 덕트 등의 아랫면에도 스프링클러헤드를 설치할 것

★★
23. **위험물 안전관리법령에 따라 폐쇄형 스프링클러헤드를 설치하는 장소의 평상 시 최고주위 온도가 28℃ 이상 39℃ 미만일 경우 헤드 표시온도는?**

① 52℃ 이상 76℃ 미만
② 52℃ 이상 79℃ 미만
③ 58℃ 이상 76℃ 미만
④ 58℃ 이상 79℃ 미만

해설 스프링클러헤드 표시온도 [세부기준 제131조]

부착장소 최고 주위 온도	표시 온도
28℃ 미만	58℃ 미만
28℃ 이상 39℃ 미만	58℃ 이상 79℃ 미만
39℃ 이상 64℃ 미만	79℃ 이상 121℃ 미만
64℃ 이상 106℃ 미만	121℃ 이상 162℃ 미만
106℃ 이상	162℃ 이상

정답 20. ③ 21. ④ 22. ③ 23. ④

24. 스프링클러설비에 관한 설명으로 옳지 않은 것은?

① 초기화재 진화에 효과가 있다.
② 살수밀도와 무관하게 제4류 위험물에는 적응성이 없다.
③ 제1류 위험물 중 알칼리 금속 과산화물에는 적응성이 없다.
④ 제5류 위험물에는 적응성이 있다.

해설 스프링클러설비는 살수밀도에 따라 제4류 위험물에 적응성이 있다.

참고 스프링클러설비의 살수밀도 [시행규칙 별표17]

살수기준면적(m^2)	방사밀도($L/m^2 \cdot min$)	
	인화점 38℃ 미만	인화점 38℃ 이상
279 미만	16.3 이상	12.2 이상
279 이상 372 미만	15.5 이상	11.8 이상
372 이상 465 미만	13.9 이상	9.8 이상
465 이상	12.2 이상	8.1 이상

[비고] 살수기준면적은 내화구조의 벽 및 바닥으로 구획된 하나의 실의 바닥면적을 말하고, 하나의 실의 바닥면적이 465m^2 이상인 경우의 살수기준면적은 465m^2로 한다. 다만, 위험물의 취급을 주된 작업내용으로 하지 아니하고 소량의 위험물을 취급하는 설비 또는 부분이 넓게 분산되어 있는 경우에는 방사밀도는 8.2$L/m^2 \cdot min$ 이상, 살수기준면적은 279m^2 이상으로 할 수 있다.

25. 위험물 안전관리법령에서 정한 물분무 소화설비의 설치 기준에서 물분무 소화설비의 방사구역은 몇 m^2 이상으로 하여야 하는가? (단, 방호대상물의 표면적이 150m^2 이상인 경우이다.)

① 75　② 100
③ 150　④ 350

해설 물분무 소화설비 설치기준 [시행규칙 별표17]
㉮ 분무헤드의 개수 및 배치 : 방호대상물 표면적 1m^3당 1분당 20L의 비율로 계산된 수량을 표준방사량으로 방사할 수 있도록 설치할 것
㉯ 물분무 소화설비의 방사구역은 150m^2 이상(방호대상물의 표면적이 150m^2 미만인 경우에는 당해 표면적)으로 할 것
㉰ 수원의 수량 : 분무헤드가 가장 많이 설치된 방사구역의 모든 분무헤드를 동시에 사용할 경우에 표면적 1m^2당 1분당 20L의 비율로 계산한 양으로 30분간 방사할 수 있는 양 이상이 되도록 설치할 것
㉱ 물분무 소화설비는 방사압력은 350kPa 이상으로 표준방사량을 방사할 수 있는 성능이 되도록 할 것

26. 위험물 안전관리법령상 방호대상물의 표면적이 70m^2인 경우 물분무 소화설비의 방사구역은 몇 m^2로 하여야 하는가?

① 35　② 70
③ 150　④ 300

해설 물분무 소화설비의 방사구역 면적
㉮ 물분무 소화설비의 방사구역은 방호대상물의 표면적이 150m^2 미만인 경우에는 당해 표면적으로 할 것
㉯ 방호대상물의 표면적이 150m^2 미만인 경우에 해당되므로 방사구역은 70m^2를 적용한다.

27. 위험물 안전관리법령상 물분무 소화설비의 제어밸브는 바닥으로부터 어느 위치에 설치하여야 하는가?

① 0.5m 이상, 1.5m 이하
② 0.8m 이상, 1.5m 이하
③ 1m 이상, 1.5m 이하
④ 1.5m 이상

해설 물분무 소화설비의 제어밸브 [세부기준 제132조]

정답 24. ② 25. ③ 26. ② 27. ②

㉮ 각층 또는 방사구역마다 제어밸브를 설치할 것
㉯ 설치 높이 : 바닥면으로부터 0.8m 이상 1.5m 이하

★
28. **펌프와 발포기의 중간에 설치된 벤투리관의 벤투리 작용과 펌프 가압수의 포 소화약제 저장탱크에 대한 압력에 의하여 포 소화약제를 흡입·혼합하는 방식은?**

① 프레셔 프로포셔너
② 펌프 프로포셔너
③ 프레셔 사이드 프로포셔너
④ 라인 프로포셔너

해설 포 소화약제를 흡입·혼합하는 방식 [포 소화설비의 화재안전기준(NFSC 105) 제3조]
㉮ 펌프 프로포셔너(pump proportioner) 방식 : 펌프의 토출관과 흡입관 사이의 배관 도중에 설치한 흡입기에 펌프에서 토출된 물의 일부를 보내고, 농도 조절밸브에서 조정된 포 소화약제의 필요량을 포 소화약제 탱크에서 펌프 흡입측으로 보내어 이를 혼합하는 방식이다.
㉯ 프레셔 프로포셔너(pressure proportioner) 방식 : 펌프와 발포기의 중간에 설치된 벤투리관의 벤투리 작용과 펌프 가압수의 포 소화약제 저장탱크에 대한 압력에 따라 포 소화약제를 흡입·혼합하는 방식이다.
㉰ 라인 프로포셔너(line proportioner) 방식 : 펌프와 발포기의 중간에 설치된 벤투리관의 벤투리 작용에 따라 포 소화약제를 흡입·혼합하는 방식이다.
㉱ 프레셔 사이드 프로포셔너(pressure side proportioner) 방식 : 펌프의 토출관에 압입기를 설치하여 포 소화약제 압입용 펌프로 포 소화약제를 압입시켜 혼합하는 방식이다.

29. **다음 중 고정지붕구조 위험물 옥외탱크저장소의 탱크 안에 설치하는 고정포방출구가 아닌 것은?**

① 특형 방출구
② Ⅰ형 방출구
③ Ⅱ형 방출구
④ 표면하 주입식 방출구

해설 고정지붕구조 고정포방출구 [세부기준 제133조]
㉮ Ⅰ형 : 고정지붕구조의 탱크에 상부포주입법을 이용하는 포방출구
㉯ Ⅱ형 : 고정지붕구조 또는 부상덮개부착 고정지붕구조의 탱크에 상부포주입법을 이용하는 포방출구
㉰ Ⅲ형 : 고정지붕구조의 탱크에 저부포주입법을 이용하는 포방출구로 표면하 주입식 방출구로 불려진다.
㉱ Ⅳ형 : 고정지붕구조의 탱크에 저부포주입법을 이용하는 포방출구

참고 특형 : 부상지붕구조의 탱크에 상부포주입법을 이용하는 포방출구이다.

30. **위험물제조소등에 설치하는 포 소화설비에 있어서 포헤드 방식의 포헤드는 방호대상물의 표면적(m^2) 얼마 당 1개 이상의 헤드를 설치하여야 하는가?**

① 3 ② 6
③ 9 ④ 12

해설 포헤드방식의 포헤드 설치기준 [세부기준 제133조]
㉮ 포헤드는 방호대상물의 모든 표면이 포헤드의 유효사정 내에 있도록 설치할 것
㉯ 방호대상물의 표면적(건축물의 경우에는 바닥면적. 이하 같다) $9m^2$당 1개 이상의 헤드를, 방호대상물의 표면적 $1m^2$당의 방사량이 6.5L/min 이상의 비율로 계산한 양의 포수용액을 표준방사량으로 방사할 수 있도록 설치 할 것
㉰ 방사구역은 $100m^2$ 이상(방호대상물의 표면적이 $100m^2$ 미만인 경우에는 당해 표면적)으로 할 것

정답 28. ① 29. ① 30. ③

31. 위험물 제조소등에 설치하는 포 소화설비의 기준에 따르면 포헤드방식의 포헤드는 방호대상물의 표면적 $1m^2$당의 방사량이 몇 L/min 이상의 비율로 계산한 양의 포수용액을 표준방사량으로 방사할 수 있도록 설치하여야 하는가?

① 3.5 ② 4 ③ 6.5 ④ 9

해설 포 소화설비 방사량 : 방호대상물의 표면적 $1m^2$당 6.5L/min 이상의 비율

32. 포 소화설비의 가압송수 장치에서 압력수조의 압력 산출 시 필요 없는 것은?

① 낙차의 환산 수두압
② 배관의 마찰손실 수두압
③ 노즐선의 마찰손실 수두압
④ 소방용 호스의 마찰손실 수두압

해설 압력수조를 이용한 가압송수장치의 압력수조 압력 계산식 [세부기준 133조]

$$P = P_1 + P_2 + P_3 + P_4$$

여기서, P : 필요한 압력(MPa)
P_1 : 고정식 포방출구의 설계압력 또는 이동식 포 소화설비 노즐방사압력(MPa)
P_2 : 배관의 마찰손실 수두압(MPa)
P_3 : 낙차의 환산 수두압(MPa)
P_4 : 이동식 포 소화설비의 소방용 호스의 마찰손실 수두압(MPa)

33. 제1석유류를 저장하는 옥외탱크저장소에 특형 포방출구를 설치하는 경우에 방출률은 액표면적 $1m^2$ 당 1분에 몇 리터 이상이어야 하는가?

① 9.5L ② 8.0L
③ 6.5L ④ 3.7L

해설 ㉮ 특형포 방출구 방출률 [세부기준 제133조]

제4류 위험물의 구분	포수용액량 (L/m^2)	방출률 ($L/m^2 \cdot min$)
인화점이 21℃ 미만인 것	240	8
인화점이 21℃ 이상 70℃ 미만인 것	160	8
인화점이 70℃ 이상인 것	120	8

㉯ 제1석유류는 인화점이 21℃ 미만인 것에 해당된다.

34. 위험물 안전관리법령상 포 소화설비의 고정포 방출구를 설치한 위험물 탱크에 부속하는 보조포소화전에서 3개의 노즐을 동시에 사용할 경우 각각의 노즐선단에서의 분당 방사량은 몇 L/min 이상이어야 하는가?

① 80 ② 130 ③ 230 ④ 400

해설 포 소화설비 고정포 방출구 보조포소화전 기준 [세부기준 제133조]
㉮ 방유제 외측의 소화활동상 유효한 위치에 설치하되 각각의 보조포소화전 상호 간의 보행거리가 75m 이하가 되도록 설치할 것
㉯ 보조포소화전은 3개의 노즐을 동시에 사용할 경우에 각각의 노즐선단의 방사압력이 0.35MPa 이상이고 방사량이 400L/min 이상의 성능이 되도록 설치할 것
㉰ 보조포소화전은 옥외소화전설비의 기준의 예에 준하여 설치할 것

35. 위험물 안전관리법령에서 정한 포 소화설비의 기준에 따른 기동장치에 대한 설명으로 옳은 것은?

① 자동식의 기동장치만 설치하여야 한다.
② 수동식의 기동장치만 설치하여야 한다.
③ 자동식의 기동장치와 수동식의 기동장치를 모두 설치하여야 한다.
④ 자동식의 기동장치 또는 수동식의 기동장치를 설치하여야 한다.

정답 31. ③ 32. ③ 33. ② 34. ④ 35. ④

해설 포 소화설비의 기동장치 [세부기준 제133조]

㉮ 기동장치는 자동식의 기동장치 또는 수동식의 기동장치를 설치하여야 한다.

㉯ 자동식 기동장치는 자동화재 탐지설비의 감지기의 작동 또는 폐쇄형 스프링클러헤드의 개방과 연동하여 가압송수장치, 일제 개방밸브 및 포 소화약제가 기동될 수 있도록 할 것

㉰ 수동식 기동장치는 다음에 정한 것에 의할 것

㉠ 직접조작 또는 원격조작에 의하여 가압송수장치, 수동식 개방밸브 및 포 소화약제 혼합장치를 기동할 수 있을 것

㉡ 2 이상의 방사구역을 갖는 포 소화설비는 방사구역을 선택할 수 있는 구조로 할 것

㉢ 기동장치의 조작부는 화재 시 용이하게 접근이 가능하고 바닥면으로부터 0.8m 이상 1.5m 이하의 높이에 설치할 것

㉣ 기동장치의 조작부에는 유리 등에 의한 방호조치가 되어 있을 것

㉤ 기동장치의 조작부 및 호스접속구에는 직근의 보기 쉬운 장소에 각각 "기동장치의 조작부" 또는 "접속구"라고 표시할 것

36. 위험물 안전관리법령상 이동식 불활성가스 소화설비의 호스접속구는 모든 방호대상물에 대하여 당해 방호대상물의 각 부분으로부터 하나의 호스접속구까지의 수평거리가 몇 m 이하가 되도록 설치하여야 하는가?

① 5 ② 10 ③ 15 ④ 20

해설 불활성가스 소화설비 설치기준 [시행규칙 별표17] : 이동식 불활성가스 소화설비의 호스 접속구는 방호대상물의 각 부분으로부터 수평거리가 15m 이하가 되도록 설치할 것

★★★
37. 불활성가스 소화약제 중 IG-100의 성분을 옳게 나타낸 것은?

① 질소 100%
② 질소 50%, 아르곤 50%
③ 질소 52%, 아르곤 40%, 이산화탄소 8%
④ 질소 52%, 이산화탄소 40%, 아르곤 8%

해설 불활성가스 소화설비 명칭에 따른 용량비 [세부기준 제134조]

명칭	용량비
IG-100	질소 100%
IG-55	질소 50%, 아르곤 50%
IG-541	질소 52%, 아르곤 40%, 이산화탄소 8%

38. 불활성가스 소화약제 중 IG-55의 구성 성분을 모두 나타낸 것은?

① 질소
② 이산화탄소
③ 질소와 아르곤
④ 질소, 아르곤, 이산화탄소

해설 IG-55 구성 성분 : 질소 50%, 아르곤 50%

★★
39. 청정 소화약제 중 IG-541의 구성 성분을 옳게 나타낸 것은?

① 헬륨, 네온, 아르곤
② 질소, 아르곤, 이산화탄소
③ 질소, 이산화탄소, 헬륨
④ 헬륨, 네온, 이산화탄소

해설 IG-541 구성 성분 : 질소 52%, 아르곤 40%, 이산화탄소 8%

40. 이산화탄소 소화설비의 소화약제 방출방식 중 전역방출방식 소화설비에 대한 설명으로 옳은 것은?

① 발화위험 및 연소위험이 적고 광대한 실내에서 특정 장치나 기계만을 방호하는 방식
② 일정 방호구역 전체에 방출하는 경우 해당 부분의 구획을 밀폐하여 불연성가스를 방출하는 방식
③ 일반적으로 개방되어 있는 대상물에 대하여 설치하는 방식
④ 사람이 용이하게 소화활동을 할 수 있는

정답 36. ③ 37. ① 38. ③ 39. ② 40. ②

장소에는 호스를 연장하여 소화활동을 행하는 방식

해설 이산화탄소 소화설비 소화약제 방출방식 [이산화탄소 소화설비의 화재안전기준(NFSC 106) 제3조]

㉮ 전역방출방식 : 고정식 이산화탄소 공급장치에 배관 및 분사헤드를 설치하여 밀폐 방호구역 내에 이산화탄소를 방출하는 설비이다.

㉯ 국소방출방식 : 고정식 이산화탄소 공급장치에 배관 및 분사헤드를 설치하여 직접 화점에 이산화탄소를 방출하는 설비로 화재발생부분에만 집중적으로 소화약제를 방출하도록 설치하는 방식이다.

㉰ 호스릴방식 : 분사헤드가 배관에 고정되어 있지 않고 소화약제 저장용기에 호스를 연결하여 사람이 직접 화점에 소화약제를 방출하는 이동식 소화설비이다.

41. 위험물제조소등에 설치하는 전역방출방식의 이산화탄소 소화설비 분사헤드의 방사압력은 고압식의 경우 몇 MPa 이상이어야 하는가?

① 1.05　　② 1.7

③ 2.1　　④ 2.6

해설 전역방출방식 불활성가스 소화설비의 분사헤드 방사압력 [세부기준 제134조]

㉮ 이산화탄소를 방사하는 분사헤드

㉠ 고압식 : 2.1MPa 이상

㉡ 저압식 : 1.05MPa 이상

㉯ 질소(IG-100, IG-55, IG-541)를 방사하는 헤드 : 1.9MPa 이상

42. 이산화탄소 소화설비의 기준으로 틀린 것은?

① 저장용기의 충전비는 고압식에 있어서는 1.5 이상 1.9 이하, 저압식에 있어서는 1.1 이상 1.4 이하로 한다.

② 저압식 저장용기에는 2.3MPa 이상 및 1.9MPa 이하의 압력에서 작동하는 압력경보장치를 설치한다.

③ 저압식 저장용기에는 용기 내부의 온도를 -20℃ 이상 -18℃ 이하로 유지할 수 있는 자동냉동기를 설치한다.

④ 기동용 가스용기는 20MPa 이상의 압력에 견딜 수 있는 것이어야 한다.

해설 불활성가스 소화설비 기준 [세부기준 제134조]

㉮ 이산화탄소 저장용기 충전비

구분	충전비
고압식	1.5 이상 1.9 이하
저압식	1.1 이상 1.4 이하

㉯ 이산화탄소를 저장하는 저압식 저장용기 기준

㉠ 저장용기에는 액면계 및 압력계를 설치할 것

㉡ 저장용기에는 2.3MPa 이상의 압력 및 1.9MPa 이하의 압력에서 작동하는 압력경보장치를 설치할 것

㉢ 저장용기에는 용기내부의 온도를 -20℃ 이상 -18℃ 이하로 유지할 수 있는 자동냉동기를 설치할 것

㉣ 저장용기에는 파괴판을 설치할 것

㉤ 저장용기에는 방출밸브를 설치할 것

㉰ 기동용 가스용기 기준

㉠ 기동용 가스용기는 25MPa 이상의 압력에 견딜 수 있는 것일 것

㉡ 기동용 가스용기의 내용적은 1L 이상으로 하고 당해 용기에 저장하는 이산화탄소의 양은 0.6kg 이상으로 하되 그 충전비는 1.5 이상일 것

㉢ 기동용 가스용기에는 안전장치 및 용기밸브를 설치할 것

43. 이산화탄소 소화설비의 저압식 저장용기에 설치하는 압력경보장치의 작동압력은?

① 1.9MPa 이상의 압력 및 1.5MPa 이하의 압력

② 2.3MPa 이상의 압력 및 1.9MPa 이하의 압력

③ 3.75MPa 이상의 압력 및 2.3MPa 이하의 압력

정답 41. ③　42. ④　43. ②

④ 4.5MPa 이상의 압력 및 3.75MPa 이하의 압력

해설 이산화탄소를 저장하는 저압식 저장용기 기준 [세부기준 제134조]

㉮ 저장용기에는 액면계 및 압력계를 설치할 것
㉯ 저장용기에는 2.3MPa 이상의 압력 및 1.9MPa 이하의 압력에서 작동하는 압력경보장치를 설치할 것
㉰ 저장용기에는 용기내부의 온도를 -20℃ 이상 -18℃ 이하로 유지할 수 있는 자동냉동기를 설치할 것
㉱ 저장용기에는 파괴판을 설치할 것
㉲ 저장용기에는 방출밸브를 설치할 것

44. 위험물 안전관리법령상 이산화탄소를 저장하는 저압식 저장용기에는 용기내부의 온도를 어떤 범위로 유지할 수 있는 자동냉동기를 설치하여야 하는가?

① 영하 20℃~영하 18℃
② 영하 20℃~0℃
③ 영하 25℃~영하 18℃
④ 영하 25℃~0℃

해설 이산화탄소를 저장하는 저압식 저장용기에는 용기내부의 온도를 -20℃ 이상 -18℃ 이하로 유지할 수 있는 자동냉동기를 설치할 것

45. 위험물 안전관리법령에 따른 불활성가스 소화설비의 저장용기 설치기준으로 틀린 것은?

① 방호구역 외의 장소에 설치할 것
② 저장용기에는 안전장치(용기밸브에 설치되어 있는 것은 제외)를 설치할 것
③ 저장용기의 외면에 소화약제의 종류와 양, 제조년도 및 제조자를 표시할 것
④ 온도가 섭씨 40도 이하이고 온도 변화가 적은 장소에 설치할 것

해설 불활성가스 소화설비 저장용기 설치기준 [세부기준 제134조]

㉮ 방호구역 외의 장소에 설치할 것
㉯ 온도가 40℃ 이하이고 온도 변화가 적은 장소에 설치할 것
㉰ 직사일광 및 빗물이 침투할 우려가 적은 장소에 설치할 것
㉱ 저장용기에는 안전장치(용기밸브에 설치되어 있는 것을 포함한다)를 설치할 것
㉲ 저장용기의 외면에 소화약제의 종류와 양, 제조년도 및 제조자를 표시할 것

46. 위험물 안전관리법령에 따른 이산화탄소 소화약제의 저장용기 설치장소에 대한 설명으로 틀린 것은?

① 방호구역 내의 장소에 설치하여야 한다.
② 직사일광 및 빗물이 침투할 우려가 적은 장소에 설치하여야 한다.
③ 온도 변화가 적은 장소에 설치하여야 한다.
④ 온도가 섭씨 40도 이하인 곳에 설치하여야 한다.

해설 이산화탄소 소화약제 저장용기 설치장소 [세부기준 제134조]

㉮ 방호구역 외의 장소에 설치할 것
㉯ 온도가 40℃ 이하이고, 온도 변화가 적은 곳에 설치할 것
㉰ 직사광선 및 빗물이 침투할 우려가 없는 곳에 설치할 것
㉱ 방화문으로 구획된 실에 설치할 것
㉲ 용기의 설치장소에는 해당 용기가 설치된 곳임을 표시하는 표지를 할 것
㉳ 용기 간의 간격은 점검에 지장이 없도록 3cm 이상의 간격을 유지할 것
㉴ 저장용기와 집합관을 연결하는 연결배관에는 체크밸브를 설치할 것

47. 이산화탄소 소화설비의 배관에 대한 기준으로 옳은 것은?

① 원칙적으로 겸용이 가능하도록 할 것
② 동관의 배관은 고압식인 것은 16.5MPa 이상의 압력에 견딜 것

정답 44. ① 45. ② 46. ① 47. ②

③ 관이음쇠는 저압식의 경우 5.0MPa 이상의 압력에 견디는 것일 것
④ 배관의 가장 높은 곳과 낮은 곳의 수직거리는 30m 이하일 것

해설 불활성가스 소화설비(이산화탄소 소화설비) 배관 기준 [세부기준 134조]
㉮ 배관은 전용으로 할 것
㉯ 강관의 배관은 고압식인 것은 스케줄 80 이상, 저압식인 것은 스케줄 40 이상의 것 또는 이와 동등 이상의 강도를 갖는 것으로서 아연도금 등에 의한 방식처리를 한 것을 사용할 것
㉰ 동관의 배관은 고압식인 것은 16.5MPa 이상, 저압식인 것은 3.75MNPa 이상의 압력에 견딜 수 있는 것을 사용할 것
㉱ 관이음쇠는 고압식인 것은 16.5MPa 이상, 저압식인 것은 3.75MNPa 이상의 압력에 견딜 수 있는 것으로서 적절한 방식처리를 한 것을 사용할 것
㉲ 낙차(배관의 가장 낮은 위치로부터 가장 높은 위치까지의 수직거리)는 50m 이하일 것

48. 위험물제조소등에 설치하는 이동식 불활성가스 소화설비의 소화약제 양은 하나의 노즐마다 몇 kg 이상으로 하여야 하는가?

① 30 ② 50
③ 60 ④ 90

해설 이동식 불활성가스 소화설비 기준 [세부기준 제134조]
㉮ 노즐은 20℃에서 하나의 노즐마다 90kg/min 이상의 소화약제를 방사할 수 있을 것
㉯ 저장용기의 용기밸브 또는 방출밸브는 호스의 설치장소에서 수동으로 개폐할 수 있을 것
㉰ 저장용기는 호스를 설치하는 장소마다 설치할 것
㉱ 저장용기의 직근의 보기 쉬운 장소에 적색등을 설치하고 이동식 불활성가스 소화설비임을 일리는 표시를 할 것
㉲ 화재 시 연기가 현저하게 충만할 우려가 았는 장소 외의 장소에 설치할 것
㉳ 이동식 불활성가스 소화설비에 사용하는 소화약제는 이산화탄소로 할 것

49. 할로겐화합물 소화설비 기준에서 하론 2402를 가압식 저장용기에 저장하는 경우 충전비로 옳은 것은?

① 0.51 이상 0.67 이하
② 0.7 이상 1.4 미만
③ 0.9 이상 1.6 이하
④ 0.67 이상 2.75 이하

해설 할로겐화합물 소화설비의 소화약제 저장용기 충전비 [세부기준 135조]

소화약제		저장용기 충전비
할론2402	가압식	0.51 이상 0.67 이하
	축압식	0.67 이상 2.75 이하
할론1211		0.7 이상 1.4 이하
할론 1301 및 HFC-227ea		0.9 이상 1.6 이하
HFC-23 및 HFC-125		1.2 이상 1.5 이하
FK-5-1-12		0.7 이상 1.6 이하

50. 할로겐화합물 소화설비의 소화약제 중 축압식 저장용기에 저장하는 할론 2402의 충전비는?

① 0.51 이상 0.67 이하
② 0.67 이상 2.75 이하
③ 0.7 이상 1.4 이하
④ 0.9 이상 1.6 이하

해설 할론 2402 저장용기 충전비
㉮ 가압식 : 0.51 이상 0.67 이하
㉯ 축압식 : 0.67 이상 2.75 이하

정답 48. ④ 49. ① 50. ②

51. 다음은 위험물 안전관리법령에 따른 할로겐화합물 소화설비에 관한 기준이다. ( )에 알맞은 수치는?

> 축압식 저장용기 등은 온도 21℃에서 할론 1301을 저장하는 것은 ( )MPa 또는 ( )MPa이 되도록 질소가스로 가압할 것

① 0.1, 10 ② 1.1, 2.5
③ 2.5, 1.0 ④ 2.5, 4.2

해설 할로겐화합물 소화설비 축압식 저장용기 기준 [세부기준 제135조] : 축압식 저장용기 등은 온도 21℃에서 할론1211을 저장하는 것은 1.1MPa 또는 2.5MPa, 할론1301, HFC-227ea 또는 FK-5-1-12를 저장하는 것은 2.5MPa 또는 4.2MPa이 되도록 질소가스로 축압할 것

52. 위험물 안전관리법령에 따른 이동식 할로겐화물 소화설비 기준에 의하면 20℃에서 하나의 노즐이 할론 2402를 방사할 경우 1분당 몇 kg의 소화약제를 방사할 수 있는가?

① 35 ② 40 ③ 45 ④ 50

해설 이동식 할로겐화합물 소화설비 소화약제 방사량 [세부기준 135조]

㉮ 이동식 할로겐화합물 소화설비의 소화약제는 할론 2402, 할론 1211 또는 할론 1301로 할 것
㉯ 하나의 노즐마다 온도 20℃에서 1분당 방사할 수 있는 소화약제의 양

소화약제의 종별	소화약제의 양
할론 2402	45kg
할론 1211	40kg
할론 1301	35kg

53. 할론 1301 소화약제의 저장용기에 저장하는 소화약제의 양을 산출할 때는 '위험물의 종류에 대한 가스계 소화약제의 계수'를 고려해야 한다. 위험물의 종류가 이황화탄소인 경우 할론 1301에 해당하는 계수 값은 얼마인가?

① 1.0 ② 1.6 ③ 2.2 ④ 4.2

해설 이황화탄소인 경우 할로겐화합물 소화약제의 계수 [세부기준 별표2]

분류	소화약제의 계수
할론 1301	4.2
할론 1211	1.0
HFC-23	4.2
HFC-125	4.2
HFC-227ea	4.2

54. 위험물 안전관리법령상 전역방출방식의 분말 소화설비에서 분사헤드의 방사압력은 몇 MPa 이상이어야 하는가?

① 0.1 ② 0.5 ③ 1 ④ 3

해설 분말 소화설비의 기준 [세부기준 제136조]

㉮ 전역방출방식 분사헤드
㉠ 방사된 소화약제가 방호구역의 전역에 균일하고 신속하게 확산할 수 있도록 설치할 것
㉡ 분사헤드의 방사압력은 0.1MPa 이상일 것
㉢ 소화약제는 30초 이내에 균일하게 방사할 것
㉯ 국소방출방식 분사헤드
㉠ 분사헤드의 방사압력은 0.1MPa 이상일 것
㉡ 분사헤드는 방호대상물의 모든 표면이 분사헤드의 유효사정 내에 있도록 설치할 것
㉢ 소화약제의 방사에 의하여 위험물이 비산되지 않는 장소에 설치할 것
㉣ 소화약제는 30초 이내에 균일하게 방사할 것

★★★
55. 위험물 안전관리법령상 분말 소화설비의 기준에서 가압용 또는 축압용 가스로 사용이 가능한 가스로만 이루어진 것은?

정답 51. ④ 52. ③ 53. ④ 54. ① 55. ④

① 산소, 질소　② 이산화탄소, 산소
③ 산소, 아르곤　④ 질소, 이산화탄소

해설 분말 소화설비의 가압용 또는 축압용 가스 [세부기준 제136조] : 질소(N_2) 또는 이산화탄소(CO_2)

56. 위험물 안전관리법령상 전역방출방식 또는 국소방출방식의 분말 소화설비의 기준에서 가압식의 분말 소화설비에는 얼마 이하의 압력으로 조정할 수 있는 압력조정기를 설치하여야 하는가?

① 2.0MPa　② 2.5MPa
③ 3.0MPa　④ 5MPa

해설 분말 소화설비의 기준 [세부기준 제136조]
㉮ 가압식의 분말 소화설비에는 2.5MPa 이하의 압력으로 조정할 수 있는 압력조정기를 설치할 것
㉯ 가압식의 분말 소화설비에는 다음의 정압작동장치를 설치할 것
㉠ 기동장치의 작동 후 저장용기등의 압력이 설정압력이 되었을 때 방출밸브를 개방시키는 것일 것
㉡ 정압작동장치는 저장용기등 마다 설치할 것

57. 전역방출방식 분말 소화설비에 있어 분사헤드는 저장용기에 저장된 분말 소화약제량을 몇 초 이내에 균일하게 방사하여야 하는가?

① 15　② 30　③ 45　④ 60

해설 분말 소화설비 소화약제 방사시간
㉮ 전역방출방식 : 30초 이내
㉯ 국소방출방식 : 30초 이내

58. 위험물 안전관리법령상 제1석유를 저장하는 옥외탱크저장소 중 소화난이도등급 Ⅰ에 해당하는 것은? (단, 지중탱크 또는 해상탱크가 아닌 경우이다.)

① 액표면적이 $10m^2$인 것
② 액표면적이 $20m^2$인 것
③ 지반면으로부터 탱크 옆판의 상단까지 높이가 4m인 것
④ 지반면으로부터 탱크 옆판의 상단까지 높이가 6m인 것

해설 소화난이도등급 Ⅰ에 해당하는 옥외탱크저장소 [시행규칙 별표17]
㉮ 액표면적이 $40m^2$ 이상인 것(제6류 위험물을 저장하는 것 및 고인화점위험물만을 100℃ 미만의 온도에서 저장하는 것은 제외)
㉯ 지반면으로부터 탱크 옆판의 상단까지 높이가 6m 이상인 것(제6류 위험물을 저장하는 것 및 고인화점위험물만을 100℃ 미만의 온도에서 저장하는 것은 제외)
㉰ 지중탱크 또는 해상탱크로서 지정수량의 100배 이상인 것(제6류 위험물을 저장하는 것 및 고인화점위험물만을 100℃ 미만의 온도에서 저장하는 것은 제외)
㉱ 고체위험물을 저장하는 것으로서 지정수량의 100배 이상인 것

59. 처마의 높이가 6m 이상인 단층 건물에 설치된 옥내저장소의 소화설비로 고려될 수 없는 것은?

① 고정식 포소화기
② 옥내소화전설비
③ 고정식 이산화탄소 소화설비
④ 고정식 분말 소화설비

해설 소화난이도등급에 따른 제조소등 소화설비 [시행규칙 별표17]
㉮ 처마의 높이가 6m 이상인 단층건물인 옥내저장소는 소화난이도 등급 Ⅰ에 해당된다.
㉯ 설치하여야 하는 소화설비 종류 : 스프링클러설비 또는 이동식 외의 물분무등 소화설비

참고 물분무등 소화설비 : 물분무 소화설비, 포소화설비, 불활성가스 소화설비, 할로겐화합물 소화설비, 분말 소화설비

정답 56. ② 57. ② 58. ④ 59. ②

60. 인화점이 70℃ 이상인 제4류 위험물을 저장·취급하는 소화난이도등급 Ⅰ의 옥외탱크저장소(지중탱크 또는 해상탱크 외의 것)에 설치하는 소화설비는?

① 스프링클러 소화설비
② 물분무 소화설비
③ 간이 소화설비
④ 분말 소화설비

해설 소화난이도등급 Ⅰ의 옥외탱크저장소에 설치하는 소화설비 [시행규칙 별표17]

구분		소화설비
지중탱크 또는 해상탱크 외의 것	유황만을 취급하는 것	물분무 소화설비
	인화점 70℃ 이상의 제4류 위험물만을 저장 취급하는 것	물분무 소화설비 또는 고정식 포 소화설비
	그 밖의 것	고정식 포 소화설비(포 소화설비가 적응성이 없는 경우에는 분말 소화설비)
지중탱크	고정식 포 소화설비, 이동식 이외의 불활성가스 소화설비 또는 이동식 이외의 할로겐화합물 소화설비	
해상탱크	고정식 포 소화설비, 물분무 소화설비, 이동식 이외의 불활성가스 소화설비 또는 이동식 이외의 할로겐화합물 소화설비	

61. 위험물 안전관리법령상 위험등급 Ⅰ의 위험물이 아닌 것은?

① 염소산염류　② 황화인
③ 알킬리튬　④ 과산화수소

해설 제2류 위험물 중 위험등급 Ⅱ의 위험물 [시행규칙 별표19] : 황화인, 적린, 유황 그 밖에 지정수량이 100kg인 위험물

참고 염소산염류(제1류), 알킬리튬(제3류), 과산화수소(제6류) : 위험등급 Ⅰ에 해당한다.

62. 제4류 제2석유류 비수용성인 위험물 180000리터를 저장하는 옥외저장소의 경우 설치하여야 하는 소화설비의 기준과 소화기 개수를 설명한 것이다. ( ) 안에 들어갈 숫자의 합은?

- 해당 옥외저장소는 소화난이도 등급 Ⅱ에 해당하며 소화설비의 기준은 방사능력 범위 내에 공작물 및 위험물이 포함되도록 대형수동식 소화기를 설치하고 당해 위험물의 소요단위 ( )에 해당하는 능력단위의 소형수동식 소화기를 설치하여야 한다.
- 해당 옥외저장소의 경우 대형수동식 소화기와 설치하고자 하는 소형수동식 소화기의 능력단위가 2라고 가정할 때 비치하여야 하는 소형수동식 소화기의 최소 개수는 ( )개이다.

① 2.2　② 4.5　③ 9　④ 10

해설 ㉮ 제4류 제2석유류 비수용성인 위험물의 지정수량은 1000L이므로 18만리터의 소요단위는 18단위에 해당된다.

$$\therefore \text{소요단위} = \frac{\text{저장량}}{\text{지정수량} \times 10} = \frac{180000}{1000 \times 10} = 18$$

㉯ 제2석유류의 저장량이 지정수량 100배 이상이므로 해당 옥외저장소는 소화난이도 등급 Ⅱ에 해당된다.

㉰ 설치하여야 하는 소화설비는 해당 위험물 소요단위 $\frac{1}{5}$ 이상에 해당하는 능력단위의 소형수동식 소화기를 설치하여야 한다.

㉱ 능력단위 2의 소화기 설치 개수 계산

$$\text{소화기 능력단위} = 18 \times \frac{1}{5} = 3.6$$

∴ 능력단위 2인 소형소화기는 2개를 설치하여야 한다.

정답 60. ② 61. ② 62. ①

㉮ 숫자 합계=㉰항 숫자+㉱항 소화기수

$$=\frac{1}{5}+2=2.2$$

63. 위험물 안전관리법령상 옥내소화전설비가 적응성이 있는 위험물의 유별로만 나열된 것은?

① 제1류 위험물, 제4류 위험물
② 제2류 위험물, 제4류 위험물
③ 제4류 위험물, 제5류 위험물
④ 제5류 위험물, 제6류 위험물

해설 옥내소화전설비가 적응성이 있는 위험물 [시행규칙 별표17]
㉮ 건축물·그 밖의 건축물
㉯ 제1류 위험물 중 알칼리 금속 과산화물 등을 제외한 그 밖의 것
㉰ 제2류 위험물 중 철분·금속분·마그네슘 등을 제외한 인화성고체, 그 밖의 것
㉱ 제3류 위험물 중 금수성물품을 제외한 그 밖의 것
㉲ 제5류 위험물
㉳ 제6류 위험물

64. 다음 중 C급 화재에 가장 적응성이 있는 소화설비는?

① 봉상강화액 소화기
② 포 소화기
③ 이산화탄소 소화기
④ 스프링클러설비

해설 C급 화재인 전기화재에 적응성이 있는 소화설비 [시행규칙 별표17]
㉮ 물분무 소화설비
㉯ 불활성가스 소화설비
㉰ 할로겐화합물 소화설비
㉱ 인산염류 및 탄산수소염류 분말 소화설비
㉲ 무상수(霧狀水) 소화기
㉳ 무상강화액 소화기
㉴ 이산화탄소 소화기
㉵ 할로겐화합물 소화기
㉶ 인산염류 및 탄산수소염류 분말 소화기

65. 위험물 안전관리법령상 전기설비에 적응성이 없는 소화설비는?

① 포 소화설비
② 이산화탄소 소화설비
③ 할로겐화합물 소화설비
④ 물분무 소화설비

해설 전기설비에 적응성이 없는 소화설비 : 옥내소화전 또는 옥외소화전설비, 스프링클러설비, 포 소화설비, 봉상수(棒狀水) 소화기, 봉상강화액 소화기, 포 소화기, 건조사

66. 제1류 위험물 중 알칼리 금속 과산화물의 화재에 적응성이 있는 소화약제는?

① 인산염류 분말
② 이산화탄소
③ 탄산수소염류 분말
④ 할로겐화합물

해설 제1류 위험물 중 알칼리 금속 과산화물에 적응성이 있는 소화설비 [시행규칙 별표17]
㉮ 탄산수소염류 분말 소화설비
㉯ 그 밖의 것 분말 소화설비
㉰ 탄산수소염류 분말 소화기
㉱ 그 밖의 것 분말 소화기
㉲ 건조사
㉳ 팽창질석 또는 팽창진주암

67. 위험물 안전관리법령상 염소산염류에 대해 적응성이 있는 소화설비는?

① 탄산수소염류 분말 소화설비
② 포 소화설비
③ 불활성가스 소화설비
④ 할로겐화합물 소화설비

해설 제1류 위험물 중 염소산염류에 적응성이 있는 소화설비 [시행규칙 별표 17]
㉮ 옥내소화전 또는 옥외소화전설비
㉯ 스프링클러설비

정답 63. ④ 64. ③ 65. ① 66. ③ 67. ②

㉰ 물분무 소화설비
㉱ 포 소화설비
㉲ 봉상수 소화기, 무상수 소화기, 봉상강화액 소화기, 무상강화액 소화기, 포 소화기, 인산염류 소화기
㉳ 물통 또는 건조사, 건조사, 팽창질석 또는 팽창진주암

참고 소화설비 적응성에서 염소산염류는 제1류 위험물 중 알칼리 금속 과산화물등 외의 그 밖의 것에 해당된다.

68. 위험물 안전관리법령상 제2류 위험물인 철분에 적응성이 있는 소화설비는?

① 포 소화설비
② 탄산수소염류 분말 소화설비
③ 할로겐화합물 소화설비
④ 스프링클러설비

해설 제2류 위험물 중 철분, 금속분, 마그네슘에 적응성이 있는 소화설비 [시행규칙 별표17]
㉮ 탄산수소염류 분말 소화설비 및 분말 소화기
㉯ 건조사
㉰ 팽창질석 또는 팽창진주암

69. 위험물 안전관리법령상 제3류 위험물 중 금수성 물질에 적응성이 있는 소화기는?

① 할로겐화합물 소화기
② 인산염류 분말소화기
③ 이산화탄소 소화기
④ 탄산수소염류 분말소화기

해설 제3류 위험물 중 금수성 물질에 적응성이 있는 소화설비 [시행규칙 별표17]
㉮ 탄산수소염류 분말 소화설비 및 분말 소화기
㉯ 건조사
㉰ 팽창질석 또는 팽창진주암

70. 위험물 안전관리법령상 제3류 위험물 중 금수성 물질 이외의 것에 적응성이 있는 소화설비는?

① 할로겐화합물 소화설비
② 불활성가스 소화설비
③ 포 소화설비
④ 분말 소화설비

해설 제3류 위험물 중 금수성 물질 이외의 것에 적응성이 있는 소화설비 [시행규칙 별표17]
㉮ 옥내소화전 또는 옥외소화전설비
㉯ 스프링클러설비
㉰ 물분무 소화설비
㉱ 포 소화설비
㉲ 봉상수(棒狀水) 소화기
㉳ 무상수(霧狀水) 소화기
㉴ 봉상강화액 소화기
㉵ 무상강화액 소화기
㉶ 포 소화기
㉷ 기타 : 물통 또는 건조사, 건조사, 팽창질석 또는 팽창진주암

71. 제4류 위험물에 대해 적응성이 있는 소화설비 또는 소화기는?

① 옥내소화전설비
② 옥외소화전설비
③ 봉상강화액소화기
④ 무상강화액소화기

해설 제4류 위험물에 적응성이 있는 소화설비 [시행규칙 별표17]
㉮ 물분무 소화설비
㉯ 포 소화설비
㉰ 불활성가스 소화설비
㉱ 할로겐화합물 소화설비
㉲ 인산염류 등 및 탄산수소염류 등 분말 소화설비
㉳ 무상강화액 소화기
㉴ 포 소화기
㉵ 이산화탄소 소화기
㉶ 할로겐화합물 소화기
㉷ 인산염류 및 탄산수소염류 소화기
㉸ 건조사
㉹ 팽창질석 또는 팽창진주암
㉺ 스프링클러설비 : 경우에 따라 적응성이 있음

정답 68. ② 69. ④ 70. ③ 71. ④

72. C_6H_6 화재의 소화약제로서 적합하지 않은 것은?

① 인산염류분말 ② 이산화탄소
③ 할로겐화합물 ④ 물(봉상수)

해설 제4류 위험물에 적응성이 없는 소화설비 [시행규칙 별표17]
㉮ 옥내소화전 또는 옥외소화전설비
㉯ 스프링클러설비 : 요구하는 규정을 충족할 때만 적응성이 있음
㉰ 봉상수(棒狀水) 소화기
㉱ 무상수(霧狀水) 소화기
㉲ 봉상강화액소화기
㉳ 물통 또는 건조사

참고 벤젠(C_6H_6)은 제4류 위험물 중 제1석유류에 해당된다.

73. 위험물 안전관리법령상 제5류 위험물에 적응성이 있는 소화설비는?

① 분말을 방사하는 대형 소화기
② CO_2를 방사하는 소형 소화기
③ 할로겐화합물을 방사하는 대형 소화기
④ 스프링클러설비

해설 제5류 위험물에 적응성이 있는 소화설비 [시행규칙 별표17]
㉮ 옥내소화전 또는 옥외소화전설비
㉯ 스프링클러설비
㉰ 물분무 소화설비
㉱ 포 소화설비
㉲ 봉상수(棒狀水) 소화기
㉳ 무상수(霧狀水) 소화기
㉴ 봉상강화액 소화기
㉵ 무상강화액 소화기
㉶ 포 소화기
㉷ 물통 또는 건조사
㉸ 건조사
㉹ 팽창질석 또는 팽창진주암

74. 위험물 안전관리법령상 제6류 위험물을 저장 또는 취급하는 제조소등에 적응성이 없는 소화설비는?

① 팽창질석
② 할로겐화합물 소화기
③ 포 소화기
④ 인산염류 분말 소화기

해설 제6류 위험물에 적응성이 없는 소화설비 [시행규칙 별표17]
㉮ 불활성가스 소화설비
㉯ 할로겐화합물 소화설비 및 소화기
㉰ 탄산수소염류 분말 소화설비 및 분말 소화기
㉱ 이산화탄소 소화기

75. 인화성 고체와 질산에 공통적으로 적응성이 있는 소화설비는?

① 이산화탄소 소화설비
② 할로겐화합물 소화설비
③ 탄산수소염류 분말 소화설비
④ 포 소화설비

해설 ㉮ 인화성 고체는 제2류 위험물에 해당된다.
㉯ 질산(HNO_3)은 제5류 위험물에 해당된다.
㉰ 인화성 고체와 질산에 공통적으로 적응성이 있는 소화설비는 옥내소화전 또는 옥외소화전설비, 스프링클러설비, 물분무 소화설비, 포 소화설비, 건조사, 팽창질석 또는 팽창진주암 등이다.

76. 위험물 안전관리법령상 물분무 소화설비가 적응성이 있는 위험물은?

① 알칼리 금속 과산화물
② 금속분·마그네슘
③ 금수성 물질
④ 인화성 고체

해설 물분무 소화설비가 적응성이 있는 위험물 [시행규칙 별표17]
㉮ 건축물·그 밖의 공작물
㉯ 전기설비
㉰ 제1류 위험물 알카리 금속 과산화물등 외의 것
㉱ 제2류 위험물 인화성 고체 및 그 밖의 것

정답 72. ④ 73. ④ 74. ② 75. ④ 76. ④

㉮ 제3류 위험물 금수성 물품 외의 그 밖의 것
㉯ 제4류 위험물
㉰ 제5류 위험물
㉱ 제6류 위험물

77. 위험물 안전관리법령상 이산화탄소 소화기가 적응성이 있는 위험물은?

① 트리니트로톨루엔
② 과산화나트륨
③ 철분
④ 인화성 고체

해설 불활성가스 소화설비(이산화탄소 소화설비)의 적응성이 있는 대상물 [시행규칙 별표 17] : 전기설비, 제2류 위험물 중 인화성 고체, 제4류 위험물

78. 다음 각각의 위험물의 화재 발생 시 위험물 안전관리법령상 적응 가능한 소화설비를 옳게 나타낸 것은?

① $C_6H_5NO_2$: 이산화탄소 소화기
② $(C_2H_5)_3Al$: 봉상수 소화기
③ $C_2H_5OC_2H_5$: 봉상수 소화기
④ $C_6H_5(ONO_2)_3$: 이산화탄소 소화기

해설 각 위험물의 유별 및 적응 소화설비

품명	유별	적응 소화설비
니트로벤젠 ($C_6H_5NO_2$)	제4류	질식소화 CO_2 소화기
트리에틸알루미늄 [$(C_2H_5)_3Al$]	제3류	질식소화 건조사
디에틸에테르 ($C_2H_5OC_2H_5$)	제4류	질식소화 CO_2 소화기
니트로글리세린 [$C_6H_5(ONO_2)_3$]	제5류	냉각소화 봉상수 소화기

79. 다음 중 위험물 안전관리법령상의 기타 소화설비에 해당하지 않는 것은?

① 마른모래 ② 수조
③ 소화기 ④ 팽창질석

해설 기타 소화설비 [시행규칙 별표17]
㉮ 물통(수조) 또는 건조사
㉯ 건조사(마른모래)
㉰ 팽창질석 또는 팽창진주암

80. 위험물 안전관리법령상 물분무등 소화설비에 포함되지 않는 것은?

① 포 소화설비
② 분말 소화설비
③ 스프링클러설비
④ 불활성가스 소화설비

해설 물분무등 소화설비 종류 [시행규칙 별표17]
㉮ 물분무 소화설비
㉯ 포 소화설비
㉰ 불활성가스 소화설비
㉱ 할로겐화합물 소화설비
㉲ 분말 소화설비

81. 화재발생 시 위험물에 대한 소화방법으로 옳지 않은 것은?

① 트리에틸알루미늄 : 소규모 화재 시 팽창질석을 사용한다.
② 과산화나트륨 : 할로겐화합물 소화기로 질식 소화한다.
③ 인화성 고체 : 이산화탄소 소화기로 질식 소화한다.
④ 휘발유 : 탄산수소염류 분말 소화기를 사용하여 소화한다.

해설 과산화나트륨 : 제1류 위험물로 탄산수소염류 분말 소화설비 및 소화기, 건조사, 팽창질석 또는 팽창진주암을 사용한다. 물과 접촉하면 반응하여 열과 함께 산소를 발생하므로 주수 소화는 금지한다.

82. 위험물의 취급을 주된 작업내용으로 하는 다음의 장소에 스프링클러설비를 설치할 경우 확보하여야 하는 1분당 방사밀도는 몇

정답 77. ④ 78. ① 79. ③ 80. ③ 81. ② 82. ①

L/m² 이상이어야 하는가? (단, 내화구조의 바닥 및 벽에 의하여 2개의 실로 구획되고, 각 실의 바닥면적은 500m²이다.)

- 취급하는 위험물 : 제4류 제3석유류
- 위험물을 취급하는 장소의 바닥면적 : 1000m²

① 8.1 ② 12.2 ③ 13.9 ④ 16.3

해설 ㉮ 스프링클러설비의 살수밀도 [시행규칙 별표17]

살수기준면적(m²)	방사밀도(L/m²·min)	
	인화점 38℃ 미만	인화점 38℃ 이상
279 미만	16.3 이상	12.2 이상
279 이상 372 미만	15.5 이상	11.8 이상
372 이상 465 미만	13.9 이상	9.8 이상
465 이상	12.2 이상	8.1 이상

[비고] 살수기준면적은 내화구조의 벽 및 바닥으로 구획된 하나의 실의 바닥면적을 말하고, 하나의 실의 바닥면적이 465m² 이상인 경우의 살수기준면적은 465m²로 한다. 다만, 위험물의 취급을 주된 작업내용으로 하지 아니하고 소량의 위험물을 취급하는 설비 또는 부분이 넓게 분산되어 있는 경우에는 방사밀도는 8.2L/m²·min 이상, 살수기준면적은 279m² 이상으로 할 수 있다.

㉯ 취급하는 위험물 제4류 제3석유류의 인화점은 70℃ 이상 200℃ 미만인 것이다.

㉰ 표에서 '인화점 38℃ 이상'과 '살수기준면적 465m² 이상'을 선택하면 방사밀도도 8.1L/m²·min 이상이 된다.

83. 위험물 안전관리법령상 소화설비의 설치기준에서 제조소등에 전기설비(전기배선, 조명기구 등은 제외)가 설치된 경우에는 해당 장소의 면적 몇 m² 마다 소형수동식 소화기를 1개 이상 설치하여야 하는가?

① 50 ② 75 ③ 100 ④ 150

해설 소화설비의 설치기준 [시행규칙 별표17] : 제조소등에 전기설비(전기배선, 조명기구 등을 제외한다)가 설치된 경우에는 당해 장소의 면적 100m² 마다 소형수동식 소화기를 1개 이상 설치할 것

84. 제조소등에 전기설비(전기배선, 조명기구 등은 제외한다)가 설치된 장소의 바닥면적이 150m²인 경우 설치해야 하는 소형 수동식 소화기의 최소 개수는?

① 1개 ② 2개 ③ 3개 ④ 4개

해설 소화설비의 설치기준 [시행규칙 별표17]

㉮ 전기설비의 소화설비 : 제조소등에 전기설비(전기배선, 조명기구 등을 제외한다)가 설치된 경우에는 당해 장소의 면적 100m² 마다 소형수동식 소화기를 1개 이상 설치할 것

㉯ 소형수동식 소화기의 최소 개수 계산

$$\therefore \text{최소 개수} = \frac{\text{당해 장소 면적}}{\text{기준 면적}} = \frac{150}{100} = 1.5\text{개} = 2\text{개}$$

85. 제조소 건축물로 외벽이 내화구조인 것의 1소요단위는 연면적이 몇 m² 인가?

① 50 ② 100 ③ 150 ④ 1000

해설 제조소 또는 취급소의 건축물의 소화설비 소요단위 [시행규칙 별표17]

㉮ 외벽이 내화구조인 것 : 연면적 100m²를 1소요단위로 할 것

㉯ 외벽이 내화구조가 아닌 것 : 연면적 50m²를 1소요단위로 할 것

86. 위험물취급소의 건축물 연면적이 500m²인 경우 소요단위는? (단, 외벽은 내화구조이다.)

① 4단위 ② 5단위
③ 6단위 ④ 7단위

정답 83. ③ 84. ② 85. ② 86. ②

해설 소요단위 계산 : 위험물취급소이고 외벽이 내화구조이므로 연면적 $100m^2$가 1소요단위에 해당된다.

$$\therefore 소요단위 = \frac{건축물\ 연면적}{1소요단위\ 면적} = \frac{500}{100} = 5\ 단위$$

87. 위험물저장소 건축물의 외벽이 내화구조인 것은 연면적 얼마를 1소요단위로 하는가?

① $50m^2$ ② $75m^2$
③ $100m^2$ ④ $150m^2$

해설 저장소의 건축물 소화설비 소요단위 계산방법 [시행규칙 별표17]
㉮ 외벽이 내화구조인 것 : 연면적 $150m^2$를 1소요단위로 할 것
㉯ 외벽이 내화구조가 아닌 것 : 연면적 $75m^2$를 1소요단위로 할 것

88. 위험물 안전관리법령상 다음 사항을 참고하여 제조소의 소화설비의 소요단위 합을 옳게 산출한 것은?

> 가. 제조소 건축물의 연면적은 $3000m^2$이다.
> 나. 제조소 건축물의 외벽은 내화구조이다.
> 다. 제조소 허가 지정수량은 3000배이다.
> 라. 제조소의 옥외 공작물은 최대수평투영면적은 $500m^2$이다.

① 335 ② 395 ③ 400 ④ 440

해설 소화설비 소요단위 계산방법 [시행규칙 별표17]
㉮ 제조소 건축물의 외벽이 내화구조인 것 : 연면적 $100m^2$를 1소요단위로 할 것
㉯ 위험물 : 지정수량의 10배를 1소요단위로 할 것
㉰ 제조소등의 옥외에 설치된 공작물은 외벽이 내화구조인 것으로 간주하고 공작물의 최대수평투영면적을 연면적으로 간주하여 ㉮ 및 ㉯의 규정에 의하여 소요단위를 산정할 것

$$\therefore 소요단위 = \frac{건축물\ 연면적}{1소요단위\ 면적} + \frac{위험물\ 양}{지정수량 \times 10} + \frac{공작물\ 면적}{1소요단위\ 면적}$$
$$= \frac{3000}{100} + \frac{3000}{10} + \frac{500}{100} = 335$$

89. 외벽이 내화구조인 위험물저장소 건축물의 연면적이 $1500m^2$인 경우 소요단위는?

① 6 ② 10
③ 13 ④ 14

해설 소요단위 계산 : 위험물취급소이고 외벽이 내화구조이므로 연면적 $100m^2$가 1소요단위에 해당된다.

$$\therefore 소요단위 = \frac{건축물\ 연면적}{1소요단위\ 면적} = \frac{1500}{150} = 10$$

90. 탄화칼슘 60000kg를 소요단위로 산정하면?

① 10단위 ② 20단위
③ 30단위 ④ 40단위

해설 ㉮ 탄화칼슘(CaC_2) : 제3류 위험물로 지정수량은 300kg이다.
㉯ 1소요 단위는 지정수량의 10배이다.

$$\therefore 소요\ 단위 = \frac{위험물의\ 양}{지정수량 \times 10} = \frac{60000}{300 \times 10} = 20\ 단위$$

91. 가솔린 저장량이 2000L일 때 소화설비 설치를 위한 소요단위는?

① 1 ② 2 ③ 3 ④ 4

해설 ㉮ 가솔린 : 제4류 위험물 중 제1석유류(비수용성)로 지정수량 200L이다.

정답 87. ④ 88. ① 89. ② 90. ② 91. ①

㈏ 위험물의 소화설비 1소요단위는 지정수량의 10배로 한다.

$$\therefore \text{소요단위} = \frac{\text{저장량}}{\text{지정수량} \times 10} = \frac{20000}{200 \times 10} = 1$$

92. 피리딘 20000리터에 대한 소화설비의 소요단위는?

① 5 단위　② 10 단위
③ 15 단위　④ 100 단위

해설 ㈎ 피리딘(C_5H_5N) : 제4류 위험물 중 제1석유류 수용성으로 지정수량 400L이다.
㈏ 위험물의 소화설비 1소요단위는 지정수량의 10배로 한다.

$$\therefore \text{소요단위} = \frac{\text{저장량}}{\text{지정수량} \times 10} = \frac{20000}{400 \times 10} = 5\text{단위}$$

93. 클로로벤젠 300000L의 소요단위는 얼마인가?

① 20　② 30　③ 200　④ 300

해설 ㈎ 클로로벤젠(C_6H_5Cl) : 제4류 위험물 중 제2석유류(비수용성)로 지정수량 1000L이다.
㈏ 위험물의 소화설비 1소요단위는 지정수량의 10배로 한다.

$$\therefore \text{소요단위} = \frac{\text{저장량}}{\text{지정수량} \times 10} = \frac{300000}{1000 \times 10} = 30$$

94. 동식물유류 400000L의 소화설비 설치 시 소요단위는 몇 단위인가?

① 2　② 4　③ 20　④ 40

해설 ㈎ 동식물유류 : 제4류 위험물로 지정수량 10000L이다.
㈏ 위험물의 소화설비 1소요단위는 지정수량의 10배로 한다.

$$\therefore \text{소요단위} = \frac{\text{저장량}}{\text{지정수량} \times 10} = \frac{400000}{10000 \times 10} = 4$$

95. 디에틸에테르 2000L와 아세톤 4000L를 옥내저장소에 저장하고 있다면 총 소요단위는 얼마인가?

① 5　② 6　③ 50　④ 60

해설 ㈎ 디에틸에테르 : 제4류 위험물 중 특수인화물로 지정수량은 50L이다.
㈏ 아세톤 : 제4류 위험물 중 제1석유류(수용성)로 지정수량은 400L이다.
㈐ 지정수량의 10배를 1소요단위로 하며, 위험물이 2종류 이상을 함께 저장하는 경우 각각 소요단위를 계산하여 합산한다.

∴ 소요단위

$$= \frac{\text{A 저장량}}{\text{지정수량} \times 10} + \frac{\text{B 저장량}}{\text{지정수량} \times 10} = \frac{2000}{50 \times 10} + \frac{4000}{400 \times 10} = 5$$

★★★
96. 위험물 안전관리법령에서 정한 다음의 소화설비 중 능력 단위가 가장 큰 것은?

① 팽창진주암 160L(삽 1개 포함)
② 수조 80L(소화전용 물통 3개 포함)
③ 마른모래 50L(삽 1개 포함)
④ 팽창질석 160L(삽 1개 포함)

해설 소화설비의 능력단위 [시행규칙 별표17]

소화설비 종류	용량	능력 단위
소화전용 물통	8L	0.3
수조(소화전용 물통 3개 포함)	80L	1.5
수조(소화전용 물통 6개 포함)	190L	2.5
마른모래(삽 1개 포함)	50L	0.5
팽창질석 또는 팽창진주암(삽 1개 포함)	160L	1.0

정답 92. ①　93. ②　94. ②　95. ①　96. ②

97. 경보설비는 지정수량 몇 배 이상의 위험물을 저장·취급하는 제조소등에 설치하는가?

① 2 ② 4 ③ 8 ④ 10

해설 경보설비의 기준 [시행규칙 제42조]

㉮ 지정수량의 10배 이상의 위험물을 저장 또는 취급하는 제조소등(이동탱크저장소를 제외한다)에는 화재발생 시 이를 알릴 수 있는 경보설비를 설치하여야 한다.

㉯ 경보설비는 자동화재 탐지설비·비상경보설비(비상벨장치 또는 경종을 포함한다)·확성장치(휴대용확성기를 포함한다) 및 비상방송설비로 구분한다.

㉰ 자동신호장치를 갖춘 스프링클러설비 또는 물분무등 소화설비를 설치한 제조소등에 있어서는 자동화재 탐지설비를 설치한 것으로 본다.

98. 경보설비를 설치하여야 하는 장소에 해당되지 않는 것은?

① 지정수량의 100배 이상의 제3류 위험물을 저장·취급하는 옥내저장소

② 옥내주유취급소

③ 연면적 500m^{2}이고 취급하는 위험물의 지정수량이 100배인 제조소

④ 지정수량 10배 이상의 제4류 위험물을 저장·취급하는 이동탱크저장소

해설 경보설비의 기준 [시행규칙 제42조]

㉮ 지정수량의 10배 이상의 위험물을 저장 또는 취급하는 제조소등(이동탱크저장소를 제외한다)에는 화재발생 시 이를 알릴 수 있는 경보설비를 설치하여야 한다.

㉯ 경보설비는 자동화재 탐지설비·비상경보설비(비상벨장치 또는 경종을 포함한다)·확성장치(휴대용확성기를 포함한다) 및 비상방송설비로 구분한다.

㉰ 자동신호장치를 갖춘 스프링클러설비 또는 물분무등 소화설비를 설치한 제조소등에 있어서는 자동화재 탐지설비를 설치한 것으로 본다.

참고 옥내주유취급소의 경우 연면적, 지정수량에 관계없이 경보설비 중 자동화재탐지설비를 설치해야 하는 대상이다[시행규칙 별표17].

99. 위험물 안전관리법령상 자동화재 탐지설비를 반드시 설치하여야 할 대상에 해당되지 않는 것은?

① 옥내에서 지정수량 200배의 제3류 위험물을 취급하는 제조소

② 옥내에서 지정수량 200배의 제2류 위험물을 취급하는 일반취급소

③ 지정수량 200배의 제1류 위험물을 저장하는 옥내저장소

④ 지정수량 200배의 고인화점 위험물만을 저장하는 옥내저장소

해설 경보설비 설치 대상 [시행규칙 별표17]

(1) 자동화재 탐지설비

㉮ 제조소 및 일반취급소

㉠ 연면적 500m^2 이상인 것

㉡ 옥내에서 지정수량의 100배 이상을 취급하는 것

㉯ 옥내저장소

㉠ 지정수량의 100배 이상을 저장 또는 취급하는 것(고인화점위험물만을 저장 또는 취급하는 것을 제외한다)

㉡ 저장창고의 연면적이 150m^{2}를 초과하는 것[당해 저장창고가 연면적 150m^2 이내마다 불연재료의 격벽으로 개구부 없이 완전히 구획된 것과 제2류 또는 제4류 위험물(인화성고체 및 인화점이 70℃ 미만인 제4류 위험물을 제외한다)만을 저장 또는 취급하는 것에 있어서는 저장창고의 연면적이 500m^2 이상의 것에 한한다]

㉢ 처마높이가 6m 이상인 단층건물의 것

㉣ 옥내저장소로 사용되는 부분 외의 부분이 있는 건축물에 설치된 옥내저장소[옥내저장소와 옥내저장소 외의 부분이 내화구조의 바닥 또는 벽으로 개구부 없이 구획된 것과 제2류 또는 제4류 위험물

정답 97. ④ 98. ④ 99. ④

(인화성고체 및 인화점이 70℃ 미만인 제4류 위험물을 제외한다)만을 저장 또는 취급 하는 것을 제외한다]

㉰ 옥내탱크저장소 : 단층 건물 외의 건축물에 설치된 옥내탱크저장소로서 소화난이도등급 Ⅰ에 해당하는 곳

㉱ 주유취급소 : 옥내주유취급소

(2) 자동화재 탐지설비, 비상경보설비, 확성장치 또는 비상방송설비 중 1종 이상을 설치해야 하는 경우 : (1)에 해당하지 않는 제조소등으로 지정수량의 10배 이상을 저장 또는 취급하는 것

100. 위험물제조소등에 설치하는 자동화재 탐지설비의 설치기준으로 틀린 것은?

① 원칙적으로 경계구역은 건축물의 2 이상의 층에 걸치지 아니하도록 한다.

② 원칙적으로 상층이 있는 경우에는 감지기 설치를 하지 않을 수 있다.

③ 원칙적으로 하나의 경계구역의 면적은 $600m^2$ 이하로 하고 그 한 변의 길이는 50m 이하로 한다.

④ 비상전원을 설치하여야 한다.

해설 자동화재 탐지설비 설치기준 [시행규칙 별표17]

㉮ 자동화재 탐지설비의 경계구역은 건축물 그 밖의 공작물의 2 이상의 층에 걸치지 아니하도록 할 것. 다만, 하나의 경계구역의 면적이 $500m^2$ 이하이면서 당해 경계구역이 두 개의 층에 걸치는 경우이거나 계단·경사로·승강기의 승강로 그 밖에 이와 유사한 장소에 연기감지기를 설치하는 경우에는 그러하지 아니하다.

㉯ 하나의 경계구역의 면적은 $600m^2$ 이하로 하고 그 한 변의 길이는 50m(광전식 분리형 감지기를 설치할 경우에는 100m) 이하로 할 것. 다만, 당해 건축물 그 밖의 공작물의 출입구에서 그 내부의 전체를 볼 수 있는 경우에는 그 면적을 $1000m^2$ 이하로 할 수 있다.

㉰ 자동화재 탐지설비의 감지기는 지붕(상층이 있는 경우에는 상층의 바닥) 또는 벽의 옥내에 면한 부분(천장이 있는 경우에는 천장 또는 벽의 옥내에 면한 부분 및 천장의 뒷부분)에 유효하게 화재의 발생을 감지할 수 있도록 설치할 것

㉱ 자동화재 탐지설비에는 비상전원을 설치할 것

정답 100. ②

제 3 과목

위험물의 성질과 취급

※ 본문 및 예상 문제 해설에 표시한 법령은 아래와 같습니다.

- 위험물 안전관리법 → 법
- 위험물 안전관리법 시행령 → 시행령
- 위험물 안전관리법 시행규칙 → 시행규칙
- 위험물 안전관리에 관한 세부기준 → 세부기준

CHAPTER

01 위험물의 종류 및 성질

1-1 | 위험물 용어

1 위험물 안전관리법 총칙

(1) 목적 및 적용 제외 [법 제1조 및 제3조]

① 목적 : 위험물 안전관리법은 위험물의 저장·취급 및 운반과 이에 따른 안전관리에 관한 사항을 규정함으로써 위험물로 인한 위해를 방지하여 공공의 안전을 확보함을 목적으로 한다.

② 적용 제외 : 위험물 안전관리법은 항공기·선박(선박법에 따른 선박을 말한다)·철도 및 궤도에 의한 위험물의 저장·취급 및 운반에 있어서는 이를 적용하지 아니한다.

(2) 용어의 정의 [법 제2조]

① 위험물 : 인화성 또는 발화성 등의 성질을 가지는 것으로서 대통령령으로 정하는 물품을 말한다.

② 지정수량 : 위험물의 종류별로 위험성을 고려하여 대통령령이 정하는 수량으로서 '제조소등'의 설치허가 등에 있어서 최저의 기준이 되는 수량을 말한다.

③ 제조소 : 위험물을 제조할 목적으로 지정수량 이상의 위험물을 취급하기 위하여 법 제6조 제1항의 규정에 따른 허가를 받은 장소를 말한다.

④ 저장소 : 지정수량 이상의 위험물을 저장하기 위한 대통령령이 정하는 장소로서 법 제6조 제1항의 규정에 따른 허가를 받은 장소를 말한다.

⑤ 취급소 : 지정수량 이상의 위험물을 제조 외의 목적으로 취급하기 위한 대통령령으로 정하는 장소로서 법 제6조 제1항의 규정에 따른 허가를 받은 장소를 말한다.

⑥ 제조소등 : 제조소, 저장소 및 취급소를 말한다.

2 위험물 및 지정수량

(1) 위험물 및 지정수량 [시행령 별표1]

위험물			지정수량
유별	성질	품명	
제1류	산화성 고체	1. 아염소산염류	50kg
		2. 염소산염류	
		3. 과염소산염류	
		4. 무기과산화물	
		5. 브롬산염류	300kg
		6. 질산염류	
		7. 요오드산염류	
		8. 과망간산염류	1000kg
		9. 중크롬산염류	
		10. 그 밖에 행정안전부령으로 정하는 것 : 과요오드산염류, 과요오드산, 크롬·납 또는 요오드의 산화물, 아질산염류, 차아염소산염류, 염소화이소시아눌산, 퍼옥소이황산염류, 퍼옥소붕산염류	50kg, 300kg 또는 1000kg
		11. 제1회 내지 제10호의 1에 해당하는 어느 하나 이상을 함유한 것	
제2류	가연성 고체	1. 황화인	100kg
		2. 적린	
		3. 유황	
		4. 철분	500kg
		5. 금속분	
		6. 마그네슘	
		7. 그 밖에 행정안전부령으로 정하는 것	100kg 또는 500kg
		8. 제1회 내지 제7호의 1에 해당하는 어느 하나 이상을 함유한 것	
		9. 인화성고체	1000kg
제3류	자연 발화성 물질 및 금수성 물질	1. 칼륨	10kg
		2. 나트륨	
		3. 알킬알루미늄	
		4. 알킬리튬	
		5. 황린	20kg
		6. 알칼리 금속(칼륨 및 나트륨을 제외한다) 및 알칼리 토금속	50kg
		7. 유기금속화합물(알킬알루미늄 및 알킬리튬을 제외한다)	

		8. 금속의 수소화물		300kg
		9. 금속의 인화물		
		10. 칼슘 또는 알루미늄의 탄화물		
		11. 그 밖의 행정안전부령으로 정하는 것 : 염소규소화합물		10kg, 20kg, 50kg 또는 300kg
		12. 제1호 내지 제11호의 1에 해당하는 어느 하나 이상을 함유한 것		
제4류	인화성 액체	1. 특수인화물		50L
		2. 제1석유류	비수용성 액체	200L
			수용성 액체	400L
		3. 알코올류		
		4. 제2석유류	비수용성 액체	1000L
			수용성 액체	2000L
		5. 제3석유류	비수용성 액체	
			수용성 액체	4000L
		6. 제4석유류		6000L
		7. 동식물유류		10000L
제5류	자기 반응성 물질	1. 유기과산화물		10kg
		2. 질산에스테르류		
		3. 니트로화합물		200kg
		4. 니트로소화합물		
		5. 아조화합물		
		6. 디아조화합물		
		7. 히드라진유도체		
		8. 히드록실아민		100kg
		9. 히드록실아민염류		
		10. 그 밖에 행정안전부령으로 정하는 것 : 금속의 아지화합물, 질산구아니딘		10kg, 100kg 또는 200kg
		11. 제1회 내지 제10호의 1에 해당하는 어느 하나 이상을 함유한 것		
제6류	산화성 액체	1. 과염소산		300kg
		2. 과산화수소		
		3. 질산		
		4. 그 밖에 행정안전부령으로 정하는 것 : 할로겐간화합물[오불화요오드(IF_5), 오불화브롬(BrF_5), 삼불화브롬(BrF_3)]		
		5. 제1호 내지 제4호의 1에 해당하는 어느 하나 이상을 함유한 것		

(2) 2가지 이상 포함하는 물품(복수성상 물품)이 속하는 품명 [시행령 별표1]

① 산화성 고체의 성상 및 가연성 고체의 성상을 가지는 경우 : 제2류 가연성 고체의 규정에 의한 품명

② 산화성 고체의 성상 및 자기 반응성 물질의 성상을 가지는 경우 : 제5류 자기 반응성 물질의 규정에 의한 품명

③ 가연성 고체의 성상과 자연 발화성 물질의 성상 및 금수성 물질의 성상을 가지는 경우 : 제3류 자연 발화성 물질 및 금수성 물질의 규정에 의한 품명

④ 자연 발화성 물질의 성상, 금수성 물질의 성상 및 인화성 액체의 성상을 가지는 경우 : 제3류 자연 발화성 물질 및 금수성 물질의 규정에 의한 품명

⑤ 인화성 액체의 성상 및 자기 반응성 물질의 성상을 가지는 경우 : 제5류 자기 반응성 물질의 규정에 의한 품명

(3) 지정수량 미만인 위험물의 저장 취급 [법 제4조]

지정수량 미만인 위험물의 저장 또는 취급에 관한 기술상의 기준은 특별시·광역시·특별자치시·도 및 특별자치도(이하 "시·도"라 한다)의 조례로 정한다.

(4) 위험물의 저장 및 취급의 제한 [법 제5조]

① 지정수량 이상의 위험물을 저장소가 아닌 장소에서 저장하거나 제조소등이 아닌 장소에서 취급하여서는 아니 된다.

② 다음 어느 하나에 해당하는 경우에는 제조소등이 아닌 장소에서 지정수량 이상의 위험물을 취급할 수 있다. 이 경우 임시로 저장 또는 취급하는 장소에서의 저장 또는 취급의 기준과 임시로 저장 또는 취급하는 장소의 위치·구조 및 설비의 기준의 시·도의 조례로 정한다.

㈎ 시·도의 조례가 정하는 바에 따라 관할소방서장의 승인을 받아 지정수량 이상의 위험물을 90일 이내의 기간 동안 임시로 저장 또는 취급하는 경우

㈏ 군부대가 지정수량 이상의 위험물을 군사목적으로 임시로 저장 또는 취급하는 경우

③ 둘 이상의 위험물을 같은 장소에서 저장 또는 취급하는 경우에 있어서 당해 장소에서 저장 또는 취급하는 각 위험물의 수량을 그 위험물의 지정수량으로 각각 나누어 얻은 수의 합계가 1 이상인 경우 당해 위험물은 지정수량 이상의 위험물로 본다.

3 반응 생성물

(1) 물과 반응하여 산소 및 가연성 가스를 발생하는 위험물

① 제1류 위험물 : 산화성 고체

㈎ 무기과산화물

㉮ 과산화나트륨(Na_2O_2) : 물(H_2O)과 반응하여 열과 함께 산소(O_2)를 발생

$2Na_2O_2 + 2H_2O \rightarrow 4NaOH + O_2 \uparrow + Q[\mathrm{kcal}]$

㉯ 과산화칼륨(K_2O_2) : 물(H_2O)과 반응하여 산소(O_2)를 발생

$2K_2O_2 + 2H_2O \rightarrow 4KOH + O_2 \uparrow$

㉰ 과산화마그네슘(MgO_2) : 물(H_2O)과 반응하여 발생기 산소[O]를 발생

$MgO_2 + H_2O \rightarrow Mg(OH)_2 + [O]$

㉱ 과산화바륨(BaO_2) : 온수(H_2O)에 분해되어 과산화수소(H_2O_2)와 산소(O_2)가 발생하면서 발열

$BaO_2 + 2H_2O \rightarrow Ba(OH)_2 + H_2O_2$

$H_2O_2 \rightarrow H_2O + \frac{1}{2}O_2 \uparrow$

② 제2류 위험물 : 가연성 고체

㈎ 황화인 : 물(H_2O), 알칼리와 반응하여 황화수소(H_2S)가 발생

$P_2S_5 + 8H_2O \rightarrow 5H_2S + 2H_3PO_4$

㈏ 철분 : 물(H_2O)과 반응하여 수소(H_2)를 발생

$3Fe + 4H_2O \rightarrow Fe_3O_4 + 4H_2 \uparrow$

㈐ 금속분

㉮ 알루미늄(Al)분 : 물(H_2O)과 반응하여 수소(H_2)를 발생

$2Al + 6H_2O \rightarrow 2Al(OH)_3 + 3H_2 \uparrow$

㈑ 마그네슘 : 온수(H_2O)와 반응하여 수소(H_2)를 발생시킨다.

$Mg + 2H_2O \rightarrow Mg(OH)_2 + H_2 \uparrow$

③ 제3류 위험물 : 자연 발화성 물질 및 금수성 물질

㈎ 칼륨 : 수분(H_2O)과 반응하여 수소(H_2)를 발생

$2K + 2H_2O \rightarrow 2KOH + H_2 \uparrow + 9.8\mathrm{kcal}$

㈏ 나트륨 : 물(H_2O)이나 알코올 등과 격렬히 반응하여 수소(H_2)를 발생

$2Na + 2H_2O \rightarrow 2NaOH + H_2 \uparrow + 88.2\mathrm{kcal}$

$2Na + 2C_2H_5OH \rightarrow 2C_2H_5ONa + H_2 \uparrow$

(다) 알킬알루미늄

㉮ 트리메틸알루미늄[$(CH_3)_3Al$] : 물(H_2O)과 반응하여 메탄(CH_4) 가스를 발생

$(CH_3)_3Al + 3H_2O \rightarrow Al(OH)_3 + 3CH_4 \uparrow$

㉯ 트리에틸알루미늄[$(C_2H_5)_3Al$] : 물(H_2O)이나 알코올과 반응하여 에탄(C_2H_6) 가스를 발생

$(C_2H_5)_3Al + 3H_2O \rightarrow Al(OH)_3 + 3C_2H_6 \uparrow$

$(C_2H_5)_3Al + 3CH_3OH \rightarrow Al(CH_3O)_3 + 3C_2H_6 \uparrow$

(라) 알칼리 금속 : 리튬(Li), 루비듐(Rb), 세슘(Cs), 프랑슘(Fr)

㉮ 물(H_2O)과 반응하여 발열과 수소를 발생

$$Li + H_2O \rightarrow LiOH + \frac{1}{2}H_2 \uparrow + 52.7kcal$$

(마) 알칼리 토금속 : 베릴륨(Be), 칼슘(Ca), 스트론튬(Sr), 바륨(Ba), 라듐(Ra)

㉮ 칼슘(Ca) : 물(H_2O)과 반응하여 수소(H_2)가 발생하면서 발열

$Ca + 2H_2O \rightarrow Ca(OH)_2 + H_2 \uparrow + 102kcal$

(바) 금속의 수소화물

㉮ 수소화칼륨(KH) : 물(H_2O)과 반응하여 수소(H_2)를 발생

$KH + H_2O \rightarrow KOH + H_2 \uparrow$

㉯ 수소화붕소나트륨($NaBH_4$) : 물(H_2O)을 가하면 분해하여 수소를 발생

$NaBH_4 + 2H_2O \rightarrow NaBO_2 + H_2 \uparrow$

㉰ 수소화칼슘(CaH_2) : 물(H_2O)과 반응하여 수소가 발생하면서 발열

$CaH_2 + 2H_2O \rightarrow Ca(OH)_2 + 2H_2 \uparrow + 48kcal$

(사) 칼슘

㉮ 탄화칼슘(CaC_2) : 물(H_2O)과 반응하여 아세틸렌(C_2H_2)이 발생

$CaC_2 + 2H_2O \rightarrow Ca(OH)_2 + C_2H_2 \uparrow + 27.8kcal$

(아) 금속탄화물 : 물(H_2O)과 반응하여

㉮ 탄화알루미늄(Al_4C_3) : 메탄(CH_4)이 발생

$Al_4C_3 + 12H_2O \rightarrow 4Al(OH)_3 + 3CH_4 \uparrow$

㉯ 탄화망간(Mn_3C) : 메탄(CH_4)과 수소(H_2)가 발생

$Mn_3C + 6H_2O \rightarrow 3Mn(OH)_2 + CH_4 \uparrow + H_2 \uparrow$

㉰ 탄화나트륨(Na_2C_2) : 아세틸렌(C_2H_2)이 발생

$Na_2C_2 + 2H_2O \rightarrow 2NaOH + C_2H_2 \uparrow$

㉱ 탄화마그네슘(MgC_2) : 아세틸렌(C_2H_2)이 발생

$MgC_2+2H_2O \rightarrow Mg(OH)_2+C_2H_2\uparrow$

㈔ 탄화알루미늄(Al_4C_3) : 물과 반응하여 메탄(CH_4)을 발생

$Al_4C_3+12H_2O \rightarrow 4Al(OH)_3+3CH_4\uparrow+360kcal$

④ 제4류 위험물 : 인화성 액체

㈎ 특수인화물

㉮ 이황화탄소(CS_2) : 물과 150℃ 이상 가열하면 분해하여 황화수소(H_2S)를 발생

$CS_2+2H_2O \rightarrow CO_2\uparrow+2H_2S\uparrow$

(2) 산·알칼리와 반응하여 가연성 가스를 발생하는 위험물

① 제2류 위험물

㈎ 금속분

㉮ 알루미늄(Al)분 : 산과 알칼리에 녹아 수소(H_2)를 발생

$2Al+6HCl \rightarrow 2AlCl_3+3H_2\uparrow$

$2Al+2NaOH+2H_2O \rightarrow 2NaAlO_2+3H_2\uparrow$

㉯ 아연(Zn)분 : 산과 알칼리에 녹아서 수소(H_2)를 발생

$Zn+2HCl \rightarrow ZnCl_2+H_2\uparrow$

$Zn+2NaOH \rightarrow Na_2ZnO_2+H_2\uparrow$

㈏ 마그네슘 : 산(염산)과 반응하여 수소(H_2)를 발생

$Mg+2HCl \rightarrow MgCl_2+H_2\uparrow$

(3) 유독한 가스를 발생하는 위험물

① 황화인 : 물, 알칼리에 의해 황화수소(H_2S)가 발생

$P_2S_5+8H_2O \rightarrow 5H_2S+2H_3PO_4$

② 제3류 위험물

㈎ 황린 : 알칼리(KOH) 용액과 반응하여 맹독성의 포스겐($COCl_2$) 가스를 발생

$P_4+3KOH+3H_2O \rightarrow PH_3\uparrow+3KH_2PO_2$

㈏ 금속의 인화물

㉮ 인화석회(Ca_2P_2) : 물, 산과 반응하여 맹독성, 가연성 가스인 인화수소(PH_3 : 포스핀)를 발생

$Ca_3P_2+6H_2O \rightarrow 3Ca(OH)_2+2PH_3\uparrow+Q[kcal]$

$Ca_3P_2+6HCl \rightarrow 3CaCl_2+2PH_3\uparrow+Q[kcal]$

예상 문제

1. 위험물 안전관리법의 목적으로 잘못된 설명된 것은?

① 위험물의 저장·취급에 따른 안전관리에 관한 사항을 규정한다.
② 위험물의 운반에 따른 안전관리에 관한 사항을 규정한다.
③ 위험물을 사용할 때에 따른 안전관리에 관한 사항을 규정한다.
④ 위험물로 인한 위해를 방지하여 공공의 안전을 확보한다.

해설 위험물 안전관리법의 목적 [법 제1조] : 위험물 안전관리법은 위험물의 저장·취급 및 운반과 이에 따른 안전관리에 관한 사항을 규정함으로써 위험물로 인한 위해를 방지하여 공공의 안전을 확보함을 목적으로 한다.

2. 위험물 안전관리법의 적용 제외와 관련된 내용으로 ( ) 안에 알맞은 것을 모두 나타낸 것은?

> 위험물 안전관리법은 ( )에 의한 위험물의 저장·취급 및 운반에 있어서는 이를 적용하지 아니한다.

① 항공기·선박(선박법 제1조의2 제1항에 따른 선박을 말한다)·철도 및 궤도
② 항공기·선박(선박법 제1조의2 제1항에 따른 선박을 말한다)·철도
③ 항공기·철도 및 궤도
④ 철도 및 궤도

해설 적용제외 [법 제3조] : 위험물 안전관리법은 항공기·선박(선박법 규정에 따른 선박을 말한다)·철도 및 궤도에 의한 위험물의 저장·취급 및 운반에 있어서는 이를 적용하지 아니한다.

3. 위험물 안전관리법령에서 정한 정의이다. 무엇의 정의인가?

> 인화성 또는 발화성 등의 성질을 가지는 것으로서 대통령령이 정하는 물품을 말한다.

① 위험물 ② 가연물
③ 특수인화물 ④ 제4류 위험물

해설 위험물의 정의 [법 제2조] : 위험물 : 인화성 또는 발화성 등의 성질을 가지는 것으로서 대통령령으로 정하는 물품을 말한다.

4. 다음 ( ) 안에 알맞은 용어는?

> "지정수량이라 함은 위험물의 종류별로 위험성을 고려하여 ( )이[가] 정하는 수량으로서 규정에 의한 제조소등의 설치허가 등에 있어서 최저의 기준이 되는 수량을 말한다."

① 대통령령 ② 총리령
③ 소방본부장 ④ 시·도지사

해설 용어의 정의 [법 제2조]
㉮ "위험물"이라 함은 인화성 또는 발화성 등의 성질을 가지는 것으로서 대통령령이 정하는 물품을 말한다.
㉯ "지정수량"이라 함은 위험물의 종류별로 위험성을 고려하여 대통령령이 정하는 수량으로서 '제조소등'의 설치허가 등에 있어서 최저의 기준이 수량을 말한다.
㉰ "제조소"라 함은 위험물을 제조할 목적으로 지정수량 이상의 위험물을 취급하기 위하여 법 제6조 제1항의 규정에 따른 허가를 받은 장소를 말한다.
㉱ "저장소"라 함은 지정수량 이상의 위험물을 저장하기 위한 대통령령이 정하는 장소로서

정답 1. ③ 2. ① 3. ① 4. ①

법 제6조 제1항의 규정에 따른 허가를 받은 장소를 말한다.

㉤ "취급소"라 함은 지정수량 이상의 위험물을 제조 외의 목적으로 취급하기 위한 대통령령으로 정하는 장소로서 법 제6조 제1항의 규정에 따른 허가를 받은 장소를 말한다.

㉥ "제조소등"이라 함은 제조소·저장소 및 취급소를 말한다.

5. 위험물 안전관리법령에 따른 제1류 위험물과 제6류 위험물의 공통적 성질로 옳은 것은?

① 산화성 물질이며 다른 물질을 환원시킨다.
② 환원성 물질이며 다른 물질을 환원시킨다.
③ 산화성 물질이며 다른 물질을 산화시킨다.
④ 환원성 물질이며 다른 물질을 산화시킨다.

해설 제1류 위험물과 제6류 위험물의 공통점(성질)

㉮ 제1류 위험물 : 산화성 고체
㉯ 제6류 위험물 : 산화성 액체

참고 두 종류의 위험물이 갖는 공통적인 성질은 산화성 물질이며 다른 물질을 산화시키는 것이다.

★★

6. 제2류 위험물과 제5류 위험물의 일반적인 성질에서 공통점으로 옳은 것은?

① 산화력이 세다
② 가연성 물질이다.
③ 액체 물질이다.
④ 산소함유 물질이다.

해설 제2류 위험물과 제5류 위험물의 공통점(성질)

㉮ 제2류 위험물 : 가연성 고체
㉯ 제5류 위험물 : 자기 반응성 물질

참고 두 종류의 위험물이 갖는 공통적인 성질은 '가연성 물질'이다.

7. 다음 위험물 안전관리법령에서 정한 지정수량이 가장 작은 것은?

① 염소산염류 ② 브롬산염류
③ 니트로화합물 ④ 금속의 인화물

해설 각 위험물의 지정수량

품명	유별	지정수량
염소산염류	제1류 위험물	50kg
브롬산염류	제1류 위험물	300kg
니트로화합물	제5류 위험물	200kg
금속의 인화물	제3류 위험물	300kg

8. 위험물을 지정수량이 큰 것부터 작은 순서로 옳게 나열한 것은?

① 니트로화합물 > 브롬산염류 > 히드록실아민
② 니트로화합물 > 히드록실아민 > 브롬산염류
③ 브롬산염류 > 히드록실아민 > 니트로화합물
④ 브롬산염류 > 니트로화합물 > 히드록실아민

해설 각 위험물의 유별 및 지정수량

품명	유별	지정수량
브롬산염류	제1류 위험물	300kg
니트로화합물	제5류 위험물	200kg
히드록실아민	제5류 위험물	100kg

9. 다음 중 지정수량이 나머지 셋과 다른 금속은?

① Fe분 ② Zn분 ③ Na ④ Mg

해설 각 위험물의 유별 및 지정수량

품명	유별	지정수량
철(Fe)분	제2류	500kg
아연(Zn)분	제2류	500kg
나트륨(Na)	제3류	10kg
마그네슘(Mg)	제2류	500kg

★★★

10. 황린과 적린의 성질에 대한 설명 중 틀린 것은?

① 황린은 담황색의 고체이며 마늘과 비슷한 냄새가 난다.
② 적린은 암적색의 분말이고 냄새가 없다.

정답 5. ③ 6. ② 7. ① 8. ④ 9. ③ 10. ③

③ 황린은 독성이 없고 적린은 맹독성 물질이다.
④ 황린은 이황화탄소에 녹지만 적린은 녹지 않는다.

해설 황린(P_4)과 적린(P)의 비교

구분	황린	적린
유별	제3류	제2류
지정수량	20kg	100kg
위험등급	Ⅰ	Ⅱ
색상	백색 또는 담황색 고체	암적색 분말
냄새	마늘냄새	무
이황화탄소(CS_2) 용해도	용해한다.	용해하지 않는다.
물의 용해도	용해하지 않는다.	용해하지 않는다.
연소생성물	오산화인(P_2O_5)	오산화인(P_2O_5)
독성	유	무
비중	1.82	2.2
발화점	34℃	260℃
소화방법	분무주수	분무주수

11. 연소 반응을 위한 산소 공급원이 될 수 없는 것은?

① 과망간산칼륨 ② 염소산칼륨
③ 탄화칼슘 ④ 질산칼륨

해설 각 위험물의 유별 및 성질

품명	유별	성질
과망간산칼륨($KMnO_4$)	제1류	산화성 고체
염소산칼륨($KClO_3$)	제1류	산화성 고체
질산칼륨(KNO_3)	제1류	산화성 고체
탄화칼슘(CaC_2)	제3류	금수성 물질

12. 2가지 물질을 혼합하였을 때 위험성이 증가하는 경우가 아닌 것은?

① 과망간산칼륨+황산
② 니트로셀룰로오스+알코올 수용액
③ 질산나트륨+유기물
④ 질산+에틸알코올

해설 2가지 물질을 혼합하였을 때 위험성
㉮ 니트로셀룰로오스+알코올 수용액 : 제5류 위험물인 니트로셀룰로오스는 건조한 상태에서는 발화의 위험이 있으므로 함수알코올(물+알코올)을 습윤시켜 저장, 이동하므로 위험성은 없다.
㉯ 과망간산칼륨+황산 : 제5류 위험물인 과망간산칼륨(KMnO)이 진한 황산(H_2SO_4)과 접촉하면 폭발적으로 반응한다.
㉰ 질산나트륨+유기물 : 제1류 위험물인 질산나트륨($NaNO_3$)은 강한 산화제로 유기물과 함께 가열하면 폭발한다.
㉱ 질산+에틸알코올 : 제6류 위험물 산화성 액체인 질산(HNO_3)과 제4류 위험물 가연성 액체인 에틸알코올(C_2H_5OH)이 혼합하였을 때 점화원에 의해 인화, 폭발할 가능성이 있다.

13. 위험물의 유별 성질 중 자기 반응성에 해당하는 것은?

① 적린 ② 메틸에틸케톤
③ 피크르산 ④ 철분

해설 각 위험물의 유별 및 성질 [시행령 별표1]

품명	유별	성질
적린, 철분	제2류 위험물	가연성 고체
메틸에틸케톤	제4류 위험물	가연성 액체
피크르산	제5류 위험물	자기 반응성 물질

14. 가연성 물질이며 산소를 다량 함유하고 있기 때문에 자기연소가 가능한 물질은?

① $C_6H_2CH_3(NO_2)_3$
② $CH_3CHC_2H_5$
③ $NaClO_4$
④ HNO_3

정답 11. ③ 12. ② 13. ③ 14. ①

해설 각 위험물의 유별 및 성질

품명	유별	성질
트리니트로톨루엔 [$C_6H_2CH_3(NO_2)_3$]	제5류	자기 반응성 물질
메틸에틸케톤 ($CH_3CHC_2H_5$)	제4류	인화성 액체
과염소산나트륨($NaClO_4$)	제1류	산화성 고체
질산(HNO_3)	제6류	산화성 액체

15. 외부의 산소 공급이 없어도 연소하는 물질이 아닌 것은?

① 알루미늄의 탄화물
② 히드록실아민
③ 유기과산화물
④ 질산에스테르류

해설 ㉮ 제5류 위험물인 유기과산화물, 질산에스테르류, 히드록실아민 등은 자기 반응성 물질로 산소 공급이 없어도 연소한다.
㉯ 알루미늄의 탄화물 : 제3류 위험물 금수성 물질이다.

16. 다음 중 가연성 물질이 아닌 것은?

① $C_2H_5OC_2H_5$ ② $KClO_4$
③ $C_2H_4(OH)_2$ ④ P_4

해설 각 위험물의 유별 및 연소성

품명	유별	연소성
디에틸에테르 ($C_2H_5OC_2H_5$)	제4류	인화성 액체
과염소산칼륨($KClO_4$)	제1류	불연성
에틸렌글리콜 [$C_2H_4(OH)_2$]	제4류	인화성 액체
황린(P_4)	제3류	자연 발화성 물질

17. 다음 [보기]에서 열거한 위험물의 지정수량을 모두 합산한 값은?

| 보기 |
과요오드산, 과요오드산염류, 과염소산, 과염소산염류

① 450kg ② 500kg
③ 950kg ④ 1200kg

해설 각 위험물의 유별 및 지정수량

품명	유별	지정수량
과요오드산	제1류	300kg
과요오드산염류	제1류	300kg
과염소산	제6류	300kg
과염소산염류	제1류	50kg
지정수량 합산한 값		950kg

★
18. 제1류 위험물 중 무기과산화물 150kg, 질산염류 300kg, 중크롬산염류 3000kg을 저장하려 한다. 각각 지정수량의 배수의 총합은 얼마인가?

① 5 ② 6
③ 7 ④ 8

해설 ㉮ 제1류 위험물의 지정수량

품명	지정수량	저장량
무기과산화물	50kg	150kg
질산염류	300kg	300kg
중크롬산염류	1000kg	3000kg

㉯ 지정수량 배수의 합 계산 : 지정수량 배수의 합은 각 위험물량을 지정수량으로 나눈 값의 합이다.
∴ 지정수량 배수의 합

$$=\frac{\text{A 위험물량}}{\text{지정수량}}+\frac{\text{B 위험물량}}{\text{지정수량}}+\frac{\text{C 위험물량}}{\text{지정수량}}$$

$$=\frac{150}{50}+\frac{300}{300}+\frac{3000}{1000}=7$$

19. 다음과 같이 위험물을 저장할 경우 각각의 지정수량 배수의 총합은 얼마인가?

정답 15. ① 16. ② 17. ③ 18. ③ 19. ③

• 클로로벤젠 : 1000L • 동식물유류 : 5000L • 제4석유류 : 12000L

① 2.5 ② 3.0 ③ 3.5 ④ 4.0

해설 ㉮ 제4류 위험물 지정수량

품명		지정수량
클로로벤젠 (C_6H_5Cl)	제2석유류 (비수용성)	1000L
동식물유류	–	10000L
제4석유류	–	6000L

㉯ 지정수량 배수의 합 계산 : 지정수량 배수의 합은 각 위험물량을 지정수량으로 나눈 값의 합이다.

∴ 지정수량 배수의 합

$$= \frac{\text{A 위험물량}}{\text{지정수량}} + \frac{\text{B 위험물량}}{\text{지정수량}} + \frac{\text{C 위험물량}}{\text{지정수량}}$$

$$= \frac{1000}{1000} + \frac{5000}{10000} + \frac{12000}{6000} = 3.5$$

20. 산화프로필렌 300L, 메탄올 400L, 벤젠 200L를 저장하고 있는 경우 각각 지정수량 배수의 총합은 얼마인가?

① 4 ② 6
③ 8 ④ 10

해설 ㉮ 제4류 위험물 지정수량

품명		지정수량
산화프로필렌	특수인화물	50L
메탄올	알코올류	400L
벤젠	제1석유류	200L

㉯ 지정수량 배수의 합 계산 : 지정수량 배수의 합은 각 위험물량을 지정수량으로 나눈 값의 합이다.

∴ 지정수량 배수의 합

$$= \frac{\text{A 위험물량}}{\text{지정수량}} + \frac{\text{B 위험물량}}{\text{지정수량}} + \frac{\text{C 위험물량}}{\text{지정수량}}$$

$$= \frac{300}{50} + \frac{400}{400} + \frac{200}{200} = 8\text{ 배}$$

21. 질산나트륨 90kg, 유황 70kg, 클로로벤젠 2000L를 저장하고 있을 경우 각각의 지정수량의 배수의 총합은?

① 2 ② 3 ③ 4 ④ 5

해설 ㉮ 각 위험물의 유별 및 지정수량

품명	유별	지정수량
질산나트륨 ($NaNO_3$)	제1류 질산염류	300kg
유황(S)	제2류	100kg
클로로벤젠 (C_6H_5Cl)	제4류 제2석유류 (비수용성)	1000L

㉯ 지정수량 배수의 합 계산 : 지정수량 배수의 합은 각 위험물량을 지정수량으로 나눈 값의 합이다.

∴ 지정수량 배수의 합

$$= \frac{\text{A 위험물량}}{\text{지정수량}} + \frac{\text{B 위험물량}}{\text{지정수량}} + \frac{\text{C 위험물량}}{\text{지정수량}}$$

$$= \frac{90}{300} + \frac{70}{100} + \frac{2000}{1000} = 3$$

22. 물과 반응하였을 때 발생하는 가스의 종류가 나머지 셋과 다른 하나는?

① 알루미늄분 ② 칼슘
③ 탄화칼슘 ④ 수소화칼슘

해설 각 위험물이 물과 반응할 때 발생하는 가스

품명	유별	발생 가스
알루미늄(Al)분	제2류 위험물	수소
칼슘(Ca)	제3류 위험물	수소
탄화칼슘(CaC_2)	제3류 위험물	아세틸렌
수소화칼슘(CaH_2)	제3류 위험물	수소

23. 위험물이 물과 접촉하였을 때 발생하는 기체를 옳게 연결한 것은?

① 인화칼슘 – 포스핀
② 과산화칼륨 – 아세틸렌
③ 나트륨 – 산소
④ 탄화칼슘 – 수소

정답 20. ③ 21. ② 22. ③ 23. ①

해설 물과 접촉하였을 때 발생하는 기체

품명	유별	특성
인화칼슘(Ca_3P_2)	제3류	인화수소(PH_3)
과산화칼륨(K_2O_2)	제1류	산소(O_2)
나트륨(Na)	제3류	수소(H_2)
탄화칼슘(CaC_2)	제3류	아세틸렌(C_2H_2)

24. 물과 접촉 시 발생되는 가스의 종류가 나머지 셋과 다른 하나는?

① 나트륨 ② 수소화칼슘
③ 인화칼슘 ④ 수소화나트륨

해설 제3류 위험물이 물과 접촉 시 발생하는 가스

품명	발생 가스
나트륨(Na)	수소(H_2)
수소화칼슘(CaH_2)	수소(H_2)
인화칼슘(Ca_3P_2)	인화수소(PH_3)
수소화나트륨(NaH)	수소(H_2)

25. 다음 중 물과 반응하여 수소를 발생하지 않는 물질은?

① 칼륨 ② 수소화붕소나트륨
③ 탄화칼슘 ④ 수소화칼슘

해설 제3류 위험물이 물과 반응할 때 발생하는 가스

품명	발생 가스
칼륨(K)	수소(H_2)
수소화붕소나트륨($NaBH_4$)	수소(H_2)
탄화칼슘(CaC_2)	아세틸렌(C_2H_2)
수소화칼슘(CaH_2)	수소(H_2)

26. 칼륨, 나트륨, 탄화칼슘의 공통점으로 옳은 것은?

① 연소 생성물이 동일하다.
② 화재 시 대량의 물로 소화한다.
③ 물과 반응하면 가연성 가스를 발생한다.
④ 위험물 안전관리법령에서 정한 지정수량이 같다.

해설 제3류 위험물이 물과 반응할 때 발생하는 가스

품명	발생 가스
칼륨(K)	가연성 가스 수소(H_2)
나트륨(Na)	가연성 가스 수소(H_2)
탄화칼슘(CaC_2)	가연성 가스 아세틸렌(C_2H_2)

27. 다음 중 물과 반응하여 산소를 발생하는 것은?

① $KClO_3$ ② Na_2O_2
③ $KClO_4$ ④ CaC_2

해설 각 위험물이 물과 접촉할 때 반응 특성

품명	유별	반응 특성
염소산칼륨($KClO_3$)	제1류	반응하지 않음
과산화나트륨(Na_2O_2)	제1류	산소 발생
과염소산칼륨($KClO_4$)	제1류	반응하지 않음
탄화칼슘(CaC_2)	제3류	아세틸렌 발생

28. 물과 반응하여 가연성 또는 유독성 가스를 발생하지 않는 것은?

① 탄화칼슘 ② 인화칼슘
③ 과염소산칼륨 ④ 금속나트륨

해설 각 위험물이 물과 접촉할 때 특성

품명	유별	특성
탄화칼슘(CaC_2)	제3류	가연성 아세틸렌 발생
인화칼슘(Ca_3P_2)	제3류	독성 포스핀 발생
나트륨(Na)	제3류	가연성 수소 발생

참고 제1류 위험물인 과염소산칼륨($KClO_4$)은 물과 반응하지 않는다.

29. 다음 중 물과 접촉하였을 때 에탄이 발생되는 물질은?

① CaC_2 ② $(C_2H_5)_3Al$
③ $C_6H_3(NO_2)_3$ ④ $C_2H_5ONO_2$

정답 24. ③ 25. ③ 26. ③ 27. ② 28. ③ 29. ②

해설 각 위험물이 물과 반응하였을 때 발생하는 가스

품명	유별	발생 가스
탄화칼슘(CaC_2)	제3류 위험물	아세틸렌 가스 발생
트리에틸알루미늄 [$(C_2H_5)_3Al$][$(C_2H_5)_3Al$]	제3류 위험물	에탄(C_2H_6)
트리니트로벤젠 [$C_6H_3(NO_2)_3$]	–	산, 알칼리 지시약으로 사용
질산에틸($C_2H_5ONO_2$)	제5류 위험물	물에 녹지 않음

30. 다음 중 물과 접촉하였을 때 위험성이 가장 높은 것은?

① S ② CH_3COOH
③ C_2H_5OH ④ K

해설 칼륨(K) : 제3류 위험물로 물과 접촉하면 가연성 가스인 수소(H_2)가 발생하므로 위험하다.
$2K+2H_2O \rightarrow 2KOH+H_2\uparrow$

31. 다음 중 물과 반응하여 산소와 열을 발생하는 것은?

① 염소산칼륨
② 과산화나트륨
③ 금속나트륨
④ 과산화벤조일

해설 ㉮ 각 위험물이 물과 접촉할 때 반응 특성

품명	유별	반응 특성
염소산칼륨($KClO_3$)	제1류	반응하지 않음
과산화나트륨(Na_2O_2)	제1류	산소 발생
금속나트륨(Na)	제3류	수소 발생
과산화벤조일	제5류	반응하지 않음

㉯ 과산화나트륨(Na_2O_2)은 물과 격렬히 반응하여 많은 열과 함께 산소(O_2)가 발생하며, 수산화나트륨(NaOH)이 된다.
$2Na_2O_2+2H_2O \rightarrow 4NaOH+O_2\uparrow+Q\ kcal$

32. 위험물이 물과 반응하였을 때 발생하는 가연성 가스를 잘못 나타낸 것은?

① 금속칼륨 – 수소
② 금속나트륨 – 수소
③ 인화칼슘 – 포스겐
④ 탄화칼슘 – 아세틸렌

해설 인화칼슘(Ca_3P_2 : 인화석회)은 물과 반응하여 유독한 인화수소(PH_3 : 포스핀)를 발생시킨다.
$Ca_3P_2+6H_2O \rightarrow 3Ca(OH)_2+2PH_3\uparrow$

33. 다음 중 물과 접촉 시 유독성의 가스를 발생하지는 않지만 화재의 위험성이 증가하는 것은?

① 인화칼슘 ② 황린
③ 적린 ④ 나트륨

해설 물과 접촉 시 발생하는 가스

품명	유별	특성
인화칼슘(Ca_3P_2)	제3류	독성 포스핀(PH_3) 발생
황린(P_4)	제3류	물과 반응하지 않고 연소 시 독성 오산화인(P_2O_5) 발생
적린(P)	제2류	
나트륨(Na)	제3류	가연성 수소(H_2) 발생

참고 나트륨(Na)은 가연성인 수소(H_2)가 발생하므로 화재의 위험성이 증가한다.

34. 다음과 같은 물질이 서로 혼합되었을 때 발화 또는 폭발의 위험성이 가장 높은 것은?

① 벤조일퍼옥사이드와 질산
② 이황화탄소와 증류수
③ 금속나트륨과 석유
④ 금속칼륨과 유동성 파라핀

정답 30. ④ 31. ② 32. ③ 33. ④ 34. ①

해설 ㉮ 위험물과 보호액

품명	유별	보호액
이황화탄소(CS_2)	제4류	물
황린(P_4)	제3류	물
칼륨(K), 나트륨(Na)	제3류	등유, 경유, 파라핀
니트로셀룰로오스	제5류	물 20%, 알코올 30%로 습윤시킴

㉯ 제5류 위험물인 벤조일퍼옥사이드[$(C_6H_5CO)_2O_2$]는 강한 산화성 물질로 진한 황산, 질산, 초산 등과 접촉하면 화재나 폭발의 우려가 있다.

35. 다음 중 물에 대한 용해도가 가장 낮은 물질은?

① $NaClO_3$　　② $NaClO_4$
③ $KClO_4$　　④ NH_4ClO_4

해설 제1류 위험물의 물에 대한 용해도
㉮ 과염소산칼륨($KClO_4$)은 물에 녹지 않는다.
㉯ 염소산나트륨($NaClO_3$), 과염소산나트륨($NaClO_4$), 과염소산암모늄(NH_4ClO_4)은 물에 잘 녹는 성질을 가지고 있다.

참고 물에 잘 녹지 않는 과염소산칼륨($KClO_4$)이 제1류 위험물 4가지 중 용해도가 가장 낮다.

36. 다음 중 물에 가장 잘 녹는 것은?

① CH_3CHO　　② $C_2H_5OC_2H_5$
③ P_4　　④ $C_2H_5ONO_2$

해설 각 위험물의 물에 대한 용해성

품명	유별	용해성
아세트알데히드(CH_3CHO)	제4류	잘 녹는다.
에테르($C_2H_5OC_2H_5$)	제4류	녹지 않는다.
황린(P_4)	제3류	녹지 않는다.
질산에틸($C_2H_5ONO_2$)	제5류	녹지 않는다.

37. 다음 위험물 중 물에 가장 잘 녹는 것은?

① 적린　　② 황
③ 벤젠　　④ 아세톤

해설 각 위험물의 물에 대한 용해성

품명	유별	용해성
적린(P)	제2류	녹지 않는다.
황(S)	제2류	녹지 않는다.
벤젠(C_6H_6)	제4류	녹지 않는다.
아세톤(CH_3COCH_3)	제4류	녹는다.

★★★
38. 등유 속에 저장하는 위험물은?

① 트리에틸알루미늄
② 인화칼슘
③ 탄화칼슘
④ 칼륨

해설 위험물과 보호액

품명	유별	보호액
이황화탄소(CS_2)	제4류	물
황린(P_4)	제3류	물
칼륨(K), 나트륨(Na)	제3류	등유, 경유, 파라핀
니트로셀룰로오스	제5류	물 20%, 알코올 30%로 습윤시킴

39. 위험물의 저장법으로 옳지 않은 것은?

① 금속나트륨은 석유 속에 저장한다.
② 황린은 물속에 저장한다.
③ 질화면은 물 또는 알코올에 적셔서 저장한다.
④ 알루미늄분은 분진발생 방지를 위해 물에 적셔서 저장한다.

해설 제2류 위험물인 알루미늄분은 물(H_2O)과 반응하여 수소가 발생하므로 물에 적셔서 저장하는 것은 부적합하다.

$2Al + 6H_2O \rightarrow 2Al(OH)_3 + 3H_2\uparrow$

정답 35. ③ 36. ① 37. ④ 38. ④ 39. ④

40. **2가지의 위험물이 섞여 있을 때 발화 또는 폭발 위험성이 가장 낮은 것은?**

① 과망간산칼륨 – 글리세린
② 적린 – 염소산칼륨
③ 니트로셀룰로오스 – 알코올
④ 질산 – 나무조각

해설 각 위험물의 위험성
㉮ 과망간산칼륨 – 글리세린 : 과망간산칼륨은 제1류 위험물로 산화성 고체이고, 글리세린은 제4류 위험물로 가연성 액체이기 때문에 발화 및 폭발의 위험성이 있다.
㉯ 적린 – 염소산칼륨 : 적린은 제2류 위험물 가연성 고체이고, 염소산칼륨은 제1류 위험물 산화성 고체이기 때문에 발화의 위험성이 있다.
㉰ 니트로셀룰로오스 – 알코올 : 니트로셀룰로오스는 저장 및 운반할 때 알코올로 습윤시키므로 위험성이 낮다.
㉱ 질산 – 나무조각 : 질산은 제5류 위험물 산화성 액체이고, 나무조각은 가연물이기 때문에 발화의 위험성이 있다.

41. **위험물의 저장 방법에 대한 설명 중 틀린 것은?**

① 황린은 산화제와 혼합되지 않게 저장한다.
② 황은 정전기가 축적되지 않도록 저장한다.
③ 적린은 인화성 물질로부터 격리 저장한다.
④ 마그네슘은 분진을 방지하기 위해 약간의 수분을 포함시켜 저장한다.

해설 제2류 위험물인 마그네슘(Mg)은 물과 반응하여 수소(H_2)가 발생하므로 수분을 포함시켜 저장하는 것은 부적합하다.

42. **위험물의 저장 및 취급에 대한 설명으로 틀린 것은?**

① H_2O_2 : 직사광선을 차단하고 찬 곳에 저장한다.
② MgO_2 : 습기의 존재 하에서 산소를 발생하므로 특히 방습에 주의한다.
③ $NaNO_3$: 조해성이 있으므로 습기에 주의한다.
④ K_2O_2 : 물과 반응하지 않으므로 물속에 저장한다.

해설 제1류 위험물 중 무기과산화물인 과산화칼륨(K_2O_2)은 물과 접촉하면 산소(O_2)가 발생하므로 용기에 물과 습기가 들어가지 않도록 밀전, 밀봉하여 저장한다.

43. **비중이 1보다 작고, 인화점이 0℃ 이하인 것은?**

① $C_2H_5ONO_2$　② $C_2H_5OC_2H_5$
③ CS_2　④ C_6H_5Cl

해설 각 위험물의 비중 및 인화점

품명	유별	액비중	인화점
질산에틸 ($C_2H_5ONO_2$)	제5류	1.11	−10℃
디에틸에테르 ($C_2H_5OC_2H_5$)	제4류	0.719	−45℃
이황화탄소(CS_2)	제4류	1.263	−30℃
클로로벤젠 (C_6H_5Cl)	제4류	1.1	32℃

44. **비중이 1보다 큰 물질은?**

① 이황화탄소
② 에틸알코올
③ 아세트알데히드
④ 테레핀유

해설 제4류 위험물의 액비중

품명		액비중
이황화탄소(CS_2)	특수인화물	1.263
에틸알코올(C_2H_5OH)	알코올류	0.79
아세트알데히드 (CH_3CHO)	특수인화물	0.783
테레핀유	제2석유류	0.86

정답 40. ③　41. ④　42. ④　43. ②　44. ①

45. 다음 인화성 액체 위험물 중 비중이 가장 큰 것은?

① 경유 ② 아세톤
③ 이황화탄소 ④ 중유

해설 제4류 위험물의 액비중

품명		액비중
경유	제2석유류	0.82~0.85
아세톤(CH_3COCH_3)	제1석유류	0.79
이황화탄소(CS_2)	특수인화물	1.263
중유	제3석유류	0.85~0.93

46. 다음 물질 중 증기비중이 가장 작은 것은?

① 이황화탄소 ② 아세톤
③ 아세트알데히드 ④ 디에틸에테르

해설 ㉮ 제4류 위험물의 분자량 및 증기 비중

품명	분자량	비중
이황화탄소(CS_2)	76	2.62
아세톤(CH_3COCH_3)	58	2.0
아세트알데히드(CH_3CHO)	44	1.52
디에틸에테르($C_2H_5OC_2H_5$)	74	2.55

㉯ 증기 비중은 $\frac{\text{기체 분자량}}{\text{공기의 평균 분자량}(29)}$ 이므로 분자량이 큰 것이 증기 비중이 크다.

47. 연소생성물로 이산화황이 생성되지 않는 것은?

① 황린 ② 삼황화인
③ 오황화인 ④ 황

해설 ㉮ 제3류 위험물인 황린(P_4)이 연소할 때 유독성의 오산화인(P_2O_5)이 발생하면서 백색 연기가 난다.

$P_4 + 5O_2 \rightarrow 2P_2O_5 \uparrow$

㉯ 제2류 위험물인 황(유황)이 공기 중에서 연소하면 푸른 불꽃을 발하며, 유독한 아황산가스(SO_2)를 발생한다.

$S + O_2 \rightarrow SO_2$

㉰ 제2류 위험물인 삼황화인(P_4S_3)과 오황화인(P_2S_5)이 공기 중에서 연소하면 오산화인(P_2O_5)과 아황산가스(SO_2)가 발생한다.

㉠ 삼황화인 : $P_4S_3 + 8O_2 \rightarrow 2P_2O_5 + 3SO_2 \uparrow$

㉡ 오황화인 : $P_2S_5 + 7.5O_2 \rightarrow P_2O_5 + 5SO_2 \uparrow$

48. 담황색의 고체 위험물에 해당하는 것은?

① 니트로셀룰로오스
② 금속칼륨
③ 트리니트로톨루엔
④ 아세톤

해설 각 위험물의 외관 상태

품명	유별	외관 상태
니트로셀룰로오스	제5류 질산에스테르류	백색 섬유상 물질
금속칼륨	제3류	은백색의 무른 금속
트리니트로톨루엔	제5류 니트로화합물	담황색의 주상결정
아세톤	제4류 제1석유류	무색투명한 액체

49. 물과 접촉 시 동일한 가스를 발생하는 물질을 나열한 것은?

① 수소화알루미늄리튬, 금속리튬
② 탄화칼슘, 금속칼슘
③ 트리에틸알루미늄, 탄화알루미늄
④ 인화칼슘, 수소화칼슘

해설 물과 접촉 시 발생하는 가스

㉮ 수소화알루미늄리튬, 금속리튬 : 수소
㉯ 탄화칼슘 : 아세틸렌
㉰ 금속칼슘 : 수소
㉱ 트리에틸알루미늄 : 에탄
㉲ 탄화알루미늄 : 메탄
㉳ 인화칼슘 : 인화수소(포스핀)
㉴ 수소화칼슘 : 수소

정답 45. ③ 46. ③ 47. ① 48. ③ 49. ①

50. 화재 시 다량의 물에 의한 냉각 소화가 가장 효과적인 것은?

① 금속의 수소화물
② 알칼리 금속 과산화물
③ 유기과산화물
④ 금속분

해설 ㉮ 유기과산화물은 제5류 위험물로 자기연소를 하므로 다량의 물에 의한 냉각 소화가 효과적이다.
㉯ 금속의 수소화물 : 제3류 위험물로 물과 반응하여 수소를 발생한다.
㉰ 알칼리 금속 과산화물 : 제3류 위험물인 알칼리 금속과 물이 반응하여 수소가 발생하고, 제1류 위험물인 무기과산화물과 물이 반응하여 산소가 발생한다.
㉱ 금속분 : 제2류 위험물로 물과 반응하여 수소를 발생한다.

51. 위험물의 화재 시 주수소화하면 가연성 가스의 발생으로 인하여 위험성이 증가하는 것은?

① 황
② 염소산칼륨
③ 인화칼슘
④ 질산암모늄

해설 ㉮ 제3류 위험물인 인화석회(Ca_3P_2 : 인화칼슘)이 물, 산과 반응하여 맹독성, 가연성가스인 인화수소(PH_3 : 포스핀)를 발생시킨다.
㉯ 반응식
$Ca_3P_2 + 6H_2O \rightarrow 3Ca(OH)_2 + 2PH_3 \uparrow$
$Ca_3P_2 + 6HCl \rightarrow 3CaCl_2 + 2PH_3 \uparrow$

52. 위험물의 저장 및 취급에 대한 설명으로 틀린 것은?

① H_2O_2 : 직사광선을 차단하고 찬 곳에 저장한다.
② MgO_2 : 습기의 존재하에서 산소를 발생하므로 특히 방습에 주의한다.
③ $NaNO_3$: 조해성이 크고 흡습성이 강하므로 습도에 주의한다.
④ K_2O_2 : 물속에 저장한다.

해설 과산화칼륨(K_2O_2) : 제1류 위험물 중 무기과산화물에 해당되며, 물과 접촉하면 산소를 발생하므로 물속에 저장하는 것은 부적합하다.

정답 50. ③ 51. ③ 52. ④

1-2 | 제1류 위험물

1 제1류 위험물의 지정수량 및 공통적인 성질

(1) 지정수량

유별	성질	품명	지정수량	위험등급
제1류 위험물	산화성 고체	1. 아염소산염류	50kg	I
		2. 염소산염류	50kg	
		3. 과염소산염류	50kg	
		4. 무기과산화물	50kg	
		5. 브롬산염류	300kg	II
		6. 질산염류	300kg	
		7. 요오드산염류	300kg	
		8. 과망간산염류	1000kg	III
		9. 중크롬산염류	1000kg	
		10. 그 밖에 행정안전부령으로 정하는 것	50kg, 300kg 또는 1000kg	I ~ III
		11. 제1호 내지 제10호의 1에 해당하는 어느 하나 이상을 함유한 것		

[비고] 위험물 안전관리법 시행령 별표1

① "산화성 고체"라 함은 고체[액체(1기압 및 20℃에서 액상인 것 또는 20℃ 초과 40℃ 이하에서 액상인 것을 말한다. 이하 같다) 또는 기체(1기압 및 20℃에서 기상인 것을 말한다) 외의 것을 말한다. 이하 같다]로서 산화력의 잠재적인 위험성 또는 충격에 대한 민감성을 판단하기 위하여 소방청장이 정하여 고시(이하 "고시"라 한다)하는 시험에서 고시로 정하는 성질과 상태를 나타내는 것을 말한다. 이 경우 "액상"이라 함은 수직으로 된 시험관(안지름 30mm, 높이 120mm의 원통형 유리관을 말한다)에 시료를 55mm까지 채운 다음 당해 시험관을 수평으로 하였을 때 시료액면의 선단이 30mm를 이동하는 데 걸리는 시간이 90초 이내에 있는 것을 말한다.

② 그 밖에 행정안전부령으로 정하는 것[시행규칙 제3조] : 과요오드산염류, 과요오드산, 크롬 · 납 또는 요오드의 산화물, 아질산염류, 차아염소산염류, 염소화이소시아눌산, 퍼옥소이황산염류, 퍼옥소붕산염류

(2) 공통적인 성질

① 대부분 무색 결정, 백색 분말로 비중이 1보다 크다.

② 물에 잘 녹는 것이 많으며 물과 작용하여 열과 산소를 발생시키는 것도 있다.

③ 반응성이 커서 가열, 충격, 마찰 등에 의해서 분해되기 쉽다.

④ 일반적으로 불연성이며 산소를 많이 함유한 강산화제로서 가연물과 혼입하면 폭발의 위험성이 크다.

(3) 저장 및 취급 시 주의사항

① 재해 발생의 위험이 있는 가열, 충격, 마찰 등을 피한다.

② 조해성인 것은 습기에 주의하며, 용기는 밀폐하여 저장한다.

▶ 조해성(潮解性) : 고체가 대기 중의 수분(습기) 흡수하여 스스로 녹는 성질이다.

③ 분해를 촉진하는 물품의 접근을 피하고, 환기가 잘 되고 서늘한 곳에 저장한다.

④ 가연물이나 다른 약품과의 접촉 및 혼합을 피한다.

▶ 유황, 목탄, 마그네슘, 알루미늄 분말, 차아인산염, 유기물질 등

⑤ 용기의 파손 및 위험물의 누설에 주의한다.

(4) 소화 방법

① 산화성에 의한 분해를 막도록 물로 분해온도 이하로 낮춘다.

② 알칼리 금속(Li, Na, K, Rb 등)의 무기과산화물은 물과 급격히 발열 반응하므로 주수 소화는 금지하고 건조사를 사용한다.

③ 질산염류는 유독가스가 심하므로 가스에 주의한다.

2 제1류 위험물의 화학적 성질 및 저장·취급

(1) 아염소산염류(지정수량 : 50kg)

① 아염소산나트륨($NaClO_2$: 아염소산소다)

㈎ 일반적 성질

㉮ 자신은 불연성이며, 무색의 결정성 분말로 조해성이 있고 물에 잘 녹는다.

㉯ 분해온도는 350℃ 이상이지만 수분을 함유한 것은 120~130℃에서 분해한다.

㉰ 산과 반응하면 유독가스 이산화염소(ClO_2)가 발생된다.

㈏ 위험성

㉮ 단독으로 폭발이 가능하며 분해온도 이상에서는 산소를 발생한다.

㉯ 수용액 상태에서도 강력한 산화력을 가지고 있다.

㉰ 티오황산나트륨, 디에틸에테르 등과 혼합하면 혼촉발화의 위험이 있다.

㈐ 저장 및 취급 방법

㉮ 비교적 안정하나 유기물, 금속분 등 환원성 물질과 격리시킨다.

㉯ 건조한 냉암소에 저장한다.

㉰ 강산류, 분해를 촉진하는 물품과의 접촉을 피한다.

㉱ 습기에 주의하여 밀봉, 밀전한다.

㈑ 소화 방법 : 소량의 물은 폭발 위험이 있으므로 다량의 물로 주수 소화한다.

(2) 염소산염류(지정수량 : 50kg)

① 염소산칼륨($KClO_3$: 염소산칼리, 클로르산칼리)

㈎ 일반적 성질

㉮ 자신은 불연성 물질이며, 광택이 있는 무색의 단사계정 결정 또는 백색 분말이다.

㉯ 글리세린 및 온수에 잘 녹고, 알코올 및 냉수에는 녹기 어렵다.

㉰ 비중 2.32, 융점 368.4℃, 용해도(20℃) 7.3이다.

㉱ 400℃ 부근에서 분해되기 시작하여 540~560℃에서 과염소산칼륨($KClO_4$)을 거쳐 염화칼륨(KCl)과 산소(O_2)를 방출한다.

$2KClO_3 \rightarrow KCl + KClO_4 + O_2\uparrow$

$KClO_4 \rightarrow KCl + 2O_2\uparrow$

㈏ 위험성

㉮ 가연성이나 산화성 물질 및 강산 촉매인 중금속염의 혼합은 폭발의 위험성이 있다.

㉯ 차가운 맛이 있으며, 인체에 유독하다.

㈐ 저장 및 취급 방법

㉮ 산화하기 쉬운 물질이므로 강산, 중금속류와의 혼합을 피하고 가열, 충격, 마찰에 주의한다.

㉯ 환기가 잘 되고 서늘한 곳에 보관한다.

㉰ 용기가 파손되거나 노출되지 않도록 밀봉하여 저장한다.

㈑ 소화 방법 : 주수 소화

② 염소산나트륨($NaClO_3$: 클로르산나트륨, 염산소다)

㈎ 일반적 성질

㉮ 무색, 무취의 입방정형 주상 결정이다.

㉯ 조해성이 강하며, 흡수성이 있고 알코올, 글리세린, 에테르, 물 등에 잘 녹는다.

㉰ 300℃ 정도에서 분해하기 시작하여 산소를 발생한다.

$2NaClO_3 \rightarrow 2NaCl + 3O_2\uparrow$

㉱ 비중 2.5, 융점 240℃, 용해도(20℃) 101이다.

㈏ 위험성

㉮ 강력한 산화제로 철과 반응하여 철제용기를 부식시킨다.

㉯ 방습성이 있으므로 섬유, 나무, 먼지 등에 흡수되기 쉽다.

㉰ 산과 반응하여 유독한 이산화염소(ClO_2)가 발생하며, 폭발 위험이 있다.

$3NaClO_3 \rightarrow NaClO_4 + Na_2O + 3ClO_2\uparrow$

㉱ 분진이 있는 대기 중에 오래 있으면 피부, 점막 및 눈을 잃기 쉬우며 다량 섭취 (15~30g 정도)한 때에는 생명이 위험하다.

㈐ 저장 및 취급 방법

㉮ 조해성이 크므로 방습에 주의하여야 한다.

㉯ 강력한 산화제로 철을 부식시키므로 철제용기에 저장은 피해야 한다.

㉰ 용기는 공기와의 접촉을 방지하기 위하여 밀전하여 보관한다.

㉱ 환기가 잘 되는 냉암소에 보관한다.

㈑ 소화 방법 : 주수 소화

③ 염소산암모늄(NH_4ClO_3)

㈎ 무색의 결정이며 물보다 무겁다.

㈏ 폭발성과 부식성이 크며 조해성이 있고, 수용액은 산성이다.

(3) 과염소산염류(지정수량 : 50kg)

① 과염소산칼륨($KClO_4$)

㈎ 일반적 성질

㉮ 무색, 무취, 사방정계 결정으로 물에 녹기 어렵고 알코올, 에테르에도 불용이다.

㉯ 비중 2.52, 융점 610℃, 용해도(20℃) 1.8이다.

㉰ 400℃에서 분해하기 시작하여 610℃에서 완전 분해되어 산소를 방출한다.

$KClO \rightarrow KCl + 2O_2 \uparrow$

㈏ 위험성

㉮ 자신은 불연성 물질이지만 강력한 산화제이다.

㉯ 진한 황산과 접촉하면 폭발성 가스를 생성하고 튀는 것과 같은 폭발 위험이 있다.

㉰ 인, 황, 마그네슘, 유기물 등이 섞여 있을 때 가열, 충격, 마찰에 의해 폭발한다.

㈐ 저장 및 취급 방법

㉮ 인, 황, 마그네슘, 알루미늄과 함께 저장하지 못한다.

㉯ 환기가 잘 되고 서늘한 곳에 보관한다.

㉰ 용기가 파손되거나 노출되지 않도록 밀봉하여 저장한다.

㈑ 소화 방법 : 주수 소화

② 과염소산나트륨($NaClO_4$: 과염산소다)

㈎ 일반적 성질

㉮ 무색, 무취의 사방정계 결정으로 조해성이 있다.

㉯ 공기 중에서 가열하면 약 58℃에서 무수물이 생기며, 50℃ 이하에서는 일수염 ($NaClO_4 \cdot H_2O$)이 석출된다.

㉰ 물이나 에틸알코올, 아세톤에 잘 녹으나 에테르에는 녹지 않으며(불용), 200℃에서 결정수를 잃고, 400℃ 부근에서 분해하여 산소를 방출한다.

$NaClO_4$ → NaCl(염화나트륨) + $2O_2$ ↑

㉱ 비중 2.50, 융점 482℃, 용해도(0℃) 170이다.

(나) 위험성

㉮ 자신은 불연성 물질이지만 강력한 산화제이다.

㉯ 진한 황산과 접촉하면 폭발성 가스를 생성하고 튀는 것과 같은 폭발 위험이 있다.

㉰ 히드라진, 비소, 안티몬, 금속분, 목탄분, 유기물 등이 섞여 있을 때 가열, 충격, 마찰에 의해 폭발한다.

(다) 저장 및 취급 방법

㉮ 인, 황, 마그네슘, 알루미늄과 함께 저장하지 못한다.

㉯ 환기가 잘 되고 서늘한 곳에 보관한다.

㉰ 용기가 파손되거나 노출되지 않도록 밀봉하여 저장한다.

(라) 소화 방법 : 주수 소화

③ 과염소산암모늄(NH_4ClO_4)

(가) 일반적 성질

㉮ 무색, 무취의 결정으로 물, 알코올, 아세톤에는 용해되나 에테르에는 녹지 않는다.

㉯ 비중 1.87, 분해온도 130℃이다.

(나) 위험성

㉮ 강한 충격이나 마찰, 급격히 가열하면 폭발의 위험이 있다.

㉯ 강산과 접촉하거나 가연성 물질 또는 산화성 물질과 혼합하면 폭발 위험이 있다.

㉰ 상온에서 비교적 안정하나 130℃에서 분해하기 시작하여 300℃ 부근에서 급격히 분해하여 폭발한다.

$2NH_4ClO_4$ → N_2 ↑ + Cl_2 ↑ + O_2 ↑ + $4H_2O$ ↑

(다) 저장 및 취급 방법 : 염소산칼륨에 준하다.

(라) 소화 방법 : 주수 소화

(4) 무기과산화물(지정수량 : 50kg)

① 과산화나트륨(Na_2O_2 : 과산화소다)

(가) 일반적 성질

㉮ 순수한 것은 백색이지만 보통은 담황색을 띠고 있는 정방정계 결정분말이다.

㉯ 공기 중에서 탄산가스를 흡수하여 탄산염이 되며, 물에 의해서는 발열 반응이므로 수산화나트륨과 산소로 분해된다.

$2Na_2O_2 + 2CO_2 \rightarrow 2Na_2CO_3 + O_2 \uparrow$

$Na_2CO_3 + H_2O \rightarrow 2NaOH + \frac{1}{2}O_2 \uparrow$

㉰ 조해성이 있으며 물과 반응하여 많은 열과 함께 산소(O_2)와 수산화나트륨(NaOH)이 발생한다.

$2Na_2O_2 + 2H_2O \rightarrow 4NaOH + O_2 \uparrow + Q[kcal]$

㉱ 가열하면 분해되어 산화나트륨(Na_2O)과 산소가 발생한다.

$2Na_2O_2 \rightarrow 2Na_2O + O_2 \uparrow$

㉲ 강산화제로 용융물은 금, 니켈을 제외한 금속을 부식시킨다.

㉳ 알코올에는 녹지 않으나, 묽은 산과 반응하여 과산화수소(H_2O_2)를 생성시킨다.

$Na_2O_2 + 2CH_3COOH \rightarrow H_2O_2 + 2CH_3COONa$

㉴ 비중 2.805, 융점 및 분해온도 460℃이다.

(나) 위험성

㉮ 탄화칼슘(CaC_2), 마그네슘, 알루미늄 분말, 초산(CH_3COOH), 에테르($C_2H_5OC_2H_5$), 젖산[$CH_3CH(OH)-COOH$] 등과 혼합하면 발화하거나 폭발의 위험이 있다.

㉯ 불연성이지만 물과 접촉하면 발열하며 대량의 경우에는 폭발한다.

㉰ 피부에 닿으면 부식된다.

(다) 저장 및 취급 방법

㉮ 가열, 마찰, 충격을 피하고 가연물, 유기물, 유황분, 알루미늄분의 혼입을 방지한다.

㉯ 물과 습기가 들어가지 않도록 용기는 밀전, 밀봉한다.

(라) 소화 방법 : 주수 소화는 금물이고, 마른 모래(건조사)나 암분으로 피복 소화한다.

② 과산화칼륨(K_2O_2 : 과산화칼리, 이산화칼리)

(가) 일반적 성질

㉮ 무색 또는 오렌지색의 등축정계 결정분말이다.

㉯ 가열하면 열분해하여 산화칼륨(K_2O)과 산소를 발생한다.

$2K_2O_2 \rightarrow K_2O + O_2 \uparrow$

㉰ 흡습성이 있으므로 물과 접촉하면 수산화칼륨(KOH)과 산소를 발생한다.

$2K_2O_2 + 2H_2O \rightarrow 4KOH + O_2 \uparrow$

㉱ 공기 중의 탄산가스를 흡수하여 탄산염이 생성된다.

$2K_2O_2 + CO_2 \rightarrow 2K_2CO_3 + O_2 \uparrow$

㉲ 에탄올(에틸알코올)에 잘 녹는다.

㉳ 비중 2.9, 융점 490℃이다.

(나) 위험성

㉮ 물과 작용하여 많은 열과 산소를 발생하여 폭발할 위험이 있다.

㉯ 가열하는 경우, 가연물과 혼합되었을 때 마찰, 충격이 가해지는 경우 발화할 위험이 있다.

㉰ 피부에 접촉 시 부식의 위험이 있다.

(다) 저장 및 취급 방법 : 과산화나트륨에 준한다.

(라) 소화 방법 : 주수 소화는 금물이고, 마른 모래(건조사)나 암분으로 피복 소화한다.

③ 과산화마그네슘(MgO_2 : 과산화마그네시아)

(가) 일반적 성질

㉮ 백색 분말로 시판품의 과산화마그네슘(MgO_2) 함량은 15~25% 정도이다.

㉯ 물에 녹지 않으며, 산에 녹아 과산화수소(H_2O_2)를 발생한다.

$MgO_2 + 2HCl \rightarrow MgCl_2 + H_2O_2 \uparrow$

$MgO_2 + H_2SO_4 \rightarrow MgSO_4 + H_2O_2 \uparrow$

㉰ 습기 또는 물과 반응하여 발생기 산소[O]를 낸다.

$MgO_2 + H_2O \rightarrow Mg(OH)_2 + [O]$

㉱ 공기와 오래 접촉하면 산소를 잃으며, 가열하면 산소가 발생되면서 마그네시아를 만든다.

$2MgO_2 \rightarrow 2MgO + O_2 \uparrow$

(나) 위험성 : 환원제, 유기물과 섞였을 때 마찰 또는 가열, 충격에 의해서 폭발의 위험이 있다.

(다) 저장 및 취급 방법

㉮ 유기 물질의 혼입, 가열, 충격, 마찰을 피한다.

㉯ 습기의 접촉이 없도록 밀봉, 밀전한다.

㉰ 산류와 격리하고 용기 파손에 의한 누출이 없도록 주의한다.

(라) 소화 방법 : 마른 모래(건조사) 또는 주수 소화

④ 과산화칼슘(CaO_2 : 과산화석회)

(가) 일반적 성질

㉮ 무정형 백색 분말로 물에 녹기 어렵고, 알코올이나 에테르에는 녹지 않는다.

㉯ 산에 녹아 과산화수소를 만들고 온수에 의해서도 분해된다.

$CaO_2 + 2HCl \rightarrow CaCl_2 + H_2O_2 \uparrow$

(나) 위험성

㉮ 분해온도 275℃ 이상으로 가열하면 폭발 위험이 있다.

㉯ 묽은 산류에 녹으면 과산화수소가 생긴다.

(다) 저장 및 취급 방법 : 과산화나트륨에 준한다.

(라) 소화 방법 : 주수 소화도 사용하지만 마른 모래(건조사)에 의한 피복 소화가 더 효과적이다.

⑤ 과산화바륨(BaO_2)

(가) 일반적 성질

㉮ 백색 또는 회색의 정방정계 결정 분말로 알칼리 토금속의 과산화물 중 제일 안정하다.

㉯ 물에는 약간 녹으나 알코올, 에테르, 아세톤에는 녹지 않는다.

㉰ 묽은 산에는 녹으며, 수화물($BaO_2 \cdot 8H_2O$)은 100℃에서 결정수를 잃는다.

㉱ 비중 4.96, 융점 450℃, 분해온도 840℃이다.

(나) 위험성

㉮ 고온으로 가열하면 산소의 발생과 동시에 폭발하기도 한다.

$2BaO_2 \rightarrow 2BaO + O_2 \uparrow$

㉯ 산 및 온수에 분해되어(반응하여) 과산화수소(H_2O_2)와 산소가 발생하면서 발열한다.

$BaO_2 + 2H_2O \rightarrow Ba(OH)_2 + H_2O_2$

$H_2O_2 \rightarrow H_2O + \frac{1}{2}O_2 \uparrow$

㉰ 산화되기 쉬운 물질, 습한 종이, 섬유소 등과 섞이면 폭발하는 경우도 있다.

(다) 저장 및 취급 방법 : 과산화나트륨에 준한다.

(라) 소화 방법 : 탄산가스(CO_2), 사염화탄소(CCl_4) 및 마른 모래(건조사)의 질식 소화

⑥ 기타 과산화물 : 과산화리튬(Li_2O_2), 과산화루비듐(Rb_2O_2), 과산화세슘(Cs_2O_2) 등이 있다.

(5) 브롬산염류(지정수량 : 300kg)

① 브롬산칼륨($KBrO_3$: 취소산칼륨, 브롬산칼리)

(가) 일반적 성질

㉮ 백색 결정 또는 결정성 분말로 물에는 잘 녹으나 알코올에는 잘 녹지 않는다.

㉯ 비중 3.27, 융점 370℃이다.

㉯ 융점 이상으로 가열하면 분해되어 산소를 방출한다.

$2KBrO_3 \rightarrow 2KBr + 3O_2 \uparrow$

㈏ 위험성

㉮ 유황, 숯, 마그네슘 분말, 기타 다른 가연물과 혼합되어 있을 때 가열하면 폭발한다.

㉯ 분진을 흡입하면 구토나 위장에 해를 입힌다.

㉰ 혈액 속에 메타헤모글로빈 증세를 일으킨다.

㈐ 저장 및 취급 방법

㉮ 분진이 날아가지 않도록 조심히 다루며 밀봉, 밀전한다.

㉯ 습기에 주의하며, 열원을 멀리 한다.

㈑ 소화 방법 : 대량의 주수 소화가 효과적이다.

② 브롬산나트륨($NaBrO_3$: 취소산나트륨, 브롬산소다, 취소산소다)

㈎ 무색의 결정이고 물에 잘 녹는다.

㈏ 비중 3.8, 융점 381℃이다.

③ 브롬산아연[$Zn(BrO_3)_2 \cdot 6H_2O$: 취소산아연]

㈎ 무색 결정으로 물에 잘 녹는다.

㈏ 가연물과 혼합되었을 때는 폭발적으로 연소하는 위험이 있다.

㈐ 비중 2.56, 융점 100℃이다.

④ 브롬산바륨[$Ba(BrO_3)_2 \cdot H_2O$: 취소산바륨]

㈎ 무색 결정으로 물에 약간 녹으며, 가열하면 산소가 발생한다.

㈏ 가연물과 접촉하면 발화한다.

㈐ 비중 3.99, 융점 260℃이다.

⑤ 브롬산마그네슘[$Mg(BrO_3)_2 \cdot H_2O$: 취소산마그네슘]

㈎ 무색 또는 백색 결정으로 물에 잘 녹는다.

㈏ 200℃에서 무수물이 되며, 가열하면 분해하여 산소를 발생하면서 브롬 증기를 낸다.

$$2Mg(BrO_3)_2 \rightarrow 2MgO + 2Br_2 \uparrow + 5O_2 \uparrow$$

⑥ 기타 브롬산염(취소산염) : 브롬산납[$Mg(BrO_3)_2 \cdot H_2O$], 브롬산암모늄(NH_4BrO_3)

(6) 질산염류(지정수량 : 300kg)

① 질산칼륨(KNO_3 : 질산칼리, 초석)

㈎ 일반적 성질

㉮ 무색 또는 백색 결정 분말로 짠맛과 자극성이 있다.

㉯ 물이나 글리세린에는 잘 녹으나 알코올에는 녹지 않는다.

㉰ 강산화제로 가연성 분말이나 유기물과의 접촉은 매우 위험하다.

㉱ 흡습성이나 조해성이 없다.

㉲ 400℃ 정도로 가열하면 아질산칼륨(KNO_2)과 산소(O_2)가 발생한다.

$2KNO_3 \rightarrow 2KNO_2 + O_2 \uparrow$

㉴ 비중 2.10, 융점 339℃, 용해도(15℃) 26, 분해온도 400℃이다.

(나) 위험성

㉮ 흑색 화약의 원료(질산칼륨 75%, 황 15%, 목탄 10%)로 사용하며, 취급하는 데 세심한 주의가 필요하다.

㉯ 혼촉발화가 가능한 물질로는 황린, 유황, 금속분(Al, Mg, Fe, Ge), 목탄분, 나트륨아미드, 나트륨, 에테르, 이황화탄소, 아세톤, 톨루엔, 크실렌, 등유, 에탄올, 에틸렌글리콜, 황화티탄, 황화안티몬 등이 있다.

(다) 저장 및 취급 방법

㉮ 유기물과 접촉을 피하고, 건조한 장소에 보관한다.

㉯ 가연물, 산류와 혼합되어 있을 때 가열, 충격, 마찰에 주의한다.

(라) 소화 방법 : 주수 소화

② 질산나트륨($NaNO_3$: 질산소다, 초조, 칠레초석)

(가) 일반적 성질

㉮ 무색, 무취, 투명한 결정 또는 백색 분말이다.

㉯ 조해성이 있으며 물, 글리세린에 잘 녹는다.

㉰ 강한 산화제이며 수용액은 중성으로 무수 알코올에는 잘 녹지 않는다.

㉱ 분해온도(380℃)에서 분해되면 아질산나트륨($NaNO_2$)과 산소를 생성한다.

$2NaNO_3 \rightarrow 2NaNO_2 + O_2 \uparrow$

㉲ 비중 2.27, 융점 308℃, 용해도(0℃) 73이다.

(나) 위험성

㉮ 강한 산화제로 황산과 접촉 시 분해하여 질산을 유리한다.

㉯ 가연물, 유기물, 차아황산나트륨과 함께 가열하면 폭발한다.

㉰ 고온으로 가열하면 폭발한다.

(다) 저장 및 취급 방법 : 질산칼륨에 준한다.

(라) 소화 방법 : 주수 소화

③ 질산암모늄(NH_4NO_3 : 질산암몬, 질안, 초안)

(가) 일반적 성질

㉮ 무취의 백색 결정 고체로 물, 알코올, 알칼리에 잘 녹는다.

㉯ 조해성이 있으며 물에 녹을 때는 흡열 반응을 나타낸다.

㉰ 220℃에서 분해되어 아산화질소(N_2O)와 수증기(H_2O)를 발생하며, 계속 가열하면 폭발한다.

$NH_4NO_3 \rightarrow N_2O\uparrow + 2H_2O\uparrow$

(나) 위험성

㉮ 가연물, 유기물을 섞거나 가열, 충격, 마찰을 주면 폭발한다.

㉯ 경유 6%, 질산암모늄 94%를 혼합한 것은 안투 폭약이라 하며, 공업용 폭약이 된다.

㉰ 급격한 가열이나 충격을 주면 단독으로도 분해·폭발한다.

$2NH_4NO_3 \rightarrow 4H_2O + 2N_2\uparrow + O_2\uparrow$

(다) 저장 및 취급 방법 : 질산칼륨에 준한다.

(라) 소화 방법 : 주수 소화

④ 기타 질산염류 : 질산바륨[$Ba(NO_3)_2$], 질산코발트[$Co(NO_3)_2$], 질산니켈[$Ni(NO_3)_2$], 질산구리[$Cu(NO_3)_2$], 질산카드뮴[$Cd(NO_3)_2$], 질산납[$Pb(NO_3)_2$], 질산마그네슘[$Mg(NO_3)_2$], 질산은[$AgNO_3$], 질산철[$Fe(NO_3)_2$], 질산스트론튬[$Sr(NO_3)_2$] 등은 취급법에 있어서 약간 차이는 있으나 전반적으로 질산나트륨과 비슷한 성질을 가지고 있다.

(7) 요오드(옥소)산염류(지정수량 : 300kg)

① 요오드산칼륨(KIO_3 : 옥소산칼륨, 옥소산칼리)

(가) 광택이 나는 무색의 결정성 분말로 물이나 진한 황산에는 용해하나 알코올에는 용해되지 않는다.

(나) 탄소, 기타 가연물과 혼합하여 가열하면 폭발한다.

(다) 비중 3.89, 융점 560℃이다.

② 요오드산칼슘[$Ca(IO_3)_2 \cdot 6H_2O$: 옥소산칼슘]

(가) 백색의 조해성 결정으로 물에 잘 녹는다.

(나) 융점 42℃, 무수물 575℃이다.

③ 기타 요오드산(옥소산염) : 요오드산아연[$Zn(IO_3)_2 \cdot 6H_2O$: 옥소산아연], 요오드산은($AgIO_3$: 옥소산은), 요오드산나트륨($NaIO_3$: 옥소산나트륨), 요오드산바륨[$Ba(IO_3)_2 \cdot H_2O$: 옥소산바륨], 요오드마그네슘[$Mg(IO_3)_2 \cdot 4\sim10H_2O$: 옥산마그네슘] 등이 있다.

(8) 과망간산염류(지정수량 : 1000kg)

① 과망간산칼륨($KMnO_4$: 과망간산칼리, 카멜레온)

(가) 일반적 성질

㉮ 흑자색의 사방정계 결정으로 붉은색 금속 광택이 있고 단맛이 있다.

㉯ 염산과 반응하여 염소를 발생한다.

㉰ 물에 녹아 진한 보라색이 되며, 강한 산화력과 살균력이 있다.

㉣ 메탄올, 빙초산, 아세톤에 녹는다.

㉤ 240℃에서 가열하면 망간산칼륨, 이산화망간, 산소를 발생한다.

㉥ 2분자가 중성 또는 알칼리성과 반응하면 3원자의 산소를 방출한다.

㉦ 비중 2.7, 분해온도 240℃이다.

㈏ 위험성

㉮ 강산화제이며, 진한 황산과 접촉하면 폭발적으로 반응한다.

$2KMnO_4 + H_2SO_4 \rightarrow K_2SO_4 + 2HMnO_4$

$2HMnO_4 \rightarrow Mn_2O_7 + H_2O$

$Mn_2O_7 \rightarrow 2MnO_2 + \frac{3}{2}O_2 \uparrow$

㉯ 목탄, 황 등 환원성 물질과 접촉 시 폭발의 위험이 있다.

㉰ 알코올, 에테르, 글리세린 등 유기물과 접촉을 금한다.

㈐ 저장 및 취급 방법

㉮ 직사광선(일광)을 차단하고 냉암소에 저장한다.

㉯ 용기는 금속 또는 유리 용기를 사용하며 산, 가연물, 유기물과 격리하여 저장한다.

㈑ 소화 방법 : 다량의 주수 소화 또는 마른 모래(건조사)로 피복 소화한다.

② 과망간산나트륨($NaMnO_4$: 과망간산소다)

㈎ 일반적 성질

㉮ 적자색 결정으로 물에 대단히 잘 녹는다.

㉯ 조해성이 강하여 수용액($NaMnO_4 \cdot 3H_2O$)으로 시판한다.

㉰ 비중 2.47, 융점 이상으로 가열하면 산소를 방출한다.

㈏ 기타 : 과망간산칼륨에 준하다.

③ 과망간산칼슘[$Ca(MnO_4)_2 \cdot 2H_2O$] : 비중 2.4의 자색 결정으로 물에 잘 녹는다. 나머지는 과망간산칼륨과 비슷하다.

④ 과망간산암모늄(NH_4MnO_4) : 흑자색 결정으로 조해성이 있는 수용액이다.

(9) 중크롬산염류(지정수량 : 1000kg)

① 중크롬산칼륨($K_2Cr_2O_7$: 중크롬산칼리, 이크롬산칼리)

㈎ 일반적 성질

㉮ 흡습성이 있는 등적색 결정으로 쓴맛이 있다.

㉯ 물에는 녹으나 알코올에는 용해되지 않는다.

㉰ 산성 용액에서 강한 산화제 역할을 한다.

$K_2Cr_2O_7 + 4H_2SO_4 \rightarrow K_2SO_4 + Cr_2(SO_4)_3 + 4H_2O + 3[O]$

㉣ 열분해하면 산소(O_2)를 발생한다.

㉤ 산화제, 의약품 등에 사용한다.

㉥ 비중 2.69, 융점 398℃, 분해온도 500℃이다.

(나) 위험성

㉮ 부식성이 강하여 피부와 접촉 시 점막을 자극하고, 30g 이상 복용하면 사망한다.

㉯ 단독으로는 안정하지만 가열하거나 유기물, 기타 가연물과 접촉하여 마찰 및 열을 주게 되면 발화 또는 폭발한다.

(다) 저장 및 취급 방법

㉮ 취급 시 보호구를 착용한다.

㉯ 환기가 잘 되는 곳에 저장한다.

(라) 소화 방법 : 주수 소화

② 중크롬산나트륨($Na_2Cr_2O_7 \cdot 2H_2O$)

(가) 오렌지색의 단사정계 결정이고 물에 용해하나 알코올에는 녹지 않는다.

(나) 비중 2.52, 융점 356℃, 분해온도 400℃이며, 기타 사항은 중크롬산칼륨과 비슷하다.

③ 중크롬산암모늄[$(NH_4)_2Cr_2O_7$]

(가) 오렌지색의 단사정계 결정이며 물, 알코올에 녹는다.

(나) 강산을 가하면 급격하게 반응하고 유기물이 섞이면 폭발하는 수도 있다.

(다) 비중 2.15, 분해온도 225℃이다.

④ 기타 중크롬산염류 : 중크롬산아연($ZnCr_2O_7 \cdot 3H_2O$), 중크롬산칼슘($CaCr_2O_7 \cdot 3H_2O$), 중크롬산제2철[$Fe_2(Cr_2O_7)_3$] 등이 있다.

예상 문제

1. 위험물 안전관리법에 의한 위험물 분류상 제1류 위험물에 속하지 않는 것은?

① 아염소산염류 ② 질산염류
③ 유기과산화물 ④ 무기과산화물

해설 ㉮ 제1류 위험물의 품명 및 지정수량

품명	지정수량
아염소산염류, 염소산염류, 과염소산염류, 무기과산화물	50kg
브롬산염류, 질산염류, 요오드산염류	300kg
과망간산염류, 중크롬산염류	1000kg

㉯ 유기과산화물은 제5류 위험물에 해당된다.

2. 위험물 안전관리법령에서 정한 제1류 위험물이 아닌 것은?

① 질산메틸 ② 질산나트륨
③ 질산칼륨 ④ 질산암모늄

해설 ㉮ 질산나트륨($NaNO_3$), 질산칼륨(KNO_3), 질산암모늄(NH_4NO_3)은 제1류 위험물 중 질산염류에 해당된다.
㉯ 질산메틸(CH_3ONO_2)은 제5류 위험물 중 질산에스테르류에 해당된다.

3. 제1류 위험물에 해당하는 것은?

① 염소산칼륨 ② 수산화칼륨
③ 수소화칼륨 ④ 요오드화칼륨

해설 각 위험물의 유별 구분

품명	유별
염소산칼륨($KClO_3$)	제1류 위험물 염소산염류
수산화칼륨(KOH)	–
수소화칼륨(KH)	제3류 위험물 금속의 수소화물
요오드화칼륨(KI)	–

4. [보기]의 물질 중 위험물 안전관리법령상 제1류 위험물에 해당하는 것의 지정수량을 모두 합산한 값은?

보기
퍼옥소이황산염류, 요오드산, 과염소산, 차아염소산염류

① 350kg ② 400kg
③ 650kg ④ 1350kg

해설 ㉮ 각 위험물의 유별 및 지정수량

품명	유별	지정수량
퍼옥소이황산염류	제1류	300kg
요오드산	비위험물	–
과염소산	제6류	300kg
차아염소산염류	제1류	50kg

㉯ 제1류 위험물의 지정수량 합계량 계산
∴ 지정수량 합계=300+50=350kg

5. 제1류 위험물의 일반적인 성질이 아닌 것은?

① 불연성 물질이다.
② 유기화합물들이다.
③ 산화성 고체로서 강산화제이다.
④ 알칼리 금속의 과산화물은 물과 작용하여 발열한다.

해설 제1류 위험물(산화성 고체)의 공통적인 성질
㉮ 대부분 무색 결정, 백색 분말로 비중이 1보다 크다.
㉯ 물에 잘 녹는 것이 많으며 물과 작용하여 열과 산소를 발생시키는 것도 있다.
㉰ 반응성이 커서 가열, 충격, 마찰 등에 의해서 분해되기 쉽다.
㉱ 일반적으로 불연성이며 산소를 많이 함유한 강산화제로서 가연물과 혼입하면 폭발의 위험성이 크다.

참고 대부분 제1류 위험물은 무기화합물들이다.

정답 1. ③ 2. ① 3. ① 4. ① 5. ②

6. 아염소산나트륨의 성상에 관한 설명 중 틀린 것은?

① 자신은 불연성이다.
② 열분해하면 산소를 방출한다.
③ 수용액 상태에서도 강력한 환원력을 가지고 있다.
④ 조해성이 있다.

해설 아염소산나트륨($NaClO_2$)의 성상
㉮ 제1류 위험물 중 아염소산염류로 지정수량은 50kg이다.
㉯ 자신은 불연성이며, 무색의 결정성 분말이다.
㉰ 조해성이 있고, 물에 잘 녹는다.
㉱ 산과 반응하면 유독가스 이산화염소(ClO_2)가 발생된다.
㉲ 분해온도는 350℃ 이상이지만 수분을 함유한 것은 120~130℃에서 분해한다.
㉳ 열분해하면 산소를 방출한다.
㉴ 수용액 상태에서도 강력한 산화력을 가지고 있다.

7. 아염소산나트륨이 완전 열분해하였을 때 발생하는 기체는?

① 산소 ② 염화수소
③ 수소 ④ 포스겐

해설 ㉮ 아염소산나트륨($NaClO_2$)의 분해온도는 350℃ 이상이지만 수분을 함유한 것은 120~130℃에서 분해하며, 열분해하면 산소를 방출한다.
㉯ 반응식
$3NaClO_2 \rightarrow 2NaClO_3 + NaCl$
$NaClO_3 \rightarrow NaClO + O_2 \uparrow$

8. 염소산칼륨의 성질이 아닌 것은?

① 황산과 반응하여 이산화염소를 발생한다.
② 상온에서 고체이다.
③ 알코올보다는 글리세린에 더 잘 녹는다.
④ 환원력이 강하다.

해설 염소산칼륨($KClO_3$)의 특징
㉮ 제1류 위험물 중 염소산염류에 해당되며 지정수량 50kg이다.
㉯ 자신은 불연성 물질이며, 광택이 있는 무색의 고체 또는 백색 분말로 인체에 유독하다.
㉰ 글리세린 및 온수에 잘 녹고, 알코올 및 냉수에는 녹기 어렵다.
㉱ 400℃ 부근에서 분해되기 시작하여 540~560℃에서 과염소산칼륨($KClO_4$)을 거쳐 염화칼륨(KCl)과 산소(O_2)를 방출한다.
㉲ 가연성이나 산화성 물질 및 강산 촉매인 중금속염의 혼합은 폭발의 위험성이 있다.
㉳ 황산(H_2SO_4)과 반응하여 이산화염소(ClO_2)를 생성한다.
㉴ 산화하기 쉬운 물질이므로 강산, 중금속류와의 혼합을 피하고 가열, 충격, 마찰에 주의한다.
㉵ 환기가 잘 되고 서늘한 곳에 보관하고 용기가 파손되거나 노출되지 않도록 한다.
㉶ 비중 2.32, 융점 368.4℃, 용해도(20℃) 7.3이다.
㉷ 폭약, 불꽃, 소독표백, 제초제, 방부제 등의 원료로 사용된다.

9. 염소산칼륨이 고온으로 가열되었을 때 현상으로 가장 거리가 먼 것은?

① 분해한다.
② 산소를 발생한다.
③ 염소를 발생한다.
④ 염화칼륨이 생성된다.

해설 염소산칼륨($KClO_3$)은 400℃ 부근에서 분해되기 시작하여 540~560℃에서 과염소산칼륨($KClO_4$)을 거쳐 염화칼륨(KCl)과 산소(O_2)를 생성한다.

★★
10. 염소산칼륨이 고온에서 열분해할 때 생성되는 물질을 옳게 나타낸 것은?

① 물, 산소
② 염화칼륨, 산소
③ 이염화칼륨, 수소

정답 6. ③ 7. ① 8. ④ 9. ③ 10. ②

④ 칼륨, 물

해설 염소산칼륨($KClO_3$)의 분해 반응식
$2KClO_3 \rightarrow KCl + KClO_4 + O_2 \uparrow$
$KClO_4 \rightarrow KCl + 2O_2 \uparrow$

11. 염소산나트륨에 관한 설명으로 틀린 것은?

① 산과 반응하여 유독한 이산화염소를 발생한다.
② 무색 결정이다.
③ 조해성이 있다.
④ 알코올이나 글리세린에 녹지 않는다.

해설 염소산나트륨($NaClO_3$)의 특징
㉮ 제1류 위험물 중 염소산염류에 해당되며 지정수량은 50kg이다.
㉯ 무색, 무취의 결정으로 물, 알코올, 글리세린, 에테르 등에 잘 녹는다.
㉰ 불연성 물질이고 조해성이 강하다.
㉱ 300℃ 정도에서 분해하기 시작하여 산소를 생성한다.
㉲ 강력한 산화제로 철과 반응하여 철제용기를 부식시킨다(철제용기를 부식시키므로 유리나 플라스틱용기를 사용한다).
㉳ 방습성이 있으므로 섬유, 나무, 먼지 등에 흡수되기 쉽다.
㉴ 산과 반응하여 유독한 이산화염소(ClO_2)가 발생하며, 폭발 위험이 있다.
㉵ 소화방법은 주수소화가 적합하다.

12. 염소산나트륨이 열분해하였을 때 발생하는 기체는?

① 나트륨 ② 염화수소
③ 염소 ④ 산소

해설 ㉮ 염소산나트륨($NaClO_3$)은 300℃ 정도에서 열분해하며 산소를 발생한다.
㉯ 반응식 : $2NaClO_3 \rightarrow 2NaCl + 3O_2 \uparrow$

13. 염소산나트륨의 위험성에 대한 설명 중 틀린 것은?

① 조해성이 강하므로 저장용기는 밀전한다.
② 산과 반응하여 이산화염소를 발생한다.
③ 황, 목탄, 유기물 등과 혼합한 것은 위험하다.
④ 유리용기를 부식시키므로 철제용기에 저장한다.

해설 염소산나트륨($NaClO_3$)의 위험성
㉮ 강력한 산화제로 철과 반응하여 부식시키므로 철제 용기에 저장은 피한다.
㉯ 조해성이 강하므로 방습에 주의하고, 저장용기는 밀전하여 보관한다.
㉰ 산과 반응하여 유독한 이산화염소(ClO_2)가 발생한다.
㉱ 황, 목탄, 유기물 등과 혼합한 것은 위험하다. 폭발 위험이 있다.
㉲ 분진이 있는 대기 중에 오래 있으면 피부, 점막 및 눈을 잃기 쉬우며 다량 섭취(15~30g 정도)한 때에는 생명이 위험하다.

14. 다음 중 제1류 위험물의 과염소산염류에 속하는 것은?

① $KClO_3$ ② $NaClO_4$
③ $HClO_4$ ④ $NaClO_2$

해설 제1류 위험물 중 과염소산염류 : 과염소산칼륨($KClO_4$), 과염소산나트륨($NaClO_4$), 과염소산암모늄(NH_4ClO_4)

15. $KClO_4$에 관한 설명으로 옳지 못한 것은?

① 순수한 것은 황색의 사방정계 결정이다.
② 비중은 약 2.52이다.
③ 녹는점은 약 610℃이다.
④ 열분해하면 산소와 염화칼륨으로 분해한다.

해설 과염소산칼륨($KClO_4$)의 특징
㉮ 무색, 무취, 사방정계 결정으로 물에 녹기 어렵고 알코올, 에테르에도 불용이다.
㉯ 비중 2.52, 융점 610℃, 용해도(20℃) 1.8이다.
㉰ 400℃에서 열분해하기 시작하여 610℃에서

정답 11. ④ 12. ④ 13. ④ 14. ② 15. ①

완전 분해되어 산소(O_2)와 염화칼륨(KCl)으로 분해된다.

㉣ 자신은 불연성 물질이지만 강력한 산화제이다.

㉤ 진한 황산과 접촉하면 폭발성 가스를 생성하고 튀는 것과 같은 폭발 위험이 있다.

㉥ 인, 황, 마그네슘, 유기물 등이 섞여 있을 때 가열, 충격, 마찰에 의해 폭발한다.

16. 과염소산나트륨에 대한 설명 중 틀린 것은?

① 물에 녹는다.
② 산화제이다.
③ 열분해하여 염소를 방출한다.
④ 조해성이 있다.

해설 과염소산나트륨($NaClO_4$)의 특징(성질)

㉮ 제1류 위험물 중 과염소산염류에 해당되며 지정수량 50kg이다.

㉯ 무색, 무취의 사방정계 결정으로 조해성이 있다.

㉰ 물이나 에틸알코올, 아세톤에 잘 녹으나 에테르에는 녹지 않으며(불용), 200℃에서 결정수를 잃고, 400℃ 부근에서 분해하여 산소를 방출한다.

$NaClO_4 \rightarrow NaCl$(염화나트륨)$+2O_2\uparrow$

㉱ 자신은 불연성 물질이지만 강력한 산화제이다.

㉲ 진한 황산과 접촉하면 폭발성 가스를 생성하고 튀는 것과 같은 폭발 위험이 있다.

㉳ 히드라진, 비소, 안티몬, 금속분, 목탄분, 유기물 등이 섞여 있을 때 가열, 충격, 마찰에 의해 폭발한다.

㉴ 용기가 파손되거나 노출되지 않도록 밀봉하여, 환기가 잘 되고 서늘한 곳에 보관한다.

㉵ 비중 2.50, 융점 482℃, 용해도(0℃) 170이다.

17. 다음 중 과산화나트륨에 관한 설명 중 옳지 못한 것은?

① 가열하면 산소를 방출한다.
② 표백제, 산화제로 사용한다.
③ 아세트산과 반응하여 과산화수소가 발생한다.
④ 순수한 것은 엷은 녹색이지만 시판품은 진한 청색이다.

해설 과산화나트륨(Na_2O_2)의 특징

㉮ 제1류 위험물 중 무기과산화물에 해당되며 지정수량은 50kg이다.

㉯ 순수한 것은 백색이지만 보통은 담황색을 띠고 있는 결정분말이다.

㉰ 공기 중에서 탄산가스를 흡수하여 탄산염이 된다.

㉱ 조해성이 있으며 물과 반응하여 많은 열과 함께 산소(O_2)와 수산화나트륨(NaOH)을 발생한다.

㉲ 가열하면 분해되어 산화나트륨(Na_2O)과 산소가 발생한다.

㉳ 강산화제로 용융물은 금, 니켈을 제외한 금속을 부식시킨다.

㉴ 알코올에는 녹지 않으나, 묽은 산과 반응하여 과산화수소(H_2O_2)를 생성시킨다.

㉵ 탄화칼슘(CaC_2), 마그네슘, 알루미늄 분말, 아세트산(CH_3COOH), 에테르($C_2H_5OC_2H_5$) 등과 혼합하면 발화하거나 폭발의 위험이 있다.

㉶ 비중 2.805, 융점 및 분해온도 460℃이다.

㉷ 주수 소화는 금물이고, 마른 모래(건조사)를 이용한다.

18. 과산화나트륨의 위험성에 대한 설명으로 틀린 것은?

① 가열하면 분해하여 산소를 방출한다.
② 부식성 물질이므로 취급 시 주의해야 한다.
③ 물과 접촉하면 가연성 수소 가스를 방출한다.
④ 이산화탄소와 반응을 일으킨다.

해설 과산화나트륨(Na_2O_2)의 위험성

㉮ 가열하면 분해되어 산화나트륨(Na_2O)과 산소가 발생한다.

정답 16. ③ 17. ④ 18. ③

㉯ 조해성이 있으며 물과 반응하여 많은 열과 함께 산소(O_2)와 수산화나트륨(NaOH)을 발생하고 대량일 때 폭발한다.
㉰ 강산화제로 용융물은 금, 니켈을 제외한 금속을 부식시킨다.
㉱ 탄화칼슘(CaC_2), 마그네슘, 알루미늄 분말, 초산(CH_3COOH), 에테르($C_2H_5OC_2H_5$) 등과 혼합하면 발화하거나 폭발의 위험이 있다.
㉲ 공기 중에서 탄산가스를 흡수하여 탄산염이 된다.

★★★
19. 과산화나트륨이 물과 반응할 때의 변화를 가장 옳게 설명한 것은?

① 산화나트륨과 수소를 발생한다.
② 물을 흡수하여 탄산나트륨이 된다.
③ 산소를 방출하여 수산화나트륨이 된다.
④ 서서히 물에 녹아 과산화나트륨의 안정한 수용액이 된다.

해설 과산화나트륨(Na_2O_2 : 과산화소다)
㉮ 물과 격렬히 반응하여 많은 열과 함께 산소(O_2)를 발생하며, 수산화나트륨(NaOH)을 생성된다.
㉯ 반응식
$2Na_2O_2 + 2H_2O \rightarrow 4NaOH + O_2\uparrow + Qkcal$

20. Na_2O_2와 반응하여 제6류 위험물을 생성하는 것은?

① 아세트산 ② 물
③ 이산화탄소 ④ 일산화탄소

해설 ㉮ 과산화나트륨(Na_2O_2)은 제4류 제2석유류인 아세트산(CH_3COOH)과 반응하여 과산화수소(H_2O_2)를 생성시킨다.
㉯ 반응식
$Na_2O_2 + 2CH_3COOH \rightarrow H_2O_2 + 2CH_3COONa$

21. 다음 중 과산화칼륨에 대한 설명으로 옳지 않은 것은?

① 염산과 반응하여 과산화수소를 생성한다.
② 탄산가스와 반응하여 산소를 생성한다.
③ 물과 반응하여 수소를 생성한다.
④ 물과의 접촉을 피하고 밀전하여 저장한다.

해설 과산화칼륨(K_2O_2)
㉮ 제1류 위험물 중 무기과산화물에 해당된다.
㉯ 물(H_2O) 또는 이산화탄소(CO_2)와 반응하여 산소(O_2)를 생성한다.
㉠ 물과 반응 : $2K_2O_2 + 2H_2O \rightarrow 4KOH + O_2\uparrow$
㉡ CO_2와 반응 :
$2K_2O_2 + CO_2 \rightarrow 2K_2CO_3 + O_2\uparrow$
㉰ 염산(HCl)과 반응하여 과산화수소(H_2O_2)를 생성한다.
$K_2O_2 + 2HCl \rightarrow 2KCl + H_2O_2$

22. 과산화칼륨이 다음과 같이 반응하였을 때 공통적으로 포함된 물질(기체)의 종류가 나머지 셋과 다른 하나는?

① 가열하여 열분해하였을 때
② 물(H_2O)과 반응하였을 때
③ 염산(HCl)과 반응하였을 때
④ 이산화탄소(CO_2)와 반응하였을 때

해설 과산화칼륨(K_2O_2)과 반응
㉮ 가열하여 열분해하면 산소(O_2)를 생성한다.
$2K_2O_2 \rightarrow K_2O + O_2\uparrow$
㉯ 물(H_2O)과 반응하여 산소(O_2)를 생성한다.
$2K_2O_2 + 2H_2O \rightarrow 4KOH + O_2\uparrow$
㉰ 이산화탄소(CO_2)와 반응하여 산소(O_2)를 생성한다.
$2K_2O_2 + CO_2 \rightarrow 2K_2CO_3 + O_2\uparrow$
㉱ 아세트산(CH_3COOH)과 반응하여 과산화수소(H_2O_2)를 생성한다.
$K_2O_2 + 2CH_3COOH \rightarrow 2CH_3COOK + H_2O_2\uparrow$
㉲ 염산(HCl)과 반응하여 과산화수소(H_2O_2)를 생성한다.
$K_2O_2 + 2HCl \rightarrow 2KCl + H_2O_2\uparrow$

23. 과산화칼륨에 의한 화재 시 주수 소화가 적합하지 않은 이유로 가장 타당한 것은?

① 산소 가스가 발생하기 때문에

정답 19. ③ 20. ① 21. ③ 22. ③ 23. ①

② 수소 가스가 발생하기 때문에
③ 가연물이 발생하기 때문에
④ 금속칼륨이 발생하기 때문에

해설 과산화칼륨(K_2O_2) 화재 시 주수 소화는 물(H_2O)과 반응하여 산소(O_2)가 발생하기 때문에 적합하지 않다.
$2K_2O_2 + 2H_2O \rightarrow 4KOH + O_2 \uparrow$

24. CaO_2와 K_2O_2의 공통적 성질에 해당하는 것은?

① 청색 침상분말이다.
② 물과 알코올에 잘 녹는다.
③ 가열하면 산소를 방출하여 분해한다.
④ 염산과 반응하여 수소를 발생한다.

해설 과산화칼슘(CaO_2)과 과산화칼륨(K_2O_2)의 성질 비교

구분	과산화칼슘	과산화칼륨
유별 및 품명	제1류 무기과산화물	제1류 무기과산화물
외관	백색 분말	무색 또는 오렌지색의 결정분말
가열하면	산소 발생	산소 발생
물과 접촉	산소 발생	산소 발생
염산 접촉	과산화수소 발생	과산화수소 발생
용해성	물, 알코올, 에테르에 녹지 않음	에탄올에 용해 (흡습성 있음)
비중	1.7	2.9

25. 위험물에 화재가 발생하였을 경우 물과의 반응으로 인해 주수 소화가 적당하지 않은 것은?

① CH_3ONO_2 ② $KClO_3$
③ Li_2O_2 ④ P

해설 과산화리튬(Li_2O_2) : 제1류 위험물 중 무기과산화물로 물과 반응하여 많은 열과 함께 산소(O_2)가 발생하므로 화재 현장에서 주수 소화가 불가능하기 때문에 건조사를 이용한다.
$2Li_2O_2 + 2H_2O \rightarrow 4LiOH + O_2 \uparrow$

26. 질산염류의 일반적인 성질에 대한 설명으로 옳은 것은?

① 무색 액체이다.
② 물에 잘 녹는다.
③ 물에 녹을 때 흡열 반응을 나타내는 물질은 없다.
④ 과염소산염류보다 충격, 가열에 불안정하여 위험성이 크다.

해설 질산염류의 일반적인 성질
㉮ 제1류 위험물에 해당되고 지정수량 300kg이다.
㉯ 종류에는 질산칼륨(KNO_3), 질산나트륨($NaNO_3$), 질산암모늄(NH_4NO_3) 외에도 여러 종류가 있다.
㉰ 무색, 무취의 백색 결정 또는 분말이 대부분이다.
㉱ 물에 잘 녹고 질산암모늄은 물에 녹을 때 흡열 반응을 나타낸다.
㉲ 충격, 가열로 폭발할 수 있지만 과염소산염류보다는 위험성이 작다.

27. 다음 중 질산칼륨의 성질에 대한 설명 중 틀린 것은?

① 물에 잘 녹는다.
② 화재 시 주수 소화가 가능하다.
③ 열분해하면 산소를 발생한다.
④ 비중은 1보다 작다.

해설 질산칼륨(KNO_3)의 특징
㉮ 제1류 위험물 중 질산염류에 해당되며 지정수량은 300kg이다.
㉯ 무색 또는 백색 결정분말로 짠맛과 자극성이 있다.
㉰ 물이나 글리세린에는 잘 녹으나 알코올에는

정답 24. ③ 25. ③ 26. ② 27. ④

녹지 않는다.

㉣ 강산화제로 가연성 분말이나 유기물과의 접촉은 매우 위험하다.

㉤ 흡습성이나 조해성이 없다.

㉥ 400℃ 정도로 가열하면 아질산칼륨(KNO_2)과 산소(O_2)가 발생한다.

㉦ 흑색 화약의 원료(질산칼륨 75%, 황 15%, 목탄 10%)로 사용한다.

㉧ 유기물과 접촉을 피하고, 건조한 장소에 보관한다.

㉨ 비중 2.10, 융점 339℃, 용해도(15℃) 26, 분해온도 400℃이다.

28. 질산칼륨에 대한 설명 중 틀린 것은?

① 무색의 결정 또는 백색 분말이다.
② 비중이 약 0.81, 녹는점은 약 200℃이다.
③ 가열하면 열분해하여 산소를 방출한다.
④ 흑색화약의 원료로 사용된다.

해설 질산칼륨(KNO_3)은 비중 2.10, 융점 339℃, 분해온도 400℃이다.

29. 제1류 위험물로서 조해성이 있으며 흑색화약의 원료로 사용하는 것은?

① 염소산칼륨
② 과염소산나트륨
③ 과망간산암모늄
④ 질산칼륨

해설 ㉮ 질산칼륨(KNO_3)은 흑색화약의 원료로 사용된다.
㉯ 흑색화약의 성분 조성 : 질산칼륨 75%, 황 15%, 목탄 10%

30. 질산암모늄에 관한 설명 중 틀린 것은?

① 상온에서 고체이다.
② 폭약의 제조 원료로 사용할 수 있다.
③ 흡습성과 조해성이 있다.
④ 물과 반응하여 발열하고 다량의 가스를 발생한다.

해설 질산암모늄(NH_4NO_3)의 특징

㉮ 제1류 위험물 중 질산염류에 해당되며 지정수량은 300kg이다.

㉯ 무취의 백색 결정 고체로 물, 알코올, 알칼리에 잘 녹는다.

㉰ 조해성이 있으며 물에 녹을 때는 흡열 반응을 나타낸다.

㉱ 220℃에서 분해되어 아산화질소(N_2O)와 수증기(H_2O)를 발생하며, 급격한 가열이나 충격을 주면 단독으로 분해·폭발한다.

㉲ 가연물, 유기물을 섞거나 가열, 충격, 마찰을 주면 폭발한다.

㉳ 경유 6%, 질산암모늄 94%를 혼합한 것은 안투폭약이라 하며, 공업용 폭약이 된다(폭약의 제조 원료로 사용한다).

㉴ 화재 시 소화 방법으로는 주수 소화가 적합하다.

31. 질산암모늄이 가열분해하여 폭발이 되었을 때 발생되는 물질이 아닌 것은?

① 질소　② 물
③ 산소　④ 수소

해설 ㉮ 질산암모늄(NH_4NO_3)은 급격한 가열이나 충격을 주면 단독으로도 분해·폭발한다.
㉯ 반응식 : $2NH_4NO_3 \rightarrow 4H_2O + 2N_2 \uparrow + O_2 \uparrow$
㉰ 발생되는 물질 : 물(H_2O), 질소(N_2), 산소(O_2)

32. 과망간산칼륨과 혼촉하였을 때 위험성이 가장 낮은 물질은?

① 물　② 에테르
③ 글리세린　④ 염산

해설 과망간산칼륨($KMnO_4$)의 위험성

㉮ 제1류 위험물 중 과망간산염류에 해당하고, 지정수량은 1000kg이다.

㉯ 알코올, 에테르(디에틸에테르), 글리세린 등 유기물과 접촉 시 폭발할 위험이 있다.

㉰ 강산화제이며, 진한 황산과 접촉하면 폭발적으로 반응한다.

정답 28. ② 29. ④ 30. ④ 31. ④ 32. ①

㉣ 염산(HCl)과 반응하여 독성인 염소(Cl_2)를 발생한다.
㉤ 목탄, 황 등 환원성 물질과 접촉 시 폭발의 위험이 있다.
㉥ 물에 녹아 진한 보라색이 되며, 강한 산화력과 살균력을 갖는다.

참고 '과망간산칼륨'을 '과망가니즈산칼륨'으로 지칭하는 경우도 있다.

33. 다음 위험물 중 가열 시 분해온도가 가장 낮은 것은?

① $KClO_3$ ② Na_2O_2
③ NH_4ClO_4 ④ KNO_3

해설 제1류 위험물의 분해온도

품명	분해온도
염소산칼륨($KClO_3$)	400℃
과산화나트륨(Na_2O_2)	460℃
과염소산암모늄(NH_4ClO_4)	130℃
질산칼륨(KNO_3)	400℃

34. 다음 중 물에 대한 용해도가 가장 낮은 물질은?

① $NaClO_3$ ② $NaClO_4$
③ $KClO_4$ ④ NH_4ClO_4

해설 제1류 위험물의 물에 대한 용해도
㉮ 과염소산칼륨($KClO_4$)은 물에 녹지 않는다.
㉯ 염소산나트륨($NaClO_3$), 과염소산나트륨($NaClO_4$), 과염소산암모늄(NH_4ClO_4)은 물에 잘 녹는 성질을 가지고 있다.

참고 물에 잘 녹지 않는 과염소산칼륨($KClO_4$)이 제1류 위험물 4가지 중 용해도가 가장 낮다.

정답 33. ③ 34. ③

1-3 | 제2류 위험물

1 제2류 위험물의 지정수량 및 공통적인 성질

(1) 지정수량

<table>
<tr><th>유별</th><th>성질</th><th>품명</th><th>지정수량</th><th>위험등급</th></tr>
<tr><td rowspan="10">제2류
위험물</td><td rowspan="10">가연성
고체</td><td>1. 황화인</td><td>100kg</td><td rowspan="3">Ⅱ</td></tr>
<tr><td>2. 적린</td><td>100kg</td></tr>
<tr><td>3. 유황</td><td>100kg</td></tr>
<tr><td>4. 철분</td><td>500kg</td><td rowspan="3">Ⅲ</td></tr>
<tr><td>5. 금속분</td><td>500kg</td></tr>
<tr><td>6. 마그네슘</td><td>500kg</td></tr>
<tr><td>7. 그 밖에 행정안전부령으로 정하는 것</td><td rowspan="2">100kg 또는
500kg</td><td rowspan="2">Ⅱ~Ⅲ</td></tr>
<tr><td>8. 제1호 내지 제10호의 1에 해당하는 어느 하나 이상을 함유한 것</td></tr>
<tr><td>9. 인화성 고체</td><td>1000kg</td><td>Ⅲ</td></tr>
</table>

[비고] 위험물 안전관리법 시행령 별표1

① "가연성 고체"라 함은 고체로서 화염에 의한 발화의 위험성 또는 인화의 위험성을 판단하기 위하여 고시로 정하는 시험에서 고시로 정하는 성질과 상태를 나타내는 것을 말한다.

② 유황은 순도가 60 중량% 이상인 것을 말한다. 이 경우 순도 측정에 있어서 불순물은 활석 등 불연성 물질과 수분에 한한다.

③ "철분"이라 함은 철의 분말로서 53마이크로미터의 표준체를 통과하는 것이 50 중량% 미만인 것은 제외한다.

④ "금속분"이라 함은 알칼리 금속·알칼리 토류 금속·철 및 마그네슘 외의 금속의 분말을 말하고, 구리분·니켈분 및 150마이크로미터의 체를 통과하는 것이 50 중량% 미만인 것은 제외한다.

⑤ 마그네슘 및 제2류 제8호의 물품 중 마그네슘을 함유한 것에 있어서는 다음 각목의 1에 해당하는 것은 제외한다.

㉮ 2밀리미터의 체를 통과하지 아니하는 덩어리 상태의 것

㉯ 직경 2밀리미터 이상의 막대 모양의 것

⑥ 황화인·적린·유황 및 철분은 ①의 규정에 의한 성상이 있는 것으로 본다.

⑦ "인화성 고체"라 함은 고형알코올 그 밖에 1기압에서 인화점이 40℃ 미만인 고체를 말한다.

(2) 공통적인 성질

① 비교적 낮은 온도에서 착화하기 쉬운 가연성 물질이다.

② 비중은 1보다 크며, 연소 시 유독가스를 발생시키는 것도 있다.

③ 연소속도가 대단히 빠르며, 금속분은 물이나 산과 접촉하면 확산 폭발한다.

④ 대부분 물에는 불용이며, 산화하기 쉬운 물질이다.

⑤ 강력한 환원성 물질로 산화제와 접촉, 마찰로 착화되면 급격히 연소한다.

(3) 저장 및 취급 시 주의사항

① 점화원에서 멀리하고 가열을 피한다.

② 용기 파손으로 위험물의 누설에 주의하고 산화제와의 접촉을 피한다.

③ 습기를 유의하고 용기는 밀봉해야 한다.

④ 금속분의 물이나 산과의 접촉을 피한다.

(4) 소화 방법

① 주수에 의한 냉각 소화

② 금속분의 화재에는 마른 모래(건조사)의 피복 소화

2 제2류 위험물의 화학적 성질 및 저장·취급

(1) 황화인(황화린, 지정수량 : 100kg)

① 삼황화인(P_4S_3), 오황화인(P_2S_5), 칠황화인(P_4S_7)

㈎ 일반적 성질

㉮ 삼황화인(P_4S_3)은 물, 염소, 염산, 황산에는 녹지 않으나 질산, 이황화탄소, 알칼리에는 녹는다.

㉯ 오황화인(P_2S_5)은 물, 알칼리에 의해 황화수소(H_2S)와 인산(H_3PO_4)으로 분해된다.

$P_2S_5 + 8H_2O \rightarrow 5H_2S + 2H_3PO_4$

㉰ 칠황화인(P_4S_7)은 찬물에는 서서히, 더운물에는 급격히 녹아 분해되면서 황화수소(H_2S)와 인산을 발생한다.

황화인(황화린)의 종류 및 성질

종류 성질	삼황화인(P_4S_3)	오황화인(P_2S_5)	칠황화인(P_4S_7)
색상	황색 결정	담황색 결정	담황색 결정
비중	2.03	2.09	2.19
비점	407℃	514℃	523℃
융점	172.5℃	290℃	310℃
물에 대한 용해성	불용성	조해성	조해성
CS_2에 대한 용해도	소량	76.9g/100g	0.029g/100g

㈏ 위험성

㉮ 황화인(황화린)이 분해하면 발생하는 황화수소(H_2S) 가스는 가연성이며 유독하다.

㉯ 황린, 과산화물, 과망간산염, 금속분(Pb, Sn, 유기물)과 접촉하면 자연 발화한다.

㉰ 미립자를 흡수했을 때는 기관지 및 눈의 점막을 자극한다.

㉱ 삼황화인(P_4S_3)과 오황화인(P_2S_5)이 공기 중에서 연소하면 오산화인(P_2O_5)과 아황산가스(SO_2)가 발생한다.

$P_4S_3 + 8O_2 \rightarrow 2P_2O_5 + 3SO_2 \uparrow$

$P_2S_5 + 7.5O_2 \rightarrow P_2O_5 + 5SO_2 \uparrow$

㈐ 저장 및 취급 방법

㉮ 자연 발화성이므로 산화제, 금속분, 과산화물, 과망간산염 등과 격리하여 저장한다.

㉯ 소량이면 유리병에 넣고, 대량일 때는 양철통에 넣은 다음 나무상자 속에 보관한다.

㉰ 가열, 충격, 마찰을 피하고 통풍이 잘 되는 냉암소에 저장한다.

㈑ 소화 방법 : 마른 모래(건조사), 탄산가스(CO_2), 건조소금 분말 등으로 질식 소화한다.

(2) 적린(지정수량 : 100kg)

① 적린(P : 자인, 홍인, 붉은인)

㈎ 일반적 성질

㉮ 안정한 암적색, 무취의 분말로 황린과 동소체이다.

㉯ 물, 에틸알코올, 가성소다(NaOH), 이황화탄소(CS_2), 에테르, 암모니아에 용해하지 않는다.

㉰ 독성이 없고 어두운 곳에서 인광을 내지 않는다.

㉱ 상온에서 할로겐 원소와 반응하지 않는다.

㉲ 비중 2.2, 융점(43atm) 590℃, 승화점 400℃, 발화점 260℃이다.

㈏ 위험성

㉮ 독성이 없고 자연발화의 위험성이 없으나 산화물(염소산염류 등의 산화제)과 공존하면 낮은 온도에서도 발화할 수 있다.

㉯ 공기 중에서 연소하면 오산화인(P_2O_5)이 되면서 백색 연기를 낸다.

$4P + 5O_2 \rightarrow 2P_2O_5$

㈐ 저장 및 취급 방법

㉮ 서늘한 장소에 저장하며, 화기접근을 금지한다.

㉯ 산화제, 특히 염소산염류의 혼합은 절대 금지한다.

㉰ 인화성, 발화성, 폭발성 물질 등과는 멀리하여 저장한다.

(라) 소화 방법 : 주수에 의한 냉각 소화나 마른 모래(건조사) 등에 의한 질식 소화

(3) 유황(지정수량 : 100kg)

① 사방황, 단사황, 고무상황

(가) 일반적 성질

㉮ 노란색 고체로 열 및 전기의 불량도체이며 물이나 산에 녹지 않는다.

㉯ 저온에서는 안정하나 높은 온도에서는 여러 원소와 황화물을 만든다.

㉰ 사방정계를 가열하면 95.5℃에서 단사정계가 되고 단사정계를 계속 가열하면 갈색(160℃)에서 흑색 불투명으로 변하여 250℃에서 유동성이 되고 445℃에서 끓는다.

㉱ 공기 중에서 연소하면 푸른 불꽃을 발하며, 유독한 아황산가스(SO_2)를 발생한다.

$S + O_2 \rightarrow SO_2$

유황의 종류 및 성질

성질 \ 종류	사방황	단사황	고무상황
색상	노란색	노란색	흑갈색
비중	2.07	1.95	1.92
융점	113℃	119℃	-
결정형	팔면체	바늘 모양	무정형
온도에 대한 안정성	95.5℃ 이하에서 안정	95.5℃ 이상에서 안정	-
CS_2에 대한 용해도	잘 녹음	잘 녹음	안 녹음

(나) 위험성

㉮ 산화제나 목탄가루 등과 혼합되어 있을 때 마찰이나 열에 의해 착화, 폭발을 일으킨다.

㉯ 황가루가 공기 중에 떠 있을 때는 분진 폭발의 위험성이 있다.

㉰ 용융황은 염소(Cl_2)와 적열된 코크스(C)와 반응하여 인화성이 강한 염화황(S_2Cl_2), 이황화탄소(CS_2)가 되므로 위험하다.

$Cl_2 + 2S \rightarrow S_2Cl_2$, $C + 2S \rightarrow CS_2$

(다) 저장 및 취급 방법

㉮ 산화제와 멀리하고 화기에 주의한다.

㉯ 정전기의 축적을 방지하며 가열, 충격, 마찰을 피한다.

㉰ 분말은 분진 폭발의 위험이 있으므로 취급하는 데 특히 주의하여야 한다.

㈑ 소화 방법 : 다량의 물이나 탄산가스(CO_2), 모래 등의 질식 소화

(4) 철분(지정수량 : 500kg)

㈎ 일반적 성질

㉮ 회백색의 분말이며, 강자성체이지만 776℃에서 강자성을 상실한다.

㉯ 강산화제인 발연질산에 넣었다 꺼내면 산화피복을 형성하여 부동태(passivity)가 된다.

㉰ 알칼리에 녹지 않지만 산화력을 갖지 않은 묽은 산에 용해된다.

$Fe+4HNO_3 \rightarrow Fe(NO_3)_3+NO+2H_2O$

㉱ 가열하면 수증기(H_2O)와 작용해서 수소(H_2)를 발생하고 사산화삼철(Fe_3O_4)을 만든다.

$3Fe+4H_2O \rightarrow Fe_3O_4+4H_2\uparrow$

㉲ 분자량 55.8, 비중 7.86, 융점 1530℃, 비등점 2750℃이다.

㉳ 공기 중에서 서서히 산화하여 은백색의 광택을 잃으면서 황갈색으로 변화된다.

$4Fe+3O_2 \rightarrow 2Fe_2O_3$

㈏ 위험성 : 비교적 다른 금속분에 비하여 위험성은 적으나 기름이 묻은 분말은 자연발화하는 경우도 있다.

㈐ 저장 및 취급 방법

㉮ 가열, 충격, 마찰을 피한다.

㉯ 직사광선을 피하고 냉암소에 보관한다.

㉰ 산화제와 격리한다.

㈑ 소화 방법 : 탄산수소염류 또는 마른 모래(건조사)로 소화한다.

(5) 금속분(지정수량 : 500kg)

① 알루미늄(Al)분

㈎ 일반적 성질

㉮ 은백색의 경금속으로 전성, 연성이 풍부하며 열전도율 및 전기전도도가 크다.

㉯ 공기 중에 방치하면 표면에 얇은 산화피막(산화알루미늄, 알루미나)을 형성하여 내부를 부식으로부터 보호한다.

$4Al+3O_2 \rightarrow 2Al_2O_3+339kcal$

㉰ 산과 알칼리에 녹아 수소(H_2)를 생성한다.

$2Al+6HCl \rightarrow 2AlCl_3+3H_2\uparrow$

$2Al+2NaOH+2H_2O \rightarrow 2NaAlO_2+3H_2\uparrow$

㉣ 진한 질산과는 반응이 잘 되지 않으나 묽은 염산, 황산, 묽은 질산에는 잘 녹는다.

㉤ 금속 산화물을 환원시킨다.

$3Fe_3O_4 + 8Al \rightarrow 4Al_2O_3 + 9Fe$

㉥ 물(H_2O)과 반응하여 수소를 발생한다.

$2Al + 6H_2O \rightarrow 2Al(OH)_3 + 3H_2\uparrow$

㉦ 비중 2.71, 융점 658.8℃, 비점 2060℃이다.

(나) 위험성

㉮ 산화제와 혼합 시 가열, 충격, 마찰에 의하여 착화한다.

㉯ 할로겐 원소와 접촉하면 자연발화의 위험성이 있다.

㉰ 알칼리 금속보다 착화성은 적으나, 연소되면 많은 열을 발생시킨다.

$4Al + 3O_2 \rightarrow 2Al_2O_3 + 339kcal$

㉣ 습기나 수분에 의해 자연 발화하기도 한다.

(다) 저장 및 취급 방법

㉮ 산화제, 수분, 할로겐 원소와 접촉을 금지한다.

㉯ 분진폭발 위험이 있으므로 분진이 날리지 않도록 하고 화기에 주의한다.

(라) 소화 방법 : 마른 모래(건조사)를 이용한다.

② 아연(Zn)분

(가) 일반적 성질

㉮ 은백색의 분말로 공기 중에서 가열하면 빛을 내며 산화아연(ZnO)이 된다.

$2Zn + O_2 \rightarrow 2ZnO$

㉯ 산과 알칼리에 녹아서 수소를 생성한다.

$Zn + 2HCl \rightarrow ZnCl_2 + H_2\uparrow$

$Zn + 2NaOH \rightarrow Na_2ZnO_2 + H_2\uparrow$

㉰ 비중 7.142, 융점 419.5℃, 비점 907℃이다.

(나) 위험성 : 마그네슘(Mg)과 비슷하지만 위험성은 적다.

(다) 저장 및 취급 방법 : 직사광선, 높은 온도를 피하고 냉암소에 저장한다.

(라) 소화 방법 : 마그네슘(Mg)분에 준한다.

③ 안티몬(Sb)분

(가) 일반적 성질

㉮ 은백색의 광택이 나는 금속 분말이다.

㉯ 흑색 안티몬 분말은 공기 중에서 쉽게 산화하고 폭발한다.

$4Sb + 3O_2 \rightarrow 2Sb_2O_2$

㉰ 비중 6.69, 융점 630℃, 비점 1750℃이다.

(나) 위험성

㉮ 유독하며 흑색 안티몬은 공기 중에서 쉽게 발화한다.

㉯ 산화하기 쉽고, 약간의 자극, 가열에 의해 폭발적으로 회색 안티몬으로 변한다.

㉰ 물, 염산, 묽은 황산, 알칼리 수용액에 녹지 않지만 왕수, 뜨겁고 진한 황산에는 녹는다.

(다) 저장 및 취급 방법

㉮ 가열, 충격, 마찰을 피한다.

㉯ 직사광선을 피하고 냉암소에 저장한다.

(라) 소화 방법 : 마른 모래(건조사)를 이용한다.

(6) 마그네슘(지정수량 : 500kg)

(가) 일반적 성질

㉮ 은백색의 광택이 있는 가벼운 금속 분말이다.

㉯ 알루미늄보다 열전도율 및 전기전도도가 낮다.

㉰ 알칼리 금속에는 침식당하지 않지만 산이나 염류에는 침식된다.

㉱ 산 및 더운물과 반응하여 수소(H_2)를 생성한다.

$Mg + 2HCl \rightarrow MgCl_2 + H_2\uparrow$

$Mg + 2H_2O \rightarrow Mg(OH)_2 + H_2\uparrow$

㉲ 비중 1.74, 융점 651℃, 비점 1102℃, 발화점 400℃ 부근이다.

(나) 위험성

㉮ 공기 중의 습기나 수분에 의하여 자연 발화하는 경우도 있다.

㉯ 산화제와의 혼합물은 타격이나 충격에 의해 쉽게 착화된다.

㉰ 많은 양이 점화가 되면 발열량이 크고 온도가 높아져서 자외선을 품은 불꽃을 내면서 연소하므로 소화하기가 곤란하고 위험성도 크다.

$2Mg + O_2 \rightarrow 2MgO + 287.4kcal$

㉱ 질소(N_2) 속에서 가열하면 질화마그네슘(Mg_3N_2)이 된다.

$3Mg + N_2 \rightarrow Mg_3N_2$

㉲ 화재 시 이산화탄소 소화약제를 사용하면 탄소(C) 및 유독성이고 가연성인 일산화탄소(CO)가 발생하므로 부적합하다.

$2Mg + CO_2 \rightarrow 2MgO + C$

$Mg + CO_2 \rightarrow MgO + CO\uparrow$

㈐ 저장 및 취급 방법

㉮ 가열, 마찰, 충격을 피하고 산화제, 수분, 할로겐 원소와 접촉을 피한다.

㉯ 분진폭발 위험이 있으므로 분진이 날리지 않도록 포장해서 주의하여 이동한다.

㈑ 소화 방법 : 분말의 비산을 막기 위하여 마른 모래, 담요 등으로 피복 후 주수 소화를 한다.

(7) 인화성 고체(지정수량 : 1000kg)

"인화성 고체"라 함은 고형알코올 그 밖에 1기압에서 인화점이 40℃ 미만인 고체로 고형알코올, 래커퍼티, 고무풀, 메타알데히드, 제3부틸알코올 등이다.

예상 문제

1. 제2류 위험물에 해당하는 것은?

① 마그네슘과 나트륨
② 황화인과 황린
③ 수소화리튬과 수소화나트륨
④ 유황과 적린

해설 제2류 위험물 종류 : 황화인, 적린, 유황, 철분, 금속분, 마그네슘, 인화성 고체

2. 위험물 안전관리법령에서 정의한 철분의 정의로 옳은 것은?

① "철분"이라 함은 철의 분말로서 53마이크로미터의 표준체를 통과하는 것이 50중량퍼센트 미만인 것은 제외한다.
② "철분"이라 함은 철의 분말로서 50마이크로미터의 표준체를 통과하는 것이 53중량퍼센트 미만인 것은 제외한다.
③ "철분"이라 함은 철의 분말로서 53마이크로미터의 표준체를 통과하는 것이 50부피퍼센트 미만인 것은 제외한다.
④ "철분"이라 함은 철의 분말로서 50마이크로미터의 표준체를 통과하는 것이 53부피퍼센트 미만인 것은 제외한다.

해설 철분의 정의 [시행령 별표1] : "철분"이라 함은 철의 분말로서 53마이크로미터의 표준체를 통과하는 것이 50 중량% 미만인 것은 제외한다.

★
3. 제2류 위험물의 화재에 대한 일반적인 특징을 가장 옳게 설명한 것은?

① 연소 속도가 빠르다.
② 산소를 함유하고 있어 질식 소화는 효과가 없다.
③ 화재 시 자신이 환원되고 다른 물질을 산화시킨다.
④ 연소열이 거의 없어 초기 화재 시 발견이 어렵다.

해설 제2류 위험물의 공통적인 특징
㉮ 비교적 낮은 온도에서 착화하기 쉬운 가연성 고체 물질이다.
㉯ 비중은 1보다 크며, 연소 시 유독가스를 발생하는 것도 있다.
㉰ 연소 속도가 대단히 빠르며, 금속분은 물이나 산과 접촉하면 확산 폭발한다.
㉱ 대부분 물에는 불용이며, 산화하기 쉬운 물질이다.
㉲ 강력한 환원성 물질로 산화제와 접촉, 마찰로 착화되면 급격히 연소한다.

4. 위험물 안전관리법령상 위험물의 지정수량이 틀리게 짝지어진 것은?

① 황화인 : 50kg ② 적린 : 100kg
③ 철분 : 500kg ④ 금속분 : 500kg

해설 제2류 위험물 종류 및 지정수량

품명	지정수량
황화인, 적린, 유황	100kg
철분, 금속분, 마그네슘	500kg
인화성 고체	1000kg
그 밖에 행정안전부령으로 정하는 것	100kg 또는 500kg

5. 다음 표의 빈칸(ⓐ, ⓑ)에 알맞은 품명은?

품명	지정수량
ⓐ	100킬로그램
ⓑ	1000킬로그램

① ⓐ : 철분, ⓑ : 인화성 고체
② ⓐ : 적린, ⓑ : 인화성 고체
③ ⓐ : 철분, ⓑ : 마그네슘
④ ⓐ : 적린, ⓑ : 마그네슘

정답 1. ④ 2. ① 3. ① 4. ① 5. ②

해설 ㉮ 예제에 주어진 것은 제2류 위험물에 해당된다.

㉯ 제2류 위험물 종류 및 지정수량

품명	지정수량
황화인, 적린, 유황	100kg
철분, 금속분, 마그네슘	500kg
인화성 고체	1000kg
그 밖에 행정안전부령으로 정하는 것	100kg 또는 500kg

★★
6. 황화인에 대한 설명으로 틀린 것은?

① 고체이다.
② 가연성 물질이다.
③ P_4S_3, P_2S_5 등의 물질이 있다.
④ 물질에 따른 지정수량은 50kg, 100kg, 300kg이다.

해설 황화인(황화린)의 특징

㉮ 제2류 위험물로 지정수량 100kg이다.
㉯ 황화인 종류에는 삼황화인(P_4S_3), 오황화인(P_2S_5), 칠황화인(P_4S_7)이 있다.
㉰ 삼황화인(P_4S_3)은 물, 염소, 염산, 황산에는 녹지 않으나 질산, 이황화탄소, 알칼리에는 녹는다. 공기 중에서 연소하면 오산화인(P_2O_5)과 아황산가스(SO_2)가 발생한다.
㉱ 오황화인(P_2S_5)은 담황색 결정으로 조해성이 있으며 물, 알칼리에 의해 유독한 황화수소(H_2S)와 인산(H_3PO_4)으로 분해된다.
㉲ 칠황화인(P_4S_7)은 담황색 결정으로 조해성이 있으며 찬물에는 서서히, 더운물에는 급격히 녹아 분해되면서 황화수소(H_2S)와 인산(H_3PO_4)을 발생한다.

7. 다음 중 조해성이 있는 황화인만 모두 선택하여 나열한 것은?

P_4S_3, P_2S_5, P_4S_7

① P_4S_3, P_2S_5　② P_4S_3, P_4S_7
③ P_2S_5, P_4S_7　④ P_4S_3, P_2S_5, P_4S_7

해설 황화인의 종류 : 삼황화인(P_4S_3), 오황화인(P_2S_5), 칠황화인(P_4S_7)

8. 황화인의 성질에 해당되지 않는 것은?

① 공통적으로 유독한 연소 생성물이 발생한다.
② 종류에 따라 용해성질이 다를 수 있다.
③ P_4S_3의 녹는점은 100℃ 보다 높다.
④ P_2S_5는 물보다 가볍다.

해설 황화인(황화린)의 종류 및 성질

구분	삼황화인 (P_4S_3)	오황화인 (P_2S_5)	칠황화인 (P_4S_7)
색상	황색 결정	담황색 결정	담황색 결정
비중	2.03	2.09	2.19
비점	407℃	514℃	523℃
융점	172.5℃	290℃	310℃
물에 대한 용해성	불용성	조해성	조해성
CS_2에 대한 용해도	소량	76.9g/100g	0.029g/100g

참고 공통적으로 공기 중에서 연소하면 오산화인(P_2O_5)과 아황산가스(SO_2)가 발생한다.

9. P_4S_3이 가장 잘 녹는 것은?

① 염산　② 이황화탄소
③ 황산　④ 냉수

해설 삼황화인(P_4S_3)

㉮ 제2류 위험물 중 황화인에 속하는 것으로 지정수량 100kg이다.
㉯ 삼황화인(P_4S_3)은 물, 염소, 염산, 황산에는 녹지 않으나 질산, 이황화탄소, 알칼리에는 녹는다.

10. 오황화인에 관한 설명으로 옳은 것은?

정답 6. ④ 7. ③ 8. ④ 9. ② 10. ②

① 물과 반응하면 불연성기체가 발생된다.
② 담황색 결정으로서 흡습성과 조해성이 있다.
③ P_2S_5로 표현되며 물에 녹지 않는다.
④ 공기 중에서 자연발화한다.

해설 오황화인(P_2S_5)의 특징
㉮ 제2류 위험물 중 황화인에 해당되며 지정수량 100kg이다.
㉯ 담황색 결정으로 흡습성과 조해성이 있고, 이황화탄소(CS_2)에 녹는다(조해성이 있으므로 물에 녹는 것이다).
㉰ 물, 알칼리에 의해 황화수소(H_2S)와 인산(H_3PO_4)으로 분해된다.
$P_2S_5 + 8H_2O \rightarrow 5H_2S + 2H_3PO_4$
㉱ 공기 중에서 연소하면 오산화인(P_2O_5)과 아황산가스(SO_2)가 발생한다.
$P_2S_5 + 7.5O_2 \rightarrow P_2O_5 + 5SO_2 \uparrow$
㉲ 자연발화성이므로 산화제, 금속분, 과산화물, 과망간산염 등과 격리하여 저장한다.
㉳ 소량이면 유리병에 넣고, 대량일 때는 양철통에 넣은 다음 나무상자 속에 보관한다.
㉴ 가열, 충격, 마찰을 피하고 통풍이 잘 되는 냉암소에 저장한다.
㉵ 비중 2.09, 비점 514℃, 융점 290℃이다.

참고 오황화인(P_2S_5)이 공기 중에서 쉽게 자연발화하는 것이 아니라 황린, 과산화물, 과망간산염, 금속분(Pb, Sn, 유기물)과 접촉하는 것과 같이 조건이 충족되어야 자연발화한다.

★★
11. 다음 중 오황화인이 물과 작용해서 발생하는 기체는?

① 이황화탄소 ② 황화수소
③ 포스겐가스 ④ 인화수소

해설 오황화인(P_2S_5)
㉮ 물과 반응하여 황화수소(H_2S)와 인산(H_3PO_4)으로 분해된다.
㉯ 반응식 : $P_2S_5 + 8H_2O \rightarrow 5H_2S + 2H_3PO_4$

12. 다음 중 오황화인의 저장 및 취급방법으로 틀린 것은?

① 산화제와 접촉을 피한다.
② 물속에 밀봉하여 저장한다.
③ 불꽃과의 접근이나 가열을 피한다.
④ 용기의 파손, 위험물의 누출에 유의한다.

해설 오황화인(P_2S_5)은 물과 반응하여 가연성이며 유독한 황화수소(H_2S)와 인산(H_3PO_4)으로 분해되므로 물속에 저장하는 것은 부적합하다.
$P_2S_5 + 8H_2O \rightarrow 5H_2S + 2H_3PO_4$

13. P_4S_7에 고온의 물을 가하면 분해된다. 이때 주로 발생하는 유독 물질의 명칭은?

① 아황산 ② 황화수소
③ 인화수소 ④ 오산화린

해설 칠황화인(P_4S_7)은 찬물에는 서서히, 더운물에는 급격히 녹아 분해되면서 황화수소(H_2S)와 인산이 발생한다.

★
14. 삼황화인과 오황화인의 공통 연소 생성물을 모두 나타낸 것은?

① H_2S, SO_2 ② P_2O_5, H_2S
③ SO_2, P_2O_5 ④ H_2S, SO_2, P_2O_5

해설 ㉮ 삼황화인(P_4S_3)과 오황화인(P_2S_5)이 공기 중에서 연소하면 오산화인(P_2O_5)과 아황산가스(SO_2)가 발생한다.
㉯ 연소 반응식 및 연소 생성물
㉠ 삼황화인 : $P_4S_3 + 8O_2 \rightarrow 2P_2O_5 + 3SO_2 \uparrow$
㉡ 오황화인 : $P_2S_5 + 7.5O_2 \rightarrow P_2O_5 + 5SO_2 \uparrow$

15. 적린에 관한 설명 중 틀린 것은?

① 황린의 동소체이고 황린에 비하여 안정하다.
② 성냥, 화약 등에 이용된다.
③ 연소 생성물은 황린과 같다.
④ 자연발화를 막기 위해 물속에 보관한다.

해설 적린(P)의 특징
㉮ 제2류 위험물로 지정수량 100kg이다.

정답 11. ② 12. ② 13. ② 14. ③ 15. ④

㉯ 안정한 암적색, 무취의 분말로 황린과 동소체이다.
㉰ 물, 에틸알코올, 가성소다(NaOH), 이황화탄소(CS_2), 에테르, 암모니아에 용해하지 않는다.
㉱ 독성이 없고 어두운 곳에서 인광을 내지 않는다.
㉲ 상온에서 할로겐 원소와 반응하지 않는다.
㉳ 독성이 없고 자연발화의 위험성이 없으나 산화물(염소산염류 등의 산화제)과 공존하면 낮은 온도에서도 발화할 수 있다.
㉴ 공기 중에서 연소하면 오산화인(P_2O_5)이 되면서 백색 연기를 낸다.
㉵ 적린의 성질 : 비중 2.2, 융점(43atm) 590℃, 승화점 400℃, 발화점 260℃

참고 자연발화를 방지하기 위해 물 속에 저장하는 것은 제3류 위험물인 황린(P_4)이다.

16. **황린을 밀폐용기 속에서 260℃로 가열하여 얻은 물질을 연소시킬 때 주로 생성되는 물질은?**

① P_2O_5 ② CO_2 ③ PO_2 ④ CuO

해설 ㉮ 황린(P_4)을 공기를 차단하고 약 260℃로 가열하면 적린(P)이 된다.
㉯ 적린(P)이 공기 중에서 연소하면 오산화인(P_2O_5)이 되면서 백색 연기를 낸다.
$4P+5O_2 \rightarrow 2P_2O_5$

17. **적린이 공기 중에서 연소할 때 생성되는 물질은?**

① P_2O ② PO_2 ③ PO_3 ④ P_2O_5

해설 적린(P)을 공기 중에서 연소하면 오산화인(P_2O_5)이 되면서 백색 연기를 낸다.
$4P+5O_2 \rightarrow 2P_2O_5$

18. **적린의 위험성에 대한 설명으로 옳은 것은?**

① 발화 방지를 위해 염소산칼륨과 함께 보관한다.
② 물과 격렬하게 반응하여 열을 발생한다.
③ 공기 중에 방치하면 자연발화한다.
④ 산화제와 혼합한 경우 마찰·충격에 의해서 발화한다.

해설 적린(P)의 위험성 : 독성이 없고 자연발화의 위험성이 없으나 산화물(염소산염류 등의 산화제)과 공존하면 낮은 온도에서도 발화할 수 있다.

19. **적린과 오황화인의 공통 연소 생성물은?**

① SO_2 ② H_2S ③ P_2O_5 ④ H_3PO_4

해설 적린(P)과 오황화인(P_2S_5)의 비교

구분	적린	오황화인
유별	제2류	제2류
지정수량	100kg	100kg
위험등급	Ⅱ	Ⅱ
색상	암적색 분말	담황색 결정
이황화탄소(CS_2) 용해도	용해하지 않는다.	용해한다.
물의 용해도	용해하지 않는다.	용해한다.
연소 생성물	오산화인(P_2O_5)	오산화인(P_2O_5), 아황산가스(SO_2)
비중	2.2	2.09
소화방법	분무 주수	질식 소화

20. **유황(S)에 대한 설명으로 옳은 것은?**

① 불연성이지만 산화제 역할을 하기 때문에 가연물과의 접촉은 위험하다.
② 유기용제, 알코올, 물 등에 매우 잘 녹는다.
③ 사방황, 고무상황과 같은 동소체가 있다.
④ 전기도체이므로 감전에 주의한다.

해설 황(유황)의 특징
㉮ 제2류 위험물로 지정수량 100kg이다.
㉯ 노란색 고체로 열 및 전기의 불량도체이므로 정전기 발생에 유의하여야 한다.
㉰ 물이나 산에는 녹지 않지만 이황화탄소

정답 16. ① 17. ④ 18. ④ 19. ③ 20. ③

(CS_2)에는 녹는다(단, 고무상 황은 녹지 않음).

㉣ 저온에서는 안정하나 높은 온도에서는 여러 원소와 황화물을 만든다.

㉤ 사방황, 단사황, 고무상황과 같은 동소체가 있다.

㉥ 공기 중에서 연소하면 푸른 불꽃을 발하며, 유독한 아황산가스(SO_2)가 발생한다.

㉦ 가연성 고체로 환원성 성질을 가지므로 산화제나 목탄가루 등과 혼합되어 있을 때 마찰이나 열에 의해 착화, 폭발을 일으킨다.

㉧ 황가루가 공기 중에 떠 있을 때는 분진 폭발의 위험성이 있다.

㉨ 이산화탄소(CO_2)와 반응하지 않으므로 소화방법으로 이산화탄소를 사용한다.

21. 연소 시에는 푸른 불꽃을 내며, 산화제와 혼합되어 있을 때 가열이나 충격 등에 의하여 폭발할 수 있으며 흑색화약의 원료로 사용되는 물질은?

① 적린 ② 마그네슘
③ 황 ④ 아연분

해설 ㉮ 유황(S : 황)은 흑색화약의 원료로 사용된다.
㉯ 흑색화약의 성분 조성 : 질산칼륨 75%, 황 15%, 목탄 10%

22. 황이 연소할 때 발생하는 가스는?

① H_2S ② SO_2 ③ CO_2 ④ H_2O

해설 황(유황)이 공기 중에서 연소하면 푸른 불꽃을 발하며, 유독한 아황산가스(SO_2)를 발생한다.
$S + O_2 \rightarrow SO_2$

23. 묽은 질산에 녹고, 비중이 약 2.7인 은백색의 금속은?

① 아연분 ② 마그네슘분
③ 안티몬분 ④ 알루미늄분

해설 알루미늄(Al)분 특징
㉮ 제2류 위험물 중 금속분에 해당되며 지정수량 500kg이다.
㉯ 은백색의 경금속으로 전성, 연성이 풍부하며 열전도율 및 전기전도도가 크다.
㉰ 공기 중에 방치하면 표면에 얇은 산화피막(산화알루미늄, 알루미나)을 형성하여 내부를 부식으로부터 보호한다.
㉱ 산과 알칼리에 녹아 수소(H_2)를 발생시킨다.
㉲ 진한 질산과는 반응이 잘 되지 않으나 묽은 염산, 황산, 묽은 질산에는 잘 녹는다.
㉳ 물(H_2O)과 반응하여 수소를 발생시킨다.
㉴ 비중 2.71, 융점 658.8℃, 비점 2060℃이다.

24. 알루미늄의 연소생성물을 옳게 나타낸 것은?

① Al_2O_3 ② $Al(OH)_3$
③ Al_2O_3, H_2O ④ $Al(OH)_3$, H_2O

해설 알루미늄(Al)분
㉮ 연소되면 많은 열을 발생시키고, 산화알루미나(Al_2O_3)를 생성한다.
㉯ 반응식 : $4Al + 3O_2 \rightarrow 2Al_2O_3 + 339kcal$

25. 금속분의 화재 시 주수소화를 할 수 없는 이유는?

① 산소가 발생하기 때문에
② 수소가 발생하기 때문에
③ 질소가 발생하기 때문에
④ 이산화탄소가 발생하기 때문에

해설 제2류 위험물인 금속분 화재 시 주수소화를 하면 물과 반응하여 수소가 발생하여 화재를 확대하기 때문에 사용할 수 없다.

★
26. 알루미늄분의 연소 시 주수소화하면 위험한 이유를 옳게 설명한 것은?

① 물에 녹아 산이 된다.
② 물과 반응하여 유독가스를 발생한다.
③ 물과 반응하여 수소가스를 발생한다.
④ 물과 반응하여 산소가스를 발생한다.

정답 21. ③ 22. ② 23. ④ 24. ① 25. ② 26. ③

해설 ㉮ 제2류 위험물 금속분에 해당되는 알루미늄(Al)분의 연소 시 주수소화하면 물(H_2O)과 반응하여 가연성인 수소(H_2)가 발생하므로 위험하다.
㉯ 반응식 : $2Al+6H_2O \rightarrow 2Al(OH)_3+3H_2\uparrow$
㉰ 마른 모래에 의한 질식소화가 효과적이다.

27. 마그네슘의 위험성에 관한 설명으로 틀린 것은?

① 연소 시 양이 많은 경우 순간적으로 맹렬히 폭발할 수 있다.
② 가열하면 가연성 가스를 발생한다.
③ 산화제와의 혼합물은 위험성이 높다.
④ 공기 중의 습기와 반응하여 열이 축적되면 자연발화의 위험이 있다.

해설 마그네슘(Mg)의 위험성
㉮ 제2류 위험물로 가연성 고체이다.
㉯ 공기 중의 습기나 수분에 의하여 자연발화하는 경우도 있다.
㉰ 산화제와의 혼합물은 타격이나 충격에 의해 쉽게 착화된다.
㉱ 많은 양이 점화가 되면 발열량이 크고 온도가 높아져서 자외선을 품은 불꽃을 내면서 연소하므로 소화하기가 곤란하고 위험성도 크다.
㉲ 질소(N_2) 속에서 가열하면 질화마그네슘(Mg_3N_2)이 된다.
㉳ 화재 시 이산화탄소 소화약제를 사용하면 탄소(C) 및 유독성이고 가연성인 일산화탄소(CO)가 발생하므로 부적합하다.

28. 다음 중 위험물의 반응성에 대한 설명 중 틀린 것은?

① 마그네슘은 온수와 작용하여 산소를 발생하고 산화마그네슘이 된다.
② 황린은 공기 중에서 연소하여 오산화인을 발생한다.
③ 아연 분말은 공기 중에서 연소하여 산화아연을 발생한다.
④ 삼황화인은 공기 중에서 연소하여 오산화인을 발생한다.

해설 마그네슘(Mg)
㉮ 산 및 더운물과 반응하여 수소(H_2)를 생성한다.
㉯ 반응식
$Mg+2HCl \rightarrow MgCl_2+H_2\uparrow$
$Mg+2H_2O \rightarrow Mg(OH)_2+H_2\uparrow$

29. 마그네슘에 화재가 발생하여 물을 주수하였다. 이에 대한 설명으로 옳은 것은?

① 냉각소화 효과에 의해서 화재가 진압된다.
② 주수된 물이 증발하여 질식소화 효과에 의해서 화재가 진압된다.
③ 수소가 발생하여 폭발 및 화재 확산의 위험성이 증가한다.
④ 물과 반응하여 독성가스를 발생한다.

해설 제2류 위험물인 마그네슘(Mg)은 더운물과 반응하여 수소(H_2)를 발생하므로 폭발 및 화재 확산의 위험성이 증가한다.
$Mg+2H_2O \rightarrow Mg(OH)_2+H_2\uparrow$

30. 마그네슘 분말의 화재 시 이산화탄소 소화약제는 소화 적응성이 없다. 그 이유로 가장 적합한 것은?

① 분해 반응에 의하여 산소가 발생하기 때문이다.
② 가연성의 일산화탄소 또는 탄소가 생성되기 때문이다.
③ 분해 반응에 의하여 수소가 발생하고 이 수소는 공기 중의 산소와 폭명 반응을 하기 때문이다.
④ 가연성의 아세틸렌가스가 발생하기 때문이다.

해설 ㉮ 제2류 위험물인 마그네슘(Mg) 분말 화재 시 이산화탄소 소화약제를 사용하면 이산화탄소(CO_2)와 반응하여 탄소(C) 및 유독성이고 가연성인 일산화탄소(CO)가 발생하므

정답 27. ② 28. ① 29. ③ 30. ②

로 부적합하다.

㉯ 반응식

$2Mg + CO_2 \rightarrow 2MgO + C$

$Mg + CO_2 \rightarrow MgO + CO \uparrow$

31. 위험물의 저장 방법에 대한 설명 중 틀린 것은?

① 황린은 산화제와 혼합되지 않게 저장한다.

② 황은 정전기가 축적되지 않도록 저장한다.

③ 적린은 인화성 물질로부터 격리 저장한다.

④ 마그네슘분은 분진을 방지하기 위해 약간의 수분을 포함시켜 저장한다.

해설 마그네슘(Mg)

㉮ 제2류 위험물로 물과 접촉하면 반응하여 수소(H_2)가 발생하므로 위험하다.

㉯ 마그네슘분은 분진폭발 위험이 있으므로 분진이 날리지 않도록 포장해서 주의하여 이동한다.

32. 다음은 위험물 안전관리법령에서 정한 내용이다. ( ) 안에 알맞은 용어는?

( )라 함은 고형 알코올 그 밖에 1기압에서 인화점이 섭씨 40도 미만인 고체를 말한다.

① 가연성 고체

② 산화성 고체

③ 인화성 고체

④ 자기반응성 고체

정답 31. ④ 32. ③

1-4 | 제3류 위험물

1 제3류 위험물의 지정수량 및 공통적인 성질

(1) 지정수량

유별	성질	품명	지정수량	위험등급
제3류 위험물	자연 발화성 물질 및 금수성 물질	1. 칼륨	10kg	Ⅰ
		2. 나트륨	10kg	
		3. 알킬알루미늄	10kg	
		4. 알킬리튬	10kg	
		5. 황린	20kg	
		6. 알칼리 금속(칼륨 및 나트륨을 제외한다) 및 알칼리 토금속	50kg	Ⅱ
		7. 유기금속화합물(알킬알루미늄 및 알킬리튬을 제외한다)	50kg	
		8. 금속의 수소화물	300kg	Ⅲ
		9. 금속의 인화물	300kg	
		10. 칼슘 또는 알루미늄의 탄화물	300kg	
		11.그 밖에 행정안전부령으로 정하는 것	10kg, 20kg, 50kg 또는 300kg	Ⅰ~Ⅲ
		12. 제1호 내지 제11호의 1에 해당하는 어느 하나 이상을 함유한 것		

[비고] 위험물 안전관리법 시행령 별표1

① "자연발화성 물질 및 금수성 물질"이라 함은 고체 또는 액체로서 공기 중에서 발화의 위험성이 있거나 물과 접촉하여 발화하거나 가연성가스를 발생하는 위험성이 있는 것을 말한다.

② 칼륨·나트륨·알킬알루미늄·알킬리튬 및 황린은 ①항의 규정에 의한 성상이 있는 것으로 본다.

③ 그 밖에 행정안전부령으로 정하는 것[시행규칙 제3조] : 염소화규소화합물

(2) 공통적인 성질

① 대부분이 무기물의 고체이나 알킬알루미늄과 같은 유기물의 액체도 있다.

② 물과 접촉하면 가연성 가스를 내면서 발열반응 또는 발화를 한다(단, 황린은 제외).

③ 물과 반응하여 화학적으로 활성화된다.

④ 불연성이지만 금속 칼륨, 금속 나트륨은 공기 중에서 연소하므로 가연성이다.

(3) 저장 및 취급 시 주의사항

① 작게 나눠(小分 : 소분) 저장하고, 물과의 접촉을 피한다.

② 보호액 속에 저장하는 것은 노출되지 않도록 주의한다.
③ 용기의 파손 및 부식을 방지한다.

(4) 소화 방법

마른 모래(건조사) 및 금속화재용 분말 소화약제와 팽창질석 및 팽창진주암을 사용한다.

2 제3류 위험물의 화학적 성질 및 저장·취급

(1) 칼륨(지정수량 : 10kg)

① 일반적 성질

㈎ 분자기호 K로 일명 칼리, 포타슘이라 하는 은백색을 띠는 무른 금속으로 녹는점 이상 가열하면 보라색의 불꽃을 내면서 연소한다.

㈏ 공기 중의 산소와 반응하여 광택을 잃고 산화칼륨(K_2O)의 회백색으로 변화한다.

$$2K + \frac{1}{2}O_2 \rightarrow K_2O$$

㈐ 공기 중에서 수분과 반응하여 수산화물(KOH : 수산화칼륨)과 수소(H_2)를 발생한다.

$$2K + 2H_2O \rightarrow 2KOH + H_2\uparrow + 9.8kcal$$

㈑ 연소하면 과산화칼륨(K_2O_2)이 된다.

$$2K + O_2 \rightarrow K_2O_2$$

㈒ 화학적으로 활성이 크며, 알코올과 반응하여 칼륨에틸레이트(C_2H_5OK)와 가연성 기체인 수소(H_2)를 발생시킨다.

$$2K + 2C_2H_5OH \rightarrow 2C_2H_5OK + H_2\uparrow$$

㈓ 비중 0.86, 융점 63.7℃, 비점 762℃이다.

② 위험성

㈎ 연소할 때의 증기는 수산화칼륨(KOH)를 함유하므로 피부에 접촉하거나 호흡하면 자극한다.

㈏ 피부에 접촉되면 화상을 입는다.

③ 저장 및 취급 방법

㈎ 습기나 물과 접촉하지 않도록 한다.

㈏ 산화를 방지하기 위하여 보호액(등유, 경유, 유동파라핀) 속에 넣어 저장한다.

㈐ 용기 파손 및 보호액 누설에 주의하고, 소량으로 나누어 저장한다.

㈑ 오랫동안 저장하면 표면이 수산화물이 된다(제거할 때 금속 칼륨이 떨어지므로 조심해서 제거하여야 한다).

④ 소화 방법 : 마른 모래(건조사)로 질식 소화한다.

(2) 나트륨(지정수량 : 10kg)

① 일반적 성질

(가) 분자기호 Na로 일명 금속소다, 금조라 하는 은백색의 가벼운 금속으로 연소시키면 노란 불꽃을 내며 과산화나트륨이 된다.

$4Na + O_2 \rightarrow 2Na_2O_2$

(나) 화학적으로 활성이 크며, 모든 비금속 원소와 잘 반응한다.

(다) 상온에서 물이나 알코올 등과 격렬히 반응하여 수소(H_2)를 생성한다.

$2Na + 2H_2O \rightarrow 2NaOH + H_2 \uparrow + 88.2kcal$

$2Na + 2C_2H_5OH \rightarrow 2C_2H_5ONa + H_2 \uparrow$

(라) 비중 0.97, 융점 97.7℃, 비점 880℃, 발화점 121℃이다.

② 위험성 : 피부에 접촉되면 화상을 입는다.

③ 저장 및 취급 방법

(가) 산화를 방지하기 위하여 보호액(등유, 경유, 파라핀) 속에 넣어 저장한다.

(나) 용기 파손 및 보호액 누설에 주의하고, 습기나 물과 접촉하지 않도록 저장한다.

(다) 다량 연소하면 소화가 어려우므로 가급적 소량으로 나누어(소분하여) 저장한다.

④ 소화 방법 : 마른 모래(건조사)로 질식 소화한다.

(3) 알킬알루미늄(지정수량 : 10kg)

① 일반적 성질

(가) 무색의 액체 또는 고체로 독성이 있으며 자극적인 냄새가 난다.

(나) 물과 폭발적으로 반응하여 에탄(C_2H_6) 가스를 생성한다.

$(C_2H_5)_3Al + 3H_2O \rightarrow Al(OH)_3 + 3C_2H_6 \uparrow$

(다) 알킬알루미늄의 종류 및 성질은 표와 같다.

화학명	약호	화학식	끓는점	녹는점	비중	상태
트리메틸알루미늄	TMAL	$(CH_3)_3Al$	127.1℃	15.3℃	0.748	무색 액체
트리에틸알루미늄	TEAL	$(C_2H_5)_3Al$	186.6℃	−45.5℃	0.832	무색 액체
디에티알루미늄하이드라이드	DEAH	$(C_2H_5)_2AlH$	227.4℃	−59℃	0.794	무색 액체
트리프로필알루미늄	TNPA	$(C_3H_7)_3Al$	196.0℃	<−60℃	0.821	무색 액체
트리이소부틸알루미늄	TIBAL	iso−$(C_4H_9)_3Al$	분해	1.0℃	0.788	무색 액체
디에틸알루미늄클로라이드	DEAC	$(C_2H_5)_2AlCl$	214℃	−74℃	0.971	무색 액체
에틸알루미늄디클로라이드	EADC	$C_2H_5AlCl_3$	194.0℃	22℃	1.252	무색 고체

② 위험성

㈎ C_1~C_4 까지는 공기와 접촉하면 자연 발화한다.

$2(C_2H_5)_3Al + 21O_2 \rightarrow 12CO_2 + Al_2O_3 + 15H_2O + 1470.4kcal$

㈏ 물과 폭발적 반응하여 에탄(C_2H_6) 가스를 발생시켜 발화, 비산하는 위험이 있다.

$(C_2H_5)_3Al + 3H_2O \rightarrow Al(OH)_3 + 3C_2H_6\uparrow$

㈐ 피부에 노출되면 심한 화상을 입으며, 화재 시 백색 연기를 마시면 연무열을 일으키고 기관지나 폐에 유해하다.

㈑ 산과 반응하여 에탄(C_2H_6)을 발생한다.

$(C_2H_5)_3Al + HCl \rightarrow (C_2H_5)_2AlCl + C_2H_6\uparrow$

㈒ 알코올과는 폭발적인 반응을 하며 에탄(C_2H_6)을 발생한다.

$(C_2H_5)_3Al + 3CH_3OH \rightarrow Al(CH_3O)_3 + 3C_2H_6\uparrow$

㈓ 할로겐과 반응하여 가연성 가스인 염화에탄(C_2H_6Cl)을 발생한다.

$(C_2H_5)_3Al + 3Cl_2 \rightarrow AlCl_3 + 3C_2H_6Cl\uparrow$

㈔ 알킬알루미늄의 인화점은 정확하지 않지만 융점 이하이므로 매우 위험하고, 200℃ 이상으로 가열하면 폭발적으로 분해하여 가연성 가스를 발생한다.

③ 저장 및 취급 방법

㈎ 용기는 밀봉하고, 공기와 접촉을 금한다.

㈏ 취급설비와 탱크 저장 시에는 질소 등의 불활성 가스 봉입장치를 설치한다.

㈐ 용기 파손으로 인한 공기 중에 누출을 방지한다.

④ 소화 방법 : 마른 모래, 팽창질석, 팽창진주암 사용

(4) 알킬리튬(지정수량 : 10kg)

파라핀계 탄화수소에서 수소 1원자를 뺀 나머지의 원자단으로, 일반식 C_nH_{2n+1}으로 나타내는 1가의 기를 말한다. 메틸(n=1), 에틸(n=2), 프로필(n=3), 부틸(n=4), 아밀(n=5), 헥실(n=6) 등이 있으며 일반적으로 알킬은 'R'로 표시된다. 일례로 알킬리튬은 'LiR'이다.

(5) 황린(지정수량 : 20kg)

① 일반적 성질

㈎ 백색 또는 담황색 고체로 일명 백린이라 한다.

㈏ 강한 마늘 냄새가 나고, 증기는 공기보다 무거운 가연성이며 맹독성 물질이다.

㈐ 물에 녹지 않고 벤젠, 알코올에 약간 용해하며 이황화탄소, 염화황, 삼염화인에 잘 녹는다.

㈑ 공기를 차단하고 약 260℃로 가열하면 적린이 된다(증기 비중은 4.4로 공기보다 무

겁다).

(마) 상온에서 증기를 발생하고 서서히 산화하므로 어두운 곳에서 청백색의 인광을 발한다.

(바) 다른 원소와 반응하여 인화합물을 만들며, 연소할 때 유독성의 오산화인(P_2O_5)이 발생하면서 백색 연기가 난다.

$P_4 + 5O_2 \rightarrow 2P_2O_5 \uparrow$

(사) 액비중 1.82, 증기비중 4.3, 융점 44℃, 비점 280℃, 발화점 34℃이다.

② 위험성

(가) 공기와의 접촉은 자연발화(40~50℃)의 원인이 되므로 위험하다.

(나) 독성이 강하여 0.0098g에서 중독현상, 0.02~0.05g에서는 사망한다.

(다) 피부에 노출되면 화상을 입으며, 근육 또는 뼈 속으로 흡수되는 성질이 있다.

(라) 강알칼리 수용액(KOH, NaOH)과 반응하여 맹독성의 포스핀(PH_3 : 인화수소) 가스를 발생한다.

$P_4 + 3KOH + 3H_2O \rightarrow 3KH_2PO_2 + PH_3 \uparrow$

$P_4 + 3NaOH + 3H_2O \rightarrow 3NaHPO_2 + PH_3 \uparrow$

(마) 온도가 높아지면 용해도는 증가한다.

③ 저장 및 취급 방법

(가) 자연 발화의 가능성이 있으므로 물속에만 저장하며, 온도가 상승하면 물의 산성화가 빨라져 용기를 부식시키므로 직사광선을 막는 차광 덮개를 하여 저장한다.

(나) 맹독성 물질이므로 고무장갑, 보호복, 보호안경을 착용하고 취급한다.

(다) 황린을 보관하는 물은 석회(CaO)나 소석회[$Ca(OH)_2$: 수산화칼슘]를 넣어 약알칼리성으로 보관하되, 강알칼리가 되어서는 안 된다(pH9 이상이 되면 인화수소(PH_3)를 발생한다).

(라) 용기는 금속 또는 유리용기를 사용하고 밀봉한다.

(마) 피부에 노출되었을 경우 다량의 물로 세척하거나, 질산은($AgNO_3$) 용액으로 제거한다.

④ 소화 방법 : 분무 주수 또는 모래, 흙 등을 이용한 질식 소화

(6) 알칼리 금속 및 알칼리 토금속(지정수량 : 50kg)

① 알칼리 금속(K, Na 제외)

(가) 리튬(Li)

㉮ 은백색의 무르고 연한 금속으로 비중은 0.534, 융점은 180℃이다.

㉯ 알칼리 금속이지만 나트륨(Na), 칼륨(K) 보다 화학 반응성이 격렬하지 않다(화학

반응성이 크지 않다).

㉰ 공기 중에서 서서히 가열해도 발화하여 연소하며, 탄산가스 속에서도 꺼지지 않고 연소한다.

㉱ 질소와 직접 결합하여 적색 결정의 질화리튬(LiN)을 생성한다.

$6Li + N \rightarrow 2LiN$

㉲ 알칼리 금속은 물과 만나면 심하게 발열하고 수소를 발생하여 위험하다.

$$Li + H_2O \rightarrow LiOH + \frac{1}{2}H_2 \uparrow + 52.7kcal$$

(나) 루비듐(Rb)

㉮ 은백색의 부드러운 금속이며, 비중은 1.522, 융점은 38.5℃이다.

㉯ 화학적 성질은 칼륨(K)과 비슷하지만 보다 활성적이다.

(다) 세슘(Cs)

㉮ 은백색의 연한 금속이며, 비중은 1.87, 융점은 28.5℃이다.

㉯ 다른 알칼리 금속에 수반하여 매우 소량이지만 널리 산출된다.

㉰ 주요 광석을 폴사이트($CsAlSi_2O_6$)이다.

(라) 프랑슘(Fr)

㉮ 악티늄계 핵종이 천연으로 존재한다.

㉯ 가장 무거운 알칼리 금속 원소이다.

② 알칼리 토금속

(가) 베릴륨(Be)

㉮ 천연에는 녹주석(綠住石) $3BeO \cdot Al_2O_3 \cdot 6SiO_2$로서 산출된다.

㉯ 상온에서는 무르지만 고온에서는 연성과 전성이 있다.

㉰ 고온에서는 급속히 산화되며, 분말인 경우에는 연소한다.

㉱ 비중 1.857, 융점 1285℃이다.

(나) 칼슘(Ca)

㉮ 은백색의 고체이며, 납보다는 단단하고 연성과 전성이 있다.

㉯ 공기 중에서 가열하면 연소한다.

$$Ca + \frac{1}{2}O_2 \rightarrow CaO$$

㉰ 물과 반응하면 상온에서는 서서히, 고온에서는 심하게 수소(H_2)가 발생하고 발열한다.

$$Ca + 2H_2O \rightarrow Ca(OH)_2 + H_2 \uparrow + 102kcal$$

(다) 스트론튬(Sr)

㉮ 연한 은백색의 금속으로 불꽃 반응은 적색이다.

㉯ 화학적으로 칼슘(Ca) 및 바륨(Ba)과 비슷하다.

㉰ 비중 2.615, 융점 797℃이다.

(라) 바륨(Ba)

㉮ 은백색의 부드러운 금속으로 차량용 베어링 합금 등에 사용된다.

㉯ 비중 3.5, 융점 710℃이다.

(마) 라듐(Ra)

㉮ 백색의 금속으로 알칼리 토금속에서 가장 무겁다.

㉯ 알칼리 토금속 중에서 반응성이 가장 풍부하다.

(7) 유기금속 화합물(지정수량 : 50kg)

알킬기 또는 아미드기 등 탄화수소기와 금속 원자가 결합한 화합물(탄소-금속 사이에 치환 결합을 갖는 화합물)로 부틸리튬(C_4H_9Li), 디메틸카드뮴[$(CH_3)_2Cd$], 테트라에틸납[$(C_2H_5)_4Pb$], 테트라페닐주석[$(C_6H_5)_4Sn$], 그리냐르 시약(RMgX) 등이 해당된다. 단, 알킬알루미늄 및 알킬리튬은 제외한다.

(8) 금속의 수소화물(지정수량 : 300kg)

① 수소화리튬(LiH)

(가) 유리모양의 무색, 투명한 고체로 물과 작용하여 수소를 발생한다.

(나) 알코올에는 녹지 않고 알칼리 금속 수소화물 중 가장 안정적이다.

(다) 비중 0.82, 분해온도 800℃이다.

② 수소화나트륨(NaH)

(가) 회색 입방정계 결정으로 비중 0.93, 분해온도 800℃이다.

(나) 습한 공기 중에서 분해하고, 물과는 심하게 반응하여 수소(H_2)를 생성한다.

(다) 유기용매, 액체 암모니아에 용해하지 않는다.

③ 수소화칼륨(KH)

(가) 회백색의 등축정계인 결정성 분말이며, 결정은 암염형 구조이다.

(나) 화학적 활성은 수소화나트륨(NaH)보다 강하고, 공기 중에서는 상온에서 연소하며, 물과 격렬하게 반응하여 수산화칼륨(KOH)과 수소(H_2)를 생성한다.

$$KH + H_2O \rightarrow KOH + H_2 \uparrow$$

(다) 고온에서는 칼륨과 수소로 분해한다.

(라) 암모니아(NH_3)와 고온에서 반응하면 칼륨아미드(KNH_2)를 생성한다.

$$KH + NH_3 \rightarrow KNH_2 + H_2 \uparrow$$

(마) 비중 1.4, 융점 815℃이다.

④ 수소화붕소나트륨($NaBH_4$)

(가) 무색의 결정으로 400℃까지는 안정하고, 물에 용해하지만 에테르에는 녹지 않는다.

(나) 물을 가하면 분해하여 수소를 발생한다.

$NaBH_4 + 2H_2O \rightarrow NaBO_2 + H_2 \uparrow$

(다) 수소화알루미늄리튬($LiAlH_4$)보다는 약한 환원제이며 알데히드, 케톤, 산염화물, 락톤 등을 환원하나 카르복시산, 에트테르, 아민, 니트릴, 방향족 니트로 화합물, 할로겐 화합물 등은 환원하지 않는다.

(라) 금속 염화물과는 저온에서 반응하여 그 금속염을 만든다.

⑤ 수소화칼슘(CaH_2)

(가) 무색의 사방정계 결정으로 물과 작용하여 수소를 발생하면서 발열한다.

$CaH_2 + 2H_2O \rightarrow Ca(OH)_2 + 2H_2 \uparrow + 48kcal$

(나) 675℃ 이하에서는 비교적 안정하지만 그 이상이 되면 수소와 칼슘으로 분해된다.

(다) 알칼리 금속 수소화물과 비슷하여 화학적 활성이 강하지만 스트론튬(Sr), 바륨(Ba)의 수소화물보다는 안정하다.

(라) 비중 1.7, 융점 817℃이다.

⑥ 수소화알루미늄리튬($LiAlH_4$)

(가) 백색 또는 회백색 분말로 물에 의해서 수소(H_2)를 발생하며, 에테르에는 용해된다.

$LiAlH_4 + 4H_2O \rightarrow LiOH + Al(OH)_3 + 4H_2 \uparrow$

(나) 환원제를 가하거나 가열하면 리튬(Li), 알루미늄(Al)과 수소(H_2)로 분해된다.

(다) 부드러운 분말이 될 때 인화성이 증가하고 분쇄할 때 발화의 가능성이 있다.

(9) 금속의 인화물(지정수량 : 300kg)

① 인화석회(Ca_3P_2 : 인화칼슘)

(가) 일반적 성질

㉮ 적갈색의 괴상의 고체이다.

㉯ 건조한 공기 중에서 안정하나 300℃ 이상에서 산화한다.

㉰ 물, 산과 반응하여 인화수소(PH_3 : 포스핀)를 발생시킨다.

$Ca_3P_2 + 6H_2O \rightarrow 3Ca(OH)_2 + 2PH_3 \uparrow + Qkcal$

$Ca_3P_2 + 6HCl \rightarrow 3CaCl_2 + 2PH_3 \uparrow + Qkcal$

㉱ 비중 2.51, 융점 1600℃이다.

(나) 위험성 : 인화수소(PH_3 : 포스핀)는 악취가 나는 맹독성, 가연성 가스이다.

(다) 저장 및 취급 방법 : 탄화칼슘(CaC_2)에 준한다.

㈑ 소화 방법 : 마른 모래(건조사)

② 인화아연(Zn_3P_2), 인화알루미늄(AlP)

(10) 칼슘 또는 알루미늄의 탄화물(지정수량 : 300kg)

① 탄화칼슘(CaC_2 : 카바이드, 탄화석회, 칼슘아셀리드)

㈎ 일반적 성질

㉮ 백색의 입방체 결정으로 시판품은 회색, 회흑색을 띠고 있다.

㉯ 높은 온도에서 강한 환원성을 가지며, 많은 산화물을 환원시킨다.

㉰ 공업적으로 석회와 탄소를 전기로에서 가열하여 제조한다.

㉱ 수증기 및 물과 반응하여 수산화칼슘[$Ca(OH)_2$]과 가연성 가스인 아세틸렌(C_2H_2)이 발생한다.

$CaC_2 + 2H_2O \rightarrow Ca(OH)_2 + C_2H_2 \uparrow + 27.8kcal$

㉲ 상온에서 안정하지만 350℃에서 산화되며, 700℃ 이상에서는 질소와 반응하여 석회질소($CaCN_2$: 칼슘시아나이드)를 생성한다.

$CaC_2 + N_2 \rightarrow CaCN_2 + C + 74.6kcal$

㉳ 비중 2.22, 융점 2370℃, 착화온도 335℃이다.

㈏ 위험성

㉮ 탄화칼슘(CaC_2) 자체는 불연성이나 물이나 습기와 만나면 아세틸렌(C_2H_2) 가스를 발생하며, 격렬할 때는 폭발의 위험성이 있다.

㉯ 공기 중에서 아세틸렌의 폭발범위는 2.5~81%로 대단히 넓고 폭발하기 쉽다.

㉰ 착화온도가 335℃로 낮으므로 주의해야 한다.

㉱ 시판품은 불순물이 포함되어 있어 유독한 황화수소(H_2S), 인화수소(PH_3 : 포스핀), 암모니아(NH_3) 등을 발생시킨다.

㈐ 저장 및 취급 방법

㉮ 물, 습기와의 접촉을 피하고 통풍이 잘 되는 건조한 냉암소에 밀봉하여 저장한다.

㉯ 저장 중에 아세틸렌 가스의 발생 유무를 점검한다.

㉰ 장기간 저장할 용기는 질소 등 불연성 가스를 충전하여 저장한다.

㉱ 화기로부터 멀리 떨어진 곳에 저장한다.

㉲ 운반 중에 가열, 마찰, 충격불꽃 등에 주의한다.

㈑ 소화 방법 : 마른 모래(건조사), 사염화탄소(CCl_4), 탄산가스(CO_2), 소화 분말

② 금속탄화물(카바이드) : 일반적으로 금속탄화물을 카바이드로 총칭하며 칼슘카바이드(CaC_2)를 카바이드라고 불려진다. 금속탄화물에는 Li_2C_2, Na_2C_2, K_2C_2, Be_2C, MgC_2, Mn_3C, Al_4C_3 등이 있으며 이것은 물, 묽은 산과 반응하여 아세틸렌(C_2H_2), 메탄(CH_4),

수소(C_2H_2) 등 가연성 가스를 발생하고, 발화 및 폭발의 위험이 있다.

(가) 물과 반응하여 생성되는 물질

㉮ 탄화알루미늄(Al_4C_3) : 수산화알루미늄[$Al(OH)_3$]과 메탄(CH_4)을 생성

$Al_4C_3 + 12H_2O \rightarrow 4Al(OH)_3 + 3CH_4\uparrow$

㉯ 탄화망간(Mn_3C) : 메탄(CH_4)과 수소(H_2)가 발생

$Mn_3C + 6H_2O \rightarrow 3Mn(OH)_2 + CH_4\uparrow + H_2\uparrow$

㉰ 탄화나트륨(Na_2C_2) : 수산화나트륨(NaOH)과 아세틸렌(C_2H_2)을 생성

$Na_2C_2 + 2H_2O \rightarrow 2NaOH + C_2H_2\uparrow$

㉱ 탄화마그네슘(MgC_2) : 수산화마그네슘[$Mg(OH)_2$]과 아세틸렌(C_2H_2) 생성

$MgC_2 + 2H_2O \rightarrow Mg(OH)_2 + C_2H_2\uparrow$

③ 탄화알루미늄(Al_4C_3)

(가) 일반적 성질

㉮ 황색 결정 또는 분말로 1400℃ 이상이 되면 분해된다.

㉯ 비중 2.36, 융점 2200℃, 승화점 1800℃이다.

(나) 위험성 : 물과 반응하여 가연성인 메탄(CH_4) 가스를 발생하므로 인화폭발의 위험성이 있다.

$Al_4C_3 + 12H_2O \rightarrow 4Al(OH)_3 + 3CH_4\uparrow + 360kcal$

예상 문제

1. 다음 중 제3류 위험물이 아닌 것은?

① 황린 ② 나트륨
③ 칼륨 ④ 마그네슘

해설 제3류 위험물(자연발화성 물질 및 금수성 물질)의 종류

품명	지정수량
칼륨, 나트륨, 알킬알루미늄, 알킬리튬	10kg
황린	20kg
알칼리 금속 및 알카리 토금속, 유기금속화합물	50kg
금속의 수소화물 및 인화물, 칼슘 또는 알루미늄의 탄화물	300kg
그 밖에 행정안전부령으로 정하는 것 : 염소화규소화합물	10kg, 20kg, 50kg 또는 300kg

참고 마그네슘(Mg)은 가연성 고체인 제2류 위험물에 해당된다.

2. 다음 중 금수성 물질로만 나열된 것은?

① K, CaC_2, Na
② $KClO_3$, Na, S
③ KNO_3, CaO_2, Na_2O_2
④ NaNO, $KClO_3$, CaO_2

해설 금수성 물질 : 제3류 위험물에 해당된다.
㉮ 칼륨(K) : 물(H_2O)과 반응하여 수소(H_2)가 발생
$2K+2H_2O \rightarrow 2KOH+H_2\uparrow$
㉯ 탄화칼슘(CaC_2) : 물(H_2O)과 반응하여 아세틸렌(C_2H_2)이 발생
$CaC_2+2H_2O \rightarrow Ca(OH)_2+C_2H_2\uparrow$
㉰ 나트륨(Na) : 물(H_2O)이나 알코올 등과 격렬히 반응하여 수소(H_2)가 발생
$2Na+2H_2O \rightarrow 2NaOH+H_2\uparrow$

3. 다음 위험물 중 자연발화 위험성이 가장 낮은 것은?

① 알킬리튬 ② 알킬알루미늄
③ 칼륨 ④ 유황

해설 ㉮ 알킬리튬, 알킬알루미늄, 칼륨은 자연발화성 물질인 제3류 위험물이다.
㉯ 유황(S)은 가연성 고체인 제2류 위험물로 저온에서 안정적이다.

★★★
4. 금속칼륨의 성질로서 옳은 것은?

① 중금속류에 속한다.
② 화학적으로 이온화 경향이 큰 금속이다.
③ 물속에서 보관한다.
④ 상온, 상압에서 액체 형태인 금속이다.

해설 칼륨(K)의 특징
㉮ 제3류 위험물로 지정수량은 10kg이다.
㉯ 은백색을 띠는 무른 경금속으로 녹는점 이상 가열하면 보라색의 불꽃을 내면서 연소한다.
㉰ 공기 중의 산소와 반응하여 광택을 잃고 산화칼륨(K_2O)의 회백색으로 변화한다.
㉱ 공기 중에서 수분과 반응하여 수산화물(KOH)과 수소(H_2)를 생성하고, 연소하면 과산화칼륨(K_2O_2)이 된다.
㉲ 화학적으로 이온화 경향이 큰 금속이다.
㉳ 피부에 접촉되면 화상을 입으며, 연소할 때 발생하는 증기가 피부에 접촉하거나 호흡하면 자극한다.
㉴ 산화를 방지하기 위하여 보호액(등유, 경유, 유동파라핀) 속에 넣어 저장한다.
㉵ 비중 0.86, 융점 63.7℃, 비점 762℃이다.

5. 금속칼륨이 물과 반응했을 때 생성물로 옳은 것은?

① 산화칼륨＋수소

정답 1. ④ 2. ① 3. ④ 4. ② 5. ②

② 수산화칼륨+수소
③ 산화칼륨+산소
④ 수산화칼륨+산소

해설 금속칼륨(K)의 생성물
㉮ 공기 중에서 수분과 반응하여 수산화칼륨(KOH)과 수소(H_2)를 생성한다.
$2K+2H_2O \rightarrow 2KOH+H_2\uparrow +9.8kcal$
㉯ 알코올과 반응하여 칼륨에틸레이트(C_2H_5OK)와 수소(H_2)를 생성한다.
$2K+2C_2H_5OH \rightarrow 2C_2H_5OK+H_2\uparrow$

6. 안전한 저장을 위해 첨가하는 물질로 옳은 것은?

① 과망간산나트륨에 목탄을 첨가
② 질산나트륨에 유황을 첨가
③ 금속칼륨에 등유를 첨가
④ 중크롬산칼륨에 수산화칼슘을 첨가

해설 제3류 위험물인 칼륨(K), 나트륨(Na)은 산화를 방지하기 위하여 보호액(등유, 경유, 유동파라핀) 속에 넣어 저장한다.

7. 금속나트륨에 대한 설명으로 옳은 것은?

① 청색 불꽃을 내며 연소한다.
② 경도가 높은 중금속에 해당한다.
③ 녹는점이 100℃ 보다 낮다.
④ 25% 이상의 알코올 수용액에 저장한다.

해설 나트륨(Na)의 특징
㉮ 제3류 위험물로 지정수량은 10kg이다.
㉯ 은백색의 가벼운 금속으로 연소시키면 노란 불꽃을 내며 과산화나트륨이 된다.
㉰ 화학적으로 활성이 크며, 모든 비금속 원소와 잘 반응한다.
㉱ 상온에서 물이나 알코올 등과 격렬히 반응하여 수소(H_2)를 생성한다.
㉲ 피부에 접촉되면 화상을 입는다.
㉳ 산화를 방지하기 위해 등유, 경유 속에 넣어 저장한다.
㉴ 용기 파손 및 보호액 누설에 주의하고, 습기나 물과 접촉하지 않도록 저장한다.
㉵ 다량 연소하면 소화가 어려우므로 소량으로 나누어 저장한다.
㉶ 적응성이 있는 소화설비는 건조사, 팽창질석 또는 팽창진주암, 탄산수소염류 분말 소화설비 및 분말 소화기가 해당된다.
㉷ 비중 0.97, 융점 97.7℃, 비점 880℃, 발화점 121℃이다.

8. 금속나트륨이 물과 작용하면 위험한 이유로 옳은 것은?

① 물과 반응하여 과염소산을 생성하므로
② 물과 반응하여 염산을 생성하므로
③ 물과 반응하여 수소를 방출하므로
④ 물과 반응하여 산소를 방출하므로

해설 금속나트륨(Na)은 상온에서 물과 반응하여 가연성 가스인 수소(H_2)를 생성하므로 위험하다.
$2Na+2H_2O \rightarrow 2NaOH+H_2\uparrow$

9. 칼륨과 나트륨의 공통 성질이 아닌 것은?

① 물보다 비중 값이 작다.
② 수분과 반응하여 수소를 발생한다.
③ 광택이 있는 무른 금속이다.
④ 지정수량이 50kg이다.

해설 칼륨(K)과 나트륨(Na)의 비교

구분	칼륨(K)	나트륨(Na)
유별	제3류	제3류
지정수량	10kg	10kg
분자량	39	23
상태	무른 경금속	무른 경금속
비중	0.86	0.97
불꽃색	보라색	노란색
물과 반응물	수소 발생	수소 발생
보호액	등유, 경유, 유동파라핀	등유, 경유, 유동파라핀

10. 알킬알루미늄에 대한 설명 중 틀린 것은?

① 물과 폭발적 반응을 일으켜 발화되므로

정답 6. ③ 7. ③ 8. ③ 9. ④ 10. ④

비산하는 위험이 있다.
② 이동저장탱크는 외면을 적색으로 도장하고, 용량은 1900L 미만으로 저장한다.
③ 화재 시 발생되는 흰 연기는 인체에 유해하다.
④ 탄소수가 4개까지는 안전하나 5개 이상으로 증가할수록 자연발화의 위험성이 증가한다.

해설 알킬알루미늄 특징
㉮ 제3류 위험물에 해당되며 지정수량은 10kg이다.
㉯ 무색의 액체 또는 고체로 독성이 있으며 자극적인 냄새가 난다.
㉰ 물과 폭발적으로 반응하여 에탄(C_2H_6) 가스를 발생시켜 발화, 비산하는 위험이 있다.
$(C_2H_5)_3Al + 3H_2O \rightarrow Al(OH)_3 + 3C_2H_6 \uparrow$
㉱ 탄소수가 1개에서 4개(C_1~C_4)까지는 공기와 접촉하면 자연 발화한다.
㉲ 피부에 노출되면 심한 화상을 입으며, 화재 시 백색 연기를 마시면 연무열을 일으키고 기관지나 폐에 유해하다.
㉳ 산, 알코올과 반응하여 에탄(C_2H_6), 할로겐과 반응하여 염화에탄(C_2H_5Cl)을 발생한다.

참고 알킬알루미늄등을 저장 또는 취급하는 이동탱크저장소의 특례 [시행규칙 별표10]
㉮ 이동저장탱크는 두께 10mm 이상의 강판으로 제작되고, 1MPa 이상의 압력으로 10분간 실시하는 수압시험에서 새거나 변형하지 아니하는 것일 것
㉯ 이동저장탱크의 용량은 19000L 미만일 것
㉰ 이동저장탱크의 맨홀 및 주입구의 뚜껑은 두께 10mm 이상의 강판으로 할 것
㉱ 이동저장탱크의 배관 및 밸브 등은 당해 탱크의 윗부분에 설치할 것
㉲ 이동저장탱크는 불활성의 기체를 봉입할 수 있는 구조로 할 것
㉳ 이동저장탱크는 그 외면을 적색으로 도장하는 한 편 백색문자로서 동판(胴板)의 양측면 및 경판(鏡板)에 규정에 의한 주의사항을 표시할 것

11. 트리에틸알루미늄(triethyl aluminium) 분자식에 포함된 탄소의 개수는?

① 2 ② 3 ③ 5 ④ 6

해설 트리에틸알루미늄[$(C_2H_5)_3Al$]의 분자식에 포함된 탄소의 개수는 6개이다.

★★
12. 트리에틸알루미늄이 습기와 반응할 때 발생되는 가스는?

① 수소 ② 아세틸렌
③ 에탄 ④ 메탄

해설 제3류 위험물인 트리에틸알루미늄[$(C_2H_5)_3Al$]은 물과 폭발적으로 반응하여 가연성 가스인 에탄(C_2H_6)을 발생한다.
$(C_2H_5)_3Al + 3H_2O \rightarrow Al(OH)_3 + 3C_2H_6 \uparrow$

13. 다음 중 트리에틸알루미늄의 화재 발생 시 물을 이용한 소화가 위험한 이유를 옳게 설명한 것은?

① 가연성의 수소가스가 발생하기 때문에
② 유독성의 포스핀가스가 발생하기 때문에
③ 유독성의 포스겐가스가 발생하기 때문에
④ 가연성의 에탄가스가 발생하기 때문에

해설 제3류 위험물인 트리에틸알루미늄[$(C_2H_5)_3Al$]은 물과 폭발적으로 반응하여 가연성 가스인 에탄(C_2H_6)을 발생하기 때문에 화재 발생 시 물을 이용한 소화가 위험하다.
$(C_2H_5)_3Al + 3H_2O \rightarrow Al(OH)_3 + 3C_2H_6 \uparrow$

14. $(C_2H_5)_3Al$의 화재 예방법이 아닌 것은?

① 자연발화방지를 위해 얼음 속에 보관한다.
② 공기와의 접촉을 피하기 위해 불연성 가스를 봉입한다.
③ 용기는 밀봉하여 저장한다.
④ 화기의 접근을 피하여 저장한다.

해설 트리에틸알루미늄[$(C_2H_5)_3Al$]의 화재 예방법

정답 11. ④ 12. ③ 13. ④ 14. ①

㉮ 제3류 위험물 중 알킬알루미늄에 해당된다.
㉯ 용기는 밀봉하고, 공기와 접촉을 금한다.
㉰ 취급설비와 탱크 저장 시에는 질소 등의 불활성 가스 봉입장치를 설치한다.
㉱ 용기 파손으로 인한 공기 중에 누출을 방지한다.
㉲ 트리에틸알루미늄[$(C_2H_5)_3Al$]은 물과 폭발적으로 반응하여 가연성 가스인 에탄(C_2H_6)을 발생하므로 물과 접촉을 피한다.
$(C_2H_5)_3Al + 3H_2O \rightarrow Al(OH)_3 + 3C_2H_6 \uparrow$

15. 트리에틸알루미늄의 소화약제로서 다음 중 가장 적당한 것은?

① 마른 모래, 팽창질석
② 물, 수성막포
③ 할로겐화합물, 단백포
④ 이산화탄소, 강화액

해설 제3류 위험물 중 금수성 물질에 적응성이 있는 소화설비 [시행규칙 별표17]
㉮ 탄산수소염류 분말 소화설비 및 분말 소화기
㉯ 건조사(마른 모래)
㉰ 팽창질석 또는 팽창진주암

참고 트리에틸알루미늄은 제3류 위험물의 금수성 물품에 해당된다.

★
16. 황린에 대한 설명으로 틀린 것은?

① 백색 또는 담황색의 고체로 독성이 있다.
② 물에는 녹지 않고 이황화탄소에는 녹는다.
③ 공기 중에서 산화되어 오산화인이 된다.
④ 녹는점이 적린과 비슷하다.

해설 황린(P_4)의 특징
㉮ 제3류 위험물로 지정수량은 20kg이다.
㉯ 백색 또는 담황색 고체로 일명 백린이라 한다.
㉰ 강한 마늘 냄새가 나고, 증기는 공기보다 무거운 가연성이며 맹독성 물질이다.
㉱ 물에 녹지 않고 벤젠, 알코올에 약간 용해하며 이황화탄소, 염화황, 삼염화인에 잘 녹는다.
㉲ 공기를 차단하고 약 260℃로 가열하면 적린이 된다(증기 비중은 4.3로 공기보다 무겁다).
㉳ 상온에서 증기를 발생하고 서서히 산화하므로 어두운 곳에서 청백색의 인광을 발한다.
㉴ 다른 원소와 반응하여 인화합물을 만들며, 연소할 때 유독성의 오산화인(P_2O_5)이 발생하면서 백색 연기가 난다.
$P_4 + 5O_2 \rightarrow 2P_2O_5 \uparrow$
㉵ 자연 발화의 가능성이 있으므로 물속에만 저장하며, 온도가 상승 시 물의 산성화가 빨라져 용기를 부식시키므로 직사광선을 막는 차광 덮개를 하여 저장한다.
㉶ 액비중 1.82, 증기비중 4.3, 융점 44℃, 비점 280℃, 발화점 34℃이다.

참고 적린은 제2류 위험물로 융점이 590℃이다.

17. 황린이 자연발화하기 쉬운 가장 큰 이유는?

① 끓는점이 낮고 증기의 비중이 작기 때문에
② 산소와 결합력이 강하고 착화온도가 낮기 때문에
③ 녹는점이 낮고 상온에서 액체로 되어 있기 때문에
④ 인화점이 낮고 가연성 물질이기 때문에

해설 제3류 위험물인 황린은 산소와 결합력이 강하고 착화온도(발화온도)가 34℃로 낮기 때문에 자연발화의 위험성이 크기 때문에 물속에 저장한다.

★★
18. 황린이 연소할 때 다량으로 발생하는 흰 연기는 무엇인가?

① P_2O_5 ② P_3O_7 ③ PH_3 ④ P_4S_3

해설 황린(P_4)이 연소할 때 유독성의 오산화인(P_2O_5)이 발생하면서 백색 연기가 난다.
$P_4 + 5O_2 \rightarrow 2P_2O_5 \uparrow$

19. 황린이 연소할 때 발생하는 가스와 수산화나트륨 수용액과 반응하였을 때 발생하는 가

정답 15. ① 16. ④ 17. ② 18. ① 19. ①

스를 차례대로 나타낸 것은?

① 오산화인, 인화수소
② 인화수소, 오산화인
③ 황화수소, 수소
④ 수소, 황화수소

해설 황린(P_4)의 반응
㉮ 연소할 때 유독성의 오산화인(P_2O_5)이 발생하면서 백색 연기가 난다.
$P_4+5O_2 \rightarrow 2P_2O_5 \uparrow$
㉯ 수산화나트륨(NaOH) 수용액과 반응하여 맹독성의 포스핀(PH_3 : 인화수소) 가스를 발생한다.
$P_4+3NaOH+3H_2O \rightarrow 3NaHPO_2+PH_3 \uparrow$

20. 황린의 보존 방법으로 가장 적합한 것은?

① 벤젠 속에서 보존한다.
② 석유 속에 보존한다.
③ 물속에 보존한다.
④ 알코올 속에 보존한다.

해설 황린(P_4)은 자연발화의 가능성이 있으므로 물속에만 저장하며, 온도가 상승 시 물의 산성화가 빨라져 용기를 부식시키므로 직사광선을 막는 차광 덮개를 하여 저장한다.

21. 황린을 물속에 저장할 대 인화수소의 발생을 방지하기 위한 물의 pH는 얼마 정도가 좋은가?

① 4 ② 5
③ 7 ④ 9

해설 황린을 보관하는 물은 석회(CaO)나 수산화칼슘[$Ca(OH)_2$: 소석회]을 넣어 약알칼리성으로 보관하되, 강알칼리가 되어서는 안 된다(pH9 이상이 되면 인화수소(PH_3)를 발생한다).

22. 수소화나트륨 저장 창고에 화재가 발생하였을 때 주수소화가 부적합한 이유로 옳은 것은?

① 발열 반응을 일으키고 수소를 발생한다.
② 수화 반응을 일으키고 수소를 발생한다.
③ 중화 반응을 일으키고 수소를 발생한다.
④ 중합 반응을 일으키고 수소를 발생한다.

해설 수소화나트륨(NaH)은 제3류 위험물 중 금속의 수소화물로 물과 반응하여 수소를 발생하고 열을 발생하는 발열 반응을 일으키므로 화재가 발생하였을 때 주수 소화는 부적합하다.

★★
23. 다음은 위험물의 성질을 설명한 것이다. 위험물과 그 위험물의 성질을 모두 옳게 연결한 것은?

A. 건조 질소와 상온에서 반응한다.
B. 물과 작용하면 가연성 가스를 발생한다.
C. 물과 작용하면 수산화칼슘을 발생한다.
D. 비중이 1 이상이다.

① K – A, B, C ② Ca_3P_2 – B, C, D
③ Na – A, C, D ④ CaC_2 – A, B, D

해설 인화칼슘(Ca_3P_2) : 인화석회
㉮ 제3류 위험물 중 금속의 인화물로 지정수량 300kg이다.
㉯ 적갈색의 괴상의 고체로 비중은 2.51, 융점은 1600℃이다.
㉰ 건조한 공기 중에서 안정하나 300℃ 이상에서 산화한다.
㉱ 물과 반응하여 수산화칼슘[$Ca(OH)_2$]과 맹독성, 가연성 가스인 인화수소(PH_3 : 포스핀)을 발생시키므로 소화약제로 물은 부적합하다.
$Ca_3P_2+6H_2O \rightarrow 3Ca(OH)_2+2PH_3 \uparrow$

★★★
24. 인화칼슘이 물과 반응하였을 때 발생하는 기체는?

① 수소 ② 산소
③ 포스핀 ④ 포스겐

정답 20. ③ 21. ④ 22. ① 23. ② 24. ③

해설 인화칼슘(Ca_3P_2 : 인화석회)의 반응 생성물
㉮ 물(H_2O), 산(HCl : 염산)과 반응하여 유독한 인화수소(PH_3 : 포스핀)를 발생시킨다.
㉯ 반응식
$Ca_3P_2+6H_2O \rightarrow 3Ca(OH)_2+2PH_3\uparrow$
$Ca_3P_2+6HCl \rightarrow 3CaCl_2+2PH_3\uparrow$

참고 포스핀(PH_3 : 인화수소)과 포스겐($COCl_2$)은 성질이 다른 물질이므로 구별하기 바랍니다.

25. 위험물이 물과 반응하였을 때 발생하는 가연성 가스를 잘못 나타낸 것은?

① 금속칼륨 – 수소
② 금속나트륨 – 수소
③ 인화칼슘 – 포스겐
④ 탄화칼슘 – 아세틸렌

해설 제3류 위험물인 인화칼슘(Ca_3P_2 : 인화석회)은 물과 반응하여 유독한 포스핀(PH_3 : 인화수소)를 발생시킨다.
$Ca_3P_2+6H_2O \rightarrow 3Ca(OH)_2+2PH_3\uparrow$

26. 다음 반응식 중에서 옳지 않은 것은?

① $CaO_2+2HCl \rightarrow CaCl_2+H_2O_2$
② $CaH_2+2H_2O \rightarrow Ca(OH)_2+2H_2$
③ $Ca_3P_2+4H_2O \rightarrow Ca_3(OH)_2+2PH_3$
④ $CaC_2+2H_2O \rightarrow Ca(OH)_2+C_2H_2$

해설 인화칼슘(Ca_3P_2 : 인화석회)이 물(H_2O)과 반응하여 인화수소(PH_3 : 포스핀)가 발생하는 반응식
$Ca_3P_2+6H_2O \rightarrow 3Ca(OH)_2+2PH_3\uparrow$

27. 화재 시 물을 사용할 경우 가장 위험한 물질은?

① 염소산칼륨 ② 인화칼슘
③ 황린 ④ 과산화수소

해설 인화칼슘(Ca_3P_2 : 인화석회)은 물(H_2O)과 반응하여 맹독성, 가연성 가스인 인화수소(PH_3 : 포스핀)을 발생시키므로 소화약제로 물은 부적합하다.

28. 다음 중 Ca_3P_2 화재 시 가장 적합한 소화방법은?

① 마른 모래로 덮어 소화한다.
② 봉상의 물로 소화한다.
③ 화학포 소화기로 소화한다.
④ 산·알칼리 소화기로 소화한다.

해설 인화석회(Ca_3P_2 : 인화칼슘) 소화방법은 마른 모래(건조사)로 질식 소화가 효과적이다.

29. 인화알루미늄의 화재 시 주수 소화를 하면 발생하는 가연성 기체는?

① 아세틸렌 ② 메탄
③ 포스겐 ④ 포스핀

해설 주수 소화 시 포스핀(PH_3 : 인화수소)이 발생하는 위험물 : 제5류 위험물인 인화칼슘(Ca_3P_2)과 인화알루미늄(AlP)은 물과 반응하여 포스핀(PH_3)을 발생시킨다.
㉮ 인화칼슘(Ca_3P_2 : 인화석회)
$Ca_3P_2+6H_2O \rightarrow 3Ca(OH)_2+2PH_3\uparrow$
$Ca_3P_2+6HCl \rightarrow 3CaCl_2+2PH_3\uparrow$
㉯ 인화알루미늄(AlP)
$AlP+3H_2O \rightarrow Al(OH)_3+PH_3\uparrow$

30. 탄화칼슘에 대한 설명으로 틀린 것은?

① 화재 시 이산화탄소 소화기가 적응성이 있다.
② 비중은 약 2.2로 물보다 무겁다.
③ 질소 중에서 고온으로 가열하면 $CaCN_2$가 얻어진다.
④ 물과 반응하면 아세틸렌 가스가 발생한다.

해설 탄화칼슘(CaC_2)의 특징
㉮ 제3류 위험물 중 칼슘 또는 알루미늄의 탄화물로 지정수량은 300kg이다.
㉯ 백색의 입방체 결정으로 시판품은 회색, 회흑색을 띠고 있다.
㉰ 높은 온도에서 강한 환원성을 가지며, 많은 산화물을 환원시킨다.
㉱ 공업적으로 석회와 탄소를 전기로에서 가열

정답 25. ③ 26. ③ 27. ② 28. ① 29. ④ 30. ①

하여 제조한다.

㉤ 수증기 및 물과 반응하여 가연성 가스인 아세틸렌(C_2H_2)과 수산화칼슘[$Ca(OH)_2$]이 발생한다.

$CaC_2+2H_2O \rightarrow Ca(OH)_2+C_2H_2\uparrow$

㉥ 상온에서 안정하지만 350℃에서 산화되며, 700℃ 이상에서는 질소와 반응하여 석회질소($CaCN_2$: 칼슘시아나이드)를 생성한다.

㉦ 시판품은 불순물이 포함되어 있어 유독한 황화수소(H_2S), 인화수소(PH_3 : 포스핀), 암모니아(NH_3) 등을 발생시킨다.

㉧ 비중 2.22, 융점 2370℃, 착화온도 335℃이다.

㉨ 적응성이 있는 소화설비 : 탄산수소염류 분말 소화설비 및 분말 소화기, 건조사, 팽창질석 또는 팽창진주암

★★

31. 탄화칼슘과 물이 반응하였을 때 생성되는 가스는?

① C_2H_2　② C_2H_4
③ C_2H_6　④ CH_4

해설 ㉮ 탄화칼슘(CaC_2)이 물과 반응하면 가연성 가스인 아세틸렌(C_2H_2)이 발생된다.
㉯ 반응식 : $CaC_2+2H_2O \rightarrow Ca(OH)_2+C_2H_2\uparrow$

32. 다음 위험물 중 물과 반응하여 연소범위가 약 2.5~81%인 위험한 가스를 발생시키는 것은?

① Na　② P
③ CaC_2　④ Na_2O_2

해설 탄화칼슘(CaC_2) 물과 반응하면 발생하는 아세틸렌(C_2H_2)의 연소범위는 2.5~81vol%이다.

★

33. 물과 반응하였을 때 발생하는 가연성 가스의 종류가 나머지 셋과 다른 하나는?

① 탄화리튬(Li_2C_2)
② 탄화마그네슘(MgC_2)
③ 탄화칼슘(CaC_2)
④ 탄화알루미늄(Al_4C_3)

해설 제3류 위험물 중 금속탄화물이 물과 반응하여 생성되는 물질
㉮ 아세틸렌(C_2H_2)을 생성하는 것 : 탄화리튬(Li_2C_2), 탄화나트륨(Na_2C_2), 탄화칼륨(K_2C_2), 탄화마그네슘(MgC), 탄화칼슘(CaC_2)
㉯ 메탄(CH_4)을 생성하는 것 : 탄화알루미늄(Al_4C_3), 탄화베릴륨(Be_2C)
㉰ 메탄(CH_4)과 수소(H_2)를 생성하는 것 : 탄화망간(Mn_3C)

34. 물과 반응하여 CH_4와 H_2 가스를 발생하는 것은?

① K_2C_2　② MgC_2
③ Be_2C　④ Mn_3C

해설 제3류 위험물 중 금속탄화물이 물과 반응하여 생성되는 물질
㉮ 아세틸렌(C_2H_2)을 생성하는 것 : 탄화리튬(Li_2C_2), 탄화나트륨(Na_2C_2), 탄화칼륨(K_2C_2), 탄화마그네슘(MgC_2), 탄화칼슘(CaC_2)
㉯ 메탄(CH_4)을 생성하는 것 : 탄화알루미늄(Al_4C_3), 탄화베릴륨(Be_2C)
㉰ 메탄(CH_4)과 수소(H_2)를 생성하는 것 : 탄화망간(Mn_3C)

참고 탄화망간(Mn_3C)이 물과 반응하여 메탄(CH_4)과 수소(H_2)가 발생하는 반응식
$Mn_3C+6H_2O \rightarrow 3Mn(OH)_2+CH_4\uparrow+H_2\uparrow$

정답 31. ① 32. ③ 33. ④ 34. ④

1-5 | 제4류 위험물

1 제4류 위험물의 지정수량 및 공통적인 성질

(1) 지정수량

<table>
<tr><th>유별</th><th>성질</th><th colspan="2">품명</th><th>지정수량</th><th>위험등급</th></tr>
<tr><td rowspan="10">제4류
위험물</td><td rowspan="10">인화성
액체</td><td colspan="2">1. 특수인화물</td><td>50L</td><td>I</td></tr>
<tr><td rowspan="2">2. 제1석유류</td><td>비수용성 액체</td><td>200L</td><td rowspan="3">II</td></tr>
<tr><td>수용성 액체</td><td>400L</td></tr>
<tr><td colspan="2">3. 알코올류</td><td>400L</td></tr>
<tr><td rowspan="2">4. 제2석유류</td><td>비수용성 액체</td><td>1000L</td><td rowspan="6">III</td></tr>
<tr><td>수용성 액체</td><td>2000L</td></tr>
<tr><td rowspan="2">5. 제3석유류</td><td>비수용성 액체</td><td>2000L</td></tr>
<tr><td>수용성 액체</td><td>4000L</td></tr>
<tr><td colspan="2">6. 제4석유류</td><td>6000L</td></tr>
<tr><td colspan="2">7. 동식물유류</td><td>10000L</td></tr>
</table>

[비고] 위험물 안전관리법 시행령 별표1

"인화성 액체"라 함은 액체(제3석유류, 제4석유류 및 동식물유류의 경우 1기압과 20℃에서 액체인 것만 해당한다)로서 인화의 위험성이 있는 것을 말한다. 다만, 다음 각 목의 어느 하나에 해당하는 것을 법 제20조 제1항의 중요기준과 세부기준에 따른 운반용기를 사용하여 운반하거나 저장(진열 및 판매를 포함한다)하는 경우는 제외한다.

㉮ '화장품법'에 따른 화장품 중 인화성 액체를 포함하고 있는 것

㉯ '약사법'에 따른 의약품 중 인화성 액체를 포함하고 있는 것

㉰ '약사법'에 의약외품(알코올류에 해당하는 것은 제외한다) 중 수용성인 인화성 액체를 50 부피% 이하로 포함하고 있는 것

㉱ '의료기기법'에 따른 체외진단용 의료기기 중 인화성 액체를 포함하고 있는 것

㉲ '생활화학제품 및 살생물제의 안관관리에 관한 법률'에 따른 안전확인대상 생활화학제품(알코올류에 해당하는 것은 제외한다) 중 수용성인 인화성 액체를 50 부피% 이하로 포함하고 있는 것

(2) 제4류 위험물의 성상에 의한 품명 분류 [위험물 안전관리법 시행령 별표1]

① 특수인화물 : 이황화탄소, 디에틸에테르 그 밖에 1기압에서 발화점이 100℃ 이하인 것 또는 인화점이 -20℃ 이하이고 비점이 40℃ 이하인 것을 말한다.

② 제1석유류 : 아세톤, 휘발유 그 밖에 1기압에서 인화점이 21℃ 미만인 것을 말한다.

③ 알코올류 : 1분자를 구성하는 탄소원자의 수가 1개부터 3개까지인 포화1가 알코올(변성알코올을 포함한다)을 말한다. 다만, 다음 각목의 1에 해당하는 것은 제외한다.

㈎ 1분자를 구성하는 탄소원자의 수가 1개 내지 3개의 포화1가 알코올의 함유량이 60 중량% 미만인 수용액

㈏ 가연성 액체량이 60 중량% 미만이고 인화점 및 연소점(태그개방식 인화점 측정기에 의한 연소점을 말한다. 이하 같다)이 에틸알코올 60 중량% 수용액의 인화점 및 연소점을 초과하는 것

④ 제2석유류 : 등유, 경유 그 밖에 1기압에서 인화점이 21℃ 이상 70℃ 미만인 것을 말한다. 다만, 도료류 그 밖의 물품에 있어서 가연성 액체량이 40 중량% 이하이면서 인화점이 40℃ 이상인 동시에 연소점이 60℃ 이상인 것은 제외한다.

⑤ 제3석유류 : 중유, 클레오소트유 그 밖에 1기압에서 인화점이 70℃ 이상 200℃ 미만인 것을 말한다. 다만, 도료류 그 밖의 물품은 가연성 액체량이 40 중량% 이하인 것은 제외한다.

⑥ 제4석유류 : 기어유, 실린더유 그 밖에 1기압에서 인화점이 200℃ 이상 250℃ 미만의 것을 말한다. 다만, 도료류 그 밖의 물품은 가연성 액체량이 40 중량% 이하인 것은 제외한다.

⑦ 동식물유류 : 동물의 지육 등 또는 식물의 종자나 과육으로부터 추출한 것으로서 1기압에서 인화점이 250℃ 미만의 것을 말한다. 다만, 법 제20조 제1항의 규정에 의하며 행정안전부령으로 정하는 용기기준과 수납·저장기준에 따라 수납되어 저장·보관되고 용기의 외부에 물품의 통칭명, 수량 및 화기엄금(화기엄금과 동일한 의미를 갖는 표시를 포함한다)의 표시가 있는 경우를 제외한다.

(3) 제4류 위험물의 공통적인 성질

① 상온에서 액체이며, 대단히 인화되기 쉽다.
② 물보다 가볍고, 대부분 물에 녹기 어렵다.
③ 증기는 공기보다 무겁다.
④ 착화온도가 낮은 것은 위험하다.
⑤ 증기와 공기가 약간 혼합되어 있어도 연소한다.

(4) 저장 및 취급 시 주의사항

① 인화점 이하로 유지하고, 용기는 밀전(密栓) 저장한다.
② 액체의 누설 및 증기의 누설을 방지한다.
③ 서늘하고, 통풍이 잘 되는 곳에 저장한다.
④ 화기 및 점화원으로부터 멀리 떨어져 저장한다.
⑤ 정전기 현상이 일어나지 않도록 주의한다.

▶ 밀전(密栓) : 저장용기 내용물이 새지 않도록 마개를 꼭 막는다는 것임

(5) 소화 방법

물은 화재를 확대시킬 위험이 있으므로 사용을 금지하고 이산화탄소, 할로겐화합물, 소화 분말, 포(foam) 등을 사용하는 질식 소화가 효과적이다.

2 제4류 위험물의 화학적 성질 및 저장·취급

(1) 특수인화물(지정수량 : 50L)

특수인화물이라 함은 이황화탄소, 디에틸에테르 그 밖에 1기압에서 발화점이 100℃ 이하인 것 또는 인화점이 -20℃ 이하이고 비점이 40℃ 이하인 것을 말한다.

① 디에틸에테르($C_2H_5OC_2H_5$: 에테르, 산화에틸, 에틸에테르)

(가) 일반적 성질

㉮ 비점(34.48℃)이 낮고 무색투명하며 독특한 냄새가 있는 인화되기 쉬운 액체이다.

㉯ 물에는 녹기 어려우나 알코올에는 잘 녹는다.

㉰ 전기의 불량도체라 정전기가 발생되기 쉽다.

㉱ 액비중 0.719(증기비중 2.55), 비점 34.48℃, 발화점 180℃, 인화점 -45℃, 연소범위 1.91~48%이다.

(나) 위험성

㉮ 제4류 위험물 중 인화점이 가장 낮다.

㉯ 휘발성이 강하고 증기는 마취성이 있어 장시간 흡입하면 위험하다.

㉰ 공기와 장시간 접촉하면 과산화물이 생성되어 가열, 충격, 마찰에 의하여 폭발한다.

㉱ 착화온도가 낮고 연소범위가 넓다.

㉲ 건조 시 정전기에 의하여 발화하는 경우도 있다.

(다) 저장 및 취급 방법

㉮ 불꽃 등 화기를 멀리하고 통풍이 잘 되는 곳에 저장한다.

㉯ 공기와 접촉 시 과산화물이 생성되는 것을 방지하기 위해 용기는 갈색병을 사용한다.

㉰ 증기 누설을 방지하고, 밀전하여 냉암소에 보관한다.

㉱ 용기의 공간 용적은 10% 이상 여유 공간을 확보한다.

(라) 디에틸에테르의 과산화물

㉮ 검출 시약 : 요오드화칼륨(KI) 용액 → 과산화물 존재 시 정색반응에서 황색으로

나타남

㉯ 제거 시약 : 황산제1철($FeSO_4$)

㉰ 과산화물 생성 방지법 : 40메시(mesh)의 동(Cu)망을 넣는다.

(마) 소화 방법 : 탄산가스(CO_2)가 가장 효과적이다.

② 이황화탄소(CS_2 : 유화탄소, 황화탄소, 이유화탄소)

(가) 일반적 성질

㉮ 무색, 투명한 액체로 시판품은 불순물로 인하여 황색을 나타내며 불쾌한 냄새가 난다.

㉯ 물에는 녹지 않으나 알코올, 에테르, 벤젠 등 유기용제에는 잘 녹으며 유지, 수지, 생고무, 황, 황린 등을 녹인다.

㉰ 독성이 있고 직사광선에 의해 서서히 변질되고, 점화하면 청색불꽃을 내며 연소하면서 아황산가스(SO_2)를 발생한다.

$CS_2 + 3O_2 \rightarrow CO_2 + 2SO_2$

㉱ 인화성이 강화고 유독하며, 물과 150℃ 이상 가열하면 분해하여 이산화탄소(CO_2)와 황화수소(H_2S)를 발생한다.

$CS_2 + 2H_2O \rightarrow CO_2\uparrow + 2H_2S\uparrow$

㉲ 액비중 1.263(증기비중 2.62), 비점 46.45℃, 발화점(착화점) 100℃, 인화점 -30℃, 연소범위 1.2~44%이다.

(나) 위험성

㉮ 휘발하기 쉽고 인화성이 강하며 유독하다.

㉯ 연소범위(1.2~44%)가 넓고 하한값이 낮아 위험하다.

㉰ 발화점(착화점)이 100℃로 제4류 위험물 중 가장 낮다.

(다) 저장 및 취급 방법

㉮ 발화점이 낮으므로 화기를 멀리한다.

㉯ 직사광선을 피하고 통풍이 잘 되는 냉암소에 저장한다.

㉰ 밀봉, 밀전하여 액체나 증기의 누설을 방지한다.

㉱ 물보다 무겁고 물에 녹기 어려우므로 물(수조)속에 저장한다.

(라) 소화 방법 : 탄산가스(CO_2), 불연성 가스, 할로겐화합물 또는 분무상의 주수 소화

③ 아세트알데히드(CH_3CHO : 알데히드, 초산알데히드, 메틸알데히드)

(가) 일반적 성질

㉮ 자극성의 냄새가 있는 무색의 액체로 인화성이 강하다.

㉯ 물과 유기용제에 잘 녹으며, 유기물을 녹이는 성질이 있다.

㉰ 환원성이 커서 여러 물질과 작용한다.

$2Ag(NH_3)_2OH + RCHO \rightarrow RCOOH + 2Ag\downarrow + 4NH_3 + H_2O$(은거울 반응)

㉱ 화학적 활성이 크며, 고무를 녹이는 성질이 있다.

㉲ 공기 중에서 산화하여 발열한다.

$2CH_3CHO + 5O_2 \rightarrow 4CO_2 + 4H_2O + 281.9kcal$

㉳ 액비중 0.783(증기비중 1.52), 비점 21℃, 인화점 −39℃, 발화점 185℃, 연소범위 4.1~57%이다.

㈏ 위험성

㉮ 비점(21℃)이 매우 낮아 휘발하거나 인화하기가 쉽다.

㉯ 자극성이 강해 증기 및 액체는 인체에 유해하다(피부점막에 자극을 준다).

㉰ 발화온도(착화온도)가 낮고 연소범위가 넓어 폭발 위험이 있다.

㉱ 구리, 마그네슘 등 금속과 접촉하면 폭발적으로 반응이 일어난다.

㈐ 저장 및 취급 방법

㉮ 화학적 활성이 큰 가연성 액체이므로 강산화제와의 접촉을 피한다.

㉯ 구리, 마그네슘 등의 금속과 접촉하면 폭발적으로 반응하므로 취급설비에는 구리 합금의 사용을 피한다.

㉰ 공기와 접촉 시 과산화물을 생성하므로 밀봉, 밀전하여 냉암소에 저장한다.

㉱ 용기 및 탱크 내부에는 질소, 아르곤 등 불연성 가스를 주입하여 봉입한다.

㈑ 소화 방법 : 분무상의 주수나 탄산가스(CO_2), 소화 분말을 사용한다.

④ 산화프로필렌(CH_3CHOCH_2 : 프로필렌옥사이드)

㈎ 일반적 성질

㉮ 무색, 투명한 에테르 냄새가 나는 휘발성 액체이다.

㉯ 물, 에테르, 벤젠 등의 많은 용제에 녹는다.

㉰ 화학적 활성이 크며 산, 알칼리, 마그네슘의 촉매하에서 중합반응을 한다.

㉱ 액비중 0.83(증기비중 2.0), 비점 34℃, 인화점 −37℃, 발화점 465℃, 연소범위 2.1~38.5%이다.

㈏ 위험성

㉮ 휘발성이 좋아 인화하기 쉽고, 연소범위가 넓어 위험성이 크다.

㉯ 증기압이 매우 높아(20℃에서 45.5mmHg) 상온에서 쉽게 위험농도에 도달한다.

㉰ 증기와 액체는 구리, 은, 마그네슘 등의 금속이나 합금과 접촉하면 폭발성인 아세틸라이드를 생성한다.

$C_3H_6O + 2Cu \rightarrow Cu_2C_2 + CH_4 + H_2O$ (동아세틸라이드 : Cu_2C_2)

㉣ 증기는 유독하며, 흡입하였을 때 두통, 현기증, 구토증을 일으키고 심할 경우 폐부종이 발행하고, 눈에 들어가면 화상을 입고, 피부에 접촉되면 동상과 같은 증상이 나타난다.

㈐ 저장 및 취급 방법 : 아세트알데히드에 준한다.

㈑ 소화 방법 : 소화 분말, 탄산가스(CO_2), 증발성 액체를 사용한다.

(2) 제1석유류(지정수량 : 비수용성 액체 200L, 수용성 액체 400L)

① 아세톤(CH_3COCH_3 : 디메틸케톤)

㈎ 일반적 성질

㉮ 무색의 휘발성 액체로 독특한 냄새가 있는 인화성 물질이다.

㉯ 물, 알코올, 에테르, 가솔린, 클로로포름 등 유기용제와 잘 섞인다.

㉰ 직사광선에 의해 분해하고, 보관 중 황색으로 변색되며 수지, 유지, 섬유, 고무, 유기물 등을 용해시킨다.

㉱ 액비중 0.79(증기비중 2.0), 비점 56.6℃, 발화점 538℃, 인화점 -18℃, 연소범위 2.6~12.8%이다.

㈏ 위험성

㉮ 비점과 인화점이 낮아 인화의 위험이 크다.

㉯ 독성은 거의 없으나 피부에 닿으면 탈지작용과 증기를 다량으로 흡입하면 구토현상이 나타난다.

㈐ 저장 및 취급 방법

㉮ 화기에 주의하고, 통풍이 잘 되는 곳에 저장한다.

㉯ 저장용기는 밀봉하여 냉암소에 보관한다.

㈑ 소화 방법 : 분무상의 주수, 탄산가스(CO_2), 알코올포를 사용한 질식 소화

② 가솔린(C_5H_{12}~C_9H_{20} : 휘발유)

㈎ 일반적 성질

㉮ 탄소수 C_5~C_9까지의 포화(알칸), 불포화(알켄) 탄화수소의 혼합물로 휘발성 액체이다.

㉯ 특이한 냄새가 나는 무색의 액체로 비점이 낮다.

㉰ 물에는 용해되지 않지만 유기용제와는 잘 섞이며 고무, 수지, 유지를 잘 녹인다.

㉱ 전기의 불량도체이며, 물보다 가볍다.

㉲ 옥탄가를 높이기 위해 첨가제(사에틸납)을 넣어 착색한다.

㉳ 가솔린의 착색 상태

㉠ 공업용 : 무색

㉡ 자동차용 : 오렌지색

㉢ 항공기용 : 청색, 붉은 오렌지색

㉷ 액비중 0.65~0.8(증기비중 3~4), 인화점 -20~-43℃, 발화점 300℃, 연소범위 1.4~7.6%이다.

▸ $옥탄값 = \dfrac{iso-옥탄}{(iso-옥탄)-(n-헵탄)} \times 100$

㈏ 위험성

㉮ 휘발 및 인화하기 쉽고, 증기는 공기보다 3~4배 무거워 누설 시 낮은 곳에 체류하여 연소를 확대시킨다.

㉯ 정전기 발생에 의한 인화의 위험성이 크다.

㉰ 사에틸납[$(C_2H_5)_4Pb$: 테트라에틸납(TEL)]의 첨가로 유독성이 있으며, 혈액에 들어가면 빈혈을 유발하고, 뇌에 손상을 준다.

㉱ 불순물에 의해서 연소 시 아황산(SO_2) 가스를 발생시키며, 내연기관에서는 고온에 의해 질소산화물을 생성한다.

㈐ 저장 및 취급 방법

㉮ 화기를 피하고 통풍이 잘 되는 냉암소에 저장한다.

㉯ 용기의 누설 및 증기의 배출이 되지 않도록 주의한다.

㉰ 팽창계수(0.00135/℃)가 크므로 온도상승에 따른 체적팽창을 감안하여 밀폐용기는 10% 이상의 여유공간을 남겨야 한다.

㈑ 소화 방법 : 포말소화나 탄산가스(CO_2), 분말의 질식 소화

③ 벤젠(C_6H_6 : 벤졸, 페닐하이드로라이드)

㈎ 일반적 성질

㉮ 무색, 투명한 휘발성이 강한 액체로 증기는 마취성과 독성이 있다.

㉯ 분자량 78의 방향족 유기화합물이다.

㉰ 물에는 녹지 않으나 알코올, 에테르 등 유기용제와 잘 섞이고 수지, 유지, 고무 등을 잘 녹인다.

㉱ 불을 붙이면 그을음(C)을 많이 내면서 연소한다(이유 : 탄소수에 비해 수소수가 적기 때문이다).

$2C_6H_6 + 9O_2 \rightarrow 6CO_2 + 6C + 6H_2O$

㉲ 융점이 5.5℃로 겨울철 찬 곳에서 고체가 되는 현상이 발생한다.

㉳ 액비중 0.88(증기비중 2.7), 비점 80.1℃, 발화점 562.2℃, 인화점 -11.1℃, 융점 5.5℃, 연소범위 1.4~7.1%이다.

㈏ 위험성 : 증기는 마취성과 독성이 강하여 2% 이상의 고농도 증기를 5~10분 동안 흡입하면 치명적이고, 100ppm 정도의 증기도 장시간 호흡하면 빈혈, 식욕부진, 조혈기관 장애를 가져온다.

㈐ 저장 및 취급 방법, 소화 방법 : 가솔린에 준한다.

④ 톨루엔($C_6H_5CH_3$: 메틸벤젠, 페닐메탄, 톨루올)

㈎ 일반적 성질

㉮ 벤젠의 수소 원자 하나가 메틸기($-CH_3$)로 치환된 것이다.

㉯ 독특한 냄새가 있는 무색의 액체로 벤젠보다는 독성이 약하다.

㉰ 물에는 녹지 않으나 알코올, 에테르, 벤젠과는 잘 섞인다.

㉱ 수지, 유지, 고무 등을 녹인다.

㉲ 액비중 0.89(증기비중 3.17), 비점 110.6℃, 발화점 552℃, 인화점 4.5℃, 연소범위 1.4~6.7%이다.

㈏ 위험성, 저장 및 취급 방법, 소화 방법 : 가솔린에 준한다.

⑤ 크실렌[$C_6H_4(CH_3)_2$: 디메틸벤젠, 크시롤, 자일렌]

㈎ 일반적 성질

㉮ 벤젠핵에 메틸기($-CH_3$)가 2개 결합된 것이다.

㉯ 독특한 냄새가 나는 무색의 액체로 톨루엔과 비슷하다.

㈏ 크실렌의 이성질체 종류 및 성질

명칭	*o*-크실렌	*m*-크실렌	*p*-크실렌
구조식	CH_3, CH_3	CH_3, CH_3	CH_3, CH_3
액비중	0.88	0.86	0.86
융점	-25.2℃	-47.9℃	13.3℃
비점	144.4℃	139.1℃	138.4℃
인화점	17.2℃	23.2℃	23.0℃
착화점	463.9℃	527.8℃	528.9℃
증기비중	3.66	1.1~7.0	3.68
연소범위	1.0~6.0%	1.0~6.0%	1.1~7.0%
구분	제1석유류	제2석유류	제2석유류

㈜ *m*-크실렌과 *p*-크실렌은 인화점이 21℃ 이상이기 때문에 제2석유류에 속하는 것이다.
o : 오르토(ortho), *m* : 메타(meta), *p* : 파라(para)

⑥ 초산에스테르류 : 초산에스테르류는 초산(CH_3COOH)에서 카르복시기(-COOH)의 수소(H)가 알킬기(C_nH_{2n+1})와 치환된 화합물을 초산에스테르류(CH_3COOR)라 하며, 모두 향기로운 냄새를 갖는 중성의 액체로 분자량이 증가할수록 인화점이 높아진다.

(가) 초산메틸(CH_3COOCH_3 : 아세트산메틸, 초산메틸에스테르, 메틸아세테이트)

㉮ 일반적 성질

㉠ 향기 좋은 냄새가 나는 무색 휘발성의 액체로 마취성이 있다.

㉡ 물에 비교적 잘 녹아 22℃에서 3배 정도가 물에 녹는다(용해도 24.5%).

㉢ 수지, 유지 등을 녹이며 알코올, 에테르 등에 잘 혼합된다.

㉣ 가수분해를 받기 쉽고, 물과 장시간 접촉하면 상온에서 분해하여 초산과 메틸알코올로 분해한다.

$CH_3COOCH_3 + H_2O \rightleftarrows CH_3COOH + CH_3OH$

㉤ 액비중 0.92(증기비중 2.56), 비점 60℃, 발화점 454℃, 인화점 -10℃, 폭발범위 3.1~16%이다.

㉯ 위험성

㉠ 휘발하기 쉽고, 인화의 위험성이 높다.

㉡ 공업용은 메탄올을 함유하므로 독성에 주의한다.

㉢ 피부에 닿으면 탈지작용을 하므로 접촉되지 않도록 주의한다.

㉰ 저장 및 취급 방법

㉠ 화기를 피하고 용기의 파손, 누출에 주의한다.

㉡ 휘발성, 인화성이 크므로 밀봉, 밀전하여 통풍이 잘 되는 냉암소에 저장한다.

㉱ 소화 방법 : 수용성이므로 알코올 포(foam), 탄산가스(CO_2), 소화 분말을 사용한다.

(나) 초산에틸($CH_3COOC_2H_5$: 초산에스테르, 아세트산에틸, 에틸아세테이트)

㉮ 일반적 성질

㉠ 무색, 투명한 가연성 액체로 딸기향의 과일 냄새가 난다.

㉡ 물에는 약간 녹으며 알코올, 아세톤, 에테르 등 유기용매에 잘 녹는다.

㉢ 유지, 수지, 셀룰로오스 유도체 등을 잘 녹인다.

㉣ 가수분해되기 쉬우며 물이 있으면 상온에서 서서히 초산과 에틸알코올로 분해한다.

㉤ 비중 0.9, 비점 77℃, 발화점 427℃, 인화점 -4.4℃, 폭발범위 2.2~11.4%이다.

㉯ 위험성 및 취급 방법

㉠ 수용액 상태에서도 인화의 위험이 있다.

㉡ 인화성, 휘발성이 크므로 가솔린에 준한다.

㉰ 소화 방법 : 탄간가스(CO_2), 알코올 포(foam), 소화 분말

(다) 초산프로필에스테르($CH_3COOC_3H_7$: 정초산프로필)

㉮ 일반적 성질

㉠ 무색의 과일 냄새가 나는 액체로 유지, 수지, 셀룰로오스 유도체 등을 잘 녹인다.

㉡ 물에는 용해도 2.3%로 약간 녹으며 알코올, 에테르, 아세톤 등 유기용제에는 잘 녹는다.

㉢ 비중 0.88, 비점 102℃, 발화점 450℃, 인화점 14.4℃, 연소범위 2~8%이다.

㉯ 기타 : 초산메틸에 준한다.

(라) 부틸에스테르($CH_3COOC_4H_9$: 초산부탄올, 정초산부틸)

㉮ 일반적 성질

㉠ 배향의 과일냄새가 나는 무색의 액체로 물에는 약간 녹으나 유기용제에는 잘 녹는다.

㉡ 니트로셀룰로오스에 대한 용해력은 순수한 초산부틸보다 좋다.

㉢ 비중 0.88, 비점 127℃, 발화점 421℃, 인화점 22℃, 연소범위 1.7~7.6%이다.

㉯ 위험성 : 인화점이 다소 높아진 액온일 경우는 혼합가스가 액면 위에서 형성하므로 인화되거나 폭발의 위험이 있다.

㉰ 기타 : 초산메틸에 준한다.

(마) 초산아밀에스테르($CH_3COOC_5H_{11}$: 정초산아밀, 바나나오일)

㉮ 일반적 성질

㉠ 과일 냄새가 나는 무색의 액체로 물에 녹지 않으나 유기용제에는 녹는다.

㉡ 유지, 수지, 셀룰로오스 유도체를 잘 녹이고 아일알코올을 함유하는 경우도 있다.

㉢ 비중 0.87, 비점 149℃, 발화점 378.8℃, 인화점 25℃, 연소범위 1.1~7.5%이다.

㉯ 기타 : 초산메틸이나 초산에틸에 준한다.

⑦ 의산(개미산) 에스테르류(지정수량 : 400L) : 개미산(HCOOH)의 수소(H)가 알킬기(C_nH_{2n+1})로 치환된 모양으로 대부분 특이한 냄새를 가지고 있으며 분자량 증가에 따라 인화점은 높아지고 수용성은 감소하며 초산에스테르류와 비슷한 성질을 가지고 있다.

(가) 의산메틸($HCOOCH_3$: 개미산메틸, 의산메틸에스테르, 포름산메틸에스테르)

㉮ 일반적 성질

㉠ 럼주 냄새가 나는 휘발성 액체로 증기는 마취성이 조금 있으나 독성은 없다.

㉡ 가수분해 되면 메탄올(CH_3OH)과 개미산(HCOOH)으로 분해한다.

$$HCOOCH_3 + H_2O \rightleftarrows HCOOH + CH_3OH$$

㉢ 물에 용해도 23.3%로 아주 잘 녹으며 에테르, 에스테르에도 잘 녹는다.

㉣ 비중 0.97, 비점 32℃, 발화점 456.1℃, 인화점 −19℃, 연소범위 5.9~20%이다.

㉯ 위험성 : 휘발 및 인화의 위험성이 크다.

㉰ 저장 및 취급 방법 : 화기에 주의하고 폭발범위 내의 혼합기체가 생기지 않도록 통풍이 잘 되는 곳에 보관한다.

㉱ 소화 방법 : 초산에스테르류에 준한다.

(나) 의산에틸($HCOOC_2H_5$: 개미산에틸, 포름산에틸에스테르)

㉮ 일반적 성질

㉠ 무색의 액체로 의산메틸과 비슷한 럼주 냄새가 난다.

㉡ 증기는 다소 마취성이 있으나 독성은 없다.

㉢ 물, 공기 중의 습기에 의해서 가수분해되어 에탄올(C_2H_5OH)과 개미산($HCOOH$)이 된다.

$$HCOOC_2H_5 + H_2O \rightleftarrows HCOOH + C_2H_5OH$$

㉣ 물에는 용해도 13.6%로 약간 녹고 알코올, 에테르, 벤젠 등 유기용제에는 잘 녹는다.

㉤ 비중 0.92, 비점 54.4℃, 발화점 455℃, 인화점 −20℃, 폭발범위 2.7~13.5%이다.

㉯ 위험성 및 기타 : 의산메틸에 준한다.

㉰ 소화 방법 : 수용성이므로 알코올 포(foam)가 좋다.

(다) 의산프로필($HCOOC_3H_7$)

㉮ 일반적 성질

㉠ 무색의 특유한 냄새가 나는 액체로 물에 녹기 어렵다.

㉡ 비중 0.9, 비점 81.1℃, 발화점 455℃, 인화점 −3℃이다.

㉯ 기타 : 의산메틸에 준한다.

(라) 의산부틸($HCOOC_4H_9$)

㉮ 일반적 성질

㉠ 특유한 냄새가 나는 무색의 액체로 물에는 잘 녹지 않으나 유기용제에는 잘 녹는다.

㉡ 수지, 유지, 셀룰로오스 유도체를 잘 녹인다.

㉢ 비중 0.91, 비점 107.2℃, 발화점 322℃, 인화점 18℃, 연소범위 1.7~8%이다.

㉯ 위험성 및 기타 : 초산부틸에스테르에 준한다.

(마) 의산아밀($HCOOC_5H_{11}$)

㉮ 일반적 성질

㉠ 자두 냄새가 나는 무색 액체로 물에 녹지 않으며(불용) 유지, 수지, 셀룰로오스

유도체를 잘 녹인다.

㉡ 비중 0.88, 비점 130℃, 인화점 27℃이다.

㈏ 위험성 및 기타 : 초산부틸에스테르에 준한다.

⑧ 메틸에틸케톤($CH_3COC_2H_5$: MEK, Z-부탄올, 에틸메틸케톤) (지정수량 : 200L)

㈎ 일반적 성질

㉮ 아세톤과 같은 냄새가 나는 휘발성 액체로 물에 용해도 26.8%로 잘 녹지 않는다.

㉯ 알코올, 에테르, 벤젠 등에 잘 녹고 수지, 유지, 셀룰로오스 유도체를 잘 녹인다.

㉰ 열에 대하여 비교적 안정하지만 500℃ 이상에서는 열분해되어 케텐 및 메틸케텐을 생성한다.

㉱ 비중 0.81(증기비중 2.48), 비점 80℃, 발화점 516℃, 인화점 -1℃, 연소범위 1.8~10%이다.

㈏ 위험성

㉮ 비점, 인화점이 낮아 인화에 대한 위험이 크다.

㉯ 탈지작용이 있으므로 피부가 접촉되지 않도록 주의한다.

㉰ 증기를 다량 마시면 마취성과 구토를 일으킨다.

㈐ 저장 및 취급 방법

㉮ 화기를 멀리하고 직사광선을 피하며 통풍이 잘 되는 냉암소에 저장한다.

㉯ 용기는 갈색병을 사용하여 밀전하되 용기 내부는 10% 이상의 여유공간을 남긴다.

㈑ 소화 방법 : 분무상의 물이나 탄산가스(CO_2), 알코올 포를 사용한다.

⑨ 피리딘(C_5H_5N : 아딘) (지정수량 : 400L)

㈎ 일반적 성질

㉮ 순수한 것은 무색 액체이나 불순물때문에 담황색을 나타낸다.

㉯ 강한 악취와 흡수성이 있고, 질산과 함께 가열해도 분해하지 않는다.

㉰ 산, 알칼리에 안정하고 물, 알코올, 에테르, 유류 등에 잘 녹으며 많은 유기물을 들을 녹인다.

㉱ 약 알칼리성을 나타내고 독성이 있다.

㉲ 과산화물에 산화되어 N-옥시드(C_5H_5NO)로 되며, 이것은 흡습성의 백색 결정으로 아민산화물의 성질을 가지고 있다.

㉳ 반응에서 니트로기($-NO_2$), 브롬기(-Br), 슐폰기($-HSO_3$)는 약 300℃에서 β위치에 들어간다.

㉴ 비중 0.973(증기비중 2.73), 비점 115.5℃, 발화점 482.2℃, 인화점 20℃, 연소범위 1.8~12.4%이다.

㈏ 위험성

㉮ 상온에서 인화의 위험이 있으므로 화기에 주의한다.

㉯ 강한 악취와 독성을 가지고 있으므로 허용량 이상을 흡입하면 신장 및 간장에 유해하고, 심하면 사망할 수도 있다.

㉰ 공기 중에서 최대허용농도는 5ppm이다.

㈐ 저장 및 취급 방법

㉮ 화기를 멀리하고 통풍이 잘 되는 냉암소에 저장한다.

㉯ 취급 시에는 피부에 액체를 접촉시키거나, 증기를 흡입하지 않도록 주의한다.

㈑ 소화 방법 : 알코올 포나 탄산가스(CO_2), 소화 분말을 사용한다.

(3) 알코올류(지정수량 : 400L)

알코올은 탄화수소의 수소(H)가 수산기(-OH)로 치환된 화합물로 수산기(-OH)의 수에 따라 1가, 2가, 3가 알코올 및 4가 알코올로 나누어진다. 알코올류는 일반적으로 수용성이지만 분자량이 증가함에 따라 물에 녹기 어려워지고 분자량이 커질수록 이성질체도 많아진다.

① 메틸알코올(CH_3OH : 메탄올, 목정, 카르빈올)

㈎ 일반적 성질

㉮ 휘발성이 강한 무색, 투명한 액체로 물과는 어떤 비율로도 혼합된다.

㉯ 유지, 수지 등을 잘 녹이며, 유기용매에는 농도에 따라서 녹는 정도가 다르다.

㉰ 백금(Pt), 산화구리(CuO) 존재하에 공기 중에서 서서히 산화하면 포름알데히드(HCHO : 포르말린), 빠르면 의산(HCOOH)을 거쳐 이산화탄소(CO_2)로 된다.

㉱ 액비중 0.79(증기비중 1.1), 비점 63.9℃, 발화점 464℃, 인화점 11℃, 연소범위 7.3~36%이다.

㈏ 위험성

㉮ 독성이 강하여 소량 마시면 시신경을 마비시키고, 8~20g 정도 먹으면 두통, 복통을 일으키거나 실명을 하며, 30~50g 정도 먹으면 사망한다.

㉯ 인화점 이상이 되면 폭발성 혼합기체를 발생하고, 밀폐된 상태에서는 폭발한다.

㉰ 밝은 곳에서 연소 시 화염의 색깔이 연해서 잘 보이지 않으므로 화상 등에 주의한다.

㉱ 증기는 환각성 물질이고 계절적으로 여름에 위험하다.

㈐ 저장 및 취급 방법

㉮ 화기를 멀리하고 액체의 온도가 인화점 이상으로 되지 않도록 주의한다.

㉯ 에틸알코올과 혼동하기 쉬우므로 라벨을 붙여 구분한다.

㉰ 밀봉, 밀전하여 통풍이 잘 되는 냉암소에 저장하고, 용기는 10% 이상의 여유공간을 확보해 둔다.

㈑ 소화 방법 : 알코올 포, 탄산가스(CO_2), 분말 소화약제를 이용한 질식 소화를 한다.

② 에틸알코올(C_2H_5OH : 에탄올, 주정)

㈎ 일반적 성질

㉮ 무색, 투명하고 향긋한 냄새를 가진 액체로 물과 잘 혼합된다.

㉯ 일정한 조건에서 유기용제(벤젠, 아세톤, 가솔린 등)와 잘 혼합된다.

㉰ 메틸알코올과 달리 독성이 없다.

㉱ 고온에서 열분해하면 에틸렌과 물 또는 아세트알데히드와 수소가 된다.

㉲ 액비중 0.79(증기비중 1.59), 비점 78.3℃, 인화점 13℃, 발화점 423℃, 연소범위 4.3~19%이다.

㈏ 위험성 및 기타 : 메틸알코올에 준한다.

③ 이소프로필알코올[$(CH_3)_2CHOH$]

㈎ 일반적 성질

㉮ 무색, 투명한 액체로 에틸알코올보다 약간 강한 향기가 있다.

㉯ 물, 에테르, 아세톤에 녹으며 유지, 수지 등 많은 유기화합물을 녹인다.

㉰ 액비중 0.79(증기비중 2.07), 비점 81.8℃, 융점 -89.5℃, 인화점 11.7℃, 발화점 398.9℃, 연소범위 2.0~12%이다.

㈏ 위험성 및 기타 : 메틸알코올에 준한다.

④ 변성알코올 : 에틸알코올(C_2H_5OH)과 메틸알코올(CH_3OH)이 혼합된 것으로 혼합된 비율에 따라 종류가 나누어지고 용도가 결정된다.

(4) 제2석유류(지정수량 : 비수용성 액체 1000L, 수용성 액체 2000L)

제2석유류라 함은 등유, 경유 그 밖에 1기압에서 인화점이 21℃ 이상 70℃ 미만인 것을 말한다. 다만, 도료류 그 밖의 물품에 있어서 가연성 액체량이 40 중량% 이하이면서 인화점이 40℃ 이상인 동시에 연소점이 60℃ 이상인 것은 제외한다.

① 등유(케로신)

㈎ 일반적 성질

㉮ 탄소수가 C_9~C_{18}인 포화, 불포화탄화수소의 혼합물이다.

㉯ 석유 특유의 냄새가 있으며, 무색 또는 연한 담황색을 나타낸다.

㉰ 원유 증류 시 등유와 중유 사이에서 유출되며, 유출온도 범위는 150~300℃이다.

㉱ 물에는 녹지 않는 불용성이며, 유기용제와 잘 혼합되고 유지, 수지를 잘 녹인다.

㉲ 액비중 0.79~0.85(증기비중 4~5), 인화점 30~60℃, 발화점 254℃, 융점 -51℃,

연소범위 1.1~6.0%이다.

(나) 위험성

㉮ 누출되어 안개 모양이 되거나 천에 스며들었을 때 공기와 접촉하면 인화의 위험이 있다.

㉯ 정전기에 의한 인화의 위험이 있다.

(다) 저장 및 취급 방법

㉮ 화기를 피하고, 통풍이 잘 되는 냉암소에 저장한다.

㉯ 누출에 주의하고 용기 내부는 항상 10% 이상의 여유 공간을 확보한다.

(라) 소화 방법 : 알코올 포, 탄산가스(CO_2), 소화 분말을 사용한다.

② 경유(디젤유, 라이트오일)

(가) 일반적 성질

㉮ 탄소수가 C_{15}~C_{20}인 포화, 불포화탄화수소의 혼합물로 유출온도의 범위는 200~350℃이다.

㉯ 담황색 또는 담갈색의 액체로 등유와 비슷한 성질을 갖고 있다.

㉰ 물에는 녹지 않는 불용성이며, 품질은 세탄가로 정한다.

$$\text{세탄가} = \frac{\text{n세탄}}{\text{n세탄} + \alpha\,\text{메틸나프타렌}} \times 100$$

㉱ 액비중 0.82~0.85(증기비중 4~5), 인화점 50~70℃, 발화점 257℃, 연소범위 1~6%이다.

(나) 위험성 및 기타 : 등유에 준한다.

③ 의산(HCOOH : 개미산, 포름산)

(가) 일반적 성질

㉮ 자극성 냄새가 나는 무색, 투명한 액체이다.

㉯ 초산보다 산성이 강하며, 피부에 닿으면 발포(수종)을 일으킨다.

㉰ 강한 환원제이며 물, 알코올, 에테르에 어떤 비율로도 혼합된다.

㉱ 시판품은 90% 정도가 순수한 의산이고, 나머지는 황산, 염산, 수산 등의 불순물로 함유되어 있다.

㉲ 황산과 함께 가열하면 분해하여 일산화탄소(CO)가 발생한다.

㉳ 불이 붙으면 푸른 불꽃을 내면서 연소한다.

$$2HCOOH + O_2 \rightarrow 2CO_2 + 2H_2O$$

㉴ 액비중 1.22(증기비중 1.59), 인화점 69℃, 착화점 601℃이다.

(나) 위험성 : 피부에 닿으면 수종을 일으키고, 기타 등유에 준한다.

④ 초산(CH_3COOH : 빙초산, 식초산, 아세트산, 에탄산)

(가) 일반적 성질

㉮ 무색, 투명하고 식초와 같은 자극적인 냄새를 가진 액체이다.

㉯ 알코올, 에테르에 잘 용해하며, 묽은 것은 부식성이 강하고 진한 것일수록 약해진다.

㉰ 물에 잘 녹으며, 융점(16.7℃) 이하에서는 얼음과 같이 되며 연소 시 파란 불꽃을 낸다.

㉱ 알루미늄 이외의 일반 금속과 작용하여 수용성 염을 만든다.

㉲ 액비중 1.05(증기비중 2.07), 비점 118.3℃, 융점 16.7℃, 인화점 42.8℃, 발화점 427℃, 연소범위 5.4~16%이다.

(나) 위험성

㉮ 피부에 닿으면 화상을 입고, 증기를 흡입하면 점막을 자극하는 염증을 일으킨다.

㉯ 질산과 과산화나트륨과 반응하면 폭발하는 경우도 있다.

(다) 저장 및 취급 방법 : 용기는 내산성 용기를 사용하며, 기타 등유에 준한다.

(라) 소화 방법 : 수용성이므로 알코올 포나 주수 소화한다.

⑤ 테레빈유[탄펜유, 송정유(松精油)]

(가) 일반적 성질

㉮ 소나무와 식물 및 뿌리에서 채집하여 증류 정제하여 만든 물질로서 강한 침엽수 수지 냄새가 나는 무색 또는 담황색의 액체로 주성분은 피넨($C_{10}H_{16}$)이다.

㉯ 공기 중에 방치하면 근기 있는 수지 상태의 물질이 되고, 산화되기 쉬우며, 독성이 있다.

㉰ 물에는 녹지 않으나 무수알코올, 클로로포름, 에테르, 벤젠 등 유기용제에는 잘 녹는다.

㉱ 비중 0.86, 비점 155~170℃, 인화점 33.9℃, 발화점 253℃, 연소범위 0.8% 이상이다.

(나) 위험성 : 공기 중에서 산화, 중합하므로 천이나 포에 묻혀서 방치하면 자연 발화의 위험이 있다.

(다) 취급 및 기타 : 등유에 준한다.

⑥ 장뇌유($C_{10}H_{16}O$: 캄파라, 캠플유)

(가) 일반적 성질

㉮ 주성분이 장뇌($C_{10}H_{16}O$)로 엷은 황색의 액체이며, 유출온도에 따라 백색유, 적색유, 감색유로 분류한다.

㉯ 물에는 녹지 않으나 알코올, 에테르, 이황화탄소에 녹는다.

(나) 위험성 및 기타 : 등유에 준한다.

⑦ 스티렌($C_6H_5CHCH_2$: 비닐벤젠, 페닐에틸렌, 스티롤, 스티로렌, 신나맨)

(가) 일반적 성질

㉮ 무색, 독특한 냄새를 가진 액체로 물에는 녹지 않으나 메탄올, 에탄올, 에테르, 이황화탄소에 잘 녹는다.

㉯ 빛, 가열 또는 과산화물에 의해 쉽게 중합체를 만든다.

㉰ 액비중 0.91(증기비중 3.6), 비점 146℃, 발화점 490℃, 인화점 32.2℃, 연소범위 1.1~6.1%이다.

(나) 위험성 및 기타 : 벤젠에 준한다.

⑧ 송근유(파인유, 파인오일, 우드테레핀유)

(가) 일반적 성질

㉮ 엷은 황색 또는 진한 갈색의 액체로 소나무 뿌리, 폐목재 등을 건류해서 추출한 것이다.

㉯ 물에는 녹지 않고 테레빈유와 같은 용해성이 있다.

㉰ 비중은 0.86~0.87, 비점 155~180℃, 인화점 54~78℃, 발화점 약 355℃이다.

(나) 위험성 및 기타 : 등유에 준한다.

⑨ 에틸셀르솔브($C_2H_5OCH_2CH_2OH$: 에틸글리콜, 에틸렌글리콜모노에틸에테르)

(가) 일반적 성질

㉮ 약간 상쾌한 냄새가 나는 무색 액체로 물, 알코올, 에테르, 아세톤 등과는 어떤 비율로도 혼합이 된다.

㉯ 유지, 수지, 니트로셀룰로오스 등을 잘 녹인다.

㉰ 비중 0.93(증기비중 3.1), 비점 135℃, 발화점 238℃, 인화점 40℃, 연소범위 1.8~14%이다.

(나) 위험성

㉮ 섭취하면 급성중독을 일으키고, 열이나 불꽃에 접촉하면 폭발성이 있다.

㉯ 인화점은 상온보다 높지만, 제2석유류에서는 낮은 편에 속한다.

(다) 저장 및 취급 방법 : 등유에 준한다.

(라) 소화 방법 : 탄산가스(CO_2), 사염화탄소, 소화 분말(드라이케미컬)을 사용한다.

⑩ 메틸셀르솔브($CH_3OC_2H_4OH$: 메틸글리콜, 에틸렌글리콜모노메틸에테르)

(가) 일반적 성질

㉮ 무색의 액체로 약간 상쾌한 냄새가 있으며 휘발성을 갖고 있다.

㉯ 액비중 0.968(증기비중 2.62), 비점 124.4℃, 발화점 288℃, 인화점 43℃, 연소범위 2.5~19.8%이다.

(나) 위험성

㉮ 섭취하면 급성, 만성의 중독을 일으킨다.

㉯ 흡입에 의해서도 만성중독을 일으킨다.

(다) 저장 및 취급 방법 : 밀봉, 밀전하여 통풍이 잘 되는 냉암소에 보관한다.

(라) 소화 방법 : 탄산가스(CO_2), 사염화탄소, 소화 분말(드라이케미컬)을 사용한다.

⑪ 클로로벤젠(C_6H_5Cl : 염화페닐, 모노클로로벤젠, 크로벤)

(가) 일반적 성질

㉮ 석유와 비슷한 냄새를 가진 무색의 액체로 물에는 녹지 않으나(불용) 유기용제와는 잘 혼합된다.

㉯ 증기는 약한 독성(허용농도 75ppm)과 마취성이 있다.

㉰ 액비중 1.1(증기비중 3.9), 비점 132.2℃, 인화점 32℃, 발화점 637.7℃, 연소범위 1.3~7.1%이다.

(나) 위험성

㉮ 마취성이 있고 독성이 있으나 벤젠(C_6H_6)보다는 약하다.

㉯ 증기는 공기와 혼합되면 폭발의 위험이 있다.

(다) 저장 및 취급 방법 : 피리딘에 준한다.

⑫ 히드라진(N_2H_4)

㉮ 암모니아와 비슷한 냄새가 나는 무색의 수용성 액체로 물과 같이 투명하다.

㉯ 물, 알코올과는 어떤 비율로도 혼합되며 클로로포름, 에테르에는 녹지 않는다.

㉰ 유리를 침식하고 코르크나 고무를 분해한다.

㉱ 공기 중에서 가열하면 약 180℃에서 암모니아(NH_3)와 질소(N_2)가 발생한다.

㉲ 공기와 혼합된 증기는 점화원에 의해 폭발적으로 연소한다.

$N_2H_4 + O_2 \rightarrow N_2 + 2H_2O$

㉳ 로켓의 연료, 플라스틱 발포제 등으로 사용된다.

(5) 제3석유류(지정수량 : 비수용성 액체 2000L, 수용성 액체 4000L)

제3석유류라 함은 중유, 클레오소트유 그 밖에 1기압에서 인화점이 70℃ 이상 200℃ 미만인 것을 말한다. 다만, 도료류 그 밖의 물품은 가연성 액체량이 40 중량% 이하인 것은 제외한다.

① 중유(벙커유)

(가) 일반적 성질

㉮ 갈색 또는 암갈색인 액체로 석유류분 중 비점 300℃ 이상의 유분으로 다음과 같이 3가지로 분류한다.

㉠ 직류 중유 : 비중 0.85~0.93, 인화점 60~150℃, 발화점 254~405℃로 포화탄화수소가 많아 점도가 낮고 분무성이 좋아 착화가 잘 된다.

㉡ 분해 중유 : 비중 0.95~1.00, 인화점 70~150℃, 착화점 380℃ 이하로 불포화탄화수소가 많아 점도와 비중이 직류 중유보다 높고 분무성도 좋지 않다.

㉢ 혼합 중유 : 순수한 중유에 등유와 경유를 용도에 따라서 혼합한 것으로 비중, 인화점, 착화점이 일정하지 않다.

㉯ 점도 차이에 따라 A중유, B중유, C중유로 분류한다.

(나) 위험성

㉮ 인화점이 높아서 가열하지 않으면 위험은 없으나 80℃로 예열해서 사용하므로 인화의 위험이 있다.

㉯ 분해 중유는 불포화탄화수소이므로 산화 중합되기 쉽고, 액체의 누설은 자연 발화의 위험이 있다.

(다) 저장 및 취급 방법 : 등유에 준한다.

(라) 소화 방법

㉮ 탄산가스(CO_2)나 분말 소화가 효과적이다.

㉯ 수분이 있는 포(foam)를 사용하면 수분이 비등 증발하여 포가 파괴되며 슬롭오버(slop over) 현상이 일어나 소화가 곤란하게 된다.

참고 유류 화재에서 일어나는 현상

① **보일 오버(boil over) 현상** : 유류탱크 화재 시 탱크 저부의 비점이 낮은 불순물이 연소열에 의하여 이상팽창하면서 다량의 기름이 탱크 밖으로 비산하는 현상을 말한다.

② **슬롭 오버(slop over) 현상** : 유류 저장탱크 화재 시 포 소화약제를 방사하면 물이 기화되어 다량의 기름이 탱크 밖으로 비산하는 현상을 말한다.

③ **블레이브(BLEVE : Boiling Liquid Expanding Vapor Explosion) 현상** : 비등 액체 팽창 증기 폭발로 액체 저장탱크 주변에서 화재가 발생하여 기상부의 탱크가 국부적으로 가열되면 그 부분이 강도가 약해져 탱크가 파열된다. 이때, 내부의 액체가 급격히 유출 팽창되어 화구(fire ball)를 형성하여 폭발하는 형태를 말한다.

② 클레오소트유(creosote oil : 타르유, 액체피치유)

(가) 일반적 성질

㉮ 콜타르를 230~300℃에서 증류할 때 얻는 혼합물로 주성분은 나프탈렌과 안트라센을 포함하고 있는 혼합물이다.

㉯ 황색 또는 암녹색 기름 모양의 액체로 독특한 냄새가 있으며 증기는 독성을 가지고 있다.

㉰ 물에는 녹지 않는 불용이지만 알코올, 에테르, 벤젠, 톨루엔에 잘 녹는다.

㉱ 비중 1.02~1.05, 비점 194~400℃, 인화점 74℃, 발화점 336℃이다.

㈏ 위험성

㉮ 타르산이 많이 포함된 것은 금속에 대한 부식성이 있다.

㉯ 기타 사항은 중유에 준한다.

㈐ 저장 및 취급 방법 : 타르산이 많이 포함된 것은 내산성 용기에 저장한다.

③ 에틸렌글리콜($C_2H_4(OH)_2$: 글리콜)

㈎ 일반적 성질

㉮ 무색, 무취의 단맛이 나고 흡습성이 있는 끈끈한 액체로 2가 알코올이다.

㉯ 물, 알코올, 아세톤, 글리세린에 잘 녹고 사염화탄소(CCl_4), 이황화탄소(CS_2), 클로로포름($CHCl_3$)에는 녹지 않는다.

㉰ 독성이 있으며 유기산이나 무기산과 반응하여 에스테르를 만든다.

㉱ 비중 1.116, 융점 -12℃, 비점 197.2℃, 인화점 111℃, 발화점 421.8℃, 연소범위 3.2% 이상이다.

㈏ 위험성

㉮ 마셨을 때 급성중독이 심하고, 치사량은 100mL 정도이다.

㉯ 가연성이고 산화제와 반응하며, 자연 발화성은 없다.

㈐ 저장 및 취급 방법 : 중유에 준한다.

㈑ 소화 방법 : 수용성이므로 포말은 소포되므로 알코올포나 탄산가스(CO_2), 소화 분말 등에 의한 질식 소화를 실시한다.

④ 글리세린($C_3H_5(OH)_3$: 글리세롤, 감색유, 리스린)

㈎ 일반적 성질

㉮ 무색, 투명하고 단맛이 있는 끈끈한 액체로 흡습성이 있는 3가의 알코올이다.

㉯ 물, 알코올과는 어떤 비율로도 혼합이 되며 에테르, 벤젠, 클로로포름 등에는 녹지 않는다.

㉰ 비중 1.26, 비점 290℃, 인화점 160℃, 발화점 393℃이다.

㈏ 위험성 : 에틸렌글리콜에 준한다.

⑤ 니트로벤젠($C_6H_5NO_2$: 니트로벤졸, 미루반유)

㈎ 일반적 성질

㉮ 담황색 또는 갈색의 독특한 냄새가 나는 액체로 독성이 있다.

㉯ 물보다 무겁고, 물에 녹기 어려우나 유기용제에는 잘 녹는다.

㉰ 벤젠을 진한 질산과 진한 황산의 혼합산(混合酸)으로 70℃ 이하에서 처리하여 얻어지는 가장 간단한 니트로화합물이다.

㉱ 비중 1.2, 비점 210.8℃, 인화점 87.8℃, 발화점 482℃이다.

(나) 위험성

㉮ 비점이 높아 증기를 흡입할 가능성은 적지만 독성이 강하여 피부와 접촉하게 되면 쉽게 흡수된다.

㉯ 증기를 오래 흡입하게 되면 혈액 속에서 메타헤모글로빈을 생성하므로 두통, 졸음, 구토 현상이 나타나고 심하면 의식불명 내지 사망을 하게 된다.

(다) 저장 및 취급 방법 : 화기를 피하고, 취급 시 피부나 호흡기 보호에 주의한다.

⑥ 아닐린($C_6H_5NH_2$: 아닐린유, 페닐아민)

(가) 일반적 성질

㉮ 황색 또는 담황색 기름 모양의 액체로 특이한 냄새가 나며 햇빛이나 공기의 작용에 의해 흑갈색으로 변한다.

㉯ 물보다 무겁고 잘 녹지 않으나 유기용제에는 잘 녹는다.

㉰ 알칼리 금속 및 알칼리 토금속과 반응하여 수소와 아닐리드를 생성한다.

㉱ 비중 1.02, 비점 184.2℃, 융점 −6.2℃, 인화점 75.8℃, 발화점 538℃이다.

(나) 위험성 : 가연성이며, 독성이 강하여 증기를 흡입하거나 피부에 노출되면 급성 또는 만성 중독을 일으킨다.

(다) 저장 및 취급, 소화 방법 : 니트로벤젠에 준한다.

⑦ 담금질유 : 철, 강철 등 금속을 900℃ 정도로 가열하여 기름 속에 넣어 급격히 냉각시켜 금속의 기계적 성질을 향상시킬 때 사용하는 기름이다. 인화점은 170℃ 이상의 여러 종류가 있으나 그 중에서 200℃ 이상의 것은 제4석유류에 속한다.

(7) 제4석유류(저장수량 : 6000L)

제4석유류라 함은 기어유, 실린더유 그 밖에 1기압에서 인화점이 200℃ 이상 250℃ 미만의 것을 말한다. 다만, 도료류 그 밖의 물품은 가연성 액체량이 40 중량% 이하인 것은 제외한다.

① 기어유 : 기계의 축받이나 기어 등 마찰 부분에 사용하는 기름이다.

② 실린더유 : 내연기관의 내부에서 사용하는 기름이다.

③ 그 밖의 것 : 방청유, 전기절연유, 절삭유, 윤활유, 가소제 등

(8) 동식물유류(저장수량 : 10000L)

동식물유류라 함은 동물의 지육 등 또는 식물의 종자나 과육으로부터 추출한 것으로서 1기압에서 인화점이 250℃ 미만의 것을 말한다. 다만, 법 제20조 제1항의 규정에 의하며 행정안전부령으로 정하는 용기기준과 수납·저장기준에 따라 수납되어 저장·보관되고 용기

의 외부에 물품의 통칭명, 수량 및 화기엄금(화기엄금과 동일한 의미를 갖는 표시를 포함한다)의 표시가 있는 경우를 제외한다.

① 오오드값에 따른 분류

㈎ 건성유 : 요오드값이 130 이상인 것으로 이중결합이 많아 불포화도가 높기 때문에 공기 중에서 산화되어 액표면에 피막을 만드는 기름으로 들기름(190~206), 아마인유(168~176), 해바라기유(125~136), 오동유(동유)(148~171) 등이 해당된다.

㈏ 반건성유 : 요오드값이 100 이상 130 미만인 것으로 공기 중에서 건성유보다 얇은 피막을 만드는 기름으로 목화씨유(101~117), 참기름(103~112), 채종유(97~107) 등이 해당된다.

㈐ 불건성유 : 요오드값이 100 미만인 것으로 공기 중에서 피막을 만들지 않는 안정된 기름으로 땅콩기름(낙화생유), 올리브유, 피마자유(81~90) 팜유, 야자유, 동백유 등이 해당된다.

참고 요오드값

유지 100g에 부가되는 요오드의 g수로 요오드값에 따라 건성유, 반건성유, 불건성유로 분류된다.

요오드값이
- 크면 : 불포화도가 커진다. → 건성유
- 작으면 : 불포화도가 작아진다. → 불건성유

※ 불포화결합이 많이 포함되어 있을수록 자연발화를 일으키기 쉽다.

② 위험성

㈎ 인화점이 높으므로 상온에서는 인화하기 어려우나 가열되어 인화점 이상에 도달하면 위험성은 석유류와 같다.

㈏ 대체로 인화점은 220~250℃ 정도이므로 연소 위험성 측면에서는 제4석유류와 유사하다.

㈐ 건성유는 걸레 등 섬유에 배어 있는 상태로 자연 방치해 두면 자연 발화가 일어나는데 그것은 분자 속의 불포화 결합이 공기 중의 산소에 의하여 산화 중합을 일으킬 때 발생한 열이 축적되기 때문이다.

㈑ 화재 시 액온이 상승하여 대형 화재로 발전하기 때문에 소화가 곤란하다.

③ 저장 및 취급 방법

㈎ 액체 누설에 주의하고 화기 접근을 금지한다.

㈏ 인화점 이상으로 가열되지 않도록 주의한다.

㈐ 건성유는 섬유에 스며들지 않도록 한다.

④ 소화 방법 : 대량의 분무 주수, 탄산가스(CO_2) 및 분말 소화약제를 사용한다.

예상 문제

1. 위험물 안전관리법령에서 정의한 특수인화물의 조건으로 옳은 것은?

① 1기압에서 발화점이 100℃ 이상인 것 또는 인화점이 영하 10℃ 이하이고 비점이 40℃ 이하인 것
② 1기압에서 발화점이 100℃ 이상인 것 또는 인화점이 영하 20℃ 이하이고 비점이 40℃ 이하인 것
③ 1기압에서 발화점이 200℃ 이상인 것 또는 인화점이 영하 10℃ 이하이고 비점이 40℃ 이하인 것
④ 1기압에서 발화점이 200℃ 이상인 것 또는 인화점이 영하 20℃ 이하이고 비점이 40℃ 이하인 것

해설 특수인화물 [시행령 별표1] : 이황화탄소, 디에틸에테르 그 밖에 1기압에서 발화점이 100℃ 이하인 것 또는 인화점이 −20℃ 이하이고 비점이 40℃ 이하인 것을 말한다.

2. 제4류 위험물 중 제1석유류란 1기압에서 인화점이 몇 ℃인 것을 말하는가?

① 21℃ 미만 ② 21℃ 이상
③ 70℃ 미만 ④ 70℃ 이상

해설 제4류 위험물의 성상에 의한 품명 분류 [시행령 별표] : "제1석유류"란 아세톤, 휘발유 그 밖에 1기압에서 인화점이 21℃ 미만인 것을 말한다.

3. 위험물 안전관리법령상 제4류 위험물 중 1기압에서 인화점이 21℃ 이상 70℃ 미만인 품명에 해당하는 물품은?

① 벤젠 ② 경유
③ 니트로벤젠 ④ 실린더유

해설 제4류 위험물의 성상에 의한 품명 분류 [시행령 별표1] : 제2석유류란 등유, 경유 그 밖에 1기압에서 인화점이 21℃ 이상 70℃ 미만인 것을 말한다. 다만, 도료류 그 밖의 물품에 있어서 가연성 액체량이 40 중량% 이하이면서 인화점이 40℃ 이상인 동시에 연소점이 60℃ 이상인 것은 제외한다.

4. 위험물 안전관리법령상 1기압에서 제3석유류의 인화점 범위로 옳은 것은?

① 21℃ 이상 70℃ 미만
② 70℃ 이상 200℃ 미만
③ 200℃ 이상 300℃ 미만
④ 300℃ 이상 400℃ 미만

해설 제3석유류 [시행령 별표1] : 중유, 클레오소트유 그 밖에 1기압에서 인화점이 70℃ 이상 200℃ 미만인 것을 말한다. 다만, 도료류 그 밖의 물품은 가연성 액체량이 40 중량% 이하인 것은 제외한다.

★
5. 제4류 위험물의 성질 또는 취급 시 주의사항에 대한 설명 중 가장 거리가 먼 것은?

① 액체의 비중은 물보다 가벼운 것이 많다.
② 대부분 증기는 공기보다 무겁다.
③ 제1석유류와 제2석유류는 비점으로 구분한다.
④ 정전기 발생에 주의하여 취급하여야 한다.

해설 제4류 위험물의 공통적인(일반적인) 성질
㉮ 상온에서 액체이며, 대단히 인화되기 쉽다.
㉯ 물보다 가볍고, 대부분 물에 녹기 어렵다.
㉰ 증기는 공기보다 무겁다.
㉱ 착화온도가 낮은 것은 위험하다.
㉲ 증기와 공기가 약간 혼합되어 있어도 연소한다.
㉳ 전기의 불량도체라 정전기 발생의 가능성이 높고, 정전기에 의하여 인화할 수 있다.

정답 1. ② 2. ① 3. ② 4. ② 5. ③

㉳ 대부분 유기화합물에 해당된다.

참고 제1석유류와 제2석유류의 분류 [시행령 별표1]

㉮ 제1석유류 : 아세톤, 휘발유 그 밖에 1기압에서 인화점이 21℃ 미만인 것을 말한다.

㉯ 제2석유류 : 등유, 경유 그 밖에 1기압에서 인화점이 21℃ 이상 70℃ 미만인 것을 말한다. 다만, 도료류 그 밖의 물품에 있어서 가연성 액체량이 40 중량% 이하이면서 인화점이 40℃ 이상인 동시에 연소점이 60℃ 이상인 것은 제외한다.

6. **제4류 위험물의 저장 및 취급 시 화재예방 및 주의사항에 대한 일반적인 설명으로 틀린 것은?**

① 증기의 누출에 유의할 것
② 증기는 낮은 곳에 체류하기 쉬우므로 조심할 것
③ 전도성이 좋은 석유류는 정전기 발생에 유의할 것
④ 서늘하고 통풍이 양호한 곳에 저장할 것

해설 제4류 위험물은 전기의 불량도체라 정전기 발생의 가능성이 높고, 정전기에 의하여 인화할 수 있으므로 정전기 발생에 유의한다.

7. **다음 중 특수인화물이 아닌 것은?**

① CS_2 ② $C_2H_5OC_2H_5$
③ CH_3CHO ④ HCN

해설 제4류 위험물 중 특수인화물

㉮ 정의(시행령 별표1) : "특수인화물"이라 함은 이황화탄소, 디에틸에테르 그 밖에 1기압에서 발화점이 100℃ 이하인 것 또는 인화점이 -20℃ 이하이고 비점이 40℃ 이하인 것을 말한다.

㉯ 종류 : 디에틸에테르($C_2H_5OC_2H_5$: 에테르), 이황화탄소(CS_2), 아세트알데히드(CH_3CHO), 산화프로필렌(CH_3CHOCH_2), 디에틸설파이드(황화디메틸) 등

㉰ 지정수량 : 50L

참고 시안화수소(HCN)는 제1석유류에 해당된다.

8. **$C_2H_5OC_2H_5$의 성질 중 틀린 것은?**

① 전기 양도체이다.
② 물에는 잘 녹지 않는다.
③ 유동성의 액체로 휘발성이 크다.
④ 공기 중 장시간 방치 시 폭발성 과산화물을 생성할 수 있다.

해설 디에틸에테르($C_2H_5OC_2H_5$: 에테르)의 성질

㉮ 제4류 위험물 중 특수인화물에 해당되며 지정수량 50L이다.

㉯ 비점(34.48℃)이 낮고 무색투명하며 독특한 냄새가 있는 인화되기 쉬운 액체이다.

㉰ 물에는 녹기 어려우나 알코올에는 잘 녹는다.

㉱ 전기의 불량도체라 정전기가 발생되기 쉽다.

㉲ 휘발성이 강하고 증기는 마취성이 있어 장시간 흡입하면 위험하다.

㉳ 공기와 장시간 접촉하면 과산화물이 생성되어 가열, 충격, 마찰에 의하여 폭발한다.

㉴ 액비중 0.719(증기비중 2.55), 비점 34.48℃, 발화점 180℃, 인화점 -45℃, 연소범위 1.91~48%이다.

9. **디에틸에테르의 성상에 해당하는 것은?**

① 청색 액체 ② 무미, 무취 액체
③ 휘발성 액체 ④ 불연성 액체

해설 디에틸에테르($C_2H_5OC_2H_5$: 에테르)의 성상

㉮ 무색, 투명하며 독특한 냄새가 있는 인화되기 쉬운 액체이다.

㉰ 휘발성이 강하고 증기는 마취성이 있어 장시간 흡입하면 위험하다.

㉱ 액비중 0.719(증기비중 2.55), 비점 34.48℃, 발화점 180℃, 인화점 -45℃, 연소범위 1.91~48%이다.

10. **디에틸에테르의 성질 및 저장·취급할 때 주의사항으로 틀린 것은?**

① 장시간 공기와 접촉하면 과산화물이 생성되어 폭발 위험이 있다.

정답 6. ③ 7. ④ 8. ① 9. ③ 10. ②

② 연소범위는 가솔린보다 좁지만 발화점이 낮아 위험하다.
③ 정전기 생성방지를 위해 약간의 $CaCl_2$를 넣어준다.
④ 이산화탄소 소화기는 적응성이 있다.

해설 연소범위 비교
㉮ 디에틸에테르($C_2H_5OC_2H_5$) : 1.91~48%
㉯ 가솔린(C_5H_{12}~C_9H_{20}) : 1.4~7.6%

★
11. 디에틸에테르 중의 과산화물을 검출할 때 그 검출시약과 정색반응의 색이 옳게 짝지어진 것은?

① 요오도화칼륨 용액 – 적색
② 요오드화칼륨 용액 – 황색
③ 브롬화칼륨 용액 – 무색
④ 브롬화칼륨 용액 – 청색

해설 디에틸에테르($C_2H_5OC_2H_5$)의 과산화물
㉮ 검출 시약 : 요오드화칼륨(KI) 용액 → 과산화물 존재 시 정색반응에서 황색으로 나타남
㉯ 제거 시약 : 황산제1철($FeSO_4$) → 황산제1철은 황산제2철[$Fe_2(SO_4)_3$]로 산화하면서 디에틸에테르 옥사이드를 환원
㉰ 과산화물 생성 방지법 : 40메시(mesh)의 동(Cu)망을 넣는다.

12. 다음 [보기]에서 설명하는 위험물은?

보기
• 순수한 것은 무색 투명한 액체이다. • 물에 녹지 않고 벤젠에는 녹는다. • 물보다 무겁고 독성이 있다.

① 아세트알데히드 ② 디에틸에테르
③ 아세톤 ④ 이황화탄소

해설 이황화탄소(CS_2)의 특징
㉮ 제4류 위험물 중 특수인화물에 해당되며 지정수량은 50L이다.
㉯ 무색, 투명한 액체로 시판품은 불순물로 인하여 황색을 나타내며 불쾌한 냄새가 난다.
㉰ 물에는 녹지 않으나 알코올, 에테르, 벤젠 등 유기용제에는 잘 녹으며 유지, 수지, 생고무, 황, 황린 등을 녹인다.
㉱ 독성이 있고 직사광선에 의해 서서히 변질되고, 점화하면 청색불꽃을 내며 연소하면서 아황산가스(SO_2)를 발생한다.
㉲ 인화성이 강하고 유독하며, 물과 150℃ 이상 가열하면 분해하여 이산화탄소(CO_2)와 황화수소(H_2S)를 발생한다.
㉳ 직사광선을 피하고 통풍이 잘되는 냉암소에 저장한다.
㉴ 물보다 무겁고 물에 녹기 어려우므로 물(수조)속에 저장한다.
㉵ 액비중 1.263(증기비중 2.62), 비점 46.45℃, 발화점(착화점) 100℃, 인화점 –30℃, 연소범위 1.2~44%이다.

★★★
13. CS_2를 물속에 저장하는 주된 이유는 무엇인가?

① 불순물을 용해시키기 위하여
② 가연성 증기의 발생을 억제하기 위하여
③ 상온에서 수소 가스를 방출하기 때문에
④ 공기와 접촉하면 즉시 폭발하기 때문에

해설 이황화탄소(CS_2)는 물보다 무겁고 물에 녹기 어려우므로 물(수조)속에 저장하여 가연성 증기의 발생을 억제한다.

참고 이황화탄소는 제4류 위험물 중 특수인화물에 해당되며 무색, 투명한 휘발성 액체로 연소범위가 1.25~44%이다.

14. 이황화탄소의 인화점, 발화점, 끓는점에 해당하는 온도를 낮은 것부터 차례대로 나타낸 것은?

① 끓는점<인화점<발화점
② 끓는점<발화점<인화점
③ 인화점<끓는점<발화점
④ 인화점<발화점<끓는점

해설 이황화탄소(CS_2)의 성질

정답 11. ② 12. ④ 13. ② 14. ③

구분	인화점	끓는점	발화점
온도	-30℃	46.45℃	100℃

15. 암모니아성 질산은 용액과 반응하여 은거울을 만드는 것은?

① CH_3CH_2OH ② CH_3OCH_3
③ CH_3COCH_3 ④ CH_3CHO

해설 ㉮ 은거울 반응 : 암모니아성 질산은 용액 $[Ag(NH_3)_2OH]$과 알데히드(RCHO)를 함께 넣고 가열해 은이온을 환원시켜 시험관 표면에 얇은 은박을 생성시키는 반응이다.
㉯ 반응식 : $2Ag(NH_3)_2OH + RCHO$
$\rightarrow RCOOH + 2Ag\downarrow + 4NH_3 + H_2O$

참고 아세트알데히드(CH_3CHO)의 특징
㉮ 자극성의 냄새가 있는 무색의 액체로 인화성이 강하다.
㉯ 물과 유기용제에 잘 녹으며, 유기물을 녹이는 성질이 있다.
㉰ 환원성이 커서 여러 물질과 작용한다.
㉱ 화학적 활성이 크며, 고무를 녹이는 성질이 있다.
㉲ 액비중 0.783(증기비중 1.52), 비점 21℃, 인화점 -39℃, 발화점185℃, 연소범위 4.1~57%이다.

16. 산화프로필렌에 대한 설명으로 틀린 것은?

① 무색의 휘발성 액체이고, 물에 녹는다.
② 인화점이 상온 이하이므로 가연성 증기 발생을 억제하여 보관해야 한다.
③ 은, 마그네슘 등의 금속과 반응하여 폭발성 혼합물을 생성한다.
④ 증기압이 낮고 연소범위가 좁아서 위험성이 높다.

해설 산화프로필렌(CH_3CHOCH_2)의 특징
㉮ 제4류 위험물 중 특수인화물로 지정수량 50L이다.
㉯ 무색, 투명한 에테르 냄새가 나는 휘발성 액체이다.
㉰ 물, 에테르, 벤젠 등의 많은 용제에 녹는다.
㉱ 화학적 활성이 크며 산, 알칼리, 마그네슘의 촉매하에서 중합반응을 한다.
㉲ 증기와 액체는 구리, 은, 마그네슘 등의 금속이나 합금과 접촉하면 폭발성인 아세틸라이드(Cu_2C_2 : 동아세틸라이드)를 생성한다.
$C_3H_6O + 2Cu \rightarrow Cu_2C_2 + CH_4 + H_2O$
㉳ 휘발성이 좋아 인화하기 쉽고, 연소범위가 넓어 위험성이 크다.
㉴ 액비중 0.83(증기비중 2.0), 비점 34℃, 인화점 -37℃, 발화점 465℃, 연소범위 2.1~38.5%이다.

★★★
17. 취급하는 장치가 구리나 마그네슘으로 되어 있을 때 반응을 일으켜서 폭발성의 아세틸라이드를 생성하는 물질은?

① 이황화탄소 ② 이소프로필알코올
③ 산화프로필렌 ④ 아세톤

해설 산화프로필렌(CH_3CHOCH_2) 위험성
㉮ 산화프로필렌 증기와 액체는 구리, 은, 마그네슘 등의 금속이나 합금과 접촉하면 폭발성인 아세틸라이드(Cu_2C_2 : 동아세틸라이드)를 생성한다.
㉯ 반응식 : $C_3H_6O + 2Cu \rightarrow Cu_2C_2 + CH_4 + H_2O$

참고 아세트알데히드(CH_3CHO)는 구리, 은, 마그네슘 등 금속과 접촉하면 폭발적으로 반응이 일어난다.

18. 제4류 위험물 중 제1석유류에 속하는 것으로만 나열한 것은?

① 아세톤, 휘발유, 톨루엔, 시안화수소
② 이황화탄소, 디에틸에테르, 아세트알데히드
③ 메탄올, 에탄올, 부탄올, 벤젠
④ 중유, 크레오소트유, 실린더유, 의산에틸

해설 제4류 위험물 중 제1석유류 분류 [시행령 별표1]
㉮ 제1석유류 : 아세톤, 휘발유 그 밖에 1기압에서 인화점이 21℃ 미만인 것을 말한다.

정답 15. ④ 16. ④ 17. ③ 18. ①

㉯ 종류 : 아세톤(CH_3COCH_3), 가솔린(C_5H_{12}~C_9H_{20}), 벤젠(C_6H_6), 톨루엔($C_6H_5CH_3$), 크실렌[$C_6H_4(CH_3)_2$], 초산에스테르류(초산메틸, 초산에틸, 초산프로필에스테르, 부틸에스테르, 초산아밀에스테르 등), 의산 에스테르류(의산메틸, 의산에틸, 의산프로필, 의산부틸, 의산아밀 등), 메틸에틸케톤($CH_3COC_2H_5$), 피리딘(C_5H_5N), 시안화수소(HCN)

19. 아세톤의 물리적 특성으로 틀린 것은?

① 무색, 투명한 액체로서 독특한 자극성의 냄새를 가진다.
② 물에 잘 녹으며 에테르, 알코올에도 녹는다.
③ 화재 시 대량 주수 소화로 희석 소화가 가능하다.
④ 증기는 공기보다 가볍다.

해설 아세톤(CH_3COCH_3)의 특징
㉮ 제4류 위험물 중 제1석유류(수용성)에 해당되며 지정수량은 400L이다.
㉯ 무색의 휘발성 액체로 독특한 냄새가 있는 인화성 물질이다.
㉰ 물, 알코올, 에테르, 가솔린, 클로로포름 등 유기용제와 잘 섞인다.
㉱ 직사광선에 의해 분해하고, 보관 중 황색으로 변색되며 수지, 유지, 섬유, 고무, 유기물 등을 용해시킨다.
㉲ 비점과 인화점이 낮아 인화의 위험이 크다.
㉳ 독성은 거의 없으나 피부에 닿으면 탈지작용과 증기를 다량으로 흡입하면 구토 현상이 나타난다.
㉴ 액비중 0.79(증기비중 2.0), 비점 56.6℃, 발화점 538℃, 인화점 -18℃, 연소범위 2.6~12.8%이다.

20. 1기압 27℃에서 아세톤 58g을 완전히 기화시키면 부피는 약 몇 L가 되는가?

① 22.4　② 24.6
③ 27.4　④ 58.0

해설 아세톤(CH_3COCH_3)의 분자량은 58이므로 1몰(mol)의 부피를 이상기체 상태방정식 $PV=nRT$를 이용하여 체적 V를 계산한다.

$$\therefore V = \frac{nRT}{P} = \frac{1 \times 0.082 \times (273+27)}{1} = 24.6\,\text{L}$$

21. 아세톤과 아세트알데히드에 대한 설명으로 옳은 것은?

① 증기비중은 아세톤이 아세트알데히드보다 작다.
② 위험물 안전관리법령상 품명은 서로 다르지만 지정수량은 같다.
③ 인화점과 발화점 모두 아세트알데히드가 아세톤보다 낮다.
④ 아세톤의 비중은 물보다 작지만, 아세트아데히드는 물보다 크다.

해설 아세트알데히드와 아세톤의 비교

구분	아세트알데히드	아세톤
분자기호	CH_3CHO	CH_3COCH_3
품명	제4류 위험물 중 특수인화물	제4류 위험물 중 제1석유류
지정수량	50L	400L
물의 용해도	잘 녹는다.	잘 녹는다.
액비중	0.783	0.79
증기비중	1.52	2.0
발화점	185℃	538℃
인화점	-39℃	-18℃
연소범위	4.1~75%	2.6~12.8%

22. 가솔린에 대한 설명 중 틀린 것은?

① 비중은 물보다 작다.
② 증기비중은 공기보다 크다.
③ 전기에 대한 도체이므로 정전기 발생으로 인한 화재를 방지해야 한다.
④ 물에는 녹지 않지만 유기 용제에 녹고, 유지 등을 녹인다.

정답 19. ④　20. ②　21. ③　22. ③

해설 휘발유(가솔린)의 특징

㉮ 제4류 위험물 중 제1석유류에 해당되며 지정수량 200L이다.
㉯ 특이한 냄새가 나는 무색의 휘발성 액체로 비점이 낮다.
㉰ 물에는 용해되지 않지만 유기용제와는 잘 섞이며 고무, 수지, 유지를 잘 녹인다.
㉱ 액체는 물보다 가볍고, 증기는 공기보다 무겁다.
㉲ 전기의 불량도체이며, 정전기 발생에 의한 인화의 위험성이 크다.
㉳ 액비중 0.65~0.8(증기비중 3~4), 인화점 −20~−43℃, 발화점 300℃, 연소범위 1.4~7.6%이다.

23. 휘발유의 일반적인 성질에 대한 설명으로 틀린 것은?

① 인화점은 0℃ 보다 낮다.
② 액체비중은 1보다 작다.
③ 증기비중은 1보다 작다.
④ 연소범위는 약 1.4~7.6%이다.

해설 휘발유의 성질

구분	성질
발화점	300℃
인화점	−20~−43℃
액비중	0.65~0.8
증기비중	3~4
연소범위	1.4~7.6%

24. 벤젠의 성질로 옳지 않은 것은?

① 휘발성을 갖는 갈색·무취의 액체이다.
② 증기는 유해하다.
③ 인화점은 0℃ 보다 낮다.
④ 끓는점은 상온보다 높다.

해설 벤젠(C_6H_6)의 특징

㉮ 제4류 위험물 중 제1석유류에 해당되며 지정수량은 200L이다.
㉯ 무색, 투명한 휘발성이 강한 액체로 증기는 마취성과 독성이 있다.
㉰ 분자량 78의 방향족 유기화합물로 증기는 공기보다 무겁고 독특한 냄새가 있다.
㉱ 물에는 녹지 않으나 알코올, 에테르 등 유기용제와 잘 섞이고 수지, 유지, 고무 등을 잘 녹인다.
㉲ 불을 붙이면 그을음(C)을 많이 내면서 연소한다.
㉳ 융점이 5.5℃로 겨울철 찬 곳에서 고체가 되는 현상이 발생한다.
㉴ 액비중 0.88(증기비중 2.7), 비점 80.1℃, 발화점 562.2℃, 인화점 −11.1℃, 융점 5.5℃, 연소범위 1.4~7.1%이다.

25. 벤젠에 관한 일반적 성질로 틀린 것은?

① 무색, 투명한 휘발성 액체로 증기는 마취성과 독성이 있다.
② 불을 붙이면 그을음을 많이 내고 연소한다.
③ 겨울철에는 응고하여 인화의 위험이 없지만, 상온에서는 액체 상태로 인화의 위험이 높다.
④ 진한 황산과 질산으로 니트로화 시키면 니트로벤젠이 된다.

해설 벤젠(C_6H_6)의 특징

㉮ 액비중 0.88(증기비중 2.7), 비점 80.1℃, 발화점 562.2℃, 인화점 −11.1℃, 융점 5.5℃, 연소범위 1.4~7.1%이다.
㉯ 벤젠은 융점이 5.5℃로 겨울철 찬 곳에서 고체가 되는 현상이 발생하지만 인화점이 −11.1℃로 점화원이 있으면 인화의 위험성이 있다.

★
26. 벤젠과 톨루엔의 공통점이 아닌 것은?

① 물에 녹지 않는다.
② 냄새가 없다.
③ 휘발성 액체이다.
④ 증기는 공기보다 무겁다.

정답 23. ③ 24. ① 25. ③ 26. ②

해설 벤젠과 톨루엔의 특징 비교

구분	벤젠(C_6H_6)	톨루엔($C_6H_5CH_3$)
품명	제4류 제1석유류	제4류 제1석유류
물과 혼합	비수용성	비수용성
지정수량	200L	200L
냄새	방향성 냄새	방향성 냄새
독성여부	독성	독성
증기비중	2.7	3.17

★
27. 다음 중 3개의 이성질체가 존재하는 물질은?

① 아세톤 ② 톨루엔
③ 벤젠 ④ 자일렌(크실렌)

해설 자일렌(Xylene) : 제4류 위험물 중 제1석유류에 해당되는 크실렌[$C_6H_4(CH_3)_2$]으로 벤젠핵에 메틸기($-CH_3$)가 2개 결합된 것이다. o-크실렌, m-크실렌, p-크실렌 3개의 이성질체가 존재한다.

28. 초산에틸(아세트산에틸)의 성질에 대한 설명으로 틀린 것은?

① 물보다 가볍다.
② 끓는점이 약 77℃이다.
③ 비수용성 제1석유류로 구분된다.
④ 무색, 무취의 투명 액체이다.

해설 아세트산에틸($CH_3COOC_2H_5$: 초산에틸)의 특징
㉮ 제4류 위험물 중 제1석유류의 초산에스테르류에 해당되며 비수용성으로 지정수량은 200L이다.
㉯ 무색, 투명한 가연성 액체로 딸기향의 과일 냄새가 난다.
㉰ 물에는 약간 녹으며 알코올, 아세톤, 에테르 등 유기용매에 잘 녹는다.
㉱ 유지, 수지, 셀룰로오스 유도체 등을 잘 녹인다.
㉲ 가수분해되기 쉬우며 물이 있으면 상온에서 서서히 초산과 에틸알코올로 분해한다.
㉳ 휘발성, 인화성이 커서 수용액 상태에서도 인화의 위험이 있다.
㉴ 비중 0.9, 비점 77℃, 발화점 427℃, 인화점 −4.4℃, 폭발범위 2.2~11.4%이다.

29. 메틸에틸케톤의 저장 또는 취급 시 유의할 점으로 가장 거리가 먼 것은?

① 통풍을 잘 시킬 것
② 찬 곳에 저장할 것
③ 직사일광을 피할 것
④ 저장 용기에는 증기 배출을 위해 구멍을 설치할 것

해설 메틸에틸케톤($CH_3COC_2H_5$) 저장 및 취급 시 유의사항
㉮ 제4류 위험물 중 제1석유류(비수용성)에 해당되며 지정수량 200L이다.
㉯ 비점(80℃) 및 인화점(−1℃)이 낮아 인화에 대한 위험성이 크다.
㉰ 액비중 0.81, 증기비중 2.41로 공기보다 무겁고, 연소범위 1.8~10%이다.
㉱ 화기를 멀리하고 직사광선을 피하며 통풍이 잘 되는 냉암소에 저장한다.
㉲ 용기는 갈색병을 사용하여 밀전하여 보관한다.

참고 메틸에틸케톤은 가연성 물질로 저장용기에서 발생하는 증기를 구멍을 통해 배출시켰을 때 인화, 폭발의 위험성이 있다.

★
30. 다음 중 C_5H_5N에 대한 설명으로 틀린 것은?

① 순수한 것은 무색이고 악취가 나는 액체이다.
② 상온에서 인화의 위험이 있다.
③ 물에 녹는다.
④ 강한 산성을 나타낸다.

해설 피리딘(C_5H_5N)의 특징
㉮ 제4류 위험물로 제1석유류에 해당되며 수용성 물질로 지정수량은 400L이다.

정답 27. ④ 28. ④ 29. ④ 30. ④

㉯ 순수한 것은 무색 액체이나 불순물때문에 담황색을 나타낸다.
㉰ 강한 악취와 흡수성이 있고, 질산과 함께 가열해도 분해하지 않는다.
㉱ 산, 알칼리에 안정하고 물, 알코올, 에테르, 유류 등에 잘 녹으며 많은 유기물을 들을 녹인다.
㉲ 비중 0.973(증기비중 2.73), 비점 115.5℃, 발화점 482.2℃, 인화점 20℃, 연소범위 1.8~12.4%이다.

31. 메틸알코올의 성질로 옳은 것은?

① 인화점 이하가 되면 밀폐된 상태에서 연소하여 폭발한다.
② 비점은 물보다 높다.
③ 물에 녹기 어렵다.
④ 증기비중이 공기보다 크다.

해설 메틸알코올(CH_3OH : 메탄올)의 특징
㉮ 제4류 위험물 중 알코올류에 해당되며 지정수량은 400L이다.
㉯ 휘발성이 강한 무색, 투명한 액체로 물과는 어떤 비율로도 혼합된다.
㉰ 유지, 수지 등을 잘 녹이며, 유기용매에는 농도에 따라서 녹는 정도가 다르다.
㉱ 백금(Pt), 산화구리(CuO) 존재 하에 공기 중에서 서서히 산화하면 포름알데히드(HCHO : 포르말린), 빠르면 의산(HCOOH)을 거쳐 이산화탄소(CO_2)로 된다.
㉲ 독성이 강하여 소량 마시면 시신경을 마비시키고, 8~20g 정도 먹으면 두통, 복통을 일으키거나 실명을 하며, 30~50g 정도 먹으면 사망한다.
㉳ 인화점 이상이 되면 폭발성 혼합기체를 발생하고, 밀폐된 상태에서는 폭발한다.
㉴ 밝은 곳에서 연소 시 화염의 색깔이 연해서 잘 보이지 않으므로 화상 등에 주의한다.
㉵ 액비중 0.79(증기비중 1.1), 비점 63.9℃, 착화점 464℃, 인화점 11℃, 연소범위 7.3~36%이다.

참고 가연물이 인화점 이하가 되면 연소나 폭발이 이루어지지 않는다.

32. 메탄올의 연소범위에 가장 가까운 것은?

① 약 1.4~5.6%
② 약 7.3~36%
③ 약 20.3~66%
④ 약 42.0~77%

해설 알코올류의 공기 중에서 연소범위

품명	연소범위
메틸알코올 (CH_3OH : 메탄올)	7.3~36%
에틸알코올 (C_2H_5OH : 에탄올)	4.3~19%
이소프로필알코올 [$(CH_3)_2CHOH$]	2.0~12%

33. 메틸알코올과 에틸알코올의 공통 성질이 아닌 것은?

① 무색투명한 휘발성 액체이다.
② 물에 잘 녹는다.
③ 비중은 물보다 작다.
④ 인체에 대한 유독성이 없다.

해설 메틸알코올(CH_3OH)과 에틸알코올(C_2H_5OH)의 비교

구분	메틸알코올	에틸알코올
상태	무색투명한 휘발성 액체	무색투명한 휘발성 액체
물에 용해성	잘 녹는다.	잘 녹는다.
인체 유독성	유독성	무독성
인화점	11℃	13℃
발화점	464℃	423℃
증기비중	1.1	1.59
액비중	0.79	0.79
비점	63.9℃	78.3℃

정답 31. ④ 32. ② 33. ④

34. 다음과 같은 성질을 갖는 위험물로 예상할 수 있는 것은?

• 지정수량 : 400L	• 증기비중 : 2.07
• 인화점 : 12℃	• 녹는점 : −89.5℃

① 메탄올
② 벤젠
③ 이소프로필알코올
④ 휘발유

해설 이소프로필알코올[$(CH_3)_2CHOH$]의 특징
㉮ 제4류 위험물 중 알코올류에 해당되며 지정수량은 400L이다.
㉯ 무색, 투명한 액체로 에틸알코올보다 약간 강한 향기가 있다.
㉰ 물, 에테르, 아세톤에 녹으며 유지, 수지 등 많은 유기화합물을 녹인다.
㉱ 액비중 0.79(증기비중 2.07), 비점 81.8℃, 융점(녹는점) −89.5℃, 인화점 11.7℃, 발화점 398.9℃, 연소범위 2.0~12%이다.

35. 경유는 제 몇 석유류에 해당하는지와 지정수량을 옳게 나타낸 것은?

① 제1석유류 – 200L
② 제2석유류 – 1000L
③ 제1석유류 – 400L
④ 제2석유류 – 2000L

해설 ㉮ 경유 : 제4류 위험물 중 제2석유류
㉯ 제2석유류의 지정수량

구분	품명	지정수량
비수용성 액체	등유, 경유, 테레핀유, 장뇌유, 스티렌, 송근유, 클로로벤젠 등	1000L
수용성 액체	의산, 초산, 에틸셀르솔브, 히드라진 등	2000L

36. 다음에서 설명하는 위험물을 옳게 나타낸 것은?

> • 지정수량은 2000L이다.
> • 로켓의 연료, 플라스틱 발포제 등으로 사용된다.
> • 암모니아와 비슷한 냄새가 나고, 녹는점은 약 2℃이다.

① N_2H_4 ② $C_6H_5CH=CH_2$
③ NH_4ClO_4 ④ C_6H_5Br

해설 히드라진(N_2H_4)의 특징
㉮ 제4류 위험물 중 제2석유류(수용성)에 해당되며 지정수량 2000L이다.
㉯ 암모니아와 비슷한 냄새가 나는 무색의 수용성 액체로 물과 같이 투명하다.
㉰ 물, 알코올과는 어떤 비율로도 혼합되며 클로로포름, 에테르에는 녹지 않는다.
㉱ 유리를 침식하고 코르크나 고무를 분해한다.
㉲ 공기 중에서 가열하면 약 180℃에서 암모니아(NH_3)와 질소(N_2)를 생성한다.
㉳ 증기가 공기와 혼합하면 폭발적으로 연소한다.
$N_2H_4 + O_2 \rightarrow N_2 + 2H_2O$
㉴ 로켓의 연료, 플라스틱 발포제 등으로 사용된다.

37. 다음 물질 중 물에 가장 잘 용해하는 것은?

① 디에틸에테르 ② 글리세린
③ 벤젠 ④ 톨루엔

해설 글리세린[$C_3H_5(OH)_3$] 특징
㉮ 제4류 위험물 중 제3석유류에 해당된다.
㉯ 무색, 투명하고 단맛이 있는 끈끈한 액체로 흡습성이 있는 3가의 알코올이다.
㉰ 물, 알코올과는 어떤 비율로도 혼합이 되며 디에틸에테르, 벤젠, 톨루엔, 클로로포름 등에는 녹지 않는다.
㉱ 비중 1.26, 비점 290℃, 인화점 160℃, 발화점 393℃이다.

정답 34. ③ 35. ② 36. ① 37. ②

38. 벤젠에 진한 질산과 진한 황산의 혼산을 반응시켜 얻어지는 화합물은?

① 피크린산 ② 아닐린
③ TNT ④ 니트로벤젠

해설 니트로벤젠($C_6H_5NO_2$)의 특징
㉮ 제4류 위험물 중 제3석유류(비수용성)로 지정수량 2000L이다.
㉯ 벤젠을 진한 질산과 진한 황산의 혼합산(混合酸)으로 70℃ 이하에서 처리하여 얻어지는 가장 간단한 니트로화합물이다.
㉰ 담황색 또는 갈색의 독특한 냄새가 나는 액체로 독성이 있다.
㉱ 물보다 무겁고, 물에 녹기 어려우나 유기용제에는 잘 녹는다.
㉲ 물에 녹기 어려우나 유기용제에는 잘 녹는다.
㉳ 산이나 알칼리에는 비교적 안정하나 주석(Sn), 철(Fe) 등 금속의 촉매에 의해 염산을 부가시키면 환원되면서 아닐린이 생성된다.
㉴ 비중 1.2, 비점 210.8℃, 인화점 87.8℃, 발화점 482℃이다.

39. 동식물유류의 일반적인 성질로 옳은 것은?

① 자연발화의 위험은 없지만 점화원에 의해 쉽게 인화한다.
② 대부분 비중 값이 물보다 크다.
③ 인화점이 100℃보다 높은 물질이 많다.
④ 요오드값이 50 이하인 건성유는 자연발화 위험이 높다.

해설 동식물유류의 일반적인 성질
㉮ 제4류 위험물로 지정수량은 1만L이다.
㉯ 동물의 지육등 또는 식물의 종자나 과육으로부터 추출한 것으로서 1기압에서 인화점이 250℃ 미만의 것이다.
㉰ 대체로 인화점은 220~250℃ 정도이고, 연소 위험성 측면에서는 제4석유류와 유사하다.
㉱ 인화점이 높으므로 상온에서는 인화하기 어려우나 가열되어 인화점 이상에 도달하면 위험성은 석유류와 같다.
㉲ 요오드값이 130 이상인 건성유는 자연발화 위험성이 높다.
㉳ 대부분 비중이 물보다 작다.

★★
40. 다음 중 요오드가가 가장 높은 동식물유류는?

① 아마인유 ② 야자유
③ 피마자유 ④ 올리브유

해설 요오드값에 따른 동식물유류의 분류

구분	요오드값	종류
건성유	130 이상	들기름, 아마인유, 해바라기유, 오동유
반건성유	100~130 미만	목화씨유, 참기름, 채종유
불건성유	100 미만	땅콩기름(낙화생유), 올리브유, 피마자유, 야자유, 동백유

41. 동식물유류에 대한 설명으로 틀린 것은?

① 건성유는 자연발화의 위험성이 높다.
② 불포화도가 높을수록 요오드가 크며 산화되기 쉽다.
③ 요오드값이 130 이하인 것이 건성유이다.
④ 1기압에서 인화점이 섭씨 250도 미만이다.

해설 요오드값이 130 이상인 것이 건성유에 해당된다.

42. 동식물유류에 대한 설명으로 틀린 것은?

① 요오드화값이 작을수록 자연발화의 위험성이 높아진다.
② 요오드화값이 130 이상인 것은 건성유이다.
③ 건성유에는 아마인유, 들기름 등이 있다.
④ 인화점이 물의 비점보다 낮은 것도 있다.

해설 요오드값이 작으면 불포화도가 작아지고, 자연발화의 위험성이 낮아진다.

정답 38. ④ 39. ③ 40. ① 41. ③ 42. ①

43. 짚, 헝겊 등을 다음의 물질과 적셔서 대량으로 쌓아 두었을 경우 자연발화의 위험성이 제일 높은 것은?

① 동유　　② 야자유
③ 올리브유　　④ 피마자유

해설 ㉮ 동유는 요오드값이 130 이상인 건성유에 해당되고 요오드값이 크면 자연발화를 일으키기 쉽다.
㉯ 동유(桐油) : 유동나무 씨에서 얻은 냄새가 자극적이고 옅은 노란색을 띠는 건성유로 오동유(梧桐油)한다.

44. 제4류 위험물인 동식물유류의 취급 방법이 잘못된 것은?

① 액체의 누설을 방지하여야 한다.
② 화기접촉에 의한 인화에 주의하여야 한다.
③ 아마인유는 섬유 등에 흡수되어 있으면 매우 안정하므로 취급하기 편리하다.
④ 가열할 때 증기는 인화되지 않도록 조치하여야 한다.

해설 아마인유는 요오드값이 130 이상인 건성유이므로 불포화도가 크고, 불포화 결합이 많이 포함되어 있어 자연발화를 일으키기 쉽다.

45. 비중이 1보다 큰 물질은?

① 이황화탄소
② 에틸알코올
③ 아세트알데히드
④ 테레핀유

해설 제4류 위험물의 액비중

품명	품명	액비중
이황화탄소(CS_2)	특수인화물	1.263
에틸알코올(C_2H_5OH)	알코올류	0.79
아세트알데히드(CH_3CHO)	특수인화물	0.783
테레핀유	제2석유류	0.86

정답 43. ① 44. ③ 45. ①

1-6 | 제5류 위험물

1 제5류 위험물의 지정수량 및 공통적인 성질

(1) 지정수량

유별	성질	품명	지정수량	위험등급
제5류 위험물	자기반응성 물질	1. 유기과산화물	10kg	I
		2. 질산에스테르류	10kg	
		3. 니트로화합물	200kg	I ~ II
		4. 니트로소화합물	200kg	
		5. 아조화합물	200kg	
		6. 디아조화합물	200kg	
		7. 히드라진 유도체	200kg	
		8. 히드록실아민	100kg	
		9. 히드록실아민염류	100kg	
		10. 그 밖에 행정안전부령으로 정하는 것	10kg, 100kg 또는 200kg	
		11. 제1호 내지 제10호의 1에 해당하는 어느 하나 이상을 함유한 것		

[비고] [위험물 안전관리법 시행령 별표1]

① "자기반응성 물질"이라 함은 고체 또는 액체로서 폭발의 위험성 또는 가열분해의 격렬함을 판단하기 위하여 고시로 정하는 시험에서 고시로 정하는 성질과 상태를 나타내는 것을 말한다.

② 제5류 제11호의 물품에 있어서는 유기과산화물 함유하는 것 중에서 불활성 고체를 함유하는 것으로서 다음 각목의 1에 해당하는 것은 제외한다.

㉮ 과산화벤조일의 함유량이 35.5 중량% 미만인 것으로서 전분가류, 황산칼슘2수화물 또는 인산1수소칼슘2수화물과의 혼합물

㉯ 비스(4클로로벤조일)퍼옥사이드의 함유량이 30 중량% 미만인 것으로서 불활성 고체와의 혼합물

㉰ 과산화지크밀의 함유량이 40 중량% 미만인 것으로서 불활성 고체와의 혼합물

㉱ 1·4비스(2-터셔리부틸퍼옥시이소프로필) 벤젠의 함유량이 40 중량% 미만인 것으로서 불활성 고체와의 혼합물

㉲ 시크로헥사놀퍼옥사이드의 함유량이 30 중량% 미만인 것으로서 불활성 고체와의 혼합물

③ 그 밖에 행정안전부령으로 정하는 것[시행규칙 제3조] : 금속의 아지화합물, 질산구아니딘

(2) 공통적인 성질

① 가연성 물질이며 그 자체가 산소를 함유하므로 자기연소(내부연소)를 일으키기 쉽다.

② 유기물질이며 연소속도가 대단히 빨라서 폭발성이 있다.

③ 가열, 마찰, 충격에 의하여 인화 폭발하는 것이 많다.

④ 장기간 저장하면 산화반응이 일어나 열분해되어 자연 발화를 일으키는 경우도 있다.

(3) 저장 및 취급 시 주의사항

① 가열, 마찰, 충격 등을 피하고 화기로부터 멀리한다.
② 실온, 통풍, 습기에 주의하고 분해를 촉진시키는 원인을 제거한다.
③ 운반용기 및 포장 외부에는 '화기엄금', '충격주의' 등을 표시한다.

(4) 소화 방법

산소를 함유하고 있어 질식 소화는 효과가 없고 다량의 주수에 의한 냉각 소화가 좋다.

2 제5류 위험물의 화학적 성질 및 저장·취급

(1) 유기과산화물(지정수량 : 10kg)

① 유기과산화물 주의사항

(가) 저장상의 주의사항

㉮ 직사일광을 피하고 냉암소에 저장한다.
㉯ 불꽃, 불티 등의 화기 및 열원으로부터 멀리하고 산화제, 환원제와도 격리한다.
㉰ 용기의 손상으로 유기과산화물이 누설하거나 오염되지 않도록 한다.
㉱ 같은 장소에 종류가 다른 약품과 함께 저장하지 않는다.
㉲ 알코올류, 아민류, 금속분류, 기타 가연성 물질과 혼합하지 않는다.

(나) 취급상의 주의사항

㉮ 보호안경과 보호구를 착용한다.
㉯ 취급 장소에는 필요 이상의 양을 두지 않도록 하고 불필요한 것은 저장소로 옮긴다.
㉰ 피부나 눈에 들어갔을 때는 비누액이나 다량의 물로 씻어낸다.
㉱ 취급 시 포장용 라벨 및 주의사항을 숙지하고 이를 엄수한다.
㉲ 누설되었을 경우 흡수제 등을 사용하여 이를 제거한 후 폐기처분한다.
㉳ 물기는 착화, 분해의 원인이 되므로 멀리하고 설비류는 항상 청결하게 둔다.

(다) 폐기 처분시의 주의사항

㉮ 누설된 유기과산화물은 배수구로 흘려버리지 말아야 하며, 강철제의 곡괭이나 삽 등을 사용해서는 안 된다.
㉯ 누설되었을 때 액체이면 팽창질석과 진주암으로 흡수시키고, 고체이면 팽창질석과 진주암을 혼합하여 제거한다.

㉰ 흡수 또는 혼합된 유기과산화물은 조금씩 소각하거나 흙 속에 매몰한다.

② 과산화벤조일[$(C_6H_5CO)_2O_2$: 벤조일퍼옥사이드]

(가) 일반적 성질

㉮ 무색, 무미의 결정 고체로 물에는 잘 녹지 않으나 알코올에는 약간 녹는다.

㉯ 상온에서 안정하며, 강한 산화작용이 있다.

㉰ 가열하면 100℃ 부근에서 백색 연기를 내며 분해한다.

㉱ 비중(25℃) 1.33, 융점 103~105℃(분해온도), 발화점 125℃이다.

(나) 위험성

㉮ 상온에서 안정하나 빛, 열, 충격, 마찰 등에 의해 폭발의 위험이 있다.

㉯ 강한 산화성 물질로 진한 황산, 질산, 초산 등과 접촉하면 화재나 폭발의 우려가 있다.

㉰ 수분의 흡수나 불활성 희석제(프탈산디메틸, 프탈산디부틸)의 첨가에 의해 폭발성을 낮출 수도 있다.

(다) 저장 및 취급 방법

㉮ 이물질의 혼입과 누출을 방지하며 마찰, 충격, 화기를 피한다.

㉯ 직사광선을 피하고 소분하여 냉암소에 저장한다.

㉰ 분진은 눈이나 폐를 자극하므로 보호구(보호안경이나 마스크)를 착용한다.

(라) 소화 방법 : 다량의 물이 좋으나 소량일 때는 탄산가스, 소화분말, 건조사, 소다회, 암분 등을 사용한 질식 소화를 한다.

③ 메틸에틸케톤퍼옥사이드[$(CH_3COC_2H_5)_2O_2$: MEKPO, 과산화메틸에틸케톤]

(가) 일반적 성질

㉮ 독특한 냄새가 있는 기름 모양의 무색의 액체이다.

㉯ 강한 산화작용으로 자연분해되며 알칼리 금속, 알칼리 토금속의 수산화물, 산화철 등에는 급격하게 반응한다.

㉰ 물에 약간 용해되며 알코올, 에테르, 케톤류에는 잘 녹는다.

㉱ 시판품은 희석제인 프탈산디메틸, 프탈산디부틸 등이 50~60% 첨가되어 있다.

㉲ 발화점 205℃, 융점 -20℃ 이하, 인화점 58℃ 이상이다.

(나) 위험성

㉮ 상온에서 안정하며, 80~100℃에서 급격히 발포하면서 분해되고, 110℃ 이상이 되면 심하게 발연하면서 발화한다.

㉯ 상온에서 헝겊, 쇳녹 등과 접하면 분해 발화하며, 많이 연소할 대는 폭발의 위험이 있다.

㉰ 강한 산화성 물질이며 상온(30℃)에서 규조토, 탈지면과 장시간 접촉하면 연기를 내면서 발화한다.

(다) 저장 및 취급 방법 : 과산화벤조일에 준한다.

(2) 질산에스테르류(지정수량 : 10kg)

① 니트로셀룰로오스($[C_6H_7O_2(ONO_2)_3]_n$: 질화면, 초화면, 질산섬유소, 질산셀룰로오스, NC))

(가) 일반적 성질

㉮ 천연 셀룰로오스에 진한 질산(3)과 진한 황산(1)의 혼합액을 작용시켜 제조한다.

㉯ 맛과 냄새가 없고 초산에틸, 초산아밀, 아세톤, 에테르 등에는 용해하나 물에는 녹지 않는다.

㉰ 에테르(2), 알코올(1)의 혼합액에서 녹는 것을 약면약($N<12.8$: 약질화면), 녹지 않는 것을 강면약($N>12$: 강질화면)이라 하며, $N=12.5\sim12.8\%$ 범위를 피로면약(피로콜로디온)이라 한다.

㉱ 건조된 면약은 충격, 마찰에 민감하여 발화되기 쉽고, 점화되면 폭발하여 폭굉을 일으킨다.

㉲ 햇빛, 산, 알칼리에 의해 분해, 자연 발화한다.

㉳ 비중 1.7, 인하점 13℃, 착화점 180℃이다.

(나) 위험성

㉮ 130℃ 정도에서 서서히 분해되고 180℃에서 불꽃을 내며 급격히 연소하여 완전 분해되면 150배의 기체가 된다.

㉯ 햇빛, 열, 산에 의해 자연 발화한다.

(다) 저장 및 취급 방법

㉮ 불꽃 등 화기를 멀리하고 마찰, 충격에 주의하고 냉암소에 저장한다.

㉯ 물과 혼합할수록 위험성이 감소되므로 저장, 수송할 때는 물 20%나 알코올 30%로 습윤시킨다. 즉, 건조상태에 이르면 축축한 상태로 유지시킨다.

(라) 소화 방법 : 다량의 주수, 마른 모래(건조사)를 사용한다.

② 질산에틸($C_2H_5ONO_2$)

(가) 일반적 성질

㉮ 무색, 투명한 액체로 향긋한 냄새와 단맛이 있다.

㉯ 물에는 녹지 않으나 알코올, 에테르에 녹으며 인화성이 있다.

㉰ 에탄올을 진한 질산에 작용시켜서 얻는다.

㉱ 액비중 1.11(증기비중 3.14), 비점 88℃, 융점 −112℃, 인화점 −10℃이다.

(나) 위험성

㉮ 인화점이 낮아 비점 이상으로 가열하면 폭발한다.

㉯ 아질산과 같이 있으면 폭발한다.

㉰ 제4류 위험물의 제1석유류와 비슷하다.

(다) 저장 및 취급 방법

㉮ 화기를 피하고, 통풍이 잘 되는 냉암소에 저장한다.

㉯ 용기는 갈색병을 사용하고 밀전한다.

(라) 소화 방법 : 분무상태의 물이 가장 좋다.

③ 질산메틸(CH_3ONO_2)

(가) 일반적 성질

㉮ 무색, 투명한 액체로 향긋한 냄새와 단맛이 있다.

㉯ 물에는 녹지 않으나 알코올, 에테르에 녹으며 인화성이 있다.

㉰ 액비중 1.22(증기비중 2.65), 비점 66℃이다.

(나) 위험성 및 기타 : 질산에틸에 준한다.

④ 니트로글리세린[$C_3H_5(ONO_2)_3$]

(가) 일반적 성질

㉮ 순수한 것은 상온에서 무색, 투명한 기름 모양의 액체이나 공업적으로 제조한 것은 담황색을 띠고 있다.

㉯ 상온에서 액체이지만 약 10℃에서 동결하므로 겨울에는 백색의 고체 상태이다.

㉰ 물에는 거의 녹지 않으나 벤젠, 알코올, 클로로포름, 아세톤에 녹는다.

㉱ 점화하면 적은 양은 타기만 하지만 많은 양은 폭굉에 이른다.

㉲ 규조토에 흡수시켜 다이너마이트를 제조할 때 사용된다.

㉳ 체적 수축으로 비중이 15℃에서는 1.6이나, 10℃에서는 1.735가 된다.

㉴ 비점 160℃, 융점 2.8℃, 증기비중 7.84이다.

(나) 위험성

㉮ 충격이나 마찰에 예민하여 액체 운반은 금지되어 있다.

㉯ 증기는 약간의 단맛이 있으나 많이 흡입하면 머리가 아프거나, 경련이 일어난다.

(다) 저장 및 취급 방법

㉮ 가열, 충격, 마찰을 금지한다.

㉯ 화재 시 폭굉을 일으키므로 접근하지 않도록 한다.

(라) 소화 방법 : 폭발적으로 연소하므로 확대 연소 위험이 있는 것을 제거하는 방법 밖에 없다.

⑤ 니트로글리콜[$C_2H_4(ONO_2)_2$: 엔지, NG]

㈎ 일반적 성질

㉮ 순수한 것은 무색이고, 공업용은 담황색 또는 분홍색을 나타낸다.

㉯ 유동성과 휘발성이 있으며 알코올, 벤젠, 클로포름, 아세톤에 잘 녹는다.

㉰ 비중 1.5, 응고점 -22℃, 질소량 18.4%이다.

㈏ 위험성

㉮ 충격, 급격한 가열에 의해 폭굉이 발생하지만 그 강도는 니트로글리세린보다 약하다.

㉯ 산의 존재 하에서 분해가 촉진되고 폭발할 수도 있다.

㈐ 저장 및 취급 방법

㉮ 가열, 마찰, 충격을 가하지 않는다.

㉯ 화재 시는 폭굉을 일으키므로 접근하지 않도록 주의한다.

⑥ 셀룰로이드류 : 셀룰로이드류는 니트로셀룰로오스를 주제로 한 제품 및 반제품, 부스러기를 지칭하는 것으로 질화도가 낮은 니트로셀룰로오스(질소 함유량 10.5~11.5%)를 장뇌와 알코올에 녹여서 교질상태로 만든 후에 알코올 성분을 증발시켜 성형한 것이다.

㈎ 일반적 성질

㉮ 무색 투명한 상태 또는 황색의 반투명하고 탄력성이 있는 고체이다.

㉯ 물에는 녹지 않으며 알코올, 아세톤, 초산에스테르류에 잘 녹는다.

㉰ 질소를 함유하면서 탄소가 함유된 유기물이다.

㉱ 장시간 방치된 것은 햇빛, 고온 등에 의해 분해가 촉진된다.

㉲ 비중 1.4, 발화온도 180℃이다.

㈏ 위험성

㉮ 압력, 충격 등에는 발화하지 않지만, 화기에 접촉하면 연소한다.

㉯ 습도가 높고 온도가 높으면 자연발화의 위험이 있다.

㉰ 연소하면 유독한 가스가 발생한다.

㈐ 저장 및 취급 방법

㉮ 저장실의 온도를 20℃ 이하로 유지되도록 통풍이 잘 되는 냉암소에 저장한다.

㉯ 화기, 열원 등을 멀리하고 발열성, 인화성 물질의 접근을 피한다.

㉰ 산, 알칼리와 접촉하면 분해되므로 운반 시에는 혼재하지 않도록 한다.

㈑ 소화 방법 : 다량의 물에 의한 냉각 소화

(3) 니트로화합물(지정수량 : 200kg)

① 피크르산[$C_6H_2(NO_2)_3OH$: 트리니트로페놀, TNP]

(가) 일반적 성질

㉮ 강한 쓴맛과 독성이 있는 휘황색을 나타내는 편평한 침상 결정이다.

㉯ 찬물에는 거의 녹지 않으나 온수, 알코올, 에테르, 벤젠 등에는 잘 녹는다.

㉰ 중금속(Fe, Cu, Pb 등)과 반응하여 민감한 피크린산염을 형성한다.

㉱ 공기 중에서 서서히 연소하나 뇌관으로는 폭굉을 일으킨다.

㉲ 분해하면 탄소(C), 질소(N_2), 수소(H_2), 일산화탄소(CO), 이산화탄소(CO_2) 등 다량의 가스가 발생한다.

$$2C_6H_2(NO_2)_3OH \rightarrow 2C + 3N_2 + 3H_2 + 6CO + 4CO_2$$

㉳ 황색 염료, 농약, 산업용 도폭선의 심약, 뇌관의 첨장약, 군용 폭파약, 피혁공업에 사용한다.

㉴ 비중 1.8, 융점 121℃, 비점 255℃, 발화점 300℃이다.

(나) 위험성

㉮ 단독으로는 타격, 마찰에 둔감하고, 연소할 때 검은 연기(그을음)를 낸다.

㉯ 금속염은 매우 위험하여 가솔린, 알코올, 옥소, 황 등과 혼합된 것에 약간의 마찰이나 타격을 주어도 심하게 폭발한다.

(다) 저장 및 취급 방법

㉮ 건조된 것일수록 주의하여 다루고, 화기를 멀리해야 한다.

㉯ 산화하기 쉬운 물질과 혼합되지 않도록 주의한다.

(라) 소화 방법 : 다량의 주수 소화에 의한 냉각 소화

② 트리니트로톨루엔[$C_6H_2CH_3(NO_2)_3$: TNT]

(가) 일반적 성질

㉮ 담황색의 주상결정으로 햇빛을 받으면 다갈색으로 변한다.

㉯ 물에는 녹지 않는 불용이지만 알코올, 벤젠, 에테르, 아세톤에는 잘 녹는다.

㉰ 충격감도는 피크린산보다 약간 둔하지만 급격한 타격을 주면 폭발한다.

$$2C_6H_2CH_3(NO_2)_3 \rightarrow 12CO_2\uparrow + 3N_2\uparrow + 5H_2\uparrow + 2C$$

㉱ 3개의 이성질체($\alpha-$, $\beta-$, $\gamma-$)가 있으며 α형인 2, 4, 6-트리니트로톨루엔이 폭발력이 가장 강하다.

㉲ 비중 1.8, 융점 81℃, 비점 240℃, 발화점 300℃이다.

(나) 위험성

㉮ 가열, 마찰, 충격을 가하면 폭발한다.

㉯ 폭발력이 크고, 피해범위도 넓고, 위험성이 크므로 세심한 주의가 요구된다.

㈐ 저장 및 취급 방법

㉮ 마찰, 충격, 타격을 피하고 화기로부터 멀리한다.

㉯ 취급할 때 세심한 주의를 요한다.

㈑ 소화 방법 : 다량의 주수 소화를 하지만 소화가 곤란하다.

(4) 니트로소화합물(지정수량 : 200kg)

① 파라 디니트로소 벤젠[$C_6H_4(NO)_2$]

㈎ 가열, 충격에 의하여 폭발하며, 그 폭발력은 그다지 크지 않다.

㈏ 고무가황제 또는 퀴논디옥시움의 제조, 합성고무특성 개량제 등에 사용된다.

② 디니트로소 레조르신[$C_6H_2(OH)_2(NO)_2$]

㈎ 회흑색의 결정으로 폭발성이 있다.

㈏ 물이나 유기용매에 녹으며, 목면의 나염 등에 사용된다.

③ 디니트로소 펜타메틸렌테드라민[$C_5H_{10}N_4(NO)_2$: DDT]

㈎ 광택이 있는 크림색의 미세한 분말이다.

㈏ 가열하거나 산을 가하면 폭발한다.

㈐ 스펀지 성형 시 에틸렌수지, 페놀수지, 발포제로 사용된다.

(5) 아조화합물(지정수량 : 200kg)

① 아조벤젠($C_6H_5N=NC_6H_5$)

㈎ 트랜스(trans)형과 시스(sis)형이 있다.

㈏ 트랜스형 아조벤젠은 등적색의 결정으로 융점 68℃, 비등점 293℃이며, 물에 잘 녹지 않고 알코올 및 에테르에 잘 녹는다.

㈐ 시스형 아조벤젠은 트랜스 아조벤젠의 용액에 빛을 조사(照射)하면 일부가 시스형으로 이성화한다.

② 히드록시아조벤젠($C_6H_5N=NC_6H_4OH$)

㈎ 3가지 이성질체($o-$, $m-$, $p-$)가 있다.

㈏ 모두 황색 결정으로 염료로서 중요하다.

③ 아미노아조벤젠($C_6H_5N=NC_6H_4NH_2$)

㈎ 보통의 것은 $p-$아미노아벤젠, 황색 결정으로 융점이 127℃이다.

㈏ 디아조아미노벤젠의 전위(轉位)에 의해 만들어진다.

④ 기타 : 히드라조벤젠($C_6H_5NHHNC_6H_5$), 아족시벤젠($C_{12}H_{10}N_2O$), 아조디카본아마이드(ADCA), 아조비스이소부틸로니트릴(AIBN) 등이 있다.

(6) 디아조화합물(지정수량 : 200kg)

① 디아조메탄(CH_2N_2)

(가) 황색, 무취의 기체이다.

(나) $n-$ 니트로소 메틸우레탄에 수산화칼륨을 작용시키면 생성된다.

② 디아조카르복실산 에스테르

(가) RCH_2COOR' 형의 사슬식 카르복실산에스테르의 디아조 치환체 $RC(=N_2)COOR'$를 말한다.

(나) 매우 반응성이 강한 사슬식 디아조화합물이다.

③ 기타 : 디아조디니트로페놀(DDNP), 디아조아세트산에틸, 디아조나프톨슬폰산나트륨 등이 있다.

(7) 히드라진 유도체(지정수량 : 200kg)

① 페닐히드라진($C_6H_5NHNH_2$)

(가) 비중 1.091, 유점 23℃, 비등점 241℃인 무색의 판상결정 또는 액체로 유독하다.

(나) 공기 중에서 산화되어 갈색으로 변하기 쉽다.

② 히드라조벤젠($C_6H_5NHHNC_6H_5$)

(가) 무색 결정으로 유점 126℃ 이며, 물, 아세트산에는 녹지 않으며 유기용제에는 녹는다.

(나) 아조벤젠의 환원으로 얻어지며 산화되어 아조벤젠이 되기 쉽다.

(다) 강하게 환원하면 아닐린으로 변한다.

(8) 히드록실아민(NH_2OH, 지정수량 : 100kg)

조해되기 쉽고 독성이 있는 무색의 바늘 모양 결정으로 화학적으로는 암모니아와 비슷하며, 수용액은 강알칼리성으로 환원제로 사용한다.

(9) 히드록실아민염류(지정수량 : 100kg)

자극성이 있고 유독하며 가열하면 폭발한다.

예상 문제

1. 제5류 위험물인 자기반응성 물질에 포함되지 않는 것은?

① CH_3NO_2 ② $[C_6H_7O_2(ONO_2)_3]_n$
③ $C_6H_2CH_3(NO_2)_3$ ④ $C_6H_5NO_2$

해설 각 위험물의 유별 분류

품명	유별
질산메틸(CH_3NO_2)	제5류 위험물 질산에스테르류
니트로셀룰로오스 ($[C_6H_7O_2(ONO_2)_3]_n$)	제5류 위험물 질산에스테르류
트리니트로톨루엔 $[C_6H_2CH_3(NO_2)_3]$	제5류 위험물 니트로화합물
니트로벤젠($C_6H_5NO_2$)	제4류 위험물 제3석유류

2. 가연성 물질이며 산소를 다량 함유하고 있기 때문에 자기연소가 가능한 물질은?

① $C_6H_2CH_3(NO_2)_3$ ② $CH_3COC_2H_5$
③ $NaClO_4$ ④ HNO_3

해설 ㉮ 각 위험물의 유별 분류

품명	유별
트리니트로톨루엔 $[C_6H_2CH_3(NO_2)_3]$	제5류 위험물 니트로화합물
메틸에틸케톤 ($CH_3COC_2H_5$)	제4류 위험물 제1석유류
과염소산나트륨 ($NaClO_4$)	제1류 위험물 과염소산염류
질산(HNO_3)	제6류 위험물

㉯ 자기반응성 물질인 제5류 위험물이 자기연소가 가능한 물질이다.

3. 위험물 안전관리법령상의 지정수량이 나머지 셋과 다른 하나는?

① 질산에스테르류 ② 니트로소화합물
③ 디아조화합물 ④ 히드라진 유도체

해설 제5류 위험물 지정수량

품명	지정 수량
유기과산화물, 질산에스테르류	10kg
니트로화합물, 니트로소화합물, 아조화합물, 디아조화합물, 히드라진유도체	200kg
히드록실아민, 히드록실아민염류	100kg
행정안전부령으로 정하는 것	10kg, 100kg, 200kg

4. 자기반응성 물질의 일반적인 성질로 옳지 않은 것은?

① 강산류와 접촉은 위험하다.
② 연소속도가 대단히 빨라서 폭발성이 있다.
③ 물질자체가 산소를 함유하고 있어 내부연소를 일으키기 쉽다.
④ 물과 격렬하게 반응하여 폭발성 가스를 발생한다.

해설 자기반응성 물질(제5류 위험물)의 일반적인 성질

㉮ 가연성 물질이며 그 자체가 산소를 함유하므로 자기연소(내부연소)를 일으키기 쉽다.
㉯ 유기물질이며 연소속도가 대단히 빨라서 폭발성이 있다.
㉰ 가열, 마찰, 충격에 의하여 인화 폭발하는 것이 많다.
㉱ 장기간 저장하면 산화반응이 일어나 열분해되어 자연 발화를 일으키는 경우도 있다.

참고 제5류 위험물은 물에 잘 녹지 않기 때문에 물과의 반응성이 적어 화재 시 다량의 물로 냉각 소화한다.

정답 1. ④ 2. ① 3. ① 4. ④

5. 외부의 산소 공급이 없어도 연소하는 물질이 아닌 것은?

① 알루미늄의 탄화물
② 과산화벤조일
③ 유기과산화물
④ 질산에스테르류

해설 ㉮ 제5류 위험물에 해당하는 과산화벤조일, 유기과산화물, 질산에스테르류는 자기연소를 하기 때문에 외부의 산소 공급이 없어도 연소한다.
㉯ 알루미늄의 탄화물은 제3류 위험물로 금수성물질이다(물과 반응하여 가연성인 메탄을 발생한다).

6. 제5류 위험물의 일반적인 취급 및 소화 방법으로 틀린 것은?

① 운반용기 외부에는 주의사항으로 화기엄금 및 충격주의 표시를 한다.
② 화재 시 소화 방법으로는 질식 소화가 가장 이상적이다.
③ 대량 화재 시 소화가 곤란하므로 가급적 소분하여 저장한다.
④ 화재 시 폭발의 위험이 있으므로 충분한 안전거리를 확보하여야 한다.

해설 제5류 위험물은 자기연소를 하기 때문에 질식 소화는 곤란하고, 다량의 물에 의한 냉각 소화가 효과적이다.

7. 물통 또는 수조를 이용한 소화가 공통적으로 적응성이 있는 위험물은 제 몇 류 위험물인가?

① 제2류 위험물 ② 제3류 위험물
③ 제4류 위험물 ④ 제5류 위험물

해설 제5류 위험물은 자기연소를 하기 때문에 질식 소화는 곤란하고, 적응성이 있는 소화 방법은 다량의 물에 의한 냉각 소화가 효과적이다.

8. 과산화벤조일에 대한 설명으로 틀린 것은?

① 발화점이 약 425℃로 상온에서 비교적 안전하다.
② 상온에서 고체이다.
③ 산소를 포함하는 산화성 물질이다.
④ 물을 혼합하면 폭발성이 줄어든다.

해설 과산화벤조일[$(C_6H_5CO)_2O_2$: 벤조일퍼옥사이드]
㉮ 제5류 위험물 중 유기과산화물에 해당되며 지정수량은 10kg이다.
㉯ 무색, 무미의 결정 고체로 물에는 잘 녹지 않으나 알코올에는 약간 녹는다.
㉰ 상온에서 안정하며, 강한 산화 작용이 있다.
㉱ 가열하면 100℃ 부근에서 백색 연기를 내며 분해한다.
㉲ 빛, 열, 충격, 마찰 등에 의해 폭발의 위험이 있다.
㉳ 강한 산화성 물질로 진한 황산, 질산, 초산 등과 접촉하면 화재나 폭발의 우려가 있다.
㉴ 수분의 흡수나 불활성 희석제(프탈산디메틸, 프탈산디부틸)의 첨가에 의해 폭발성을 낮출 수도 있다.
㉵ 비중(25℃) 1.33, 융점 103~105℃(분해온도), 발화점 125℃이다.

9. 벤조일퍼옥사이드의 화재 예방상 주의사항에 대한 설명 중 틀린 것은?

① 열, 충격 및 마찰에 의해 폭발할 수 있으므로 주의한다.
② 진한 질산, 진한 황산과의 접촉을 피한다.
③ 비활성의 희석제를 첨가하면 폭발성을 낮출 수 있다.
④ 수분과 접촉하면 폭발의 위험이 있으므로 주의한다.

해설 제5류 위험물인 벤조일퍼옥사이드[$(C_6H_5CO)_2O_2$: 과산화벤조일]는 수분의 흡수나 불활성 희석제(프탈산디메틸, 프탈산디부틸)의 첨가에 의해 폭발성을 낮출 수 있다.

정답 5. ① 6. ② 7. ④ 8. ① 9. ④

10. 유기과산화물의 화재예방상 주의사항으로 틀린 것은?

① 열원으로부터 멀리한다.
② 직사광선을 피한다.
③ 용기의 파손여부를 정기적으로 점검한다.
④ 가급적 환원제와 접촉하고 산화제는 멀리한다.

해설 유기과산화물(제5류 위험물)의 화재예방상 주의사항
㉮ 직사일광을 피하고 냉암소에 저장한다.
㉯ 불꽃, 불티 등의 화기 및 열원으로부터 멀리하고 산화제, 환원제와도 격리한다.
㉰ 용기의 손상으로 유기과산화물이 누설하거나 오염되지 않도록 한다.
㉱ 같은 장소에 종류가 다른 약품과 함께 저장하지 않는다.
㉲ 알코올류, 아민류, 금속분류, 기타 가연성 물질과 혼합하지 않는다.
㉳ 유기과산화물은 자체 내에 산소가 함유되어 있기 때문에 질식 소화는 효과가 없으므로, 다량의 주수에 의한 냉각 소화가 효과적이다.

11. 위험물 안전관리법령상 제5류 위험물 중 질산에스테르류에 해당하는 것은?

① 니트로벤젠
② 니트로셀룰로오스
③ 트리니트로페놀
④ 트리니트로톨루엔

해설 제5류 위험물 중 질산에스테르류의 종류
㉮ 니트로셀룰로오스($[C_6H_7O_2(ONO_2)_3]_n$)
㉯ 질산에틸($C_2H_5ONO_2$)
㉰ 질산메틸(CH_3ONO_2)
㉱ 니트로글리세린($C_3H_5(ONO_2)_3$)
㉲ 니트로글리콜($C_2H_4(ONO_2)_2$)
㉳ 셀룰로이드류

12. 니트로셀룰로오스에 대한 설명으로 옳지 않은 것은?

① 직사일광을 피해서 저장한다.
② 알코올 수용액 또는 물로 습윤시켜 저장한다.
③ 질화도가 클수록 위험도가 증가한다.
④ 화재 시에는 질식 소화가 효과적이다.

해설 니트로셀룰로오스($[C_6H_7O_2(ONO_2)_3]_n$)의 저장, 취급 방법
㉮ 제5류 위험물 중 질산에스테르류에 해당되며, 지정수량은 10kg이다.
㉯ 햇빛, 산, 알칼리에 의해 분해, 자연 발화하므로 직사광선을 피해 저장한다.
㉰ 건조한 상태에서는 발화의 위험이 있으므로 함수알코올(물+알코올)을 습윤시킨다.
㉱ 자기반응성 물질이므로 유기과산화물류, 강산화제와의 접촉을 피한다.
㉲ 니트로셀룰로오스는 산소가 없어도 연소가 가능한 제5류 위험물로 질식 소화의 효과는 없으므로 다량의 물을 이용한 주수 소화가 효과적이다.

★
13. 니트로셀룰로오스의 저장 및 취급 방법으로 틀린 것은?

① 가열, 마찰을 피한다.
② 열원을 멀리하고 냉암소에 저장한다.
③ 알코올 용액으로 습면하여 운반한다.
④ 물과의 접촉을 피하기 위해 석유에 저장한다.

해설 니트로셀룰로오스는 건조한 상태에서 발화의 위험이 있으므로 함수알코올(물+알코올)을 습윤시켜 저장 및 운반한다.

14. 다음 중 질산에틸의 성상에 관한 설명 중 틀린 것은?

① 향기를 갖는 무색의 액체이다.
② 휘발성 물질로 증기 비중은 공기보다 작다.
③ 물에는 녹지 않으나 에테르에 녹는다.
④ 비점 이상으로 가열하면 폭발의 위험이 있다.

정답 10. ④ 11. ② 12. ④ 13. ④ 14. ②

해설 질산에틸($C_2H_5NO_3$)의 특징

㉮ 제5류 위험물 중 질산에스테르류에 해당되며 지정수량은 10kg이다.
㉯ 무색, 투명한 액체로 향긋한 냄새와 단맛이 있다.
㉰ 물에는 녹지 않으나 알코올, 에테르에 녹으며 인화성이 있다.
㉱ 에탄올을 진한 질산에 작용시켜서 얻는다.
㉲ 인화점이 낮아 비점 이상으로 가열하면 폭발한다.
㉳ 아질산과 같이 있으면 폭발한다.
㉴ 화기를 피하고, 통풍이 잘 되는 냉암소에 저장한다.
㉵ 용기는 갈색병을 사용하고 밀전한다.
㉶ 액비중 1.11(증기비중 3.14), 비점 88℃, 융점 -112℃, 인화점 -10℃이다.

15. 다음 중 니트로글리세린에 대한 설명으로 틀린 것은?

① 순수한 것은 상온에서 무색, 투명한 액체이다.
② 순수한 것은 겨울철에 동결될 수 있다.
③ 에탄올에 녹는다.
④ 물보다 가볍다.

해설 니트로글리세린[$C_3H_5(ONO_2)_3$]의 특징

㉮ 제5류 위험물 중 질산에스테르류에 해당되며 지정수량은 10kg이다.
㉯ 순수한 것은 상온에서 무색, 투명한 기름 모양의 액체이나 공업적으로 제조한 것은 담황색을 띠고 있다.
㉰ 상온에서 액체이지만 약 10℃에서 동결하므로 겨울에는 백색의 고체 상태이다.
㉱ 물에는 거의 녹지 않으나 벤젠, 알코올, 클로로포름, 아세톤에 녹는다.
㉲ 점화하면 적은 양은 타기만 하지만 많은 양은 폭굉에 이른다.
㉳ 규조토에 흡수시켜 다이너마이트를 제조할 때 사용된다.
㉴ 충격이나 마찰에 예민하여 액체 운반은 금지되어 있다.
㉵ 비중이 15℃에서 1.6이나 10℃에서는 1.735가 되며, 비점 160℃, 융점 2.8℃, 증기비중 7.84이다.

16. 4몰의 니트로글리세린이 고온에서 열분해·폭발하여 이산화탄소, 수증기, 질소, 산소의 4가지 가스를 생성할 때 발생되는 가스의 총 몰수는?

① 28 ② 29 ③ 30 ④ 31

해설 니트로글리세린[$C_3H_5(ONO_2)_3$]

㉮ 4몰의 열분해·폭발 반응식
$4C_3H_5(ONO_2)_3 \rightarrow 12CO_2 + 10H_2O + 6N_2 + O_2$
㉯ 생성되는 4가지 가스의 총 몰수
$= 12 + 10 + 6 + 1 = 29$몰(mol)

17. 질소함유량이 약 11%의 니트로셀룰로오스를 장뇌와 알코올에 녹여 교질상태로 만든 것을 무엇이라 하는가?

① 셀룰로이드 ② 펜트리트
③ TNT ④ 니트로글리콜

해설 셀룰로이드류 : 니트로셀룰로오스를 주제로 한 제품 및 반제품, 부스러기를 지칭하는 것으로 질화도가 낮은 니트로셀룰로오스(질소 함유량 10.5~11.5%)를 장뇌와 알코올에 녹여서 교질상태로 만든 후에 알코올 성분을 증발시켜 성형한 것이다. 제5류 위험물 중 질산에스테르류에 해당된다.

18. 셀룰로이드류를 다량으로 저장하는 경우, 자연발화의 위험성을 고려하였을 때 다음 중 가장 적합한 장소는?

① 습도가 높고 온도가 낮은 곳
② 습도와 온도가 모두 낮은 곳
③ 습도와 온도가 모두 높은 곳
④ 습도가 낮고 온도가 높은 곳

해설 셀룰로이드류 저장 방법

㉮ 습도가 높고 온도가 높으면 자연발화의 위험이 있으므로 습도와 온도가 모두 낮은 곳

정답 15. ④ 16. ② 17. ① 18. ②

에 저장한다.

㉯ 저장실의 온도를 20℃ 이하로 유지되도록 통풍이 잘 되는 냉암소에 저장한다.

19. 제5류 위험물 중 니트로화합물에서 니트로기(nitro group)를 옳게 나타낸 것은?

① –NO　　② $-NO_2$
③ $-NO_3$　　④ $-NON_3$

해설 니트로화합물은 유기화합물의 수소 원자(H)가 니트로기($-NO_2$)로 치환된 화합물로 피크르산[$C_6H_2(NO_2)_3OH$], 트리니트로톨루엔[$C_6H_2CH_3(NO_2)_3$: TNT]이 대표적이다.

참고 작용기 종류

명칭	작용기
니트로소기	–NO
니트로기	$-NO_2$
질산기	$-NO_3$
아미노기	$-NH_2$
아조기	–N=N–

20. 위험물 안전관리법령상 $C_6H_2(NO_2)_3OH$의 품명에 해당하는 것은?

① 유기과산화물　　② 질산에스테르류
③ 니트로화합물　　④ 아조화합물

해설 $C_6H_2(NO_2)_3OH$: 피크르산, 트리니트로페놀, TNP라 하며, 제5류 위험물 중 니트로화합물에 해당된다.

★★★
21. 트리니트로페놀의 성질에 대한 설명 중 틀린 것은?

① 폭발에 대비하여 철, 구리로 만든 용기에 저장한다.
② 휘황색을 띤 침상결정이다.
③ 비중이 약 1.8로 물보다 무겁다.
④ 단독으로는 충격, 마찰에 둔감한 편이다.

해설 트리니트로페놀[피크르산 : $C_6H_2(NO_2)_3OH$]

㉮ 제5류 위험물 중 니트로화합물로 지정수량 200kg이다.

㉯ 강한 쓴맛과 독성이 있는 휘황색을 나타내는 편평한 침상 결정이다.

㉰ 찬물에는 거의 녹지 않으나 온수, 알코올, 에테르, 벤젠 등에는 잘 녹는다.

㉱ 중금속(Fe, Cu, Pb 등)과 반응하여 민감한 피크린산염을 형성한다.

㉲ 공기 중에서 서서히 연소하나 뇌관으로는 폭굉을 일으킨다.

㉳ 황색 염료, 농약, 산업용 도폭선의 심약, 뇌관의 첨장약, 군용 폭파약, 피혁공업에 사용한다.

㉴ 단독으로는 타격, 마찰에 둔감하고, 연소할 때 검은 연기(그을음)를 낸다.

㉵ 금속염은 매우 위험하여 가솔린, 알코올, 옥소, 황 등과 혼합된 것에 약간의 마찰이나 타격을 주어도 심하게 폭발한다.

㉶ 비중 1.8, 융점 121℃, 비점 255℃, 발화점 300℃이다.

22. 다음 중 피크르산의 각 특성 온도 중 가장 낮은 것은?

① 인화점　　② 발화점
③ 녹는점　　④ 끓는점

해설 피크르산[$C_6H_2(NO_2)_3OH$: TNP] 특성 온도

특성 항목	특성 온도
인화점	150℃ (밀폐상태)
발화점	300℃
녹는점(융점)	121℃
끓는점(비점)	255℃

23. 트리니트로톨루엔에 대한 설명으로 틀린 것은?

① 햇빛을 받으면 다갈색으로 변한다.
② 벤젠, 아세톤 등에 잘 녹는다.
③ 건조사 또는 팽창질석만 소화설비로 사용할 수 있다.
④ 폭약의 원료로 사용될 수 있다.

정답 19. ② 20. ③ 21. ① 22. ③ 23. ③

해설 트리니트로톨루엔[$C_6H_2CH_3(NO_2)_3$: TNT]의 특징

㉮ 제5류 위험물 중 니트로 화합물로 지정수량 200kg이다.
㉯ 담황색의 주상결정으로 햇빛을 받으면 다갈색으로 변한다.
㉰ 물에는 녹지 않으나 알코올, 벤젠, 에테르, 아세톤에는 잘 녹는다.
㉱ 충격감도는 피크르산보다 약간 둔하지만 급격한 타격을 주면 폭발한다.
㉲ 폭발력이 강해 폭약의 원료로 사용된다.
㉳ 다량의 주수 소화를 하여야 하지만 소화가 곤란하다.
㉴ 비중 1.8, 융점 81℃, 비점 240℃, 발화점 300℃이다.

참고 제5류 위험물은 자기연소를 하기 때문에 질식 소화는 효과가 없고 다량의 물에 의한 냉각소화가 효과적이다.

★

24. TNT가 폭발·분해하였을 때 생성되는 가스가 아닌 것은?

① CO ② N_2
③ SO_2 ④ H_2

해설 TNT[$C_6H_2CH_3(NO_2)_3$: 트리니트로톨루엔]

㉮ 분해 반응식
$2C_6H_2CH_3(NO_2)_3 \rightarrow 12CO_2\uparrow + 3N_2\uparrow + 5H_2\uparrow + 2C$
㉯ 생성되는 가스 : 일산화탄소(CO), 질소(N_2), 수소(H_2)

25. 충격 마찰에 예민하고 폭발 위력이 큰 물질로 뇌관의 첨장약으로 사용되는 것은?

① 니트로글리콜 ② 니트로셀룰로오스
③ 테트릴 ④ 질산메틸

해설 테트릴($C_7H_5N_5O_8$)

㉮ 제5류 위험물 중 니트로화합물에 해당된다.
㉯ 단사정계에 속하는 연한 노란색 결정으로 물에 녹지 않는다.
㉰ 디메틸아닐린을 진한 황산에 녹인 다음 여기에 질산과 황산의 혼합산(混合酸)을 넣고 니트로화하여 제조한다.
㉱ 충격, 마찰에 예민하고 폭발력이 커서 뇌관과 신관의 첨장약 및 전폭약으로 사용된다.

26. 니트로소화합물의 성질에 관한 설명으로 옳은 것은?

① –NO 기를 가진 화합물이다.
② 니트로기를 3개 이하로 가진 화합물이다.
③ $-NO_2$ 기를 가진 화합물이다.
④ –N=N– 기를 가진 화합물이다.

해설 니트로소(nitroso) 화합물

㉮ 니트로소기(–NO)가 있는 유기화합물이다.
㉯ 제5류 위험물로 분류되며 지정수량은 200kg이다.
㉰ 니트로소화합물에는 파라 디니트로소 벤젠[$C_6H_4(NO)_2$], 디니트로소 레조르신[$C_6H_2(OH)_2(NO)_2$], 디니트로소 펜타메틸렌테드라민[$C_5H_{10}N_4(NO)_2$: DDT] 등이 있다.

27. 제5류 위험물 중 상온(25℃)에서 동일한 물리적 상태(고체, 액체, 기체)로 존재하는 것만으로 나열된 것은?

① 니트로글리세린, 니트로셀룰로오스
② 질산메틸, 니트로글리세린
③ 트리니트로톨루엔, 질산메틸
④ 니트로글리콜, 트리니트로톨루엔

해설 제5류 위험물 중 상온(25℃)에서 물리적 상태

품명	상태
니트로글리세린 [$C_3H_5(ONO_2)_3$]	액체
니트로셀룰로오스 ([$C_6H_7O_2(ONO_2)_3]_n$)	고체
질산메틸 (CH_3ONO_2)	액체
트리니트로톨루엔 [$C_6H_2CH_3(NO_2)_3$]	고체
니트로글리콜 [($C_2H_4(ONO_2)_2$]	액체

정답 24. ③ 25. ③ 26. ① 27. ②

1-7 | 제6류 위험물

1 제6류 위험물의 지정수량 및 공통적인 성질

(1) 지정수량

유별	성질	품명	지정수량	위험등급
제6류 위험물	산화성 액체	1. 과염소산	300kg	I
		2. 과산화수소	300kg	
		3. 질산	300kg	
		4. 그 밖에 행정안전부령으로 정하는 것 : 할로겐간 화합물[오불화요오드(IF_5), 오불화브롬(BrF_5), 삼불화브롬(BrF_3)]	300kg	
		5. 제1호 내지 제4호의 1에 해당하는 어느 하나 이상을 함유한 것	300kg	

[비고] 위험물 안전관리법 시행령 별표1

① "산화성 액체"라 함은 액체로서 산화력의 잠재적인 위험성을 판단하기 위하여 고시로 정하는 시험에서 고시로 정하는 성질과 상태를 나타내는 것을 말한다.

② 과산화수소는 그 농도가 36 중량% 이상인 것에 한하며, ①항의 성상이 있는 것으로 본다.

③ 질산은 그 비중이 1.49 이상인 것에 한하며, ①항의 성상이 있는 것으로 본다.

(2) 제6류 위험물의 공통적인 성질

① 불연성 물질이지만 산소를 많이 포함하고 있어 다른 물질의 연소를 돕는 조연성 물질이다.

② 강산성의 액체로 비중이 1보다 크며 물에 잘 녹고 물과 접촉하면 발열한다.

③ 부식성이 강하며 증기는 유독하고 제1류 위험물과 혼합하면 폭발할 수도 있다.

④ 가연물과 유기물 등과의 혼합으로 발화한다.

(3) 저장 및 취급 시 주의사항

① 물, 가연물, 유기물 및 산화제와의 접촉을 피한다.

② 저장 용기는 내산성 용기를 사용하며 밀전, 밀봉하여 액체가 누설되지 않도록 한다.

③ 증기는 유독하므로 취급 시에는 보호구를 착용한다.

2 제6류 위험물의 화학적 성질 및 저장·취급

(1) 과염소산($HClO_4$) (지정수량 : 300kg)

① 일반적 성질

㈎ 무색의 유동하기 쉬운 액체이며, 염소 냄새가 난다.

㈏ 불연성 물질로 가열하면 유독성 가스를 생성한다.

㈐ 염소산 중에서 가장 강한 산이다.

㈑ 액비중 1.76(증기비중 3.47), 융점 −112℃, 비점 39℃이다.

② 위험성

㈎ 공기 중에 방치하면 분해하고, 가열하면 폭발한다.

㈏ 산화력이 강하여 종이, 나무부스러기 등과 접촉하면 연소와 동시에 폭발하기 때문에 접촉을 피한다.

㈐ 물과 접촉하면 심하게 반응하며 발열한다.

③ 저장 및 취급 방법

㈎ 유리나 도자기 등의 밀폐용기에 넣어, 저온에서 통풍이 잘 되는 곳에 저장한다.

㈏ 직사광선을 차단하고 유기물, 가연성 물질의 접촉을 피한다.

㈐ 비, 눈 등의 물과의 접촉을 피하고 충격, 마찰을 주지 않도록 주의한다.

④ 용도 : 산화제, 전해 연마제, 탈수제, 유기화합물 합성 촉매 등에 사용한다.

(2) 과산화수소(H_2O_2) (지정수량 : 300kg)

과산화수소의 물리적 성질

구분	성질		
	순수한 상태	90wt%	70wt%
녹는점	−0.43℃	−11℃	−39℃
끓는점	150.2℃	141℃	125℃
밀도	1.463g/cm^3	1.11(20℃, 30wt%)	
비열	기체 1.267J/g·K, 액체 2.619J/g·K		

① 일반적 성질

㈎ 순수한 것은 점성이 있는 무색의 액체이나 양이 많을 경우에는 청색을 나타낸다.

㈏ 강한 산화성이 있고 물, 알코올, 에테르 등에는 용해하지만 석유, 벤젠에는 녹지 않는다.

㈐ 알칼리 용액에서는 급격히 분해하나 약산성에서는 분해하기 어렵다.

㈑ 분해되기 쉬워 안정제[인산(H_3PO_4), 요산($C_5H_4N_4O_3$)]를 가한다.

(마) 소독약으로 사용되는 옥시풀은 과산화수소 3%인 용액이다.

(바) 비중(0℃) 1.465, 융점 -0.89℃, 비점 80.2℃이다.

(사) 농도에 따라 밀도, 끓는점, 녹는점이 달라진다.

② 위험성

(가) 열, 햇빛에 의해서 쉽게 분해하여 산소를 방출한다.

(나) 은(Ag), 백금(Pt) 등 금속분말 또는 산화물(MnO_2, PbO, HgO, CoO_3)과 혼합하면 급격히 반응하여 산소를 방출하여 폭발하기도 한다.

(다) 용기가 가열되면 내부에 분해 산소가 발생하기 때문에 용기가 파열하는 경우도 있다.

(라) 농도가 높아질수록 불안정하며, 온도가 높아질수록 분해 속도가 증가하고 비점 이하에서 폭발한다.

(마) 농도가 60% 이상의 것은 충격에 의해 단독 폭발의 가능성이 있다.

(바) 농도가 진한 액이 피부에 접촉되면 화상을 입는다.

③ 저장 및 취급 방법

(가) 직사광선을 피하고 냉암소에 저장한다.

(나) 용기는 밀전하면 안 되고, 구멍이 뚫린 마개를 사용하며, 누설되었을 때는 다량의 물로 씻어낸다.

(다) 유리 용기는 알칼리성으로 과산화수소의 분해를 촉진하므로 장기 보존하지 않아야 한다.

④ 소화 방법 : 주수 소화를 한다.

(3) 질산(HNO_3) (지정수량 : 300kg)

① 일반적 성질

(가) 물을 함유하지 않은 순수한 질산은 무색의 액체이지만 보관 중 담황색으로 변한다.

(나) 공기 중에서 물을 흡수하는 성질이 강하고, 직사광선에 의해 이산화질소(NO_2)로 분해된다.

(다) 물과 임의적인 비율로 혼합하면 발열하며, 진한 질산을 -42℃ 이하로 냉각시키면 응축, 결정된다.

(라) 은(Ag), 구리(Cu), 수은(Hg) 등은 다른 산과 작용하지 않지만 질산과는 반응을 하여 질산염과 산화질소를 만든다.

(마) 진한 질산은 부식성이 크고 산화성이 강하며, 황화수소와 접촉하면 폭발을 일으킨다.

(바) 진한 질산을 가열하면 분해하면서 유독성인 이산화질소(NO_2)의 적갈색 증기를 생성한다.

$$4HNO_3 \rightarrow 2H_2O + 4NO_2 + O_2$$

② 위험성

㈎ 산화력과 부식성이 강해 피부에 접촉되면 화상을 입는다.

㈏ 질산 자체는 연소성, 폭발성은 없지만 환원성이 강한 물질[황화수소(H_2S), 아민 등]과 혼합하면 발화 또는 폭발한다.

㈐ 불연성이지만 다른 물질의 연소를 돕는 조연성 물질이다.

㈑ 화재 시 열에 의해 유독성의 질소산화물을 발생하고 여러 금속과 반응하여 가스를 방출한다.

③ 저장 및 취급 방법

㈎ 직사광선에 의해 분해되므로 갈색병에 넣어 냉암소에 저장한다.

㈏ 테레핀유, 탄화칼슘, 금속분 및 가연성 물질과는 격리시켜 저장하여야 한다.

④ 용도 : 야금용, 폭약 및 니트로화합물의 제조, 질산 염류의 제조 등에 사용한다.

예상 문제

1. 위험물 안전관리법령상 과산화수소가 제6류 위험물에 해당하는 농도 기준으로 옳은 것은?

① 36wt% 이상　② 36vol% 이상
③ 1.49wt% 이상　④ 1.49vol% 이상

해설 제6류 위험물 [시행령 별표1]
㉮ "산화성 액체"라 함은 액체로서 산화력의 잠재적인 위험성을 판단하기 위하여 고시로 정하는 시험에서 고시로 정하는 성질과 상태를 나타내는 것을 말한다.
㉯ 과산화수소는 그 농도가 36 중량% 이상인 것에 한하며, 산화성 액체의 성상이 있는 것으로 본다.
㉰ 질산은 그 비중이 1.49 이상인 것에 한하며, 산화성 액체의 성상이 있는 것으로 본다.
참고 wt% : 중량 비율, vol% : 체적 비율

2. 제6류 위험물에 속하지 않는 것은?

① 질산　② 질산구아니딘
③ 삼불화브롬　④ 오불화요오드

해설 제6류 위험물 종류 : 산화성 액체

품명	지정수량
1. 과염소산	300kg
2. 과산화수소	300kg
3. 질산	300kg
4. 행정안전부령으로 정하는 것 : 할로겐간 화합물 → 오불화요오드(IF_5), 오불화비소(BrF_5), 삼불화브롬(BrF_3)	300kg
5. 제1회 내지 제4회의 하나에 해당하는 어느 하나 이상을 함유한 것	300kg

㉮ 과산화수소는 그 농도가 36 중량% 이상인 것에 한하며, 산화성 액체의 성상이 있는 것으로 본다.
㉯ 질산은 그 비중이 1.49 이상인 것에 한하며, 산화성 액체의 성상이 있는 것으로 본다.
참고 질산구아니딘은 제5류 위험물 중 행정안전부령으로 정하는 것에 해당된다.

3. 위험물 안전관리법령상 제6류 위험물에 해당하는 것은?

① H_3PO_4　② IF_5
③ H_2SO_4　④ HCl

해설 ㉮ 제6류 위험물(산화성 액체) 중 그 밖에 행정안전부령으로 정하는 것인 할로겐화합물의 종류 : 오불화요오드(IF_5), 오불화브롬(BrF_5), 삼불화브롬(BrF_3)
㉯ 인산(H_3PO_4), 황산(H_2SO_4), 염산(HCl)은 위험물에 해당되지 않는다.

4. 제6류 위험물의 안전한 저장·취급을 위해 주의할 사항으로 가장 타당한 것은?

① 가연물과 접촉시키지 않는다.
② 0℃ 이하에서 보관한다.
③ 공기와의 접촉을 피한다.
④ 분해방지를 위해 금속분을 첨가하여 저장한다.

해설 제6류 위험물 저장 및 취급 시 주의사항
㉮ 물, 가연물, 유기물 및 산화제와의 접촉을 피한다.
㉯ 저장 용기는 내산성 용기를 사용하며 밀전, 밀봉하여 액체가 누설되지 않도록 한다.
㉰ 증기는 유독하므로 취급 시에는 보호구를 착용한다.

5. 과염소산에 대한 설명으로 틀린 것은?

① 가열하면 쉽게 발화한다.
② 강한 산화력을 갖고 있다.
③ 무색의 액체이다.
④ 물과 접촉하면 발열한다.

정답 1. ① 2. ② 3. ② 4. ① 5. ①

해설 과염소산($HClO_4$)의 특징
㉮ 제6류 위험물(산화성 액체)로 지정수량 300kg이다.
㉯ 무색의 유동하기 쉬운 액체이며, 염소 냄새가 난다.
㉰ 불연성 물질로 가열하면 유독성 가스를 생성한다.
㉱ 염소산 중에서 가장 강한 산이다.
㉲ 산화력이 강하여 종이, 나무부스러기 등과 접촉하면 연소와 동시에 폭발하기 때문에 접촉을 피한다.
㉳ 물과 접촉하면 심하게 반응하며 발열한다.
㉴ 액비중 1.76(증기비중 3.47), 융점 −112℃, 비점 39℃이다.

★
6. 과산화수소의 성질 및 취급 방법에 관한 설명 중 틀린 것은?

① 햇빛에 의해 분해한다.
② 인산, 요산 등의 분해방지 안정제를 넣는다.
③ 저장 용기는 공기가 통하지 않게 마개로 꼭 막아둔다.
④ 에탄올에 녹는다.

해설 과산화수소(H_2O_2)의 성질 및 취급방법
㉮ 제6류 위험물로 지정수량 300kg이다.
㉯ 순수한 것은 점성이 있는 무색의 액체이나 양이 많을 경우에는 청색을 나타낸다.
㉰ 강한 산화성이 있고 물, 알코올, 에테르 등에는 용해하지만 석유, 벤젠에는 녹지 않는다.
㉱ 알칼리 용액에서는 급격히 분해하나 약산성에서는 분해하기 어렵다.
㉲ 분해되기 쉬워 안정제(인산[H_3PO_4], 요산[$C_5H_4N_4O_3$])를 가한다.
㉳ 소독약으로 사용되는 옥시풀은 과산화수소 3%인 용액이다.
㉴ 햇빛에 의해 분해하므로 직사광선을 피하고 냉암소에 저장한다.
㉵ 용기는 밀전하면 안 되고, 구멍이 뚫린 마개를 사용하며, 누설되었을 때는 다량의 물로 씻어낸다.
㉶ 유리 용기는 알칼리성으로 과산화수소의 분해를 촉진하므로 장기 보존하지 않아야 한다.
㉷ 비중(0℃) 1.465, 융점 −0.89℃, 비점 80.2℃이다.
㉸ 농도에 따라 밀도, 끓는점, 녹는점이 달라진다.

7. 보관 시 인산 등의 분해방지 안정제를 첨가하는 제6류 위험물에 해당하는 것은?

① 황산 ② 과산화수소
③ 질산 ④ 염산

해설 과산화수소(H_2O_2)는 분해되기 쉬워 인산(H_3PO_4), 요산($C_5H_4N_4O_3$)과 같은 안정제를 첨가하여 분해를 방지한다.

8. 제6류 위험물인 과산화수소의 농도에 따른 물리적 성질에 대한 설명으로 옳은 것은?

① 농도와 무관하게 밀도, 끓는점, 녹는점이 일정하다.
② 농도와 무관하게 밀도는 일정하나, 끓는점과 녹는점은 농도에 따라 달라진다.
③ 농도와 무관하게 끓는점, 녹는점은 일정하나, 밀도는 농도에 따라 달라진다.
④ 농도에 따라 밀도, 끓는점, 녹는점이 달라진다.

해설 ㉮ 제6류 위험물인 과산화수소(H_2O_2)는 농도에 따라 밀도, 끓는점, 녹는점이 달라진다. 순수한 과산화수소의 끓는점은 150.2℃로 추정되며 이 온도까지 가열하면 열분해가 진행되어 폭발의 가능성이 있다.
㉯ 과산화수소의 물리적 성질

구분	성질		
	순수한 상태	90wt%	70wt%
녹는점	−0.43℃	−11℃	−39℃
끓는점	150.2℃	141℃	125℃
밀도	1.463g/cm^3	1.11(20℃, 30wt%)	

㉰ 비열 : 기체 1.267J/g·K, 액체 2.619J/g·K

정답 6. ③ 7. ② 8. ④

9. 과산화수소의 저장 방법으로 옳은 것은?

① 분해를 막기 위해 히드라진을 넣고 완전히 밀전하여 보관한다.
② 분해를 막기 위해 히드라진을 넣고 가스가 빠지는 구조로 마개를 하여 보관한다.
③ 분해를 막기 위해 요산을 넣고 완전히 밀전하여 보관한다.
④ 분해를 막기 위해 요산을 넣고 가스가 빠지는 구조로 마개를 하여 보관한다.

해설 과산화수소(H_2O_2)의 저장 방법
㉮ 열, 햇빛에 의해서 쉽게 분해하여 산소를 방출하므로 직사광선을 피하고 냉암소에 저장한다.
㉯ 분해를 막기 위해 인산(H_3PO_4), 요산($C_5H_4N_4O_3$)과 같은 안정제를 가한다.
㉰ 용기는 밀전하면 안 되고, 구멍이 뚫린 마개를 사용한다.
㉱ 유리 용기는 알칼리성으로 과산화수소의 분해를 촉진하므로 장기 보존하지 않아야 한다.

★
10. 다음 중 과산화수소의 화재예방 방법으로 틀린 것은?

① 암모니아와의 접촉은 폭발의 위험이 있으므로 피한다.
② 완전히 밀전·밀봉하여 외부 공기와 차단한다.
③ 용기는 착색하여 직사광선이 닿지 않게 한다.
④ 분해를 막기 위해 분해방지 안정제를 사용한다.

해설 과산화수소(H_2O_2)의 화재예방 방법
㉮ 불투명 용기를 사용하여 직사광선이 닿지 않게 냉암소에 저장한다.
㉯ 용기는 밀전하면 안 되고, 구멍이 뚫린 마개를 사용하며, 누설되었을 때는 다량의 물로 씻어낸다.
㉰ 유리 용기는 알칼리성으로 과산화수소의 분해를 촉진하므로 장기 보존하지 않아야 한다.
㉱ 분해를 방지하기 위하여 인산(H_3PO_4), 요산($C_5H_4N_4O_3$)을 안정제로 사용한다.
㉲ 암모니아와 같은 알칼리 용액에서는 급격히 분해하여 폭발의 위험이 있으므로 접촉을 피한다.

★
11. 과산화수소 용액의 분해를 방지하기 위한 방법으로 가장 거리가 먼 것은?

① 햇빛을 차단한다.
② 암모니아를 가한다.
③ 인산을 가한다.
④ 요산을 가한다.

해설 과산화수소(H_2O_2) 용액의 분해 방지 방법
㉮ 열, 햇빛에 의해서 쉽게 분해하여 산소를 방출하므로 직사광선을 피한다.
㉯ 인산(H_3PO_4), 요산($C_5H_4N_4O_3$)과 같은 안정제를 가한다.
㉰ 알칼리 용액에서는 급격히 분해하므로 접촉을 피한다.

12. 과산화수소 보관 장소에 화재가 발생하였을 때 소화 방법으로 틀린 것은?

① 마른 모래로 소화한다.
② 환원성 물질을 사용하여 중화 소화한다.
③ 연소의 상황에 따라 분무 주수도 효과가 있다.
④ 다량의 물을 사용하여 소화할 수 있다.

해설 제6류 위험물인 과산화수소(H_2O_2)는 산화성 액체로 보관 장소에 화재가 발생하였을 때 환원성 물질을 사용하여 중화하면 위험성이 증가한다.

13. 가열했을 때 분해하여 적갈색의 유독한 가스를 방출하는 것은?

① 과염소산 ② 질산
③ 과산화수소 ④ 적린

해설 질산(HNO_3)
㉮ 제6류 위험물로 지정수량 300kg이다.

정답 9. ④ 10. ② 11. ② 12. ② 13. ②

㉯ 진한 질산을 가열하면 분해하면서 유독성인 이산화질소(NO_2)의 적갈색 증기를 발생한다.
㉰ 반응식 : $4HNO_3 \rightarrow 2H_2O+4NO_2+O_2$

14. 질산에 대한 설명으로 틀린 것은?

① 무색 또는 담황색의 액체이다.
② 유독성이 강한 산화성 물질이다.
③ 위험물 안전관리법령상 비중이 1.49 이상인 것만 위험물로 규정한다.
④ 햇빛이 잘 드는 곳에서 투명한 유리병에 보관하여야 한다.

해설 질산(HNO_3)의 특징
㉮ 제6류 위험물로 지정수량 300kg이다.
㉯ 순수한 질산은 무색의 액체이지만 보관 중 담황색으로 변한다.
㉰ 공기 중에서 물을 흡수하는 성질이 강하고, 직사광선에 의해 이산화질소(NO_2)로 분해된다.
㉱ 물과 임의적인 비율로 혼합하면 발열하며, 진한 질산을 -42℃ 이하로 냉각시키면 응축, 결정된다.
㉲ 은(Ag), 구리(Cu), 수은(Hg) 등은 다른 산과 작용하지 않지만 질산과는 반응을 하여 질산염과 산화질소를 만든다.
㉳ 진한 질산은 부식성이 크고 산화성이 강하며, 피부에 접촉되면 화상을 입는다.
㉴ 진한 질산을 가열하면 분해하면서 유독성인 이산화질소(NO_2)의 적갈색 증기를 발생한다.
㉵ 질산 자체는 연소성, 폭발성은 없지만 환원성이 강한 물질[황화수소(H_2S), 아민 등]과 혼합하면 발화 또는 폭발한다.
㉶ 불연성이지만 다른 물질의 연소를 돕는 조연성 물질이다.
㉷ 직사광선에 의해 분해되므로 갈색병에 넣어 냉암소에 저장한다.

참고 위험물 안전관리법상 질산은 그 비중이 1.49 이상인 것에 한하며, 산화성 액체의 성상이 있는 것으로 본다.

15. 위험물 안전관리법령상 제6류 위험물에 해당하는 물질로서 햇빛에 의해 갈색의 연기를 내며 분해할 위험이 있으므로 갈색병에 보관해야 하는 것은?

① 질산　　② 황산
③ 염산　　④ 과산화수소

해설 질산(HNO_3)의 저장 및 취급법
㉮ 제6류 위험물(산화성액체)로 지정수량 300kg이다.
㉯ 직사광선에 의해 분해되므로 갈색병에 넣어 냉암소에 보관한다.
㉰ 테레핀유, 탄화칼슘, 금속분 및 가연성 물질과는 격리시켜 저장하여야 한다.
㉱ 산화력과 부식성이 강해 피부에 접촉되면 화상을 입는다.
㉲ 질산 자체는 연소성, 폭발성은 없지만 환원성이 강한 물질(황화수소, 아민 등)과 혼합하면 발화 또는 폭발한다.

16. 묽은 질산이 칼슘과 반응하면 발생하는 기체는?

① 산소　　② 질소
③ 수소　　④ 수산화칼슘

해설 묽은 질산(HNO_3)이 칼슘(Ca)과 반응하면 수소(H_2)가 발생한다.
$2HNO_3+Ca \rightarrow Ca(NO_3)_2+H_2\uparrow$

17. 위험물 안전관리법령에 따른 질산에 대한 설명으로 틀린 것은?

① 지정수량은 300kg이다.
② 위험등급은 Ⅰ이다.
③ 농도가 36중량퍼센트 이상인 것에 한하여 위험물로 간주된다.
④ 운반 시 제1류 위험물과 혼재할 수 있다.

해설 질산(HNO_3)의 특징
㉮ 제6류 위험물로 지정수량 300kg, 위험등급 Ⅰ이다.
㉯ 질산은 그 비중이 1.49 이상인 것에 한하며, 산화성 액체의 성상이 있는 것으로 본다.

정답 14. ④ 15. ① 16. ③ 17. ③

㉰ 운반 시 혼재할 수 있는 위험물은 제1류 위험물만 가능하다.
㉱ 저장할 때 가연물과의 접촉·혼합이나 분해를 촉진하는 물품과의 접근 또는 과열을 피하여야 한다.
㉲ 운반용기 외부에는 "가연물접촉주의"라는 주의사항을 표시한다.

참고 ③번 보기는 과산화수소(H_2O_2)에 해당되는 규정이다.

★
18. 과염소산과 과산화수소의 공통된 성질이 아닌 것은?

① 비중이 1보다 크다.
② 물에 녹지 않는다.
③ 산화제이다.
④ 산소를 포함한다.

해설 과염소산과 과산화수소의 비교

구분	과염소산 ($HClO_4$)	과산화수소 (H_2O_2)
유별	제6류 위험물 산화성 액체	제6류 위험물 산화성 액체
지정수량	300kg	300kg
색상	무색의 액체	무색의 액체 (많은 양은 청색)
물의 용해도	물과 심하게 반응, 발열	녹는다.
비점 (끓는점)	39℃	80.2℃
액비중	1.76	1.47

19. 질산과 과염소산의 공통 성질로 옳은 것은?

① 강한 산화력과 환원력이 있다.
② 물과 접촉하면 반응이 없으므로 화재 시 주수소화가 가능하다.
③ 가연성 물질이다.
④ 모두 산소를 함유하고 있다.

해설 제6류 위험물인 질산(HNO_3)과 과염소산($HClO_4$)은 산화성 액체로 산소를 함유하고 있다.

20. 귀금속인 금이나 백금 등을 녹이는 왕수의 제조 비율로 옳은 것은?

① 질산 3부피+염산 1부피
② 질산 3부피+염산 2부피
③ 질산 1부피+염산 3부피
④ 질산 2부피+염산 3부피

해설 왕수 : 진한 염산과 진한 질산을 3 : 1의 체적비로 혼합한 액체로 염산이나 질산으로 녹일 수 없는 금이나 백금을 녹이는 성질을 갖는다.

21. 발연황산이란 무엇인가?

① H_2SO_4의 농도가 98% 이상인 거의 순수한 황산
② 황산과 염산을 1 : 3의 비율로 혼합한 것
③ SO_3를 황산에 흡수시킨 것
④ 일반적인 황산을 총괄

해설 발연황산 : 다량의 삼산화황(SO_3)을 진한황산(H_2SO_4)에 흡수시킨 것이다.

정답 18. ② 19. ④ 20. ③ 21. ③

위험물 안전

2-1 | 위험물의 저장 및 취급 장소

1 위험물을 저장 및 취급하기 위한 장소

(1) 저장소 : 지정수량 이상의 위험물을 저장하기 위한 장소 [시행령 제4조, 별표2]

지정수량 이상의 위험물을 저장하기 위한 장소	저장소의 구분
1. 옥내(지붕과 기둥 또는 벽 등에 의하여 둘러싸인 곳을 말한다. 이하 같다)에 저장(위험물을 저장하는 데 따르는 취급을 포함한다)하는 장소. 다만, 옥내탱크 저장소는 제외한다.	옥내저장소
2. 옥외에 있는 탱크(4항 내지 6항 및 8항에 규정된 탱크를 제외한다)에 위험물을 저장하는 장소	옥외탱크저장소
3. 옥내에 있는 탱크(4항 내지 6항 및 8항에 규정된 탱크를 제외한다)에 위험물을 저장하는 장소	옥내탱크저장소
4. 지하에 매설한 탱크에 위험물을 저장하는 장소	지하탱크저장소
5. 간이탱크에 위험물을 저장하는 장소	간이탱크저장소
6. 차량(피견인자동차에 있어서는 앞 차축을 갖지 아니하는 것으로서 당해 피견인자동차의 일부가 견인자동차에 적재되고 당해 피견인자동차와 그 적재물의 중량의 상당 부분이 견인자동차에 의하여 지탱되는 구조의 것에 한한다)에 고정된 탱크에 위험물을 저장하는 장소	이동탱크저장소
7. 옥외에 다음 하나에 해당하는 위험물을 저장하는 장소. 다만, 2호 '옥외탱크저장소'를 제외한다. ㈎ 제2류 위험물 중 유황 또는 인화성고체(인화점이 0℃ 이상인 것에 한한다) ㈏ 제4류 위험물중 제1석유류(인화점이 0℃ 이상인 것에 한한다)·알코올류·제2석유류·제3석유류·제4석유류 및 동식물유류 ㈐ 제6류 위험물 ㈑ 제2류 위험물 및 제4류 위험물 중 특별시·광역시 또는 도의 조례에서서 정하는 위험물(관세법 제154조의 규정에 의한 보세구역 안에 저장하는 경우에 한한다) ㈒ '국제해사기구에 관한 협약'에 의하여 설치된 국제해사기구가 채택한 '국제해상위험물규칙(IMDG Code)'에 적합한 용기에 수납된 위험물	옥외저장소
8. 암반 내의 공간을 이용한 탱크에 액체의 위험물을 저장하는 장소	암반탱크저장소

(2) 취급소 : 위험물을 제조 외의 목적으로 취급하기 위한 장소 [시행령 제5조, 별표3]

위험물을 제조외의 목적으로 취급하기 위한 장소	저장소의 구분
1. 고정된 주유설비(항공기에 주유하는 경우에는 차량에 설치된 주유설비를 포함한다)에 의하여 자동차·항공기 또는 선박 등의 연료탱크에 직접 주유하기 위하여 위험물('석유 및 석유대체연료 사업법' 제29조의 규정에 의한 가짜석유제품에 해당하는 물품을 제외한다. 이하 제2호에서 같다)을 취급하는 장소(위험물을 옮겨 담거나 차량에 고정된 5천 L 이하의 탱크에 주입하기 위하여 고정된 급유설비를 병설한 장소를 포함한다)	주유취급소
2. 점포에서 위험물을 용기에 담아 판매하기 위하여 지정수량의 40배 이하의 위험물을 취급하는 장소	판매취급소
3. 배관 및 이에 부속된 설비에 의하여 위험물을 이송하는 장소. 다만, 다음 하나에 해당하는 경우의 장소를 제외한다. ㈎ '송유관 안전관리법'에 의한 송유관에 의하여 위험물을 이송하는 경우 ㈏ 제조소등에 관계된 시설(배관을 제외한다) 및 그 부지가 같은 사업소 안에 있고 당해 사업소 안에서만 위험물을 이송하는 경우 ㈐ 사업소와 사업소의 사이에 도로(폭 2m 이상의 일반교통에 이용되는 도로로서 자동차의 통행이 가능한 것을 말한다)만 있고 사업소와 사업소 사이의 이송배관이 그 도로를 횡단하는 경우 ㈑ 사업소와 사업소 사이의 이송배관이 제3자(당해 사업소와 관련이 있거나 유사한 사업을 하는 자에 한한다)의 토지만을 통과하는 경우로서 당해 배관의 길이가 100m 이하인 경우 ㈒ 하상구조물에 설치된 배관(이송되는 위험물이 별표1의 제4류 위험물 중 제1석유류인 경우에는 배관의 내경이 30cm 미만인 것에 한한다)으로서 당해 해상구조물에 설치된 배관이 길이가 30m 이하인 경우 ㈓ 사업소와 사업소 사이의 이송배관이 ㈐항 내지 ㈒항의 규정에 의한 경우 중 2 이상에 해당하는 경우 ㈔ '농어촌 전기공급사업 촉진법'에 따라 설치된 자가발전시설에 사용되는 위험물을 이송하는 경우	이송취급소
4. 제1호 내지 제3호 외의 장소('석유 및 석유대체연료 사업법' 제29조의 규정에 의한 가짜석유제품에 해당하는 물품을 제외한다)	일반취급소

2 위험물의 저장, 취급기준

(1) 위험물 저장 및 취급

① 지정수량 미만인 위험물의 저장·취급 [법 제4조]

지정수량 미만인 위험물의 저장 또는 취급에 관한 기술상의 기준은 특별시·광역시·특별자치시·도 및 특별자치도(이하 시·도라 한다)의 조례로 정한다.

② 위험물의 저장 및 취급의 제한 [법 제5조]

㈎ 지정수량 이상의 위험물을 저장소가 아닌 장소에서 저장하거나 제조소등이 아닌 장

소에서 취급하여서는 아니 된다.

㈏ ㈎항의 규정에 불구하고 다음 각 호의 어느 하나에 해당하는 경우에는 제조소등이 아닌 장소에서 지정수량 이상의 위험물을 취급할 수 있다. 이 경우 임시로 저장 또는 취급하는 장소에서의 저장 또는 취급의 기준과 임시로 저장 또는 취급하는 장소의 위치·구조 및 설비의 기준은 시·도의 조례로 정한다.

㉮ 시·도의 조례가 정하는 바에 따라 관할소방서장의 승인 받아 지정수량 이상의 위험물을 90일 이내의 기간 동안 임시로 저장 또는 취급하는 경우

㉯ 군부대가 지정수량 이상의 위험물을 군사목적으로 임시로 저장 또는 취급하는 경우

㈐ 제조소등에서의 위험물의 저장 또는 취급에 관하여는 다음 각 호의 중요기준 및 세부기준을 따라야 한다.

㉮ 중요기준 : 화재 등 위해의 예방과 응급조치에 있어서 큰 영향을 미치거나 그 기준을 위반하는 경우 직접적으로 화재를 일으킬 가능성이 큰 기준으로서 행정안전부령이 정하는 기준

㉯ 세부기준 : 화재 등 위해의 예방과 응급조치에 있어서 중요기준보다 상대적으로 적은 영향을 미치거나 그 기준을 위반하는 경우 간접적으로 화재를 일으킬 수 있는 기준 및 위험물의 안전관리에 필요한 표시와 서류·기구 등의 비치에 관한 기준으로서 행정안전부령이 정하는 기준

㈑ ㈎항의 규정에 따른 제조소등의 위치·구조 및 설비의 기술기준은 행정안전부령으로 정한다.

㈒ 둘 이상의 위험물을 같은 장소에서 저장 또는 취급하는 경우에 있어서 당해 장소에서 저장 또는 취급하는 각 위험물의 수량을 그 위험물의 지정수량으로 각각 나누어 얻은 수의 합계가 1 이상인 경우 당해 위험물은 지정수량 이상의 위험물로 본다.

(2) 제조소등에서의 위험물의 저장 및 취급에 관한 기준 [시행규칙 별표18]

① 저장·취급의 공통기준

㈎ 제조소등에서 법 제6조 제1항의 규정에 의한 허가 및 법 제6조 제2항의 규정에 의한 신고와 관련되는 품명 외의 위험물 또는 이러한 허가 및 신고와 관련되는 수량 또는 지정수량의 배수를 초과하는 위험물을 저장 또는 취급하지 아니하여야 한다.

㈏ 위험물을 저장 또는 취급하는 건축물 그 밖의 공작물 또는 설비는 당해 위험물의 성질에 따라 차광 또는 환기를 실시하여야 한다.

㈐ 위험물은 온도계, 습도계, 압력계 그 밖의 계기를 감시하여 당해 위험물의 성질에 맞는 적정한 온도, 습도 또는 압력을 유지하도록 저장 또는 취급하여야 한다.

㈑ 위험물을 저장 또는 취급하는 경우에는 위험물의 변질, 이물의 혼입 등에 의하여 당해 위험물의 위험성이 증대되지 아니하도록 필요한 조치를 강구하여야 한다.

㈒ 위험물이 남아 있거나 남아 있을 우려가 있는 설비, 기계·기구, 용기 등을 수리하는 경우에는 안전한 장소에서 위험물을 완전하게 제거한 후 실시하여야 한다.

㈓ 위험물을 용기에 수납하여 저장 또는 취급할 때에는 그 용기는 당해 위험물의 성질에 적응하고 파손·부식·균열 등이 없는 것으로 하여야 한다.

㈔ 가연성의 액체·증기 또는 가스가 새거나 체류할 우려가 있는 장소 또는 가연성의 미분이 현저하게 부유할 우려가 있는 장소에서는 전선과 전기기구를 완전히 접속하고 불꽃을 발하는 기계·기구·공구·신발 등을 사용하지 아니하여야 한다.

㈕ 위험물을 보호액 중에 보존하는 경우에는 당해 위험물이 보호액으로부터 노출되지 아니하도록 하여야 한다.

② 위험물의 유별 저장·취급의 공통기준

㈎ 제1류 위험물은 가연물과의 접촉·혼합이나 분해를 촉진하는 물품과의 접근 또는 과열·충격·마찰 등을 피하는 한편, 알칼리 금속의 과산화물 및 이를 함유한 것에 있어서는 물과의 접촉을 피하여야 한다.

㈏ 제2류 위험물은 산화제와의 접촉·혼합이나 불티·불꽃·고온체와의 접근 또는 과열을 피하는 한편, 철분·금속분·마그네슘 및 이를 함유한 것에 있어서는 물이나 산과의 접촉을 피하고 인화성 고체에 있어서는 함부로 증기를 발생시키지 아니하여야 한다.

㈐ 제3류 위험물 중 자연발화성 물질에 있어서는 불티·불꽃 또는 고온체와의 접근·과열 또는 공기와의 접촉을 피하고, 금수성 물질에 있어서는 물과의 접촉을 피하여야 한다.

㈑ 제4류 위험물은 불티·불꽃·고온체와의 접근 또는 과열을 피하고, 함부로 증기를 발생시키지 아니하여야 한다.

㈒ 제5류 위험물은 불티·불꽃·고온체와의 접근이나 과열·충격 또는 마찰을 피하여야 한다.

㈓ 제6류 위험물은 가연물과의 접촉·혼합이나 분해를 촉진하는 물품과의 접근 또는 과열을 피하여야 한다.

㈔ ㈎내지 ㈓의 기준은 위험물을 저장 또는 취급함에 있어서 당해 각 호의 기준에 의하지 아니하는 것이 통상인 경우는 당해 각호를 적용하지 아니한다. 이 경우 당해 저장 또는 취급에 대하여는 재해의 발생을 방지하기 위한 충분한 조치를 강구하여야 한다.

③ 유별을 달리하는 위험물의 동일한 저장소에 저장 기준

㈎ 유별을 달리하는 위험물은 동일한 저장소(내화구조의 격벽으로 완전히 구획된 실이 2 이상 있는 저장소에 있어서는 동일한 실)에 저장하지 아니하여야 한다.

㈏ 동일한 저장소에 저장할 수 있는 경우 : 옥내저장소 또는 옥외저장소에 다음 규정에 의하여 저장하는 경우로서 위험물을 유별로 정리하여 저장하고, 서로 1m 이상의 간격을 두는 경우

㉮ 제1류 위험물(알칼리 금속의 과산화물 또는 이를 함유한 것 제외)과 제5류 위험물

㉯ 제1류 위험물과 제6류 위험물

㉰ 제1류 위험물과 제3류 위험물 중 자연발화성 물질(황린 또는 이를 함유한 것에 한한다)

㉱ 제2류 위험물 중 인화성 고체와 제4류 위험물

㉲ 제3류 위험물 중 알킬알루미늄등과 제4류 위험물(알킬알루미늄 또는 알킬리튬을 함유한 것에 한한다)

㉳ 제4류 위험물 중 유기과산화물 또는 이를 함유한 것과 제5류 위험물 중 유기과산화물 또는 이를 함유한 것

④ 동일한 장소에 저장하지 아니하여야 할 위험물 : 제3류 위험물 중 황린 그 밖에 물속에 저장하는 물품과 금수성 물질

⑤ 옥내저장소 저장 기준

㈎ 옥내저장소에 있어서 위험물은 용기에 수납하여 저장하여야 한다. 다만, 덩어리상태의 유황과 화약류에 해당하는 위험물에 있어서는 그러하지 아니하다.

㈏ 옥내저장소에서 동일 품명의 위험물이더라도 자연발화의 우려가 있는 위험물 또는 재해가 현저하게 증대할 우려가 있는 위험물을 다량 저장하는 경우에는 지정수량의 10배 이하마다 구분하여 상호 간 0.3m 이상의 간격을 두어 저장하여야 한다.

㈐ 옥내저장소에서 위험물을 저장하는 경우에는 다음 규정에 의한 높이를 초과하여 용기를 겹쳐 쌓지 아니하여야 한다.

㉮ 기계에 의하여 하역하는 구조로 된 용기만을 겹쳐 쌓는 경우에는 6m

㉯ 제4류 위험물 중 제3석유류, 제4석유류 및 동식물유류를 수납하는 용기만을 겹쳐 쌓는 경우에는 4m

㉰ 그 밖의 경우에는 3m

㈑ 옥내저장소에는 용기에 수납하여 저장하는 위험물의 온도가 55℃를 넘지 않도록 한다.

(3) 취급의 기준

① 위험물의 취급 중 제조에 관한 기준

㈎ 증류공정에 있어서는 위험물을 취급하는 설비의 내부압력의 변동 등에 의하여 액체 또는 증기가 새지 아니하도록 할 것

㈏ 추출공정에 있어서는 추출관의 내부압력이 비정상으로 상승하지 아니하도록 할 것

㈐ 건조공정에 있어서는 위험물의 온도가 국부적으로 상승하지 아니하는 방법으로 가열 또는 건조할 것

㈑ 분쇄공정에 있어서는 위험물의 분말이 현저하게 부유하고 있거나 위험물의 분말이 현저하게 기계·기구 등에 부착하고 있는 상태로 그 기계·기구를 취급하지 아니할 것

② 위험물의 취급 중 용기에 옮겨 담는데 대한 기준 : 위험물을 용기에 옮겨 담는 경우에는 '위험물의 용기 및 수납 기준'에 정하는 바에 따라 수납할 것

③ 위험물의 취급 중 소비에 관한 기준

㈎ 분사도장작업은 방화상 유효한 격벽 등으로 구획된 안전한 장소에서 실시할 것

㈏ 담금질 또는 열처리 작업은 위험물이 위험한 온도에 이르지 아니하도록 하여 실시할 것

㈐ 버너를 사용하는 경우에는 버너의 역화를 방지하고 위험물이 넘치지 아니하도록 할 것

3 위험물의 운반 기준 [시행규칙 별표 19]

(1) 운반 용기

① 운반 용기의 재질은 강판·알루미늄판·양철판·유리·금속판·종이·플라스틱·섬유판·고무류·합성섬유·삼·짚 또는 나무로 한다.

② 운반 용기는 견고하여 쉽게 파손될 우려가 없고, 그 입구로부터 수납된 위험물이 샐 우려가 없도록 하여야 한다.

(2) 적재 방법

① 운반 용기에 의한 수납 적재 기준

㈎ 위험물이 온도 변화 등에 의하여 누설되지 아니하도록 운반 용기를 밀봉하여 수납할 것. 다만, 온도 변화 등에 의한 위험물로부터의 가스의 발생으로 운반 용기 안의 압력이 상승할 우려가 있는 경우(발생한 가스가 독성 또는 인화성을 갖는 등 위험성이 있는 경우를 제외한다)에는 가스의 배출구(위험물의 누설 및 다른 물질의 침투를 방지하는 구조로 된 것에 한한다)를 설치한 운반 용기에 수납할 수 있다.

㈏ 수납하는 위험물과 위험한 반응을 일으키지 아니하는 등 당해 위험물의 성질에 적합한 재질의 운반 용기에 수납할 수 있다.

㈐ 고체 위험물은 운반 용기 내용적의 95% 이하의 수납률로 수납할 것

㈑ 액체 위험물은 운반 용기 내용적의 98% 이하의 수납률로 수납하되, 55℃의 온도에서 누설되지 아니하도록 충분한 공간용적을 유지하도록 할 것

㈒ 하나의 외장용기에는 다른 종류의 위험물을 수납하지 아니할 것

㈓ 제3류 위험물은 다음의 기준에 따라 운반 용기에 수납할 것

㉮ 자연발화성 물질에 있어서는 불활성 기체를 봉입하여 밀봉하는 등 공기와 접하지 아니하도록 할 것

㉯ 자연발화성 물질외의 물품에 있어서는 파라핀·경유·등유 등의 보호액으로 채워 밀봉하거나 불활성 기체를 봉입하여 밀봉하는 등 수분과 접하지 아니하도록 할 것

㉰ 자연발화성 물질 중 알킬알루미늄 등은 운반 용기의 내용적의 90% 이하의 수납률로 수납하되, 50℃의 온도에서 5% 이상의 공간용적을 유지하도록 할 것

참고 운반 용기에 의한 수납 적재에서 제외되는 경우

① 덩어리 상태의 유황을 운반하기 위하여 적재하는 경우
② 위험물을 동일구 내에 있는 제조소등의 상호 간에 운반하기 위하여 적재하는 경우

㈔ 위험물은 당해 위험물이 전락(轉落)하거나 위험물을 수납한 운반 용기가 전도·낙하 또는 파손되지 아니하도록 적재하여야 한다.

㈕ 운반 용기는 수납구를 위로 향하게 하여 적재하여야 한다.

㈖ 위험물을 수납한 운반 용기를 겹쳐 쌓는 경우에는 그 높이를 3m 이하로 하고, 용기의 상부에 걸리는 하중은 당해 용기 위에 당해 용기와 동종의 용기를 겹쳐 쌓아 3m의 높이로 하였을 때에 걸리는 하중 이하로 하여야 한다.

② 적재하는 위험물의 성질에 따른 조치

㈎ 제1류 위험물, 제3류 위험물 중 자연발화성 물질, 제4류 위험물 중 특수인화물, 제5류 위험물 또는 제6류 위험물은 차광성이 있는 피복으로 가릴 것

㈏ 제1류 위험물 중 알칼리 금속의 과산화물 또는 이를 함유한 것, 제2류 위험물 중 철분·금속분·마그네슘 또는 이들 중 어느 하나 이상을 함유한 것 또는 제3류 위험물 중 금수성 물질은 방수성이 있는 피복으로 덮을 것

㈐ 제5류 위험물 중 55℃ 이하의 온도에서 분해될 우려가 있는 것은 보냉 컨테이너에 수납하는 등 적정한 온도 관리를 할 것

㈑ 액체 위험물 또는 위험등급 Ⅱ의 고체 위험물을 기계에 의하여 하역하는 구조로 된

운반 용기에 수납하여 적재하는 경우에는 당해 용기에 대한 충격 등을 방지하기 위한 조치를 강구할 것, 다만, 위험등급 Ⅱ의 고체 위험물을 플렉시블(flexible)의 운반 용기, 파이버판제의 운반 용기 및 목제의 운반 용기 외의 운반 용기에 수납하여 적재하는 경우에는 그러하지 아니하다.

③ 혼재 금지 : 위험물은 다음에 규정한 종류를 달리하는 그 밖의 위험물 또는 재해를 발생시킬 우려가 있는 물품과 함께 적재하지 아니하여야 한다.

㈎ 혼재가 금지되고 있는 위험물

㈏ 고압가스 안전관리법에 의한 고압가스(소방청장이 정하여 고시하는 것을 제외한다)

㉮ 위험물과 혼재가 가능한 고압가스 [세부기준 제149조]

㉠ 내용적이 120L 미만의 용기에 충전한 불활성가스

㉡ 내용적이 120L 미만의 용기에 충전한 액화석유가스 또는 압축천연가스(제4류 위험물과 혼재하는 경우에 한한다)

④ 유별을 달리하는 위험물의 혼재 기준 [시행규칙 별표19 부표2]

위험물의 구분	제1류	제2류	제3류	제4류	제5류	제6류
제1류		×	×	×	×	○
제2류	×		×	○	○	×
제3류	×	×		○	×	×
제4류	×	○	○		○	×
제5류	×	○	×	○		×
제6류	○	×	×	×	×	

[비고] 1. "×" 표시는 혼재할 수 없음을 표시한다.
2. "○" 표시는 혼재할 수 있음을 표시한다.
3. 이 표는 지정수량의 $\frac{1}{10}$ 이하의 위험물에 대하여는 적용하지 아니한다.

(3) 운반용기의 외부 표시사항 [시행규칙 별표19]

① 공통 표시사항

㈎ 위험물의 품명·위험등급·화학명 및 수용성("수용성" 표시는 제4류 위험물로서 수용성인 것에 한한다)

㈏ 위험물의 수량

② 수납하는 위험물에 따른 주의사항

㈎ 제1류 위험물

㉮ 알칼리 금속의 과산화물 또는 이를 함유한 것 : "화기·충격주의", "물기엄금" 및 "가연물접촉주의"

㉯ 그 밖의 것 : "화기·충격주의" 및 "가연물접촉주의"

(나) 제2류 위험물

㉮ 철분·금속분·마그네슘 또는 이들 중 어느 하나 이상을 함유한 것 : "화기주의" 및 "물기엄금"

㉯ 인화성 고체 : "화기엄금"

㉰ 그 밖의 것 : "화기주의"

(다) 제3류 위험물

㉮ 자연발화성 물질 : "화기엄금" 및 "공기접촉엄금"

㉯ 금수성 물질 : "물기엄금"

(라) 제4류 위험물 : "화기엄금"

(마) 제5류 위험물 : "화기엄금" 및 "충격주의"

(바) 제6류 위험물 : "가연물접촉주의"

(4) 위험물의 위험등급 [시행규칙 별표19]

① 위험등급 Ⅰ의 위험물

(가) 제1류 위험물 중 아염소산염류, 염소산염류, 과염소산염류, 무기과산화물 그 밖에 지정수량이 50kg인 위험물

(나) 제3류 위험물 중 칼륨, 나트륨, 알킬알루미늄, 알킬리튬, 황린 그 밖에 지정수량이 10kg 또는 20kg인 위험물

(다) 제4류 위험물 중 특수인화물

(라) 제5류 위험물 중 유기과산화물, 질산에스테르류 그 밖에 지정수량이 10kg인 위험물

(마) 제6류 위험물

② 위험등급 Ⅱ의 위험물

(가) 제1류 위험물 중 브롬산염류, 질산염류, 요오드산염류 그 밖에 지정수량이 300kg인 위험물

(나) 제2류 위험물 중 황화인, 적린, 유황 그 밖에 지정수량이 100kg인 위험물

(다) 제3류 위험물 중 알칼리 금속(칼륨 및 나트륨을 제외한다) 및 알칼리 토금속, 유기금속화합물(알킬알루미늄 및 알킬리튬을 제외한다) 그 밖에 지정수량이 50kg인 위험물

(라) 제4류 위험물 중 제1석유류 및 알코올류

(마) 제5류 위험물 중 위험등급 Ⅰ 외의 것

③ 위험등급 Ⅲ의 위험물

① 및 ②에 정하지 아니한 위험물

(5) 운반용기의 최대용적 또는 중량 [시행규칙 별표19 부표1]

① 고체 위험물

운반 용기				수납 위험물의 종류									
내장 용기		외장 용기		제1류			제2류		제3류			제5류	
용기의 종류	최대용적 또는 중량	용기의 종류	최대용적 또는 중량	Ⅰ	Ⅱ	Ⅲ	Ⅱ	Ⅲ	Ⅰ	Ⅱ	Ⅲ	Ⅰ	Ⅱ
유리 용기 또는 플라스틱 용기	10L	나무 상자 또는 플라스틱 상자(필요에 따라 불활성의 완충재를 채울 것)	125kg	○	○	○	○	○	○	○	○	○	○
			225kg		○	○		○		○	○		○
		파이버판 상자(필요에 따라 불활성의 완충재를 채울 것)	40kg	○	○	○	○	○	○	○	○	○	○
			55kg		○	○		○		○	○		○
금속제 용기	30L	나무 상자 또는 플라스틱 상자	125kg	○	○	○	○	○	○	○	○	○	○
			225kg		○	○		○		○	○		○
		파이버판 상자	40kg	○	○	○	○	○	○	○	○	○	○
			55kg		○	○		○		○	○		○
플라스틱 필름포대 또는 종이포대	5kg	나무 상자 또는 플라스틱 상자	50kg	○	○	○	○	○		○	○	○	○
	50kg		50kg	○	○	○	○	○					○
	125kg		125kg		○	○	○	○					
	225kg		225kg			○		○					
	5kg	파이버판 상자	40kg	○	○	○	○	○		○	○	○	○
	40kg		40kg	○	○	○	○	○					○
	55kg		55kg			○		○					
		금속제 용기(드럼 제외)	60L	○	○	○	○	○	○	○	○	○	○
		플라스틱 용기(드럼 제외)	10L		○	○	○	○		○	○		○
			30L			○		○					○
		금속제 드럼	250L	○	○	○	○	○	○	○	○	○	○
		플라스틱 드럼 또는 파이버 드럼(방수성이 있는 것)	60L	○	○	○	○	○	○	○	○	○	○
			250L		○	○		○		○	○		○
		합성수지포대(방수성이 있는 것), 플라스틱필름포대, 섬유포대(방수성이 있는 것) 또는 종이포대(여러 겹으로서 방수성이 있는 것)	50kg		○	○	○	○		○	○		○

[비고] 1. "○" 표시는 수납위험물의 종류별 각 란에 정한 위험물에 대하여 당해 각 란에 정한 운반 용기가 적응성이 있음을 표시한다.

2. 내장 용기는 외장 용기에 수납하여야 하는 용기로서 위험물을 직접 수납하기 위한 것을 말한다.

3. 내장 용기의 용기의 종류란이 공란인 것은 외장 용기에 위험물을 직접 수납하거나 유리 용기, 플라스틱 용기, 금속제 용기, 폴리에틸렌포대 또는 종이포대를 내장 용기로 할 수 있음을 표시한다.

② 액체 위험물

운반 용기				수납 위험물의 종류								
내장 용기		외장 용기		제3류			제4류			제5류		제6류
용기의 종류	최대용적 또는 중량	용기의 종류	최대용적 또는 중량	Ⅰ	Ⅱ	Ⅲ	Ⅰ	Ⅱ	Ⅲ	Ⅰ	Ⅱ	Ⅰ
유리 용기	5L	나무 또는 플라스틱 상자(불활성의 완충재를 채울 것)	75kg	○	○	○	○	○	○	○	○	○
	10L		125kg		○	○		○	○		○	
			225kg						○			
	5L	파이버판 상자(불활성의 완충재를 채울 것)	40kg	○	○	○	○	○	○	○	○	○
	10L		55kg						○			
플라스틱 용기	10L	나무 상자 또는 플라스틱 상자(필요에 따라 불활성의 완충재를 채울 것)	75kg	○	○	○	○	○	○	○	○	○
			125kg		○	○		○	○		○	
			225kg						○			
		파이버판 상자(필요에 따라 불활성의 완충재를 채울 것)	40kg	○	○	○	○	○	○	○	○	○
			55kg						○			
금속제 용기	30L	나무 또는 플라스틱 상자	125kg	○	○	○	○	○	○	○	○	○
			225kg						○			
		파이버판 상자	40kg	○	○	○	○	○	○	○	○	○
			55kg		○	○		○	○		○	
		금속제 용기(금속제 드럼 제외)	60L		○	○		○	○		○	
		플라스틱 용기(플라스틱 드럼 제외)	10L		○	○		○	○		○	
			20L					○	○			
			30L						○		○	
		금속제 드럼(뚜껑고정식)	250L	○	○	○	○	○	○	○	○	○
		금속제 드럼(뚜껑탈착식)	250L					○	○			
		플라스틱 또는 파이버 드럼(플라스틱 내 용기부착의 것)	250L		○	○			○		○	

[비고] 1. "○" 표시는 수납위험물의 종류별 각 란에 정한 위험물에 대하여 해당 각 란에 정한 운반 용기가 적응성이 있음을 표시한다.
2. 내장 용기는 외장 용기에 수납하여야 하는 용기로서 위험물을 직접 수납하기 위한 것을 말한다.
3. 내장 용기의 용기의 종류란이 공란인 것은 외장 용기에 위험물을 직접 수납하거나 유리 용기, 플라스틱 용기 또는 금속제 용기를 내장 용기로 할 수 있음을 표시한다.

(6) 운반 방법

① 위험물 또는 위험물을 수납한 운반용기가 현저하게 마찰 또는 동요를 일으키지 아니하도록 운반하여야 한다.

② 지정수량 이상의 위험물을 차량으로 운반하는 경우에는 해당 차량에 국민안전처장관이 정하여 고시하는 바에 따라 운반하는 위험물의 위험성을 알리는 표지를 설치하여야 한다.

③ 지정수량 이상의 위험물을 차량으로 운반하는 경우에 있어서 다른 차량에 바꾸어 싣거나 휴식·고장 등으로 차량을 일시 정차시킬 때에는 안전한 장소를 택하고 운반하는 위험물의 안전확보에 주의하여야 한다.

④ 지정수량 이상의 위험물을 차량으로 운반하는 경우에는 당해 위험물에 적응성이 있는 소형수동식 소화기를 당해 위험물의 소요단위에 상응하는 능력단위 이상 갖추어야 한다.

⑤ 위험물의 운반도중 위험물이 현저하게 새는 등 재난발생의 우려가 있는 경우에는 응급조치를 강구하는 동시에 가까운 소방관서 그 밖의 관계기관에 통보하여야 한다.

⑥ ①호 내지 ⑤호의 적용에 있어서 품명 또는 지정수량을 달리하는 2 이상의 위험물을 운반하는 경우에 있어서 운반하는 각각의 위험물의 수량을 당해 위험물의 지정수량으로 나누어 얻은 수의 합이 1 이상인 때에는 지정수량 이상의 위험물을 운반하는 것으로 본다.

4 위험물의 운송 기준

(1) 위험물의 운송 [법 제21조]

① 위험물 운송자 : 이동탱크저장소에 의하여 위험물을 운송하는 자(운송책임자 및 이동탱크 저장소 운전자를 말하며, 이하 "위험물 운송자"라 한다)는 당해 위험물을 취급할 수 있는 국가기술자격자 또는 규정에 따른 안전교육을 받은 자이어야 한다.

② 위험물의 운송 : 대통령령이 정하는 위험물의 운송에 있어서는 운송책임자(위험물 운송의 감독 또는 지원을 하는 자를 말한다. 이하 같다)의 감독 또는 지원을 받아 이를 운송하여야 한다. 운송책임자의 범위, 감독 또는 지원의 방법 등에 관한 구체적인 기준은 행정안전부령으로 정한다.

㈎ 운송책임자의 감독 또는 지원을 받는 위험물 종류 : 대통령령이 정하는 위험물 [시행령 제19조]

㉮ 알킬알루미늄
㉯ 알킬리튬
㉰ 알킬알루미늄 또는 알킬리튬을 함유하는 위험물

(나) 위험물 운송자 준수 사항 : 이동탱크저장소에 의하여 위험물을 운송하는 때에는 행정안전부령으로 정하는 기준을 준수하는 등 당해 위험물의 안전확보를 위하여 세심한 주의를 기울어야 한다.

(2) 운송책임자의 감독 또는 지원 방법 [시행규칙 별표21]

① 운송책임자가 이동탱크저장소에 동승하여 운송 중인 위험물의 안전확보에 관하여 운전자에게 필요한 감독 또는 지원을 하는 방법. 다만, 운전자가 운송책임자의 자격이 있는 경우에는 운송책임자의 자격이 없는 자가 동승할 수 있다.

② 운송의 감독 또는 지원을 위하여 마련한 별도의 사무실에 운송책임자가 대기하면서 다음의 사항을 이행하는 방법

(가) 운송경로를 미리 파악하고 관할소방서 또는 관련업체(비상대응에 관한 협력을 얻을 수 있는 업체를 말한다)에 대한 연락체계를 갖추는 것

(나) 이동탱크저장소의 운전자에 대하여 수시로 안전확보 상황을 확인하는 것

(다) 비상시의 응급처치에 관하여 조언하는 것

(라) 그 밖에 위험물의 운송 중 안전확보에 관하여 필요한 정보를 제공하고 감독 또는 지원하는 것

(3) 이동탱크저장소에 의한 위험물 운송 시 준수사항 [시행규칙 별표21]

① 위험물 운송자는 운송의 개시 전에 이동저장탱크의 배출밸브 등의 밸브와 폐쇄장치, 맨홀 및 주입구의 뚜껑, 소화기 등의 점검을 충분히 실시할 것

② 위험물 운송자는 장거리(고속국도에 있어서는 340km 이상, 그 밖의 도로에 있어서는 200km 이상을 말한다)에 걸치는 운송을 하는 때에는 2명 이상의 운전자로 할 것. 다만, 다음의 하나에 해당하는 경우에는 그러하지 아니하다.

(가) 규정에 의하여 운송책임자를 동승시킨 경우

(나) 운송하는 위험물이 제2류 위험물·제3류 위험물(칼슘 또는 알루미늄의 탄화물과 이것만을 함유한 것에 한한다) 또는 제4류 위험물(특수인화물을 제외한다)인 경우

(다) 운송도중에 2시간 이내마다 20분 이상씩 휴식하는 경우

③ 위험물 운송자는 이동탱크저장소를 휴식·고장 등으로 일시 정차시킬 때에는 안전한 장소를 택하고 당해 이동탱크저장소의 안전을 위한 감시를 할 수 있는 위치에 있는 등 운송하는 위험물의 안전확보에 주의할 것

④ 위험물 운송자는 이동저장탱크로부터 위험물이 현저하게 새는 등 재해발생의 우려가 있는 경우에는 재난을 방지하기 위한 응급조치를 강구하는 동시에 소방관서 그 밖의 관계기관에 통보할 것
⑤ 위험물(제4류 위험물에 있어서는 특수인화물 및 제1석유류에 한한다)을 운송하게 하는 자는 위험물 안전카드를 위험물 운송자로 하여금 휴대하게 할 것
⑥ 위험물 운송자는 위험물 안전카드를 휴대하고 당해 카드에 기재된 내용에 따를 것. 다만, 재난 그 밖의 불가피한 이유가 있는 경우에는 당해 기재된 내용에 따르기 아니할 수 있다.

예상 문제

★

1. 옥외저장소에서 저장할 수 없는 위험물은? (단, 시·도 조례에서 정하는 위험물 또는 국제해상위험물규칙에 적합한 용기에 수납된 위험물은 제외한다.)

① 과산화수소 ② 아세톤
③ 에탄올 ④ 유황

해설 ㉮ 옥외저장소에 지정수량 이상의 위험물을 저장할 수 있는 위험물 [시행령 별표2]
㉠ 제2류 위험물 중 유황 또는 인화성고체(인화점이 0℃ 이상인 것에 한한다)
㉡ 제4류 위험물중 제1석유류(인화점이 0℃ 이상인 것에 한한다)·알코올류·제2석유류·제3석유류·제4석유류 및 동식물유류
㉢ 제6류 위험물
㉣ 제2류 위험물 및 제4류 위험물 중 특별시·광역시 또는 도의 조례에서 정하는 위험물(관세법 제154조의 규정에 의한 보세구역 안에 저장하는 경우에 한한다)
㉤ '국제해사기구에 관한 협약'에 의하여 설치된 국제해사기구가 채택한 '국제해상위험물규칙(IMDG Code)'에 적합한 용기에 수납된 위험물
㉯ 예제에 주어진 위험물의 구분
㉠ 과산화수소(H_2O_2) : 제6류 위험물
㉡ 아세톤(CH_3COCH_3) : 제4류 위험물 중 제1석유류
㉢ 에탄올(C_2H_5OH) : 제4류 위험물 중 알코올류
㉣ 유황(S) : 제2류 위험물

참고 아세톤은 제4류 위험물 중 제1석유류로 인화점이 -18℃이기 때문에 옥외저장소에서 저장, 취급할 수 없다.

2. 위험물 안전관리법령상 취급소에 해당하지 않는 것은?

① 주유 취급소 ② 옥내 취급소
③ 이송 취급소 ④ 판매 취급소

해설 취급소 [시행령 제5조, 별표3]
㉮ 취급소 : 위험물을 제조 외의 목적으로 취급하기 위한 장소
㉯ 종류 : 주유 취급소, 판매 취급소, 이송 취급소, 일반 취급소

3. 위험물 안전관리법령에서는 위험물을 제조 외의 목적으로 취급하기 위한 장소와 그에 따른 취급소의 구분을 4가지로 정하고 있다. 다음 중 법령에서 정한 취급소의 구분에 해당되지 않는 것은?

① 주유 취급소 ② 특수 취급소
③ 일반 취급소 ④ 이송 취급소

★★

4. 다음의 위험물을 저장할 때 저장 또는 취급에 관한 기술상의 기준을 시·도의 조례에 의해 규제를 받는 경우는?

① 등유 2000L를 저장하는 경우
② 중유 3000L를 저장하는 경우
③ 윤활유 5000L를 저장하는 경우
④ 휘발유 400L를 저장하는 경우

해설 ㉮ 지정수량 미만의 위험물 저장·취급 [법 제4조] : 지정수량 미만인 위험물의 저장 또는 취급에 관한 기술상의 기준은 특별시·광역시·특별자치시·도 및 특별자치도(이하 "시·도"라 한다)의 조례로 정한다.
㉯ 각 위험물(제4류 위험물)의 지정수량

품명	유별	지정수량
등유	제2석유류, 비수용성	1000L
중유	제3석유류, 비수용성	2000L
윤활유	제4석유류	6000L
휘발유	제1석유류, 비수용성	200L

정답 1. ② 2. ② 3. ② 4. ③

∴ 지정수량 미만을 저장하여 시·도의 조례에 의해 규제를 받는 경우는 윤활유 5000L를 저장하는 경우이다.

★
5. 위험물 안전관리법령상 시·도의 조례가 정하는 바에 따라 관할 소방서장의 승인을 받아 지정수량 이상의 위험물을 임시로 제조소등이 아닌 장소에서 취급할 때 며칠 이내의 기간 동안 취급할 수 있는가?

① 7 ② 30
③ 90 ④ 180

해설 위험물의 저장 및 취급의 제한 [법 제5조]
㉮ 지정수량의 이상의 위험물을 저장소가 아닌 장소에서 저장하거나 제조소등이 아닌 장소에서 취급하여서는 아니 된다.
㉯ 제조소등이 아닌 장소에서 지정수량 이상의 위험물을 취급할 수 있는 경우
㉠ 시·도의 조례가 정하는 바에 따라 관할소방서장의 승인을 받아 지정수량 이상의 위험물을 90일 이내의 기간 동안 임시로 저장 또는 취급하는 경우
㉡ 군부대가 지정수량 이상의 위험물을 군사 목적으로 임시로 저장 또는 취급하는 경우

6. 위험물 안전관리법령에 대한 설명 중 옳지 않은 것은?

① 군부대가 지정수량 이상의 위험물을 군사 목적으로 임시로 저장 또는 취급하는 경우는 제조소등이 아닌 장소에서 지정수량 이상의 위험물을 취급할 수 있다.
② 철도 및 궤도에 의한 위험물의 저장, 취급 및 운반에 있어서는 위험물 안전관리법령을 적용하지 아니한다.
③ 지정수량 미만인 위험물의 저장 또는 취급에 관한 기술상의 기준은 국가화재 안전기준으로 정한다.
④ 업무상 과실로 제조소 등에서 위험물을 유출, 방출 또는 확산시켜 사람의 생명, 신체 또는 재산에 대하여 위험을 발생시킨 자는 7년 이하의 금고 또는 2천만원 이하의 벌금에 처한다.

해설 지정수량 미만인 위험물의 저장·취급 [법 제4조] : 지정수량 미만인 위험물의 저장 또는 취급에 관한 기술상의 기준은 특별시·광역시·특별자치시·도 및 특별자치도(이하 시·도라 한다)의 조례로 정한다.

★
7. 다음은 위험물 안전관리법령에서 정한 제조소등에서의 위험물의 저장 및 취급에 관한 기준 중 위험물의 유별 저장·취급 공통기준의 일부이다. ( ) 안에 알맞은 위험물 유별은?

> ( ) 위험물은 가연물과의 접촉·혼합이나 분해를 촉진하는 물품과의 접근 또는 과열을 피해야 한다.

① 제2류 ② 제3류
③ 제5류 ④ 제6류

해설 위험물 유별 저장·취급의 공통기준 [시행규칙 별표18]
㉮ 제1류 위험물 : 가연물과의 접촉·혼합, 분해를 촉진하는 물품과의 접근 또는 과열·충격·마찰 등을 피한다. 알칼리 금속의 과산화물은 물과의 접촉을 피한다.
㉯ 제2류 위험물 : 산화제와의 접촉·혼합, 불티·불꽃·고온체와의 접근 또는 과열을 피한다. 철분·금속분·마그네슘은 물이나 산과의 접촉을 피하고, 인화성고체는 증기를 발생시키지 않는다.
㉰ 제3류 위험물 : 자연발화성 물질은 불티·불꽃·고온체와의 접근·과열 또는 공기와 접촉을 피한다. 금수성 물질은 물과의 접촉을 피한다.
㉱ 제4류 위험물 : 불티·불꽃·고온체와의 접근·과열을 피한다. 증기를 발생시키지 않는다.
㉲ 제5류 위험물 : 불티·불꽃·고온체와의 접근이나 과열·충격·마찰을 피한다.

정답 5. ③ 6. ③ 7. ④

㉳ 제6류 위험물 : 가연물과의 접촉·혼합이나 분해를 촉진하는 물품과의 접근 또는 과열을 피한다.

8. 위험물의 저장 및 취급에 대한 설명으로 틀린 것은?

① H_2O_2 : 직사광선을 차단하고 찬 곳에 저장한다.
② MgO_2 : 습기의 존재하에서 산소를 발생하므로 특히 방습에 주의한다.
③ $NaNO_3$: 조해성이 크고 흡습성이 강하므로 습도에 주의한다.
④ K_2O_2 : 물속에 저장한다.

해설 과산화칼륨(K_2O_2) : 제1류 위험물 중 무기과산화물에 해당되며, 물과 접촉하면 산소를 발생하므로 물속에 저장하는 것은 부적합하다.

★★
9. 질산나트륨을 저장하고 있는 옥내저장소(내화구조의 격벽으로 완전히 구획된 실이 2 이상 있는 경우에는 동일한 실)에 함께 저장하는 것이 법적으로 허용되는 것은? (단, 위험물을 유별로 정리하여 서로 1m 이상의 간격을 두는 경우이다.)

① 적린　　② 인화성 고체
③ 동식물유류　　④ 과염소산

해설 유별을 달리하는 위험물을 동일한 저장소에 저장할 수 있는 경우 [시행규칙 별표18]
㉮ 제1류 위험물(알칼리 금속의 과산화물 또는 이를 함유한 것 제외)과 제5류 위험물
㉯ 제1류 위험물과 제6류 위험물
㉰ 제1류 위험물과 제3류 위험물 중 자연발화성물질(황린 또는 이를 함유한 것에 한한다)
㉱ 제2류 위험물 중 인화성고체와 제4류 위험물
㉲ 제3류 위험물 중 알킬알루미늄등과 제4류 위험물(알킬알루미늄 또는 알킬리튬을 함유한 것에 한한다)
㉳ 제4류 위험물 중 유기과산화물 또는 이를 함유한 것과 제5류 위험물 중 유기과산화물 또는 이를 함유한 것

참고 질산나트륨($NaNO_3$)은 제1류 위험물 중 질산염류에 해당되고, 과염소산($HClO_4$)은 제6류 위험물에 해당되므로 ㉯항의 규정에 의하여 옥내저장소에 함께 저장하는 것이 법적으로 허용된다.

10. 다음은 위험물 안전관리법령상 제조소등에서의 위험물의 저장 및 취급에 관한 기준 중 저장 기준의 일부이다. ( ) 안에 알맞은 것은?

> 옥내저장소에 있어서 위험물은 규정에 의한 바에 따라 용기에 수납하여 저장하여야 한다. 다만, ( )과 별도의 규정에 의한 위험물에 있어서는 그러하지 아니하다.

① 동식물유류
② 덩어리 상태의 유황
③ 고체 상태의 알코올
④ 고화된 제4석유류

해설 위험물 저장의 기준 [시행규칙 별표18] : 옥내저장소에 있어서 위험물은 '위험물의 용기 및 수납'의 규정에 의한 바에 따라 용기에 수납하여 저장하여야 한다. 다만, 덩어리상태의 유황과 시행규칙 제48조의 규정에 의한 위험물에 있어서는 그러하지 아니하다.

★
11. 위험물 저장기준으로 틀린 것은?

① 이동탱크저장소에는 설치허가증을 비치하여야 한다.
② 지하저장탱크의 주된 밸브는 위험물을 넣거나 빼낼 때 외에는 폐쇄하여야 한다.
③ 아세트알데히드를 저장하는 이동저장탱크에는 탱크 안에 불활성 가스를 봉입하여야 한다.
④ 옥외저장탱크 주위에 설치된 방유제의 내부에 물이나 유류가 괴었을 경우에는 즉시 배출하여야 한다.

정답 8. ④ 9. ④ 10. ② 11. ①

해설 이동탱크저장소에는 당해 이동탱크저장소의 완공검사필증 및 정기점검기록을 비치하여야 한다[시행규칙 별표18].

12. 위험물 안전관리법령상 다음 [보기]의 ( ) 안에 알맞은 수치는?

보기
이동저장탱크로부터 위험물을 저장 또는 취급하는 탱크에 인화점이 ( )℃ 미만인 위험물을 주입할 때에는 이동탱크저장소의 원동기를 정지시킬 것

① 40 ② 50
③ 60 ④ 70

해설 이동탱크저장소에서의 취급 기준 [시행규칙 별표18]
㉮ 이동저장탱크로부터 위험물을 저장 또는 취급하는 탱크에 액체의 위험물을 주입할 경우에는 그 탱크의 주입구에 이동저장탱크의 주입호스를 견고하게 결합할 것
㉯ 이동저장탱크로부터 액체위험물을 용기에 옮겨 담지 아니할 것
㉰ 이동저장탱크로부터 위험물을 저장 또는 취급하는 탱크에 인화점이 40℃ 미만인 위험물을 주입할 때에는 이동탱크저장소의 원동기를 정지시킬 것
㉱ 이동저장탱크로부터 직접 위험물을 자동차의 연료탱크에 주입하지 말 것

13. 이동저장탱크에 저장할 때 불연성가스를 봉입하여야 하는 위험물은?

① 메틸에틸케톤퍼옥사이드
② 아세트알데히드
③ 아세톤
④ 트리니트로톨루엔

해설 이동저장탱크에 아세트알데히드등을 저장하는 경우에는 항상 불활성의 기체를 봉입하여 둘 것 [시행규칙 별표18]

★★
14. 옥외저장탱크·옥내저장탱크 또는 지하저장탱크 중 압력탱크에 저장하는 아세트알데히드등의 온도는 몇 ℃ 이하로 유지하여야 하는가?

① 30 ② 40
③ 55 ④ 65

해설 알킬알루미늄등, 아세트알데히드등 및 디에틸에테르등의 저장기준 [시행규칙 별표18]
㉮ 옥외저장탱크·옥내저장탱크 또는 지하저장탱크 중 압력탱크 외의 탱크에 저장하는 디에틸에테르등 또는 아세트알데히드등의 온도
㉠ 산화프로필렌과 이를 함유한 것 또는 디에틸에테르등 : 30℃ 이하로 유지
㉡ 아세트알데히드 또는 이를 함유한 것 : 15℃ 이하로 유지
㉯ 옥외저장탱크·옥내저장탱크 또는 지하저장탱크 중 압력탱크에 저장하는 아세트알데히드등 또는 디에틸에테르등의 온도 : 40℃ 이하로 유지
㉰ 보냉장치가 있는 이동저장탱크에 저장하는 아세트알데히드등 또는 디에틸에테르등의 온도 : 당해 위험물의 비점 이하로 유지할 것
㉱ 보냉장치가 없는 이동저장탱크에 저장하는 아세트알데히드등 또는 디에틸에테르등의 온도 : 40℃ 이하로 유지

15. 위험물 안전관리법령상 제조소등에서의 위험물의 저장 및 취급에 관한 기준에 따르면 보냉장치가 있는 이동저장탱크에 저장하는 디에틸에테르의 온도는 얼마 이하로 유지하여야 하는가?

① 비점 ② 인화점
③ 40℃ ④ 30℃

해설 보냉장치가 있는 이동저장탱크에 저장하는 아세트알데히드등 또는 디에틸에테르등의 온도 : 당해 위험물의 비점 이하로 유지할 것

정답 12. ① 13. ② 14. ② 15. ①

16. 보냉장치가 없는 이동저장탱크에 저장하는 아세트알데히드의 온도는 몇 ℃ 이하로 유지하여야 하는가?

① 30 ② 40 ③ 50 ④ 60

해설 보냉장치가 없는 이동저장탱크에 저장하는 아세트알데히드등 또는 디에틸에테르등의 온도 : 40℃ 이하로 유지

17. 위험물 안전관리법령상 은, 수은, 동, 마그네슘 및 이의 합금으로 된 용기를 사용하여서는 안 되는 물질은?

① 이황화탄소 ② 아세트알데히드
③ 아세톤 ④ 디에틸에테르

해설 제4류 위험물 중 특수인화물 일부에 은, 수은, 동, 마그네슘 등 사용 제한
㉮ 아세트알데히드는 은, 수은, 동, 마그네슘 등의 금속이나 합금과 접촉하면 폭발적으로 반응하기 때문에 이들을 수납하기 위한 용기 재료로 사용해서는 안 된다.
㉯ 산화프로필렌은 폭발성 물질인 아세틸라이드를 생성하므로 이들을 수납하기 위한 용기 재료로 사용해서는 안 된다.

★★
18. 옥내저장소에서 위험물 용기에 겹쳐 쌓는 경우에 있어서 제4류 위험물 중 제3석유류만을 수납하는 용기를 겹쳐 쌓을 수 있는 높이는 최대 몇 m 인가?

① 3 ② 4 ③ 5 ④ 6

해설 옥내저장소 저장 기준 [시행규칙 별표18] : 옥내저장소에서 위험물을 저장하는 경우에는 다음 규정에 의한 높이를 초과하여 용기를 겹쳐 쌓지 아니하여야 한다.
㉮ 기계에 의하여 하역하는 구조로 된 용기만을 겹쳐 쌓는 경우에는 6m
㉯ 제4류 위험물 중 제3석유류, 제4석유류 및 동식물유류를 수납하는 용기만을 겹쳐 쌓는 경우에는 4m
㉰ 그 밖의 경우에는 3m

19. 위험물의 취급 중 소비에 관한 기준으로 틀린 것은?

① 열처리 작업은 위험물이 위험한 온도에 이르지 아니하도록 하여 실시하여야 한다.
② 담금질 작업은 위험물이 위험한 온도에 이르지 아니하도록 하여 실시하여야 한다.
③ 분사도장 작업은 방화상 유효한 격벽 등으로 구획한 안전한 장소에서 하여야 한다.
④ 버너를 사용하는 경우에는 버너의 역화를 유지하고 위험물이 넘치지 아니하도록 하여야 한다.

해설 위험물의 취급 중 소비에 관한 기준 [시행규칙 별표18]
㉮ 분사도장작업은 방화상 유효한 격벽 등으로 구획된 안전한 장소에서 실시할 것
㉯ 담금질 또는 열처리작업은 위험물이 위험한 온도에 이르지 아니하도록 하여 실시할 것
㉰ 버너를 사용하는 경우에는 버너의 역화를 방지하고 위험물이 넘치지 아니하도록 할 것

20. 위험물의 운반 용기 재질 중 액체 위험물의 외장 용기로 사용할 수 없는 것은?

① 유리 ② 나무
③ 파이버판 ④ 플라스틱

해설 액체 위험물 운반 용기 [시행규칙 별표19, 부표1]
㉮ 내장 용기 : 유리 용기, 플라스틱 용기, 금속제 용기
㉯ 외장 용기 : 나무 또는 플라스틱 상자, 파이버판 상자, 금속제 용기, 플라스틱 용기, 금속제 드럼, 플라스틱 또는 파이버 드럼

21. 위험물 안전관리법령에서 정한 위험물의 운반에 관한 설명으로 옳은 것은?

① 위험물을 화물차량으로 운반하면 특별히 규제받지 않는다.
② 승용차량으로 위험물을 운반할 경우에만 운반의 규제를 받는다.

정답 16. ② 17. ② 18. ② 19. ④ 20. ① 21. ④

③ 지정수량 이상의 위험물을 운반할 경우에만 운반의 규제를 받는다.
④ 위험물을 운반할 경우 그 양의 다소를 불문하고 운반의 규제를 받는다.

해설 위험물을 운반하는 경우 운반하는 차량 및 그 양의 다소를 불문하고 위험물 안전관리법상의 운반기준 적용을 받는다.

22. **위험물의 적재 방법에 관한 기준으로 틀린 것은?**

① 위험물은 규정에 의한 바에 따라 재해를 발생시킬 우려가 있는 물품과 함께 적재하지 아니하여야 한다.
② 적재하는 위험물의 성질에 따라 일광의 직사 또는 빗물의 침투를 방지하기 위하여 유효하게 피복하는 등 규정에서 정하는 기준에 따른 조치를 하여야 한다.
③ 증기발생·폭발에 대비하여 운반 용기의 수납구를 옆 또는 아래로 향하게 하여야 한다.
④ 위험물을 수납한 운반 용기가 전도·낙하 또는 파손되지 아니하도록 적재하여야 한다.

해설 운반 용기에 의한 수납 적재 기준 [시행규칙 별표19]
㉮ 위험물이 온도변화 등에 의하여 누설되지 아니하도록 운반용기를 밀봉하여 수납할 것
㉯ 수납하는 위험물과 위험한 반응을 일으키지 아니하는 등 당해 위험물의 성질에 적합한 재질의 운반 용기에 수납할 수 있다.
㉰ 고체 위험물은 운반 용기 내용적의 95% 이하의 수납률로 수납할 것
㉱ 액체 위험물은 운반 용기 내용적의 98% 이하의 수납률로 수납하되, 55℃의 온도에서 누설되지 아니하도록 충분한 공간용적을 유지하도록 할 것
㉲ 하나의 외장 용기에는 다른 종류의 위험물을 수납하지 아니할 것
㉳ 위험물은 당해 위험물이 전락(轉落)하거나 위험물을 수납한 운반 용기가 전도·낙하 또는 파손되지 아니하도록 적재하여야 한다.
㉴ 운반 용기는 수납구를 위로 향하게 하여 적재하여야 한다.
㉵ 위험물을 수납한 운반 용기를 겹쳐 쌓는 경우에는 그 높이를 3m 이하로 한다.

23. **위험물 안전관리법령에 근거한 위험물 운반 및 수납 시 주의사항에 대한 설명 중 틀린 것은?**

① 위험물을 수납하는 용기는 위험물이 누출되지 않게 밀봉시켜야 한다.
② 온도변화로 가스발생 우려가 있는 것은 가스 배출구를 설치한 운반 용기에 수납할 수 있다.
③ 액체 위험물은 운반 용기 내용적의 98% 이하의 수납률로 수납하되 55℃의 온도에서 누설되지 아니하도록 충분한 공간 용적을 유지하도록 하여야 한다.
④ 고체 위험물은 운반 용기 내용적의 98% 이하의 수납률로 수납하여야 한다.

해설 고체 위험물은 운반 용기 내용적의 95% 이하의 수납률로 수납하여야 한다.

★★
24. **고체위험물은 운반 용기 내용적의 몇 % 이하의 수납률로 수납하여야 하는가?**

① 94% ② 95% ③ 98% ④ 99%

해설 운반 용기에 의한 수납률
㉮ 고체 위험물 : 운반 용기 내용적의 95% 이하
㉯ 액체 위험물 : 운반 용기 내용적의 98% 이하

25. **A업체에서 제조한 위험물을 B업체로 운반할 때 규정에 의한 운반 용기에 수납하지 않아도 되는 위험물은? (단, 지정수량의 2배 이상인 경우이다.)**

① 덩어리 상태의 유황
② 금속분
③ 삼산화크롬

정답 22. ③ 23. ④ 24. ② 25. ①

④ 염소산나트륨

해설 위험물을 운반할 때 용기에 수납하여 적재하는 규정에서 제외되는 경우 [시행규칙 별표19]

㉮ 덩어리 상태의 유황을 운반하기 위하여 적재하는 경우

㉯ 위험물을 동일구내에 있는 제조소등의 상호간에 운반하기 위하여 적재하는 경우

★

26. 위험물 안전관리법령상 위험물의 운반에 관한 기준에 따라 차광성이 있는 피복으로 가리는 조치를 하여야 하는 위험물에 해당하지 않는 것은?

① 특수인화물 ② 제1석유류
③ 제1류 위험물 ④ 제6류 위험물

해설 적재하는 위험물의 성질에 따른 조치 [시행규칙 별표19]

㉮ 차광성이 있는 피복으로 가려야 하는 위험물 : 제1류 위험물, 제3류 위험물 중 자연발화성 물질, 제4류 위험물 중 특수인화물, 제5류 위험물, 제6류 위험물

㉯ 방수성이 있는 피복으로 덮는 위험물 : 제1류 위험물 중 알칼리 금속의 과산화물, 제2류 위험물 중 철분·금속분·마그네슘, 제3류 위험물 중 금수성 물질

㉰ 보냉 컨테이너에 수납하는 위험물 : 제5류 위험물 중 55℃ 이하에서 분해될 우려가 있는 것

㉱ 액체 위험물, 위험등급 Ⅱ의 위험물을 기계에 의하여 하역하는 구조로 된 운반 용기 : 충격방지조치

참고 제4류 위험물 중에서 차광성이 있는 피복으로 가려야 하는 것에 해당되는 것은 '특수인화물'뿐이다. 그러므로 제1석유류는 가리지 않아도 된다.

★★

27. 위험물 안전관리법령상 운반 시 적재하는 위험물에 차광성이 있는 피복으로 가리지 않아도 되는 것은?

① 제2류 위험물 중 철분
② 제4류 위험물 중 특수인화물
③ 제5류 위험물
④ 제6류 위험물

해설 차광성이 있는 피복으로 가려야 하는 위험물

㉮ 제1류 위험물

㉯ 제3류 위험물 중 자연발화성 물질

㉰ 제4류 위험물 중 특수인화물

㉱ 제5류 위험물

㉲ 제6류 위험물

28. 위험물 안전관리법령상 위험물의 운반에 관한 기준에서 적재하는 위험물의 성질에 따라 직사일광으로부터 보호하기 위하여 차광성이 있는 피복으로 가려야 하는 위험물은?

① S ② Mg ③ C_6H_6 ④ $HClO_4$

해설 ㉮ 차광성이 있는 피복으로 가려야 하는 위험물 [시행규칙 별표19]

㉠ 제1류 위험물

㉡ 제3류 위험물 중 자연발화성 물질

㉢ 제4류 위험물 중 특수인화물

㉣ 제5류 위험물

㉤ 제6류 위험물

㉯ 각 위험물의 유별 구분

품명	유별
유황(S)	제2류 위험물
마그네슘(Mg)	제2류 위험물
벤젠(C_6H_6)	제4류 위험물 제1석유류
과염소산($HClO_4$)	제6류 위험물

★★

29. 운반할 때 빗물의 침투를 방지하기 위하여 방수성이 있는 피복으로 덮어야 하는 위험물은?

① TNT ② 이황화탄소
③ 과염소산 ④ 마그네슘

해설 방수성이 있는 피복으로 덮는 위험물

㉮ 제1류 위험물 중 알칼리 금속의 과산화물

㉯ 제2류 위험물 중 철분·금속분·마그네슘

정답 26. ② 27. ① 28. ④ 29. ④

㉰ 제3류 위험물 중 금수성 물질

30. 위험물을 적재, 운반할 때 방수성 덮개를 하지 않아도 되는 것은?

① 알칼리 금속의 과산화물
② 마그네슘
③ 니트로화합물
④ 탄화칼슘

해설 니트로화합물은 제5류 위험물에 해당되므로 방수성 피복으로 덮는 위험물과 관련 없다.

★★★
31. 제3류 위험물과 혼재할 수 있는 위험물은 제 몇 류 위험물인가? (단, 지정수량의 10배인 경우이다.)

① 제1류 ② 제2류 ③ 제4류 ④ 제5류

해설 ㉮ 위험물 운반할 때 혼재 기준 [시행규칙 별표19, 부표2]

구분	제1류	제2류	제3류	제4류	제5류	제6류
제1류		×	×	×	×	○
제2류	×		×	○	○	×
제3류	×	×		○	×	×
제4류	×	○	○		○	×
제5류	×	○	×	○		×
제6류	○	×	×	×	×	

○ : 혼합 가능, × : 혼합 불가능

㉯ 이 표는 지정수량의 $\frac{1}{10}$ 이하의 위험물에 대하여는 적용하지 않는다.

32. 다음은 위험물 안전관리법령상 위험물의 운반에 관한 기준 중 적재방법에 관한 내용이다. ( ) 안에 알맞은 내용은?

> ( )위험물 중 ( )℃ 이하의 온도에서 분해될 우려가 있는 것은 보냉 컨테이너에 수납하는 등 적정한 온도관리를 할 것

① 제5류, 25 ② 제5류, 55
③ 제6류, 25 ④ 제6류, 55

해설 적재하는 위험물의 성질에 따른 조치 [시행규칙 별표19] : 제5류 위험물 중 55℃ 이하의 온도에서 분해될 우려가 있는 것은 보냉 컨테이너에 수납하는 등 적정한 온도관리를 할 것

33. 위험물의 운반에 관한 기준에서 위험물의 적재 시 혼재가 가능한 위험물은?

① 과염소산칼륨 – 황린
② 질산메틸 – 경유
③ 마그네슘 – 알킬알루미늄
④ 탄화칼슘 – 니트로글리세린

해설 각 위험물의 유별 구분 및 혼재 여부
① 과염소산칼륨(제1류) ↔ 황린(제3류) : ×
② 질산메틸(제5류) ↔ 경유(제4류) : ○
③ 마그네슘(제2류) ↔ 알킬알루미늄(제3류) : ×
④ 탄화칼슘(제3류) ↔ 니트로글리세린(제5류) : ×

34. 위험물 안전관리법령상 지정수량의 각각 10배를 운반할 때 혼재할 수 있는 위험물은?

① 과산화나트륨과 과염소산
② 과망간산칼륨과 적린
③ 질산과 알코올
④ 과산화수소와 아세톤

해설 각 위험물의 유별 구분 및 혼재 여부
① 과산화나트륨(제1류) ↔ 과염소산(제6류) : ○
② 과망간산칼륨(제1류) ↔ 적린(제2류) : ×
③ 질산(제6류) ↔ 알코올(제4류) : ×
④ 과산화수소(제6류) ↔ 아세톤(제4류) : ×

★★★
35. 위험물 안전관리법령상 위험물의 운반 용기 외부에 표시해야 할 사항이 아닌 것은? (단, 용기의 용적은 10L 이며 원칙적인 경우에 한한다.)

① 위험물의 화학명 ② 위험물의 지정수량
③ 위험물의 품명 ④ 위험물의 수량

정답 30. ③ 31. ③ 32. ② 33. ② 34. ① 35. ②

해설 운반 용기 외부 표시사항 [시행규칙 별표19]
㉮ 공통 표시사항
㉠ 위험물의 품명·위험등급·화학명 및 수용성("수용성" 표시는 제4류 위험물로서 수용성인 것에 한한다)
㉡ 위험물의 수량
㉯ 위험물에 따른 주의사항

★★
36. 위험물의 운반 용기 외부에 표시하여야 하는 주의사항을 틀리게 연결한 것은?

① 염소산암모늄 – 화기·충격주의 및 가연물접촉주의
② 철분 – 화기주의 및 물기엄금
③ 아세틸퍼옥사이드 – 화기엄금 및 충격주의
④ 과염소산 – 물기엄금 및 가연물접촉주의

해설 ㉮ 운반용기의 외부 표시사항 [시행규칙 별표19]

유별	구분	표시사항
제1류	알칼리 금속의 과산화물 또는 이를 함유한 것	화기·충격주의, 물기엄금, 가연물 접촉주의
	그 밖의 것	화기·충격주의 및 가연물 접촉주의
제2류	철분, 금속분, 마그네슘 또는 어느 하나 이상을 함유한 것	화기주의, 물기엄금
	인화성 고체	화기엄금
	그 밖의 것	화기주의
제3류	자연발화성 물질	화기엄금 및 공기접촉엄금
	금수성 물질	물기엄금
제4류		화기엄금
제4류		화기엄금
제5류		화기엄금 및 충격주의
제6류		가연물접촉주의

㉯ 각 위험물의 유별
㉠ 염소산암모늄 : 제1류 위험물 중 그 밖의 것
㉡ 철분 : 제2류 위험물
㉢ 아세틸퍼옥사이드 : 제5류 위험물
㉣ 과염소산 : 제6류 위험물

37. 위험물 안전관리법령상 제1류 위험물 중 알칼리 금속의 과산화물의 운반 용기의 외부에 표시하여야 하는 주의사항을 모두 옳게 나타낸 것은?

① "화기엄금", "충격주의" 및 "가연물접촉주의"
② "화기·충격주의", "물기엄금" 및 "가연물접촉주위"
③ "화기주의" 및 "물기엄금"
④ "화기엄금" 및 "충격주의"

해설 제1류 위험물 운반 용기 외부 표시사항 [시행규칙 별표19]

구분	표시사항
알칼리 금속의 과산화물 또는 이를 함유한 것	화기·충격주의, 물기엄금, 가연물 접촉주의
그 밖의 것	화기·충격주의 및 가연물 접촉주의

38. 위험물 안전관리법령상 제4류 위험물의 위험등급에 대한 설명으로 옳은 것은?

① 특수인화물은 위험등급 Ⅰ, 알코올류는 위험등급 Ⅱ이다.
② 특수인화물과 제1석유류는 위험등급 Ⅰ이다.
③ 특수인화물은 위험등급 Ⅰ, 그 이외에는 위험등급 Ⅱ이다.
④ 제2석유류는 위험등급 Ⅱ이다.

해설 제4류 위험물의 위험등급 분류 [시행규칙 별표19]
㉮ 위험등급 Ⅰ : 특수인화물
㉯ 위험등급 Ⅱ : 제1석유류 및 알코올류
㉰ 위험등급 Ⅲ : 위험등급 Ⅰ, Ⅱ 외의 것

정답 36. ④ 37. ② 38. ①

39. 위험물 안전관리법령상 제2류 위험물 중 철분을 수납한 운반 용기 외부에 표시해야 할 내용은?

① 물기주의 및 화기엄금
② 화기주의 및 물기엄금
③ 공기노출엄금
④ 충격주의 및 화기엄금

해설 제2류 위험물 운반용기 외부 표시사항 [시행규칙 별표19]

구분	표시사항
철분, 금속분, 마그네슘 또는 어느 하나 이상을 함유한 것	화기주의, 물기엄금
인화성 고체	화기엄금
그 밖의 것	화기주의

40. 고체 위험물의 운반 시 내장 용기가 금속제인 경우 내장 용기의 최대 용적은 몇 L 인가?

① 10 ② 20 ③ 30 ④ 100

해설 고체 위험물 운반 용기의 최대용적 또는 중량 [시행규칙 별표19 부표1]

내장 용기	
용기의 종류	최대용적 또는 중량
유리용기 또는 플라스틱 용기	10L
금속제 용기	30L
플라스틱 필름포대 또는 종이포대	5kg, 50kg, 125kg, 225kg, 40kg, 55kg

41. 위험물 안전관리법령상 위험등급 I의 위험물이 아닌 것은?

① 염소산염류 ② 황화인
③ 알킬리튬 ④ 과산화수소

해설 위험등급 II의 위험물 [시행규칙 별표19]
㉮ 제2류 위험물 중 황화인, 적린, 유황 그 밖에 지정수량이 100kg인 위험물
㉯ 염소산염류(제1류), 알킬리튬(제3류), 과산화수소(제6류) : 위험등급 I에 해당

42. 위험물 안전관리법령에서 정한 위험물의 운반에 관한 설명으로 옳은 것은?

① 위험물을 화물차량으로 운반하면 특별히 규제받지 않는다.
② 승용차량으로 위험물을 운반할 경우에만 운반의 규제를 받는다.
③ 지정수량의 이상의 위험물을 운반할 경우에만 운반의 규제를 받는다.
④ 위험물을 운반할 경우 그 양의 다소를 불문하고 운반의 규제를 받는다.

해설 위험물을 운반할 경우 운반하는 차량(화물차량, 승용차), 운반하는 양에 관계없이 위험물 안전관리법령의 규제를 받는다.

43. 위험물 안전관리법령상 이동탱크저장소로 위험물을 운송하게 하는 자는 위험물안전카드를 위험물운송자로 하여금 휴대하게 하여야 한다. 다음 중 이에 해당하는 위험물이 아닌 것은?

① 휘발유 ② 과산화수소
③ 경유 ④ 벤조일퍼옥사이드

해설 이동탱크저장소에 의한 위험물 운송 시에 준수하여야 하는 기준 [시행규칙 별표21]
㉮ 위험물(제4류 위험물에 있어서는 특수인화물 및 제1석유류에 한한다)을 운송하게 하는 자는 위험물안전카드를 위험물운송자로 하여금 휴대하게 할 것
㉯ 위험물운송자는 위험물안전카드를 휴대하고 당해 카드에 기재된 내용에 따를 것

참고 경유는 제4류 위험물 중 제2석유류에 해당되므로 위험물안전카드 휴대에서 제외된다.

정답 39. ② 40. ③ 41. ② 42. ④ 43. ③

CHAPTER 03

기술 기준

3-1 | 제조소 및 저장소 기준

1 제조소 기준 [시행규칙 별표4]

(1) 안전거리

제조소(제6류 위험물을 취급하는 제조소를 제외한다)는 건축물의 외벽으로부터 안전거리를 두어야 한다.

해당 대상물	안전거리
7000V 초과 35000V 이하의 특고압가공전선	3m 이상
35000V 초과하는 특고압가공전선	5m 이상
건축물, 주거용 공작물	10m 이상
고압가스, LPG, 도시가스 시설	20m 이상
학교·병원·극장(300명 이상 수용), 다수인 수용시설(20명 이상)	30m 이상
유형문화재, 지정문화재	50m 이상

(2) 보유공지

취급하는 위험물의 최대수량	공지의 너비
지정수량의 10배 이하	3m 이상
지정수량의 10배 초과	5m 이상

① 보유공지 제외 사항 : 제조소와 작업장 사이에 방화상 유효한 격벽을 설치한 때
(가) 방화벽은 내화구조로 할 것. 다만, 제6류 위험물인 경우 불연재료로 할 수 있다.
(나) 방화벽에 설치하는 출입구 및 창에는 자동폐쇄식의 갑종방화문을 설치할 것
(다) 방화벽의 양단 및 상단이 외벽 또는 지붕으로부터 50cm 이상 돌출하도록 할 것

(3) 표지 및 게시판

① 제조소에 “위험물 제조소”라는 표지 설치
(가) 규격 : 한 변의 길이가 0.3m 이상, 다른 한 변의 길이가 0.6m 이상인 직사각형

㈏ 색상 : 백색 바탕에 흑색 문자

② 게시판 : 방화에 관하여 필요한 사항을 게시

㈎ 규격 : 한 변의 길이가 0.3m 이상, 다른 한 변의 길이가 0.6m 이상인 직사각형

㈏ 기재 사항 : 위험물의 유별·품명 및 저장최대수량 또는 취급최대수량, 지정수량의 배수 및 안전관리자의 성명 또는 직명

㈐ 색상 : 백색 바탕에 흑색 문자

㈑ 위험물 종류 별 주의사항을 표시한 게시판

위험물의 종류	내용	색상
• 제1류 위험물 중 알칼리 금속의 과산화물과 이를 함유한 것 • 제3류 위험물 중 금수성 물질	"물기엄금"	청색 바탕에 백색 문자
• 제2류 위험물(인화성 고체를 제외한다)	"화기주의"	적색 바탕에 백색 문자
• 제2류 위험물 중 인화성 고체 • 제3류 위험물 중 자연발화성 물질 • 제4류 위험물 • 제5류 위험물	"화기엄금"	

(4) 건축물의 구조

① 지하층이 없도록 한다. 다만, 위험물을 취급하지 않는 지하층으로서 위험물 또는 가연성의 증기가 흘러 들어갈 우려가 없는 구조는 그러하지 않다.

② 벽·기둥·바닥·보·서까래 및 계단은 불연재료로, 연소의 우려가 있는 외벽은 출입구 외의 개구부가 없는 내화구조의 벽으로 한다.

③ 지붕은 가벼운 불연재료로 한다.

④ 출입구와 비상구는 갑종방화문 또는 을종방화문을 설치한다.

⑤ 위험물을 취급하는 건축물의 창 및 출입구의 유리는 망입유리로 한다.

⑥ 액체의 위험물을 취급하는 건축물의 바닥은 적당한 경사를 두어 최저부에 집유설비를 한다.

(5) 채광·조명 및 환기설비

① 채광설비 : 불연재료로 연소의 우려가 없는 장소에 채광면적을 최소로 할 것

② 조명설비 기준

㈎ 가연성가스 등이 체류할 우려가 있는 장소는 방폭등으로 할 것

㈏ 전선은 내화·내열전선으로 하고 점멸스위치는 출입구 바깥부분에 설치할 것

③ 환기설비 기준

㈎ 환기는 자연배기방식으로 할 것

㈏ 급기구는 바닥면적 $150m^2$ 마다 1개 이상, 급기구의 크기는 $800cm^2$ 이상으로 할 것. 다만, 바닥면적이 $150m^2$ 미만인 경우에는 다음의 크기로 한다.

바닥면적	급기구의 면적
$60m^2$ 미만	$150cm^2$ 이상
$60m^2$ 이상 $90m^2$ 미만	$300cm^2$ 이상
$90m^2$ 이상 $120m^2$ 미만	$450cm^2$ 이상
$120m^2$ 이상 $150m^2$ 미만	$600cm^2$ 이상

㈐ 급기구는 낮은 곳에 설치, 가는 눈의 구리망 등으로 인화방지망 설치할 것

㈑ 환기구는 지붕 위 또는 지상 2m 이상 높이에 회전식 고정벤추레이터, 루프팬 방식으로 설치할 것

(6) 배출설비

① 배출설비 기능(역할) : 가연성의 증기 또는 미분이 체류할 우려가 있는 건축물에는 그 증기 또는 미분을 옥외의 높은 곳으로 배출할 수 있도록 하는 설비이다.

② 배출설비 설치 기준

㈎ 배출설비는 국소방식으로 한다.

㈏ 배출설비는 배풍기·배출덕트·후드 등을 이용하여 강제적으로 배출하는 것으로 한다.

㈐ 배출능력은 1시간당 배출장소 용적의 20배 이상(전역방식은 바닥면적 $1m^2$ 당 $18m^3$ 이상)으로 한다.

㈑ 급기구 및 배출구 기준

㉮ 급기구는 높은 곳에 설치하고, 가는 눈의 구리망으로 인화방지망 설치할 것

㉯ 배출구는 지상 2m 이상으로 연소의 우려가 없는 장소에 설치, 배출덕트가 관통하는 벽부분에 방화댐퍼를 설치할 것

㈒ 배풍기는 강제배기방식으로 하고, 옥내덕트의 내압이 대기압 이상이 되지 않는 위치에 설치한다.

(7) 옥외설비의 바닥

① 바닥의 둘레에 높이 0.15m 이상의 턱을 설치

② 턱이 있는 쪽이 낮게 경사지게 하고, 바닥의 최저부에 집유설비를 한다.

③ 위험물(온도 20℃의 물 100g에 용해되는 양이 1g 미만인 것에 한한다)을 취급하는 설비의 집유설비에 유분리장치를 설치한다.

(8) 기타 설비

① 압력계 및 안전장치 : 위험물을 가압하는 설비 또는 압력이 상승할 우려가 있는 설비에는 압력계 및 다음 중 하나에 해당하는 안전장치를 설치한다. 다만, 파괴판은 위험물의 성질에 따라 안전밸브의 작동이 곤란한 가압설비에 한한다.

㈎ 자동적으로 압력의 상승을 정지시키는 장치

㈏ 감압측에 안전밸브를 부착한 감압밸브

㈐ 안전밸브를 병용하는 경보장치

㈑ 파괴판

② 정전기 제거설비 : 정전기를 유효하게 제거할 수 있는 설비를 설치

㈎ 접지에 의한 방법

㈏ 공기 중의 상대습도를 70% 이상으로 하는 방법

㈐ 공기를 이온화하는 방법

③ 피뢰설비 : 지정수량의 10배 이상을 취급하는 제조소(제6류 위험물을 취급하는 위험물 제조소를 제외한다)

(9) 위험물 취급 탱크

① 옥외에 있는 위험물 취급 탱크 설치 기준(용량이 지정수량의 5분의 1 미만인 것을 제외)

㈎ 액체 위험물(이황화탄소를 제외한다)을 취급하는 것의 주위에 방유제를 설치할 것

㉮ 하나의 취급탱크 주위에 설치하는 방유제의 용량 : 탱크용량의 50% 이상

㉯ 2 이상의 취급탱크 주위에 하나의 방유제를 설치하는 경우 방유제의 용량 : 용량이 최대인 것의 50%에 나머지 탱크용량 합계의 10%를 가산한 양 이상

② 옥내에 있는 위험물취급탱크 설치 기준(용량이 지정수량의 5분의 1 미만인 것을 제외)

㈎ 위험물취급탱크의 주위에는 턱(방유턱)을 설치 : 탱크에 수납하는 위험물의 양을 전부 수용

㈏ 하나의 방유턱 안에 2 이상의 탱크가 있는 경우 : 탱크 중 실제로 수납하는 위험물의 양이 최대인 탱크의 양을 전부 수용

2 옥내저장소 기준 [시행규칙 별표5]

(1) 안전거리

① 옥내저장소에는 '제조소의 안전거리' 규정에 준하여 안전거리를 두어야 한다.

② 안전거리 제외 대상

㈎ 제4석유류 또는 동식물유류의 위험물을 저장 또는 취급하는 옥내저장소로서 그 최

대수량이 지정수량의 20배 미만인 것

(나) 제6류 위험물을 저장 또는 취급하는 옥내저장소

(다) 지정수량의 20배(하나의 저장창고의 바닥면적이 150m² 이하인 경우에는 50배) 이하의 위험물을 저장 또는 취급하는 옥내저장소로서 다음 기준에 적합한 것

㉮ 저장창고의 벽·기둥·바닥·보 및 지붕이 내화구조인 것

㉯ 저장창고의 출입구에 수시로 열 수 있는 자동폐쇄방식의 갑종방화문이 설치되어 있을 것

㉰ 저장창고에 창을 설치하지 아니할 것

(2) 보유공지

저장 또는 취급하는 위험물의 최대수량	공지의 너비	
	벽·기둥 및 바닥이 내화구조로 된 건축물	그 밖의 건축물
지정수량의 5배 이하		0.5m 이상
지정수량의 5배 초과 10배 이하	1m 이상	1.5m 이상
지정수량의 10배 초과 20배 이하	2m 이상	3m 이상
지정수량의 20배 초과 50배 이하	3m 이상	5m 이상
지정수량의 50배 초과 200배 이하	5m 이상	10m 이상
지정수량의 200배 초과	10m 이상	15m 이상

㈜ 지정수량의 20배를 초과하는 옥내저장소와 동일한 부지 내에 있는 다른 옥내저장소와의 사이에는 표에서 정하는 공지 너비의 3분의 1(당해 수치가 3m 미만인 경우에는 3m)로 할 수 있다.

(3) 저장창고

① 저장창고는 위험물의 저장을 전용으로 하는 독립된 건축물로 한다.

② 처마높이

(가) 처마높이(지면에서 처마까지의 높이)가 6m 미만인 단층건물로 바닥을 지반면보다 높게 한다.

(나) 제2류 또는 제4류의 위험물만을 저장하는 창고로서 다음에 적합한 경우에는 20m 이하로 할 수 있다.

㉮ 벽·기둥·보 및 바닥을 내화구조로 할 것

㉯ 출입구에 갑종방화문을 설치할 것

㉰ 피뢰침을 설치할 것

③ 하나의 저장창고 바닥면적

㈎ 바닥면적 1000m^2 이하로 하는 위험물

㉮ 제1류 위험물 중 아염소산염류, 염소산염류, 과염소산염류, 무기과산화물 그 밖에 지정수량이 50kg인 위험물

㉯ 제3류 위험물 중 칼륨, 나트륨, 알킬알루미늄, 알킬리튬 그 밖에 지정수량이 10kg인 위험물 및 황린

㉰ 제4류 위험물 중 특수인화물, 제1석유류 및 알코올류

㉱ 제5류 위험물 중 유기과산화물, 질산에스테르류 그 밖에 지정수량이 10kg인 위험물

㉲ 제6류 위험물

㈏ 바닥면적 2000m^2 이하로 하는 위험물 : ㈎항의 위험물 외의 위험물을 저장하는 창고

㈐ 바닥면적 1500m^2 이하로 하는 경우 : ㈎항의 위험물과 ㈏항의 위험물을 내화구조의 격벽으로 완전히 구획된 실에 각각 저장하는 창고(㈎항의 위험물을 저장하는 실의 면적은 500m^2를 초과할 수 없다)

④ 재료

㈎ 벽·기둥 및 바닥은 내화구조로 하고, 보와 서까래는 불연재료로 한다. 다만, 지정수량의 10배 이하의 위험물 또는 제2류와 제4류의 위험물(인화성고체 및 인화점이 70℃ 미만인 제4류 위험물을 제외한다)만의 저장창고는 벽·기둥 및 바닥은 불연재료로 할 수 있다.

㈏ 지붕은 가벼운 불연재료로 하고, 천장을 만들지 않는다. 다만, 제2류 위험물(분상의 것과 인화성고체를 제외)과 제6류 위험물만의 저장창고는 온도를 저온으로 유지하기 위하여 난연재료 또는 불연재료로 된 천장을 설치할 수 있다.

㈐ 출입구에는 갑종방화문 또는 을종방화문을 설치하되, 연소의 우려가 있는 외벽의 출입구에는 자동폐쇄식의 갑종방화문을 설치한다.

㈑ 창 또는 출입구에 유리를 이용하는 경우는 망입유리로 한다.

⑤ 구조

㈎ 바닥의 물이 스며 나오거나 스며들지 않는 구조로 하여야 할 위험물

㉮ 제1류 위험물 중 알칼리 금속의 과산화물 또는 이를 함유하는 것

㉯ 제2류 위험물 중 철분·금속분·마그네슘 또는 이중 어느 하나 이상을 함유하는 것

㉰ 제3류 위험물 중 금수성 물질 또는 제4류 위험물

㈏ 액상의 위험물 저장창고 바닥은 적당하게 경사지게 하여 최저부에 집유설비를 한다.

⑥ 채광·조명 및 환기의 설비
(가) 제조소 기준에 준하여 설비를 갖추어야 한다.
(나) 인화점이 70℃ 미만인 위험물의 저장창고에는 내부에 체류한 가연성 증기를 지붕 위로 배출하는 설비를 갖추어야 한다.
⑦ 피뢰침 설치 : 지정수량의 10배 이상의 저장창고(제6류 위험물의 저장창고를 제외)
⑧ 제5류 위험물 중 셀롤로이드, 그 밖에 온도 상승에 의하여 분해·발화할 우려가 있는 것은 위험물이 발화하는 온도에 달하지 않는 구조로 하거나 비상전원을 갖춘 통풍장치 또는 냉방장치 등의 설비를 2 이상 설치한다.

3 옥외탱크저장소 기준 [시행규칙 별표6]

(1) 안전거리
옥외탱크저장소에는 '제조소의 안전거리' 규정에 준하여 안전거리를 두어야 한다.

(2) 보유공지

저장 또는 취급하는 위험물의 최대수량	공지의 너비
지정수량의 500배 이하	3m 이상
지정수량의 500배 초과 1000배 이하	5m 이상
지정수량의 1000배 초과 2000배 이하	9m 이상
지정수량의 2000배 초과 3000배 이하	12m 이상
지정수량의 3000배 초과 4000배 이하	15m 이상
지정수량의 4000배 초과	당해 탱크의 수평단면의 최대지름(횡형인 경우에는 긴 변)과 높이 중 큰 것과 같은 거리 이상. 다만, 30m 초과의 경우에는 30m 이상으로 할 수 있고, 15m 미만의 경우에는 15m 이상으로 하여야 한다.

① 제6류 위험물 외의 옥외저장탱크(지정수량의 4000배를 초과하여 저장 또는 취급하는 옥외저장탱크를 제외)를 동일한 방유제 안에 2개 이상 인접하여 설치하는 경우 인접하는 방향의 보유공지는 규정에 의한 보유공지의 3분의 1 이상으로 할 수 있다. 이 경우 보유공지 너비는 3m 이상이 되어야 한다.
② 제6류 위험물 옥외저장탱크는 규정에 의한 보유공지의 3분의 1 이상으로 할 수 있다. 이 경우 보유공지 너비는 1.5m 이상이 되어야 한다.
③ 제6류 위험물 옥외저장탱크를 동일구 내에 2개 이상 인접하여 설치하는 경우 인접하는 방향의 보유공지는 ②의 규정에 의하여 산출된 너비의 3분의 1 이상으로 할 수 있다. 이 경우 보유공지 너비는 1.5m 이상이 되어야 한다.

⑤ 옥외저장탱크("공지단축 옥외저장탱크"라 한다)에 물분무설비로 방호조치를 하는 경우에는 보유공지를 규정에 의한 보유공지의 2분의 1 이상의 너비(최소 3m 이상)로 할 수 있다. 이 경우 공지단축 옥외저장탱크의 화재 시 $1m^2$ 당 20kW 이상의 복사열에 노출되는 표면을 갖는 인접한 옥외저장탱크가 있으면 당해 표면에도 다음 기준에 적합한 물분무설비로 방호조치를 함께하여야 한다.

㈎ 탱크의 표면에 방사하는 물의 양은 탱크의 원주길이 1m에 대하여 분당 37L 이상으로 할 것

㈏ 수원의 양은 ㈎항의 규정에 의한 수량으로 20분 이상 방사할 수 있는 수량으로 할 것

㈐ 탱크에 보강링이 설치된 경우에는 보강링의 아래에 분무헤드를 설치하되, 분무헤드는 탱크의 높이 및 구조를 고려하여 분무가 적정하게 이루어 질 수 있도록 배치할 것

㈑ 물분무 소화설비의 설치기준에 준할 것

(3) 표지 및 게시판

① 옥외저장탱크 저장소에는 제조소 기준에 따라 "위험물 옥외저장탱크저장소"라는 표시를 한 표지와 방화에 관하여 필요한 사항을 게시한 게시판을 설치한다.

② 탱크의 군(群)에 있어서는 표지 및 게시판을 일괄하여 설치할 수 있다. 이 경우 게시판과 각 탱크가 대응할 수 있도록 하는 조치를 강구한다.

(4) 옥외저장탱크 외부구조 및 설비

① 두께 : 3.2mm 이상의 강철판 또는 소방청장이 정하여 고시하는 규격에 적합한 재료

② 수압시험

㈎ 압력탱크 : 최대상용압력의 1.5배의 압력으로 10분간 실시하여 새거나 변형되지 않을 것

㈏ 압력탱크 외의 탱크 : 충수시험

③ 통기관 설치

㈎ 밸브 없는 통기관

㉮ 직경은 30mm 이상일 것

㉯ 선단은 수평면보다 45° 이상 구부려 빗물 등의 침투를 막는 구조로 할 것

㉰ 가는 눈의 구리망 등으로 인화방지장치를 할 것. 다만, 인화점 70℃ 이상의 위험물만을 인화점 미만의 온도로 저장 또는 취급하는 탱크의 통기관은 그러하지 않다.

㉱ 가연성의 증기를 회수하기 위한 밸브를 통기관에 설치하는 경우

㉠ 저장탱크에 위험물을 주입하는 경우를 제외하고는 항상 개방되어 있는 구조로 할 것

㉡ 폐쇄하였을 경우에는 10kPa 이하의 압력에서 개방되는 구조로 할 것(유효 단면적은 777.15mm^2 이상이어야 한다)

㈏ 대기밸브 부착 통기관 작동압력 : 5kPa 이하의 압력차

④ 펌프 설비

㈎ 펌프설비의 주위에는 너비 3m 이상의 공지를 보유할 것. 다만, 방화상 유효한 격벽을 설치하는 경우와 제6류 위험물 또는 지정수량의 10배 이하 위험물의 옥외저장탱크는 그러하지 아니한다.

㈏ 펌프설비로부터 옥외저장탱크까지의 사이에는 당해 옥외저장탱크의 보유공지 너비의 3분의 1 이상의 거리를 유지할 것

㈐ 펌프설비는 견고한 기초 위에 고정할 것

㈑ 펌프실의 벽·기중·바닥 및 보는 불연재료로 할 것

㈒ 펌프실 지붕은 가벼운 불연재료로 할 것

㈓ 펌프실의 창 및 출입구는 갑종방화문 또는 을종방화문을 설치하고, 유리는 망입유리로 할 것

㈔ 펌프실의 바닥의 주위에는 높이 0.2m 이상의 턱을 만들고, 바닥은 경사지게 하여 최저부에는 집유설비를 설치할 것

㈕ 펌프실에는 채광·조명 및 환기설비를 설치할 것

㈖ 가연성 증기가 체류할 우려가 있는 경우 옥외의 높은 곳으로 배출하는 설비를 갖출 것

㈗ 펌프실 외의 장소에 설치하는 펌프설비

㉮ 지반면 주위에 높이 0.15m 이상의 턱을 만든다.

㉯ 바닥은 경사지게 하고 최저부에 집유설비를 설치할 것

㉰ 제4류 위험물(20℃의 물 100g에 용해되는 양이 1g 미만인 것에 한한다)을 취급하는 경우 집유설비에 유분리장치를 설치할 것

㈘ 펌프설비에는 "옥외저장탱크 펌프설비"와 방화에 관하여 필요한 사항을 게시한 게시판을 설치할 것

(5) 액체 위험물 옥외저장탱크

① 자동계량장치(위험물의 양을 자동적으로 표시하는 장치) 설치

㈎ 기밀부유식 계량장치

㈏ 부유식 계량장치 : 증기가 비산하지 않는 구조이어야 한다.

㈐ 전기압력 자동방식 또는 방사성 동위원소를 이용한 방식

㈑ 유리게이지

② 주입구 기준

㈎ 화재예방 상 지장이 없는 장소에 설치할 것

㈏ 주입호스 또는 주입관과 결합할 수 있고, 결합하였을 때 새지 않을 것

㈐ 주입구에는 밸브 또는 뚜껑을 설치할 것

㈑ 주입구 부근에 정전기를 유효하게 제거하기 위한 접지전극을 설치할 것

㈒ 인화점이 21℃ 미만인 위험물의 경우 게시판을 설치할 것

㉮ 게시판은 한 변이 0.3m 이상, 다른 한 변이 0.6m 이상인 직사각형으로 할 것

㉯ "옥외저장탱크 주입구"라고 표시 외에 주의사항을 표시

㉰ 백색 바탕에 흑색 문자로 할 것(단, 주의사항은 적색 문자)

㈓ 주입구 주위에는 방유턱 및 집유설비 등의 장치를 설치할 것

(6) 방유제

① 방유제의 기능 : 저장 중인 인화성 액체 위험물이 주위로 누설 시 피해 확산을 방지하기 위하여 설치하는 담이다.

② 용량 기준

㈎ 탱크가 하나인 경우 : 탱크 용량의 110% 이상

㈏ 2기 이상인 경우 : 탱크 중 용량이 최대인 것의 110% 이상

③ 설치 기준

㈎ 방유제는 높이 0.5m 이상 3m 이하, 두께 0.2m 이상, 지하매설깊이 1m 이상

㈏ 방유제 내의 면적은 8만m^2 이하로 할 것

㈐ 옥외저장탱크의 수는 10 이하로 할 것(방유제 내에 설치하는 모든 옥외저장탱크의 용량이 20L 이하이고 당해 옥외저장탱크에 저장 또는 취급하는 위험물의 인화점이 70℃ 이상 200℃ 미만인 경우에는 20 이하로 한다)

㈑ 방유제 외면의 2분의 1 이상은 3m 이상의 노면 폭을 확보한 구내도로에 직접 접하도록 할 것

㈒ 방유제와 탱크의 옆판까지 유지거리

㉮ 탱크 지름이 15m 미만인 경우 : 탱크 높이의 3분의 1 이상

㉯ 탱크 지름이 15m 이상인 경우 : 탱크 높이의 2분의 1 이상

④ 재료

㈎ 방유제 : 철근콘크리트

㈏ 방유제와 옥외저장탱크 사이의 지표면 : 불연성과 불침윤성이 구조(철근콘크리드 등)

㈐ 누출된 위험물을 수용할 수 있는 전용유조(專用油槽) 및 펌프 등의 설비를 갖춘 경우에는 지표면을 흙으로 할 수 있다.

⑤ 간막이 둑 설치

㈎ 설치 대상 : 용량이 1000만 L 이상인 탱크마다

㈏ 높이 0.3m 이상으로 하되, 방유제의 높이보다 0.2m 이상 낮게 할 것

㈐ 간막이 둑은 흙 또는 철근콘크리트로 할 것

㈑ 용량은 둑안에 설치된 탱크 용량의 100% 이상일 것

⑥ 방유제에는 그 내부에 고인 물을 외부로 배출하기 위한 배수구를 설치하고 이를 개폐하는 밸브 등을 방유제의 외부에 설치할 것

⑦ 높이가 1m를 넘는 방유제 및 간막이 둑의 안팎에는 계단 또는 경사로를 50m 마다 설치할 것

(7) 옥외저장탱크의 분류

① 특정옥외저장탱크 : 옥외저장탱크 중 그 저장 또는 취급하는 액체위험물의 최대수량이 100만 L 이상의 것

② 준특정옥외저장탱크 : 옥외저장탱크 중 그 저장 또는 취급하는 액체위험물의 최대수량이 50만 L 이상 100만 L 미만의 것

4 옥내탱크저장소 기준 [시행규칙 별표7]

※ 옥내탱크저장소는 옥내에 있는 탱크에 위험물을 저장하는 장소로 '안전거리', '보유공지'에 대한 기준이 없다.

(1) 위치·구조 및 설비의 기준

① 옥내저장탱크는 단층 건축물에 설치된 탱크전용실에 설치할 것

② 옥내저장탱크와 탱크전용실의 벽과의 사이 및 옥내저장탱크 상호 간에는 0.5m 이상의 간격을 유지할 것. 다만, 탱크의 점검 및 보수에 지장이 없는 경우에는 그러하지 아니하다.

③ 옥내저장탱크의 용량은 지정수량의 40배 이하일 것(제4석유류 및 동식물유류 외의 제4류 위험물에 있어서 당해 수량이 2만 L를 초과할 때에는 2만 L 이하일 것)

④ 옥내저장탱크의 구조는 '옥외저장탱크의 구조'를 준용할 것

⑤ 통기관 설치

㈎ 통기관의 선단은 건축물의 창·출입구 등의 개구부로부터 1m 이상 떨어진 옥외에 설치

㈏ 지면으로부터 4m 이상의 높이로 설치
㈐ 통기관은 가스 등이 체류할 우려가 있는 굴곡이 없도록 할 것
㈑ 인화점이 40℃ 미만인 위험물 탱크의 통기관은 부지경계선으로부터 1.5m 이상 이격할 것
㈒ 고인화점 위험물만을 100℃ 미만의 온도로 저장 또는 취급하는 탱크의 통기관은 그 선단을 탱크전용실 내에 설치할 수 있다.

(2) 탱크 전용실 재료 및 구조

① 벽·기둥 및 바닥 : 내화구조
② 보 : 불연재료
③ 연소의 우려가 있는 외벽 : 출입구 외에는 개구부가 없도록 할 것
④ 지붕 및 천장 : 지붕은 불연재료로 하고 천장을 설치하지 아니할 것
⑤ 창 및 출입구 : 갑종방화문 또는 을종방화문으로 하고, 유리는 망입유리로 할 것
⑥ 액상의 위험물 옥내저장탱크를 설치하는 경우 : 바닥은 위험물이 침투하지 않는 구조로 하고, 적당한 경사를 두고, 집유설비를 설치할 것
⑦ 출입구 턱의 높이 : 당해 탱크 전용실내의 옥내저장탱크 용량을 수용할 수 있는 높이 이상으로 하거나 옥내저장탱크로부터 누설된 위험물이 탱크 전용실외의 부분으로 유출하지 않는 구조로 할 것
⑧ 채광·조명·환기 및 배출 설비는 '옥내저장소'의 기준을 준용한다.

(3) 탱크 전용실 위치·구조 및 설비의 기준

① 옥내저장탱크는 탱크 전용실에 설치할 것. 이 경우 제2류 위험물 중 황화인·적린 및 덩어리 유황, 제3류 위험물 중 황린, 제6류 위험물 중 질산의 탱크 전용실은 건축물의 1층 또는 지하층에 설치하여야 한다.
② 주입구 부근에는 위험물의 양을 표시하는 장치를 설치할 것
③ 탱크 전용실은 벽·기둥·바닥 및 보를 내화구조로 할 것
④ 탱크 전용실은 상층이 있는 경우에는 상층을 내화구조로 하고, 상층이 없는 경우에는 지붕을 불연재료로 하며, 천장은 설치하지 않는다.
⑤ 탱크 전용실에는 창을 설치하지 말고, 출입구에는 자동폐쇄식의 갑종방화문을 설치할 것
⑥ 탱크 전용실의 환기 및 배출의 설비에는 방화상 유효한 댐퍼 등을 설치할 것
⑦ 옥내저장탱크의 용량
㈎ 1층 이하의 층 : 지정수량의 40배(제4석유류 및 동식물유류 외의 제4류 위험물이 2

만 L를 초과할 때에는 2만 L) 이하일 것

(나) 2층 이상의 층 : 지정수량의 10배(제4석유류 및 동식물유류 외의 제4류 위험물이 5천 L를 초과할 때에는 5천 L) 이하일 것

5 지하탱크저장소 기준 [시행규칙 별표8]

※ 지하탱크저장소는 지하에 매설한 탱크에 위험물을 저장하는 장소로 '안전거리', '보유공지'에 대한 기준이 없다.

(1) 탱크 전용실 설치 기준

① 지하저장탱크는 지면 하에 설치된 탱크전용실에 설치한다. 다만, 제4류 위험물의 지하저장탱크가 다음 기준에 적합한 때에는 그러하지 아니하다.

(가) 당해 탱크를 지하철·지하가 또는 지하터널로부터 수평거리 10m 이내의 장소 또는 지하건축물 내의 장소에 설치하지 아니할 것

(나) 당해 탱크를 그 수평투영의 세로 및 가로보다 각각 0.6m 이상 크고 두께가 0.3m 이상인 철근콘크리트조의 뚜껑으로 덮을 것

(다) 뚜껑에 걸리는 중량이 직접 당해 탱크에 걸리지 아니하는 구조일 것

(라) 당해 탱크를 견고한 기초 위에 고정할 것

(마) 당해 탱크를 지하의 가장 가까운 벽·피트·가스관 등의 시설물 및 대지경계선으로부터 0.6m 이상 떨어진 곳에 매설할 것

② 탱크 전용실 기준

(가) 지하의 가장 가까운 벽·피트·가스관 등의 시설물 및 대지 경계선으로부터 0.1m 이상 떨어진 곳에 설치한다.

(나) 지하저장탱크와 탱크전용실의 안쪽과의 사이는 0.1m 이상의 간격을 유지한다.

(다) 당해 탱크의 주위에 마른 모래 또는 습기 등에 의하여 응고되지 아니하는 입자지름 5mm 이하의 마른 자갈분을 채워야 한다.

③ 지하저장탱크 윗부분과 지면과의 거리 : 0.6m 이상

④ 지하저장탱크를 2 이상 인접 설치하는 경우 간격 : 상호 간에 1m(당해 2 이상의 지하저장탱크의 용량 합계가 지정수량의 100배 이하인 때에는 0.5m) 이상의 간격 유지

(2) 탱크 전용실의 벽·바닥 및 뚜껑 기준

① 벽·바닥 및 뚜껑은 두께 0.3m 이상의 철근콘크리트구조 또는 이와 동등 이상의 강도가 있는 구조로 설치한다.

② 벽·바닥 및 뚜껑 내부에는 직경 9mm부터 13mm까지의 철근을 가로 및 세로로 5cm부

터 20cm까지의 간격으로 배치할 것

③ 벽·바닥 및 뚜껑의 재료에 수밀콘크리트를 혼입하거나, 중간에 아스팔트층을 만드는 방법으로 방수조치를 할 것

(3) 저장탱크 설치

① 저장탱크 외면에는 방청도장을 할 것

② 저장탱크 누설 검사관 설치

㈎ 이중관으로 적당한 위치에 4개소 이상 설치

㈏ 재료는 금속관 또는 경질합성수지관으로 할 것

㈐ 관은 탱크전용실의 바닥 또는 탱크의 기초까지 닿게 할 것

㈑ 관의 밑 부분으로부터 탱크의 중심 높이까지의 부분에는 소공이 뚫려 있을 것

㈒ 상부는 물이 침투하지 않는 구조로 하고, 뚜껑은 검사 시에 쉽게 열 수 있도록 할 것

③ 과충전 방지장치 설치

㈎ 탱크용량을 초과하는 위험물이 주입될 때 자동으로 그 주입구를 폐쇄하거나 위험물의 공급을 자동으로 차단하는 방법

㈏ 탱크 용량의 90%가 찰 때 경보음을 울리는 방법

6 간이탱크저장소 기준 [시행규칙 별표9]

(1) 설치 장소 기준

① 간이탱크(간이저장탱크)는 옥외에 설치하여야 한다.

② 전용실 안에 설치할 수 있는 기준(조건)

㈎ 전용실의 구조는 '옥내탱크저장소의 탱크전용실의 구조' 기준에 적합할 것

㈏ 전용실의 창 및 출입구는 '옥내탱크저장소의 창 및 출입구' 기준에 적합할 것

㈐ 전용실의 바닥은 '옥내탱크저장소의 탱크전용실 바닥의 구조' 기준에 적합할 것

㈑ 전용실의 채광·조명·환기 및 배출의 설비는 '옥내저장소의 채광·조명·환기 및 배출의 설비' 기준에 적합할 것

(2) 설치 수

① 하나의 간이탱크저장소에 설치하는 간이저장탱크 수는 3 이하로 한다.

② 동일한 품질의 위험물의 간이저장탱크를 2 이상 설치하지 않는다.

(3) 두께 및 수압시험 기준

① 두께 : 3.2mm 이상의 강판으로 제작

② 수압시험 : 70kPa의 압력으로 10분간 실시하여 새거나 변형되지 않을 것

③ 외면에는 녹을 방지하기 위한 도장을 한다.

(4) 설치 기준

① 간이저장탱크의 용량은 600L 이하이어야 한다.

② 간이탱크 저장소에는 "위험물 간이탱크저장소"라는 표지와 방화에 관하여 필요한 사항을 게시한 게시판을 설치한다.

③ 간이저장탱크는 움직이거나 넘어지지 않도록 지면 또는 가설대에 고정시킨다.

④ 옥외에 설치하는 경우에는 너비 1m 이상의 공지를 둔다.

⑤ 전용실 안에 설치하는 경우에는 탱크와 전용실의 벽과의 사이에 0.5m 이상의 간격을 유지한다.

(5) 통기관 설치 기준

① 밸브 없는 통기관

㈎ 지름은 25mm 이상으로 할 것

㈏ 옥외에 설치하되, 그 선단의 높이는 지상 1.5m 이상으로 할 것

㈐ 선단은 수평면에 대하여 아래로 45° 이상 구부려 빗물 등이 침투하지 않도록 할 것

㈑ 가는 눈의 구리망 등으로 인화방지장치를 할 것. 다만, 인화점 70℃ 이상의 위험물만을 해당 위험물의 인화점 미만의 온도로 저장 또는 취급하는 탱크의 통기관은 그러하지 아니하다.

② 대기밸브 부착 통기관

㈎ 옥외에 설치하되, 그 선단의 높이는 지상 1.5m 이상으로 할 것

㈏ 가는 눈의 구리망 등으로 인화방지장치를 할 것

㈐ 5kPa 이하의 압력차이로 작동할 수 있을 것

7 이동탱크저장소 기준 [시행규칙 별표10]

(1) 상치 장소 기준

① 옥외에 있는 상치 장소

㈎ 화기를 취급하는 장소 또는 인근의 건축물로부터 5m(인근의 건축물이 1층인 경우에는 3m) 이상의 거리를 확보

(나) 하천의 공지나 수면, 내화구조 또는 불연재료의 담 또는 벽 그 밖에 이와 유사한 것에 접하는 경우는 제외한다.

② 옥내에 있는 상치 장소 : 벽·바닥·보·서까래 및 지붕이 내화구조 또는 불연재료로 된 건축물의 1층에 설치한다.

(2) 이동저장탱크 구조 기준

① 탱크 및 구조물 두께

(가) 탱크(맨홀 및 주입관의 뚜껑 포함한다) 두께 : 3.2mm 이상의 강철판 또는 소방청장이 고시하는 동등 이상의 재료

(나) 칸막이 : 두께 3.2mm 이상의 강철판 또는 동등 이상의 금속성 재료로 4000L 이하마다 설치

(다) 방파판 : 두께 1.6mm 이상의 강철판 또는 동등 이상의 금속성 재료

(라) 측면틀 : 외부로부터 하중에 견딜 수 있는 구조로 할 것

(마) 방호틀 : 두께 3.2mm 이상의 강철판 또는 동등 이상의 기계적 성질이 있는 재료

② 안전장치 및 방파판 설치

(가) 안전장치 작동압력

㉮ 상용압력이 20kPa 이하인 탱크 : 20kPa 이상 24kPa 이하의 압력

㉯ 상용압력이 20kPa 초과하는 탱크 : 상용압력의 1.1배 이하의 압력

(나) 방파판

㉮ 하나의 구획된 부분에 2개 이상의 방파판을 이동탱크저장소의 진행방향 과 평행하게 설치

㉯ 각 방파판은 그 높이 및 칸막이로부터의 거리를 다르게 설치

㉰ 하나의 구획된 부분에 설치하는 각 방파판의 면적 합계는 당해 구획부분의 최대 수직단면적의 50% 이상으로 할 것. 다만, 수직단면이 원형이거나 짧은 지름이 1m 이하의 타원형일 경우에는 40% 이상으로 할 수 있다.

③ 측면틀 및 방호틀 설치

(가) 측면틀 : 이동저장탱크의 전복 사고 시 탱크 보호 및 전복 방지를 위하여 설치

(나) 방호틀 : 맨홀·주입구 및 안전장치 등의 탱크의 상부로 돌출되어 있는 경우 부속장치의 손상을 방지하기 위하여 설치

④ 수압시험

(가) 압력탱크(최대상용압력이 46.7kPa 이상인 탱크를 말한다) 외의 탱크 : 70kPa의 압력

(나) 압력탱크 : 최대상용압력의 1.5배의 압력

(다) 시험시간 : 10분간 실시하여 새거나 변형되지 않을 것

㈑ 수압시험은 용접부에 대한 비파괴시험과 기밀시험으로 대신할 수 있다.

(3) 위험성 경고 표지 및 탱크외부 도장

① 위험성 경고표지[위험물 운송·운송 시의 위험성 경고표지에 관한 기준 제3조] : 위험물 수송차량의 외부에 위험물 표지, UN번호 및 그림문자를 표시하여야 한다.

구분	표지	UN번호	그림문자
위치	이동탱크저장소 : 전면 상단 및 후면 상단 위험물 운반차량 : 전면 및 후면	위험물 수송차량의 후면 및 양 측면	위험물 수송차량의 후면 및 양 측면
규격 및 형상	60cm 이상 × 30cm 이상의 횡형 사각형	30cm 이상 × 12cm 이상의 횡형 사각형	25cm 이상 × 25cm 이상의 마름모꼴
색상 및 문자	흑색 바탕에 황색 문자	흑색 테두리선(굵기 1cm)과 오렌지색 바탕에 흑색 문자	위험물의 품목별로 해당하는 심벌을 표기, 그림문자 하단에 분류·구분 번호 표기
내용	위험물	UN 번호 (글자의 높이 6.5cm 이상)	심벌 및 분류·구분 번호 (글자 높이 2.5cm 이상)
모양	위 험 물	1 2 3 4	3 3

② 이동탱크저장소의 탱크외부에는 소방청장이 정하여 고시하는 바에 따라 도장 등을 하여 쉽게 식별할 수 있도록 하고, 보기 쉬운 곳에 상치장소의 위치를 표시하여야 한다[세부기준 제109조].

유별	도장의 색상	비고
제1류 위험물	회색	1. 탱크의 앞면과 뒷면을 제외한 면적의 40% 이내의 면적은 다른 유별의 색상 외의 색상으로 도장하는 것이 가능하다. 2. 제4류에 대해서는 도장의 색상 제한이 없으나 적색을 권장한다.
제2류 위험물	적색	
제3류 위험물	청색	
제4류 위험물	–	
제5류 위험물	황색	
제6류 위험물	청색	

8 옥외저장소 기준 [시행규칙 별표11]

(1) 안전거리

옥외저장소에는 '제조소의 안전거리' 규정에 준하여 안전거리를 두어야 한다.

(2) 설치 위치 및 구조

① 옥외저장소는 습기가 없고, 배수가 잘 되는 장소에 설치할 것

② 위험물을 저장 또는 취급하는 장소의 주위에는 경계표시(울타리의 기능이 있는 것에 한한다)를 하여 명확하게 구분할 것

③ 과산화수소 또는 과염소산을 저장하는 옥외저장소에는 불연성 또는 난연성의 천막 등을 설치하여 햇빛을 가릴 것

④ 눈·비 등을 피하거나 차광 등을 위하여 옥외저장소에 캐노피 또는 지붕을 설치하는 경우에는 환기 및 소화활동에 지장을 주지 아니하는 구조로 할 것. 이 경우 기둥은 내화구조로 하고, 캐노피 또는 지붕을 불연재료로 하며, 벽을 설치하지 아니하여야 한다.

(3) 보유공지

① 경계표시의 주위에는 저장 또는 취급하는 위험물의 최대수량에 따라 다음 표에 의한 너비의 공지를 보유할 것

저장 또는 취급하는 위험물의 최대수량	공지의 너비
지정수량의 10 이하	3m 이상
지정수량의 10배 초과 20배 이하	5m 이상
지정수량의 20배 초과 50배 이하	9m 이상
지정수량의 50배 초과 200배 이하	12m 이상
지정수량의 200배 초과	15m 이상

② 제4류 위험물 중 제4석유류와 제6류 위험물을 저장 또는 취급하는 옥외저장소는 보유공지 너비의 3분의 1 이상의 너비로 할 수 있다.

(4) 덩어리 상태의 유황을 경계표시 안쪽에서 저장 또는 취급하는 기준

① 하나의 경계표시의 내부 면적은 $100m^2$ 이하일 것

② 2 이상의 경계표시를 설치하는 경우에 있어서는 각각의 경계표시 내부를 합산한 면적은 $1000m^2$ 이하로 하고, 인접하는 경계표시와 경계표시와의 간격은 보유공지 너비의 2분의 1 이상으로 할 것

③ 경계표시는 불연재료로 만드는 동시에 유황이 새지 않는 구조로 할 것
④ 경계표시의 높이는 1.5m 이하로 할 것
⑤ 경계표시에는 유황이 넘치거나 비산하는 것을 방지하기 위한 천막 등을 고정하는 장치를 설치하되, 천막 등을 고정하는 장치는 경계표시의 길이 2m 마다 한 개 이상 설치할 것
⑥ 유황을 저장 또는 취급하는 장소의 주위에는 배수구와 분리장치를 설치할 것

9 암반탱크저장소 기준 [시행규칙 별표12]

① 암반탱크에는 암반투수계수가 1초당 10만분의 1 m 이하인 천연암반 내에 설치할 것
② 암반탱크는 저장할 위험물의 증기압을 억제할 수 있는 지하수면 하에 설치할 것
③ 암반탱크의 내벽은 암반균열에 낙반을 방지할 수 있도록 볼트·콘크리트 등으로 보강할 것

10 주유취급소 기준 [시행규칙 별표13]

(1) 주유공지 및 급유공지

① 주유공지 : 고정주유설비의 주위에 주유를 받으려는 자동차 등이 출입할 수 있도록 한 공지
㈎ 고정주유설비 : 펌프기기 및 호스기기로 되어 위험물을 자동차 등에 직접 주유하기 위한 설비로서 현수식의 것을 포함한다.
㈏ 주유공지 기준 : 고정주유설비 주위에 너비 15m 이상, 길이 6m 이상의 콘크리트 등으로 포장한 공지를 보유
② 급유공지 : 고정급유설비의 호스기기의 주위에 필요한 공지
㈎ 고정급유설비 : 펌프기기 및 호스기기로 되어 위험물을 용기에 옮겨 담거나 이동저장탱크에 주입하기 위한 설비로서 현수식의 것을 포함한다.
㈏ 급유공지 기준 : 필요한 공지를 보유
③ 주유공지 및 급유공지의 바닥은 주위 지면보다 높게 한다.
④ 공지의 표면을 적당하게 경사지게 하여 새어나온 기름 그 밖의 액체가 외부로 유출되지 않도록 배수구·집유설비 및 유분리장치를 설치한다.

(2) 표지 및 게시판

① "위험물 주유취급소"라는 표지와 방화에 관하여 필요한 사항을 게시한 게시판을 설치한다.

② 황색 바탕에 흑색 문자로 "주유중엔진정지"라는 표시를 한 게시판을 설치한다.

(3) 탱크 설치 기준

① 주유취급소에 설치 가능한 탱크

㈎ 자동차 등에 주유하기 위한 고정주유설비에 직접 접속하는 전용탱크 : 50000L 이하

㈏ 고정급유설비에 직접 접속하는 전용탱크 : 50000L 이하

㈐ 보일러 등에 직접 접속하는 전용탱크 : 10000L 이하

㈑ 자동차 등을 점검·정비하는 작업장 등에서 사용하는 폐유·윤활유의 전용탱크 : 2000L 이하

㈒ 고정주유설비 또는 고정급유설비에 직접 접속하는 3기 이하의 간이탱크

㈓ 고속국도 주유취급소 : 60000L 이하

② ①항의 ㈎ 내지 ㈑의 탱크(㈐ 및 ㈑의 탱크는 용량이 10000L를 초과하는 것에 한한다)는 옥외의 지하 또는 캐노피 아래의 지하(캐노피 기둥의 하부 제외)에 매설하여야 한다.

(4) 고정주유설비

① 주유취급소에는 고정주유설비를 설치한다.

② 고정주유설비 또는 고정급유설비 구조 기준

㈎ 펌프기기의 주유관 선단에서의 최대토출량

㉮ 제1석유류 : 50L/min 이하

㉯ 경유 : 180L/min 이하

㉰ 등유 : 80L/min 이하

㉱ 이동저장탱크에 주입하기 위한 고정급유설비 : 300L/min 이하

㉲ 토출량 200L/min 이상인 주유설비에 관계된 모든 배관의 안지름 : 40mm 이상

㈏ 이동저장탱크 상부를 통하여 주입하는 고정급유설비의 주유관에는 당해 탱크의 밑 부분에 달하는 주입관을 설치하고, 토출량이 80L/min를 초과하는 것은 이동저장탱크에 주입하는 용도로만 사용할 것

㈐ 고정주유설비 또는 고정급유설비의 외장은 난연성 재료를 사용할 것

㈑ 고정주유설비 또는 고정급유설비의 본체 또는 노즐 손잡이에 정전기 제거장치를 설치할 것

③ 고정주유설비 또는 고정급유설비 주유관 길이 : 5m 이내(현수식의 경우 지면 위 0.5m의 수평면에 수직으로 내려 만나는 점을 중심으로 반경 3m 이내)

④ 고정주유설비 또는 고정급유설비 설치 위치
㈎ 고정주유설비의 중심선을 기점으로 하여
㉮ 도로경계선까지 : 4m 이상
㉯ 부지경계선·담 및 건축물의 벽까지 : 2m 이상(개구부가 없는 벽까지는 1m 이상)
㈏ 고정급유설비의 중심선을 기점으로 하여
㉮ 도로경계선까지 : 4m 이상
㉯ 부지경계선 및 담까지 : 1m 이상
㉰ 건축물의 벽까지 : 2m 이상(개구부가 없는 벽까지는 1m 이상)
㈐ 고정주유설비와 고정급유설비 사이 유지거리 : 4m 이상

(5) 취급기준 [시행규칙 별표18]

① 자동차 등에 주유할 때에는 고정주유설비를, 이동저장탱크에 급유할 때에는 고정급유설비를 사용할 것
② 자동차 등에 인화점 40℃ 미만의 위험물을 주유할 때에는 원동기를 정지시킬 것. 다만, 가연성 증기를 회수하는 설비가 부착된 경우는 그러하지 않다.
③ 탱크에 위험물을 주입할 때에는 탱크에 접속된 고정주유설비, 고정급유설비 사용을 중지할 것
④ 자동차 등에 주유할 때 탱크 주입구로부터 4m 이내에 다른 자동차의 주차를 금지할 것
⑤ 주유원 간이대기실 내에서는 화기를 사용하지 않을 것

11 판매취급소 기준 [시행규칙 별표14]

(1) 제1종 판매취급소 기준

① 위치·구조 및 설비 기준
㈎ 제1종 판매취급소 : 저장 또는 취급하는 위험물이 지정수량의 20배 이하
㈏ 제1종 판매취급소는 건축물 1층에 설치할 것
㈐ 제1종 판매취급소에는 "위험물 판매취급소(제1종)"라는 표지와 방화에 관하여 필요한 사항을 게시한 게시판을 설치하여야 한다.
㈑ 제1종 판매취급소의 용도로 사용하는 건축물의 보는 불연재료로 하고, 천장을 설치하는 경우에는 불연재료로 할 것
㈒ 제1종 판매취급소의 용도로 사용하는 부분에 상층이 있는 경우에 상층의 바닥은 내화구조로 하고, 상층이 없는 경우에는 지붕을 내화구조 또는 불연재료로 할 것

(바) 제1종 판매취급소의 용도로 사용하는 부분의 창 및 출입구는 갑종방화문 또는 을종방화문을 설치하고, 유리는 망입유리로 할 것

② 위험물을 배합하는 실의 기준

(가) 바닥면적은 $6m^2$ 이상 $15m^2$ 이하로 할 것

(나) 내화구조 또는 불연재료로 된 벽으로 구획할 것

(다) 바닥은 위험물이 침투하지 아니하는 구조로 하여 적당한 경사를 두고 집유설비를 할 것

(라) 출입구에는 수시로 열 수 있는 자동폐쇄식의 갑종방화문을 설치할 것

(마) 출입구 문턱의 높이는 바닥면으로부터 0.1m 이상으로 할 것

(바) 내부에 체류한 가연성의 증기 또는 가연성의 미분을 지붕 위로 방출하는 설비를 할 것

(2) 제2종 판매취급소 기준

① 위치·구조 및 설비 기준

(가) 제2종 판매취급소 : 저장 또는 취급하는 위험물이 지정수량의 40배 이하

(나) 제2종 판매취급소는 제1종 판매취급소의 기준 ①의 (나), (다), (바)항목과 ②의 기준을 준용한다.

(다) 제2종 판매취급소의 벽·기둥·바닥 및 보를 내화구조로 하고, 천장은 불연재료로 하며, 다른 부분과의 격벽은 내화구조로 할 것

(라) 제2종 판매취급소의 창 또는 출입구에 유리는 망입유리로 한다.

(마) 제2종 판매취급소의 용도로 사용하는 부분에 상층이 있는 경우에 상층의 바닥은 내화구조로 하는 동시에 상층으로의 연소를 방지하기 위한 조치를 하고, 상층이 없는 경우에는 지붕을 내화구조로 할 것

(바) 제2종 판매취급소의 부분 중 연소의 우려가 없는 부분에 한하여 창을 두되, 창에는 갑종방화문 또는 을종방화문을 설치할 것

(사) 제2종 판매취급소 출입구는 갑종방화문 또는 을종방화문을 설치할 것. 다만, 연소의 우려가 있는 벽 또는 창의 부분에 설치하는 출입구에는 자동폐쇄식의 갑종방화문을 설치한다.

12 이송취급소 기준 [시행규칙 별표15]

(1) 설치 금지 장소

① 철도 및 도로의 터널 안

② 고속국도 및 자동차 전용도로의 차도·길어깨 및 중앙분리대

③ 호수·저수지 등으로서 수리의 수원이 되는 곳
④ 급경사 지역으로서 붕괴의 위험이 있는 지역

(2) 배관의 지하매설 기준

① 배관 외면으로부터 안전거리
(가) 건축물(지하가 내의 건축물을 제외한다) : 1.5m 이상
(나) 지하가 및 터널 : 10m 이상
(다) '수도법'에 의한 수도시설(위험물의 유입우려가 있는 것에 한한다) : 300m 이상
② 다른 공작물과 거리 : 0.3m 이상
③ 배관 외면과 지표면과의 거리(매설깊이)
(가) 산이나 들 : 0.9m 이상
(나) 그 밖의 지역 : 1.2m 이상
(다) 방호구조물 안에 설치하는 경우 : 매설깊이를 유지하지 아니하여도 된다.
④ 배관 하부와 상부에는 사질토 또는 모래로 채울 것
(가) 배관의 하부 : 20cm(자동차 등의 하중이 없는 경우 10cm) 이상
(나) 배관의 상부 : 30cm(자동차 등의 하중이 없는 경우 20cm) 이상

(3) 긴급차단밸브

① 긴급차단밸브 설치 장소 및 간격
(가) 시가지에 설치하는 경우 : 약 4km의 간격
(나) 하천·호소(湖沼) 등을 횡단하여 설치하는 경우 : 횡단하는 부분의 양 끝
(다) 해상 또는 해저를 통과하여 설치하는 경우 : 통과하는 부분의 양 끝
(라) 산림지역에 설치하는 경우 : 약 10km의 간격
(마) 도로 또는 철도를 횡단하여 설치하는 경우 : 횡단하는 부분의 양 끝
② 긴급차단밸브의 기능
(가) 원격조작 및 현지조작에 의하여 폐쇄되는 기능
(나) 누설검지장치에 의하여 이상이 검지된 경우에 자동으로 폐쇄되는 기능
③ 긴급차단밸브의 개폐상태는 설치장소에서 용이하게 확인될 수 있을 것
④ 긴급차단밸브를 지하에 설치하는 경우에는 점검상자 안에 유지할 것
⑤ 긴급차단밸브는 관계자외의 자가 수동으로 개폐할 수 없도록 할 것

3-2 | 탱크 용량 계산 및 수압시험

1 탱크 용량 계산

(1) 탱크 용적의 산정기준 [시행규칙 제5조]

① 위험물을 저장 또는 취급하는 탱크의 용량은 해당 탱크의 내용적에서 공간용적을 뺀 용적으로 한다. 이 경우 위험물을 저장 또는 취급하는 차량에 고정된 탱크("이동저장탱크"라 한다)의 용량은 최대적재량 이하로 하여야 한다.

∴ 탱크 용량=탱크 내용적 - 공간용적

(2) 탱크의 내용적 계산방법 [세부기준 별표1]

① 타원형 탱크의 내용적

㈎ 양쪽이 볼록한 것

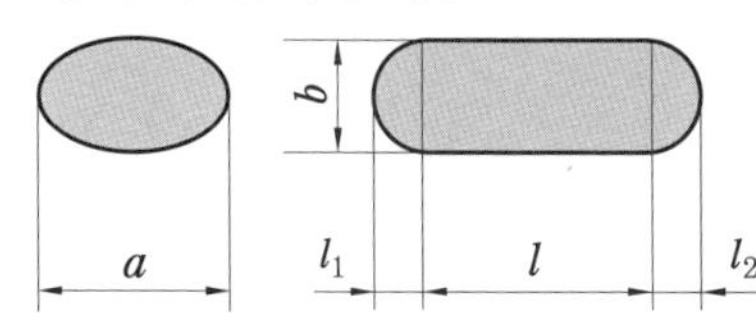

$$\therefore \text{내용적} = \frac{\pi ab}{4} \times \left(l + \frac{l_1 + l_2}{3}\right)$$

㈏ 한쪽은 볼록하고, 다른 한쪽은 오목한 것

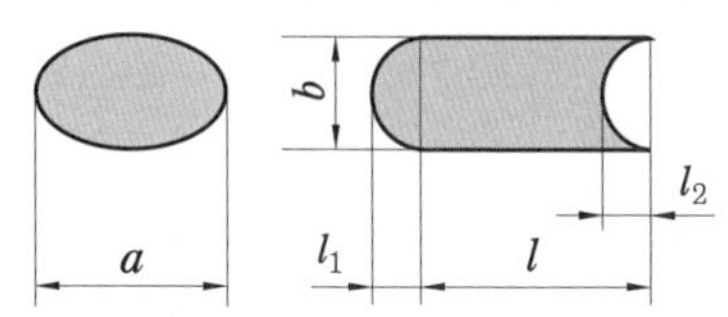

$$\therefore \text{내용적} = \frac{\pi ab}{4} \times \left(l + \frac{l_1 - l_2}{3}\right)$$

② 원통형 탱크의 내용적

㈎ 횡으로 설치한 것

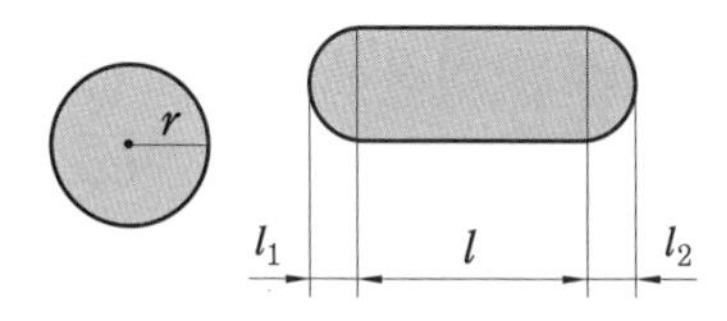

$$\therefore \text{내용적} = \pi r^2 \times \left(l + \frac{l_1 + l_2}{3}\right)$$

㈏ 종으로 설치한 것

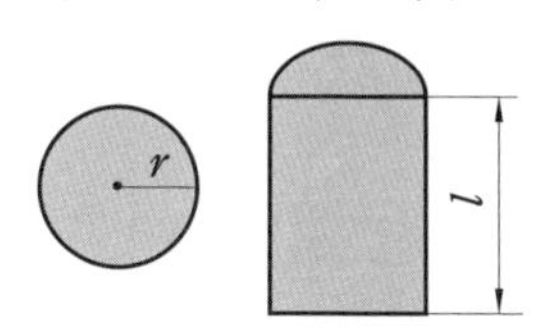

$$\therefore \text{내용적} = \pi r^2 l$$

③ 그 밖의 탱크 : 통상의 수학적 계산 방법에 의할 것. 다만, 쉽게 그 내용적을 계산하기 어려운 탱크는 내용적의 근사 계산에 의할 수 있다.

(3) 탱크의 공간용적 [세부기준 제25조]

① 탱크의 공간용적은 탱크의 내용적의 $\frac{5}{100}$ 이상 $\frac{10}{100}$ 이하의 용적으로 한다.

② 소화설비(소화약제 방출구를 탱크 안의 윗부분에 설치하는 것에 한한다)를 설치하는 탱크의 공간용적은 소화방출구 아래의 0.3m 이상 1m 미만 사이의 면으로부터 윗부분의 용적으로 한다.

③ 암반탱크는 당해 탱크 내에 용출하는 7일간의 지하수의 양에 상당하는 용적과 당해 탱크의 내용적의 $\frac{1}{100}$ 용적 중에서 보다 큰 용적을 공간용적으로 한다.

2 탱크의 수압시험(변형시험)

(1) 옥내탱크저장소 및 옥외탱크저장소

① 압력탱크 : 최대상용압력의 1.5배의 압력으로 10분간 수압시험을 실시하여 새거나 변형되지 않을 것

② 압력탱크 외의 탱크 : 충수시험

(2) 지하탱크저장소 및 이동탱크저장소

① 압력탱크(최대상용압력 46.7kPa 이상인 탱크) : 최대상용압력의 1.5배의 압력으로 10분간 수압시험을 실시하여 새거나 변형되지 않을 것

② 압력탱크 외의 탱크 : 70kPa의 압력으로 10분간 수압시험을 실시하여 새거나 변형되지 않을 것

③ 알킬알루미늄 이동저장탱크 : 1MPa 이상의 압력으로 10분간 실시하는 수압시험에서 새거나 변형하지 않을 것

(3) 간이탱크저장소

70kPa의 압력으로 10분간 수압시험을 실시하여 새거나 변형되지 않을 것

예상 문제

1. 위험물 안전관리법령에 따른 안전거리 규제를 받는 위험물 시설이 아닌 것은?

① 제6류 위험물제조소
② 제1류 위험물일반취급소
③ 제4류 위험물옥내저장소
④ 제5류 위험물옥외저장소

해설 제조소의 안전거리 기준 [시행규칙 별표4] : 제조소(제6류 위험물을 취급하는 제조소를 제외한다)는 건축물의 외벽 또는 이에 상당하는 공작물의 외측으로부터 당해 제조소의 외벽 또는 이에 상당하는 공작물의 외측까지 안전거리를 두어야 한다.

★★★
2. 위험물제조소의 안전거리 기준으로 틀린 것은?

① 주택으로부터 10m 이상
② 학교, 병원, 극장으로부터 30m 이상
③ 유형문화재와 기념물 중 지정문화재로부터는 70m 이상
④ 고압가스 등을 저장·취급하는 시설로부터는 20m 이상

해설 제조소의 안전거리 [시행규칙 별표4]

해당 대상물	안전거리
7000V 초과 35000V 이하 전선	3m 이상
35000V 초과 전선	5m 이상
건축물, 주거용 공작물	10m 이상
고압가스, LPG, 도시가스 시설	20m 이상
학교·병원·극장(300명 이상 수용), 다수인 수용시설(20명 이상)	30m 이상
유형문화재, 지정문화재	50m 이상

3. 주거용 건축물과 위험물제조소와의 안전거리를 단축할 수 있는 경우는?

① 제조소가 위험물의 화재 진압을 하는 소방서와 근거리에 있는 경우
② 취급하는 위험물의 최대수량(지정수량의 배수)이 10배 미만이고 기준에 의한 방화상 유효한 벽을 설치한 경우
③ 위험물을 취급하는 시설이 철근콘크리트 벽일 경우
④ 취급하는 위험물이 단일 품목일 경우

해설 위험물제조소의 안전거리 단축 기준 [시행규칙 별표4, 부표] : 불연재료로 방화상 유효한 담 또는 벽을 설치하는 경우 적용

취급하는 위험물의 최대수량(지정수량의 배수)	안전거리		
	주거용 건축물	학교·유치원 등	문화재
10배 미만	6.5m 이상	20m 이상	35m 이상
10배 이상	7.0m 이상	22m 이상	38m 이상

★
4. 위험물제조소등의 안전거리의 단축기준과 관련해서 $H \leq pD^2 + a$인 경우 방화상 유효한 담의 높이는 2m 이상으로 한다. 다음 중 a에 해당되는 것은?

① 인근 건축물의 높이(m)
② 제조소등의 외벽의 높이(m)
③ 제조소등과 공작물과의 거리(m)
④ 제조소등과 방화상 유효한 담과의 거리(m)

해설 방화상 유효한 담의 높이는 다음에 의하여 산정한 높이 이상으로 한다.

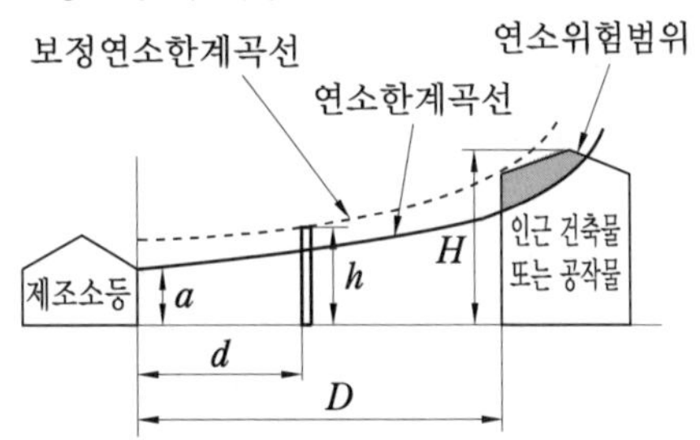

정답 1. ① 2. ③ 3. ② 4. ②

㉮ $H \leq pD^2 + a$인 경우 $h=2$

㉯ $H > pD^2 + a$인 경우

$h = H - p(D^2 - d^2)$

여기서, D : 제조소등과 인근 건축물 또는 공작물과의 거리(m)

H : 인근 건축물 또는 공작물의 높이(m)

a : 제조소등의 외벽의 높이(m)

d : 제조소등과 방화상 유효한 담과의 거리(m)

h : 방화상 유효한 담의 높이(m)

p : 상수

★

5. 제조소에서 취급하는 위험물의 최대수량이 지정수량의 20배인 경우 보유공지의 너비는 얼마인가?

① 3m 이상 ② 5m 이상
③ 10m 이상 ④ 20m 이상

해설 제조소의 보유공지 [시행규칙 별표4]

취급하는 위험물의 최대수량	공지의 너비
지정수량의 10배 이하	3m 이상
지정수량의 10배 초과	5m 이상

★★★

6. 제5류 위험물제조소에 설치하는 표지 및 주의사항을 표시한 게시판의 바탕색상을 각각 옳게 나타낸 것은?

① 표지 : 백색, 주의사항을 표시한 게시판 : 백색
② 표지 : 백색, 주의사항을 표시한 게시판 : 적색
③ 표지 : 적색, 주의사항을 표시한 게시판 : 백색
④ 표지 : 적색, 주의사항을 표시한 게시판 : 적색

해설 ㉮ 위험물제조소의 표지 설치 [시행규칙 별표4]

㉠ 제조소에는 보기 쉬운 곳에 "위험물 제조소"라는 표시를 한 표지를 설치한다.

㉡ 크기 : 한 변의 길이가 0.3m 이상, 다른 한 변의 길이가 0.6m 이상인 직사각형

㉢ 색상 : 백색 바탕에 흑색 문자

㉯ 위험물제조소 주의사항 게시판 [시행규칙 별표4]

위험물의 종류	내용	색상
• 제1류 위험물 중 알칼리 금속의 과산화물 • 제3류 위험물 중 금수성 물질	"물기엄금"	청색 바탕에 백색 문자
• 제2류 위험물(인화성 고체 제외)	"화기주의"	적색 바탕에 백색 문자
• 제2류 위험물 중 인화성 고체 • 제3류 위험물 중 자연발화성 물질 • 제4류 위험물 • 제5류 위험물	"화기엄금"	

7. 위험물제조소의 표지의 크기 규격으로 옳은 것은?

① 0.2m×0.4m ② 0.3m×0.3m
③ 0.3m×0.6m ④ 0.6m×0.2m

해설 위험물제조소의 표지 크기 : 한 변의 길이가 0.3m 이상, 다른 한 변의 길이가 0.6m 이상인 직사각형

8. 위험물제조소에서 "화기엄금" 및 "화기주의"를 표시하는 게시판의 바탕색과 문자색을 옳게 연결한 것은?

① 백색 바탕 – 청색 문자
② 청색 바탕 – 백색 문자
③ 적색 바탕 – 백색 문자
④ 백색 바탕 – 적색 문자

해설 위험물제조소 주의사항 게시판 [시행규칙 별표4]

정답 5. ② 6. ② 7. ③ 8. ③

위험물의 종류	내용	색상
• 제1류 위험물 중 알칼리 금속의 과산화물 • 제3류 위험물 중 금수성 물질	"물기엄금"	청색 바탕에 백색 문자
• 제2류 위험물(인화성 고체 제외)	"화기주의"	적색 바탕에 백색 문자
• 제2류 위험물 중 인화성 고체 • 제3류 위험물 중 자연발화성 물질 • 제4류 위험물 • 제5류 위험물	"화기엄금"	

9. 다음 중 위험물제조소 건축물의 구조 기준이 아닌 것은?

① 출입구에는 갑종방화문 또는 을종방화문을 설치할 것
② 지붕은 폭발력이 위로 방출될 정도의 가벼운 불연재료로 덮을 것
③ 벽·기둥·바닥·보·서까래 및 계단은 불연재료로 하고 연소 우려가 있는 외벽은 개구부가 없는 내화구조로 할 것
④ 산화성고체, 가연성고체 위험물을 취급하는 건축물의 바닥은 위험물이 스며들지 못하는 재료를 사용할 것

해설 제조소의 건축물 기준 [시행규칙 별표4]
㉮ 지하층이 없도록 하여야 한다.
㉯ 벽·기둥·바닥·보·서까래 및 계단을 불연재료로 하고, 연소의 우려가 있는 외벽은 출입구 외의 개구부가 없는 내화구조의 벽으로 하여야 한다.
㉰ 지붕은 폭발력이 위로 방출될 정도의 가벼운 불연재료로 덮어야 한다.
㉱ 출입구와 비상구는 갑종방화문 또는 을종방화문을 설치하되, 연소의 우려가 있는 외벽에 설치하는 출입구에는 수시로 열 수 있는 자동폐쇄식의 갑종방화문을 설치하여야 한다.
㉲ 위험물을 취급하는 건축물의 창 및 출입구에 유리를 이용하는 경우에는 망입유리로 하여야 한다.
㉳ 액체의 위험물을 취급하는 건축물의 바닥은 위험물이 스며들지 못하는 재료를 사용하고, 적당한 경사를 두어 그 최저부에 집유설비를 하여야 한다.

10. 위험물 안전관리법령에 따른 위험물제조소 건축물의 구조로 틀린 것은?

① 벽, 기둥, 서까래 및 계단은 난연재료로 할 것
② 지하층이 없도록 할 것
③ 출입구에는 갑종 또는 을종 방화문을 설치할 것
④ 창에 유리를 이용하는 경우에는 망입유리로 할 것

해설 벽·기둥·바닥·보·서까래 및 계단을 불연재료로 하여야 한다.

11. 다음 중 위험물 안전관리법령상 연소의 우려가 있는 위험물제조소의 외벽의 기준으로 옳은 것은?

① 개구부가 없는 불연재료의 벽으로 하여야 한다.
② 개구부가 없는 내화구조의 벽으로 하여야 한다.
③ 출입구 외의 개구부가 없는 불연재료의 벽으로 하여야 한다.
④ 출입구 외의 개구부가 없는 내화구조의 벽으로 하여야 한다.

해설 연소의 우려가 있는 외벽은 출입구 외의 개구부가 없는 내화구조의 벽으로 하여야 한다.

12. 위험물 안전관리법령상 제1석유류를 취급하는 위험물제조소의 건축물의 지붕에 대한 설명으로 옳은 것은?

정답 9. ④ 10. ① 11. ④ 12. ③

① 항상 불연재료로 하여야 한다.
② 항상 내화구조로 하여야 한다.
③ 가벼운 불연재료가 원칙이지만 예외적으로 내화구조로 할 수 있는 경우가 있다.
④ 내화구조가 원칙이지만 예외적으로 가벼운 불연재료로 할 수 있는 경우가 있다.

해설 위험물제조소의 건축물의 지붕 구조 [시행규칙 별표4]
㉮ 지붕은 폭발력이 위로 방출될 정도의 가벼운 불연재료로 덮어야 한다.
㉯ 위험물을 취급하는 건축물이 다음에 해당에 해당하는 경우에는 그 지붕을 내화구조로 할 수 있다.
㉠ 제2류 위험물, 제4류 위험물 중 제4석유류·동식물유류 또는 제6류 위험물을 취급하는 건축물인 경우
㉡ 다음의 기준에 적합한 밀폐형 구조의 건축물인 경우
ⓐ 발생할 수 있는 내부의 과압(過壓) 또는 부압(負壓)에 견딜 수 있는 철근콘크리트조일 것
ⓑ 외부화재에 90분 이상 견딜 수 있는 구조일 것

★
13. **위험물제조소의 환기설비 설치 기준으로 옳지 않은 것은?**

① 환기구는 지붕위 또는 지상 2m 이상의 높이에 설치할 것
② 급기구는 바닥면적 $150m^2$ 마다 1개 이상으로 할 것
③ 환기는 자연배기방식으로 할 것
④ 급기구는 높은 곳에 설치하고 인화방지망을 설치할 것

해설 위험물제조소의 환기설비 기준 [시행규칙 별표4]
㉮ 환기는 자연배기방식으로 할 것
㉯ 급기구는 당해 급기구가 설치된 실의 바닥면적 $150m^2$ 마다 1개 이상으로 하되, 급기구의 크기는 $800cm^2$ 이상으로 할 것. 다만, 바닥면적이 $150m^2$ 미만인 경우에는 규정에 정한 크기로 한다.
㉰ 급기구는 낮은 곳에 설치하고 가는 눈의 구리망 등으로 인화방지망을 설치할 것
㉱ 환기구는 지붕 위 또는 지상 2m 이상의 높이에 회전식 고정벤추레이터 또는 루프팬 방식으로 설치할 것

14. **위험물제조소의 배출설비의 배출능력은 1시간당 배출장소 용적의 몇 배 이상인 것으로 해야 하는가? (단, 전역방식의 경우는 제외한다.)**

① 5　② 10　③ 15　④ 20

해설 제조소의 배출설비 배출능력은 1시간당 배출장소 용적의 20배 이상인 것으로 하여야 한다. 다만, 전역방식의 경우에는 바닥면적 $1m^2$당 $18m^3$ 이상으로 할 수 있다.

15. **위험물 안전관리법령에 따른 위험물제조소와 관련한 내용으로 틀린 것은?**

① 채광설비는 불연재료를 사용한다.
② 환기는 자연 배기방식으로 한다.
③ 조명설비의 전선은 내화·내열전선으로 한다.
④ 조명설비의 점멸스위치는 출입구 안쪽부분에 설치한다.

해설 위험물제조소 조명설비 기준 [시행규칙 별표4]
㉮ 가연성가스 등이 체류할 우려가 있는 장소의 조명등은 방폭등으로 할 것
㉯ 전선은 내화·내열전선으로 할 것
㉰ 점멸스위치는 출입구 바깥부분에 설치할 것. 다만, 스위치의 스파크로 인한 화재·폭발의 우려가 없을 경우에는 그러하지 아니하다.

16. **위험물 안전관리법령에 의한 위험물제조소의 설치기준으로 옳지 않은 것은?**

① 위험물을 취급하는 기계·기구 그 밖의 설

정답 13. ④ 14. ④ 15. ④ 16. ④

비는 위험물이 새거나 넘치거나 비산하는 것을 방지할 수 있는 구조로 하여야 한다.

② 위험물을 가열하거나 냉각하는 설비 또는 위험물의 취급에 수반하여 온도변화가 생기는 설비에는 온도측정 장치를 설치하여야 한다.

③ 위험물을 취급함에 있어서 정전기가 발생할 우려가 있는 설비에는 정전기를 유효하게 제거할 수 있는 설비를 설치하여야 한다.

④ 위험물을 취급하는 동관을 지하에 설치하는 경우에는 지진·풍압·지반침하 및 온도변화에 안전한 구조의 지지물에 설치하여야 한다.

해설 위험물제조소 내의 배관설치 기준 [시행규칙 별표4]

㉮ 배관을 지상에 설치하는 경우에는 지진·풍압·지반침하 및 온도변화에 안전한 구조의 지지물에 설치하되, 지면에 닿지 아니하도록 하고 배관의 외면에 부식방지를 위한 도장을 하여야 한다.

㉯ 배관을 지하에 매설하는 경우 금속성 배관의 외면에는 부식방지를 위하여 도복장·코팅 또는 전기방식 등의 필요한 조치를 할 것

17. 벼락으로부터 재해를 방지하기 위하여 위험물 안전관리법령상 피뢰설비를 설치하여야 하는 위험물제조소의 기준은? (단, 제6류 위험물을 취급하는 위험물제조소는 제외한다.)

① 모든 위험물을 취급하는 제조소

② 지정수량 5배 이상의 위험물을 취급하는 제조소

③ 지정수량 10배 이상의 위험물을 취급하는 제조소

④ 지정수량 20배 이상의 위험물을 취급하는 제조소

해설 위험물제조소에 피뢰설비 설치 기준 [시행규칙 별표4] : 지정수량의 10배 이상의 위험물을 취급하는 제조소(제6류 위험물을 취급하는 위험물 제조소를 제외한다)에는 피뢰침을 설치하여야 한다.]

18. 위험물 안전관리법령상 산화프로필렌을 취급하는 위험물 제조설비의 재질로 사용이 금지된 금속이 아닌 것은?

① 금 ② 은

③ 동 ④ 마그네슘

해설 아세트알데히드, 산화프로필렌(이하 "아세트알데히드등"이라 한다)을 취급하는 제조소의 특례기준 [시행규칙 별표4]

㉮ 아세트알데히드등을 취급하는 설비는 은·수은·동·마그네슘 또는 이들을 성분으로 하는 합금으로 만들지 아니할 것

㉯ 아세트알데히드등을 취급하는 설비에는 연소성 혼합기체의 생성에 의한 폭발을 방지하기 위한 불활성기체 또는 수증기를 봉입하는 장치를 갖출 것

㉰ 아세트알데히드등을 취급하는 탱크에는 냉각장치 또는 저온을 유지하기 위한 장치(보냉장치) 및 연소성 혼합기체의 생성에 의한 폭발을 방지하기 위한 불활성기체를 봉입하는 장치를 갖출 것. 다만 지하에 있는 탱크가 아세트알데히드등의 온도를 저온으로 유지할 수 있는 구조인 경우에는 냉각장치 및 보냉장치를 갖추지 아니할 수 있다.

㉱ 냉각장치 또는 보냉장치는 2 이상 설치하여 하나의 냉각장치 또는 보냉장치가 고장난 때에도 일정 온도를 유지할 수 있도록 하고, 비상전원을 갖출 것

㉲ 아세트알데히드등을 취급하는 탱크를 지하에 매설하는 경우에는 당해 탱크를 탱크전용실에 설치할 것

참고 산화프로필렌(CH_3CHOCH_2)은 수은 및 구리, 은, 마그네슘 등의 금속이나 합금과 접촉하면 폭발성인 아세틸라이드를 생성하고, 아세트알데히드(CH_3CHO)는 폭발적인 반응을 한다.

정답 17. ③ 18. ①

19. **다음은 위험물 안전관리법령에서 정한 아세트알데히드등을 취급하는 제조소의 특례에 관한 내용이다. ( ) 안에 해당하지 않는 물질은?**

아세트알데히드등을 취급하는 설비는 ( )·( )·( )·마그네슘 또는 이들을 성분으로 하는 합금으로 만들지 아니할 것

① Ag ② Hg ③ Cu ④ Fe

해설 아세트알데히드등을 취급하는 설비는 은·수은·동·마그네슘 또는 이들을 성분으로 하는 합금으로 만들지 아니한다.

★
20. **다음 중 저장하는 위험물의 종류 및 수량을 기준으로 옥내저장소에서 안전거리를 두지 않을 수 있는 경우는?**

① 지정수량 20배 이상의 동식물유류
② 지정수량 20배 미만의 특수인화물
③ 지정수량 20배 미만의 제4석유류
④ 지정수량 20배 이상의 제5류 위험물

해설 옥내저장소 안전거리 제외 대상
㉮ 제4석유류 또는 동식물유류의 위험물을 저장 또는 취급하는 옥내저장소로서 그 최대수량이 지정수량의 20배 미만인 것
㉯ 제6류 위험물을 저장 또는 취급하는 옥내저장소
㉰ 지정수량의 20배(하나의 저장창고의 바닥면적이 $150m^2$ 이하인 경우에는 50배) 이하의 위험물을 저장 또는 취급하는 옥내저장소로서 다음의 기준에 적합한 것
㉠ 저장창고의 벽·기둥·바닥·보 및 지붕이 내화구조인 것
㉡ 저장창고의 출입구에 수시로 열 수 있는 자동폐쇄방식의 갑종방화문이 설치되어 있을 것
㉢ 저장창고에 창을 설치하지 아니할 것

21. **옥내저장소에서 안전거리 기준이 적용되는 경우는?**

① 지정수량 20배 미만의 제4석유류를 저장하는 것
② 제2류 위험물 중 덩어리 상태의 유황을 저장하는 것
③ 지정수량 20배 미만의 동식물유류를 저장하는 것
④ 제6류 위험물을 저장하는 것

해설 보기 ①, ③, ④번 항목이 안전거리 제외 대상에 해당된다.

22. **제4석유류를 저장하는 옥내탱크저장소의 기준으로 옳은 것은? (단, 단층건물에 탱크전용실을 설치하는 경우이다.)**

① 옥내저장탱크의 용량은 지정수량의 40배 이하일 것
② 탱크전용실은 벽·기둥·바닥·보를 내화구조로 할 것
③ 탱크전용실에는 창을 설치하지 아니할 것
④ 탱크전용실에 펌프설비를 설치하는 경우에는 그 주위에 0.2m 이상의 높이로 턱을 설치할 것

해설 옥내탱크저장소 기준 [시행규칙 별표7]
㉮ 옥내저장탱크는 단층 건축물에 설치된 탱크전용실에 설치할 것
㉯ 옥내저장탱크와 탱크전용실의 벽과의 사이 및 옥내저장탱크 상호 간에는 0.5m 이상의 간격을 유지할 것. 다만, 탱크의 점검 및 보수에 지장이 없는 경우에는 그러하지 아니하다.
㉰ 옥내저장탱크의 용량은 지정수량의 40배 이하일 것(제4석유류 및 동식물유류 외의 제4류 위험물에 있어서 당해 수량이 2만 L를 초과할 때에는 2만 L 이하일 것)
㉱ 탱크전용실은 벽·기둥 및 바닥을 내화구조로 하고, 보는 불연재료로 할 것
㉲ 연소의 우려가 있는 외벽은 출입구 외에는 개구부가 없도록 할 것

정답 19. ④ 20. ③ 21. ② 22. ①

㉯ 지붕은 불연재료로 하고 천장을 설치하지 아니할 것
㉰ 창 및 출입구는 갑종방화문 또는 을종방화문으로 하고, 유리는 망입유리로 할 것
㉱ 액상의 위험물의 옥내저장탱크를 설치하는 경우 바닥은 위험물이 침투하지 않는 구조로 하고, 적당한 경사를 두고, 집유설비를 설치할 것
㉲ 출입구 턱의 높이는 당해 탱크 전용실내의 옥내저장탱크 용량을 수용할 수 있는 높이 이상으로 하거나 옥내저장탱크로부터 누설된 위험물이 탱크 전용실외의 부분으로 유출하지 않는 구조로 할 것

23. **복합용도 건축물의 옥내저장소의 기준에서 옥내저장소의 용도에 사용되는 부분의 바닥 면적은 몇 m^2 이하로 하여야 하는가?**

① 30 ② 50 ③ 75 ④ 100

해설 복합용도 건축물의 옥내저장소 기준 [시행규칙 별표5] : 옥내저장소 중 지정수량의 20배 이하의 것에 적용
㉮ 옥내저장소는 벽·기둥·바닥 및 보가 내화구조인 건축물의 1층 또는 2층의 어느 하나의 층에 설치하여야 한다.
㉯ 옥내저장소의 용도에 사용되는 부분의 바닥은 지면보다 높게 설치하고 그 층고를 6m 미만으로 하여야 한다.
㉰ 옥내저장소의 용도에 사용되는 부분의 바닥면적은 $75m^2$ 이하로 하여야 한다.
㉱ 옥내저장소의 용도에 사용되는 부분은 벽·기둥·바닥·보 및 지붕을 내화구조로 하고, 출입구 외의 개구부가 없는 두께 70mm 이상의 철근콘크리트조 또는 이와 동등 이상의 강도가 있는 구조의 바닥 또는 벽으로 당해 건축물의 다른 부분과 구획되도록 하여야 한다.
㉲ 옥내저장소의 용도에 사용되는 부분의 출입구에는 수시로 열수 있는 자동폐쇄방식의 갑종방화문을 설치하여야 한다.
㉳ 옥내저장소의 용도에 사용되는 부분에는 창을 설치하지 아니하여야 한다.
㉴ 옥내저장소의 용도에 사용되는 부분의 환기설비 및 배출설비에는 방화상 유효한 댐퍼 등을 설치하여야 한다.

24. **옥내저장소 내부에 체류하는 가연성 증기를 지붕위로 방출시키는 배출설비를 하여야 하는 위험물은?**

① 과염소산 ② 과망간산칼륨
③ 피리딘 ④ 과산화나트륨

해설 옥내저장소 배출설비 기준 [시행규칙 별표5]
㉮ 인화점이 70℃ 미만인 위험물의 저장창고(옥내저장소)에 있어서는 내부에 체류한 가연성의 증기를 지붕 위로 배출하는 설비를 갖추어야 한다.
㉯ 피리딘(C_5H_5N) : 제4류 위험물 제1석유류에 해당되며 인화점이 20℃이므로 배출설비를 갖추어야 한다.

25. **위험물 옥내저장소의 피뢰설비는 지정수량의 최소 몇 배 이상인 저장 창고에 설치하도록 하고 있는가? (단, 제6류 위험물의 저장창고를 제외한다.)**

① 10 ② 15 ③ 20 ④ 30

해설 옥내저장소 피뢰설비 설치 기준 [시행규칙 별표5] : 지정수량의 10배 이상의 저장창고(제6류 위험물의 저장창고를 제외한다)에는 피뢰침을 설치하여야 한다. 다만, 저장창고의 주위의 상황에 따라 안전상 지장이 없는 경우에는 피뢰침을 설치하지 아니할 수 있다.

★
26. **다음 그림은 제5류 위험물 중 유기과산화물을 저장하는 옥내저장소의 저장창고를 개략적으로 보여 주고 있다. 창과 바닥으로부터 높이(a)와 하나의 창의 면적(b)은 각각 얼마로 하여야 하는가? (단, 이 저장창고의 바닥 면적은 $150m^2$ 이내이다.)**

정답 23. ③ 24. ③ 25. ① 26. ③

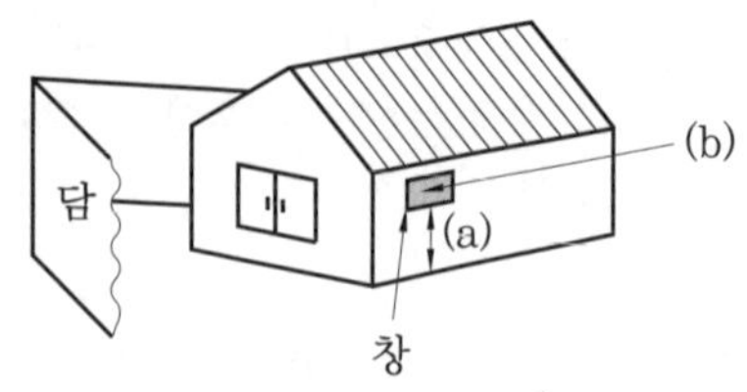

① (a) 2m 이상, (b) 0.6m^2 이내
② (a) 3m 이상, (b) 0.4m^2 이내
③ (a) 2m 이상, (b) 0.4m^2 이내
④ (a) 3m 이상, (b) 0.6m^2 이내

해설 지정과산화물 옥내저장소의 저장창고 기준 [시행규칙 별표5]

㉮ 저장창고는 150m^2 이내마다 격벽으로 구획할 것
㉯ 외벽은 두께 20cm 이상의 철근콘크리트조나 철골철근콘크리트조 또는 두께 30cm 이상의 보강콘크리트블록조로 할 것
㉰ 출입구에는 갑종방화문을 설치할 것
㉱ 창은 바닥면으로부터 2m 이상의 높이에 설치한다.
㉲ 하나의 벽면에 두는 창의 면적의 합계를 당해 벽면의 80분의 1 이내로 한다.
㉳ 하나의 창의 면적은 0.4m^2 이내로 할 것
㉴ 지붕은 중도리 또는 서까래의 간격은 30cm 이하로 할 것

27. **옥내저장창고의 바닥은 물이 스며 나오거나 스며들지 아니하는 구조로 해야 하는 위험물은?**

① 과염소산칼륨 ② 니트로셀룰로오스
③ 적린 ④ 트리에틸알루미늄

해설 ㉮ 옥내저장소 저장창고 바닥의 물이 스며나오거나 스며들지 않는 구조로 하여야 할 위험물 [시행규칙 별표5]

㉠ 제1류 위험물 중 알칼리 금속의 과산화물 또는 이를 함유하는 것
㉡ 제2류 위험물 중 철분·금속분·마그네슘 또는 이중 어느 하나 이상을 함유하는 것
㉢ 제3류 위험물 중 금수성 물질 또는 제4류 위험물

㉯ 각 위험물의 유별 구분

품명	유별
과염소산칼륨($KClO_4$)	제1류 위험물
니트로셀룰로오스 [$C_6H_7O_2(ONO_2)_3$]$_n$	제5류 위험물
적린(P)	제2류 위험물
트리에틸알루미늄 [$(C_2H_5)_3Al$]	제3류 위험물

㉰ 트리에틸알루미늄[$(C_2H_5)_3Al$]은 금수성 물질에 해당되므로 해당규정을 적용해야 할 위험물이다.

참고 트리에틸알루미늄[$(C_2H_5)_3Al$]은 물과 접촉하면 반응하여 가연성가스인 에탄(C_2H_6)이 발생한다.

★★★

28. **옥외탱크저장소에서 취급하는 위험물의 최대수량에 따른 공지너비가 틀린 것은? (단, 원칙적인 경우에 한한다.)**

① 지정수량 500배 이하 : 3m 이상
② 지정수량 500배 초과 1000배 이하 : 5m 이상
③ 지정수량 1000배 초과 2000배 이하 : 9m 이상
④ 지정수량 2000배 초과 3000배 이하 : 15m 이상

해설 옥외탱크저장소의 보유공지 기준 [시행규칙 별표6]

저장 또는 취급하는 위험물의 최대수량	공지의 너비
지정수량의 500배 이하	3m 이상
지정수량의 500배 초과 1000배 이하	5m 이상
지정수량의 1000배 초과 2000배 이하	9m 이상
지정수량의 2000배 초과 3000배 이하	12m 이상
지정수량의 3000배 초과 4000배 이하	15m 이상

정답 27. ④ 28. ④

참고 지정수량의 4000배 초과의 경우 당해 탱크의 수평단면의 최대지름(횡형인 경우에는 긴 변)과 높이 중 큰 것과 같은 거리 이상. 다만, 30m 초과의 경우에는 30m 이상으로 할 수 있고, 15m 미만의 경우에는 15m 이상으로 하여야 한다.

29. 최대 아세톤 150톤을 옥외탱크저장소에 저장할 경우 보유공지의 너비는 몇 m 이상으로 하여야 하는가? (단, 아세톤의 비중은 0.79이다.)

① 3 ② 5 ③ 9 ④ 12

해설 ㉮ 아세톤(CH_3COCH_3) : 제4류 위험물 중 제1석유류(수용성)에 해당되며 지정수량은 400L이다.

㉯ 아세톤 150톤을 체적(L)으로 환산

$$\therefore \text{체적 (L)} = \frac{\text{무게 (kg)}}{\text{액비중}}$$

$$= \frac{150 \times 10^3}{0.79} = 189873.417\text{L}$$

㉰ 지정수량의 배수 계산

$$\therefore \text{지정수량 배수} = \frac{\text{최대 저장량}}{\text{지정수량}}$$

$$= \frac{189873.417}{400} = 474.683\text{배}$$

㉱ 옥외탱크저장소의 보유공지 기준 [시행규칙 별표6]

저장 또는 취급하는 위험물의 최대수량	공지의 너비
지정수량의 500배 이하	3m 이상
지정수량의 500배 초과 1000배 이하	5m 이상
지정수량의 1000배 초과 2000배 이하	9m 이상
지정수량의 2000배 초과 3000배 이하	12m 이상
지정수량의 3000배 초과 4000배 이하	15m 이상

참고 지정수량의 4000배 초과의 경우 당해 탱크의 수평단면의 최대지름(횡형인 경우에는 긴 변)과 높이 중 큰 것과 같은 거리 이상. 다만, 30m 초과의 경우에는 30m 이상으로 할 수 있고, 15m 미만의 경우에는 15m 이상으로 하여야 한다.

∴ 보유공지 너비는 3m 이상으로 하여야 한다.

30. 위험물 안전관리법령상 제4류 위험물 옥외저장탱크의 대기밸브부착 통기관은 몇 kPa 이하의 압력차이로 작동할 수 있어야 하는가?

① 2 ② 3 ③ 4 ④ 5

해설 옥외탱크저장소 통기관(대기밸브 부착 통기관) 기준[시행규칙 별표6]

㉮ 5kPa 이하의 압력차이로 작동할 수 있을 것

㉯ 인화방지장치를 할 것

31. 옥외저장탱크를 강철판으로 제작할 경우 두께 기준은 몇 mm 이상인가? (단, 특정옥외저장탱크 및 준특정옥외저장탱크는 제외한다.)

① 1.2 ② 2.2 ③ 3.2 ④ 4.2

해설 옥외저장탱크 두께 기준

㉮ 강철판 : 3.2mm 이상 → 시행규칙 별표6

㉯ 스테인리스강 및 알루미늄합금강 : 최소두께는 밑판 4.76mm, 옆판 3.42mm, 지붕 3.42mm → 세부기준 제98조

32. 다음 ( ) 안에 알맞은 수치와 용어를 옳게 나열한 것은?

> 이황화탄소의 옥외저장탱크는 벽 및 바닥의 두께가 ( )m 이상이고, 누수가 되지 아니하는 철근콘크리트의 ( )에 넣어 보관하여야 한다.

① 0.2, 수조 ② 0.1, 수조
③ 0.2, 진공탱크 ④ 0.1, 진공탱크

해설 옥외탱크저장탱크의 외부구조 및 설비 [시행규칙 별표6] : 이황화탄소의 옥외저장탱크는

정답 29. ① 30. ④ 31. ③ 32. ①

벽 및 바닥의 두께가 0.2m 이상이고 누수가 되지 아니하는 철근콘크리트의 수조에 넣어 보관하여야 한다. 이 경우 보유공지, 통기관 및 자동계량장치는 생략할 수 있다.

33. 다음 ( ) 안에 알맞은 수치는? (단, 인화점이 200℃ 이상인 위험물은 제외한다.)

옥외저장탱크의 지름이 15m 미만인 경우에 방유제는 탱크의 옆판으로부터 탱크 높이의 ( ) 이상 이격하여야 한다.

① $\frac{1}{3}$ ② $\frac{1}{2}$ ③ $\frac{1}{4}$ ④ $\frac{2}{3}$

해설 옥외탱크저장소의 방유제와 탱크 옆판까지 유지거리 [시행규칙 별표6]
㉮ 지름이 15m 미만인 경우 : 탱크 높이의 3분의 1 이상
㉯ 지름이 15m 이상인 경우 : 탱크 높이의 2분의 1 이상
㉰ 인화점이 200℃ 이상인 위험물을 저장 또는 취급하는 것은 옥외저장탱크와 방유제 사이의 거리를 유지하지 않아도 된다.

34. 위험물 안전관리법령상 옥외탱크저장소의 위치·구조 및 설비의 기준에서 간막이 둑을 설치할 경우 그 용량의 기준으로 옳은 것은?

① 간막이 둑 안에 설치된 탱크의 용량의 110% 이상일 것
② 간막이 둑 안에 설치된 탱크의 용량 이상일 것
③ 간막이 둑 안에 설치된 탱크의 용량의 10% 이상일 것
④ 간막이 둑 안에 설치된 탱크의 간막이 둑 높이 이상부분의 용량 이상일 것

해설 옥외탱크저장소의 방유제 내에 간막이 둑 설치기준 [시행규칙 별표6]
㉮ 설치 대상 : 용량이 1000만L 이상 옥외저장탱크 주위에 설치한 방유제
㉯ 간막이 둑의 높이는 0.3m 이상으로 하되, 방유제의 높이보다 0.2m 이상 낮게 설치할 것
㉰ 간막이 둑은 흙 또는 철근콘크리트로 할 것
㉱ 간막이 둑의 용량은 간막이 둑 안에 설치된 탱크 용량의 10% 이상일 것

35. 특정옥외탱크저장소라 함은 저장 또는 취급하는 액체 위험물의 최대수량이 얼마 이상의 것을 말하는가?

① 50만 리터 이상
② 100만 리터 이상
③ 150만 리터 이상
④ 200만 리터 이상

해설 옥외탱크저장탱의 분류 [시행규칙 별표6]
㉮ 특정옥외저장탱크 : 옥외저장탱크 중 그 저장 또는 취급하는 액체위험물의 최대수량이 100만 L 이상의 것
㉯ 준특정옥외저장탱크 : 옥외저장탱크 중 그 저장 또는 취급하는 액체위험물의 최대수량이 50만 L 이상 100만 L 미만의 것

36. 준특정옥외탱크저장소에서 저장 또는 취급하는 액체위험물의 최대수량 범위를 옳게 나타낸 것은?

① 50만 L 미만
② 50만 L 이상 100만 L 미만
③ 100만 L 이상 200만 L 미만
④ 200만 L 이상

해설 준특정옥외저장탱크 : 옥외저장탱크 중 그 저장 또는 취급하는 액체위험물의 최대수량이 50만 L 이상 100만 L 미만의 것

37. 표준입관시험 및 평판재하시험을 실시하여야 하는 특정옥외저장탱크의 지반의 범위는 기초의 외측이 지표면과 접하는 선의 범위 내에 있는 지반으로서 지표면으로부터 깊이 몇 m 까지로 하는가?

정답 33. ① 34. ③ 35. ② 36. ② 37. ②

① 10 ② 15 ③ 20 ④ 25

해설 특정옥외저장탱크의 지반의 범위 [세부기준 제42조] : 지표면으로부터 깊이 15m까지로 한다.

38. **특정옥외저장탱크를 원통형으로 설치하고자 한다. 지반면으로부터의 높이가 16m일 때 이 탱크가 받는 풍하중은 1m²당 얼마 이상으로 계산하여야 하는가? (단, 강풍을 받을 우려가 있는 장소에 설치하는 경우는 제외한다.)**

① 0.7640kN ② 1.2348kN
③ 1.646kN ④ 2.348kN

해설 특정옥외저장탱크의 풍하중 계산 [세부기준 제59조]

$\therefore q = 0.588k\sqrt{h}$

$= 0.588 \times 0.7 \times \sqrt{16} = 1.6464\text{kN/m}^2$

참고 계산식의 각 기호 의미

q : 풍하중(kN/m²)

k : 풍력계수(원통형 탱크의 경우는 0.7, 그 외의 탱크는 1.0)

h : 지반면으로부터의 높이(m)

★★

39. **옥내저장탱크와 탱크전용실의 벽과의 사이 및 옥내저장탱크의 상호 간에는 몇 m 이상의 간격을 유지하여야 하는가?**

① 0.3 ② 0.5
③ 1.0 ④ 1.5

해설 옥내탱크저장소 기준 [시행규칙 별표7]

㉮ 옥내저장탱크는 단층 건축물에 설치된 탱크전용실에 설치할 것

㉯ 옥내저장탱크와 탱크전용실의 벽과의 사이 및 옥내저장탱크 상호 간에는 0.5m 이상의 간격을 유지할 것. 다만, 탱크의 점검 및 보수에 지장이 없는 경우에는 그러하지 아니하다.

㉰ 옥내저장탱크의 용량은 지정수량의 40배 이하일 것(제4석유류 및 동식물유류 외의 제4류 위험물에 있어서 당해 수량이 2만 L를 초과할 때에는 2만 L 이하일 것)

40. **제4석유류를 저장하는 옥내탱크저장소의 기준으로 옳은 것은? (단, 단층건물에 탱크전용실을 설치하는 경우이다.)**

① 옥내저장탱크의 용량은 지정수량의 40배 이하일 것

② 탱크전용실은 벽·기둥·바닥·보를 내화구조로 할 것

③ 탱크전용실에는 창을 설치하지 아니할 것

④ 탱크전용실에 펌프설비를 설치하는 경우에는 그 주위에 0.2m 이상의 높이로 턱을 설치할 것

해설 옥내탱크저장소 기준 [시행규칙 별표7]

㉮ 옥내저장탱크는 단층 건축물에 설치된 탱크전용실에 설치할 것

㉯ 옥내저장탱크의 용량은 지정수량의 40배 이하일 것(제4석유류 및 동식물유류 외의 제4류 위험물에 있어서 당해 수량이 2만 L를 초과할 때에는 2만 L 이하일 것)

㉰ 탱크전용실은 벽·기둥 및 바닥을 내화구조로 하고, 보를 불연재료로 하며 연소의 우려가 있는 외벽은 출입구 외에는 개구부가 없도록 할 것

㉱ 탱크전용실의 창 및 출입구에는 갑종방화문 또는 을종방화문을 설치할 것

㉲ 탱크전용실의 창 또는 출입구에 유리를 이용하는 경우에는 망입유리로 할 것

참고 출입구 턱의 높이

㉮ 단층건물에 펌프설비를 탱크전용실에 설치하는 경우에는 펌프설비를 견고한 기초 위에 고정시킨 다음 그 주위에 불연재료로 된 턱을 탱크전용실의 문턱 높이 이상으로 설치한다.

㉯ 단층건물 외의 건축물 탱크전용실에 펌프설비를 설치하는 경우에는 견고한 기초 위에 고정한 다음 그 주위에는 불연재료로 된 턱을 0.2m 이상의 높이로 설치한다.

41. **위험물 안전관리법령에 따라 제4류 위험물 옥내저장탱크에 설치하는 밸브 없는 통기관의 설치기준으로 가장 거리가 먼 것은?**

정답 38. ③ 39. ② 40. ① 41. ③

① 통기관의 지름은 30mm 이상으로 한다.
② 통기관의 선단은 수평면에 대하여 아래로 45도 이상 구부려 설치한다.
③ 통기관은 가스가 체류하지 않도록 그 선단을 건축물의 출입구로부터 0.5m 이상 떨어진 곳에 설치하고 끝에 팬을 설치한다.
④ 가는 눈의 구리망 등으로 인화방지 장치를 한다.

해설 밸브 없는 통기관의 설치기준 [시행규칙 별표7]
㉮ 직경은 30mm 이상일 것
㉯ 선단은 수평면보다 45° 이상 구부려 빗물 등의 침투를 막는 구조로 할 것
㉰ 가는 눈의 구리망 등으로 인화방지장치를 할 것.
㉱ 통기관의 선단은 건축물의 창·출입구 등의 개구부로부터 1m 이상 떨어진 옥외에 설치할 것
㉲ 지면으로부터 4m 이상의 높이로 설치할 것
㉳ 통기관은 가스 등이 체류할 우려가 있는 굴곡이 없도록 할 것
㉴ 인화점이 40℃ 미만인 위험물 탱크의 통기관은 부지경계선으로부터 1.5m 이상 이격할 것

42. 위험물 안전관리법에 따른 지하탱크저장소에 관한 설명으로 틀린 것은?

① 안전거리 적용대상이 아니다.
② 보유공지 확보대상이 아니다.
③ 설치 용량의 제한이 없다.
④ 10m 내에 2기 이상을 인접하여 설치할 수 없다.

해설 지하탱크저장소 기준 [시행규칙 별표8]
㉮ 지하저장탱크를 2 이상 인접 설치하는 경우 간격 : 상호 간에 1m 이상의 간격 유지
㉯ 당해 2 이상의 지하저장탱크의 용량 합계가 지정수량의 100배 이하인 때 : 0.5m 이상의 간격 유지

43. 위험물 지하탱크저장소의 탱크전용실 설치기준으로 틀린 것은?

① 철근콘크리트 구조의 벽은 두께 0.3m 이상으로 한다.
② 지하저장탱크와 탱크전용실의 안쪽과의 사이는 50cm 이상의 간격을 유지한다.
③ 철근콘크리트 구조의 바닥은 두께 0.3m 이상으로 한다.
④ 벽, 바닥 등에 적정한 방수 조치를 한다.

해설 지하탱크저장소 탱크 전용실 기준 [시행규칙 별표8]
㉮ 지하저장탱크의 벽·바닥 및 뚜껑은 두께 0.3m 이상의 철근콘크리트구조 또는 이와 동등 이상의 강도가 있는 구조로 설치할 것
㉯ 지하의 벽·피트·가스관 등 시설물 및 대지 경계선으로 0.1m 이상 떨어진 곳에 설치
㉰ 지하저장탱크와 탱크전용실 안쪽과의 사이는 0.1m 이상의 간격을 유지할 것
㉱ 지하저장탱크 주위에는 마른 모래 또는 입자지름 5mm 이하의 마른 자갈분을 채울 것
㉲ 지하저장탱크 윗부분과 지면과의 거리는 0.6m 이상의 거리를 유지할 것
㉳ 지하저장탱크를 2 이상 인접 설치하는 경우 상호간에 1m 이상의 간격을 유지할 것
㉴ 벽·바닥 및 뚜껑의 재료에 수밀콘크리트를 혼입하거나, 중간에 아스팔트층을 만드는 방법으로 방수조치를 할 것

44. 위험물 안전관리법령에 따른 지하탱크저장소의 지하저장탱크의 기준으로 옳지 않은 것은?

① 탱크의 외면에는 녹 방지를 위한 도장을 하여야 한다.
② 탱크의 강철판 두께는 3.2mm 이상으로 하여야 한다.
③ 압력탱크는 최대 사용압력의 1.5배의 압력으로 10분간 수압시험을 한다.
④ 압력탱크 외의 것은 50kPa의 압력으로 10분간 수압시험을 한다.

정답 42. ④ 43. ② 44. ④

해설 지하저장탱크 수압시험 [시행규칙 별표8]
㉮ 압력탱크 외의 탱크 : 70kPa의 압력
㉯ 압력탱크(최대상용압력이 46.7kPa 이상인 탱크) : 최대상용압력의 1.5배
㉰ 수압시험 시간 : 10분간
㉱ 수압시험은 소방청장이 정하여 고시하는 기밀시험과 비파괴시험을 동시에 실시하는 방법으로 대신할 수 있다.

45. 위험물 안전관리법령상 간이탱크저장소의 위치·구조 및 설비의 기준에서 간이 저장탱크 1개의 용량은 몇 L 이하이어야 하는가?

① 300 ② 600
③1000 ④ 1200

해설 간이탱크 저장소 기준 [시행규칙 별표9]
㉮ 탱크의 두께 : 3.2mm 이상의 강판
㉯ 용량 : 600L 이하
㉰ 설치 수 : 3 이하 (동일한 품질의 위험물 : 2 이상 설치하지 않는다)
㉱ 수압시험 : 70kPa의 압력으로 10분간 실시
㉲ 옥외에 설치하는 경우에 너비 1m 이상의 공지를 둔다.

46. 위험물 안전관리법령상 이동저장탱크(압력탱크)에 대해 실시하는 수압시험은 용접부에 대한 어떤 시험으로 대신할 수 있는가?

① 비파괴시험과 기밀시험
② 비파괴시험과 충수시험
③ 충수시험과 기밀시험
④ 방폭시험과 충수시험

해설 이동저장탱크의 구조 [시행규칙 별표10]
㉮ 탱크는 두께 3.2mm 이상의 강철판 또는 이와 동등 이상의 강도·내식성 및 내열성이 있다고 인정하여 소방청장이 정하여 고시하는 재료 및 구조로 위험물이 새지 아니하게 제작할 것
㉯ 압력 외의 탱크는 70kPa의 압력으로, 압력탱크는 최대상용압력의 1.5배의 압력으로 각각 10분간 수압시험을 실시하여 새거나 변형되지 아니할 것. 이 경우 수압시험은 용접부에 대한 비파괴시험과 기밀시험으로 대신할 수 있다.

47. 제4류 위험물을 저장하는 이동탱크저장소의 탱크 용량이 19000L일 때 탱크의 칸막이는 최소 몇 개를 설치해야 하는가?

① 2 ② 3 ③ 4 ④ 5

해설 이동저장탱크의 칸막이 [시행규칙 별표10]
㉮ 이동저장탱크는 그 내부에 4000L 이하마다 3.2mm 이상의 강철판 또는 이와 동등 이상의 강도·내열성 및 내식성이 있는 금속성의 것으로 칸막이를 설치하여야 한다.
㉯ 고체인 위험물을 저장하거나 고체인 위험물을 가열하여 액체 상태로 저장하는 경우에는 그러하지 아니하다.
㉰ 이동저장탱크 칸막이 수 계산 : 이동저장탱크에 설치하는 칸막이 칸 수에서 1을 빼어야 칸막이 수가 된다.

$$\therefore \text{칸막이 수} = \frac{\text{현재 용량}}{\text{기준량}} - 1$$
$$= \frac{19000}{4000} - 1 = 3.75 = 4\text{개}$$

48. 다음 ( ) 안에 알맞은 색상을 차례대로 나열한 것은?

> 이동저장탱크 차량의 전면 및 후면의 보기 쉬운 곳에 직사각형판의 ( )바탕에 ( )의 반사도료로 "위험물"이라고 표시하여야 한다.

① 백색 – 적색 ② 백색 – 흑색
③ 황색 – 적색 ④ 흑색 – 황색

해설 이동탱크저장소 표지 규정 [위험물 운송·운송 시의 위험성 경고표지에 관한 기준 제3조]
㉮ 부착위치
㉠ 이동탱크저장소 : 전면 상단 및 후면 상단
㉡ 위험물 운반차량 : 전면 및 후면

정답 45. ② 46. ① 47. ③ 48. ④

㉯ 규격 및 형상 : 60cm 이상×30cm 이상의 횡형 사각형
㉰ 색상 및 문자 : 흑색 바탕에 황색의 반사 도료로 "위험물"이라 표기할 것

49. 지정수량 이상의 위험물을 차량으로 운반할 때 게시판의 색상에 대한 설명으로 옳은 것은?

① 흑색 바탕에 청색의 도료로 "위험물"이라고 게시한다.
② 흑색 바탕에 황색의 도료로 "위험물"이라고 게시한다.
③ 적색 바탕에 흰색의 반사도료로 "위험물"이라고 게시한다.
④ 적색 바탕에 흑색의 도료로 "위험물"이라고 게시한다.

해설 이동탱크저장소 표지의 색상 및 문자 : 흑색 바탕에 황색의 반사 도료로 "위험물"이라 표기한다.

50. 위험물 안전관리법령상 어떤 위험물을 저장 또는 취급하는 이동탱크저장소는 불활성 기체를 봉입할 수 있는 구조로 하여야 하는가?

① 아세톤 ② 벤젠
③ 과염소산 ④ 산화프로필렌

해설 아세트알데히드, 산화프로필렌(이하 "아세트알데히드등"이라 한다)을 저장 또는 취급하는 이동탱크저장소 기준 [시행규칙 별표10]
㉮ 이동저장탱크는 불활성의 기체를 봉입할 수 있는 구조로 할 것
㉯ 이동저장탱크 및 그 설비는 은·수은·동·마그네슘 또는 이들을 성분으로 하는 합금으로 만들지 아니할 것

51. 휘발유를 저장하던 이동저장탱크에 탱크의 상부로부터 등유나 경유를 주입할 때 액표면이 주입관의 선단을 넘는 높이가 될 때까지 그 주입관 내의 유속을 몇 m/s 이하로 하여야 하는가?

① 1 ② 2 ③ 3 ④ 5

해설 휘발유를 저장하던 이동저장탱크에 등유나 경유를 주입할 때에는 정전기 등에 의한 재해를 방지하기 위하여 주입관 내의 유속을 1m/s 이하로 하여야 한다[시행규칙 별표18].

52. 이동저장탱크로부터 위험물을 저장 또는 취급하는 탱크에 인화점이 몇 ℃ 미만인 위험물을 주입할 때에는 이동탱크저장소의 원동기를 정지시켜야 하는가?

① 21 ② 40 ③ 71 ④ 200

해설 이동탱크저장소에서의 취급기준 [시행규칙 별표18]
㉮ 이동저장탱크로부터 위험물을 저장 또는 취급하는 탱크에 액체의 위험물을 주입할 경우에는 그 탱크의 주입구에 이동저장탱크의 주입호스를 견고하게 결합할 것
㉯ 이동저장탱크로부터 액체위험물을 용기에 옮겨 담지 아니할 것
㉰ 이동저장탱크로부터 위험물을 저장 또는 취급하는 탱크에 인화점이 40℃ 미만인 위험물을 주입할 때에는 이동탱크저장소의 원동기를 정지시킬 것

53. 위험물 주유취급소의 주유 및 급유 공지의 바닥에 대한 기준으로 옳지 않은 것은?

① 주위 지면보다 낮게 할 것
② 표면을 적당하게 경사지게 할 것
③ 배수구, 집유설비를 할 것
④ 유분리장치를 할 것

해설 주유취급소 기준 [시행규칙 별표13]
㉮ 주유공지 및 급유공지의 바닥은 주위 지면보다 높게 한다.
㉯ 공지의 표면을 적당하게 경사지게 하여 새어나온 기름 그 밖의 액체가 외부로 유출되지 않도록 배수구·집유설비 및 유분리장치

정답 49. ② 50. ④ 51. ① 52. ② 53. ①

를 설치한다.

㉰ 주유공지 : 고정주유설비의 주위에 주유를 받으려는 자동차 등이 출입할 수 있도록 한 공지

㉱ 급유공지 : 고정급유설비의 호스기기의 주위에 필요한 공지

54. 주유취급소의 고정주유설비는 고정주유설비의 중심선을 기점으로 하여 도로경계선까지 몇 m 이상 떨어져 있어야 하는가?

① 2　② 3　③ 4　④ 5

해설 주유취급소 고정주유설비 또는 고정급유설비 설치 위치 [시행규칙 별표13]

㉮ 고정주유설비의 중심선을 기점으로 하여
㉠ 도로경계선까지 : 4m 이상
㉡ 부지경계선·담 및 건축물의 벽까지 : 2m 이상(개구부가 없는 벽까지는 1m 이상)

㉯ 고정급유설비의 중심선을 기점으로 하여
㉠ 도로경계선까지 : 4m 이상
㉡ 부지경계선 및 담까지 : 1m 이상
㉢ 건축물의 벽까지 : 2m 이상(개구부가 없는 벽까지는 1m 이상)

㉰ 고정주유설비와 고정급유설비 사이 유지거리 : 4m 이상

55. 주유취급소에 캐노피를 설치하고자 한다. 위험물 안전관리법령에 따른 캐노피의 설치 기준이 아닌 것은?

① 캐노피의 면적은 주유취급소 공지면적의 $\frac{1}{2}$ 이하로 할 것
② 배관이 캐노피 내부를 통과할 경우에는 1개 이상의 점검구를 설치할 것
③ 캐노피 외부의 배관이 일광열의 영향을 받을 우려가 있는 경우에는 단열재로 피복할 것
④ 캐노피 외부의 점검이 곤란한 장소에 배관을 설치하는 경우에는 용접이음으로 할 것

해설 주유취급소에 설치하는 캐노피 기준 [시행규칙 별표13]

㉮ 배관이 캐노피 내부를 통과할 경우에는 1개 이상의 점검구를 설치할 것
㉯ 캐노피 외부의 점검이 곤란한 장소에 배관을 설치하는 경우에는 용접이음으로 할 것
㉰ 캐노피 외부의 배관이 일광열의 영향을 받을 우려가 있는 경우에는 단열재로 피복할 것

56. 주유취급소의 표지 및 게시판의 기준에서 "위험물 주유취급소" 표지와 "주유중엔진정지" 게시판의 바탕색을 차례대로 옳게 나타낸 것은?

① 백색, 백색　② 백색, 황색
③ 황색, 백색　④ 황색, 황색

해설 주유취급소의 표지 및 게시판 설치 [시행규칙 별표13]

㉮ "위험물 주유취급소"라는 표지와 방화에 관하여 필요한 사항을 게시한 게시판을 설치(백색 바탕에 흑색 문자)
㉯ 황색 바탕에 흑색 문자로 "주유중엔진정지"라는 표시한 게시판을 설치
㉰ 크기 : 한 변의 길이 0.3m 이상, 다른 한 변의 길이 0.6m 이상

57. 위험물 안전관리법령상 주유취급소에서의 위험물 취급기준에 따르면 자동차 등에 인화점 몇 ℃ 미만의 위험물을 주유할 때에는 자동차 등의 원동기를 정지시켜야 하는가? (단, 원칙적인 경우에 한한다.)

① 21　② 25　③ 40　④ 80

해설 주유취급소에서의 위험물 취급기준 [시행규칙 별표18]

㉮ 자동차 등에 주유할 때에는 고정주유설비를 사용하여 직접 주유할 것
㉯ 자동차 등에 인화점 40℃ 미만의 위험물을 주유할 때에는 자동차 등의 원동기를 정지시킬 것

정답 54. ③　55. ①　56. ②　57. ③

58. 판매취급소에서 위험물을 배합하는 실의 기준으로 틀린 것은?

① 내화구조 또는 불연재료로 된 벽으로 구획한다.
② 출입구는 자동폐쇄식 갑종방화문을 설치한다.
③ 내부에 체류한 가연성 증기를 지붕 위로 방출하는 설비를 한다.
④ 바닥에는 경사를 두어 되돌림관을 설치한다.

해설 위험물을 배합하는 실의 기준 [시행규칙 별표14]

㉮ 바닥면적은 $6m^2$ 이상 $15m^2$ 이하로 할 것
㉯ 내화구조 또는 불연재료로 된 벽으로 구획할 것
㉰ 바닥은 위험물이 침투하지 아니하는 구조로 하여 적당한 경사를 두고 집유설비를 할 것
㉱ 출입구에는 수시로 열 수 있는 자동폐쇄식의 갑종방화문을 설치할 것
㉲ 출입구 문턱의 높이는 바닥면으로부터 0.1m 이상으로 할 것
㉳ 내부에 체류한 가연성의 증기 또는 가연성의 미분을 지붕 위로 방출하는 설비를 할 것

59. 이송취급소 배관등의 용접부는 비파괴시험을 실시하여 합격하여야 한다. 이 경우 이송기지 내의 지상에 설치되는 배관 등은 전체 용접부의 몇 % 이상 발췌하여 시험할 수 있는가?

① 10　② 15
③ 20　④ 25

해설 이송 취급소 배관 등의 비파괴시험 [시행규칙 별표15]

㉮ 배관등의 용접부는 비파괴시험을 실시하여 합격할 것
㉯ 이송기지 내의 지상에 설치된 배관등은 전체 용접부의 20% 이상을 발췌하여 시험할 수 있다.

60. 횡으로 설치한 원통형 위험물 저장탱크의 내용적이 500L일 때 공간용적은 최소 몇 L 이어야 하는가? (단, 원칙적인 경우에 한한다.)

① 15　② 25　③ 35　④ 50

해설 탱크의 공간용적 [세부기준 제25조]

㉮ 탱크의 공간용적은 탱크의 내용적의 $\frac{5}{100}$ 이상 $\frac{10}{100}$ 이하의 용적으로 한다.
㉯ 소화설비(소화약제 방출구를 탱크 안의 윗부분에 설치하는 것에 한한다)를 설치하는 탱크의 공간용적은 소화방출구 아래의 0.3m 이상 1m 미만 사이의 면으로부터 윗부분의 용적으로 한다.
㉰ 암반탱크는 당해 탱크 내에 용출하는 7일간의 지하수의 양에 상당하는 용적과 당해 탱크의 내용적의 $\frac{1}{100}$ 용적 중에서 보다 큰 용적을 공간용적으로 한다.

$$\therefore \text{최소공간용적} = \text{탱크 내용적} \times \frac{5}{100}$$
$$= 500 \times \frac{5}{100} = 25\,L$$

★★
61. 다음 중 위험물을 저장 또는 취급하는 탱크의 용량은?

① 탱크의 내용적에서 공간용적을 뺀 용적으로 한다.
② 탱크의 내용적으로 한다.
③ 탱크의 공간용적으로 한다.
④ 탱크의 내용적에 공간용적을 더한 용적으로 한다.

해설 탱크 용적의 산정기준 [시행규칙 제5조] : 위험물을 저장 또는 취급하는 탱크의 용량은 해당 탱크의 내용적에서 공간용적을 뺀 용적으로 한다. 이 경우 위험물을 저장 또는 취급하는 차량에 고정된 탱크("이동저장탱크"라 한다)의 용량은 최대적재량 이하로 하여야 한다.

정답 58. ④ 59. ③ 60. ② 61. ①

62. 위험물을 저장하기 위해 제작한 이동저장 탱크의 내용적이 20000L인 경우 위험물 허가를 위해 산정할 수 있는 이 탱크의 최대용량은 지정수량의 몇 배인가? (단, 저장하는 위험물은 비수용성 제2석유류이며 비중은 0.8, 차량의 최대적재량은 15톤이다.)

① 21배 ② 18.75배
③ 12배 ④ 9.375배

해설 ㉮ 탱크 용적의 산정기준 [시행규칙 제5조] : 위험물을 저장 또는 취급하는 탱크의 용량은 해당 탱크의 내용적에서 공간용적을 뺀 용적으로 한다. 이 경우 위험물을 저장 또는 취급하는 차량에 고정된 탱크("이동저장탱크"라 한다)의 용량은 최대적재량 이하로 하여야 한다.

$$\therefore \text{이동저장탱크 용량} = \frac{\text{최대적재량(kg)}}{\text{액비중(kg/L)}}$$

$$= \frac{15 \times 1000}{0.8} = 18750\,\text{L}$$

㉯ 제2석유류 비수용성의 지정수량은 1000L이다.

$$\therefore \text{지정수량 배수} = \frac{\text{탱크 용량}}{\text{지정수량}} = \frac{18750}{1000}$$

$$= 18.75\text{ 배}$$

63. 위험물 안전관리법령상 다음 암반탱크의 공간 용적은 얼마인가?

> 가. 암반탱크의 내용적 100억 리터
> 나. 탱크 내에 용출하는 1일 지하수의 양 2천만 리터

① 2천만 리터 ② 1억 리터
③ 1억 4천만 리터 ④ 100억 리터

해설 ㉮ 암반탱크는 당해 탱크 내에 용출하는 7일 간의 지하수의 양에 상당하는 용적과 당해 탱크의 내용적의 $\frac{1}{100}$ 용적 중에서 보다 큰 용적을 공간용적으로 한다.

㉯ 암반탱크 공간용적 계산

㉠ 용출하는 지하수의 양으로 계산
2천만 리터×7=1억 4천만 리터

㉡ 내용적 기준으로 계산
100억 리터$\times\frac{1}{100}$=1억 리터

∴ 암반탱크의 공간용적은 1억 4천만 리터가 된다.

64. 그림과 같은 타원형 탱크의 내용적은 약 몇 m^3 인가?

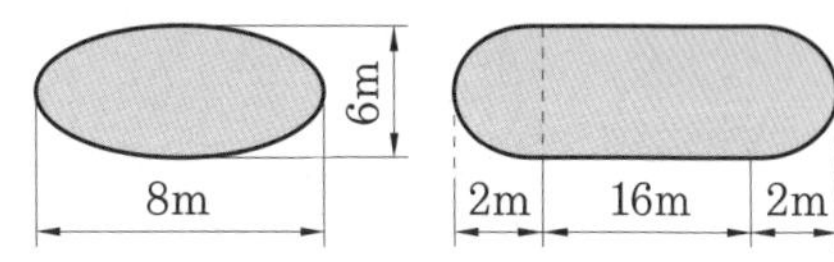

① 453 ② 553 ③ 653 ④ 753

해설 $V = \frac{\pi ab}{4} \times \left(l + \frac{l_1 + l_2}{3}\right)$

$$= \frac{\pi \times 8 \times 6}{4} \times \left(16 + \frac{2+2}{3}\right) = 653.451\,\text{m}^3$$

65. 그림과 같은 위험물 저장탱크의 내용적은 약 몇 m^3 인가?

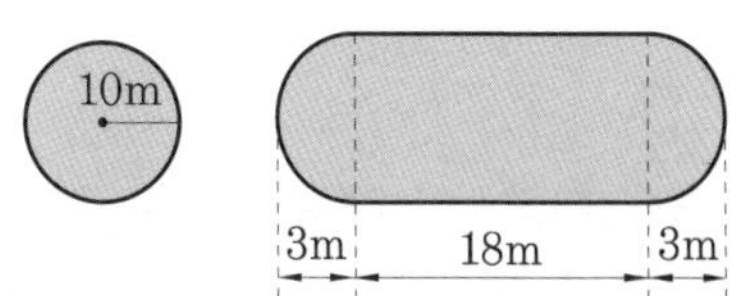

① 4681 ② 5482
③ 6283 ④ 7080

해설 $V = \pi \times r^2 \times \left(l + \frac{l_1 + l_2}{3}\right)$

$$= \pi \times 10^2 \times \left(18 + \frac{3+3}{3}\right) = 6283.185\,\text{m}^3$$

★
66. 그림과 같은 위험물을 저장하는 탱크의 내용적은 약 몇 m^3 인가? (단, r은 10m, L은 25m이다.)

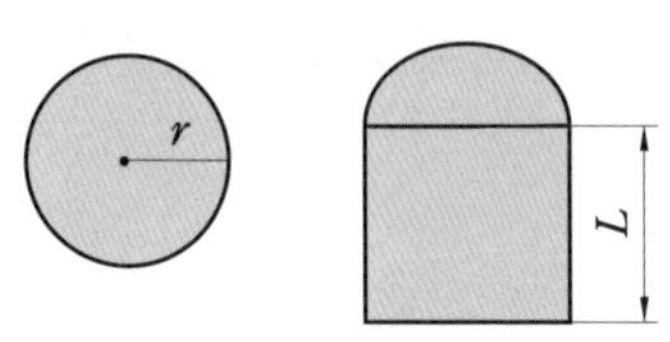

① 3612 ② 4712 ③ 5812 ④ 7854

정답 62. ② 63. ③ 64. ③ 65. ③ 66. ④

해설 $V = \pi \times r^2 \times L$
$= \pi \times 10^2 \times 25 = 7853.981\,\text{m}^3$

67. 그림과 같이 횡으로 설치한 원형탱크의 용량은 약 몇 m^3 인가? (단, 공간용적은 내용적의 $\frac{10}{100}$이다.)

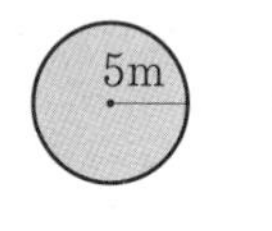

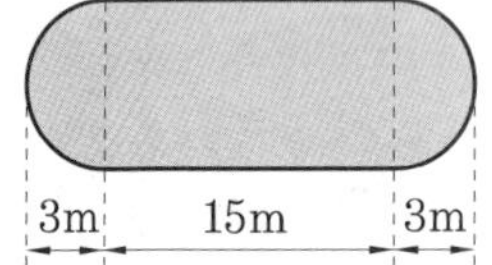

① 1690.9 ② 1335.1
③ 1268.4 ④ 1201.7

해설 공간용적은 내용적의 10%이므로 탱크용량은 내용적의 90%에 해당된다.

$$\therefore V = \pi \times r^2 \times \left(l + \frac{l_1 + l_2}{3}\right) \times 0.9$$
$$= \pi \times 5^2 \times \left(15 + \frac{3+3}{3}\right) \times 0.9$$
$$= 1201.659\,\text{m}^3$$

68. 옥외탱크저장소의 압력탱크 수압시험의 조건으로 옳은 것은?

① 최대상용압력의 1.5배의 압력으로 5분간 수압시험을 한다.
② 최대상용압력의 1.5배의 압력으로 10분간 수압시험을 한다.
③ 사용압력에서 15분간 수압시험을 한다.
④ 사용압력에서 20분간 수압시험을 한다.

해설 옥외탱크저장소의 압력탱크 수압시험 [시행규칙 별표6]
㉮ 압력탱크 : 최대상용압력의 1.5배의 압력으로 10분간 실시
㉯ 압력탱크 외 탱크 : 충수시험

69. 위험물 간이탱크저장소의 간이저장탱크 수압시험 기준으로 옳은 것은?

① 590kPa의 압력으로 7분간의 수압시험
② 70kPa의 압력으로 10분간의 수압시험
③ 50kPa의 압력으로 10분간의 수압시험
④ 70kPa의 압력으로 7분간의 수압시험

해설 간이저장탱크 수압시험 [시행규칙 별표9] : 70kPa의 압력으로 10분간 수압시험을 실시하여 새거나 변형되지 않을 것

70. 위험물 안전관리법령상 이동저장탱크(압력탱크)에 대해 실시하는 수압시험은 용접부에 대한 어떤 시험으로 대신할 수 있는가?

① 비파괴시험과 기밀시험
② 비파괴시험과 충수시험
③ 충수시험과 기밀시험
④ 방폭시험과 충수시험

해설 이동저장탱크의 구조 [시행규칙 별표10]
㉮ 탱크는 두께 3.2mm 이상의 강철판 또는 이와 동등 이상의 강도·내식성 및 내열성이 있다고 인정하여 소방청장이 정하여 고시하는 재료 및 구조로 위험물이 새지 아니하게 제작할 것
㉯ 압력 외의 탱크는 70kPa의 압력으로, 압력탱크는 최대상용압력의 1.5배의 압력으로 각각 10분간 수압시험을 실시하여 새거나 변형되지 아니할 것. 이 경우 수압시험은 용접부에 대한 비파괴시험과 기밀시험으로 대신할 수 있다.

정답 67. ④ 68. ② 69. ② 70. ①

CHAPTER 04

위험물 안전관리법

4-1 | 제조소등 설치 및 후속절차

1 위험물시설의 설치 및 변경 허가

(1) 설치 및 변경 허가 [법 제6조]

① 제조소등 설치장소를 관할하는 특별시장·광역시장·특별자치시장·도지사 또는 특별자치도지사(이하 "시·도지사"라 한다)의 허가를 받아야 한다.

② 제조소등의 위치·구조 또는 설비의 변경 없이 위험물의 품명·수량 또는 지정수량의 배수를 변경하고자 하는 자는 변경하고자 하는 날의 1일 전까지 행정안전부령이 정하는 바에 따라 시·도지사에게 신고하여야 한다.

③ 신고를 하지 않고 위험물의 품명·수량 또는 지정수량의 배수를 변경할 수 있는 경우

㈎ 주택의 난방시설(공동주택의 중앙난방시설을 제외한다)을 위한 저장소 또는 취급소

㈏ 농예용·축산용 또는 수산용으로 필요한 난방시설 또는 건조시설을 위한 지정수량 20배 이하의 저장소

(2) 제조소등 설치허가의 취소와 사용정지 등 [법 제12조]

시·도지사는 제조소등의 관계인이 다음 어느 하나에 해당하는 때에는 허가를 취소하거나 6월 이내의 기간을 정하여 제조소등의 전부 또는 일부의 사용정지를 명할 수 있다.

① 변경허가를 받지 아니하고 제조소등의 위치·구조 또는 설비를 변경한 때

② 완공검사를 받지 아니하고 제조소등을 사용한 때

③ 수리·개조 또는 이전의 명령을 위반한 때

④ 위험물 안전관리자를 선임하지 아니한 때

⑤ 위험물 안전관리자 대리자를 지정하지 아니한 때

⑥ 정기점검을 하지 아니한 때

⑦ 정기검사를 받지 아니한 때

⑧ 저장·취급기준 준수명령을 위반한 때

(3) 완공사 [법 제9조]

① 제조소등의 설치허가를 받은 자가 제조소등의 설치를 마쳤거나 그 위치·구조 또는 설비의 변경을 마친 때에는 당해 제조소등마다 시·도지사가 행하는 완공검사를 받아 기술기준에 적합하다고 인정받은 후가 아니면 이를 사용하여서는 안 된다. 다만, 제조소등의 위치·구조 또는 설비를 변경함에 있어서 변경허가를 신청하는 때에 화재예방에 관한 조치사항을 기재한 서류를 제출하는 경우에는 당해 변경공사와 관계가 없는 부분은 완공검사를 받기 전에 미리 사용할 수 있다.

② ①항 규정에 따른 완공검사를 받고자 하는 자가 제조소등의 일부에 대한 설치 또는 변경을 마친 후 그 일부를 미리 사용하고자 하는 경우에는 당해 제조소등의 일부에 대하여 완공검사를 받을 수 있다.

2 제조소등 설치자의 지위승계

(1) 지위승계 [법 제10조]

① 제조소등의 설치자가 사망하거나 그 제조소등을 양도·인도한 때 또는 법인인 제조소등의 설치자의 합병이 있는 때에는 그 상속인, 제조소등을 양수·인수한 자 또는 합병 후 존속하는 법인이나 합병에 의하여 설립되는 법인은 그 설치자의 지위를 승계한다.

② 경매, 환가, 압류재산의 매각 절차에 따라 제조소등의 시설의 전부를 인수한 자는 그 설치자의 지위를 승계한다.

③ ①항 또는 ②항의 규정에 따라 지위를 승계한 자는 행정안전부령이 정하는 바에 따라 승계한 날부터 30일 이내에 시·도지사에게 그 사실을 신고하여야 한다.

(2) 지위승계의 신고 [시행규칙 제22조]

제조소등의 완공검사필증과 지위승계를 증명하는 서류를 첨부하여 시·도지사 또는 소방서장에게 제출하여야 한다.

3 제조소등의 용도 폐지

(1) 제조소등의 폐지 [법 제11조]

제조소등 관계인(소유자·점유자 또는 관리자를 말한다)은 당해 제조소등의 용도를 폐지(장래에 대하여 위험물시설로서의 기능을 완전히 상실시키는 것을 말한다)한 때에는 행정안전부령이 정하는 바에 따라 제조소등의 용도를 폐지한 날부터 14일 이내에 시·도지사에게 신고하여야 한다.

(2) 용도폐지의 신고 [시행규칙 제23조]

① 제조소등의 용도폐지신고를 하고자 하는 자는 신고서와 제조소등의 완공검사필증을 첨부하여 시·도지사 또는 소방서장에게 제출하여야 한다.

② 신고서를 접수한 시·도지사 또는 소방서장은 당해 제조소등을 확인하여 위험물시설의 철거 등 용도폐지에 필요한 안전조치를 한 것으로 인정하는 경우에는 당해 신고서의 사본에 수리사실을 표시하여 용도폐지신고를 한 자에게 통보하여야 한다.

4-2 | 정기점검 및 정기검사

1 정기점검

(1) 정기점검 및 정기검사 [법 제18조]

① 대통령령이 정하는 제조소등의 관계인은 그 제조소등에 대하여 행정안전부령이 정하는 바에 따라 법 제5조 제4항의 규정에 따른 기술기준에 적합한지의 여부를 정기적으로 점검하고 점검결과를 기록하여 보존하여야 한다.

② ①항의 규정에 따른 정기점검의 대상이 되는 제조소등의 관계인 가운데 대통령령이 정하는 제조소등의 관계인은 행정안전부령이 정하는 바에 따라 소방본부장 또는 소방서장으로부터 당해 제조소등이 법 제5조 제4항의 규정에 따른 기술기준에 적합하게 유지되고 있는지의 여부에 대하여 정기적으로 검사를 받아야 한다.

③ 정기점검 횟수 [시행규칙 제64조] : 연 1회 이상

㈎ 특정·준특정옥외탱크저장소 : 정기점검 외에 구조안전점검을 해당 기간 안에 1회 이상 한다.

㈏ 특정·준특정옥외탱크저장소 : 옥외탱크저장소 중 저장 또는 취급하는 액체위험물의 최대수량이 50만 L 이상인 것

(2) 정기점검의 대상인 제조소등 [시행령 제16조]

① 관계인이 예방규정을 정하여야 하는 제조소등

② 지하탱크저장소

③ 이동탱크저장소

④ 위험물을 취급하는 탱크로서 지하에 매설된 탱크가 있는 제조소·주유취급소 또는 일반취급소

(3) 정기점검 실시자 [시행규칙 제67조]

① 제조소등의 정기점검 : 안전관리자 또는 위험물운송자(이송탱크저장소의 경우에 한한다)가 실시

② 안전관리대행기관 또는 탱크시험자에게 의뢰

2 정기검사

(1) 정기검사 대상인 제조소등 [시행령 제17조]

액체위험물을 저장 또는 취급하는 50만 리터 이상의 옥외탱크저장소

(2) 정기검사의 시기 [시행규칙 제70조]

① 특정·준특정옥외탱크저장소

㈎ 특정·준특정옥외탱크저장소의 설치허가에 따른 완공검사필증을 발급받은 날부터 12년 이내

㈏ 최근의 정기검사를 받은 날부터 11년 이내

② 특정·준특정옥외탱크저장소의 관계인은 정기검사를 구조안전점검을 실시하는 때에 함께 받을 수 있다.

4-3 | 위험물시설의 안전관리

1 위험물 안전관리자

(1) 위험물 안전관리자 [법 제15조]

제조소등의 관계인은 위험물의 안전관리에 관한 직무를 수행하게 하기 위하여 제조소등마다 대통령령이 정하는 위험물의 취급에 관한 자격이 있는 자(이하 "위험물취급자격자"라 한다)를 위험물안전관리자(이하 "안전관리자"라 한다)로 선임하여야 한다.

① 안전관리자를 선임한 제조소등의 관계인은 그 안전관리자를 해임하거나 안전관리자가 퇴직한 때에는 해임하거나 퇴직한 날부터 30일 이내에 다시 안전관리자를 선임하여야 한다.

② 제조소등의 관계인은 안전관리자를 선임한 경우에는 선임한 날부터 14일 이내에 행정안전부령으로 정하는 바에 따라 소방본부장 또는 소방서장에게 신고하여야 한다.

③ 안전관리자를 선임한 제조소등의 관계인은 안전관리자가 일시적으로 직무를 수행할

수 없거나 안전관리자의 해임 또는 퇴직과 동시에 다른 안전관리자를 선임하지 못하는 경우에는 행정안전부령이 정하는 자를 대리자(代理者)로 지정하여 그 직무를 대행하게 하여야 한다. 이 경우 직무를 대행하는 기간은 30일을 초과할 수 없다.

(2) 위험물안전관리자로 선임할 수 있는 위험물취급자격자 등 [시행령 제11조, 별표5]

위험물취급자격자의 구분	취급할 수 있는 위험물
1. '국가기술자격법'에 따라 위험물기능장, 위험물산업기사, 위험물기능사의 자격을 취득한 사람	시행령 별표1에서 정한 모든 위험물
2. 안전관리자교육이수자(법 28조 제1항에 따라 소방청장이 실시하는 안전관리자교육을 이수한 자를 말한다)	시행령 별표1에서 정한 위험물 중 제4류 위험물
3. 소방공무원 경력자(소방공무원으로 근무한 경력이 3년 이상인 자를 말한다)	시행령 별표1에서 정한 위험물 중 제4류 위험물

2 안전교육

(1) 안전교육 대상자 [시행령 제20조]

① 안전관리자로 선임된 자

② 탱크시험자의 기술인력으로 종사하는 자

③ 위험물운송자로 종사하는 자

(2) 안전교육 실시 [시행규칙 제78조]

① 소방청장은 안전교육을 강습교육과 실무교육으로 구분하여 실시한다.

② 안전교육의 과정·기간과 그 밖의 교육의 실시에 관한 사항 [시행규칙 별표24]

교육과정	교육대상자	교육시간	교육시기	교육기관
강습교육	안전관리자가 되고자 하는 자	24시간	신규종사 전	안전원
	위험물운송자가 되고자 하는 자	16시간		
실무교육	안전관리자	8시간 이내	신규종사 후 2년마다 1회	
	위험물운송자	8시간 이내	신규종사 후 3년마다 1회	
	탱크시험자의 기술인력	8시간 이내	가. 신규종사 후 6개월 이내 나. 가목에 따른 교육을 받은 후 2년마다 1회	기술원

[비고] 1. 안전관리자 강습교육 및 위험물운송자 강습교육의 공통과목에 대하여 둘 중 어느 하나의 강습교육과정에서 교육을 받은 경우에는 나머지 강습교육 과정에서도 교육을 받은 것으로 본다.

2. 안전관리자 실무교육 및 위험물운송자 실무교육의 공통과목에 대하여 둘 중 어느 하나의 강습교

육과정에서 교육을 받은 경우에는 나머지 강습교육 과정에서도 교육을 받은 것으로 본다.
3. 안전관리자 및 위험물운송자 실무교육 시간 중 일부(4시간 이내)를 사이버교육의 방법으로 실시할 수 있다. 다만, 교육대상자가 사이버교육의 방법으로 수강하는 것에 동의하는 경우에 한정한다.

3 예방규정

(1) 예방규정 [법 제17조]

① 대통령령이 정하는 제조소등의 관계인은 당해 제조소등의 화재예방과 화재 등 재해발생 시의 비상조치를 위하여 예방규정을 정하여 당해 제조소등의 사용을 시작하기 전에 시·도지사에게 제출하여야 한다.

② 시·도지사는 제출한 예방규정이 기준에 적합하지 아니하거나 화재예방이나 재해발생 시의 비상조치를 위하여 필요하다고 인정하는 때에는 이를 반려하거나 그 변경을 명할 수 있다.

③ 제조소등의 관계인과 그 종업원은 예방규정을 충분히 잘 익히고 준수하여야 한다.

(2) 예방규정을 정하여야 하는 제조소등(대통령령이 정하는 제조소등) [시행령 제15조]

① 지정수량의 10배 이상의 위험물을 취급하는 제조소

② 지정수량의 100배 이상의 위험물을 저장하는 옥외저장소

③ 지정수량의 150배 이상의 위험물을 저장하는 옥내저장소

④ 지정수량의 200배 이상의 위험물을 저장하는 옥외탱크저장소

⑤ 암반탱크저장소

⑥ 이송취급소

⑦ 지정수량의 10배 이상의 위험물을 취급하는 일반취급소. 다만, 제4류 위험물(특수인화물을 제외한다)만을 지정수량의 50배 이하로 취급하는 일반취급소(제1석유류·알코올류의 취급량이 지정수량의 10배 이하인 경우에 한한다)로서 다음 각목의 어느 하나에 해당하는 것을 제외한다.

㈎ 보일러·버너 또는 이와 비슷한 것으로서 위험물을 소비하는 장치로 이루어진 일반취급소

㈏ 위험물을 용기에 옮겨 담거나 차량에 고정된 탱크에 주입하는 일반취급소

4 자체소방대

(1) 자체소방대 [법 제19조]

다량의 위험물을 저장·취급하는 제조소등으로서 대통령령이 정하는 제조소등이 있는 동일한 사업소에서 대통령령으로 정하는 수량 이상의 위험물을 저장 또는 취급하는 경우 당해 사업소의 관계인은 대통령령이 정하는 바에 따라 사업소에 자체소방대를 설치하여야 한다.

(2) 자체소방대를 설치하여야 하는 사업소 [시행령 제18조]

① 대통령령이 정하는 제조소 및 수량 : 지정수량의 3000배 이상의 제4류 위험물을 취급하는 제조소 또는 일반취급소

② 자체소방대에 두는 화학소방자동차 및 인원 [시행령 제18조, 별표8]

사업소의 구분 (제조소 또는 일반취급소에서 취급하는 제4류 위험물의 최대수량의 합)	화학소방자동차	자체소방대원의 수
지정수량의 12만배 미만인 사업소	1대	5인
지정수량의 12만배 이상 24배만 미만인 사업소	2대	10인
지정수량의 24만배 이상 48만배 미만인 사업소	3대	15인
지정수량의 48만배 이상인 사업소	4대	20인

[비고] 화학소방자동차에는 행정안전부령으로 정하는 소화능력 및 설비를 갖추어야 하고, 소화활동에 필요한 소화약제 및 기구(방열복 등 개인장구를 포함한다)를 비치하여야 한다.

㈎ 자체소방대 편성의 특례[시행규칙 제74조] : 2 이상의 사업소가 상호응원에 관한 협정을 체결하고 있는 경우에는 화학소방차 대수의 2분의 1 이상의 대수와 화학소방자동차마다 5인 이상의 자체소방대원을 두어야 한다.

㈏ 화학소방차의 기준 등[시행규칙 제75조] : 포수용액을 방사하는 화학소방자동차의 대수는 화학소방자동차의 대수의 3분의 2 이상으로 하여야 한다.

예상 문제

1. 제조소등을 설치하고자 하는 자는 누구의 허가를 받아야 하는가?

① 시·도지사
② 시장·군수·구청장
③ 행정안전부장관
④ 소방청장

해설 위험물시설의 설치 및 변경 허가 [법 제6조] : 제조소등을 설치하고자 하는 자는 대통령령이 정하는 바에 따라 그 설치장소를 관할하는 시·도지사의 허가를 받아야 한다. 제조소등의 위치·구조를 변경하고자 하는 때에도 같다.

2. 제조소등의 관계인은 당해 제조소등의 용도를 폐지한 때에는 행정안전부령이 정하는 바에 따라 제조소등의 용도를 폐지한 날부터 며칠 이내에 시·도지사에게 신고하여야 하는가?

① 5일　　② 7일
③ 10일　　④ 14일

해설 제조소등의 용도 폐지신고 [법 제11조]
㉮ 제조소등 관계인은 제조소등의 용도를 폐지한 때에는 용도를 폐지한 날부터 14일 이내에 시·도지사에게 신고하여야 한다.
㉯ 제조소등의 용도폐지신고를 하고자 하는 자는 신고서와 제조소등의 완공검사필증을 첨부하여 시·도지사 또는 소방서장에게 제출하여야 한다[시행규칙 제23조].

3. 위험물 제조소등을 경매에 의해 시설의 전부를 인수한 자는 지위를 승계한 날부터 며칠 이내에 시·도지사에게 신고하여야 하는가?

① 7일　　② 14일
③ 30일　　④ 즉시

해설 지위승계 신고 [법 제10조] : 경매, 환가, 압류재산의 매각 절차에 따라 제조소등의 시설의 전부를 인수한 자는 그 설치자의 지위를 승계하며 지위를 승계한 자는 승계한 날부터 30일 이내에 시·도지사에게 그 사실을 신고하여야 한다.

4. 대통령령이 정하는 제조소등의 관계인은 그 제조소등에 대하여 연 몇 회 이상 정기점검을 실시해야 하는가? (단, 특정옥외탱크저장소의 정기점검은 제외한다.)

① 1　　② 2
③ 3　　④ 4

해설 제조소등의 정기점검
㉮ 정기점검 대상(대통령령이 정하는 제조소등) [시행령 제16조]
㉠ 관계인이 예방규정을 정하여야 하는 제조소등
㉡ 지하탱크저장소
㉢ 이동탱크저장소
㉣ 위험물을 취급하는 탱크로서 지하에 매설된 탱크가 있는 제조소·주유취급소 또는 일반취급소
㉯ 정기점검 횟수 [시행규칙 제64조] : 연 1회 이상

5. 제조소등에서 위험물을 유출·방출 또는 확산시켜 사람을 상해에 이르게 한 경우의 벌칙에 관한 기준에 해당하는 것은?

① 3년 이상 10년 이하의 징역
② 무기 또는 10년 이하의 징역
③ 무기 또는 3년 이하의 징역
④ 무기 또는 5년 이하의 징역

해설 제조소등에서 위험물을 유출·방출 또는 확산시킨 자의 벌칙 [법 제33조]
㉮ 사람의 생명·신체 또는 재산에 대하여 위험

정답 1. ① 2. ④ 3. ③ 4. ① 5. ③

을 발생시킨 자 : 1년 이상 10년 이하의 징역
㈏ 사람을 상해(傷害)에 이르게 한 때 : 무기 또는 3년 이상의 징역
㈐ 사망에 이르게 한 때 : 무기 또는 5년 이상의 징역

6. 다음은 위험물 안전관리법령에 관한 내용이다. ( )에 알맞은 수치의 합은?

> • 위험물안전관리자를 선임한 제조소등의 관계인은 그 안전관리자를 해임하거나 안전관리자가 퇴직한 때에는 해임하거나 퇴직한 날부터 ( )일 이내에 다시 안전관리자를 선임하여야 한다.
> • 제조소등의 관계인은 당해 제조소등의 용도를 폐지한 때에는 행정안전부령이 정하는 바에 따라 제조소등의 용도를 폐지한 날부터 ( )일 이내에 시·도지사에게 신고하여야 한다.

① 30　　② 44
③ 49　　④ 62

해설 위험물 안전관리법령 규정
㉮ 위험물 안전관리자 [법 제15조] : 안전관리자를 선임한 제조소등의 관계인은 그 안전관리자를 해임하거나 안전관리자가 퇴직한 때에는 해임하거나 퇴직한 날부터 30일 이내에 다시 안전관리자를 선임하여야 한다.
㈏ 제조소등의 용도 폐지신고 [법 제11조] : 제조소등 관계인은 제조소등의 용도를 폐지한 때에는 용도를 폐지한 날부터 14일 이내에 시·도지사에게 신고하여야 한다.
㈐ 수치의 합 계산 : 30일+14일=44

7. 위험물안전관리자의 선임 등에 대한 설명으로 옳은 것은?

① 안전관리자는 국가기술자격 취득자 중에서만 선임하여야 한다.
② 안전관리자를 해임한 때에는 14일 이내에 다시 선임하여야 한다.
③ 제조소등의 관계인은 안전관리자가 일시적으로 직무를 수행할 수 없는 경우에는 14일 이내의 범위에서 안전관리자의 대리자를 지정하여 직무를 대행하게 하여야 한다.
④ 안전관리자를 선임한 때에는 14일 이내에 신고하여야 한다.

해설 위험물 안전관리자 [법 제15조]
㉮ 제조소등 마다 대통령령이 정하는 위험물의 취급에 관한 자격이 있는 자를 위험물안전관리자로 선임하여야 한다.
㈏ 안전관리자를 해임, 퇴직한 때에는 30일 이내에 다시 선임하여야 한다.
㈐ 안전관리자는 선임한 날부터 14일 이내에 소방본부장 또는 소방서장에게 신고하여야 한다.
㈑ 안전관리자 직무 대행기간은 30일을 초과할 수 없다.

8. 위험물 안전관리법령상 위험물 저장·취급 시 화재 또는 재난을 방지하기 위하여 자체소방대를 두어야 하는 경우가 아닌 것은?

① 지정수량의 3천배 이상의 제4류 위험물을 저장·취급하는 제조소
② 지정수량의 3천배 이상의 제4류 위험물을 저장·취급하는 일반취급소
③ 지정수량의 2천배 이상의 제4류 위험물을 취급하는 일반취급소와 지정수량 1천배의 제4류 위험물을 취급하는 제조소가 동일한 사업소에 있는 경우
④ 지정수량의 3천배 이상의 제4류 위험물을 저장·취급하는 옥외탱크저장소

해설 제조소등에 자체소방대를 두어야 할 대상 [시행령 18조] : 지정수량 3000배 이상의 제4류 위험물을 취급하는 제조소 또는 일반취급소

정답 6. ② 7. ④ 8. ④

9. 제조소 또는 일반취급소에서 취급하는 제4류 위험물의 최대수량의 합이 지정수량의 12만배 미만인 사업소의 자체소방대에 두는 화학소방자동차와 자체소방대원의 기준으로 옳은 것은?

① 1대, 5인
② 2대, 10인
③ 3대, 15인
④ 4대, 20인

해설 자체소방대에 두는 화학소방자동차 및 인원 [시행령 별표8]

위험물의 최대수량의 합	화학 소방자동차	소방대원 (조작인원)
지정수량의 12만배 미만	1대	5인
지정수량의 12만배 이상 24만배 미만	2대	10인
지정수량의 24만배 이상 48만배 미만	3대	15인
지정수량의 48만배 이상	4대	20인

10. 자체소방대에 두어야 하는 화학소방자동차 중 포수용액을 방사하는 화학소방자동차는 법정 화학소방자동차 대수의 얼마 이상이어야 하는가?

① $\frac{1}{3}$　② $\frac{2}{3}$
③ $\frac{1}{5}$　④ $\frac{2}{5}$

해설 자체소방대

㉮ 자체소방대를 설치하여야 하는 사업소 [시행령 제18조] : 지정수량의 3000배 이상의 제4류 위험물을 취급하는 제조소 또는 일반취급소

㉯ 자체소방대 편성의 특례 [시행규칙 제74조] : 2 이상의 사업소가 상호응원에 관한 협정을 체결하고 있는 경우에는 화학소방차 대수의 2분의 1 이상의 대수와 화학소방자동차마다 5인 이상의 자체소방대원을 두어야 한다.

㉰ 화학소방차의 기준 등 [시행규칙 제75조] : 포수용액을 방사하는 화학소방자동차의 대수는 화학소방자동차의 대수의 3분의 2 이상으로 하여야 한다.

정답 9. ① 10. ②

부록

과년도 출제문제

2016년도 출제문제

제1회(2016. 3. 6 시행)

제1과목 | 일반 화학

1. 산화에 의하여 카르보닐기를 가진 화합물을 만들 수 있는 것은?

① $CH_3-CH_2-CH_2-COOH$

② $CH_3-CH(OH)-CH_3$

③ $CH_3-CH_2-CH_2-OH$

④ $CH_2(OH)-CH_2(OH)$

해설 이소프로필알코올[$(CH_3)_2CHOH$]을 산화시키면 수소 원자 2개를 잃고 카르보닐기[$-C(=O)-$]를 가진 아세톤(CH_3COCH_3)이 생성된다. 아세톤은 가장 단순한 케톤기[$R-(CO)-R'$]이다.

$$H_3C-CH(OH)-CH_3+\frac{1}{2}O_2 \rightarrow H_3C-CO-CH_3+H_2O$$

2. 27℃에서 500mL에 6g의 비전해질을 녹인 용액의 삼투압은 7.4기압이었다. 이 물질의 분자량은 약 얼마인가?

① 20.78　② 39.89
③ 58.16　④ 77.65

해설 부피 500mL는 0.5L에 해당되며, 분자량 M은 이상기체 상태방정식 $PV=\frac{W}{M}RT$ 에서 구한다.

$$\therefore M=\frac{WRT}{PV}=\frac{6\times 0.082\times(273+27)}{7.4\times 0.5}$$
$$=39.891$$

3. H_2O가 H_2S보다 비등점이 높은 이유는?

① 이온결합을 하고 있기 때문에
② 수소결합을 하고 있기 때문에
③ 공유결합을 하고 있기 때문에
④ 분자량이 적기 때문에

해설 수소결합 : 전기음성도가 매우 큰 F, O, N과 H원자가 결합된 분자와 분자 사이에 작용하는 힘으로 분자 간의 인력이 커져서 같은 족의 다른 수소 화합물보다 융점(mp : melting point), 끓는점(bp : boiling point)이 높다.

4. 염(salt)을 만드는 화학반응식이 아닌 것은?

① $HCl+NaOH \rightarrow NaCl+H_2O$
② $2NH_4OH+H_2SO_4 \rightarrow (NH_4)_2SO_4+2H_2O$
③ $CuO+H_2 \rightarrow Cu+H_2O$
④ $H_2SO_4+Ca(OH)_2 \rightarrow CaSO_4+2H_2O$

해설 염의 종류

㉮ 정염(중성염) : 산의 수소 원자(H) 전부가 금속으로 치환된 염
- $HCl \rightarrow NaCl$, NH_4Cl, $CaCl_2$, $AlCl_3$
- $H_2SO_4 \rightarrow (NH_4)_2SO_4$, $CaSO_4$, $Al_2(SO_4)_3$

㉯ 산성염 : 산의 수소 원자(H) 일부가 금속으로 치환된 염
- $H_2SO_4 \rightarrow NaHSO_4$, $KHSO_4$
- $H_3PO_4 \rightarrow NaH_2PO_4$
- $H_2CO_3 \rightarrow NaHCO_3$, $Ca(HCO_3)_2$

㉰ 염기성염 : 염기의 수산기(OH) 일부가 산기

정답 1. ② 2. ② 3. ② 4. ③

로 치환된 염
- $Mg(OH)_2 \rightarrow Mg(OH)Cl$
- $Cu(OH)_2 \rightarrow Cu(OH)Cl$

5. 최외각 전자가 2개 또는 8개로써 불활성인 것은?

① Na와 Br　② N과 Cl
③ C와 B　④ He와 Ne

해설 불활성(비활성) 기체의 최외각 전자수
㉮ 헬륨(He) : 2개
㉯ 네온(Ne), 아르곤(Ar), 크립톤(Kr), 크세논(Xe), 라돈(Rn) : 8개

6. 물 200g에 A 물질 2.9g을 녹인 용액의 빙점은? (단, 물의 어는점 내림 상수는 1.86 ℃·kg/mol이고, A 물질의 분자량은 58이다.)

① −0.465℃　② −0.932
③ −1.871℃　④ −2.453℃

해설 $\Delta T_f = m \times K_f = \dfrac{\left(\dfrac{W_b}{M_b}\right)}{W_a} \times K_f$

$= \dfrac{\left(\dfrac{2.9}{58}\right)}{200} \times (1.86 \times 1000) = 0.465\ ℃$

∴ 용액의 빙점은 −0.465℃이다.

7. d오비탈이 수용할 수 있는 최대 전자의 총수는?

① 6　② 8　③ 10　④ 14

해설 오비탈 종류별 수용할 수 있는 최대 전자수

구분	s	p	d	f
최대 전자수	2	6	10	14

8. 다음의 그래프는 어떤 고체 물질의 용해도 곡선이다. 100℃ 포화용액(비중 1.4) 100mL를 20℃의 포화용액으로 만들려면 몇 g의 물을 더 가해야 하는가?

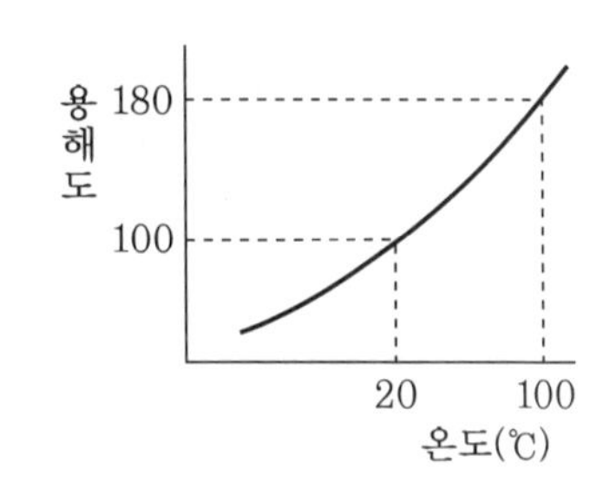

① 20g　② 40g
③ 60g　④ 80g

해설 ㉮ 100℃ 포화용액 100mL의 질량 계산
∴ 질량(g) = 부피(mL)×비중 = 100×1.4 = 140g
㉯ 그래프를 이용하여 고체의 질량과 물의 양 계산 : 포화용액 140g 중에 고체를 x라 놓으면 물의 양은 $(140-x)$이다.

$\therefore \text{용해도} = \dfrac{\text{용질의 질량(g)}}{\text{용매의 질량(g)}} \times 100$

$180 = \dfrac{x}{140 - x} \times 100$

$180 \times (140 - x) = 100x$

$(180 \times 140) - 180x = 100x$

$100x + 180x = 180 \times 140$

$x(100 + 180) = 180 \times 140$

$\therefore x = \dfrac{180 \times 140}{100 + 180} = 90\text{g}$ ← 고체의 질량

∴ 물의 양 = 포화용액 질량 − 고체의 질량
= 140 − 90 = 50g

㉰ 그래프를 이용하여 20℃의 포화용액으로 만들 때 물의 질량(g) 계산 : 온도가 변하여도 고체의 질량은 변함이 없다.

$100 = \dfrac{90}{50 + y} \times 100$

$50 + y = \dfrac{90}{100} \times 100$

$\therefore y = \left(\dfrac{90}{100} \times 100\right) - 50 = 40\text{g}$

9. 0.01N NaOH 용액 100mL에 0.02N HCl 55mL를 넣고 증류수를 넣어 전체 용액을 1000mL로 한 용액의 pH는?

① 3　② 4　③ 10　④ 11

정답 5. ④　6. ①　7. ③　8. ②　9. ②

해설 ㉮ 혼합액의 $[H^+]$농도 계산 : NaOH는 염기성이므로 0.01N NaOH에는 −부호를 적용한다.

$$\frac{(-0.01\times 100)+(0.02\times 55)}{1000}=1\times 10^{-4}$$

㉯ pH 계산

$\therefore$ $pH=-\log[H^+]=-\log(1\times10^{-4})=4$

10. 다음 화합물들 가운데 기하학적 이성질체를 가지고 있는 것은?

① $CH_2=CH_2$

② $CH_3-CH_2-CH_2-OH$

③ $(CH_3)_2C=C(CH_3)_2$

```
CH3       CH3
   \     /
    C=C
   /     \
CH3       CH3
```

④ $CH_3-CH=CH-CH_3$

해설 기하 이성질체 : 두 탄소 원자가 이중결합으로 연결될 때 탄소에 결합된 원자나 원자단의 위치가 다름으로 인하여 생기는 이성질체로서 cis형과 trans형이 있다.

11. 다음 물질 중 C_2H_2와 첨가반응이 일어나지 않는 것은?

① 염소 ② 수은

③ 브롬 ④ 오오드

해설 아세틸렌(C_2H_2) 첨가반응 : 이중결합이나 삼중결합을 하는 화합물이 할 수 있으며 아세틸렌은 삼중결합으로 수소, 물, 할로겐족 원소와 반응한다.

12. n 그램(g)의 금속을 묽은 염산에 완전히 녹였더니 m 몰의 수소가 발생하였다. 이 금속의 원자가를 2가로 하면 이 금속의 원자량은?

① $\frac{n}{m}$ ② $\frac{2n}{m}$ ③ $\frac{n}{2m}$ ④ $\frac{2m}{n}$

해설 ㉮ 금속 M의 원자가 2가는 M^{2+}이므로 염산(HCl)에 녹아 수소(H_2)가 발생하는 반응식은 다음과 같다.

$M+2HCl \rightarrow MCl_2+H_2$

㉯ M : H_2의 몰(mol)수비는 1 : 1 이므로 M의 몰수=H_2의 몰수이다.

$\therefore$ M의 몰질량(원자량)은

$$\frac{n\,[g]}{m\,[mol]}=\frac{n}{m}\,[g/mol]$$

13. 에틸렌(C_2H_4)을 원료로 하지 않은 것은?

① 아세트산 ② 염화비닐

③ 에탄올 ④ 메탄올

해설 에틸렌(C_2H_4)의 이용(원료로 이용)

㉮ 에탄올(C_2H_5OH) : 에틸렌에 묽은 황산을 첨가시켜 제조한다.

㉯ 아세트산(CH_3COOH) : 에틸렌을 산화시켜 제조한다.

㉰ 염화비닐(C_2H_3Cl) : 에틸렌을 이용하여 제조한다.

㉱ 스티렌 : 에틸렌을 벤젠(C_6H_6)과 작용시켜 제조한다.

14. 20℃에서 4L를 차지하는 기체가 있다. 동일한 압력, 40℃에서는 몇 L를 차지하는가?

① 0.23 ② 1.23

③ 4.27 ④ 5.27

해설 보일-샤를의 법칙 $\frac{P_1V_1}{T_1}=\frac{P_2V_2}{T_2}$에서 압력변화가 없는 상태이므로 $P_1=P_2$이다.

$$\therefore V_2=\frac{V_1T_2}{T_1}=\frac{4\times(273+40)}{273+20}=4.273\,L$$

15. pH에 대한 설명으로 옳은 것은?

① 건강한 사람의 혈액의 pH는 5.7이다.

② pH값은 산성 용액에서 알칼리성 용액보다 크다.

③ pH가 7인 용액에 지시약 메틸오렌지를 넣으면 노란색을 띈다.

④ 알칼리성 용액은 pH가 7보다 작다.

정답 10. ④ 11. ② 12. ① 13. ④ 14. ③ 15. ③

해설 각 항목의 옳은 설명

① 혈액의 정상치 pH는 7.40±0.04이다.

② pH값 1~14에서 7보다 작을수록 산성이 강하고, 7보다 클수록 알칼리성이 강하다.

④ 알칼리성 용액은 pH가 7보다 크다.

참고 지시약 종류에 따른 반응색

구분	산성	중성	염기성
리트머스지	푸른색 → 붉은색	변화 무	붉은색 → 푸른색
페놀프탈레인 용액	무색	무색	붉은색
메틸 오렌지 용액	붉은색	노란색	노란색
BTB 용액	노란색	초록색	파란색

16. 3가지 기체물질 A, B, C가 일정한 온도에서 다음과 같은 반응을 하고 있다. 평형에서 A, B, C가 각각 1몰, 2몰, 4몰이라면 평형상수 K의 값은?

A + 3B → 2C + 열

① 0.5 ② 2 ③ 3 ④ 4

해설 $K = \frac{[C]^c[D]^d}{[A]^a[B]^b} = \frac{4^2}{1 \times 2^3} = 2$

참고 [D]는 반응식에 포함되지 않아서 제외되었음

17. 25g의 암모니아가 과잉의 황산과 반응하여 황산암모늄이 생성될 때 생성된 황산암모늄의 양은 약 얼마인가?

① 82g ② 86g

③ 92g ④ 97g

해설 ㉮ 황산암모늄[$(NH_4)_2SO_4$] 생성 반응식

$2NH_3 + H_2SO_4 \rightarrow (NH_4)_2SO_4$

㉯ 황산암모늄 양 계산 : 암모니아(NH_3)의 분자량은 17, 황산암모늄의 분자량은 132이다.

$2 \times 17g : 132g = 25g : x[g]$

$\therefore x = \frac{132 \times 25}{2 \times 17} = 97.058\,g$

18. 일반적으로 환원제가 될 수 있는 물질이 아닌 것은?

① 수소를 내기 쉬운 물질

② 전자를 잃기 쉬운 물질

③ 산소와 화합하기 쉬운 물질

④ 발생기의 산소를 내는 물질

해설 (1) 환원제가 될 수 있는 물질

㉮ 수소를 내기 쉬운 물질

㉯ 산소와 화합하기 쉬운 물질

㉰ 전자를 잃기 쉬운 물질

㉱ 발생기의 수소를 내기 쉬운 물질

(2) 주요 환원제의 종류 : 수소(H_2), 일산화탄소(CO), 이산화황(SO_2), 황화수소(H_2S) 등

19. 표준상태에서 11.2L의 암모니아에 들어있는 질소는 몇 g 인가?

① 7 ② 8.5 ③ 22.4 ④ 14

해설 ㉮ 표준상태(0℃, 1기압)에서 모든 기체 1몰은 22.4L이며, 그 속에는 6.02×10^{23}개의 분자수가 존재한다.

㉯ 암모니아(NH_3) 분자량은 17이다.

$\therefore NH_3\ 몰(mol)수 = \frac{11.2}{22.4} = 0.5\ 몰(mol)$

㉰ 질소(N) 원자량은 14이고, 암모니아 분자에는 질소(N) 원소가 1개이다.

∴ 질소 무게=0.5몰=14×0.5=7g

20. 에탄(C_2H_6)을 연소시키면 이산화탄소와 수증기가 생성된다. 표준상태에서 에탄 30g을 반응시킬 때 발생하는 이산화탄소와 수증기의 분자수는 모두 몇 개인가?

① 6×10^{23} ② 12×10^{23}

③ 18×10^{23} ④ 30×10^{23}

해설 ㉮ 에탄(C_2H_6)의 완전연소 반응식

$C_2H_6 + 3.5O_2 \rightarrow 2CO_2 + 3H_2O$

㉯ 에탄(C_2H_6)의 분자량은 30이므로 1몰이 연소되는 것이고 에탄 1몰이 연소되면 이산화탄소(CO_2) 2몰, 수증기(H_2O) 3몰이 발생한다. 1몰

정답 16. ② 17. ④ 18. ④ 19. ① 20. ④

에는 6.02×10^{23}개의 분자수가 존재한다.
∴ 분자수 합$=(2+3)\times(6.02\times10^{23})$
$=3.01\times10^{24}=30.1\times10^{23}$

제2과목 | 화재 예방과 소화 방법

21. 물의 특성 및 소화효과에 관한 설명으로 틀린 것은?

① 이산화탄소보다 기화잠열이 크다.
② 극성분자이다.
③ 이산화탄소보다 비열이 작다.
④ 주된 소화효과가 냉각소화이다.

해설 소화약제로 물의 장점 및 소화효과
㉮ 비열(1kcal/kg·℃)과 기화잠열(539kcal/kg)이 크다.
㉯ 냉각소화에 효과적이다.
㉰ 쉽게 구할 수 있고 비용이 저렴하다.
㉱ 취급이 간편하다.

참고 이산화탄소 기체 정압비열 : 0.21kcal/kg·℃

참고 극성 분자와 무극성 분자
㉮ 극성 분자 : 분자 내에 전하의 분포가 고르지 않아서 부분 전하를 갖는 분자로, 분자의 쌍극자 모멘트가 0이 아닌 분자(HF, HCl, NH_3, H_2O 등)
㉯ 무극성(비극성) 분자 : 분자 내에 전하가 고르게 분포되어 있어서 부분 전하를 갖지 않으므로 분자의 쌍극자 모멘트가 0인 분자(H_2, Cl_2, O_2, N_2, CO_2, SO_2, CH_4, BF_3 등)

22. 위험물제조소에서 옥내소화전이 1층에 4개, 2층에 6개가 설치되어 있을 때 수원의 수량은 몇 L 이상이 되도록 설치하여야 하는가?

① 13000 ② 15600
③ 39000 ④ 46800

해설 옥내소화전설비의 수원 수량[시행규칙 별표17]
㉮ 수원의 수량은 옥내소화전이 가장 많이 설치된 층의 옥내소화전 설치개수(설치개수가 5개 이상인 경우는 5개)에 $7.8m^3$를 곱한 양 이상이 되도록 설치할 것
㉯ 수원의 수량 계산
∴ 수량=옥내소화전 설치개수×7.8
$=(5\times7.8)\times1000=39000L$

23. 불활성가스 소화약제 중 "IG-55"의 성분 및 그 비율을 옳게 나타낸 것은? (단, 용량비 기준이다.)

① 질소 : 이산화탄소=55 : 45
② 질소 : 이산화탄소=50 : 50
③ 질소 : 아르곤=55 : 45
④ 질소 : 아르곤=50 : 50

해설 불활성가스 소화설비 명칭에 따른 용량비 [세부기준 제134조]

명칭	용량비
IG-100	질소 100%
IG-55	질소 50%, 아르곤 50%
IG-541	질소 52%, 아르곤 40%, 이산화탄소 8%

24. 다음 위험물의 저장창고에 화재가 발생하였을 때 소화방법으로 주수소화가 적당하지 않은 것은?

① $NaClO_3$ ② S
③ NaH ④ TNT

해설 수소화나트륨(NaH)은 제3류 위험물 중 금속의 수소화물로 물과 반응하여 수소를 발생하고 열을 발생하는 발열반응을 일으키므로 화재가 발생하였을 때 주수소화는 부적합하다.

25. 드라이아이스의 성분을 옳게 나타낸 것은?

① H_2O ② CO_2
③ H_2O+CO_2 ④ $N_2+H_2O+CO_2$

해설 ㉮ 드라이아이스 : 고체탄산이라고 하며 액체 상태의 이산화탄소가 줄·톰슨 효과에 의하여 온도가 강하되면서 고체(얼음) 상태로 된

정답 21. ③ 22. ③ 23. ④ 24. ③ 25. ②

것으로 이산화탄소 소화기를 사용할 때 노즐 부분에서 드라이아이스가 생성되어 노즐을 폐쇄하는 현상이 발생한다.

㉯ 줄·톰슨 효과 : 단열을 한 배관 중에 작은 구멍을 내고 이 관에 압력이 있는 유체를 흐르게 하면 유체가 작은 구멍을 통할 때 유체의 압력이 하강함과 동시에 온도가 떨어지는 현상이다.

26. 화재발생 시 소화방법으로 공기를 차단하는 것이 효과가 있으며, 연소물질을 제거하거나 액체를 인화점 이하로 냉각시켜 소화할 수도 있는 위험물은?

① 제1류 위험물 ② 제4류 위험물
③ 제5류 위험물 ④ 제6류 위험물

해설 제4류 위험물은 대부분 상온, 상압에서 액체 상태로 비중이 물보다 가볍고 물에 녹지 않는 불용성이기 때문에 물은 화재를 확대시킬 위험이 있으므로 사용을 금지하고 질식소화가 효과적이고, 일부는 냉각소화가 가능하다.

27. 위험물 안전관리법령에 따른 옥내소화전설비의 기준에서 펌프를 이용한 가압송수장치의 경우 펌프의 전양정 H는 소정의 산식에 의한 수치 이상이어야 한다. 전양정 H를 구하는 식으로 옳은 것은?

① $H=h_1+h_2+h_3$
② $H=h_1+h_2+h_3+0.35\,\text{m}$
③ $H=h_1+h_2+h_3+35\,\text{m}$
④ $H=h_1+h_2+0.35\,\text{m}$

해설 옥내소화전설비의 펌프 전양정 계산식[세부기준 제129조]

$$H=h_1+h_2+h_3+35\,\text{m}$$

여기서, H : 펌프의 전양정(m)
h_1 : 소방용 호스의 마찰손실수두(m)
h_2 : 배관의 마찰손실수두(m)
h_3 : 낙차(m)

28. 위험물 안전관리법령상 물분무 소화설비가 적응성이 있는 위험물은?

① 알칼리금속 과산화물
② 금속분·마그네슘
③ 금수성 물질
④ 인화성 고체

해설 물분무 소화설비가 적응성이 있는 위험물 [시행규칙 별표17]
㉮ 건축물·그 밖의 공작물
㉯ 전기설비
㉰ 제1류 위험물 알칼리 금속 과산화물등 외의 것
㉱ 제2류 위험물 인화성 고체 및 그 밖의 것
㉲ 제3류 위험물 금수성 물품 외의 그 밖의 것
㉳ 제4류 위험물
㉴ 제5류 위험물
㉵ 제6류 위험물

29. 제1류 위험물 중 물과의 접촉이 가장 위험한 것은?

① 아염소산나트륨 ② 과산화나트륨
③ 과염소산나트륨 ④ 중크롬산암모늄

해설 과산화나트륨(Na_2O_2)은 물과 격렬히 반응하여 많은 열과 함께 산소(O_2)를 발생하며, 수산화나트륨(NaOH)이 된다.

$$2Na_2O_2+2H_2O \rightarrow 4NaOH+O_2\uparrow+Q\,[\text{kcal}]$$

30. 최소 착화에너지를 측정하기 위해 콘덴서를 이용하여 불꽃 방전 실험을 하고자 한다. 콘덴서의 전기용량을 C, 방전전압을 V, 전기량을 Q라 할 때 착화에 필요한 최소 전기에너지 E를 옳게 나타낸 것은?

① $E=\frac{1}{2}CQ^2$ ② $E=\frac{1}{2}C^2V$
③ $E=\frac{1}{2}QV^2$ ④ $E=\frac{1}{2}CV^2$

해설 ㉮ 최소 점화에너지 : 가연성 혼합가스에 전기적 스파크로 점화시킬 때 점화하기 위한 최소한의 전기적 에너지를 말한다.

정답 26. ② 27. ③ 28. ④ 29. ② 30. ④

㉯ 최소점화에너지(E) 측정

$$E=\frac{1}{2}\times Q\times V=\frac{1}{2}\times C\times V^2$$

31. 제1석유류를 저장하는 옥외탱크저장소에 특형포 방출구를 설치하는 경우 방출률은 액표면적 $1m^2$당 1분에 몇 L 이상이어야 하는가?

① 9.5L ② 8.0L ③ 6.5L ④ 3.7L

해설 ㉮ 특형포 방출구 방출률[세부기준 제133조]

제4류 위험물의 구분	포수용액량 (L/m^2)	방출률 ($L/m^2 \cdot min$)
인화점이 21℃ 미만인 것	240	8
인화점이 21℃ 이상 70℃ 미만인 것	160	8
인화점이 70℃ 이상인 것	120	8

㉯ 제1석유류는 인화점이 21℃ 미만인 것에 해당된다.

32. 분말 소화약제를 종별로 주성분을 바르게 연결한 것은?

① 1종 분말약제 – 탄산수소나트륨
② 2종 분말약제 – 인산암모늄
③ 3종 분말약제 – 탄산수소칼륨
④ 4종 분말약제 – 탄산수소칼륨+인산암모늄

해설 분말 소화약제의 종류 및 주성분

종류	주성분
제1종 분말	탄산수소나트륨($NaHCO_3$)
제2종 분말	탄산수소칼륨($KHCO_3$)
제3종 분말	제1인산암모늄($NH_4H_2PO_4$)
제4종 분말	탄산수소칼륨+요소 [$KHCO_3+(NH_2)_2CO$]

33. 할론 2402를 소화약제로 사용하는 이동식 할로겐화물 소화설비는 20℃의 온도에서 하나의 노즐마다 분당 방사되는 소화약제의 양(kg)을 얼마 이상으로 하여야 하는가?

① 5 ② 35 ③ 45 ④ 50

해설 이동식 할로겐화물 소화설비 소화약제 방사량[세부기준 135조]

㉮ 이동식 할로겐화합물 소화설비의 소화약제는 할론 2402, 할론 1211 또는 할론 1301로 할 것

㉯ 하나의 노즐마다 온도 20℃에서 1분당 방사할 수 있는 소화약제의 양

소화약제의 종별	소화약제의 양
할론 2402	45kg
할론 1211	40kg
할론 1301	35kg

34. 위험물 안전관리법령상 전기설비에 적응성이 없는 소화설비는?

① 포 소화설비
② 불활성가스 소화설비
③ 물분무 소화설비
④ 할로겐화합물 소화설비

해설 전기설비에 적응성이 없는 소화설비[시행규칙 별표17] : 옥내소화전 또는 옥외소화전설비, 스프링클러설비, 포 소화설비, 봉상수(棒狀水) 소화기, 봉상강화액 소화기, 포 소화기, 건조사

35. 가연물에 대한 일반적인 설명으로 옳지 않은 것은?

① 주기율표에서 0족의 원소는 가연물이 될 수 없다.
② 활성화 에너지가 작을수록 가연물이 되기 쉽다.
③ 산화반응이 완결된 산화물은 가연물이 아니다.
④ 질소는 비활성 기체이므로 질소의 산화물은 존재하지 않는다.

해설 질소는 불연성기체로 질소산화물(NO_x)에는 산화질소(NO), 아산화질소(N_2O), 이산화질소(NO_2) 등이 있다.

정답 31. ② 32. ① 33. ③ 34. ① 35. ④

36. 분말 소화약제로 사용되는 탄산수소칼륨(중탄산칼륨)의 착색 색상은?

① 백색 ② 담홍색
③ 청색 ④ 담회색

해설 분말 소화약제의 종류 및 착색 상태

종류	주성분	착색
제1종 분말	탄산수소나트륨 ($NaHCO_3$)	백색
제2종 분말	탄산수소칼륨 ($KHCO_3$)	담회색
제3종 분말	제1인산암모늄 ($NH_4H_2PO_4$)	담홍색
제4종 분말	탄산수소칼륨+요소 [$KHCO_3+(NH_2)_2CO$]	회색

37. 자연발화가 잘 일어나는 조건에 해당하지 않는 것은?

① 주위 습도가 높을 것
② 열전도율이 클 것
③ 주위 온도가 높을 것
④ 표면적이 넓을 것

해설 위험물의 자연발화가 일어날 수 있는 조건
㉮ 통풍이 안 되는 경우
㉯ 저장실의 온도가 높은 경우
㉰ 습도가 높은 상태로 유지되는 경우
㉱ 열전도율이 작아 열이 축적되는 경우
㉲ 가연성 가스가 발생하는 경우
㉳ 물질의 표면적이 넓은 경우

38. 알코올 화재 시 수성막포 소화약제는 내알코올포 소화약제에 비하여 소화효과가 낮다. 그 이유로서 가장 타당한 것은?

① 소화약제와 섞이지 않아서 연소면을 확대하기 때문에
② 알코올은 포와 반응하여 가연성 가스를 발생하기 때문에
③ 알코올이 연료로 사용되어 불꽃의 온도가 올라가기 때문에
④ 수용성 알코올로 인해 포가 소멸되기 때문에

해설 알코올 화재 시 수성막포 소화약제가 효과가 없는 이유는 알코올과 같은 수용성 액체에는 포(泡, foam)가 파괴되는 현상으로 인해 소화효과를 잃게 되기 때문이다.

39. 주유취급소에 캐노피를 설치하고자 한다. 위험물 안전관리법령에 따른 캐노피의 설치기준이 아닌 것은?

① 캐노피의 면적은 주유취급소 공지면적의 1/2 이하로 할 것
② 배관이 캐노피 내부를 통과할 경우에는 1개 이상의 점검구를 설치할 것
③ 캐노피 외부의 배관이 일광열의 영향을 받을 우려가 있는 경우에는 단열재로 피복할 것
④ 캐노피 외부의 점검이 곤란한 장소에 배관을 설치하는 경우에는 용접이음으로 할 것

해설 주유취급소에 설치하는 캐노피 기준[시행규칙 별표13]
㉮ 배관이 캐노피 내부를 통과할 경우에는 1개 이상의 점검구를 설치할 것
㉯ 캐노피 외부의 점검이 곤란한 장소에 배관을 설치하는 경우에는 용접이음으로 할 것
㉰ 캐노피 외부의 배관이 일광열의 영향을 받을 우려가 있는 경우에는 단열재로 피복할 것

40. 이산화탄소 소화약제에 대한 설명으로 틀린 것은?

① 장기간 저장하여도 변질, 부패 또는 분해를 일으키지 않는다.
② 한랭지에서 동결의 우려가 없고 전기 절연성이 있다.
③ 밀폐된 지역에서 방출 시 인명피해의 위험이 있다.

정답 36. ④ 37. ② 38. ④ 39. ① 40. ④

④ 표면화재보다는 심부화재에 적응력이 뛰어나다.

해설 이산화탄소(CO_2) 소화약제의 특징

㉮ 무색, 무미, 무취의 기체로 공기보다 무겁고 불연성이다.
㉯ 독성이 없지만 과량 존재 시 산소 부족으로 질식할 수 있다.
㉰ 한랭지에서 동결의 우려가 없고 부패, 변질의 우려가 적어 장기간 저장이 가능하다.
㉱ 소화약제에 의한 오손이 없고, 질식효과와 냉각효과가 있다.
㉲ 전기 절연성이 공기보다 1.2배 정도 우수하고, 피연소물에 피해를 주지 않아 소화 후 증거보존에 유리하다.
㉳ 많은 가연성 물질이 연소하는 A급 화재에는 효과가 적으나, 가연물이 소량이고 그 표면만을 연소할 때는 산소 억제에 효과가 있다.

제3과목 | 위험물의 성질과 취급

41. 위험물 안전관리법령에 따른 제1류 위험물과 제6류 위험물의 공통적 성질로 옳은 것은?

① 산화성물질이며 다른 물질을 환원시킨다.
② 환원성물질이며 다른 물질을 환원시킨다.
③ 산화성물질이며 다른 물질을 산화시킨다.
④ 환원성물질이며 다른 물질을 산화시킨다.

해설 제1류 위험물과 제6류 위험물의 공통점(성질)

㉮ 제1류 위험물 : 산화성 고체
㉯ 제6류 위험물 : 산화성 액체

참고 두 종류의 위험물이 갖는 공통적인 성질은 산화성 물질이며 다른 물질을 산화시키는 것이다.

42. 연소반응을 위한 산소공급원이 될 수 없는 것은?

① 과망간산칼륨 ② 염소산칼륨
③ 탄화칼슘 ④ 질산칼륨

해설 각 위험물의 유별 및 성질

품명	유별	성질
과망간산칼륨($KMnO_4$)	제1류	산화성 고체
염소산칼륨($KClO_3$)	제1류	산화성 고체
질산칼륨(KNO_3)	제1류	산화성 고체
탄화칼슘(CaC_2)	제3류	금수성 물질

43. 1기압 27℃에서 아세톤 58g을 완전히 기화시키면 부피는 약 몇 L가 되는가?

① 22.4 ② 24.6
③ 27.4 ④ 58.0

해설 아세톤(CH_3COCH_3)의 분자량은 58이므로 1몰(mol)의 부피를 이상기체 상태방정식 $PV = nRT$를 이용하여 체적 V를 계산한다.

$$\therefore V = \frac{nRT}{P} = \frac{1 \times 0.082 \times (273+27)}{1} = 24.6\,\mathrm{L}$$

44. 다음 제4류 위험물 중 인화점이 가장 낮은 것은?

① 아세톤
② 아세트알데히드
③ 산화프로필렌
④ 디에틸에테르

해설 제4류 위험물의 인화점

품명		인화점
아세톤(CH_3COCH_3)	제1석유류	-18℃
아세트알데히드(CH_3CHO)	특수인화물	-39℃
산화프로필렌(CH_3CHOCH_2)	특수인화물	-37℃
디에틸에테르($C_2H_5OC_2H_5$)	특수인화물	-45℃

참고 제4류 위험물 중 인화점이 가장 낮은 것은 디에틸에테르($C_2H_5OC_2H_5$)이다.

정답 41. ③ 42. ③ 43. ② 44. ④

45. 위험물제조소 건축물의 구조 기준이 아닌 것은?

① 출입구에는 갑종방화문 또는 을종방화문을 설치할 것
② 지붕은 폭발력이 위로 방출될 정도의 가벼운 불연재료로 덮을 것
③ 벽·기둥·바닥·보·서까래 및 계단을 불연재료로 하고, 연소(燃燒)의 우려가 있는 외벽은 출입구 외의 개구부가 없는 내화구조의 벽으로 하여야 한다.
④ 산화성 고체, 가연성 고체 위험물을 취급하는 건축물의 바닥은 위험물이 스며들지 못하는 재료를 사용할 것

해설 제조소의 건축물 기준[시행규칙 별표4]
㉮ 지하층이 없도록 하여야 한다.
㉯ 벽·기둥·바닥·보·서까래 및 계단을 불연재료로 하고, 연소의 우려가 있는 외벽은 출입구 외의 개구부가 없는 내화구조의 벽으로 하여야 한다.
㉰ 지붕은 폭발력이 위로 방출될 정도의 가벼운 불연재료로 덮어야 한다.
㉱ 출입구와 비상구는 갑종방화문 또는 을종방화문을 설치하되, 연소의 우려가 있는 외벽에 설치하는 출입구에는 수시로 열 수 있는 자동폐쇄식의 갑종방화문을 설치하여야 한다.
㉲ 위험물을 취급하는 건축물의 창 및 출입구에 유리를 이용하는 경우에는 망입유리로 하여야 한다.
㉳ 액체의 위험물을 취급하는 건축물의 바닥은 위험물이 스며들지 못하는 재료를 사용하고, 적당한 경사를 두어 그 최저부에 집유설비를 하여야 한다.

46. TNT의 폭발, 분해 시 생성물이 아닌 것은?

① CO ② N_2
③ SO_2 ④ H_2

해설 TNT[$C_6H_2CH_3(NO_2)_3$: 트리니트로톨루엔]
㉮ 분해 반응식
$2C_6H_2CH_3(NO_2)_3 \rightarrow 12CO\uparrow + 3N_2\uparrow + 5H_2\uparrow + 2C$
㉯ 생성되는 가스 : 일산화탄소(CO), 질소(N_2), 수소(H_2)

47. 이황화탄소의 인화점, 발화점, 끓는점에 해당하는 온도를 낮은 것부터 차례대로 나타낸 것은?

① 끓는점<인화점<발화점
② 끓는점<발화점<인화점
③ 인화점<끓는점<발화점
④ 인화점<발화점<끓는점

해설 이황화탄소(CS_2)의 성질

구분	인화점	끓는점	발화점
온도	-30℃	46.45℃	100℃

48. 다음의 2가지 물질을 혼합하였을 때 위험성이 증가하는 경우가 아닌 것은?

① 과망간산칼륨+황산
② 니트로셀룰로오스+알코올 수용액
③ 질산나트륨+유기물
④ 질산+에틸알코올

해설 2가지 물질을 혼합하였을 때 위험성
㉮ 니트로셀룰로오스+알코올 수용액 : 제5류 위험물인 니트로셀룰로오스는 건조한 상태에서는 발화의 위험이 있으므로 함수알코올(물+알코올)을 습윤시켜 저장, 이동하므로 위험성은 없다.
㉯ 과망간산칼륨+황산 : 제5류 위험물인 과망간산칼륨(KMnO)이 진한 황산(H_2SO_4)과 접촉하면 폭발적으로 반응한다.
㉰ 질산나트륨+유기물 : 제1류 위험물인 질산나트륨($NaNO_3$)은 강한 산화제로 유기물과 함께 가열하면 폭발한다.
㉱ 질산+에틸알코올 : 제6류 위험물 산화성 액체인 질산(HNO_3)과 제4류 위험물 가연성 액체인 에틸알코올(C_2H_5OH)이 혼합하였을 때 점화원에 의해 인화, 폭발할 가능성이 있다.

정답 45. ④ 46. ③ 47. ③ 48. ②

49. 물과 접촉 시 발생되는 가스의 종류가 나머지 셋과 다른 하나는?

① 나트륨 ② 수소화칼슘
③ 인화칼슘 ④ 수소화나트륨

해설 제3류 위험물이 물과 접촉 시 발생하는 가스

품명	발생 가스
나트륨(Na)	수소(H_2)
수소화칼슘(CaH_2)	수소(H_2)
인화칼슘(Ca_3P_2)	인화수소(PH_3)
수소화나트륨(NaH)	수소(H_2)

50. 트리에틸알루미늄(triethyl aluminium) 분자식에 포함된 탄소의 개수는?

① 2 ② 3
③ 5 ④ 6

해설 트리에틸알루미늄[$(C_2H_5)_3Al$]의 분자식에 포함된 탄소의 개수는 6개이다.

51. 제3류 위험물의 운반 시 혼재할 수 있는 위험물은 제 몇 류 위험물인가? (단, 각각 지정수량의 10배인 경우이다.)

① 제1류 ② 제2류
③ 제4류 ④ 제5류

해설 ㉮ 위험물 운반할 때 혼재 기준[시행규칙 별표19, 부표2]

구분	제1류	제2류	제3류	제4류	제5류	제6류
제1류		×	×	×	×	○
제2류	×		×	○	○	×
제3류	×	×		○	×	×
제4류	×	○	○		○	×
제5류	×	○	×	○		×
제6류	○	×	×	×	×	

㈜ ○ : 혼합 가능, × : 혼합 불가능

㉯ 이 표는 지정수량의 $\frac{1}{10}$ 이하의 위험물에 대하여는 적용하지 않는다.

52. 과산화나트륨의 위험성에 대한 설명으로 틀린 것은?

① 가열하면 분해하여 산소를 방출한다.
② 부식성 물질이므로 취급 시 주의해야 한다.
③ 물과 접촉하면 가연성 수소 가스를 방출한다.
④ 이산화탄소와 반응을 일으킨다.

해설 과산화나트륨(Na_2O_2)의 위험성
㉮ 가열하면 분해되어 산화나트륨(Na_2O)과 산소가 발생한다.
㉯ 조해성이 있으며 물과 반응하여 많은 열과 함께 산소(O_2)와 수산화나트륨(NaOH)을 발생하고 대량일 때 폭발한다.
㉰ 강산화제로 용융물은 금, 니켈을 제외한 금속을 부식시킨다.
㉱ 탄화칼슘(CaC_2), 마그네슘, 알루미늄 분말, 초산(CH_3COOH), 에테르($C_2H_5OC_2H_5$) 등과 혼합하면 발화하거나 폭발의 위험이 있다.
㉲ 공기 중에서 탄산가스를 흡수하여 탄산염이 된다.

53. 위험물 안전관리법령에 따른 제4류 위험물 중 제1석유류에 해당하지 않는 것은?

① 등유 ② 벤젠
③ 메틸에틸케톤 ④ 톨루엔

해설 제4류 위험물 중 제1석유류 분류[시행령 별표1]
㉮ 제1석유류 : 아세톤, 휘발유 그 밖에 1기압에서 인화점이 21℃ 미만인 것을 말한다.
㉯ 종류 : 아세톤(CH_3COCH_3), 가솔린(C_5H_{12}~C_9H_{20}), 벤젠(C_6H_6), 톨루엔($C_6H_5CH_3$), 크실렌[$C_6H_4(CH_3)_2$], 초산에스테르류(초산메틸, 초산에틸, 초산프로필에스테르, 부틸에스테르, 초산아밀에스테르 등), 의산 에스테르류(의산메틸, 의산에틸, 의산프로필, 의산부틸, 의산아밀 등), 메틸에틸케톤($CH_3COC_2H_5$), 피리딘(C_5H_5N), 시안화수소(HCN)

참고 등유는 제2석유류에 해당된다.

정답 49. ③ 50. ④ 51. ③ 52. ③ 53. ①

54. 위험물의 운반용기 재질 중 액체 위험물의 외장용기로 사용할 수 없는 것은?

① 유리 ② 나무
③ 파이버판 ④ 플라스틱

해설 액체 위험물 운반용기[시행규칙 별표19, 부표1]

㉮ 내장용기 : 유리용기, 플라스틱용기, 금속제용기

㉯ 외장용기 : 나무 또는 플라스틱 상자, 파이버판상자, 금속제용기, 플라스틱용기, 금속제드럼, 플라스틱 또는 파이버드럼

55. 외부의 산소 공급이 없어도 연소하는 물질이 아닌 것은?

① 알루미늄의 탄화물
② 히드록실아민
③ 유기과산화물
④ 질산에스테르류

해설 ㉮ 제5류 위험물인 유기과산화물, 질산에스테르류, 히드록실아민 등은 자기반응성 물질로 산소공급이 없어도 연소한다.

㉯ 알루미늄의 탄화물 : 제3류 위험물 금수성 물질이다.

56. 염소산칼륨이 고온에서 완전 열분해할 때 주로 생성되는 물질은?

① 칼륨과 물 및 산소
② 염화칼륨과 산소
③ 이염화칼륨과 수소
④ 칼륨과 물

해설 염소산칼륨($KClO_3$)

㉮ 제1류 위험물 중 염소산염류로 지정수량은 50kg이다.

㉯ 400℃ 부근에서 분해되기 시작하여 540~560℃에서 과염소산칼륨($KClO_4$)을 거쳐 염화칼륨(KCl)과 산소(O_2)를 생성한다.

$2KClO_3 \rightarrow KCl + KClO_4 + O_2 \uparrow$

$KClO_4 \rightarrow KCl + 2O_2 \uparrow$

57. 다음 중 증기비중이 가장 큰 것은?

① 벤젠
② 아세톤
③ 아세트알데히드
④ 톨루엔

해설 ㉮ 제4류 위험물의 분자량 및 증기 비중

품명	분자량	비중
벤젠(C_6H_6)	78	2.68
아세톤(CH_3COCH_3)	58	2.0
아세트알데히드(CH_3CHO)	44	1.52
톨루엔($C_6H_5CH_3$)	92	3.17

㉯ 증기 비중은 $\dfrac{\text{기체 분자량}}{\text{공기의 평균 분자량(29)}}$ 이므로 분자량이 큰 것이 증기 비중이 크다.

58. 옥외저장탱크·옥내저장탱크 또는 지하저장탱크 중 압력탱크에 저장하는 아세트알데히드 등의 온도는 몇 ℃ 이하로 유지하여야 하는가?

① 30 ② 40
③ 55 ④ 65

해설 알킬알루미늄등, 아세트알데히드등 및 디에틸에테르등의 저장 기준[시행규칙 별표18]

㉮ 옥외저장탱크·옥내저장탱크 또는 지하저장탱크 중 압력탱크 외의 탱크에 저장하는 디에틸에테르등 또는 아세트알데히드등의 온도

㉠ 산화프로필렌과 이를 함유한 것 또는 디에틸에테르등 : 30℃ 이하로 유지

㉡ 아세트알데히드 또는 이를 함유한 것 : 15℃ 이하로 유지

㉯ 옥외저장탱크·옥내저장탱크 또는 지하저장탱크 중 압력탱크에 저장하는 아세트알데히드등 또는 디에틸에테르등의 온도 : 40℃ 이하로 유지

㉰ 보냉장치가 있는 이동저장탱크에 저장하는 아세트알데히드등 또는 디에틸에테르등의 온도 : 당해 위험물의 비점 이하로 유지할 것

㉱ 보냉장치가 없는 이동저장탱크에 저장하는 아세트알데히드등 또는 디에틸에테르등의 온도 : 40℃ 이하로 유지

2016

정답 54. ① 55. ① 56. ② 57. ④ 58. ②

59. 위험물 운반용기 외부표시의 주의사항으로 틀린 것은?

① 제1류 위험물 중 알칼리금속의 과산화물 : 화기·충격주의, 물기엄금 및 가연물접촉주의
② 제2류 위험물 중 인화성 고체 : 화기엄금
③ 제4류 위험물 : 화기엄금
④ 제6류 위험물 : 물기엄금

해설 운반용기의 외부 표시사항[시행규칙 별표19]

<table>
<tr><th>유별</th><th>구분</th><th>표시사항</th></tr>
<tr><td rowspan="2">제1류</td><td>알칼리 금속의 과산화물 또는 이를 함유한 것</td><td>화기·충격주의, 물기엄금, 가연물 접촉주의</td></tr>
<tr><td>그 밖의 것</td><td>화기·충격주의 및 가연물 접촉주의</td></tr>
<tr><td rowspan="3">제2류</td><td>철분, 금속분, 마그네슘 또는 어느 하나 이상을 함유한 것</td><td>화기주의, 물기엄금</td></tr>
<tr><td>인화성 고체</td><td>화기엄금</td></tr>
<tr><td>그 밖의 것</td><td>화기주의</td></tr>
<tr><td rowspan="2">제3류</td><td>자연발화성 물질</td><td>화기엄금 및 공기접촉엄금</td></tr>
<tr><td>금수성 물질</td><td>물기엄금</td></tr>
<tr><td colspan="2">제4류</td><td>화기엄금</td></tr>
<tr><td colspan="2">제5류</td><td>화기엄금 및 충격주의</td></tr>
<tr><td colspan="2">제6류</td><td>가연물접촉주의</td></tr>
</table>

60. 셀룰로이드류를 다량으로 저장하는 경우, 자연발화의 위험성을 고려하였을 때 다음 중 가장 적합한 장소는?

① 습도가 높고 온도가 낮은 곳
② 습도와 온도가 모두 낮은 곳
③ 습도와 온도가 모두 높은 곳
④ 습도가 낮고 온도가 높은 곳

해설 셀룰로이드류
㉮ 제5류 위험물 중 질산에스테르류에 해당된다.
㉯ 습도가 높고 온도가 높으면 자연발화의 위험이 있으므로 습도와 온도가 모두 낮은 곳에 저장한다.
㉰ 저장실의 온도를 20℃ 이하로 유지되도록 통풍이 잘 되는 냉암소에 저장한다.

정답 59. ④ 60. ②

제2회(2016. 5. 8 시행)

제1과목 | 일반 화학

1. 대기압 하에서 열린 실린더에 있는 1mol의 기체를 20℃에서 120℃까지 가열하면 기체가 흡수하는 열량은 몇 cal인가? (단, 기체의 비열은 4.97cal/mol·℃이다.)

① 97 ② 100 ③ 497 ④ 760

해설 $Q=m\times C\times \Delta t$

$=1\times 4.97\times (120-20)=497\,\text{cal}$

2. 분자구조에 대한 설명으로 옳은 것은?

① BF_3는 삼각 피라미드형이고, NH_3는 선형이다.
② BF_3는 평면 정삼각형이고, NH_3는 삼각 피라미드형이다.
③ BF_3는 굽은형(V형)이고, NH_3는 삼각 피라미드형이다.
④ BF_3는 평면 정삼각형이고, NH_3는 선형이다.

해설 삼플루오린화붕소(BF_3)는 무극성 분자로 분자구조는 정삼각형이고, 암모니아(NH_3)는 극성 분자로 분자구조는 피라미드형(삼각뿔) 구조이다.

3. 다음은 열역학 제 몇 법칙에 대한 내용인가?

> 0K(절대영도)에서 물질의 엔트로피는 0이다.

① 열역학 제0법칙 ② 열역학 제1법칙
③ 열역학 제2법칙 ④ 열역학 제3법칙

해설 열역학 법칙
㉮ 열역학 제0법칙 : 열평형의 법칙
㉯ 열역학 제1법칙 : 에너지보존의 법칙
㉰ 열역학 제2법칙 : 방향성의 법칙
㉱ 열역학 제3법칙 : 어떤 계 내에서 물체의 상태변화 없이 절대온도 0도에 이르게 할 수 없다.

4. 물(H_2O)의 끓는점이 황화수소(H_2S)의 끓는점보다 높은 이유는?

① 분자량이 작기 때문에
② 수소결합 때문에
③ pH가 높기 때문에
④ 극성결합 때문에

해설 수소결합 : 전기음성도가 매우 큰 F, O, N과 H원자가 결합된 분자와 분자 사이에 작용하는 힘으로 분자 간의 인력이 커져서 같은 족의 다른 수소 화합물보다 융점(mp : melting point), 끓는점(bp : boiling point)이 높다.

5. 다음 중 비공유 전자쌍을 가장 많이 가지고 있는 것은?

① CH_4 ② NH_3
③ H_2O ④ CO_2

해설 ㉮ 비공유 전자쌍 : 공유 결합에 참가하지 않고 남아 있는 전자쌍으로 고립 전자쌍, 비결합 전자쌍이라고도 한다.
㉯ 각 화합물의 비공유 전자쌍 수

CH_4	NH_3	H_2O	CO_2
0	1	2	4

6. NH_4Cl에서 배위결합을 하고 있는 부분을 옳게 설명한 것은?

① NH_3는의 N−H 결합
② NH_3와 H^+과의 결합
③ $NH_4{}^+$과 Cl^-과의 결합
④ H^+과 Cl^-과의 결합

해설 ㉮ 배위결합 : 비공유 원자쌍을 가지고 있는 원자가 다른 이온이나 원자에게 이를 제공하여 공유결합이 형성되는 결합으로 $(NH_4)^+$, H_3O^+에서 나타난다.
㉯ NH_4Cl에서 배위결합을 하고 있는 부분은 NH_3와 H^+과의 결합이다.

정답 1. ③ 2. ② 3. ④ 4. ② 5. ④ 6. ②

7. 중크롬산이온($Cr_2O_7^{2-}$)에서 Cr의 산화수는?

① +3　　② +6
③ +7　　④ +12

해설 중크롬산이온($Cr_2O_7^{2-}$)에서 크롬(Cr)의 산화수 계산 : Cr의 산화수는 x, O의 산화수는 −2인데 음이온 2개를 받은 상태이다.

$2x+(-2\times 7)=-2$

$\therefore x=\frac{(2\times 7)-2}{2}=+6$

8. 어떤 비전해질 12g을 물 60.0g에 녹였다. 이 용액이 −1.88℃의 빙점 강하를 보였을 때 이 물질의 분자량을 구하면? (단, 물의 몰랄 어는점 내림 상수는 K_f =1.86℃/m이다.)

① 297　　② 202
③ 198　　④ 165

해설 $\Delta T_f=m\times K_f=\frac{\left(\frac{W_b}{M_b}\right)}{W_a}\times K_f$ 에서

$\therefore M_b=\frac{W_b}{\Delta T_f\times W_a}\times K_f$

$=\frac{12}{1.88\times 60}\times(1.86\times 1000)=197.872$

9. 페놀 수산기(−OH)의 특성에 대한 설명으로 옳은 것은?

① 수용액이 강알칼리성이다.
② −OH기가 하나 더 첨가되면 물에 대한 용해도가 작아진다.
③ 카르복실산과 반응하지 않는다.
④ $FeCl_3$ 용액과 정색 반응을 한다.

해설 페놀(C_6H_5OH) : 수산기(−OH)와 결합된 페닐기($-C_6H_5$)로 구성된 방향족 화합물이다. 수용액에서 약산성을 나타내며 염화제이철($FeCl_3$) 수용액과 작용하여 보라색이 나타나는 정색반응(呈色反應 : 일정한 색을 내거나 색이 변하면서 작용하는 화학반응)을 한다.

10. 시약의 보관방법으로 옳지 않은 것은?

① Na : 석유 속에 보관
② NaOH : 공기가 잘 통하는 곳에 보관
③ P_4(흰인) : 물속에 보관
④ HNO_3 : 갈색병에 보관

해설 가성소다(NaOH) : 공기 중의 수분을 흡수하여 스스로 녹는 조해성이 있어 플라스틱 용기나 유리병에 공기가 통하지 않도록 밀폐시켜 서늘한 곳에 보관한다.

11. 17g의 NH_3와 충분한 양의 황산이 반응하여 만들어지는 황산암모늄은 몇 g 인가? (단, 원소의 원자량은 H : 1, N : 14, O : 16, S : 32이다.)

① 66g　　② 106g
③ 115g　　④ 132g

해설 ㉮ 황산암모늄[$(NH_4)_2SO_4$] 반응식

$2NH_3+H_2SO_4 \rightarrow (NH_4)_2SO_4$

㉯ 황산암모늄[$(NH_4)_2SO_4$]량 계산암모니아(NH_3)의 분자량은 17, 황산암모늄 분자량은 132이다.

$2\times 17g : 132g=17g : x$

$\therefore x=\frac{17\times 132}{2\times 17}=66\,g$

12. 다음에서 설명하는 물질의 명칭은?

- HCl과 반응하여 염산염을 만든다.
- 니트로벤젠을 수소로 환원하여 만든다.
- $CaOCl_2$ 용액에서 붉은 보라색을 띤다.

① 페놀
② 아닐린
③ 톨루엔
④ 벤젠술폰산

해설 아닐린($C_6H_5NH_2$) : 벤젠고리에 수소 하나가 아미노기($-NH_2$)로 치환된 유기화합물로 염료, 약, 폭약, 플라스틱, 사진, 고무화학제품을 만들 때 원료로 사용한다. 상업적으로 니트로벤젠을 촉매하에서 수소화반응 시키거나 클로로벤젠과

정답 7. ②　8. ③　9. ④　10. ②　11. ①　12. ②

암모니아를 반응시켜서 또는 산 수용액에서 철을 촉매로 하여 니트로벤젠을 환원하여 얻는다. 제4류 위험물 제3석유류에 해당된다.

13. 원자에서 복사되는 빛은 선 스펙트럼을 만드는데, 이것으로부터 알 수 있는 사실은?

① 빛에 의한 광전자의 방출
② 빛이 파동의 성질을 가지고 있다는 사실
③ 전자껍질의 에너지의 불연속성
④ 원자핵 내부의 구조

해설 원자핵 주위의 전자가 특정한 에너지를 가지는 전자껍질의 에너지 준위가 불연속적이어서 방출되는 에너지가 선 스펙트럼으로 나타난다.

14. 다음의 반응에서 환원제로 쓰인 것은?

$$MnO_2 + 4HCl \rightarrow MnCl_2 + 2H_2O + Cl_2$$

① Cl_2　② $MnCl_2$
③ HCl　④ MnO_2

해설 (1) 환원제가 될 수 있는 물질
㉮ 수소를 내기 쉬운 물질
㉯ 산소와 화합하기 쉬운 물질
㉰ 전자를 잃기 쉬운 물질
㉱ 발생기의 수소를 내기 쉬운 물질
(2) 주요 환원제의 종류 : 수소(H_2), 일산화탄소(CO), 이산화황(SO_2), 황화수소(H_2S) 등
(3) 반응에서 산화제와 환원제

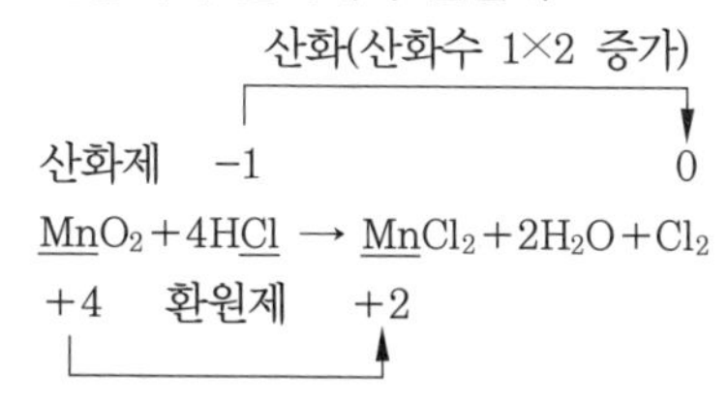

∴ MnO_2는 자신은 환원되면서 HCl을 산화시키는 산화제이고, HCl은 자신은 산화되면서 MnO_2를 환원시키는 환원제이다.

15. 원자가 전자배열이 as^2ap^2인 것은? (단, a=2, 3이다.)

① Ne, Ar　② Li, Na
③ C, Si　④ N, P

해설 ㉮ 전자배열이 as^2ap^2인 것의 a에 2를 넣으면 전자배치는 $2s^22p^2$이므로 전자껍질(주양자수)는 L껍질이고 전자수는 6개이다. 그러므로 해당되는 원소는 원자번호 6인 탄소(C)이다.
㉯ 전자배열이 as^2ap^2인 것의 a에 3을 넣으면 전자배치는 $3s^23p^2$이므로 전자껍질(주양자수)는 M껍질이고 전자수는 14개이다. 그러므로 해당되는 원소는 원자번호 14인 규소(Si)이다.

16. 벤조산은 무엇을 산화하면 얻을 수 있는가?

① 톨루엔
② 니트로벤젠
③ 트리니트로톨루엔
④ 페놀

해설 벤조산($C_7H_6O_2$) : 안식향산(安息香酸)이라고 하며 가장 간단한 방향족 카르복실산의 하나로 무색의 결정성 고체이다. 톨루엔($C_6H_5CH_3$)을 다이크로뮴산염($KMnO_4$)+황산(H_2SO_4)으로 산화하면 얻을 수 있으며 식품의 방부제로 사용한다.

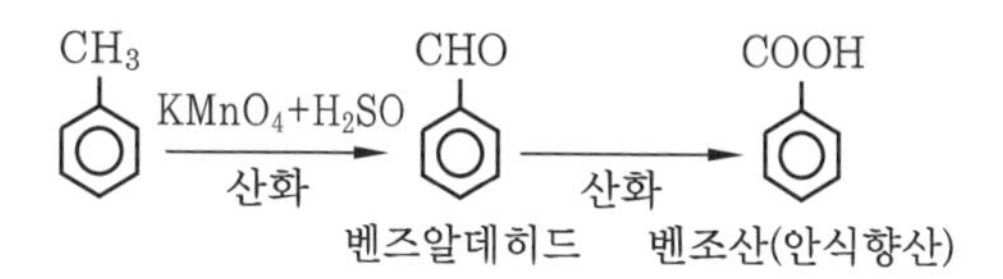

17. 질산칼륨을 물에 용해시키면 용액의 온도가 떨어진다. 다음 사항 중 옳지 않은 것은?

① 용해시간과 용해도는 무관하다.
② 질산칼륨의 용해 시 열을 흡수한다.
③ 온도가 상승할수록 용해도는 증가한다.
④ 질산칼륨 포화용액을 냉각시키면 불포화용액이 된다.

해설 ㉮ 질산칼륨(KNO_3)을 물에 용해시키면 용액의 온도가 떨어지는 이유는 흡열반응이기 때문이며, 질산칼륨 포화용액을 냉각시키면 과포화용액이 된다.

2016

정답 13. ③　14. ③　15. ③　16. ①　17. ④

㉯ 과포화용액이 되는 이유 : 일정온도에서 용질이 용해도 이상으로 녹아 있는 상태의 액체를 과포화용액이라 하며, 용해도의 한도만큼 녹아 있는 포화용액을 천천히 식히거나 용매를 증발시키면 만들 수 있다.

18. 다음 화학 반응으로부터 설명하기 어려운 것은?

$$2H_2(g) + O_2(g) \rightarrow 2H_2O(g)$$

① 반응물질 및 생성물질의 부피비
② 일정성분비의 법칙
③ 반응물질 및 생성물질의 몰수비
④ 배수비례의 법칙

해설 배수 비례의 법칙 : A, B 두 종류의 원소가 반응하여 두 가지 이상의 화합물을 만들 때 한 원소 A의 일정량과 결합하는 B원소의 질량들 사이에는 간단한 정수비가 성립한다는 것으로 CO와 CO_2, SO_2와 SO_3가 해당된다.

19. 볼타전지에서 갑자기 전류가 약해지는 현상을 "분극현상"이라 한다. 이 분극현상을 방지해 주는 감극제로 사용되는 물질은?

① MnO_2 ② $CuSO_3$
③ NaCl ④ $Pb(NO_3)_2$

해설 감극제(소극제 : depolarizer)로 사용되는 물질 : MnO_2, H_2O_2, $K_2Cr_2O_7$, O_2 등

20. 디클로로벤젠의 구조 이성질체 수는 몇 개인가?

① 5 ② 4
③ 3 ④ 2

해설 디클로로벤젠의 구조 이성질체 수 : 3개
㉮ o(ortho) 디클로로벤젠
㉯ m(meta) 디클로로벤젠
㉰ p(para) 디클로로벤젠

제2과목 | 화재 예방과 소화 방법

21. 위험물 안전관리법령에서 정한 다음의 소화설비 중 능력 범위가 가장 큰 것은?

① 팽창진주암 160L(삽 1개 포함)
② 수조 80L(소화전용 물통 3개 포함)
③ 마른 모래 50L(삽 1개 포함)
④ 팽창질석 160L(삽 1개 포함)

해설 소화설비의 능력단위[시행규칙 별표17]

소화설비 종류	용량	능력단위
소화전용 물통	8L	0.3
수조 (소화전용 물통 3개 포함)	80L	1.5
수조 (소화전용 물통 6개 포함)	190L	2.5
마른모래(삽 1개 포함)	50L	0.5
팽창질석 또는 팽창진주암(삽 1개 포함)	160L	1.0

22. 강화액 소화기에 대한 설명으로 옳은 것은?

① 물의 유동성을 크게 하기 위한 유화제를 첨가한 소화기이다.
② 물의 표면장력을 강화한 소화기이다.
③ 산·알칼리 액을 주성분으로 한다.
④ 물의 소화효과를 높이기 위해 염류를 첨가한 소화기이다.

해설 강화액 소화기 특징
㉮ 물에 탄산칼륨(K_2CO_3)이라는 알칼리금속염류를 용해한 고농도의 수용액을 질소가스를 이용하여 방출한다.
㉯ 어는점(빙점)을 −30℃ 정도까지 낮추어 겨울철 및 한랭지에서도 사용할 수 있다.
㉰ A급 화재에 적응성이 있으며 무상주수(분무)로 하면 B급, C급 화재에도 적응성이 있다.

23. 다음 중 소화약제 제조 시 사용되는 성분이 아닌 것은?

정답 18. ④ 19. ① 20. ③ 21. ② 22. ④ 23. ④

① 에틸렌글리콜
② 탄산칼륨
③ 인산이수소암모늄
④ 인화알루미늄

해설 소화약제 제조 시 각 물질의 역할

㉮ 에틸렌글리콜[$C_2H_4(OH)_2$] : 제4류 위험물 제3석유류에 속하는 유기화합물로 물의 동결을 방지하는 부동액으로 사용한다.
㉯ 탄산칼륨(K_2CO_3) : 강화액 소화약제에 첨가하여 빙점을 −30℃ 정도까지 낮추어 한랭지에서도 사용이 가능하게 한다.
㉰ 인산이수소암모늄($NH_4H_2PO_4$) : 제3종 분말 소화약제의 주성분인 제1인산암모늄이다.

참고 인화알루미늄(AlP)은 제3류 위험물 중 금속의 인화물에 해당된다.

24. 가연성 가스나 증기의 농도를 연소한계(하한) 이하로 하여 소화하는 방법은?

① 희석소화 ② 제거소화
③ 질식소화 ④ 냉각소화

해설 소화작용(소화효과)

㉮ 제거소화 : 화재 현장에서 가연물을 제거함으로써 화재의 확산을 저지하는 방법으로 소화하는 것이다.
㉯ 질식소화 : 산소공급원을 차단하여 연소 진행을 억제하는 방법으로 소화하는 것이다.
㉰ 냉각소화 : 물 등을 사용하여 활성화 에너지(점화원)를 냉각시켜 가연물을 발화점 이하로 낮추어 연소가 계속 진행할 수 없도록 하는 방법으로 소화하는 것이다.
㉱ 부촉매 소화(억제소화) : 산화반응에 직접 관계없는 물질을 가하여 연쇄반응의 억제작용을 이용하는 방법으로 소화하는 것이다.
㉲ 희석소화 : 수용성 가연성 위험물인 알코올, 에테르 등의 화재 시 다량의 물을 살포하여 가연성 위험물의 농도를 낮추거나, 가연성 가스나 증기의 농도를 연소한계(하한) 이하로 하여 화재를 소화시키는 방법이다.

25. 열의 전달에 있어서 열전달면적과 열전도도가 각각 2배로 증가한다면, 다른 조건이 일정한 경우 전도에 의해 전달되는 열의 양은 몇 배가 되는가?

① 0.5배 ② 1배
③ 2배 ④ 4배

해설 열전달량 계산식

$Q = K \times F \times \Delta t = \frac{\lambda}{b} \times F \times \Delta t$에서 처음 상태의 열전달량을 Q_1, 나중 상태의 열전달량을 Q_2라 한다.

$$\therefore \frac{Q_2}{Q_1} = \frac{\frac{\lambda_2}{b_2} \times F_2 \times \Delta t_2}{\frac{\lambda_1}{b_1} \times F_1 \times \Delta t_1}$$

에서 열전달면적(F)과 열전도도(λ)가 각각 2배로 증가하고, 다른 조건은 일정하다.

$$Q_1 = \frac{\frac{\lambda_2}{b_2} \times F_2 \times \Delta t_2}{\frac{\lambda_1}{b_1} \times F_1 \times \Delta t_1} \times Q_1$$

$$Q_2 = \frac{\frac{2\lambda_1}{b_1} \times 2F_1 \times \Delta t_1}{\frac{\lambda_1}{b_1} \times F_1 \times \Delta t_1} \times Q_1$$

$$= 2 \times 2 \times Q_1 = 4Q_1$$

∴ 전도에 의해 전달되는 열의 양은 4배로 증가한다.

26. 마그네슘에 화재가 발생하여 물을 주수하였다. 이에 대한 설명으로 옳은 것은?

① 냉각소화 효과에 의해서 화재가 진압된다.
② 주수된 물이 증발하여 질식소화 효과에 의해서 화재가 진압된다.
③ 수소가 발생하여 폭발 및 화재 확산의 위험성이 증가한다.
④ 물과 반응하여 독성가스를 발생한다.

해설 제2류 위험물인 마그네슘(Mg)은 더운물과

정답 24. ① 25. ④ 26. ③

2016

반응하여 수소(H_2)를 발생하므로 폭발 및 화재 확산의 위험성이 증가한다.

$Mg + 2H_2O \rightarrow Mg(OH)_2 + H_2 \uparrow$

27. 위험물제조소등에 설치된 옥외소화전설비는 모든 옥외소화전(설치개수가 4개 이상인 경우는 4개의 옥외소화전)을 동시에 사용할 경우 각 노즐선단의 방수압력은 몇 kPa 이상이어야 하는가?

① 250 ② 300 ③ 350 ④ 450

해설 옥외소화전설비 설치[시행규칙 별표17]

㉮ 방호대상물의 각 부분에서 하나의 호스 접속구까지의 수평거리가 40m 이하가 되도록 설치할 것. 이 경우 설치개수가 1개일 때는 2개로 하여야 한다.

㉯ 수원의 수량은 옥외소화전의 설치개수(설치개수가 4개 이상인 경우는 4개)에 13.5m^3를 곱한 양 이상이 되도록 설치할 것

㉰ 옥외소화전설비는 모든 옥외소화전(설치개수가 4개 이상인 경우는 4개)을 동시에 사용할 경우에 각 노즐선단의 방수압력이 350kPa 이상이고, 방수량이 1분당 450L 이상의 성능이 되도록 할 것

㉱ 옥외소화전설비에는 비상전원을 설치할 것

28. 불활성가스 소화약제 중 IG-100의 성분을 옳게 나타낸 것은?

① 질소 100%
② 질소 50%, 아르곤 50%
③ 질소 52%, 아르곤 40%, 이산화탄소 8%
④ 질소 52%, 이산화탄소 40%, 아르곤 8%

해설 불활성가스 소화설비 명칭에 따른 용량비 [세부기준 제134조]

명칭	용량비
IG-100	질소 100%
IG-55	질소 50%, 아르곤 50%
IG-541	질소 52%, 아르곤 40%, 이산화탄소 8%

29. 위험물 안전관리법령상 제3류 위험물 중 금수성물질 이외의 것에 적응성이 있는 소화설비는?

① 할로겐화합물 소화설비
② 불활성가스 소화설비
③ 포 소화설비
④ 분말 소화설비

해설 제3류 위험물 중 금수성 물질 이외의 것에 적응성이 있는 소화설비[시행규칙 별표17]

㉮ 옥내소화전 또는 옥외소화전설비
㉯ 스프링클러설비
㉰ 물분무 소화설비
㉱ 포 소화설비
㉲ 봉상수(棒狀水) 소화기
㉳ 무상수(霧狀水) 소화기
㉴ 봉상강화액 소화기
㉵ 무상강화액 소화기
㉶ 포 소화기
㉷ 기타 : 물통 또는 건조사, 건조사, 팽창질석 또는 팽창진주암

30. 제1종 분말 소화약제의 소화효과에 대한 설명으로 가장 거리가 먼 것은?

① 열분해 시 발생하는 이산화탄소와 수증기에 의한 질식 효과
② 열분해 시 흡열반응에 의한 냉각효과
③ H^+이온에 의한 부촉매 효과
④ 분말 운무에 의한 열방사의 차단효과

해설 제1종 분말 소화약제의 소화효과

㉮ 열분해 시 생성된 이산화탄소와 수증기에 의한 질식 효과
㉯ 열분해 시 흡열반응에 의한 냉각 효과
㉰ 분말 미립자(운무)에 의한 열방사의 차단효과
㉱ 열분해 과정에서 생성된 나트륨 이온(Na^+)에 의한 부촉매 효과

31. 다음 ( ) 안에 알맞은 수치를 옳게 나열한 것은?

정답 27. ③ 28. ① 29. ③ 30. ③ 31. ①

> 위험물 안전관리법령상 옥내소화전설비는 각층을 기준으로 하여 당해 층의 모든 옥내소화전(설치개수가 5개 이상인 경우는 5개의 옥내소화전)을 동시에 사용할 경우에 각 노즐선단의 방수압력이 ( )kPa 이상이고 방수량이 1분당 ( )L 이상의 성능이 되도록 할 것

① 350, 260
② 260, 350
③ 450, 260
④ 260, 450

해설 옥내소화전설비 설치기준[시행규칙 별표17]
: 옥내소화전설비는 각층을 기준으로 당해 층의 모든 옥내소화전(설치개수가 5개 이상인 경우는 5개)을 동시에 사용할 경우에 각 노즐선단의 방수압력이 350kPa(0.35MPa) 이상이고 방수량이 1분당 260L 이상의 성능이 되도록 할 것

32. 다음 중 물을 소화약제로 사용하는 가장 큰 이유는?

① 기화잠열이 크므로
② 부촉매 효과가 있으므로
③ 환원성이 있으므로
④ 기화하기 쉬우므로

해설 물을 소화약제로 사용하는 가장 큰 이유는 물의 기화잠열이 539kcal/kg로 크기 때문이며, 이런 이유로 냉각소화에 효과적이다.

33. 위험물취급소의 건축물 연면적이 $500m^2$인 경우 소요단위는? (단, 외벽은 내화구조이다.)

① 2단위　　② 5단위
③ 10단위　　④ 50단위

해설 제조소 또는 취급소의 건축물 소화설비 소요단위 계산[시행규칙 별표17]
㉮ 외벽이 내화구조인 것 : 연면적 $100m^2$를 1소요단위로 할 것
㉯ 외벽이 내화구조가 아닌 것 : 연면적 $50m^2$를 1소요단위로 할 것

$$\therefore \text{소요단위} = \frac{\text{건축물 연 면적}}{\text{1소요단위 면적}} = \frac{500}{100} = 5\text{단위}$$

34. 트리에틸알루미늄의 화재 발생 시 물을 이용한 소화가 위험한 이유를 옳게 설명한 것은?

① 가연성의 수소가스가 발생하기 때문에
② 유독성의 포스핀가스가 발생하기 때문에
③ 유독성의 포스겐가스가 발생하기 때문에
④ 가연성의 에탄가스가 발생하기 때문에

해설 제3류 위험물인 트리에틸알루미늄[$(C_2H_5)_3Al$]은 물과 폭발적으로 반응하여 가연성 가스인 에탄(C_2H_6)을 발생하기 때문에 화재 발생 시 물을 이용한 소화가 위험하다.
$(C_2H_5)_3Al + 3H_2O \rightarrow Al(OH)_3 + 3C_2H_6 \uparrow$

35. 불꽃의 표면온도가 300℃에서 360℃로 상승하였다면 300℃보다 약 몇 배의 열을 방출하는가?

① 1.49배　　② 3배
③ 7.27배　　④ 10배

해설 ㉮ 스테판 볼츠만(Stefan Boltzmann)의 법칙 : 완전 흑체의 단위 표면적당 복사되는 에너지는 절대온도의 4승에 비례한다.
㉯ 방출에너지 변화량 계산

$$\therefore \frac{E_2}{E_1} = \left(\frac{273+360}{273+300}\right)^4 = 1.489\text{배}$$

36. 인화점이 70℃ 이상인 제4류 위험물을 저장·취급하는 소화난이도등급 Ⅰ의 옥외탱크저장소(지중탱크 또는 해상탱크 외의 것)에 설치하는 소화설비는?

① 스프링클러소화설비
② 물분무 소화설비
③ 간이 소화설비
④ 분말 소화설비

정답 32. ① 33. ② 34. ④ 35. ① 36. ②

2016

해설 소화난이도등급 Ⅰ의 옥외탱크저장소에 설치하는 소화설비[시행규칙 별표17]

구분		소화설비
지중탱크 또는 해상탱크 외의 것	유황만을 취급하는 것	물분무 소화설비
	인화점 70℃ 이상의 제4류 위험물만을 저장 취급하는 것	물분무 소화설비 또는 고정식 포 소화설비
	그 밖의 것	고정식 포 소화설비(포 소화설비가 적응성이 없는 경우에는 분말 소화설비)
지중탱크	고정식 포소화설비, 이동식 이외의 불활성가스 소화설비 또는 이동식 이외의 할로겐화합물 소화설비	
해상탱크	고정식 포 소화설비, 물분무 소화설비, 이동식이외의 불활성가스 소화설비 또는 이동식 이외의 할로겐화합물 소화설비	

37. 제4류 위험물의 소화방법에 대한 설명 중 틀린 것은?

① 공기차단에 의한 질식소화가 효과적이다.
② 물분무 소화도 적응성이 있다.
③ 수용성인 가연성액체의 화재에는 수성막포에 의한 소화가 효과적이다.
④ 비중이 물보다 작은 위험물의 경우는 주수소화가 효과가 떨어진다.

해설 수용성인 가연성액체 화재 시 수성막포 소화약제를 사용하면 포(泡, foam)가 수용성 액체에 파괴되는 현상이 발생해 소화효과를 잃게 되므로 알코올형포 소화약제를 사용한다.

38. 위험물 안전관리법령상 이산화탄소 소화기가 적응성이 있는 위험물은?

① 트리니트로톨루엔 ② 과산화나트륨
③ 철분 ④ 인화성 고체

해설 불활성가스 소화설비(이산화탄소 소화설비)의 적응성이 있는 대상물[시행규칙 별표17] : 전기설비, 제2류 위험물 중 인화성고체, 제4류 위험물

39. 위험물 안전관리법령상 이산화탄소를 저장하는 저압식 저장용기에는 용기내부의 온도를 어떤 범위로 유지할 수 있는 자동냉동기를 설치하여야 하는가?

① 영하 20℃~영하 18℃
② 영하 20℃~0℃
③ 영하 25℃~영하 18℃
④ 영하 25℃~0℃

해설 이산화탄소를 저장하는 저압식 저장용기 기준[세부기준 제134조]
㉮ 저장용기에는 액면계 및 압력계를 설치할 것
㉯ 저장용기에는 2.3MPa 이상의 압력 및 1.9MPa 이하의 압력에서 작동하는 압력경보장치를 설치할 것
㉰ 저장용기에는 용기내부의 온도를 -20℃ 이상 -18℃ 이하로 유지할 수 있는 자동냉동기를 설치할 것
㉱ 저장용기에는 파괴판을 설치할 것
㉲ 저장용기에는 방출밸브를 설치할 것

40. 위험물 안전관리법령상 연소의 우려가 있는 위험물제조소의 외벽의 기준으로 옳은 것은?

① 개구부가 없는 불연재료의 벽으로 하여야 한다.
② 개구부가 없는 내화구조의 벽으로 하여야 한다.
③ 출입구 외의 개구부가 없는 불연재료의 벽으로 하여야 한다.
④ 출입구 외의 개구부가 없는 내화구조의 벽으로 하여야 한다.

해설 제조소의 건축물 기준[시행규칙 별표4]
㉮ 지하층이 없도록 하여야 한다.
㉯ 벽·기둥·바닥·보·서까래 및 계단을 불연재

정답 37. ③ 38. ④ 39. ① 40. ④

료로 하고, 연소의 우려가 있는 외벽은 출입구 외의 개구부가 없는 내화구조의 벽으로 하여야 한다.

㉰ 지붕은 폭발력이 위로 방출될 정도의 가벼운 불연재료로 덮어야 한다.

㉱ 출입구와 비상구는 갑종방화문 또는 을종방화문을 설치하되, 연소의 우려가 있는 외벽에 설치하는 출입구에는 수시로 열 수 있는 자동폐쇄식의 갑종방화문을 설치하여야 한다.

㉲ 위험물을 취급하는 건축물의 창 및 출입구에 유리를 이용하는 경우에는 망입유리로 하여야 한다.

㉳ 액체의 위험물을 취급하는 건축물의 바닥은 위험물이 스며들지 못하는 재료를 사용하고, 적당한 경사를 두어 그 최저부에 집유설비를 하여야 한다.

제3과목 | 위험물의 성질과 취급

41. 다음은 위험물 안전관리법령에 관한 내용이다. ( )에 알맞은 수치의 합은?

- 위험물안전관리자를 선임한 제조소등의 관계인은 그 안전관리자를 해임하거나 안전관리자가 퇴직한 때에는 해임하거나 퇴직한 날부터 ( )일 이내에 다시 안전관리자를 선임하여야 한다.
- 제조소등의 관계인은 당해 제조소등의 용도를 폐지한 때에는 행정안전부령이 정하는 바에 따라 제조소등의 용도를 폐지한 날부터 ( )일 이내에 시·도지사에게 신고하여야 한다.

① 30 ② 44 ③ 49 ④ 62

해설 위험물 안전관리법령 규정

㉮ 위험물 안전관리자[법 제15조] : 안전관리자를 선임한 제조소등의 관계인은 그 안전관리자를 해임하거나 안전관리자가 퇴직한 때에는 해임하거나 퇴직한 날부터 30일 이내에 다시 안전관리자를 선임하여야 한다.

㉯ 제조소등의 용도 폐지신고[법 제11조] : 제조소등 관계인은 제조소등의 용도를 폐지한 때에는 용도를 폐지한 날부터 14일 이내에 시·도지사에게 신고하여야 한다.

㉰ 수치의 합 계산 : 30일+14일=44

42. 제4류 위험물의 일반적인 성질 또는 취급 시 주의사항에 대한 설명 중 가장 거리가 먼 것은?

① 액체의 비중은 물보다 가벼운 것이 많다.
② 대부분 증기는 공기보다 무겁다.
③ 제1석유류~제4석유류는 비점으로 구분한다.
④ 정전기 발생에 주의하여 취급하여야 한다.

해설 제4류 위험물의 공통적인(일반적인) 성질

㉮ 상온에서 액체이며, 대단히 인화되기 쉽다.
㉯ 물보다 가볍고, 대부분 물에 녹기 어렵다.
㉰ 증기는 공기보다 무겁다.
㉱ 착화온도가 낮은 것은 위험하다.
㉲ 증기와 공기가 약간 혼합되어 있어도 연소한다.
㉳ 전기의 불량도체라 정전기 발생의 가능성이 높고, 정전기에 의하여 인화할 수 있다.
㉴ 대부분 유기화합물에 해당된다.

참고 제1석유류~제4석유류를 구분하는 것은 인화점이다.

43. 과산화나트륨이 물과 반응할 때 변화를 가장 옳게 설명한 것은?

① 산화나트륨과 수소를 발생한다.
② 물을 흡수하여 탄산나트륨이 된다.
③ 산소를 방출하며 수산화나트륨이 된다.
④ 서서히 물에 녹아 과산화나트륨의 안정한 수용액이 된다.

해설 과산화나트륨(Na_2O_2 : 과산화소다)

㉮ 제1류 위험물 중 무기과산화물에 해당되며, 지정수량은 50kg이다.

정답 41. ② 42. ③ 43. ③

㉯ 물과 격렬히 반응하여 많은 열과 함께 산소(O_2)를 발생하며, 수산화나트륨(NaOH)이 된다.
$2Na_2O_2 + 2H_2O \rightarrow 4NaOH + O_2\uparrow + Q[\text{kcal}]$

44. 다음과 같이 위험물을 저장할 경우 각각의 지정수량 배수의 총합은 얼마인가?

- 클로로벤젠 : 1000L
- 동식물유류 : 5000L
- 제4석유류 : 12000L

① 2.5 ② 3.0
③ 3.5 ④ 4.0

해설 ㉮ 제4류 위험물 지정수량

품명		지정수량
클로로벤젠 (C_6H_5Cl)	제2석유류 (비수용성)	1000L
동식물유류	–	10000L
제4석유류	–	6000L

㉯ 지정수량 배수의 합 계산 : 지정수량 배수의 합은 각 위험물량을 지정수량으로 나눈 값의 합이다.

∴ 지정수량 배수의 합

$= \frac{\text{A 위험물량}}{\text{지정수량}} + \frac{\text{B 위험물량}}{\text{지정수량}} + \frac{\text{C 위험물량}}{\text{지정수량}}$

$= \frac{1000}{1000} + \frac{5000}{10000} + \frac{12000}{6000} = 3.5$

45. 위험물 안전관리법령상 HCN의 품명으로 옳은 것은?

① 제1석유류 ② 제2석유류
③ 제3석유류 ④ 제4석유류

해설 시안화수소(HCN)

㉮ 제4류 위험물 중 제1석유류(수용성)로 지정수량은 에 400L이다.
㉯ 복숭아와 같은 과일향이 나는 무색, 투명한 액체다.
㉰ 맹독성의 가연성 기체로 흡입은 물론 피부에 접촉되어도 인체에 흡수되어 치명상을 입는다.
㉱ 오래된 것, 소량의 수분 존재 시 중합반응으로 폭발을 일으킬 수 있다.
㉲ 안정제로 황산, 아황산가스, 인산, 염화칼슘, 동망 등을 사용한다.
㉳ 비중 0.69, 비점 25.7℃, 발화점 538℃, 인화점 −17.8℃, 폭발범위 6~41%이다.

46. 위험물 안전관리법령상 다음 암반탱크의 공간 용적은 얼마인가?

가. 암반탱크의 내용적 100억 리터
나. 탱크 내에 용출하는 1일 지하수의 양 2천만 리터

① 2천만 리터
② 1억 리터
③ 1억 4천만 리터
④ 100억 리터

해설 탱크의 공간용적[위험물안전관리에 관한 세부기준 제25조]

㉮ 탱크의 공간용적은 탱크의 내용적의 $\frac{5}{100}$ 이상 $\frac{10}{100}$ 이하의 용적으로 한다.
㉯ 소화설비(소화약제 방출구를 탱크 안의 윗부분에 설치하는 것에 한한다)를 설치하는 탱크의 공간용적은 소화방출구 아래의 0.3m 이상 1m 미만 사이의 면으로부터 윗부분의 용적으로 한다.
㉰ 암반탱크는 당해 탱크 내에 용출하는 7일간의 지하수의 양에 상당하는 용적과 당해 탱크의 내용적의 $\frac{1}{100}$ 용적 중에서 보다 큰 용적을 공간용적으로 한다.
㉱ 암반탱크 공간용적 계산
㉠ 용출하는 지하수의 양으로 계산
∴ 2천만 리터×7=1억 4천만 리터
㉡ 내용적 기준으로 계산
∴ 100억 리터×$\frac{1}{100}$=1억 리터

∴ 암반탱크의 공간용적은 1억 4천만 리터가 된다.

정답 44. ③ 45. ① 46. ③

47. 물과 접촉 시 유독성의 가스를 발생하지는 않지만 화재의 위험성이 증가하는 것은?

① 인화칼슘 ② 황린
③ 적린 ④ 나트륨

해설 물과 접촉 시 발생하는 가스

품명	유별	특성
인화칼슘(Ca_3P_2)	제3류	독성 포스핀(PH_3) 발생
황린(P_4)	제3류	물과 반응하지 않고 연소 시 독성 오산화인(P_2O_5) 발생
적린(P)	제2류	
나트륨(Na)	제3류	가연성 수소(H_2) 발생

참고 나트륨(Na)은 가연성인 수소(H_2)가 발생하므로 화재의 위험성이 증가한다.

48. 위험물 안전관리법령에서 정하는 제조소와의 안전거리의 기준이 다음 중 가장 큰 것은?

① '고압가스 안전관리법'의 규정에 의하여 허가를 받거나 신고를 하여야 하는 고압가스 저장시설
② 사용전압이 35000V를 초과하는 특고압 가공전선
③ 병원, 학교, 극장
④ '문화재보호법'의 규정에 의한 유형문화재와 기념물 중 지정문화재

해설 제조소의 안전거리[시행규칙 별표4]

해당 대상물	안전거리
7000V 초과 35000V 이하 전선	3m 이상
35000V 초과 전선	5m 이상
건축물, 주거용 공작물	10m 이상
고압가스, LPG, 도시가스 시설	20m 이상
학교·병원·극장(300명 이상 수용), 다수인 수용시설(20명 이상)	30m 이상
유형문화재, 지정문화재	50m 이상

49. 위험물의 운반에 관한 기준에서 위험물의 적재 시 혼재가 가능한 위험물은? (단, 지정수량의 5배인 경우이다.)

① 과염소산칼륨 – 황린
② 질산메틸 – 경유
③ 마그네슘 – 알킬알루미늄
④ 탄화칼슘 – 니트로글리세린

해설 ㉮ 위험물 운반할 때 혼재 기준[시행규칙 별표19, 부표2]

구분	제1류	제2류	제3류	제4류	제5류	제6류
제1류		×	×	×	×	○
제2류	×		×	○	○	×
제3류	×	×		○	×	×
제4류	×	○	○		○	×
제5류	×	○	×	○		×
제6류	○	×	×	×	×	

㈜ ○ : 혼합 가능, × : 혼합 불가능

㉯ 각 위험물의 유별 구분 및 혼재 여부
① 과염소산칼륨(제1류) ↔ 황린(제3류) : ×
② 질산메틸(제5류) ↔ 경유(제4류) : ○
③ 마그네슘(제2류) ↔ 알킬알루미늄(제3류) : ×
④ 탄화칼슘(제3류) ↔ 니트로글리세린(제5류) : ×

50. 지정수량이 나머지 셋과 다른 금속은?

① Fe분 ② Zn분
③ Na ④ Mg

해설 각 위험물의 유별 및 지정수량

품명	유별	지정수량
철(Fe)분	제2류	500kg
아연(Zn)분	제2류	500kg
나트륨(Na)	제3류	10kg
마그네슘(Mg)	제2류	500kg

51. 오황화인에 관한 설명으로 옳은 것은?

① 물과 반응하면 불연성기체가 발생된다.
② 담황색 결정으로서 흡습성과 조해성이 있다.

정답 47. ④ 48. ④ 49. ② 50. ③ 51. ②

2016

③ P_2S_5로 표현되며 물에 녹지 않는다.
④ 공기 중에서 자연발화한다.

해설 오황화인(P_2S_5)
㉮ 제2류 위험물 중 황화인에 해당되며 지정수량 100kg이다.
㉯ 담황색 결정으로 조해성이 있으며 물, 알칼리에 의해 가연성 가스인 황화수소(H_2S)가 발생하면서 인산(H_3PO_4)으로 분해된다.
$P_2S_5 + 8H_2O \rightarrow 2H_3PO_4 + 5H_2S\uparrow$
㉰ 산화제, 금속분, 과산화물, 과망간산염 등과 격리하여 저장한다.
㉱ 소량이면 유리병에 넣고, 대량일 때는 양철통에 넣은 다음 나무상자 속에 보관한다.
㉲ 가열, 충격, 마찰을 피하고 통풍이 잘 되는 냉암소에 저장한다.
㉳ 마른 모래(건조사), 탄산가스(CO_2) 등으로 질식 소화한다.

52. 다음은 위험물 안전관리법령상 위험물의 운반에 관한 기준 중 적재방법에 관한 내용이다. (   ) 안에 알맞은 내용은?

( )위험물 중 ( )℃ 이하의 온도에서 분해될 우려가 있는 것은 보냉 컨테이너에 수납하는 등 적정한 온도관리를 할 것

① 제5류, 25　② 제5류, 55
③ 제6류, 25　④ 제6류, 55

해설 적재하는 위험물의 성질에 따른 조치[시행규칙 별표19] : 제5류 위험물 중 55℃ 이하의 온도에서 분해될 우려가 있는 것은 보랭 컨테이너에 수납하는 등 적정한 온도관리를 할 것

53. 짚, 헝겊 등을 다음의 물질과 적셔서 대량으로 쌓아 두었을 경우 자연 발화의 위험성이 제일 높은 것은?

① 동유　② 야자유
③ 올리브유　④ 피마자유

해설 요오드값에 따른 동식물유류의 분류 및 종류

구분	요오드값	종류
건성유	130 이상	들기름, 아마인유, 해바라기유, 오동유
반건성유	100~130 미만	목화씨유, 참기름, 채종유
불건성유	100 미만	땅콩기름(낙화생유), 올리브유, 피마자유, 야자유, 동백유

참고 요오드값이 크면 불포화도가 커지고, 불포화 결합이 많이 포함되어 있어 자연발화를 일으키기 쉽다.
참고 동유(桐油) : 유동나무 씨에서 얻은 냄새가 자극적이고 옅은 노란색을 띠는 건성유로 오동유(梧桐油)한다.

54. 위험물 안전관리법령상 다음 사항을 참고하여 제조소의 소화설비의 소요단위 합을 옳게 산출한 것은?

가. 제조소 건축물의 연면적은 3000m^2이다. 나. 제조소 건축물의 외벽은 내화구조이다. 다. 제조소 허가 지정수량은 3000배이다. 라. 제조소의 옥외 공작물은 최대수평투영면적은 500m^2이다.

① 335　② 395　③ 400　④ 440

해설 소화설비 소요단위 계산방법[시행규칙 별표17]
㉮ 제조소 또는 취급소의 건축물
㉠ 외벽이 내화구조인 것 : 연면적 100m^2를 1소요단위로 할 것
㉡ 외벽이 내화구조가 아닌 것 : 연면적 50m^2를 1소요단위로 할 것
㉯ 저장소의 건축물
㉠ 외벽이 내화구조인 것 : 연면적 150m^2를 1소요단위로 할 것
㉡ 외벽이 내화구조가 아닌 것 : 연면적 75m^2를 1소요단위로 할 것

정답 52. ② 53. ① 54. ①

㉰ 위험물 : 지정수량의 10배를 1소요단위로 할 것

㉱ 제조소등의 옥외에 설치된 공작물은 외벽이 내화구조인 것으로 간주하고 공작물의 최대수평투영면적을 연면적으로 간주하여 ㉮ 및 ㉯의 규정에 의하여 소요단위를 산정할 것

$$소요단위 = \frac{건축물\ 연면적}{1소요단위\ 면적} + \frac{위험물\ 양}{지정수량 \times 10} + \frac{공작물\ 면적}{1소요단위\ 면적}$$

$$= \frac{3000}{100} + \frac{3000}{10} + \frac{500}{100} = 335$$

55. 다음 중 물과 반응하여 수소를 발생하지 않는 물질은?

① 칼륨 ② 수소화붕소나트륨
③ 탄화칼슘 ④ 수소화칼슘

해설 제3류 위험물이 물과 반응할 때 발생하는 가스

품명	발생 가스
칼륨(K)	수소(H_2)
수소화붕소나트륨($NaBH_4$)	수소(H_2)
탄화칼슘(CaC_2)	아세틸렌(C_2H_2)
수소화칼슘(CaH_2)	수소(H_2)

56. 제4석유류를 저장하는 옥내탱크저장소의 기준으로 옳은 것은? (단, 단층건물에 탱크전용실을 설치하는 경우이다.)

① 옥내저장탱크의 용량은 지정수량의 40배 이하일 것
② 탱크전용실은 벽·기둥·바닥·보를 내화구조로 할 것
③ 탱크전용실에는 창을 설치하지 아니할 것
④ 탱크전용실에 펌프설비를 설치하는 경우에는 그 주위에 0.2m 이상의 높이로 턱을 설치할 것

해설 옥내탱크 저장소 기준[시행규칙 별표7]

㉮ 옥내저장탱크는 단층 건축물에 설치된 탱크전용실에 설치할 것

㉯ 옥내저장탱크의 용량은 지정수량의 40배 이하일 것(제4석유류 및 동식물유류 외의 제4류 위험물에 있어서 당해 수량이 2만 L를 초과할 때에는 2만 L 이하일 것)

㉰ 탱크전용실은 벽·기둥 및 바닥을 내화구조로 하고, 보를 불연재료로 하며 연소의 우려가 있는 외벽은 출입구 외에는 개구부가 없도록 할 것

㉱ 탱크전용실의 창 및 출입구에는 갑종방화문 또는 을종방화문을 설치할 것

㉲ 탱크 전용실의 창 또는 출입구에 유리를 이용하는 경우에는 망입유리로 할 것

참고 출입구 턱의 높이

㉮ 단층건물에 펌프설비를 탱크전용실에 설치하는 경우에는 펌프설비를 견고한 기초위에 고정시킨 다음 그 주위에 불연재료로 된 턱을 탱크전용실의 문턱 높이 이상으로 설치할 것

㉯ 단층건물 외의 건축물 탱크전용실에 펌프설비를 설치하는 경우에는 견고한 기초 위에 고정한 다음 그 주위에는 불연재료로 된 턱을 0.2m 이상의 높이로 설치한다.

57. 인화칼슘의 성질이 아닌 것은?

① 적갈색의 고체이다.
② 물과 반응하여 포스핀 가스를 발생한다.
③ 물과 반응하여 유독한 불연성 가스를 발생한다.
④ 산과 반응하여 포스핀 가스를 발생한다.

해설 인화칼슘(Ca_3P_2) : 인화석회

㉮ 제3류 위험물 중 금속의 인화물로 지정수량 300kg이다.

㉯ 적갈색의 괴상의 고체로 비중은 2.51, 융점은 1600℃이다.

㉰ 건조한 공기 중에서 안정하나 300℃ 이상에서 산화한다.

㉱ 물, 산과 반응하여 맹독성, 가연성 가스인 포스핀(PH_3 : 인화수소)을 발생시키므로 소화약

2016

정답 55. ③ 56. ① 57. ③

제로 물은 부적합하다.

$Ca_3P_2 + 6H_2O \rightarrow 3Ca(OH)_2 + 2PH_3 \uparrow$

$Ca_3P_2 + 6HCl \rightarrow 3CaCl_2 + 2PH_3 \uparrow$

58. 이동저장탱크에 저장할 때 불연성가스를 봉입하여야 하는 위험물은?

① 메틸에틸케톤퍼옥사이드
② 아세트알데히드
③ 아세톤
④ 트리니트로톨루엔

해설 이동저장탱크에 아세트알데히드등을 저장하는 경우에는 항상 불활성의 기체를 봉입하여 둘 것[시행규칙 별표18]

59. 위험물 안전관리법령상 위험물 운반 시에 혼재가 금지된 위험물로 이루어진 것은? (단, 지정수량의 $\frac{1}{10}$ 초과이다.)

① 과산화나트륨과 유황
② 유황과 과산화벤조일
③ 황린과 휘발유
④ 과염소산과 과산화나트륨

해설 ㉮ 위험물 운반할 때 혼재 기준[시행규칙 별표19, 부표2]

구분	제1류	제2류	제3류	제4류	제5류	제6류
제1류		×	×	×	×	○
제2류	×		×	○	○	×
제3류	×	×		○	×	×
제4류	×	○	○		○	×
제5류	×	○	×	○		×
제6류	○	×	×	×	×	

㈜ ○ : 혼합 가능, × : 혼합 불가능

㉯ 각 위험물의 유별 구분 및 혼재 여부
① 과산화나트륨(제1류) ↔ 유황(제2류) : ×
② 유황(제2류) ↔ 과산화벤조일(제5류) : ○
③ 황린(제3류) ↔ 휘발유(제4류) : ○
④ 과염소산(제6류) ↔ 과산화나트륨(제1류) : ○

60. 위험물 주유취급소의 주유 및 급유 공지의 바닥에 대한 기준으로 옳지 않은 것은?

① 주위 지면보다 낮게 할 것
② 표면을 적당하게 경사지게 할 것
③ 배수구, 집유설비를 할 것
④ 유분리장치를 할 것

해설 주유 취급소 기준[시행규칙 별표13]
㉮ 주유공지 및 급유공지의 바닥은 주위 지면보다 높게 한다.
㉯ 공지의 표면을 적당하게 경사지게 하여 새어나온 기름 그 밖의 액체가 외부로 유출되지 않도록 배수구·집유설비 및 유분리장치를 설치한다.
㉰ 주유공지 : 고정주유설비의 주위에 주유를 받으려는 자동차 등이 출입할 수 있도록 한 공지
㉱ 급유공지 : 고정급유설비의 호스기기의 주위에 필요한 공지

정답 58. ② 59. ① 60. ①

제4회(2016. 10. 1 시행)

제1과목 | 일반 화학

1. 황산구리 수용액을 전기분해하여 음극에서 63.54g의 구리를 석출시키고자 한다. 10A의 전기를 흐르게 하면 전기분해에는 약 몇 시간이 소요되는가? (단, 구리의 원자량은 63.54이다.)

① 2.72 ② 5.36 ③ 8.13 ④ 10.8

해설 ㉮ 황산구리($CuSO_4$) 수용액의 전기분해 반응식 : $CuSO_4 \rightleftarrows Cu^{2+} + SO_4^{2-}$ → 이동한 Cu 전자수는 +2이다.

㉯ 전하량(coulomb) 계산 : 패러데이 상수는 96500쿨롱이다.

$$\therefore \text{물질의 질량} = \frac{\text{전하량}}{\text{패러데이 상수}} \times \frac{\text{몰질량}}{\text{이동한 전자의 몰수}}$$

$$\therefore \text{전하량}(C) = \frac{\text{석출질량} \times \text{상수} \times \text{이동한 전자의 몰수}}{\text{몰질량}}$$

$$= \frac{63.54 \times 96500 \times 2}{63.54} = 193000\,\text{C}$$

㉰ 전기분해 시간 계산

$Q = A \times t$ 에서

$$\therefore t = \frac{Q}{A} = \frac{193000}{10} = 19300\text{초}$$

$$= 321.666\text{분} = 5.361\text{시간}$$

2. 100mL 메스플라스크로 10ppm 용액 100mL를 만들려고 한다. 1000ppm 용액 몇 mL를 취해야 하는가?

① 0.1 ② 1 ③ 10 ④ 100

해설 $N \times V = N' \times V'$ 에서 취해야 할 1000ppm 용액의 양(V')을 구한다.

$$\therefore V' = \frac{N \times V}{V'} = \frac{10 \times 100}{1000} = 1\,\text{mL}$$

3. 발연황산이란 무엇인가?

① H_2SO_4의 농도가 98% 이상인 거의 순수한 황산
② 황산과 염산을 1 : 3의 비율로 혼합한 것
③ SO_3를 황산에 흡수시킨 것
④ 일반적인 황산을 총괄하는 것

해설 발연황산 : 다량의 삼산화황(SO_3)을 진한황산(H_2SO_4)에 흡수시킨 것이다.

4. 다음 중 $FeCl_3$과 반응하면 색깔이 보라색으로 되는 현상을 이용해서 검출하는 것은?

① CH_3OH ② C_6H_5OH
③ $C_6H_5NH_2$ ④ $C_6H_5CH_3$

해설 페놀(C_6H_5OH) : 수산기(−OH)와 결합된 페닐기($-C_6H_5$)로 구성된 방향족 화합물이다. 수용액에서 약산성을 나타내며 염화제이철($FeCl_3$) 수용액과 작용하여 보라색이 나타나는 정색반응(呈色反應 : 일정한 색을 내거나 색이 변하면서 작용하는 화학반응)을 한다.

5. 다음의 평형계에서 압력을 증가시키면 반응에 어떤 영향이 나타나는가?

$$N_2(g) + 3H_2(g) \rightleftarrows 2NH_3(g)$$

① 오른쪽으로 진행
② 왼쪽으로 진행
③ 무 변화
④ 왼쪽과 오른쪽으로 모두 진행

해설 평형 이동의 법칙(르샤틀리에의 법칙) : 가역반응이 평형상태에 있을 때 반응하는 물질의 농도, 온도, 압력을 변화시키면 정반응(→), 역반응(←) 어느 한 쪽의 반응만이 진행되는데, 이동되는 방향은 다음과 같이 경우에 따라 다르다.

㉮ 온도 : 가열하면 흡열반응 방향으로, 냉각하면 발열반응으로 진행한다.

정답 1. ② 2. ② 3. ③ 4. ② 5. ①

㉯ 농도 : 반응물질의 농도가 진하면 정반응(→), 묽으면 역반응(←)으로 진행한다.
㉰ 압력 : 가압하면 기체의 부피가 감소(몰수가 감소)하는 방향으로 진행한다. 감압하면 기체의 부피가 증가(몰수가 증가)하는 방향으로 진행한다.
㉱ 촉매는 화학 반응의 속도를 증가시키는 작용은 하지만, 화학 평형을 이동시키지는 못한다.
∴ 반응물질 4몰, 생성물질 2몰이므로 압력을 증가시키면 몰수가 감소하는 방향이므로 반응은 오른쪽으로 진행한다.

6. 물 100g에 황산구리결정($CuSO_4 \cdot 5H_2O$) 2g을 넣으면 몇 % 용액이 되는가? (단, $CuSO_4$의 분자량은 160g/mol이다.)

① 1.25% ② 1.96%
③ 2.4% ④ 4.42%

해설 ㉮ $\%농도 = \frac{용질의\ 질량(g)}{용액의\ 질량(g)} \times 100$를 이용하여 황산구리의 % 농도를 구한다.
㉯ 황산구리결정($CuSO_4 \cdot 5H_2O$)의 질량 계산
∴ 질량=황산구리 질량+물 질량
$=160+(5\times18)=250g$
㉰ 황산구리의 %농도 계산
∴ %농도

$$= \frac{환산구리결정\ 2g\ 중의\ 황산구리비율}{물+황산구리결정} \times 100$$

$$= \frac{2\times\frac{160}{250}}{100+2} \times 100 = 1.25\%$$

7. 다음 중 유리기구 사용을 피해야 하는 화학반응은?

① $CaCO_3+HCl$
② $Na_2CO_3+Ca(OH)_2$
③ $Mg+HCl$
④ $CaF_2+H_2SO_4$

해설 ㉮ 플루오린화칼슘(CaF_2)과 황산(H_2SO_4)이 반응하면 플루오린화수소(HF : 불화수소)가 생성되고 이것은 유리를 녹이기 때문에 유리기구 사용을 피해야 한다.
㉯ 반응식 : $CaF_2+H_2SO_4 \rightarrow 2HF+CaSO_4$

8. 원소의 주기율표에서 같은 족에 속하는 원소들의 화학적 성질에는 비슷한 점이 많다. 이것과 관련 있는 설명은?

① 같은 크기의 반지름을 가지는 이온이 된다.
② 제일 바깥의 전자 궤도에 들어 있는 전자의 수가 같다.
③ 핵의 양 하전의 크기가 같다.
④ 원자번호를 8a+b라는 일반식으로 나타낼 수 있다.

해설 원소의 주기율표에서
㉮ 같은 족에 속하는 원소들은 원자가 전자수가 같아서(제일 바깥의 전자 궤도에 들어 있는 전자의 수가 같다) 화학적 성질이 비슷하다.
㉯ 같은 주기에 속하는 원소들은 바닥상태 원자에서 전자가 들어 있는 전자 궤도(전자껍질) 수가 같다.

9. 0℃의 얼음 20g을 100℃의 수증기로 만드는 데 필요한 열량은? (단, 융해열은 80cal/g, 기화열은 539cal/g이다.)

① 3600cal ② 11600cal
③ 12380cal ④ 14380cal

해설 ㉮ 0℃ 얼음을 0℃ 물로 변화 : 잠열
∴ $Q_1 = G\times\gamma_1 = 20\times80 = 1600\,cal$
㉯ 0℃ 물을 100℃ 물로 변화 : 현열 → 물의 비열은 1cal/g·℃이다.
∴ $Q_2 = G\times C\times\Delta t$
$= 20\times1\times(100-0) = 2000\,cal$
㉰ 100℃ 물을 100℃ 수증기로 변화 : 잠열
∴ $Q_3 = G\times\gamma_2 = 20\times539 = 10780\,cal$
㉱ 필요한 총 열량 계산
∴ $Q = Q_1 + Q_2 + Q_3$
$= 1600+2000+10780 = 14380\,cal$

정답 6. ① 7. ④ 8. ② 9. ④

10. 어떤 용액의 pH를 측정하였더니 4이었다. 이 용액을 1000배 희석시킨 용액의 pH를 옳게 나타낸 것은?

① pH=3　② pH=4
③ pH=5　④ 6<pH< 7

해설 ㉮ $[H^+]$ 계산

$$\therefore [H^+] = \frac{(10^{-4}\times 1)+(10^{-7}\times 1000)}{1+1000} = 1.998\times 10^{-7}$$

㉯ pH 계산

$$\therefore pH = -\log[H^+] = -\log(1.998\times 10^{-7}) = 6.699$$

∴ pH는 6보다 크고, 7보다 작다($6<pH<7$).

11. 다음 중 물이 산으로 작용하는 반응은?

① $3Fe+4H_2O \rightarrow Fe_3O_4+4H_2$
② $NH^++H_2O \rightleftarrows NH_3+H_3O^+$
③ $HCOOH+H_2O \rightarrow HCOO^-+H_3O^+$
④ $CH_3COO^-+H_2O \rightarrow CH_3COOH+OH^-$

해설 물(H_2O)의 반응
㉮ ①번, ②번, ④번 반응식에서 H_2O는 H^+를 받아 H_3O^+로 되는 염기로 작용하고 있다.
㉯ ③번 반응식에서 H_2O는 H^+를 내놓아 OH^-로 되는 산으로 작용하고 있다.

12. Ca^{2+} 이온의 전자배치를 옳게 나타낸 것은?

① $1s^2\ 2s^2\ 2p^6\ 3s^2\ 3p^6\ 3d^2$
② $1s^2\ 2s^2\ 2p^6\ 3s^2\ 3p^6\ 4s^2$
③ $1s^2\ 2s^2\ 2p^6\ 3s^2\ 3p^6\ 4s^2\ 3d^2$
④ $1s^2\ 2s^2\ 2p^6\ 3s^2\ 3p^6$

해설 Ca^{2+} : 원자번호 20인 Ca 원자의 전자배치는 $1s^2\ 2s^2\ 2p^6\ 3s^2\ 3p^6\ 4s^2$인데 전자 2개를 잃어 양이온 Ca^{2+}가 되었으므로 전자수는 20−2=18개이다. 그러므로 전자배치는 $1s^2\ 2s^2\ 2p^6\ 3s^2\ 3p^6$이다.

13. 콜로이드 용액 중 소수콜로이드는?

① 녹말　② 아교
③ 단백질　④ 수산화철

해설 콜로이드 용액의 종류
㉮ 소수(疏水) 콜로이드 : 물과 친화력이 적어서 소량의 전해질에 의해 용질이 엉기거나 침전이 일어나는 콜로이드로 $Fe(OH)_3$, $Al(OH)_3$ 등 금속 산화물, 금속 수산화물 물질이 해당된다.
㉯ 친수(親水) 콜로이드 : 물과의 친화성이 커서 다량의 전해질을 가해야만 엉김이 일어나는 콜로이드로 비누, 젤라틴, 단백질, 아교의 수용액 등이다.
㉰ 보호(保護) 콜로이드 : 불안정한 소수 콜로이드에 친수 콜로이드를 가해주면 소수 콜로이드 입자 주위에 친수 콜로이드가 둘러싸여 소수 콜로이드가 안정해진다. 이때 친수 콜로이드를 보호 콜로이드라 하며 묵즙(墨汁) 속의 아교(阿膠) 같은 것을 말한다.

14. 다음 화합물 중 펩티드 결합이 들어 있는 것은?

① 폴리염화비닐　② 유지
③ 탄수화물　④ 단백질

해설 펩티드(peptide) 결합 : 한 아미노산의 아미노기($-NH_2$)와 다른 아미노산의 카르복실기($-COOH$) 사이에서 물이 한 분자 빠져나오면서 결합(탈수축합:脫水縮合)이 일어나는 것으로 이런 결합을 통해 아미노산이 여러 개 연결되고 꼬여 덩어리를 이룬 것이 단백질이다.

15. 0℃, 1기압에서 1g의 수소가 들어 있는 용기에 산소 32g을 넣었을 때 용기의 총 내부 압력은? (단, 온도는 일정하다.)

① 1기압　② 2기압
③ 3기압　④ 4기압

해설 이상기체 상태방정식 $PV=\frac{W}{M}RT$ 를 이용하여
㉮ 수소가 들어 있는 상태를 이용하여 용기의 내

2016

정답 10. ④　11. ④　12. ④　13. ④　14. ④　15. ③

용적을 계산

$$\therefore V = \frac{WRT}{PM} = \frac{1\times 0.082\times 273}{1\times 2} = 11.193\,\text{L}$$

㉯ 산소를 넣었을 때의 압력 P를 구한다.

$$\therefore P = \frac{WRT}{VM} = \frac{32\times 0.082\times 273}{11.193\times 32} = 2\text{기압}$$

㉰ 전체 압력=수소의 압력+산소의 압력
=1기압+2기압=3기압

16. 축중합반응에 의하여 나일론-66을 제조할 때 사용되는 주원료는?

① 아디프산과 헥사메틸렌디아민
② 이소프렌과 아세트산
③ 염화비닐과 폴리에틸렌
④ 멜라민과 클로로벤젠

해설 나일론-66은 헥사메틸렌디아민($C_6H_{16}N_2$)과 아디프산($C_6H_{10}O_4$)과의 축중합에 의해 제조한다.

17. 0.001N-HCl의 pH는?

① 2 ② 3
③ 4 ④ 5

해설 $pH = -\log[H^+] = -\log 0.001 = 3$

18. ns^2np^5의 전자구조를 가지지 않는 것은?

① F(원자번호 9)
② Cl(원자번호 17)
③ Se(원자번호 34)
④ I(원자번호 53)

해설 ns^2np^5의 전자구조를 가지는 원소는 최외각 전자수는 7이므로 원소주기율표 17족에 해당된다.
㉮ 17족 원소 : F(원자번호 9), Cl(원자번호 17), Br(원자번호 35), I(원자번호 53), At(원자번호 85) 등
㉯ Se(원자번호 34) : 16족 4주기에 해당된다.
→ 전자배치는 $1s^2\ 2s^2\ 2p^6\ 3s^2\ 3p^6\ 4s^2\ 3d^{10}\ 4p^4$이다.

19. 다음 화학반응에서 밑줄 친 원소가 산화된 것은?

① $H_2 + \underline{Cl}_2 \rightarrow 2HCl$
② $2\underline{Zn} + O_2 \rightarrow 2ZnO$
③ $2KBr + \underline{Cl}_2 \rightarrow 2KCl + Br_2$
④ $2\underline{Ag}^+ + Cu \rightarrow 2Ag + Cu^{++}$

해설 산화
㉮ 물질이 산소와 화합할 때
$C + O_2 \rightarrow CO_2$, $2CO + O_2 \rightarrow 2CO_2$
㉯ 수소의 화합물이 수소의 일부 또는 전부를 잃을 때
$2H_2S + Cl_2 \rightarrow S + 2HCl$
㉰ 원소의 원자가가 증가하든지 전자를 잃을 때
$2Cu + O_2 \rightarrow 2CuO(Cu^0 \rightarrow Cu^{+2})$
∴ 물질이 산소와 화합(결합)하는 것은 Zn이 ZnO로 변하는 ②번이다.

20. 표준상태를 기준으로 수소 2.24L가 염소와 완전히 반응했다면 생성된 염화수소의 부피는 몇 L인가?

① 2.24 ② 4.48
③ 22.4 ④ 44.8

해설 ㉮ 염화수소 생성 반응식
$H_2 + Cl_2 \rightarrow 2HCl$
∴ 수소 1몰(mol)이 반응하여 염화수소 2몰(mol)이 생성된다.
㉯ 염화수소(HCl) 부피 계산 : 반응하는 수소 2.24L는 0.1몰(mol)에 해당되므로 염화수소는 0.2몰(mol)이 생성된다. 1몰의 부피는 22.4L이다.
∴ 염화수소 부피=0.2몰(mol)×22.4L
=4.48L

정답 16. ① 17. ② 18. ③ 19. ② 20. ②

제2과목 | 화재 예방과 소화 방법

21. 다음 위험물을 보관하는 창고에 화재가 발생하였을 때 물을 사용하여 소화하면 위험성이 증가하는 것은?

① 질산암모늄
② 탄화칼슘
③ 과염소산나트륨
④ 셀룰로이드

해설 탄화칼슘(CaC_2 : 카바이드)
㉮ 제3류 위험물로 물과 반응하면 가연성 가스인 아세틸렌(C_2H_2)이 발생하므로 화재가 발생하였을 때 물을 사용하면 위험성이 증가한다.
㉯ 반응식 : $CaC_2+2H_2O \rightarrow Ca(OH)_2+C_2H_2\uparrow$

22. 위험물 안전관리법령상 이동식 불활성가스 소화설비의 호스접속구는 모든 방호대상물에 대하여 당해 방호대상물의 각 부분으로부터 하나의 호스접속구까지의 수평거리가 몇 m 이하가 되도록 설치하여야 하는가?

① 5 ② 10
③ 15 ④ 20

해설 불활성가스 소화설비 설치기준[시행규칙 별표17] : 이동식 불활성가스 소화설비의 호스접속구는 방호대상물의 각 부분으로부터 수평거리가 15m 이하가 되도록 설치할 것

23. 화재 예방을 위하여 이황화탄소는 액면 자체 위에 물을 채워주는데, 그 이유로 가장 타당한 것은?

① 공기와 접촉하면 발생하는 불쾌한 냄새를 방지하기 위하여
② 발화점을 낮추기 위하여
③ 불순물을 물에 용해시키기 위하여
④ 가연성증기의 발생을 방지하기 위하여

해설 이황화탄소(CS_2)는 물보다 무겁고 물에 녹기 어려우므로 물(수조) 속에 저장하여 가연성 증기의 발생을 억제한다.

참고 이황화탄소는 제4류 위험물 중 특수인화물에 해당되며 무색, 투명한 휘발성 액체로 연소범위가 1.25~44%이다.

24. 액체 상태의 물이 1기압, 100℃ 수증기로 변하면 체적이 약 몇 배 증가하는가?

① 530 ~ 540
② 900 ~ 1000
③ 1600 ~ 1700
④ 2300 ~ 2400

해설 이상기체 상태방정식 $PV=\frac{W}{M}RT$에서 물(H_2O)의 분자량(M)은 18 이고, 액체 1L(1000g)가 기화되는 것으로 계산한다.

$$\therefore V=\frac{WRT}{PM}$$
$$=\frac{1000\times0.082\times(273+100)}{1\times18}$$
$$=1699.222\text{L}$$

25. 연소 및 소화에 대한 설명으로 틀린 것은?

① 공기 중의 산소 농도가 0%까지 떨어져야만 연소가 중단되는 것은 아니다.
② 질식소화, 냉각소화 등은 물리적 소화에 해당한다.
③ 연소의 연쇄반응을 차단하는 것은 화학적 소화에 해당한다.
④ 가연물질에 상관없이 온도, 압력이 동일하면 한계산소량은 일정한 값을 가진다.

해설 가연물질에 따라 성분, 기화량, 연소범위 등이 다르므로 온도, 압력이 동일해도 한계산소량은 다른 값을 갖는다.

26. 분말 소화약제의 소화효과로 가장 거리가 먼 것은?

① 질식효과

정답 21. ② 22. ③ 23. ④ 24. ③ 25. ④ 26. ③

② 냉각효과
③ 제거효과
④ 방사열 차단효과

해설 분말 소화약제는 연소물에 방사하면 화재열로 열분해되어 생성되는 물질에 의하여 연소반응 차단(부촉매 효과), 질식효과, 냉각효과, 방진효과 등에 의해 소화하는 약제로 주된 소화작용은 질식효과이다.

27. **제2류 위험물의 화재에 대한 일반적인 특징으로 옳은 것은?**

① 연소속도가 빠르다.
② 산소를 함유하고 있어 질식소화는 효과가 없다.
③ 화재 시 자신이 환원되고 다른 물질을 산화시킨다.
④ 연소열이 거의 없어 초기 화재 시 발견이 어렵다.

해설 제2류 위험물의 공통적인 특징
㉮ 비교적 낮은 온도에서 착화하기 쉬운 가연성 고체 물질이다.
㉯ 비중은 1보다 크며, 연소 시 유독가스를 발생하는 것도 있다.
㉰ 연소속도가 대단히 빠르며, 금속분은 물이나 산과 접촉하면 확산 폭발한다.
㉱ 대부분 물에는 불용이며, 산화하기 쉬운 물질이다.
㉲ 강력한 환원성 물질로 산화제와 접촉, 마찰로 착화되면 급격히 연소한다.

28. **위험물 안전관리법령상 인화성 고체와 질산에 공통적으로 적응성이 있는 소화설비는?**

① 불활성가스 소화설비
② 할로겐화합물 소화설비
③ 탄산수소염류 분말 소화설비
④ 포 소화설비

해설 ㉮ 인화성 고체는 제2류 위험물에 해당된다.
㉯ 질산(HNO_3)은 제5류 위험물에 해당된다.
㉰ 인화성 고체와 질산에 공통적으로 적응성이 있는 소화설비는 옥내소화전 또는 옥외소화전설비, 스프링클러설비, 물분무 소화설비, 포 소화설비, 건조사, 팽창질석 또는 팽창진주암 등이다.

29. **수성막포 소화약제에 대한 설명으로 옳은 것은?**

① 물보다 가벼운 유류의 화재에는 사용할 수 없다.
② 계면활성제를 사용하지 않고 수성의 막을 이용한다.
③ 내열성이 뛰어나고 고온의 화재일수록 효과적이다.
④ 일반적으로 불소계 계면활성제를 사용한다.

해설 수성막포 소화약제 : 합성계면활성제를 주원료로 하는 포 소화약제 중 기름표면에서 수성막을 형성하는 포 소화약제로 인체에 유해하지 않으며, 유동성이 좋아 소화속도가 빠르다. 단백포에 비해 3배 효과가 있으며 기름화재 진압용으로 가장 우수하다.

참고 불소계 계면활성제 : 불소원자를 함유하고 있는 소수성 직쇄분자 내의 말단에 수용성 간능기를 치환반응시켜 제조한 것으로 계면활성제 중에 표면장력과 저항력이 우수한 제품이다. 실리콘 제재보다도 낮은 표면장력을 나타내며, 물과 기름에 대한 반발력이 우수하고 내약품성이 뛰어나다.

30. **제1종 분말 소화약제가 1차 열분해되어 표준상태를 기준으로 $2m^3$의 탄산가스가 생성되었다. 몇 kg의 탄산수소나트륨이 사용되었는가? (단, 나트륨의 원자량은 23이다.)**

① 15　② 18.75
③ 56.25　④ 75

정답 27. ①　28. ④　29. ④　30. ①

해설 ㉮ 제1종 분말 소화약제의 주성분은 탄산수소나트륨($NaHCO_3$)으로 분자량은 84이다.

㉯ 1종 분말 소화약제의 열분해 반응식

$2NaHCO_3 \rightarrow Na_2CO_3 + CO_2 + H_2O$

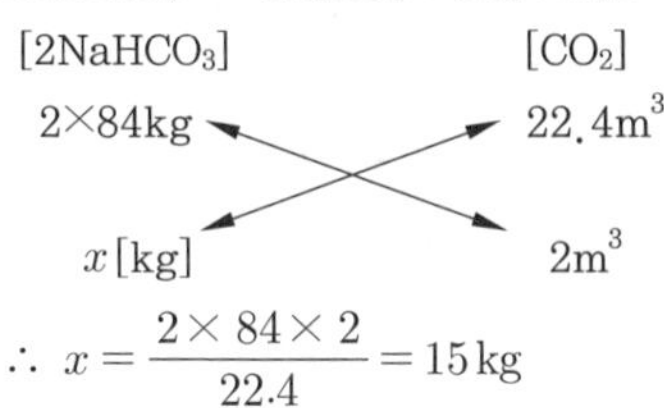

$\therefore x = \frac{2 \times 84 \times 2}{22.4} = 15\,\text{kg}$

31. 위험물 안전관리법령상 방호대상물의 표면적이 $70m^2$인 경우 물분무 소화설비의 방사구역은 몇 m^2로 하여야 하는가?

① 35　　② 70
③ 150　　④ 300

해설 물분무 소화설비 설치기준[시행규칙 별표17]

㉮ 분무헤드의 개수 및 배치 : 방호대상물 표면적 $1m^3$당 1분당 20L의 비율로 계산된 수량을 표준방사량으로 방사할 수 있도록 설치할 것

㉯ 물분무 소화설비의 방사구역은 $150m^2$ 이상(방호대상물의 표면적이 $150m^2$ 미만인 경우에는 당해 표면적)으로 할 것

㉰ 수원의 수량 : 분무헤드가 가장 많이 설치된 방사구역의 모든 분무헤드를 동시에 사용할 경우에 표면적 $1m^2$당 1분당 20L의 비율로 계산한 양으로 30분간 방사할 수 있는 양 이상이 되도록 설치할 것

㉱ 물분무 소화설비는 방사압력은 350kPa 이상으로 표준방사량을 방사할 수 있는 성능이 되도록 할 것

참고 방호대상물의 표면적이 $150m^2$ 미만인 경우에 해당되므로 방사구역은 $70m^2$를 적용한다.

32. 위험물 안전관리법령상 옥내소화전설비의 기준에서 옥내소화전의 개폐밸브 및 호스접속구의 바닥면으로부터 설치 높이 기준으로 옳은 것은?

① 1.2m 이하　　② 1.2m 이상
③ 1.5m 이하　　④ 1.5m 이상

해설 옥내소화전설비의 기준[세부기준 제129조]

㉮ 옥내소화전의 개폐밸브 및 호스접속구는 바닥면으로부터 1.5m 이하의 높이에 설치할 것

㉯ 옥내소화전의 개폐밸브 및 방수용 기구를 격납하는 상자(이하 "소화전함"이라 한다)는 불연재료로 제작하고 점검에 편리하고 화재발생 시 연기가 충만할 우려가 없는 장소 등 쉽게 접근이 가능하고 화재 등에 의한 피해를 받을 우려가 적은 장소에 설치할 것

㉰ 가압송수장치의 시동을 알리는 표시등(이하 "시동표시등"이라 한다)은 적색으로 하고 옥내소화전함의 내부 또는 그 직근의 장소에 설치할 것

33. 위험물 안전관리법령상 톨루엔의 화재에 적응성이 있는 소화방법은?

① 무상수(霧狀水) 소화기에 의한 소화
② 무상강화액 소화기에 의한 소화
③ 봉상수(棒狀水) 소화기에 의한 소화
④ 봉상강화액 소화기에 의한 소화

해설 제4류 위험물에 적응성이 있는 소화설비[시행규칙 별표17]

㉮ 물분무 소화설비
㉯ 포 소화설비
㉰ 불활성가스 소화설비
㉱ 할로겐화합물 소화설비
㉲ 인산염류 등 및 탄산수소염류 등 분말 소화설비
㉳ 무상강화액 소화기
㉴ 포 소화기
㉵ 이산화탄소 소화기
㉶ 할로겐화합물 소화기
㉷ 인산염류 및 탄산수소염류 소화기
㉸ 건조사
㉹ 팽창질석 또는 팽창진주암
㉺ 스프링클러설비 : 경우에 따라 적응성이 있음

참고 톨루엔($C_6H_5CH_3$)은 제4류 위험물 중 제1석유류에 해당된다.

정답 31. ② 32. ③ 33. ②

34. 다음 중 증발잠열이 가장 큰 것은?

① 아세톤
② 사염화탄소
③ 이산화탄소
④ 물

해설 물의 증발잠열은 539kcal/kg으로 크기때문에 냉각소화에 효과적이다.

35. 위험물 안전관리법령에 따른 불활성가스 소화설비의 저장용기 설치기준으로 틀린 것은?

① 방호구역 외의 장소에 설치할 것
② 저장용기에는 안전장치(용기밸브에 설치되어 있는 것은 제외)를 설치할 것
③ 저장용기의 외면에 소화약제의 종류와 양, 제조년도 및 제조자를 표시할 것
④ 온도가 섭씨 40도 이하이고 온도변화가 적은 장소에 설치할 것

해설 불활성가스 소화설비 저장용기 설치기준 [세부기준 제134조]
㉮ 방호구역 외의 장소에 설치할 것
㉯ 온도가 40℃ 이하이고 온도변화가 적은 장소에 설치할 것
㉰ 직사일광 및 빗물이 침투할 우려가 적은 장소에 설치할 것
㉱ 저장용기에는 안전장치(용기밸브에 설치되어 있는 것을 포함한다)를 설치할 것
㉲ 저장용기의 외면에 소화약제의 종류와 양, 제조년도 및 제조자를 표시할 것

36. [보기]의 물질 중 위험물 안전관리법령상 제1류 위험물에 해당하는 것의 지정수량을 모두 합산한 값은?

보기
퍼옥소이황산염류, 요오드산, 과염소산, 차아염소산염류

① 350kg ② 400kg
③ 650kg ④ 1350kg

해설 ㉮ 각 위험물의 유별 및 지정수량

품명	유별	지정수량
퍼옥소이황산염류	제1류	300kg
요오드산	비위험물	–
과염소산	제6류	300kg
차아염소산염류	제1류	50kg

㉯ 제1류 위험물의 지정수량 합계량 계산
∴ 지정수량 합계=300+50=350kg

37. 이산화탄소를 이용한 질식소화에 있어서 아세톤의 한계 산소농도(vol%)에 가장 가까운 값은?

① 15 ② 18
③ 21 ④ 25

해설 질식소화는 공기 중의 산소농도를 15% 이하로 낮춰 연소가 불가능하게 하여 소화하는 방법이다.

38. 소화기에 "B-2"라고 표시되어 있다. 이 표시의 의미를 가장 옳게 나타낸 것은?

① 일반화재에 대한 능력단위 2단위에 적용되는 소화기
② 일반화재에 대한 무게단위 2단위에 적용되는 소화기
③ 유류화재에 대한 능력단위 2단위에 적용되는 소화기
④ 유류화재에 대한 무게단위 2단위에 적용되는 소화기

해설 소화기 표시 "B-2" 의미
㉮ B : 소화기의 적응 화재 → B급 화재로 유류화재
㉯ 2 : 소화기의 능력 단위

39. 위험물 안전관리법령상 제4류 위험물의 위험등급에 대한 설명으로 옳은 것은?

정답 34. ④ 35. ② 36. ① 37. ① 38. ③ 39. ①

① 특수인화물은 위험등급 Ⅰ, 알코올류는 위험등급 Ⅱ이다.
② 특수인화물과 제1석유류는 위험등급 Ⅰ이다.
③ 특수인화물은 위험등급 Ⅰ, 그 이외에는 위험등급 Ⅱ이다.
④ 제2석유류는 위험등급 Ⅱ이다.

해설 제4류 위험물의 위험등급 분류[시행규칙 별표19]
㉮ 위험등급 Ⅰ : 특수인화물
㉯ 위험등급 Ⅱ : 제1석유류 및 알코올류
㉰ 위험등급 Ⅲ : 위험등급 Ⅰ, Ⅱ 외의 것

40. 이산화탄소 소화기의 장·단점에 대한 설명으로 틀린 것은?

① 밀폐된 공간에서 사용 시 질식으로 인명피해가 발생할 수 있다.
② 전도성이어서 전류가 통하는 장소에서의 사용은 위험하다.
③ 자체의 압력으로 방출할 수 있다.
④ 소화 후 소화약제에 의한 오손이 없다.

해설 이산화탄소 소화기의 특징
㉮ 많은 가연성 물질이 연소하는 A급 화재에는 효과가 적으나, 가연물이 소량이고 그 표면만을 연소할 때는 산소 억제에 효과가 있다.
㉯ 소규모의 인화성 액체 화재(B급 화재)나 부전도성의 소화제를 필요로 하는 전기설비 화재(C급 화재)에 그 효력이 크다.
㉰ 전기 절연성이 공기보다 1.2배 정도 우수하고, 피연소물에 피해를 주지 않아 소화 후 증거보존에 유리하다.
㉱ 방사거리가 짧아 화점에 접근하여 사용하여야 하며, 금속분에는 연소면 확대로 사용을 제한한다.
㉲ 소화효과는 질식효과와 냉각효과에 의한다.
㉳ 독성이 없지만 과량 존재 시 산소부족으로 질식할 수 있다.
㉴ 소화약제의 동결, 부패, 변질의 우려가 적다.

제3과목 | 위험물의 성질과 취급

41. 위험물 안전관리법령에 따른 위험물제조소의 안전거리 기준으로 틀린 것은?

① 주택으로부터 10m 이상
② 학교로부터 30m 이상
③ 유형문화재와 기념물 중 지정문화재로부터는 30m 이상
④ 병원으로부터 30m 이상

해설 제조소의 안전거리[시행규칙 별표4]

해당 대상물	안전거리
7000V 초과 35000V 이하 전선	3m 이상
35000V 초과 전선	5m 이상
건축물, 주거용 공작물	10m 이상
고압가스, LPG, 도시가스 시설	20m 이상
학교·병원·극장(300명 이상 수용), 다수인 수용시설(20명 이상)	30m 이상
유형문화재, 지정문화재	50m 이상

42. 위험물 안전관리법령상 위험물의 운반용기 외부에 표시해야 할 사항이 아닌 것은? (단, 용기의 용적은 10L 이며 원칙적인 경우에 한한다.)

① 위험물의 화학명
② 위험물의 지정수량
③ 위험물의 품명
④ 위험물의 수량

해설 운반용기 외부 표시사항[시행규칙 별표19]
㉮ 공통 표시사항
㉠ 위험물의 품명·위험등급·화학명 및 수용성("수용성" 표시는 제4류 위험물로서 수용성인 것에 한한다)
㉡ 위험물의 수량
㉯ 위험물에 따른 주의사항

43. 위험물 안전관리법령상 제1류 위험물 중 알칼리 금속의 과산화물의 운반용기 외부에 표

2016

정답 40. ② 41. ③ 42. ② 43. ②

시하여야 하는 주의사항을 모두 나타낸 것은?

① "화기엄금", "충격주의" 및 "가연물접촉주의"
② "화기·충격주의", "물기엄금" 및 "가연물 접촉주의"
③ "화기주의" 및 "물기엄금"
④ "화기엄금" 및 "물기엄금"

해설 제1류 위험물 운반용기 외부 표시사항[시행규칙 별표19]

구분	표시사항
알칼리 금속의 과산화물 또는 이를 함유한 것	화기·충격주의, 물기엄금, 가연물 접촉주의
그 밖의 것	화기·충격주의 및 가연물 접촉주의

44. 과염소산과 과산화수소의 공통된 성질이 아닌 것은?

① 비중이 1보다 크다.
② 물에 녹지 않는다.
③ 산화제이다.
④ 산소를 포함한다.

해설 과염소산과 과산화수소의 비교

구분	과염소산 ($HClO_4$)	과산화수소 (H_2O_2)
유별	제6류 위험물 산화성 액체	제6류 위험물 산화성 액체
지정수량	300kg	300kg
색상	무색의 액체	무색의 액체 (많은 양은 청색)
물의 용해도	물과 심하게 반응, 발열	녹는다.
비점(끓는점)	39℃	80.2℃
액비중	1.76	1.47

45. 위험물 안전관리법령에서는 위험물을 제조 외의 목적으로 취급하기 위한 장소와 그에 따른 취급소의 구분을 4가지로 정하고 있다. 다음 중 법령에서 정한 취급소의 구분에 해당되지 않는 것은?

① 주유취급소 ② 특수취급소
③ 일반취급소 ④ 이송취급소

해설 취급소[시행령 제5조, 별표3]
㉮ 취급소 : 위험물을 제조 외의 목적으로 취급하기 위한 장소
㉯ 종류 : 주유 취급소, 판매 취급소, 이송 취급소, 일반 취급소

46. 물과 접촉되었을 때 연소범위의 하한값이 2.5vol%인 가연성가스가 발생하는 것은?

① 금속나트륨 ② 인화칼슘
③ 과산화칼슘 ④ 탄화칼슘

해설 탄화칼슘(CaC_2 : 카바이드)
㉮ 제3류 위험물로 물과 반응하면 가연성 가스인 아세틸렌(C_2H_2)이 발생된다.
$CaC_2 + 2H_2O \rightarrow Ca(OH)_2 + C_2H_2 \uparrow$
㉯ 아세틸렌의 공기 중 연소범위(폭발범위) : 2.5~81 vol%

47. 삼황화인과 오황화인의 공통 연소생성물을 모두 나타낸 것은?

① H_2S, SO_2
② P_2O_5, H_2S
③ SO_2, P_2O_5
④ H_2S, SO_2, P_2O_5

해설 ㉮ 삼황화인(P_4S_3)과 오황화인(P_2S_5) : 제2류 위험물 중 황화인에 해당된다.
㉯ 삼황화인과 오황화인이 공기 중에서 연소하면 오산화인(P_2O_5)과 아황산가스(SO_2)가 발생한다.
㉰ 연소반응식 및 연소생성물
㉠ 삼황화인 : $P_4S_3 + 8O_2 \rightarrow 2P_2O_5 + 3SO_2 \uparrow$
㉡ 오황화인 : $P_2S_5 + 7.5O_2 \rightarrow P_2O_5 + 5SO_2 \uparrow$

정답 44. ② 45. ② 46. ④ 47. ③

48. 다음 중 위험물의 적재방법에 관한 기준으로 틀린 것은?

① 위험물은 규정에 의한 바에 따라 재해를 발생시킬 우려가 있는 물품과 함께 적재하지 아니하여야 한다.
② 적재하는 위험물의 성질에 따라 일광의 직사 또는 빗물의 침투를 방지하기 위하여 유효하게 피복하는 등 규정에서 정하는 기준에 따른 조치를 하여야 한다.
③ 증기발생·폭발에 대비하여 운반용기의 수납구를 옆 또는 아래로 향하게 하여야 한다.
④ 위험물을 수납한 운반용기가 전도·낙하 또는 파손되지 아니하도록 적재하여야 한다.

해설 운반용기에 의한 수납 적재 기준[시행규칙 별표19]
㉮ 위험물이 온도변화 등에 의하여 누설되지 아니하도록 운반용기를 밀봉하여 수납할 것
㉯ 수납하는 위험물과 위험한 반응을 일으키지 아니하는 등 당해 위험물의 성질에 적합한 재질의 운반용기에 수납할 수 있다.
㉰ 고체 위험물은 운반용기 내용적의 95% 이하의 수납률로 수납할 것
㉱ 액체 위험물은 운반용기 내용적의 98% 이하의 수납률로 수납하되, 55℃의 온도에서 누설되지 아니하도록 충분한 공간용적을 유지하도록 할 것
㉲ 하나의 외장용기에는 다른 종류의 위험물을 수납하지 아니할 것
㉳ 위험물은 당해 위험물이 전락(轉落)하거나 위험물을 수납한 운반용기가 전도·낙하 또는 파손되지 아니하도록 적재하여야 한다.
㉴ 운반용기는 수납구를 위로 향하게 하여 적재하여야 한다.
㉵ 위험물을 수납한 운반용기를 겹쳐 쌓는 경우에는 그 높이를 3m 이하로 한다.

49. 이동저장탱크로부터 위험물을 저장 또는 취급하는 탱크에 인화점이 몇 ℃ 미만인 위험물을 주입할 때에는 이동탱크저장소의 원동기를 정지시켜야 하는가?

① 21 ② 40
③ 71 ④ 200

해설 이동탱크저장소에서의 취급기준[시행규칙 별표18]
㉮ 이동저장탱크로부터 위험물을 저장 또는 취급하는 탱크에 액체의 위험물을 주입할 경우에는 그 탱크의 주입구에 이동저장탱크의 주입호스를 견고하게 결합할 것
㉯ 이동저장탱크로부터 액체위험물을 용기에 옮겨 담지 아니할 것
㉰ 이동저장탱크로부터 위험물을 저장 또는 취급하는 탱크에 인화점이 40℃ 미만인 위험물을 주입할 때에는 이동탱크저장소의 원동기를 정지시킬 것

50. 적재 시 일광의 직사를 피하기 위하여 차광성이 있는 피복으로 가려야 하는 것은?

① 메탄올 ② 과산화수소
③ 철분 ④ 가솔린

해설 차광성이 있는 피복으로 가려야 하는 위험물[시행규칙 별표19]
㉮ 제1류 위험물
㉯ 제3류 위험물 중 자연발화성 물질
㉰ 제4류 위험물 중 특수인화물
㉱ 제5류 위험물
㉲ 제6류 위험물

참고 과산화수소(H_2O_2)는 제6류 위험물로 차광성이 있는 피복으로 가려야 하는 것에 해당된다.

51. 위험물의 취급 중 소비에 관한 기준으로 틀린 것은?

① 열처리 작업은 위험물이 위험한 온도에 이르지 아니하도록 하여 실시하여야 한다.
② 담금질 작업은 위험물이 위험한 온도에 이르지 아니하도록 하여 실시하여야 한다.

정답 48. ③ 49. ② 50. ② 51. ④

③ 분사도장 작업은 방화상 유효한 격벽 등으로 구획한 안전한 장소에서 하여야 한다.
④ 버너를 사용하는 경우에는 버너의 역화를 유지하고 위험물이 넘치지 아니하도록 하여야 한다.

해설 위험물의 취급 중 소비에 관한 기준[시행규칙 별표18]
㉮ 분사도장작업은 방화상 유효한 격벽 등으로 구획된 안전한 장소에서 실시할 것
㉯ 담금질 또는 열처리 작업은 위험물이 위험한 온도에 이르지 아니하도록 하여 실시할 것
㉰ 버너를 사용하는 경우에는 버너의 역화를 방지하고 위험물이 넘치지 아니하도록 할 것

52. 제3류 위험물 중 금수성 물질의 위험물제조소에 설치하는 주의사항 게시판의 색상 및 표시 내용으로 옳은 것은?

① 청색 바탕 – 백색 문자, "물기엄금"
② 청색 바탕 – 백색 문자, "물기주의"
③ 백색 바탕 – 청색 문자, "물기엄금"
④ 백색 바탕 – 청색 문자, "물기주의"

해설 위험물제조소 주의사항 게시판[시행규칙 별표4]

위험물의 종류	내용	색상
• 제1류 위험물 중 알칼리 금속의 과산화물 • 제3류 위험물 중 금수성 물질	"물기엄금"	청색 바탕에 백색 문자
• 제2류 위험물(인화성 고체 제외)	"화기주의"	적색 바탕에 백색 문자
• 제2류 위험물 중 인화성 고체 • 제3류 위험물 중 자연발화성 물질 • 제4류 위험물 • 제5류 위험물	"화기엄금"	

53. 산화제와 혼합되어 연소할 때 자외선을 많이 포함하는 불꽃을 내는 것은?

① 셀룰로이드
② 니트로셀룰로오스
③ 마그네슘
④ 글리세린

해설 제2류 위험물인 마그네슘(Mg)은 많은 양이 점화가 되면 발열량이 크고 온도가 높아져서 자외선을 품은 불꽃을 내면서 연소하므로 소화하기가 곤란하고 위험성도 크다.

54. 위험물 안전관리법령에서 정의한 철분의 정의로 옳은 것은?

① "철분"이라 함은 철의 분말로서 53마이크로미터의 표준체를 통과하는 것이 50 중량퍼센트 미만인 것은 제외한다.
② "철분"이라 함은 철의 분말로서 50마이크로미터의 표준체를 통과하는 것이 53 중량퍼센트 미만인 것은 제외한다.
③ "철분"이라 함은 철의 분말로서 53마이크로미터의 표준체를 통과하는 것이 50 부피퍼센트 미만인 것은 제외한다.
④ "철분"이라 함은 철의 분말로서 50마이크로미터의 표준체를 통과하는 것이 53 부피퍼센트 미만인 것은 제외한다.

해설 철분의 정의[시행령 별표1] : "철분"이라 함은 철의 분말로서 53마이크로미터의 표준체를 통과하는 것이 50 중량% 미만인 것은 제외한다.

55. 지정수량에 따른 제4류 위험물 옥외탱크저장소 주위의 보유공지 너비의 기준으로 틀린 것은?

① 지정수량의 500배 이하 : 3m 이상
② 지정수량의 500배 초과 1000배 이하 : 5m 이상
③ 지정수량의 1000배 초과 2000배 이하 : 9m 이상

정답 52. ① 53. ③ 54. ① 55. ④

④ 지정수량의 2000배 초과 3000배 이하 : 15m 이상

해설 옥외탱크저장소의 보유공지 기준[시행규칙 별표6]

저장 또는 취급하는 위험물의 최대수량	공지의 너비
지정수량의 500배 이하	3m 이상
지정수량의 500배 초과 1000배 이하	5m 이상
지정수량의 1000배 초과 2000배 이하	9m 이상
지정수량의 2000배 초과 3000배 이하	12m 이상
지정수량의 3000배 초과 4000배 이하	15m 이상

56. 다음 물질 중 인화점이 가장 낮은 것은?

① CS_2
② $C_2H_5OC_2H_5$
③ CH_3COCH_3
④ CH_3OH

해설 제4류 위험물의 인화점

품명		인화점
이황화탄소(CS_2)	특수인화물	-30℃
디에틸에테르($C_2H_5OC_2H_5$)	특수인화물	-45℃
아세톤(CH_3COCH_3)	제1석유류	-18℃
메탄올(CH_3OH)	알코올류	11℃

참고 제4류 위험물 중 인화점이 가장 낮은 것은 디에틸에테르($C_2H_5OC_2H_5$)이다.

57. 제조소등의 관계인은 당해 제조소등의 용도를 폐지한 때에는 행정안전부령이 정하는 바에 따라 제조소등의 용도를 폐지한 날부터 며칠 이내에 시·도지사에게 신고하여야 하는가?

① 5일 ② 7일
③ 14일 ④ 21일

해설 제조소등의 용도 폐지신고[법 제11조]

㉮ 제조소등 관계인은 제조소등의 용도를 폐지한 때에는 용도를 폐지한 날부터 14일 이내에 시·도지사에게 신고하여야 한다.

㉯ 제조소등의 용도폐지신고를 하고자 하는 자는 신고서와 제조소등의 완공검사필증을 첨부하여 시·도지사 또는 소방서장에게 제출하여야 한다[시행규칙 제23조].

58. 제4류 제2석유류 비수용성인 위험물 180000리터를 저장하는 옥외저장소의 경우 설치하여야 하는 소화설비의 기준과 소화기 개수를 설명한 것이다. ( ) 안에 들어갈 숫자의 합은?

- 해당 옥외저장소는 소화난이도 등급 Ⅱ에 해당하며 소화설비의 기준은 방사능력 범위 내에 공작물 및 위험물이 포함되도록 대형수동식 소화기를 설치하고 당해 위험물의 소요단위 ( )에 해당하는 능력단위의 소형수동식 소화기를 설치하여야 한다.
- 해당 옥외저장소의 경우 대형수동식 소화기와 설치하고자 하는 소형수동식 소화기의 능력단위가 2라고 가정할 때 비치하여야 하는 소형수동식 소화기의 최소 개수는 ( )개이다.

① 2.2 ② 4.5 ③ 9 ④ 10

해설 ㉮ 제4류 제2석유류 비수용성인 위험물의 지정수량은 1000L이므로 18만리터의 소요단위는 18단위에 해당된다.

$$\therefore \text{소요단위} = \frac{\text{저장량}}{\text{지정수량} \times 10} = \frac{180000}{1000 \times 10} = 18$$

㉯ 제2석유류의 저장량이 지정수량 100배 이상이므로 해당 옥외저장소는 소화난이도 등급 Ⅱ에 해당된다.

㉰ 설치하여야 하는 소화설비는 해당 위험물 소

정답 56. ② 57. ③ 58. ①

요단위 $\frac{1}{5}$ 이상에 해당하는 능력단위의 소형 수동식 소화기를 설치하여야 한다.

㉱ 능력단위 2의 소화기 설치 개수 계산

$\therefore$ 소화기 능력단위 $= 18 \times \frac{1}{5} = 3.6$

$\therefore$ 능력단위 2인 소형소화기는 2개를 설치하여야 한다.

㉲ 숫자 합계=㉰항 숫자+㉱항 소화기수

$= \frac{1}{5} + 2 = 2.2$

59. **일반취급소 1층에 옥내소화전 6개, 2층에 옥내소화전 5개, 3층에 옥내소화전 5개를 설치하고자 한다. 위험물 안전관리법령상 이 일반취급소에 설치되는 옥내소화전에 있어서 수원의 수량은 얼마 이상이어야 하는가?**

① $13m^3$　② $15.6m^3$
③ $39m^3$　④ $46.8m^3$

해설 옥내소화전설비의 수원 수량[시행규칙 별표17]

㉮ 수원의 수량은 옥내소화전이 가장 많이 설치된 층의 옥내소화전 설치개수(설치개수가 5개 이상인 경우는 5개)에 $7.8m^3$를 곱한 양 이상이 되도록 설치할 것

㉯ 수원의 수량 계산

$\therefore$ 수량=옥내소화전 설치개수×7.8
$= 5 \times 7.8 = 39.0m^3$

60. **위험물 안전관리법령상 시·도의 조례가 정하는 바에 따라 관할 소방서장의 승인을 받아 지정수량 이상의 위험물을 임시로 제조소등이 아닌 장소에서 취급할 때 며칠 이내의 기간 동안 취급할 수 있는가?**

① 7　② 30
③ 90　④ 180

해설 위험물의 저장 및 취급의 제한[법 제5조]

㉮ 지정수량의 이상의 위험물을 저장소가 아닌 장소에서 저장하거나 제조소등이 아닌 장소에서 취급하여서는 아니 된다.

㉯ 제조소등이 아닌 장소에서 지정수량 이상의 위험물을 취급할 수 있는 경우

㉠ 시·도의 조례가 정하는 바에 따라 관할소방서장의 승인을 받아 지정수량 이상의 위험물을 90일 이내의 기간 동안 임시로 저장 또는 취급하는 경우

㉡ 군부대가 지정수량 이상의 위험물을 군사목적으로 임시로 저장 또는 취급하는 경우

정답 59. ③　60. ③

2017년도 출제문제

제1회(2017. 3. 5 시행)

제1과목 | 일반 화학

1. 비누화 값이 작은 지방에 대한 설명으로 옳은 것은?

① 분자량이 작으며, 저급 지방산의 에스테르이다.
② 분자량이 작으며, 고급 지방산의 에스테르이다.
③ 분자량이 크며, 저급 지방산의 에스테르이다.
④ 분자량이 크며, 고급 지방산의 에스테르이다.

해설 ㉮ 비누화 값 : 유지 1g을 비누화하는 데 필요한 수산화칼륨(KOH)의 mg수를 그 유지의 비누화 값이라 한다.
㉯ 비누화 값에 따른 특징
㉠ 비누화 값이 작은 지방 : 분자량이 크며 밀랍, 상어의 간유 등과 같이 고급 지방산 에스테르에 해당된다.
㉡ 비누화 값이 큰 지방 : 분자량이 작으며 야자유, 팜유 등이 해당된다.

2. 다음 화합물 수용액 농도가 모두 0.5M일 때 끓는점이 가장 높은 것은?

① $C_6H_{12}O_6$(포도당) ② $C_{12}H_{22}O_{11}$(설탕)
③ $CaCl_2$(염화칼슘) ④ NaCl(염화나트륨)

해설 ㉮ 몰(M) 농도가 같은 경우 전해질이 비전해질보다 끓는점이 높다 : 염화칼슘과 염화나트륨이 전해질에 해당
㉯ 비전해질은 분자량이 작을수록 끓는점이 높아진다 : 포도당과 설탕이 비전해질에 해당
㉰ 염화나트륨(NaCl)은 나트륨 이온(Na^+)과 염화이온(Cl^-)이 정전기적 인력에 의해 결합한 것이므로 2몰 이온이다.
㉱ 염화칼슘($CaCl_2$)은 칼슘 이온(Ca^{2+})과 염화이온(Cl^-)이 정전기적 인력에 의해 결합한 것이므로 3몰 이온이다.
㉲ 비등점 상승도는 몰랄 농도에 비례하므로 염화칼슘이 끓는점이 가장 높다.

3. CH_4 16g 중에는 C가 몇 mol 포함되었는가?

① 1 ② 4
③ 16 ④ 22.4

해설 메탄(CH_4)의 분자량이 16g이므로 문제에서 주어진 16g은 1몰(mol)에 해당되고, 메탄 1몰에는 탄소 원소가 1개 있으므로 1mol에 해당된다.

4. 포화탄화수소에 해당하는 것은?

① 톨루엔 ② 에틸렌
③ 프로판 ④ 아세틸렌

해설 탄화수소의 분류
㉮ 파라핀계 탄화수소(알칸족, 포화 탄화수소) : 일반식은 C_nH_{2n+2}로 표시하며 메탄(CH_4), 프로판(C_3H_8), 부탄(C_4H_{10}) 등이 해당된다.
㉯ 올레핀계 탄화수소(알켄족, 불포화 탄화수소) : 일반식은 C_nH_{2n}로 표시하며 에틸렌(C_2H_4), 프로필렌(C_3H_6), 부틸렌(C_4H_8) 등이 해당된다.
㉰ 아세틸렌계 탄화수소(알킨족 탄화수소) : 일반식은 C_nH_{2n-2}로 표시하며 아세틸렌(C_2H_2), 터펜(C_5H_8)이 해당된다.
㉱ 방향족 탄화수소 : 벤젠(C_6H_6)이 해당된다.

정답 1. ④ 2. ③ 3. ① 4. ③

5. 염화철(Ⅲ)($FeCl_3$) 수용액과 반응하여 정색반응을 일으키지 않는 것은?

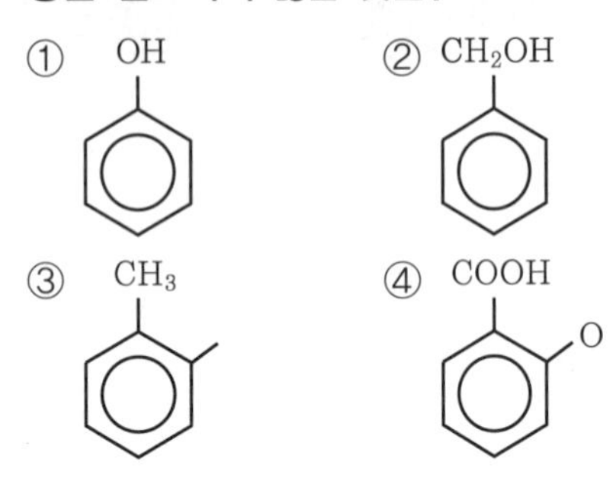

해설 ㉮ 정색반응(呈色反應) : 일정한 색을 내거나 색이 변하면서 작용하는 화학반응으로 수산기(-OH)와 결합된 페닐기($-C_6H_5$)로 구성된 방향족 화합물에서 염화제이철($FeCl_3$) 수용액과 작용하여 보라색이 나타난다.

㉯ ① 페놀, ③ 크레졸, ④ 살리실산으로 벤젠고리에 수산기(-OH)가 결합된 페놀류에 해당되고, ② 벤질알코올로 벤젠고리에 수산기(-OH)가 붙은 것이 아니므로 정색반응을 일으키지 않는다.

6. 기체 A 5g은 27℃, 380mmHg에서 부피가 6000mL이다. 이 기체의 분자량(g/mol)은 약 얼마인가? (단, 이상기체로 가정한다.)

① 24 ② 41 ③ 64 ④ 123

해설 증기의 부피 6000mL는 6L에 해당되며, 압력 380mmHg는 대기압 760mmHg를 이용하여 atm 단위로 변환하여 분자량 M은 이상기체 상태방정식 $PV = \frac{W}{M}RT$ 에서 구한다.

$$\therefore M = \frac{WRT}{PV} = \frac{5 \times 0.082 \times (273+27)}{\frac{380}{760} \times 6} = 41\,\text{g/mol}$$

7. 다음 이원자 분자 중 결합에너지 값이 가장 큰 것은?

① H_2 ② N_2 ③ O_2 ④ F_2

해설 ㉮ 공유결합 : 비금속 원소의 원자들이 전자쌍을 서로 공유하며 이루는 결합이다.

㉯ 각 분자의 최외각 전자수 및 공유결합 형태

명칭	원자 번호	최외각 전자수	공유 결합 전자수	공유결합 형태
수소(H_2)	1	1	1	단일 결합
질소(N_2)	7	5	3	3중 결합
산소(O_2)	8	6	2	2중 결합
불소(F_2)	9	7	1	단일 결합

㉰ 공유결합의 결합에너지 순서 : 3중 결합>2중 결합>단일 결합

참고 F : 불소, 플루오린으로 불려짐

8. p 오비탈에 대한 설명 중 옳은 것은?

① 원자핵에서 가장 가까운 오비탈이다.
② s 오비탈보다는 약간 높은 모든 에너지 준위에서 발견된다.
③ X, Y의 2방향을 축으로 한 원형 오비탈이다.
④ 오비탈의 수는 3개, 들어갈 수 있는 최대 전자수는 6개이다.

해설 (1) 오비탈이 특징

① s 오비탈은 구형(공 모양)으로 방향성이 없고 모든 전자껍질에 존재하며, 최대 전자는 2개이며 모양은 같고 크기만 다르다.

② p 오비탈은 아령 모양으로, L 전자껍질부터 존재하며 X축, X축, Z축 방향으로 p_x, p_y, p_z 오비탈 3개가 존재하고 오비탈에 들어갈 수 있는 최대 전자수는 6개이다.

(2) 각 오비탈에 들어갈 수 있는 최대 전자수

구분	s	p	d	f
최대 전자수	2	6	10	14

9. 황산구리 결정 $CuSO_4 \cdot 5H_2O$ 25g을 100g의 물에 녹였을 때 몇 wt% 농도의 황산구리($CuSO_4$) 수용액이 되는가? (단, $CuSO_4$ 분자량은 160이다.)

정답 5. ② 6. ② 7. ② 8. ④ 9. ③

① 1.28%　　② 1.60%
③ 12.8%　　④ 16.0%

해설 ㉮ $\% 농도 = \dfrac{용질의\ 질량(g)}{용액의\ 질량(g)} \times 100$를 이용하여 황산구리의 % 농도를 구한다.

㉯ 황산구리결정($CuSO_4 \cdot 5H_2O$)의 질량 계산

∴ 질량=황산구리 질량+물(H_2O) 질량

$=160+(5\times18)=250g$

㉰ 황산구리의 %농도 계산

∴ %농도

$$= \frac{황산구리결정\ 2g\ 중의\ 황산구리\ 비율}{물 + 황산구리결정} \times 100$$

$$= \frac{25 \times \dfrac{160}{250}}{100+25} \times 100 = 12.8\%$$

10. 다음 분자 중 가장 무거운 분자의 질량은 가장 가벼운 분자의 몇 배인가? (단, Cl의 원자량은 35.5이다.)

H_2, Cl_2, CH_4, CO_2

① 4배　　② 22배
③ 30.5배　　④ 35.5배

해설 ㉮ 각 분자의 분자량

분자 명칭	분자량	무거운 순서
수소(H_2)	2	4
염소(Cl_2)	71	1
메탄(CH_4)	16	3
이산화탄소(CO_2)	44	2

㉯ 비율 계산

$$\therefore \frac{가장\ 무거운\ 분자\ 질량}{가장\ 가벼운\ 분자\ 질량} = \frac{71}{2} = 35.5\ 배$$

11. pH가 2인 용액은 pH가 4인 용액과 비교하면 수소이온 농도가 몇 배인 용액이 되는가?

① 100배　　② 2배
③ 10^{-1}배　　④ 10^{-2}배

해설 ㉮ pH가 2인 용액의 $[H^+]=10^{-2}=0.01$이다.

㉯ pH가 4인 용액의 $[H^+]=10^{-4}=0.0001$이다.

㉰ 두 용액의 수소 이온 농도 비교

$$\therefore \frac{0.01}{0.0001} = 100\ 배$$

12. C–C–C–C을 부탄이라고 한다면 C=C–C–C의 명명은? (단, C와 결합된 원소는 H이다.)

① 1–부텐　　② 2–부텐
③ 1, 2–부텐　　④ 3, 4–부텐

해설 문제에서 묻는 구조식에서 1번 탄소(C)에 이중결합이 있으므로 1–부텐이다.

㉮ 부탄의 구조식　　㉯ 1–부텐의 구조식

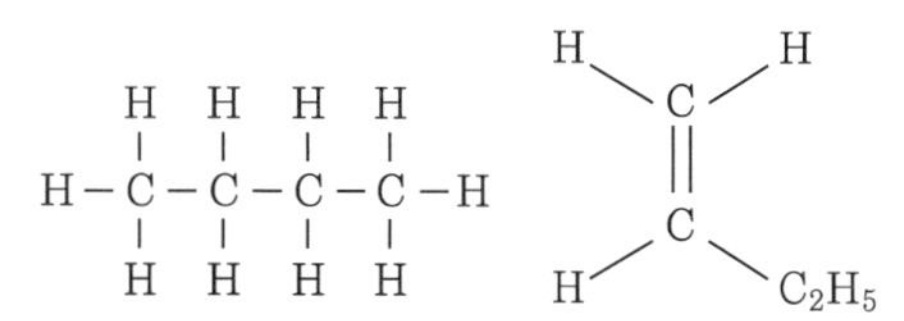

㉰ 2–부텐의 구조식

㉠ cis형　　㉡ trans형

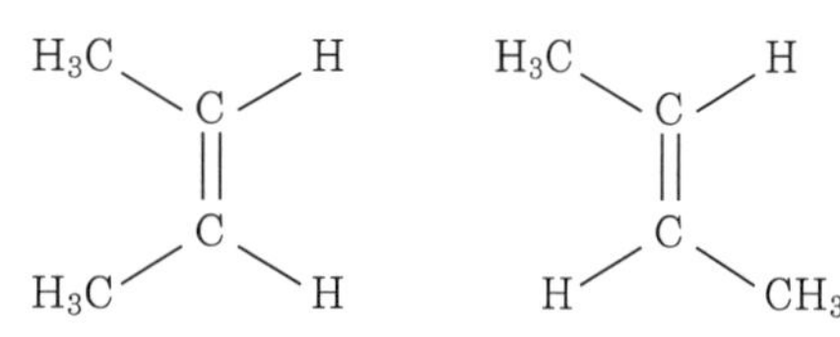

13. 일정한 온도하에서 물질 A와 B가 반응을 할 때 A의 농도만 2배로 하면 반응속도가 2배가 되고 B의 농도만 2배로 하면 반응속도가 4배로 된다. 이 반응의 속도식은? (단, 반응속도 상수는 k이다.)

① $V = k[A][B]^2$
② $V = k[A]^2[B]$
③ $V = k[A][B]^{0.5}$
④ $V = k[A][B]$

해설 물질 A와 B가 반응을 할 때

㉮ A의 농도만 2배로 하면 반응속도(V)가 2배가 되는 것의 반응속도(V)는 A의 농도에 비례하는 것이다.

㉯ B의 농도만 2배로 하면 반응속도(V)가 4배

정답 10. ④　11. ①　12. ①　13. ①

로 되는 것의 반응속도(V)는 B의 농도 제곱에 비례하는 것이다.

$\therefore V = k \times [A] \times [B]^2$

14. 액체 공기에서 질소 등을 분리하여 산소를 얻는 방법은 다음 중 어떤 성질을 이용한 것인가?

① 용해도
② 비등점
③ 색상
④ 압축률

해설 액체 상태인 공기는 비등점이 −183℃인 산소(O_2)와 비등점이 −196℃인 질소(N_2)이므로 액체 산소의 비등점보다 약간 낮은 상태를 유지하면 질소는 기화되어 액체 공기에서 분리되어 산소를 얻을 수 있다. 이와 같이 액체 혼합물을 비등점 차이를 이용해 혼합물을 분리하는 방법을 분별증류(分別蒸溜)라 한다.

15. $KMnO_4$에서 Mn의 산화수는 얼마인가?

① +3	② +5
③ +7	④ +9

해설 $K\underline{Mn}O_4$: K의 산화수 +1, Mn의 산화수 x, O의 산화수 −2이다.

$\therefore 1 + x + (-2 \times 4) = 0$

$\therefore x = (2 \times 4) - 1 = +7$

16. $CH_3COOH \rightarrow CH_3COO^- + H^+$의 반응식에서 전리평형상수 K는 다음과 같다. K값을 변화시키기 위한 조건으로 옳은 것은?

$$K = \frac{[CH_3COO^-][H^+]}{[CH_3COOH]}$$

① 온도를 변화시킨다.
② 압력을 변화시킨다.
③ 농도를 변화시킨다.
④ 촉매량을 변화시킨다.

해설 초산(CH_3COOH)의 전리평형상수는 농도가 변하여도 일정 온도에서는 항상 일정한 값을 갖고, 온도에 의해서만 변한다.

17. 25℃에서 $Cd(OH)_2$ 염의 물 용해도는 1.7×10^{-5}mol/L이다. $Cd(OH)_2$ 염의 용해도곱 상수 K_{sp}를 구하면 약 얼마인가?

① 2.0×10^{-14}
② 2.2×10^{-12}
③ 2.4×10^{-10}
④ 2.6×10^{-8}

해설 ㉮ $Cd(OH)_2$ 염의 반응식

$Cd(OH)_2(s) \rightleftarrows Cd^{2+}(aq) + 2OH^-(aq)$

$[Cd(OH)_2] = [Cd^{2+}] = 1.7 \times 10^{-5}M$

$[OH^-] = 2 \times [Cd(OH)_2] = 2 \times (1.7 \times 10^{-5})$

$= 3.4 \times 10^{-5}$ M

㉯ 용해도곱 상수 계산

$\therefore K_{sp} = [Cd^{2+}][OH^-]^2$

$= (1.7 \times 10^{-5}) \times (3.4 \times 10^{-5})^2$

$= 1.9652 \times 10^{-14} \fallingdotseq 2.0 \times 10^{-14}$

18. 다음 중 완충용액에 해당하는 것은?

① CH_3COONa와 CH_3COOH
② NH_4Cl과 HCl
③ CH_3COONa와 NaOH
④ HCOONa와 Na_2SO_4

해설 완충용액(buffer solution) : 산이나 염기 또는 염(鹽)이 들어 있어 수소 이온농도를 일정하게 유지시키는 용액으로 아세트산(CH_3COOH)과 아세트산나트륨(CH_3COONa) 용액이다. 수용액에서 아세트산나트륨은 나트륨 이온(Na^+)과 아세트산 이온(CH_3COO^-)으로 완전히 해리된다.

19. 다음 물질의 수용액을 같은 전기량으로 전기분해해서 금속을 석출한다고 가정할 때 석출되는 금속의 질량이 가장 많은 것은? (단, 괄호 안의 값은 석출된 금속의 원자량이다.)

정답 14. ② 15. ③ 16. ① 17. ① 18. ① 19. ③

① $CuSO_4$ (Cu=64)
② $NiSO_4$ (Ni=59)
③ $AgNO_3$ (Ag=108)
④ $Pb(NO_3)_2$ (Pb=207)

해설 ㉮ 각 금속의 원자가

원소명	원자가	원소명	원자가
구리(Cu)	2	니켈(Ni)	2
은(Ag)	1	납(Pb)	2

㉯ 전기분해할 때 석출되는 물질의 질량 계산식에서 패러데이 상수 96500쿨롱, 전하량은 동일하다.

∴ 물질의 질량

$$= \frac{\text{전하량}}{\text{패러데이 상수}} \times \frac{\text{몰질량}}{\text{이동한 전자의 몰수}}$$

㉰ 몰질량은 금속의 원자량, 이동한 전자의 몰수에는 원자가를 적용해 석출되는 질량 계산

석출금속	석출되는 질량 계산
구리(Cu)	$\frac{64}{2} = 32\,g$
니켈(Ni)	$\frac{59}{2} = 29.5\,g$
은(Ag)	$\frac{108}{1} = 108\,g$
납(Pb)	$\frac{207}{2} = 103.5\,g$

20. 모두 염기성 산화물로만 나타낸 것은?

① CaO, Na_2O　　② K_2O, SO_2
③ CO_2, SO_3　　④ Al_2O_3, P_2O_5

해설 산화물의 종류
㉮ 산성 산화물 : 비금속 산화물로 이산화탄소(CO_2), 이산화황(SO_2) 등
㉯ 염기성 산화물 : 금속 산화물로 산화망간(MgO), 산화칼슘(CaO), 산화나트륨(Na_2O), 산화구리(CuO) 등
㉰ 양쪽성 산화물 : 아연(Zn), 알루미늄(Al), 주석(Sn), 납(Pb) 등의 산화물 → ZnO, Al_2O_3, SnO, PbO, Sb_2O_3

제2과목 | 화재 예방과 소화 방법

21. 양초(파라핀)의 연소형태는?

① 표면연소　　② 분해연소
③ 자기연소　　④ 증발연소

해설 고체 가연물의 연소형태
㉮ 표면연소 : 목탄, 코크스, 금속분
㉯ 분해연소 : 종이, 석탄, 목재
㉰ 증발연소 : 양초, 유황, 나프탈렌, 파라핀

22. 소화약제의 종류에 해당하지 않는 것은?

① CF_2BrCl　　② $NaHCO_3$
③ NH_4BrO_3　　④ CF_3Br

해설 주요 소화약제의 종류 및 화학식

소화약제	화학식
산·알칼리 소화약제	$NaHCO_3 + H_2SO_4$
할론 1311	CF_3Br
할론 1211	CF_2ClBr
할론 2402	$C_2F_4Br_2$
제1종 소화분말	$NaHCO_3$
제2종 소화분말	$KHCO_3$
제3종 소화분말	$NH_4H_2PO_4$
제4종 소화분말	$KHCO_3 + (NH_2)_2CO$

참고 NH_4BrO_3 : 브롬산암모늄으로 제1류 위험물에 해당된다.

23. 분말 소화약제의 분해반응식이다. ( ) 안에 알맞은 것은?

$$2NaHCO_3 \rightarrow (\quad) + CO_2 + H_2O$$

① 2NaCO　　② $2NaCO_2$
③ Na_2CO_3　　④ Na_2CO_4

해설 분말 소화약제의 화학반응식
㉮ 제1종 분말 : $2NaHCO_3 \rightarrow Na_2CO_3 + CO_2 + H_2O$
㉯ 제2종 분말 : $2KHCO_3 \rightarrow K_2CO_3 + CO_2 + H_2O$
㉰ 제3종 분말 : $NH_4H_2PO_4 \rightarrow HPO_3 + NH_3 + H_2O$

정답 20. ①　21. ④　22. ③　23. ③

㉣ 제4종 분말 : $2KHCO_3+(NH_2)_2CO$
$\rightarrow K_2CO_3+2NH_3+2CO_2$

24. **제4류 위험물을 취급하는 제조소에서 지정수량의 몇 배 이상을 취급할 경우 자체소방대를 설치하여야하는가?**

① 1000배 ② 2000배
③ 3000배 ④ 4000배

해설 제조소등에 자체소방대를 두어야 할 대상[시행령 18조] : 지정수량 3000배 이상의 제4류 위험물을 취급하는 제조소 또는 일반취급소

25. **특정옥외탱크저장소라 함은 옥외탱크저장소 중 저장 또는 취급하는 액체 위험물의 최대수량이 얼마 이상의 것을 말하는가?**

① 50만 리터 이상
② 100만 리터 이상
③ 150만 리터 이상
④ 200만 리터 이상

해설 옥외탱크저장탱의 분류[시행규칙 별표6]
㉮ 특정옥외저장탱크 : 옥외저장탱크 중 그 저장 또는 취급하는 액체위험물의 최대수량이 100만 L 이상의 것
㉯ 준특정옥외저장탱크 : 옥외저장탱크 중 그 저장 또는 취급하는 액체위험물의 최대수량이 50만 L 이상 100만 L 미만의 것

26. **다량의 비수용성 제4류 위험물의 화재 시 물로 소화하는 것이 적합하지 않은 이유는?**

① 가연성 가스를 발생한다.
② 연소면을 확대한다.
③ 인화점이 내려간다.
④ 물이 열분해한다.

해설 제4류 위험물은 대부분 상온, 상압에서 액체 상태로 비중이 물보다 가볍고 물에 녹지 않는 불용성(비수용성)이기 때문에 화재 발생 시 물로 소화하면 화재가 확대되기 때문에 사용이 부적합하다.

27. **폐쇄형 스프링클러헤드 부착장소의 평상시의 최고주위온도가 39℃ 이상 64℃ 미만일 때 표시온도의 범위로 옳은 것은?**

① 58℃ 이상 79℃ 미만
② 79℃ 이상 121℃ 미만
③ 121℃ 이상 162℃ 미만
④ 162℃ 이상

해설 스프링클러 헤드 표시온도[세부기준 제131조]

부착장소 최고주위온도	표시온도
28℃ 미만	58℃ 미만
28℃ 이상 39℃ 미만	58℃ 이상 79℃ 미만
39℃ 이상 64℃ 미만	79℃ 이상 121℃ 미만
64℃ 이상 106℃ 미만	121℃ 이상 162℃ 미만
106℃ 이상	162℃ 이상

28. **과산화나트륨의 화재 시 적응성이 있는 소화설비로만 나열된 것은?**

① 포 소화기, 건조사
② 건조사, 팽창질석
③ 이산화탄소 소화기, 건조사, 팽창질석
④ 포 소화기, 건조사, 팽창질석

해설 제1류 위험물 중 알칼리금속 과산화물에 적응성이 있는 소화설비[시행규칙 별표17]
㉮ 탄산수소염류 분말 소화설비
㉯ 그 밖의 것 분말 소화설비
㉰ 탄산수소염류 분말 소화기
㉱ 그 밖의 것 분말 소화기
㉲ 건조사
㉳ 팽창질석 또는 팽창진주암

참고 과산화나트륨(Na_2O_2)은 제1류 위험물 중 무기과산화물에 해당된다.

29. **위험물제조소에 옥내소화전이 가장 많이 설치된 층의 옥내소화전 설치개수가 2개이다. 위험물 안전관리법령의 옥내소화전설비 설치**

정답 24. ③ 25. ② 26. ② 27. ② 28. ② 29. ②

기준에 의하면 수원의 수량은 얼마 이상이 되어야 하는가?

① $7.8m^3$　② $15.6m^3$
③ $20.6m^3$　④ $78m^3$

해설 옥내소화전설비의 수원 수량[시행규칙 별표17]

㉮ 수원의 수량은 옥내소화전이 가장 많이 설치된 층의 옥내소화전 설치개수(설치개수가 5개 이상인 경우는 5개)에 $7.8m^3$를 곱한 양 이상이 되도록 설치할 것

㉯ 수원의 수량 계산

∴ 수량=옥내소화전 설치개수×7.8
=2×7.8=$15.6m^3$

30. 제2류 위험물의 일반적인 특징에 대한 설명으로 가장 옳은 것은?

① 비교적 낮은 온도에서 연소하기 쉬운 물질이다.
② 위험물 자체 내에 산소를 갖고 있다.
③ 연소속도가 느리지만 지속적으로 연소한다.
④ 대부분 물보다 가볍고 물에 잘 녹는다.

해설 제2류 위험물의 공통적인 특징

㉮ 비교적 낮은 온도에서 착화하기 쉬운 가연성 고체 물질이다.
㉯ 비중은 1보다 크며, 연소 시 유독가스를 발생하는 것도 있다.
㉰ 연소속도가 대단히 빠르며, 금속분은 물이나 산과 접촉하면 확산 폭발한다.
㉱ 대부분 물에는 불용이며, 산화하기 쉬운 물질이다.
㉲ 강력한 환원성 물질로 산화제와 접촉, 마찰로 착화되면 급격히 연소한다.

31. 위험물 안전관리법령상 지정수량의 3천배 초과 4천배 이하의 위험물을 저장하는 옥외탱크저장소에 확보하여야 하는 보유공지의 너비는 얼마인가?

① 6m 이상　② 9m 이상
③ 12m 이상　④ 15m 이상

해설 옥외탱크저장소의 보유공지 기준[시행규칙 별표6]

저장 또는 취급하는 위험물의 최대수량	공지의 너비
지정수량의 500배 이하	3m 이상
지정수량의 500배 초과 1000배 이하	5m 이상
지정수량의 1000배 초과 2000배 이하	9m 이상
지정수량의 2000배 초과 3000배 이하	12m 이상
지정수량의 3000배 초과 4000배 이하	15m 이상

참고 지정수량의 4000배 초과의 경우 당해 탱크의 수평단면의 최대지름(횡형인 경우에는 긴 변)과 높이 중 큰 것과 같은 거리 이상. 다만, 30m 초과의 경우에는 30m 이상으로 할 수 있고, 15m 미만의 경우에는 15m 이상으로 하여야 한다.

32. 청정소화약제 중 IG-541의 구성 성분을 옳게 나타낸 것은?

① 헬륨, 네온, 아르곤
② 질소, 아르곤, 이산화탄소
③ 질소, 이산화탄소, 헬륨
④ 헬륨, 네온, 이산화탄소

해설 불활성가스 소화설비 명칭에 따른 용량비[세부기준 제134조]

명칭	용량비
IG-100	질소 100%
IG-55	질소 50%, 아르곤 50%
IG-541	질소 52%, 아르곤 40%, 이산화탄소 8%

33. 다음 소화설비 중 능력 단위가 1.0인 것은?

① 삽 1개를 포함한 마른 모래 50L
② 삽 1개를 포함한 마른 모래 150L

정답 30. ①　31. ④　32. ②　33. ④

2017

③ 삽 1개를 포함한 팽창질석 100L
④ 삽 1개를 포함한 팽창질석 160L

해설 소화설비의 능력단위[시행규칙 별표17]

소화설비 종류	용량	능력단위
소화전용 물통	8L	0.3
수조 (소화전용 물통 3개 포함)	80L	1.5
수조 (소화전용 물통 6개 포함)	190L	2.5
마른모래(삽 1개 포함)	50L	0.5
팽창질석 또는 팽창진주암(삽 1개 포함)	160L	1.0

34. 포 소화약제와 분말 소화약제의 공통적인 주요 소화효과는?

① 질식효과 ② 부촉매효과
③ 제거효과 ④ 억제효과

해설 소화약제의 주요 소화효과
㉮ 포 소화약제 : 질식효과
㉯ 분말 소화약제 : 질식효과

35. 위험물 안전관리법령상 제2류 위험물인 철분에 적응성이 있는 소화설비는?

① 포 소화설비
② 탄산수소염류 분말 소화설비
③ 할로겐화합물 소화설비
④ 스프링클러설비

해설 제2류 위험물 중 철분, 금속분, 마그네슘에 적응성이 있는 소화설비[시행규칙 별표17]
㉮ 탄산수소염류 분말 소화설비 및 분말 소화기
㉯ 건조사
㉰ 팽창질석 또는 팽창진주암

36. 일반적으로 다량의 주수를 통한 소화가 가장 효과적인 화재는?

① A급 화재 ② B급 화재
③ C급 화재 ④ D급 화재

해설 일반 화재 (A급 화재 : 백색)의 특징
㉮ 종이, 목재, 섬유류, 특수가연물 등의 화재이다.
㉯ 주로 백색 연기가 발생하며 연소 후 재가 남는다.
㉰ 물을 사용하는 냉각소화가 효과적이다.

37. 프로판 $2m^3$가 완전 연소할 때 필요한 이론 공기량은 약 몇 m^3 인가? (단, 공기 중 산소농도는 21vol%이다.)

① 23.81 ② 35.72
③ 47.62 ④ 71.43

해설 ㉮ 프로탄(C_3H_8)의 완전연소 반응식
$C_3H_8+5O_2 \rightarrow 3CO_2+4H_2O$
㉯ 이론공기량 계산
$22.4m^3 : 5\times22.4m^3 = 2m^3 : x(O_0)m^3$

$$\therefore A_0 = \frac{O_0}{0.21} = \frac{2\times5\times22.4}{22.4\times0.21} = 47.619m^3$$

38. 트리에틸알루미늄이 습기와 반응할 때 발생되는 가스는?

① 수소 ② 아세틸렌
③ 에탄 ④ 메탄

해설 제3류 위험물인 트리에틸알루미늄[$(C_2H_5)_3Al$]은 물과 폭발적으로 반응하여 가연성 가스인 에탄(C_2H_6)을 발생한다.
$(C_2H_5)_3Al+3H_2O \rightarrow Al(OH)_3+3C_2H_6\uparrow$

39. 화재예방 시 자연발화를 방지하기 위한 일반적인 방법으로 옳지 않은 것은?

① 통풍을 방지한다.
② 저장실의 온도를 낮춘다.
③ 습도가 높은 장소를 피한다.
④ 열의 축적을 막는다.

해설 위험물의 자연발화를 방지하는 방법
㉮ 통풍을 잘 시킬 것

정답 34. ① 35. ② 36. ① 37. ③ 38. ③ 39. ①

㉯ 저장실의 온도를 낮출 것
㉰ 습도가 높은 곳을 피하고, 건조하게 보관할 것
㉱ 열의 축적을 방지할 것
㉲ 가연성 가스 발생을 조심할 것
㉳ 불연성 가스를 주입하여 공기와의 접촉을 피할 것
㉴ 물질의 표면적을 최대한 작게 할 것
㉵ 정촉매 작용을 하는 물질과의 접촉을 피할 것

40. 탄산수소칼륨 소화약제가 열분해 반응 시 생성되는 물질이 아닌 것은?

① K_2CO_3 ② CO_2
③ H_2O ④ KNO_3

해설 제2종 분말인 탄산수소칼륨 소화약제가 열분해 반응 시 생성되는 물질은 탄산칼륨(K_2CO_3), 이산화탄소(CO_2), 수증기(H_2O)를 발생한다.
$2KHCO_3 \rightarrow K_2CO_3 + CO_2 + H_2O$

제3과목 | 위험물의 성질과 취급

41. 다음 중 조해성이 있는 황화인만 모두 선택하여 나열한 것은?

P_4S_3, P_2S_5, P_4S_7

① P_4S_3, P_2S_5
② P_4S_3, P_4S_7
③ P_2S_5, P_4S_7
④ P_4S_3, P_2S_5, P_4S_7

해설 황화인의 특징
㉮ 제2류 위험물로 지정수량 100kg이다.
㉯ 황화인 종류에는 삼황화인(P_4S_3), 오황화인(P_2S_5), 칠황화인(P_4S_7)이 있다.
㉰ 삼황화인(P_4S_3)은 물, 염소, 염산, 황산에는 녹지 않으나 질산, 이황화탄소, 알칼리에는 녹는다. 공기 중에서 연소하면 오산화인(P_2O_5)과 아황산가스(SO_2)가 발생한다.
㉱ 오황화인(P_2S_5)은 담황색 결정으로 조해성이 있으며 물, 알칼리에 의해 유독한 황화수소(H_2S)와 인산(H_3PO_4)으로 분해된다.
㉲ 칠황화인(P_4S_7)은 담황색 결정으로 조해성이 있으며 찬물에는 서서히, 더운물에는 급격히 녹아 분해되면서 황화수소(H_2S)와 인산(H_3PO_4)을 발생한다.

42. 위험물제조소등의 안전거리의 단축기준과 관련해서 $H \leq pD^2 + a$인 경우 방화상 유효한 담의 높이는 2m 이상으로 한다. 다음 중 a에 해당되는 것은?

① 인근 건축물의 높이(m)
② 제조소등의 외벽의 높이(m)
③ 제조소등과 공작물과의 거리(m)
④ 제조소등과 방화상 유효한 담과의 거리(m)

해설 방화상 유효한 담의 높이는 다음에 의하여 산정한 높이 이상으로 한다.

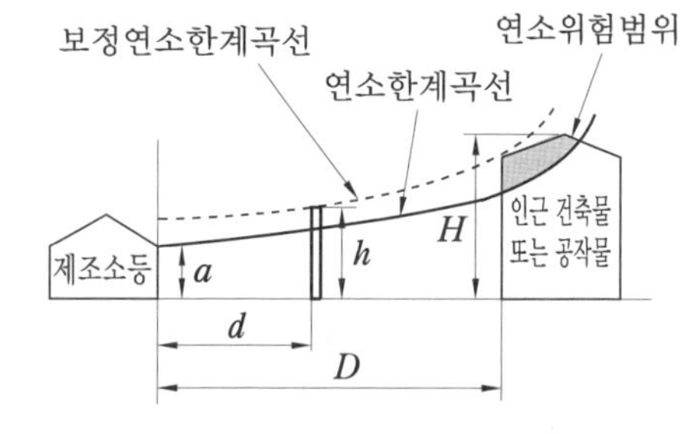

㉮ $H \leq pD^2 + a$인 경우 $h = 2$
㉯ $H > pD^2 + a$인 경우 $h = H - p(D^2 - d^2)$
여기서, D : 제조소등과 인근 건축물 또는 공작물과의 거리(m)
H : 인근 건축물 또는 공작물의 높이(m)
a : 제조소등의 외벽의 높이(m)
d : 제조소등과 방화상 유효한 담과의 거리(m)
h : 방화상 유효한 담의 높이(m)
p : 상수

43. 위험물 안전관리법령상 위험등급 Ⅰ의 위험물이 아닌 것은?

① 염소산염류
② 황화인

정답 40. ④ 41. ③ 42. ② 43. ②

③ 알킬리튬
④ 과산화수소

해설 제2류 위험물 중 위험등급 Ⅱ의 위험물[시행규칙 별표19] : 황화인, 적린, 유황 그 밖에 지정수량이 100kg인 위험물

참고 염소산염류(제1류), 알킬리튬(제3류), 과산화수소(제6류) : 위험등급 Ⅰ에 해당한다.

44. 옥외탱크저장소에서 취급하는 위험물의 최대수량에 따른 보유 공지너비가 틀린 것은? (단, 원칙적인 경우에 한한다.)

① 지정수량 500배 이하 : 3m 이상
② 지정수량 500배 초과 1000배 이하 : 5m 이상
③ 지정수량 1000배 초과 2000배 이하 : 9m 이상
④ 지정수량 2000배 초과 3000배 이하 : 15m 이상

해설 옥외탱크저장소의 보유공지 기준[시행규칙 별표6]

저장 또는 취급하는 위험물의 최대수량	공지의 너비
지정수량의 500배 이하	3m 이상
지정수량의 500배 초과 1000배 이하	5m 이상
지정수량의 1000배 초과 2000배 이하	9m 이상
지정수량의 2000배 초과 3000배 이하	12m 이상
지정수량의 3000배 초과 4000배 이하	15m 이상

참고 지정수량의 4000배 초과의 경우 당해 탱크의 수평단면의 최대지름(횡형인 경우에는 긴 변)과 높이 중 큰 것과 같은 거리 이상. 다만, 30m 초과의 경우에는 30m 이상으로 할 수 있고, 15m 미만의 경우에는 15m 이상으로 하여야 한다.

45. 다음 물질 중 지정수량이 400L인 것은?

① 포름산메틸
② 벤젠
③ 톨루엔
④ 벤즈알데히드

해설 제4류 위험물의 지정수량

품명		지정수량
포름산메틸 ($HCOOCH_3$)	제1석유류 (수용성)	400L
벤젠(C_6H_6)	제1석유류 (비수용성)	200L
톨루엔 ($C_6H_5CH_3$)	제1석유류 (비수용성)	200L
벤즈알데히드 (C_6H_5CHO)	제2석유류 (비수용성)	1000L

46. 그림과 같은 타원형 탱크의 내용적은 약 몇 m^3 인가?

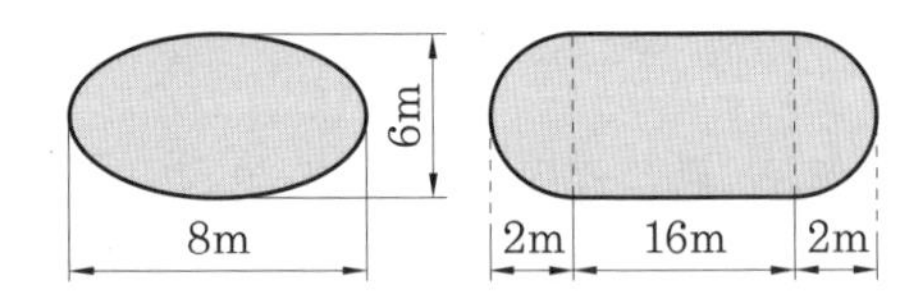

① 453 ② 553
③ 653 ④ 753

해설 $V = \dfrac{\pi ab}{4} \times \left(l + \dfrac{l_1 + l_2}{3}\right)$

$= \dfrac{\pi \times 8 \times 6}{4} \times \left(16 + \dfrac{2+2}{3}\right)$

$= 653.451\,m^3$

47. 벤젠에 진한 질산과 진한 황산의 혼산을 반응시켜 얻어지는 화합물은?

① 피크린산 ② 아닐린
③ TNT ④ 니트로벤젠

해설 니트로벤젠($C_6H_5NO_2$)의 특징
㉮ 제4류 위험물 중 제3석유류(비수용성)로 지정수량 2000L이다.
㉯ 벤젠을 진한 질산과 진한 황산의 혼합산(混合酸)으로 70℃ 이하에서 처리하여 얻어지는 가

정답 44. ④ 45. ① 46. ③ 47. ④

장 간단한 니트로화합물이다.

㉰ 담황색 또는 갈색의 독특한 냄새가 나는 액체로 독성이 있다.

㉱ 물보다 무겁고, 물에 녹기 어려우나 유기용제에는 잘 녹는다.

㉲ 물에 녹기 어려우나 유기용제에는 잘 녹는다.

㉳ 산이나 알칼리에는 비교적 안정하나 주석(Sn), 철(Fe) 등 금속의 촉매에 의해 염산을 부가시키면 환원되면서 아닐린이 생성된다.

㉴ 비중 1.2, 비점 210.8℃, 인화점 87.8℃, 발화점 482℃이다.

48. 가솔린 저장량이 2000L일 때 소화설비 설치를 위한 소요단위는?

① 1 ② 2 ③ 3 ④ 4

해설 ㉮ 가솔린 : 제4류 위험물 중 제1석유류(비수용성)로 지정수량 200L이다.

㉯ 위험물의 소화설비 1소요단위는 지정수량의 10배로 한다.

$$\therefore \text{소요단위} = \frac{\text{저장량}}{\text{지정수량} \times 10} = \frac{20000}{200 \times 10} = 1$$

49. 질산암모늄에 관한 설명 중 틀린 것은?

① 상온에서 고체이다.

② 폭약의 제조 원료로 사용할 수 있다.

③ 흡습성과 조해성이 있다.

④ 물과 반응하여 발열하고 다량의 가스를 발생한다.

해설 질산암모늄(NH_4NO_3)의 특징

㉮ 제1류 위험물 중 질산염류에 해당되며 지정수량은 300kg이다.

㉯ 무취의 백색 결정 고체로 물, 알코올, 알칼리에 잘 녹는다.

㉰ 조해성이 있으며 물에 녹을 때는 흡열반응을 나타낸다.

㉱ 220℃에서 분해되어 아산화질소(N_2O)와 수증기(H_2O)를 발생하며, 급격한 가열이나 충격을 주면 단독으로 분해·폭발한다.

㉲ 가연물, 유기물을 섞거나 가열, 충격, 마찰을 주면 폭발한다.

㉳ 경유 6%, 질산암모늄 94%를 혼합한 것은 안투폭약이라 하며, 공업용 폭약이 된다(폭약의 제조 원료로 사용한다).

㉴ 화재 시 소화방법으로는 주수소화가 적합하다.

50. 옥외저장소에서 저장할 수 없는 위험물은? (단, 시·도 조례에서 별도로 정하는 위험물 또는 국제해상위험물규칙에 적합한 용기에 수납된 위험물은 제외한다.)

① 과산화수소 ② 아세톤

③ 에탄올 ④ 유황

해설 ㉮ 옥외저장소에 지정수량 이상의 위험물을 저장할 수 있는 위험물[시행령 별표2]

㉠ 제2류 위험물 중 유황 또는 인화성고체(인화점이 0℃ 이상인 것에 한한다)

㉡ 제4류 위험물중 제1석유류(인화점이 0℃ 이상인 것에 한한다)·알코올류·제2석유류·제3석유류·제4석유류 및 동식물유류

㉢ 제6류 위험물

㉣ 제2류 위험물 및 제4류 위험물 중 특별시·광역시 또는 도의 조례에서 정하는 위험물(관세법 제154조의 규정에 의한 보세구역 안에 저장하는 경우에 한한다)

㉤ '국제해사기구에 관한 협약'에 의하여 설치된 국제해사기구가 채택한 '국제해상위험물규칙(IMDG Code)'에 적합한 용기에 수납된 위험물

㉯ 예제에 주어진 위험물의 구분

㉠ 과산화수소(H_2O_2) : 제6류 위험물

㉡ 아세톤(CH_3COCH_3) : 제4류 위험물 중 제1석유류

㉢ 에탄올(C_2H_5OH) : 제4류 위험물 중 알코올류

㉣ 유황(S) : 제2류 위험물

참고 아세톤은 제4류 위험물 중 제1석유류로 인화점이 −18℃이기 때문에 옥외저장소에서 저장, 취급할 수 없다.

정답 48. ① 49. ④ 50. ②

51. 다음 중 금속칼륨의 일반적인 성질로 옳지 않은 것은?

① 은백색의 연한 금속이다.
② 알코올 속에 저장한다.
③ 물과 반응하여 수소가스를 발생한다.
④ 물보다 가볍다.

해설 칼륨(K)의 특징

㉮ 제3류 위험물로 지정수량은 10kg이다.
㉯ 은백색을 띠는 무른 경금속으로 녹는점 이상 가열하면 보라색의 불꽃을 내면서 연소한다.
㉰ 공기 중의 산소와 반응하여 광택을 잃고 산화칼륨(K_2O)의 회백색으로 변화한다.
㉱ 공기 중에서 수분과 반응하여 수산화물(KOH)과 수소(H_2)를 발생하고, 연소하면 과산화칼륨(K_2O_2)이 된다.
㉲ 화학적으로 이온화 경향이 큰 금속이다.
㉳ 피부에 접촉되면 화상을 입으며, 연소할 때 발생하는 증기가 피부에 접촉하거나 호흡하면 자극한다.
㉴ 산화를 방지하기 위하여 보호액(등유, 경유, 유동파라핀) 속에 넣어 저장한다.
㉵ 비중 0.86, 융점 63.7℃, 비점 762℃이다.

52. 다음과 같은 물질이 서로 혼합되었을 때 발화 또는 폭발의 위험성이 가장 높은 것은?

① 벤조일퍼옥사이드와 질산
② 이황화탄소와 증류수
③ 금속나트륨과 석유
④ 금속칼륨과 유동성 파라핀

해설 ㉮ 위험물과 보호액

품명	유별	보호액
이황화탄소(CS_2)	제4류	물
황린(P_4)	제3류	물
칼륨(K), 나트륨(Na)	제3류	등유, 경유, 파라핀
니트로셀룰로오스	제5류	물 20%, 알코올 30%로 습윤시킴

㉯ 제5류 위험물인 벤조일퍼옥사이드[$(C_6H_5CO)_2O_2$]는 강한 산화성 물질로 진한 황산, 질산, 초산 등과 접촉하면 화재나 폭발의 우려가 있다.

53. 산화프로필렌 300L, 메탄올 400L, 벤젠 200L를 저장하고 있는 경우 각각 지정수량배수의 총합은 얼마인가?

① 4 ② 6
③ 8 ④ 10

해설 ㉮ 제4류 위험물 지정수량

품명		지정수량
산화프로필렌	특수인화물	50L
메탄올	알코올류	400L
벤젠	제1석유류	200L

㉯ 지정수량 배수의 합 계산 : 지정수량 배수의 합은 각 위험물량을 지정수량으로 나눈 값의 합이다.

∴ 지정수량 배수의 합

$$= \frac{\text{A 위험물량}}{\text{지정수량}} + \frac{\text{B 위험물량}}{\text{지정수량}} + \frac{\text{C 위험물량}}{\text{지정수량}}$$

$$= \frac{300}{50} + \frac{400}{400} + \frac{200}{200} = 8\text{ 배}$$

54. 위험물 안전관리법령상 은, 수은, 동, 마그네슘 및 이의 합금으로 된 용기를 사용하여서는 안 되는 물질은?

① 이황화탄소
② 아세트알데히드
③ 아세톤
④ 디에틸에테르

해설 제4류 위험물 중 특수인화물 일부에 은, 수은, 동, 마그네슘 등 사용 제한

㉮ 아세트알데히드는 은, 수은, 동, 마그네슘 등의 금속이나 합금과 접촉하면 폭발적으로 반응하기 때문에 이들을 수납하기 위한 용기재료로 사용해서는 안 된다.
㉯ 산화프로필렌은 폭발성 물질인 아세틸라이드를 생성하므로 이들을 수납하기 위한 용기재료로 사용해서는 안 된다.

정답 51. ② 52. ① 53. ③ 54. ②

55. 동식물유류에 대한 설명으로 틀린 것은?

① 요오드화 값이 작을수록 자연발화의 위험성이 높아진다.
② 요오드화 값이 130 이상인 것은 건성유이다.
③ 건성유에는 아마인유, 들기름 등이 있다.
④ 인화점이 물의 비점보다 낮은 것도 있다.

해설 동식물유류 특징
㉮ 제4류 위험물로 지정수량 10000L이다.
㉯ 요오드값이 작으면 불포화도가 작아지고, 자연발화의 위험성이 낮아진다.
㉰ 요오드값에 따른 분류 및 종류

구분	요오드값	종류
건성유	130 이상	들기름, 아마인유, 해바라기유, 오동유
반건성유	100~130 미만	목화씨유, 참기름, 채종유
불건성유	100 미만	땅콩기름(낙화생유), 올리브유, 피마자유, 야자유, 동백유

56. 셀룰로이드의 자연발화 형태를 가장 옳게 나타낸 것은?

① 잠열에 의한 발열
② 미생물에 의한 발열
③ 분해열에 의한 발열
④ 흡착열에 의한 발열

해설 자연발화의 형태
㉮ 분해열에 의한 발열 : 과산화수소, 염소산칼륨, 셀룰로이드류 등
㉯ 산화열에 의한 발열 : 건성유, 원면, 고무분말 등
㉰ 중합열에 의한 발열 : 시안화수소, 산화에틸렌, 염화비닐 등
㉱ 흡착열에 의한 발열 : 활성탄, 목탄 분말 등
㉲ 미생물에 의한 발열 : 먼지, 퇴비 등

57. 염소산칼륨에 대한 설명으로 옳은 것은?

① 강한 산화제이며 열분해하여 염소를 발생한다.
② 폭약의 원료로 사용된다.
③ 점성이 있는 액체이다.
④ 녹는점이 700℃ 이상이다.

해설 염소산칼륨($KClO_3$)의 특징
㉮ 제1류 위험물 중 염소산염류에 해당되며 지정수량 50kg이다.
㉯ 자신은 불연성 물질이며, 광택이 있는 무색의 고체 또는 백색 분말로 인체에 유독하다.
㉰ 글리세린 및 온수에 잘 녹고, 알코올 및 냉수에는 녹기 어렵다.
㉱ 400℃ 부근에서 분해되기 시작하여 540~560℃에서 과염소산칼륨($KClO_4$)을 거쳐 염화칼륨(KCl)과 산소(O_2)를 방출한다.
㉲ 가연성이나 산화성 물질 및 강산 촉매인 중금속염의 혼합은 폭발의 위험성이 있다.
㉳ 황산(H_2SO_4)과 반응하여 이산화염소(ClO_2)를 발생한다.
㉴ 산화하기 쉬운 물질이므로 강산, 중금속류와의 혼합을 피하고 가열, 충격, 마찰에 주의한다.
㉵ 환기가 잘 되고 서늘한 곳에 보관하고 용기가 파손되거나 노출되지 않도록 한다.
㉶ 비중 2.32, 융점 368.4℃, 용해도(20℃) 7.3이다.
㉷ 폭약, 불꽃, 소독표백, 제초제, 방부제 등의 원료로 사용된다.

58. 탄화칼슘에 대한 설명으로 틀린 것은?

① 화재 시 이산화탄소 소화기가 적응성이 있다.
② 비중은 약 2.2로 물보다 무겁다.
③ 질소 중에서 고온으로 가열하면 $CaCN_2$가 얻어진다.
④ 물과 반응하면 아세틸렌가스가 발생한다.

해설 탄화칼슘(CaC_2)의 특징
㉮ 제3류 위험물 중 칼슘 또는 알루미늄의 탄화물로 지정수량은 300kg이다.

정답 55. ① 56. ③ 57. ② 58. ①

㉯ 백색의 입방체 결정으로 시판품은 회색, 회흑색을 띠고 있다.
㉰ 높은 온도에서 강한 환원성을 가지며, 많은 산화물을 환원시킨다.
㉱ 공업적으로 석회와 탄소를 전기로에서 가열하여 제조한다.
㉲ 수증기 및 물과 반응하여 가연성 가스인 아세틸렌(C_2H_2)과 수산화칼슘[$Ca(OH)_2$]이 발생한다.
$CaC_2 + 2H_2O \rightarrow Ca(OH)_2 + C_2H_2 \uparrow$
㉳ 상온에서 안정하지만 350℃에서 산화되며, 700℃ 이상에서는 질소와 반응하여 석회질소($CaCN_2$: 칼슘시아나이드)를 생성한다.
㉴ 시판품은 불순물이 포함되어 있어 유독한 황화수소(H_2S), 인화수소(PH_3 : 포스핀), 암모니아(NH_3) 등을 발생시킨다.
㉵ 비중 2.22, 융점 2370℃, 착화온도 335℃이다.
㉶ 적응성이 있는 소화설비 : 탄산수소염류 분말소화설비 및 분말 소화기, 건조사, 팽창질석 또는 팽창진주암

59. 다음 중 물과 접촉하였을 때 위험성이 가장 큰 것은?

① 금속칼륨
② 황린
③ 과산화벤조일
④ 디에틸에테르

해설 칼륨(K) : 제3류 위험물로 물과 접촉하면 가연성 가스인 수소(H_2)를 발생하므로 위험하다.
$2K + 2H_2O \rightarrow 2KOH + H_2 \uparrow$

60. 과산화수소의 저장방법으로 옳은 것은?

① 분해를 막기 위해 히드라진을 넣고 완전히 밀전하여 보관한다.
② 분해를 막기 위해 히드라진을 넣고 가스가 빠지는 구조로 마개를 하여 보관한다.
③ 분해를 막기 위해 요산을 넣고 완전히 밀전하여 보관한다.
④ 분해를 막기 위해 요산을 넣고 가스가 빠지는 구조로 마개를 하여 보관한다.

해설 과산화수소(H_2O_2)의 저장방법
㉮ 열, 햇빛에 의해서 쉽게 분해하여 산소를 방출하므로 직사광선을 피하고 냉암소에 저장한다.
㉯ 분해를 막기 위해 인산(H_3PO_4), 요산($C_5H_4N_4O_3$)과 같은 안정제를 가한다.
㉰ 용기는 밀전하면 안 되고, 구멍이 뚫린 마개를 사용한다.
㉱ 유리 용기는 알칼리성으로 과산화수소의 분해를 촉진하므로 장기 보존하지 않아야 한다.

정답 59. ① 60. ④

제2회(2017. 5. 7 시행)

제1과목 | 일반 화학

1. 산성 산화물에 해당하는 것은?

① CaO ② Na_2O
③ CO_2 ④ MgO

해설 산화물의 종류
㉮ 산성 산화물 : 비금속 산화물로 이산화탄소(CO_2), 이산화황(SO_2) 등
㉯ 염기성 산화물 : 금속 산화물로 산화망간(MgO), 산화칼슘(CaO), 산화나트륨(Na_2O), 산화구리(CuO) 등
㉰ 양쪽성 산화물 : 아연(Zn), 알루미늄(Al), 주석(Sn), 납(Pb) 등의 산화물 → ZnO, Al_2O_3, SnO, PbO, Sb_2O_3

2. 다음 화합물의 0.1mol 수용액 중에서 가장 약한 산성을 나타내는 것은?

① H_2SO_4 ② HCl
③ CH_3COOH ④ HNO_3

해설 ㉮ 강산성 물질 : 황산(H_2SO_4), 염산(HCl), 질산(HNO_3) → 3가지를 3대 강산성으로 부름
㉯ 초산(CH_3COOH)은 약산성 물질이다.

3. 다음 반응식에서 브뢴스테드의 산·염기 개념으로 볼 때 산에 해당하는 것은?

$$H_2O + NH_3 \rightleftarrows OH^- + NH_4^+$$

① NH_3와 NH_4^+
② NH_3와 OH^-
③ H_2O와 OH^-
④ H_2O와 NH_4^+

해설 브뢴스테드의 산·염기의 개념
㉮ 산 : 다른 물질에게 양성자인 수소 이온(H^+)을 내놓은 물질이다.
㉯ 염기 : 다른 물질로부터 양성자인 수소 이온(H^+)을 받는 물질이다.
㉰ 물과 암모니아의 반응에서 정반응일 때 H_2O는 H^+를 내놓으므로 산이고, NH_3는 H^+를 받으므로 염기이다. 반대로 역반응일 때 NH_4는 H^+를 내놓으므로 산이고, OH^-는 H^+를 받으므로 염기이다.

4. 같은 몰 농도에서 비전해질 용액은 전해질 용액보다 비등점 상승도의 변화추이가 어떠한가?

① 크다.
② 작다.
③ 같다.
④ 전해질 여부와 무관하다.

해설 끓는점 오름(비등점 상승도)과 어는점 내림(빙점 강하도)은 몰랄 농도에 비례한다. 그러므로 같은 몰 농도에서 전해질은 수용액에서 이온 입자수가 증가하여(몰랄 농도 증가) 끓는점 오름과 어는점 내림이 크게 나타나는 반면 비전해질 용액은 수용액에서 비전해질 물질의 몰수가 변함이 없으므로 끓는점 오름과 어는점 내림의 변화는 전해질 용액보다 작게 나타난다.

5. 다음 화학반응식 중 실제로 반응이 오른쪽으로 진행되는 것은?

① $2KI + F_2 \rightarrow 2KF + I_2$
② $2KBr + I_2 \rightarrow 2KI + Br_2$
③ $2KF + Br_2 \rightarrow 2KBr + F_2$
④ $2KCl + Br_2 \rightarrow 2KBr + Cl_2$

해설 할로겐족 원소의 반응성은 F > Cl > Br > I 순서이기 때문에 플루오르(불소 : F)와 반응하는 것이 오른쪽으로 진행한다.

6. 나일론(Nylon 6, 6)에는 다음 어느 결합이 들어 있는가?

정답 1. ③ 2. ③ 3. ④ 4. ② 5. ① 6. ④

① —S—S— ② —O—

③ $-\overset{\overset{\displaystyle O}{\|}}{C}-O-$ ④ $-\overset{\overset{\displaystyle O}{\|}}{C}-\overset{\overset{\displaystyle H}{|}}{N}-$

해설 나일론(nylon 6, 6)의 결합구조

$$\left(\overset{\overset{\displaystyle H}{|}}{N}-(CH_2)_6-\overset{\overset{\displaystyle H}{|}}{N}-\overset{\overset{\displaystyle O}{\|}}{C}-(CH_2)_4-\overset{\overset{\displaystyle O}{\|}}{C}\right)_n$$

7. 0.1N $KMnO_4$ 용액 500mL를 만들려면 $KMnO_4$ 몇 g이 필요한가? (단, 원자량은 K : 39, Mn : 55, O : 16이다.)

① 15.8g ② 7.9g
③ 1.58g ④ 0.89g

해설 과망간산칼륨($KMnO_4$) 분자량은 $39+55+(16\times4)=158$이다.

(1) 칼륨(K) 기준 : 과망간산칼륨 158g이 1000mL에 녹아 있을 때 1N이므로 0.1N로 500mL에 녹아있을 때 과망간산칼륨을 비례식으로 계산하면

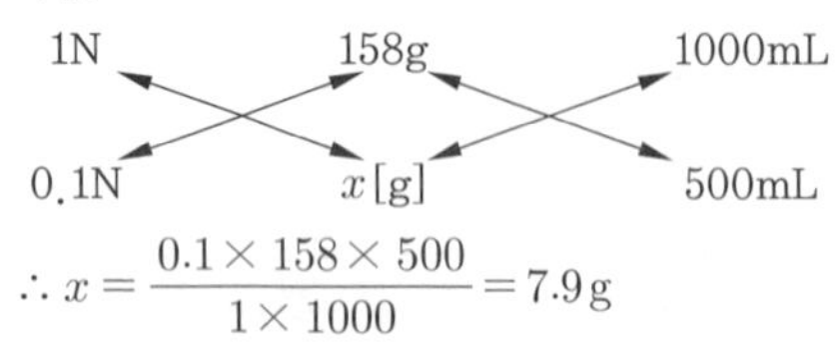

$$\therefore x=\frac{0.1\times158\times500}{1\times1000}=7.9\,g$$

(2) 과망간산칼륨이 산화제로 사용되는 경우 : 과망간산의 당량은 3 또는 5로 볼 수 있다.

㉮ 3당량을 기준으로 1g 당량 계산

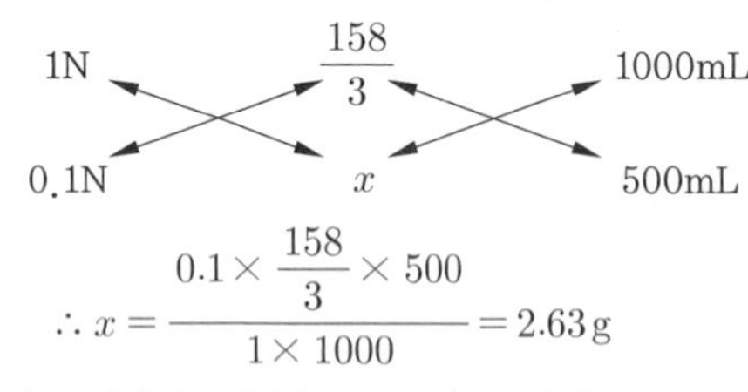

$$\therefore x=\frac{0.1\times\frac{158}{3}\times500}{1\times1000}=2.63\,g$$

㉯ 5당량을 기준으로 1g 당량 계산

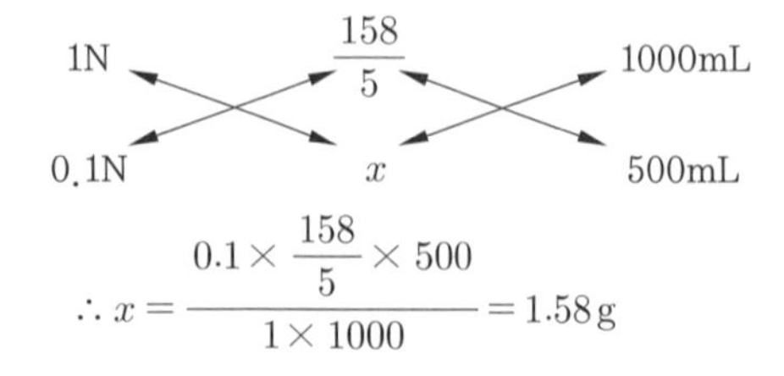

$$\therefore x=\frac{0.1\times\frac{158}{5}\times500}{1\times1000}=1.58\,g$$

참고 과망간산칼륨($KMnO_4$)이 어떤 상태로 작용하는지 명확하게 제시되지 않아 공개된 최종답안은 '전항 정답'으로 처리되었음

8. 황산구리 수용액을 Pt 전극을 써서 전기분해하여 음극에서 63.5g의 구리를 얻고자 한다. 10A의 전류를 약 몇 시간 흐르게 하여야 하는가? (단, 구리의 원자량은 63.5이다.)

① 2.36 ② 5.36
③ 8.16 ④ 9.16

해설 ㉮ 황산구리($CuSO_4$) 수용액의 전기분해 반응식 : $CuSO_4 \rightleftarrows Cu^{2+}+SO_4^{2-}$ → 이동한 Cu 전자수는 +2이다.

㉯ 전하량(coulomb) 계산 : 패러데이 상수는 96500쿨롱이다.

∴ 물질의 질량

$$=\frac{\text{전하량}}{\text{패러데이 상수}}\times\frac{\text{몰질량}}{\text{이동한 전자의 몰수}}$$

∴ 전하량(C)

$$=\frac{\text{석출질량}\times\text{상수}\times\text{이동한 전자의 몰수}}{\text{몰질량}}$$

$$=\frac{63.5\times96500\times2}{63.5}=193000\,C$$

㉰ 전기분해 시간 계산

$Q=A\times t$에서

$$\therefore t=\frac{Q}{A}=\frac{193000}{10}=19300\text{초}$$

$$=321.666\text{분}=5.361\text{시간}$$

9. 물 2.5L 중에 어떤 불순물이 10mg 함유되어 있다면 약 몇 ppm으로 나타낼 수 있는가?

① 0.4 ② 1
③ 4 ④ 40

해설 ppm(parts per million) : $\frac{1}{10^6}$ 함유량으로 [mg/L], [mg/kg]로 나타낸다.

$$\therefore \text{ppm}=\frac{10}{2.5}=4\,\text{ppm}$$

정답 7. 전항 정답 8. ② 9. ③

10. 표준상태에서 기체 A 1L의 무게는 1.964g이다. A의 분자량은?

① 44　② 16　③ 4　④ 2

해설 표준상태는 0℃, 1기압 상태이며, 분자량 M은 이상기체 상태방정식 $PV=\frac{W}{M}RT$ 에서 구한다.

$\therefore M=\frac{WRT}{PV}=\frac{1.964\times 0.082\times 273}{1\times 1}$
$=43.966$

11. C_3H_8 22.0g을 완전 연소시켰을 때 필요한 공기의 부피는 약 얼마인가? (단, 0℃, 1기압 기준이며, 공기 중의 산소량은 21%이다.)

① 56L　② 112L　③ 224L　④ 267L

해설 ㉮ 프로판(C_3H_8)의 완전연소 반응식
$C_3H_8+5O_2 \rightarrow 3CO_2+4H_2O$
㉯ 이론 공기량 계산
44g : 5×22.4L=22.0g : $x(O_0)$L
$\therefore A_0=\frac{O_0}{0.21}=\frac{22.0\times 5\times 22.4}{44\times 0.21}=266.666\,\text{L}$

12. 화약제조에 사용되는 물질인 질산칼륨에서 N의 산화수는 얼마인가?

① +1　② +3　③ +5　④ +7

해설 ㉮ 산화수 : 어떤 물질을 구성하는 원자가 어느 정도 산화되거나 환원된 정도를 나타내는 값이다.
㉯ 질산칼륨(KNO_3) : K의 산화수 +1, N의 산화수 x, O의 산화수 −2이다.
㉰ N의 산화수 계산 : 화합물을 이루는 각 원자의 산화수 총합은 0이다.
$1+x+(-2\times 3)=0$
$\therefore x=(2\times 3)-1=+5$

13. 이온결합 물질의 일반적인 성질에 관한 설명 중 틀린 것은?

① 녹는점이 비교적 높다.
② 단단하며 부스러지기 쉽다.
③ 고체와 액체 상태에서 모두 도체이다.
④ 물과 같은 극성용매에 용해되기 쉽다.

해설 이온결합 물질의 일반적인 성질
㉮ 전자를 주기 쉬운 원소(1족, 2족의 금속원소)와 전자를 받아들이기 쉬운 원소(16족, 17족의 비금속원소) 사이에 이온 결합이 형성된다.
㉯ 쿨롱의 힘에 의한 강한 결합이므로 단단하며, 부스러지기 쉽다.
㉰ 녹는점과 끓는점이 비교적 높다.
㉱ 극성 용매(물, 암모니아수 등)에 잘 녹는다.
㉲ 고체(결정) 상태에서는 전도성이 없지만, 수용액이나 용융 상태에서는 전기 전도성을 띠게 된다.

14. 전형 원소 내에서 원소의 화학적 성질이 비슷한 것은?

① 원소의 족이 같은 경우
② 원소의 주기가 같은 경우
③ 원자번호가 비슷한 경우
④ 원자의 전자수가 같은 경우

해설 전형 원소 내에서 같은 족에 있는 원소들은 최외각 전자수가 같으므로 원소의 물리적, 화학적 성질이 비슷하게 나타낸다.

15. 볼타전지에 관한 설명으로 틀린 것은?

① 이온화 경향이 큰 쪽의 물질이 (−)극이다.
② (+)극에서는 방전 시 산화반응이 일어난다.
③ 전자는 도선을 따라 (−)극에서 (+)극으로 이동한다.
④ 전류의 방향은 전자의 이동방향과 반대이다.

해설 볼타 전지(volta cell)
㉮ 아연(Zn)판과 구리(Cu)판을 도선으로 연결하고 묽은 황산(H_2SO_4)을 넣어 두 전극에서 일어나는 산화·환원 반응으로 전기에너지로 변환시킨다.

정답 10. ① 11. ④ 12. ③ 13. ③ 14. ① 15. ②

㉯ 구조 : (-) Zn | H_2SO_4 | Cu (+)
㉰ (−)극[아연극]에서는 산화반응이 일어난다.
$Zn \rightarrow Zn^{2+} + 2e^-$
㉱ (+)극[구리극]에서는 환원반응이 일어난다.
$2H^+ + 2e^- \rightarrow H_2$

16. 탄소와 모래를 전기로에 넣어서 가열하면 연마제로 쓰이는 물질이 생성된다. 이에 해당하는 것은?

① 카보런덤
② 카바이드
③ 카본블랙
④ 규소

해설 카보런덤(carborundum) : 규사(硅砂 : 모래)와 코크스(탄소)를 전기로에서 약 2000℃에서 용융시켜 만든 물질로 고온과 약품에 잘 견디어 연마재, 내화재로 사용된다. 미국의 카보런덤사에서 만든 상품명에서 온 말이다.

17. 어떤 금속 1.0g을 묽은 황산에 넣었더니 표준상태에서 560mL의 수소가 발생하였다. 이 금속의 원자가는 얼마인가? (단, 금속의 원자량은 40으로 가정한다.)

① 1가 ② 2가
③ 3가 ④ 4가

해설 ㉮ 어떤 금속(M_x)과 묽은 황산(H_2SO_4)의 반응식
$M_x + H_2SO_4 \rightarrow M_x(SO_4) + H_2$
㉯ 수소 560mL(0.56L)에 대한 수소 질량 계산
2g : 22.4L = x[g] : 0.56L
$\therefore x = \frac{2 \times 0.56}{22.4} = 0.05\,g$
㉰ 수소 0.05g에 대한 금속 원소의 당량 계산
$\therefore 당량 = \frac{금속질량}{수소질량} = \frac{1}{0.05} = 20$
㉱ 금속의 원자가 계산
$\therefore 원자가 = \frac{원자량}{당량} = \frac{40}{20} = 2가$

18. 불꽃 반응 시 보라색을 나타내는 금속은?

① Li ② K
③ Na ④ Ba

해설 불꽃반응 색

명칭	불꽃색
나트륨(Na)	노란색
칼륨(K)	보라색
리튬(Li)	적색
구리(Cu)	청록색
바륨(Ba)	황록색

19. 다음 화학식의 IUPAC 명명법에 따른 올바른 명명법은?

$$CH_3 - CH_2 - \underset{\displaystyle CH_3}{\underset{|}{CH}} - CH_2 - CH_3$$

① 3 − 메틸펜탄
② 2, 3, 5 − 트리메틸헥산
③ 이소부탄
④ 1, 4 − 헥산

해설 3번째 탄소에 메틸기($-CH_3$)가 결합되어 있는 3−메틸펜탄(C_6H_{14})이다.

20. 주기율표에서 원소를 차례대호 나열할 때 기준이 되는 것은?

① 원자의 부피
② 원자핵의 양성자수
③ 원자가 전자수
④ 원자 반지름의 크기

해설 주기율표 : 원소를 차례대호 나열할 때 원자핵의 양성자수(원자번호=양성자수=전자수)를 기준으로 화학적 성질이 비슷한 원소가 일정한 간격으로 반복되어 나타나도록 원소를 배열한 표로 주기와 족으로 구성되어 있다.

정답 16. ① 17. ② 18. ② 19. ① 20. ②

제2과목 | 화재 예방과 소화 방법

21. 포 소화약제의 혼합 방식 중 포원액을 송수관에 압입하기 위하여 포원액용 펌프를 별도로 설치하여 혼합하는 방식은?

① 라인 프로포셔너 방식
② 프레셔 프로포셔너 방식
③ 펌프 프로포셔너 방식
④ 프레셔 사이드 프로포셔너 방식

해설 포 소화약제를 흡입·혼합하는 방식[포 소화설비의 화재안전기준(NFSC 105) 제3조]
㉮ 펌프 프로포셔너(pump proportioner) 방식 : 펌프의 토출관과 흡입관 사이의 배관 도중에 설치한 흡입기에 펌프에서 토출된 물의 일부를 보내고, 농도 조절밸브에서 조정된 포 소화약제의 필요량을 포 소화약제 탱크에서 펌프 흡입측으로 보내어 이를 혼합하는 방식이다.
㉯ 프레셔 프로포셔너(pressure proportioner) 방식 : 펌프와 발포기의 중간에 설치된 벤투리관의 벤투리 작용과 펌프 가압수의 포 소화약제 저장탱크에 대한 압력에 따라 포 소화약제를 흡입·혼합하는 방식이다.
㉰ 라인 프로포셔너(line proportioner) 방식 : 펌프와 발포기의 중간에 설치된 벤투리관의 벤투리작용에 따라 포 소화약제를 흡입·혼합하는 방식이다.
㉱ 프레셔 사이드 프로포셔너(pressure side proportioner) 방식 : 펌프의 토출관에 압입기를 설치하여 포 소화약제 압입용 펌프로 포 소화약제를 압입시켜 혼합하는 방식이다.

22. 할로겐화합물 소화약제의 조건으로 옳은 것은?

① 비점이 높을 것
② 기화되기 쉬울 것
③ 공기보다 가벼울 것
④ 연소성이 좋을 것

해설 할로겐화합물 소화약제의 구비조건
㉮ 증기는 공기보다 무겁고, 불연성일 것
㉯ 비점이 낮으며 기화하기 쉽고, 증발잠열이 클 것
㉰ 전기절연성이 우수할 것
㉱ 증발 후에는 잔유물이 없을 것

23. 자연발화가 일어나는 물질과 대표적인 에너지원의 관계로 옳지 않은 것은?

① 셀룰로이드 – 흡착열에 의한 발열
② 활성탄 – 흡착열에 의한 발열
③ 퇴비 – 미생물에 의한 발열
④ 먼지 – 미생물에 의한 발열

해설 자연발화의 형태
㉮ 분해열에 의한 발열 : 과산화수소, 염소산칼륨, 셀룰로이드류 등
㉯ 산화열에 의한 발열 : 건성유, 원면, 고무분말 등
㉰ 중합열에 의한 발열 : 시안화수소, 산화에틸렌, 염화비닐 등
㉱ 흡착열에 의한 발열 : 활성탄, 목탄 분말 등
㉲ 미생물에 의한 발열 : 먼지, 퇴비 등

24. 소화기와 주된 소화효과가 옳게 짝지어진 것은?

① 포 소화기 : 제거소화
② 할로겐화합물 소화기 : 냉각소화
③ 탄산가스 소화기 : 억제소화
④ 분말 소화기 : 질식소화

해설 소화기별 주된 소화효과
㉮ 산·알칼리 소화기 : 냉각효과
㉯ 포말 소화기 : 질식효과
㉰ 이산화탄소 소화기 : 질식효과
㉱ 할로겐화합물 소화기 : 억제효과(부촉매효과)
㉲ 분말 소화기 : 질식효과
㉳ 강화액 소화기 : 냉각소화

25. 위험물 안전관리법령상 물분무등 소화설비에 포함되지 않는 것은?

정답 21. ④ 22. ② 23. ① 24. ④ 25. ③

① 포 소화설비
② 분말 소화설비
③ 스프링클러설비
④ 불활성가스 소화설비

해설 물분무등 소화설비 종류[시행규칙 별표17]
㉮ 물분무 소화설비
㉯ 포 소화설비
㉰ 불활성가스 소화설비
㉱ 할로겐화합물 소화설비
㉲ 분말 소화설비

26. 위험물에 화재가 발생하였을 경우 물과의 반응으로 인해 주수소화가 적당하지 않은 것은?

① CH_3ONO_2 ② $KClO_3$
③ Li_2O_2 ④ P

해설 ㉮ 제1류 위험물인 과산화리튬(Li_2O_2)은 물과의 반응으로 산소가 발생하므로 주수소화가 부적합하다.
㉯ 제5류 위험물 질산메틸(CH_3ONO_2), 제1류 위험물 염소산칼륨($KClO_3$), 제2류 위험물 적린(P)은 물과의 반응이 없으므로 주수소화가 가능하다.

27. 과염소산 1몰을 모두 기체로 변환하였을 때 질량은 1기압, 50℃를 기준으로 몇 g인가? (단, Cl의 원자량은 35.5이다.)

① 5.4 ② 22.4
③ 100.5 ④ 224

해설 ㉮ 제6류 위험물인 과염소산($HClO_4$) 1몰(mol)의 분자량은 100.5이다.
㉯ 질량보존의 법칙에 의해 액체나 기체의 질량은 온도에 관계없이 변함이 없다. 그러므로 과염소산 1몰이 기체로 되었을 때 질량은 분자량과 같은 100.5g이다.

28. 다음에서 설명하는 소화약제에 해당하는 것은?

• 무색, 무취이며 비전도성이다.
• 증기상태의 비중은 약 1.5이다.
• 임계온도는 약 31℃이다.

① 탄산수소나트륨 ② 이산화탄소
③ 할론 1301 ④ 황산알루미늄

해설 이산화탄소(CO_2) 소화약제의 특징
㉮ 무색, 무미, 무취의 기체로 공기보다 무겁고 불연성이다.
㉯ 독성이 없지만 과량 존재 시 산소부족으로 질식할 수 있다.
㉰ 비점 −78.5℃로 냉각, 압축에 의하여 액화된다.
㉱ 전기의 불량도체이고, 장기간 저장이 가능하다.
㉲ 소화약제에 의한 오손이 없고, 질식효과와 냉각효과가 있다.
㉳ 자체압력을 이용하므로 압력원이 필요하지 않고 할로겐소화약제보다 경제적이다.
㉴ 증기비중 1.5, 임계온도 31℃, 임계압력 72.9atm이다.

29. 자연발화에 영향을 주는 인자로 가장 거리가 먼 것은?

① 수분 ② 증발열
③ 발열량 ④ 열전도율

해설 자연발화에 영향을 주는 인자(요소)
㉮ 열의 축적
㉯ 열전도율
㉰ 퇴적방법
㉱ 공기의 유동상태
㉲ 발열량
㉳ 수분(또는 건조상태)

30. 위험물 안전관리법령상 소화설비의 적응성에서 이산화탄소 소화기가 적응성이 있는 것은?

① 제1류 위험물 ② 제3류 위험물
③ 제4류 위험물 ④ 제5류 위험물

정답 26. ③ 27. ③ 28. ② 29. ② 30. ③

해설 불활성가스 소화설비(이산화탄소 소화설비)의 적응성이 있는 대상물[시행규칙 별표17] : 전기설비, 제2류 위험물 중 인화성고체, 제4류 위험물

31. **경보설비는 지정수량 몇 배 이상의 위험물을 저장, 취급하는 제조소등에 설치하는가?**

① 2 ② 4 ③ 8 ④ 10

해설 경보설비의 기준[시행규칙 제42조]

㉮ 지정수량의 10배 이상의 위험물을 저장 또는 취급하는 제조소등(이동탱크저장소를 제외한다)에는 화재발생 시 이를 알릴 수 있는 경보설비를 설치하여야 한다.

㉯ 경보설비는 자동화재 탐지설비·비상경보설비(비상벨장치 또는 경종을 포함한다)·확성장치(휴대용확성기를 포함한다) 및 비상방송설비로 구분한다.

㉰ 자동신호장치를 갖춘 스프링클러설비 또는 물분무등 소화설비를 설치한 제조소등에 있어서는 자동화재 탐지설비를 설치한 것으로 본다.

32. **탄화칼슘 60000kg을 소요단위로 산정하면 얼마인가?**

① 10단위 ② 20단위
③ 30단위 ④ 40단위

해설 ㉮ 탄화칼슘(CaC_2) : 제3류 위험물로 지정수량은 300kg이다.

㉯ 1소요 단위는 지정수량의 10배이다.

$$\therefore \text{소요 단위} = \frac{\text{위험물의 양}}{\text{지정수량} \times 10} = \frac{60000}{300 \times 10} = 20\text{단위}$$

33. **고체의 일반적인 연소형태에 속하지 않는 것은?**

① 표면연소 ② 확산연소
③ 자기연소 ④ 증발연소

해설 고체 가연물의 연소형태

㉮ 표면연소 : 목탄, 코크스, 금속분

㉯ 분해연소 : 종이, 석탄, 목재

㉰ 증발연소 : 양초, 유황, 나프탈렌, 파라핀

㉱ 자기연소 : 제5류 위험물 중 고체물질

참고 확산연소는 기체 가연물의 연소방법에 해당된다.

34. **주된 연소형태가 표면연소인 것은?**

① 황 ② 종이
③ 금속분 ④ 니트로셀룰로오스

해설 표면 연소를 하는 물질 : 목탄(숯), 코크스, 금속분 등

35. **위험물의 화재위험에 대한 설명으로 옳은 것은?**

① 인화점이 높을수록 위험하다.
② 착화점이 높을수록 위험하다.
③ 착화에너지가 작을수록 위험하다.
④ 연소열이 작을수록 위험하다.

해설 위험물의 화재위험성

㉮ 인화점이 낮을수록 위험하다.

㉯ 착화점이 낮을수록 위험하다.

㉰ 착화에너지가 작을수록 위험하다.

㉱ 열전도율이 작을수록 위험하다.

㉲ 연소열이 클수록 위험하다.

㉳ 연소범위가 넓을수록 위험하다.

㉴ 연소속도가 클수록 위험하다.

36. **외벽이 내화구조인 위험물저장소 건축물의 연면적이 1500m^{2}인 경우 소요단위는?**

① 6 ② 10 ③ 13 ④ 14

해설 저장소 건축물 소화설비 소요단위 계산[시행규칙 별표17]

㉮ 외벽이 내화구조인 것 : 연면적 150m^{2}를 1소요단위로 할 것

㉯ 외벽이 내화구조가 아닌 것 : 연면적 75m^{2}를 1소요단위로 할 것

㉰ 소요단위 계산 : 위험물취급소이고 외벽이 내화구조이므로 연면적 100m^{2}가 1소요단위에

2017

정답 31. ④ 32. ② 33. ② 34. ③ 35. ③ 36. ②

해당된다.

$$\therefore \text{소요단위} = \frac{\text{건축물 연면적}}{\text{1소요단위 면적}} = \frac{1500}{150} = 10$$

37. 중유의 주된 연소형태는?

① 표면연소 ② 분해연소
③ 증발연소 ④ 자기연소

해설 가연물에 따른 연소 형태
㉮ 표면연소 : 목탄(숯), 코크스, 금속분
㉯ 분해연소 : 종이, 석탄, 목재, 중유
㉰ 증발연소 : 가솔린, 등유, 경유, 알코올, 양초, 유황
㉱ 확산연소 : 가연성 기체(수소, 프로판, 부탄, 아세틸렌 등)
㉲ 자기연소 : 제5류 위험물(니트로셀룰로오스, 셀룰로이드, 니트로글리세린 등)

참고 중유는 제4류 위험물 중 제3석유류에 해당되며, 갈색 또는 암갈색의 액체로 점도가 높고 인화점이 높기 때문에 연소형태는 분해연소에 해당된다.

38. 제5류 위험물의 화재 시 일반적인 조치사항으로 알맞은 것은?

① 분말 소화약제를 이용한 질식소화가 효과적이다.
② 할로겐화합물 소화약제를 이용한 냉각소화가 효과적이다.
③ 이산화탄소를 이용한 질식소화가 효과적이다.
④ 다량의 주수에 의한 냉각소화가 효과적이다.

해설 제5류 위험물은 자기연소를 하기 때문에 질식소화는 곤란하고, 다량의 물에 의한 냉각소화가 효과적이다.

39. Halon 1301에 해당하는 화학식은?

① CH_3Br ② CF_3Br
③ CBr_3F ④ CH_3Cl

해설 ㉮ 할론(Halon)-abcd
a : 탄소(C)의 수
b : 불소(F)의 수
c : 염소(Cl)의 수
d : 취소(Br : 브롬)의 수
㉯ 주어진 할론 번호 '1301'에서 탄소(C) 1개, 불소(F) 3개, 염소(Cl) 0개, 취소(Br : 브롬) 1개이므로 화학식(분자식)은 CF_3Br이다.

40. 소화약제의 열분해 반응식으로 옳은 것은?

① $NH_4H_2PO_4 \rightarrow HPO_3 + NH_3 + H_2O$
② $2KNO_3 \rightarrow 2KNO_2 + O_2$
③ $KClO_4 \rightarrow KCl + 2O_2$
④ $2CaHCO_3 \rightarrow 2CaO + H_2CO_3$

해설 분말 소화약제의 화학반응식
㉮ 제1종 분말 : $2NaHCO_3 \rightarrow Na_2CO_3 + CO_2 + H_2O$
㉯ 제2종 분말 : $2KHCO_3 \rightarrow K_2CO_3 + CO_2 + H_2O$
㉰ 제3종 분말 : $NH_4H_2PO_4 \rightarrow HPO_3 + NH_3 + H_2O$
㉱ 제4종 분말 : $2KHCO_3 + (NH_2)_2CO \rightarrow K_2CO_3 + 2NH_3 + 2CO_2$

제3과목 | 위험물의 성질과 취급

41. 금속칼륨 20kg, 금속나트륨 40kg, 탄화칼슘 600kg 각각의 지정수량 배수의 총합은 얼마인가?

① 2 ② 4 ③ 6 ④ 8

해설 ㉮ 제3류 위험물의 지정수량

품명	지정수량	저장량
금속칼륨(K)	10kg	20kg
금속나트륨(Na)	10kg	40kg
탄화칼슘(CaC_2)	300kg	600kg

㉯ 지정수량 배수의 합 계산 : 지정수량 배수의 합은 각 위험물량을 지정수량으로 나눈 값의 합이다.

정답 37. ② 38. ④ 39. ② 40. ① 41. ④

∴ 지정수량 배수의 합

$$= \frac{\text{A 위험물량}}{\text{지정수량}} + \frac{\text{B 위험물량}}{\text{지정수량}} + \frac{\text{C 위험물량}}{\text{지정수량}}$$

$$= \frac{20}{10} + \frac{40}{10} + \frac{600}{300} = 8$$

42. 다음 중 C_5H_5N에 대한 설명으로 틀린 것은?

① 순수한 것은 무색이고 악취가 나는 액체이다.
② 상온에서 인화의 위험이 있다.
③ 물에 녹는다.
④ 강산 산성을 나타낸다.

해설 피리딘(C_5H_5N)의 특징

㉮ 제4류 위험물로 제1석유류에 해당되며 수용성물질로 지정수량은 400L이다.
㉯ 순수한 것은 무색 액체이나 불순물때문에 담황색을 나타낸다.
㉰ 강한 악취와 흡수성이 있고, 질산과 함께 가열해도 분해하지 않는다.
㉱ 산, 알칼리에 안정하고 물, 알코올, 에테르, 유류 등에 잘 녹으며 많은 유기물을 들을 녹인다.
㉲ 약 알칼리성을 나타내고 독성이 있으므로 취급할 때 증기를 흡입하지 않도록 주의한다.
㉳ 화기를 멀리하고 통풍이 잘 되는 냉암소에 보관한다.
㉴ 비중 0.973(증기비중 2.73), 비점 115.5℃, 발화점 482.2℃, 인화점 20℃, 연소범위 1.8~12.4%이다.

43. 알루미늄의 연소생성물을 옳게 나타낸 것은?

① Al_2O_3
② $Al(OH)_3$
③ Al_2O_3, H_2O
④ $Al(OH)_3$, H_2O

해설 알루미늄(Al)분

㉮ 제2류 위험물로 금속분에 해당된다.
㉯ 연소되면 많은 열을 발생시키고, 산화알루미나(Al_2O_3)를 생성한다.

$4Al + 3O_2 \rightarrow 2Al_2O_3 + 339kcal$

44. 물에 녹지 않고 물보다 무거우므로 안전한 저장을 위해 물속에 저장하는 것은?

① 디에틸에테르
② 아세트알데히드
③ 산화프로필렌
④ 이황화탄소

해설 위험물과 보호액

품명	유별	보호액
이황화탄소(CS_2)	제4류	물
황린(P_4)	제3류	물
칼륨(K), 나트륨(Na)	제3류	등유, 경유, 파라핀
니트로셀룰로오스	제5류	물 20%, 알코올 30%로 습윤시킴

45. 다음 물질을 적셔서 얻은 헝겊을 대량으로 쌓아 두었을 경우 자연발화의 위험성이 가장 큰 것은?

① 아마인유 ② 땅콩기름
③ 야자유 ④ 올리브유

해설 요오드값에 따른 동식물유류의 분류 및 종류

구분	요오드값	종류
건성유	130 이상	들기름, 아마인유, 해바라기유, 오동유
반건성유	100~130 미만	목화씨유, 참기름, 채종유
불건성유	100 미만	땅콩기름(낙화생유), 올리브유, 피마자유, 야자유, 동백유

참고 요오드값이 크면 불포화도가 커지고, 불포화 결합이 많이 포함되어 있어 자연발화를 일으키기 쉽다.

정답 42. ④ 43. ① 44. ④ 45. ①

46. **염소산나트륨이 열분해하였을 때 발생하는 기체는?**

① 나트륨
② 염화수소
③ 염소
④ 산소

해설 제1류 위험물인 염소산나트륨($NaClO_3$)은 300℃ 정도에서 열분해하며 산소를 발생한다.
$2NaClO_3 \rightarrow 2NaCl + 3O_2 \uparrow$

47. **트리니트로페놀의 성질에 대한 설명 중 틀린 것은?**

① 폭발에 대비하여 철, 구리로 만든 용기에 저장한다.
② 휘황색을 띤 침상결정이다.
③ 비중이 약 1.8로 물보다 무겁다.
④ 단독으로는 테트릴보다 충격, 마찰에 둔감한 편이다.

해설 트리니트로페놀[피크르산 : $C_6H_2(NO_2)_3OH$]
㉮ 제5류 위험물 중 니트로화합물로 지정수량 200kg이다.
㉯ 강한 쓴맛과 독성이 있는 휘황색을 나타내는 편평한 침상 결정이다.
㉰ 찬물에는 거의 녹지 않으나 온수, 알코올, 에테르, 벤젠 등에는 잘 녹는다.
㉱ 중금속(Fe, Cu, Pb 등)과 반응하여 민감한 피크린산염을 형성한다.
㉲ 공기 중에서 서서히 연소하나 뇌관으로는 폭굉을 일으킨다.
㉳ 황색 염료, 농약, 산업용 도폭선의 심약, 뇌관의 첨장약, 군용 폭파약, 피혁공업에 사용한다.
㉴ 단독으로는 타격, 마찰에 둔감하고, 연소할 때 검은 연기(그을음)를 낸다.
㉵ 금속염은 매우 위험하여 가솔린, 알코올, 옥소, 황 등과 혼합된 것에 약간의 마찰이나 타격을 주어도 심하게 폭발한다.
㉶ 비중 1.8, 융점 121℃, 비점 255℃, 발화점 300℃이다.

48. **그림과 같은 위험물을 저장하는 탱크의 내용적은 약 몇 m^3인가? (단, r은 10m, L은 25m이다.)**

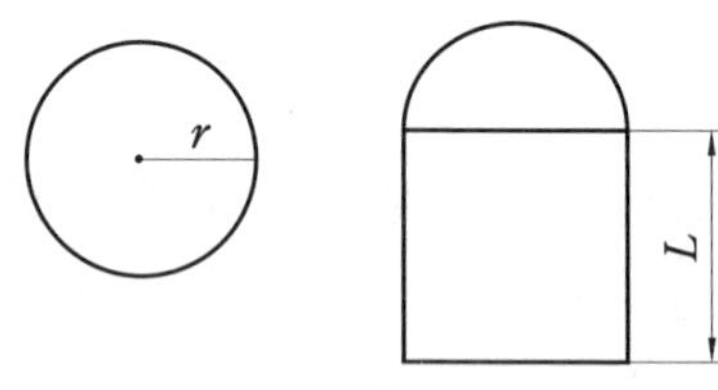

① 3612　　② 4754
③ 5812　　④ 7854

해설 $V = \pi \times r^2 \times L$
$= \pi \times 10^2 \times 25 = 7853.981\,m^3$

49. **충격 마찰에 예민하고 폭발 위력이 큰 물질로 뇌관의 첨장약으로 사용되는 것은?**

① 니트로글리콜　　② 니트로셀룰로오스
③ 테트릴　　④ 질산메틸

해설 테트릴($C_7H_5N_5O_8$)
㉮ 제5류 위험물 중 니트로화합물에 해당된다.
㉯ 단사정계에 속하는 연한 노란색 결정으로 물에 녹지 않는다.
㉰ 디메틸아닐린을 진한 황산에 녹인 다음 여기에 질산과 황산의 혼합산(混合酸)을 넣고 니트로화 하여 제조한다.
㉱ 충격, 마찰에 예민하고 폭발력이 커서 뇌관과 신관의 첨장약 및 전폭약으로 사용된다.

50. **다음은 위험물 안전관리법령상 제조소등에서의 위험물의 저장 및 취급에 관한 기준 중 저장 기준의 일부이다. (　) 안에 알맞은 것은?**

> 옥내저장소에 있어서 위험물은 규정에 의한 바에 따라 용기에 수납하여 저장하여야 한다. 다만, (　)과 별도의 규정에 의한 위험물에 있어서는 그러하지 아니하다.

정답 46. ④　47. ①　48. ④　49. ③　50. ②

① 동식물유류
② 덩어리 상태의 유황
③ 고체 상태의 알코올
④ 고화된 제4석유류

해설 위험물 저장의 기준[시행규칙 별표18] : 옥내저장소에 있어서 위험물은 '위험물의 용기 및 수납'의 규정에 의한 바에 따라 용기에 수납하여 저장하여야 한다. 다만, 덩어리 상태의 유황과 시행규칙 제48조의 규정에 의한 위험물에 있어서는 그러하지 아니하다.

51. 메틸에틸케톤의 저장 또는 취급 시 유의할 점으로 가장 거리가 먼 것은?

① 통풍을 잘 시킬 것
② 찬 곳에 저장할 것
③ 직사일광을 피할 것
④ 저장 용기에는 증기 배출을 위해 구멍을 설치할 것

해설 메틸에틸케톤($CH_3COC_2H_5$) 저장 및 취급 시 유의사항
㉮ 제4류 위험물 중 제1석유류(비수용성)에 해당되며 지정수량 200L이다.
㉯ 비점(80℃) 및 인화점(-1℃)이 낮아 인화에 대한 위험성이 크다.
㉰ 액비중 0.81, 증기비중 2.41로 공기보다 무겁고, 연소범위 1.8~10%이다.
㉱ 화기를 멀리하고 직사광선을 피하며 통풍이 잘 되는 냉암소에 저장한다.
㉲ 용기는 갈색병을 사용하여 밀전하여 보관한다.

참고 메틸에틸케톤은 가연성 물질로 저장용기에서 발생하는 증기를 구멍을 통해 배출시켰을 때 인화, 폭발의 위험성이 있다.

52. 과산화수소의 성질 또는 취급방법에 관한 설명 중 틀린 것은?

① 햇빛에 의하여 분해한다.
② 인산, 요산 등의 분해방지 안정제를 넣는다.
③ 공기와의 접촉은 위험하므로 저장용기는 밀전(密栓)하여야 한다.
④ 에탄올에 녹는다.

해설 과산화수소(H_2O_2)의 성질 및 취급방법
㉮ 제6류 위험물로 지정수량 300kg이다.
㉯ 순수한 것은 점성이 있는 무색의 액체이나 양이 많을 경우에는 청색을 나타낸다.
㉰ 강한 산화성이 있고 물, 알코올, 에테르 등에는 용해하지만 석유, 벤젠에는 녹지 않는다.
㉱ 알칼리 용액에서는 급격히 분해하나 약산성에서는 분해하기 어렵다.
㉲ 분해되기 쉬워 안정제(인산[H_3PO_4], 요산[$C_5H_4N_4O_3$])를 가한다.
㉳ 소독약으로 사용되는 옥시풀은 과산화수소 3%인 용액이다.
㉴ 햇빛에 의해 분해하므로 직사광선을 피하고 냉암소에 저장한다.
㉵ 용기는 밀전하면 안 되고, 구멍이 뚫린 마개를 사용하며, 누설되었을 때는 다량의 물로 씻어낸다.
㉶ 유리 용기는 알칼리성으로 과산화수소의 분해를 촉진하므로 장기 보존하지 않아야 한다.
㉷ 비중(0℃) 1.465, 융점 -0.89℃, 비점 80.2℃이다.
㉸ 농도에 따라 밀도, 끓는점, 녹는점이 달라진다.

53. 마그네슘리본에 불을 붙여 이산화산소 기체 속에 넣었을 때 일어나는 현상은?

① 즉시 소화한다.
② 연소를 지속하며 유독성의 기체를 발생한다.
③ 연소를 지속하며 수소 기체를 발생한다.
④ 산소를 발생하며 서서히 소화된다.

해설 제2류 위험물인 마그네슘(Mg)이 이산화탄소(CO_2)와 반응하면 탄소(C) 및 유독성이고 가연성인 일산화탄소(CO)가 발생한다.
$2Mg + CO_2 \rightarrow 2MgO + C$
$Mg + CO_2 \rightarrow MgO + CO\uparrow$

정답 51. ④ 52. ③ 53. ②

54. 금속나트륨에 대한 설명으로 옳은 것은?

① 청색 불꽃을 내며 연소한다.
② 경도가 높은 중금속에 해당한다.
③ 녹는점이 100℃ 보다 낮다.
④ 25% 이상의 알코올수용액에 저장한다.

해설 나트륨(Na)의 특징

㉮ 제3류 위험물로 지정수량은 10kg이다.
㉯ 은백색의 가벼운 금속으로 연소시키면 노란 불꽃을 내며 과산화나트륨이 된다.
㉰ 화학적으로 활성이 크며, 모든 비금속 원소와 잘 반응한다.
㉱ 상온에서 물이나 알코올 등과 격렬히 반응하여 수소(H_2)를 발생한다.
㉲ 피부에 접촉되면 화상을 입는다.
㉳ 산화를 방지하기 위해 등유, 경유 속에 넣어 저장한다.
㉴ 용기 파손 및 보호액 누설에 주의하고, 습기나 물과 접촉하지 않도록 저장한다.
㉵ 다량 연소하면 소화가 어려우므로 소량으로 나누어 저장한다.
㉶ 적응성이 있는 소화설비는 건조사, 팽창질석 또는 팽창진주암, 탄산수소염류 분말소화설비 및 분말소화기가 해당된다.
㉷ 비중 0.97, 융점 97.7℃, 비점 880℃, 발화점 121℃이다.

55. 염소산칼륨의 성질에 대한 설명 중 옳지 않은 것은?

① 비중은 약 2.3으로 물보다 무겁다.
② 강산과의 접촉은 위험하다.
③ 열분해 하면 산소와 염화칼륨이 생성된다.
④ 냉수에도 매우 잘 녹는다.

해설 염소산칼륨($KClO_3$)의 특징

㉮ 제1류 위험물 중 염소산염류에 해당되며 지정수량 50kg이다.
㉯ 자신은 불연성 물질이며, 광택이 있는 무색의 고체 또는 백색 분말로 인체에 유독하다.
㉰ 글리세린 및 온수에 잘 녹고, 알코올 및 냉수에는 녹기 어렵다.
㉱ 400℃ 부근에서 분해되기 시작하여 540~560℃에서 과염소산칼륨($KClO_4$)을 거쳐 염화칼륨(KCl)과 산소(O_2)를 방출한다.
㉲ 가연성이나 산화성 물질 및 강산 촉매인 중금속염의 혼합은 폭발의 위험성이 있다.
㉳ 황산(H_2SO_4)과 반응하여 이산화염소(ClO_2)를 발생한다.
㉴ 산화하기 쉬운 물질이므로 강산, 중금속류와의 혼합을 피하고 가열, 충격, 마찰에 주의한다.
㉵ 환기가 잘 되고 서늘한 곳에 보관하고 용기가 파손되거나 노출되지 않도록 한다.
㉶ 비중 2.32, 융점 368.4℃, 용해도(20℃) 7.3이다.
㉷ 폭약, 불꽃, 소독표백, 제초제, 방부제 등의 원료로 사용된다.

56. 위험물 안전관리법령상 유별을 달리하는 위험물의 혼재 기준에서 제6류 위험물과 혼재할 수 있는 위험물의 유별에 해당하는 것은? (단, 지정수량의 1/10을 초과하는 경우이다.)

① 제1류 ② 제2류
③ 제3류 ④ 제4류

해설 ㉮ 위험물 운반할 때 혼재 기준[시행규칙 별표19, 부표2]

구분	제1류	제2류	제3류	제4류	제5류	제6류
제1류		×	×	×	×	○
제2류	×		×	○	○	×
제3류	×	×		○	×	×
제4류	×	○	○		○	×
제5류	×	○	×	○		×
제6류	○	×	×	×	×	

㈜ ○ : 혼합 가능, × : 혼합 불가능

㉯ 이 표는 지정수량의 $\frac{1}{10}$ 이하의 위험물에 대하여는 적용하지 않는다.

정답 54. ③ 55. ④ 56. ①

57. 자기반응성물질의 일반적인 성질로 옳지 않은 것은?

① 강산류와 접촉은 위험하다.
② 연소속도가 대단히 빨라서 폭발성이 있다.
③ 물질자체가 산소를 함유하고 있어 내부 연소를 일으키기 쉽다.
④ 물과 격렬하게 반응하여 폭발성 가스를 발생한다.

해설 자기반응성물질(제5류 위험물)의 일반적인 성질
㉮ 가연성 물질이며 그 자체가 산소를 함유하므로 자기연소(내부연소)를 일으키기 쉽다.
㉯ 유기물질이며 연소속도가 대단히 빨라서 폭발성이 있다.
㉰ 가열, 마찰, 충격에 의하여 인화 폭발하는 것이 많다.
㉱ 장기간 저장하면 산화반응이 일어나 열분해되어 자연 발화를 일으키는 경우도 있다.

참고 제5류 위험물은 물에 잘 녹지 않기 때문에 물과의 반응성이 적어 화재 시 다량의 물로 냉각소화한다.

58. 다음 중 에틸알코올의 인화점(℃)에 가장 가까운 것은?

① -4℃ ② 3℃
③ 13℃ ④ 27℃

해설 알코올류 인화점

에틸알코올	메틸알코올	이소프로필알코올
13℃	11℃	11.7℃

59. 자연발화를 방지하는 방법으로 가장 거리가 먼 것은?

① 통풍이 잘 되게 할 것
② 열의 축적을 용이하지 않게 할 것
③ 저장실의 온도를 낮게 할 것
④ 습도를 높게 할 것

해설 위험물의 자연발화를 방지하는 방법
㉮ 통풍을 잘 시킬 것
㉯ 저장실의 온도를 낮출 것
㉰ 습도가 높은 곳을 피하고, 건조하게 보관할 것
㉱ 열의 축적을 방지할 것
㉲ 가연성 가스 발생을 조심할 것
㉳ 불연성 가스를 주입하여 공기와의 접촉을 피할 것
㉴ 물질의 표면적을 최대한 작게 할 것
㉵ 정촉매 작용을 하는 물질과의 접촉을 피할 것

60. 다음 중 일반적인 연소의 형태가 나머지 셋과 다른 하나는?

① 나프탈렌 ② 코크스
③ 양초 ④ 유황

해설 연소 형태에 따른 가연물
㉮ 표면연소 : 목탄(숯), 코크스, 금속분
㉯ 분해연소 : 종이, 석탄, 목재, 중유
㉰ 증발연소 : 가솔린, 등유, 경유, 알코올, 양초, 유황, 나프탈렌
㉱ 확산연소 : 가연성 기체(수소, 프로판, 부탄, 아세틸렌 등)
㉲ 자기연소 : 제5류 위험물(니트로셀룰로오스, 셀룰로이드, 니트로글리세린 등)

2017

정답 57. ④ 58. ③ 59. ④ 60. ②

제4회(2017. 9. 23 시행)

제1과목 | 일반 화학

1. 밑줄 친 원소의 산화수가 +5인 것은?

① $H_3\underline{P}O_4$ ② $K\underline{Mn}O_4$
③ $K_2\underline{Cr}_2O_7$ ④ $K_3[\underline{Fe}(CN)_4]$

해설 ㉮ 산화수 : 어떤 물질을 구성하는 원자가 어느 정도 산화되거나 환원된 정도를 나타내는 값이다.

㉯ 산화수 계산 : 화합물을 이루는 각 원자의 산화수 총합은 0이다.

㉠ $H_3\underline{P}O_4$: H의 산화수는 +1, P의 산화수는 x, O의 산화수는 −2이다.

$\therefore (1\times 3)+x+(-2\times 4)=0$

$x=(2\times 4)-(1\times 3)=+5$

㉡ $K\underline{Mn}O_4$: K의 산화수는 +1, Mn의 산화수는 x, O의 산화수는 −2이다.

$\therefore 1+x+(-2\times 4)=0$

$x=(2\times 4)-1=+7$

㉢ $K_2\underline{Cr}_2O_7$: K의 산화수는 +1, Cr의 산화수는 x, O의 산화수는 −2이다.

$\therefore (1\times 2)+2x+(-2\times 7)=0$

$$x=\frac{(2\times 7)-(1\times 2)}{2}=+6$$

㉣ $K_3[\underline{Fe}(CN)_6]$: K의 산화수는 +1, Fe의 산화수는 x, CN의 산화수는 −1이다.

$\therefore (1\times 3)+x+(-1\times 6)=0$

$x=(1\times 6)-(1\times 3)=+3$

2. 탄소와 수소로 되어 있는 유기화합물을 연소시켜 CO_2 44g, H_2O 27g을 얻었다. 이 유기화합물의 탄소와 수소 몰비율(C : H)은 얼마인가?

① 1 : 3 ② 1 : 4
③ 3 : 1 ④ 4 : 1

해설 ㉮ CO_2 44g 중 C의 질량 및 몰(mol)수 계산

$$44\times\frac{12}{44}=12\,\text{g}$$ → C원소의 몰수는 1몰이다.

㉯ H_2O 27g 중 H의 질량 및 몰(mol)수 계산

$$27\times\frac{2}{18}=3\,\text{g}$$ → H원소의 몰수는 3몰이다.

㉰ 탄소와 수소 몰비율(C : H)은 1 : 3이다.

3. 미지농도의 염산 용액 100mL를 중화하는 데 0.2N NaOH 용액 250mL가 소모되었다. 이 염산의 농도는 몇 N인가?

① 0.05 ② 0.2
③ 0.25 ④ 0.5

해설 $N\times V=N'\times V'$에서 염산(HCl)의 농도(N)를 구한다.

$$\therefore N=\frac{N'\times V'}{V}=\frac{0.2\times 250}{100}=0.5\,\text{N}$$

4. 탄소수가 5개인 포화탄화수소 펜탄의 구조이성질체 수는 몇 개인가?

① 2개 ② 3개 ③ 4개 ④ 5개

해설 ㉮ 구조 이성질체 : 구성 원소의 배열구조가 다른 이성질체이다.

㉯ 탄소수에 따른 분자식 및 이성질체 수

탄소수	분자식	이성질체 수
4	C_4H_{10}	2
<u>5</u>	C_5H_{12}	<u>3</u>
6	C_6H_{14}	5
7	C_7H_{16}	9
8	C_8H_{18}	18
9	C_9H_{20}	36
10	$C_{10}H_{22}$	75

5. 25℃의 포화용액 90g 속에 어떤 물질이 30g이 녹아 있다. 이 온도에서 이 물질의 용해도는 얼마인가?

정답 1. ① 2. ① 3. ④ 4. ② 5. ③

① 30 ② 33 ③ 50 ④ 63

해설 $용해도 = \frac{용질의\ g수}{용매의\ g수} \times 100$

$= \frac{30}{90-30} \times 100 = 50$

6. 다음 물질 중 산성이 가장 센 물질은?

① 아세트산 ② 벤젠술폰산
③ 페놀 ④ 벤조산

해설 각 물질의 산성의 세기

명칭	산성의 세기
아세트산	약한 산성
벤젠술폰산	강한 산성
페놀	약한 산성
벤조산	약한 산성

7. 다음 중 침전을 형성하는 조건은?

① 이온곱>용해도곱
② 이온곱=용해도곱
③ 이온곱<용해도곱
④ 이온곱+용해도곱=1

해설 침전을 형성하는 조건 : 이온곱이 용해도곱보다 클 때 침전이 일어난다.

8. 어떤 기체가 탄소원자 1개당 2개의 수소원자를 함유하고 0℃, 1기압에서 밀도가 1.25g/L일 때 이 기체에 해당하는 것은?

① CH_2 ② C_2H_4
③ C_3H_6 ④ C_4H_8

해설 표준상태(0℃, 1기압)에서 기체의 밀도 $\rho = \frac{분자량}{22.4}$이므로 분자량을 구하여 해당하는 기체를 찾아낸다.

$\therefore$ 분자량 $= \rho \times 22.4 = 1.25 \times 22.4 = 28$

$\therefore$ 분자량이 28인 기체는 에틸렌(C_2H_4)이다.

9. 집기병 속에 물에 적신 빨간 꽃잎을 넣고 어떤 기체를 채웠더니 얼마 후 꽃잎이 탈색되었다. 이와 같이 색을 탈색(표백)시키는 성질을 가진 기체는?

① He ② CO_2 ③ N_2 ④ Cl_2

해설 염소(Cl_2) : 독성과 부식성을 가진 황록색의 기체로 소금물을 전기분해 시키거나 용융된 염화나트륨을 전기분해시켜서 나트륨을 제조할 때 부산물로 얻는다. 염소와 염소화합물은 제지공업, 섬유산업의 표백제, 상수도의 소독제, 가정용 표백·살균제로 사용된다.

10. 방사선에서 γ선과 비교한 α선에 대한 설명 중 틀린 것은?

① γ선보다 투과력이 강하다.
② γ선보다 형광작용이 강하다.
③ γ선보다 감광작용이 강하다.
④ γ선보다 전리작용이 강하다.

해설 방사선의 종류 및 특징 비교

구분	α선	β선	γ선
본체	He 핵	전자의 흐름	전자기파
전기량	+2	−1	0
질량	4	H의 $\frac{1}{1840}$	0
투과력	약함	강함	가장 강함
감광작용	가장 강함	강함	약함
형광작용	강함	중간	약함
전리작용	강함	중간	약함

11. 탄산 음료수의 병마개를 열면 거품이 솟아오르는 이유를 가장 올바르게 설명한 것은?

① 수증기가 생성되기 때문이다.
② 이산화탄소가 분해되기 때문이다.
③ 용기 내부압력이 줄어들어 기체의 용해도가 감소하기 때문이다.
④ 온도가 내려가게 되어 기체가 생성물의 반응이 진행되기 때문이다.

정답 6. ② 7. ① 8. ② 9. ④ 10. ① 11. ③

해설 ㉮ 헨리(Henry)의 법칙 : 일정온도에서 일정량의 액체에 녹는 기체의 질량은 압력에 비례하고, 기체의 부피는 압력에 관계없이 일정하다.
㉯ 탄산 음료수의 병마개를 열면 병 내부의 압력이 감소되고 기체(탄산가스)의 용해도가 감소되어 용해되었던 기체(탄산가스)가 분출되면서 거품이 솟아오는 현상이 발생한다.

12. 어떤 주어진 양의 기체의 부피가 21℃, 1.4atm에서 250mL이다. 온도가 49℃로 상승되었을 때의 부피가 300mL이라고 하면 이때의 압력은 약 얼마인가?

① 1.35atm ② 1.28atm
③ 1.21atm ④ 1.16atm

해설 보일-샤를의 법칙 $\frac{P_1 V_1}{T_1} = \frac{P_2 V_2}{T_2}$ 이다.

$$\therefore P_2 = \frac{P_1 V_1 T_2}{V_2 T_1}$$

$$= \frac{1.4 \times 250 \times (273 + 49)}{300 \times (273 + 21)} = 1.277\,\text{atm}$$

13. 다음과 같이 순서로 커지는 성질이 아닌 것은?

$F_2 < Cl_2 < Br_2 < I_2$

① 구성 원자의 전기음성도
② 녹는점
③ 끓는점
④ 구성 원자의 반지름

해설 할로겐족에서 원자번호가 증가할 때 나타나는 성질
㉮ 전기 음성도 : 원자번호가 커질수록 전기 음성도는 작아진다. → 전자껍질수가 증가하여 원자핵과 전자 사이의 인력이 감소하기 때문이다.
㉯ 녹는점, 끓는점 : 원자번호가 커질수록 녹는점, 끓는점은 높아진다.
㉰ 원자의 반지름 : 원자번호가 커질수록 원자의 반지름은 커진다.

14. 금속의 특징에 대한 설명 중 틀린 것은?

① 고체 금속은 연성과 전성이 있다.
② 고체 상태에서 결정구조를 형성한다.
③ 반도체, 절연체에 비하여 전기전도도가 크다.
④ 상온에서 모두 고체이다.

해설 상온에서 수은(Hg)을 제외하고 모두 고체이다(수은은 금속 원소 중에 유일하게 액체 상태로 존재한다).

15. 산소와 같은 족의 원소가 아닌 것은?

① S ② Se ③ Te ④ Bi

해설 산소(O)는 16족 원소로 황(S), 셀레늄(Se), 텔루륨(Te), 플로늄(Po) 등이 해당된다.
참고 Bi(비스무트) : 15족, 6주기, 원자번호 83이다.

16. 공기 중에 포함되어 있는 질소와 산소의 부피비는 0.79 : 0.21이므로 질소와 산소의 분자 수의 비도 0.79 : 0.21이다. 이와 관계있는 법칙은?

① 아보가드로 법칙
② 일정 성분비의 법칙
③ 배수비례의 법칙
④ 질량 보존의 법칙

해설 아보가드로의 법칙 : 온도와 압력이 같으면 모든 기체는 같은 부피 속에 같은 수의 분자를 포함한다. 표준상태(0℃, 1기압)에서 모든 기체 1몰은 22.4L이며, 그 속에는 6.02×10^{23}개의 분자수가 존재한다는 것으로 이 수를 아보가드로의 수라 한다.
참고 원자에 관한 법칙
㉮ 질량 불변의 법칙 : 화학변화에서 반응하는 물질의 질량 총합과 반응 후에 생긴 물질의 질량 총합은 변하지 않고 일정하다는 것으로 질량 보존의 법칙이라 한다.
㉯ 일정 성분비의 법칙 : 순수한 화합물의 성분 원소의 질량비는 항상 일정하다는 것으로 정비례의 법칙이라 한다.

정답 12. ② 13. ① 14. ④ 15. ④ 16. ①

㉰ 배수 비례의 법칙 : A, B 두 종류의 원소가 반응하여 두 가지 이상의 화합물을 만들 때 한 원소 A의 일정량과 결합하는 B원소의 질량들 사이에는 간단한 정수비가 성립한다.

17. 다음 중 두 물질을 섞었을 때 용해성이 가장 낮은 것은?

① C_6H_6과 H_2O
② NaCl과 H_2O
③ C_2H_5OH과 H_2O
④ C_2H_5OH과 CH_3OH

해설 각 화합물의 물에 대한 용해성

명칭	용해성
벤젠(C_6H_6)	녹지 않는다.
염화나트륨(NaCl)	녹는다.
에탄올(C_2H_5OH)	녹는다.
메탄올(CH_3OH)	녹는다.

참고 에탄올(C_2H_5OH)과 메탄올(CH_3OH)은 용해가 된다.

18. 다음 물질 1g을 각각 1kg의 물에 녹였을 때 빙점강하가 가장 큰 것은?

① CH_3OH
② C_2H_5OH
③ $C_3H_5(OH)_3$
④ $C_6H_{12}O_6$

해설 빙점 강하도(어는점 내림) 공식

$$\Delta T_f = m \times K_f = \frac{\left(\frac{W_b}{M_b}\right)}{W_a} \times K_f$$

여기서, W_b : 용질의 질량(g)
M_b : 용질의 분자량
W_a : 용매의 질량(g)
K_f : 몰 내림 상수(℃·g/mol)

㉮ 빙점 강하는 용질의 분자량(M_b)에 반비례하므로 각 물질 중에서 분자량이 작은 것이 빙점 강하가 큰 것이 된다.

㉯ 각 물질의 분자량

명칭	분자량
메탄올(CH_3OH)	32
에탄올(C_2H_5OH)	46
글리세린[$C_3H_5(OH)_3$]	92
포도당($C_6H_{12}O_6$)	180

∴ 분자량이 작은 메탄올(CH_3OH)이 빙점 강하가 가장 크다.

19. $[OH^-]=1\times10^{-5}$ mol/L인 용액의 pH와 액성으로 옳은 것은?

① pH=5, 산성 ② pH=5, 알칼리성
③ pH=9, 산성 ④ pH=9, 알칼리성

해설 $K_w=[H^+]\ [OH^-]=1.0\times10^{-14}$이다.

$$\therefore [H^+] = \frac{1.0\times10^{-14}}{[OH^-]} = \frac{1.0\times10^{-14}}{1\times10^{-5}} = 1.0\times10^{-9}$$

∴ $pH=-\log[H^+]=-\log(1.0\times10^{-9})=9$ → pH7보다 크므로 알칼리성에 해당된다.

20. 원자번호 11이고, 중성자수가 12인 나트륨의 질량수는?

① 11 ② 12 ③ 23 ④ 24

해설 '원자번호 = 양성자수 = 중성원자의 전자수'이다.

∴ 질량수=양성자수+중성자수
=원자번호+중성자수
=11+12=23

제2과목 | 화재 예방과 소화 방법

21. 위험물 안전관리법령에서 정한 물분무 소화설비의 설치 기준에서 물분무 소화설비의 방사구역은 몇 m^2 이상으로 하여야 하는가? (단, 방호대상물의 표면적이 150m^2 이상인 경우이다.)

정답 17. ① 18. ① 19. ④ 20. ③ 21. ③

① 75 ② 100 ③ 150 ④ 350

해설 물분무 소화설비 설치기준[시행규칙 별표17]

㉮ 분무헤드의 개수 및 배치 : 방호대상물 표면적 $1m^3$당 1분당 20L의 비율로 계산된 수량을 표준방사량으로 방사할 수 있도록 설치할 것

㉯ 물분무 소화설비의 방사구역은 $150m^2$ 이상(방호대상물의 표면적이 $150m^2$ 미만인 경우에는 당해 표면적)으로 할 것

㉰ 수원의 수량 : 분무헤드가 가장 많이 설치된 방사구역의 모든 분무헤드를 동시에 사용할 경우에 표면적 $1m^2$당 1분당 20L의 비율로 계산한 양으로 30분간 방사할 수 있는 양 이상이 되도록 설치할 것

㉱ 물분무 소화설비는 방사압력은 350kPa 이상으로 표준방사량을 방사할 수 있는 성능이 되도록 할 것

22. 불활성가스 소화약제 중 IG-541의 구성 성분이 아닌 것은?

① N_2 ② Ar ③ He ④ CO_2

해설 불활성가스 소화설비 명칭에 따른 용량비 [세부기준 제134조]

명칭	용량비
IG-100	질소 100%
IG-55	질소 50%, 아르곤 50%
IG-541	질소 52%, 아르곤 40%, 이산화탄소 8%

23. 이산화탄소 소화기는 어떤 현상에 의해서 온도가 내려가 드라이아이스를 생성하는가?

① 줄·톰슨 효과 ② 사이펀
③ 표면장력 ④ 모세관

해설 ㉮ 줄·톰슨 효과 : 단열을 한 배관 중에 작은 구멍을 내고 이 관에 압력이 있는 유체를 흐르게 하면 유체가 작은 구멍을 통할 때 유체의 압력이 하강함과 동시에 온도가 떨어지는 현상이다.

㉯ 줄·톰슨 효과에 의하여 이산화탄소 소화기를 사용할 때 노즐부분에서 드라이아이스(고체탄산)가 생성되어 노즐을 폐쇄하는 현상이 발생한다.

24. Halon 1301, Halon 1211, Halon 2402 중 상온, 상압에서 액체 상태인 Halon 소화약제로만 나열한 것은?

① Halon 1211
② Halon 2402
③ Halon 1301, Halon 1211
④ Halon 2402, Halon 1211

해설 할론 2402($C_2F_4Br_2$) 특징

㉮ 상온, 상압에서 액체로 존재하기 때문에 국소방출방식에 주로 사용된다.

㉯ 독성과 부식성이 비교적 적고, 내절연성이 양호하다.

25. 연소형태가 나머지 셋과 다른 하나는?

① 목탄 ② 메탄올
③ 파라핀 ④ 유황

해설 표면 연소를 하는 물질 : 목탄(숯), 코크스, 금속분 등

26. 연소 시 온도에 따른 불꽃의 색상이 잘못된 것은?

① 적색 : 약 850℃
② 황적색 : 약 1100℃
③ 휘적색 : 약 1200℃
④ 백적색 : 약 1300℃

해설 연소 빛에 따른 온도

구분	암적색	적색	휘적색	황적색	백적색	휘백색
온도	700℃	850℃	950℃	1100℃	1300℃	1500℃

27. 스프링클러 설비의 장점이 아닌 것은?

① 소화약제가 물이므로 소화약제의 비용이 절감된다.

정답 22. ③ 23. ① 24. ② 25. ① 26. ③ 27. ②

② 초기 시공비가 매우 적게 든다.
③ 화재 시 사람의 조작 없이 작동이 가능하다.
④ 초기화재의 진화에 효과적이다.

해설 스프링클러설비의 장점
㉮ 화재 초기 진화작업에 효과적이다.
㉯ 소화제가 물이므로 가격이 저렴하고 소화 후 시설 복구가 용이하다.
㉰ 조작이 간편하며 안전하다.
㉱ 감지부가 기계적으로 작동되어 오동작이 없다.
㉲ 사람이 없는 야간에도 자동적으로 화재를 감지하여 소화 및 경보를 해 준다.

참고 단점
㉮ 초기 시설비가 많이 소요된다.
㉯ 시공이 복잡하고, 물로 인한 피해가 클 수 있다.

28. 능력단위가 1단위의 팽창질석(삽 1개 포함)은 용량이 몇 L 인가?

① 160 ② 130 ③ 90 ④ 60

해설 소화설비의 능력단위[시행규칙 별표17]

소화설비 종류	용량	능력단위
소화전용 물통	8L	0.3
수조 (소화전용 물통 3개 포함)	80L	1.5
수조 (소화전용 물통 6개 포함)	190L	2.5
마른모래(삽 1개 포함)	50L	0.5
팽창질석 또는 팽창진주암(삽 1개 포함)	160L	1.0

29. 할로겐화합물 중 CH_3I에 해당하는 할론 번호는?

① 1031 ② 1301
③ 13001 ④ 10001

해설 ㉮ 할론(Halon)-abcde의 구조식
a : 탄소(C)의 수
b : 불소(F)의 수
c : 염소(Cl)의 수
d : 취소(Br)의 수
e : 요오드(I)의 수
㉯ 할로겐 화합물은 탄소(C) 원자에 4개의 원자들이 연결되어 있어야 하는데 주어진 구조식에서 탄소(C) 1개에 불소(F) 0개, 염소(Cl) 0개, 취소(Br : 브롬) 0개이고, 요오드(I) 1개이므로 수소(H)는 3개가 있다. 그러므로 CH_3I에 해당하는 할론 번호는 할론 10001에 해당된다.

30. 물통 또는 수조를 이용한 소화가 공통적으로 적응성이 있는 위험물은 제 몇 류 위험물인가?

① 제2류 위험물 ② 제3류 위험물
③ 제4류 위험물 ④ 제5류 위험물

해설 제5류 위험물은 자기연소를 하기 때문에 질식소화는 곤란하고, 적응성이 있는 소화방법은 다량의 물에 의한 냉각소화가 효과적이다.

31. 표준상태에서 벤젠 2mol이 완전 연소하는 데 필요한 이론공기 요구량은 몇 L인가? (단, 공기 중 산소는 21vol%이다.)

① 168 ② 336
③ 1600 ④ 3200

해설 ㉮ 벤젠(C_6H_6)의 완전연소 반응식
$C_6H_6 + 7.5O_2 \rightarrow 6CO_2 + 3H_2O$
㉯ 표준상태에서 벤젠 1몰(mol)이 완전 연소하는 데 산소 7.5몰(mol)이 필요하므로 2몰(mol)일 때는 2배가 필요하고, 1몰의 체적은 22.4L이다. 공기 중 산소의 체적비는 21%이다.

$$\therefore A_0 = \frac{O_0}{0.21} = \frac{(2 \times 7.5) \times 22.4}{0.21} = 1600\,\text{L}$$

32. 제3종 분말 소화약제에 대한 설명으로 틀린 것은?

① A급을 제외한 모든 화재에 적응성이 있다.
② 주성분은 $NH_4H_2PO_4$의 분자식으로 표현된다.

2017

정답 28. ① 29. ④ 30. ④ 31. ③ 32. ①

③ 제1인산암모늄이 주성분이다.
④ 담홍색(또는 황색)으로 착색되어 있다.

해설 ㉮ 제3종 분말소화약제는 일반화재, 유류화재 및 전기화재에 모두 사용할 수 있어 이것을 주성분으로 사용하는 소화기를 ABC 소화기라 불려진다.
㉯ 제3종 소화분말의 주성분은 제1인산암모늄($NH_4H_2PO_4$)으로 담홍색으로 착색되어 있다.

33. 위험물을 저장하기 위해 제작한 이동저장탱크의 내용적이 20000L인 경우 위험물 허가를 위해 산정할 수 있는 이 탱크의 최대용량은 지정수량의 몇 배인가? (단, 저장하는 위험물은 비수용성 제2석유류이며 비중은 0.8, 차량의 최대적재량은 15톤이다.)

① 21배 ② 18.75배
③ 12배 ④ 9.375배

해설 ㉮ 탱크 용적의 산정기준[시행규칙 제5조] : 위험물을 저장 또는 취급하는 탱크의 용량은 해당 탱크의 내용적에서 공간용적을 뺀 용적으로 한다. 이 경우 위험물을 저장 또는 취급하는 차량에 고정된 탱크("이동저장탱크"라 한다)의 용량은 최대적재량 이하로 하여야 한다.

$$\therefore \text{이동저장탱크 용량} = \frac{\text{최대적재량(kg)}}{\text{액비중(kg/L)}} = \frac{15 \times 1000}{0.8} = 18750\,\text{L}$$

㉯ 제2석유류 비수용성의 지정수량은 1000L이다.

$$\therefore \text{지정수량 배수} = \frac{\text{탱크용량}}{\text{지정수량}} = \frac{18750}{1000} = 18.75\,\text{배}$$

34. 위험물 안전관리법령상 전역방출방식 또는 국소방출방식의 분말 소화설비의 기준에서 가압식의 분말 소화설비에는 얼마 이하의 압력으로 조정할 수 있는 압력조정기를 설치하여야 하는가?

① 2.0MPa ② 2.5MPa
③ 3.0MPa ④ 5MPa

해설 분말 소화설비의 기준[세부기준 제136조]
㉮ 가압식의 분말소화설비에는 2.5MPa 이하의 압력으로 조정할 수 있는 압력조정기를 설치할 것
㉯ 가압식의 분말 소화설비에는 다음의 정압작동장치를 설치할 것
㉠ 기동장치의 작동 후 저장용기등의 압력이 설정압력이 되었을 때 방출밸브를 개방시키는 것일 것
㉡ 정압작동장치는 저장용기등 마다 설치할 것

35. 다음 중 점화원이 될 수 없는 것은?

① 전기스파크 ② 증발잠열
③ 마찰열 ④ 분해열

해설 점화원의 종류 : 전기불꽃(아크), 정전기불꽃, 단열압축, 마찰열 및 충격불꽃, 산화열의 축적 등

36. 그림과 같은 타원형 위험물탱크의 내용적은 약 얼마인가? (단, 단위는 m이다.)

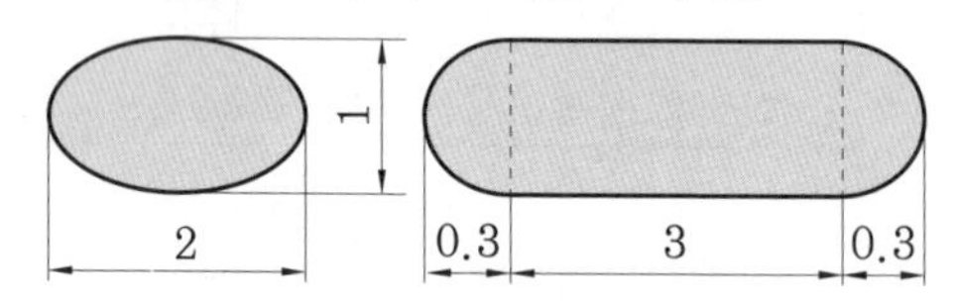

① 5.03m³ ② 7.52m³
③ 9.03m³ ④ 19.05m³

해설
$$V = \frac{\pi ab}{4} \times \left(l + \frac{l_1 + l_2}{3}\right) = \frac{\pi \times 2 \times 1}{4} \times \left(3 + \frac{0.3 + 0.3}{3}\right) = 5.026\,\text{m}^3$$

37. 대통령령이 정하는 제조소등의 관계인은 그 제조소등에 대하여 연 몇 회 이상 정기점검을 실시해야 하는가? (단, 특정옥외탱크저장소의 정기점검은 제외한다.)

정답 33. ② 34. ② 35. ② 36. ① 37. ①

① 1　② 2　③ 3　④ 4

해설 제조소등의 정기점검

㉮ 정기점검 대상(대통령령이 정하는 제조소등) [시행령 제16조]

㉠ 관계인이 예방규정을 정하여야 하는 제조소등

㉡ 지하탱크저장소

㉢ 이동탱크저장소

㉣ 위험물을 취급하는 탱크로서 지하에 매설된 탱크가 있는 제조소·주유취급소 또는 일반취급소

㉯ 정기점검 횟수(시행규칙 제64조) : 연 1회 이상

38. 위험물의 화재발생 시 적응성이 있는 소화설비의 연결로 틀린 것은?

① 마그네슘 – 포 소화기
② 황린 – 포 소화기
③ 인화성 고체 – 이산화탄소 소화기
④ 등유 – 이산화탄소 소화기

해설 마그네슘(Mg) : 제2류 위험물로 적응성이 있는 소화설비는 탄산수소염류 분말 소화설비, 건조사, 팽창질석 또는 팽창진주암이다.

39. 위험물 안전관리법령상 전역방출방식의 분말 소화설비에서 분사헤드의 방사압력은 몇 MPa 이상이어야 하는가?

① 0.1　② 0.5　③ 1　④ 3

해설 분말 소화설비의 기준[세부기준 제136조]

㉮ 전역방출방식 분사헤드

ⓐ 방사된 소화약제가 방호구역의 전역에 균일하고 신속하게 확산할 수 있도록 설치할 것

ⓑ 분사헤드의 방사압력은 0.1MPa 이상일 것

ⓒ 소화약제는 30초 이내에 균일하게 방사할 것

㉯ 국소방출방식 분사헤드

ⓐ 분사헤드의 방사압력은 0.1MPa 이상일 것

ⓑ 분사헤드는 방호대상물의 모든 표면이 분사헤드의 유효사정 내에 있도록 설치할 것

ⓒ 소화약제의 방사에 의하여 위험물이 비산되지 않는 장소에 설치할 것

ⓓ 소화약제는 30초 이내에 균일하게 방사할 것

40. 다음 중 전기설비에 화재가 발생하였을 경우에 위험물 안전관리법령상 적응성을 가지는 소화설비는?

① 물분무 소화설비
② 포 소화기
③ 봉상강화액 소화기
④ 건조사

해설 전기설비에 적응성이 있는 소화설비[시행규칙 별표17]

㉮ 물분무 소화설비

㉯ 불활성가스 소화설비

㉰ 할로겐화합물 소화설비

㉱ 인산염류 및 탄산수소염류 분말 소화설비

㉲ 무상수(霧狀水) 소화기

㉳ 무상강화액 소화기

㉴ 이산화탄소 소화기

㉵ 할로겐화합물 소화기

㉶ 인산염류 및 탄산수소염류 분말 소화기

참고 적응성이 없는 소화설비 : 옥내소화전 또는 옥외소화전설비, 스프링클러설비, 포 소화설비, 봉상수(棒狀水) 소화기, 봉상강화액 소화기, 포 소화기, 건조사

제3과목 | 위험물의 성질과 취급

41. 황의 연소생성물과 그 특성을 옳게 나타낸 것은?

① SO_2, 유독가스
② SO_2, 청정가스
③ H_2S, 유독가스
④ H_2S, 청정가스

해설 황(유황)이 공기 중에서 연소하면 푸른 불꽃을 발하며, 유독한 아황산가스(SO_2)를 발생한다.

$S + O_2 \rightarrow SO_2$

정답 38. ① 39. ① 40. ① 41. ①

2017

42. 위험물 안전관리법령에 의한 위험물제조소의 설치기준으로 옳지 않은 것은?

① 위험물을 취급하는 기계·기구 그 밖의 설비는 위험물이 새거나 넘치거나 비산하는 것을 방지할 수 있는 구조로 하여야 한다.
② 위험물을 가열하거나 냉각하는 설비 또는 위험물의 취급에 수반하여 온도변화가 생기는 설비에는 온도측정 장치를 설치하여야 한다.
③ 위험물을 취급함에 있어서 정전기가 발생할 우려가 있는 설비에는 정전기를 유효하게 제거할 수 있는 설비를 설치하여야 한다.
④ 위험물을 취급하는 동관을 지하에 설치하는 경우에는 지진·풍압·지반침하 및 온도변화에 안전한 구조의 지지물에 설치하여야 한다.

해설 위험물제조소 내의 배관설치 기준[시행규칙 별표4]
㉮ 배관을 지상에 설치하는 경우에는 지진·풍압·지반침하 및 온도변화에 안전한 구조의 지지물에 설치하되, 지면에 닿지 아니하도록 하고 배관의 외면에 부식방지를 위한 도장을 하여야 한다.
㉯ 배관을 지하에 매설하는 경우 금속성 배관의 외면에는 부식방지를 위하여 도복장·코팅 또는 전기방식 등의 필요한 조치를 할 것

43. 다음 중 위험물 안전관리법령상 제2석유류에 해당되는 것은?

① 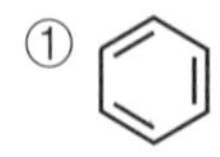 ② 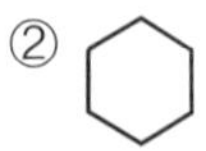

③ 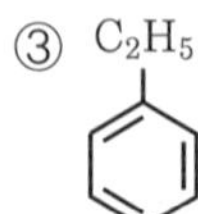

④ 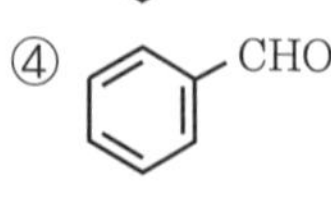

해설 각 구조식 위험물 명칭 및 분류
① 벤젠(C_6H_6) : 제1석유류
② 사이크로헥산(C_6H_{12}) : 제1석유류
③ 에틸벤젠($C_6H_5C_2H_5$) : 제1석유류
④ 벤즈알데히드(C_6H_5CHO) : 제2석유류

44. 다음 위험물 중 가연성 액체를 옳게 나타낸 것은?

HNO_3, $HClO_4$, H_2O_2

① $HClO_4$, HNO_3
② HNO_3, H_2O_2
③ HNO_3, $HClO_4$, H_2O_2
④ 모두 가연성이 아님

해설 각 위험물의 유별 및 연소성

품명	유별	성질
질산(HNO_3)	제6류	산화성 액체
과염소산($HClO_4$)	제6류	
과산화수소(H_2O_2)	제6류	

45. 산화프로필렌에 대한 설명으로 틀린 것은?

① 무색의 휘발성 액체이고, 물에 녹는다.
② 인화점이 상온 이하이므로 가연성 증기 발생을 억제하여 보관해야 한다.
③ 은, 마그네슘 등의 금속과 반응하여 폭발성 혼합물을 생성한다.
④ 증기압이 낮고 연소범위가 좁아서 위험성이 높다.

해설 산화프로필렌(CH_3CHOCH_2)의 특징
㉮ 제4류 위험물 중 특수인화물로 지정수량 50L이다.
㉯ 무색, 투명한 에테르 냄새가 나는 휘발성 액체이다.
㉰ 물, 에테르, 벤젠 등의 많은 용제에 녹는다.
㉱ 화학적 활성이 크며 산, 알칼리, 마그네슘의 촉매하에서 중합반응을 한다.
㉲ 증기와 액체는 구리, 은, 마그네슘 등의 금속이나 합금과 접촉하면 폭발성인 아세틸라이드를 생성한다.

정답 42. ④ 43. ④ 44. ④ 45. ④

$C_3H_6O+2Cu \rightarrow Cu_2C_2+CH_4+H_2O$
(Cu_2C_2 : 동아세틸라이드)

㉳ 휘발성이 좋아 인화하기 쉽고, 연소범위가 넓어 위험성이 크다.
㉴ 액비중 0.83(증기비중 2.0), 비점 34℃, 인화점 -37℃, 발화점 465℃, 연소범위 2.1~38.5%이다.

46. 황린과 적린의 공통점으로 옳은 것은?

① 독성 ② 발화점
③ 연소생성물 ④ CS_2에 대한 용해성

해설 황린(P_4)과 적린(P)의 비교

구분	황린	적린
유별	제3류	제2류
지정수량	20kg	100kg
위험등급	I	II
색상	백색 또는 담황색 고체	암적색 분말
냄새	마늘냄새	무
이황화탄소 (CS_2) 용해도	용해한다.	용해하지 않는다.
물의 용해도	용해하지 않는다.	용해하지 않는다.
연소생성물	오산화인 (P_2O_5)	오산화인 (P_2O_5)
독성	유	무
비중	1.82	2.2
발화점	34℃	260℃
소화방법	분무 주수	분무 주수

47. 질산나트륨을 저장하고 있는 옥내저장소(내화구조의 격벽으로 완전히 구획된 실이 2 이상 있는 경우에는 동일한 실)에 함께 저장하는 것이 법적으로 허용되는 것은? (단, 위험물을 유별로 정리하여 서로 1m 이상의 간격을 두는 경우이다.)

① 적린 ② 인화성 고체
③ 동식물유류 ④ 과염소산

해설 유별을 달리하는 위험물을 동일한 저장소에 저장할 수 있는 경우[시행규칙 별표18]
㉮ 제1류 위험물(알칼리 금속의 과산화물 또는 이를 함유한 것 제외)과 제5류 위험물
㉯ 제1류 위험물과 제6류 위험물
㉰ 제1류 위험물과 제3류 위험물 중 자연발화성 물질(황린 또는 이를 함유한 것에 한한다)
㉱ 제2류 위험물 중 인화성 고체와 제4류 위험물
㉲ 제3류 위험물 중 알킬알루미늄등과 제4류 위험물(알킬알루미늄 또는 알킬리튬을 함유한 것에 한한다)
㉳ 제4류 위험물 중 유기과산화물 또는 이를 함유한 것과 제5류 위험물 중 유기과산화물 또는 이를 함유한 것

참고 질산나트륨($NaNO_3$)은 제1류 위험물 중 질산염류에 해당되고, 과염소산($HClO_4$)은 제6류 위험물에 해당되므로 ㉯항의 규정에 의하여 옥내저장소에 함께 저장하는 것이 법적으로 허용된다.

48. 위험물 안전관리법령상 옥외탱크저장소의 위치·구조 및 설비의 기준에서 간막이 둑을 설치할 경우 그 용량의 기준으로 옳은 것은?

① 간막이 둑 안에 설치된 탱크의 용량의 110% 이상일 것
② 간막이 둑 안에 설치된 탱크의 용량 이상일 것
③ 간막이 둑 안에 설치된 탱크의 용량의 10% 이상일 것
④ 간막이 둑 안에 설치된 탱크의 간막이 둑 높이 이상부분의 용량 이상일 것

해설 옥외탱크저장소의 방유제 내에 간막이 둑 설치기준[시행규칙 별표6]
㉮ 설치 대상 : 용량이 1000만L 이상 옥외저장탱크 주위에 설치한 방유제
㉯ 간막이 둑의 높이는 0.3m 이상으로 하되, 방유제의 높이보다 0.2m 이상 낮게 설치할 것
㉰ 간막이 둑은 흙 또는 철근콘크리트로 할 것
㉱ 간막이 둑의 용량은 간막이 둑 안에 설치된 탱크 용량의 10% 이상일 것

정답 46. ③ 47. ④ 48. ③

49. **위험물을 저장 또는 취급하는 탱크의 용량 산정 방법에 관한 설명으로 옳은 것은?**

① 탱크의 내용적에서 공간용적을 뺀 용적으로 한다.
② 탱크의 공간용적에서 내용적을 뺀 용적으로 한다.
③ 탱크의 공간용적에서 내용적을 더한 용적으로 한다.
④ 탱크의 볼록하거나 오목한 부분을 뺀 용적으로 한다.

해설 탱크 용적의 산정기준[시행규칙 제5조] : 위험물을 저장 또는 취급하는 탱크의 용량은 해당 탱크의 내용적에서 공간용적을 뺀 용적으로 한다. 이 경우 위험물을 저장 또는 취급하는 차량에 고정된 탱크("이동저장탱크"라 한다)의 용량은 최대적재량 이하로 하여야 한다.

참고 탱크의 공간용적[세부기준 제25조]

㉮ 탱크의 공간용적은 탱크의 내용적의 $\frac{5}{100}$ 이상 $\frac{10}{100}$ 이하의 용적으로 한다.

㉯ 소화설비(소화약제 방출구를 탱크 안의 윗부분에 설치하는 것에 한한다)를 설치하는 탱크의 공간용적은 소화방출구 아래의 0.3m 이상 1m 미만 사이의 면으로부터 윗부분의 용적으로 한다.

㉰ 암반탱크는 당해 탱크 내에 용출하는 7일간의 지하수의 양에 상당하는 용적과 당해 탱크의 내용적의 $\frac{1}{100}$ 용적 중에서 보다 큰 용적을 공간용적으로 한다.

50. **금속칼륨의 일반적인 성질에 대한 설명으로 틀린 것은?**

① 칼로 자를 수 있는 무른 경금속이다.
② 에탄올과 반응하여 조연성 기체(산소)를 발생한다.
③ 물과 반응하여 가연성 기체를 발생한다.
④ 물보다 가벼운 은백색의 금속이다.

해설 칼륨(K)의 특징

㉮ 제3류 위험물로 지정수량은 10kg이다.
㉯ 은백색을 띠는 무른 경금속으로 녹는점 이상 가열하면 보라색의 불꽃을 내면서 연소한다.
㉰ 공기 중의 산소와 반응하여 광택을 잃고 산화칼륨(K_2O)의 회백색으로 변화한다.
㉱ 공기 중에서 수분과 반응하여 수산화물(KOH)과 수소(H_2)를 발생하고, 연소하면 과산화칼륨(K_2O_2)이 된다.
㉲ 화학적으로 이온화 경향이 큰 금속이다.
㉳ 피부에 접촉되면 화상을 입으며, 연소할 때 발생하는 증기가 피부에 접촉하거나 호흡하면 자극한다.
㉴ 산화를 방지하기 위하여 보호액(등유, 경유, 파라핀) 속에 넣어 저장한다.
㉵ 비중 0.86, 융점 63.7℃, 비점 762℃이다.

51. **위험물 안전관리법령상의 지정수량이 나머지 셋과 다른 하나는?**

① 질산에스테르류 ② 니트로소화합물
③ 디아조화합물 ④ 히드라진유도체

해설 제5류 위험물 지정수량

품명	지정수량
유기과산화물, 질산에스테르류	10kg
니트로화합물, 니트로소화합물, 아조화합물, 디아조화합물, 히드라진유도체	200kg
히드록실아민, 히드록실아민염류	100kg
행정안전부령으로 정하는 것	10kg, 100kg, 200kg

52. **위험물을 지정수량이 큰 것부터 작은 순서로 옳게 나열한 것은?**

① 니트로화합물>브롬산염류>히드록실아민
② 니트로화합물>히드록실아민>브롬산염류
③ 브롬산염류>히드록실아민>니트로화합물
④ 브롬산염류>니트로화합물>히드록실아민

정답 49. ① 50. ② 51. ① 52. ④

해설 각 위험물의 유별 및 지정수량

품명	유별	지정수량
브롬산염류	제1류 위험물	300kg
니트로화합물	제5류 위험물	200kg
히드록실아민	제5류 위험물	100kg

53. 다음 중 물과 반응하여 산소와 열을 발생하는 것은?

① 염소산칼륨 ② 과산화나트륨
③ 금속나트륨 ④ 과산화벤조일

해설 ㉮ 각 위험물이 물과 접촉할 때 반응 특성

품명	유별	반응 특성
염소산칼륨($KClO_3$)	제1류	반응하지 않음
과산화나트륨(Na_2O_2)	제1류	산소 발생
금속나트륨(Na)	제3류	수소 발생
과산화벤조일	제5류	반응하지 않음

㉯ 과산화나트륨(Na_2O_2)은 물과 격렬히 반응하여 많은 열과 함께 산소(O_2)를 발생하며, 수산화나트륨(NaOH)이 된다.

$2Na_2O_2 + 2H_2O \rightarrow 4NaOH + O_2 \uparrow + Q[kcal]$

54. 다음에서 설명하는 위험물을 옳게 나타낸 것은?

- 지정수량은 2000L이다.
- 로켓의 연료, 플라스틱 발포제 등으로 사용된다.
- 암모니아와 비슷한 냄새가 나고, 녹는 점은 약 2℃이다.

① N_2H_4 ② $C_6H_5CH=CH_2$
③ NH_4ClO_4 ④ C_6H_5Br

해설 히드라진(N_2H_4)의 특징

㉮ 제4류 위험물 중 제2석유류(수용성)에 해당되며 지정수량 2000L이다.

㉯ 암모니아와 비슷한 냄새가 나는 무색의 수용성 액체로 물과 같이 투명하다.

㉰ 물, 알코올과는 어떤 비율로도 혼합되며 클로로포름, 에테르에는 녹지 않는다.

㉱ 유리를 침식하고 코르크나 고무를 분해한다.

㉲ 공기 중에서 가열하면 약 180℃에서 암모니아(NH_3)와 질소(N_2)를 발생한다.

㉳ 공기와 혼합된 증기는 점화원에 의해 폭발적으로 연소한다.

$N_2H_4 + O_2 \rightarrow N_2 + 2H_2O$

㉴ 로켓의 연료, 플라스틱 발포제 등으로 사용된다.

55. 동식물유류에 대한 설명 중 틀린 것은?

① 요오드가가 클수록 자연발화의 위험이 크다.
② 아마인유는 불건성유이므로 자연발화의 위험이 낮다.
③ 동식물유류는 제4류 위험물에 속한다.
④ 요오드가가 130 이상인 것이 건성유이므로 저장할 때 주의한다.

해설 동식물유류 특징

㉮ 제4류 위험물로 지정수량 10000L이다.

㉯ 요오드값이 크면 불포화도가 커지고, 자연발화를 일으키기 쉽다.

㉰ 요오드값에 따른 분류 및 종류

구분	요오드값	종류
건성유	130 이상	들기름, 아마인유, 해바라기유, 오동유
반건성유	100~130 미만	목화씨유, 참기름, 채종유
불건성유	100 미만	땅콩기름(낙화생유), 올리브유, 피마자유, 야자유, 동백유

56. 다음 표의 빈칸 ⓐ, ⓑ에 알맞은 품명은?

품명	지정수량
ⓐ	100킬로그램
ⓑ	1000킬로그램

① ⓐ : 철분, ⓑ : 인화성 고체

정답 53. ② 54. ① 55. ② 56. ②

② ⓐ : 적린, ⓑ : 인화성 고체
③ ⓐ : 철분, ⓑ : 마그네슘
④ ⓐ : 적린, ⓑ : 마그네슘

해설 ㉮ 예제에 주어진 것은 제2류 위험물에 해당된다.
㉯ 제2류 위험물 종류 및 지정수량

품명	지정수량
황화인, 적린, 유황	100kg
철분, 금속분, 마그네슘	500kg
인화성 고체	1000kg
그 밖에 행정안전부령으로 정하는 것	100kg 또는 500kg

57. 다음 위험물 중 인화점이 가장 높은 것은?

① 메탄올 ② 휘발유
③ 아세트산메틸 ④ 메틸에틸케톤

해설 제4류 위험물의 인화점

품명		인화점
메탄올(CH_3OH)	알코올류	11℃
휘발유(C_5H_{12}~C_9H_{20})	제1석유류	-20~-43℃
아세트산메틸[초산메틸](CH_3COOCH_3)	제1석유류	-10℃
메틸에틸케톤($CH_3COC_2H_5$)	제1석유류	-1℃

58. 다음 중 제1류 위험물의 과염소산염류에 속하는 것은?

① $KClO_3$ ② $NaClO_4$
③ $HClO_4$ ④ $NaClO_2$

해설 제1류 위험물 중 과염소산염류 : 과염소산칼륨($KClO_4$), 과염소산나트륨($NaClO_4$), 과염소산암모늄(NH_4ClO_4)

59. 지정수량 이상의 위험물을 차량으로 운반하는 경우에는 차량에 설치하는 표지의 색상에 관한 내용으로 옳은 것은?

① 흑색 바탕에 청색의 도로로 "위험물"이라고 표기할 것
② 흑색 바탕에 황색의 반사도료로 "위험물"이라고 표기할 것
③ 적색 바탕에 흰색의 반사도료로 "위험물"이라고 표기할 것
④ 적색 바탕에 흑색의 도료로 "위험물"이라고 표기할 것

해설 이동탱크 저장소 표지 규정
㉮ 부착위치
㉠ 이동탱크 저장소 : 전면 상단 및 후면 상단
㉡ 위험물 운반차량 : 전면 및 후면
㉯ 규격 및 형상 : 60cm 이상×30cm 이상의 횡형 사각형
㉰ 색상 및 문자 : 흑색 바탕에 황색의 반사 도료로 "위험물"이라 표기할 것

60. 다음 ⓐ~ⓒ 물질 중 위험물 안전관리법령상 제6류 위험물에 해당하는 것은?.

ⓐ 비중이 1.49인 질산
ⓑ 비중 1.7인 과염소산
ⓒ 물 60g+과산화수소 40g 혼합 수용액

① 1개 ② 2개 ③ 3개 ④ 없음

해설 제6류 위험물 종류 : 산화성 액체

품명	지정수량
1. 과염소산	300kg
2. 과산화수소	300kg
3. 질산	300kg
4. 행정안전부령으로 정하는 것 : 할로겐간 화합물 → 오불화요오드(IF_5), 오불화비소(BrF_5), 삼불화브롬(BrF_3)	300kg
5. 제1회 내지 제4회의 하나에 해당하는 어느 하나 이상을 함유한 것	300kg

㉮ 과산화수소는 그 농도가 36 중량% 이상인 것에 한하며, 산화성 액체의 성상이 있는 것으로 본다
㉯ 질산은 그 비중이 1.49 이상인 것에 한하며, 산화성 액체의 성상이 있는 것으로 본다.

정답 57. ① 58. ② 59. ② 60. ③

2018년도 출제문제

제1회(2018. 3. 4 시행)

제1과목 | 일반 화학

1. 1기압에서 2L의 부피를 차지하는 어떤 이상기체를 온도의 변화 없이 압력을 4기압으로 하면 부피는 얼마가 되겠는가?

① 8L ② 2L
③ 1L ④ 0.5L

해설 보일-샤를의 법칙 $\frac{P_1 V_1}{T_1} = \frac{P_2 V_2}{T_2}$ 에서 온도변화가 없는 상태이므로 $T_1 = T_2$이다.

$\therefore V_2 = \frac{P_1 V_1}{P_2} = \frac{1 \times 2}{4} = 0.5\,\text{L}$

2. 반투막을 이용해서 콜로이드 입자를 전해질이나 작은 분자로부터 분리 정제하는 것을 무엇이라 하는가?

① 틴들 ② 브라운 운동
③ 투석 ④ 전기영동

해설 콜로이드 용액의 성질

㉮ 틴들 현상 : 어두운 곳에서 콜로이드 용액에 강한 빛을 비추면 빛의 산란으로 빛의 진로가 보이는 현상이다.

㉯ 브라운 운동 : 콜로이드 입자가가 용매 분자의 불균일한 충돌을 받아서 불규칙하고 계속적인 콜로이드 입자의 운동이다.

㉰ 응석(엉킴) : 콜로이드 중에 양이온과 음이온이 결합해서 침전되는 현상이다.

㉱ 염석 : 다량의 전해질로 콜로이드를 침전시키는 것이다.

㉲ 투석(dialysis) : 반투막을 사용하여 콜로이드 용액을 물 등의 용매로 접촉시켜 콜로이드 용액 중에 함유되어 있는 저분자 물질을 제거하는 조작이다.

㉳ 전기영동 : 콜로이드 입자가 (+) 또는 (-) 전기를 띠고 있다는 사실을 확인하는 실험이다.

3. 불순물로 식염을 포함하고 있는 NaOH 3.2g을 물에 녹여 100mL로 한 다음 그중 50mL를 중화하는데 1N의 염산이 20mL 필요했다. 이 NaOH의 농도(순도)는 약 몇 wt% 인가?

① 10 ② 20
③ 33 ④ 50

해설 ㉮ 중화전의 NaOH의 농도를 계산 : NaOH의 분자량은 40 이므로 NaOH 40g이 1000mL에 녹아 있을 때 1N이다.

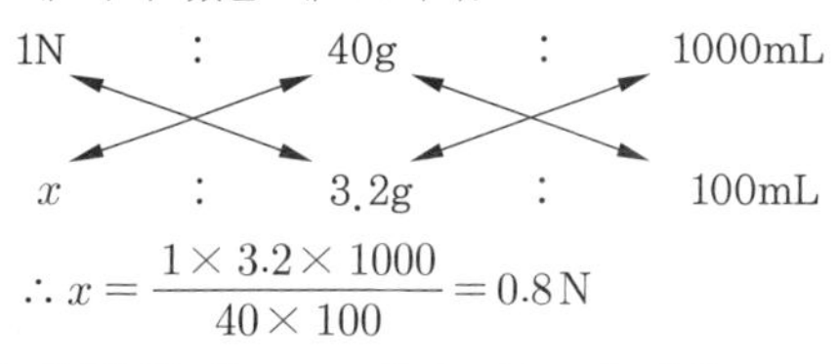

$\therefore x = \frac{1 \times 3.2 \times 1000}{40 \times 100} = 0.8\,\text{N}$

㉯ 중화하는데 NaOH의 농도(wt%) 계산

$N \times V = N' \times V'$ 에서

$\therefore V = \frac{N' \times V'}{N} = \frac{1 \times 20}{(0.8 \times 50)} = 0.5\,\text{wt\%}$

4. 지시약으로 사용되는 페놀프탈레인 용액은 산성에서 어떤 색을 띠는가?

① 적색 ② 청색
③ 무색 ④ 황색

정답 1. ④ 2. ③ 3. ④ 4. ③

해설 지시약 종류에 따른 반응색

구분	산성	중성	염기성
리트머스지	푸른색 → 붉은색	변화 무	붉은색 → 푸른색
페놀프탈레인 용액	무색	무색	붉은색
메틸 오렌지 용액	붉은색	노란색	노란색
BTB 용액	노란색	초록색	파란색

5. 배수비례의 법칙이 성립하는 화합물을 나열한 것은?

① CH_4, CCl_4 ② SO_2, SO_3
③ H_2O, H_2S ④ NH_3, BH_3

해설 ㉮ 배수비례의 법칙 : A, B 두 종류의 원소가 반응하여 두 가지 이상의 화합물을 만들 때 한 원소 A의 일정량과 결합하는 B원소의 질량들 사이에는 간단한 정수비가 성립한다.
㉯ 배수비례의 법칙이 적용되는 예 : 질소 산화물 중 아산화질소(N_2O), 일산화질소(NO), 삼산화질소(N_2O_3), 이산화질소(NO_2), 오산화이질소(N_2O_5)에서 14g의 질소(N) 원소와 결합하는 산소의 질량은 차례대로 8g, 16g, 24g, 32g, 40g이다. 따라서 일정질량의 질소와 결합하는 산소의 질량비는 1 : 2 : 3 : 4 : 5의 정수비가 성립한다.

6. 결합력이 큰 것부터 작은 순서로 나열한 것은?

① 공유결합>수소결합>반데르발스결합
② 수소결합>공유결합>반데르발스결합
③ 반데르발스결합>수소결합>공유결합
④ 수소결합>반데르발스결합>공유결합

해설 결합력의 세기 : 공유결합>이온결합>금속결합>수소결합>반데르발스결합

7. CH_3COOH와 C_2H_5OH의 혼합물에 소량의 진한 황산을 가하여 가열하였을 때 주로 생성되는 물질은?

① 아세트산에틸 ② 메탄산에틸
③ 글리세롤 ④ 디에틸에테르

해설 아세트산(CH_3COOH : 초산)과 에탄올(C_2H_5OH : 에틸알코올)을 진한 황산 촉매하에 반응시키면 아세트산에틸($CH_3COOC_2H_5$)과 물(H_2O)이 생성된다.

$$CH_3COOH + C_2H_5OH \rightarrow CH_3COOC_2H_5 + H_2O$$

8. 다음 중 비극성 분자는 어느 것인가?

① HF ② H_2O ③ NH_3 ④ CH_4

해설 극성 분자와 무극성 분자
㉮ 극성 분자 : 분자 내에 전하의 분포가 고르지 않아서 부분 전하를 갖는 분자로, 분자의 쌍극자 모멘트가 0이 아닌 분자(HF, HCl, NH_3, H_2O 등)
㉯ 무극성(비극성) 분자 : 분자 내에 전하가 고르게 분포되어 있어서 부분 전하를 갖지 않으므로 분자의 쌍극자 모멘트가 0인 분자(H_2, Cl_2, O_2, N_2, CO_2, SO_2, CH_4, BF_3 등)

9. 구리를 석출하기 위해 $CuSO_4$ 용액에 0.5F의 전기량을 흘렸을 때 약 몇 g의 구리가 석출되겠는가? (단, 원자량은 Cu 64, S 32, O 16이다.)

① 16 ② 32 ③ 64 ④ 128

해설 ㉮ 황산구리($CuSO_4$) 수용액의 전기분해 반응식 : $CuSO_4 \rightleftarrows Cu^{2+} + SO_4^{2-}$ → 이동한 Cu 전자수는 +2이다.
㉯ 석출되는 구리(Cu)의 질량 계산
∴ 물질의 질량

$$= 패럿수(F) \times \frac{몰질량}{이동한\ 전자의\ 몰수}$$

$$= 0.5 \times \frac{64}{2} = 16\,g$$

10. 다음 물질 중 비점이 약 197℃인 무색 액체이고, 약간 단맛이 있으며 부동액의 원료로 사용하는 것은?

정답 5. ② 6. ① 7. ① 8. ④ 9. ① 10. ④

① CH_3CHCl_2　② CH_3COCH_3
③ $(CH_3)_2CO$　④ $C_2H_4(OH)_2$

해설 에틸렌글리콜[$C_2H_4(OH)_2$] : 제4류 위험물 제3석유류에 속하는 유기화합물로 단맛이 있고 끈끈한 무색의 액체이다. 폴리에스테르 섬유 및 수지의 제조 원료나 자동차 부동액으로 사용된다.

11. 다음 중 양쪽성 산화물에 해당하는 것은?

① NO_2　② Al_2O_3　③ MgO　④ Na_2O

해설 산화물의 종류
㉮ 산성 산화물 : 비금속 산화물로 이산화탄소(CO_2), 이산화황(SO_2) 등
㉯ 염기성 산화물 : 금속 산화물로 산화망간(MgO), 산화칼슘(CaO), 산화나트륨(Na_2O), 산화구리(CuO) 등
㉰ 양쪽성 산화물 : 아연(Zn), 알루미늄(Al), 주석(Sn), 납(Pb) 등의 산화물 → ZnO, Al_2O_3, SnO, PbO, Sb_2O_3

12. 다음 중 아르곤(Ar)과 같은 전자수를 갖는 양이온과 음이온으로 이루어진 화합물은?

① NaCl　② MgO　③ KF　④ CaS

해설 ㉮ 아르곤(Ar) : 0족 원소로 원자번호(=양성자수=전자수) 18이다.
㉯ 각 화합물의 전자수

화합물	양이온	전자수	음이온	전자수
NaCl	Na^+	10	Cl^-	18
MgO	Mg^{2+}	10	O^{2-}	10
KF	K^+	18	F^-	10
CaS	Ca^{2+}	18	S^{2-}	18

㉰ 각 원소의 원자번호

원소	O	F	Na	Mg	S	Cl	K	Ca
원자번호	8	9	11	12	16	17	19	20

13. 다음 중 방향족 화합물이 아닌 것은?

① 톨루엔　② 아세톤
③ 크레졸　④ 아닐린

해설 방향족 탄화수소 : 고리모양의 불포화 탄화수소이며 기본이 되는 것이 벤젠이고, 그의 유도체를 포함한 탄화수소의 계열로 이들 중 일부는 향기가 좋아 방향성이라는 이름이 붙었다. 종류에는 벤젠, 톨루엔, 크실렌, 아닐린, 페놀, o-크레졸, 벤조산, 살리실산, 니트로벤젠 등이다.

참고 아세톤(CH_3COCH_3)은 지방족 탄화수소 유도체 중 가장 간단한 케톤(R-CO-R')류 중 하나이다.

14. 산소의 산화수가 가장 큰 것은?

① O_2　② $KClO_4$
③ H_2SO_4　④ H_2O_2

해설 각 물질 산소의 산화수 : 화합물을 이루는 각 원자의 산화수 총합은 0이다.
㉮ 산소(O_2) : 원소를 이루는 원자의 산화수는 0이다.
㉯ 과염소산칼륨($KClO_4$) : K의 산화수는 +1, Cl의 산화수는 +7, O의 산화수는 x이다.
$\therefore 1+7+4x=0$
$\therefore x=\frac{-8}{4}=-2$
㉰ 황산(H_2SO_4) : H의 산화수는 +1, S의 산화수는 +6, O의 산화수는 x이다.
$\therefore (2\times 1)+6+4x=0$
$\therefore x=\frac{-2-6}{4}=-2$
㉱ 과산화수소(H_2O_2) : H의 산화수는 +1, O의 산화수는 x이다.
$\therefore 1+x=0$
$\therefore x=0-1=-1$

15. 에탄올 20.0g과 물 40.0g을 함유한 용액에서 에탄올의 몰분율은 약 얼마인가?

① 0.090　② 0.164
③ 0.444　④ 0.896

해설 ㉮ 에탄올(C_2H_5OH) 몰(mol)수 계산 : C_2H_5OH 분자량은 46이다.
$\therefore n_1=\frac{W}{M}=\frac{20.0}{46}=0.434\,\text{mol}$

정답 11. ②　12. ④　13. ②　14. ①　15. ②

㉯ 물(H_2O) 몰(mol)수 계산 : H_2O 분자량은 18이다.

$$\therefore n_2 = \frac{W}{M} = \frac{40.0}{18} = 2.222\,\text{mol}$$

㉰ 에탄올(C_2H_5OH) 몰분율 계산

$$\therefore \text{몰분율} = \frac{\text{성분몰}}{\text{전몰}} = \frac{n_2}{n_1 + n_2}$$

$$= \frac{0.434}{0.434 + 2.222} = 0.1634$$

16. 다음 중 밑줄 친 원자의 산화수 값이 나머지 셋과 다른 하나는?

① $\underline{Cr}_2O_7^{2-}$　② $H_3\underline{P}O_4$

③ $H\underline{N}O_3$　④ $H\underline{Cl}O_3$

해설 산화수 계산 : 화합물을 이루는 각 원자의 산화수 총합은 0이다.

㉮ $\underline{Cr}_2O_7^{2-}$: Cr의 산화수는 x, O 이온의 산화수는 -2이다.

$$\therefore 2x + (-2\times 7) = -2$$

$$\therefore x = \frac{-2-(-2\times 7)}{2} = +6$$

㉯ $H_3\underline{P}O_4$: H의 산화수 +1, P의 산화수 x, O의 산화수 -2이다.

$$\therefore (1\times 3) + x + (-2\times 4) = 0$$

$$\therefore x = (2\times 4) - (1\times 3) = +5$$

㉰ $H\underline{N}O_3$: H의 산화수 +1, N의 산화수 x, O의 산화수 -2이다.

$$\therefore 1 + x + (-2\times 3) = 0$$

$$\therefore x = (2\times 3) - 1 = +5$$

㉱ $H\underline{Cl}O_3$: H의 산화수 +1, Cl의 산화수 x, O의 산화수 -2이다.

$$\therefore 1 + x + (-2\times 3) = 0$$

$$\therefore x = (2\times 3) - 1 = +5$$

17. 어떤 금속(M) 8g을 연소시키니 11.2g의 산화물이 얻어졌다. 이 금속의 원자량이 140이라면 이 산화물의 화학식은?

① M_2O_3　② MO　③ MO_2　④ M_2O_7

해설 ㉮ 반응한 산소의 무게 : 산화물 무게와 금속의 무게 차이에 해당하는 것이 산화물 속의 산소 무게에 해당된다.

∴ 산소 무게=11.2 − 8=3.2g

㉯ 금속(M)의 몰(mol)수 계산

$$\therefore \text{금속 몰수} = \frac{8}{140} = 0.05714\,\text{몰(mol)}$$

㉰ 산소(O)의 몰수 계산 : O의 원자량은 16이다.

$$\therefore \text{산소 몰수} = \frac{3.2}{16} = 0.2\,\text{몰(mol)}$$

㉱ M : O 의 정수비 계산

M : O=0.05714 : 0.2=1 : 3.5=2 : 7

∴ 산화물의 화학식은 M_2O_7이다.

18. 다음 중 전리도가 가장 커지는 경우는?

① 농도와 온도가 일정할 때

② 농도가 진하고, 온도가 높을수록

③ 농도가 묽고, 온도가 높을수록

④ 농도가 진하고, 온도가 낮을수록

해설 ㉮ 전리도 : 녹은 용질의 몰수에 대한 전리된 몰수의 비를 말한다.

㉯ 농도가 묽어짐에 따라 전리도는 커진다.

㉰ 온도가 높아짐에 따라 전리도는 커진다.

19. Rn은 α선 및 β선을 2번씩 방출하고 다음과 같이 변했다. 마지막 Po의 원자번호는 얼마인가? (단, Rn의 원자번호는 86, 원자량은 222이다.)

$$Rn \xrightarrow{\alpha} Po \xrightarrow{\alpha} Pb \xrightarrow{\beta} Bi \xrightarrow{\beta} Po$$

① 78　② 81

③ 84　④ 87

해설 방사선 원소의 붕괴

㉮ α 붕괴 : 원자번호 2 감소, 질량수 4 감소

㉯ β 붕괴 : 원자번호 1 증가, 질량수는 불변

∴ α 붕괴 2회, β 붕괴 2회이다.

∴ Po의 원자번호=86 − (2×2)+(1×2)=84

정답 16. ① 17. ④ 18. ③ 19. ③

20. 어떤 기체의 확산속도가 $SO_2(g)$의 2배이다. 이 기체의 분자량은 얼마인가?

① 8　② 16
③ 32　④ 64

해설 ㉮ 아황산가스(SO_2)의 분자량은 64이다.

㉯ 그레이엄의 확산속도 법칙 $\frac{U_{SO_2}}{U_A} = \sqrt{\frac{M_A}{M_{SO_2}}}$ 에서 어떤 기체(M_A)의 확산속도는 SO_2의 2배이므로

$\frac{1}{2} = \sqrt{\frac{M_A}{M_{SO_2}}}$ 이다.

$\therefore M_A = \left(\frac{1}{2}\right)^2 \times M_{SO_2} = \left(\frac{1}{2}\right)^2 \times 64 = 16$

제2과목 | 화재 예방과 소화 방법

21. 위험물 안전관리법령상 제3류 위험물 중 금수성 물질에 적응성이 있는 소화기는?

① 할로겐화합물 소화기
② 인산염류 분말 소화기
③ 이산화탄소 소화기
④ 탄산수소염류 분말 소화기

해설 제3류 위험물 중 금수성 물질에 적응성이 있는 소화설비[시행규칙 별표17]
㉮ 탄산수소염류 분말소화설비 및 분말소화기
㉯ 건조사
㉰ 팽창질석 또는 팽창진주암

22. 할로겐 화합물 청정소화약제 중 HFC-23의 화학식은?

① CF_3I
② CHF_3
③ $CF_3CH_2CF_3$
④ C_4F_{10}

해설 할로겐 화합물 불활성기체 소화약제 종류 [NFSC 107A 제4조]

소화약제	화학식
FC-3-1-10 퍼플루오로부탄	C_4F_{10}
HCFC BLEND A 하이드로플로로플루오로카본 혼화제	HCFC-123($CHCl_2CF_3$) : 4.75% HCFC-22($CHClF_2$) : 82% HCFC-124($CHClFCF_3$) : 9.5% $C_{10}H_{16}$: 3.75%
HCFC-124 클로로테트라플루오르메탄	$CHClFCF_3$
HFC-125 펜타플루오르에탄	CHF_2CF_3
HFC-227ea 헵타플루오로프로판	CF_3CHFCF_3
HFC-23 트리플루오로메탄	CHF_3
HFC-236fa 헥사플루오로프로판	$CF_3CH_2CF_3$
FIC-1311 트리플루오로이오다이드	CF_3I
IG-01 불연성·불활성기체 혼합가스	Ar
IG-100 불연성·불활성기체 혼합가스	N_2
IG-541 불연성·불활성기체 혼합가스	N_2 : 52%, Ar : 40%, CO_2 : 8%
IG-55 불연성·불활성기체 혼합가스	N_2 : 50%, Ar : 50%
FK-5-1-12 도데카플루오로-2-메틸펜탄-3-원	$CF_3CF_2C(O)CF(CF_3)_2$

정답 20. ② 21. ④ 22. ②

23. 질식효과를 위해 포의 성질로서 갖추어야 할 조건으로 가장 거리가 먼 것은?

① 기화성이 좋을 것
② 부착성이 좋을 것
③ 유동성이 좋을 것
④ 바람 등에 견디고 응집성과 안정성이 있을 것

해설 포말 소화약제의 구비 조건
㉮ 유류 등에 대하여 부착성이 좋을 것
㉯ 유동성이 좋고 열에 의한 센막을 가질 것
㉰ 기름 또는 물보다 가벼울 것
㉱ 바람 등에 견디고 응집성과 안정성이 있을 것
㉲ 독성이 적고, 가격이 저렴할 것

24. 인화성 액체의 화재 분류로 옳은 것은?

① A급 화재　② B급 화재
③ C급 화재　④ D급 화재

해설 화재 종류의 표시

구분	화재 종류	표시색
A급	일반 화재	백색
B급	유류 화재	황색
C급	전기 화재	청색
D급	금속 화재	－

참고 인화성 액체의 화재 분류는 유류 화재에 해당된다.

25. 수소의 공기 중 연소 범위에 가장 가까운 값을 나타내는 것은?

① 2.5～82.0vol%
② 5.3～13.9vol%
③ 4.0～74.5vol%
④ 12.5～55.0vol%

해설 수소(H_2)의 연소범위
㉮ 공기 중 : 4~75vol%
㉯ 산소 중 : 4~94vol%

참고 vol%는 체적(volume) 백분율을 나타내는 것이다.

26. 마그네슘 분말이 이산화탄소 소화약제와 반응하여 생성될 수 있는 유독 기체의 분자량은?

① 28　② 32　③ 40　④ 44

해설 ㉮ 제2류 위험물인 마그네슘(Mg) 분말 화재 시 이산화탄소 소화약제를 사용하면 이산화탄소와 반응하여 탄소(C) 및 유독성이고 가연성인 일산화탄소(CO)가 발생하므로 부적합하다.
㉯ 반응식
$2Mg + CO_2 \rightarrow 2MgO + C$
$Mg + CO_2 \rightarrow MgO + CO\uparrow$

참고 일산화탄소(CO)의 분자량은 28이다.

27. 위험물 안전관리법령상 옥내소화전설비의 설치기준에 따르면 수원의 수량은 옥내소화전이 가장 많이 설치된 층의 옥내소화전 설치개수(설치개수가 5개 이상인 경우는 5개)에 몇 m^3를 곱한 양 이상이 되도록 설치하여야 하는가?

① 2.3　② 2.6　③ 7.8　④13.5

해설 옥내소화전설비의 수원 수량[시행규칙 별표17] : 수원의 수량은 옥내소화전이 가장 많이 설치된 층의 옥내소화전 설치개수(설치개수가 5개 이상인 경우는 5개)에 7.8m^3를 곱한 양 이상이 되도록 설치할 것

28. 물이 일반적인 소화약제로 사용될 수 있는 특징에 대한 설명 중 틀린 것은?

① 증발잠열이 크기 때문에 냉각시키는 데 효과적이다.
② 물을 사용한 봉상수 소화기는 A급, B급 및 C급 화재의 진압에 적응성이 뛰어나다.
③ 비교적 쉽게 구해서 이용이 가능하다.
④ 펌프, 호스 등을 이용하여 이송이 비교적 용이하다.

해설 소화약제로 물의 장점 및 소화효과
㉮ 비열(1kcal/kg·℃)과 기화잠열(539kcal/kg)이 크다.
㉯ 냉각소화에 효과적이다.

정답 23. ①　24. ②　25. ③　26. ①　27. ③　28. ②

㉰ 쉽게 구할 수 있고 비용이 저렴하다.
㉱ 취급이 간편하다.

참고 A급, B급 및 C급 화재의 진압에 적응성이 뛰어난 소화기는 무상강화액 소화기이다.

29. CO_2에 대한 설명으로 옳지 않은 것은?

① 무색, 무취 기체로서 공기보다 무겁다.
② 물에 용해 시 약 알칼리성을 나타낸다.
③ 농도에 따라서 질식을 유발할 위험성이 있다.
④ 상온에서도 압력을 가해 액화시킬 수 있다.

해설 이산화탄소(CO_2)의 특징
㉮ 무색, 무미, 무취의 기체로 공기보다 무겁고 불연성이다.
㉯ 독성이 없지만 과량 존재 시 산소부족으로 질식할 수 있다.
㉰ 비점 −78.5℃로 냉각, 압축에 의하여 액화된다.
㉱ 전기의 불량도체이고, 장기간 저장이 가능하다.
㉲ 소화약제에 의한 오손이 없고, 질식효과와 냉각효과가 있다.
㉳ 자체압력을 이용하므로 압력원이 필요하지 않고 할로겐소화약제보다 경제적이다.

참고 이산화탄소(CO_2)가 물에 녹으면 약산성을 나타낸다.

30. 물리적 소화에 의한 소화효과(소화방법)에 속하지 않는 것은?

① 제거효과 ② 질식효과
③ 냉각효과 ④ 억제효과

해설 소화방법의 분류
㉮ 물리적 소화방법 : 냉각소화, 제거소화, 질식소화
㉯ 화학적 소화방법 : 억제소화(부촉매효과)

31. 위험물 안전관리법령상 간이소화용구(기타 소화설비)인 팽창질석은 삽을 상비한 경우 몇 L가 능력단위 1.0 인가?

① 70L ② 100L ③ 130L ④ 160L

해설 소화설비의 능력단위[시행규칙 별표17]

소화설비 종류	용량	능력단위
소화전용 물통	8L	0.3
수조 (소화전용 물통 3개 포함)	80L	1.5
수조 (소화전용 물통 6개 포함)	190L	2.5
마른모래(삽 1개 포함)	50L	0.5
팽창질석 또는 팽창진주암(삽 1개 포함)	160L	1.0

32. 위험물 안전관리법령상 소화설비의 구분에서 물분무등 소화설비에 속하는 것은?

① 포 소화설비 ② 옥내소화전설비
③ 스프링클러설비 ④ 옥외소화전설비

해설 물분무등 소화설비 종류[시행규칙 별표17]
㉮ 물분무 소화설비
㉯ 포 소화설비
㉰ 불활성가스 소화설비
㉱ 할로겐화합물 소화설비
㉲ 분말 소화설비

33. 가연성 고체 위험물의 화재에 대한 설명으로 틀린 것은?

① 적린과 유황은 물에 의한 냉각소화를 한다.
② 금속분, 철분, 마그네슘이 연소하고 있을 때에는 주수해서는 안 된다.
③ 금속분, 철분, 마그네슘, 황화인은 마른 모래, 팽창질석 등으로 소화를 한다.
④ 금속분, 철분, 마그네슘의 연소 시에는 수소와 유독가스가 발생하므로 충분한 안전거리를 확보해야 한다.

해설 제2류 위험물인 금속분, 철분, 마그네슘의 연소 시에는 많은 열과 산화물이 생성되고, 물과 반응할 때 수소가 발생한다.

2018

정답 29. ② 30. ④ 31. ④ 32. ① 33. ④

34. 과산화칼륨이 다음과 같이 반응하였을 때 공통적으로 포함된 물질(기체)의 종류가 나머지 셋과 다른 하나는?

① 가열하여 열분해하였을 때
② 물(H_2O)과 반응하였을 때
③ 염산(HCl)과 반응하였을 때
④ 이산화탄소(CO_2)와 반응하였을 때

해설 과산화칼륨(K_2O_2)과 반응

㉮ 가열하여 열분해하면 산소(O_2)를 생성한다.
$2K_2O_2 \rightarrow K_2O + O_2 \uparrow$

㉯ 물(H_2O)과 반응하여 산소(O_2)를 생성한다.
$2K_2O_2 + 2H_2O \rightarrow 4KOH + O_2 \uparrow$

㉰ 이산화탄소(CO_2)와 반응하여 산소(O_2)를 생성한다.
$2K_2O_2 + CO_2 \rightarrow 2K_2CO_3 + O_2 \uparrow$

㉱ 아세트산(CH_3COOH)과 반응하여 과산화수소(H_2O_2)를 생성한다.
$K_2O_2 + 2CH_3COOH \rightarrow 2CH_3COOK + H_2O_2 \uparrow$

㉲ 염산(HCl)과 반응하여 과산화수소(H_2O_2)를 생성한다.
$K_2O_2 + 2HCl \rightarrow 2KCl + H_2O_2 \uparrow$

35. 다음 중 보통의 포 소화약제보다 알코올형 포 소화약제가 더 큰 소화효과를 볼 수 있는 대상물질은?

① 경유 ② 메틸알코올
③ 등유 ④ 가솔린

해설 ㉮ 알코올형포(내알코올포) 소화약제 : 알코올과 같은 수용성 액체에는 포가 파괴되는 현상으로 인해 소화효과를 잃게 되는 것을 방지하기 위해 단백질 가스분해물에 합성세제를 혼합하여 제조한 소화약제이다. 메틸알코올과 같은 수용성 인화성 액체의 소화에 적합하다.

㉯ 각 위험물의 성질

품명	성질
경유	비수용성
메틸알코올	수용성
등유	비수용성
가솔린	비수용성

36. 연소의 3요소 중 하나에 해당하는 역할이 나머지 셋과 다른 위험물은?

① 과산화수소
② 과산화나트륨
③ 질산칼륨
④ 황린

해설 ㉮ 각 위험물의 유별 및 성질

품명	유별	성질
과산화수소(H_2O_2)	제6류	산화성 액체
과산화나트륨(Na_2O_2)	제1류	산화성 고체
질산칼륨(KNO_3)	제1류	산화성 고체
황린(P_4)	제3류	자연발화성 물질

㉯ 과산화수소, 과산화나트륨, 질산칼륨은 연소의 3요소 중 산소공급원 역할을 하고, 황린은 가연물 역할을 한다.

37. 위험물 안전관리법령상 전역방출방식 또는 국소방출방식의 불활성가스 소화설비 저장용기의 설치기준으로 틀린 것은?

① 온도가 40℃ 이하이고 온도변화가 적은 장소에 설치할 것
② 저장용기의 외면에 소화약제의 종류와 양, 제조년도 및 제조자를 표시할 것
③ 직사일광 및 빗물이 침투할 우려가 적은 장소에 설치할 것
④ 방호구역 내의 장소에 설치할 것

해설 불활성가스 소화설비 저장용기 설치기준 [세부기준 제134조]

㉮ 방호구역 외의 장소에 설치할 것
㉯ 온도가 40℃ 이하이고 온도변화가 적은 장소에 설치할 것
㉰ 직사일광 및 빗물이 침투할 우려가 적은 장소에 설치할 것
㉱ 저장용기에는 안전장치(용기밸브에 설치되어 있는 것을 포함한다)를 설치할 것
㉲ 저장용기의 외면에 소화약제의 종류와 양, 제조년도 및 제조자를 표시할 것

정답 34. ③ 35. ② 36. ④ 37. ④

38. 칼륨, 나트륨, 탄화칼슘의 공통점으로 옳은 것은?

① 연소 생성물이 동일하다.
② 화재 시 대량의 물로 소화한다.
③ 물과 반응하면 가연성 가스를 발생한다.
④ 위험물 안전관리법령에서 정한 지정수량이 같다.

해설 제3류 위험물이 물과 반응할 때 발생하는 가스

품명	발생 가스
칼륨(K)	가연성 가스 수소(H_2)
나트륨(Na)	가연성 가스 수소(H_2)
탄화칼슘(CaC_2)	가연성 가스 아세틸렌(C_2H_2)

39. 공기포 발포배율을 측정하기 위해 중량 340g, 용량 1800mL의 포 수집 용기에 가득히 포를 채취하여 측정한 용기의 무게가 540g이었다면 발포배율은? (단, 포 수용액의 비중은 1로 가정한다.)

① 3배　② 5배　③ 7배　④ 9배

해설 ㉮ 포 수용액의 비중이 1이므로 수용액 1g은 1mL에 해당되며, 포 수용액의 체적은 포 수집 용기에 포를 채운 무게와 순수한 용기 무게 차이가 된다.
㉯ 발포배율 계산

$$\therefore \text{발포배율} = \frac{\text{포의 체적}}{\text{포 수용액의 체적}} = \frac{1800}{540-340} = 9\text{배}$$

㉰ 발포배율을 팽창비라 하며 포 소화설비의 화재안전기준(NFSC 105)에서, '팽창비란 최종 발생한 포 체적을 원래 포 수용액 체적으로 나눈 값을 말한다.'로 정의하고 있다.

40. 위험물 안전관리법령상 위험물저장소 건축물의 외벽이 내화구조인 것은 연면적 얼마를 1소요단위로 하는가?

① $50m^2$　② $75m^2$
③ $100m^2$　④ $150m^2$

해설 저장소의 건축물 소화설비 소요단위[시행규칙 별표17]
㉮ 외벽이 내화구조인 것 : 연면적 $150m^2$를 1소요단위로 할 것
㉯ 외벽이 내화구조가 아닌 것 : 연면적 $75m^2$를 1소요단위로 할 것

제3과목 | 위험물의 성질과 취급

41. 취급하는 장치가 구리나 마그네슘으로 되어 있을 때 반응을 일으켜서 폭발성의 아세틸라이드를 생성하는 물질은?

① 이황화탄소　② 이소프로필알코올
③ 산화프로필렌　④ 아세톤

해설 산화프로필렌(CH_3CHOCH_2)
㉮ 제4류 위험물 중 특수인화물에 해당된다.
㉯ 산화프로필렌 증기와 액체는 구리, 은, 마그네슘 등의 금속이나 합금과 접촉하면 폭발성인 아세틸라이드를 생성한다.
㉰ 반응식 : $C_3H_6O + 2Cu \rightarrow Cu_2C_2 + CH_4 + H_2O$ (Cu_2C_2 : 동아세틸라이드)

참고 아세트알데히드(CH_3CHO)는 구리, 은, 마그네슘 등 금속과 접촉하면 폭발적으로 반응이 일어난다.

42. 휘발유를 저장하던 이동저장탱크에 탱크의 상부로부터 등유나 경유를 주입할 때 액표면이 주입관의 선단을 넘는 높이가 될 때까지 그 주입관내의 유속을 몇 m/s 이하로 하여야 하는가?

① 1　② 2　③ 3　④ 5

해설 휘발유를 저장하던 이동저장탱크에 등유나 경유를 주입할 때에는 정전기 등에 의한 재해를 방지하기 위하여 주입관 내의 유속을 1m/s 이하로 하여야 한다[시행규칙 별표18].

정답 38. ③　39. ④　40. ④　41. ③　42. ①

43. 과산화벤조일에 대한 설명으로 틀린 것은?

① 벤조일퍼옥사이드라고도 한다.
② 상온에서 고체이다.
③ 산소를 포함하지 않는 환원성 물질이다.
④ 희석제를 첨가하여 폭발성을 낮출 수 있다.

해설 과산화벤조일[$(C_6H_5CO)_2O_2$: 벤조일퍼옥사이드]

㉮ 제5류 위험물 중 유기과산화물에 해당되며 지정수량은 10kg이다.
㉯ 무색, 무미의 결정 고체로 물에는 잘 녹지 않으나 알코올에는 약간 녹는다.
㉰ 상온에서 안정하며, 강한 산화작용이 있다.
㉱ 가열하면 100℃ 부근에서 백색 연기를 내며 분해한다.
㉲ 빛, 열, 충격, 마찰 등에 의해 폭발의 위험이 있다.
㉳ 강한 산화성 물질로 진한 황산, 질산, 초산 등과 접촉하면 화재나 폭발의 우려가 있다.
㉴ 수분의 흡수나 불활성 희석제(프탈산디메틸, 프탈산디부틸)의 첨가에 의해 폭발성을 낮출 수도 있다.
㉵ 비중(25℃) 1.33, 융점 103~105℃(분해온도), 발화점 125℃이다.

44. 이황화탄소를 물속에 저장하는 이유로 가장 타당한 것은?

① 공기와 접촉하면 즉시 폭발하므로
② 가연성 증기의 발생을 방지하므로
③ 온도의 상승을 방지하므로
④ 불순물을 물에 용해시키므로

해설 이황화탄소(CS_2)는 물보다 무겁고 물에 녹기 어려우므로 물(수조) 속에 저장하여 가연성 증기의 발생을 억제한다.

참고 이황화탄소는 제4류 위험물 중 특수인화물에 해당되며 무색, 투명한 휘발성 액체로 연소범위가 1.25~44%이다.

45. 다음 중 황린의 연소생성물은?

① 삼황화인 ② 인화수소
③ 오산화인 ④ 오황화인

해설 황린(P_4)이 연소할 때 유독성의 오산화인(P_2O_5)이 발생하면서 백색 연기가 난다.

$P_4 + 5O_2 \rightarrow 2P_2O_5 \uparrow$

46. 위험물 안전관리법령상 위험물의 지정수량이 틀리게 짝지어진 것은?

① 황화인 : 50kg ② 적린 : 100kg
③ 철분 : 500kg ④ 금속분 : 500kg

해설 제2류 위험물 종류 및 지정수량

품명	지정수량
황화인, 적린, 유황	100kg
철분, 금속분, 마그네슘	500kg
인화성 고체	1000kg
그 밖에 행정안전부령으로 정하는 것	100kg 또는 500kg

47. 다음 중 요오드값이 가장 작은 것은?

① 아마인유 ② 들기름
③ 정어리기름 ④ 야자유

해설 요오드값에 따른 동식물유류의 분류 및 종류

구분	요오드값	종류
건성유	130 이상	들기름, 아마인유, 해바라기유, 오동유
반건성유	100~130 미만	목화씨유, 참기름, 채종유
불건성유	100 미만	땅콩기름(낙화생유), 올리브유, 피마자유, 야자유, 동백유

48. 다음 제4류 위험물 중 연소범위가 가장 넓은 것은?

① 아세트알데히드
② 산화프로필렌
③ 휘발유
④ 아세톤

정답 43. ③ 44. ② 45. ③ 46. ① 47. ④ 48. ①

해설 제4류 위험물의 공기 중 연소범위

품명	폭발범위
아세트알데히드(CH_3CHO)	4.1~57%
산화프로필렌(CH_3CHOCH_2)	2.1~38.5%
휘발유	1.4~7.6%
아세톤(CH_3COCH_3)	2.6~12.8%

49. 다음 위험물 중 보호액으로 물을 사용하는 것은?

① 황린 ② 적린
③ 루비튬 ④ 오황화인

해설 위험물과 보호액

품명	유별	보호액
이황화탄소(CS_2)	제4류	물
황린(P_4)	제3류	물
칼륨(K), 나트륨(Na)	제3류	등유, 경유, 유동파라핀
니트로셀룰로오스	제5류	물 20%, 알코올 30%로 습윤시킴

50. 다음 위험물의 지정수량 배수의 총합은?

- 휘발유 : 2000L
- 경유 : 4000L
- 등유 : 40000L

① 18 ② 32
③ 46 ④ 54

해설 ㉮ 제4류 위험물 지정수량

품명		지정수량
휘발유	제1석유류(비수용성)	200L
경유	제2석유류(비수용성)	1000L
등유	제2석유류(비수용성)	1000L

㉯ 지정수량 배수의 합 계산 : 지정수량 배수의 합은 각 위험물량을 지정수량으로 나눈 값의 합이다.

∴ 지정수량 배수의 합

$$= \frac{\text{A 위험물량}}{\text{지정수량}} + \frac{\text{B 위험물량}}{\text{지정수량}} + \frac{\text{C 위험물량}}{\text{지정수량}}$$

$$= \frac{2000}{200} + \frac{4000}{1000} + \frac{40000}{1000} = 54$$

51. 위험물 안전관리법령상 옥내저장소의 안전거리를 두지 않을 수 있는 경우는?

① 지정수량 20배 이상의 동식물유류
② 지정수량 20배 미만의 특수인화물
③ 지정수량 20배 미만의 제4석유류
④ 지정수량 20배 이상의 제5류 위험물

해설 옥내저장소 안전거리 제외 대상

㉮ 제4석유류 또는 동식물유류의 위험물을 저장 또는 취급하는 옥내저장소로서 그 최대수량이 지정수량의 20배 미만인 것
㉯ 제6류 위험물을 저장 또는 취급하는 옥내 저장소
㉰ 지정수량의 20배(하나의 저장창고의 바닥면적이 150m² 이하인 경우에는 50배) 이하의 위험물을 저장 또는 취급하는 옥내 저장소로서 다음의 기준에 적합한 것
㉠ 저장창고의 벽·기둥·바닥·보 및 지붕이 내화구조인 것
㉡ 저장창고의 출입구에 수시로 열 수 있는 자동폐쇄방식의 갑종방화문이 설치되어 있을 것
㉢ 저장창고에 창을 설치하지 아니할 것

52. 질산염류의 일반적인 성질에 대한 설명으로 옳은 것은?

① 무색 액체이다.
② 물에 잘 녹는다.
③ 물에 녹을 때 흡열반응을 나타내는 물질은 없다.
④ 과염소산염류보다 충격, 가열에 불안정하여 위험성이 크다.

해설 질산염류의 일반적인 성질

㉮ 제1류 위험물에 해당되고 지정수량 300kg이다.

2018

정답 49. ① 50. ④ 51. ③ 52. ②

㉯ 질산칼륨(KNO_3), 질산나트륨($NaNO_3$), 질산암모늄(NH_4NO_3) 외에도 여러 종류가 있다.
㉰ 무색, 무취의 백색 결정 또는 분말이 대부분이다.
㉱ 물에 잘 녹고 질산암모늄은 물에 녹을 때 흡열반응을 나타낸다.
㉲ 충격, 가열로 폭발할 수 있지만 과염소산염류보다는 위험성이 작다.

53. 위험물 안전관리법령에 따른 질산에 대한 설명으로 틀린 것은?

① 지정수량은 300kg이다.
② 위험등급은 Ⅰ이다.
③ 농도가 36wt% 이상인 것에 한하여 위험물로 간주된다.
④ 운반 시 제1류 위험물과 혼재할 수 있다.

해설 질산(HNO_3)의 특징
㉮ 제6류 위험물로 지정수량 300kg, 위험등급 Ⅰ이다.
㉯ 질산은 그 비중이 1.49 이상인 것에 한하며, 산화성 액체의 성상이 있는 것으로 본다.
㉰ 운반 시 혼재할 수 있는 위험물은 제1류 위험물만 가능하다.
㉱ 저장할 때 가연물과의 접촉·혼합이나 분해를 촉진하는 물품과의 접근 또는 과열을 피하여야 한다.
㉲ 운반용기 외부에는 "가연물접촉주의"라는 주의사항을 표시한다.

참고 ③번 항목은 과산화수소(H_2O_2)에 해당되는 규정이다.

54. 과산화수소 용액의 분해를 방지하기 위한 방법으로 가장 거리가 먼 것은?

① 햇빛을 차단한다.
② 암모니아를 가한다.
③ 인산을 가한다.
④ 요산을 가한다.

해설 과산화수소(H_2O_2) 용액의 분해 방지 방법
㉮ 열, 햇빛에 의해서 쉽게 분해하여 산소를 방출하므로 직사광선을 피한다.
㉯ 인산(H_3PO_4), 요산($C_5H_4N_4O_3$)과 같은 안정제를 가한다.
㉰ 알칼리 용액에서는 급격히 분해하므로 접촉을 피한다.

55. 다음 중 금속칼륨의 보호액으로 적당하지 않은 것은?

① 유동파라핀
② 등유
③ 경유
④ 에탄올

해설 위험물과 보호액

품명	유별	보호액
이황화탄소(CS_2)	제4류	물
황린(P_4)	제3류	물
칼륨(K), 나트륨(Na)	제3류	등유, 경유, 유동파라핀
니트로셀룰로오스	제5류	물 20%, 알코올 30%로 습윤시킴

56. 휘발유의 일반적인 성질에 대한 설명으로 틀린 것은?

① 인화점은 0℃ 보다 낮다.
② 액체비중은 1보다 작다.
③ 증기비중은 1보다 작다.
④ 연소범위는 약 1.4~7.6%이다.

해설 휘발유의 성질

구분	성질
발화점	300℃
인화점	-20~-43℃
액비중	0.65~0.8
증기 비중	3~4
연소범위	1.4~7.6%

정답 53. ③ 54. ② 55. ④ 56. ③

57. 인화칼슘이 물과 반응하였을 때 발생하는 기체는?

① 수소 ② 산소
③ 포스핀 ④ 포스겐

해설 인화칼슘(Ca_3P_2) : 인화석회
㉮ 제3류 위험물 중 금속의 인화물로 지정수량 300kg이다.
㉯ 물(H_2O), 산(HCl : 염산)과 반응하여 유독한 인화수소(PH_3 : 포스핀)를 발생시킨다.
㉰ 반응식
$Ca_3P_2 + 6H_2O \rightarrow 3Ca(OH)_2 + 2PH_3 \uparrow$
$Ca_3P_2 + 6HCl \rightarrow 3CaCl_2 + 2PH_3 \uparrow$

참고 포스핀(PH_3 : 인화수소)과 포스겐($COCl_2$)은 성질이 다른 물질이므로 구별하기 바랍니다.

58. 위험물 안전관리법령에서 정한 지정수량이 가장 작은 것은?

① 염소산염류
② 브롬산염류
③ 니트로화합물
④ 금속의 인화물

해설 각 위험물의 유별 및 지정수량

품명	유별	지정수량
염소산염류	제1류 위험물	50kg
브롬산염류	제1류 위험물	300kg
니트로화합물	제5류 위험물	200kg
금속의 인화물	제3류 위험물	300kg

59. 다음 중 발화점이 가장 높은 것은?

① 등유 ② 벤젠
③ 디에틸에테르 ④ 휘발유

해설 제4류 위험물의 발화점

품명		발화점
등유	제2석유류	254℃
벤젠	제1석유류	562℃
디에틸에테르	특수인화물	180℃
휘발유	제1석유류	300℃

60. 제조소에서 위험물을 취급함에 있어서 정전기를 유효하게 제거할 수 있는 방법으로 가장 거리가 먼 것은?

① 접지에 의한 방법
② 공기 중의 상대습도를 70% 이상으로 하는 방법
③ 공기를 이온화하는 방법
④ 부도체 재료를 사용하는 방법

해설 정전기 제거설비 설치[시행규칙 별표4] : 위험물을 취급함에 있어서 정전기가 발생할 우려가 있는 설비에는 다음 중 하나에 해당하는 방법으로 정전기를 유효하게 제거할 수 있는 설비를 설치하여야 한다.
㉮ 접지에 의한 방법
㉯ 공기 중 상대습도를 70% 이상으로 하는 방법
㉰ 공기를 이온화하는 방법

2018

정답 57. ③ 58. ① 59. ② 60. ④

제2회(2018. 4. 28 시행)

제1과목 | 일반 화학

1. A는 B이온과 반응하나 C이온과는 반응하지 않고, D는 C이온과 반응한다고 할 때 A, B, C, D의 환원력 세기를 큰 것부터 차례대로 나타낸 것은? (단, A, B, C, D는 모두 금속이다.)

① A>B>C>D　② D>C>A>B
③ C>D>B>A　④ B>A>C>D

해설 이온의 환원력 세기 비교
㉮ A는 B이온과 반응한다. : A>B
㉯ A는 C이온과 반응하지 않는다. : A<C
㉰ D는 C이온과 반응한다. : D>C
㉱ 각 이온의 환원력 세기 : D>C>A>B

2. 1패러데이(Faraday)의 전기량으로 물을 전기분해하였을 때 생성되는 기체 중 산소 기체는 0℃, 1기압에서 몇 L 인가?

① 5.6　② 11.2　③ 22.4　④ 44.8

해설 ㉮ 물(H_2O)의 전기분해 반응식
$2H_2O \rightarrow 2H_2 + O_2$
㉯ 산소 석출량(g) 계산

$$\therefore \text{석출량(g)} = \frac{\text{원자량}}{\text{원자가}} \times \text{패럿수} = \frac{16}{2} \times 1 = 8\text{g}$$

㉰ 산소량(g)을 표준상태(0℃, 1기압 상태)의 체적으로 계산
32g : 22.4L = 8g : xL

$$\therefore x = \frac{8 \times 22.4}{32} = 5.6\text{L}$$

3. 메탄에 직접 염소를 작용시켜 클로로포름을 만드는 반응을 무엇이라 하는가?

① 환원반응　② 부가반응
③ 치환반응　④ 탈수소반응

해설 ㉮ 치환반응은 화합물 속의 원자, 이온, 기 등이 다른 원자, 이온, 기 등과 바뀌는 반응이다.
㉯ 클로로포름($CHCl_3$)은 메탄(CH_4)의 수소 3개를 직접 염소(Cl_2)로 치환한 화합물이다.

4. 다음 물질 중 감광성이 가장 큰 것은?

① HgO　② CuO
③ $NaNO_3$　④ AgCl

해설 감광성 : 빛을 흡수하여 그 에너지를 원하는 반응물에 전달할 수 있는 물질을 사용하여 반응을 유도하는 과정으로 쉽게 이용할 수 없는 특정한 파장의 광원을 필요로 하는 반응에 쓰인다. 일반적으로 할로겐 원소(F, Cl, Br, I)와 은(Ag)과의 화합물인 플루오르화은(AgF), 염화은(AgCl), 브롬화은(AgBr), 요오드화은(AgI) 등이 감광성이 높다.

5. 산성 산화물에 해당하는 것은?

① BaO　② CO_2　③ CaO　④ MgO

해설 산화물의 종류
㉮ 산성 산화물 : 비금속 산화물로 이산화탄소(CO_2), 이산화황(SO_2) 등
㉯ 염기성 산화물 : 금속 산화물로 산화망간(MgO), 산화칼슘(CaO), 산화나트륨(Na_2O), 산화구리(CuO) 등
㉰ 양쪽성 산화물 : 아연(Zn), 알루미늄(Al), 주석(Sn), 납(Pb) 등의 산화물 → ZnO, Al_2O_3, SnO, PbO, Sb_2O_3

6. 배수비례의 법칙이 적용 가능한 화합물을 옳게 나열한 것은?

① CO, CO_2　② HNO_3, HNO_2
③ H_2SO_4, H_2SO_3　④ O_2, O_3

해설 ㉮ 배수 비례의 법칙 : A, B 두 종류의 원소

정답 1. ②　2. ①　3. ③　4. ④　5. ②　6. ①

가 반응하여 두 가지 이상의 화합물을 만들 때 한 원소 A의 일정량과 결합하는 B원소의 질량들 사이에는 간단한 정수비가 성립한다.

㈏ 배수비례의 법칙이 적용되는 예 : 질소 산화물 중 아산화질소(N_2O), 일산화질소(NO), 삼산화질소(N_2O_3), 이산화질소(NO_2), 오산화이질소(N_2O_5)에서 14g의 질소(N) 원소와 결합하는 산소의 질량은 차례대로 8g, 16g, 24g, 32g, 40g이다. 따라서 일정질량의 질소와 결합하는 산소의 질량비는 1 : 2 : 3 : 4 : 5의 정수비가 성립한다.

㈐ CO, CO_2의 경우 일정질량의 탄소(C)와 결합하는 산소(O)의 질량비는 1 : 2, SO_2, SO_3의 경우 일정질량의 황(S)과 결합하는 산소(O)의 질량비 1 : 1.5이다.

7. 엿당을 포도당으로 변화시키는 데 필요한 효소는?

① 말타아제 ② 아밀라아제
③ 지마아제 ④ 리파아제

해설 말타아제(maltase) : 엿당(맥아당)을 2분자의 포도당으로 가수분해하는 효소이다.

8. 다음 중 가수분해가 되지 않는 염은?

① NaCl ② NH_4Cl
③ CH_3COONa ④ CH_3COONH_4

해설 ㉮ 염의 가수분해 : 염이 물에 녹아 산과 염기로 되는 현상으로 강산과 강염기로 생긴 염은 가수분해가 되지 않는다.
㈏ 가수분해가 되지 않는 염 : NaCl, KNO_3, $BaCl_2$

9. 다음의 반응 중 평형상태가 압력의 영향을 받지 않는 것은?

① $N_2 + O_2 \leftrightarrow 2NO$
② $NH_3 + HCl \leftrightarrow NH_4Cl$
③ $2CO + O_2 \leftrightarrow 2CO_2$
④ $2NO_2 \leftrightarrow N_2O_4$

해설 평형상태에서 압력의 영향 : 가압하면 기체의 부피가 감소(몰수가 감소)하는 방향으로 진행한다. 감압하면 기체의 부피가 증가(몰수가 증가)하는 방향으로 진행한다.

참고 ①번 반응의 경우 정반응과 역반응의 몰수가 동일하므로 압력의 영향을 받지 않는다.

10. 공업적으로 에틸렌을 $PdCl_2$ 촉매하에 산화시킬 때 주로 생성되는 물질은?

① CH_3OCH_3 ② CH_3CHO
③ HCOOH ④ C_3H_7OH

해설 아세트알데히드(CH_3CHO) : 에틸렌(C_2H_4)을 염화팔라듐($PdCl_2$)을 촉매로 하여 산화시켜 공업적으로 얻는 대표적인 알데히드이다.

11. 다음과 같은 전자배치를 갖는 원자 A와 B에 대한 설명으로 옳은 것은?

A : $1S^2\ 2S^2\ 2P^6\ 3S^2$
B : $1S^2\ 2S^2\ 2P^6\ 3S^1\ 3P^1$

① A와 B는 다른 종류의 원자이다.
② A는 홑 원자이고, B는 이원자 상태인 것을 알 수 있다.
③ A와 B는 동위원소로서 전자배열이 다르다.
④ A에서 B로 변할 때 에너지를 흡수한다.

해설 각 항목의 옳은 설명
① A와 B는 한 종류의 원자이고, 해당 원소는 원자번호 12인 Mg이다.
② A는 L껍질에 두 개의 전자를 갖고, B는 3s 오비탈에 있던 전자 1개가 3p 오비탈로 전이한 상태로 쌓음의 원리에 맞지 않아 들뜬 상태이다.
③ A와 B는 원자번호 12인 Mg이다.

참고 ④번 항목이 옳은 설명이며, A에서 B로 변할 때 에너지를 흡수하는 이유는 B는 3s 오비탈에 있던 전자 1개가 3p 오비탈로 전이하기 때문이다.

2018

정답 7. ① 8. ① 9. ① 10. ② 11. ④

12. 1N-NaOH 100mL 수용액으로 10wt% 수용액을 만들려고 할 때의 방법으로 다음 중 가장 적합한 것은?

① 36mL의 증류수 혼합
② 40mL의 증류수 혼합
③ 60mL의 수분 증발
④ 64mL의 수분 증발

해설 ㉮ 1N-NaOH 100mL 수용액 중의 NaOH 질량 계산 : NaOH의 당량수=1(eq/mol)이다.

$$\therefore \text{NaOH 질량} = \text{N} \times \text{수용액량} \times \frac{\left(\dfrac{\text{분자량}}{\text{원자가}}\right)}{\text{당량}}$$

$$= \frac{1(\text{eq})}{1\text{L}} \times 0.1 \times \frac{\dfrac{40}{1}}{1} = 4\,\text{g}$$

㉯ 10wt% 수용액 중에 용매(물)의 양 계산

$$\%\text{농도} = \frac{\text{용질}}{\text{용매}+\text{용질}} \times 100 \text{에서}$$

$$\text{용매}+\text{용질} = \frac{\text{용질}}{\%\text{농도}} \times 100$$

$$\therefore \text{용매} = \left(\frac{\text{용질}}{\%\text{농도}} \times 100\right) - \text{용질}$$

$$= \left(\frac{4}{10} \times 100\right) - 4 = 36\,\text{g}$$

∴ 물의 비중은 1이므로 36g=36mL이다. 즉, 현재 남아 있는 물의 양이 36mL이므로 수용액 100mL에서 64mL의 수분을 증발시켜야 한다.

참고 수용액의 밀도를 1g/mL로 가정하여 계산하면 ③번이 나올 수 있어 논란이 될 수 있는 문제임

13. 다음 반응식에 관한 사항 중 옳은 것은?

$$SO_2 + 2H_2S \rightarrow 2H_2O + 3S$$

① SO_2는 산화제로 작용
② H_2S는 산화제로 작용
③ SO_2는 촉매로 작용
④ H_2S는 촉매로 작용

해설 (1) 산화제가 될 수 있는 물질

㉮ 산소를 내기 쉬운 물질
㉯ 수소와 화합하기 쉬운 물질
㉰ 전자를 받기 쉬운 물질
㉱ 발생기의 산소를 내는 물질

(2) 주요 산화제 종류 : 오존(O_3), 과산화수소(H_2O_2), 염소(Cl_2), 브롬(Br_2), 질산(HNO_3), 황산(H_2SO_4)

(3) 반응에서 산화제와 환원제 : 이산화황(SO_2)는 산소를 잃어 환원되므로 산화제로, 황화수소(H_2S)는 환원제로 작용하고 있다.

참고 SO_2의 경우 환원시키는 능력이 더 큰 H_2S와 반응할 때는 산화제로 작용하지만, 산화시키는 능력이 더 큰 O_2, Cl_2 등과 반응할 때는 환원제로 작용한다.

14. 주기율표에서 3주기 원소들의 일반적인 물리, 화학적 성질 중 오른쪽으로 갈수록 감소하는 성질로만 이루어진 것은?

① 비금속성, 전자 흡수성, 이온화 에너지
② 금속성, 전자 방출성, 원자반지름
③ 비금속성, 이온화 에너지, 전자친화도
④ 전자친화도, 전자 흡수성, 원자반지름

해설 원소의 주기적 성질

구분	같은 주기에서 원자번호가 증가할수록	같은 족에서 원자번호가 증가할수록
원자반지름	감소	증가
이온화 에너지	증가	감소
이온반지름	감소	증가
전기음성도	증가	감소
비금속성	증가	감소

㉮ 주기율표에서 같은 주기에서 오른쪽으로 간다는 것은 원자번호가 증가하는 것이다. 원자번호가 증가할 때 비금속성이 증가하므로 반대로 금속성은 감소한다.

㉯ 같은 주기에서 원자번호가 증가할 때 전자 방출성은 감소한다[전자를 주기 쉬운 원소(1족, 2족의 금속)는 왼쪽에, 전자를 받아들이기 쉬

정답 12. ④ 13. ① 14. ②

운 원소(16족, 17족의 비금속)는 오른쪽에 있다].

15. 30wt%인 진한 HCl의 비중은 1.1이다. 진한 HCl의 몰농도는 얼마인가? (단, HCl의 화학식량은 36.5이다.)

① 7.21 ② 9.04 ③ 11.36 ④ 13.08

해설 ㉮ 진한 염산(HCl)의 분자량은 36.5이다.

㉯ 퍼센트 농도를 몰 농도로 환산

$$\therefore M\text{농도} = \frac{\text{용액의 비중} \times 1000}{\text{용질의 분자량}} \times \frac{\%\text{농도}}{100}$$

$$= \frac{1.1 \times 1000}{36.5} \times \frac{30}{100} = 9.041$$

16. 방사성 원소에서 방출되는 방사선 중 전기장의 영향을 받지 않아 휘어지지 않는 선은?

① α선 ② β선
③ γ선 ④ α, β, γ선

해설 방사선의 종류 및 특징

㉮ α선(α-ray) : (+)전기를 띤 헬륨의 원자핵으로 질량수는 4이다. 투과력은 약해 공기 중에서도 수 cm 정도 통과한다.

㉯ β선(β-ray) : 광속에 가까운 전자의 흐름으로 (-)전기를 띠고, 투과력은 α선보다 세다.

㉰ γ선(γ-ray) : α선, β선 같은 입자의 흐름이 아니며, X선 같은 일종의 전자기파로서 투과력이 가장 세다. 전기장, 자기장에 의해 휘어지지 않는다.

17. 다음 중 산성염으로만 나열된 것은?

① $NaHSO_4$, $Ca(HCO_3)_2$
② $Ca(OH)Cl$, $Cu(OH)Cl$
③ $NaCl$, $Cu(OH)Cl$
④ $Ca(OH)Cl$, $CaCl_2$

해설 산성염 : 산의 수소 원자(H) 일부가 금속으로 치환된 염이다.

㉮ $H_2SO_4 \rightarrow NaHSO_4$, $KHSO_4$

㉯ $H_3PO_4 \rightarrow NaH_2PO_4$

㉰ $H_2CO_3 \rightarrow NaHCO_3$, $Ca(HCO_3)_2$

18. 어떤 기체의 확산속도는 SO_2의 2배이다. 이 기체의 분자량은 얼마인가? (단, SO_2의 분자량은 64이다.)

① 4 ② 8
③ 16 ④ 32

해설 ㉮ 아황산가스(SO_2)의 분자량은 64이다.

㉯ 그레이엄의 확산속도 법칙 $\frac{U_{SO_2}}{U_A} = \sqrt{\frac{M_A}{M_{SO_2}}}$ 에서 어떤 기체(M_A)의 확산속도는 SO_2의 2배이므로

$\frac{1}{2} = \sqrt{\frac{M_A}{M_{SO_2}}}$ 이다.

$$\therefore M_A = \left(\frac{1}{2}\right)^2 \times M_{SO_2} = \left(\frac{1}{2}\right)^2 \times 64 = 16$$

19. 물의 끓는점을 높이기 위한 방법으로 가장 타당한 것은?

① 순수한 물을 끓인다.
② 물을 저으면서 끓인다.
③ 감압 하에 끓인다.
④ 밀폐된 그릇에서 끓인다.

해설 압력이 상승하면 비등점이 높아지므로 물의 끓는점을 높이기 위해서는 압력솥과 같은 밀폐된 그릇에서 끓인다.

20. 한 분자 내에 배위결합과 이온결합을 동시에 가지고 있는 것은?

① NH_4Cl ② C_6H_6
③ CH_3OH ④ $NaCl$

해설 ㉮ 배위결합 : 비공유 원자쌍을 가지고 있는 원자가 다른 이온이나 원자에게 이를 제공하여 공유결합이 형성되는 결합으로 $(NH_4)^+$, H_3O^+에서 나타난다.

㉯ 이온결합 : 전자를 주기 쉬운 원소(1족, 2족의 금속)와 전자를 받아들이기 쉬운 원소(16족, 17족의 비금속) 사이에 이온 결합이 형성된다.

정답 15. ② 16. ③ 17. ① 18. ③ 19. ④ 20. ①

참고 염화암모늄(NH_4Cl)은 NH_3와 H^+과의 결합이 배위결합이고, $(NH_4)^+$와 Cl^-과의 결합이 이온결합이다.

제2과목 | 화재 예방과 소화 방법

21. 어떤 가연물의 착화에너지가 24cal일 때 이것을 일 에너지의 단위로 환산하면 약 몇 Joule인가?

① 24 ② 42 ③ 84 ④ 100

해설 1cal=약 4.185J에 해당된다.

∴ 24cal×4.185=100.32J

22. 위험물제조소등에 옥내소화전설비를 압력수조를 이용한 가압송수장치로 설치하는 경우 압력수조의 최소압력은 몇 MPa인가? (단, 소방용 호스의 마찰손실수두압은 3.2MPa, 배관의 마찰손실수두압은 2.2MPa, 낙차의 환산수두압은 1.79MPa이다.)

① 5.4 ② 3.99

③ 7.19 ④ 7.54

해설 $P = P_1 + P_2 + P_3 + 0.35\,\text{MPa}$

$= 3.2 + 2.2 + 1.79 + 0.35 = 7.54\,\text{MPa}$

참고 옥내소화전설비 압력수조를 이용한 가압송수장치 기준[세부기준 제129조]

㉮ 압력수조의 압력 계산식

$P = P_1 + P_2 + P_3 + 0.35\,\text{MPa}$

여기서, P : 필요한 압력(MPa)

P_1 : 소방용호스의 마찰손실수두압(MPa)

P_2 : 배관의 마찰손실수두압(MPa)

P_3 : 낙차의 환산수두압(MPa)

㉯ 압력수조의 수량은 당해 압력수조 체적의 $\frac{2}{3}$ 이하일 것

㉰ 압력수조에는 압력계, 수위계, 배수관, 보급수관, 통기관 및 맨홀을 설치할 것

23. 디에틸에테르 2000L와 아세톤 4000L를 옥내저장소에 저장하고 있다면 총 소요단위는 얼마인가?

① 5 ② 6 ③ 50 ④ 60

해설 ㉮ 디에틸에테르 : 제4류 위험물 중 특수인화물로 지정수량은 50L이다.

㉯ 아세톤 : 제4류 위험물 중 제1석유류(수용성)로 지정수량은 400L이다.

㉰ 지정수량의 10배를 1소요단위로 하며, 위험물이 2종류 이상을 함께 저장하는 경우 각각 소요단위를 계산하여 합산한다.

∴ 소요단위

$= \frac{\text{A 저장량}}{\text{지정수량} \times 10} + \frac{\text{B 저장량}}{\text{지정수량} \times 10}$

$= \frac{2000}{50 \times 10} + \frac{4000}{400 \times 10} = 5$

24. 연소 이론에 대한 설명으로 가장 거리가 먼 것은?

① 착화온도는 낮을수록 위험하다.

② 인화점이 낮을수록 위험성이 크다.

③ 인화점이 낮은 물질은 착화점도 낮다.

④ 폭발한계가 넓을수록 위험성이 크다.

해설 ㉮ 인화점 : 가연성 물질이 공기 중에서 점화원에 의하여 연소할 수 있는 최저온도이다.

㉯ 착화점(착화온도) : 가연성 물질이 공기 중에서 온도를 상승시킬 때 점화원 없이 스스로 연소를 개시할 수 있는 최저의 온도로 발화점, 발화온도라 한다.

참고 착화점은 인화점에 따른 것이 아니라 각 물질의 특성에 따라 인화점과 관계없이 나타난다.

참고 위험물의 화재 위험성

㉮ 인화점이 낮을수록 위험하다.

㉯ 착화점이 낮을수록 위험하다.

㉰ 착화에너지가 작을수록 위험하다.

㉱ 열전도율이 작을수록 위험하다.

㉲ 연소열이 클수록 위험하다.

㉳ 연소범위(폭발한계)가 넓을수록 위험하다.

㉴ 연소속도가 클수록 위험하다.

정답 21. ④ 22. ④ 23. ① 24. ③

25. 위험물 안전관리법령상 염소산염류에 대해 적응성이 있는 소화설비는?

① 탄산수소염류 분말 소화설비
② 포 소화설비
③ 불활성가스 소화설비
④ 할로겐화합물 소화설비

해설 제1류 위험물 중 염소산염류에 적응성이 있는 소화설비[시행규칙 별표 17]
㉮ 옥내소화전 또는 옥외소화전설비
㉯ 스프링클러설비
㉰ 물분무 소화설비
㉱ 포 소화설비
㉲ 봉상수 소화기, 무상수 소화기, 봉상강화액소화기, 무상강화액 소화기, 포 소화기, 인산염류 소화기
㉳ 물통 또는 건조사, 건조사, 팽창질석 또는 팽창진주암

참고 소화설비 적응성에서 염소산염류는 제1류 위험물 중 '알칼리 금속 과산화물등' 외의 '그 밖의 것'에 해당된다.

26. 분말 소화약제의 착색 색상으로 옳은 것은?

① $NH_4H_2PO_4$: 담홍색
② $NH_4H_2PO_4$: 백색
③ $KHCO_3$: 담홍색
④ $KHCO_3$: 백색

해설 분말 소화약제의 종류 및 착색상태

종류	주성분	착색
제1종 분말	탄산수소나트륨 ($NaHCO_3$)	백색
제2종 분말	탄산수소칼륨 ($KHCO_3$)	담회색
제3종 분말	제1인산암모늄 ($NH_4H_2PO_4$)	담홍색
제4종 분말	탄산수소칼륨+요소 [$KHCO_3+(NH_2)_2CO$]	회색

27. 불활성가스 소화설비에 의한 소화적응성이 없는 것은?

① $C_3H_5(ONO_2)_3$　② $C_6H_4(CH_3)_2$
③ CH_3COCH_3　④ $C_2H_5OC_2H_5$

해설 ㉮ 각 위험물의 유별 및 불활성가스 소화설비 적응성 비교

품명	유별	적응성
니트로글리세린 [$C_3H_5(ONO_2)_3$]	제5류 위험물 질산에스테르류	×
크실렌 [$C_6H_4(CH_3)_2$]	제4류 위험물 제2석유류 (비수용성)	○
아세톤 (CH_3COCH_3)	제4류 위험물 제1석유류 (수용성)	○
에테르 ($C_2H_5OC_2H_5$)	제4류 위험물 특수인화물	○

㉯ 제5류 위험물은 자기연소를 하기 때문에 불활성가스 소화설비에 의한 질식소화는 곤란하고, 다량의 물에 의한 냉각소화가 효과적이다.

28. 벤젠에 관한 일반적 성질로 틀린 것은?

① 무색, 투명한 휘발성 액체로 증기는 마취성과 독성이 있다.
② 불을 붙이면 그을음을 많이 내고 연소한다.
③ 겨울철에는 응고하여 인화의 위험이 없지만, 상온에서는 액체 상태로 인화의 위험이 높다.
④ 진한 황산과 질산으로 니트로화시키면 니트로벤젠이 된다.

해설 벤젠(C_6H_6)의 특징
㉮ 제4류 위험물 중 제1석유류에 해당되며 지정수량은 200L이다.
㉯ 무색, 투명한 휘발성이 강한 액체로 증기는 마취성과 독성이 있다.
㉰ 분자량 78의 방향족 유기화합물로 증기는 공기보다 무겁고 독특한 냄새가 있다.
㉱ 물에는 녹지 않으나 알코올, 에테르 등 유기용제와 잘 섞이고 수지, 유지, 고무 등을 잘

정답 25. ② 26. ① 27. ① 28. ③

녹인다.

㉤ 불을 붙이면 그을음(C)을 많이 내면서 연소한다.

㉥ 융점이 5.5℃로 겨울철 찬 곳에서 고체가 되는 현상이 발생한다.

㉦ 액비중 0.88(증기비중 2.7), 비점 80.1℃, 발화점 562.2℃, 인화점 -11.1℃, 융점 5.5℃, 연소범위 1.4~7.1%이다.

참고 벤젠은 융점이 5.5℃로 겨울철 찬 곳에서 고체가 되는 현상이 발생하지만 인화점이 -11.1℃로 점화원이 있으면 인화의 위험성이 있다.

29. 다음은 위험물 안전관리법령상 위험물제조소등에 설치하는 옥내소화전설비의 설치표시기준 중 일부이다. (   )에 알맞은 수치를 차례대로 옳게 나타낸 것은?

> 옥내소화전함은 상부의 벽면에 적색의 표시등을 설치하되, 당해 표시등의 부착면과 (   ) 이상의 각도가 되는 방향으로 (   ) 떨어진 곳에서 용이하게 식별이 가능하도록 할 것

① 5°, 5m ② 5°, 10m
③ 15°, 5m ④ 15°, 10m

해설 옥내소화전설비 설치의 표시[세부기준 제129조]

㉮ 옥내소화전함에는 그 표면에 "소화전"이라고 표시할 것

㉯ 옥내소화전함의 상부의 벽면에 적색의 표시등을 설치하되, 당해 표시등의 부착면과 15° 이상의 각도가 되는 방향으로 10m 떨어진 곳에서 용이하게 식별이 가능하도록 할 것

30. 벤조일퍼옥사이드의 화재 예방 상 주의사항에 대한 설명 중 틀린 것은?

① 열, 충격 및 마찰에 의해 폭발할 수 있으므로 주의한다.
② 진한 질산, 진한 황산과의 접촉을 피한다.
③ 비활성의 희석제를 첨가하면 폭발성을 낮출 수 있다.
④ 수분과 접촉하면 폭발의 위험이 있으므로 주의한다.

해설 벤조일퍼옥사이드[$(C_6H_5CO)_2O_2$: 과산화벤조일]

㉮ 제5류 위험물 중 유기과산화물에 해당되며 지정수량은 10kg이다.

㉯ 무색, 무미의 결정 고체로 물에는 잘 녹지 않으나 알코올에는 약간 녹는다.

㉰ 상온에서 안정하며, 강한 산화작용이 있다.

㉱ 가열하면 100℃ 부근에서 백색 연기를 내며 분해한다.

㉲ 빛, 열, 충격, 마찰 등에 의해 폭발의 위험이 있다.

㉳ 강한 산화성 물질로 진한 황산, 질산, 초산 등과 접촉하면 화재나 폭발의 우려가 있다.

㉴ 수분의 흡수나 불활성 희석제(프탈산디메틸, 프탈산디부틸)의 첨가에 의해 폭발성을 낮출 수도 있다.

㉵ 비중(25℃) 1.33, 융점 103~105℃(분해온도), 발화점 125℃이다.

31. 전역방출방식의 할로겐화물 소화설비의 분사헤드에서 Halon 1211을 방사하는 경우의 방사압력은 얼마 이상으로 하여야 하는가?

① 0.1MPa ② 0.2MPa
③ 0.5MPa ④ 0.9MPa

해설 전역방출방식 분사헤드의 압력[세부기준 제135조]

㉮ 다이브로모테트라플루오로에탄(할론 2402) : 0.1MPa 이상

㉯ 브로모클로로다이플루오로메탄(할론 1211) : 0.2MPa 이상

㉰ 브로모트라이플루오로메탄(할론 1301) : 0.9MPa 이상

㉱ 트라이플루오로메탄(HFC-23) : 0.9MPa 이상

㉲ 펜타플루오로에탄(HFC-125) : 0.9MPa 이상

㉳ 헵타플루오로프로판(HFC-227ea), 도데카플

정답 29. ④ 30. ④ 31. ②

루오로-2-메틸펜탄-3-원(FK-5-1-12) : 0.3MPa 이상

32. 이산화탄소 소화약제의 소화작용을 옳게 나열한 것은?

① 질식소화, 부촉매소화
② 부촉매소화, 제거소화
③ 부촉매소화, 냉각소화
④ 질식소화, 냉각소화

해설 이산화탄소 소화약제의 주된 소화작용은 질식소화이며, 냉각소화의 효과도 일부 있다.

33. 금속나트륨이 연소 시 소화방법으로 가장 적절한 것은?

① 팽창질석을 사용하여 소화한다.
② 분무상의 물을 뿌려 소화한다.
③ 이산화탄소를 방사하여 소화한다.
④ 물로 적신 헝겊으로 피복하여 소화한다.

해설 제3류 위험물 중 금수성 물질에 적응성이 있는 소화설비[시행규칙 별표17]
㉮ 탄산수소염류 분말 소화설비 및 분말 소화기
㉯ 건조사
㉰ 팽창질석 또는 팽창진주암

참고 금속나트륨(Na)은 제3류 위험물 금수성 물질에 해당된다.

34. 이산화탄소 소화기에 대한 설명으로 옳은 것은?

① C급 화재에는 적응성이 없다.
② 다량의 물질이 연소하는 A급 화재에 가장 효과적이다.
③ 밀폐되지 않은 공간에서 사용할 때 가장 소화효과가 좋다.
④ 방출용 동력이 별도로 필요치 않다.

해설 이산화탄소 소화기의 특징
㉮ 많은 가연성 물질이 연소하는 A급 화재에는 효과가 적으나, 가연물이 소량이고 그 표면만을 연소할 때, 밀폐된 공간에서는 산소 억제에 효과가 있다.
㉯ 소규모의 인화성 액체 화재(B급 화재)나 부전도성의 소화제를 필요로 하는 전기설비 화재(C급 화재)에 그 효력이 크다.
㉰ 전기 절연성이 공기보다 1.2배 정도 우수하고, 피연소물에 피해를 주지 않아 소화 후 증거보존에 유리하다.
㉱ 방사거리가 짧아 화점에 접근하여 사용하여야 하며, 금속분에는 연소면 확대로 사용을 제한한다.
㉲ 소화 효과는 질식효과와 냉각효과에 의한다.
㉳ 독성이 없지만 밀폐된 공간에서 과량 존재 시 산소부족으로 질식할 수 있다.
㉴ 소화약제의 동결, 부패, 변질의 우려가 적다.
㉵ 자체압력을 이용하므로 압력원이 필요하지 않고 할로겐 소화약제보다 경제적이다.

35. 위험물 안전관리법령상 제5류 위험물에 적응성이 있는 소화설비는?

① 분말을 방사하는 대형소화기
② CO_2를 방사하는 소형소화기
③ 할로겐화합물을 방사하는 대형소화기
④ 스프링클러설비

해설 제5류 위험물에 적응성이 있는 소화설비[시행규칙 별표17]
㉮ 옥내소화전 또는 옥외소화전설비
㉯ 스프링클러설비
㉰ 물분무 소화설비
㉱ 포 소화설비
㉲ 봉상수(棒狀水) 소화기
㉳ 무상수(霧狀水) 소화기
㉴ 봉상강화액 소화기
㉵ 무상강화액 소화기
㉶ 포 소화기
㉷ 물통 또는 건조사
㉸ 건조사
㉹ 팽창질석 또는 팽창진주암

정답 32. ④ 33. ① 34. ④ 35. ④

36. 다음 중 자연발화의 원인으로 가장 거리가 먼 것은?

① 기화열에 의한 발열
② 산화열에 의한 발열
③ 분해열에 의한 발열
④ 흡착열에 의한 발열

해설 자연발화의 형태
㉮ 분해열에 의한 발열 : 과산화수소, 염소산칼륨, 셀룰로이드류 등
㉯ 산화열에 의한 발열 : 건성유, 원면, 고무분말 등
㉰ 중합열에 의한 발열 : 시안화수소, 산화에틸렌, 염화비닐 등
㉱ 흡착열에 의한 발열 : 활성탄, 목탄 분말 등
㉲ 미생물에 의한 발열 : 먼지, 퇴비 등

37. 과산화나트륨 저장소에서 화재가 발생하였다. 과산화나트륨을 고려하였을 때 다음 중 가장 적합한 소화약제는?

① 포 소화약제
② 할로겐화합물
③ 건조사
④ 물

해설 과산화나트륨(Na_2O_2 : 과산화소다)
㉮ 제1류 위험물 중 무기과산화물에 해당되며, 지정수량은 50kg이다.
㉯ 물과 격렬히 반응하여 많은 열과 함께 산소(O_2)를 발생하기 때문에 화재를 확대시킴으로 주수소화는 금지한다.
$2Na_2O_2 + 2H_2O \rightarrow 4NaOH + O_2 \uparrow + Q$[kcal]
㉰ 화재 시 가장 적합한 소화약제는 건조사, 팽창질석 또는 팽창진주암 등에 질식소화가 효과적이다.

38. 10℃의 물 2g을 100℃의 수증기로 만드는 데 필요한 열량은?

① 180cal ② 340cal
③ 719cal ④ 1258cal

해설 ㉮ 10℃ 물을 100℃ 물로 변화 : 현열 → 물의 비열은 1cal/g·℃이다.
$\therefore Q_1 = G \times C \times \Delta t$
$= 2 \times 1 \times (100 - 10) = 180\,\text{cal}$
㉯ 100℃물을 100℃ 수증기로 변화 : 잠열 → 물의 증발잠열은 539cal/g이다.
$\therefore Q_2 = G \times \gamma = 2 \times 539 = 1078\,\text{cal}$
㉰ 필요한 총 열량 계산
$\therefore Q = Q_1 + Q_2 = 180 + 1078 = 1258\,\text{cal}$

39. 위험물 안전관리법령상 마른모래(삽 1개 포함) 50L의 능력단위는?

① 0.3 ② 0.5
③ 1.0 ④ 1.5

해설 소화설비의 능력단위[시행규칙 별표17]

소화설비 종류	용량	능력단위
소화전용 물통	8L	0.3
수조 (소화전용 물통 3개 포함)	80L	1.5
수조 (소화전용 물통 6개 포함)	190L	2.5
마른모래(삽 1개 포함)	50L	0.5
팽창질석 또는 팽창진주암(삽 1개 포함)	160L	1.0

40. 불활성가스 소화약제 중 IG-541의 구성성분이 아닌 것은?

① N_2 ② Ar
③ Ne ④ CO_2

해설 불활성가스 소화설비 명칭에 따른 용량비 [세부기준 제134조]

명칭	용량비
IG-100	질소 100%
IG-55	질소 50%, 아르곤 50%
IG-541	질소 52%, 아르곤 40%, 이산화탄소 8%

정답 36. ① 37. ③ 38. ④ 39. ② 40. ③

제3과목 | 위험물의 성질과 취급

41. 위험물 안전관리법령상 위험물의 운반에 관한 기준에 따르면 위험물은 규정에 의한 운반용기에 법령에서 정한 기준에 따라 수납하여 적재하여야 한다. 다음 중 적용 예외의 경우에 해당하는 것은? (단, 지정수량의 2배인 경우이며, 위험물을 동일구내에 있는 제조소등의 상호간에 운반하기 위하여 적재하는 경우는 제외한다.)

① 덩어리 상태의 유황을 운반하기 위하여 적재하는 경우
② 금속분을 운반하기 위하여 적재하는 경우
③ 삼산화크롬을 운반하기 위하여 적재하는 경우
④ 염소산나트륨을 운반하기 위하여 적재하는 경우

해설 위험물을 운반할 때 용기에 수납하여 적재하는 규정에서 제외되는 경우[시행규칙 별표19]
㉮ 덩어리 상태의 유황을 운반하기 위하여 적재하는 경우
㉯ 위험물을 동일구내에 있는 제조소등의 상호간에 운반하기 위하여 적재하는 경우

42. 제4류 위험물인 동식물유류의 취급 방법이 잘못된 것은?

① 액체의 누설을 방지하여야 한다.
② 화기접촉에 의한 인화에 주의하여야 한다.
③ 아마인유는 섬유 등에 흡수되어 있으면 매우 안정하므로 취급하기 편리하다.
④ 가열할 때 증기는 인화되지 않도록 조치하여야 한다.

해설 ㉮ 요오드값에 따른 동식물유류의 분류 및 종류

구분	요오드값	종류
건성유	130 이상	들기름, 아마인유, 해바라기유, 오동유
반건성유	100~130 미만	목화씨유, 참기름, 채종유
불건성유	100 미만	땅콩기름(낙화생유), 올리브유, 피마자유, 야자유, 동백유

㉯ 아마인유는 요오드값이 130 이상인 건성유이므로 불포화도가 크고, 불포화결합이 많이 포함되어 있어 자연발화를 일으키기 쉽다.

43. 다음 중 메탄올의 연소범위에 가장 가까운 것은?

① 약 1.4~5.6vol%
② 약 7.3~ 36vol%
③ 약 20.3~66vol%
④ 약 42.0~77vol%

해설 알코올류의 공기 중에서 연소범위

품명	연소범위
메틸알코올 (CH_3OH : 메탄올)	7.3~36%
에틸알코올 (C_2H_5OH : 에탄올)	4.3~19%
이소프로필알코올 [$(CH_3)_2CHOH$]	2.0~12%

44. 금속 과산화물을 묽은 산에 반응시켜 생성되는 물질로서 석유와 벤젠에 불용성이고, 표백작용과 살균작용을 하는 것은?

① 과산화나트륨　② 과산화수소
③ 과산화벤조일　④ 과산화칼륨

해설 과산화수소(H_2O_2) 특징
㉮ 제6류 위험물로 지정수량 300kg이다.
㉯ 순수한 것은 점성이 있는 무색의 액체이나 양이 많을 경우에는 청색을 나타낸다.
㉰ 강한 산화성이 있고 물, 알코올, 에테르 등에는 용해하지만 석유, 벤젠에는 녹지 않는다.

정답 41. ① 42. ③ 43. ② 44. ②

㉣ 분해되기 쉬워 안정제[인산(H_3PO_4), 요산($C_5H_4N_4O_3$)]를 가한다.
㉤ 용기는 밀전하면 안 되고, 구멍이 뚫린 마개를 사용하며, 누설되었을 때는 다량의 물로 씻어낸다.
㉥ 표백제, 살균 소독제, 고농도의 것은 로켓연료에 사용한다.

45. 연소범위가 약 2.5~38.5vol%로 구리, 은, 마그네슘과 접촉 시 아세틸라이드를 생성하는 물질은?

① 아세트알데히드 ② 알킬알루미늄
③ 산화프로필렌 ④ 콜로디온

해설 산화프로필렌(CH_3CHOCH_2) 특징
㉮ 제4류 위험물 중 특수인화물에 해당된다.
㉯ 산화프로필렌 증기와 액체는 구리, 은, 마그네슘 등의 금속이나 합금과 접촉하면 폭발성인 아세틸라이드를 생성한다.
㉰ 반응식 : $C_3H_6O + 2Cu \rightarrow Cu_2C_2 + CH_4 + H_2O$ (Cu_2C_2 : 동아세틸라이드)
㉱ 액비중 0.83(증기비중 2.0), 비점 34℃, 인화점 −37℃, 발화점 465℃, 연소범위 2.1~38.5%이다.

참고 연소범위는 측정하는 조건에 따라 차이가 발생할 수 있는 것을 감안하여야 한다.

참고 아세트알데히드(CH_3CHO)는 구리, 은, 마그네슘 등 금속과 접촉하면 폭발적으로 반응이 일어난다.

46. 제5류 위험물 제조소에 설치하는 표지 및 주의사항을 표시한 게시판의 바탕 색상을 각각 옳게 나타낸 것은?

① 표지 : 백색,
주의사항을 표시한 게시판 : 백색
② 표지 : 백색,
주의사항을 표시한 게시판 : 적색
③ 표지 : 적색,
주의사항을 표시한 게시판 : 백색
④ 표지 : 적색,
주의사항을 표시한 게시판 : 적색

해설 ㉮ 위험물제조소의 표지 설치[시행규칙 별표4]
㉠ 제조소에는 보기 쉬운 곳에 "위험물 제조소"라는 표시를 한 표지를 설치한다.
㉡ 크기 : 한 변의 길이가 0.3m 이상, 다른 한 변의 길이가 0.6m 이상인 직사각형
㉢ 색상 : 백색 바탕에 흑색 문자
㉯ 위험물제조소 주의사항 게시판[시행규칙 별표4]

위험물의 종류	내용	색상
• 제1류 위험물 중 알칼리 금속의 과산화물 • 제3류 위험물 중 금수성 물질	"물기엄금"	청색 바탕에 백색 문자
• 제2류 위험물(인화성 고체 제외)	"화기주의"	적색 바탕에 백색 문자
• 제2류 위험물 중 인화성 고체 • 제3류 위험물 중 자연발화성 물질 • 제4류 위험물 • 제5류 위험물	"화기엄"	

47. 최대 아세톤 150톤을 옥외탱크저장소에 저장할 경우 보유공지의 너비는 몇 m 이상으로 하여야 하는가? (단, 아세톤의 비중은 0.76이다.)

① 3 ② 5
③ 9 ④ 12

해설 ㉮ 아세톤(CH_3COCH_3) : 제4류 위험물 중 제1석유류(수용성)에 해당되며 지정수량은 400L이다.
㉯ 아세톤 150톤을 체적(L)으로 환산

$$\therefore 체적(L) = \frac{무게(kg)}{액비중} = \frac{150 \times 10^3}{0.79} = 189873.417L$$

㉰ 지정수량의 배수 계산

$$\therefore \text{지정수량 배수} = \frac{\text{최대 저장량}}{\text{지정수량}} = \frac{189873.417}{400} = 474.683 \text{배}$$

㉣ 옥외탱크저장소의 보유공지 기준[시행규칙 별표6]

저장 또는 취급하는 위험물의 최대수량	공지의 너비
지정수량의 500배 이하	3m 이상
지정수량의 500배 초과 1000배 이하	5m 이상
지정수량의 1000배 초과 2000배 이하	9m 이상
지정수량의 2000배 초과 3000배 이하	12m 이상
지정수량의 3000배 초과 4000배 이하	15m 이상

참고 지정수량의 4000배 초과의 경우 당해 탱크의 수평단면의 최대지름(횡형인 경우에는 긴 변)과 높이 중 큰 것과 같은 거리 이상. 다만, 30m 초과의 경우에는 30m 이상으로 할 수 있고, 15m 미만의 경우에는 15m 이상으로 하여야 한다.

∴ 보유공지 너비는 3m 이상으로 하여야 한다.

48. 위험물이 물과 접촉하였을 때 발생하는 기체를 옳게 연결한 것은?

① 인화칼슘 – 포스핀
② 과산화칼륨 – 아세틸렌
③ 나트륨 – 산소
④ 탄화칼슘 – 수소

해설 물과 접촉하였을 때 발생하는 기체

품명	유별	특성
인화칼슘(Ca_3P_2)	제3류	인화수소(PH_3)
과산화칼륨(K_2O_2)	제1류	산소(O_2)
나트륨(Na)	제3류	수소(H_2)
탄화칼슘(CaC_2)	제3류	아세틸렌(C_2H_2)

49. 다음 위험물 중 물에 가장 잘 녹는 것은?

① 적린 ② 황
③ 벤젠 ④ 아세톤

해설 각 위험물의 물에 대한 용해성

품명	유별	용해성
적린(P)	제2류	녹지 않는다.
황(S)	제2류	녹지 않는다.
벤젠(C_6H_6)	제4류	녹지 않는다.
아세톤(CH_3COCH_3)	제4류	녹는다.

50. 다음 위험물 중 가열 시 분해온도가 가장 낮은 것은?

① $KClO_3$ ② Na_2O_2
③ NH_4ClO_4 ④ KNO_3

해설 제1류 위험물의 분해온도

품명	분해온도
염소산칼륨($KClO_3$)	400℃
과산화나트륨(Na_2O_2)	460℃
과염소산암모늄(NH_4ClO_4)	130℃
질산칼륨(KNO_3)	400℃

51. 제5류 위험물 중 니트로화합물에서 니트로기(nitro group)를 옳게 나타낸 것은?

① –NO ② $-NO_2$
③ $-NO_3$ ④ $-NON_3$

해설 니트로화합물은 유기화합물의 수소 원자(H)가 니트로기($-NO_2$)로 치환된 화합물로 피크르산[$C_6H_2(NO_2)_3OH$], 트리니트로톨루엔[$C_6H_2CH_3(NO_2)_3$: TNT]이 대표적이다.

해설 작용기 종류

명칭	작용기
니트로소기	–NO
니트로기	$-NO_2$
질산기	$-NO_3$
아미노기	$-NH_2$
아조기	–N=N–

정답 48. ① 49. ④ 50. ③ 51. ②

52. 다음 2가지 물질을 혼합하였을 때 그로 인한 발화 또는 폭발의 위험성이 가장 낮은 것은?

① 아염소산나트륨과 티오황산나트륨
② 질산과 이황화탄소
③ 아세트산과 과산화나트륨
④ 나트륨과 등유

해설 제3류 위험물인 나트륨(Na)은 산화를 방지하기 위해 등유, 경유, 유동파라핀에 넣어 저장한다.

53. 황린이 자연발화하기 쉬운 가장 큰 이유는?

① 끓는점이 낮고 증기의 비중이 작기 때문에
② 산소와 결합력이 강하고 착화온도가 낮기 때문에
③ 녹는점이 낮고 상온에서 액체로 되어 있기 때문에
④ 인화점이 낮고 가연성 물질이기 때문에

해설 제3류 위험물인 황린은 산소와 결합력이 강하고 착화온도(발화온도)가 34℃로 낮아 자연발화의 위험성이 크기 때문에 물속에 저장한다.

54. 위험물 안전관리법령에 따른 위험물 저장기준으로 틀린 것은?

① 이동탱크저장소에는 설치허가증과 운송허가증을 비치하여야 한다.
② 지하저장탱크의 주된 밸브는 위험물을 넣거나 빼낼 때 외에는 폐쇄하여야 한다.
③ 아세트알데히드를 저장하는 이동저장탱크에는 탱크 안에 불활성가스를 봉입하여야 한다.
④ 옥외저장탱크 주위에 설치된 방유제의 내부에 물이나 유류가 괴었을 경우에는 즉시 배출하여야 한다.

해설 이동탱크저장소에는 당해 이동탱크저장소의 완공검사필증 및 정기점검기록을 비치하여야 한다[시행규칙 별표18].

55. 위험물의 저장 및 취급에 대한 설명으로 틀린 것은?

① H_2O_2 : 직사광선을 차단하고 찬 곳에 저장한다.
② MgO_2 : 습기의 존재 하에서 산소를 발생하므로 특히 방습에 주의한다.
③ $NaNO_3$: 조해성이 있으므로 습기에 주의한다.
④ K_2O_2 : 물과 반응하지 않으므로 물속에 저장한다.

해설 제1류 위험물 중 무기과산화물인 과산화칼륨(K_2O_2)은 물과 접촉하면 산소(O_2)를 발생하므로 용기에 물과 습기가 들어가지 않도록 밀전, 밀봉하여 저장한다.

56. 위험물 안전관리법령상 제5류 위험물 중 질산에스테르류에 해당하는 것은?

① 니트로벤젠
② 니트로셀룰로오스
③ 트리니트로페놀
④ 트리니트로톨루엔

해설 제5류 위험물 중 질산에스테르류의 종류
㉮ 니트로셀룰로오스($[C_6H_7O_2(ONO_2)_3]_n$)
㉯ 질산에틸($C_2H_5ONO_2$)
㉰ 질산메틸(CH_3ONO_2)
㉱ 니트로글리세린($C_3H_5(ONO_2)_3$)
㉲ 니트로글리콜($C_2H_4(ONO_2)_2$)
㉳ 셀룰로이드류

57. 옥내저장소에서 위험물 용기를 겹쳐 쌓는 경우에 있어서 제4류 위험물 중 제3석유류만을 수납하는 용기를 겹쳐 쌓을 수 있는 높이는 최대 몇 m 인가?

① 3 ② 4 ③ 5 ④ 6

해설 옥내저장소 저장 기준[시행규칙 별표18] : 옥내저장소에서 위험물을 저장하는 경우에는 다음 규정에 의한 높이를 초과하여 용기를 겹쳐 쌓지 아니하여야 한다.

정답 52. ④ 53. ② 54. ① 55. ④ 56. ② 57. ②

㉮ 기계에 의하여 하역하는 구조로 된 용기만을 겹쳐 쌓는 경우에는 6m
㉯ 제4류 위험물 중 제3석유류, 제4석유류 및 동식물유류를 수납하는 용기만을 겹쳐 쌓는 경우에는 4m
㉰ 그 밖의 경우에는 3m

58. 연면적 $1000m^2$이고 외벽이 내화구조인 위험물취급소의 소화설비 소요단위는 얼마인가?

① 5 ② 10
③ 20 ④ 100

해설 제조소 또는 취급소의 건축물 소화설비 소요단위 계산[시행규칙 별표17]
㉮ 외벽이 내화구조인 것 : 연면적 $100m^2$를 1소요단위로 할 것
㉯ 외벽이 내화구조가 아닌 것 : 연면적 $50m^2$를 1소요단위로 할 것

$$\therefore 소요단위 = \frac{건축물\ 연면적}{1소요단위\ 면적} = \frac{1000}{100} = 10\,단위$$

59. 다음 중 물에 대한 용해도가 가장 낮은 물질은?

① $NaClO_3$ ② $NaClO_4$
③ $KClO_4$ ④ NH_4ClO_4

해설 제1류 위험물의 물에 대한 용해도
㉮ 과염소산칼륨($KClO_4$)은 물에 녹지 않는다.
㉯ 염소산나트륨($NaClO_3$), 과염소산나트륨($NaClO_4$), 과염소산암모늄(NH_4ClO_4)은 물에 잘 녹는 성질을 가지고 있다.

참고 물에 잘 녹지 않는 과염소산칼륨($KClO_4$)이 제1류 위험물 4가지 중 용해도가 가장 낮다.

60. 위험물 안전관리법령상 다음 [보기]의 ( ) 안에 알맞은 수치는?

보기
이동저장탱크로부터 위험물을 저장 또는 취급하는 탱크에 인화점이 ( )℃ 미만인 위험물을 주입할 때에는 이동탱크저장소의 원동기를 정지시킬 것

① 40 ② 50
③ 60 ④ 70

해설 이동탱크저장소에서의 취급 기준[시행규칙 별표18]
㉮ 이동저장탱크로부터 위험물을 저장 또는 취급하는 탱크에 액체의 위험물을 주입할 경우에는 그 탱크의 주입구에 이동저장탱크의 주입호스를 견고하게 결합할 것
㉯ 이동저장탱크로부터 액체위험물을 용기에 옮겨 담지 아니할 것
㉰ 이동저장탱크로부터 위험물을 저장 또는 취급하는 탱크에 인화점이 40℃ 미만인 위험물을 주입할 때에는 이동탱크저장소의 원동기를 정지시킬 것
㉱ 이동저장탱크로부터 직접 위험물을 자동차의 연료탱크에 주입하지 말 것

2018

정답 58. ② 59. ③ 60. ①

제4회(2018. 9. 15 시행)

제1과목 | 일반 화학

1. 물 450g에 NaOH 80g이 녹아 있는 용액에서 NaOH의 몰분율은? (단, Na의 원자량은 23이다.)

① 0.074 ② 0.178
③ 0.200 ④ 0.450

해설 ㉮ 물(H_2O) 몰(mol)수 계산 : 물(H_2O) 분자량은 18이다.

$$\therefore n_1 = \frac{W}{M} = \frac{450}{18} = 25\,\text{mol}$$

㉯ NaOH(가성소다) 몰(mol)수 계산 : NaOH 분자량은 40이다.

$$\therefore n_2 = \frac{W}{M} = \frac{80}{40} = 2\,\text{mol}$$

㉰ NaOH 몰분율 계산

$$\therefore \text{몰분율} = \frac{\text{성분몰}}{\text{전몰}} = \frac{n_2}{n_1 + n_2} = \frac{2}{25+2} = 0.074$$

2. 다음 할로겐족 분자 중 수소와의 반응성이 가장 높은 것은?

① Br_2 ② F_2 ③ Cl_2 ④ I_2

해설 할로겐족 화합물의 성질

㉮ 할로겐족 분자의 반응성 : $F_2 > Cl_2 > Br_2 > I_2$

㉯ 할로겐화수소 수용액의 산성의 세기 : $HI > HBr > HCl > HF$

3. 1몰의 질소와 3몰의 수소를 촉매와 같이 용기 속에 밀폐하고 일정한 온도로 유지하였더니 반응물질의 50%가 암모니아로 변하였다. 이 때의 압력은 최초 압력의 몇 배가 되는가? (단, 용기의 부피는 변하지 않는다.)

① 0.5 ② 0.75
③ 1.25 ④ 변하지 않는다.

해설 ㉮ 암모니아(NH_3) 합성 반응식

$N_2 + 3H_2 \rightarrow 2NH_3$

㉯ 반응 전의 몰수 합 : 질소 1몰+수소 3몰=4몰

㉰ 50% 반응 시 질소 0.5몰, 수소 1.5몰이 반응하여 생성된 암모니아는 반응식에서 생성된 암모니아 2몰의 50% 만큼 생성되는 것이므로 1몰이 생성된다. 그러므로 반응 전후 합계 몰수는 3몰이 된다.

㉱ 50% 반응 후 압력 계산 : 이상기체 상태방정식

$PV = nRT$에서 반응 전의 상태를 $P_1 V_1 = n_1 R_1 T_1$으로 놓고, 반응 후의 상태를 $P_2 V_2 = n_2 R_2 T_2$놓고 식을 세우면 다음과 같다.

$$\therefore \frac{P_2 V_2}{P_1 V_1} = \frac{n_2 R_2 T_2}{n_1 R_1 T_1} \text{ 에서}$$

$V_1 = V_2$, $R_1 = R_2$, $T_1 = T_2$이다.

$$\therefore P_2 = \frac{n_2}{n_1} \times P_1 = \frac{3}{4} \times P_1 = 0.75\,P_1$$

㉲ 질소와 수소가 50% 반응하여 암모니아가 생성되었을 때의 압력의 최초 압력(P_1)의 0.75배이다.

4. 다음 pH값에서 알칼리성이 가장 큰 것은?

① pH=1 ② pH=6
③ pH=8 ④ pH=13

해설 pH와 액성과의 관계 : pH값 1~14에서 중간값인 7이 중성이고, 7보다 작을수록 산성이 강하고, 7보다 클수록 알칼리성이 강하다.

㉮ 산성 : $pH < 7$

㉯ 중성 : $pH = 7$

㉰ 알칼리성 : $pH > 7$

5. 다음 화합물 가운데 환원성이 없는 것은?

① 젖당 ② 과당 ③ 설탕 ④ 엿당

정답 1. ① 2. ② 3. ② 4. ④ 5. ③

해설 당(sugar, 糖)류의 환원성 비교

구분	분자식	화합물명	환원성
단당류	$C_6H_{12}O_6$	포도당	○
		과당	○
		갈락토오스	○
이당류	$C_{12}H_{22}O_{11}$	설탕	×
		맥아당(엿당)	○
		젖당	○
다당류	$(C_6H_{10}O_5)_n$	녹말(전분)	×
		셀룰로오스	×
		글리코겐	×

㉮ 환원성이 있는 것 : 포도당, 과당, 갈락토오스, 맥아당(엿당), 젖당 등
㉯ 환원성이 없는 것 : 설탕, 녹말, 셀룰로오스, 글리코겐 등

6. 주기율표에서 제2주기에 있는 원소 중 왼쪽에서 오른쪽으로 갈수록 감소하는 것은?

① 원자핵의 하전량 ② 원자가 전자의 수
③ 원자 반지름 ④ 전자껍질의 수

해설 원소의 주기적 성질

구분	같은 주기에서 원자번호가 증가할수록	같은 족에서 원자번호가 증가할수록
원자반지름	감소	증가
이온화 에너지	증가	감소
이온반지름	감소	증가
전기음성도	증가	감소
비금속성	증가	감소

참고 '원자번호=양성자수=중성원자의 전자수'이므로 원자번호가 증가하는 것은 전자수가 증가하는 것과 같다.

7. 95wt% 황산의 비중은 1.84이다. 이 황산의 몰 농도는 약 얼마인가?

① 8.9 ② 9.4 ③ 17.8 ④ 18.8

해설 ㉮ 황산(H_2SO_4)의 분자량은 98이다.
㉯ 퍼센트 농도를 몰 농도로 환산

$$\therefore M\text{농도} = \frac{\text{용액의 비중} \times 1000}{\text{용질의 분자량}} \times \frac{\%\text{농도}}{100} = \frac{1.84 \times 1000}{98} \times \frac{95}{100} = 17.836$$

8. 우유의 pH는 25℃에서 6.4이다. 우유 속의 수소 이온 농도는?

① 1.98×10^{-7}M ② 2.98×10^{-7}M
③ 3.98×10^{-7}M ④ 4.98×10^{-7}M

해설 pH6.4인 우유의 수소 이온 농도
$\therefore [H^+] = 1 \times 10^{-6.4} = 3.98 \times 10^{-7}$M

9. 20개의 양성자와 20개의 중성자를 가지고 있는 것은?

① Zr ② Ca
③ Ne ④ Zn

해설 ㉮ '원자번호=양성자수=중성원자의 전자수'이므로 양성자 20개인 원소는 원자번호 20이다.
∴ 원자번호 20에 해당하는 것은 칼슘(Ca) 원소이다.
㉯ 칼슘의 질량수 계산
∴ 질량수=양성자수+중성자수
=20+20=40

10. 벤젠의 유도체인 TNT의 구조식을 옳게 나타낸 것은?

① CH_3, O_2N, NO_2, NO_2
② OH, O_2N, NO_2, NO_2
③ NH_2, O_2N, NO_2, NO_2
④ SO_3H, O_2N, NO_2, NO_2

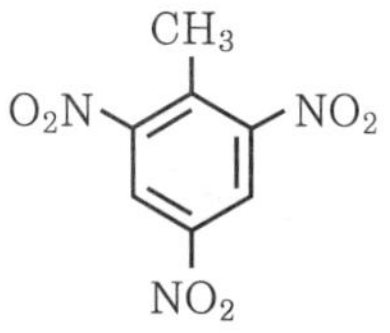

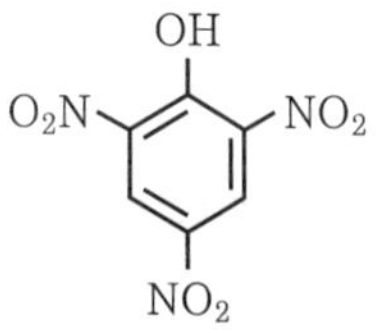

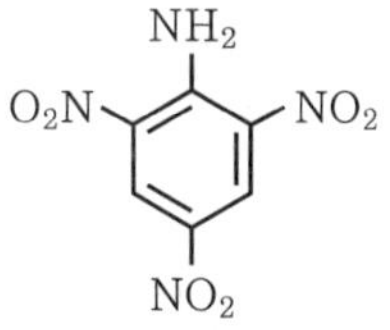

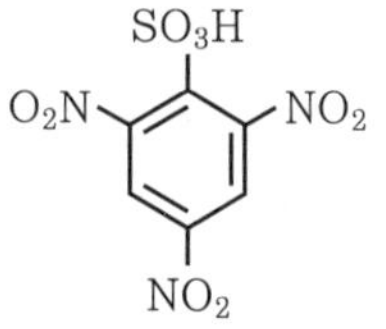

정답 6. ③ 7. ③ 8. ③ 9. ② 10. ①

해설 각 항목의 명칭
① TNT[트리니트로 톨루엔 : $C_6H_2CH_3(NO_2)_3$]
② 피크르산[트리니트로 페놀 : $C_6H_2OH(NO_2)_3$]

11. 다음 물질 중 동소체의 관계가 아닌 것은?

① 흑연과 다이아몬드
② 산소와 오존
③ 수소와 중수소
④ 황린과 적린

해설 ㉮ 동소체 : 같은 종류의 원소로 구성되어 있지만 그 원자의 결합 방법이나 배열 상태가 달라서 성질이 다른 물질을 말하며, 같은 종류의 원소로 구성된 분자에 국한하여 사용된다.
㉯ 동소체에 해당되는 것

성분원소	동소체
탄소(C)	숯, 흑연, 다이아몬드, 금강석, 활성탄
산소(O)	산소(O_2) 오존(O_3)
인(P)	황린(P_4), 적린(P_4)
황(S)	사방황, 단사황, 고무상황

㉰ 수소와 중수소 : 원자번호(양성자수)는 같지만 중성자수가 서로 달라서 질량이 다르며, 이와 같은 것을 동위 원소라 한다.

구분	수소 $\left({}^1_1H\right)$	중수소 $\left({}^2_1H\right)$	3중 수소 $\left({}^3_1H\right)$
양성자수	1	1	1
중성자수	0	1	2
질량수	1	2	3
전자수	1	1	1

12. 헥산(C_6H_{14})의 구조이성질체의 수는 몇 개인가?

① 3개 ② 4개
③ 5개 ④ 9개

해설 ㉮ 구조 이성질체 : 구성 원소의 배열구조가 다른 이성질체이다.
㉯ 탄소수에 따른 분자식 및 이성질체 수

탄소수	분자식	이성질체 수
4	C_4H_{10}	2
5	C_5H_{12}	3
6	C_6H_{14}	5
7	C_7H_{16}	9
8	C_8H_{18}	18
9	C_9H_{20}	36
10	$C_{10}H_{22}$	75

13. 다음과 같은 반응에서 평형을 왼쪽으로 이동시킬 수 있는 조건은?

$$A_2(g) + 2B_2(g) \rightleftarrows 2AB_2(g) + \text{열}$$

① 압력감소, 온도감소
② 압력증가, 온도증가
③ 압력감소, 온도증가
④ 압력증가, 온도감소

해설 평형 이동의 법칙(르샤틀리에의 법칙) : 가역반응이 평형상태에 있을 때 반응하는 물질의 농도, 온도, 압력을 변화시키면 정반응(→), 역반응(←) 어느 한 쪽의 반응만이 진행되는데, 이동되는 방향은 다음과 같이 경우에 따라 다르다.
㉮ 온도 : 가열하면 흡열반응 방향으로, 냉각하면 발열반응으로 진행한다.
㉯ 농도 : 반응물질의 농도가 진하면 정반응(→), 묽으면 역반응(←)으로 진행한다.
㉰ 압력 : 가압하면 기체의 부피가 감소(몰수가 감소)하는 방향으로 진행한다. 감압하면 기체의 부피가 증가(몰수가 증가)하는 방향으로 진행한다.
㉱ 촉매는 화학 반응의 속도를 증가시키는 작용은 하지만, 화학 평형을 이동시키지는 못한다.
∴ 평형을 왼쪽으로 이동시킬 수 있는 조건 : 반응물질 3몰, 생성물질 2몰이므로 몰수가 증가하는 방향(왼쪽방향)으로 이동시키기 위해서 압력을 감소시킨다. 냉각(온도감소)하면 발열반응인 정방향(오른방향)이므로 온도를 증가시키면 평형을 왼쪽으로 이동할 수 있다.

정답 11. ③ 12. ③ 13. ③

14. 이상기체상수 R값이 0.082라면 그 단위로 옳은 것은?

① $\frac{atm \cdot mol}{L \cdot K}$ ② $\frac{mmHg \cdot mol}{L \cdot K}$
③ $\frac{atm \cdot L}{mol \cdot K}$ ④ $\frac{mmHg \cdot L}{mol \cdot K}$

해설 이상기체상수 R값에 따른 단위
㉮ 0.082 : atm/mol·K
㉯ $\frac{8.314}{M}$: kJ/kg·K
㉰ $\frac{848}{M}$: kg·m/kgf·K

15. $K_2Cr_2O_7$에서 Cr의 산화수를 구하면?

① +2 ② +4 ③ +6 ④ +8

해설 K의 산화수 +1, Cr의 산화수 x, O의 산화수 −2이다.
$\therefore (1\times 2)+2x+(-2\times 7)=0$
$x=\frac{(2\times 7)-(1\times 2)}{2}=+6$

16. NaOH 1g이 물에 녹아 메스플라스크에서 250mL의 눈금을 나타낼 때 NaOH 수용액의 농도는?

① 0.1N ② 0.3N ③ 0.5N ④ 0.7N

해설 NaOH 수용액의 농도 계산 : NaOH 분자량은 40이므로 NaOH 40g이 1000mL에 녹아 있을 때 1N이다.

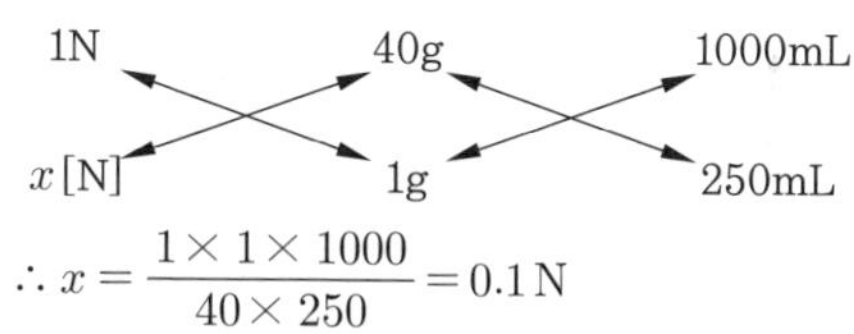

$\therefore x=\frac{1\times 1\times 1000}{40\times 250}=0.1N$

17. 방사능 붕괴의 형태 중 $^{226}_{88}Ra$이 α 붕괴할 때 생기는 원소는?

① $^{222}_{86}Rn$ ② $^{232}_{90}Th$
③ $^{231}_{91}Pa$ ④ $^{238}_{92}U$

해설 방사선 원소의 붕괴
㉮ α 붕괴 : 원자번호 2 감소, 질량수 4 감소
㉯ β 붕괴 : 원자번호 1 증가, 질량수는 불변이다.
$\therefore\ ^{226}_{88}Ra \xrightarrow{\alpha}\ ^{222}_{86}Rn + ^{4}_{2}He$
→ $^{226}_{88}Ra$의 α 붕괴 후 생성되는 물질은 라돈(Rn)과 비활성원소인 헬륨(He)이다.

18. pH=9인 수산화나트륨 용액 100mL 속에는 나트륨이온이 몇 개 들어 있는가? (단, 아보가드로수는 6.02×10^{23}이다.)

① 6.02×10^{9}개 ② 6.02×10^{17}개
③ 6.02×10^{18}개 ④ 6.02×10^{21}개

해설 ㉮ pH의 $[H^+]$을 $[OH^-]$로 변경 : pH+pOH=14이다.
$\therefore$ pOH=14−pH=14−9=5
→ NaOH 용액 속의 $[OH^-]$ 농도는 1.0×10^{-5}이고, 이것은 100mL 용액에 NaOH는 1.0×10^{-5}M 농도로 존재하는 것이다.
㉯ NaOH 용액 100mL 속의 나트륨이온 수 계산
$\therefore$ 나트륨이온 수
$=(1.0\times10^{-5})\times0.1\times(6.02\times10^{23})$
$=6.02\times10^{17}$개

19. 다음 반응식에서 산화된 성분은?

$$MnO_2+4HCl \rightarrow MnCl_2+2H_2O+Cl_2$$

① Mn ② O ③ H ④ Cl

해설 산화수와 산화 환원
㉮ 산화 : 산화수가 증가하는 반응이다.
㉯ 환원 : 산화수가 감소하는 반응이다.

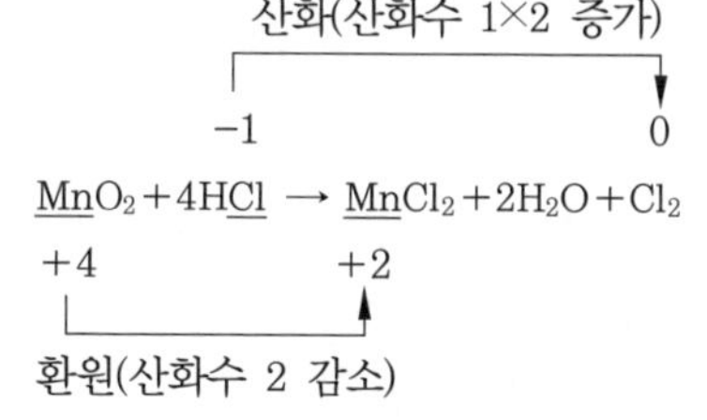

정답 14. ③ 15. ③ 16. ① 17. ① 18. ② 19. ④

Mn의 산화수는 +4에서 +2로 감소하므로 MnO_2는 환원되고, Cl의 산화수는 −1에서 0으로 증가하므로 HCl는 산화된다.

20. 다음 중 기하 이성질체가 존재하는 것은?

① C_5H_{12} ② $CH_3CH=CHCH_3$
③ C_3H_7Cl ④ $CH \equiv CH$

해설 ㉮ 기하 이성질체 : 두 탄소 원자가 이중결합으로 연결될 때 탄소에 결합된 원자나 원자단의 위치가 다름으로 인하여 생기는 이성질체로서 cis형과 trans형이 있다.
㉯ 2-butene(C_4H_8) : C−C=C−C

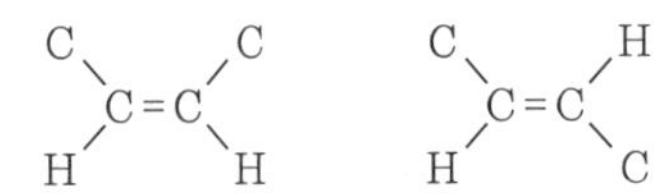

제2과목 | 화재 예방과 소화 방법

21. 가연물에 대한 일반적인 설명으로 옳지 않은 것은?

① 주기율표에서 0족의 원소는 가연물이 될 수 없다.
② 활성화 에너지가 작을수록 가연물이 되기 쉽다.
③ 산화반응이 완결된 산화물은 가연물이 아니다.
④ 질소는 비활성 기체이므로 질소의 산화물은 존재하지 않는다.

해설 질소는 불연성 기체로 질소산화물(NO_x)에는 산화질소(NO), 아산화질소(N_2O), 이산화질소(NO_2) 등이 있다.

22. 포 소화설비의 가압송수 장치에서 압력수조의 압력 산출 시 필요 없는 것은?

① 낙차의 환산 수두압
② 배관의 마찰손실 수두압
③ 노즐선의 마찰손실 수두압
④ 소방용 호스의 마찰손실 수두압

해설 압력수조를 이용한 가압송수장치의 압력수조 압력 계산식[세부기준 133조]

$P = P_1 + P_2 + P_3 + P_4$

여기서, P : 필요한 압력(MPa)
P_1 : 고정식 포방출구의 설계압력 또는 이동식 포 소화설비 노즐방사압력(MPa)
P_2 : 배관의 마찰손실 수두압(MPa)
P_3 : 낙차의 환산 수두압(MPa)
P_4 : 이동식 포 소화설비의 소방용 호스의 마찰손실 수두압(MPa)

23. 위험물 안전관리법령상 소화설비의 적응성에서 제6류 위험물에 적응성이 있는 소화설비는?

① 옥외소화전설비
② 불활성가스 소화설비
③ 할로겐화합물 소화설비
④ 분말 소화설비(탄산수소염류)

해설 제6류 위험물에 적응성이 없는 소화설비 [시행규칙 별표17]
㉮ 불활성가스 소화설비
㉯ 할로겐화합물 소화설비 및 소화기
㉰ 탄산수소염류 분말 소화설비 및 분말 소화기
㉱ 이산화탄소 소화기

참고 적응성이 없는 소화설비 외는 적응성이 있는 것이다.

24. 메탄올에 대한 설명으로 틀린 것은?

① 무색투명한 액체이다.
② 완전 연소하면 CO_2와 H_2O가 생성된다.
③ 비중 값이 물보다 작다.
④ 산화하면 포름산을 거쳐 최종적으로 포름알데히드가 된다.

정답 20. ② 21. ④ 22. ③ 23. ① 24. ④

해설 메틸알코올(CH_3OH : 메탄올)의 특징

㉮ 제4류 위험물 중 알코올류에 해당되며 지정수량은 400L이다.

㉯ 휘발성이 강한 무색, 투명한 액체로 물과는 어떤 비율로도 혼합된다.

㉰ 유지, 수지 등을 잘 녹이며, 유기용매에는 농도에 따라서 녹는 정도가 다르다.

㉱ 백금(Pt), 산화구리(CuO) 존재 하에 공기 중에서 서서히 산화하면 포름알데히드(HCHO), 빠르면 의산(HCOOH)을 거쳐 이산화탄소(CO_2)로 된다.

㉲ 독성이 강하여 소량 마시면 시신경을 마비시키고, 8~20g 정도 먹으면 두통, 복통을 일으키거나 실명을 하며, 30~50g 정도 먹으면 사망한다.

㉳ 인화점 이상이 되면 폭발성 혼합기체를 발생하고, 밀폐된 상태에서는 폭발한다.

㉴ 밝은 곳에서 연소 시 화염의 색깔이 연해서 잘 보이지 않으므로 화상 등에 주의한다.

㉵ 밀봉, 밀전하여 통풍이 잘 되는 냉암소에 저장하고, 용기는 10% 이상의 여유공간을 확보해 둔다.

㉶ 액비중 0.79(증기비중 1.1), 비점 63.9℃, 착화점 464℃, 인화점 11℃, 연소범위 7.3~36%이다.

25. 물을 소화약제로 사용하는 이유는?

① 물은 가연물과 화학적으로 결합하기 때문에
② 물은 분해되어 질식성 가스를 방출하므로
③ 물은 기화열이 커서 냉각 능력이 크기 때문에
④ 물은 산화성이 강하기 때문에

해설 물을 소화약제로 사용하는 가장 큰 이유는 물의 기화잠열이 539kcal/kg로 크기 때문이며, 이런 이유로 냉각소화에 효과적이다.

26. 위험물 안전관리법령에서 정한 다음의 소화설비 중 능력단위가 가장 큰 것은?

① 팽창진주암 160L(삽 1개 포함)
② 수소 80L(소화전용 물통 3개 포함)
③ 마른 모래 50L(삽 1개 포함)
④ 팽창질석 160L(삽 1개 포함)

해설 소화설비의 능력단위[시행규칙 별표17]

소화설비 종류	용량	능력단위
소화전용 물통	8L	0.3
수조 (소화전용 물통 3개 포함)	80L	1.5
수조 (소화전용 물통 6개 포함)	190L	2.5
마른모래(삽 1개 포함)	50L	0.5
팽창질석 또는 팽창진주암(삽 1개 포함)	160L	1.0

27. "Halon 1301"에서 각 숫자가 나타내는 것을 틀리게 표시한 것은?

① 첫째자리 숫자 "1" : 탄소의 수
② 둘째자리 숫자 "3" : 불소의 수
③ 셋째자리 숫자 "0" : 요오도의 수
④ 넷째자리 숫자 "1" : 브롬의 수

해설 ㉮ 할론(Halon)−abcd

a : 탄소(C)의 수
b : 불소(F)의 수
c : 염소(Cl)의 수
d : 취소(Br : 브롬)의 수

㉯ "Halon 1301"에서

첫째자리 숫자 "1" : 탄소(C) 1개
둘째자리 숫자 "3" : 불소(F) 3개
셋째자리 숫자 "0" : 염소(Cl) 0개
넷째자리 숫자 "1" : 취소(Br : 브롬) 1개

㉰ "Halon 1301"의 화학식(분자식) : CF_3Br

28. 고체가연물의 일반적인 연소형태에 해당하지 않는 것은?

① 등심연소 ② 증발연소
③ 분해연소 ④ 표면연소

2018

정답 25. ③ 26. ② 27. ③ 28. ①

해설 고체 가연물의 연소형태
㉮ 표면연소 : 목탄, 코크스, 금속분
㉯ 분해연소 : 종이, 석탄, 목재
㉰ 증발연소 : 양초, 유황, 나프탈렌
참고 등심연소는 액체 가연물의 연소방법에 해당된다.

29. 금속분의 화재 시 주수소화를 할 수 없는 이유는?

① 산소가 발생하기 때문에
② 수소가 발생하기 때문에
③ 질소가 발생하기 때문에
④ 이산화탄소가 발생하기 때문에

해설 제2류 위험물인 금속분 화재 시 주수소화를 하면 물과 반응하여 수소가 발생하여 화재를 확대하기 때문에 사용할 수 없다.

30. 제6류 위험물의 안전한 저장·취급을 위해 주의할 사항으로 가장 타당한 것은?

① 가연물과 접촉시키지 않는다.
② 0℃ 이하에서 보관한다.
③ 공기와의 접촉을 피한다.
④ 분해방지를 위해 금속분을 첨가하여 저장한다.

해설 제6류 위험물 저장 및 취급 시 주의사항
㉮ 물, 가연물, 유기물 및 산화제와의 접촉을 피한다.
㉯ 저장 용기는 내산성 용기를 사용하며 밀전, 밀봉하여 액체가 누설되지 않도록 한다.
㉰ 증기는 유독하므로 취급 시에는 보호구를 착용한다.

31. 제1종 분말 소화약제의 소화효과에 대한 설명으로 가장 거리가 먼 것은?

① 열분해 시 발생하는 이산화탄소와 수증기에 의한 질식효과
② 열분해 시 흡열반응에 의한 냉각효과
③ H^+ 이온에 의한 부촉매 효과
④ 분말 운무에 의한 열방사의 차단효과

해설 제1종 분말 소화약제의 소화 효과
㉮ 열분해 시 생성된 이산화탄소와 수증기에 의한 질식 효과
㉯ 열분해 시 흡열반응에 의한 냉각 효과
㉰ 분말 미립자(운무)에 의한 열방사의 차단효과
㉱ 열분해 과정에서 생성된 나트륨 이온(Na^+)에 의한 부촉매 효과

32. 표준관입시험 및 평판재하시험을 실시하여야 하는 특정옥외저장탱크의 지반의 범위는 기초의 외측이 지표면과 접하는 선의 범위 내에 있는 지반으로서 지표면으로부터 깊이 몇 m까지로 하는가?

① 10 ② 15 ③ 20 ④ 25

해설 특정옥외저장탱크의 지반의 범위[세부기준 제42조]: 지표면으로부터 깊이 15m까지로 한다.

33. 위험물 안전관리법령상 제2류 위험물 중 철분의 화재에 적응성이 있는 소화설비는?

① 물분무 소화설비
② 포 소화설비
③ 탄산수소염류 분말 소화설비
④ 할로겐화합물 소화설비

해설 제2류 위험물 중 철분, 금속분, 마그네슘에 적응성이 있는 소화설비[시행규칙 별표17]
㉮ 탄산수소염류 분말 소화설비 및 분말 소화기
㉯ 건조사
㉰ 팽창질석 또는 팽창진주암

34. 주된 소화효과가 산소공급원의 차단에 의한 소화가 아닌 것은?

① 포 소화기 ② 건조사
③ CO_2 소화기 ④ Halon 1211 소화기

해설 Halon 1211 소화기의 소화효과 : 부촉매 효과가 주된 소화효과이다.

정답 29. ② 30. ① 31. ③ 32. ② 33. ③ 34. ④

35. **위험물제조소등에 설치하는 이동식 불활성 가스소화설비의 소화약제 양은 하나의 노즐마다 몇 kg 이상으로 하여야 하는가?**

① 30 ② 50 ③ 60 ④ 90

해설 이동식 불활성가스 소화설비 기준[세부기준 제134조]

㉮ 노즐은 20℃에서 하나의 노즐마다 90kg/min 이상의 소화약제를 방사할 수 있을 것
㉯ 저장용기의 용기밸브 또는 방출밸브는 호스의 설치장소에서 수동으로 개폐할 수 있을 것
㉰ 저장용기는 호스를 설치하는 장소마다 설치할 것
㉱ 저장용기의 직근의 보기 쉬운 장소에 적색등을 설치하고 이동식 불활성가스 소화설비 임을 알리는 표시를 할 것
㉲ 화재 시 연기가 현저하게 충만할 우려가 있는 장소 외의 장소에 설치할 것
㉳ 이동식 불활성가스 소화설비에 사용하는 소화약제는 이산화탄소로 할 것

36. **위험물 안전관리법령상 옥외소화전설비의 옥외소화전이 3개 설치되었을 경우 수원의 수량은 몇 m^3 이상이 되어야 하는가?**

① 7 ② 20.4 ③ 40.5 ④ 100

해설 ㉮ 옥외소화전설비 설치기준[시행규칙 별표 17] : 수원의 수량은 옥외소화전의 설치개수(설치개수가 4개 이상인 경우는 4개)에 $13.5m^3$를 곱한 양 이상이 되도록 설치할 것
㉯ 수원의 양 계산
∴ 수원의 수량=$3 \times 13.5 = 40.5m^3$

37. **알코올 화재 시 보통의 포 소화약제는 알코올형포 소화약제에 비하여 소화효과가 낮다. 그 이유로서 가장 타당한 것은?**

① 소화약제와 섞이지 않아서 연소면을 확대하기 때문에
② 알코올은 포와 반응하여 가연성 가스를 발생하기 때문에
③ 알코올이 연료로 사용되어 불꽃의 온도가 올라가지 때문에
④ 수용성 알코올로 인해 포가 파괴되기 때문에

해설 알코올 화재 시 수성막포 소화약제가 효과가 없는 이유는 알코올과 같은 수용성 액체에는 포(泡, foam)가 파괴되는 현상으로 인해 소화효과를 잃게 되기 때문이다.

38. **위험물의 취급을 주된 작업내용으로 하는 다음의 장소에 스프링클러설비를 설치할 경우 확보하여야 하는 1분당 방사밀도는 몇 L/m^2 이상이어야 하는가? (단, 내화구조의 바닥 및 벽에 의하여 2개의 실로 구획되고, 각 실의 바닥면적은 $500m^2$이다.)**

• 취급하는 위험물 : 제4류 제3석유류
• 위험물을 취급하는 장소의 바닥면적 : $1000m^2$

① 8.1 ② 12.2 ③ 13.9 ④ 16.3

해설 ㉮ 스프링클러설비의 살수밀도[시행규칙 별표17]

살수기준면적 (m^2)	방사밀도($L/m^2 \cdot min$)	
	인화점 38℃ 미만	인화점 38℃ 이상
279 미만	16.3 이상	12.2 이상
279 이상 372 미만	15.5 이상	11.8 이상
372 이상 465 미만	13.9 이상	9.8 이상
465 이상	12.2 이상	8.1 이상

[비고] 살수기준면적은 내화구조의 벽 및 바닥으로 구획된 하나의 실의 바닥면적을 말하고, 하나의 실의 바닥면적이 $465m^2$ 이상인 경우의 살수기준면적은 $465m^2$로 한다. 다만, 위험물의 취급을 주된 작업내용으로 하지 아니하고 소량의 위험물을 취급하는 설비 또는 부분이 넓게 분산되어 있는 경우에는 방사밀도는 $8.2L/m^2 \cdot min$ 이상, 살수기준 면적은 $279m^2$

2018

정답 35. ④ 36. ③ 37. ④ 38. ①

이상으로 할 수 있다.

㉯ 취급하는 위험물 제4류 제3석유류의 인화점은 70℃ 이상 200℃ 미만인 것이다.

㉰ 표에서 '인화점 38℃ 이상'과 '살수기준면적 465m² 이상'을 선택하면 방사밀도도 8.1L/m²·min 이상이 된다.

39. 다음 중 소화약제가 아닌 것은?

① CF_3Br ② $NaHCO_3$
③ C_4F_{10} ④ N_2H_4

해설 소화약제의 종류

소화약제	화학식
산·알칼리 소화약제	$NaHCO_3+H_2SO_4$
할론 1311	CF_3Br
할론 1211	CF_2ClBr
할론 2402	$C_2F_4Br_2$
FC-3-1-10 퍼플루오로부탄	C_4F_{10}
제1종 소화분말	$NaHCO_3$
제2종 소화분말	$KHCO_3$
제3종 소화분말	$NH_4H_2PO_4$
제4종 소화분말	$KHCO_3+(NH_2)_2CO$

참고 N_2H_4 : 히드라진으로 제4류 위험물 중 제2석유류에 해당된다.

※ 할로겐 화합물 불활성기체 소화약제 종류는 '18년 1회 22번' 해설을 참고하기 바랍니다.

40. 열의 전달에 있어서 열전달면적과 열전도도가 각각 2배로 증가한다면 다른 조건이 일정한 경우 전도에 의해 전달되는 열의 양은 몇 배가 되는가?

① 0.5배 ② 1배
③ 2배 ④ 4배

해설 열전달량 계산식

$Q=K\times F\times \Delta t=\dfrac{\lambda}{b}\times F\times \Delta t$에서 처음 상태의 열전달량을 Q_1, 나중 상태의 열전달량을 Q_2라 한다.

$\therefore \dfrac{Q_2}{Q_1}=\dfrac{\dfrac{\lambda_2}{b_2}\times F_2\times \Delta t_2}{\dfrac{\lambda_1}{b_1}\times F_1\times \Delta t_1}$에서 열전달면적($F$)과 열전도도($\lambda$)가 각각 2배로 증가하고, 다른 조건은 일정하다.

$$\therefore Q_2=\frac{\dfrac{\lambda_2}{b_2}\times F_2\times \Delta t_2}{\dfrac{\lambda_1}{b_1}\times F_1\times \Delta t_1}\times Q_1$$

$$\therefore Q_2=\frac{\dfrac{2\lambda_1}{b_1}\times 2F_1\times \Delta t_1}{\dfrac{\lambda_1}{b_1}\times F_1\times \Delta t_1}\times Q_1$$

$$=2\times 2\times Q_1=4Q_1$$

∴ 전도에 의해 전달되는 열의 양은 4배로 증가한다.

제3과목 | 위험물의 성질과 취급

41. 위험물 안전관리법령상 과산화수소가 제6류 위험물에 해당하는 농도 기준으로 옳은 것은?

① 36wt% 이상
② 36vol% 이상
③ 1.49wt% 이상
④ 1.49vol% 이상

해설 제6류 위험물[시행령 별표]

㉮ "산화성 액체"라 함은 액체로서 산화력의 잠재적인 위험성을 판단하기 위하여 고시로 정하는 시험에서 고시로 정하는 성질과 상태를 나타내는 것을 말한다.

㉯ 과산화수소는 그 농도가 36 중량% 이상인 것에 한하며, 산화성액체의 성상이 있는 것으로 본다.

㉰ 질산은 그 비중이 1.49 이상인 것에 한하며, 산화성액체의 성상이 있는 것으로 본다.

참고 wt% : 중량비율, vol% : 체적비율

정답 39. ④ 40. ④ 41. ①

42. 니트로소화합물의 성질에 관한 설명으로 옳은 것은?

① −NO기를 가진 화합물이다.
② 니트로기를 3개 이하로 가진 화합물이다.
③ $-NO_2$기를 가진 화합물이다.
④ −N=N−기를 가진 화합물이다.

해설 니트로소(nitroso) 화합물
㉮ 니트로소기(−NO)가 있는 유기화합물이다.
㉯ 제5류 위험물로 분류되며 지정수량은 200kg이다.
㉰ 니트로소화합물에는 파라 디니트로소 벤젠[$C_6H_4(NO)_2$], 디니트로소 레조르신[$C_6H_2(OH)_2(NO)_2$], 디니트로소 펜타메틸렌테드라민[$C_5H_{10}N_4(NO)_2$: DDT] 등이 있다.

43. 동식물유류의 일반적인 성질로 옳은 것은?

① 자연발화의 위험은 없지만 점화원에 의해 쉽게 인화한다.
② 대부분 비중값이 물보다 크다.
③ 인화점이 100℃보다 높은 물질이 많다.
④ 요오드값이 50 이하인 건성유는 자연발화 위험이 높다.

해설 동식물유류의 일반적인 성질
㉮ 제4류 위험물로 지정수량은 1만L이다.
㉯ 동물의 지육등 또는 식물의 종자나 과육으로부터 추출한 것으로서 1기압에서 인화점이 250℃ 미만의 것이다.
㉰ 대체로 인화점은 220~250℃ 정도이고, 연소 위험성 측면에서는 제4석유류와 유사하다.
㉱ 인화점이 높으므로 상온에서는 인화하기 어려우나 가열되어 인화점 이상에 도달하면 위험성은 석유류와 같다.
㉲ 요오드값이 130 이상인 건성유는 자연발화 위험성이 높다.
㉳ 대부분 비중이 물보다 작다.

44. 운반할 때 빗물의 침투를 방지하기 위하여 방수성이 있는 피복으로 덮어야 하는 위험물은?

① TNT ② 이황화탄소
③ 과염소산 ④ 마그네슘

해설 방수성이 있는 피복으로 덮는 위험물[시행규칙 별표19]
㉮ 제1류 위험물 중 알칼리 금속의 과산화물
㉯ 제2류 위험물 중 철분·금속분·마그네슘
㉰ 제3류 위험물 중 금수성 물질

45. 다음 중 연소생성물로 이산화황이 생성되지 않는 것은?

① 황린 ② 삼황화인
③ 오황화인 ④ 황

해설 ㉮ 제3류 위험물인 황린(P_4)이 연소할 때 유독성의 오산화인(P_2O_5)이 발생하면서 백색 연기가 난다.
$P_4 + 5O_2 \rightarrow 2P_2O_5 \uparrow$
㉯ 제2류 위험물인 황(유황)이 공기 중에서 연소하면 푸른 불꽃을 발하며, 유독한 아황산가스(SO_2)를 발생한다.
$S + O_2 \rightarrow SO_2$
㉰ 제2류 위험물인 삼황화인(P_4S_3)과 오황화인(P_2S_5)이 공기 중에서 연소하면 오산화인(P_2O_5)과 아황산가스(SO_2)가 발생한다.
㉠ 삼황화인 : $P_4S_3 + 8O_2 \rightarrow 2P_2O_5 + 3SO_2 \uparrow$
㉡ 오황화인 : $P_2S_5 + 7.5O_2 \rightarrow P_2O_5 + 5SO_2 \uparrow$

46. 다음 중 인화점이 가장 낮은 것은?

① 실린더유 ② 가솔린
③ 벤젠 ④ 메틸알코올

해설 제4류 위험물의 인화점

품명		인화점
실린더유	제4석유류	250℃ 미만
휘발유 (C_5H_{12}~C_9H_{20})	제1석유류	−20~−43℃
벤젠(C_6H_6)	제1석유류	−11.1℃
메틸알코올 (CH_3OH)	알코올류	11℃

정답 42. ① 43. ③ 44. ④ 45. ① 46. ②

47. 적린의 성상에 관한 설명 중 옳은 것은?

① 물과 반응하여 고열을 발생한다.
② 공기 중에 방치하면 자연발화 한다.
③ 강산화제와 혼합하면 마찰·충격에 의해서 발화할 위험이 있다.
④ 이황화탄소, 암모니아 등에 매우 잘 녹는다.

해설 적린(P)의 특징
㉮ 제2류 위험물로 지정수량 100kg이다.
㉯ 안정한 암적색, 무취의 분말로 황린과 동소체이다.
㉰ 물, 에틸알코올, 가성소다(NaOH), 이황화탄소(CS_2), 에테르, 암모니아에 용해하지 않는다.
㉱ 독성이 없고 어두운 곳에서 인광을 내지 않는다.
㉲ 상온에서 할로겐원소와 반응하지 않는다.
㉳ 독성이 없고 자연발화의 위험성이 없으나 산화물(염소산염류 등의 산화제)과 공존하면 낮은 온도에서도 발화할 수 있다.
㉴ 공기 중에서 연소하면 오산화인(P_2O_5)이 되면서 백색 연기를 낸다.
㉵ 서늘한 장소에 저장하며, 화기접근을 금지한다.
㉶ 산화제, 특히 염소산염류의 혼합은 절대 금지한다.
㉷ 적린의 성질 : 비중 2.2, 융점(43atm) 590℃, 승화점 400℃, 발화점 260℃

48. 위험물 지하저장소의 탱크전용실 설치기준으로 틀린 것은?

① 철근콘크리트 구조의 벽은 두께 0.3m 이상으로 한다.
② 지하저장탱크와 탱크전용실의 안쪽과의 사이는 50cm 이상의 간격을 유지한다.
③ 철근콘크리트 구조의 바닥은 두께 0.3m 이상으로 한다.
④ 벽, 바닥 등의 적정한 방수 조치를 강구한다.

해설 지하탱크저장소 탱크 전용실 기준[시행규칙 별표8]
㉮ 지하저장탱크의 벽·바닥 및 뚜껑은 두께 0.3m 이상의 철근콘크리트구조 또는 이와 동등 이상의 강도가 있는 구조로 설치할 것
㉯ 지하의 벽·피트·가스관 등 시설물 및 대지 경계선으로 0.1m 이상 떨어진 곳에 설치
㉰ 지하저장탱크와 탱크전용실 안쪽과의 사이는 0.1m 이상의 간격을 유지할 것
㉱ 지하저장탱크 주위에는 마른 모래 또는 입자 지름 5mm 이하의 마른 자갈분을 채울 것
㉲ 지하저장탱크 윗부분과 지면과의 거리는 0.6m 이상의 거리를 유지할 것
㉳ 지하저장탱크를 2 이상 인접 설치하는 경우 상호간에 1m 이상의 간격을 유지할 것
㉴ 벽·바닥 및 뚜껑의 재료에 수밀콘크리트를 혼입하거나, 중간에 아스팔트층을 만드는 방법으로 방수조치를 할 것

49. 제1류 위험물에 관한 설명으로 틀린 것은?

① 조해성이 있는 물질이 있다.
② 물보다 비중이 큰 물질이 많다.
③ 대부분 산소를 포함하는 무기화합물이다.
④ 분해하여 방출된 산소에 의해 자체 연소한다.

해설 제1류 위험물(산화성 고체)의 공통적인 성질
㉮ 대부분 무색 결정, 백색 분말로 비중이 1보다 크다.
㉯ 물에 잘 녹는 것이 많으며 물과 작용하여 열과 산소를 발생시키는 것도 있다.
㉰ 반응성이 커서 가열, 충격, 마찰 등에 의해서 분해되기 쉽다.
㉱ 일반적으로 불연성이며 산소를 많이 함유한 강산화제로서 가연물과 혼입하면 폭발의 위험성이 크다.

50. 탄화칼슘이 물과 반응했을 때 반응식을 옳게 나타낸 것은?

정답 47. ③ 48. ② 49. ④ 50. ②

① 탄화칼슘+물 → 수산화칼슘+수소
② 탄화칼슘+물 → 수산화칼슘+아세틸렌
③ 탄화칼슘+물 → 칼슘+수소
④ 탄화칼슘+물 → 칼슘+아세틸렌

해설 탄화칼슘(CaC_2 : 카바이드)
㉮ 제3류 위험물로 물과 반응하면 가연성 가스인 아세틸렌(C_2H_2)이 발생된다.
㉯ 반응식 : $CaC_2 + 2H_2O \rightarrow Ca(OH)_2 + C_2H_2 \uparrow$

51. 제4석유류를 저장하는 옥내탱크저장소의 기준으로 옳은 것은? (단, 단층건물에 탱크전용실을 설치하는 경우이다.)

① 옥내저장탱크의 용량은 지정수량의 40배 이하일 것
② 탱크전용실은 벽·기둥·바닥·보를 내화구조로 할 것
③ 탱크전용실에는 창을 설치하지 아니할 것
④ 탱크전용실에 펌프설비를 설치하는 경우에는 그 주위에 0.2m 이상의 높이로 턱을 설치할 것

해설 옥내탱크저장소 기준[시행규칙 별표7]
㉮ 옥내저장탱크는 단층 건축물에 설치된 탱크전용실에 설치할 것
㉯ 옥내저장탱크의 용량은 지정수량의 40배 이하일 것(제4석유류 및 동식물유류 외의 제4류 위험물에 있어서 당해 수량이 2만 L를 초과할 때에는 2만 L 이하일 것)
㉰ 탱크전용실은 벽·기둥 및 바닥을 내화구조로 하고, 보를 불연재료로 하며 연소의 우려가 있는 외벽은 출입구 외에는 개구부가 없도록 할 것
㉱ 탱크전용실의 창 및 출입구에는 갑종방화문 또는 을종방화문을 설치할 것
㉲ 탱크 전용실의 창 또는 출입구에 유리를 이용하는 경우에는 망입유리로 할 것

참고 출입구 턱의 높이
㉮ 단층건물에 펌프설비를 탱크전용실에 설치하는 경우에는 펌프설비를 견고한 기초 위에 고정시킨 다음 그 주위에 불연재료로 된 턱을 탱크전용실의 문턱 높이 이상으로 설치할 것
㉯ 단층건물 외의 건축물 탱크전용실에 펌프설비를 설치하는 경우에는 견고한 기초 위에 고정한 다음 그 주위에는 불연재료로 된 턱을 0.2m 이상의 높이로 설치한다.

52. 위험물 안전관리법령에 따른 제4류 위험물 중 제1석유류에 해당하지 않는 것은?

① 등유 ② 벤젠
③ 메틸에틸케톤 ④ 톨루엔

해설 제4류 위험물 중 제1석유류 분류[시행령 별표1]
㉮ 제1석유류 : 아세톤, 휘발유 그 밖에 1기압에서 인화점이 21℃ 미만인 것을 말한다.
㉯ 종류 : 아세톤(CH_3COCH_3), 가솔린(C_5H_{12}~C_9H_{20}), 벤젠(C_6H_6), 톨루엔($C_6H_5CH_3$), 크실렌[$C_6H_4(CH_3)_2$], 초산에스테르류(초산메틸, 초산에틸, 초산프로필에스테르, 부틸에스테르, 초산아밀에스테르 등), 의산 에스테르류(의산메틸, 의산에틸, 의산프로필, 의산부틸, 의산아밀 등), 메틸에틸케톤($CH_3COC_2H_5$), 피리딘(C_5H_5N), 시안화수소(HCN)

참고 등유는 제2석유류에 해당된다.

53. 다음 중 물과 반응하여 산소를 발생하는 것은?

① $KClO_3$ ② Na_2O_2
③ $KClO_4$ ④ CaC_2

해설 각 위험물이 물과 접촉할 때 반응 특성

품명	유별	반응 특성
염소산칼륨($KClO_3$)	제1류	반응하지 않음
과산화나트륨(Na_2O_2)	제1류	산소 발생
과염소산칼륨($KClO_4$)	제1류	반응하지 않음
탄화칼슘(CaC_2)	제3류	아세틸렌 발생

2018

정답 51. ① 52. ① 53. ②

54. 벤젠에 대한 설명으로 틀린 것은?

① 물보다 비중값이 작지만, 증기비중값은 공기보다 크다.
② 공명구조를 가지고 있는 포화탄화수소이다.
③ 연소 시 검은 연기가 심하게 발생된다.
④ 겨울철에 응고된 고체 상태에서도 인화의 위험이 있다.

해설 벤젠(C_6H_6)의 특징
㉮ 제4류 위험물 중 제1석유류에 해당되며 지정수량은 200L이다.
㉯ 무색, 투명한 휘발성이 강한 액체로 증기는 마취성과 독성이 있다.
㉰ 분자량 78의 방향족 유기화합물로 증기는 공기보다 무겁고 독특한 냄새가 있다.
㉱ 물에는 녹지 않으나 알코올, 에테르 등 유기용제와 잘 섞이고 수지, 유지, 고무 등을 잘 녹인다.
㉲ 불을 붙이면 그을음(C)을 많이 내면서 연소한다.
㉳ 융점이 5.5℃로 겨울철 찬 곳에서 고체가 되는 현상이 발생한다.
㉴ 액비중 0.88(증기비중 2.7), 비점 80.1℃, 발화점 562.2℃, 인화점 -11.1℃, 융점 5.5℃, 연소범위 1.4~7.1%이다.

참고 1. 벤젠은 융점이 5.5℃로 겨울철 찬 곳에서 고체가 되는 현상이 발생하지만 인화점이 -11.1℃로 점화원이 있으면 인화의 위험성이 있다.
2. 벤젠은 방향족 화합물 중 가장 간단한 형태의 분자구조를 가지며 공명 혼성구조로 안정하다.

55. 다음 물질 중 증기비중이 가장 작은 것은?

① 이황화탄소
② 아세톤
③ 아세트알데히드
④ 디에틸에테르

해설 ㉮ 제4류 위험물의 분자량 및 증기 비중

품명	분자량	비중
이황화탄소(CS_2)	76	2.62
아세톤(CH_3COCH_3)	58	2.0
아세트알데히드(CH_3CHO)	44	1.52
디에틸에테르($C_2H_5OC_2H_5$)	74	2.55

㉯ 증기 비중은 $\frac{\text{기체 분자량}}{\text{공기의 평균 분자량(29)}}$이므로 분자량이 큰 것이 증기 비중이 크다.

56. 인화칼슘이 물 또는 염산과 반응하였을 때 공통적으로 생성되는 물질은?

① $CaCl_2$ ② $Ca(OH)_2$
③ PH_3 ④ H_2

해설 인화칼슘(Ca_3P_2) : 인화석회
㉮ 제3류 위험물 중 금속의 인화물로 지정수량 300kg이다.
㉯ 물(H_2O), 산(HCl : 염산)과 반응하여 유독한 인화수소(PH_3 : 포스핀)를 발생시킨다.
㉰ 반응식
$Ca_3P_2 + 6H_2O \rightarrow 3Ca(OH)_2 + 2PH_3 \uparrow$
$Ca_3P_2 + 6HCl \rightarrow 3CaCl_2 + 2PH_3 \uparrow$

57. 질산나트륨 90kg, 유황 70kg, 클로로벤젠 2000L 각각의 지정수량 배수의 총합은?

① 2 ② 3 ③ 4 ④ 5

해설 ㉮ 각 위험물의 유별 및 지정수량

품명	유별	지정수량
질산나트륨($NaNO_3$)	제1류 질산염류	300kg
유황(S)	제2류	100kg
클로로벤젠(C_6H_5Cl)	제4류 제2석유류(비수용성)	1000L

㉯ 지정수량 배수의 합 계산 : 지정수량 배수의 합은 각 위험물량을 지정수량으로 나눈 값의 합이다.

정답 54. ② 55. ③ 56. ③ 57. ②

∴ 지정수량 배수의 합

$$= \frac{\text{A 위험물량}}{\text{지정수량}} + \frac{\text{B 위험물량}}{\text{지정수량}} + \frac{\text{C 위험물량}}{\text{지정수량}}$$

$$= \frac{90}{300} + \frac{70}{100} + \frac{2000}{1000} = 3$$

58. 외부의 산소공급이 없어도 연소하는 물질이 아닌 것은?

① 알루미늄의 탄화물
② 과산화벤조일
③ 유기과산화물
④ 질산에스테르류

해설 ㉮ 제5류 위험물에 해당하는 과산화벤조일, 유기과산화물, 질산에스테르류는 자기연소를 하기 때문에 외부의 산소공급이 없어도 연소한다.
㉯ 알루미늄의 탄화물은 제3류 위험물로 금수성 물질이다(물과 반응하여 가연성인 메탄을 발생한다).

59. 위험물 제조소의 배출설비의 배출능력은 1시간당 배출장소 용적의 몇 배 이상인 것으로 해야 하는가? (단, 전역방식의 경우는 제외한다.)

① 5 ② 10
③ 15 ④ 20

해설 제조소의 배출설비 설치기준[시행규칙 별표4] : 배출능력은 1시간당 배출장소 용적의 20배 이상인 것으로 하여야 한다. 다만, 전역방식의 경우에는 바닥면적 $1m^2$당 $18m^3$ 이상으로 할 수 있다.

60. 위험물 안전관리법령에서 정한 위험물의 지정수량으로 틀린 것은?

① 적린 : 100kg
② 황화인 : 100kg
③ 마그네슘 : 100kg
④ 금속분 : 500kg

해설 제2류 위험물 종류 및 지정수량

품명	지정수량
황화인, 적린, 유황	100kg
철분, 금속분, 마그네슘	500kg
인화성 고체	1000kg
그 밖에 행정안전부령으로 정하는 것	100kg 또는 500kg

2018

정답 58. ① 59. ④ 60. ③

2019년도 출제문제

제1회(2019. 3. 3 시행)

제1과목 | 일반 화학

1. 기체상태의 염화수소는 어떤 화학결합으로 이루어진 화합물인가?

① 극성 공유결합
② 이온결합
③ 비극성 공유결합
④ 배위 공유결합

해설 ㉮ 극성 공유결합 : 두 원자가 공유결합을 할 때 전기 음성도가 다른 두 원자 사이의 공유 전자쌍이 한쪽으로 치우치는 결합으로 전기 음성도가 큰 원자는 부분적인 음전하(δ^-)를 띠며, 작은 원자는 부분적인 양전하(δ^+)를 띤다.
㉯ HCl의 원자의 전기 음성도 : Cl>H
㉰ HF의 원자의 전기 음성도 : F>H

2. 20%의 소금물을 전기분해하여 수산화나트륨 1몰을 얻는 데는 1A의 전류를 몇 시간 통해야 하는가?

① 13.4 ② 26.8 ③ 53.6 ④ 104.2

해설 $I = \frac{Q}{t}$ 에서 I : 전류(A), t : 시간(s), Q : 전기량(C)이고, 1몰을 석출하는 전기량은 96500 쿨롱(C)이다.

$$\therefore t = \frac{Q}{I} = \frac{96500}{1 \times 3600} = 26.805\,\text{h}$$

3. 다음 반응식은 산화-환원 반응이다. 산화된 원자와 환원된 원자를 순서대로 옳게 표현한 것은?

$$3Cu + 8HNO_3 \rightarrow 3Cu(NO_3)_2 + 2NO + 4H_2O$$

① Cu, N ② N, H
③ O, Cu ④ N, Cu

해설 산소의 이동과 산화-환원 반응
㉮ 산화 : 물질이 산소를 얻는 반응이므로 산화된 원자는 Cu이다.
㉯ 환원 : 물질이 산소를 잃는 반응이므로 환원된 원자는 N이다.

4. 메틸알코올과 에틸알코올이 각각 다른 시험관에 들어있다. 이 두 가지를 구별할 수 있는 실험 방법은?

① 금속나트륨을 넣어본다.
② 환원시켜 생성물을 비교하여 본다.
③ KOH와 I_2의 혼합 용액을 넣고 가열하여 본다.
④ 산화시켜 나온 물질에 은거울 반응시켜 본다.

해설 메틸알코올과 에틸알코올의 구별 실험법
㉮ 메틸알코올 : 가열된 구리선을 넣을 때 메틸알코올이 있으면 산화되어 나쁜 냄새(포름 알데히드)가 나오는 것으로 확인할 수 있다.
㉯ 에틸알코올 : 수산화칼륨(KOH)와 요오드(I_2)의 혼합 용액을 넣고 가열하면 노란색 침전물인 요오드포름이 생성된다.

5. 다음 물질 중 벤젠 고리를 함유하고 있는 것은?

① 아세틸렌 ② 아세톤

정답 1. ① 2. ② 3. ① 4. ③ 5. ④

③ 메탄 ④ 아닐린

해설 ㉮ 벤젠 고리 : 방향족 화합물에 함유되어 있는 6개의 탄소원자로 이루어진 고리식 구조로 벤젠환, 벤젠핵이라고도 한다.

㉯ 벤젠(C_6H_6)의 구조

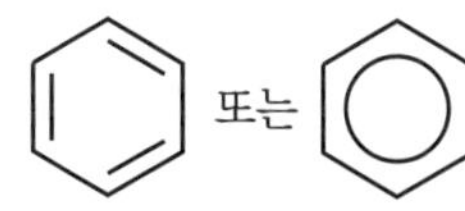

㉰ 벤젠 고리를 함유하는 물질 : 페놀(C_6H_5OH), 아닐린($C_6H_5NH_2$), 톨루엔($C_6H_5CH_3$)

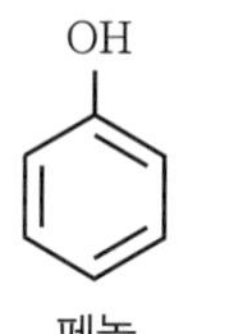

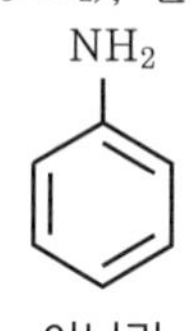

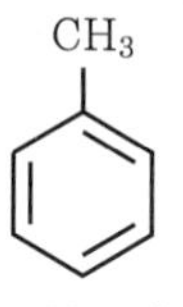

6. 분자식이 같으면서 구조가 다른 유기화합물을 무엇이라고 하는가?

① 이성질체 ② 동소체
③ 동위원소 ④ 방향족화합물

해설 이성질체 : 같은 분자식을 가지지만 원자의 결합상태가 달라 성질이 서로 다른 화합물을 말한다.

㉮ 구조 이성질체 : 구성 원소의 배열구조가 다른 이성질체로 n-부탄(C_4H_{10})과 iso-부탄(C_4H_{10})이 해당된다.

㉯ 기하 이성질체 : 두 탄소 원자가 이중결합으로 연결될 때 탄소에 결합된 원자나 원자단의 위치가 다름으로 인하여 생기는 이성질체로서 cis형과 trans형이 있다.

㉰ 광학 이성질체 : 오른손 바닥과 왼손 바닥처럼 서로 포갤 수 없는 거울상의 구조를 갖는 분자로 거울상 이성질체라 한다.

7. 다음 중 수용액의 pH가 가장 작은 것은?

① 0.01N HCl
② 0.1N HCl
③ 0.01N CH_3COOH
④ 0.1N NaOH

해설 각 항목의 pH($pH = -\log[H^+]$)

① 0.01N HCl : $-\log(0.01) = 2$

② 0.1N HCl : $-\log(0.1) = 1$

③ 0.01N CH_3COOH : $-\log(0.01) = 2$

④ NaOH는 염기성이므로 0.1N NaOH는 $[OH^-] = 0.1$이므로 $[H^+] = 1 \times 10^{-13}$이다.

$\therefore pH = -\log[H^+] = -\log(1 \times 10^{-13}) = 13$

8. 물 500g 중에 설탕($C_{12}H_{22}O_{11}$) 171g이 녹아 있는 설탕물의 몰랄농도(m)는?

① 2.0 ② 1.5
③ 1.0 ④ 0.5

해설 ㉮ 설탕($C_{12}H_{22}O_{11}$)의 분자량 계산

$\therefore M = (12 \times 12) + (1 \times 22) + (16 \times 11) = 342$

㉯ 몰랄(m)농도 계산

$$\therefore m = \frac{\left(\frac{W_b}{M_b}\right)}{W_a} \times 1000 = \frac{\left(\frac{171}{342}\right)}{500} \times 1000 = 1$$

9. 다음 중 불균일 혼합물은 어느 것인가?

① 공기 ② 소금물
③ 화강암 ④ 사이다

해설 혼합물 : 두 가지 이상의 단체 또는 화합물이 물리적으로 혼합되어 만들어진 것으로 균일 혼합물과 불균일 혼합물로 분류된다.

㉮ 균일 혼합물 : 암모니아수, 공기, 소금물 등과 같이 두 종류 이상의 순물질이 본래의 성질을 유지한 채 섞여 있는 물질로 특정 부분을 취해도 밀도, 색깔, 농도와 같은 성질이 동일하다는 특징이 있다.

㉯ 불균일 혼합물 : 혼합물을 구성하는 각 물질이 일정하게 섞여 있지 않아 혼합물의 특정 부분에 따라 물질의 구성비나 밀도 등 성질이 달라질 수 있고, 시간이 흐르면 침전물이 생기는 경우도 있다. 흙탕물, 콘크리트, 화강암, 우유 등이 대표적이다.

정답 6. ① 7. ② 8. ③ 9. ③

10. 다음은 원소의 원자번호와 원소기호를 표시한 것이다. 전이 원소만으로 나열된 것은?

① $_{20}Ca$, $_{21}Sc$, $_{22}Ti$

② $_{21}Sc$, $_{22}Ti$, $_{29}Cu$

③ $_{26}Fe$, $_{30}Zn$, $_{38}Sr$

④ $_{21}Sc$, $_{22}Ti$, $_{38}Sr$

해설 전이원소 : 원자의 전자배치에서 가장 바깥 부분의 d껍질이 불완전한 양이온을 만드는 원소로 주기율표에서 4~7주기, 3족~12족에 속하는 원소 중에 56개가 해당된다.

참고 각 항목에서 전이원소에 해당되지 않는 원소

① Ca(칼슘) ② 모두 전이원소

③ Sr(스트론튬) ④ Sr(스트론튬)

11. 다음 중 동소체 관계가 아닌 것은?

① 적린과 황린 ② 산소와 오존

③ 물과 과산화수소 ④ 다이아몬드와 흑연

해설 ㉮ 동소체 : 같은 종류의 원소로 구성되어 있지만 그 원자의 결합 방법이나 배열 상태가 달라서 성질이 다른 물질을 말하며 같은 종류의 원소로 구성된 분자에 국한하여 사용된다.

㉯ 동소체에 해당되는 것

성분원소	동소체
탄소(C)	숯, 흑연, 다이아몬드, 금강석, 활성탄
산소(O)	산소(O_2) 오존(O_3)
인(P)	황린(P_4), 적린(P_4)
황(S)	사방황, 단사황, 고무상황

12. 다음 중 반응이 정반응으로 진행되는 것은?

① $Pb^{2+} + Zn \rightarrow Zn^{2+} + Pb$

② $I_2 + 2Cl^- \rightarrow 2I^- + Cl_2$

③ $2Fe^{3+} + 3Cu \rightarrow 3Cu^{2+} + 2Fe$

④ $Mg^{2+} + Zn \rightarrow Zn^{2+} + Mg$

해설 ㉮ 이온화 경향이 큰 금속 단체와 이온화 경향이 작은 금속 이온의 조합이 반응이 오른쪽으로 진행된다.

㉯ 이온화 경향의 크기순서 : K > Ca > Na > Mg > Al > Zn > Fe > Ni > Sn > Pb > H > Cu > Hg > Ag > Pt > Au

13. 물이 브뢴스테드 산으로 작용한 것은?

① $HCl + H_2O \rightleftarrows H_3O^+ + Cl^-$

② $HCOOH + H_2O \rightleftarrows HCOO^- + H_3O^+$

③ $NH_3 + H_2O \rightleftarrows NH_4^+ + OH^-$

④ $3Fe + 4H_2O \rightleftarrows Fe_3O_4 + 4H_2$

해설 브뢴스테드의 산과 염기의 정의

㉮ 산 : 다른 물질에게 수소 이온[H^+]을 내놓는 물질

㉯ 염기 : 다른 물질로부터 수소 이온[H^+]을 받는 물질

㉰ 물이 산으로 작용한 것

$NH_3 + H_2O \rightleftarrows NH_4^+ + OH^-$ 반응에서 물(H_2O)은 [H^+]를 내놓으므로 산이고, 암모니아(NH_3)는 [H^+]를 받으므로 염기이다.

㉱ 물이 염기로 작용한 것

$HCl + H_2O \rightleftarrows H_3O^+ + Cl^-$ 반응에서 염화수소(HCl)는 [H^+]를 내놓으므로 산이고, 물(H_2O)은 [H^+]를 받으므로 염기이다.

㉲ 물(H_2O)은 반응에 따라 산으로 작용할 수도 있고, 염기로도 작용할 수 있는 물질로 양쪽성 물질이라 한다.

14. 수산화칼슘에 염소가스를 흡수시켜 만드는 물질은?

① 표백분 ② 수소화칼슘

③ 염화수소 ④ 과산화칼슘

해설 표백분(漂白粉) : 특이한 냄새를 가진 백색 분말로 소석회[$Ca(OH)_2$: 수산화칼슘]에 염소(Cl_2)를 흡수시켜 만든다. 강한 산화력을 가지며 살균, 소독, 펄프의 표백 등에 사용된다.

15. 질산칼륨 수용액 속에 소량의 염화나트륨이 불순물로 포함되어 있다. 용해도 차이를 이용하여 이 불순물을 제거하는 방법으로 가장 적당한 것은?

정답 10. ② 11. ③ 12. ① 13. ③ 14. ① 15. ③

① 증류 ② 막분리
③ 재결정 ④ 전기분해

해설 재결정 : 고체 혼합물에 불순물이 포함되어 있을 때 용해도 차이를 이용하여 불순물을 분리 정제하는 방법이다.

16. 할로겐화수소의 결합에너지 크기를 비교하였을 때 옳게 표시된 것은?

① HI>HBr>HCl>HF
② HBr>HI>HF>HCl
③ HF>HCl>HBr>HI
④ HCl>HBr>HF>HI

해설 할로겐화수소(HX) 성질
㉮ 결합력 : HF(불화수소)>HCl(염화수소)>HBr(브롬화수소)>HI(요오드화수소)
㉯ 이온성 : HF>HCl>HBr>HI
㉰ 산성의 세기 : HI>HBr>HCl>HF
㉱ 끓는점 : HF>HI>HBr>HCl

17. 용매분자들이 반투막을 통해서 순수한 용매나 묽은 용액으로부터 좀 더 농도가 높은 용액 쪽으로 이동하는 알짜 이동을 무엇이라 하는가?

① 총괄이동 ② 등방성
③ 국부이동 ④ 삼투

해설 삼투(滲透) : 농도가 다른 두 용액이 반투막(용매는 통과하지만 크기가 큰 용질은 통과하지 못하는 얇은 막)을 통해서 순수한 용매나 농도가 낮은 쪽의 용매가 농도가 높은 용액 쪽으로 이동하는 현상이다.

18. 다음 반응식을 이용하여 구한 $SO_2(g)$의 몰 생성열은?

$S(s)+1.5O_2(g) \rightarrow SO_3(g)\ \Delta H_0=-94.5kcal$
$2SO_2(s)+O_2(g) \rightarrow 2SO_3(g)\ \Delta H_0=-47kcal$

① −71kcal ② −47.5kcal
③ 71kcal ④ 47.5kcal

해설 문제에서 주어진 식을 아래와 같이 구분하고 생성열(ΔH_0)과 연소열(Q)은 절댓값은 같고 부호가 반대이다.

$S(s)+1.5O_2(g) \rightarrow SO_3(g)+94.5kcal$ ----- ⓐ
$2SO_2(s)+O_2(g) \rightarrow 2SO_3(g)+47kca\ l$ ---- ⓑ

ⓐ와 ⓑ로부터 $S(s)+O_2(g) \rightarrow SO_2(g)+Q[kca]$와 같은 식을 완성할 수 있고, 헤스의 법칙에 따라 ⓐ×2−ⓑ에 의해 $SO_2(g)$의 생성열을 구할 수 있다.

$2S(s)+3O_2(g) \rightarrow 2SO_3(g)+(2\times 94.5)kcal$
$-\ 2SO_2(s)+O_2(g) \rightarrow 2SO_3(g)+47kcal$
$2S(s)\ -2SO_2(s)+2O_2(g) \rightarrow 142kcal$ ---- ⓒ

ⓒ식을 다시 쓰면
$2S(s)+O_2(g) \rightarrow 2SO_2(g)+142kcal$ ----- ⓓ

∴ ⓓ에서 SO_2는 2몰(mol)이므로

$$S(s)+O_2(g) \rightarrow SO_2(g)+\frac{142}{2}kcal$$

$$\therefore SO_2\text{의 몰 생성열 } \Delta H_0=-\frac{142}{2}=-71kcal$$

19. 27℃에서 부피가 2L인 고무풍선 속의 수소 기체 압력이 1.23atm이다. 이 풍선 속에 몇 mol의 수소기체가 들어 있는가? (단, 이상기체라고 가정한다.)

① 0.01 ② 0.05 ③ 0.10 ④ 0.25

해설 이상기체 상태방정식 $PV=nRT$ 에서

$$\therefore n=\frac{PV}{RT}=\frac{1.23\times 2}{0.082\times(273+27)}=0.1mol$$

20. 20℃에서 600mL의 부피를 차지하고 있는 기체를 압력의 변화 없이 온도를 40℃로 변화시키면 부피는 얼마로 변하겠는가?

① 300mL ② 641mL
③ 836mL ④ 1200mL

해설 보일-샤를의 법칙 $\frac{P_1V_1}{T_1}=\frac{P_2V_2}{T_2}$ 에서 압력변화가 없는 상태이므로 $P_1=P_2$이다.

$$\therefore V_2=\frac{V_1T_2}{T_1}=\frac{600\times(273+40)}{273+20}=640.955mL$$

정답 16. ③ 17. ④ 18. ① 19. ③ 20. ②

제2과목 | 화재 예방과 소화 방법

21. 클로로벤젠 300000L의 소요단위는?

① 20 ② 30 ③ 200 ④ 300

해설 ㉮ 클로로벤젠(C_6H_5Cl) : 제4류 위험물 중 제2석유류(비수용성)로 지정수량 1000L이다.
㉯ 위험물의 소화설비 1소요단위는 지정수량의 10배로 한다.

$$\therefore \text{소요단위} = \frac{\text{저장량}}{\text{지정수량} \times 10} = \frac{300000}{1000 \times 10} = 30$$

22. 가연성 물질이 공기 중에서 연소할 때의 연소 형태에 대한 설명으로 틀린 것은?

① 공기와 접촉하는 표면에서 연소가 일어나는 것을 표면연소라 한다.
② 유황의 연소는 표면연소이다.
③ 산소공급원을 가진 물질 자체가 연소하는 것을 자기연소라 한다.
④ TNT의 연소는 자기연소이다.

해설 연소 형태에 따른 가연물
㉮ 표면연소 : 목탄(숯), 코크스, 금속분
㉯ 분해연소 : 종이, 석탄, 목재, 중유
㉰ 증발연소 : 가솔린, 등유, 경유, 알코올, 양초, 유황
㉱ 확산연소 : 가연성 기체(수소, 프로판, 부탄, 아세틸렌 등)
㉲ 자기연소 : 제5류 위험물(니트로셀룰로오스, 셀룰로이드, 니트로글리세린 등)

23. 할로겐화합물 소화약제가 전기화재에 사용될 수 있는 이유에 대한 다음 설명 중 가장 적합한 것은?

① 전기적으로 부도체이다.
② 액체의 유동성이 좋다.
③ 탄산가스와 반응하여 포스겐 가스를 만든다.
④ 증기의 비중이 공기보다 작다.

해설 할로겐화합물 소화약제의 특징
㉮ 화학적 부촉매에 의한 연소 억제작용이 커서 소화능력이 우수하다.
㉯ 전기적으로 부도체이기 때문에 전기화재에 효과가 크다.
㉰ 인체에 영향을 주는 독성이 적다.
㉱ 약제의 분해 및 변질이 거의 없어 반영구적이다.
㉲ 소화 후 약제에 의한 오염 및 소손이 적다.
㉳ 분자량이 커질수록 융점, 비점이 올라간다.
㉴ 가격이 고가이다.

24. 소화약제로서 물이 갖는 특성에 대한 설명으로 옳지 않은 것은?

① 유화효과(emulsification effect)도 기대할 수 있다.
② 증발잠열이 커서 기화 시 다량의 열을 제거한다.
③ 기화팽창률이 커서 질식효과가 있다.
④ 용융잠열이 커서 주수 시 냉각효과가 뛰어나다.

해설 물에서 용융잠열은 얼음이 열을 받아 액체(물)로 될 때의 잠열로 79.68cal/g이다. 얼음은 소화약제로 사용하기 부적합하므로 소화약제로서 특성과는 관계가 없는 항목이다.

25. 위험물 안전관리법령상 정전기를 유효하게 제거하기 위해서는 공기 중의 상대습도는 몇 % 이상 되게 하여야 하는가?

① 40% ② 50% ③ 60% ④ 70%

해설 정전기 제거설비 설치[시행규칙 별표4] : 위험물을 취급함에 있어서 정전기가 발생할 우려가 있는 설비에는 다음 중 하나에 해당하는 방법으로 정전기를 유효하게 제거할 수 있는 설비를 설치하여야 한다.
㉮ 접지에 의한 방법
㉯ 공기 중의 상대습도를 70% 이상으로 하는 방법
㉰ 공기를 이온화하는 방법

정답 21. ② 22. ② 23. ① 24. ④ 25. ④

26. 벤젠과 톨루엔의 공통점이 아닌 것은?

① 물에 녹지 않는다.
② 냄새가 없다.
③ 휘발성 액체이다.
④ 증기는 공기보다 무겁다.

해설 벤젠과 톨루엔의 특징 비교

구분	벤젠(C_6H_6)	톨루엔($C_6H_5CH_3$)
품명	제4류 제1석유류	제4류 제1석유류
물과 혼합	비수용성	비수용성
지정수량	200L	200L
냄새	방향성 냄새	방향성 냄새
독성여부	독성	독성
증기비중	2.7	3.17

27. 제6류 위험물인 질산에 대한 설명으로 틀린 것은?

① 강산이다.
② 물과 접촉 시 발열한다.
③ 불연성 물질이다.
④ 열분해 시 수소를 발생한다.

해설 ㉮ 순수한 질산은 무색의 액체이지만 보관 중 담황색으로 변한다.
㉯ 공기 중에서 물을 흡수하는 성질이 강하고, 직사광선에 의해 이산화질소(NO_2)로 분해된다.
㉰ 물과 임의적인 비율로 혼합하면 발열하며, 진한 질산을 −42℃ 이하로 냉각시키면 응축, 결정된다.
㉱ 은(Ag), 구리(Cu), 수은(Hg) 등은 다른 산과 작용하지 않지만 질산과는 반응을 하여 질산염과 산화질소를 만든다.
㉲ 진한 질산은 부식성이 크고 산화성이 강하며, 피부에 접촉되면 화상을 입는다.
㉳ 진한 질산을 가열하면 분해하면서 유독성인 이산화질소(NO_2)의 적갈색 증기를 발생한다.
㉴ 질산 자체는 연소성, 폭발성은 없지만 환원성이 강한 물질(황화수소(H_2S), 아민 등)과 혼합하면 발화 또는 폭발한다.
㉵ 불연성이지만 다른 물질의 연소를 돕는 조연성 물질이다.
㉶ 직사광선에 의해 분해되므로 갈색병에 넣어 냉암소에 저장한다.

참고 위험물 안전관리법상 질산은 그 비중이 1.49 이상인 것에 한하며, 산화성액체의 성상이 있는 것으로 본다.

28. 제1종 분말소화약제가 1차 열분해되어 표준상태를 기준으로 $2m^3$의 탄산가스가 생성되었다. 몇 kg의 탄산수소나트륨이 사용되었는가? (단, 나트륨의 원자량은 23이다.)

① 15 ② 18.75
③ 56.25 ④ 75

해설 ㉮ 제1종 분말 소화약제의 주성분은 탄산수소나트륨($NaHCO_3$)으로 분자량은 84이다.
㉯ 1종 분말 소화약제의 열분해 반응식
$2NaHCO_3 \rightarrow Na_2CO_3 + CO_2 + H_2O$

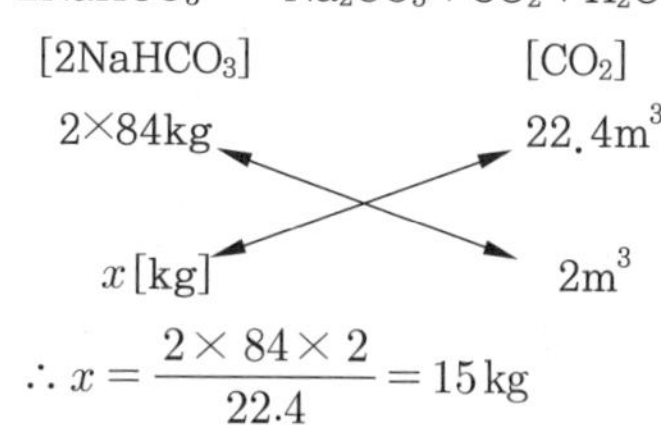

$$\therefore x = \frac{2 \times 84 \times 2}{22.4} = 15\,\text{kg}$$

29. 다음 A~E 중 분말 소화약제로만 나타낸 것은?

A. 탄산수소나트륨	B. 탄산수소칼륨
C. 황산구리	D. 제1인산암모늄

① A, B, C, D ② A, D
③ A, B, C ④ A, B, D

해설 분말 소화약제의 종류 및 주성분
㉮ 제1종 분말 : 탄산수소나트륨($NaHCO_3$)
㉯ 제2종 분말 : 탄산수소칼륨($KHCO_3$)
㉰ 제3종 분말 : 제1인산암모늄($NH_4H_2PO_4$)
㉱ 제4종 분말 : 탄산수소칼륨 + 요소[$KHCO_3 + (NH_2)_2CO$]

정답 26. ② 27. ④ 28. ① 29. ④

30. 이산화탄소 소화설비의 소화약제 방출방식 중 전역방출방식 소화설비에 대한 설명으로 옳은 것은?

① 발화위험 및 연소위험이 적고 광대한 실내에서 특정 장치나 기계만을 방호하는 방식
② 일정 방호구역 전체에 방출하는 경우 해당 부분의 구획을 밀폐하여 불연성 가스를 방출하는 방식
③ 일반적으로 개방되어 있는 대상물에 대하여 설치하는 방식
④ 사람이 용이하게 소화활동을 할 수 있는 장소에서는 호스를 연장하여 소화활동을 행하는 방식

해설 이산화탄소 소화설비 소화약제 방출방식 [이산화탄소 소화설비의 화재안전기준(NFSC 106) 제3조]

㉮ 전역방출방식 : 고정식 이산화탄소 공급장치에 배관 및 분사헤드를 설치하여 밀폐 방호구역 내에 이산화탄소를 방출하는 설비이다.
㉯ 국소방출방식 : 고정식 이산화탄소 공급장치에 배관 및 분사헤드를 설치하여 직접 화점에 이산화탄소를 방출하는 설비로 화재발생부분에만 집중적으로 소화약제를 방출하도록 설치하는 방식이다.
㉰ 호스릴방식 : 분사헤드가 배관에 고정되어 있지 않고 소화약제 저장용기에 호스를 연결하여 사람이 직접 화점에 소화약제를 방출하는 이동식 소화설비이다.

31. 알루미늄분의 연소 시 주수소화하면 위험한 이유를 옳게 설명한 것은?

① 물에 녹아 산이 된다.
② 물과 반응하여 유독가스를 발생한다.
③ 물과 반응하여 수소가스가 발생한다.
④ 물과 반응하여 산소가스가 발생한다.

해설 ㉮ 제2류 위험물 금속분에 해당되는 알루미늄(Al)분의 연소시 주수소화하면 물(H_2O)과 반응하여 가연성인 수소(H_2)를 발생하므로 위험하다.
㉯ 반응식 : $2Al + 6H_2O \rightarrow 2Al(OH)_3 + 3H_2 \uparrow$
㉰ 마른 모래에 의한 질식소화가 효과적이다.

32. 인화알루미늄의 화재 시 주수소화를 하면 발생하는 가연성 기체는?

① 아세틸렌 ② 메탄
③ 포스겐 ④ 포스핀

해설 주수소화 시 포스핀(PH_3 : 인화수소)이 발생하는 위험물 : 제5류 위험물인 인화칼슘(Ca_3P_2)과 인화알루미늄(AlP)은 물과 반응하여 포스핀(PH_3)을 발생시킨다.

㉮ 인화칼슘(Ca_3P_2 : 인화석회)
$Ca_3P_2 + 6H_2O \rightarrow 3Ca(OH)_2 + 2PH_3 \uparrow$
$Ca_3P_2 + 6HCl \rightarrow 3CaCl_2 + 2PH_3 \uparrow$
㉯ 인화알루미늄(AlP)
$AlP + 3H_2O \rightarrow Al(OH)_3 + PH_3 \uparrow$

참고 포스핀(PH_3 : 인화수소)과 포스겐($COCl_2$)은 성질이 다른 물질이므로 구별하기 바랍니다.

33. 강화액 소화약제에 소화력을 향상시키기 위하여 첨가하는 물질로 옳은 것은?

① 탄산칼륨 ② 질소
③ 사염화탄소 ④ 아세틸렌

해설 강화액 소화약제에는 탄산칼륨(K_2CO_3)을 물에 용해하여 빙점을 −30℃ 정도까지 낮추어 겨울철 및 한랭지에서도 소화력이 유지 및 향상될 수 있도록 한 소화약제이다.

34. 일반적으로 고급 알코올 황산 에스테르염을 기계포로 사용하며 냄새가 없는 황색의 액체로서 밀폐 또는 준밀폐 구조물의 화재 시 고팽창포로 사용하여 화재를 진압할 수 있는 포 소화약제는?

① 단백포 소화약제
② 합성계면활성제포 소화약제
③ 알코올형포 소화약제

정답 30. ② 31. ③ 32. ④ 33. ① 34. ②

④ 수성막포 소화약제

해설 공기포(foam) 소화약제의 종류

㉮ 단백포 소화약제 : 단백질을 가수분해한 것을 주원료로 하는 포 소화약제이다.

㉯ 합성계면활성제포 소화약제 : 합성계면활성제를 주원료로 하는 포 소화약제로 유동성이 빠르고, 쉽게 변질되지 않아 반영구적이다. A급 화재, B급 화재에 적응한다.

㉰ 수성막포 소화약제 : 합성계면활성제를 주원료로 하는 포 소화약제 중 기름표면에서 수성막을 형성하는 포 소화약제이다.

㉱ 알코올형포(내알코올포) 소화약제 : 단백질 가수분해물이나 합성계면활성제 중에 지방산 금속염이나 타 계통의 합성계면활성제 또는 고분자 겔 생성물 등을 첨가한 포 소화약제로서 알코올류 에테르류, 케톤류, 알데히드류, 아민류, 니트릴류 및 유기산등 수용성 용제의 소화에 사용하는 약제이다.

㉲ 불화단백포 소화약제 : 플루오르계 계면활성제를 물과 혼합하여 제조한 것으로 수명이 길지만 가격이 고가이다.

35. 전기불꽃 에너지 공식에서 ( )에 알맞은 것은? (단, Q는 전기량, V는 방전전압, C는 전기용량을 나타낸다.)

$$E = \frac{1}{2}(\quad) = \frac{1}{2}(\quad)$$

① QV, CV　　② QC, CV

③ QV, CV^2　　④ QC, QV^2

해설 ㉮ 최소 점화에너지 : 가연성 혼합가스에 전기적 스파크로 점화시킬 때 점화하기 위한 최소한의 전기적 에너지를 말한다.

㉯ 최소점화에너지(E) 측정

$$E = \frac{1}{2}(QV) = \frac{1}{2}(CV^2)$$

36. 위험물제조소등의 스프링클러설비의 기준에 있어 개방형 스프링클러헤드는 스프링클러헤드의 반사판으로부터 하방 및 수평방향으로 각각 몇 m의 공간을 보유하여야 하는가?

① 하방 0.3m, 수평방향 0.45m

② 하방 0.3m, 수평방향 0.3m

③ 하방 0.45m, 수평방향 0.45m

④ 하방 0.45m, 수평방향 0.3m

해설 스프링클러설비의 기준[세부기준 제131조] : 개방형스프링클러헤드는 방호대상물의 모든 표면이 헤드의 유효사정 내에 있도록 설치하고, 다음에 정한 것에 의하여 설치할 것

㉮ 스프링클러헤드의 반사판으로부터 하방으로 0.45m, 수평방향으로 0.3m의 공간을 보유할 것

㉯ 스프링클러헤드는 헤드의 축심이 당해 헤드의 부착면에 대하여 직각이 되도록 설치할 것

37. 적린과 오황화인의 공통 연소생성물은?

① SO_2　　② H_2S

③ P_2O_5　　④ H_3PO_4

해설 적린(P)과 오황화인(P_2S_5)의 비교

구분	적린	오황화인
유별	제2류	제2류
지정수량	100kg	100kg
위험등급	Ⅱ	Ⅱ
색상	암적색 분말	담황색 결정
이황화탄소(CS_2) 용해도	용해하지 않는다.	용해한다.
물의 용해도	용해하지 않는다.	용해한다.
연소생성물	오산화인(P_2O_5)	오산화인(P_2O_5), 아황산가스(SO_2)
비중	2.2	2.09
소화방법	분무주수	질식소화

38. 제1류 위험물 중 알칼리금속 과산화물의 화재에 적응성이 있는 소화약제는?

① 인산염류분말

② 이산화탄소

정답 35. ③　36. ④　37. ③　38. ③

③ 탄산수소염류분말
④ 할로겐화합물

해설 제1류 위험물 중 알칼리금속 과산화물에 적응성이 있는 소화설비[시행규칙 별표17]
㉮ 탄산수소염류 분말 소화설비
㉯ 그 밖의 것 분말 소화설비
㉰ 탄산수소염류 분말 소화기
㉱ 그 밖의 것 분말 소화기
㉲ 건조사
㉳ 팽창질석 또는 팽창진주암

39. 가연성 가스의 폭발범위에 대한 일반적인 설명으로 틀린 것은?

① 가스의 온도가 높아지면 폭발범위는 넓어진다.
② 폭발한계 농도 이하에서 폭발성 혼합가스를 생성한다.
③ 공기 중에서 보다 산소 중에서 폭발범위가 넓어진다.
④ 가스압이 높아지면 하한값은 크게 변하지 않으나 상한값은 높아진다.

해설 폭발범위(연소범위)
㉮ 공기 중에서 점화원에 의해 폭발을 일으킬 수 있는 혼합가스 중의 가연성 가스의 부피범위(%)로 최고농도를 폭발범위 상한값, 최저농도를 폭발범위 하한값이라 한다.
㉯ 폭발범위에 영향을 주는 요소
㉠ 온도 : 온도가 높아지면 폭발범위는 넓어진다.
㉡ 압력 : 압력이 상승하면 일반적으로 폭발범위는 넓어진다(상한값이 높아진다).
㉢ 산소 농도 : 산소 농도가 증가하면 폭발범위는 넓어진다(상한값이 높아진다).
㉣ 불연성 가스 : 불연성 가스가 혼합되면 산소농도를 낮추며 이로 인해 폭발범위는 좁아진다.

40. 위험물제조소등에 설치하는 포 소화설비의 기준에 따르면 포헤드방식의 포헤드는 방호대상물의 표면적 1m²당 방사량이 몇 L/min 이상의 비율로 계산한 양의 포수용액을 표준방사량으로 방사할 수 있도록 설치하여야 하는가?

① 3.5 ② 4 ③ 6.5 ④ 9

해설 포헤드방식의 포헤드 설치기준[세부기준 제133조]
㉮ 포헤드는 방호대상물의 모든 표면이 포헤드의 유효사정 내에 있도록 설치할 것
㉯ 방호대상물의 표면적(건축물의 경우에는 바닥면적. 이하 같다) 9m²당 1개 이상의 헤드를, 방호대상물의 표면적 1m²당의 방사량이 6.5L/min 이상의 비율로 계산한 양의 포수용액을 표준방사량으로 방사할 수 있도록 설치할 것
㉰ 방사구역은 100m² 이상(방호대상물의 표면적이 100m² 미만인 경우에는 당해 표면적)으로 할 것

제3과목 | 위험물의 성질과 취급

41. 동식물유류에 대한 설명으로 틀린 것은?

① 건성유는 자연발화의 위험성이 높다.
② 불포화도가 높을수록 요오드가가 크며 산화되기 쉽다.
③ 요오드값이 130 이하인 것이 건성유이다.
④ 1기압에서 인화점이 섭씨 250도 미만이다.

해설 ㉮ 요오드값에 따른 동식물유류 분류

구분	요오드값	종류
건성유	130 이상	들기름, 아마인유, 해바라기유, 오동유
반건성유	100~130 미만	목화씨유, 참기름, 채종유
불건성유	100 미만	땅콩기름(낙화생유), 올리브유, 피마자유, 야자유, 동백유

㉯ 요오드값이 크면 불포화도가 커지고, 작아지면 불포화도가 작아진다.

정답 39. ② 40. ③ 41. ③

㉰ 불포화 결합이 많이 포함되어 있을수록 자연 발화를 일으키기 쉽다.

㉱ 동식물유류라 함은 동물의 지육 등 또는 식물의 종자나 과육으로부터 추출한 것으로서 1기압에서 인화점이 250℃ 미만의 것을 말한다.

42. 과산화나트륨이 물과 반응할 때의 변화를 가장 옳게 설명한 것은?

① 산화나트륨과 수소를 발생한다.
② 물을 흡수하여 탄산나트륨이 된다.
③ 산소를 방출하며 수산화나트륨이 된다.
④ 서서히 물에 녹아 과산화나트륨의 안정한 수용액이 된다.

해설 과산화나트륨(Na_2O_2 : 과산화소다)

㉮ 제1류 위험물 중 무기과산화물에 해당되며, 지정수량은 50kg이다.

㉯ 물과 격렬히 반응하여 많은 열과 함께 산소(O_2)를 발생하며, 수산화나트륨(NaOH)이 된다.
$2Na_2O_2 + 2H_2O \rightarrow 4NaOH + O_2 \uparrow + Q[kcal]$

43. 다음 중 연소범위가 가장 넓은 위험물은?

① 휘발유　② 톨루엔
③ 에틸알코올　④ 디에틸에테르

해설 각 위험물의 공기 중에서 폭발범위

품명	폭발범위
휘발유	1.4~7.6%
톨루엔	1.4~6.7%
에틸알코올	4.3~19%
디에틸에테르	1.9~48%

44. 메틸에틸케톤의 취급 방법에 대한 설명으로 틀린 것은?

① 쉽게 연소하므로 화기 접근을 금한다.
② 직사광선을 피하고 통풍이 잘 되는 곳에 저장한다.
③ 탈지작용이 있으므로 피부에 접촉하지 않도록 주의한다.
④ 유리용기를 피하고 수지, 섬유소 등의 재질로 된 용기에 저장한다.

해설 메틸에틸케톤($CH_3COC_2H_5$) 저장 및 취급 시 유의사항

㉮ 제4류 위험물 중 제1석유류(비수용성)에 해당되며 지정수량 200L이다.

㉯ 비점(80℃) 및 인화점(-1℃)이 낮아 인화에 대한 위험성이 크다.

㉰ 액비중 0.81, 증기비중 2.41로 공기보다 무겁고, 연소범위 1.8~10%이다.

㉱ 화기를 멀리하고 직사광선을 피하며 통풍이 잘 되는 냉암소에 저장한다.

㉲ 용기는 갈색병을 사용하여 밀전하여 보관한다.

㉳ 탈지작용이 있으므로 피부에 접촉하지 않도록 주의한다.

45. 유기과산화물에 대한 설명으로 틀린 것은?

① 소화방법으로는 질식소화가 가장 효과적이다.
② 벤조일퍼옥사이드, 메틸에틸케톤퍼옥사이드 등이 있다.
③ 저장 시 고온체나 화기의 접근을 피한다.
④ 지정수량은 10kg이다.

해설 제5류 위험물인 유기과산화물은 자체 내에 산소가 함유되어 있기 때문에 질식소화는 효과가 없으므로, 다량의 주수에 의한 냉각소화가 효과적이다.

46. 위험물 안전관리법령상 시·도의 조례가 정하는 바에 따르면 관할 소방서장의 승인을 받아 지정수량 이상의 위험물을 임시로 제조소 등이 아닌 장소에서 취급할 때 며칠 이내의 기간 동안 취급할 수 있는가?

① 3일　② 30일　③ 90일　④ 180일

해설 위험물의 저장 및 취급의 제한[법 제5조]

㉮ 지정수량의 이상의 위험물을 저장소가 아닌 장소에서 저장하거나 제조소등이 아닌 장소에서 취급하여서는 아니 된다.

2019

정답 42. ③　43. ④　44. ④　45. ①　46. ③

㉯ 제조소등이 아닌 장소에서 지정수량 이상의 위험물을 취급할 수 있는 경우
　㉠ 시·도의 조례가 정하는 바에 따라 관할소방서장의 승인을 받아 지정수량 이상의 위험물을 90일 이내의 기간 동안 임시로 저장 또는 취급하는 경우
　㉡ 군부대가 지정수량 이상의 위험물을 군사목적으로 임시로 저장 또는 취급하는 경우

47. 다음 물질 중 인화점이 가장 낮은 것은?

① 톨루엔　② 아세톤
③ 벤젠　④ 디에틸에테르

해설 제4류 위험물의 인화점

품명		인화점
톨루엔($C_6H_5CH_3$)	제1석유류	4.5℃
아세톤 (CH_3COCH_3)	제1석유류	-18℃
벤젠(C_6H_6)	제1석유류	-11.1℃
디에틸에테르 ($C_2H_5OC_2H_5$)	특수인화물	-45℃

참고 제4류 위험물 중 인화점이 가장 낮은 것은 디에틸에테르($C_2H_5OC_2H_5$)이다.

48. 오황화인에 관한 설명으로 옳은 것은?

① 물과 반응하면 불연성 기체가 발생된다.
② 담황색 결정으로서 흡습성과 조해성이 있다.
③ P_2S_5로 표현되며 물에 녹지 않는다.
④ 공기 중 상온에서 쉽게 자연발화한다.

해설 오황화인(P_2S_5)의 특징
㉮ 제2류 위험물 중 황화인에 해당되며 지정수량 100kg이다.
㉯ 담황색 결정으로 흡습성과 조해성이 있고, 이황화탄소(CS_2)에 녹는다(조해성이 있으므로 물에 녹는 것이다).
㉰ 물, 알칼리에 의해 황화수소(H_2S)와 인산(H_3PO_4)으로 분해된다.
$P_2S_5 + 8H_2O \rightarrow 5H_2S + 2H_3PO_4$
㉱ 공기 중에서 연소하면 오산화인(P_2O_5)과 아황산가스(SO_2)가 발생한다.
$P_2S_5 + 7.5O_2 \rightarrow P_2O_5 + 5SO_2 \uparrow$
㉲ 자연 발화성이므로 산화제, 금속분, 과산화물, 과망간산염 등과 격리하여 저장한다.
㉳ 소량이면 유리병에 넣고, 대량일 때는 양철통에 넣은 다음 나무상자 속에 보관한다.
㉴ 가열, 충격, 마찰을 피하고 통풍이 잘 되는 냉암소에 저장한다.
㉵ 비중 2.09, 비점 514℃, 융점 290℃이다.

참고 오황화인(P_2S_5)이 공기 중에서 쉽게 자연발화하는 것이 아니라 황린, 과산화물, 과망간산염, 금속분(Pb, Sn, 유기물)과 접촉하는 것과 같이 조건이 충족되어야 자연발화한다.

49. 다음 중 물과 접촉하였을 때 에탄이 발생되는 물질은?

① CaC_2　② $(C_2H_5)_3Al$
③ $C_6H_3(NO_2)_3$　④ $C_2H_5ONO_2$

해설 각 위험물이 물과 반응하였을 때 발생하는 가스

품명	유별	발생가스
탄화칼슘(CaC_2)	제3류 위험물	아세틸렌 가스 발생
트리에틸알루미늄 [$(C_2H_5)_3Al$][$(C_2H_5)_3Al$]	제3류 위험물	에탄(C_2H_6)
트리니트로벤젠 [$C_6H_3(NO_2)_3$]	–	산, 알칼리 지시약으로 사용
질산에틸($C_2H_5ONO_2$)	제5류 위험물	물에 녹지 않음

50. 아염소산나트륨이 완전 열분해하였을 때 발생하는 기체는?

① 산소　② 염화수소
③ 수소　④ 포스겐

해설 아염소산나트륨($NaClO_2$)의 성상
㉮ 제1류 위험물 중 아염소산염류로 지정수량은 50kg이다.

정답 47. ④　48. ②　49. ②　50. ①

㉯ 자신은 불연성이며, 무색의 결정성 분말이다.
㉰ 조해성이 있고, 물에 잘 녹는다.
㉱ 산과 반응하면 유독가스 이산화염소(ClO_2)가 발생된다.
㉲ 분해온도는 350℃ 이상이지만 수분을 함유한 것은 120~130℃에서 분해한다.
㉳ 열분해하면 산소를 방출한다.
㉴ 수용액 상태에서도 강력한 산화력을 가지고 있다.

51. 제6류 위험물의 취급 방법에 대한 설명 중 옳지 않은 것은?

① 가연성 물질과의 접촉을 피한다.
② 지정수량의 $\frac{1}{10}$을 초과할 경우 제2류 위험물과의 혼재를 금한다.
③ 피부와 접촉하지 않도록 주의한다.
④ 위험물제조소에는 “화기엄금” 및 “물기엄금” 주의사항을 표시한 게시판을 반드시 설치하여야 한다.

해설 위험물제조소 주의사항 게시판[시행규칙 별표4]

위험물의 종류	내용	색상
• 제1류 위험물 중 알칼리 금속의 과산화물 • 제3류 위험물 중 금수성 물질	“물기엄금”	청색 바탕에 백색 문자
• 제2류 위험물(인화성 고체 제외)	“화기주의”	적색 바탕에 백색 문자
• 제2류 위험물 중 인화성 고체 • 제3류 위험물 중 자연발화성 물질 • 제4류 위험물 • 제5류 위험물	“화기엄금”	

참고 제6류 위험물제조소는 ‘주의사항 게시판’을 설치하는 대상에서 제외된다.

52. 위험물 안전관리법령에서 정한 위험물의 운반에 관한 설명으로 옳은 것은?

① 위험물을 화물차량으로 운반하면 특별히 규제받지 않는다.
② 승용차량으로 위험물을 운반할 경우에만 운반의 규제를 받는다.
③ 지정수량 이상의 위험물을 운반할 경우에만 운반의 규제를 받는다.
④ 위험물을 운반할 경우 그 양의 다소를 불문하고 운반의 규제를 받는다.

해설 위험물을 운반하는 경우 운반하는 차량 및 그 양의 다소를 불문하고 위험물 안전관리법상의 운반기준 적용을 받는다.

53. 제2류 위험물과 제5류 위험물의 공통적인 성질은?

① 가연성 물질이다.
② 강한 산화제이다.
③ 액체 물질이다.
④ 산소를 함유한다.

해설 제2류 위험물과 제5류 위험물의 공통점(성질)
㉮ 제2류 위험물 : 가연성 고체
㉯ 제5류 위험물 : 자기반응성물질

참고 두 종류의 위험물이 갖는 공통적인 성질은 ‘가연성 물질’이다.

54. 묽은 질산에 녹고, 비중이 약 2.7인 은백색의 금속은?

① 아연분　② 마그네슘분
③ 안티몬분　④ 알루미늄분

해설 알루미늄(Al)분 특징
㉮ 제2류 위험물 중 금속분에 해당되며 지정수량 500kg이다.
㉯ 은백색의 경금속으로 전성, 연성이 풍부하며 열전도율 및 전기전도도가 크다.

정답 51. ④　52. ④　53. ①　54. ④

㉰ 공기 중에 방치하면 표면에 얇은 산화피막(산화알루미늄, 알루미나)을 형성하여 내부를 부식으로부터 보호한다.
㉱ 산과 알칼리에 녹아 수소(H_2)를 발생한다.
㉲ 진한 질산과는 반응이 잘 되지 않으나 묽은 염산, 황산, 묽은 질산에는 잘 녹는다.
㉳ 물(H_2O)과 반응하여 수소를 발생한다.
㉴ 비중 2.71, 융점 658.8℃, 비점 2060℃이다.

55. 황린에 대한 설명으로 틀린 것은?

① 백색 또는 담황색의 고체이며, 증기는 독성이 있다.
② 물에는 녹지 않고 이황화탄소에는 녹는다.
③ 공기 중에서 산화되어 오산화인이 된다.
④ 녹는점이 적린과 비슷하다.

해설 황린(P_4)의 특징
㉮ 제3류 위험물로 지정수량은 20kg이다.
㉯ 백색 또는 담황색 고체로 일명 백린이라 한다.
㉰ 강한 마늘 냄새가 나고, 증기는 공기보다 무거운 가연성이며 맹독성 물질이다.
㉱ 물에 녹지 않고 벤젠, 알코올에 약간 용해하며 이황화탄소, 염화황, 삼염화인에 잘 녹는다.
㉲ 공기를 차단하고 약 260℃로 가열하면 적린이 된다(증기 비중은 4.3로 공기보다 무겁다).
㉳ 상온에서 증기를 발생하고 서서히 산화하므로 어두운 곳에서 청백색의 인광을 발한다.
㉴ 다른 원소와 반응하여 인화합물을 만들며, 연소할 때 유독성의 오산화인(P_2O_5)이 발생하면서 백색 연기가 난다.
$P_4 + 5O_2 \rightarrow 2P_2O_5 \uparrow$
㉵ 자연 발화의 가능성이 있으므로 물속에만 저장하며, 온도가 상승 시 물의 산성화가 빨라져 용기를 부식시키므로 직사광선을 막는 차광 덮개를 하여 저장한다.
㉶ 액비중 1.82, 증기비중 4.3, 융점 44℃, 비점 280℃, 발화점 34℃이다.

참고 적린은 제2류 위험물로 융점이 590℃이다.

56. 다음은 위험물 안전관리법령에서 정한 아세트알데히드등을 취급하는 제조소의 특례에 관한 내용이다. ( ) 안에 해당하지 않는 물질은?

아세트알데히드등을 취급하는 설비는 ( )·( )·( )·마그네슘 또는 이들을 성분으로 하는 합금으로 만들지 아니할 것

① Ag ② Hg
③ Cu ④ Fe

해설 아세트알데히드, 산화프로필렌(이하 "아세트알데히드등"이라 한다)을 취급하는 제조소의 특례기준[시행규칙 별표4]
㉮ 아세트알데히드등을 취급하는 설비는 은·수은·동·마그네슘 또는 이들을 성분으로 하는 합금으로 만들지 아니할 것
㉯ 아세트알데히드등을 취급하는 설비에는 연소성 혼합기체의 생성에 의한 폭발을 방지하기 위한 불활성기체 또는 수증기를 봉입하는 장치를 갖출 것
㉰ 아세트알데히드등을 취급하는 탱크에는 냉각장치 또는 저온을 유지하기 위한 장치(보냉장치) 및 연소성 혼합기체의 생성에 의한 폭발을 방지하기 위한 불활성기체를 봉입하는 장치를 갖출 것. 다만 지하에 있는 탱크가 아세트알데히드등의 온도를 저온으로 유지할 수 있는 구조인 경우에는 냉각장치 및 보냉장치를 갖추지 아니할 수 있다.

참고 산화프로필렌(CH_3CHOCH_2)은 수은 및 구리, 은, 마그네슘 등의 금속이나 합금과 접촉하면 폭발성인 아세틸라이드를 생성하고, 아세트알데히드(CH_3CHO)는 폭발적인 반응을 한다.

57. 위험물 안전관리법령에 근거한 위험물 운반 및 수납 시 주의사항에 대한 설명 중 틀린 것은?

① 위험물을 수납하는 용기는 위험물이 누설되지 않게 밀봉시켜야 한다.

정답 55. ④ 56. ④ 57. ④

② 온도 변화로 가스가 발생해 운반용기 안의 압력이 상승할 우려가 있는 경우(발생한 가스가 위험성이 있는 경우 제외)에는 가스 배출구가 설치된 운반용기에 수납할 수 있다.
③ 액체 위험물은 운반용기 내용적의 98% 이하의 수납률로 수납하되 55℃의 온도에서 누설되지 아니하도록 충분한 공간용적을 유지하도록 하여야 한다.
④ 고체 위험물은 운반용기 내용적의 98% 이하의 수납률로 수납하여야 한다.

해설 운반용기에 의한 수납 적재 기준[시행규칙 별표19]
㉮ 고체 위험물은 운반용기 내용적의 95% 이하의 수납률로 수납할 것
㉯ 액체 위험물은 운반용기 내용적의 98% 이하의 수납률로 수납하되, 55℃의 온도에서 누설되지 아니하도록 충분한 공간용적을 유지하도록 할 것

58. 인화칼슘이 물과 반응하여 발생하는 기체는?

① 포스겐　　② 포스핀
③ 메탄　　④ 이산화황

해설 인화칼슘(Ca_3P_2) : 인화석회
㉮ 제3류 위험물 중 금속의 인화물로 지정수량 300kg이다.
㉯ 물(H_2O), 산(HCl : 염산)과 반응하여 유독한 인화수소(PH_3 : 포스핀)를 발생시킨다.
㉰ 반응식
$Ca_3P_2 + 6H_2O \rightarrow 3Ca(OH)_2 + 2PH_3 \uparrow$
$Ca_3P_2 + 6HCl \rightarrow 3CaCl_2 + 2PH_3 \uparrow$

참고 포스핀(PH_3 : 인화수소)과 포스겐($COCl_2$)은 성질이 다른 물질이므로 구별하기 바랍니다.

59. 위험물제조소의 배출설비 기준 중 국소방식의 경우 배출능력은 1시간당 배출장소 용적의 몇 배 이상으로 해야 하는가?

① 10배　　② 20배
③ 30배　　④ 40배

해설 제조소의 배출설비 설치기준[시행규칙 별표4] : 배출능력은 1시간당 배출장소 용적의 20배 이상인 것으로 하여야 한다. 다만, 전역방식의 경우에는 바닥면적 $1m^2$당 $18m^3$ 이상으로 할 수 있다.

60. 제1류 위험물 중 무기과산화물 150kg, 질산염류 300kg, 중크롬산염류 3000kg을 저장하고 있다. 각각 지정수량의 배수의 총합은 얼마인가?

① 5　　② 6
③ 7　　④ 8

해설 ㉮ 제1류 위험물의 지정수량

품명	지정수량	저장량
무기과산화물	50kg	150kg
질산염류	300kg	300kg
중크롬산염류	1000kg	3000kg

㉯ 지정수량 배수의 합 계산 : 지정수량 배수의 합은 각 위험물량을 지정수량으로 나눈 값의 합이다.
∴ 지정수량 배수의 합

$$= \frac{A\text{위험물량}}{\text{지정수량}} + \frac{B\text{위험물량}}{\text{지정수량}} + \frac{C\text{위험물량}}{\text{지정수량}}$$

$$= \frac{150}{50} + \frac{300}{300} + \frac{3000}{1000} = 7$$

2019

정답 58. ② 59. ② 60. ③

제2회(2019. 4. 27 시행)

제1과목 | 일반 화학

1. 자철광 제조법으로 빨갛게 달군 철에 수증기를 통할 때의 반응식으로 옳은 것은?

① $3Fe+4H_2O \rightarrow Fe_3O_4+4H_2$
② $2Fe+3H_2O \rightarrow Fe_2O_3+3H_2$
③ $Fe+H_2O \rightarrow FeO+H_2$
④ $Fe+2H_2O \rightarrow FeO_2+2H_2$

해설 ㉮ 철광석의 종류 : 자철광(Fe_3O_4), 적철광(Fe_2O_3), 갈철광(Fe_2O_3, $2H_2O$), 능철광(Fe_2CO_3) 등
㉯ 자철광 제조법 : 빨갛게 달군 철에 수증기(H_2O)를 통할 때의 반응식
$3Fe+4H_2O \rightarrow Fe_3O_4+4H_2$

2. 화학반응을 증가시키는 방법으로 옳지 않은 것은?

① 온도를 높인다.
② 부촉매를 가한다.
③ 반응물 농도를 높게 한다.
④ 반응물 표면적을 크게 한다.

해설 화학반응속도에 영향을 주는 요소
㉮ 농도 : 반응하는 각 물질의 농도에 반응속도는 비례한다.
㉯ 온도 : 온도가 상승하면 속도 정수가 커지므로 반응속도는 증가한다.
㉰ 촉매 : 정촉매는 반응속도를 빠르게 하고, 부촉매는 반응속도는 느리게 한다.

참고 반응물 표면적을 크게 하면 접촉면적이 증가하여 화학반응이 증가한다.

3. 비금속원소와 금속원소 사이의 결합은 일반적으로 어떤 결합에 해당되는가?

① 공유결합 ② 금속결합
③ 비금속결합 ④ 이온결합

해설 이온결합 : 전자를 주기 쉬운 원소(1족, 2족의 금속원소)와 전자를 받아들이기 쉬운 원소(16족, 17족의 비금속원소) 사이에 이온 결합이 형성된다.

4. 네슬러 시약에 의하여 적갈색으로 검출되는 물질은 어느 것인가?

① 질산이온 ② 암모늄이온
③ 아황산이온 ④ 일산화탄소

해설 네슬러(Nessler) 시약(試藥) : 암모니아, 암모늄이온 여부를 알아보거나 그 분량을 재는 데 사용하는 약품이다. 암모늄 이온과 반응하면 적갈색의 침전물이 생기거나 주홍색으로 변한다.

5. 불꽃 반응결과 노란색을 나타내는 미지의 시료를 녹인 용액에 $AgNO_3$ 용액을 넣으니 백색 침전이 생겼다. 이 시료의 성분은?

① Na_2SO_4 ② $CaCl_2$
③ $NaCl$ ④ KCl

해설 ㉮ 불꽃 반응결과 노란색을 나타내는 미지의 시료는 나트륨(Na)이고 시료를 녹인 수용액은 염화나트륨(NaCl)이다.
㉯ 염화나트륨(NaCl)과 질산은($AgNO_3$) 수용액을 반응시키면 염화은(AgCl)이라는 백색침전이 생성된다.
$NaCl+AgNO_3 \rightarrow \underbrace{AgCl\downarrow}_{\text{백색침전}}+NaNO_3$

6. 다음 화합물 중에서 밑줄 친 원소의 산화수가 서로 다른 것은?

① $\underline{C}Cl_4$ ② $\underline{Ba}O_2$
③ $\underline{S}O_2$ ④ $\underline{O}H^-$

해설 각 화합물의 산화수 계산
① $\underline{C}Cl_4$: C의 산화수는 x, Cl의 산화수는 −1이다.

정답 1. ① 2. ② 3. ④ 4. ② 5. ③ 6. ④

$\therefore x+(-1\times 4)=0$
$x=(1\times 4)=+4$

② $\underline{Ba}O_2$: Ba의 산화수는 x, O의 산화수는 −2이다.
$\therefore x+(-2\times 2)=0$
$x=(2\times 2)=+4$

③ $\underline{S}O_2$: S의 산화수는 x, O의 산화수는 −2이다.
$\therefore x+(-2\times 2)=0$
$x=(2\times 2)=+4$

④ $\underline{O}H^-$: 다원자 이온에서 각원자의 산화수의 합은 그 이온의 전하와 같다.
∴ (O의 산화수)+(H의 산화수)=이온의 전하
$x+1=-1$
$x=(-1)-1=-2$

7. 먹물에 아교나 젤라틴을 약간 풀어주면 탄소 입자가 쉽게 침전되지 않는다. 이때 가해준 아교는 무슨 콜로이드로 작용하는가?

① 서스펜션　② 소수
③ 복합　④ 보호

해설 콜로이드 용액의 종류
㉮ 소수(疏水) 콜로이드 : 물과 친화력이 적어서 소량의 전해질에 의해 용질이 엉기거나 침전이 일어나는 콜로이드로 $Fe(OH)_3$, $Al(OH)_3$ 등 금속 산화물, 금속 수산화물 물질이 해당된다.
㉯ 친수(親水) 콜로이드 : 물과의 친화성이 커서 다량의 전해질을 가해야만 엉김이 일어나는 콜로이드로 비누, 젤라틴, 단백질, 아교의 수용액 등이다.
㉰ 보호(保護) 콜로이드 : 불안정한 소수 콜로이드에 친수 콜로이드를 가해주면 소수 콜로이드 입자 주위에 친수 콜로이드가 둘러싸여 소수 콜로이드가 안정해진다. 이때 ,친수 콜로이드를 보호 콜로이드라 하며, 묵즙(墨汁) 속의 아교(阿膠) 같은 것을 말한다.

참고 서스펜션(suspension)과 에멀션(emulsion) : 콜로이드 입자보다 큰 입자가 분산되어 있는 경우로 흙탕물과 같이 고체가 분산되어 있을 때를 서스펜션, 우유와 같이 액체가 분산되어 있을 때를 에멀션이라 한다.

8. 황의 산화수가 나머지 셋과 다른 하나는?

① Ag_2S　② H_2SO_4
③ SO_4^{2-}　④ $Fe_2(SO_4)_3$

해설 각 화합물의 산화수 계산
① Ag_2S : Ag의 산화수는 +1, S의 산화수는 x이다.
$\therefore (1\times 2)+x=0$
$x=(-1\times 2)=-2$
② H_2SO_4 : H의 산화수는 +1, S의 산화수는 x, O의 산화수는 −2이다.
$\therefore (1\times 2)+x+(-2\times 4)=0$
$x=(-1\times 2)+(2\times 4)=+6$
③ SO_4^{2-} : S의 산화수는 x, O의 산화수는 −2이다.
$\therefore x+(-2\times 4)=-2$
$x=(2\times 4)-2=+6$
④ $Fe_2(SO_4)_3$: Fe의 산화수는 +3, S의 산화수는 x, O의 산화수는 −2이다.
$\therefore (3\times 2)+\{x+(-2\times 4)\}\times 3=0$
$6+3x+(-24)=0$
$x=\frac{24-6}{3}=+6$

9. 황산구리 용액에 10A의 전류를 1시간 통하면 구리(원자량=63.54)를 몇 g 석출하겠는가?

① 7.2g　② 11.85g
③ 23.7g　④ 31.77g

해설 ㉮ 전하량(coulomb) 계산 : 1시간은 3600초에 해당된다.
$\therefore Q=A\times t=10\times 3600=36000$쿨롱
㉯ 석출되는 구리(Cu)의 질량 계산 : 패러데이 상수는 96500쿨롱이다.
∴ 물질의 질량
$=\frac{\text{전하량}}{\text{패러데이 상수}}\times\frac{\text{몰질량}}{\text{이동한 전자의 몰수}}$
$=\frac{36000}{96500}\times\frac{63.54}{2}=11.852\text{g}$

10. H_2O가 H_2S보다 끓는점이 높은 이유는?

① 이온결합을 하고 있기 때문에
② 수소결합을 하고 있기 때문에

2019

정답 7. ④　8. ①　9. ②　10. ②

③ 공유결합을 하고 있기 때문에
④ 분자량이 적기 때문에

해설 수소결합 : 전기음성도가 매우 큰 F, O, N과 H원자가 결합된 분자와 분자 사이에 작용하는 힘으로 분자 간의 인력이 커져서 같은 족의 다른 수소 화합물보다 융점(mp : melting point), 끓는점(bp : boiling point)이 높다.

11. 황이 산소와 결합하여 SO_2를 만들 때에 대한 설명으로 옳은 것은?

① 황은 환원된다.
② 황은 산화된다.
③ 불가능한 반응이다.
④ 산소는 산화되었다.

해설 산소 이동과 산화 환원 반응
㉮ 산화 : 어떤 물질이 산소를 얻는 반응이다.
㉯ 환원 : 어떤 물질이 산소를 잃는 반응이다.
㉰ 황이 산소와 결합하여 SO_2를 만들 때의 반응식
$S+O_2 \rightarrow SO_2$
∴ 황(S)이 산소(O_2)를 얻어 이산화황(SO_2)이 되었으므로 황은 산화된 것이다.

12. 순수한 옥살산($C_2H_2O_4 \cdot 2H_2O$) 결정 6.3g을 물에 녹여서 500mL의 용액을 만들었다. 이 용액의 농도는 몇 M 인가?

① 0.1 ② 0.2
③ 0.3 ④ 0.4

해설 ㉮ 옥살산($C_2H_2O_4 \cdot 2H_2O$)의 질량 계산
∴ 질량=옥살산 질량+물 질량
=90+(2×18)=126g
㉯ 500mL 용액 중 옥살산($C_2H_2O_4 \cdot 2H_2O$) 결정 6.3g의 M농도 계산

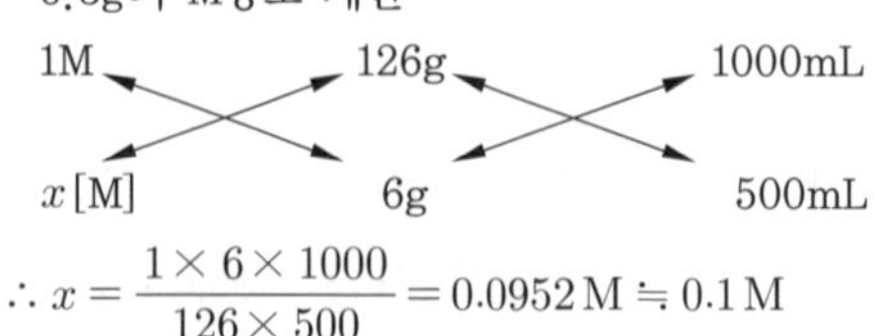

$$\therefore x = \frac{1 \times 6 \times 1000}{126 \times 500} = 0.0952\,\text{M} \fallingdotseq 0.1\,\text{M}$$

13. 실제기체는 어떤 상태일 때 이상기체 상태방정식에 잘 맞는가?

① 온도가 높고, 압력이 높을 때
② 온도가 낮고, 압력이 낮을 때
③ 온도가 높고, 압력이 낮을 때
④ 온도가 낮고, 압력이 높을 때

해설 실제기체가 이상기체 상태방정식을 만족시킬 수 있는 조건은 온도가 높고, 압력이 낮은 상태이다.

14. 다음 물질 중 이온결합을 하고 있는 것은?

① 얼음 ② 흑연
③ 다이아몬드 ④ 염화나트륨

해설 ㉮ 이온결합 : 전자를 주기 쉬운 원소(1족, 2족의 금속원소)와 전자를 받아들이기 쉬운 원소(16족, 17족의 비금속원소) 사이에 이온 결합이 형성된다.
㉯ 염화나트륨(NaCl) : 1족의 나트륨(Na) 원소와 17족인 염소(Cl)와의 화합물이다.

15. 다음 반응속도 식에서 2차 반응인 것은?

① $v = k[A]^{\frac{1}{2}}[B]^{\frac{1}{2}}$
② $v = k[A][B]$
③ $v = k[A][B]^2$
④ $v = k[A]^2[B]^2$

해설 ㉮ 반응속도 : 화학반응에서 반응이 얼마나 빠르게 일어났는가를 지표로서 일반적으로 시간 당 화학반응에 참여하는 물질의 몰(mol)수 변화로 나타낸다.
㉯ $aA+bB \rightarrow cC+dD$에서 반응속도 식 $v=k[A]^m[B]^n$이다. 여기서 반응물의 농도의 지수인 m과 n을 반응 차수라고 하며 전체 반응차수는 $m+n$이다.
㉰ 1차 반응은 $aA \rightarrow bB$와 같이 하나의 반응물의 농도에 의한 것으로 반응속도 식은 $v=k[A]$이다.
㉱ 2차 반응은 전체 차수가 2인 반응으로 반응속

정답 11. ② 12. ① 13. ③ 14. ④ 15. ②

도 식은 $v=k[A]^2$으로, 두 반응물은 $v=k[A][B]$이다.

16. 산(acid)의 성질을 설명한 것 중 틀린 것은?

① 수용액 속에서 H^+를 내는 화합물이다.
② pH값이 작을수록 강산이다.
③ 금속과 반응하여 수소를 발생하는 것이 많다.
④ 붉은색 리트머스 종이를 푸르게 변화시킨다.

해설 산의 일반적 성질
㉮ 수소 화합물 중 수용액에서 이온화하여 수소 이온[H^+]을 내는 물질이다.
㉯ 푸른색 리트머스 시험지를 붉은색으로 변화시킨다.
㉰ 신맛이 있고 전기를 통한다.
㉱ 염기와 작용하여 염과 물을 만드는 중화작용을 한다.
㉲ 이온화 경향이 큰 아연(Zn), 철(Fe) 등과 같은 금속과 반응하여 수소(H_2)를 생성한다.

17. 다음 화학반응 중 H_2O가 염기로 작용한 것은?

① $CH_3COOH+H_2O \rightarrow CH_3COO^-+H_3O^+$
② $NH_3+H_2O \rightarrow NH_4^++OH^-$
③ $CO_3^{-2}+2H_2O \rightarrow H_2CO_3+2OH^-$
④ $Na_2O+H_2O \rightarrow 2NaOH$

해설 산과 염기
㉮ 산 : 다른 물질에게 수소 이온[H^+]을 내놓는 물질
㉯ 염기 : 다른 물질로부터 수소 이온[H^+]을 받는 물질

참고 CH_3COOH는 [H^+]를 내놓으므로 산이고, 물(H_2O)은 [H^+]를 받으므로 염기이다.

18. AgCl의 용해도는 0.0016g/L이다. 이 AgCl의 용해도곱(solubility product)은 약 얼마인가?(단, 원자량은 각각 Ag 108, Cl 35.5이다.)

① 1.24×10^{-10}　② 2.24×10^{-10}
③ 1.12×10^{-5}　④ 4×10^{-4}

해설 ㉮ AgCl의 반응식
$AgCl(s) \rightleftarrows Ag^+(aq)+Cl^-(aq)$
㉯ 몰(mol)농도 계산 : AgCl의 분자량은 143.5이다.

$$\therefore M\text{농도} = \frac{\text{용질의 몰(mol)수}}{\text{용액의 부피(L)}} = \frac{\left(\frac{\text{용질의 질량}}{\text{용질의 분자량}}\right)}{\text{용액의 부피(L)}} = \frac{\left(\frac{0.0016}{143.5}\right)}{1} \fallingdotseq 1.115\times10^{-5}\text{mol/L}$$

㉰ 용해도곱 상수 계산 : ㉮의 반응식에서 양이온과 음이온의 몰수비가 1 : 1이다.

$$\therefore K_{sp}=[M^+]^a+[A^-]^b = (1.115\times10^{-5})\times(1.115\times10^{-5}) = 1.243\times10^{-10}$$

19. NH_4Cl에서 배위결합을 하고 있는 부분을 옳게 설명한 것은?

① NH_3의 N–H 결합
② NH_3와 H^+과의 결합
③ NH_4^+과 Cl^-과의 결합
④ H^+과 Cl^-과의 결합

해설 ㉮ 배위결합 : 비공유 원자쌍을 가지고 있는 원자가 다른 이온이나 원자에게 이를 제공하여 공유결합이 형성되는 결합으로 $(NH_4)^+$, H_3O^+에서 나타난다.
㉯ NH_4Cl에서 배위결합을 하고 있는 부분은 NH_3와 H^+과의 결합이다.

20. 0.1M 아세트산 용액의 해리도를 구하면 약 얼마인가? (단, 아세트산의 해리상수는 1.8×10^{-5}이다.)

① 1.8×10^{-5}　② 1.8×10^{-2}
③ 1.3×10^{-5}　④ 1.3×10^{-2}

정답 16. ④　17. ①　18. ①　19. ②　20. ④

2019

해설 ㉮ 아세트산의 분자기호는 CH_3COOH이다.
$CH_3COOH \rightleftarrows H^+ + CH_3COO^-$에서
해리반응이 $[H^+]=x$, $[CH_3COO^-]=x$라 하면
$[CH_3COOH]=0.1-x$가 된다.

$$K_a = \frac{[H^+][CH_3COO^-]}{[CH_3COOH]}$$

$$= \frac{x \times x}{0.1-x} = 1.8 \times 10^{-5}$$

여기서, $(0.1-x) \fallingdotseq 0.1$ 이라 가정하여 계산

$$x^2 = (1.8 \times 10^{-5}) \times 0.1$$

$$\therefore x = \sqrt{(1.8 \times 10^{-5}) \times 0.1}$$

$$= 1.341 \times 10^{-3} M$$

→ $[H^+]$의 M 농도이다.

㉯ 해리도 계산

$$\text{해리도} = \frac{\text{평형상태의}[H^+]}{\text{초기상태의 M 농도}}$$

$$= \frac{1.341 \times 10^{-3}}{0.1}$$

$$= 1.341 \times 10^{-2}$$

제2과목 | 화재 예방과 소화 방법

21. 다음 중 화재 시 다량의 물에 의한 냉각소화가 가장 효과적인 것은?

① 금속의 수소화물
② 알칼리금속 과산화물
③ 유기과산화물
④ 금속분

해설 ㉮ 유기과산화물은 제5류 위험물로 다량의 물에 의한 냉각소화가 효과적이다.
㉯ 금속의 수소화물 : 제3류 위험물로 물과 반응하여 수소를 발생한다.
㉰ 알칼리 금속 과산화물 : 제3류 위험물인 알칼리 금속과 물이 반응하여 수소가 발생하고, 제1류 위험물인 무기과산화물과 물이 반응하여 산소가 발생한다.
㉱ 금속분 : 제2류 위험물로 물과 반응하여 수소를 발생한다.

22. 위험물 안전관리법령상 소화설비의 설치기준에서 제조소등에 전기설비(전기배선, 조명기구 등은 제외)가 설치된 경우에는 해당 장소의 면적 몇 m^2 마다 소형수동식 소화기를 1개 이상 설치하여야 하는가?

① 50 ② 75
③ 100 ④ 150

해설 소화설비의 설치기준[시행규칙 별표17] : 제조소등에 전기설비(전기배선, 조명기구 등을 제외한다)가 설치된 경우에는 당해 장소의 면적 $100m^2$ 마다 소형수동식 소화기를 1개 이상 설치할 것

23. 불활성가스 소화약제 중 IG-55의 구성 성분을 모두 나타낸 것은?

① 질소
② 이산화탄소
③ 질소와 아르곤
④ 질소, 아르곤, 이산화탄소

해설 불활성가스 소화설비 명칭에 따른 용량비[세부기준 제134조]

명칭	용량비
IG-100	질소 100%
IG-55	질소 50%, 아르곤 50%
IG-541	질소 52%, 아르곤 40%, 이산화탄소 8%

24. 수성막포 소화약제를 수용성 알코올 화재 시 사용하면 소화효과가 떨어지는 가장 큰 이유는?

① 유독가스가 발생하므로
② 화염의 온도가 높으므로
③ 알코올은 포와 반응하여 가연성가스를 발생하므로
④ 알코올이 포 속의 물을 탈취하여 포가 파괴되므로

정답 21. ③ 22. ③ 23. ③ 24. ④

해설 알코올 화재 시 수성막포 소화약제가 효과가 없는 이유는 알코올과 같은 수용성 액체에는 포(泡, foam)가 파괴되는 현상으로 인해 소화효과를 잃게 되기 때문이다.

25. 탄소 1mol이 완전 연소하는데 필요한 최소 이론공기량은 약 몇 L 인가? (단, 0℃, 1기압 기준이며, 공기 중 산소의 농도는 21vol%이다.)

① 10.7 ② 22.4
③ 107 ④ 224

해설 ㉮ 탄소(C)의 완전연소 반응식

$C + O_2 \rightarrow CO_2$

㉮ 이론공기량 계산 : 탄소(C) 1mol이 완전 연소하는데 산소 1mol이 필요하고 1mol의 체적은 22.4L이다.

$$\therefore A_0 = \frac{O_0}{0.21} = \frac{1 \times 22.4}{0.21} = 106.666\,\text{L}$$

26. 다음은 제4류 위험물에 해당하는 물품의 소화방법을 설명한 것이다. 소화효과가 가장 떨어지는 것은?

① 산화프로필렌 : 알코올형포로 질식소화한다.
② 아세톤 : 수성막포를 이용하여 질식소화한다.
③ 이황화탄소 : 탱크 또는 용기 내부에서 연소하고 있는 경우에는 물을 사용하여 질식소화한다.
④ 디에틸에테르 : 이산화탄소 소화설비를 이용하여 질식소화한다.

해설 아세톤과 같은 수용성 액체에 수성막포를 사용하였을 때 포(泡, foam)가 파괴되는 현상으로 인해 소화효과를 잃게 되기 때문에 적응성이 가장 떨어지는 방법이다.

27. 위험물 안전관리법령상 옥내소화전설비의 비상전원은 자가발전설비 또는 축전지설비로 옥내소화전설비를 유효하게 몇 분 이상 작동할 수 있어야 하는가?

① 10분 ② 20분
③ 45분 ④ 60분

해설 옥내소화전설비의 기준[세부기준 제129조] : 옥내소화전설비의 비상전원은 자가발전설비 또는 축전지설비에 의하되 용량은 옥내소화전설비를 유효하게 45분 이상 작동시키는 것이 가능할 것

28. 위험물 안전관리법령상 위험물과 적응성이 있는 소화설비가 잘못 짝지어진 것은?

① K – 탄산수소염류 분말 소화설비
② $C_2H_5OC_2H_5$ – 불활성가스 소화설비
③ Na – 건조사
④ CaC_2 – 물통

해설 제3류 위험물 중 금수성 물질에 적응성이 있는 소화설비[시행규칙 별표17]

㉮ 탄산수소염류 분말소화설비 및 분말소화기
㉯ 건조사
㉰ 팽창질석 또는 팽창진주암

참고 탄화칼슘(CaC_2)은 제3류 위험물 금수성 물질에 해당된다.

29. ABC급 화재에 적응성이 있으며 열분해되어 부착성이 좋은 메타인산을 만드는 분말소화약제는?

① 제1종 ② 제2종
③ 제3종 ④ 제4종

해설 제3종 분말 소화약제의 주성분인 제1인산암모늄($NH_4H_2PO_4$)이 열분해되어 생성된 메타인산(HPO_3)이 가연물의 표면에 부착되어 산소의 유입을 차단하는 방진효과때문에 제1, 2종 분말소화약제보다 소화효과가 크고 A급 화재의 진화에 효과적이다.

30. 자연발화가 일어날 수 있는 조건으로 가장 옳은 것은?

정답 25. ③ 26. ② 27. ③ 28. ④ 29. ③ 30. ③

① 주위의 온도가 낮을 것
② 표면적이 작을 것
③ 열전도율이 작을 것
④ 발열량이 작을 것

해설 위험물의 자연발화가 일어날 수 있는 조건
㉮ 통풍이 안 되는 경우
㉯ 저장실의 온도가 높은 경우
㉰ 습도가 높은 상태로 유지되는 경우
㉱ 열전도율이 작아 열이 축적되는 경우
㉲ 가연성 가스가 발생하는 경우
㉳ 물질의 표면적이 큰 경우
㉴ 발열량이 클 것

31. 인산염 등을 주성분으로 한 분말 소화약제의 착색은?

① 백색 ② 담홍색
③ 검은색 ④ 회색

해설 분말 소화약제의 종류 및 적응화재

종류	주성분	적응화재	착색
제1종 분말	탄산수소나트륨 ($NaHCO_3$)	B.C	백색
제2종 분말	탄산수소칼륨 ($KHCO_3$)	B.C	담회색
제3종 분말	제1인산암모늄 ($NH_4H_2PO_4$)	A.B.C	담홍색
제4종 분말	탄산수소칼륨+요소 [$KHCO_3+(NH_2)_2CO$]	B.C	회색

32. 위험물제조소등에 설치하는 포 소화설비에 있어서 포헤드방식의 포헤드는 방호대상물의 표면적(m^2) 얼마 당 1개 이상의 헤드를 설치하여야 하는가?

① 3 ② 6
③ 9 ④ 12

해설 포헤드방식의 포헤드 설치기준[세부기준 제133조]
㉮ 포헤드는 방호대상물의 모든 표면이 포헤드의 유효사정 내에 있도록 설치할 것
㉯ 방호대상물의 표면적(건축물의 경우에는 바닥면적. 이하 같다) $9m^2$당 1개 이상의 헤드를, 방호대상물의 표면적 $1m^2$당의 방사량이 6.5L/min 이상의 비율로 계산한 양의 포수용액을 표준방사량으로 방사할 수 있도록 설치 할 것
㉰ 방사구역은 $100m^2$ 이상(방호대상물의 표면적이 $100m^2$ 미만인 경우에는 당해 표면적)으로 할 것

33. 위험물 안전관리법령상 이동저장탱크(압력탱크)에 대해 실시하는 수압시험은 용접부에 대한 어떤 시험으로 대신할 수 있는가?

① 비파괴시험과 기밀시험
② 비파괴시험과 충수시험
③ 충수시험과 기밀시험
④ 방폭시험과 충수시험

해설 이동저장탱크의 구조[시행규칙 별표10]
㉮ 탱크는 두께 3.2mm 이상의 강철판 또는 이와 동등 이상의 강도·내식성 및 내열성이 있다고 인정하여 소방청장이 정하여 고시하는 재료 및 구조로 위험물이 새지 아니하게 제작할 것
㉯ 압력 외의 탱크는 70kPa의 압력으로, 압력탱크는 최대상용압력의 1.5배의 압력으로 각각 10분간 수압시험을 실시하여 새거나 변형되지 아니할 것. 이 경우 수압시험은 용접부에 대한 비파괴시험과 기밀시험으로 대신할 수 있다.

34. 다음 [보기]에서 열거한 위험물의 지정수량을 모두 합산한 값은?

보기
과요오드산, 과요오드산염류, 과염소산, 과염소산염류

① 450kg ② 500kg
③ 950kg ④ 1200kg

정답 31. ② 32. ③ 33. ① 34. ③

해설 각 위험물의 유별 및 지정수량

품명	유별	지정수량
과요오드산	제1류	300kg
과요오드산염류	제1류	300kg
과염소산	제6류	300kg
과염소산염류	제1류	50kg
지정수량 합산한 값		950kg

35. 위험물 안전관리법령상 옥내소화전설비의 기준으로 옳지 않은 것은?

① 소화전함은 화재발생 시 화재 등에 의한 피해의 우려가 많은 장소에 설치하여야 한다.
② 호스접속구는 바닥으로부터 1.5m 이하의 높이에 설치한다.
③ 가압송수장치의 시동을 알리는 표시등은 적색으로 한다.
④ 별도의 정해진 조건을 충족하는 경우는 가압송수장치의 시동 표시등을 설치하지 않을 수 있다.

해설 옥내소화전설비의 기준[세부기준 제129조]
㉮ 옥내소화전의 개폐밸브 및 호스접속구는 바닥면으로부터 1.5m 이하의 높이에 설치할 것
㉯ 옥내소화전의 개폐밸브 및 방수용기구를 격납하는 상자(이하 "소화전함"이라 한다)는 불연재료로 제작하고 점검에 편리하고 화재발생 시 연기가 충만할 우려가 없는 장소 등 쉽게 접근이 가능하고 화재 등에 의한 피해를 받을 우려가 적은 장소에 설치할 것
㉰ 가압송수장치의 시동을 알리는 표시등(이하 "시동표시등"이라 한다)은 적색으로 하고 옥내소화전함의 내부 또는 그 직근의 장소에 설치할 것. 다만, 별도의 정해진 조건을 충족하는 경우는 가압송수장치의 시동표시등을 설치하지 않을 수 있다.

36. 정전기를 유효하게 제거할 수 있는 설비를 설치하고자 할 때 위험물 안전관리법령에서 정한 정전기 제거 방법의 기준으로 옳은 것은?

① 공기 중의 상대습도를 70% 이상으로 하는 방법
② 공기 중의 상대습도를 70% 미만으로 하는 방법
③ 공기 중의 절대습도를 70% 이상으로 하는 방법
④ 공기 중의 절대습도를 70% 미만으로 하는 방법

해설 정전기 제거설비 설치[시행규칙 별표4] : 위험물을 취급함에 있어서 정전기가 발생할 우려가 있는 설비에는 다음 중 하나에 해당하는 방법으로 정전기를 유효하게 제거할 수 있는 설비를 설치하여야 한다.
㉮ 접지에 의한 방법
㉯ 공기 중의 상대습도를 70% 이상으로 하는 방법
㉰ 공기를 이온화하는 방법

37. 피리딘 20000리터에 대한 소화설비의 소요단위는?

① 5단위 ② 10단위
③ 15단위 ④ 100단위

해설 ㉮ 피리딘(C_5H_5N) : 제4류 위험물 중 제1석유류 수용성으로 지정수량 400L이다.
㉯ 위험물의 소화설비 1소요단위는 지정수량의 10배로 한다.

$$\therefore \text{소요단위} = \frac{\text{저장량}}{\text{지정수량} \times 10} = \frac{20000}{400 \times 10} = 5\text{단위}$$

38. 다음 각 위험물의 저장소에서 화재가 발생하였을 때 물을 사용하여 소화할 수 있는 물질은?

① K_2O_2 ② CaC_2
③ Al_4C_3 ④ P_4

정답 35. ① 36. ① 37. ① 38. ④

해설 화재발생 시 물을 사용할 수 있는지 여부

㉮ 황린(P_4) : 제3류 위험물로 물과 반응하지 않으므로 물을 사용할 수 있다.

㉯ 과산화칼륨(K_2O_2) : 제1류 위험물로 물과 접촉하면 산소가 발생하므로 부적합하다.

㉰ 탄화칼슘(CaC_2) : 제3류 위험물로 물과 반응하여 가연성 가스인 아세틸렌(C_2H_2)을 발생하므로 물은 소화약제로 부적합하다.

㉱ 탄화알루미늄(Al_4C_3) : 제3류 위험물로 물과 반응하여 가연성인 메탄(CH_4)가스를 발생하므로 물은 소화약제로 부적합하다.

참고 과산화칼륨(K_2O_2), 탄화칼슘(CaC_2), 탄화알루미늄(Al_4C_3)의 적응성이 있는 소화설비로는 탄산수소염류분말 소화설비 및 분말 소화기, 건조사, 팽창질석 또는 팽창진주암이다.

39. 위험물제조소에 옥내소화전설비를 3개 설치하였다. 수원의 양은 몇 m^3 이상이어야 하는가?

① $7.8m^3$ ② $9.9m^3$

③ $10.4m^3$ ④ $23.4m^3$

해설 옥내소화전설비의 수원 수량[시행규칙 별표17]

㉮ 수원의 수량은 옥내소화전이 가장 많이 설치된 층의 옥내소화전 설치개수(설치개수가 5개 이상인 경우는 5개)에 $7.8m^3$를 곱한 양 이상이 되도록 설치할 것

㉯ 수원의 수량 계산

∴ 수량=옥내소화전 설치개수×7.8
=3×7.8=$23.4m^3$

40. 위험물 안전관리법령상 제6류 위험물에 적응성이 있는 소화설비는?

① 옥내소화전설비

② 불활성가스 소화설비

③ 할로겐화합물 소화설비

④ 탄산수소염류 분말 소화설비

해설 제6류 위험물에 적응성이 없는 소화설비 [시행규칙 별표17]

㉮ 불활성가스 소화설비

㉯ 할로겐화합물 소화설비 및 소화기

㉰ 탄산수소염류 분말 소화설비 및 분말 소화기

㉱ 이산화탄소 소화기

참고 적응성이 없는 소화설비 외는 적응성이 있는 것이다.

제3과목 | 위험물의 성질과 취급

41. 제5류 위험물 중 상온(25℃)에서 동일한 물리적 상태(고체, 액체, 기체)로 존재하는 것만으로 나열된 것은?

① 니트로글리세린, 니트로셀룰로오스

② 질산메틸, 니트로글리세린

③ 트리니트로톨루엔, 질산메틸

④ 니트로글리콜, 트리니트로톨루엔

해설 제5류 위험물 중 상온(25℃)에서 물리적 상태

품명	상태
니트로글리세린 [$C_3H_5(ONO_2)_3$]	액체
니트로셀룰로오스 ($[C_6H_7O_2(ONO_2)_3]_n$)	고체
질산메틸 (CH_3ONO_2)	액체
트리니트로톨루엔 [$C_6H_2CH_3(NO_2)_3$]	고체
니트로글리콜 [$(C_2H_4(ONO_2)_2$]	액체

42. 위험물 안전관리법령상 주유취급소에서의 위험물 취급기준에 따르면 자동차 등에 인화점 몇 ℃ 미만의 위험물을 주유할 때에는 자동차 등의 원동기를 정지시켜야 하는가? (단, 원칙적인 경우에 한한다.)

① 21 ② 25

정답 39. ④ 40. ① 41. ② 42. ③

③ 40 ④ 80

해설 주유취급소에서의 위험물 취급기준[시행규칙 별표18]
㉮ 자동차 등에 주유할 때에는 고정주유설비를 사용하여 직접 주유할 것
㉯ 자동차 등에 인화점 40℃ 미만의 위험물을 주유할 때에는 자동차 등의 원동기를 정지시킬 것

43. 연소 시에는 푸른 불꽃을 내며, 산화제와 혼합되어 있을 때 가열이나 충격 등에 의하여 폭발할 수 있으며 흑색화약의 원료로 사용되는 물질은?

① 적린 ② 마그네슘
③ 황 ④ 아연분

해설 황(유황)의 특징
㉮ 제2류 위험물로 지정수량 100kg이다.
㉯ 노란색 고체로 열 및 전기의 불량도체이므로 정전기 발생에 유의하여야 한다.
㉰ 물이나 산에는 녹지 않지만 이황화탄소(CS_2)에는 녹는다(단, 고무상 황은 녹지 않음).
㉱ 저온에서는 안정하나 높은 온도에서는 여러 원소와 황화물을 만든다.
㉲ 사방황, 단사황, 고무상황과 같은 동소체가 있다.
㉳ 공기 중에서 연소하면 푸른 불꽃을 발하며, 유독한 아황산가스(SO_2)를 발생한다.
㉴ 가연성 고체로 환원성 성질을 가지므로 산화제나 목탄가루 등과 혼합되어 있을 때 마찰이나 열에 의해 착화, 폭발을 일으킨다.
㉵ 황가루가 공기 중에 떠 있을 때는 분진 폭발의 위험성이 있다.
㉶ 이산화탄소(CO_2)와 반응하지 않으므로 소화방법으로 이산화탄소를 사용한다.

44. 고체위험물은 운반용기 내용적의 몇 % 이하의 수납률로 수납하여야 하는가?

① 90 ② 95
③ 98 ④ 99

해설 운반용기에 의한 수납 적재 기준[시행규칙 별표19]
㉮ 고체 위험물은 운반용기 내용적의 95% 이하의 수납률로 수납할 것
㉯ 액체 위험물은 운반용기 내용적의 98% 이하의 수납률로 수납하되, 55℃의 온도에서 누설되지 아니하도록 충분한 공간용적을 유지하도록 할 것

45. 다음 중 과산화수소의 성질에 대한 설명 중 틀린 것은?

① 에테르에 녹지 않으며, 벤젠에는 녹는다.
② 산화제이지만 환원제로서 작용하는 경우도 있다.
③ 물보다 무겁다.
④ 분해방지 안정제로 인산, 요산 등을 사용할 수 있다.

해설 과산화수소(H_2O_2)의 성질
㉮ 제6류 위험물로 지정수량 300kg이다.
㉯ 순수한 것은 점성이 있는 무색의 액체이나 양이 많을 경우에는 청색을 나타낸다.
㉰ 강한 산화성이 있고 물, 알코올, 에테르 등에는 용해하지만 석유, 벤젠에는 녹지 않는다.
㉱ 분해되기 쉬워 인산(H_3PO_4), 요산($C_5H_4N_4O_3$)을 안정제로 사용한다.
㉲ 산화제이지만 환원제로서 작용하는 경우도 있다.
㉳ 햇빛에 의해 분해하므로 직사광선을 피하고 냉암소에 저장한다.
㉴ 용기는 밀전하면 안 되고, 구멍이 뚫린 마개를 사용하며, 누설되었을 때는 다량의 물로 씻어낸다.
㉵ 유리 용기는 알칼리성으로 과산화수소의 분해를 촉진하므로 장기 보존하지 않아야 한다.
㉶ 비중(0℃) 1.465, 융점 −0.89℃, 비점 80.2℃이다.

46. 염소산칼륨이 고온에서 완전 열분해할 때 주로 생성되는 물질은?

정답 43. ③ 44. ② 45. ① 46. ②

① 칼륨과 물 및 산소
② 염화칼륨과 산소
③ 이염화칼륨과 수소
④ 칼륨과 물

해설 염소산칼륨($KClO_3$)
㉮ 제1류 위험물 중 염소산염류로 지정수량은 50kg이다.
㉯ 400℃ 부근에서 분해되기 시작하여 540~560℃에서 과염소산칼륨($KClO_4$)을 거쳐 염화칼륨(KCl)과 산소(O_2)를 생성한다.
$2KClO_3 \rightarrow KCl + KClO_4 + O_2 \uparrow$
$KClO_4 \rightarrow KCl + 2O_2 \uparrow$

47. 황린이 연소할 때 발생하는 가스와 수산화나트륨 수용액과 반응하였을 때 발생하는 가스를 차례대로 나타낸 것은?

① 오산화인, 인화수소
② 인화수소, 오산화인
③ 황화수소, 수소
④ 수소, 황화수소

해설 황린(P_4)의 반응
㉮ 연소할 때 유독성의 오산화인(P_2O_5)이 발생하면서 백색 연기가 난다.
$P_4 + 5O_2 \rightarrow 2P_2O_5 \uparrow$
㉯ 수산화나트륨(NaOH) 수용액과 반응하여 맹독성의 포스핀(PH_3 : 인화수소) 가스를 발생한다.
$P_4 + 3NaOH + 3H_2O \rightarrow 3NaHPO_2 + PH_3 \uparrow$

48. P_4S_7에 고온의 물을 가하면 분해된다. 이때 주로 발생하는 유독물질의 명칭은?

① 아황산 ② 황화수소
③ 인화수소 ④ 오산화린

해설 제2류 위험물 중 황화인에 해당하는 칠황화인(P_4S_7)은 찬물에는 서서히, 더운물에는 급격히 녹아 분해되면서 황화수소(H_2S)와 인산을 발생한다.

49. 다음 중 자연발화의 위험성이 제일 높은 것은?

① 야자유
② 올리브유
③ 아마인유
④ 피마자유

해설 요오드값에 따른 동식물유류의 분류 및 종류

구분	요오드값	종류
건성유	130 이상	들기름, 아마인유, 해바라기유, 오동유
반건성유	100~130 미만	목화씨유, 참기름, 채종유
불건성유	100 미만	땅콩기름(낙화생유), 올리브유, 피마자유, 야자유, 동백유

참고 요오드값이 크면 불포화도가 커지고, 불포화결합이 많이 포함되어 있어 자연발화를 일으키기 쉽다.

50. 위험물 안전관리법령상 위험물의 운반에 관한 기준에서 적재하는 위험물의 성질에 따라 직사일광으로부터 보호하기 위하여 차광성이 있는 피복으로 가려야 하는 위험물은?

① S ② Mg
③ C_6H_6 ④ $HClO_4$

해설 ㉮ 차광성이 있는 피복으로 가려야 하는 위험물[시행규칙 별표19]
㉠ 제1류 위험물
㉡ 제3류 위험물 중 자연발화성 물질
㉢ 제4류 위험물 중 특수인화물
㉣ 제5류 위험물
㉤ 제6류 위험물
㉯ 각 위험물의 유별 구분

품명	유별
유황(S)	제2류 위험물
마그네슘(Mg)	제2류 위험물
벤젠(C_6H_6)	제4류 위험물 제1석유류
과염소산($HClO_4$)	제6류 위험물

정답 47. ① 48. ② 49. ③ 50. ④

51. 아세톤과 아세트알데히드에 대한 설명으로 옳은 것은?

① 증기비중은 아세톤이 아세트알데히드보다 작다.
② 위험물 안전관리법령상 품명은 서로 다르지만 지정수량은 같다.
③ 인화점과 발화점 모두 아세트알데히드가 아세톤보다 낮다.
④ 아세톤의 비중은 물보다 작지만, 아세트아데히드는 물보다 크다.

해설 아세트알데히드와 아세톤의 비교

구분	아세트알데히드	아세톤
분자기호	CH_3CHO	CH_3COCH_3
품명	제4류 위험물 중 특수인화물	제4류 위험물 중 제1석유류
지정수량	50L	400L
물의 용해도	잘 녹는다.	잘 녹는다.
액비중	0.783	0.79
증기비중	1.52	2.0
발화점	185℃	538℃
인화점	−39℃	−18℃
연소범위	4.1~75%	2.6~12.8%

52. 위험물 안전관리법령상 지정수량의 10배를 초과하는 위험물을 취급하는 제조소에 확보하여야 하는 보유공지의 너비의 기준은?

① 1m 이상 ② 3m 이상
③ 5m 이상 ④ 7m 이상

해설 제조소의 보유공지[시행규칙 별표4]

취급하는 위험물의 최대수량	공지의 너비
지정수량의 10배 이하	3m 이상
지정수량의 10배 초과	5m 이상

53. 제4류 위험물의 일반적인 성질에 대한 설명 중 가장 거리가 먼 것은?

① 인화되기 쉽다.
② 인화점, 발화점이 낮은 것은 위험하다.
③ 증기는 대부분 공기보다 가볍다.
④ 액체비중은 대체로 물보다 가볍고 물에 녹기 어려운 것이 많다.

해설 제4류 위험물의 일반적인 성질
㉮ 상온에서 액체이며, 대단히 인화되기 쉽다.
㉯ 물보다 가볍고, 대부분 물에 녹기 어렵다.
㉰ 증기는 공기보다 무겁다.
㉱ 착화온도가 낮은 것은 위험하다.
㉲ 증기와 공기가 약간 혼합되어 있어도 연소한다.
㉳ 전기의 불량도체라 정전기 발생의 가능성이 높고, 정전기에 의하여 인화할 수 있다.
㉴ 대부분 유기화합물에 해당된다.

54. 다음 중 과산화칼륨에 대한 설명으로 옳지 않은 것은?

① 염산과 반응하여 과산화수소를 생성한다.
② 탄산가스와 반응하여 산소를 생성한다.
③ 물과 반응하여 수소를 생성한다.
④ 물과의 접촉을 피하고 밀전하여 저장한다.

해설 과산화칼륨(K_2O_2)
㉮ 제1류 위험물 중 무기과산화물에 해당된다.
㉯ 물(H_2O) 또는 이산화탄소(CO_2)와 반응하여 산소(O_2)를 생성한다.
㉠ 물과 반응 : $2K_2O_2 + 2H_2O \rightarrow 4KOH + O_2 \uparrow$
㉡ CO_2와 반응 : $2K_2O_2 + CO_2 \rightarrow 2K_2CO_3 + O_2 \uparrow$
㉰ 염산(HCl)과 반응하여 과산화수소(H_2O_2)를 생성한다.
$K_2O_2 + 2HCl \rightarrow 2KCl + H_2O_2$

55. 다음 중 특수인화물이 아닌 것은?

① CS_2
② $C_2H_5OC_2H_5$
③ CH_3CHO
④ HCN

정답 51. ③ 52. ③ 53. ③ 54. ③ 55. ④

해설 제4류 위험물 중 특수인화물

㉮ 정의[시행령 별표1] : "특수인화물"이라 함은 이황화탄소, 디에틸에테르 그 밖에 1기압에서 발화점이 100℃ 이하인 것 또는 인화점이 -20℃ 이하이고 비점이 40℃ 이하인 것을 말한다.

㉯ 종류 : 디에틸에테르($C_2H_5OC_2H_5$: 에테르), 이황화탄소(CS_2), 아세트알데히드(CH_3CHO), 산화프로필렌(CH_3CHOCH_2), 디에틸설파이드(황화디메틸) 등

㉰ 지정수량 : 50L

참고 시안화수소(HCN)는 제1석유류에 해당된다.

56. 다음 중 위험물을 저장 또는 취급하는 탱크의 용량은?

① 탱크의 내용적에서 공간용적을 뺀 용적으로 한다.
② 탱크의 내용적으로 한다.
③ 탱크의 공간용적으로 한다.
④ 탱크의 내용적에서 공간용적을 더한 용적으로 한다.

해설 탱크 용적의 산정기준[시행규칙 제5조] : 위험물을 저장 또는 취급하는 탱크의 용량은 해당 탱크의 내용적에서 공간용적을 뺀 용적으로 한다. 이 경우 위험물을 저장 또는 취급하는 차량에 고정된 탱크("이동저장탱크"라 한다)의 용량은 최대적재량 이하로 하여야 한다.

57. 위험물 안전관리법령상 $C_6H_2(NO_2)_3OH$의 품명에 해당하는 것은?

① 유기과산화물
② 질산에스테르류
③ 니트로화합물
④ 아조화합물

해설 $C_6H_2(NO_2)_3OH$: 피크르산, 트리니트로페놀, TNP라 하며, 제5류 위험물 중 니트로화합물에 해당된다.

참고 트리니트로페놀[피크르산 : $C_6H_2(NO_2)_3OH$]의 특징

㉮ 제5류 위험물 중 니트로화합물로 지정수량 200kg이다.

㉯ 강한 쓴맛과 독성이 있는 휘황색을 나타내는 편평한 침상 결정이다.

㉰ 찬물에는 거의 녹지 않으나 온수, 알코올, 에테르, 벤젠 등에는 잘 녹는다.

㉱ 중금속(Fe, Cu, Pb 등)과 반응하여 민감한 피크린산염을 형성한다.

㉲ 공기 중에서 서서히 연소하나 뇌관으로는 폭굉을 일으킨다.

㉳ 황색 염료, 농약, 산업용 도폭선의 심약, 뇌관의 첨장약, 군용 폭파약, 피혁공업에 사용한다.

㉴ 단독으로는 타격, 마찰에 둔감하고, 연소할 때 검은 연기(그을음)를 낸다.

㉵ 금속염은 매우 위험하여 가솔린, 알코올, 옥소, 황 등과 혼합된 것에 약간의 마찰이나 타격을 주어도 심하게 폭발한다.

㉶ 비중 1.8, 융점 121℃, 비점 255℃, 발화점 300℃이다.

58. 다음과 같은 성질을 갖는 위험물로 예상할 수 있는 것은?

보기	
• 지정수량 : 400L	• 증기비중 : 2.07
• 인화점 : 12℃	• 녹는점 : -89.5℃

① 메탄올
② 벤젠
③ 이소프로필알코올
④ 휘발유

해설 이소프로필알코올[$(CH_3)_2CHOH$]의 특징

㉮ 제4류 위험물 중 알코올류에 해당되며 지정수량은 400L이다.

㉯ 무색, 투명한 액체로 에틸알코올보다 약간 강한 향기가 있다.

㉰ 물, 에테르, 아세톤에 녹으며 유지, 수지 등 많은 유기화합물을 녹인다.

㉱ 액비중 0.79(증기비중 2.07), 비점 81.8℃, 융점(녹는점) -89.5℃, 인화점 11.7℃, 발화점 398.9℃, 연소범위 2.0~12%이다.

정답 56. ① 57. ③ 58. ③

59. $C_2H_5OC_2H_5$의 성질 중 틀린 것은?

① 전기 양도체이다.
② 물에는 잘 녹지 않는다.
③ 유동성의 액체로 휘발성이 크다.
④ 공기 중 장시간 방치 시 폭발성 과산화물을 생성할 수 있다.

해설 디에틸에테르($C_2H_5OC_2H_5$: 에테르)의 성질
㉮ 제4류 위험물 중 특수인화물에 해당되며 지정수량 50L이다.
㉯ 비점(34.48℃)이 낮고 무색투명하며 독특한 냄새가 있는 인화되기 쉬운 액체이다.
㉰ 물에는 녹기 어려우나 알코올에는 잘 녹는다.
㉱ 전기의 불량도체라 정전기가 발생되기 쉽다.
㉲ 휘발성이 강하고 증기는 마취성이 있어 장시간 흡입하면 위험하다.
㉳ 공기와 장시간 접촉하면 과산화물이 생성되어 가열, 충격, 마찰에 의하여 폭발한다.
㉴ 액비중 0.719(증기비중 2.55), 비점 34.48℃, 발화점 180℃, 인화점 −45℃, 연소범위 1.91~48%이다.

60. 금속 칼륨에 관한 설명 중 틀린 것은?

① 연해서 칼로 자를 수가 있다.
② 물속에 넣을 때 서서히 녹아 탄산칼륨이 된다.
③ 공기 중에서 빠르게 산화하여 피막을 형성하고 광택을 잃는다.
④ 등유, 경유 등의 보호액 속에 저장한다.

해설 칼륨(K)의 특징
㉮ 제3류 위험물로 지정수량은 10kg이다.
㉯ 은백색을 띠는 무른 경금속으로 녹는점 이상 가열하면 보라색의 불꽃을 내면서 연소한다.
㉰ 공기 중의 산소와 반응하여 광택을 잃고 산화칼륨(K_2O)의 회백색으로 변화한다.
㉱ 공기 중에서 수분과 반응하여 수산화물(KOH)과 수소(H_2)를 발생하고, 연소하면 과산화칼륨(K_2O_2)이 된다.
㉲ 화학적으로 이온화 경향이 큰 금속이다.
㉳ 산화를 방지하기 위하여 보호액(등유, 경우, 유동파라핀) 속에 넣어 저장한다.
㉴ 비중 0.86, 융점 63.7℃, 비점 762℃이다.

정답 59. ① 60. ②

제4회(2019. 10. 2 시행)

제1과목 | 일반 화학

1. 다음과 같은 경향성을 나타내지 않는 것은?

Li < Na < K

① 원자번호
② 원자반지름
③ 제1차 이온화 에너지
④ 전자수

해설 원소의 성질
㉮ 주어진 원소는 1족 원소(알칼리 금속)로 원자번호 3인 리튬(Li), 원자번호 11인 나트륨(Na), 원자번호 19인 칼륨(K)이다.
㉯ 원소의 주기적 성질

구분	같은 주기에서 원자번호가 증가할수록	같은 족에서 원자번호가 증가할수록
원자반지름	감소	증가
이온화 에너지	증가	감소
이온반지름	감소	증가
전기음성도	증가	감소
비금속성	증가	감소

참고 '원자번호=양성자수=중성원자의 전자수'이므로 원자번호가 증가하는 것은 전자수가 증가하는 것과 같다.

2. 금속은 열, 전기를 잘 전도한다. 이와 같은 물리적 특성을 갖는 가장 큰 이유는?

① 금속의 원자 반지름이 크다.
② 자유전자를 가지고 있다.
③ 비중이 대단히 크다.
④ 이온화 에너지가 매우 크다.

해설 ㉮ 금속이 전기 전도성, 열 전도성이 좋은 이유는 금속에 포함된 자유전자 때문이다.
㉯ 자유전자 : 금속 원자의 가장 바깥껍질의 전자로서 상온에서 자유롭게 움직인다.

3. 어떤 원자핵에서 양성자의 수가 3이고, 중성자의 수가 2일 때 질량수는 얼마인가?

① 1 ② 3 ③ 5 ④ 7

해설 질량수=양성자수+중성자수
=3+2=5

4. 상온에서 1L의 순수한 물에는 H^+과 OH^-가 각각 몇 g 존재하는가? (단, H의 원자량은 1.008×10^{-7} g/mol이다.)

① 1.008×10^{-7}, 17.008×10^{-7}
② $1000 \times \frac{1}{18}$, $1000 \times \frac{17}{18}$
③ 18.016×10^{-7}, 18.016×10^{-7}
④ 17.008×10^{-14}, 17.008×10^{-14}

해설 ㉮ 25℃에서 순수한 물(H_2O)이 이온화되어 동적 평형에 도달하면 $[H^+]$와 $[OH^-]$는 1×10^{-7}M로 같다.
㉯ 물 1L 중의 $[H^+]$ 질량 계산 : 수소(H) 원자의 원자량은 1.008g/mol이고 M농도의 단위는 mol/L이다.
∴ 1×10^{-7}[mol/L]×1.008[g/mol]
$= 1.008 \times 10^{-7}$g/L
㉰ 물 1L 중의 $[OH^-]$ 질량 계산 : 산소(O) 원자의 원자량은 15.9994g/mol이다.
∴ {1×10^{-7}[mol/L]×15.9994[g/mol[}
+1.008×10^{-7}[g/L]
$= 1.70074 \times 10^{-6} = 17.0074 \times 10^{-7}$g/L

5. n그램(g)의 금속을 묽은 염산에 완전히 녹였더니 m몰의 수소가 발생하였다. 이 금속의 원자가를 2가로 하면 이 금속의 원자량은?

① $\frac{n}{m}$ ② $\frac{2n}{m}$ ③ $\frac{n}{2m}$ ④ $\frac{2m}{n}$

정답 1. ③ 2. ② 3. ③ 4. ① 5. ①

해설 ㉮ 금속 M의 원자가 2가는 M^{2+}이므로 염산(HCl)에 녹아 수소(H_2)가 발생하는 반응식은 다음과 같다.

$M+2HCl \rightarrow MCl_2+H_2$

㉯ M : H_2 의 몰(mol)수비는 1 : 1 이므로 M의 몰수=H_2의 몰수이다.

$\therefore$ M의 몰질량(원자량)은 $\dfrac{n[g]}{m[mol]}$

$= \dfrac{n}{m}[g/mol]$

6. 다음 화합물 중 펩티드 결합이 들어 있는 것은?

① 폴리염화비닐 ② 유지
③ 탄수화물 ④ 단백질

해설 펩티드(peptide) 결합 : 한 아미노산의 아미노기($-NH_2$)와 다른 아미노산의 카르복실기(−COOH) 사이에서 물이 한 분자 빠져나오면서 결합(탈수축합 : 脫水縮合)이 일어나는 것으로 이런 결합을 통해 아미노산이 여러 개 연결되고 꼬여 덩어리를 이룬 것이 단백질이다.

7. 20℃에서 NaCl 포화용액을 잘 설명한 것은? (단, 20℃에서 NaCl의 용해도는 36이다.)

① 용액 100g 중에 NaCl이 36g 녹아 있을 때
② 용액 100g 중에 NaCl이 136g 녹아 있을 때
③ 용액 136g 중에 NaCl이 36g 녹아 있을 때
④ 용액 136g 중에 NaCl이 136g 녹아 있을 때

해설 ㉮ 용해도 : 일정한 온도에서 용매 100g에 녹는 용질의 최대량을 g수로 표시한 것이다.
㉯ 'NaCl의 용해도는 36'의 의미 : 용액 136g 중에 NaCl이 36g 녹아 있을 때

8. 다음 중 $KMnO_4$의 Mn의 산화수는?

① +1 ② +3 ③ +5 ④ +7

해설 ㉮ 화합물을 이루는 각 원자의 산화수 총합은 0이다.
㉯ $KMnO_4$의 Mn의 산화수 계산 : K의 산화수 +1, Mn의 산화수 x, O의 산화수 −2이다.

$\therefore 1+x+(-2\times 4)=0$

$x=(2\times 4)-1=+7$

9. 배수비례의 법칙이 성립되지 않는 것은?

① H_2O와 H_2O_2 ② SO_2와 SO_3
③ N_2O와 NO ④ O_2와 O_3

해설 ㉮ 배수 비례의 법칙 : A, B 두 종류의 원소가 반응하여 두 가지 이상의 화합물을 만들 때 한 원소 A의 일정량과 결합하는 B원소의 질량들 사이에는 간단한 정수비가 성립한다.
㉯ 배수비례의 법칙이 적용되는 예 : 질소 산화물 중 아산화질소(N_2O), 일산화질소(NO), 삼산화질소(N_2O_3), 이산화질소(NO_2), 오산화이질소(N_2O_5)에서 14g의 질소(N) 원소와 결합하는 산소의 질량은 차례대로 8g, 16g, 24g, 32g, 40g이다. 따라서 일정 질량의 질소와 결합하는 산소의 질량비는 1 : 2 : 3 : 4 : 5의 정수비가 성립한다.
㉰ CO, CO_2의 경우 일정질량의 탄소(C)와 결합하는 산소(O)의 질량비는 1 : 2, SO_2, SO_3의 경우 일정질량의 황(S)과 결합하는 산소(O)의 질량비 1 : 1.5이다.

참고 O_2와 O_3 는 동소체에 해당된다.

10. $[H^+]=2\times10^{-6}$ M인 용액의 pH는 약 얼마인가?

① 5.7 ② 4.7 ③ 3.7 ④ 2.7

해설 $pH=-\log[H^+]=-\log(2\times 10^{-6})=5.698$

11. 다음은 열역학 제 몇 법칙에 대한 내용인가?

> "0K(절대영도)에서 물질의 엔트로피는 0이다."

① 열역학 제0법칙 ② 열역학 제1법칙
③ 열역학 제2법칙 ④ 열역학 제3법칙

해설 열역학 법칙
㉮ 열역학 제0법칙 : 열평형의 법칙
㉯ 열역학 제1법칙 : 에너지보존의 법칙
㉰ 열역학 제2법칙 : 방향성의 법칙

정답 6. ④ 7. ③ 8. ④ 9. ④ 10. ① 11. ④

㉱ 열역학 제3법칙 : 어떤 계 내에서 물체의 상태변화 없이 절대온도 0도에 이르게 할 수 없다.

12. 다음과 같은 구조를 가진 전지를 무엇이라 하는가?

(−)Zn ∥ H_2SO_4 ∥ Cu(+)

① 볼타 전지 ② 다니엘 전지
③ 건전지 ④ 납축 전지

해설 볼타 전지(volta cell) : (−)극에 아연(Zn)판과 (+)극에 구리(Cu)판을 도선으로 연결하고 묽은 황산(H_2SO_4)을 넣어 두 전극에서 일어나는 산화·환원 반응으로 전기에너지로 변환시킨다.

13. 프로판 1kg을 완전 연소시키기 위해 표준상태의 산소가 약 몇 m^3가 필요한가?

① 2.55 ② 5
③ 7.55 ④ 10

해설 ㉮ 프로판(C_3H_8)의 완전연소 반응식
$C_3H_8+5O_2 \rightarrow 3CO_2+4H_2O$
㉯ 이론 산소량 계산
44kg : $5\times22.4m^3$=1kg : $x(O_0)m^3$

$$\therefore x=\frac{1\times5\times22.4}{44}=2.545\,m^3$$

14. 메탄에 염소를 작용시켜 클로로포름을 만드는 반응을 무엇이라 하는가?

① 중화반응 ② 부가반응
③ 치환반응 ④ 환원반응

해설 ㉮ 치환반응은 화합물 속의 원자, 이온, 기 등이 다른 원자, 이온, 기 등과 바뀌는 반응이다.
㉯ 클로로포름($CHCl_3$)은 메탄(CH_4)의 수소 3개를 직접 염소(Cl_2)로 치환한 화합물이다.

15. 제3주기에서 음이온이 되기 쉬운 경향성은? (단, 0족[18족] 기체는 제외한다.)

① 금속성이 큰 것
② 원자의 반지름이 큰 것
③ 최외각 전자수가 많은 것
④ 염기성 산화물을 만들기 쉬운 것

해설 ㉮ 주기율표 제3주기에서 음이온이 되기 쉬운 경향성은 최외각 전자수가 많은 염소(Cl) 원소이다.
㉯ 염소(Cl) 원소의 최외각 전자수 : M껍질에 7개

16. 황산구리(Ⅲ) 수용액을 전기분해할 때 63.5g의 구리를 석출시키는 데 필요한 전기량은 몇 F인가? (단, Cu의 원자량은 63.5이다.)

① 0.635F ② 1F
③ 2F ④ 63.5F

해설 ㉮ 구리(Cu)의 1g 당량 계산

$$1g\,당량=\frac{원자량}{원자가}=\frac{63.5}{2}=31.75\,g$$

㉯ 필요 전기량(F) 계산

$$F=\frac{석출량(g)}{1g\,당량}=\frac{63.5}{31.275}=2F$$

17. 수성가스(water gas)의 주성분을 옳게 나타낸 것은?

① CO_2, CH_4 ② CO, H_2
③ CO_2, H_2, O_2 ④ H_2, H_2O

해설 수성가스(water gas)의 주성분은 일산화탄소(CO)와 수소(H_2)이다.

18. 다음과 같은 염을 물에 녹일 때 염기성을 띠는 것은?

① Na_2CO_3 ② NaCl
③ NH_4Cl ④ $(NH_4)SO_4$

해설 ㉮ 염기 : 수산기를 갖고 있는 물질이 물에서 이온화하여 수산화 이온[OH^-]을 낼 수 있는 물질이다.
㉯ 물에서 탄산나트륨(Na_2CO_3)이 이온화되는 반응

정답 12. ① 13. ① 14. ③ 15. ③ 16. ③ 17. ② 18. ①

$Na_2CO_3(aq) \rightleftarrows 2Na^+(aq) + CO_3^{2-}(aq)$

㉰ CO_3^{2-}이온의 가수분해

$CO_3^{2-}(aq) + 2H_2O(L) \rightleftarrows H_2CO_3(aq) + 2OH^-(aq)$

∴ 용액 중에 $[OH^-]$ 이온이 존재하기 때문에 탄산나트륨(Na_2CO_3)은 염기성 염에 해당된다.

19. 콜로이드 용액을 친수콜로이드와 소수콜로이드로 구분할 때 소수콜로이드에 해당하는 것은?

① 녹말　　② 아교
③ 단백질　　④ 수산화철(Ⅲ)

해설 콜로이드 용액의 종류
㉮ 소수(疏水) 콜로이드 : 물과 친화력이 적어서 소량의 전해질에 의해 용질이 엉기거나 침전이 일어나는 콜로이드로 $Fe(OH)_3$, $Al(OH)_3$ 등 금속 산화물, 금속 수산화물 물질이 해당된다.
㉯ 친수(親水) 콜로이드 : 물과의 친화성이 커서 다량의 전해질을 가해야만 엉김이 일어나는 콜로이드로 비누, 젤라틴, 단백질, 아교의 수용액 등이다.
㉰ 보호(保護) 콜로이드 : 불안정한 소수 콜로이드에 친수 콜로이드를 가해주면 소수 콜로이드 입자 주위에 친수 콜로이드가 둘러싸여 소수 콜로이드가 안정해진다. 이때, 친수 콜로이드를 보호 콜로이드라 하며, 묵즙(墨汁) 속의 아교(阿膠) 같은 것을 말한다.

20. 기하 이성질체 때문에 극성 분자와 비극성 분자를 가질 수 있는 것은?

① C_2H_4　　② C_2H_3Cl
③ $C_2H_2Cl_2$　　④ C_2HCl_3

해설 ㉮ 기하 이성질체 : 두 탄소 원자가 이중결합으로 연결될 때 탄소에 결합된 원자나 원자단의 위치가 다름으로 인하여 생기는 이성질체이다.
㉯ 디클로로에텐($C_2H_2Cl_2$)의 이성질체 종류 및 구조식

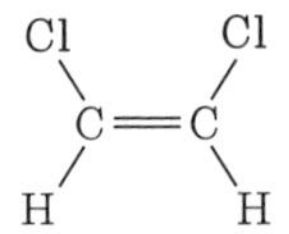

1,1-디클로로에텐

(Z)-1,2-디클로로에텐

(E)-1,2-디클로로에텐

제2과목 | 화재 예방과 소화 방법

21. 과산화수소 보관 장소에 화재가 발생하였을 때 소화방법으로 틀린 것은?

① 마른 모래로 소화한다.
② 환원성 물질을 사용하여 중화 소화한다.
③ 연소의 상황에 따라 분무주수도 효과가 있다.
④ 다량의 물을 사용하여 소화할 수 있다.

해설 제6류 위험물인 과산화수소(H_2O_2)는 산화성 액체로 보관 장소에 화재가 발생하였을 때 환원성 물질을 사용하여 중화하면 위험성이 증가한다.

22. 할로겐화합물 소화약제의 구비조건과 거리가 먼 것은?

① 전기절연성이 우수할 것
② 공기보다 가벼울 것
③ 증발 잔유물이 없을 것
④ 인화성이 없을 것

해설 할로겐화합물 소화약제의 구비조건
㉮ 증기는 공기보다 무겁고, 불연성일 것
㉯ 비점이 낮으며 기화하기 쉽고, 증발잠열이 클 것
㉰ 전기절연성이 우수할 것
㉱ 증발 후에는 잔유물이 없을 것

23. 강화액 소화기에 대한 설명으로 옳은 것은?

정답 19. ④　20. ③　21. ②　22. ②　23. ④

2019

① 물의 유동성을 강화하기 위한 유화제를 첨가한 소화기이다.
② 물의 표면장력을 강화하기 위해 탄소를 첨가한 소화기이다.
③ 산·알칼리 액을 주성분으로 하는 소화기이다.
④ 물의 소화효과를 높이기 위해 염류를 첨가한 소화기이다.

해설 강화액 소화기 특징
㉮ 물에 탄산칼륨(K_2CO_3)이라는 알칼리 금속 염류를 용해한 고농도의 수용액을 질소가스를 이용하여 방출한다.
㉯ 어는점(빙점)을 −30℃ 정도까지 낮추어 겨울철 및 한랭지에서도 사용할 수 있다.
㉰ A급 화재에 적응성이 있으며 무상주수(분무)로 하면 B급, C급 화재에도 적응성이 있다.

24. 위험물제조소등에 펌프를 시용한 가압송수장치를 사용하는 옥내소화전을 설치하는 경우 펌프의 전양정은 몇 m인가? (단, 소방용 호스의 마찰손실수두는 6m, 배관의 마찰손실수두는 1.7m, 낙차는 32m이다.)

① 56.7 ② 74.7 ③ 64.7 ④ 39.87

해설 $H = h_1 + h_2 + h_3 + 35\,\text{m}$
$= 6 + 1.7 + 32 + 35 = 74.7\,\text{m}$

25. 불활성가스 소화약제 중 IG-541의 구성 성분이 아닌 것은?

① 질소 ② 브롬
③ 아르곤 ④ 이산화탄소

해설 불활성가스 소화설비 명칭에 따른 용량비 [세부기준 제134조]

명칭	용량비
IG-100	질소 100%
IG-55	질소 50%, 아르곤 50%
IG-541	질소 52%, 아르곤 40%, 이산화탄소 8%

26. 자체소방대에 두어야 하는 화학소방자동차 중 포수용액을 방사하는 화학소방자동차는 법정 화학소방자동차 대수의 얼마 이상이어야 하는가?

① $\frac{1}{2}$ ② $\frac{2}{3}$ ③ $\frac{1}{5}$ ④ $\frac{2}{5}$

해설 자체소방대
㉮ 자체소방대를 설치하여야 하는 사업소[시행령 제18조] : 지정수량의 3000배 이상의 제4류 위험물을 취급하는 제조소 또는 일반취급소
㉯ 자체소방대 편성의 특례[시행규칙 제74조] : 2 이상의 사업소가 상호응원에 관한 협정을 체결하고 있는 경우에는 화학소방차 대수의 2분의 1 이상의 대수와 화학소방자동차마다 5인 이상의 자체소방대원을 두어야 한다.
㉰ 화학소방차의 기준 등[시행규칙 제75조] : 포수용액을 방사하는 화학소방자동차의 대수는 화학소방자동차의 대수의 3분의 2 이상으로 하여야 한다.

27. 경보설비를 설치하여야 하는 장소에 해당되지 않는 것은?

① 지정수량의 100배 이상의 제3류 위험물을 저장·취급하는 옥내저장소
② 옥내주유취급소
③ 연면적 500m^2이고 취급하는 위험물의 지정수량이 100배인 제조소
④ 지정수량 10배 이상의 제4류 위험물을 저장·취급하는 이동탱크저장소

해설 경보설비의 기준[시행규칙 제42조]
㉮ 지정수량의 10배 이상의 위험물을 저장 또는 취급하는 제조소등(이동탱크저장소를 제외한다)에는 화재발생 시 이를 알릴 수 있는 경보설비를 설치하여야 한다.
㉯ 경보설비는 자동화재 탐지설비·비상경보설비(비상벨장치 또는 경종을 포함한다)·확성장치(휴대용확성기를 포함한다) 및 비상방송설비로 구분한다.
㉰ 자동신호장치를 갖춘 스프링클러설비 또는

정답 24. ② 25. ② 26. ② 27. ④

물분무등 소화설비를 설치한 제조소등에 있어서는 자동화재 탐지설비를 설치한 것으로 본다.

참고 옥내주유취급소의 경우 연면적, 지정수량에 관계없이 경보설비 중 자동화재탐지설비를 설치해야 하는 대상이다[시행규칙 별표17].

28. **위험물 안전관리법령상 옥내소화전설비에 관한 기준에 대해 다음 ( )에 알맞은 수치를 옳게 나열한 것은?**

> 옥내소화전에는 각층을 기준으로 하여 당해 층의 모든 옥내소화전(설치개수가 5개 이상인 경우는 5개의 옥내소화전)을 동시에 사용할 경우에 각 노즐선단의 방수압력이 (ⓐ)kPa 이상이고 방수량이 1분당 (ⓑ)L 이상의 성능이 되도록 할 것

① ⓐ 350, ⓑ 260
② ⓐ 450, ⓑ 260
③ ⓐ 350, ⓑ 450
④ ⓐ 450, ⓑ 450

해설 옥내소화전설비 설치기준[시행규칙 별표17]
: 옥내소화전설비는 각층을 기준으로 당해 층의 모든 옥내소화전(설치개수가 5개 이상인 경우는 5개)을 동시에 사용할 경우에 각 노즐선단의 방수압력이 350kPa(0.35MPa) 이상이고 방수량이 1분당 260L 이상의 성능이 되도록 할 것

29. **다음 중 연소의 주된 형태가 표면연소에 해당하는 것은?**

① 석탄 ② 목탄 ③ 목재 ④ 유황

해설 연소 형태에 따른 가연물
㉮ 표면연소 : 목탄(숯), 코크스
㉯ 분해연소 : 종이, 석탄, 목재, 중유
㉰ 증발연소 : 가솔린, 등유, 경유, 알코올, 양초, 유황
㉱ 확산연소 : 가연성 기체(수소, 프로판, 부탄, 아세틸렌 등)
㉲ 자기연소 : 제5류 위험물(니트로셀룰로오스, 셀룰로이드, 니트로글리세린 등)

30. **제1류 위험물 중 알칼리 금속의 과산화물을 저장 또는 취급하는 위험물제조소에 표시하여야 하는 주의사항은?**

① 화기엄금 ② 물기엄금
③ 화기주의 ④ 물기주의

해설 위험물제조소 주의사항 게시판[시행규칙 별표4]

위험물의 종류	내용	색상
• 제1류 위험물 중 알칼리 금속의 과산화물 • 제3류 위험물 중 금수성 물질	"물기엄금"	청색 바탕에 백색 문자
• 제2류 위험물(인화성 고체 제외)	"화기주의"	적색 바탕에 백색 문자
• 제2류 위험물 중 인화성 고체 • 제3류 위험물 중 자연발화성 물질 • 제4류 위험물 • 제5류 위험물	"화기엄금"	

31. **제1인산암모늄 분말 소화약제의 색상과 적응화재를 옳게 나타낸 것은?**

① 백색, BC급
② 담홍색, BC급
③ 백색, ABC급
④ 담홍색, ABC급

해설 분말 소화약제의 종류 및 적응화재

종류	주성분	적응화재	착색
제1종 분말	탄산수소나트륨 ($NaHCO_3$)	B.C	백색
제2종 분말	탄산수소칼륨 ($KHCO_3$)	B.C	담회색
제3종 분말	제1인산암모늄 ($NH_4H_2PO_4$)	A.B.C	담홍색
제4종 분말	탄산수소칼륨+요소 [$KHCO_3+(NH_2)_2CO$]	B.C	회색

정답 28. ① 29. ② 30. ② 31. ④

32. **마그네슘 분말의 화재 시 이산화탄소 소화약제는 소화적응성이 없다. 그 이유로 가장 적합한 것은?**

① 분해반응에 의하여 산소가 발생하기 때문이다.
② 가연성의 일산화탄소 또는 탄소가 생성되기 때문이다.
③ 분해반응에 의하여 수소가 발생하고 이 수소는 공기 중의 산소와 폭명반응을 하기 때문이다.
④ 가연성의 아세틸렌가스가 발생하기 때문이다.

해설 ㉮ 제2류 위험물인 마그네슘(Mg) 분말 화재 시 이산화탄소 소화약제를 사용하면 이산화탄(CO_2)소와 반응하여 탄소(C) 및 유독성이고 가연성인 일산화탄소(CO)가 발생하므로 부적합하다.
㉯ 반응식
$2Mg + CO_2 \rightarrow 2MgO + C$
$Mg + CO_2 \rightarrow MgO + CO \uparrow$

33. **자연발화가 잘 일어나는 조건에 해당하지 않는 것은?**

① 주위 습도가 높을 것
② 열전도율이 클 것
③ 주위 온도가 높을 것
④ 표면적이 넓을 것

해설 위험물의 자연발화가 일어날 수 있는 조건
㉮ 통풍이 안 되는 경우
㉯ 저장실의 온도가 높은 경우
㉰ 습도가 높은 상태로 유지되는 경우
㉱ 열전도율이 작아 열이 축적되는 경우
㉲ 가연성 가스가 발생하는 경우
㉳ 물질의 표면적이 큰 경우

34. **제조소 건축물로 외벽이 내화구조인 것의 1소요단위는 연면적이 몇 m^2 인가?**

① 50　　② 100
③ 150　　④ 1000

해설 제조소 또는 취급소의 건축물의 소화설비 소요단위[시행규칙 별표17]
㉮ 외벽이 내화구조인 것 : 연면적 $100m^2$를 1소요단위로 할 것
㉯ 외벽이 내화구조가 아닌 것 : 연면적 $50m^2$를 1소요단위로 할 것

35. **분말 소화약제 중 열분해 시 부착성이 있는 유리상의 메타인산이 생성되는 것은?**

① $NaPO_4$
② $(NH_4)_3PO_4$
③ $NaHCO_3$
④ $NH_4H_2PO_4$

해설 제3종 분말 소화약제의 주성분인 제1인산암모늄($NH_4H_2PO_4$)이 열분해되어 생성된 메타인산(HPO_3)이 가연물의 표면에 부착되어 산소의 유입을 차단하는 방진효과 때문에 제1, 2종 분말소화약제보다 소화효과가 크고 A급 화재의 진화에 효과적이다.

36. **종별 소화약제에 대한 설명으로 틀린 것은?**

① 제1종은 탄산수소나트륨을 주성분으로 한 분말
② 제2종은 탄산수소나트륨과 탄산칼슘을 주성분으로 한 분말
③ 제3종은 제일인산암모늄을 주성분으로 한 분말
④ 제4종은 탄산수소칼륨과 요소와의 반응물을 주성분으로 한 분말

해설 분말 소화약제의 종류 및 주성분
㉮ 제1종 분말 : 탄산수소나트륨($NaHCO_3$) 또는 중탄산나트륨
㉯ 제2종 분말 : 탄산수소칼륨($KHCO_3$) 또는 중탄산칼륨
㉰ 제3종 분말 : 제1인산암모늄($NH_4H_2PO_4$)
㉱ 제4종 분말 : 탄산수소칼륨+요소[$KHCO_3 + (NH_2)_2CO$]

정답 32. ② 33. ② 34. ② 35. ④ 36. ②

37. 위험물제조소에 옥내소화전을 각 층에 8개씩 설치하도록 할 때 수원의 최소 수량은 얼마인가?

① $13m^3$ ② $20.8m^3$
③ $39m^3$ ④ $62.4m^3$

해설 옥내소화전설비의 수원 수량[시행규칙 별표17]
㉮ 수원의 수량은 옥내소화전이 가장 많이 설치된 층의 옥내소화전 설치개수(설치개수가 5개 이상인 경우는 5개)에 $7.8m^3$를 곱한 양 이상이 되도록 설치할 것
㉯ 수원의 수량 계산
∴ 수량=옥내소화전 설치개수×7.8
=5×7.8=$39m^3$

38. 제3류 위험물의 소화방법에 대한 설명으로 옳지 않은 것은?

① 제3류 위험물은 모두 물에 의한 소화가 불가능하다.
② 팽창질석은 제3류 위험물에 적응성이 있다.
③ K, Na의 화재 시에는 물을 사용할 수 없다.
④ 할로겐화합물 소화설비는 제3류 위험물에 적응성이 없다.

해설 제3류 위험물에 적응성이 있는 소화설비는 '금수성 물품'과 '그 밖의 것'으로 구분하고 있으며 금수성 물품 외에 해당하는 '그 밖의 것'에는 물에 의한 소화가 가능하다.

참고 제3류 위험물 중 금수성 물품 이외의 것에 적응성이 있는 소화설비[시행규칙 별표17]
㉮ 옥내소화전 또는 옥외소화전설비
㉯ 스프링클러설비
㉰ 물분무 소화설비
㉱ 포 소화설비
㉲ 봉상수(棒狀水) 소화기
㉳ 무상수(霧狀水) 소화기
㉴ 봉상강화액 소화기
㉵ 무상강화액 소화기
㉶ 포 소화기
㉷ 기타 : 물통 또는 건조사, 건조사, 팽창질석 또는 팽창진주암

39. 위험물 안전관리법령상 위험물을 저장·취급 시 화재 또는 재난을 방지하기 위하여 자체소방대를 두어야 하는 경우가 아닌 것은?

① 지정수량의 3천배 이상의 제4류 위험물을 저장·취급하는 제조소
② 지정수량의 3천배 이상의 제4류 위험물을 저장·취급하는 일반제조소
③ 지정수량의 2천배의 제4류 위험물을 취급하는 일반취급소와 지정수량의 1천배의 제4류 위험물을 취급하는 제조소가 동일한 사업소에 있는 경우
④ 지정수량의 3천배 이상의 제4류 위험물을 저장·취급하는 옥외탱크저장소

해설 제조소등에 자체소방대를 두어야 할 대상[시행령 18조] : 지정수량 3000배 이상의 제4류 위험물을 취급하는 제조소 또는 일반취급소

2019

40. 이산화탄소 소화기 사용 중 소화기 방출구에서 생길 수 있는 물질은?

① 포스겐
② 일산화탄소
③ 드라이아이스
④ 수소가스

해설 ㉮ 드라이아이스 : 고체탄산이라고 하며, 액체 상태의 이산화탄소가 줄·톰슨 효과에 의하여 온도가 강하되면서 고체(얼음) 상태로 된 것으로 이산화탄소 소화기를 사용할 때 노즐 부분에서 드라이아이스가 생성되어 노즐을 폐쇄하는 현상이 발생한다.
㉯ 줄·톰슨 효과 : 단열을 한 배관 중에 작은 구멍을 내고 이 관에 압력이 있는 유체를 흐르게 하면 유체가 작은 구멍을 통할 때 유체의 압력이 하강함과 동시에 온도가 떨어지는 현상이다.

정답 37. ③ 38. ① 39. ④ 40. ③

제3과목 | 위험물의 성질과 취급

41. 위험물을 적재, 운반할 때 방수성 덮개를 하지 않아도 되는 것은?

① 알칼리금속의 과산화물
② 마그네슘
③ 니트로화합물
④ 탄화칼슘

해설 방수성이 있는 피복으로 덮는 위험물[시행규칙 별표19]
㉮ 제1류 위험물 중 알칼리 금속의 과산화물
㉯ 제2류 위험물 중 철분·금속분·마그네슘
㉰ 제3류 위험물 중 금수성 물질

참고 1. 탄화칼슘(CaC_2)은 제3류 위험물 중 금수성 물질에 해당된다.
2. 니트로화합물은 제5류 위험물에 해당되므로 방수성 피복으로 덮는 위험물과 관련 없다.

42. 다음 중 오황화인이 물과 작용해서 발생하는 기체는?

① 이황화탄소
② 황화수소
③ 포스겐가스
④ 인화수소

해설 오황화인(P_2S_5)
㉮ 제2류 위험물 중 황화인에 해당되며 지정수량 100kg이다.
㉯ 오황화인(P_2S_5)은 물과 반응하여 황화수소(H_2S)와 인산(H_3PO_4)으로 분해된다.
㉰ 반응식 : $P_2S_5 + 8H_2O \rightarrow 5H_2S + 2H_3PO_4$

43. 제5류 위험물에 해당하지 않는 것은?

① 나이트로셀룰로오스
② 나이트로글리세린
③ 니트로벤젠
④ 질산메틸

해설 각 위험물의 유별 분류

품명	유별
니트로셀룰로오스 ($[C_6H_7O_2(ONO_2)_3]_n$)	제5류 위험물 질산에스테르류
니트로글리세린 [$C_3H_5(ONO_2)_3$]	제5류 위험물 질산에스테르류
니트로벤젠($C_6H_5NO_2$)	제4류 위험물 제3석유류
질산메틸(CH_3NO_2)	제5류 위험물 질산에스테르류

참고 '나이트로셀룰로오스'는 '니트로셀룰로오스', '나이트로글리세린'은 '니트로글리세린'을 지칭하는 것이다.

44. 어떤 공장에서 아세톤과 메탄올을 18L 용기에 각각 10개, 등유를 200L 드럼으로 3드럼을 저장하고 있다면 각각의 지정수량 배수의 총합은 얼마인가?

① 1.3 ② 1.5 ③ 2.3 ④ 2.5

해설 ㉮ 제4류 위험물 지정수량

품명		지정수량
아세톤(수용성)	제1석유류	400L
메탄올	알코올류	400L
등유(비수용성)	제1석유류	1000L

㉯ 지정수량 배수의 합 계산 : 지정수량 배수의 합은 각 위험물량을 지정수량으로 나눈 값의 합이다.

∴ 지정수량 배수의 합

$$= \frac{A\text{위험물량}}{\text{지정수량}} + \frac{B\text{위험물량}}{\text{지정수량}} + \frac{C\text{위험물량}}{\text{지정수량}}$$

$$= \frac{18 \times 10}{400} + \frac{18 \times 10}{400} + \frac{200 \times 3}{1000} = 1.5\text{배}$$

45. 질산암모늄이 가열분해하여 폭발이 되었을 때 발생되는 물질이 아닌 것은?

① 질소 ② 물 ③ 산소 ④ 수소

해설 ㉮ 제1류 위험물인 질산암모늄(NH_4NO_3)은 급격한 가열이나 충격을 주면 단독으로도 분

정답 41. ③ 42. ② 43. ③ 44. ② 45. ④

해·폭발한다.

㉯ 반응식 : $2NH_4NO_3 \rightarrow 4H_2O + 2N_2\uparrow + O_2\uparrow$

㉰ 발생되는 물질 : 물(H_2O), 질소(N_2), 산소(O_2)

46. 다음 과망가니즈산칼륨과 혼촉하였을 때 위험성이 가장 낮은 물질은?

① 물 ② 디에틸에테르

③ 글리세린 ④ 염산

해설 과망간산칼륨($KMnO_4$)의 위험성

㉮ 제1류 위험물 중 과망간산염류에 해당하고, 지정수량은 1000kg이다.

㉯ 알코올, 에테르(디에틸에테르), 글리세린 등 유기물과 접촉 시 폭발할 위험이 있다.

㉰ 강산화제이며, 진한 황산과 접촉하면 폭발적으로 반응한다.

㉱ 염산(HCl)과 반응하여 독성인 염소(Cl_2)를 발생한다.

㉲ 목탄, 황 등 환원성 물질과 접촉 시 폭발의 위험이 있다.

㉳ 물에 녹아 진한 보라색이 되며, 강한 산화력과 살균력을 갖는다.

참고 '과망가니즈산칼륨'은 '과망간산칼륨'을 지칭하는 것이다.

47. 위험물 안전관리법령상 제4류 위험물 중 1기압에서 인화점이 21℃인 물질은 몇 석유류에 해당하는가?

① 제1석유류 ② 제2석유류

③ 제3석유류 ④ 제4석유류

해설 제4류 위험물의 성상에 의한 품명 분류[시행령 별표1] : 제2석유류란 등유, 경유 그 밖에 1기압에서 인화점이 21℃ 이상 70℃ 미만인 것을 말한다. 다만, 도료류 그 밖의 물품에 있어서 가연성 액체량이 40 중량% 이하이면서 인화점이 40℃ 이상인 동시에 연소점이 60℃ 이상인 것은 제외한다.

48. 다음 중 증기비중이 가장 큰 물질은?

① C_6H_6 ② CH_3OH

③ $CH_3COC_2H_5$ ④ $C_3H_5(OH)_3$

해설 ㉮ 제4류 위험물의 분자량 및 증기 비중

품명	분자량	비중
벤젠(C_6H_6)	78	2.68
메틸알코올(CH_3OH)	32	1.1
메틸에틸케톤($CH_3COC_2H_5$)	72	2.48
글리세린[$C_3H_5(OH)_3$]	92	3.17

㉯ 증기 비중은 $\frac{기체\ 분자량}{공기의\ 평균\ 분자량(29)}$ 이므로 분자량이 큰 것이 증기 비중이 크다.

49. 다음 중 금속칼륨의 성질에 대한 설명으로 옳은 것은?

① 중금속류에 속한다.

② 이온화 경향이 큰 금속이다.

③ 물속에 보관한다.

④ 고광택을 내므로 장식용으로 많이 쓰인다.

해설 칼륨(K)의 특징

㉮ 제3류 위험물로 지정수량은 10kg이다.

㉯ 은백색을 띠는 무른 경금속으로 녹는점 이상 가열하면 보라색의 불꽃을 내면서 연소한다.

㉰ 공기 중의 산소와 반응하여 광택을 잃고 산화칼륨(K_2O)의 회백색으로 변화한다.

㉱ 공기 중에서 수분과 반응하여 수산화물(KOH)과 수소(H_2)를 발생하고, 연소하면 과산화칼륨(K_2O_2)이 된다.

㉲ 화학적으로 이온화 경향이 큰 금속이다.

㉳ 피부에 접촉되면 화상을 입으며, 연소할 때 발생하는 증기가 피부에 접촉하거나 호흡하면 자극한다.

㉴ 산화를 방지하기 위하여 보호액(등유, 경우, 유동파라핀) 속에 넣어 저장한다.

㉵ 비중 0.86, 융점 63.7℃, 비점 762℃이다.

50. 질산칼륨에 대한 설명 중 틀린 것은?

① 무색의 결정 또는 백색 분말이다.

② 비중이 약 0.81, 녹는점은 약 200℃이다.

③ 가열하면 열분해하여 산소를 방출한다.

④ 흑색화약의 원료로 사용된다.

정답 46. ① 47. ② 48. ④ 49. ② 50. ②

해설 질산칼륨(KNO_3)의 특징

㉮ 제1류 위험물 중 질산염류에 해당되며 지정수량은 300kg이다.
㉯ 무색 또는 백색 결정분말로 짠맛과 자극성이 있다.
㉰ 물이나 글리세린에는 잘 녹으나 알코올에는 녹지 않는다.
㉱ 강산화제로 가연성 분말이나 유기물과의 접촉은 매우 위험하다.
㉲ 흡습성이나 조해성이 없다.
㉳ 400℃ 정도로 가열하면 아질산칼륨(KNO_2)과 산소(O_2)가 발생한다.
㉴ 흑색 화약의 원료(질산칼륨 75%, 황 15%, 목탄 10%)로 사용한다.
㉵ 유기물과 접촉을 피하고, 건조한 장소에 보관한다.
㉶ 비중 2.10, 융점 339℃, 용해도(15℃) 26, 분해온도 400℃이다.

51. 가연성 물질이며 산소를 다량 함유하고 있기 때문에 자기연소가 가능한 물질은?

① $C_6H_2CH_3(NO_2)_3$ ② $CH_3COC_2H_5$
③ $NaClO_4$ ④ HNO_3

해설 ㉮ 각 위험물의 유별 분류

품명	유별
트리니트로톨루엔 [$C_6H_2CH_3(NO_2)_3$]	제5류 위험물 니트로화합물
메틸에틸케톤 ($CH_3COC_2H_5$)	제4류 위험물 제1석유류
과염소산나트륨 ($NaClO_4$)	제1류 위험물 과염소산염류
질산(HNO_3)	제6류 위험물

㉯ 자기반응성 물질인 제5류 위험물이 자기연소가 가능한 물질이다.

52. 다음 중 물과 접촉하면 위험한 물질로만 나열된 것은?

① CH_3CHO, CaC_2, $NaClO_4$
② K_2O_2, $K_2Cr_2O_7$, CH_3CHO
③ K_2O_2, Na, CaC_2
④ Na, $K_2Cr_2O_7$, $NaClO_4$

해설 각 위험물이 물과 접촉할 때 특성

품명	유별	특성
아세트알데히드(CH_3CHO)	제4류	물에 녹는다.
탄화칼슘(CaC_2)	제3류	아세틸렌 가스 발생
과염소산나트륨($NaClO_4$)	제1류	물에 녹는다.
과산화칼륨(K_2O_2)	제1류	산소 발생
중크롬산칼륨($K_2Cr_2O_7$)	제1류	녹는다.
나트륨(Na)	제3류	수소 발생

참고 물과 접촉하면 과산화칼륨(K_2O_2)은 산소가 발생하고, 나트륨(Na), 탄화칼슘(CaC_2)은 가연성 가스가 발생하기 때문에 위험하다.

53. 위험물 안전관리법령상 지정수량의 각각 10배를 운반할 때 혼재할 수 있는 위험물은?

① 과산화나트륨과 과염소산
② 과망간산칼륨과 적린
③ 질산과 알코올
④ 과산화수소와 아세톤

해설 ㉮ 위험물 운반할 때 혼재 기준[시행규칙 별표19, 부표2]

구분	제1류	제2류	제3류	제4류	제5류	제6류
제1류		×	×	×	×	○
제2류	×		×	○	○	×
제3류	×	×		○	×	×
제4류	×	○	○		○	×
제5류	×	○	×	○		×
제6류	○	×	×	×	×	

㈜ ○ : 혼합 가능, × : 혼합 불가능

㉯ 각 위험물의 유별 구분 및 혼재 여부
① 과산화나트륨(제1류) ↔ 과염소산(제6류) : ○
② 과망간산칼륨(제1류) ↔ 적린(제2류) : ×
③ 질산(제6류) ↔ 알코올(제4류) : ×
④ 과산화수소(제6류) ↔ 아세톤(제4류) : ×

정답 51. ① 52. ③ 53. ①

54. **황화인에 대한 설명으로 틀린 것은?**

① 고체이다.
② 가연성 물질이다.
③ P_4S_3, P_2S_5 등의 물질이 있다.
④ 물질에 따른 지정수량은 50kg, 100kg 등이 있다.

해설 황화인의 특징
㉮ 제2류 위험물로 지정수량 100kg이다.
㉯ 황화인 종류에는 삼황화인(P_4S_3), 오황화인(P_2S_5), 칠황화인(P_4S_7)이 있다.
㉰ 삼황화인(P_4S_3)은 물, 염소, 염산, 황산에는 녹지 않으나 질산, 이황화탄소, 알칼리에는 녹는다. 공기 중에서 연소하면 오산화인(P_2O_5)과 아황산가스(SO_2)가 발생한다.
㉱ 오황화인(P_2S_5)은 담황색 결정으로 조해성이 있으며 물, 알칼리에 의해 유독한 황화수소(H_2S)와 인산(H_3PO_4)으로 분해된다.
㉲ 칠황화인(P_4S_7)은 담황색 결정으로 조해성이 있으며 찬물에는 서서히, 더운물에는 급격히 녹아 분해되면서 황화수소(H_2S)와 인산(H_3PO_4)을 발생한다.

55. **질산과 과염소산의 공통 성질로 옳은 것은?**

① 강한 산화력과 환원력이 있다.
② 물과 접촉하면 반응이 없으므로 화재 시 주수소화가 가능하다.
③ 가연성 물질이다.
④ 모두 산소를 함유하고 있다.

해설 제6류 위험물인 질산(HNO_3)과 과염소산($HClO_4$)은 산화성 액체로 산소를 함유하고 있다.

56. **다음 중 위험물의 저장 또는 취급에 관한 기술상의 기준과 관련하여 시·도의 조례에 의해 규제를 받는 경우는?**

① 등유 2000L를 저장하는 경우
② 중유 3000L를 저장하는 경우
③ 윤활유 5000L를 저장하는 경우
④ 휘발유 400L를 저장하는 경우

해설 ㉮ 지정수량 미만의 위험물 저장·취급[법 제4조] : 지정수량 미만인 위험물의 저장 또는 취급에 관한 기술상의 기준은 특별시·광역시·특별자치시·도 및 특별자치도(이하 "시·도"라 한다)의 조례로 정한다.
㉯ 각 위험물(제4류 위험물)의 지정수량

품명	유별	지정수량
등유	제2석유류, 비수용성	1000L
중유	제3석유류, 비수용성	2000L
윤활유	제4석유류	6000L
휘발유	제1석유류, 비수용성	200L

∴ 지정수량 미만을 저장하여 시·도의 조례에 의해 규제를 받는 경우는 윤활유 5000L를 저장하는 경우이다.

57. **위험물제조소등의 안전거리의 단축기준과 관련해서 $H \leq pD^2 + a$인 경우 방화상 유효한 담의 높이는 2m 이상으로 한다. 다음 중 a에 해당되는 것은?**

① 인근 건축물의 높이(m)
② 제조소등의 외벽의 높이(m)
③ 제조소등과 공작물과의 거리(m)
④ 제조소등과 방화상 유효한 담과의 거리(m)

해설 방화상 유효한 담의 높이는 다음에 의하여 산정한 높이 이상으로 한다.

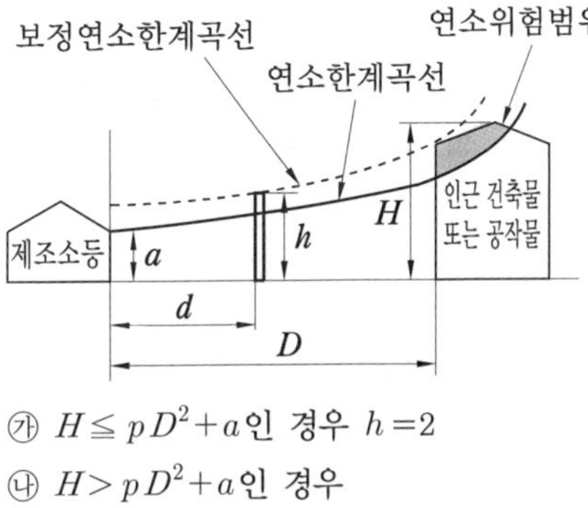

㉮ $H \leq pD^2 + a$인 경우 $h = 2$
㉯ $H > pD^2 + a$인 경우
$h = H - p(D^2 - d^2)$

여기서, D : 제조소등과 인근 건축물 또는 공작물과의 거리(m)
H : 인근 건축물 또는 공작물의 높이(m)

정답 54. ④ 55. ④ 56. ③ 57. ②

a : 제조소등의 외벽의 높이(m)
d : 제조소등과 방화상 유효한 담과의 거리(m)
h : 방화상 유효한 담의 높이(m)
p : 상수

58. 위험물제조소는 문화재보호법에 의한 유형 문화재로부터 몇 m 이상의 안전거리를 두어야 하는가?

① 20m ② 30m
③ 40m ④ 50m

해설 제조소의 안전거리[시행규칙 별표4]

해당 대상물	안전거리
7000V 초과 35000V 이하 전선	3m 이상
35000V 초과 전선	5m 이상
건축물, 주거용 공작물	10m 이상
고압가스, LPG, 도시가스 시설	20m 이상
학교·병원·극장(300명 이상 수용), 다수인 수용시설(20명 이상)	30m 이상
유형문화재, 지정문화재	50m 이상

59. 아세트알데히드등의 저장 시 주의할 사항으로 틀린 것은?

① 구리나 마그네슘 합금 용기에 저장한다.
② 화기를 가까이 하지 않는다.
③ 용기의 파손에 유의한다.
④ 찬 곳에 저장한다.

해설 제4류 위험물 중 특수인화물 일부에 은, 수은, 동, 마그네슘 등 사용 제한
㉮ 아세트알데히드는 은, 수은, 동, 마그네슘 등의 금속이나 합금과 접촉하면 폭발적으로 반응하기 때문에 이들을 수납하기 위한 용기재료로 사용해서는 안 된다.
㉯ 산화프로필렌은 폭발성 물질인 아세틸라이드를 생성하므로 이들을 수납하기 위한 용기재료로 사용해서는 안 된다.

60. 가솔린에 대한 설명 중 틀린 것은?

① 비중은 물보다 작다.
② 증기비중은 공기보다 크다.
③ 전기에 대한 도체이므로 정전기 발생으로 인한 화재를 방지해야 한다.
④ 물에는 녹지 않지만 유기 용제에 녹고, 유지 등을 녹인다.

해설 휘발유(가솔린)의 특징
㉮ 제4류 위험물 중 제1석유류에 해당되며, 지정수량 200L이다.
㉯ 탄소수 C_5~C_9까지의 포화(알칸), 불포화(알켄) 탄화수소의 혼합물로 휘발성 액체이다.
㉰ 특이한 냄새가 나는 무색의 액체로 비점이 낮다.
㉱ 물에는 용해되지 않지만 유기용제와는 잘 섞이며 고무, 수지, 유지를 잘 녹인다.
㉲ 액체는 물보다 가볍고, 증기는 공기보다 무겁다.
㉳ 옥탄가를 높이기 위해 첨가제(사에틸납)를 넣으며, 착색된다.
㉴ 휘발 및 인화하기 쉽고, 증기는 공기보다 3~4배 무거워 누설 시 낮은 곳에 체류하여 연소를 확대시킨다.
㉵ 전기의 불량도체이며, 정전기 발생에 의한 인화의 위험성이 크다.
㉶ 액비중 0.65~0.8(증기비중 3~4), 인화점 -20~-43℃, 발화점 300℃, 연소범위 1.4~7.6%이다.

정답 58. ④ 59. ① 60. ③

2020년도 출제문제

제1, 2회 (2020. 6. 14 시행)

제1과목 | 일반 화학

1. 물 200g에 A 물질 2.9g을 녹인 용액의 어는점은? (단, 물의 어는점 내림 상수는 1.86℃·kg/mol 이고, A 물질의 분자량은 58이다.)

① −0.017℃ ② −0.465℃
③ −0.932℃ ④ −1.871℃

해설 $\Delta T_f = m \times K_f = \dfrac{\left(\dfrac{W_b}{M_b}\right)}{W_a} \times K_f$

$= \dfrac{\left(\dfrac{2.9}{58}\right)}{200} \times (1.86 \times 1000) = 0.465$ ℃

∴ 용액의 빙점은 −0.465℃이다.

2. 다음과 같은 기체가 일정한 온도에서 반응을 하고 있다. 평형에서 기체 A, B, C가 각각 1몰, 2몰, 4몰이라면 평형상수 K의 값은?

A + 3B → 2C + 열

① 0.5 ② 2
③ 3 ④ 4

해설 $K = \dfrac{[C]^c[D]^d}{[A]^a[B]^b} = \dfrac{4^2}{1 \times 2^3} = 2$

참고 [D]는 반응식에 포함되지 않아서 제외됨

3. 0.01N CH_3COOH의 전리도가 0.01이면 pH는 얼마인가?

① 2 ② 4
③ 6 ④ 8

해설 $CH_3COOH \rightleftarrows CH_3COO^- + H^+$

∴ $[H^+] = 0.01N \times 0.01 = 0.0001 = 1 \times 10^{-4}$

∴ $pH = -\log[H^+] = -\log(1 \times 10^{-4}) = 4$

4. 액체나 기체 안에서 미소 입자가 불규칙적으로 계속 움직이는 것을 무엇이라 하는가?

① 틴들 현상 ② 다이알리시스
③ 브라운 운동 ④ 전기영동

해설 콜로이드 용액의 성질

㉮ 틴들 현상 : 어두운 곳에서 콜로이드 용액에 강한 빛을 비추면 빛의 산란으로 빛의 진로가 보이는 현상이다.

㉯ <u>브라운 운동</u> : 콜로이드 입자가가 용매 분자의 불균일한 충돌을 받아서 불규칙하고 계속적인 콜로이드 입자의 운동이다.

㉰ 응석(엉킴) : 콜로이드 중에 양이온과 음이온이 결합해서 침전되는 현상이다.

㉱ 염석 : 다량의 전해질로 콜로이드를 침전시키는 것이다.

㉲ 투석(dialysis) : 반투막을 사용하여 콜로이드 용액을 물 등의 용매로 접촉시켜 콜로이드 용액 중에 함유되어 있는 저분자 물질을 제거하는 조작이다.

㉳ 전기영동 : 콜로이드 입자가 (+) 또는 (−) 전기를 띠고 있다는 사실을 확인하는 실험이다.

5. 다음 중 파장이 가장 짧으면서 투과력이 가장 강한 것은?

① α − 선 ② β − 선
③ γ − 선 ④ X − 선

정답 1. ② 2. ② 3. ② 4. ③ 5. ③

해설 방사선의 종류 및 특징

㉮ α선(α-ray) : (+)전기를 띤 헬륨의 원자핵으로 질량수는 4이다. 투과력은 약해 공기 중에서도 수 cm 정도 통과한다.

㉯ β선(β-ray) : 광속에 가까운 전자의 흐름으로 (-)전기를 띠고, 투과력은 α선보다 세다.

㉰ γ선(γ-ray) : α선, β선 같은 입자의 흐름이 아니며, X선 같은 일종의 전자기파로서 투과력이 가장 세다. 전기장, 자기장에 의해 휘어지지 않는다.

6. 1패러데이(Faraday)의 전기량으로 물을 전기분해하였을 때 생성되는 수소기체는 0℃, 1기압에서 얼마의 부피를 갖는가?

① 5.6L ② 11.2L
③ 22.4L ④ 44.8L

해설 ㉮ 물(H_2O)의 전기분해 반응식

$2H_2O \rightarrow 2H_2 + O_2$

㉯ 수소 석출량(g) 계산

$$\therefore \text{석출량(g)} = \frac{\text{원자량}}{\text{원자가}} \times \text{패럿수}$$

$$= \frac{1}{1} \times 1 = 1\text{g}$$

㉰ 수소량(g)을 표준상태(0℃, 1기압 상태)의 체적으로 계산

2g : 22.4L=1g : x[L]

$$\therefore x = \frac{1 \times 22.4}{2} = 11.2\text{L}$$

7. 구리줄을 불에 달구어 약 50℃ 정도의 메탄올에 담그면 자극성 냄새가 나는 기체가 발생한다. 이 기체는 무엇인가?

① 포름알데히드 ② 아세트알데히드
③ 프로판 ④ 메틸에테르

해설 메탄올(CH_3OH)에서 발생되는 증기가 공기 중에서 산화될 때 구리(Cu)가 촉매 역할을 하여 포름알데히드(HCHO)가 생성된다.

$CH_3OH + O \rightarrow HCHO + H_2O$

참고 포름알데히드(HCHO)의 특징

㉮ 무색의 가연성 기체로서 자극성 냄새가 난다.

㉯ 물에 녹기 쉬우며, 수용액을 포르말린(formalin)이라 한다.

㉰ 환원성이 크고, 살균작용을 한다.

㉱ 합성수지의 원료로 이용한다.

㉲ 액비중 0.815, 녹는점 -92℃, 끓는점 21℃이다.

8. 다음의 금속원소를 반응성이 큰 순서부터 나열한 것은?

Na, Li, Cs, K, Rb

① Cs>Rb>K>Na>Li
② Li>Na>K>Rb>Cs
③ K>Na>Rb>Cs>Li
④ Na>K>Rb>Cs>Li

해설 원소의 성질

㉮ 주어진 원소는 1족 원소(알칼리 금속)로 원자번호 3인 리튬(Li), 원자번호 11인 나트륨(Na), 원자번호 19인 칼륨(K), 원자번호 37인 루비듐(Rb), 원자번호 55인 세슘(Cs)이다.

㉯ 알칼리 금속에서 원자번호가 큰 것일수록 궤도함수가 커지고 에너지 준위도 커지기 때문에 반응성이 증가하므로 반응성이 큰 순서부터 나열하면 Cs>Rb>K>Na>Li이다.

9. "기체의 확산속도는 기체의 밀도(또는 분자량)의 제곱근에 반비례한다."라는 법칙과 연관성이 있는 것은?

① 미지의 기체 분자량을 측정에 이용할 수 있는 법칙이다.
② 보일-샤를이 정립한 법칙이다.
③ 기체상수 값을 구할 수 있는 법칙이다.
④ 이 법칙은 기체상태방정식으로 표현된다.

해설 그레이엄의 법칙(혼합가스의 확산속도) : 일정한 온도에서 기체의 확산속도는 기체의 분자량(또는 밀도)의 평방근(제곱근)에 반비례한다.

정답 6. ② 7. ① 8. ① 9. ①

$$\frac{U_2}{U_1} = \sqrt{\frac{M_1}{M_2}} = \frac{t_1}{t_2}$$

여기서, U_1, U_2 : 1번 및 2번 기체의 확산속도
M_1, M_2 : 1번 및 2번 기체의 분자량
t_1, t_2 : 1번 및 2번 기체의 확산시간

참고 미지의 기체 확산속도를 알면 그레이엄의 법칙을 이용하여 분자량 측정(계산)에 이용할 수 있다.

10. 다음 물질 중에서 염기성인 것은?

① $C_6H_5NH_2$ ② $C_6H_5NO_2$
③ C_6H_5OH ④ C_6H_5COOH

해설 아닐린($C_6H_5NH_2$) : 염료, 약, 폭약, 플라스틱, 사진, 고무화학제품을 만들 때 사용되는 약염기로 무기산과 반응하여 염을 형성한다.

11. 다음의 반응에서 환원제로 쓰인 것은?

$MnO_2 + 4HCl \rightarrow MnCl_2 + 2H_2O + Cl_2$

① Cl_2 ② $MnCl_2$
③ HCl ④ MnO_2

해설 (1) 환원제가 될 수 있는 물질
㉮ 수소를 내기 쉬운 물질
㉯ 산소와 화합하기 쉬운 물질
㉰ 전자를 잃기 쉬운 물질
㉱ 발생기의 수소를 내기 쉬운 물질

(2) 주요 환원제의 종류 : 수소(H_2), 일산화탄소(CO), 이산화황(SO_2), 황화수소(H_2S) 등

(3) 반응에서 산화제와 환원제

산화(산화수 1×2 증가)

산화제 −1 0
$MnO_2 + 4HCl \rightarrow MnCl_2 + 2H_2O + Cl_2$
+4 환원제 +2

환원(산화수 2 감소)

∴ MnO_2는 자신은 환원되면서 HCl을 산화시키는 산화제이고, HCl은 자신은 산화되면서 MnO_2를 환원시키는 환원제이다.

12. ns^2np^5의 전자구조를 가지지 않는 것은?

① F(원자번호 9)
② Cl(원자번호 17)
③ Se(원자번호 34)
④ I(원자번호 53)

해설 ns^2np^5의 전자구조를 가지는 원소는 최외각 전자수는 7이므로 원소주기율표 17족에 해당된다.
㉮ 17족 원소 : F(원자번호 9), Cl(원자번호 17), Br(원자번호 35), I(원자번호 53), At(원자번호 85) 등
㉯ Se(원자번호 34) : 16족 4주기에 해당된다.
→ 전자배치는 $1s^2\ 2s^2\ 2p^6\ 3s^2\ 3p^6\ 4s^2\ 3d^{10}\ 4p^4$이다.

13. 98% H_2SO_4 50g에서 H_2SO_4에 포함된 산소 원자수는?

① 3×10^{23} 개 ② 6×10^{23} 개
③ 9×10^{23} 개 ④ 1.2×10^{23} 개

해설 ㉮ 98% 황산(H_2SO_4) 50g의 몰수 계산 : 황산의 분자량은 98이다.

$$\therefore n = \frac{W}{M} = \frac{50 \times 0.98}{98} = 0.5\,\text{mol}$$

㉯ 산소 원자수 계산 : 황산(H_2SO_4) 분자 1몰에는 산소(O) 원소 4개(mol)가 있고, 1mol에는 원자수 6.02×10^{23}개가 있다.
∴ 산소 원자수=황산 분자 몰수 ×황산 분자 1몰 중 산소원소 몰수×원자수 $=0.5\times4\times(6.02\times10^{23})=1.204\times10^{24}$개

14. 질소와 수소로 암모니아를 합성하는 반응의 화학반응식은 다음과 같다. 암모니아의 생성률을 높이기 위한 조건은?

$N_2 + 3H_2 \rightarrow 2NH_3 + 22.1\text{kcal}$

① 온도와 압력을 낮춘다.
② 온도는 낮추고, 압력은 높인다.
③ 온도를 높이고, 압력은 낮춘다.
④ 온도와 압력을 높인다.

정답 10. ① 11. ③ 12. ③ 13. ④ 14. ②

해설 평형 이동의 법칙(르샤틀리에의 법칙) : 가역반응이 평형상태에 있을 때 반응하는 물질의 농도, 온도, 압력을 변화시키면 정반응(→), 역반응(←) 어느 한 쪽의 반응만이 진행되는데, 이동되는 방향은 다음과 같이 경우에 따라 다르다.
㉮ 온도 : 가열하면 흡열반응 방향으로, 냉각하면 발열반응으로 진행한다.
㉯ 농도 : 반응물질의 농도가 진하면 정반응(→), 묽으면 역반응(←)으로 진행한다.
㉰ 압력 : 가압하면 기체의 부피가 감소(몰수가 감소)하는 방향으로 진행한다. 감압하면 기체의 부피가 증가(몰수가 증가)하는 방향으로 진행한다.
㉱ 촉매는 화학 반응의 속도를 증가시키는 작용은 하지만, 화학 평형을 이동시키지는 못한다.
∴ 암모니아 생성률을 높이기 위해서는 정반응을 할 수 있는 조건이 되어야 하므로 온도는 낮추고, 압력은 높여야 한다.

15. pH가 2인 용액은 pH가 4인 용액과 비교하면 수소이온농도가 몇 배인 용액이 되는가?

① 100 배 ② 2 배
③ 10^{-1} 배 ④ 10^{-2} 배

해설 ㉮ pH가 2인 용액의 $[H^+]=10^{-2}=0.01$이다.
㉯ pH가 4인 용액의 $[H^+]=10^{-4}=0.0001$이다.
㉰ 두 용액의 수소이온농도 비교
$$\therefore \frac{0.01}{0.0001}=100\text{배}$$

16. 다음 그래프는 어떤 고체물질의 온도에 따른 용해도 곡선이다. 이 물질의 포화용액을 80℃에서 0℃로 내렸더니 20g의 용질이 석출되었다. 80℃에서 이 포화용액의 질량은 몇 g인가?

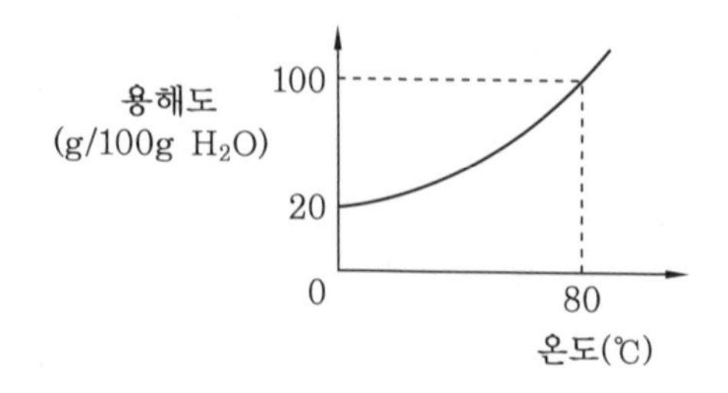

① 50g ② 75g
③ 100g ④ 150g

해설 ㉮ 그래프에서 80℃에서 용해도가 100이라는 것은 용매 100g에 용질 100g이 용해되어 있는 것이므로 이 포화용액은 200g이 된다.
㉯ 80℃ 포화용액 200g을 0℃로 냉각시킬 때 석출되는 용질의 양은 용해도 차이인 100 − 20 =80g이다. 그러므로 0℃로 냉각할 때 용질 20g이 석출될 수 있는 80℃ 상태의 포화용액 질량은 비례식으로 계산할 수 있다.

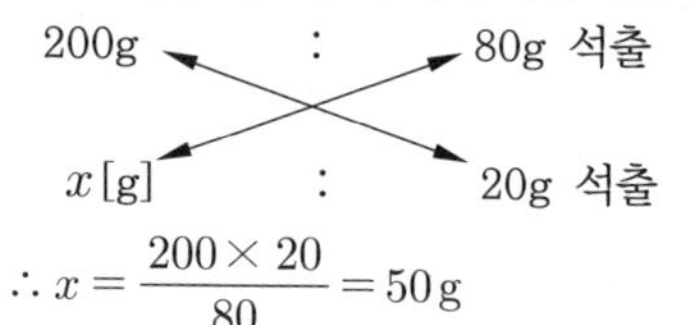

$$\therefore x=\frac{200\times 20}{80}=50\,\text{g}$$

17. 중성원자가 무엇을 잃으면 양이온으로 되는가?

① 중성자 ② 핵전하
③ 양성자 ④ 전자

해설 양이온과 음이온
㉮ 양이온 : 원자가 전자를 잃어서 형성되는 것으로 전자를 잃기 쉬운 금속 원소의 원자는 양이온으로 되기 쉽다.
㉯ 음이온 : 원자가 전자를 얻어서 형성되는 것으로 전자를 얻기 쉬운 비금속 원소의 원자는 음이온으로 되기 쉽다.

18. 2차 알코올을 산화시켜서 얻어지며, 환원성이 없는 물질은?

① CH_3COCH_3 ② $C_2H_5OC_2H_5$
③ CH_3OH ④ CH_3OCH_3

해설 알코올의 산화
㉮ 1차 알코올 : 산화되면 수소원자 두 개를 잃어 포밀기를 가진 알데히드가 되고, 알데히드가 산화되면 산소원자 하나를 얻어 최종산화물은 카르복실기를 가진 카르복실산이 된다.

정답 15. ① 16. ① 17. ④ 18. ①

$$R-\underset{\underset{H}{|}}{\overset{\overset{OH}{|}}{C}}-H \xrightarrow{[O]} R-\overset{\overset{O}{\|}}{C}-H \xrightarrow{[O]} R-\overset{\overset{O}{\|}}{C}-OH$$

1차 알코올　　알데히드　　카르복실산

㉯ 2차 알코올 : 산화되면 수소원자 두 개를 잃어 최종산화물은 카르보닐기를 가진 케톤(CH_3COCH_3)이 되며, 더 이상 산화하지 않는다.

$$R-\underset{\underset{H}{|}}{\overset{\overset{OH}{|}}{C}}-R' \xrightarrow{[O]} R-\overset{\overset{O}{\|}}{C}-R'$$

2차 알코올　　케톤

㉰ 3차 알코올 : 탄소원자에서 떨어져 나올 수소원자가 없기 때문에 산화하기 어렵다.

19. 다음은 표준 수소전극과 짝지어 얻은 반쪽반응 표준환원 전위값이다. 이들 반쪽 전지를 짝지었을 때 얻어지는 전지의 표준 전위차 $E°$는?

$Cu^{2+} + 2e^- \rightarrow Cu$　　$E° = +0.34$ V
$Ni^{2+} + 2e^- \rightarrow Ni$　　$E° = -0.23$ V

① +0.11 V　② −0.11 V
③ +0.57 V　④ −0.57 V

해설 $E° = E_+ - E_-$

$= +0.34 - (-0.23) = +0.57\text{V}$

20. 디에틸에테르는 에탄올과 진한 황산의 혼합물을 가열하여 제조할 수 있는데 이것을 무슨 반응이라고 하는가?

① 중합반응　② 축합반응
③ 산화반응　④ 에스테르화반응

해설 축합(縮合)반응 : 2개 혹은 그 이상의 분자끼리의 반응으로 쌍방의 분자 내에 있는 작용 사이에서 간단한 분자(H_2O, NH_3 등)의 탈리를 수반하여 새로운 공유결합을 형성하는 반응으로 에탄올을 이용하여 디에틸에테르를 제조하는 것이 그 중에 하나이다.

제2과목 | 화재 예방과 소화 방법

21. 1기압, 100℃에서 물 36g이 모두 기화되었다. 생성된 기체는 약 몇 L 인가?

① 11.2　② 22.4
③ 44.8　④ 61.2

해설 이상기체 상태방정식 $PV = \frac{W}{M}RT$에서 물(H_2O)의 분자량은 18이다.

$$\therefore V = \frac{WRT}{PM}$$

$$= \frac{36 \times 0.082 \times (273+100)}{1 \times 18} = 61.172\text{L}$$

22. 스프링클러설비에 관한 설명으로 옳지 않은 것은?

① 초기화재 진화에 효과가 있다.
② 살수밀도와 무관하게 제4류 위험물에는 적응성이 없다.
③ 제1류 위험물 중 알칼리금속과산화물에는 적응성이 없다.
④ 제5류 위험물에는 적응성이 있다.

해설 스프링클러설비의 특징

㉮ 화재 초기 진화작업에 효과적이다.
㉯ 소화제가 물이므로 가격이 저렴하고 소화 후 시설 복구가 용이하다.
㉰ 조작이 간편하며 안전하다.
㉱ 감지부가 기계적으로 작동되어 오동작이 없다.
㉲ 사람이 없는 야간에도 자동적으로 화재를 감지하여 소화 및 경보를 해 준다.
㉳ 초기 시설비가 많이 소요된다.
㉴ 시공이 복잡하고, 물로 인한 피해가 클 수 있다.

※ 스프링클러설비는 살수밀도에 따라 제4류 위험물에 적응성이 있으며, 살수밀도와 관련된 설명은 2018년 4회 38번 해설을 참고하기 바랍니다.

2020

정답 19. ③　20. ②　21. ④　22. ②

23. 표준상태에서 프로판 $2m^3$이 완전 연소할 때 필요한 이론공기량은 약 몇 m^3 인가? (단, 공기 중 산소농도는 21vol%이다.)

① 23.81 ② 35.72
③ 47.62 ④ 71.43

해설 ㉮ 프로탄(C_3H_8)의 완전연소 반응식
$C_3H_8 + 5O_2 \rightarrow 3CO_2 + 4H_2O$
㉯ 이론공기량 계산
$22.4m^3 : 5 \times 22.4m^3 = 2m^3 : x(O_0)m^3$

$$\therefore A_0 = \frac{O_0}{0.21} = \frac{2 \times 5 \times 22.4}{22.4 \times 0.21} = 47.619\,m^3$$

24. 묽은 질산이 칼슘과 반응하였을 때 발생하는 기체는?

① 산소 ② 질소
③ 수소 ④ 수산화칼슘

해설 묽은 질산(HNO_3)이 칼슘(Ca)과 반응하면 수소(H_2)가 발생한다.
$2HNO_3 + Ca \rightarrow Ca(NO_3)_2 + H_2 \uparrow$

25. 다음 중 소화기와 주된 소화효과가 옳게 짝지어진 것은?

① 포 소화기 : 제거소화
② 할로겐화합물 소화기 : 냉각소화
③ 탄산가스 소화기 : 억제소화
④ 분말 소화기 : 질식소화

해설 소화기별 주된 소화효과
㉮ 산·알칼리 소화기 : 냉각효과
㉯ 포말 소화기 : 질식효과
㉰ 이산화탄소 소화기 : 질식효과
㉱ 할로겐화합물 소화기 : 억제효과(부촉매 효과)
㉲ 분말 소화기 : 질식효과
㉳ 강화액 소화기 : 냉각소화

26. 인화점이 70℃ 이상인 제4류 위험물을 저장·취급하는 소화난이도등급 Ⅰ의 옥외탱크저장소(지중탱크 또는 해상탱크 외의 것)에 설치하는 소화설비는?

① 스프링클러 소화설비
② 물분무 소화설비
③ 간이 소화설비
④ 분말 소화설비

해설 소화난이도등급 Ⅰ의 옥외탱크저장소에 설치하는 소화설비[시행규칙 별표17]

구분		소화설비
지중탱크 또는 해상탱크 외의 것	유황만을 취급하는 것	물분무 소화설비
	인화점 70℃ 이상의 제4류 위험물만을 저장 취급하는 것	물분무 소화설비 또는 고정식 포 소화설비
	그 밖의 것	고정식 포 소화설비(포 소화설비가 적응성이 없는 경우에는 분말 소화설비)
지중탱크	고정식 포 소화설비, 이동식 이외의 불활성가스 소화설비 또는 이동식 이외의 할로겐화합물 소화설비	
해상탱크	고정식 포 소화설비, 물분무 소화설비, 이동식이외의 불활성가스 소화설비 또는 이동식 이외의 할로겐화합물 소화설비	

27. Na_2O_2와 반응하여 제6류 위험물을 생성하는 것은?

① 아세트산 ② 물
③ 이산화탄소 ④ 일산화탄소

해설 제1류 위험물인 과산화나트륨(Na_2O_2)은 제4류 제2석유류인 아세트산(CH_3COOH)과 반응하여 과산화수소(H_2O_2)를 생성시킨다.
$Na_2O_2 + 2CH_3COOH \rightarrow H_2O_2 + 2CH_3COONa$

28. 다음 물질의 화재 시 내알코올포를 사용하지 못하는 것은?

정답 23. ③ 24. ③ 25. ④ 26. ② 27. ① 28. ②

① 아세트알데히드 ② 알킬리튬
③ 아세톤 ④ 에탄올

해설 ㉮ 알코올형포(내알코올포) 소화약제 : 알코올과 같은 수용성 액체에는 포가 파괴되는 현상으로 인해 소화효과를 잃게 되는 것을 방지하기 위해 단백질 가스분해물에 합성세제를 혼합하여 제조한 소화약제이다. 아세트알데히드, 아세톤, 에탄올과 같은 수용성 인화성 액체의 소화에 적합하다.
㉯ 알킬리튬(Li-R')은 제3류 위험물로 가연성 액체이며 공기 또는 물과 접촉하면 분해 폭발하므로 건조사, 팽창질석 또는 팽창진주암으로 소화한다.

29. 다음 중 고체 가연물로서 증발연소를 하는 것은?

① 숯 ② 나무
③ 나프탈렌 ④ 니트로셀룰로오스

해설 고체 가연물의 연소형태
㉮ 표면연소 : 목탄, 코크스, 금속분
㉯ 분해연소 : 종이, 석탄, 목재
㉰ 증발연소 : 양초, 유황, 나프탈렌, 파라핀

30. 이산화탄소의 특성으로 틀린 것은?

① 전기의 전도성이 있다.
② 냉각 및 압축에 의하여 액화될 수 있다.
③ 공기보다 약 1.52배 무겁다.
④ 일반적으로 무색, 무취의 기체이다.

해설 이산화탄소(CO_2)의 특징
㉮ 무색, 무미, 무취의 기체로 공기보다 무겁고 불연성이다.
㉯ 독성이 없지만 과량 존재 시 산소 부족으로 질식할 수 있다.
㉰ 비점 -78.5℃로 냉각, 압축에 의하여 액화된다.
㉱ 전기의 불량도체이고, 장기간 저장이 가능하다.
㉲ 소화약제에 의한 오손이 없고, 질식효과와 냉각효과가 있다.
㉳ 자체압력을 이용하므로 압력원이 필요하지 않고 할로겐소화약제보다 경제적이다.

31. 위험물 안전관리법령상 분말 소화설비의 기준에서 가압용 또는 축압용 가스로 알맞은 것은?

① 산소 또는 질소
② 수소 또는 질소
③ 질소 또는 이산화탄소
④ 이산화탄소 또는 산소

해설 분말소화설비의 가압용 또는 축압용 가스 [세부기준 제136조] : 질소(N_2) 또는 이산화탄소(CO_2)

32. 위험물제조소에서 옥내소화전이 1층에 4개, 2층에 6개가 설치되어 있을 때 수원의 수량은 몇 L 이상이 되도록 설치하여야 하는가?

① 13000 ② 15600
③ 39000 ④ 46800

해설 옥내소화전설비의 수원 수량[시행규칙 별표17]
㉮ 수원의 수량은 옥내소화전이 가장 많이 설치된 층의 옥내소화전 설치개수(설치개수가 5개 이상인 경우는 5개)에 $7.8m^3$를 곱한 양 이상이 되도록 설치할 것
㉯ 수원의 수량 계산
∴ 수량=옥내소화전 설치개수×7.8
=(5×7.8)×1000=39000 L

33. Halon 1301에 대한 설명 중 틀린 것은?

① 비점은 상온보다 낮다.
② 액체 비중은 물보다 크다.
③ 기체 비중은 공기보다 크다.
④ 100℃에서도 압력을 가해 액화시켜 저장할 수 있다.

해설 할론 1301(CF_3Br) 특징
㉮ 무색, 무취이고 액체 상태로 저장 용기에 충전한다.
㉯ 비점이 낮아서 기화가 용이하며, 상온에서 기체이다.
㉰ 할론 소화약제 중 독성이 가장 적은 반면 오

정답 29. ③ 30. ① 31. ③ 32. ③ 33. ④

존파괴지수가 가장 높다.
㉣ 전기전도성이 없고, 기체 비중이 5.1로 공기보다 무거워 심부화재에 효과적이다.
㉤ 소화 시 시야를 방해하지 않기 때문에 피난 시에 방해가 없다.
㉥ 비점 -57.8℃, 액체 비중 1.57, 기체 비중 5.1이다.

34. 위험물 안전관리법령상 제조소등에서의 위험물의 저장 및 취급에 관한 기준에 따르면 보냉장치가 있는 이동저장탱크에 저장하는 디에틸에테르의 온도는 얼마 이하로 유지하여야 하는가?

① 비점 ② 인화점
③ 40℃ ④ 30℃

해설 알킬알루미늄등, 아세트알데히드등 및 디에틸에테르등의 저장기준[시행규칙 별표18]
㉮ 옥외저장탱크·옥내저장탱크 또는 지하저장탱크 중 압력탱크 외의 탱크에 저장하는 디에틸에테르등 또는 아세트알데히드등의 온도
㉠ 산화프로필렌과 이를 함유한 것 또는 디에틸에테르등 : 30℃ 이하로 유지
㉡ 아세트알데히드 또는 이를 함유한 것 : 15℃ 이하로 유지
㉯ 옥외저장탱크·옥내저장탱크 또는 지하저장탱크 중 압력탱크에 저장하는 아세트알데히드등 또는 디에틸에테르등의 온도 : 40℃ 이하로 유지
㉰ 보냉장치가 있는 이동저장탱크에 저장하는 아세트알데히드등 또는 디에틸에테르등의 온도 : 당해 위험물의 비점 이하로 유지할 것
㉱ 보냉장치가 없는 이동저장탱크에 저장하는 아세트알데히드등 또는 디에틸에테르등의 온도 : 40℃ 이하로 유지

35. 다음 중 과산화수소의 화재예방 방법으로 틀린 것은?

① 암모니아와의 접촉은 폭발의 위험이 있으므로 피한다.
② 완전히 밀전·밀봉하여 외부 공기와 차단한다.
③ 불투명 용기를 사용하여 직사광선이 닿지 않게 한다.
④ 분해를 막기 위해 분해방지 안정제를 사용한다.

해설 과산화수소(H_2O_2)의 화재예방 방법
㉮ 불투명 용기를 사용하여 직사광선이 닿지 않게 냉암소에 저장한다.
㉯ 용기는 밀전하면 안 되고, 구멍이 뚫린 마개를 사용하며, 누설되었을 때는 다량의 물로 씻어낸다.
㉰ 유리 용기는 알칼리성으로 과산화수소의 분해를 촉진하므로 장기 보존하지 않아야 한다.
㉱ 분해를 방지하기 위하여 인산(H_3PO_4), 요산($C_5H_4N_4O_3$)을 안정제로 사용한다.
㉲ 암모니아와 같은 알칼리 용액에서는 급격히 분해하여 폭발의 위험이 있으므로 접촉을 피한다.

36. 옥내소화전설비에서 펌프를 이용한 가압송수장치의 경우 펌프의 전양정 H는 소정의 산식에 의한 수치 이상이어야 한다. 전양정 H를 구하는 식으로 옳은 것은? (단, h_1은 소방용 호스의 마찰손실수두, h_2는 배관의 마찰손실수두, h_3는 낙차이며, h_1, h_2, h_3의 단위는 모두 m이다.)

① $H = h_1 + h_2 + h_3$
② $H = h_1 + h_2 + h_3 + 0.35\,\text{m}$
③ $H = h_1 + h_2 + h_3 + 35\,\text{m}$
④ $H = h_1 + h_2 + 0.35\,\text{m}$

해설 옥내소화전설비의 펌프 전양정 계산식[세부기준 제129조]

$$H = h_1 + h_2 + h_3 + 35\,\text{m}$$

여기서, H : 펌프의 전양정(m)
h_1 : 소방용 호스의 마찰손실수두(m)
h_2 : 배관의 마찰손실수두(m)
h_3 : 낙차(m)

정답 34. ① 35. ② 36. ③

37. 분말 소화약제인 제1인산암모늄(인산이수소암모늄)의 열분해 반응을 통해 생성되는 물질로 부착성 막을 만들어 공기를 차단시키는 역할을 하는 것은?

① HPO_3 ② PH_3
③ NH_3 ④ P_2O_3

해설 제3종 분말 소화약제의 주성분인 제1인산암모늄($NH_4H_2PO_4$)이 열분해되어 생성된 메타인산(HPO_3)이 가연물의 표면에 부착되어 산소의 유입을 차단하는 방진효과 때문에 제1, 2종 분말소화약제보다 소화효과가 크고 A급 화재의 진화에 효과적이다.

38. 점화원 역할을 할 수 없는 것은?

① 기화열 ② 산화열
③ 정전기불꽃 ④ 마찰열

해설 점화원의 종류 : 전기불꽃(아크), 정전기불꽃, 단열압축, 마찰열 및 충격불꽃, 산화열의 축적 등

39. 일반적으로 다량 주수를 통한 소화가 가장 효과적인 화재는?

① A급 화재 ② B급 화재
③ C급 화재 ④ D급 화재

해설 일반 화재 (A급 화재 : 백색)의 특징
㉮ 종이, 목재, 섬유류, 특수가연물 등의 화재이다.
㉯ 주로 백색 연기가 발생하며 연소 후 재가 남는다.
㉰ 물을 사용하는 냉각소화가 효과적이다.

40. 소화효과에 대한 설명으로 옳지 않은 것은?

① 산소공급원 차단에 의한 소화는 제거효과이다.
② 가연물질의 온도를 떨어뜨려서 소화하는 것은 냉각효과이다.
③ 촛불을 입으로 바람을 불어 끄는 것은 제거효과이다.
④ 물에 의한 소화는 냉각효과이다.

해설 소화작용(소화효과)
㉮ 제거소화 : 화재 현장에서 가연물을 제거함으로써 화재의 확산을 저지하는 방법으로 소화하는 것이다.
㉯ 질식소화 : 산소공급원을 차단하여 연소 진행을 억제하는 방법으로 소화하는 것이다.
㉰ 냉각소화 : 물 등을 사용하여 활성화 에너지(점화원)를 냉각시켜 가연물을 발화점 이하로 낮추어 연소가 계속 진행할 수 없도록 하는 방법으로 소화하는 것이다.
㉱ 부촉매 소화(억제소화) : 산화반응에 직접 관계없는 물질을 가하여 연쇄반응의 억제작용을 이용하는 방법으로 소화하는 것이다.
㉲ 희석소화 : 수용성 가연성 위험물인 알코올, 에테르 등의 화재 시 다량의 물을 살포하여 가연성 위험물의 농도를 낮추거나, 가연성 가스나 증기의 농도를 연소한계(하한) 이하로 하여 화재를 소화시키는 방법이다.

제3과목 | 위험물의 성질과 취급

41. 짚, 헝겊 등을 다음의 물질과 적셔서 대량으로 쌓아 두었을 경우 자연 발화의 위험성이 제일 높은 것은?

① 동유 ② 야자유
③ 올리브유 ④ 피마자유

해설 요오드값에 따른 동식물유류의 분류 및 종류

구분	요오드값	종류
건성유	130 이상	들기름, 아마인유, 해바라기유, 오동유
반건성유	100~130 미만	목화씨유, 참기름, 채종유
불건성유	100 미만	땅콩기름(낙화생유), 올리브유, 피마자유, 야자유, 동백유

정답 37. ① 38. ① 39. ① 40. ① 41. ①

참고 요오드값이 크면 불포화도가 커지고, 불포화 결합이 많이 포함되어 있어 자연발화를 일으키기 쉽다.

참고 동유(桐油) : 유동나무 씨에서 얻은 냄새가 자극적이고 옅은 노란색을 띠는 건성유로 오동유(梧桐油)한다.

42. 다음 중 제1류 위험물에 해당하는 것은?

① 염소산칼륨
② 수산화칼륨
③ 수소화칼륨
④ 요오드화칼륨

해설 각 위험물의 유별 구분

품명	유별
염소산칼륨($KClO_3$)	제1류 위험물 염소산염류
수산화칼륨(KOH)	–
수소화칼륨(KH)	제3류 위험물 금속의 수소화물
요오드화칼륨(KI)	–

43. 제4류 위험물 중 제1석유류란 1기압에서 인화점이 몇 ℃인 것을 말하는가?

① 21℃ 미만
② 21℃ 이상
③ 70℃ 미만
④ 70℃ 이상

해설 제4류 위험물의 성상에 의한 품명 분류[시행령 별표1] : "제1석유류"란 아세톤, 휘발유 그 밖에 1기압에서 인화점이 21℃ 미만인 것을 말한다.

44. 삼황화인과 오황화인의 공통 연소생성물을 모두 나나낸 것은?

① H_2S, SO_2
② P_2O_5, H_2S
③ SO_2, P_2O_5
④ H_2S, SO_2, P_2O_5

해설 ㉮ 삼황화인(P_4S_3)과 오황화인(P_2S_5) : 제2류 위험물 중 황화인에 해당된다.
㉯ 삼황화인과 오황화인이 공기 중에서 연소하면 오산화인(P_2O_5)과 아황산가스(SO_2)가 발생한다.
㉰ 연소반응식 및 연소생성물
㉠ 삼황화인 : $P_4S_3 + 8O_2 \rightarrow 2P_2O_5 + 3SO_2 \uparrow$
㉡ 오황화인 : $P_2S_5 + 7.5O_2 \rightarrow P_2O_5 + 5SO_2 \uparrow$

45. 주유취급소의 표지 및 게시판의 기준에서 "위험물 주유취급소" 표지와 "주유중엔진정지" 게시판의 바탕색을 차례대로 옳게 나타낸 것은?

① 백색, 백색
② 백색, 황색
③ 황색, 백색
④ 황색, 황색

해설 주유취급소의 표지 및 게시판 설치[시행규칙 별표13]
㉮ "위험물 주유취급소"라는 표지와 방화에 관하여 필요한 사항을 게시한 게시판을 설치(백색 바탕에 흑색 문자)
㉯ 황색 바탕에 흑색 문자로 "주유중엔진정지"라는 표시한 게시판을 설치
㉰ 크기 : 한 변의 길이 0.3m 이상, 다른 한 변의 길이 0.6m 이상

46. 제6류 위험물인 과산화수소의 농도에 따른 물리적 성질에 대한 설명으로 옳은 것은?

① 농도와 무관하게 밀도, 끓는점, 녹는점이 일정하다.
② 농도와 무관하게 밀도는 일정하나, 끓는점과 녹는점은 농도에 따라 달라진다.
③ 농도와 무관하게 끓는점, 녹는점은 일정하나, 밀도는 농도에 따라 달라진다.
④ 농도에 따라 밀도, 끓는점, 녹는점이 달라진다.

해설 ㉮ 제6류 위험물인 과산화수소(H_2O_2)는 농도에 따라 밀도, 끓는점, 녹는점이 달라진다.

정답 42. ① 43. ① 44. ③ 45. ② 46. ④

순수한 과산화수소의 끓는점은 150.2℃로 추정되며 이 온도까지 가열하면 열분해가 진행되어 폭발의 가능성이 있다.

㉯ 과산화수소의 물리적 성질

구분	성질		
	순수한 상태	90wt%	70wt%
녹는점	−0.43℃	−11℃	−39℃
끓는점	150.2℃	141℃	125℃
밀도	1.463g/cm^3	1.11(20℃, 30wt%)	

㉰ 비열 : 기체 1.267J/g·K, 액체 2.619J/g·K

47. 트리니트로페놀의 성질에 대한 설명 중 틀린 것은?

① 폭발에 대비하여 철, 구리로 만든 용기에 저장한다.
② 휘황색을 띤 침상결정이다.
③ 비중이 약 1.8로 물보다 무겁다.
④ 단독으로는 테트릴보다 충격, 마찰에 둔감한 편이다.

해설 트리니트로페놀[피크르산 : $C_6H_2(NO_2)_3OH$]
㉮ 제5류 위험물 중 니트로화합물로 지정수량 200kg이다.
㉯ 강한 쓴맛과 독성이 있는 휘황색을 나타내는 편평한 침상 결정이다.
㉰ 찬물에는 거의 녹지 않으나 온수, 알코올, 에테르, 벤젠 등에는 잘 녹는다.
㉱ 중금속(Fe, Cu, Pb 등)과 반응하여 민감한 피크린산염을 형성한다.
㉲ 공기 중에서 서서히 연소하나 뇌관으로는 폭굉을 일으킨다.
㉳ 황색 염료, 농약, 산업용 도폭선의 심약, 뇌관의 첨장약, 군용 폭파약, 피혁공업에 사용한다.
㉴ 단독으로는 타격, 마찰에 둔감하고, 연소할 때 검은 연기(그을음)를 낸다.
㉵ 금속염은 매우 위험하여 가솔린, 알코올, 옥소, 황 등과 혼합된 것에 약간의 마찰이나 타격을 주어도 심하게 폭발한다.
㉶ 비중 1.8, 융점 121℃, 비점 255℃, 발화점 300℃이다.

48. 적린의 위험성에 대한 설명으로 옳은 것은?

① 발화 방지를 위해 염소산칼륨과 함께 보관한다.
② 물과 격렬하게 반응하여 열을 발생한다.
③ 공기 중에 방치하면 자연발화한다.
④ 산화제와 혼합한 경우 마찰·충격에 의해서 발화한다.

해설 적린(P)의 위험성 : 독성이 없고 자연발화의 위험성이 없으나 산화물(염소산염류 등의 산화제)과 공존하면 낮은 온도에서도 발화할 수 있다.

49. 위험물 안전관리법상 위험물의 취급 중 소비에 관한 기준에 해당하지 않는 것은?

① 분사도장 작업은 방화상 유효한 격벽 등으로 구획한 안전한 장소에서 실시할 것
② 버너를 사용하는 경우에는 버너의 역화를 방지할 것
③ 반드시 규격용기를 사용할 것
④ 열처리 작업은 위험물이 위험한 온도에 이르지 아니하도록 하여 실시할 것

해설 위험물의 취급 중 소비에 관한 기준[시행규칙 별표18]
㉮ 분사도장작업은 방화상 유효한 격벽 등으로 구획된 안전한 장소에서 실시할 것
㉯ 담금질 또는 열처리 작업은 위험물이 위험한 온도에 이르지 아니하도록 하여 실시할 것
㉰ 버너를 사용하는 경우에는 버너의 역화를 방지하고 위험물이 넘치지 아니하도록 할 것

50. 디에틸에테르 중의 과산화물을 검출할 때 그 검출시약과 정색반응의 색이 옳게 짝지어진 것은?

2020

정답 47. ① 48. ④ 49. ③ 50. ②

① 요오도화칼륨용액 – 적색
② 요오드화칼륨용액 – 황색
③ 브롬화칼륨용액 – 무색
④ 브롬화칼륨용액 – 청색

해설 디에틸에테르($C_2H_5OC_2H_5$)의 과산화물
㉮ 검출 시약 : 요오드화칼륨(KI)용액 → 과산화물 존재 시 정색반응에서 황색으로 나타남
㉯ 제거 시약 : 황산제1철($FeSO_4$) → 황산제1철은 황산제2철[$Fe_2(SO_4)_3$]로 산화하면서 디에틸에테르 옥사이드를 환원
㉰ 과산화물 생성 방지법 : 40메시(mesh)의 동(Cu)망을 넣는다.

51. 제1류 위험물로서 조해성이 있으며 흑색화약의 원료로 사용하는 것은?

① 염소산칼륨
② 과염소산나트륨
③ 과망간산암모늄
④ 질산칼륨

해설 질산칼륨(KNO_3)의 특징
㉮ 제1류 위험물 중 질산염류에 해당되며 지정수량은 300kg이다.
㉯ 무색 또는 백색 결정분말로 짠맛과 자극성이 있다.
㉰ 물이나 글리세린에는 잘 녹으나 알코올에는 녹지 않는다.
㉱ 강산화제로 가연성 분말이나 유기물과의 접촉은 매우 위험하다.
㉲ 흡습성이나 조해성이 없다.
㉳ 400℃ 정도로 가열하면 아질산칼륨(KNO_2)과 산소(O_2)가 발생한다.
㉴ 흑색 화약의 원료(질산칼륨 75%, 황 15%, 목탄 10%)로 사용한다.
㉵ 유기물과 접촉을 피하고, 건조한 장소에 보관한다.
㉶ 비중 2.10, 융점 339℃, 용해도(15℃) 26, 분해온도 400℃이다.

52. 다음 중 3개의 이성질체가 존재하는 물질은?

① 아세톤 ② 톨루엔
③ 벤젠 ④ 자일렌(크실렌)

해설 자일렌(Xylene) : 제4류 위험물 중 제1석유류에 해당되는 크실렌[$C_6H_4(CH_3)_2$]으로 벤젠핵에 메틸기($-CH_3$)가 2개 결합된 것이다. o-크실렌, m-크실렌, p-크실렌 3개의 이성질체가 존재한다.

53. 위험물을 저장 또는 취급하는 탱크의 용량산정방법에 관한 설명으로 옳은 것은?

① 탱크의 내용적에서 공간용적을 뺀 용적으로 한다.
② 탱크의 공간용적에서 내용적을 뺀 용적으로 한다.
③ 탱크의 공간용적에서 내용적을 더한 용적으로 한다.
④ 탱크의 볼록하거나 오목한 부분을 뺀 내용적으로 한다.

해설 탱크 용적의 산정기준[시행규칙 제5조] : 위험물을 저장 또는 취급하는 탱크의 용량은 해당 탱크의 내용적에서 공간용적을 뺀 용적으로 한다. 이 경우 위험물을 저장 또는 취급하는 차량에 고정된 탱크("이동저장탱크"라 한다)의 용량은 최대적재량 이하로 하여야 한다.

54. 물과 반응하였을 때 발생하는 가연성 가스의 종류가 나머지 셋과 다른 하나는?

① 탄화리튬
② 탄화마그네슘
③ 탄화칼슘
④ 탄화알루미늄

해설 제3류 위험물 중 금속탄화물이 물과 반응하여 생성되는 물질
㉮ 아세틸렌(C_2H_2)을 생성하는 것 : 탄화리튬(Li_2C_2), 탄화나트륨(Na_2C_2), 탄화칼륨(K_2C_2), 탄화마그네슘(MgC), 탄화칼슘(CaC_2)
㉯ 메탄(CH_4)을 생성하는 것 : 탄화알루미늄(Al_4C_3), 탄화베릴륨(Be_2C)

정답 51. ④ 52. ④ 53. ① 54. ④

㉰ 메탄(CH_4)과 수소(H_2)를 생성하는 것 : 탄화망간(Mn_3C)

55. 칼륨과 나트륨의 공통 성질이 아닌 것은?

① 물보다 비중 값이 작다.
② 수분과 반응하여 수소를 발생한다.
③ 광택이 있는 무른 금속이다.
④ 지정수량이 50kg이다.

해설 칼륨(K)과 나트륨(Na)의 비교

구분	칼륨(K)	나트륨(Na)
유별	제3류	제3류
지정수량	10kg	10kg
분자량	39	23
상태	무른 경금속	무른 경금속
비중	0.86	0.97
불꽃색	보라색	노란색
물과 반응물	수소 발생	수소 발생
보호액	등유, 경유, 유동파라핀	등유, 경유, 유동파라핀

56. 옥내탱크저장소에서 탱크상호 간에는 얼마 이상의 간격을 두어야 하는가? (단, 탱크의 점검 및 보수에 지장이 없는 경우는 제외한다.)

① 0.5m ② 0.7m
③ 1.0m ④ 1.2m

해설 옥내탱크저장소 기준[시행규칙 별표7]
㉮ 옥내저장탱크는 단층 건축물에 설치된 탱크전용실에 설치할 것
㉯ 옥내저장탱크와 탱크전용실의 벽과의 사이 및 옥내저장탱크 상호 간에는 0.5m 이상의 간격을 유지할 것. 다만, 탱크의 점검 및 보수에 지장이 없는 경우에는 그러하지 아니하다.
㉰ 옥내저장탱크의 용량은 지정수량의 40배 이하일 것(제4석유류 및 동식물유류 외의 제4류 위험물에 있어서 당해 수량이 2만 L를 초과할 때에는 2만 L 이하일 것)

57. 인화칼슘의 성질에 대한 설명 중 틀린 것은?

① 적갈색의 괴상고체이다.
② 물과 격렬하게 반응한다.
③ 연소하여 불연성의 포스핀가스를 발생한다.
④ 상온의 건조한 공기 중에서는 비교적 안정하다.

해설 인화칼슘(Ca_3P_2) : 인화석회
㉮ 제3류 위험물 중 금속의 인화물로 지정수량 300kg이다.
㉯ 적갈색의 괴상의 고체로 비중은 2.51, 융점은 1600℃이다.
㉰ 건조한 공기 중에서 안정하나 300℃ 이상에서 산화한다.
㉱ 물, 산과 반응하여 맹독성, 가연성 가스인 포스핀(PH_3 : 인화수소)을 발생시키므로 소화약제로 물은 부적합하다.
$Ca_3P_2 + 6H_2O \rightarrow 3Ca(OH)_2 + 2PH_3 \uparrow$
$Ca_3P_2 + 6HCl \rightarrow 3CaCl_2 + 2PH_3 \uparrow$

58. 주유취급소에서 고정주유설비는 도로경계선과 몇 m 이상 거리를 유지하여야 하는가? (단, 고정주유설비의 중심선을 기점으로 한다.)

① 2 ② 4
③ 6 ④ 8

해설 주유취급소 고정주유설비 또는 고정급유설비 설치 위치[시행규칙 별표13]
㉮ 고정주유설비의 중심선을 기점으로 하여
㉠ 도로경계선까지 : 4m 이상
㉡ 부지경계선·담 및 건축물의 벽까지 : 2m 이상(개구부가 없는 벽까지는 1m 이상)
㉯ 고정급유설비의 중심선을 기점으로 하여
㉠ 도로경계선까지 : 4m 이상
㉡ 부지경계선 및 담까지 : 1m 이상
㉢ 건축물의 벽까지 : 2m 이상(개구부가 없는 벽까지는 1m 이상)
㉰ 고정주유설비와 고정급유설비 사이 유지거리 : 4m 이상

정답 55. ④ 56. ① 57. ③ 58. ②

59. 제4류 위험물 중 제1석유류를 저장, 취급하는 장소에서 정전기를 방지하기 위한 방법으로 볼 수 없는 것은?

① 가급적 습도를 낮춘다.
② 주위 공기를 이온화시킨다.
③ 위험물 저장, 취급설비를 접지시킨다.
④ 사용기구 등은 도전성 재료를 사용한다.

해설 정전기 제거설비 설치[시행규칙 별표4] : 위험물을 취급함에 있어서 정전기가 발생할 우려가 있는 설비에는 다음 중 하나에 해당하는 방법으로 정전기를 유효하게 제거할 수 있는 설비를 설치하여야 한다.

㉮ 접지에 의한 방법
㉯ 공기 중의 상대습도를 70% 이상으로 하는 방법
㉰ 공기를 이온화하는 방법

60. 4몰의 니트로글리세린이 고온에서 열분해·폭발하여 이산화탄소, 수증기, 질소, 산소의 4가지 가스를 생성할 때 발생되는 가스의 총 몰수는?

① 28 ② 29
③ 30 ④ 31

해설 니트로글리세린[$C_3H_5(ONO_2)_3$]

㉮ 제5류 위험물 중 질산에스테르류에 해당되며 지정수량 10kg이다.
㉯ 니트로글리세린 4몰의 열분해·폭발 반응식
$4C_3H_5(ONO_2)_3 \rightarrow 12CO_2 + 10H_2O + 6N_2 + O_2$
㉰ 생성되는 4가지 가스의 총 몰수
$= 12 + 10 + 6 + 1 = 29$몰(mol)

★ 2020년 제1회 필기시험은 코로나19로 인하여 제2회 필기시험과 통합되어 시행되었습니다. ★

정답 59. ① 60. ②

제3회(2020. 8. 23 시행)

제1과목 | 일반 화학

1. 황산 수용액 400mL 속에 순황산이 98g 녹아 있다면 이 용액의 농도는 몇 N 인가?

① 3 ② 4 ③ 5 ④ 6

해설 ㉮ 황산(H_2SO_4)의 1g 당량 계산 : 황산의 분자량은 98이다.

$$\therefore \text{당량} = \frac{\text{분자량}}{H^+\text{의 수}} = \frac{98}{2} = 49\,g$$

㉯ N 농도 계산 : 황산 49g이 1000mL에 녹아 있을 때 1N 이다.

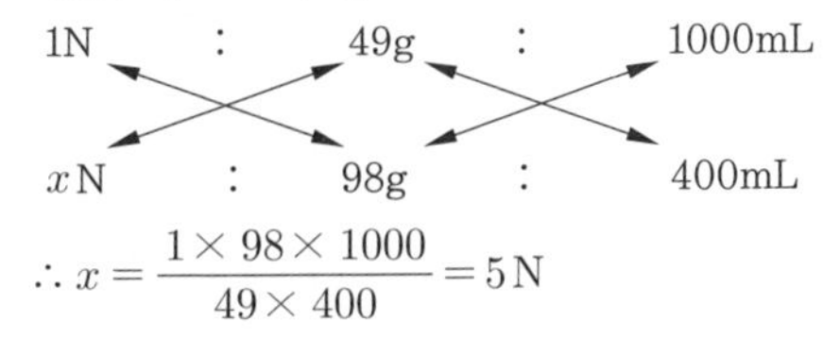

$$\therefore x = \frac{1 \times 98 \times 1000}{49 \times 400} = 5\,N$$

2. 질량수 52인 크롬의 중성자수와 전자수는 각각 몇 개인가? (단, 크롬의 원자번호는 24이다.)

① 중성자수 24, 전자수 24
② 중성자수 24, 전자수 52
③ 중성자수 28, 전자수 24
④ 중성자수 52, 전자수 24

해설 '질량수=양성자수+중성자수'에서 '양성자수=원자번호=전자수'이다.

㉮ 중성자수 =질량수−양성자수
=질량수−원자번호=52−24=28

㉯ 양성자수 : 24

3. 1패러데이(Faraday)의 전기량으로 물을 전기분해하였을 때 생성되는 기체 중 산소기체는 0℃, 1기압에서 몇 L 인가?

① 5.6 ② 11.2
③ 22.4 ④ 44.8

해설 ㉮ 물(H_2O)의 전기분해 반응식

$2H_2O \rightarrow 2H_2 + O_2$

㉯ 산소 석출량(g) 계산

$$\therefore \text{석출량(g)} = \frac{\text{원자량}}{\text{원자가}} \times \text{패럿수} = \frac{16}{2} \times 1 = 8\,g$$

㉰ 산소량(g)을 표준상태(0℃, 1기압 상태)의 체적으로 계산

32g : 22.4L = 8g : x[L]

$$\therefore x = \frac{8 \times 22.4}{32} = 5.6\,L$$

4. 다음 중 방향족 탄화수소가 아닌 것은?

① 에틸렌 ② 톨루엔
③ 아닐린 ④ 안트라센

해설 방향족 탄화수소 : 고리모양의 불포화 탄화수소이며 기본이 되는 것이 벤젠이고 그의 유도체를 포함한 탄화수소의 계열로 이들 중 일부는 향기가 좋아 방향성이라는 이름이 붙었다. 종류에는 벤젠, 톨루엔, 크실렌, 아닐린, 페놀, o−크레졸, 벤조산, 살리실산, 니트로벤젠, 안트라센 등이다.

참고 에틸렌(C_2H_4) : 올레핀계 탄화수소(알켄족 탄화수소)에 해당된다(올레핀계 탄화수소 일반식 : C_nH_{2n}).

5. 다음 보기의 벤젠 유도체 가운데 벤젠의 치환 반응으로부터 직접 유도할 수 없는 것은?

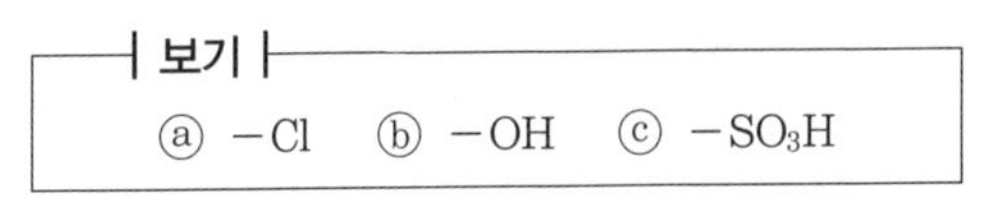

① ⓐ ② ⓑ
③ ⓒ ④ ⓐ, ⓑ, ⓒ

해설 ㉮ 벤젠은 불포화 결합이 있으나 안정하여 첨가 반응보다는 치환 반응이 잘 일어나며 치환 반응으로부터 직접 유도할 수 있는 것은

정답 1. ③ 2. ③ 3. ① 4. ① 5. ②

2020

$-Cl$, $-NO_2$, $-SO_3H$, $-CH_3$ 이다.

㉯ 벤젠의 치환반응 종류

㉠ 할로겐화(halogenation) : Fe 촉매하에 염소와 반응한다.

$$C_6H_6 + Cl_2 \xrightarrow{Fe} C_6H_5Cl + HCl$$

[클로로벤젠]

㉡ 니트로화(nitration) : 진한 황산의 존재하에 진한 질산을 작용시킨다.

$$C_6H_6 + HNO_3 \xrightarrow{\text{진한 } H_2SO_4} C_6H_5NO_2 + H_2O$$

[니트로벤젠]

㉢ 술폰화(sulfonation) : 발연황산과 반응한다.

$$C_6H_6 + H_2SO_4 \xrightarrow{\text{가열}} C_6H_5SO_3H + H_2O$$

[벤젠술폰산]

㉣ 알킬화(friedel craft) : 무수염화알루미늄($AlCl_3$)을 촉매로 하여 할로겐화 알킬을 작용시킨다.

$$C_6H_6 + CH_3Cl \xrightarrow{AlCl_3} C_6H_5CH_3 + HCl$$

[톨루엔]

6. 전자배치가 $1s^2 2s^2 2p^6 3s^2 3p^5$ 인 원자의 M껍질에는 몇 개의 전자가 들어 있는가?

① 2　② 4　③ 7　④ 17

해설 전자껍질에 따른 최대 수용 전자수

전자껍질	K(1)	L(2)	M(3)	N(4)
원자 궤도함수	$1s^2$	$2s^2$ $2p^6$	$3s^2$ $3p^6$ $3d^{10}$	$4s^2$ $4p^6$ $4d^{10}$ $4f^{14}$
최대 수용 전자수	2	8	18	32

∴ M껍질에는 $3s^2$ $3p^5$ 이므로 전자수는 7개이다.

7. 원자번호가 7인 질소와 같은 족에 해당되는 원소의 원자번호는?

① 15　② 16
③ 17　④ 18

해설 질소족(15족) 원소

구분	원소명	원자번호	원자량
2주기	N(질소)	7	14.007
3주기	P(인)	15	30.974
4주기	As(비소)	33	74.922
5주기	Sb(안티몬)	51	121.76
6주기	Bi(비스무트)	83	208.98

8. 다음 물질 1g을 1kg의 물에 녹였을 때 빙점강하가 가장 큰 것은? [단, 빙점강하 상수값(어는점 내림상수)은 동일하다고 가정한다.]

① CH_3OH　② C_2H_5OH
③ $C_3H_5(OH)_3$　④ $C_6H_{12}O_6$

해설 ㉮ 빙점 강하도(어는점 내림) 공식

$$\Delta T_f = m \times K_f = \frac{\left(\frac{W_b}{M_b}\right)}{W_a} \times K_f$$

여기서, W_b : 용질의 질량(g)
M_b : 용질의 분자량
W_a : 용매의 질량(g)
K_f : 몰 내림 상수(℃·g/mol)

㉯ 빙점 강하는 용질의 분자량(M_b)에 반비례하므로 각 물질 중에서 분자량이 작은 것이 빙점 강하가 큰 것이 된다.

㉰ 각 물질의 분자량

명칭	분자량
메탄올(CH_3OH)	32
에탄올(C_2H_5OH)	46
글리세린[$C_3H_5(OH)_3$]	92
포도당($C_6H_{12}O_6$)	180

∴ 분자량이 작은 메탄올(CH_3OH)이 빙점 강하가 가장 크다.

9. 원자량이 56인 금속 M 1.12g을 산화시켜 실험식이 M_xO_y인 산화물 1.60g을 얻었다. x, y는 각각 얼마인가?

① $x=1$, $y=2$　② $x=2$, $y=3$

정답 6. ③ 7. ① 8. ① 9. ②

③ $x=3,\ y=2$ ④ $x=2,\ y=1$

해설 ㉮ 산소 원소의 원자량은 16, 원자가는 2이므로 산소의 g당량수는 8이다.

$\therefore$ 산소의 당량 $= \frac{\text{원자량}}{\text{원자가}} = \frac{16}{2} = 8\text{g}$

㉯ 원자량이 56인 금속 M 1.12g을 산화 후 산화물이 1.60g 얻어졌으므로 필요한 산소 질량은 산화물과 금속 M의 질량 차이에 해당된다. 금속 M의 당량을 A라 놓고 비례식으로 계산한다.

M의 질량 : 산소 질량=M의 당량 : 산소의 당량

$1.12 : (1.60-1.12) = A : 8$

$\therefore A = \frac{1.12 \times 8}{1.60 - 1.12} = 18.666$

㉰ 금속(M)의 원자가 계산

$\therefore$ 원자가 $= \frac{\text{원자량}}{\text{당량}} = \frac{56}{18.666} = 3.00$

㉱ 금속의 원자가가 3, 산소의 원자가가 2이므로 산화물의 실험식은 M_2O_3 이다.

$\therefore x=2,\ y=3$

10. **일정한 온도하에서 물질 A와 B가 반응을 할 때 A의 농도만 2배로 하면 반응 속도가 2배가 되고, B의 농도만 2배로 하면 반응 속도가 4배로 된다. 이 경우 반응 속도식은? (단, 반응 속도 상수는 k이다.)**

① $V = k[A][B]^2$

② $V = k[A]^2[B]$

③ $V = k[A][B]^{0.5}$

④ $V = k[A][B]$

해설 물질 A와 B가 반응을 할 때

㉮ A의 농도만 2배로 하면 반응 속도(V)가 2배가 되는 것의 반응 속도(V)는 A의 농도에 비례하는 것이다.

㉯ B의 농도만 2배로 하면 반응 속도(V)가 4배로 되는 것의 반응 속도(V)는 B의 농도 제곱에 비례하는 것이다.

$\therefore V = k \times [A] \times [B]^2$

11. **지방이 글리세린과 지방산으로 되는 것과 관련이 깊은 반응은?**

① 에스테르화 ② 가수분해
③ 산화 ④ 아미노화

해설 지방을 가수분해하면 글리세린과 지방산이 생성된다.

$\therefore$ 지방 $\xrightarrow{\text{가수분해}}$ 글리세린+지방산

12. **다음 각 화합물 1mol이 완전연소할 때 3mol의 산소를 필요로 하는 것은?**

① CH_3-CH_3 ② $CH_2=CH_2$
③ C_6H_6 ④ $CH\equiv CH$

해설 ㉮ 탄화수소의 완전연소 반응식

$$C_mH_n + \left(m + \frac{n}{4}\right)O_2 \rightarrow mCO_2 + \frac{n}{2}H_2O$$

㉯ 각 화합물의 완전연소 반응식

① CH_3-CH_3 : C_2H_6(에탄)

$C_2H_6 + 3.5O_2 \rightarrow 2CO_2 + 3H_2O$

② $CH_2=CH_2$: C_2H_4(에틸렌)

$C_2H_4 + 3O_2 \rightarrow 2CO_2 + 2H_2O$

③ C_6H_6(벤젠)

$C_6H_6 + 7.5O_2 \rightarrow 6CO_2 + 3H_2O$

④ $CH\equiv CH$: C_2H_2(아세틸렌)

$C_2H_2 + 2.5O_2 \rightarrow 2CO_2 + H_2O$

㉰ 1mol이 완전연소할 때 3mol의 산소를 필요로 하는 것은 에틸렌(C_2H_4)이다.

13. **다음 중 물이 산으로 작용하는 반응은?**

① $NH_4^+ + H_2O \rightarrow NH_3 + H_3O^+$

② $HCOOH + H_2O \rightarrow HCOO^- + H_3O^+$

③ $CH_3COO^- + H_2O \rightarrow CH_3COOH + OH^-$

④ $HCl + H_2O \rightarrow H_3O^+ + Cl^-$

해설 물(H_2O)의 반응

㉮ ①번, ②번, ④번 반응식에서 H_2O는 H^+를 받아 H_3O^+ 로 되는 염기로 작용하고 있다.

㉯ ③번 반응식에서 H_2O는 H^+를 내놓아 OH^-로 되는 산으로 작용하고 있다.

2020

정답 10. ① 11. ② 12. ② 13. ③

14. 액체 0.2g을 기화시켰더니 그 증기의 부피가 97℃, 740mmHg에서 80mL였다. 이 액체의 분자량에 가장 가까운 값은?

① 40 ② 46 ③ 78 ④ 121

해설 증기의 부피 80mL는 0.08L에 해당되며, 분자량 M은 이상기체 상태방정식 $PV=\frac{W}{M}RT$에서 구한다.

$$\therefore M=\frac{WRT}{PV}=\frac{0.2\times 0.082\times(273+97)}{\frac{740}{760}\times 0.08}=77.9$$

15. 다음 밑줄 친 원소 중 산화수가 +5인 것은?

① $Na_2\underline{Cr}_2O_7$ ② $K_2\underline{S}O_4$
③ $K\underline{N}O_3$ ④ $\underline{Cr}O_3$

해설 산화수 계산 : 화합물을 이루는 각 원자의 산화수 총합은 0이다.

㉮ $Na_2\underline{Cr}_2O_7$: Na의 산화수는 +1, Cr의 산화수는 x, O의 산화수는 −2 이다.

$\therefore (1\times 2)+2x+(-2\times 7)=0$

$\therefore x=\frac{(2\times 7)-(1\times 2)}{2}=+6$

㉯ $K_2\underline{S}O_4$: K의 산화수는 +1, S의 산화수는 x, O의 산화수는 −2 이다.

$\therefore (1\times 2)+x+(-2\times 4)=0$

$\therefore x=(2\times 4)-(1\times 2)=+6$

㉰ $K\underline{N}O_3$: K의 산화수는 +1, N의 산화수는 x, O의 산화수는 −2 이다.

$\therefore 1+x+(-2\times 3)=0$

$\therefore x=(2\times 3)-1=+5$

㉱ $\underline{Cr}O_3$: Cr의 산화수는 x, O의 산화수는 −2 이다.

$\therefore x+(-2\times 3)=0$

$\therefore x=(2\times 3)=+6$

16. $[OH^-]=1\times 10^{-5}$mol/L인 용액의 pH와 액성으로 옳은 것은?

① pH=5, 산성
② pH=5, 알칼리성
③ pH=9, 산성
④ pH=9, 알칼리성

해설 $K_w=[H^+][OH^-]=1.0\times 10^{-14}$ 이다.

$$\therefore [H^+]=\frac{1.0\times 10^{-14}}{[OH^-]}=\frac{1.0\times 10^{-14}}{1\times 10^{-5}}=1.0\times 10^{-9}$$

$\therefore pH=-\log[H^+]=-\log(1.0\times 10^{-9})=9$

→ pH7 보다 크므로 알칼리성에 해당된다.

17. 다음 화합물 중에서 가장 작은 결합각을 가지는 것은?

① BF_3 ② NH_3
③ H_2 ④ $BeCl_2$

해설 ㉮ 암모니아(NH_3) 분자 구조 : 중심 원자인 질소에 3쌍의 공유 전자쌍과 1쌍의 비공유 전자쌍이 존재한다. 분자 구조는 피라미드(삼각뿔) 구조로 결합각은 107° 정도이다.

㉯ 각 화합물의 결합각

화합물 명칭	결합각
BF_3(플루오르화붕소)	120°
NH_3(암모니아)	107°
H_2(수소)	180°
$BeCl_2$(염화베릴륨)	180°

18. 백금 전극을 사용하여 물을 전기분해할 때 (+)극에서 5.6L의 기체가 발생하는 동안 (−)극에서 발생하는 기체의 부피는?

① 2.8L ② 5.6L
③ 11.2L ④ 22.4L

해설 ㉮ 물의 전기분해 : (+)극에서 산소(O_2)가 발생하고, (−)극에서 수소(H_2)가 발생한다.

㉯ 반응식 : $2H_2O \rightarrow O_2+2H_2$

㉰ 물(H_2O)을 전기분해할 때 반응식에서 2 : 1 : 2의 비율이므로 (−)극에서 발생하는 기체는 (+)극에서 발생하는 기체의 2배이다.

∴ (−)극 기체 부피=2×5.6=11.2L

정답 14. ③ 15. ③ 16. ④ 17. ② 18. ③

19. 방사성 원소인 U(우라늄)이 다음과 같이 변화되었을 때의 붕괴 유형은?

$$^{238}_{92}U \rightarrow {}^{234}_{90}Th \rightarrow {}^{4}_{2}He$$

① α 붕괴 ② β 붕괴
③ γ 붕괴 ④ R 붕괴

해설 방사선 원소의 붕괴
㉮ α 붕괴 : 원자번호 2 감소, 질량수 4 감소
㉯ β 붕괴 : 원자번호 1 증가, 질량수는 불변이다.

20. 다음에서 설명하는 법칙은 무엇인가?

> 일정한 온도에서 비휘발성이며, 비전해질인 용질이 녹은 묽은 용액의 증기 압력 내림은 일정량의 용매에 녹아 있는 용질의 몰수에 비례한다.

① 헨리의 법칙
② 라울의 법칙
③ 아보가드로의 법칙
④ 보일-샤를의 법칙

해설 ① 헨리(Henry)의 법칙 : 일정 온도에서 일정량의 액체에 녹는 기체의 질량은 압력에 비례하고, 기체의 부피는 압력에 관계없이 일정하다. 수소(H_2), 산소(O_2), 질소(N_2), 이산화탄소(CO_2) 등과 같이 물에 잘 녹지 않는 기체만 적용되고, 염화수소(HCl), 암모니아(NH_3), 이산화황(SO_2), 플루오르화수소(HF) 등과 같이 물에 잘 녹는 기체는 적용되지 않는다.
② 라울의 법칙(Raoult's law) : 비휘발성, 비전해질 용질을 용매에 녹여 만든 묽은 용액의 끓는 점은 순용매의 끓는점보다 높고, 용액의 어는점은 순용매의 어는점보다 낮다. 비등점 상승도 및 빙점 강하도는 몰 농도(몰분율)에 비례한다.
③ 아보가드로의 법칙 : 온도와 압력이 같으면 모든 기체는 같은 부피 속에 같은 수의 분자를 포함한다. 표준상태(0℃, 1기압)에서 모든 기체 1몰은 22.4L이며, 그 속에는 6.02×10^{23}개의 분자수가 존재한다.
④ 보일-샤를의 법칙 : 일정량의 기체가 차지하는 부피는 압력에 반비례하고, 절대온도에 비례한다.

제2과목 | 화재 예방과 소화 방법

21. 위험물 안전관리법령상 이동탱크저장소에 의한 위험물의 운송 시 위험물운송자가 위험물안전카드를 휴대하지 않아도 되는 물질은?

① 휘발유
② 과산화수소
③ 경유
④ 벤조일퍼옥사이드

해설 이동탱크저장소에 의한 위험물 운송 시에 준수하여야 하는 기준[시행규칙 별표21]
㉮ 위험물(제4류 위험물에 있어서는 특수인화물 및 제1석유류에 한한다)을 운송하게 하는 자는 위험물안전카드를 위험물운송자로 하여금 휴대하게 할 것
㉯ 위험물운송자는 위험물안전카드를 휴대하고 당해 카드에 기재된 내용에 따를 것.

참고 경유는 제4류 위험물 중 제2석유류에 해당되므로 위험물안전카드 휴대에서 제외된다.

22. 전역방출방식의 할로겐화물소화설비 중 할론 1301을 방사하는 분사헤드의 방사압력은 얼마 이상이어야 하는가?

① 0.1MPa ② 0.2MPa
③ 0.5MPa ④ 0.9MPa

해설 전역방출방식 분사헤드의 압력[세부기준 제135조]
㉮ 다이브로모테트라플루우로에탄(할론 2402) : 0.1MPa 이상
㉯ 브로모클로로다이플루우로메탄(할론 1211) : 0.2MPa 이상

정답 19. ① 20. ② 21. ③ 22. ④

㉰ 브로모트라이플루오로메탄(할론 1301) : 0.9MPa 이상
㉱ 트라이플루오로메탄(HFC-23) : 0.9MPa 이상
㉲ 펜타플루오로에탄(HFC-125) : 0.9MPa 이상
㉳ 헵타플루오로프로판(HFC-227ea), 도데카플루오로-2-메틸펜탄-3-원(FK-5-1-12) : 0.3MPa 이상

23. 포 소화약제의 종류에 해당되지 않는 것은?

① 단백포 소화약제
② 합성계면활성제포 소화약제
③ 수성막포 소화약제
④ 액표면포 소화약제

해설 공기포(foam) 소화약제의 종류
㉮ 단백포 소화약제 : 단백질을 가수분해한 것을 주원료로 하는 포 소화약제이다.
㉯ 합성계면활성제포 소화약제 : 합성계면활성제를 주원료로 하는 포 소화약제로 유동성이 빠르고, 쉽게 변질되지 않아 반영구적이다. A급 화재, B급 화재에 적응한다.
㉰ 수성막포 소화약제 : 합성계면활성제를 주원료로 하는 포 소화약제 중 기름표면에서 수성막을 형성하는 포 소화약제이다.
㉱ 알코올형포(내알코올포) 소화약제 : 단백질 가수분해물이나 합성계면활성제 중에 지방산 금속염이나 타 계통의 합성계면활성제 또는 고분자 겔 생성물 등을 첨가한 포 소화약제로서 알코올류 에테르류, 케톤류, 알데히드류, 아민류, 니트릴류 및 유기산등 수용성 용제의 소화에 사용하는 약제이다.
㉲ 불화단백포 소화약제 : 플루오르계 계면활성제를 물과 혼합하여 제조한 것으로 수명이 길지만 가격이 고가이다.

24. 위험물제조소의 환기설비 설치 기준으로 옳지 않은 것은?

① 환기구는 지붕 위 또는 지상 2m 이상의 높이에 설치할 것
② 급기구는 바닥면적 150m^2 마다 1개 이상으로 할 것
③ 환기는 자연배기방식으로 할 것
④ 급기구는 높은 곳에 설치하고 인화방지망을 설치할 것

해설 위험물제조소의 환기설비 기준[시행규칙 별표4]
㉮ 환기는 자연배기방식으로 할 것
㉯ 급기구는 당해 급기구가 설치된 실의 바닥면적 150m^2 마다 1개 이상으로 하되, 급기구의 크기는 800cm^2 이상으로 할 것. 다만, 바닥면적이 150m^2 미만인 경우에는 규정에 정한 크기로 한다.
㉰ 급기구는 낮은 곳에 설치하고 가는 눈의 구리망 등으로 인화방지망을 설치할 것
㉱ 환기구는 지붕 위 또는 지상 2m 이상의 높이에 회전식 고정벤추레이터 또는 루프팬 방식으로 설치할 것

25. 위험물 안전관리법령상 알칼리 금속 과산화물의 화재에 적응성이 없는 소화설비는?

① 건조사
② 물통
③ 탄산수소염류 분말 소화설비
④ 팽창질석

해설 제1류 위험물 중 알칼리 금속 과산화물에 적응성이 있는 소화설비[시행규칙 별표17]
㉮ 탄산수소염류 분말 소화설비
㉯ 그 밖의 것 분말 소화설비
㉰ 탄산수소염류 분말 소화기
㉱ 그 밖의 것 분말 소화기
㉲ 건조사
㉳ 팽창질석 또는 팽창진주암

참고 적응성이 있는 소화설비 외는 적응성이 없는 소화설비에 해당된다.

26. 주된 연소 형태가 분해 연소인 것은?

① 금속분　② 유황
③ 목재　④ 피크르산

정답 23. ④ 24. ④ 25. ② 26. ③

해설 연소 형태에 따른 가연물
㉮ 표면 연소 : 목탄(숯), 코크스, 금속분
㉯ 분해 연소 : 종이, 석탄, 목재, 중유
㉰ 증발 연소 : 가솔린, 등유, 경유, 알코올, 양초, 유황
㉱ 확산 연소 : 가연성 기체(수소, 프로판, 부탄, 아세틸렌 등)
㉲ 자기 연소 : 제5류 위험물(니트로셀룰로오스, 셀룰로이드, 니트로글리세린 등)

27. **이산화탄소 소화기의 장단점에 대한 설명으로 틀린 것은?**

① 밀폐된 공간에서 사용 시 질식으로 인명피해가 발생할 수 있다.
② 전도성이어서 전류가 통하는 장소에서의 사용은 위험하다.
③ 자체의 압력으로 방출할 수 있다.
④ 소화 후 소화약제에 의한 오손이 없다.

해설 이산화탄소 소화기의 특징
㉮ 많은 가연성 물질이 연소하는 A급 화재에는 효과가 적으나, 가연물이 소량이고 그 표면만을 연소할 때는 산소 억제에 효과가 있다.
㉯ 소규모의 인화성 액체 화재(B급 화재)나 부전도성의 소화제를 필요로 하는 전기설비 화재(C급 화재)에 그 효력이 크다.
㉰ 전기 절연성이 공기보다 1.2배 정도 우수하고, 피연소물에 피해를 주지 않아 소화 후 증거보존에 유리하다.
㉱ 방사거리가 짧아 화점에 접근하여 사용하여야 하며, 금속분에는 연소면 확대로 사용을 제한한다.
㉲ 소화 효과는 질식효과와 냉각효과에 의한다.
㉳ 독성이 없지만 과량 존재 시 산소 부족으로 질식할 수 있다.
㉴ 소화약제의 동결, 부패, 변질의 우려가 적다.

28. **마그네슘 분말이 이산화탄소 소화약제와 반응하여 생성될 수 있는 유독기체의 분자량은?**

① 26 ② 28 ③ 32 ④ 44

해설 ㉮ 제2류 위험물인 마그네슘(Mg) 분말 화재 시 이산화탄소 소화약제를 사용하면 이산화탄소와 반응하여 탄소(C) 및 유독성이고 가연성인 일산화탄소(CO)가 발생하므로 부적합하다.
㉯ 반응식
$2Mg + CO_2 \rightarrow 2MgO + C$
$Mg + CO_2 \rightarrow MgO + CO \uparrow$

참고 일산화탄소(CO)의 분자량은 28이다.

29. **다음 위험물의 저장창고에서 화재가 발생하였을 때 주수에 의한 냉각소화가 적절치 않은 위험물은?**

① $NaClO_3$ ② Na_2O_2
③ $NaNO_3$ ④ $NaBrO_3$

해설 과산화나트륨(Na_2O_2)은 제1류 위험물 중 무기과산화물로 물(H_2O)과 접촉하면 산소(O_2)가 발생하고 발열하므로 주수에 의한 소화는 부적합하다.

$$Na_2CO_3 + H_2O \rightarrow 2NaOH + \frac{1}{2}O_2 \uparrow$$

30. **위험물 안전관리법령상 전역방출방식 또는 국소방출방식의 분말소화설비의 기준에서 가압식의 분말소화설비에는 얼마 이하의 압력으로 조정할 수 있는 압력조정기를 설치하여야 하는가?**

① 2.0MPa ② 2.5MPa
③ 3.0MPa ④ 5MPa

해설 분말소화설비의 기준[세부기준 제136조]
㉮ 가압식의 분말소화설비에는 2.5MPa 이하의 압력으로 조정할 수 있는 압력조정기를 설치할 것
㉯ 가압식의 분말소화설비에는 다음의 정압작동장치를 설치할 것
㉠ 기동장치의 작동 후 저장용기등의 압력이 설정압력이 되었을 때 방출밸브를 개방시키는 것일 것
㉡ 정압작동장치는 저장용기등 마다 설치할 것

2020

정답 27. ② 28. ② 29. ② 30. ②

31. 화재 종류가 옳게 연결된 것은?

① A급 화재 – 유류 화재
② B급 화재 – 섬유 화재
③ C급 화재 – 전기 화재
④ D급 화재 – 플라스틱 화재

해설 화재 종류의 표시

구분	화재 종류	표시색
A급	일반 화재	백색
B급	유류 화재	황색
C급	전기 화재	청색
D급	금속 화재	–

32. 다음 중 발화점에 대한 설명으로 가장 옳은 것은?

① 외부에서 점화했을 때 발화하는 최저온도
② 외부에서 점화했을 때 발화하는 최고온도
③ 외부에서 점화하지 않더라도 발화하는 최저온도
④ 외부에서 점화하지 않더라도 발화하는 최고온도

해설 인화점과 착화점(발화점)

㉮ 인화점 : 가연성 물질이 공기 중에서 점화원에 의하여 연소할 수 있는 최저온도이다.
㉯ 착화점(착화온도) : 가연성 물질이 공기 중에서 온도를 상승시킬 때 점화원 없이 스스로 연소를 개시할 수 있는 최저온도로 발화점, 발화온도라 한다.

33. 분말소화약제인 탄산수소나트륨 10kg이 1기압, 270℃에서 방사되었을 때 발생하는 이산화탄소의 양은 약 몇 m^3 인가?

① 2.65 ② 3.65
③ 18.22 ④ 36.44

해설 ㉮ 제1종 소화분말 반응식

$2NaHCO_3 \rightarrow Na_2CO_3 + H_2O + CO_2$

㉯ 탄산수소나트륨 10kg이 방사되었을 때 발생하는 이산화탄소의 양(kg) 계산 : 탄산수소나트륨($NaHCO_3$)의 분자량은 84 이다.

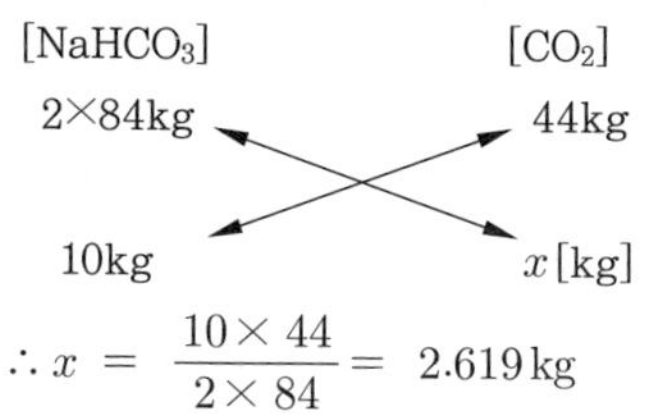

$$\therefore x = \frac{10 \times 44}{2 \times 84} = 2.619\,\text{kg}$$

㉰ 발생된 이산화탄소 2.619kg을 이상기체 상태방정식 $PV = GRT$를 이용하여 270℃ 상태의 체적 V를 계산한다. 1기압 상태의 압력은 101.325kPa이다.

$$\therefore V = \frac{GRT}{P} = \frac{2.619 \times \frac{8.314}{44} \times (273 + 270)}{101.325} = 2.652\,\text{m}^3$$

참고 탄산수소나트륨 10kg에 의하여 발생되는 이산화탄소의 양을 체적(m^3)으로 구한 후 보일–샤를의 법칙을 이용하여 270℃ 상태의 체적을 구하여도 된다.

$$\therefore \frac{10 \times 22.4}{2 \times 84} \times \frac{273 + 270}{270} = 2.652\,\text{m}^3$$

34. 이산화탄소가 불연성인 이유를 옳게 설명한 것은?

① 산소와의 반응이 느리기 때문이다.
② 산소와 반응하지 않기 때문이다.
③ 착화되어도 곧 불이 꺼지기 때문이다.
④ 산화 반응이 일어나도 열 발생이 없기 때문이다.

해설 이산화탄소(CO_2)가 불연성인 이유는 산소와 연소 반응을 하지 못하고 다른 가연성 물질의 연소를 도와주지도 못하기 때문이다.

참고 연소성에 의한 분류

㉮ 가연성 가스 : 공기 중에서 연소하는 가스로서 폭발한계의 하한이 10% 이하인 것과 폭발한계의 상한과 하한의 차가 20% 이상인 것을 말한다(고압가스 안전관리법 시행규칙 제2조).
㉯ 조연성 가스 : 다른 가연성 가스의 연소를 도와주거나 지속시켜주는 가스로 산소(O_2),

정답 31. ③ 32. ③ 33. ① 34. ②

오존(O_3), 불소(F_2), 염소(Cl_2), 산화질소(NO) 등이 있다.

㉰ 불연성 가스 : 가스 자체가 연소하지 않고 다른 물질도 연소시키지 않는 가스로서 헬륨(He), 네온(Ne), 아르곤(Ar), 이산화탄소(CO_2) 등이 있다.

35. 드라이아이스 1kg이 완전히 기화하면 약 몇 몰의 이산화탄소가 되겠는가?

① 22.7 ② 51.3
③ 230.1 ④ 515.0

해설 드라이아이스는 이산화탄소(CO_2)로부터 만들어지므로 분자량은 44이고, 1kg=1000g이다.

44g : 1mol = 1000g : x[mol]

$$\therefore x = \frac{1 \times 1000}{44} = 22.727\,\text{mol}$$

또는 $n = \dfrac{W}{M} = \dfrac{1000}{44} = 22.727\,\text{mol}$

36. 질산의 위험성에 대한 설명으로 옳은 것은?

① 화재에 대한 직·간접적인 위험성은 없으나 인체에 묻으면 화상을 입는다.
② 공기 중에서 스스로 자연발화하므로 공기에 노출되지 않도록 한다.
③ 인화점 이상에서 가연성 증기를 발생하여 점화원이 있으면 폭발한다.
④ 유기물질과 혼합하면 발화의 위험성이 있다.

해설 질산(HNO_3)의 위험성

㉮ 제6류 위험물로 지정수량 300kg, 위험등급 I이다.
㉯ 진한 질산은 부식성이 크고 산화성이 강하며, 피부에 접촉되면 화상을 입는다.
㉰ 질산 자체는 연소성, 폭발성이 없지만 환원성이 강한 물질[황화수소(H_2S), 아민 등]과 혼합하면 발화 또는 폭발한다.
㉱ 불연성이지만 다른 물질의 연소를 돕는 조연성 물질이다(조연성 물질이라 유기물질과 혼합하면 발화의 위험성이 있다).
㉲ 물과 임의적인 비율로 혼합하면 발열한다.
㉳ 가열하면 분해하면서 유독성인 이산화질소(NO_2)의 적갈색 증기를 발생한다.

37. 특수인화물이 소화설비 기준 적용상 1 소요단위가 되기 위한 용량은?

① 50L ② 100L
③ 250L ④ 500L

해설 ㉮ 위험물의 소화설비 1소요단위는 지정수량의 10배로 한다.
㉯ 특수인화물은 제4류 위험물로 지정수량 50L이다. 그러므로 특수인화물이 1소요단위가 되기 위한 용량은 500L 이다.

38. 다음 중 수성막포 소화약제에 대한 설명으로 옳은 것은?

① 물보다 비중이 작은 유류의 화재에는 사용할 수 없다.
② 계면활성제를 사용하지 않고 수성의 막을 이용한다.
③ 내열성이 뛰어나고 고온의 화재일수록 효과적이다.
④ 일반적으로 불소계 계면활성제를 사용한다.

해설 수성막포 소화약제 : 합성계면활성제를 주원료로 하는 포 소화약제 중 기름표면에서 수성막을 형성하는 포 소화약제로, 인체에 유해하지 않으며, 유동성이 좋아 소화속도가 빠르다. 단백포에 비해 3배 효과가 있으며 기름화재 진압용으로 가장 우수하다.

참고 불소계 계면활성제 : 불소원자를 함유하고 있는 소수성 직쇄분자 내의 말단에 수용성 간능기를 치환반응시켜 제조한 것으로 계면활성제 중에 표면장력과 저항력이 우수한 제품이다. 실리콘제재보다도 낮은 표면장력을 나타내며, 물과 기름에 대한 반발력이 우수하고 내약품성이 뛰어나다.

정답 35. ① 36. ④ 37. ④ 38. ④

39. 분말 소화기에 사용되는 소화약제의 주성분이 아닌 것은?

① $NH_4H_2PO_4$ ② Na_2SO_4
③ $NaHCO_3$ ④ $KHCO_3$

해설 분말 소화약제의 종류 및 주성분

종 류	주성분
제1종 분말	탄산수소나트륨($NaHCO_3$) 또는 중탄산나트륨
제2종 분말	탄산수소칼륨($KHCO_3$) 또는 중탄산칼륨
제3종 분말	제1인산암모늄($NH_4H_2PO_4$)
제4종 분말	탄산수소칼륨+요소 [$KHCO_3+(NH_2)_2CO$]

40. 위험물제조소등에 설치하는 옥외소화전설비에 있어서 옥외소화전함은 옥외소화전으로부터 보행거리 몇 m 이하의 장소에 설치하는가?

① 2 ② 3 ③ 5 ④ 10

해설 옥외소화전설비 기준[세부기준 제130조] : 방수용기구를 격납하는 함(이하 "옥외소화전함"이라 한다)은 불연재료로 제작하고 옥외소화전으로부터 보행거리 5m 이하의 장소로서 화재발생 시 쉽게 접근가능하고 화재 등의 피해를 받을 우려가 적은 장소에 설치할 것

제3과목 | 위험물의 성질과 취급

41. 온도 및 습도가 높은 장소에서 취급할 때 자연발화의 위험이 가장 큰 물질은?

① 아닐린 ② 황화인
③ 질산나트륨 ④ 셀룰로이드

해설 셀룰로이드류
㉮ 제5류 위험물 중 질산에스테르류에 해당된다.
㉯ 습도가 높고 온도가 높으면 자연발화의 위험이 있으므로 습도와 온도가 모두 낮은 곳에 저장한다.
㉰ 저장실의 온도를 20℃ 이하로 유지되도록 통풍이 잘 되는 냉암소에 저장한다.

42. 과염소산칼륨과 적린을 혼합하는 것이 위험한 이유로 가장 타당한 것은?

① 마찰열이 발생하여 과염소산칼륨이 자연발화할 수 있기 때문에
② 과염소산칼륨이 연소하면서 생성된 연소열이 적린을 연소시킬 수 있기 때문에
③ 산화제인 과염소산칼륨과 가연물인 적린이 혼합하면 가열, 충격 등에 의해 연소·폭발할 수 있기 때문에
④ 혼합하면 용해되어 액상 위험물이 되기 때문에

해설 산화성 고체(제1류 위험물)인 과염소산칼륨($KClO_4$)과 가연성 고체(제2류 위험물)인 적린이 혼합되었을 때 가열, 충격 등에 의해 연소 및 폭발을 할 수 있다.

43. 다음 중 물이 접촉되었을 때 위험성(반응성)이 가장 작은 것은?

① Na_2O_2 ② Na
③ MgO_2 ④ S

해설 각 위험물이 물과 접촉할 때 특성

품명	유별	특성
Na_2O_2(과산화나트륨)	제1류	산소 발생
Na(나트륨)	제3류	수소 발생
MgO_2(과산화마그네슘)	제1류	산소 발생
S(유황)	제2류	반응하지 않음

44. 위험물 안전관리법령상 위험물제조소의 위험물을 취급하는 건축물의 구성부분 중 반드시 내화구조로 하여야 하는 것은?

① 연소의 우려가 있는 기둥
② 바닥

정답 39. ② 40. ③ 41. ④ 42. ③ 43. ④ 44. ③

③ 연소의 우려가 있는 외벽
④ 계단

해설 제조소의 건축물 기준[시행규칙 별표4]
㉮ 지하층이 없도록 하여야 한다.
㉯ 벽·기둥·바닥·보·서까래 및 계단을 불연재료로 하고, 연소의 우려가 있는 외벽은 출입구외의 개구부가 없는 내화구조의 벽으로 하여야 한다.
㉰ 지붕은 폭발력이 위로 방출될 정도의 가벼운 불연재료로 덮어야 한다.
㉱ 출입구와 비상구는 갑종방화문 또는 을종방화문을 설치하되, 연소의 우려가 있는 외벽에 설치하는 출입구에는 수시로 열 수 있는 자동폐쇄식의 갑종방화문을 설치하여야 한다.
㉲ 위험물을 취급하는 건축물의 창 및 출입구에 유리를 이용하는 경우에는 망입유리로 하여야 한다.
㉳ 액체의 위험물을 취급하는 건축물의 바닥은 위험물이 스며들지 못하는 재료를 사용하고, 적당한 경사를 두어 그 최저부에 집유설비를 하여야 한다.

45. 저장·수송할 때 타격 및 마찰에 의한 폭발을 막기 위해 물이나 알코올로 습면시켜 취급하는 위험물은?

① 니트로셀룰로오스
② 과산화벤조일
③ 글리세린
④ 에틸렌글리콜

해설 니트로셀룰로오스($[C_6H_7O_2(ONO_2)_3]_n$)의 저장, 취급방법
㉮ 제5류 위험물 중 질산에스테르류에 해당되며, 지정수량은 10kg이다.
㉯ 햇빛, 산, 알칼리에 의해 분해, 자연 발화하므로 직사광선을 피해 저장한다.
㉰ 건조한 상태에서는 발화의 위험이 있으므로 함수알코올(물+알코올)을 습윤시킨다.
㉱ 자기반응성 물질이므로 유기과산화물류, 강산화제와의 접촉을 피한다.

46. 위험물 안전관리법령상 위험물의 취급기준 중 소비에 관한 기준으로 틀린 것은?

① 열처리 작업은 위험물이 위험한 온도에 이르지 아니하도록 하여 실시하여야 한다.
② 담금질 작업은 위험물이 위험한 온도에 이르지 아니하도록 하여 실시하여야 한다.
③ 분사도장 작업은 방화상 유효한 격벽 등으로 구획한 안전한 장소에서 하여야 한다.
④ 버너를 사용하는 경우에는 버너의 역화를 유지하고 위험물이 넘치지 아니하도록 하여야 한다.

해설 위험물의 취급 중 소비에 관한 기준[시행규칙 별표18]
㉮ 분사도장작업은 방화상 유효한 격벽 등으로 구획된 안전한 장소에서 실시할 것
㉯ 담금질 또는 열처리 작업은 위험물이 위험한 온도에 이르지 아니하도록 하여 실시할 것
㉰ 버너를 사용하는 경우에는 버너의 역화를 방지하고 위험물이 넘치지 아니하도록 할 것

47. 탄화칼슘은 물과 반응하면 어떤 기체가 발생하는가?

① 과산화수소 ② 일산화탄소
③ 아세틸렌 ④ 에틸렌

해설 탄화칼슘(CaC_2 : 카바이드)
㉮ 제3류 위험물로 물과 반응하면 가연성 가스인 아세틸렌(C_2H_2)이 발생된다.
㉯ 반응식 : $CaC_2 + 2H_2O \rightarrow Ca(OH)_2 + C_2H_2 \uparrow$

48. 다음 위험물 중 인화점이 약 -37℃인 물질로서 구리, 은, 마그네슘 등의 금속과 접촉하면 폭발성 물질인 아세틸라이드를 생성하는 것은 무엇인가?

① CH_3CHOCH_2 ② $C_2H_5OC_2H_5$
③ CS_2 ④ C_6H_6

정답 45. ① 46. ④ 47. ③ 48. ①

해설 산화프로필렌(CH_3CHOCH_2)
㉮ 제4류 위험물 중 특수인화물에 해당된다.
㉯ 산화프로필렌 증기와 액체는 구리, 은, 마그네슘 등의 금속이나 합금과 접촉하면 폭발성인 아세틸라이드를 생성한다.
㉰ 반응식 : $C_3H_6O+2Cu \rightarrow Cu_2C_2+CH_4+H_2O$ (C_3H_6O는 산화프로필렌이고, Cu_2C_2는 동아세틸라이드이다.)

참고 아세트알데히드(CH_3CHO)는 구리, 은, 마그네슘 등 금속과 접촉하면 폭발적으로 반응이 일어난다.

49. 물보다 무겁고, 물에 녹지 않아 저장 시 가연성 증기발생을 억제하기 위해 수조 속의 위험물탱크에 저장하는 물질은?

① 디에틸에테르
② 에탄올
③ 이황화탄소
④ 아세트알데히드

해설 이황화탄소(CS_2)의 특징
㉮ 제4류 위험물 중 특수인화물에 해당되며 지정수량은 50L이다.
㉯ 무색, 투명한 액체로 시판품은 불순물로 인하여 황색을 나타내며 불쾌한 냄새가 난다.
㉰ 물보다 무겁고 물에 녹기 어려우므로 물(수조) 속에 저장하여 가연성 증기의 발생을 억제한다.
㉱ 액비중 1.263(증기비중 2.62), 비점 46.45℃, 발화점(착화점) 100℃, 인화점 −30℃, 연소범위 1.2~44%이다.

50. 제4류 위험물을 저장하는 이동탱크저장소의 탱크 용량이 19000L일 때 탱크의 칸막이는 최소 몇 개를 설치해야 하는가?

① 2 ② 3 ③ 4 ④ 5

해설 이동저장탱크의 칸막이[시행규칙 별표10]
㉮ 이동저장탱크는 그 내부에 4000L 이하마다 3.2mm 이상의 강철판 또는 이와 동등 이상의 강도·내열성 및 내식성이 있는 금속성의 것으로 칸막이를 설치하여야 한다.
㉯ 이동저장탱크 칸막이 수 계산 : 이동저장탱크에 설치하는 칸막이 칸 수에서 1을 빼야 칸막이 수가 된다.

$$\therefore \text{칸막이 수} = \frac{\text{현재 용량}}{\text{기준량}} - 1 = \frac{19000}{4000} - 1 = 3.75 = 4\text{개}$$

51. 다음 위험물 중에서 인화점이 가장 낮은 것은?

① $C_6H_5CH_3$ ② $C_6H_5CHCH_2$
③ CH_3OH ④ CH_3CHO

해설 제4류 위험물의 인화점

품명		인화점
톨루엔($C_6H_5CH_3$)	제1석유류	4.5℃
스티렌($C_6H_5CHCH_2$)	제2석유류	32.2℃
메탄올(CH_3OH)	알코올류	11℃
아세트알데히드(CH_3CHO)	특수인화물	−39℃

52. 황린이 자연발화하기 쉬운 이유에 대한 설명으로 가장 타당한 것은?

① 끓는점이 낮고 증기압이 높기 때문에
② 인화점이 낮고 조연성 물질이기 때문에
③ 조해성이 강하고 공기 중의 수분에 의해 쉽게 분해되기 때문에
④ 산소와 친화력이 강하고 발화온도가 낮기 때문에

해설 제3류 위험물인 황린은 산소와 결합력이 강하고 착화온도(발화온도)가 34℃로 낮아 자연발화의 위험성이 크기 때문에 물속에 저장한다.

53. 염소산칼륨에 대한 설명 중 틀린 것은?

① 촉매 없이 가열하면 약 400℃에서 분해한다.
② 열분해하여 산소를 방출한다.
③ 불연성 물질이다.
④ 물, 알코올, 에테르에 잘 녹는다.

정답 49. ③ 50. ③ 51. ④ 52. ④ 53. ④

해설 염소산칼륨($KClO_3$)의 특징
㉮ 제1류 위험물 중 염소산염류에 해당되며 지정수량 50kg이다.
㉯ 자신은 불연성 물질이며, 광택이 있는 무색의 고체 또는 백색 분말로 인체에 유독하다.
㉰ 글리세린 및 온수에 잘 녹고, 알코올 및 냉수에는 녹기 어렵다.
㉱ 400℃ 부근에서 분해되기 시작하여 540~560℃에서 과염소산칼륨($KClO_4$)을 거쳐 염화칼륨(KCl)과 산소(O_2)를 방출한다.
㉲ 가연성이나 산화성 물질 및 강산 촉매인 중금속염의 혼합은 폭발의 위험성이 있다.
㉳ 황산(H_2SO_4)과 반응하여 이산화염소(ClO_2)를 발생한다.
㉴ 산화하기 쉬운 물질이므로 강산, 중금속류와의 혼합을 피하고 가열, 충격, 마찰에 주의한다.
㉵ 환기가 잘 되고 서늘한 곳에 보관하고 용기가 파손되거나 노출되지 않도록 한다.
㉶ 비중 2.32, 융점 368.4℃, 용해도(20℃) 7.3이다.
㉷ 폭약, 불꽃, 소독표백, 제초제, 방부제 등의 원료로 사용된다.

54. 다음 중 금속나트륨의 일반적인 성질로 옳지 않은 것은?

① 은백색의 연한 금속이다.
② 알코올 속에 저장한다.
③ 물과 반응하여 수소가스를 발생한다.
④ 물보다 비중이 작다.

해설 나트륨(Na)의 특징
㉮ 제3류 위험물로 지정수량은 10kg이다.
㉯ 은백색의 가벼운 금속으로 연소시키면 노란 불꽃을 내며 과산화나트륨이 된다.
㉰ 화학적으로 활성이 크며, 모든 비금속 원소와 잘 반응한다.
㉱ 상온에서 물이나 알코올 등과 격렬히 반응하여 수소(H_2)를 발생한다.
㉲ 피부에 접촉되면 화상을 입는다.
㉳ 산화를 방지하기 위해 등유, 경유 속에 넣어 저장한다.
㉴ 용기 파손 및 보호액 누설에 주의하고, 습기나 물과 접촉하지 않도록 저장한다.
㉵ 다량 연소하면 소화가 어려우므로 소량으로 나누어 저장한다.
㉶ 적응성이 있는 소화설비는 건조사, 팽창질석 또는 팽창진주암, 탄산수소염류 분말소화설비 및 분말소화기가 해당된다.
㉷ 비중 0.97, 융점 97.7℃, 비점 880℃, 발화점 121℃ 이다.

55. [보기] 중 칼륨과 트리에틸알루미늄의 공통 성질을 모두 나타낸 것은?

보기
ⓐ 고체이다.
ⓑ 물과 반응하여 수소를 발생한다.
ⓒ 위험물 안전관리법령상 위험등급이 I 이다.

① ⓐ ② ⓑ
③ ⓒ ④ ⓑ, ⓒ

해설 칼륨과 트리에틸알루미늄의 성질 비교

구분	칼륨(K)	트리에틸알루미늄 $[(C_2H_5)_3Al]$
유별	제3류	제3류
상태	고체	액체
물과 반응	수소(H_2) 발생	에탄(C_2H_6) 발생
지정수량	10kg	10kg
비중	0.86	0.832
위험등급	I	I

56. 1기압, 27℃에서 아세톤 58g을 완전히 기화시키면 부피는 약 몇 L가 되는가?

① 22.4 ② 24.6
③ 27.4 ④ 58.0

해설 아세톤(CH_3COCH_3)의 분자량은 58이므로 1몰(mol)의 부피를 이상기체 상태방정식 $PV=nRT$를 이용하여 체적 V를 계산한다.

정답 54. ② 55. ③ 56. ②

$$\therefore V = \frac{nRT}{P}$$

$$= \frac{1 \times 0.082 \times (273+27)}{1} = 24.6\,\text{L}$$

57. 위험물 안전관리법령상 제4류 위험물 옥외저장탱크의 대기밸브부착 통기관은 몇 kPa 이하의 압력차이로 작동할 수 있어야 하는가?

① 2 ② 3 ③ 4 ④ 5

해설 옥외탱크저장소 통기관(대기밸브 부착 통기관) 기준[시행규칙 별표6]
㉮ 5kPa 이하의 압력차이로 작동할 수 있을 것
㉯ 인화방지장치를 할 것

58. 디에틸에테르를 저장, 취급할 때의 주의사항에 대한 설명으로 틀린 것은?

① 장시간 공기와 접촉하고 있으면 과산화물이 생성되어 폭발의 위험이 생긴다.
② 연소범위는 가솔린보다 좁지만 인화점과 착화온도가 낮으므로 주의하여야 한다.
③ 정전기 발생에 주의하여 취급해야 한다.
④ 화재 시 CO_2 소화설비가 적응성이 있다.

해설 디에틸에테르와 가솔린 성질 비교

구분	디에틸에테르	가솔린
유별	제4류	제4류
분자기호	$C_2H_5OC_2H_5$	C_5H_{12}~C_9H_{20}
연소범위	1.91~48%	1.4~7.6%
인화점	−45℃	−20~−43℃
착화점	180℃	300℃
비중	0.719	0.65~0.8

59. 위험물 안전관리법령상 제6류 위험물에 해당하는 물질로서 햇빛에 의해 갈색의 연기를 내며 분해할 위험이 있으므로 갈색병에 보관해야 하는 것은?

① 질산 ② 황산
③ 염산 ④ 과산화수소

해설 질산(HNO_3)의 저장 및 취급법
㉮ 제6류 위험물(산화성액체)로 지정수량 300kg이다.
㉯ 직사광선에 의해 분해되므로 갈색병에 넣어 냉암소에 보관한다.
㉰ 테레핀유, 탄화칼슘, 금속분 및 가연성 물질과는 격리시켜 저장하여야 한다.
㉱ 산화력과 부식성이 강해 피부에 접촉되면 화상을 입는다.
㉲ 질산 자체는 연소성, 폭발성이 없지만 환원성이 강한 물질(황화수소, 아민 등)과 혼합하면 발화 또는 폭발한다.

60. 그림과 같은 위험물 탱크에 대한 내용적 계산방법으로 옳은 것은?

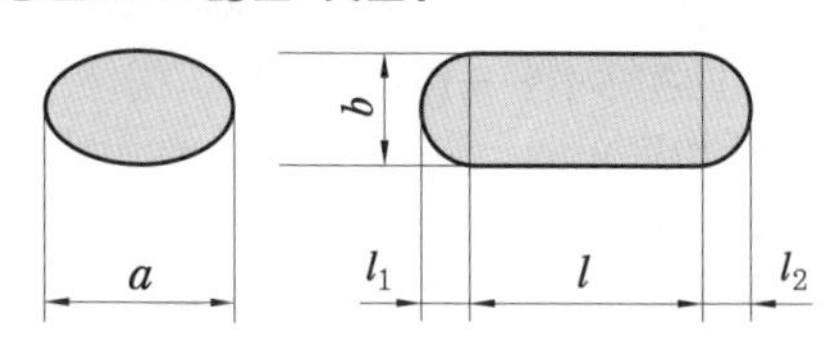

① $\frac{\pi ab}{3}\left(l+\frac{l_1+l_2}{3}\right)$

② $\frac{\pi ab}{4}\left(l+\frac{l_1+l_2}{3}\right)$

③ $\frac{\pi ab}{4}\left(l+\frac{l_1+l_2}{4}\right)$

④ $\frac{\pi ab}{3}\left(l+\frac{l_1+l_2}{4}\right)$

해설 위험물 탱크 내용적 계산식
㉮ 양쪽이 볼록한 타원형 탱크

$$\therefore \text{내용적} = \frac{\pi ab}{4} \times \left(l+\frac{l_1+l_2}{3}\right)$$

㉯ 횡으로 설치한 원통형 탱크

$$\therefore \text{내용적} = \pi r^2 \times \left(l+\frac{l_1+l_2}{3}\right)$$

★ 코로나19로 인하여 1회차 필기시험이 2회차와 통합 시행되어 제3회 필기시험은 추가로 실시하였습니다.★

정답 57. ④ 58. ② 59. ① 60. ②

위험물산업기사 필기 총정리

2021년 1월 10일 인쇄
2021년 1월 15일 발행

저　자 : 서상희
펴낸이 : 이정일

펴낸곳 : 도서출판 **일진사**
www.iljinsa.com
(우) 04317 서울시 용산구 효창원로 64길 6
전화 : 704-1616 / 팩스 : 715-3536
등록 : 제1979-000009호 (1979.4.2)

값 28,000원

ISBN : 978-89-429-1655-9